BERGMANN-SCHAEFER

LEHRBUCH DER EXPERIMENTALPHYSIK

BAND II

ELEKTRIZITÄT UND MAGNETISMUS

BERGMANN-SCHAEFER

LEHRBUCH DER EXPERIMENTALPHYSIK

ZUM GEBRAUCH BEI AKADEMISCHEN VORLESUNGEN UND ZUM SELBSTSTUDIUM

Band II

Elektrizität und Magnetismus

6., neubearbeitete und erweiterte Auflage
mit 688 Abbildungen

Von

Prof. Dr.-Ing. H. Gobrecht
Direktor des
II. Physikalischen Instituts der
Technischen Universität Berlin

W DE G

1971

WALTER DE GRUYTER · BERLIN · NEW YORK

ISBN 3 11 002090 0

Printed in Germany — Druck: Graphische Kunstdruckerei August Raabe, Berlin-Neukölln.

Vorwort zur 6. Auflage

Dieser zweite Band des Lehrbuches der Experimentalphysik von *Ludwig Bergmann* und *Clemens Schaefer* erschien zum ersten Mal im Jahre 1950.

Aufgrund der großen Lehrerfahrung der beiden Autoren ist ein Buch entstanden, das für den Anfänger leicht verständlich und deshalb zum Selbststudium geeignet ist. Der Text ist ausführlich geschrieben, mit vielen Bildern versehen und gibt so die Möglichkeit, ohne fremde Hilfe die Grundlagen der Physik und ihre Zusammenhänge zu begreifen.

Diese besondere Art des Buches soll erhalten bleiben. Ein wirkliches Verstehen der Physik braucht Zeit; und dabei hilft eine breite, ausführliche Darstellung. Das Lesen eines Physikbuches in der Art des Durchblätterns einer illustrierten Zeitschrift hat keinen Sinn. Auch das Lernen von Formeln — allenfalls ein Gedächtnistraining — erleichtert nicht das geistige Erfassen. Ebenso wie man auf der Autobahn ein fremdes Land und seine Menschen nicht kennenlernen kann, wird man ohne Aufwand an Muße, Zeit und eigenem Nachdenken das wirklich Interessante in der Physik nicht zu sehen bekommen.

Gegenüber der fünften Auflage wurde das internationale Einheitensystem (SI) stärker in den Vordergrund gestellt. Allerdings wurde daneben das alte Gaußsche Maßsystem beibehalten, das in der Theoretischen Physik noch verwendet wird. Auch in vielen ausländischen Veröffentlichungen und in Tabellenwerken ist man auf die Kenntnis des alten Maßsystems angewiesen. So wird der Leser in diesem Buch überwiegend beide Maßsysteme nebeneinander finden.

Wenn an wenigen Stellen die Beschreibung historischer Apparate (z. B. Morseapparat) nicht entfernt wurde, so gab es Gründe dafür: Entweder kann man am einfachen Gerät die Wirkungsweise leicht verstehen, oder der Apparat hat lange Zeit hindurch eine so große Rolle gespielt, daß man ihn kennen sollte.

Völlig neu bearbeitet wurden die Abschnitte über Halbleitung und Elektrolumineszenz. Im letzten Jahrzehnt hat bekanntlich eine stürmische Entwicklung der Halbleiter-Dioden, der Transistoren und der optoelektronischen Bauelemente stattgefunden, die auf vielen Gebieten der Forschung und Technik Anwendung finden oder sogar unentbehrlich sind (z. B. bei Rechengeräten und in der Raumfahrt). Die erfolgreiche Entwicklung extrem kleiner integrierter Schaltkreise läßt auf eine weitere große Ausdehnung der Anwendungsmöglichkeiten in der Zukunft schließen.

Neu geschrieben wurde auch der Abschnitt über die Supraleitung. Die technische Anwendung dieser interessanten Erscheinung hat bei der Erzeugung hoher Magnetfelder bereits eingesetzt.

Die weite Verbreitung des Fernsehens erforderte eine Beschreibung der Aufnahme- und Wiedergaberöhren, auch der Farbfernsehröhre. Allerdings wurden die Probleme der Hochfrequenztechnik und der Synchronisierung nicht behandelt, da sie über den Rahmen dieses Buches hinausgehen.

Gelegentliche Hinweise auf den ersten Band bedeuten nicht, daß ein Leser den ersten Band gelesen haben muß. Man kann diesen zweiten Band mit Schulkenntnissen verstehen. Die erforderlichen mathematischen Vorkenntnisse sind absichtlich sehr gering.

Eine Reihe von Aufgaben und Lösungen befindet sich am Ende des Buches. Sie mögen der eigenen Prüfung des Lesers oder auch zur Übung dienen.

Immer häufiger werden englische Ausdrücke in der Wissenschaft und Technik verwendet und Aufsätze in englischer Sprache veröffentlicht. Deshalb wurde zur Erleichterung für den Leser ein Verzeichnis der in diesem Band vorkommenden Fachausdrücke in englisch-deutscher und deutsch-englischer Übersetzung hinzugefügt.

Ein kurzes Literaturverzeichnis soll Hinweise für ein weitergehendes Studium geben. In den zitierten Büchern findet man Angaben über Originalveröffentlichungen.

Für wertvolle Hilfe danke ich Herrn Dipl. Ing. *Wilrich Hoffmann*, Dr.-Ing. *Roger Thull*, beide in Berlin, und meinem ältesten Sohn Dr. *Klaus Gobrecht*, Grenoble. Der Verlag hat großzügig alle Wünsche erfüllt.

Berlin-Schlachtensee, im Mai 1971 *Heinrich Gobrecht*

Inhaltsübersicht

I. Kapitel. Elektrostatik

II. Kapitel. Magnetostatik

III. Kapitel. Stationäre elektrische Ströme

IV. Kapitel. Das elektrische und magnetische Feld stationärer Ströme

V. Kapitel. Induktion

I. Kapitel

Elektrostatik

1. Grundversuche

In der Mechanik wird die Lehre vom Gleichgewicht der an ruhenden Körpern angreifenden Kräfte als Statik, dagegen der Einfluß von Kräften auf die Bewegung von Körpern als Dynamik bezeichnet. Ganz entsprechend werden in der Elektrizitätslehre die Kraftwirkungen ruhender Ladungen in der **Elektrostatik** behandelt. Der Einfluß von Kräften auf die Bewegung von Ladungen und die Kraftwirkung bewegter Ladungen werden in der **Elektrodynamik** beschrieben.

Die Elektrostatik steht nicht etwa aus historischen Gründen am Anfang. Um die Wirkungen der geheimnisvollen Elektrizität zu zeigen, braucht man keine Kochplatte, Glühlampe und keinen Elektromotor mehr vorzuführen. Diese und viele andere Geräte sind jedem bekannt; jedoch man kann über die Eigenschaften der Elektrizität aus ihnen wenig erfahren. Man sieht nur, daß der elektrische Strom durch einen metallischen Leiter fließen und in Wärme, Licht oder mechanische Arbeit umgewandelt werden kann. Durch einfache Versuche der Elektrostatik läßt sich jedoch zeigen, daß zwei Arten elektrischer Ladungen existieren, die man trennen kann, die sich anziehen, die man im Kondensator sammeln kann und die sich durch Vereinigung wieder neutralisieren. Die Ladungsmenge läßt sich leicht messen. Vor allem kann man auch den Zustand des Raumes studieren, der unter dem Einfluß elektrischer Ladungen steht, sei er mit Materie erfüllt oder nicht. Alle diese Versuche sind ungefährlich durchzuführen, da man sie mit geringen Ladungsmengen ausführen kann. Man erhält sie bequem durch innige Berührung (Reiben) und anschließende Trennung zweier verschiedener Stoffe, z. B. Kunststoff und Wolle. Der elektrische Strom, den man einer Steckdose entnehmen kann, besteht dagegen aus einer so großen Zahl von Ladungen, daß er lebensgefährlich ist, wenn er durch den menschlichen Körper fließt.

Zieht man ein Hemd oder einen Pullover aus synthetischen Fasern über den Kopf, so beobachtet man bei trockener Luft Funken. Man sieht ferner, daß die Haare vom Kleidungsstück angezogen werden. Streichelt man eine Katze in trockener Luft mit einem Kunststoffstab oder -kamm, dann sieht man das Sträuben der Haare. Mit dem Kamm, dem Kunststoffstab oder dem Hemd kann man also Haare, Fasern, Papierschnitzel, aber auch schwebende Luftballons und Seifenblasen anziehen. Durch die innige Berührung (Reiben) hat sich der Zustand der Stoffe derart verändert, daß von ihren Oberflächen Kraftwirkungen ausgehen. Bereits im Altertum hat (angeblich) Thales von Milet eine solche Beobachtung an geriebenem Bernstein gemacht. Der Name der in Kleinasien (Sardes) gefundenen goldhaltigen Legierung war Elektron; wegen der ähnlich goldgelben Farbe erhielt der Bernstein den gleichen Namen. Der merkwürdige Zustand, in dem sich ein Stück Bernstein nach inniger Berührung mit Wolle usw. befindet, wurde so nach dem Bernstein als „elektrisch“ bezeichnet.

Der elektrisch geladene Zustand des Bernsteins, des Kunststoffes oder der Wolle läßt sich sofort wieder beseitigen, wenn man mit der Hand über die Oberflächen streicht oder statt der Hand einen feuchten Lappen oder einen Metallstab nimmt. Eine Aufladung gelingt gar nicht, wenn etwa statt des Bernsteins ein Metallstück oder statt der trockenen Wolle ein feuchter Lappen genommen wird. Die Versuche gelingen auch nicht in feuchter Luft, weil die Oberflächen mit einem sehr dünnen Wasserfilm überzogen sind. Man kann leicht durch Versuche ermitteln, welche Stoffe die elektrische Aufladung ableiten können oder nicht. So erhält man **Leiter elektrischer Ladungen** und **Nichtleiter oder Isolatoren.**

Durch innige Berührung und anschließende Trennung zweier Stoffe werden beide in den elektrisch geladenen Zustand versetzt. Sofern verhindert wird, daß die Ladungen abfließen können, können fast alle Stoffe, ebenso wie Bernstein oder Wolle, elektrisch aufgeladen werden. Der sofortige Abfluß der elektrischen Ladungen kann durch einen isolierenden Griff verhindert werden: Ein Metallstück an einem Stiel aus Kunststoff. Ein solches Metallstück wird so durch innige Berührung mit vielen Stoffen, auch mit Wasser, aufgeladen. Während die Ladungen an einzelnen Stellen der Oberfläche eines Isolators haften bleiben, verteilen sie sich bei einem Metallstück gleichmäßig auf der Oberfläche.

Da der menschliche Körper zu den Leitern gehört, ist es klar, weshalb ein Metall auch gegen diesen vermittels eines Nichtleiters „isoliert" sein muß; die auf dem Metall durch Reibung erzeugte Elektrizität würde durch den menschlichen Körper zur Erde abgeleitet und damit der geriebene Leiter wieder unelektrisch werden. Verbindet man andererseits einen auf einem isolierenden Glasstativ aufgestellten ungeriebenen Metallkörper, von dem also keinerlei Kraftwirkungen ausgehen, durch einen Metalldraht mit einer geriebenen Glasstange, so zeigt sich der Metallkörper in seiner ganzen Ausdehnung elektrisch, d. h. es werden dann von allen Stellen seiner Oberfläche Papierstückchen angezogen. Wir haben also die Möglichkeit, den elektrischen Zustand sowohl mittels eines Leiters zu übertragen als auch sein Abfließen zur Erde durch einen Isolator zu verhindern.

Zwischen Leitern und Nichtleitern gibt es in Wirklichkeit keine strenge Grenze, es bestehen vielmehr alle Arten von Zwischenstufen, von den besten bis zu den schlechtesten Leitern. Als gute Leiter der Elektrizität gelten die Metalle, Kohle, Wasser, Säure- und Salzlösungen; Nichtleiter sind Glas, Quarz, Porzellan, Kunststoffe, Bernstein, Seide, Öle, Luft, Wasserdampf und andere Gase. Daß Luft die Elektrizität nicht leitet, ist ja geradezu die Voraussetzung dafür, daß es überhaupt möglich ist, einen etwa durch Reiben eines Glas- oder Hartgummistabes erzeugten elektrischen Zustand zu beobachten. Wäre die Luft nämlich ein Leiter, so würden die erzeugten elektrischen Ladungen sofort wieder abgeleitet werden und sich der Wahrnehmung entziehen. Stark erhitzte Luft oder Flammengase leiten dagegen gut, was sich z. B. dadurch zeigen läßt, daß man einen geriebenen Kunststoffstab durch eine Bunsenflamme zieht oder in einen heißen Luftstrom bringt: er wird sofort unelektrisch. Praktisch macht man beim Experimentieren von der Leitfähigkeit erhitzter Gase Gebrauch, um unerwünschte Elektrisierung von Isolatoren zu beseitigen.

Wir haben bisher den elektrischen Zustand geriebener Körper nachgewiesen durch die Beobachtung der Kraftwirkungen auf leichte Papierschnitzelchen usw. Wir wollen von jetzt ab die Kraftwirkungen zwischen den geriebenen Körpern selbst untersuchen, hängen einen geriebenen Kunststoffstab waagerecht auf (Abb. 1) und nähern einem seiner Enden einen auf gleiche Weise geriebenen zweiten Kunststoffstab; beide Stäbe befinden sich also nach dem Gesagten im „elektrischen Zustande". Wir beobachten eine kräftige Abstoßung der einander genäherten Stabenden. Nähern wir aber dem aufgehängten Kunststoffstab einen geriebenen, d. h. ebenfalls elektrisierten Glasstab, so findet eine starke Anziehung statt, während schließlich zwei auf gleiche Weise geriebene Glasstäbe, von denen wir den einen freibeweglich aufhängen, sich gegenseitig ebenso abstoßen wie die beiden geriebenen Kunststoffstäbe. Dies führt zu der Auffassung, daß es zwei verschiedene, einander polar entgegengesetzte elektrische Zustände gibt.

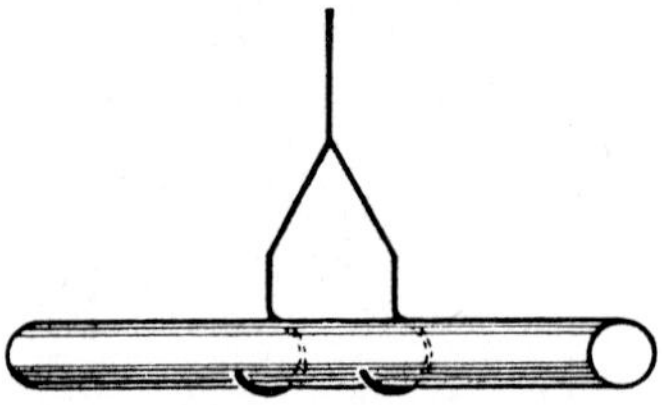

Abb. 1. Drehbar aufgehängter Kunststoffstab

Gleichartig elektrisierte Körper stoßen sich ab, ungleichartig elektrisierte ziehen sich an.

Da der Vorgang der Reibung ein wechselseitiger ist, wird nicht nur der geriebene Körper, sondern auch das „Reibzeug" elektrisch. Nähert man einem nach Abb. 1 aufgehängten geriebenen Glasstab das zum Reiben benutzte Stück Seide, so wird der Glasstab angezogen, während von dem gleichen Stück Seide ein mit einem Wollappen geriebener Hartgummistab abgestoßen wird. Aus diesem Versuch folgt, daß zwei verschiedene aneinander geriebene Körper stets beide und zwar ungleichartig elektrisch werden. Wir werden später zeigen (S. 5), daß die elektrischen Zustände aneinander geriebener Körper auch gleich stark sind, daß daher ihre gemeinsame Kraftwirkung sich nach außen aufhebt. Die Polarität der beiden elektrischen Zustände ist also die analoge, wie zwischen den positiven und negativen Zahlen; dies hat dann dazu geführt, daß man (willkürlich) von **positiver** und **negativer Elektrisierung** oder **Ladung** spricht.

Ob ein bestimmter Körper durch Reiben positiv oder negativ elektrisch wird, hängt von dem Partner ab, mit dem er gerieben wird. Z. B. wird Glas positiv elektrisch beim Reiben mit Seide oder einem amalgamierten Lederlappen, dagegen negativ elektrisch beim Reiben mit Pelzwerk oder Wolle; Hartgummi wird an Wolle oder Pelzwerk gerieben stets negativ, an Papier gerieben aber meist positiv. Übrigens kommt es nicht nur auf die stoffliche Natur des Körpers, sondern auch auf seine Oberflächenbeschaffenheit an. Schleift man die Hälfte eines polierten Glasstabes matt, so wird dieses Ende beim Reiben mit Wolle negativ elektrisch, während die polierte Hälfte mit dem gleichen Reibzeug positiv elektrisch wird.

Daß auch pulverförmige Stoffe durch Reiben elektrisch werden, zeigt folgender Versuch: Zerstäubt man ein Gemisch aus gleichen Teilen Mennige und Schwefelpulver durch ein Stück Gaze hindurch, so wird Schwefel negativ, Mennige positiv elektrisch. Läßt man das Gemisch auf zwei nebeneinander liegende geriebene Stäbe aus Glas und Hartgummi fallen, so bleibt der gelbe Schwefel am Glas, die rote Mennige am Hartgummi haften (siehe hierzu S. 72).

Es werden ferner nicht nur feste Stoffe elektrisch, sondern auch Flüssigkeiten, worauf wir in Nr. 3 zurückkommen. Hier sei nur folgender einfacher Versuch genannt: Schüttelt man in einer evakuierten Glasröhre Quecksilber, so bemerkt man im Dunkeln ein intensives Leuchten der Röhre, dessen Ursache, wie wir später zeigen werden, auf dem Auftreten von elektrischen Zuständen entgegengesetzten Vorzeichens zwischen Quecksilber und Glas beruht.

Dagegen lassen sich Gase durch Reibung nicht elektrisieren; den Grund hierfür können wir erst später in Kap. 8 angeben.

2. Die einfachsten Apparate zum Nachweis des elektrischen Zustandes

Da der Mensch kein Organ zum Erkennen des elektrischen Zustandes besitzt, sind besondere Apparate dazu erforderlich, die man **Elektroskope** nennt; sie beruhen auf den oben beschriebenen Kraftwirkungen.

Die einfachste Ausführung ist das elektrische Doppelpendel (Abb. 2). Zwei kleine, möglichst leichte, mit einem dünnen Metallüberzug versehene Kügelchen sind an dünnen Leinenfäden oder mit sehr dünnen Drähten an einem Metallbügel aufgehängt, der am oberen Ende eines isolierenden Stativs befestigt ist. Wird der Metallbügel elektrisch geladen, so teilt sich der elektrische Zustand den beiden Kügelchen mit, und diese stoßen sich infolge der Gleichnamigkeit ab (in Abb. 2 gestrichelt gezeichnet). Diese Abstoßung ist um so größer, je stärker der mitgeteilte elektrische Zustand ist.

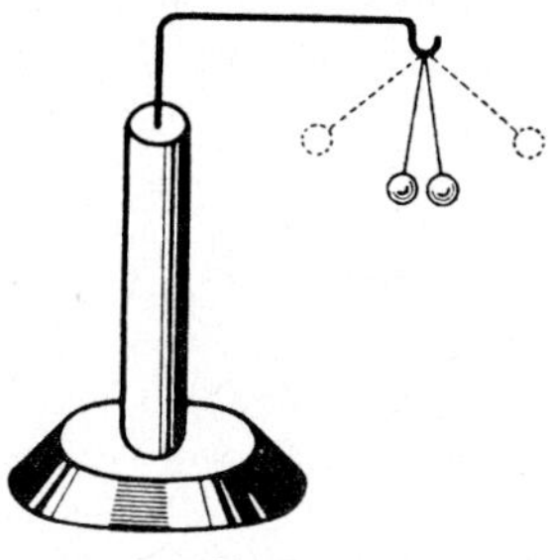

Abb. 2.
Elektrisches Doppelpendel

Abb. 3.
Blättchen-Elektroskop

Eine empfindlichere Anordnung ist das Blättchen-Elektroskop nach A. Bennet, 1786 (Abb. 3). Im Innern eines meist zylindrischen auf beiden Seiten durch Glasscheiben abgedeckten Metallgehäuses hängen an einer von oben isoliert eingeführten Metallstange zwei schmale Blättchen aus Blattgold oder Aluminiumfolie; die Metallstange trägt meistens oben eine Kugel (oder Platte). Wird die Kugel mit einem elektrischen Körper berührt, so geht ein Teil seines elektrischen Zustandes auf Kugel, Stange und Blättchen über, und letztere divergieren um so mehr, je kräftiger der elektrische Zustand des herangebrachten Körpers ist. Häufig ist unterhalb der Blättchen eine Skala angebracht, auf der sich die Größe des Ausschlages der Blättchen ablesen läßt; dadurch wird das Instrument zum Elektrometer.

Statt zweier beweglicher Leiter benutzt man vielfach nur einen beweglichen Leiter, der von einem festen abgestoßen wird. Bei dem Braunschen Elektrometer (Abb. 4) wird ein leichter in Spitzen gelagerter Aluminiumanzeiger von einem vertikalen festen Leiter abgestoßen, wenn diesem eine elektrische Ladung zugeführt wird (F. Braun, 1891).

Ein sehr empfindliches Elektrometer ist das Wulfsche Zweifadenelektrometer (Th. Wulf, 1907), dessen Aufbau aus der schematischen Abb. 5 hervorgeht. Durch die Deckplatte eines

Abb. 4.
Braunsches Elektrometer

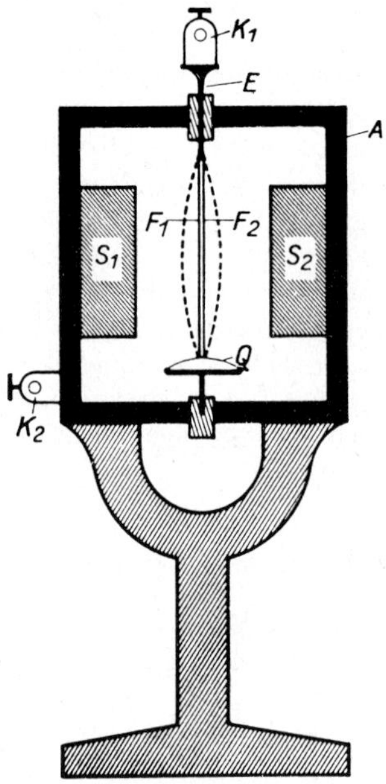

Abb. 5. Zweifaden-
elektrometer nach Wulf

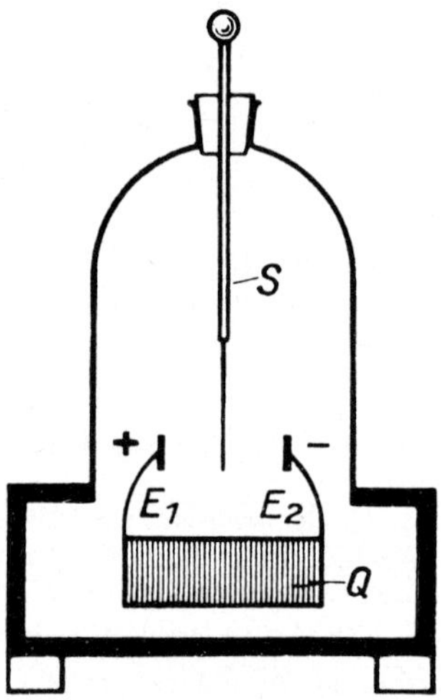

Abb. 6. Bohnenbergersches
Elektroskop

Metallgehäuses A ist, mittels Bernstein isoliert, ein Metallstift E geführt, der an seinem oberen Ende die Anschlußklemme K_1 trägt, und von dessen unterem Ende zwei sehr dünne Drähte von ca. 4 μm Durchmesser und etwa 8 cm Länge herabhängen. Die beiden Drähte sind mit ihren unteren Enden an einem elastischen Quarzbügel Q befestigt, durch den sie schwach gespannt werden. Führt man den Fäden F_1, F_2 über die Klemme K_1 eine elektrische Ladung zu, so spreizen sie sich auseinander (gestrichelte Lage in Abb. 5). Ihr gegenseitiger Abstand kann in der Fadenmitte, wo er am größten ist, mit Hilfe eines Mikroskops mit Okularmikrometer sehr genau gemessen werden. Damit die Fäden beim Auseinandergehen in der Bildebene des Mikroskops bleiben, sind beiderseits in der Fadenebene zwei Schneiden S_1 und S_2 angebracht, die mit dem über Klemme K_2 zu erdenden Gehäuse leitend verbunden sind und somit die geladenen Fäden anziehen.

Die bisher beschriebenen Instrumente zeigen zwar das Vorhandensein und die Stärke eines elektrischen Zustandes an, liefern aber nicht sein Vorzeichen. Letzteres leistet z. B. das Bohnenbergersche Elektroskop (Abb. 6). Zwischen zwei Platten (sog. Elektroden) E_1 und E_2 hängt an einer von oben isoliert eingeführten Metallstange S ein einzelnes schmales Aluminiumblättchen. Die beiden Elektroden E_1 und E_2 sind durch eine besondere, meist im Gerät eingebaute Elektrizitätsquelle (z. B. Trockenbatterie, Nr. 61) dauernd, die eine positiv, die andere negativ, geladen. Infolgedessen wird das Aluminiumblättchen bei positiver Aufladung von der einen Elektrode abgestoßen und von der anderen angezogen; bei negativer Aufladung führt es den entgegengesetzten Ausschlag aus, so daß die Richtung des Ausschlages einen Schluß auf das Vorzeichen der Ladung zuläßt. — In ähnlicher Weise wird auch das oben beschriebene Zweifadenelektrometer (Abb. 5) zu einem Einfadenelektrometer, wenn man die beiden Fäden durch einen einzigen ersetzt, die beiden Metallschneiden S_1 und S_2 isoliert einführt und in irgendeiner Weise positiv und negativ auflädt. Der Faden wird dann je nach dem Vorzeichen der ihm zugeführten Ladung nach rechts oder links abgelenkt.

Steht ein solches polarisiertes Elektroskop nicht zur Verfügung, so läßt sich das Vorzeichen eines elektrischen Zustandes auch mit einem gewöhnlichen Elektroskop prüfen, indem man diesem zunächst einen dem Vorzeichen nach bekannten elektrischen Zustand mitteilt, so daß seine Blättchen etwas divergieren. Nähert man dann dem Elektroskop die zu prüfende Ladung, so zeigt stärkeres Divergieren der Blättchen, daß es sich um Elektrisierung gleichen Vorzeichens handelt, während Zusammensinken der Blättchen auf solche von entgegengesetztem Vorzeichen schließen läßt.

3. Gleichheit der positiven und negativen durch Reibung erzeugten Ladungen; Fluidumshypothese

Wir behaupteten bereits auf S. 2, daß die bei Reibung zweier Stoffe aneinander erzeugten entgegengesetzten elektrischen Zustände von gleicher Stärke seien. Dies können wir unter Benutzung eines Elektroskops durch folgende Versuche beweisen. Schiebt man lose über einen Glasstab ein Stück weichen Gummischlauch und reibt mit diesem auf dem Glasstab hin und her, so zeigt ein Elektroskop, das man mit dem Glasstab und dem noch darauf befindlichen Gummischlauch berührt, keine elektrische Wirkung an. Trennt man aber Glasstab und Gummischlauch und berührt mit ihnen einzeln ein polarisiertes Elektroskop, so erweist sich ersterer als positiv, letzterer als negativ geladen. Erneut übereinandergeschoben ist die resultierende Wirkung wieder gleich Null: Es sind demnach beim Reiben beide elektrischen Zustände in genau gleicher Stärke erzeugt worden. — Setzt man auf ein Elektroskop eine waagerechte ebene Metallplatte und legt man darauf eine ebenfalls ebene Paraffin- oder Gummiplatte, so zeigt das Elektroskop keinen Ausschlag, wenn man die Paraffin- oder Hartgummiplatte durch Drehen mit der Metallplatte reibt, d. h. beide elektrisiert. Hebt man aber die Paraffin- oder Hartgummiplatte ab, so erhält man sofort einen kräftigen Ausschlag am Elektroskop, der wieder verschwindet, wenn man die bewegliche Platte wieder auf die feste des Elektroskops aufsetzt. Auch dieser Versuch zeigt, daß durch Reibung die entgegengesetzten elektrischen Zustände in gleicher Stärke erzeugt werden. — Verbindet man mit einem Elektroskop einen isoliert aufgestellten Metallbecher, der mit Wasser gefüllt ist, und taucht eine an isolierendem Griff gehaltene Paraffinkugel in das Wasser, so zeigt das Elektroskop beim Herausziehen einen Ausschlag; dieser Ausschlag wird wieder Null, wenn man die Kugel in das Wasser zurücktaucht. Wasser und Paraffin haben also bei diesem Versuch gleich große, aber entgegengesetzte Ladungen erhalten.

Der Versuch gelingt auch, wenn man Paraffin und Wasser durch beliebige nichtleitende oder leitende Stoffe ersetzt; Paraffin hat die Besonderheit, daß es von Wasser nicht benetzt wird (Band I, Nr. 69).

Dieser letzte Versuch zeigt noch etwas anderes: Beim Eintauchen des Paraffins in die Flüssigkeit spielt die geringe Reibung gar keine Rolle; für die Entstehung des elektrischen Zustandes beim Herausziehen der Kugel ist nicht der Vorgang der Reibung, sondern die innige Berührung zwischen Paraffin und Wasser die Ursache. Bei festen Stoffen läßt sich eine solch innige Berührung wegen der stets vorhandenen mikroskopischen Rauhigkeit der Oberfläche nur durch kräftiges Zusammendrücken und gleichzeitiges Reiben erzielen; erst dadurch gelingt es, größere Teile der beiden Oberflächen zur wirklichen Berührung zu bringen. Auch hier ist es der innige Kontakt, der den Zustand der Elektrisierung herbeiführt. Die Bezeichnung „Reibungselektrizität" trifft daher nicht den Kern der Sache; es wäre sachgemäß, von Berührungs- oder Kontaktelektrizität zu sprechen. Wir kommen später (S. 76) auf diese Frage noch ausführlich zurück.

Zur Erklärung der bisher besprochenen Erscheinungen hat man sich schon früh die Hypothese gebildet, daß die elektrische Wirkung einem Stoff zuzuschreiben sei, dessen Verteilung beim Vorgang der „Reibung" auf den geriebenen Körpern geändert wird. Man nahm die Existenz einer gewichtslosen Flüssigkeit, eines sog. imponderablen Fluidums an, dem man den Namen **Elektrizität** gab. Die **unitarische Theorie** von *Benjamin Franklin* (1765) setzt eine Art eines solchen Fluidums voraus; man muß also annehmen, daß dieses in einer ganz bestimmten Normalmenge auf allen Körpern vorhanden sei, damit sie unelektrisch erscheinen. Beim Prozeß der „Reibung" zweier Körper aneinander soll dann von dem einen Körper auf den anderen eine bestimmte Menge dieses Fluidums übergehen, so daß der letztere ein Plus an Elektrizität, der erstere ein ebenso großes Minus hat. *Positive Ladung bedeutet also ein Zuviel an Fluidum, negative ein Zuwenig, verglichen mit der normalen Menge desselben.* — Umgekehrt nimmt die **dualistische Theorie** von *R. Symmer* (1759) zwei verschiedene Fluida, der positiven und negativen Elektrizität entsprechend, als vorhanden an. *Ein unelektrischer Körper muß dann von beiden Arten gleiche Mengen enthalten. Bei der innigen Berührung zweier Körper geht infolge molekularer Kraftwirkungen auf den einen Körper positive, auf den anderen eine gleiche Menge negativer Elektrizität über.* Beide Hypothesen ermöglichen, wie man sieht, die Erklärung der einfachsten elektrischen Erscheinungen. Bedienen wir uns der bequemen Ausdrucksweise halber z. B. der dualistischen Hypothese, so bekommt die Bezeichnung „*elektrische Ladung*" einen bestimmten Sinn, indem man darunter die auf den elektrisierten Körpern im Überschuß befindliche Menge von Fluidum versteht. Diese Elektrizitätsmengen haften bei den Isolatoren fest an den geriebenen Stellen, während sie auf den Leitern als frei beweglich angenommen werden müssen. Freilich müssen wir erst lernen, die Elektrizitätsmengen zu messen (S. 12); denn erst dadurch wird diese Vorstellung wissenschaftlich brauchbar. Wir werden später eine Reihe von Versuchen kennenlernen, die beweisen, daß das, was wir **Elektrizität** nennen, **korpuskularer Natur** ist. Das **kleinste elektrische Elementarteilchen negativen Vorzeichens** heißt ein **Elektron**; ihm entspricht ein **positives Elementarteilchen** gleicher Ladung, das **Positron** genannt wird. Auf die Größe ihrer elektrischen Ladungen kommen wir zurück, wenn wir die Einheit der Elektrizitätsmenge (S. 12) festgesetzt haben. Nach der modernen Vorstellung vom Aufbau der Materie ist diese im wesentlichen elektrischer Natur. Jedes Atom besteht aus einem positiven Kern, der den überwiegenden Teil der Atommasse enthält und dessen elektrische Ladung ein ganzes Vielfaches der Elementarladung beträgt. Die Größe der positiven Kernladung ist durch die Ordnungszahl des betreffenden Elementes im periodischen System gegeben (s. die Tabelle in Nr. 65 des 1. Bandes). Danach hat das Wasserstoffatom die positive Ladung 1, das Heliumatom die Ladung 2, das Sauerstoffatom die Ladung 16 und das Uranatom die Ladung 92. Bei einem neutralen Atom wird diese positive Ladung von einer entsprechenden Zahl negativer Elementarteilchen (Elektronen) neutralisiert, die in einer Hülle den Atomkern umgeben. Dadurch ist nach außen die elektrische Wirkung Null. Entfernt man von den Atomen eines Stoffes etwa durch „Reiben" mit einem anderen Stoff Elektronen, so wird der geriebene Körper infolge des Fehlens negativer Elektrizitätsteilchen positiv elektrisch, während der andere Körper, auf den die Elektronen übergehen, negativ elektrisch wird. Auch aus diesen Überlegungen folgt, daß bei *der Erzeugung eines elektrischen Zustandes niemals eine Elektrizitätsart allein auftreten kann, sondern daß stets gleich große Ladungen entgegengesetzten Vorzeichens voneinander getrennt werden.* Dies führt zu dem Satz:

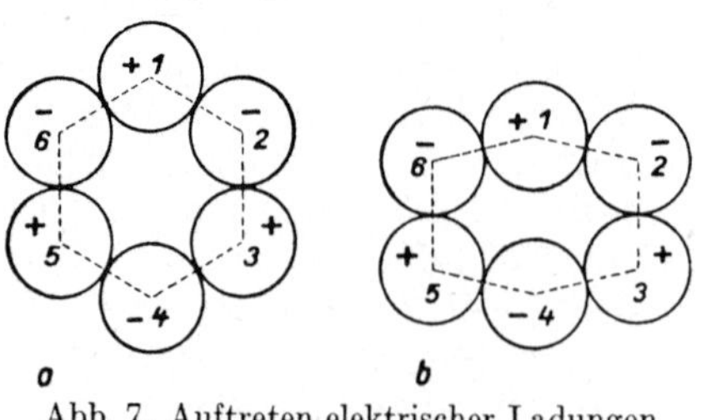

a b

Abb. 7. Auftreten elektrischer Ladungen durch Druck oder Dehnung

In der Welt ist die Summe aller positiven und negativen elektrischen Ladungen unveränderlich. (*Satz von der Erhaltung der Elektrizität.*)

Atome bzw. Moleküle, die eine elektrische Ladung zeigen, heißen zum Unterschied von neutralen Korpuskeln **„Ionen"** (*Atomionen* bzw. *Molekülionen*).

Für das Auftreten elektrischer Ladungen auf einem Körper ist es übrigens nicht unbedingt notwendig, Elektronen aus den Atomen zu entfernen bzw. hinzuzufügen, sondern es genügt, eine Verschiebung von negativ geladenen Atomen gegen positive geladene Atome etwa durch mechanischen Druck oder Dehnung bzw. thermische Ausdehnung hervorzurufen; dies zeigen die Erscheinungen der Piezo- und Pyroelektrizität, von denen in Nr. 16 ausführlich die Rede sein wird. Denken wir uns

z. B. drei positiv und drei negativ geladene Atome entsprechend Abb. 7a in den Ecken eines Sechsecks angebracht, so daß das ganze Gebilde nach außen elektrisch neutral ist, und üben wir in Richtung einer Sechseckdiagonale einen Druck darauf aus, so wird, wie es Abb. 7b andeutet, das positive Atom 1 zwischen die beiden negativen Atome 2 und 6 und das negative Atom 4 zwischen die positiven Atome 3 und 5 geschoben. Infolge dieser veränderten Lage der einzelnen Atome erscheint das Gebilde nach außen nicht mehr elektrisch neutral, sondern in der Druckrichtung auf der einen Seite positiv und auf der entgegengesetzten Seite negativ elektrisch. Zu beachten ist aber, daß hierbei der Körper im ganzen unelektrisch bleibt und nur ein Teil seiner Oberfläche positiv, ein anderer ebenso stark negativ elektrisch wird, da eben stets gleich große Mengen entgegengesetzter Elektrizität verschoben werden.

4. Sitz der elektrischen Ladung auf einem Leiter; Flächenladungsdichte

Wenn wir einen isoliert aufgestellten Leiter, einen sog. Konduktor, mit Elektrizität aufladen, indem wir ihm diese z. B. von einem geriebenen Hartgummistab übertragen, so wird die Elektrizität auf dem Leiter wegen ihrer freien Verschieblichkeit eine ganz bestimmte Verteilung annehmen, in der sie im Gleichgewicht ist. Da sich gleichnamige Elektrizitätsmengen gegenseitig abstoßen, folgt, daß sich die gesamte Ladung auf der äußeren Oberfläche des Leiters ansammelt; denn dann sind die einzelnen Teilchen so weit wie möglich voneinander entfernt. Wir beweisen dies zunächst für eine hohle Metallkugel, die oben eine runde Öffnung besitzt (Ch. Coulomb). Tastet man die äußere Oberfläche der Kugel mit einer kleinen Probekugel (oder Probescheibe), d. h. einer an isolierendem Griff befestigten Metallkugel (oder Metallscheibe) von $^1/_2$ bis 1 cm Durchmesser ab, so nimmt die Probekugel (Probescheibe) von der betreffenden Stelle des Leiters eine Ladung ab, die der an dieser Stelle vorhandenen Ladung proportional ist. Berührt man dann mit der Probekugel den Knopf eines Elektroskops, so zeigt dieses die Größe der übertragenen Ladung an. Wir finden auf diese Weise, daß die geladene Kugel auf ihrer äußeren Oberfläche eine vollkommen gleichmäßige Verteilung besitzt. Führen wir aber die Probekugel in das Innere der Konduktorkugel ein und berühren irgendeine Stelle im Inneren derselben, so zeigt sich die Probekugel nach dem Herausziehen als völlig unelektrisch. Anderseits gibt eine elektrisch aufgeladene Probekugel, wenn man sie in das Innere der Hohlkugel einführt und diese berührt, an diese ihre gesamte Ladung ab und ist nach dem Herausziehen vollständig unelektrisch. Die von ihr abgegebene Elektrizität wandert nämlich sofort an die äußere Oberfläche der Kugel. — Umgibt man (Abb. 8) eine geladene Kugel mit zwei ungeladenen Halbkugeln, die man an isolierenden Handgriffen anfaßt, so erweist sich nach Entfernen dieser Halbkugeln die innere Kugel als völlig ungeladen: Die Elektrizität ist auf die beiden Halbkugeln übergegangen (H. Cavendish, 1773). — Setzt man (Abb. 9) auf einen isoliert aufgestellten Metallteller A ein empfindliches Elektroskop E und stülpt darüber eine Glocke G aus Metallgaze, die durch einen Draht D in leitender Verbindung mit dem Knopf des Elektroskops

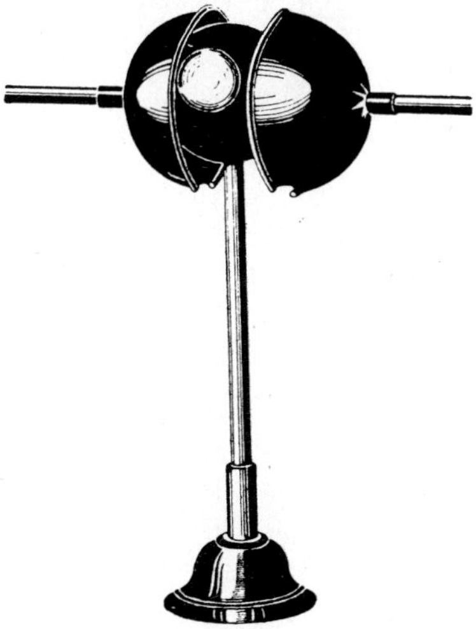

Abb. 8. Anordnung zum Nachweis, daß eine geladene Kugel nur auf ihrer Oberfläche Ladung besitzt

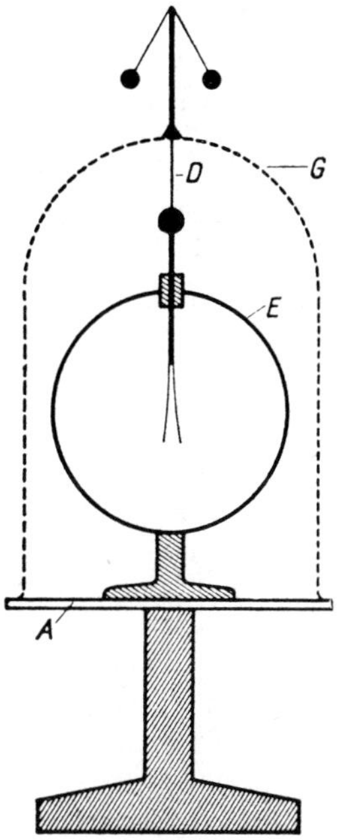

Abb. 9. Zur Wirkung des Faraday-Käfigs

steht, so kann man die ganze Anordnung beliebig stark elektrisch aufladen, so daß z. B. ein auf der Gazeglocke angebrachtes gewöhnliches Doppelpendel einen kräftigen Ausschlag zeigt, ohne daß das im Inneren befindliche Elektroskop eine Ladung anzeigt. M. Faraday hat diesen Versuch im großen angestellt, indem er einen Drahtkäfig von solchen Abmessungen herstellte, daß er selbst mit einem empfindlichen Elektroskop im Inneren Platz hatte. Dann zeigte das Elektroskop auch bei den kräftigsten Aufladungen des isoliert aufgestellten Käfigs keinerlei elektrische Wirkung an. Alle diese Versuche beweisen den Satz:

Bei einem metallischen Leiter sitzt die elektrische Ladung nur auf der Oberfläche.

Auf der Oberflächenverteilung der elektrischen Ladung beruht auch die Wirkungsweise der erwähnten Probekugeln und Probescheiben beim Abtasten der elektrischen Verteilung auf der Oberfläche eines Leiters. In Abb. 10 ist im Querschnitt ein Teil eines Leiters *A* und einer daran angelegten Probekugel *K* und eines Probescheibchens *S* gezeichnet. Die Ladung verteilt sich auf die Oberfläche von Kugel und Scheibe und wird beim Wegführen derselben abgenommen.

Selbstverständlich kann im Inneren eines metallischen Hohlkörpers eine elektrische Ladung existieren, wenn sie in keiner leitenden Verbindung mit dem Hohlkörper steht. Dies kann man mit der Versuchsanordnung Abb. 9 zeigen, wenn man die Verbindung *D* zwischen Drahtkäfig *G* und Elektroskop *E* entfernt und letzteres vor dem Aufsetzen der Glocke auflädt. Dann behält es seine Ladung auch unter der Metallhülle bei.

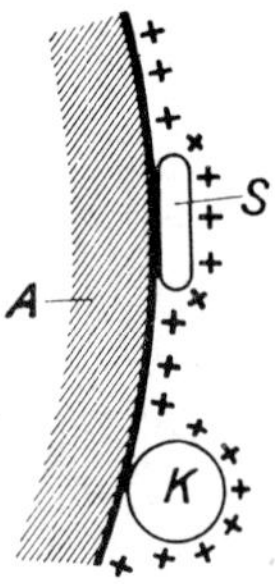

Abb. 10. Zur Oberflächenverteilung der elektrischen Ladung

Abb. 11. Elektroskop mit Faradayschem Becher

Von der Oberflächenverteilung der Elektrizität machen wir eine Reihe praktischer Anwendungen. Die in der Elektrostatik benutzten metallischen Körper können als Hohlkörper mit dünner Wandstärke ausgebildet werden, da nur die Leiteroberfläche, nicht aber das im Inneren des Körpers befindliche Material für den Sitz der Ladung in Frage kommt. — Ein im Innern einer geschlossenen und zur Erde abgeleiteten Hülle befindlicher Leiter ist vollkommen gegen äußere elektrische Einflüsse geschützt. Diese elektrische „Schirmwirkung" ist in vielen Fällen wichtig, z. B. um empfindliche elektrische Apparate vor elektrischen Störungen zu sichern. — Die oben beschriebene Erscheinung, daß die in das Innere eines metallischen Hohlkörpers gebrachte Ladung bei Berührung vollständig auf die äußere Oberfläche des Körpers übergeht, so daß man den Ladungsträger ungeladen herausziehen kann, benutzt man beim Gebrauch des Becherelektrometers zum Messen elektrischer Ladungen. Zu diesem Zweck setzt man auf den Elektrometerkopf (Abb. 11) ein oben offenes Metallgefäß; die in das Gefäßinnere mit einer Probekugel eingeführte zu messende Elektrizitätsmenge geht dann vollständig auf das Elektroskop über. Die Wirksamkeit dieses sog. „Faradayschen Bechers" ersieht man sehr deutlich aus folgendem Versuch: Von zwei gleichen Becherelektroskopen *A* und *B* ist das eine (*A*) ungeladen, während das andere (*B*) eine Ladung besitzt. Versucht man die Ladung von *B* nach *A* mit Hilfe einer Probekugel in einzelnen Teilbeträgen zu überführen, so gelingt dies vollständig nur, wenn man die am Elektroskop *B* geladene Probekugel jedesmal in den Becher von *A* eintaucht. Berührt man dagegen mit der an *B* geladenen Probekugel nur die Außenseite des Bechers *A*, so läßt sich Elektrizität nur so lange übertragen, bis *A* ebenso stark aufgeladen ist wie *B*. Die an *B* geladene Probekugel kann dann ihre Ladungen nicht mehr an *A* abgeben.

Beim Abtasten eines kugelförmigen Leiters mit der Probekugel fanden wir eine vollkommen gleichmäßige Verteilung der Elektrizität auf der Oberfläche der Kugel. Versteht man unter

elektrischer Flächenladungsdichte die pro Fläche vorhandene Elektrizitätsmenge (gemessen in einer noch zu definierenden Einheit), so kann man sagen:
Die Flächenladungsdichte der Elektrizität auf einer Kugeloberfläche ist konstant.

Die auf einem Flächenelement dA sitzende Elektrizitätsmenge sei dq; dann ist die Flächenladungsdichte η

(1) $$\eta = \frac{dq}{dA}\,.$$

Für einen kugelförmigen Leiter vom Radius R, der die Ladung q trägt, ist nach dem Obigen η konstant; in diesem Falle ist η auch gleich dem Verhältnis der Gesamtladung q zur ganzen Oberfläche $A = 4\pi R^2$; also

(1a) $$\eta_{Kugel} = \frac{q}{4\pi R^2}\,.$$

Bei konstanter Ladung q ändert sich also die Flächendichte mit der Größe der Oberfläche des Leiters. Dies zeigt z. B. folgender Versuch: (Elektrisches Rouleau, Abb. 12). Ein metallisiertes Papierband B ist in mehreren Lagen um einen Metallzylinder M gewickelt, der an zwei Seidenschnüren S_1 und S_2 aufgehängt ist. Zieht man an dem Ende des freien Papierbandes mittels der Seidenschnur S_3, so wickelt sich das Band vom Zylinder ab, wobei dieser an den Schnüren S_1 und S_2 emporrollt. Beim Nachlassen des Zuges rollt sich das Band wieder auf den Zylinder auf. Man kann also beliebig die leitende Oberfläche der Anordnung vergrößern und verkleinern. Lädt man die Anordnung elektrisch auf, so kann man mittels Probekugel und Elektroskop die Elektrizitätsdichte bei aufgewickeltem oder abgerolltem Papierband untersuchen und findet, daß diese mit zunehmender Oberfläche abnimmt.

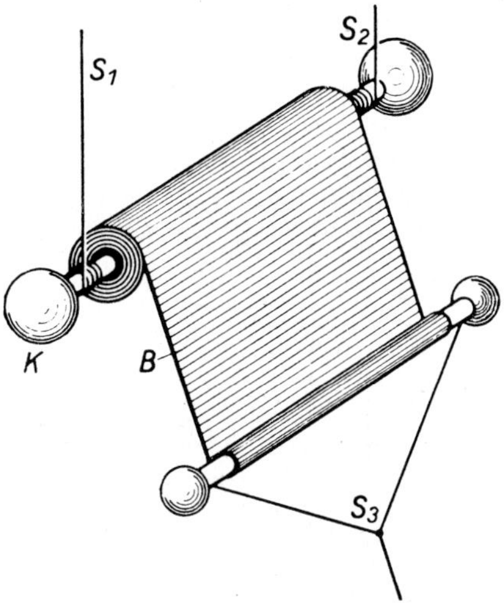

Abb. 12. Elektrisches Rouleau

Wir untersuchen die elektrische Ladungsverteilung an den verschiedenen Stellen der Oberfläche eines nichtkugelförmigen Leiters und geben diesem etwa die in Abb. 13 dargestellte Form. Wenn wir die Oberfläche mit einer Probekugel abtasten und die abgenommene Elektrizitätsmenge mit einem Becherelektroskop nach Abb. 11 messen, so finden wir, daß das Elektroskop den größten Ausschlag gibt, wenn wir die Ladung an der Stelle A abnehmen; den kleinsten Ausschlag erhalten wir dagegen beim Abtasten des ebenen Teiles etwa bei B. Die Ausschläge beim Abtasten an den Stellen C, D und E liegen zwischen den Werten von A und B, und zwar nehmen sie von C nach E ab. Die Flächendichte der Elektrizität ist also auf einem solchen Konduktor an verschiedenen Stellen ganz verschieden. Sie ist am größten an der Spitze, am kleinsten auf dem ebenen Zylinderboden. Diese Stellen unterscheiden sich aber nur durch ihre Krümmung, und wir können daher sagen: Die Dichte der Elektrizität an den verschiedenen Stellen eines Leiters ist um so größer, je kleiner der Krümmungsradius der Fläche an der betreffenden Stelle ist. Verbindet man z. B. zwei Kugeln mit verschiedenem Durchmesser mittels eines dünnen Drahtes miteinander und lädt sie auf, so zeigt die kleine Kugel eine größere elektrische Flächenladungsdichte als die große, wie sich durch Abtasten mit einer Probekugel ergibt.

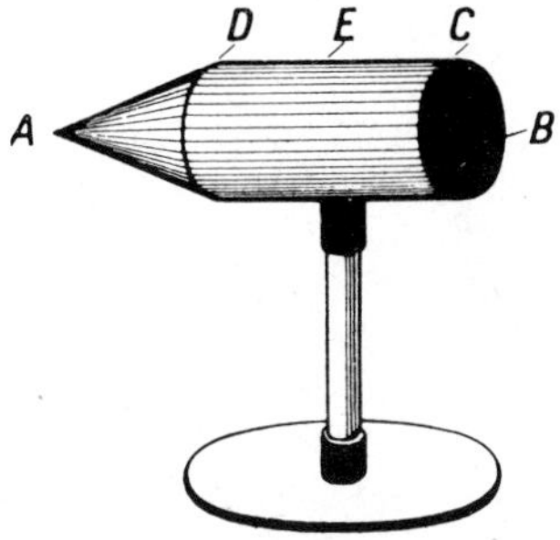

Abb. 13. Konduktor zur Untersuchung der Oberflächenverteilung der Ladung

Einen besonders kleinen Krümmungsradius haben Spitzen. Infolgedessen findet an Metallspitzen eine sehr starke Anhäufung von Elektrizität statt; dadurch kommt es zu einem Leitendwerden der vor der Spitze befindlichen Luft und zu einem Ausströmen der Elektrizität aus der Spitze. Näher können wir auf diesen komplizierten Vorgang erst in Kapitel VIII eingehen. Hier stellen wir nur fest, daß dabei von der Spitze eine Luftströmung ausgeht, mit der sich z. B. eine Kerzenflamme ausblasen läßt. Das in Abb. 14 dargestellte Flugrad kommt bei elektrischer Aufladung in rasche Umdrehungen, da es durch den von den Spitzen ausgehenden „elektrischen Wind" einen Rückstoß in der Pfeilrichtung erfährt. — Stellt man nach Abb. 15 eine mit einer Spitze versehene elektrisch geladene Kugel A einer ungeladenen Kugel B gegenüber, so wird letztere durch die aus der Spitze ausströmende Elektrizität aufgeladen; der Konduktor A verliert dabei seine Ladung bis auf einen kleinen Rest. Die Ausströmung aus der Spitze hört nämlich auf, wenn die Dichte der Elektrizität an der Spitze unter einen bestimmten Grenzwert abgesunken ist. Um daher bei elektrischen Leitern, die Ladungen größerer Dichte aufnehmen sollen, Verluste durch Ausströmung zu vermeiden, rundet man alle Kanten und Ecken ab und vermeidet so jegliche Art von Spitzen.

Abb. 14. Elektrisches Flugrad

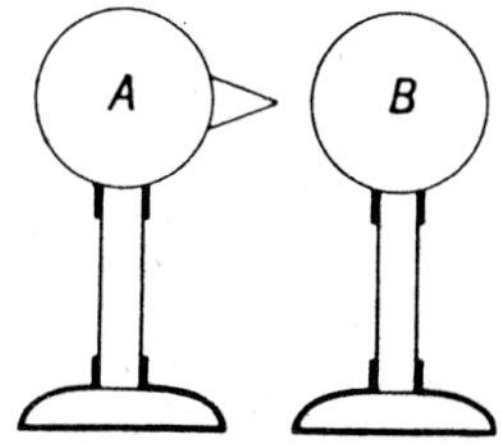

Abb. 15. Zur Wirkung einer elektrisch geladenen Spitze

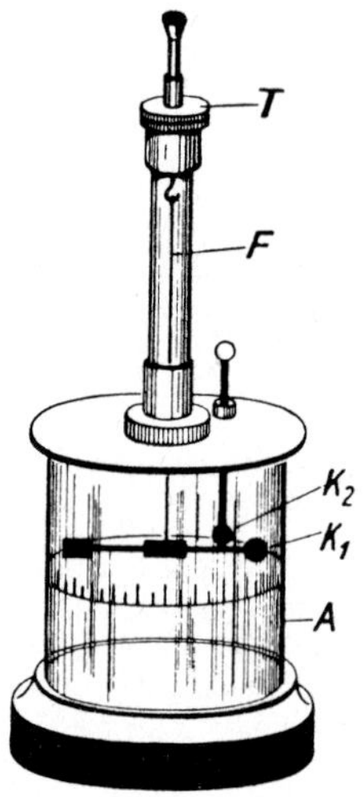

Abb. 16. Coulombsche Drehwaage

5. Coulombsches Gesetz; Einheit der Elektrizitätsmenge

Als Kennzeichen des elektrischen Zustandes haben wir nur das Auftreten von Kraftwirkungen: Gleichnamige Elektrizitäten stoßen sich ab, ungleichnamige ziehen sich an. Diese Kraftwirkung soll jetzt quantitativ untersucht werden. Als erster hat Ch. Coulomb (1785) dies mittels der in Abb. 16 skizzierten Drehwaage getan. In einem Glasgefäß A hängt an einem dünnen Metalldraht F ein waagerechtes Hartgummistäbchen, das an einem Ende eine kleine Metallkugel K_1 trägt, deren Gewicht durch ein am anderen Ende angebrachtes Gegengewicht ausgeglichen wird. Eine zweite gleich große Kugel K_2 läßt sich durch eine Öffnung im Deckel des Gefäßes an einem isolierten Stift einsetzen. Wird diese Kugel geladen und mit der Kugel K_1 in Berührung gebracht, so verteilt sich die elektrische Ladung aus Symmetriegründen auf die beiden gleich großen Kugeln zu gleichen Teilen, und es findet eine Abstoßung von K_1 statt; durch eine Drehung am Torsionskopf T kann die Kugel K_1 wieder in ihre Anfangsstellung gebracht werden. Aus dem Torsionswinkel, der dem Drehmoment des tordierten Fadens proportional ist, läßt sich die Größe der abstoßenden Kraft zwischen K_1 und K_2 für jede Entfernung ermitteln. Halbiert man die auf K_2 sitzende Ladung, indem man K_2 zunächst mit einer gleich großen ungeladenen Kugel in Berührung bringt und dann wieder in die Apparatur einsetzt, so kann man die Kraftwirkung F zwischen zwei Ladungen q_1 und q_2 ermitteln, deren Größen sich wie 1:2 verhalten usw.

Auf diese Weise fand Coulomb das nach ihm benannte Gesetz: **Die gegenseitige Kraftwirkung zwischen zwei elektrisch geladenen Körpern ist dem Produkt der beiden Elektrizitätsmengen, die auf den Körpern sitzen, direkt und dem Quadrat ihrer Entfernung umgekehrt proportional. Die Kraft hat die Richtung der Verbindungslinie der beiden Ladungen.**

Bezeichnen wir mit F den Betrag der Kraft zwischen den beiden Ladungen q_1 und q_2 und mit f eine Proportionalitätskonstante, so können wir schreiben:

$$F = f\,\frac{q_1 \cdot q_2}{r^2}. \tag{2}$$

Dabei bedeutet ein positiver Wert von F, d. h. gleiches Vorzeichen von q_1 und q_2, eine abstoßende

Kraft, während ein negativer F-Wert, d. h. entgegengesetztes Vorzeichen von q_1 und q_2, einer anziehenden Kraft entspricht. Das in Gl. (2) ausgesprochene Gesetz gilt nur unter gewissen Voraussetzungen: Erstens müssen sich die beiden Ladungen auf so kleinen Körpern befinden, daß ihre linearen Abmessungen gegenüber ihrem gegenseitigen Abstand verschwinden, mit anderen Worten: die Ladungen müssen als „punktförmig" betrachtet werden können. Ferner aber ist die wichtigste Einschränkung für die Gültigkeit von (2) die, daß die Ladungen sich im Vakuum befinden müssen. Freilich werden die praktischen Versuche stets im lufterfüllten Raume angestellt; dies bedingt, wie in Nr. 14 gezeigt wird, nur eine sehr geringe Abweichung gegenüber Versuchen im Vakuum, die schwierig anzustellen wären. Für die folgenden Erörterungen müssen wir also stets leeren (bzw. lufterfüllten) Raum voraussetzen; wie sich die Verhältnisse ändern, wenn die Ladungen sich in einem anderen isolierenden Medium befinden, werden wir in Nr. 14 erörtern.

Die Abnahme der Kraftwirkung zwischen zwei Ladungen mit dem Quadrat der Entfernung läßt sich bequemer mit der in Abb. 17 skizzierten Anordnung nachweisen. Eine leichte metallisierte Kugel hängt an einem langen Doppelfaden. Direkt daneben befindet sich eine gleich große zweite Kugel, die auf einem isolierten und verschiebbaren Stativ befestigt ist. Werden die beiden Kugeln gleichnamig geladen, so stoßen sie sich ab, und die frei aufgehängte Kugel bewegt sich um die Strecke a aus ihrer Ruhelage; es sei dann r ihre Entfernung von der festen Kugel, wenn unter r der Abstand der Mittelpunkte beider Kugeln verstanden wird. Der abstoßenden Kraft wird das Gleichgewicht von einer Komponente F' der Schwerkraft gehalten. Ist m die Masse der Kugel und α der Ablenkungswinkel des Pendels aus der Ruhelage, so ist $F' = mg \sin \alpha$, und wenn die Pendellänge l hinreichend groß ist, läßt sich $\sin \alpha = \frac{a}{l}$ setzen, so daß $F = F' = mg \frac{a}{l}$ ist; damit ist die abstoßende Kraft F proportional der Ablenkung a. Verschiebt man die feste Kugel nach links um solche Beträge, daß die Entfernung zwischen ihr und der beweglichen Kugel $2r$, $3r$, $4r$ usw. wird, so geht die Größe a, d. h. die Entfernung der beweglichen Kugel von ihrer Ruhelage und damit auch die Kraftwirkung F auf $^1/_4$, $^1/_9$, $^1/_{16}$ usw. des ursprünglichen Wertes a zurück.

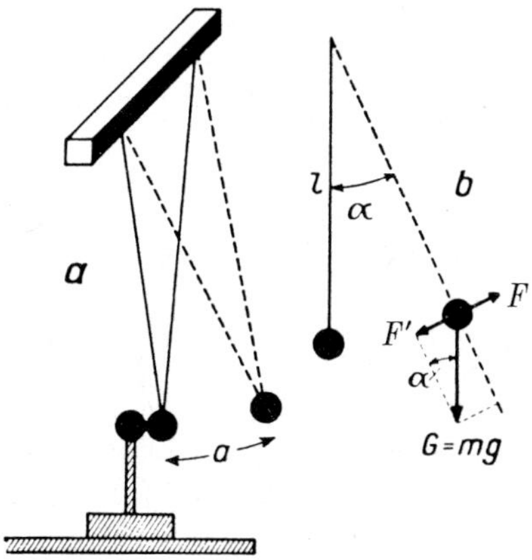

Abb. 17. Anordnung zum Beweis des Coulombschen Gesetzes

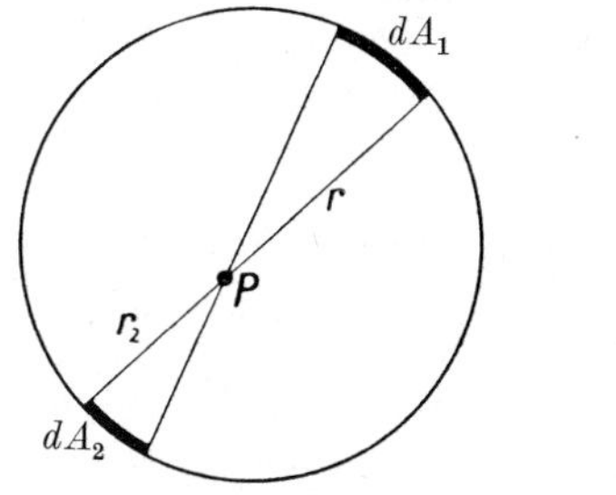

Abb. 18. Zum Beweis des Coulombschen Gesetzes

Das Coulombsche Entfernungsgesetz $\frac{1}{r^2}$ läßt sich mit aller Strenge auch aus der in Nr. 4 experimentell gefundenen Tatsache herleiten, daß im Inneren eines elektrisch geladenen Hohlleiters keinerlei elektrische Kraftwirkungen nachzuweisen sind, worauf zuerst Gauß hingewiesen hat. Der Einfachheit halber nehmen wir den Leiter in Form einer Hohlkugel an, deren Oberfläche eine gleichmäßige Elektrizitätsdichte η trägt. Im Inneren der Kugel befindet sich etwa im Punkte P (Abb. 18) eine Ladung q. Wir ziehen durch P die Verbindungslinien zu der Begrenzung eines beliebig ausgewählten Flächenelementes dA_1 auf der Kugel und verlängern diese Geraden über P hinaus, so daß sie auf der gegenüberliegenden Seite das Flächenelement dA_2 aus der Kugel ausschneiden. Es entsteht so ein Doppelkegel mit den Grundflächen dA_1 und dA_2 und der gemeinsamen Spitze in P. Die Abstände von dA_1 und dA_2 von P seien r_1 und r_2 und der gemeinsame räumliche Winkel, unter dem die Grundflächen von P aus erscheinen, sei ω. Die mechanische Kraft, die von der auf dA_1 sitzenden Ladung auf die Ladung im Punkt P wirkt, sei $f \cdot \frac{q \cdot \eta dA_1}{r_1^x}$ und ebenso sei die von der Ladung von dA_2 auf q

wirkende Kraft $f\,\frac{q\cdot\eta dA_2}{r_2^x}$, indem wir die Potenz von r noch als unbestimmt mit x bezeichnen; beide Kräfte sind entgegengesetzt gerichtet und müssen sich, da im Inneren der Kugel keinerlei elektrische Kraftwirkung nachweisbar ist, zu Null ergänzen, d. h. es muß

$$f\,q\,\eta\left(\frac{dA_1}{r_1^x}-\frac{dA_2}{r_2^x}\right)=0$$

sein. Nun ist aber

$$dA_1=r_1^2\omega \quad \text{und} \quad dA_2=r_2^2\omega,$$

so daß wir schreiben können

$$f\,q\,\eta\,\omega\left(\frac{r_1^2}{r_1^x}-\frac{r_2^2}{r_2^x}\right)=0.$$

Dies ist aber nur möglich, wenn $x = 2$ ist, was zu beweisen war.

In Gl. (2) für das Coulombsche Gesetz tritt ein unbekannter Proportionalitätsfaktor f auf. Wäre er bekannt, so könnten wir mit Hilfe von (2) elektrische Ladungen messen. Denn wenn wir zwei gleiche Ladungen $q_1 = q_2 = q$ nehmen, so folgt aus (2) für diese Ladungen:

(2a) $$q = r\sqrt{\frac{F}{f}}\,.$$

Es sind also zwei Unbekannte in dieser Gleichung: Die Ladung q und der Proportionalitätsfaktor f. Eine zweite Gleichung, die man zu Hilfe nehmen könnte, gibt es nicht. Man muß entweder f oder q willkürlich festsetzen; dann kann man die andere Größe aus der Kraftmessung bestimmen. Der Mathematiker und Physiker C. F. Gauß hat vorgeschlagen, dem Proportionalitätsfaktor den Wert eins und die Dimension eins zu geben. Dann ist $q = r\sqrt{F}$. Die Messung der Elektrizitätsmenge, also der Ladung q, ist dadurch auf die Messung einer Kraft und einer Länge zurückgeführt. Und deshalb ist die Dimension der Ladung q:

$$\dim q = L^{3/2}M^{1/2}T^{-1}$$

Dieses sog. **elektrostatische Maßsystem** ist also dadurch gekennzeichnet, daß der Proportionalitätsfaktor f im Coulombschen Gesetz den Zahlenwert und die Dimension eins hat. Wählt man als Einheiten Zentimeter, Gramm und Sekunde, dann erhält man die **elektrostatische Einheit der Ladung** (abgekürzt esE). Diese Einheit ist also 1 $\mathrm{cm}^{3/2}\mathrm{g}^{1/2}\mathrm{s}^{-1}$ oder 1 esE. Sie hat keinen besonderen Namen. Man spricht bei der Wahl dieser Einheiten auch vom **elektrostatischen CGS-System.**

Dieses Maßsystem hat seit Gauß eine große Rolle in der Physik gespielt. Man glaubte, alle Größen der Physik auf die Grundgrößenarten Länge, Masse und Zeit zurückführen zu können. Das ist jedoch nur beschränkt möglich. Deshalb hat man heute im **Internationalen Einheitensystem** (Système International, abgekürzt SI) als vierte Grundgrößenart die elektrische Stromstärke J mit der Einheit Ampere (A) hinzugenommen. Die elektrische Stromstärke J ist definiert als der Quotient Ladung pro Zeit, ist also die pro Zeit t durch einen beliebigen Querschnitt der Strombahn fließende Elektrizitätsmenge q. Die Einheit der Stromstärke ist willkürlich durch Vereinbarung festgelegt. Von 1908 bis 1947 galt: Ein Ampere ist derjenige Strom, der in einer Sekunde 1,1180 Milligramm Silber elektrolytisch abscheidet. Der elektrolytische Strom erfolgt so, daß jedes einzelne Silberatom eine elektrische Elementarladung trägt, also ein einwertiges positives Ion ist. Bei der Silberabscheidung wird das Ion zum neutralen Atom. Durch diese Festlegung ist das Ampere auf eine bestimmte Anzahl von Elementarladungen zurückgeführt, die in einer bestimmten Zeit fließen. — Seit dem 1. Januar 1948 gilt aufgrund internationaler Vereinbarung: Ein Ampere ist die Einheit des Stromes, der in zwei parallelen, geradlinigen, unendlich langen, in einem Meter Abstand befindlichen Leitern fließt und zwischen ihnen eine Kraft von $2\cdot10^{-7}$ Newton pro Meter Länge ausübt. Jetzt ist also das Ampere auf die Kraft zurückgeführt, welche die durch den Strom erzeugten Magnetfelder aufeinander ausüben.

Das Produkt ein Ampere mal eine Sekunde (1 As) stellt somit eine bestimmte Anzahl von Elementarladungen, also eine bestimmte Elektrizitätsmenge oder Ladung dar.

Durch die Einführung der elektrischen Stromstärke J als neue Grundgrößenart mit der Einheit Ampere folgt also, daß die Ladung q im Coulombschen Gesetz in der Einheit A · s festgelegt ist. Dadurch ist man nicht mehr frei in der Wahl der Konstante. Diese ergibt sich vielmehr zwangsläufig. Man schreibt dann das Coulombsche Gesetz in der Form:

$$F = \frac{1}{4\pi\varepsilon_0} \cdot \frac{q_1 \cdot q_2}{r^2}.$$

Der Faktor 4π berücksichtigt die Kugelsymmetrie. Die Konstante ε_0 heißt die elektrische Feldkonstante. Wählt man für die Ladung 1 As, für den Abstand der Ladungen 1 m und für die Kraft 1 Newton (= 1 Volt · Ampere · Sekunde pro Meter) so ergibt sich bei der Messung im Vakuum folgender Wert:

$$\text{Elektrische Feldkonstante } \varepsilon_0 = 8{,}854 \cdot 10^{-12} \frac{\text{As}}{\text{Vm}}.$$

Die Einheit A · s für die Ladung im internationalen Einheitensystem wird auch Coulomb genannt:

(3) **1 Amperesekunde** (As) = **1 Coulomb** (C).

Vergleicht man die beiden Einheiten für die Ladung, die zu ganz verschiedenen Maßsystemen gehören, so entsprechen sich etwa

(3a) $$1\,\text{C} \mathrel{\hat{=}} 3 \cdot 10^9\,\text{esE}.$$

Von der Größe eines Coulomb bekommt man einen anschaulichen Begriff, wenn man nach dem Coulombschen Gesetz die Kraft berechnet, die zwei elektrische Ladungen von je $3 \cdot 10^9$ esE $\hat{=}$ 1 C in einer Entfernung von 1 km ausüben. Man erhält den Wert:

$$F = \frac{3 \cdot 10^9 \cdot 3 \cdot 10^9}{(10^5)^2}\,\text{dyn} = 9 \cdot 10^8\,\text{dyn} \approx 900\,\text{kp}!$$

Die kleinste in der Natur vorkommende Elektrizitätsmenge, das sog. **elektrische Elementarquantum,** ist die **Ladung eines Elektrons, bzw. eines Protons, bzw. eines Positrons.** Sie beträgt:

$$e = 4{,}803\,\text{esE}\,(\text{cm}^{3/2}\,\text{g}^{1/2}\,\text{s}^{-1}),\ \text{bzw.}$$
$$e = 1{,}602 \cdot 10^{-19}\,\text{Coulomb (As).}$$

Von den beiden Maßsystemen wird zunächst das elektrostatische im Vordergrund stehen. Dies geschieht aus pädagogischen Gründen. Auch sollte der Leser beide Systeme kennenlernen, um sowohl neue wie auch ältere Literatur verstehen zu können.

6. Das elektrische Feld; elektrische Kraftlinien; elektrischer Kraftfluß; Gaußscher Satz

Die Form des Coulombschen Gesetzes legt die Vorstellung nahe, als ob die Kräfte zwischen den beiden aufeinander wirkenden Ladungen den Raum zeitlos übersprängen; denn in dem Gesetz ist ja nur von den Orten der Ladungen die Rede, es wird aber in keiner Weise der dazwischenliegende Raum zur Betrachtung herangezogen. Es sieht also so aus, als ob die Kräfte ihren Ursprung am Ort der einen Ladung hätten und von dort in die Ferne, d. h. auf die andere Ladung wirkten. Die Vorstellung von elektrischen Fernkräften wurde besonders durch die formale Übereinstimmung zwischen dem Coulombschen Gesetz und dem Newtonschen Gravitationsgesetz (Band I, Nr. 30) bestärkt und diente lange Zeit als Arbeitshypothese.

Im Gegensatz zu dieser Fernwirkungstheorie steht die **Nahewirkungstheorie von Faraday;** danach soll ein zwischen den elektrischen Ladungen im Raum befindliches Medium die elektrische Kraftwirkung vermitteln. Wenn keine Ladungen vorhanden sind, befinde sich dieses Medium in einer Art Normalzustand, in dem es sich nicht bemerkbar macht. Erzeugt man aber an irgendeiner Stelle eine elektrische Ladung, so soll diese das Medium in einen veränderten Zustand versetzen, der sich dann durch eine Kraftwirkung auf eine andere elektrische Ladung gemäß dem Coulombschen Gesetz bemerkbar mache.

Wir können uns *diesen besonderen Zustand des Mediums* als eine *Art Spannungszustand vorstellen, wie wir ihn von den elastischen Medien her kennen*, wo eine an einem Punkt angreifende Kraft durch die Deformation des elastischen Mediums an andere Stellen übertragen wird. Man muß sich aber hüten, zu glauben, daß dieser elektrische Zwangszustand mechanisch vorstellbar und verständlich sei: *Eine mechanische Erklärung dieses Zwangszustandes um eine elektrische Ladung herum hat sich nicht finden lassen*; wir müssen ihn vielmehr als etwas sui generis betrachten. Man nennt diesen Zustand das **elektrische Feld** und spricht in diesem Sinne von **elektrischen Feldwirkungen** im Gegensatz zu den oben erwähnten Fernwirkungen. Der Unterschied zwischen beiden Theorien wird besonders klar, wenn wir eine einzelne elektrische Ladung betrachten. Nach der Fernwirkungstheorie kommt ihr keinerlei Bedeutung zu; denn es muß erst eine zweite Ladung vorhanden sein, damit eine Kraftwirkung auftritt. Nach der Feldtheorie erzeugt dagegen bereits die einzelne Ladung um sich herum ein Feld, d. h. ein System von Spannungen. Aus Symmetriegründen übt dieses auf die erzeugende Ladung selbst keine Kraftwirkungen aus. Zum Nachweis dieses Feldes benötigen wir vielmehr eine zweite (Probe-) Ladung, die durch eine meßbare Kraftwirkung das Vorhandensein und die Stärke des Feldes angibt. Diese Hilfsladung erzeugt nun aber um sich herum ebenfalls ein Feld, das sich dem ersten Felde überlagert. Das resultierende Feld hat aber nicht mehr die Symmetrie des ursprünglichen, und so kommt es zu einer Kraftwirkung auf die Hilfsladung. Diese Kraft hängt also nicht nur von dem primären Felde, sondern auch von dem der Hilfsladung ab. Mit anderen Worten: Das zu untersuchende bzw. nachzuweisende Feld wird grundsätzlich stets durch die Hilfsladung gestört. Man kann aber diese Störung beliebig klein machen, wenn man die Hilfsladung und die Abmessungen des sie tragenden Körpers hinreichend klein macht. Eine derartige kleine elektrische Ladung zur Ausmessung elektrischer Felder nennt man eine *Probeladung*.

Als **Feldstärke** *des elektrischen Feldes bezeichnet man den Quotienten: Kraft dividiert durch eine sehr kleine Probeladung* q. Je kleiner q genommen wird, desto genauer ist die Feldmessung. Nennen wir die Feldstärke, die ein Vektor ist, nach Größe und Richtung $\mathfrak{E}$, so gilt also die Definitionsgleichung:

$$\mathfrak{E} = \lim_{q \to 0} \frac{\mathfrak{F}}{q} \tag{4}$$

wenn $\mathfrak{F}$ die auf die Probeladung ausgeübte Kraft bedeutet. Man kann daher kurz sagen:

Die Feldstärke ist Kraft durch Ladung.

In einem Feld der Stärke $\mathfrak{E}$ erfährt demnach eine hinreichend kleine Ladung q die Kraft:

$$\mathfrak{F} = q\,\mathfrak{E}. \tag{5}$$

Diese Gleichung enthält ebenfalls die allgemeine Definition der Feldstärke.

Für die Dimension der Feldstärke ergibt sich:

$$\dim \mathfrak{E} = \frac{\dim \mathfrak{F}}{\dim q} = \frac{L M T^{-2}}{L^{3/2} M^{1/2} T^{-1}} = L^{-1/2} M^{1/2} T^{-1}. \quad \text{Einheit: } \mathrm{cm}^{-1/2}\mathrm{g}^{1/2}\mathrm{s}^{-1};$$

bzw. im SI-System:

$$\dim \mathfrak{E} = \frac{\dim \mathfrak{F}}{\dim q} = \dim \frac{UJT/L}{JT} = \frac{\dim U}{\dim L} \cdot \quad \text{Einheit: } \frac{\text{Volt}}{\text{m}}.$$

Setzt man im Coulombschen Gesetz (mit $f = 1$) die eine Ladung gleich 1 esE, so gibt die linke Seite die Kraft an, die die andere Ladung q auf die Ladung 1 esE im Abstand r ausübt. Mit anderen Worten: Der Betrag der Feldstärke einer punktförmigen Ladung q im Abstand r ist q/r^2:

(6) $$|\mathfrak{E}| = \frac{q}{r^2}.$$

Die elektrische Feldstärke ist nach dem Gesagten ein Vektor. Das elektrische Feld ist demnach erst bestimmt, wenn an jeder Stelle des Raumes die Feldstärke nach Größe und Richtung bekannt ist. Konstruiert man im elektrischen Felde Kurven, deren Tangente in jedem Punkte mit der Richtung der dort herrschenden Feldstärke übereinstimmt, so geben diese **elektrischen Kraftlinien** oder **elektrischen Feldlinien** oder **$\mathfrak{E}$-Linien** ein anschauliches Bild von der Struktur des Feldes, das die Ladungen umgibt. Dabei kann man auch über die Stärke des Feldes etwas aussagen, wenn man nach Faraday die Zahl der Kraftlinien so beschränkt, daß durch eine zur Feldrichtung senkrechte Einheitsfläche nur soviel Kraftlinien hindurchgehen, wie der Vektor $\mathfrak{E}$ an dieser Stelle Einheiten besitzt. Die Zahl der eine Flächeneinheit senkrecht durchsetzenden Kraftlinien gibt somit den Betrag der elektrischen Feldstärke an dieser Stelle an. Ist dA ein beliebig orientiertes Flächenelement, dessen Normale n den Winkel φ mit der Richtung von $\mathfrak{E}$ bildet, so ist demgemäß die Anzahl dN der dA durchsetzenden Feldlinien:

$$dN = |\mathfrak{E}| \cos\varphi \, dA = |\mathfrak{E}_n| \, dA,$$

wenn $\mathfrak{E}_n$ die auf dA senkrechte Komponente von $\mathfrak{E}$ bedeutet. Das Produkt $|\mathfrak{E}_n| \, dA$, d. h. die Anzahl der durch dA hindurchtretenden Kraftlinien, nennt man den elektrischen Fluß $d\Psi$ durch dieses Flächenelement. Es ist also für eine endliche Fläche:

(7) $$\Psi = \int |\mathfrak{E}_n| \, dA.$$

Denken wir uns z. B. um eine punktförmige Ladung q als Mittelpunkt eine Kugelfläche vom Radius r gelegt, so ist die Größe dieser Fläche $4\pi r^2$; der Betrag der elektrischen Feldstärke in der Entfernung r von der Ladung ist nach Gl. (6):

$$|\mathfrak{E}| = \frac{q}{r^2}: \qquad \varphi = 0, \cos\varphi = 1.$$

Folglich ist der von der Ladung ausgehende elektr. Fluß, d. h. die von der Ladung insgesamt ausgehende „Kraftlinienzahl“:

$$\Psi = 4\pi q.$$

Dieser Satz ist einer starken Verallgemeinerung fähig: Sind mehrere Ladungen $q_1, q_2, \ldots q_n$ vorhanden, so addiert sich der von jeder einzelnen ausgehende elektr. Fluß algebraisch; auch ist es offenbar gleichgültig, ob man als umschließende Fläche eine Kugelfläche oder eine beliebige andere geschlossene Fläche wählt. Bezeichnet man mit $\oint |\mathfrak{E}_n| \, dA$ — der kleine Kreis am Integralzeichen soll andeuten, daß es sich um eine geschlossene Fläche handelt — den gesamten Kraftfluß durch eine geschlossene Fläche, so hat man also

(8) $$\oint |\mathfrak{E}_n| \, dA = \Psi = 4\pi \Sigma q$$

in Worten: **Der gesamte elektr. Fluß durch eine geschlossene Fläche ist gleich 4π mal der Summe der eingeschlossenen Ladungen (Gaußscher Satz).**

Umschließt im besonderen die Fläche gar keine Ladung ($q = 0$), so ist der gesamte Kraftfluß $\oint |\mathfrak{E}_n| \, dA = 0$, d. h. es treten ebensoviel Feldlinien in das Innere des geschlossenen Gebietes ein wie aus. Dabei ist die positive Normalenrichtung nach außen genommen.

Man bezeichnet daher eine positive Ladung q auch als **Quelle** von $4\pi q$ Kraftlinien und entsprechend eine negative Ladung eine **Senke** (oder negative Quelle) von $4\pi q$ Kraftlinien, da nach unserer Definition die Kraftlinien stets von positiven Ladungen ausgehen und in negative einmünden. Als positive Richtung der Feldlinien bezeichnet man daher diejenige von den positiven zu den negativen Ladungen, d. h. diejenige, in der sich eine positive Ladung auf der Feldlinie bewegen würde.

Befindet sich die elektrische Ladung auf einem Leiter, so verlaufen die von ihr ausgehenden Kraftlinien stets senkrecht zur Leiteroberfläche. Wäre dies nicht der Fall, würde also $\mathfrak{E}$ schräg zur Leiteroberfläche stehen, so könnte man $\mathfrak{E}$ in eine Komponente senkrecht ($\mathfrak{E}_n$) und eine tangential ($\mathfrak{E}_t$) zur Leiteroberfläche zerlegen. Letztere würde aber wegen der freien Beweglichkeit der elektrischen Ladungen eine Bewegung der Elektrizität in der Leiteroberfläche bewirken, im Widerspruch zu dem vorausgesetzten Gleichgewichtszustand; daher kann eine tangentielle Kraftkomponente nicht vorhanden sein.

Zwischen der Feldstärke $\mathfrak{E}_n$ an einem Punkte der Leiteroberfläche und der dort herrschenden Flächenladungsdichte η besteht die einfache Beziehung:

(8a) $$|\mathfrak{E}_n| = 4\pi\eta .$$

Sie folgt auf Grund der Tatsache, daß das elektrische Feld im Inneren eines Leiters Null ist, aus Gl. (8), wenn man diese auf beiden Seiten durch die Fläche dividiert, auf der die Ladung q verteilt ist.

Man kann den Kraftlinienverlauf in verschiedener Weise sichtbar machen. In den Abb. 19—24 sind einige solcher Kraftlinienbilder wiedergegeben. Sie werden in der Weise erhalten, daß auf den Boden einer flachen Kristallisationsschale die metallischen Leiter in Form entsprechend ausgebildeter Metallplatten gelegt und elektrisch aufgeladen werden. Die Schale wird mit einem dickflüssigen gut isolierenden Öl (Terpentin- oder Rizinusöl) gefüllt, in dem gewöhnlicher fein-

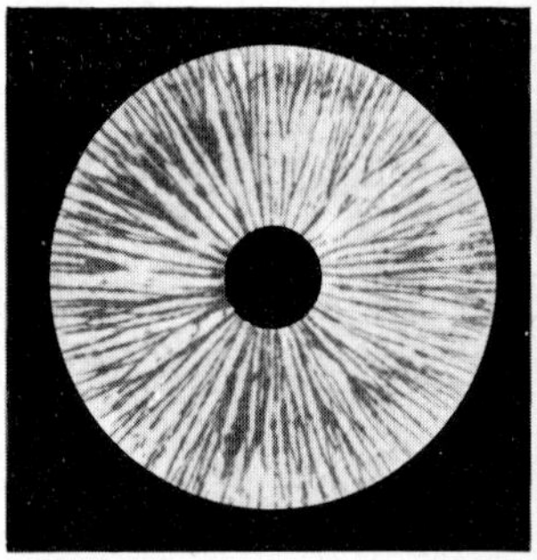
Abb. 19

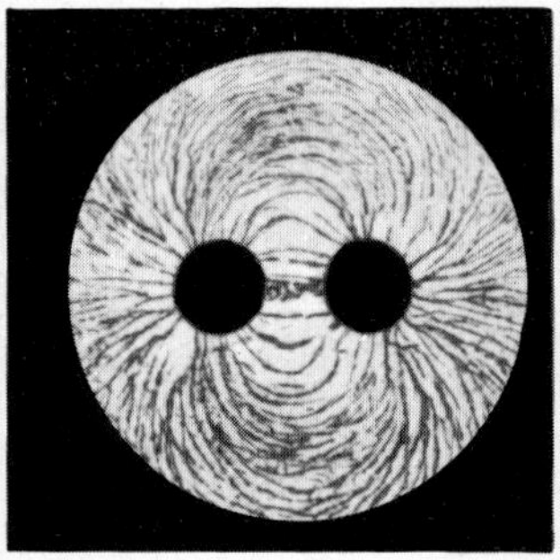
Abb. 20

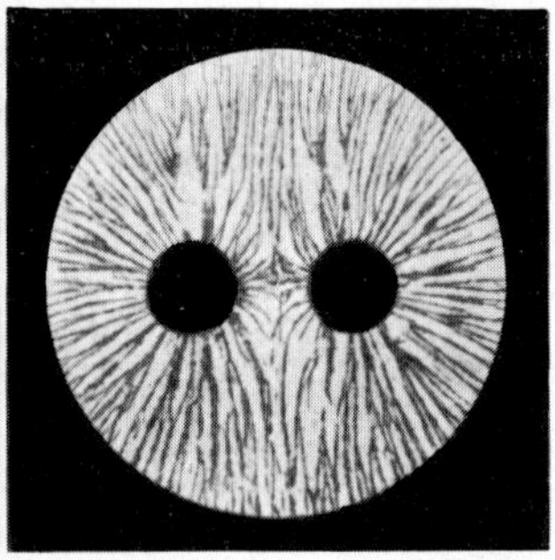
Abb. 21

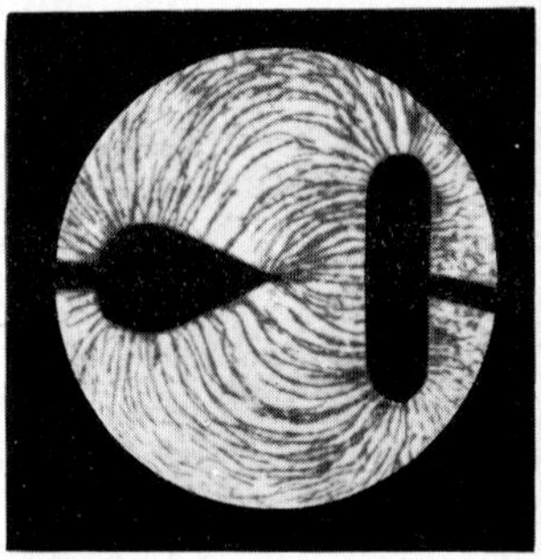
Abb. 22

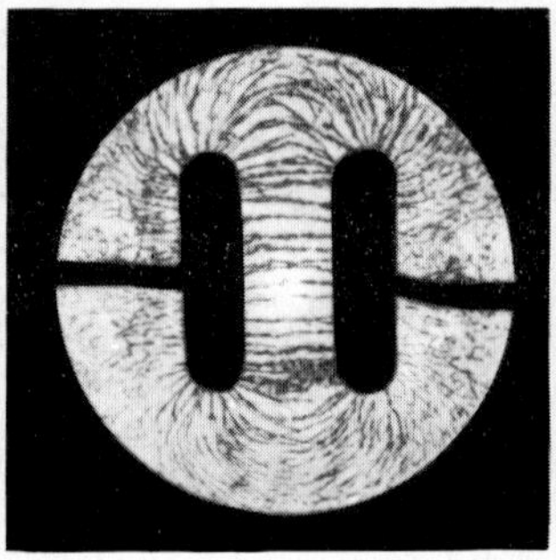
Abb. 23

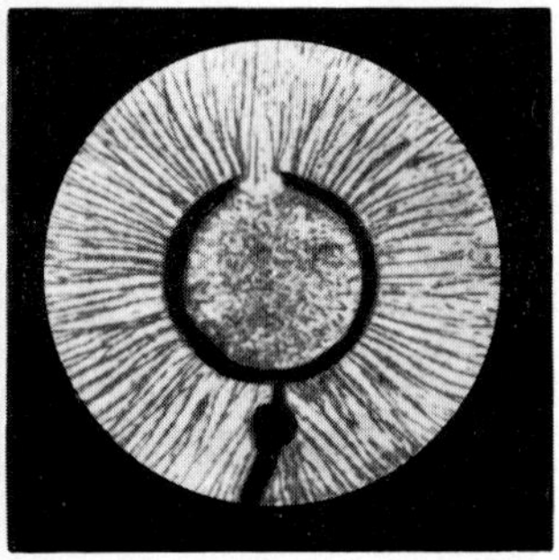
Abb. 24

Abb. 19—24. Elektrische Kraftlinienbilder.

Abb. 19. Einzelner geladener Pol; Abb. 20. Zwei entgegengesetzt geladene Pole; Abb. 21. Zwei gleichnamig geladene Pole; Abb. 22. Spitze und entgegengesetzt geladene Platte; Abb. 23. Zwei entgegengesetzt geladene ebene Platten; Abb. 24. Geladener Hohlkörper mit kleiner Öffnung

körniger Grieß verteilt ist. Dieses Grießpulver ordnet sich dann längs der Kraftlinien an, so daß sich wenigstens in einer Ebene ein qualitativer Überblick über den Feldverlauf ergibt. Die Abb. 19 zeigt das Feld um einen einzelnen kreisförmigen Pol. Die elektrischen Kraftlinien gehen radial nach außen; da sie sich dabei immer weiter voneinander entfernen, erkennt man daraus die Abnahme des Feldes mit wachsender Entfernung von der Ladung. — In der Abb. 20 sind zwei gleiche Pole entgegengesetzt gleich stark aufgeladen. Hier verlaufen alle Kraftlinien von dem einen (+) nach dem anderen (—) Pol. Dies erkennt man besonders deutlich bei den Kraftlinien zwischen beiden Polen; aber auch die nach außen von den Polen gehenden Kraftlinien schließen sich auf weiteren Bahnen im Außenraum.

Da sich zwei entgegengesetzte Ladungen stets anziehen, so muß in Richtung der die beiden Ladungen verbindenden Kraftlinien ein Zug herrschen. Wir können uns davon ein anschauliches Bild machen, wenn wir uns die Kraftlinien zwischen zwei Ladungen durch dicht nebeneinander gepackte gespannte Gummischnüre ersetzt denken. Diese haben dann das Bestreben, sich zu verkürzen und die beiden Ladungen einander zu nähern. Werden die Ladungen festgehalten, so daß sich die Schnüre nicht zusammenziehen können, so sind sie trotzdem noch imstande, sich seitlich zu verschieben: die Schnüre werden das Bestreben haben, sich der geradlinigen Verbindungslinie der beiden Ladungen zu nähern, um dadurch ihre Länge zu verkürzen. Dadurch übt jede Schnur auf die weiter innen gelegenen einen seitlichen Druck solange aus, bis der entstehende Gegendruck diesen gerade kompensiert. Übertragen wir das an den Gummischnüren gewonnene Bild auf die zwischen den Ladungen verlaufenden Kraftlinien, so können wir sagen:

In einem elektrischen Felde herrscht in der Richtung der Kraftlinien ein Zug, quer zu ihnen aber ein Druck.

Die Größe dieser Faradayschen Spannungen ist zuerst von J. Cl. Maxwell berechnet worden. Danach haben in einem Feld der Feldstärke $\mathfrak{E}$ Zug- und Druckspannungen pro Fläche im Vakuum den Wert $\frac{1}{8\pi}\mathfrak{E}^2$ (im internat. Maßsystem $\frac{\varepsilon_0}{2}\mathfrak{E}^2$). Das System der Faraday-Maxwellschen Spannungen vermittelt die beobachtbaren Kraftwirkungen, die man früher als Fernwirkungen betrachtete. Maxwell hat auch bewiesen, daß im elektrostatischen Feld beide Anschauungen zu den gleichen Ergebnissen führen. —

Abb. 21 bringt das Kraftlinienbild um zwei gleichnamig geladene Pole. Es gibt keine Kraftlinie, die von dem einen nach dem anderen Pol herüberläuft; die von beiden ausgehenden Kraftlinien drängen sich infolge des quer zu ihnen herrschenden Druckes gegenseitig weg: Das ist die Erklärung der Abstoßung gleichnamiger Ladungen nach der Feldauffassung; analog ist es in allen anderen Fällen. —

An dem Kraftlinienverlauf zwischen einer Spitze und einer ebenen entgegengesetzt geladenen Platte (Abb. 22) erkennt man sehr deutlich die Richtigkeit des bereits oben aufgestellten Satzes, daß die elektrischen Feldlinien immer senkrecht von den Leiteroberflächen ausgehen und in sie einmünden. Noch etwas anderes ersieht man aus Abb. 22: Die Mehrzahl der Kraftlinien entspringt an der Spitze; dort ist also die Dichte der Elektrizität besonders groß, was wir bereits auf S. 9 experimentell gefunden haben. Das Feld zwischen Platte und Spitze ist ein inhomogenes Feld, da die Dichte der Kraftlinien und somit die Feldstärke sich von Punkt zu Punkt ändert.

Im Gegensatz hierzu bringt Abb. 23 den Kraftlinienverlauf zwischen zwei ebenen Platten. Ein solches Feld, in dem die Feldstärke an allen Punkten die gleiche Richtung und den gleichen Wert hat, nennen wir ein homogenes Feld. — Schließlich zeigt Abb. 24 das Kraftlinienbild um einen geladenen Hohlkörper mit kleiner Öffnung: Das Innere des Hohlkörpers ist vollkommen feldfrei. Alle Kraftlinien verlaufen senkrecht von der Leiteroberfläche nach außen.

Abb. 25.
Mittels Papierbüschel dargestellter elektrischer Kraftlinienverlauf um einen geladenen Pol

Abb. 26. Mittels Papierbüschel dargestellter elektrischer Kraftlinienverlauf um zwei gleichnamig geladene Pole

Die bisher gezeigten Kraftlinienbilder geben nur einen Überblick über das Feld in einer Ebene; in Wirklichkeit hat natürlich jedes Feld eine räumliche Ausdehnung. Man kann sich ein Bild des räumlichen Feldverlaufs machen, wenn man sich zu seiner Darstellung eines oder mehrerer Papierbüschel bedient, bestehend aus einer großen Zahl schmaler Seidenpapierstreifen, die am oberen Ende einer Metallstange befestigt sind. Lädt man die Metallstange auf, so stellen sich die einzelnen Papierstreifen in die Richtung der von dem oberen Ende der Stange ausgehenden Kraftlinien (Abb. 25). Nähert man zwei gleichnamig geladene Papierbüschel, so entsteht das in Abb. 26 dargestellte Bild. Sind die beiden Büschel entgegengesetzt geladen (Abb. 27), so erkennt man deutlich, wie die durch die Papierfäden dargestellten Kraftlinien von einem Pol zum anderen laufen.

In den bisher erörterten Fällen entsprangen und endigten die Feldlinien in den positiven und negativen Ladungen. Es liegt aber die Frage nahe, ob es nicht auch in sich zurücklaufende Feldlinien gibt. Im elektrostatischen Felde ist dies nicht der Fall, und man kann daher ganz allgemein den Satz aussprechen:

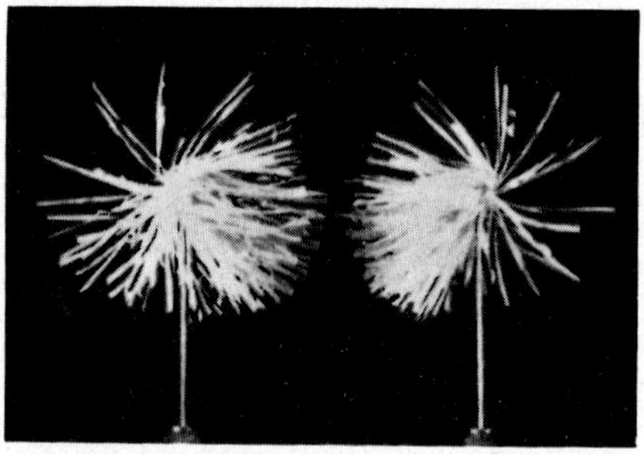

Abb. 27. Mittels Papierbüschel dargestellter Kraftlinienverlauf um zwei entgegengesetzt geladene Pole

Im elektrostatischen Feld entspringt jede Kraftlinie an einer positiven Ladung und endigt in einer negativen; die elektrischen Ladungen sind die Quellen des elektrischen Feldes.

Anders ausgedrückt: **Im elektrostatischen Felde gibt es keine in sich geschlossenen Kraftlinien.**

Die allgemeine Gültigkeit dieses Satzes ergibt sich aus folgender Überlegung: Wenn es auch nur eine in sich geschlossene Kraftlinie gäbe, so würde eine Ladung längs dieser Kraftlinie einen Antrieb erfahren, der sie entlang derselben, d. h. auf einer geschlossenen Bahn, bewegen würde. Das elektrostatische Feld würde also durch Herumbewegen der Ladung bis zu ihrem Ausgangspunkt zurück positive Arbeit leisten. und durch fortgesetzte Wiederholung dieses Vorganges ließe sich aus dem Felde dauernd Arbeit gewinnen. Dies ist erfahrungsgemäß nicht der Fall, folglich kann es im elektrostatischen Felde keine geschlossenen Kraftlinien geben. Ein solches Feld nennt man wirbelfrei.

Das elektrostatische Feld im Vakuum ist ein wirbelfreies Quellenfeld.

7. Das Potential

Wie in Band I, Nr. 31, ausführlich gezeigt wird, ist in einem beliebigen Gravitationsfeld die Arbeit, die geleistet werden muß, um eine Masse von einer Seite des Feldes nach einer anderen zu bringen, vollkommen unabhängig von dem Wege, auf dem dies geschieht. Wegen der formalen Übereinstimmung des Gravitationsgesetzes mit dem Coulombschen übertragen sich die dort gemachten Überlegungen auf das elektrostatische Feld. Es gilt daher auch hier der Satz:

In einem elektrostatischen Feld $\mathfrak{E}$ ist die Arbeit, die geleistet werden muß, um eine Ladung q von einer Stelle des Feldes an eine andere zu bringen, vollkommen unabhängig von dem Wege, auf dem dies geschieht. Anders ausgedrückt:

Die bei der Verschiebung einer Ladung im elektrischen Feld geleistete Arbeit hängt nur von Anfang und Ende des Weges, nicht vom Weg selbst ab.

Da die Kraft, die eine Ladung q im Feld $\mathfrak{E}$ erfährt, gleich $q\mathfrak{E}$ ist, können wir für die Arbeit A, die zum Verschieben der Ladung zwischen den Feldpunkten P_1 und P_2 nötig ist, schreiben:

$$A = q\int_{P_1}^{P_2} |\,\mathfrak{E}\,| \cos(\mathfrak{E}ds)\,ds = q\int_{P_1}^{P_2} |\,\mathfrak{E}_s\,|\,ds, \qquad (9)$$

wobei ds das Wegelement, $\sphericalangle(\mathfrak{E}ds)$ den Winkel zwischen den positiven Richtungen von $\mathfrak{E}$ und ds und $|\mathfrak{E}|\cos(\mathfrak{E}ds)$ die Komponente von $\mathfrak{E}$ in Richtung von ds bedeuten. Führen wir nun eine Ladung q in einem elektrischen Felde von P_1 nach P_2 und dann auf einem anderen Wege wieder nach P_1 zurück, d. h. durchlaufen wir mit q eine geschlossene Kurve, so muß die dabei geleistete Arbeit Null sein. Es muß also das Linienintegral der elektrischen Feldstärke über eine beliebige geschlossene Kurve (was wir durch einen Kreis im Integralzeichen andeuten) verschwinden:

(10) $$\oint |\mathfrak{E}_s|\, ds = 0.$$

Das ist der mathematische Ausdruck dafür, daß es im elektrostatischen Felde keine geschlossenen Kraftlinien gibt, d. h. für seine Wirbelfreiheit.

Das Linienintegral der elektrischen Feldstärke zwischen zwei Punkten P_1 und P_2 heißt die elektrische Spannung U zwischen diesen beiden Punkten; es ist also:

(11) $$U = \int_{P_1}^{P_2} |\mathfrak{E}| \cos(\mathfrak{E}ds)\, ds = \int_{P_1}^{P_2} |\mathfrak{E}_s|\, ds.$$

Dabei ist wohl zu beachten, daß der Begriff „Spannung" nicht in mechanischem Sinne aufzufassen ist, sondern nach Gl. (9) eine Arbeit pro Einheitsladung darstellt; Gl. (9) können wir demnach folgendermaßen schreiben:

(12) $$A = qU,$$

in Worten:

Die Arbeit bei der Verschiebung einer Ladung q zwischen zwei Punkten, zwischen denen die Spannung U herrscht, ist gleich dem Produkt aus Ladung und Spannung.

Man ordnet jedem Punkt des elektrischen Feldes, genau wie im Gravitationsfeld (Bd. I, Nr. 31), einen bestimmten Wert zu. Es ist das **elektrische Potential,** das angibt, welche Spannung dieser Punkt gegenüber einem passend gewählten Bezugspunkt hat. Als solchen wählt man einen im Unendlichen liegenden Punkt, an dessen Stelle für praktische Zwecke die Erdoberfläche treten kann. Das Potential im Unendlichen oder auf der Erdoberfläche ist also definitionsgemäß Null, und wir können den Satz aussprechen:

Das Potential in einem Punkt des elektrischen Feldes ist der Quotient aus der Arbeit, die man aufwenden muß, um die positive Einheitsladung aus dem Unendlichen (oder vom Erdboden) bis an diesen Punkt zu bringen, dividiert durch diese Einheitsladung[1]).

Somit ist die Spannung zwischen zwei beliebigen Punkten des Feldes gleich der Potentialdifferenz zwischen diesen Punkten:

(13) $$U_{P_1P_2} = V_{P_1} - V_{P_2},$$

wenn V_{P_1} und V_{P_2} die Potentialwerte in den Punkten P_1 und P_2 sind.

Die Einheit der elektrischen Potentialdifferenz zwischen zwei Punkten des Feldes ist diejenige, die zur Verschiebung der positiven Einheitsladung auf einer beliebigen Bahn zwischen den betreffenden Punkten die Arbeit von 1 erg erfordert. Dies ist auch die elektrische Einheit des Potentials selbst; denn **ein Punkt hat das Potential 1 erg/esE, wenn man zum Nähern der pos. Einheitsladung an diesen Punkt von dem Erdpotential die Arbeit 1 erg leisten muß.**

---

[1]) Der Leser wird bemerken, daß das elektrische Potential einer Punktladung gleich $+\frac{q}{r}$ ist, während das Gravitationspotential (nach Bd. I, Nr. 31) den Wert $-\frac{GM}{r}$ hat (G = Gravitationskonstante). Dieser Unterschied im Vorzeichen beruht aber nur darauf, daß bei der Gravitation die anziehenden Kräfte (weil es die einzigen sind, die auftreten) positiv gerechnet werden; in der Elektrostatik ist aber bei Anziehung der Zähler des Coulombschen Gesetzes $\frac{q_1 q_2}{r^2}$ (Gl. 2) negativ, da q_1 und q_2 entgegengesetzte Vorzeichen haben, was bei der Gravitation nicht passieren kann, da alle Massen positiv sind. Der Unterschied im Vorzeichen trägt dem Rechnung, ist aber im übrigen unwesentlich.

Eine Spannung U kann nur zwischen zwei Punkten, nicht aber an einem Punkt herrschen, wie das Potential. Das Potential ist nichts anderes als die Spannung zwischen einem vereinbarten Punkt des Feldes (z. B. Erde) und einer anderen Stelle des Feldes. Weil der eine Punkt des Feldes festgelegt ist, kann man so das Potential eines anderen Punktes angeben.

Es sei darauf hingewiesen, daß das elektrische Potential als Quotient Arbeit/Ladung dem Potential der Gravitation entspricht, das eine Arbeit pro Masse darstellt.

Die Dimension des elektrischen Potentials im elektrostatischen Maßsystem ist:

$$\dim V = \dim \frac{\textit{Arbeit}}{\textit{Ladung}} = \dim \frac{\textit{Kraft} \cdot \textit{Länge}}{\textit{Länge} \cdot \sqrt{\textit{Kraft}}} = \dim \sqrt{\textit{Kraft}} = L^{1/2} M^{1/2} T^{-1}.$$

Die Einheit im elektrostatischen CGS-System ist $1\ \mathrm{cm}^{1/2}\mathrm{g}^{1/2}\mathrm{s}^{-1}$.

Die Einheit im SI-System ist 1 Volt (V). Es ist gerade die Potentialdifferenz, zu deren Überwindung die Ladung 1 Coulomb (= 1 Amperesekunde) genau eine Arbeit von 1 Joule ($= 10^7$ erg = 1 Voltamperesekunde = 1 Wattsekunde) aufwenden muß:

$$\frac{1\ \text{Newtonmeter}}{1\ \text{Amperesekunde}} = \frac{1\ \text{Wattsekunde}}{1\ \text{Amperesekunde}} = \frac{1\ \text{Volt} \cdot 1\ \text{Amperesekunde}}{1\ \text{Amperesekunde}} = 1\ \text{Volt}.$$

1 Volt entspricht $\frac{1}{300}$ der elektrostatischen Potentialeinheit, also:

$$\text{(14)} \qquad 1\ \mathrm{V} \mathrel{\hat{=}} \frac{1}{300}\ \mathrm{cm}^{1/2}\mathrm{g}^{1/2}\mathrm{s}^{-1}.$$

Die elektrische Potentialdifferenz, also die Spannung U, und deren Einheit wird somit aus der Messung einer mechanischen Arbeit und der elektrischen Ladung abgeleitet. Im elektrostatischen CGS-System wird auch die Ladung auf die Messung einer mechanischen Größe, der Kraft, zurückgeführt. Im SI-System ist dagegen das Ampere eine Basiseinheit, woraus sich durch Multiplikation mit der Sekunde die Amperesekunde (= Coulomb) als Einheit für die Ladung ergibt.

Die Verknüpfung von elektrischen mit mechanischen und kalorischen Größen ist oft notwendig. Die mechanische Arbeit und die elektrische Arbeit sind dann gleich, wenn die auf beiden Wegen erzeugten Wärmemengen gleich sind. Dann ist:

$$\text{Kraft} \cdot \text{Weg} = \text{Spannung} \cdot \text{Stromstärke} \cdot \text{Zeit}.$$

Die Einheit der Spannung 1 Volt ist international nun dadurch festgelegt worden, daß

1 Newtonmeter (1 $\mathbf{m^2 kg\ s^{-2}}$) = 1 Voltamperesekunde (VAs)

ist. Dadurch hat man auf beiden Seiten einfache und gleiche Zahlenwerte. Dies ist aber, wie gesagt, nur dadurch erreicht worden, daß man die Einheit Volt entsprechend gewählt, also angepaßt hat.

Um im Laboratorium eine bestimmte Spannung großer Genauigkeit leicht zur Verfügung zu haben, ist eine chemische Stromquelle ausgewählt und international vereinbart worden, deren Spannung besonders konstant ist. Es ist das Weston-Normal-Element, das an den Klemmen bei 20° C eine elektrische Spannung von 1,01846 hat. Mehr darüber in Nr. 17.

Am Ende von Nr. 5 wurde schon erwähnt, daß 1 Coulomb $3 \cdot 10^9$ elektrostatischen Ladungseinheiten entspricht, jedoch nicht gleicht. Und in diesem Abschnitt wurde in Gl. (14) gezeigt, daß 300 Volt einer elektrostatischen Potentialeinheit entsprechen. Es sei hier nur erwähnt, daß der Faktor durch die Lichtgeschwindigkeit verursacht wird, die $3 \cdot 10^{10}$ cm s^{-1} beträgt. Auf keinen Fall dürfen die Zeichen für „entspricht" ($\hat{=}$) durch Gleichheitszeichen (=) ersetzt werden.

Aus den Gl. (11) und (13) folgt die Beziehung:

$$V_{P1} - V_{P2} = \int_{P_1}^{P_2} |\,\mathfrak{E}_s\,|\, ds,$$

und somit:

$$\text{(15)} \qquad -dV = |\,\mathfrak{E}_s\,|\, ds;$$

dabei deutet das Minuszeichen auf der linken Seite an, daß in Richtung einer Kraftlinie das Potential abnimmt, im Einklang mit der Festsetzung des elektrischen Potentials. Aus Gl. (15) folgt für die elektrische Feldstärke die Beziehung:

(16) $$|\mathfrak{E}_s| = -\frac{dV}{ds}.$$

$\frac{dV}{ds}$ nennt man den **Gradienten des Potentials,** $-\frac{dV}{ds}$ entsprechend das **Potentialgefälle.** Wir können also für das elektrostatische Feld den Satz aussprechen:

Die elektrische Feldstärke ist gleich dem negativen Gradienten (oder dem Gefälle) des Potentials.

Gl. (16) gilt für jede beliebige Richtung, z. B. gilt für die Koordinatenrichtungen x, y, z:

(16a) $$\mathfrak{E}_x = -\frac{dV}{dx}\,\mathfrak{i}; \quad \mathfrak{E}_y = -\frac{dV}{dy}\,\mathfrak{j}; \quad \mathfrak{E}_z = -\frac{dV}{dz}\,\mathfrak{k}.$$

Für ein homogenes Feld geht Gl. (16) über in:

(16b) $$|\mathfrak{E}| = \frac{V_1 - V_2}{d},$$

wenn V_1 und V_2 die Potentiale auf den beiden im Abstand d befindlichen Feldplatten bedeuten. Bei gekrümmten Kraft- und Feldlinien (z. B. am Rand der Platten) ist der Abstand d durch die Feldlinienlänge zu ersetzen. Für die Dimension von $\mathfrak{E}$ folgt aus Gl. (16):

$$\dim \mathfrak{E} = \dim \frac{\textit{Potentialdifferenz}}{\textit{Länge}} = \frac{L^{1/2} M^{1/2} T^{-1}}{L} = L^{-1/2} M^{1/2} T^{-1},$$

was natürlich mit der auf S. 14 angegebenen Dimension übereinstimmt. Die elektrostatische CGS-Einheit von $\mathfrak{E}$ ist: $1\ \mathrm{cm}^{-1/2}\,\mathrm{g}^{1/2}\,s^{-1}$. Die SI-Einheit der elektrischen Feldstärke $\mathfrak{E}$ ist: Volt/Meter (V/m) oder auch V/cm.

Verbindet man in einem elektrischen Felde die Punkte gleichen Potentials miteinander, so erhält man eine **Äquipotential-** oder **Niveaufläche.** Bei der Verschiebung einer Ladung auf einer solchen Fläche wird keine Arbeit geleistet. Die Niveauflächen müssen daher senkrecht zur Richtung der elektrischen Feldlinien verlaufen (vgl. auch Bd. I, Nr. 31). Für eine punktförmige Ladung sind die Niveauflächen also Kugelflächen um die Ladung als Mittelpunkt. In Abb. 28 sind für eine solche Ladung die Schnitte einiger Niveauflächen mit der Zeichenebene (Niveaulinien) durch die ausgezogenen Kreise angedeutet, während die gestrichelten Geraden die Kraftlinien darstellen.

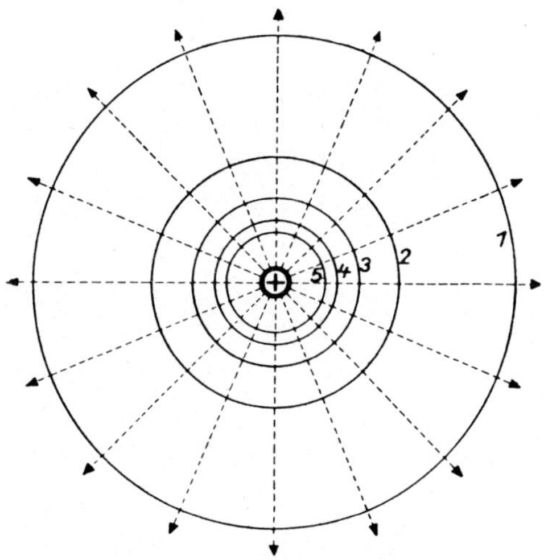

Abb. 28. Elektrische Niveau- (———) und Kraftlinien (··········) um eine punktförmige Ladung

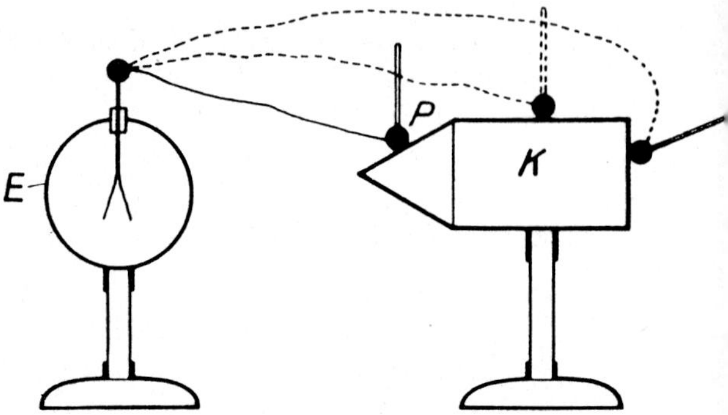

Abb. 29. Anordnung zum Nachweis, daß die Oberfläche eines geladenen Leiters eine Äquipotentialfläche ist

Die an die Niveaulinien in Abb. 28 angeschriebenen Zahlen beziehen sich auf den Fall, daß sich auf der im Mittelpunkt gezeichneten Kugel eine Ladung von 16 elektrostatischen Einheiten befindet. Da nach dem früher Gesagten die Kraftlinien stets senkrecht auf den Leiteroberflächen stehen, ist die Oberfläche jedes Leiters ebenfalls eine Niveau- oder Äquipotentialfläche. Das gleiche gilt von der Erdoberfläche, die eine Niveaufläche vom Potential Null darstellt.

Den Nachweis, daß die Oberfläche eines geladenen Leiters eine Niveaufläche darstellt, erbringen wir mit der in Abb. 29 skizzierten Versuchsanordnung. Der Knopf eines Elektroskops E ist mittels einer biegsamen Drahtlitze mit einer Probekugel P verbunden. Führen wir diese an der Oberfläche des geladenen Leiters K entlang, so zeigt das Elektroskop stets denselben Ausschlag. Das System Leiter-Probekugel-Litze-Elektroskop stellt einen einheitlichen Leiter dar, auf dem überall das elektrische Potential denselben Wert hat. Verbinden wir den Konduktor leitend mit der Erde, so geht der Ausschlag des Elektroskops sofort auf Null, da jetzt das ganze System Elektroskop-Litze-Konduktor-Erde einen einheitlichen Leiter darstellt, dessen Potential gleich dem Nullpotential der Erde ist. Aus diesen Versuchen ersehen wir, daß der Ausschlag eines Elektroskops dem Potential entspricht, auf dem sich das Elektroskop befindet. Wir hatten bisher das Elektroskop dazu benutzt, das Vorhandensein elektrischer Ladungen anzuzeigen. Daß auch dann das Elektroskop eine Potentialdifferenz bzw. Spannung anzeigt, werden wir aus dem übernächsten Abschnitt ersehen.

Um das Potential einer punktförmigen Ladung q im Abstand r zu berechnen, denken wir uns eine positive Einheitsladung gegen das Feld von der Stelle r_1 nach r verschoben. Nach Gl. (9) ist die dazu erforderliche Arbeit:

$$A = -\int_{r_1}^{r} |\mathfrak{E}_r|\, dr. \quad ^{1)}$$

Nun ist nach Gl. (6) $|\mathfrak{E}_r| = \frac{q}{r^2}$, so daß sich ergibt:

$$A = -\int_{r_1}^{r} \frac{q}{r^2}\, dr = \left[\frac{q}{r}\right]_{r_1}^{r} = q\left(\frac{1}{r} - \frac{1}{r_1}\right).$$

Läßt man nun r_1 unendlich werden, so wird die Arbeit zum Heranführen der Ladung aus dem Unendlichen an die Stelle r:

$$A = q/r.$$

Diese Arbeit ist aber nach Definition das Potential V der punktförmigen Ladung q im Abstand r, d. h.:

(17) $$V = q/r$$

in Worten:

Das Potential einer punktförmigen Ladung ist gleich dem Quotienten aus der Ladung und dem Abstand des Feldpunktes von der Ladung.

Aus Gl. (17) erhalten wir rückwärts die Feldstärke der punktförmigen Ladung durch Benutzung von Gl. (16); diese liefert:

$$|\mathfrak{E}| = |\mathfrak{E}_r| = -\frac{dV}{dr} = \frac{q}{r^2}$$

in Übereinstimmung mit dem früheren Ergebnis Gl. (4).

[1]) Daß hier das Minuszeichen auftritt liegt daran, daß der Winkel zwischen Verschiebungs- und Kraftrichtung gleich π, sein Cosinus also -1 ist.

Denken wir uns um die Ladung q als Mittelpunkt eine Metallkugel mit dem Radius R gelegt und die Ladung gleichmäßig auf die Kugeloberfläche verteilt, so ändert sich dadurch nichts am elektrischen Kraftlinienverlauf im Außenraum der Kugel. Es folgt somit:

Das Potential einer Kugel vom Radius R, die eine Ladung q trägt, hat in einem Punkt des Außenraumes den Wert q/r, wenn r die Entfernung vom Kugelmittelpunkt ist. Das Potential V_0 der Kugeloberfläche selbst ist also:

(17a) $$V_0 = \frac{q}{R}.$$

Auf S. 7 ff. fanden wir, daß im Inneren eines metallischen Leiters das elektrische Feld Null ist; im Inneren eines Hohlkörpers kann also eine elektrische Ladung ohne Arbeitsaufwand verschoben werden. Demzufolge muß das elektrische Potential im Inneren eines Leiters konstant sein, und zwar hat es denselben Wert wie auf der Oberfläche eines Leiters. Da nach S. 9 die Oberflächendichte der Elektrizität auf einer Kugel $\eta = q/4\,\pi\,R^2$ ist, erhält man unter Benutzung der für das Potential der Oberfläche gültigen Gleichung (17a) noch die folgenden Beziehungen:

$$V_0 = 4\,\pi\,R\,\eta \quad \text{und} \quad \eta = V_0/4\pi R.$$

In Abb. 30 ist das elektrische Feld um zwei entgegengesetzt gleich stark geladene Kugeln sowohl durch den Verlauf der Feldlinien (schwach ausgezogene Kurven) wie der Niveaulinien (stark ausgezogene Kurven) dargestellt. Man erkennt, daß in jedem Feldpunkt beide Kurvenarten senkrecht zueinander stehen. In der gleichen Weise stellt Abb. 31 Feld- und Niveaulinienverlauf um zwei gleichnamig gleich stark geladene Kugeln dar. Der Vorteil des Potentialbegriffs macht sich gerade bei der Berechnung des Feldverlaufs um mehrere Ladungen bemerkbar. Da die elektrische Feldstärke ein Vektor ist, muß man zur Konstruktion der elektrischen Kraftlinien in einem solchen Felde in jedem Punkt die resultierende Feldstärke nach Größe und Richtung darstellen, d. h. aus den Einzelwerten der an den betreffenden Punkten herrschenden, von den verschiedenen

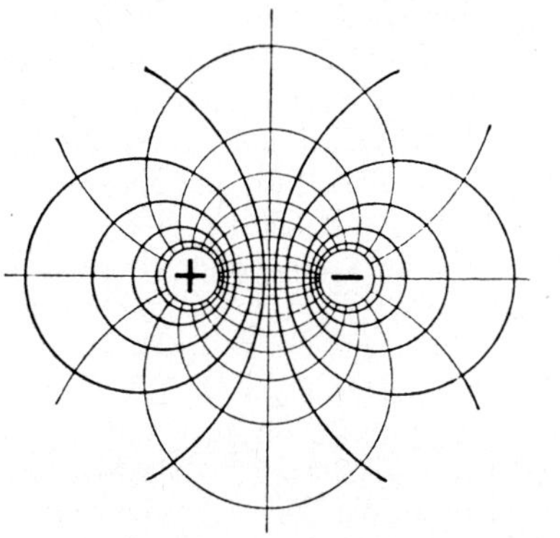

Abb. 30. Elektrische Niveau-(stark ausgezogen) und Feldlinien (schwach ausgezogen) um zwei entgegengesetzt geladene Kugeln

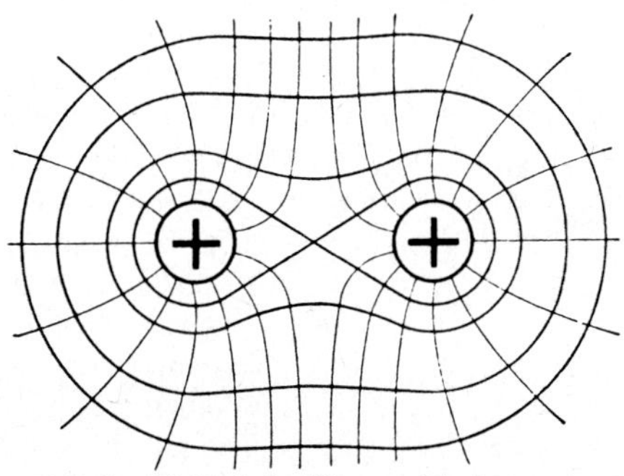

Abb. 31. Elektrische Niveau- (stark ausgezogen) und Feldlinien (schwach ausgezogen) um zwei gleichnamig geladene Kugeln

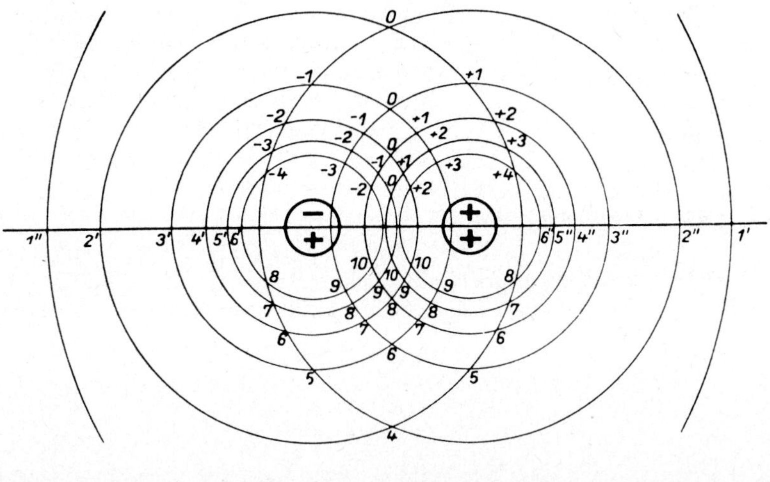

Abb. 32. Niveaulinien um zwei gleich stark geladene Kugeln; obere Hälfte der Figur für entgegengesetzte Ladungen, untere Hälfte für gleichnamige Ladungen

Ladungen hervorgerufenen Feldstärken vektoriell addieren. Im Gegensatz dazu ist das Potential (Arbeit/q) eine skalare Größe; daher ist das resultierende Potential für einen Raumpunkt durch einfache algebraische Addition der einzelnen von den verschiedenen Ladungen herrührenden Potentialwerte zu gewinnen. Z. B. ist das Potential eines Feldpunktes, der von den Ladungen $q_1, q_2, \ldots\ldots, q_n$ die Abstände $r_1, r_2, \ldots\ldots, r_n$ hat, einfach gleich:

$$V = \frac{q_1}{r_1} + \frac{q_2}{r_2} + \ldots \frac{q_n}{r_n} = \sum_{\lambda}^{1,n} \frac{q_\lambda}{r_\lambda}. \tag{17b}$$

Als Beispiel hierfür sind in Abb. 32 die Niveaulinien um zwei gleich stark geladene kugelförmige Leiter gezeichnet. Diese stellen für jeden Leiter Kreise dar. Die längs der Horizontalen an diese Niveaulinien angeschriebenen Zahlen geben die absoluten Größen des auf diesen Niveaulinien herrschenden Potentials an, und zwar gelten die Werte 1′, 2′ usw. für die linke und 1″, 2″ usw. für die rechte Ladung. Im oberen Teil der Abb. 32 ist angenommen, daß die beiden Ladungen entgegengesetzte Vorzeichen haben, während für den unteren Teil der Abbildung gleichnamige Ladungen vorausgesetzt werden. Die an den Schnittpunkten der einzelnen Kurven vermerkten Zahlen ergeben sich durch algebraische Addition der Einzelpotentiale in den betreffenden Punkten. Durch Verbindung gleicher Zahlenwerte erhält man dann den Verlauf der resultierenden Niveaulinien (der Übersichtlichkeit wegen sind diese Linien in der Abb. 32 nicht eingezeichnet). Hat man die Niveauflächen gezeichnet, so kann man leicht die Kraftlinien finden, wenn man die zu den Niveauflächen senkrechten, von den Ladungen auf den Leitern ausgehenden Kurven einzeichnet. Im übrigen läßt sich auch aus dem Verlauf der Niveauflächen, wenn man diese in solchen Abständen zeichnet, daß die Potentialdifferenz zwischen zwei aufeinanderfolgenden Flächen immer gleich groß ist, erkennen, wie sich die Feldstärke von Punkt zu Punkt ändert. Nach Gl. (16) ist die Feldstärke um so größer, je größer an der betreffenden Stelle das Potentialgefälle ist, d. h. mit anderen Worten, je enger sich die Niveauflächen zusammendrängen. Das zeigt z. B. ein Blick auf die Abb. 30. Das Feld ist am stärksten zwischen beiden Ladungen, dort verlaufen auch die Niveauflächen am dichtesten. In Abb. 33 ist ein Schnitt durch die Niveauflächen um eine geladene Spitze gezeichnet, die einer entgegengesetzt geladenen Platte gegenübersteht. Die Niveauflächen drängen sich an der Spitze, an der die Feldstärke ein Maximum ist und an der die meisten Feldlinien münden, eng zusammen.

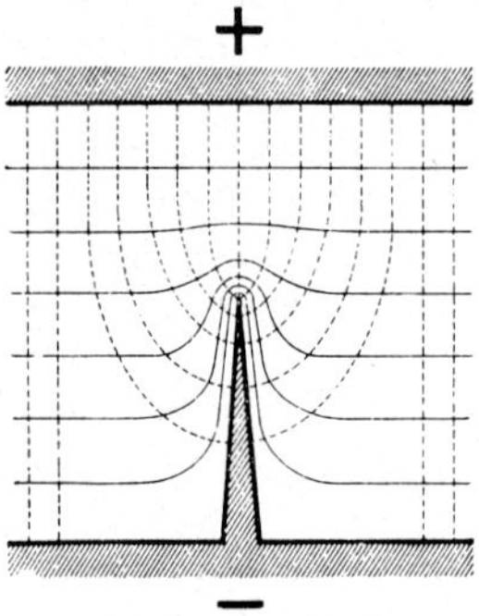

Abb. 33. Elektrische Niveau- und Feldlinien um eine geladene Spitze

Als weiteres Beispiel berechnen wir das Potential eines elektrischen **Dipols.** Darunter versteht man zwei kleine entgegengesetzt gleiche punktförmige Ladungen q und $-q$, die sich in einem Abstande l voneinander befinden, der klein gegen die Entfernung r des Aufpunktes P von der Dipolmitte O sein soll (Abb. 34). $\mathfrak{l}$ betrachten wir als Vektor, der durch seine Richtung von $-q$ nach $+q$ die Orientierung des Dipols bestimmt. Da sich die von $+q$ und $-q$ in P hervorgerufenen Potentiale algebraisch addieren, können wir schreiben:

Abb. 34. Zur Berechnung des Potentials eines elektrischen Dipols

$$V_{Dipol} = q\left(\frac{1}{r_1} - \frac{1}{r_2}\right) = q\left(\frac{r_2 - r_1}{r_1 r_2}\right),$$

wobei r_1 und r_2 die Abstände des Punktes P von $+q$ und $-q$ bedeuten. Unter der Voraussetzung, daß r_1 und r_2 groß gegen l sind, können wir in erster Näherung schreiben (Abb. 34):

$$r_1 r_2 = r^2, \quad r_2 - r_1 = l \cos\varphi,$$

wobei φ den Winkel zwischen r und l bedeutet. Damit ergibt sich:

(18) $$V_{Dipol} = \frac{q\,l\cos\varphi}{r^2}.$$

Das Produkt aus Ladung q und dem als Vektor aufgefaßten Ladungsabstand $\mathfrak{l}$ nennt man das Dipolmoment $\mathfrak{M}$, das selbst einen Vektor in Richtung von $\mathfrak{l}$ darstellt. Sein Betrag ist also:

(19) $$M = q\,l\,,$$

so daß wir für das Potential des Dipols in der Entfernung r erhalten:

(18a) $$V_{Dipol} = \frac{M}{r^2}\cos\varphi\,.$$

Die Feldstärke $\mathfrak{E}_r$ im Punkte P in Richtung r erhalten wir durch die Beziehung (16a):

$$|\mathfrak{E}_r| = -\frac{d\,V_{Dipol}}{dr} = \frac{2\,M\cos\varphi}{r^3}.$$

Die Feldstärke $\mathfrak{E}_\varphi$ in der dazu senkrechten Richtung, in der sich P um $r d\varphi$ bei konstantem r verschiebt, ergibt sich entsprechend zu:

$$|\mathfrak{E}_\varphi| = -\frac{d\,V_{Dipol}}{r\,d\varphi} = \frac{M\sin\varphi}{r^3}.$$

Somit finden wir für den Betrag der resultierenden Feldstärke:

(20) $$\left|\mathfrak{E}_{Dipol}\right| = \sqrt{\mathfrak{E}_r^2 + \mathfrak{E}_\varphi^2} = \frac{M}{r^3}\sqrt{4\cos^2\varphi + \sin^2\varphi} = \frac{M}{r^3}\sqrt{3\cos^2\varphi + 1}\,.$$

Man erkennt aus Gl. (20) folgendes: Bei konstanten Ladungen q hat ein Dipol so lange ein Feld, als der Ladungsabstand $l \neq 0$ ist. Das ist zu beachten bei der Anstellung der Versuche in Nr. 3 zum Nachweis der Tatsache, daß stets gleich große Mengen positiver und negativer Elektrizität erzeugt werden; damit die Felder dieser Ladungen sich kompensieren, müssen sie dicht zusammengebracht werden.

Eine weitere wichtige Folgerung ergibt sich durch Beachtung des Umstandes, daß die Feldstärke eines Dipols umgekehrt proportional der dritten Potenz der Entfernung ist; schlägt man um den Dipol eine Kugel, deren Radius man allmählich ins Unendliche wachsen läßt, und berechnet den Kraftfluß durch dieselbe, so verschwindet dieser durch die unendlich große Kugelfläche, die ja nur wie r^2 zunimmt, während $\mathfrak{E}_r$ wie $1/r^3$ abnimmt. Genau das gleiche Verhalten (Abnahme im Unendlichen wie $1/r^3$, d. h. Verschwinden des Kraftflusses durch die unendlich große Kugelfläche) zeigen aber alle elektrischen Felder; denn da immer gleich große, aber entgegengesetzte Ladungen erzeugt werden, so wirken sie in sehr großer Entfernung wie ein Dipol. Diesen Sachverhalt drückt man in dem Satze aus: Die elektrischen Felder reichen nicht ins Unendliche. — Anders ist es bei den Gravitationsfeldern, da nur Massen eines Vorzeichens, d. h. nur Anziehungskräfte existieren; Gravitationsfelder nehmen stets wie $1/r^2$ ab, der Gravitationskraftfluß durch eine unendlich große Kugelfläche verschwindet also nicht. Mit anderen Worten: Die Gravitationsfelder reichen ins Unendliche.

8. Kapazität

Wir zeigten in der letzten Nummer, daß der Ausschlag eines Elektrometers dem Potential des Leiters proportional ist, mit dem es leitend verbunden wird. Übertragen wir nun auf ein mit einem Metallbecher versehenes Elektrometer (Abb. 11) mittels einer Probekugel die gleiche Elektrizitätsmenge einmal, zweimal, dreimal usw., indem wir diese Mengen von einem möglichst großen geladenen Konduktor abnehmen, so steigt der Ausschlag des Elektrometers entsprechend an. Demnach ist das Potential, das der Becher und das Elektrometer nach der Aufladung besitzen, auch der darauf befindlichen Elektrizitätsmenge proportional. Dies folgt übrigens auch direkt aus der Definition des Potentials. Ist z. B. ein Leiter mit einer bestimmten positiven Elektrizitätsmenge q geladen, so müssen wir zum Heranführen der positiven Einheitsladung aus dem Unendlichen eine Arbeit leisten, die seinem Potential V entspricht. Ist der Leiter mit der doppelten Elektrizitätsmenge $2q$ aufgeladen, so müssen wir zur Heranbringung der Einheitsladung infolge der verdoppelten abstoßenden Kraft die doppelte Arbeit leisten, was damit gleichbedeutend ist, daß wir sagen: Der Leiter hat jetzt das Potential $2V$.

Verbinden wir das mit dem Becher versehene Elektrometer mit einem weiteren isoliert aufgestellten Leiter, so sind die Ausschläge seiner Blättchen, wenn wir wieder mit der Probekugel die gleichen Elektrizitätsmengen wie vorher auf das Elektrometer übertragen, dennoch kleiner als im ersten Falle. Daraus folgt, daß das Potential eines Leiters bei gegebener elektrischer Ladung um so kleiner ist, je größer die Abmessungen des Leiters sind. Wir bezeichnen das konstante Verhältnis von Elektrizitätsmenge q, die auf einem Leiter sitzt, zu dem auf seiner Oberfläche herrschenden Potential V als das elektrische Fassungsvermögen oder die **Kapazität** C des betreffenden Leiters; es ist also:

$$C = \frac{q}{V}, \text{ bzw. } q = CV. \qquad (21)$$

Die Ladung, die auf einem Leiter, z. B. einer Kugel, sitzt, ist proportional dem Potential des Leiters. Proportionalitätskonstante ist die Kapazität C. Die Kapazität ist also Ladung/Potential. Bei einem Kondensator, der aus zwei geladenen Leitern (z. B. zwei Platten) besteht, tritt anstelle des Potentials die Spannung zwischen den Leitern (Platten). Die Gl. (21) lauten dann:

$$C = \frac{q}{U}; \text{ bzw. } q = C \cdot U. \qquad (21)$$

Die Dimension der Kapazität im elektrostatischen Maßsystem ist:

$$\dim C = \dim \frac{\textit{Ladung}}{\textit{Potential}} = \frac{L^{3/2} M^{1/2} T^{-1}}{L^{1/2} M^{1/2} T^{-1}} = L \text{ (also Dim. einer Länge!)}$$

Die Einheit im elektrostatischen CGS-System ist 1 cm. — Die SI-Einheit ist:

$$\frac{\text{Coulomb}}{\text{Volt}} = \frac{\text{Amperesekunde}}{\text{Volt}} = \text{Farad (F)}.$$

Die elektrostatische CGS-Einheit der Kapazität, also die Kapazität 1 cm besitzt eine im freien Raum aufgestellte Kugel vom Radius 1 cm. Da nämlich nach (17a) eine Kugel vom Radius R das Potential q/R besitzt, so ist für sie nach der Definition (21) die Kapazität:

$$C = \frac{q}{q/R} = R,$$

woraus die Behauptung folgt. Wir haben also allgemein:

$$C_{Kugel} = R \text{ cm}. \qquad (21\text{a})$$

Daß die Kapazität einer Kugel mit dem Radius zunimmt, kann man qualitativ mit einer geladenen Seifenblase zeigen, die man am unteren Ende eines an einem Hartgummirohr isoliert gehaltenen Metallröhrchens erzeugt (Abb. 35). An dem Metallrohr sind zwei Elektrometerblättchen aus Seidenpapier befestigt, deren Ausschlag nach S. 22 dem Potential proportional ist. Man lädt zunächst eine möglichst kleine Seifenblase auf, daß die Blättchen stark divergieren; vergrößert man dann durch Hineinblasen von Luft die Seifenblase, so sinken die Blättchen mit zunehmendem Blasendurchmesser immer weiter zusammen. Das Potential der geladenen Blase sinkt also ab, und da die Ladung auf ihr unverändert bleibt, bedeutet dies nach Gl. (21) eine Zunahme der Kapazität. Gibt man die Einblaseöffnung frei, so daß sich die Seifenblase infolge der Oberflächenspannung zusammenziehen kann (s. Bd. I, Nr. 69), so steigt mit abnehmendem Radius, also kleiner werdender Kapazität, das Potential und damit der Ausschlag der Elektrometerblättchen wieder an.

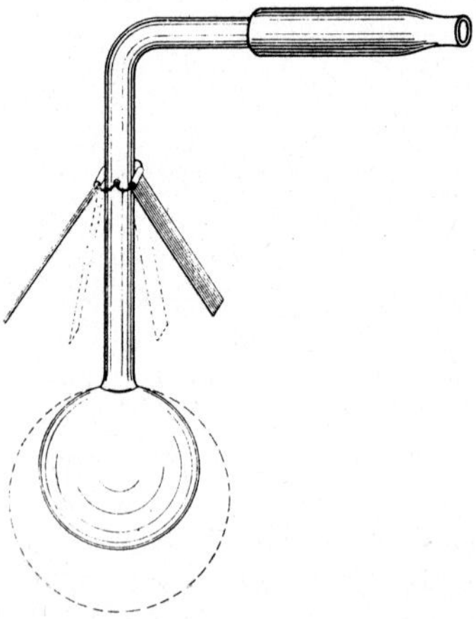

Abb. 35. Anordnung zum Nachweis, daß die Kapazität einer Kugel mit dem Radius zunimmt

Da die elektrostatische CGS-Einheit der Kapazität (1 cm) für viele Zwecke zu klein ist, und da die SI-Einheit $\frac{\text{Amperesekunde}}{\text{Volt}} = \text{Farad (F)}$ für die meisten Zwecke viel zu groß ist, ist die übliche Einheit:

$$1 \text{ Mikrofarad } (\mu\text{F}) = 10^{-6} \text{ Farad} \triangleq 9 \cdot 10^5 \text{ cm}.$$

Ferner ist gebräuchlich:

$$1 \text{ Picofarad (pF)} = 10^{-12} \text{ Farad} \triangleq 0{,}9 \text{ cm}.$$

Denn 1 Farad entspricht $9 \cdot 10^{11}$ cm.

Damit die Kugel die Kapazität von 1 Farad besitzt, müßte sie einen Radius von $9 \cdot 10^{11}$ cm $= 9 \cdot 10^{6}$ km haben. Zum Vergleich sei angeführt, daß die Erdkugel nur eine Kapazität von $6{,}4 \cdot 10^{8}$ cm $\triangleq 707\ \mu$F besitzt.

Die verschiedenen technischen Möglichkeiten, bestimmte Kapazitäten durch Kondensatoren zu erhalten, werden in Nr. 11 behandelt. Hier sei nur schon erwähnt, daß es heute möglich ist, Kapazitäten der Größenordnung von mehreren Erdkapazitäten in einem Volumen von einem Liter unterzubringen, z. B. bei den Elektrolytkondensatoren und Tantaldioxidkondensatoren (vgl. Nr. 63). Allerdings ist die maximale Ladespannung sehr klein, weil sonst ein elektrischer Durchschlag erfolgen würde.

Auf ein Verfahren, die Kapazität auf elektrostatischem Wege zu messen, kommen wir in Nr. 11 auf S. 40 zurück.

Mittels des Begriffes der Kapazität erklärt sich übrigens auch die auf S. 19 experimentell gefundene Erscheinung, daß die elektrische Oberflächendichte eines Leiters um so größer ist, je kleiner der Krümmungsradius der betreffenden Stelle ist. Denken wir uns zwei sich berührende Kugeln mit den Radien R_1 und R_2 elektrisch aufgeladen, so haben beide Kugeln das gleiche Potential. Werden die Kugeln dann getrennt und in hinreichende Entfernung voneinander gebracht, so daß (21a) gilt, so ergibt sich nach (21) und (21a) für das Verhältnis der beiden Ladungen q_1 und q_2 auf den Kugeln:

$$q_1 : q_2 = C_1 : C_2 = R_1 : R_2 .$$

Nach Gl. (1a) ist aber das Verhältnis der elektrischen Dichten η_1 und η_2 auf den beiden Kugeln:

$$\eta_1 : \eta_2 = \frac{q_1}{4\pi\, R_1^2} : \frac{q_2}{4\pi\, R_2^2},$$

so daß unter Berücksichtigung der letzten Gleichung folgt:

$$\eta_1 : \eta_2 = R_2 : R_1 ,$$

d.h.: Die elektrische Flächendichte an einer beliebigen Stelle eines Leiters ist dem Krümmungsradius an dieser Stelle umgekehrt proportional.

9. Influenz

Nähert man einem Elektroskop einen elektrisch geladenen Körper, so zeigt es bereits einen Ausschlag vor direkter Berührung mit dem geladenen Körper. Beim Entfernen des elektrisierten Körpers geht der Ausschlag wieder auf Null zurück. Um diesen Vorgang näher zu untersuchen, benutzen wir einen isolierten zylindrischen Konduktor (Abb. 36), der an seinen Enden und in der Mitte je ein kleines Doppelpendel trägt. Nähert man diesem Leiter von der einen Seite z. B. einen geriebenen Hartgummistab, so zeigen die Pendel an beiden Enden das Vorhandensein elektrischer Ladungen an, während das Pendel in der Mitte keinerlei elektrische Wirkungen erkennen läßt. Untersucht man mit einer Probekugel und einem Elektroskop die Ladungen an den beiden Enden des Leiters, so findet man, daß sie entgegengesetztes Vorzeichen haben, und zwar zeigt das dem genäherten Hartgummistab benachbarte Ende positive Ladung, während das entfernte Ende negative aufweist. Dieser elektrische Zustand auf dem Leiter verschwindet, sobald der Hartgummistab entfernt wird. Man nennt die beschriebene Erscheinung **elektrische Influenz** und bezeichnet die auf dem Leiter auftretenden elektrischen Ladungen als **Influenzladungen.** Ganz allgemein können wir sagen:

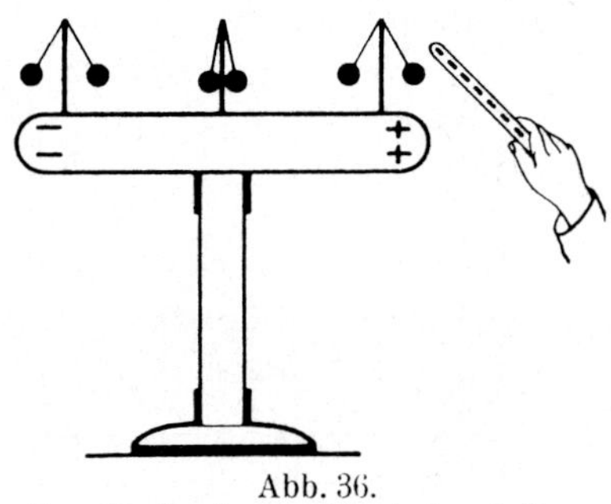

Abb. 36.
Zum Nachweis der elektrischen Influenz

Ein elektrisierter Körper erzeugt auf der ihm zugewandten Seite eines zuvor ungeladenen isolierten Leiters eine entgegengesetzte, an der ihm abgewandten Seite eine gleichnamige elektrische Ladung. Dies erklärt sich folgendermaßen: Da die Elektrizitäten auf Leitern frei verschieblich sind, so wird durch einen z.B. negativ geladenen Körper auf einem isolierten unelektrischen Leiter positive Elektrizität angezogen und negative abgestoßen, d.h. die gleichmäßige Durchmischung der positiven und negativen Ladungen geändert. Es sammelt sich also die ungleichnamige Ladung auf dem Teil des Körpers, der der influenzierenden Ladung benachbart ist, während sich die gleichnamige auf den entfernteren Teilen anhäuft.

Wir setzen jetzt den bisher benutzten zylindrischen Leiter (Abb. 37a) aus zwei Hälften zusammen, deren jede sich auf einem isolierenden Stativ befindet. Zunächst seien beide Hälften bis zur Berührung zusammengeschoben. Nähern wir jetzt von rechts einen geriebenen Hartgummi-

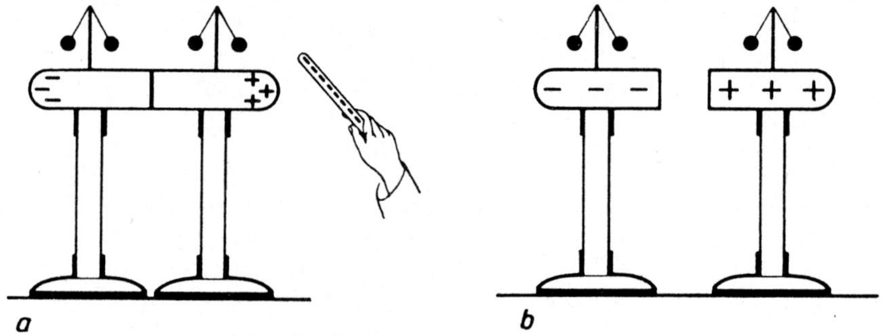

Abb. 37. Zum Nachweis der elektrischen Influenzladungen

stab, so zeigen die beiden Doppelpendel wie vorhin das Auftreten der Influenzladungen an. Ohne den Hartgummistab zu entfernen, schieben wir die beiden Leiterhälften auseinander und nehmen dann erst den influenzierenden Stab weg. Wir beobachten, daß die beiden Doppelpendel ihren Ausschlag beibehalten (Abb. 37b): Die Influenzladungen haben sich infolge der Trennung des Leiters nicht mehr ausgleichen können; dies tritt erst ein, wenn wir die beiden Hälften wieder zur Berührung bringen. Das beweist zugleich, daß die beiden entgegengesetzten Influenzladungen genau gleiche Größe haben.

Wir betrachten weiter den Fall, daß eine isoliert aufgestellte Metallkugel in ein homogenes elektrisches Feld gebracht wird. Nach S. 16 erhalten wir ein solches Feld, wenn wir zwei entgegengesetzt aufgeladene große Metallplatten parallel zueinander gegenüberstellen. In Abb. 38 ist ein Schnitt durch das zwischen den Platten P_1 und P_2 bestehende Feld gezeichnet. Die Kraftlinien (gestrichelt) verlaufen parallel und äquidistant von der positiven nach der negativen Platte. Die Niveauflächen sind Parallelebenen zu P_1 und P_2, und ihre Schnitte mit der Zeichenebene sind durch die ausgezogenen Geraden dargestellt. Die Platte P_2 habe etwa das Potential $+ 5$, die Platte P_1 das Potential $— 5$. Die an den Niveaulinien angeschriebenen Zahlen geben die Potentiale auf den angedeuteten Niveauflächen zwischen den Platten an. In die Mitte dieses Feldes bringen wir nun eine ungeladene isolierte Metallkugel. Würde der Verlauf des Feldes dadurch keine Störung erfahren, so würde z.B. auf der Kugel der Punkt a das Potential 0, der Punkt b das Potential $+ 1$,

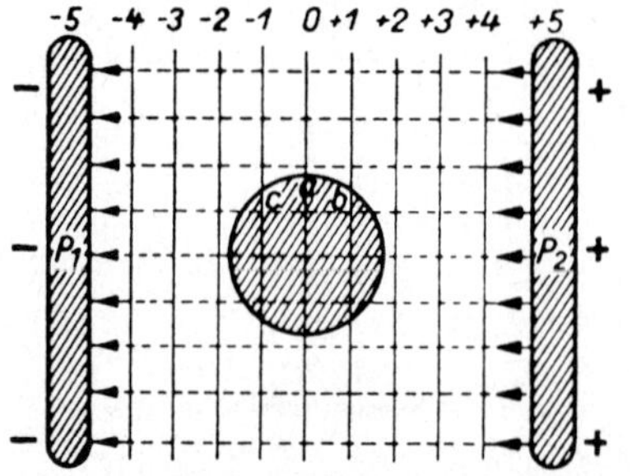

Abb. 38. Ungeladene Metallkugel im homogenen elektrischen Feld ohne Berücksichtigung der Influenzladungen

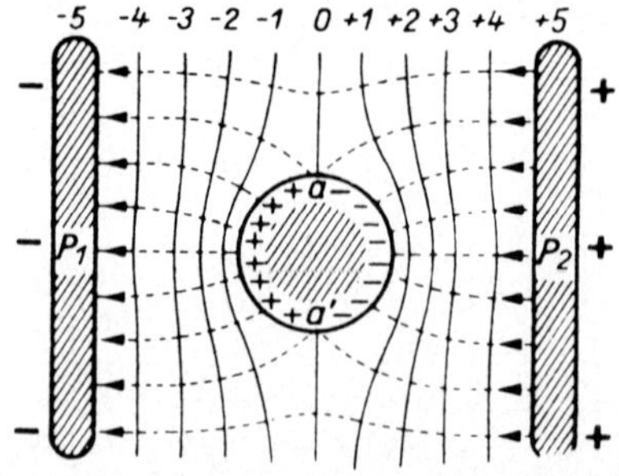

Abb. 39. Ungeladene Metallkugel im homogenen elektrischen Feld bei Berücksichtigung der Influenzladungen

der Punkt c das Potential — 1 annehmen usw. Diese Potentialverteilung muß auf der Leiteroberfläche sofort eine Verschiebung von Elektrizität in dem Sinne zur Folge haben. daß positive Ladung nach links und negative nach rechts geht. Diese Verschiebung elektrischer Ladungen auf der Kugel muß so lange erfolgen, bis durch Überlagerung der Potentiale der sich auf der Kugel verteilenden Ladungen mit dem Potential des primären Feldes die Leiteroberfläche zu einer Niveaufläche geworden ist. Die Folge ist, daß das ursprüngliche Feld eine Verzerrung erfährt (Abb. 39). Die Niveauflächen werden auf beiden Seiten der Kugel zusammengedrängt, und die Kraftlinien verlaufen jetzt so, daß sie in die rechte Seite der Kugel, wo sich die negative Influenzelektrizität angesammelt hat, senkrecht eintreten und auf der linken Seite, wo die gleiche Menge positiver Ladungen angehäuft ist, ebenfalls senkrecht aus der Kugel austreten. Da die Kugel keine eigene Ladung besitzt, treten genau soviel Kraftlinien in die Kugel ein, wie wieder von ihr ausgehen; das ist nur ein anderer Ausdruck dafür, daß die beiden Influenzladungen genau gleiche Größe haben. Zwei Stellen, nämlich a und a′ (Abb. 39) tragen keine Ladungen; an diesen Stellen entspringt und endigt gleichzeitig eine Kraftlinie. Dies gilt natürlich für alle Punkte des Kugeläquators. In Abb. 40 ist für den soeben besprochenen Fall das Kraftlinienbild nach dem früher beschriebenen Verfahren sichtbar gemacht. Man sieht deutlich die Verzerrung des ursprünglich homogenen Feldes durch die in das Feld gebrachte Metallkugel; die Kraftlinien treten auf einer Seite in diese ein und auf der anderen Seite aus ihr wieder heraus.

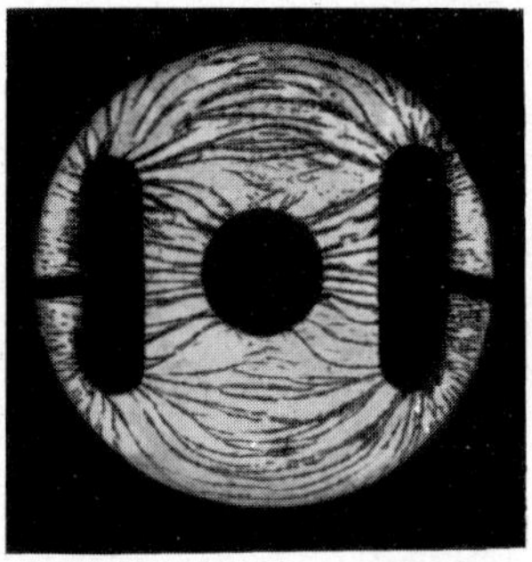

Abb. 40. Verzerrung des in Abb. 23 gezeigten homogenen elektrischen Feldes durch eine in dasselbe hineingebrachte ungeladene Metallkugel

Das hier für die Kugel Gesagte gilt selbstverständlich auch für jeden beliebig gestalteten Leiter. Stets bildet sich, wenn er in ein elektrisches Feld gebracht wird, auf ihm eine neutrale Zone aus, die frei von elektrischen Ladungen ist, und auf den beiden durch die neutrale Zone getrennten Teilen sammeln sich die einander entgegengesetzten Influenzelektrizitäten an. Dabei hängt die Größe dieser influenzierten Elektrizitätsmengen sowohl von der Intensität des influenzierenden Feldes als auch von der Ausdehnung des betreffenden Konduktors in Richtung der influenzierenden Feldstärke ab.

Um ein Fortbestehen der Influenzladungen nach Aufhebung des influenzierenden Feldes zu bekommen, haben wir oben den influenzierten Leiter längs der neutralen Zone geteilt, so daß eine Wiedervereinigung der beiden Ladungen nicht mehr stattfinden konnte. Statt dessen kann man auch die eine der beiden Influenzladungen nach der Erde ableiten, indem man den Leiter z. B. mit der Hand berührt. Entfernt man dann dasFeld oder nimmt den Leiter aus dem Feld heraus, so besitzt er nur noch diejenige Ladung, die von der influenzierenden Ladung angezogen wurde, d. h. ihr entgegengesetzt ist. — Bei der Verbindung des Leiters mit der Erde muß seine gesamte Oberfläche das Potential Null annehmen. Rührt z. B. das influenzierende Feld von einer positiven Ladung her, so ist dies nur möglich, wenn positive Elektrizität von dem Leiter zur Erde abfließt und sich dafür eine Verteilung von negativer Elektrizität auf seiner Oberfläche evtl. durch weiteres Hinzuströmen negativer Elektrizität aus der Erde einstellt, so daß sich die Potentiale des Leiters und des influenzierenden Feldes an seiner Oberfläche zu Null addieren.

Von diesem Vorgang macht man häufig Gebrauch, um ein Elektroskop aufzuladen. Man berührt den Knopf des Elektroskops mit der Hand und nähert gleichzeitig einen geriebenen Hartgummi- oder Glasstab so weit, daß das Elektrometer den gewünschten Ausschlag anzeigt. Dann hebt man die Verbindung mit der Erde auf und entfernt den elektrisierten Stab. Das Elektroskop besitzt dann eine Ladung, deren Vorzeichen der des geriebenen Stabes entgegengesetzt ist.

Besonders schön erkennt man den Vorgang der elektrischen Influenz bei folgendem Versuch mit dem Becherelektroskop. Führt man in den Becher des Elektroskops eine positiv geladene Kugel ein, ohne die Wandung des Bechers zu berühren, so entsteht auf der Innenwand des Bechers eine der Ladung der eingeführten Kugel entgegengesetzte, aber gleich große Menge Influenzelektrizität. Gleichzeitig wird auf der Außenseite des Bechers eine entsprechende Menge positiver

Influenzelektrizität frei, die sich auch dem Elektroskop mitteilt (Abb. 41). Führt man die Kugel aus dem Becher heraus, so vereinigen sich die beiden influenzierten Elektrizitätsmengen wieder, und der Ausschlag des Elektroskops geht auf Null zurück. Berührt man aber mit der Kugel die Innenseite des Bechers, so gleichen sich die positive Ladung der Kugel und die auf der Innenseite des Bechers sitzende negative Elektrizität aus, und man zieht die Kugel völlig ungeladen aus dem Becher heraus. Die auf der Außenseite des Bechers sitzende positive Influenzelektrizität bleibt dann zurück und erzeugt am Elektroskop einen Ausschlag, der von derselben Größe ist wie vorher, als sich die Kugel frei im Innenraum des Bechers befand. Es läßt sich also mit einem Becherelektroskop eine Ladung messen, ohne daß man diese auf das Elektroskop selbst überträgt. Dies ist besonders dann von Wichtigkeit, wenn die Ladung nicht auf einem Leiter, sondern auf einem Isolator sitzt, von dem sie sich nur sehr schwer abstreifen läßt.

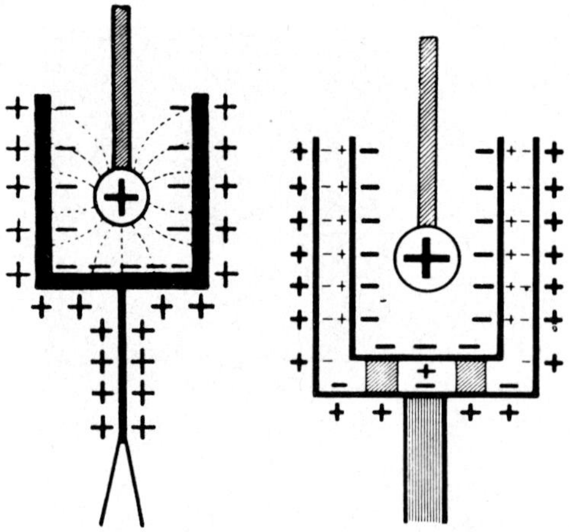

Abb. 41 und 42. Zum Nachweis der Influenz mit dem Becherelektroskop

Man kann nach Faraday noch weitergehen und in dem Becher des Elektroskops einen zweiten kleineren Becher einsetzen, der durch untergelegte Bernsteinstücke gegen den ersten Becher isoliert ist (Abb. 42). Wird eine positiv geladene Kugel in den inneren Becher eingeführt, so erzeugt die Ladung der Kugel auf dessen Innenseite einen entsprechenden Betrag negativer Influenzelektrizität und auf seiner Außenseite eine gleich große Menge positiver Elektrizität. Letztere erregt dann auf der Innenseite des äußeren Bechers wieder gleichviel negative Elektrizität und stößt nach der Außenseite eine entsprechende Menge positiver Elektrizität ab. Bringt man die Kugel in Berührung mit dem inneren Becher, so gleicht sich ihre Ladung mit der negativen Influenzladung auf der Innenseite des Bechers aus, und es bleiben nur die positive Ladung auf der Außenseite des inneren Bechers und die beiden Influenzladungen auf dem äußeren Becher übrig. Hebt man dann den inneren Becher mit einem isolierten Griff aus dem großen Becher heraus, so wird der äußere Becher wieder unelektrisch. Berührt man aber beim Herausnehmen mit dem inneren Becher die Innenseite des äußeren, so bleibt nur die auf der Außenseite des letzteren sitzende Ladung erhalten.

Zum Schluß möge nochmals darauf hingewiesen werden, daß ein in einem elektrischen Feld befindlicher, mit der Erde verbundener Leiter infolge der Influenz eine Ladung trägt und trotzdem das Potential Null der Erde besitzt, während z. B. ein isoliert aufgestellter Leiter in einem elektrischen Feld ein bestimmtes Potential hat, obwohl die resultierende Ladung auf ihm Null ist.

10. Anwendungen der Influenz: Doppelplatte, Potentialsonden, Elektrophor

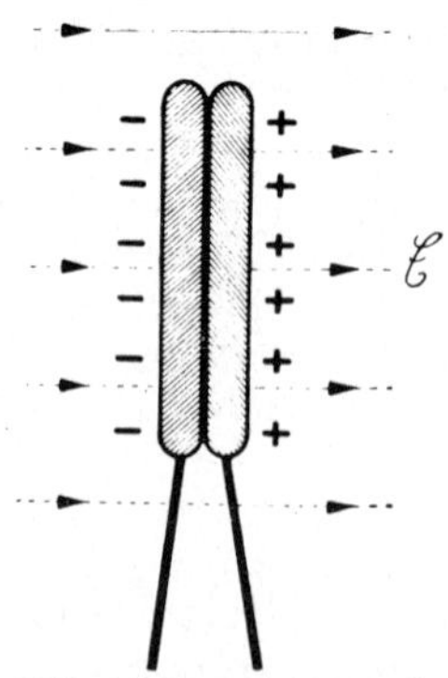

Abb. 44. Doppelplatte in einem elektrischen Feld, dessen Kraftlinien die Platten senkrecht treffen

Die elektrische Influenz kann zur Ausmessung elektrischer Felder mittels der sogenannten Doppelplatte dienen. Diese bestehen aus zwei gleich großen dünnen Metallscheiben, die (Abb. 43) an isolierenden Handgriffen befestigt sind. Die beiden Scheiben werden aufeinander gelegt und an die zu untersuchende Stelle des elektrischen Feldes gebracht. In Abb. 44 ist der Fall skizziert, daß die Kraftlinien die Platten senkrecht treffen. Dadurch wird auf der einen Plattenseite positive, auf der anderen eine gleich große negative Influenzladung erregt. Trennt man die beiden Platten

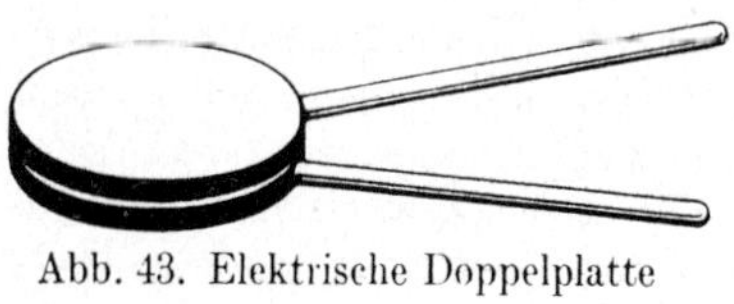

Abb. 43. Elektrische Doppelplatte

noch im Feld, so kann man die Größe der Influenzladung an einem Elektroskop messen und damit auf die Stärke des Feldes an der betreffenden Stelle zurückschließen.

Ändert man die Stellung der Doppelplatte in einem gegebenen elektrischen Feld, so findet man, daß die stärkste Erregung von Influenzelektrizität dann auftritt, wenn die Platten — wie im obigen Fall — senkrecht zur Feldrichtung stehen. Liegen die Platten parallel zur Feldrichtung, wie es die Abb. 45 zeigt, so werden auf jeder Platte gleiche Mengen entgegengesetzter Ladungen influenziert. Diese heben sich auf beiden Platten auf, sobald diese aus dem Feld herausgenommen werden. Führt man ferner die Versuche mit Platten verschiedener Größen und an verschiedenen Stellen des Feldes aus, so ergibt sich, daß die influenzierten Elektrizitätsmengen sowohl der Größe der Platten als auch der Stärke des Feldes proportional sind. Bezeichnen wir mit F die Plattenoberfläche, mit k einen noch zu bestimmenden Proportionalitätsfaktor und mit $\mathfrak{E}_n$ die zur Plattenfläche normale Feldkomponente, so ist der Absolutbetrag der auf jeder Platte influenzierten Elektrizitätsmenge q_i durch die Beziehung gegeben:

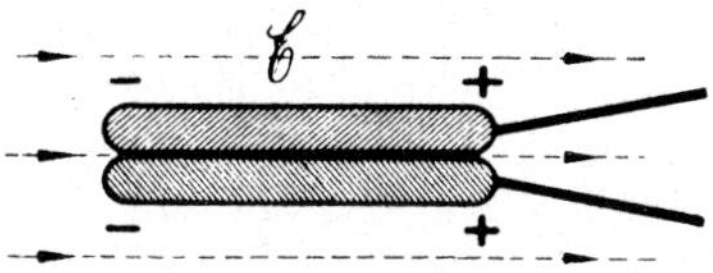

Abb. 45. Doppelplatte in einem elektrischen Feld, dessen Richtung parallel zur Plattenebene verläuft

$$q_i = kA\,|\,\mathfrak{E}_n\,|\,,$$

oder, da nach Gl. (7) $A\,|\mathfrak{E}_n| = \Psi$, dem durch die Plattenfläche tretenden elektrischen Fluß ist:

$$q_i = k\Psi.$$

Um die Konstante k zu bestimmen, beachten wir, daß nach dem Gaußschen Satz Gl. (8) der von einer Ladung q ausgehende Fluß gleich $4\pi q$ ist; damit wird $k = \frac{1}{4\pi}$, also:

$$q_i = \frac{\Psi}{4\pi} = \frac{A}{4\pi}\,|\,\mathfrak{E}_n\,|\,. \tag{22}$$

Man kann die Doppelplatten offenbar zu einer Messung von $\mathfrak{E}$ benutzen. Weist nämlich die Plattennormale in die Richtung des zu messenden Feldes — erkennbar daran, daß die maximale Elektrizitätsmenge q_i auf ihnen influenziert wird —, so wird durch das Plattenpaar der Verlauf der Kraftlinien und das zu messende Feld in keiner Weise geändert, da in diesem Falle die $\mathfrak{E}$-Linien nach Einbringen der Platten von vornherein die Bedingung erfüllen, senkrecht auf den Plattenebenen zu stehen. Die Richtung des Feldes stimmt darum also mit der der Plattennormale, genommen von der positiven zur negativen Ladung, überein.

Der Betrag von $\mathfrak{E}$ ergibt sich aus Gl. (22) zu:

$$|\,\mathfrak{E}\,| = \frac{4\pi q_i}{A}, \tag{22a}$$

womit die Feldstärke also nach Größe und Richtung vollständig bestimmt ist.

Damit haben wir eine ganz andersartige Methode zur $\mathfrak{E}$-Bestimmung vor uns. Bisher geschah dies durch Feststellung der ponderomotorischen Kraft des Feldes auf die positive Einheitsladung; nunmehr kann es auch durch die Influenzwirkung des Feldes geschehen. Daß diese beiden Möglichkeiten vorhanden sind, beruht auf der doppelten Eigenschaft einer elektrischen Ladung, sowohl Angriffspunkt des Feldes als auch Quelle desselben zu sein. Die erste Eigenschaft nützt man aus, wenn man in der bisherigen Art die Kraft auf die Einheitsladung mißt, die zweite liegt der eben dargelegten Meßmethode zugrunde. — Es sei schon hier darauf hingewiesen, daß die Gleichwertigkeit der beiden Methoden zur $\mathfrak{E}$-Bestimmung eine gewisse Abänderung erfährt, wenn das Feld nicht im Vakuum, sondern in einem beliebigen isolierenden Medium existiert (vgl. Nr. 14).

Um in einem elektrischen Feld das Potential eines Punktes gegenüber einem Bezugspunkt (z. B. der Erdoberfläche) zu messen, bringt man an die betreffende Stelle des Feldes eine metallische Sonde, die mit einem Elektroskop verbunden ist. Auf dem Leitersystem Sonde-Verbindungsdraht-Elektroskop werden dann durch das elektrische Feld Ladungen influenziert. Rührt z. B. das Feld von einer positiven Elektrizitätsmenge her, so wird sich an der Sonde eine negative Influenzladung ansammeln. Das Potential der Sonde wird also einen Wert annehmen, der zwischen Null und dem zu messenden Potential des Feldes liegt, so daß zwischen Sonde und dem Feld an der Stelle der Sonde eine Potentialdifferenz entsteht. Man muß also die an der Sonde angesammelte Influenzelektrizität so weit entfernen, daß das Potential der Sonde gleich dem Potential des betreffenden Feldpunktes ist. Dies läßt sich mit Hilfe besonderer Sondenausführungen erreichen. Bei dem Tropfkollektor besteht die Sonde aus einem kleinen mit Wasser gefüllten Metallgefäß; aus einer im Gefäß befindlichen Öffnung tropft Wasser aus und die fallenden Tropfen nehmen solange elektrische Ladungen mit fort, bis der Überschuß der Influenzladung auf der Sonde beseitigt ist und diese das Potential des Feldes angenommen hat. In ähnlicher Weise arbeitet auch die Flammensonde; sie besteht aus einer kleinen Gas- oder Kerzenflamme, die durch einen in die Flamme geführten Draht mit dem Elektroskop verbunden wird. Wie wir später noch näher erläutern werden, bilden sich in der heißen Flamme kleinste positive und negative Elektrizitätsträger (Ionen), die ähnlich wie die Wassertropfen die überschüssige Ladung von der Sonde wegführen. Gelegentlich bringt man auch auf der Sonde eine radioaktive Substanz an, die ebenfalls Elektrizitätsträger zum Wegführen der Influenzladung von der Sonde liefert.

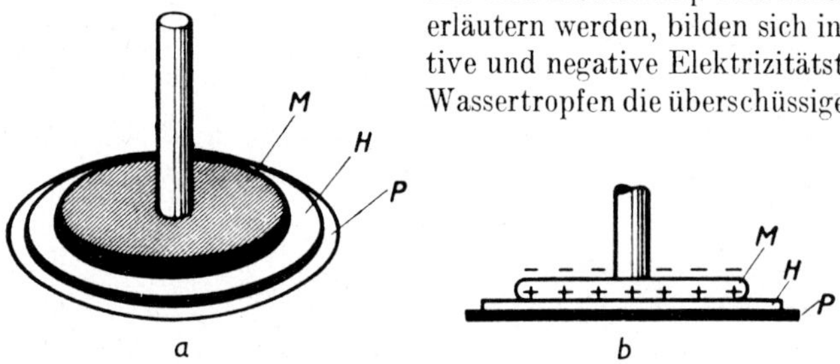

Abb. 46. Elektrophor in Ansicht (a) und Querschnitt (b)

Auf dem Vorgang der elektrischen Influenz beruht ferner der **E l e k t r o p h o r**, ein einfacher Apparat zur Erzeugung größerer Elektrizitätsmengen; er wurde bereits 1762 von J. C. **W i l c k e** erfunden und 1775 von A. **V o l t a** verbessert. Er besteht aus einer Hartgummiplatte H (Abb. 46a), die auf einem Metallteller P liegt oder auf der unteren Seite mit Stanniol beklebt ist. Auf der Hartgummischeibe liegt eine etwas kleinere Metallplatte M, die in der Mitte mit einem isolierenden Griff versehen ist. Die Hartgummiplatte wird zunächst durch Reiben mit einem wollenen Tuch oder einem Fell negativ elektrisch gemacht. Sodann wird die Metallplatte auf die Hartgummiplatte aufgesetzt. Die auf dem Hartgummi sitzende negative Elektrizität erzeugt nun auf der Unterseite von M eine gleich große positive und auf der Oberseite von M eine ebenso große negative Influenzladung (Abb. 46b). Berührt man mit der Hand die Oberseite von M, so wird die negative Ladung zur Erde abgeleitet. Hebt man jetzt die Platte M mittels des isolierenden Griffes von der Hartgummiplatte ab, so enthält sie nur noch die positive Influenzladung. Man kann diesen Vorgang beliebig oft wiederholen, ohne daß sich der elektrische Zustand der Hartgummiplatte ändert; denn es wird stets nur die auf der Metallplatte influenzierte Ladung gewonnen. Selbstverständlich ist zur Gewinnung dieser Ladung eine bestimmte Arbeitsleistung erforderlich, die darin besteht, daß man beim Abheben der positiv geladenen Metallplatte die anziehenden Kräfte zwischen der negativen Ladung auf der Hartgummiplatte und der positiven Ladung auf der Metallplatte überwinden muß. Die Größe dieser anziehenden Kräfte kann man nachweisen, wenn man die Metallplatte an einer Waage so aufhängt, daß sie im ausbalancierten Zustand gerade auf der Hartgummiplatte aufliegt. Bevor man die negative Elektrizität von der Oberseite der Metallplatte zur Erde ableitet, genügt bereits ein kleines Übergewicht auf der anderen Waagschale, um die Platte von der Hartgummischeibe zu trennen. Hat man aber die negative Ladung zur Erde abgeleitet, so daß die Metallplatte nur noch die positive Ladung trägt, so ist ein beträchtlich größeres Gewicht zum Abheben erforderlich.

Man kann die Frage aufwerfen, wieso es kommt, daß zwischen der negativen Ladung auf der Hartgummiplatte und der auf der Unterseite der Metallplatte influenzierten positiven Ladung kein direkter Ausgleich erfolgt, so daß der beschriebene Versuch nur einmal ausführbar und jedesmal ein erneutes Reiben der Hartgummischeibe erforderlich wäre. Der Grund hierfür liegt darin, daß zwischen der Metallplatte und der Hartgummiplatte eine wirkliche Berührung nur an wenigen Punkten erfolgt. Da Hartgummi ein Isolator ist, kann demnach ein Austausch der Elektrizität nur an diesen wenigen Punkten stattfinden.

Auch bei den Influenzmaschinen, die zur Erzeugung größerer Elektrizitätsmengen dienen, und auf die wir ausführlich im Abschn. 15, S. 68 zurückkommen, spielen die Erscheinungen der Influenz eine wichtige Rolle.

Schließlich sollen noch einige Erscheinungen besprochen werden, die wir zwar schon kennengelernt haben, deren exakte Deutung aber nur mittels der Influenzvorgänge möglich ist. Gleich zu Anfang, S. 1, erwähnten wir, daß ungeladene Körper (z. B. eine leichte Metallkugel, die an einem Faden aus Seide aufgehängt ist), von einem elektrischen Körper, z. B. einem geriebenen Hartgummistab, angezogen werden. Wir wissen aber anderseits, daß anziehende Kräfte nur zwischen elektrischen Ladungen auftreten können. Dieser scheinbare Widerspruch erklärt sich dadurch, daß die Kugel in dem elektrischen Feld des Hartgummistabes zu einem elektrischen Dipol (S. 24) wird (Abb. 47); auf der dem Stab zugewandten Seite der Kugel sammelt sich eine positive Influenzladung, auf der abgewandten Seite eine negative Ladung an. Erstere wird von der Ladung auf dem Stab angezogen, letztere abgestoßen. Da die negative Ladung aber etwas weiter vom Stab entfernt ist, überwiegt die Anziehung zwischen der positiven Influenzladung und der negativen Ladung des Stabes. In dieser Weise spielt sich die Erscheinung ab, wenn die Kugel an einem isolierenden Faden, z. B. Seide, aufgehängt ist. Hängt sie aber an einem Leinenfaden oder an einem dünnen Draht, so sammelt sich nur positive Elektrizität in der Kugel an und die entsprechende Menge negativer Elektrizität wird zur Erde abgeleitet. Die anziehende Kraft zwischen Kugel und geriebenem Hartgummistab ist infolgedessen größer. Bei diesen Versuchen ist das von dem geriebenen Hartgummistab erzeugte Feld ein inhomogenes Feld. Nur in einem solchen Feld findet eine Bewegung der Kugel nach den Stellen wachsender Feldstärke statt. In einem homogenen Feld z. B. zwischen zwei entgegengesetzt geladenen ebenen Platten (Abb. 23) findet dagegen auf eine ungeladene Kugel keinerlei Kraftwirkung statt, wie man sich leicht an dem in Abb. 39 gezeichneten Kraftlinienbild klarmacht.

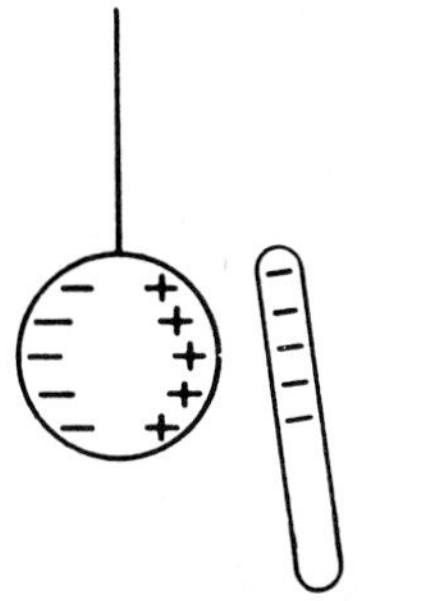

Abb. 47. Anziehung einer isoliert aufgehängten Metallkugel durch einen geriebenen Hartgummistab

Schließlich gehört auch noch die Saugwirkung von Spitzen hierher. Stellt man entsprechend Abb. 48 einen geladenen Konduktor A einem ungeladenen B gegenüber, der eine nach A gerichtete Spitze besitzt, so zeigt B nach Entfernung von A eine Ladung, deren Vorzeichen mit dem der Ladung auf A übereinstimmt. Dies erklärt sich ebenfalls durch den Vorgang der elektrischen Influenz. Ist z. B. A positiv geladen, so erzeugt das Feld von A auf B zwei Influenzladungen. Die negative Influenzladung sammelt sich in der Spitze an und strömt bei genügender Dichte aus dieser aus, so daß ein Überschuß von positiver Elektrizität zurückbleibt, auch wenn A entfernt wird. Da es den Anschein hat, als ob die Spitze diese Ladung von dem Konduktor A abgesaugt habe, bezeichnet man diese Erscheinung als **Saugwirkung der Spitze**.

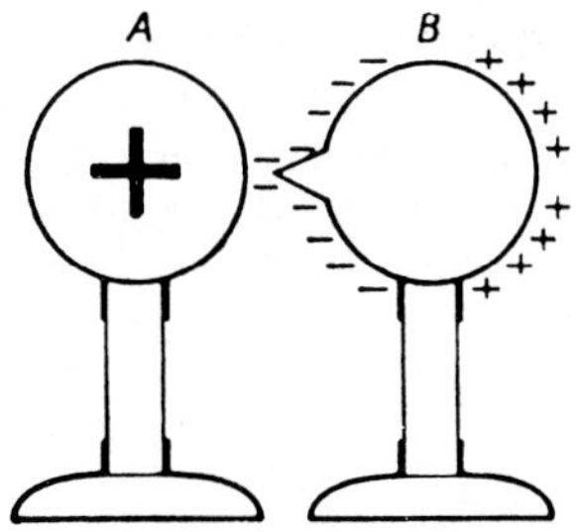

Abb. 48. Saugwirkung einer Spitze

11. Anwendungen der Influenz: Kondensatoren

Eine besonders wichtige Anwendung der Influenz besteht in der Möglichkeit, mit ihrer Hilfe große Kapazitäten zu erhalten. Dies ist eine praktische Notwendigkeit; denn wegen der begrenzten Isolationsfähigkeit der Luft kann man das Potential eines Konduktor nicht beliebig steigern ohne daß die Luft ein Leitvermögen erhält. Deshalb muß man das Potential des Leiters und damit die an seiner Oberfläche herrschende Feldstärke hinreichend klein halten, d. h. dem Leiter eine große Kapazität geben.

Man kann das gewünschte Ziel auf folgende Weise erreichen: Nähert man einem geladenen, mit einem Elektroskop verbundenen Leiter einen zweiten ungeladenen isolierten Leiter, so beobachtet man, daß der Ausschlag des Elektroskops um so stärker abnimmt, je näher der zweite Leiter an den ersten heranrückt. Erdet man den herangebrachten Leiter oder nähert auch nur die Hand, so geht der Ausschlag des Elektroskops noch weiter zurück; wird der Leiter (die Hand) wieder entfernt, nimmt der Ausschlag seinen alten Wert an. Da das Elektroskop das Potential anzeigt und bei dem geschilderten Versuch die Ladung unverändert bleibt, muß nach Gl. (21) bei Annäherung des zweiten Leiters die Kapazität des ersten vergrößert worden sein. Die Erklärung dafür ist folgende: Der geladene Leiter erzeugt auf dem genäherten ungeladenen Influenzladungen, und zwar auf der ihm zugewandten Seite mit entgegengesetztem und auf der ihm abgewandten Seite mit gleichem Vorzeichen. Die Influenzladungen erzeugen aber ihrerseits um sich herum elektrische Felder, die das Potential des geladenen Leiters verändern. Und zwar erniedrigt sich dies Potential, da die Influenzladung entgegengesetzten Vorzeichens sich stets näher an dem geladenen Leiter befindet, als die von gleichem Vorzeichen. Wird letztere überdies zur Erde abgeleitet, so bleibt nur die Wirkung der Influenzladung von entgegengesetztem Vorzeichen übrig, und die Folge ist, daß eine besonders große Potentialerniedrigung auf dem geladenen Leiter eintritt.

Abb. 49. Veränderlicher Plattenkondensator

Sehr deutlich lassen sich diese Vorgänge bei plattenförmigen Leitern übersehen, die sich mit ihren Flächen einander sehr nahe bringen lassen (Abb. 49). Die beiden isolierten Metallplatten, die auf einer horizontalen Schiene gegeneinander verschiebbar sind, werden zunächst möglichst weit von einander entfernt, eine von ihnen mit einem Elektrometer verbunden und auf ein bestimmtes Potential aufgeladen. Nähert man nun die andere ungeladene, zunächst noch isolierte Platte der geladenen bis auf einige Millimeter, so geht der Elektrometerausschlag zurück. Erdet man die genäherte Platte, so verschwindet der Ausschlag fast vollständig, um bei Entfernung der Platten voneinander wieder den alten Wert anzunehmen.

Sehr instruktiv ist folgender Gegenversuch: Lädt man die verschiebbare zweite Platte mit gleichnamiger Ladung wie die erste auf, so tritt beim Zusammenschieben der beiden Platten eine Erhöhung des Potentials auf der ersten Platte ein, da sich in diesem Falle Potentiale gleichen Vorzeichens überlagern; hier wird, umgekehrt wie vorher, die Kapazität verkleinert.

Wenn bei Annäherung der geerdeten Platte das Potential V der geladenen Platte auf den n-ten Teil absinkt, also den Wert V/n annimmt, so ist die Kapazität der Anordnung auf den n-fachen Betrag gestiegen, und man muß zur Erreichung des ursprünglichen Potentials V der geladenen Platte die n-fache Elektrizitätsmenge zuführen.

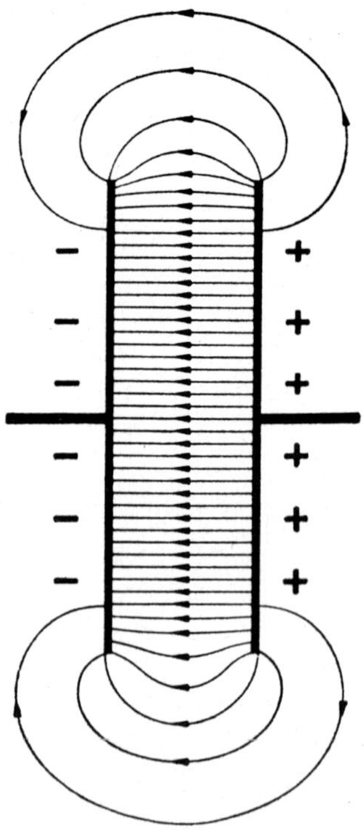

Abb. 50. Kraftlinienverlauf in einem Plattenkondensator

Eine solche Vorrichtung, die aus zwei einander gegenüberstehenden Leitern besteht, heißt ein **Kondensator,** da man sie dazu benutzt, um elektrische Ladungen in größeren Mengen anzusammeln (zu „kondensieren"), ohne daß das Potential zu hohe Werte annimmt. Abb. 49 stellt die einfachste Form eines Plattenkondensators dar (R. Kohlrausch, 1847). Die Größe seiner Kapazität C hängt sowohl von den Abmessungen der Plattenfläche A wie auch von dem Plattenabstand d ab. Um C zu berechnen, betrachten wir den Kraftlinienverlauf in einem solchen Kondensator. Er ist in Abb. 50 gezeichnet und wurde bereits in der früheren Abb. 23 experimentell sichtbar gemacht. Die überwiegende Mehrzahl aller Kraftlinien verläuft zwischen den beiden Platten senkrecht zur Plattenoberfläche, nur am Rande laufen einige außen herum. Von diesen wollen und können wir absehen, wenn wir die Plattenoberfläche groß gegenüber dem Plattenabstand nehmen. Bezeichnen wir mit η die auf der geladenen Platte befindliche Flächendichte, so ist die Feldstärke im Inneren des Kondensators $\mathfrak{E}_n = |\mathfrak{E}| = 4\pi\eta$; denn $4\pi\eta$ stellt die je Flächeneinheit austretende Kraftlinienzahl dar. Anderseits ist nach Gl. (16b): $|\mathfrak{E}| = \frac{V_1 - V_2}{d}$, wenn V_1 und V_2 die Potentiale auf den beiden Platten sind. Daraus folgt $4\pi\eta = \frac{V_1 - V_2}{d}$. Erweitern wir beide Seiten mit der Plattenfläche A, so ist, da ηA die auf der Platte befindliche Ladung q darstellt:

$$4\pi\eta A = 4\pi q = \frac{V_1 - V_2}{d} A.$$

Nun ist aber nach Definition Gl. (21) $q = C(V_1 - V_2)$. Ersetzt man $V_1 - V_2$, also die Spannung, durch q/C, so erhält man für die Kapazität des ebenen Plattenkondensators im Vakuum (da Materie zwischen den Platten von Einfluß wäre):

a) im elektrostatischen CGS-System:

(23a) $$C_{Plattenkond.} = \frac{A}{4\pi\, d} \quad \text{[Einheit: cm]}$$

b) im SI-System:

(23b) $$C_{Plattenkond.} = \varepsilon_0 \frac{A}{d} \quad \left[\text{Einheit: } \frac{\text{Amperesek.}}{\text{Volt}} = \text{Farad}\right]$$

(Elektr. Feldkonstante $\varepsilon_0 = 8{,}854 \cdot 10^{-12}$ Amperesek./Voltmeter).

Die Kapazität eines Plattenkondensators ist der Oberfläche direkt und dem Plattenabstand umgekehrt proportional. Im CGS-System erhält man C in cm, wenn man A in cm² und d in cm mißt.

(Gl. 23) gilt nur in Annäherung, da, wie bereits erwähnt, bei der Ableitung die am Rande des Kondensators verlaufenden Kraftlinien vernachlässigt wurden. Eine strengere Berechnung liefert eine etwas größere Kapazität, als Gl. (23) angibt.

Eine ältere (unveränderliche) Ausführung des Plattenkondensators ist die Franklinsche Tafel (Abb. 51). Sie besteht aus einer Glasplatte, die auf beiden Seiten mit einem Stanniolbelag versehen ist, der den Rand der Glasplatte etwa handbreit frei läßt. (Auf den spezifischen Einfluß des Glases, das wir hier nur als isolierenden Träger für die beiden Metallbeläge betrachten, gehen wir in Nr. 14 ein.)

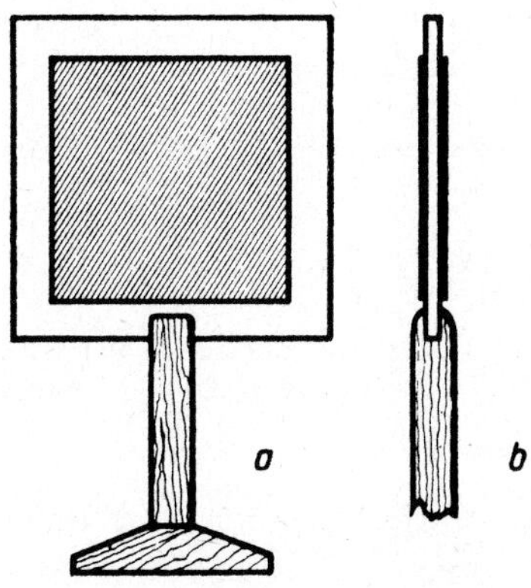

Abb. 51. Franklinsche Tafel in Aufsicht (a) und Längsschnitt (b)

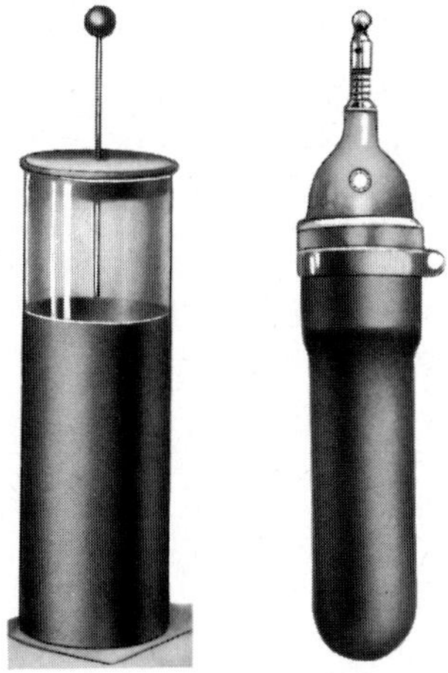

a b

Abb. 52. Leidener Flasche
a) ältere Ausführung b) moderne Form

Eine viel benutzte Form eines Kondensators ist die **Leidener Flasche**, die unabhängig von G. **von Kleist** (1745) und **Cunäus** in Leiden (1746) erfunden wurde; sie besteht aus einem zylindrischen Glasgefäß (Abb. 52a), das auf der Innen- und Außenseite bis etwa handbreit vom oberen Rande mit Stanniol beklebt ist. (Auch hier betrachten wir das Glas vorläufig nur als Gerüst zur Trennung des äußeren und inneren Metallbelages.) Die Zuführung zur inneren Belegung geschieht durch eine oben mit einer Kugel versehenen Metallstange, die durch ein paar federnde, im Innern des Gefäßes anliegende Metallstreifen gehalten wird. Die Flasche wird geladen, indem man die innere Belegung mit der Elektrizitätsquelle verbindet und die äußere zur Erde ableitet. Abb. 52b zeigt eine moderne Form einer Leidener Flasche, bei der die beiden Belege aus elektrolytisch aufgebrachten Kupferschichten bestehen.

Eine andere Kondensatorform ist der **Kugelkondensator**. Dieser besteht (Abb. 53) aus zwei konzentrischen leitenden Kugelflächen mit den Radien r_i und r_a. Der inneren Kugel wird mittels eines dünnen, durch die äußere Kugel isoliert durchgeführten Drahtes eine Ladung erteilt, die äußere ist mit der Erde leitend verbunden. Da die Kraftlinien nur im Raum zwischen den Kugelflächen verlaufen, läßt sich hier die Kapazität streng berechnen. Führt man der inneren Kugel die Ladung $+q$ zu, so erzeugt deren Feld auf der Innenseite der äußeren Kugel eine Influenzladung $-q$. Diese Influenzladung ruft im ganzen Raume zwischen den Kugeln ein überall konstantes Potential $V_a = -q/r_a$ hervor, das sich dem Oberflächenpotential der inneren Kugel $V_i = q/r_i$ überlagert, so daß das gesamte Potential auf der Oberfläche der Innenkugel den Wert

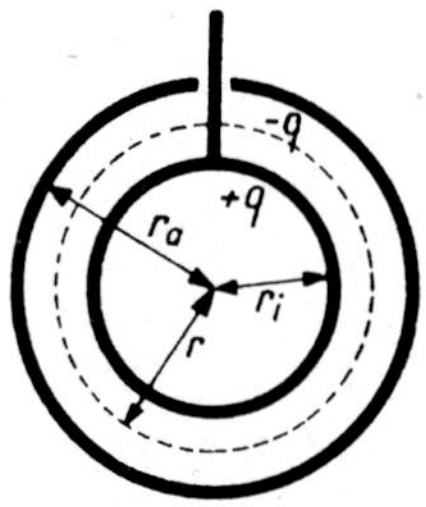

Abb. 53. Schnitt durch einen Kugelkondensator

$$V = V_i + V_a = q\left(\frac{1}{r_i} - \frac{1}{r_a}\right)$$

annimmt. Die Kapazität des Kugelkondensators, d. h. die Ladung, dividiert durch das Potential, folgt daraus zu:

$$\frac{q}{V} = C_{Kugelkond.}\left(\frac{1}{r_i} - \frac{1}{r_a}\right) = C_{Kugelkond.}\,\frac{r_a - r_i}{r_i r_a},$$

d. h.

$$C_{Kugelkond.} = \frac{r_a r_i}{r_a - r_i}\ \text{cm}. \tag{24}$$

Ist der Abstand der beiden Kugelflächen $r_a - r_i = d$, ferner $r = \sqrt{r_a r_i}$ als geometrisches Mittel der beiden Kugelradien ein mittlerer Radius, so läßt sich für $C_{Kugelkond.}$ schreiben:

$$C_{Kugelkond.} = \frac{r^2}{d}.$$

Erweitert man rechts mit 4π, so wird

$$C_{Kugelkond.} = \frac{4\pi r^2}{4\pi d} = \frac{A}{4\pi d}\ \text{cm}, \tag{24a}$$

worin A die Fläche der zwischen den beiden Kugeln gelegenen Kugelschale mit dem mittleren Radius r bedeutet. Gl. (24a) ist dann formal identisch mit Gl. (23) für den Plattenkondensator. Man kann sich letztere aus dem Kugelkondensator entstanden denken, wenn man aus einem Kugelkondensator mit unendlich großem Radius ein Stück durch einen Kegel herausschneidet, dessen Spitze im Kugelmittelpunkt liegt.

Eine in der Technik häufig vorkommende Kondensatorform ist der Zylinderkondensator, der aus zwei konzentrischen Kreiszylindern besteht. In der Abb. 54 ist ein Stück eines solchen Zylinderkondensators gezeichnet. Für die Kapazität findet man den angenäherten Ausdruck:

(25) $$C_{Zylinder} = \frac{h}{2\ln(r_a/r_i)} \text{ cm},$$

wenn r_a und r_i die Radien des äußeren und inneren Zylinders, h die Höhe desselben bedeuten.

Schließlich stellen auch zwei im Abstand $2d$ parallel zueinander geführte Drähte (Länge l) vom Durchmesser $2r$ einen Kondensator dar: ist r klein gegen d, so ergibt sich angenähert für die Kapazität der Wert:

(25a) $$C_{Paralleldraht} = \frac{l}{4\ln(d/r)} \text{ cm}.$$

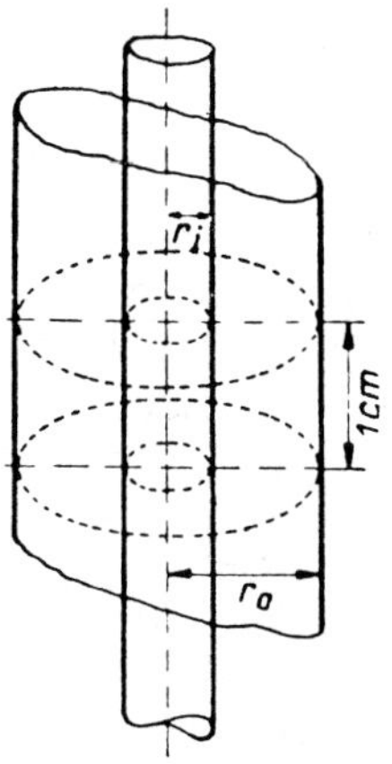

Abb. 54. Stück eines Zylinderkondensators

Um größere Kapazitäten zu erhalten, kann man mehrere Kondensatoren in geeigneter Weise, entsprechend Abb.55, zusammenschalten; die in der Abb. gezeigte Verbindung wird als Parallelschaltung (Nebeneinanderschaltung) bezeichnet. Die einzelnen Kondensatoren mögen die Kapazitäten $C_1, C_2, \ldots C_n$ haben; da sie alle die gleiche Spannung U besitzen, so sind die auf den Einzelkondensatoren sitzenden Elektrizitätsmengen:

$$q_1 = C_1 U;\ q_2 = C_2 U;\ \ldots\ q_n = C_n U.$$

Auf dem Gesamtkondensator, dessen Kapazität C gesucht wird, befindet sich also die Elektrizitätsmenge

$$q_1 + q_2 + q_3 + \ldots q_n$$

und diese muß gleich CU sein. Also gilt die Gleichung:

$$q_1 + q_2 + \ldots q_n = (C_1 + C_2 + \ldots C_n)\, U = CU;$$

d. h.

(26) $$C = C_1 + C_2 + \ldots C_n,$$

in Worten:

Bei Parallelschaltung von Kondensatoren addieren sich die Kapazitäten.

Auf dieser Schaltung beruht die Konstruktion mehrerer praktischer Ausführungsformen von Kondensatoren, auf die wir auf S. 38ff. näher eingehen.

Hier wollen wir zuvor noch eine zweite Schaltungsart von Kondensatoren besprechen, die sog. Reihen- oder Hintereinanderschaltung (Abb. 56). Hier ergibt sich die resultierende Kapazität aus folgender Überlegung: Am ganzen Kondensator liegt die Spannung U; sie verteilt sich also je nach den Teilkapazitäten $C_1, C_2, \ldots C_n$ auf die Einzelkondensatoren; die Gesamtladung des Kondensators ist q. Bezeichnen wir die gesuchte Gesamtkapazität wieder mit C, so ist also:

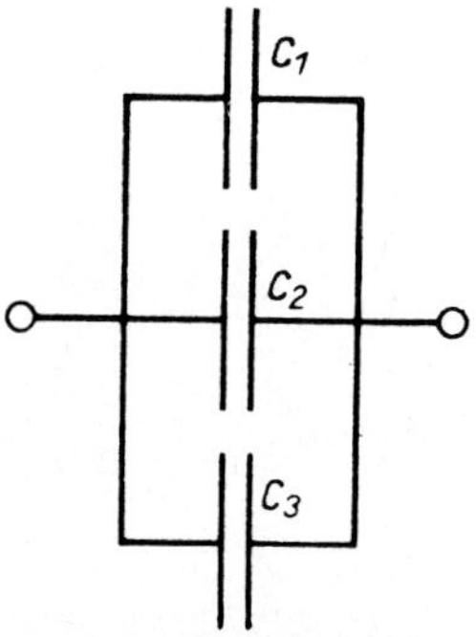

Abb. 55. Parallelschaltung von Kondensatoren

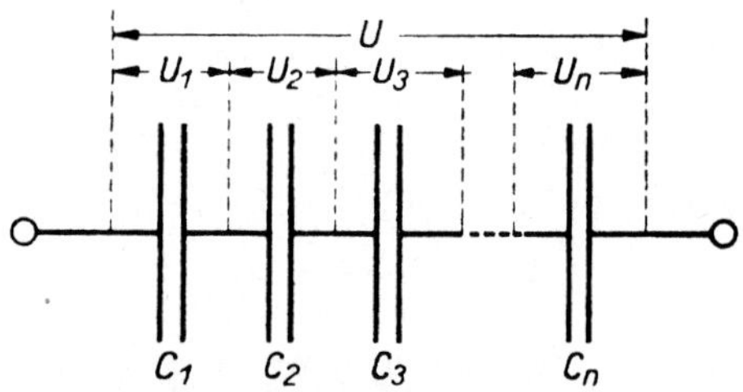

Abb. 56. Reihenschaltung von Kondensatoren

$$q = CU = C(U_1 + U_2 + \ldots U_n).$$

Die Spannungen, die an den einzelnen Kondensatoren liegen, sind durch die Gleichungen gegeben:

$$\frac{q}{C_1} = U_1; \quad \frac{q}{C_2} = U_2; \ldots \frac{q}{C_n} = U_n.$$

Denn nach den Gesetzen der Influenz trägt jeder Teilkondensator die gleiche Elektrizitätsmenge q wie die gesamte Batterie.

Setzt man diese Werte in die vorhergehende Gleichung ein, so folgt:

$$q = C\left(\frac{q}{C_1} + \frac{q}{C_2} + \ldots \frac{q}{C_n}\right) = qC\left(\frac{1}{C_1} + \frac{1}{C_2} + \ldots \frac{1}{C_n}\right),$$ womit durch Kürzung von q folgt:

(27) $$\frac{1}{C} = \frac{1}{C_1} + \frac{1}{C_2} + \ldots \frac{1}{C_n};$$

d. h. **bei Hintereinanderschaltung von Kapazitäten ist der reziproke Wert der resultierenden Kapazität gleich der Summe der Kehrwerte der Einzelkapazitäten: Bei Hintereinanderschaltung von Kondensatoren addieren sich die Kehrwerte der Kapazitäten.**

Daraus geht hervor, daß die resultierende Kapazität C stets kleiner ist als die kleinste der in Reihe geschalteten Teilkapazitäten.

Der Vorteil der Reihenschaltung von Kondensatoren besteht darin, daß an jedem einzelnen Kondensator nur ein Bruchteil derjenigen Spannung liegt, mit der die ganze Anordnung aufgeladen ist. Die Kapazitätsverkleinerung bei der Reihenschaltung läßt sich dadurch ausgleichen, daß man mehrere Gruppen in Reihe geschalteter Kondensatoren zu einer Parallelschaltung vereinigt. Die nach Abb. 57 zusammengeschalteten neun Kondensatoren mit den Einzelkapazitäten C ergeben als Gesamtkapazität wieder den Wert C.

Bei Benutzung plattenförmiger Einzelkondensatoren (z. B. Franklinscher Tafeln) führt die Parallelschaltung zum Bau eines sehr einfachen Kondensators, der als Blockkondensator bezeichnet wird. Wie ein Schnitt durch einen solchen Blockkondensator (Abb. 58) zeigt, sind die unter Zwischenlage eines Isolators übereinandergeschichteten Metallplatten (in der Praxis benutzt

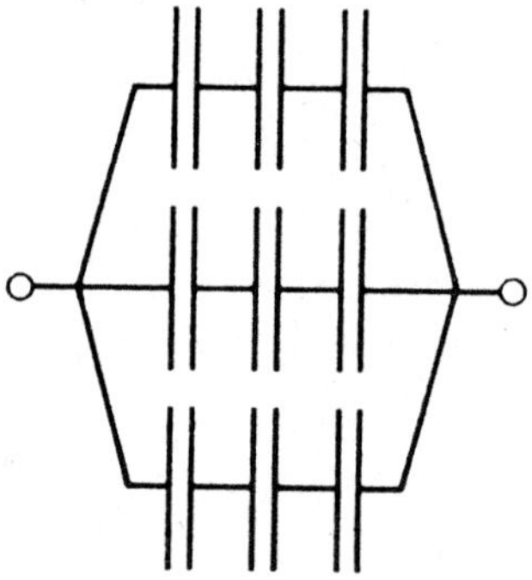

Abb. 57. Kondensatoren in kombinierter Schaltung

Abb. 59. Blockkondensator

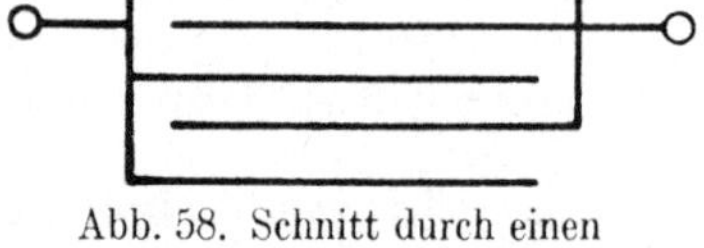

Abb. 58. Schnitt durch einen Blockkondensator (schematisch)

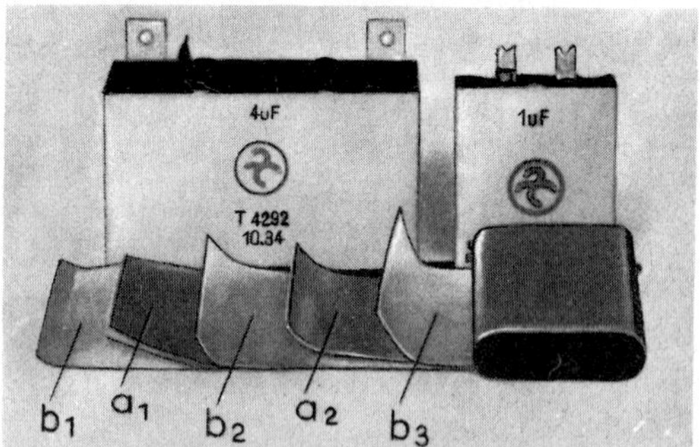

Abb. 60. Technische Ausführungsform von Blockkondensatoren mit Papierisolation

man dünne Aluminiumfolien mit Zwischenlagen von sehr dünnen Folien aus Kunststoff oder paraffiniertem Papier) abwechselnd nach den beiden Kondensatorzuleitungen herausgeführt. Abb. 59 zeigt die fertige Form eines Blockkondensators mit Glimmerisolation und einer Kapazität von 20000 cm. — Eine etwas andere Ausführungsform eines Blockkondensators, wie er heute von der Technik für Kapazitäten von mehreren Mikrofarad gebaut wird, zeigt Abb. 60 (in zwei Ausführungen von 1 und $4 \mu F$ sowie in geöffneter Form). Die beiden Kondensatorbelege bestehen aus zwei schmalen Bändern a_1 und a_2 aus Aluminiumfolie, die unter Zwischenschaltung von paraffinierten Papierstreifen b_1, b_2 und b_3 ähnlich wie ein Tuchballen aufgewickelt werden. Auf diese Weise gelingt es, auf verhältnismäßig kleinem Raum große Kapazitäten unterzubringen. Infolge der Verwendung von Papier als Isolator sind diese Kondensatoren aber nur für kleine Spannungen bis zu einigen Hundert Volt verwendbar. — Ein nach dem Prinzip des Blockkondensators aufgebauter veränderlicher Kondensator ist der besonders in der Rundfunktechnik viel benutzte Drehkondensator (Abb. 61). In die Zwischenräume eines feststehenden halbkreisförmigen Plattenpaketes A läßt sich ein zweites, ebenfalls halbkreisförmiges Plattenpaket B hineindrehen. Dadurch ist eine stetige Veränderung der Kapazität möglich; sie erreicht ihr Maximum, wenn die drehbaren Platten vollkommen zwischen den festen Platten liegen. Als Isolator dient meistens Luft oder für hohe Spannungen Öl, in das der ganze Kondensator eingetaucht wird. —

Von der Tatsache, daß beim Verkleinern der Kapazität eines geladenen Kondensators das Potential ansteigt, macht man z. B. Gebrauch, um mit einem Elektroskop sehr kleine Potentiale zu messen bzw. nachzuweisen, die das Elektroskop allein zunächst nicht anzeigt. Zu diesem Zweck befestigt man die eine Platte A eines Kondensators (sog. Kollektorplatte) direkt auf der Zuführung zum Elektroskop (Abb. 62), während die zweite Platte B (sog. Kondensatorplatte) mit einem isolierenden Griff versehen ist und auf die Platte A aufgesetzt werden kann. Auf den einander zugekehrten Flächen sind die Platten mit einer sehr dünnen isolierenden Lackschicht versehen; da der Abstand d der beiden Kondensatorplatten also klein ist, ist die „Verstärkungszahl" des Kondensators sehr

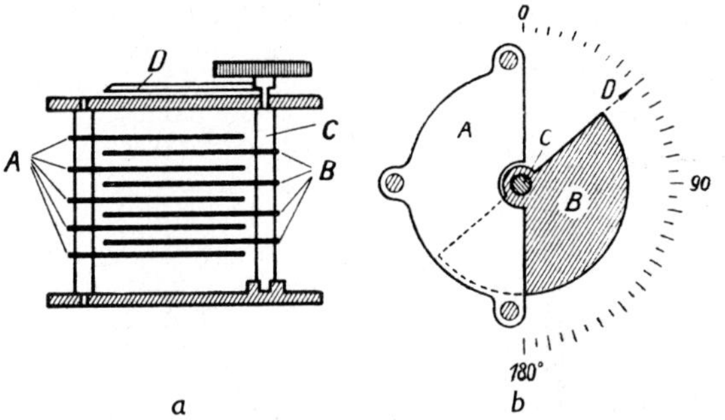

Abb. 61. Aufbau eines Drehkondensators
a) Querschnitt b) Aufsicht

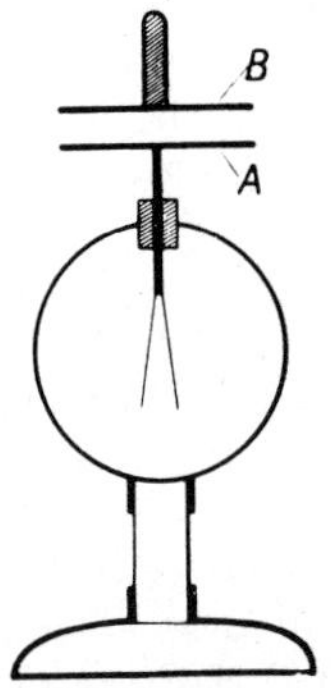

Abb. 62. Elektroskop mit veränderlicher Kapazität zur Messung kleiner Potentiale

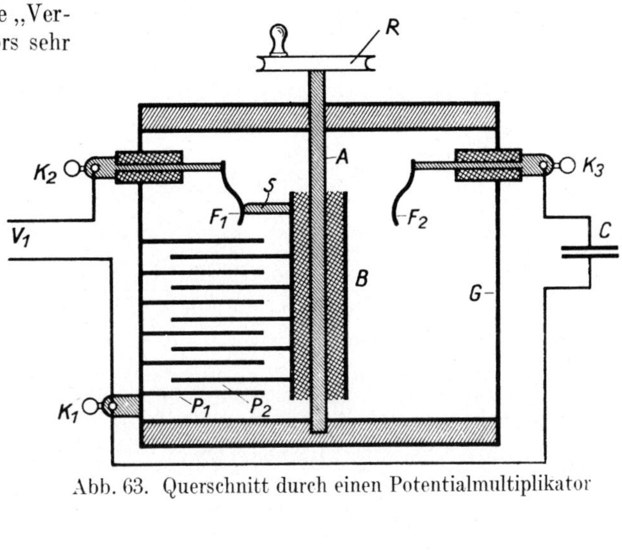

Abb. 63. Querschnitt durch einen Potentialmultiplikator

groß. Man bringt die untere Platte A durch Verbindung mit dem geladenen Körper auf das zu bestimmende Potential und erdet die obere Platte B. Wegen der relativ zur Elektrometerkapazität erheblichen Kapazität des Kondensators ist dieser dann mit einer verhältnismäßig großen Elektrizitätsmenge aufgeladen. Unterbricht man die Verbindung der Platte A mit dem geladenen Körper und hebt die Kondensatorplatte ab, so steigt das Potential auf der Kollektorplatte infolge der Kapazitätsverkleinerung auf ein Vielfaches, und das Elektrometer zeigt nunmehr einen meßbaren Ausschlag. Für quantitative Messungen muß man natürlich die Verstärkungszahl des benutzten Kondensators durch Versuche mit einer bereits bekannten Spannung bestimmen.

Die Tatsache, daß jede Kapazitätsverkleinerung eines geladenen Kondensators sein Potential entsprechend vergrößert, verwertet man, um höhere Potentiale zu erzeugen. Abb. 63 zeigt im Längsschnitt eine Ausführungsform eines solchen Potentialmultiplikators. Ein zylindrisches Metallgehäuse G enthält einen mehrplattigen Drehkondensator, dessen bewegliche Platten P_2 durch eine Bernsteinhülse B isoliert an einer Drehachse A befestigt sind, die sich durch Hand- oder Motorantrieb mit Hilfe der Schnurrolle R drehen läßt. Der mit den beweglichen Platten leitend verbundene Metallstift S ist so angebracht, daß er die mit der Klemme K_2 in Verbindung stehende Feder F_1 in dem Augenblick berührt, wo die drehbaren Platten vollkommen zwischen den festen Platten stehen, der Kondensator also seine größte Kapazität hat. Sind dagegen die Platten P_2 nach einer Drehung um 180° aus den festen Platten P_1 herausgedreht, so daß der Kondensator seinen kleinsten Wert hat, so berührt S die Feder F_2, die mit der Klemme K_3 verbunden ist. Legt man zwischen Klemme K_2 und das Gehäuse (Klemme K_1) eine Spannung V_1 und bezeichnen C_{max} und C_{min} die größte bzw. kleinste Kapazität des Drehkondensators, so tritt zwischen K_3 und dem Gehäuse eine Spannung

$$V_2 = V_1 \frac{C_{max}}{C_{min}}$$

auf, die man zum Aufladen eines Kondensators C benutzen kann.

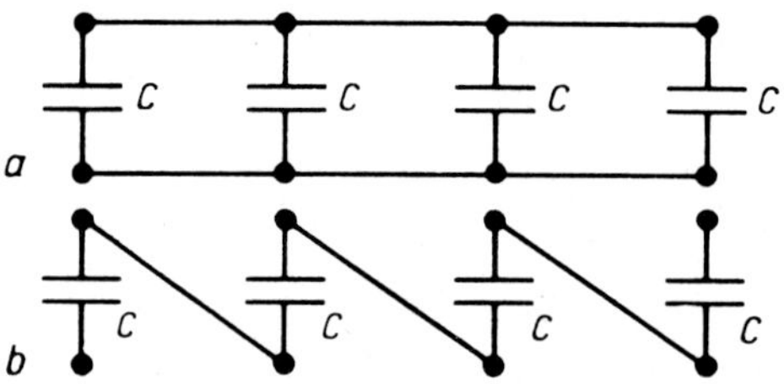

Abb. 64. Zur Spannungserhöhung durch Reihenschaltung (b) einer Anzahl in Parallelschaltung (a) aufgeladener Kondensatoren

Lädt man mehrere Kondensatoren C in Parallelschaltung (Abb. 64a) auf eine Spannung V auf und schaltet sie sodann hintereinander (Abb. 64b), so tritt an den Endklemmen die n-fache Spannung auf, wenn n die Anzahl der Kondensatoren bedeutet. Die wechselseitige Umschaltung kann z. B. mit einer Schaltwalze (Pachytrop, Abbildung 65) geschehen, die zwei Reihen von Schaltkontakten besitzt, die in geeigneter Weise miteinander verbunden sind und auf denen Federn schleifen, die mit den Anschlüssen der Kondensatoren in Verbindung stehen.

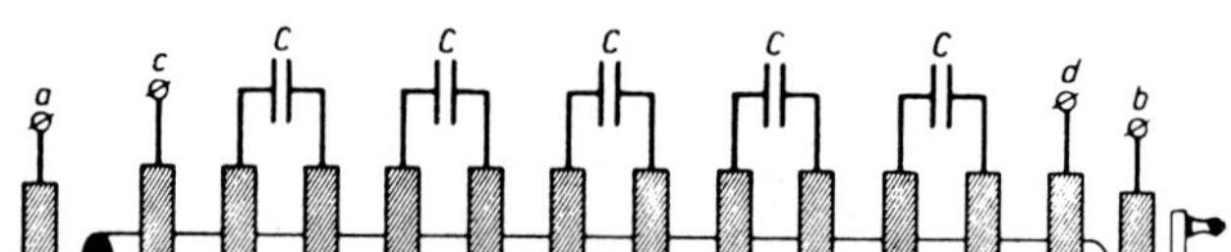

Abb. 65. Pachytrop zur Spannungsvervielfachung; die Niederspannung wird bei Stellung I der Schaltwalze an den Klemmen a und b zugeführt, während die Hochspannung bei Stellung II der Walze an den Klemmen c und d abgenommen wird

Zum Schluß soll noch gezeigt werden, wie man wenigstens grundsätzlich die Größe einer Kapazität messen kann. Zu diesem Zweck legt man parallel zu der zu messenden Kapazität C_x ein in Volt geeichtes Elektrometer, dessen im allgemeinen kleine Kapazität C_e bekannt sein möge. Nachdem man die Kapazität C_x, deren einer Pol geerdet sein muß, auf eine Spannung V aufgeladen hat, verbindet man den nicht geerdeten Pol durch einen dünnen an einem isolierenden Griff gehaltenen Draht mit einer isoliert aufgestellten größeren Kugel vom Radius R. Dadurch geht ein Teil der auf C_x befindlichen Ladung auf die Kugel über, und das Potential von C_x plus Kugel sinkt auf den Wert V'. Es gilt also die Gleichung:

$$(C_x + C_e)\,V = (C_x + C_e + R)\,V',$$

aus der sich C_x zu
$$C_x = \frac{RV' - C_e\,(V - V')}{V - V'}$$
berechnet. Ergibt eine einmalige Verbindung der Kugel mit C_x ein zu geringes Absinken des Potentials, so kann man den Versuch n-mal wiederholen, indem man zwischendurch jedesmal die Kugel wieder mit Erde, also dem Potential Null, verbindet. In der obigen Gleichung hat man dann an Stelle der Kugelkapazität R den Wert nR einzusetzen. Ist die Elektrometerkapazität C_e nicht bekannt, so kann man diese zunächst durch das gleiche Verfahren der Ladungsteilung bestimmen.

12. Das elektrostatische Feld in einem Dielektrikum

Die bisher angeführten Tatsachen und Überlegungen beziehen sich, wie in Nr. 5 hervorgehoben, auf das elektrostatische Feld im leeren bzw. lufterfüllten Raume; die dann obwaltenden Gesetzmäßigkeiten wurden in den vorhergehenden Nummern festgestellt. Zusammengefaßt sind es die folgenden: Der Vektor der elektrischen Kraft $\mathfrak{E}$ charakterisiert das Feld vollkommen, er besitzt als Quellen die elektrischen Ladungen und hat keine Wirbel: Die $\mathfrak{E}$-Linien entspringen also in den positiven, endigen in den negativen Ladungen, bilden folglich keine geschlossenen, in sich zurücklaufenden Kurven. Aus der ersteren Eigenschaft folgt in Verbindung mit dem Coulombschen Gesetz (2b) die Gleichung (8) des Gaußschen Satzes:

(8) $$\oint |\mathfrak{E}_n|\, dA = 4\pi \Sigma q,$$

aus der letzteren die Gl. (10):

(10) $$\oint \mathfrak{E}_s\, ds = 0,$$

d. h. die Existenz eines Potentials V; alle Einzelheiten ergeben sich durch Anwendungen dieser beiden allgemeinen Formeln.

Wahre Ladung; Wirbelfreiheit der Feldstärke $\mathfrak{E}$. Wie aber liegen die Verhältnisse, wenn die elektrischen Ladungen nicht im luftleeren, sondern in dem mit einem beliebigen Isolator angefüllten Raum aufeinander wirken? Vom Standpunkt der Feldtheorie Faradays — nach der durch die elektrischen Ladungen im Raum eine Art Zwangszustand, eben das elektrische Feld, erzeugt wird, das sich von Punkt zu Punkt fortpflanzt — liegt die Vermutung nahe, daß die spezifische Natur des betreffenden Mediums sich in einer Abänderung der oben noch einmal zusammengestellten Gesetzmäßigkeiten bemerkbar macht. Wir müssen also mit Faraday fragen: Was ändert sich, wenn das elektrostatische Feld nicht im Vakuum, sondern in einem beliebigen Isolator existiert?

Von vornherein können wir feststellen, daß nicht alles sich ändert, sondern einiges jedenfalls erhalten bleibt. Das sind zunächst die elektrischen Ladungen selbst. Denn wenn das Vakuum, in dem sich beliebige Ladungen befinden mögen, mit einem (z. B. flüssigen oder gasförmigen) Isolator angefüllt wird, so müssen die Ladungen erhalten bleiben, da sie mit keinem Leiter in Berührung kommen, also jede Möglichkeit eines Ausgleiches oder einer Veränderung fehlt. Deshalb wollen wir von jetzt ab — auch zur Unterscheidung von später einzuführenden Begriffen — die das Feld erzeugenden Ladungen als die **wahren Ladungen** bezeichnen, um damit ihre Unabhängigkeit von dem sie umgebenden Medium zum Ausdruck zu bringen. — Zweitens gilt auch jetzt noch der Erfahrungssatz, daß man durch Herumführen einer Ladung auf beliebiger geschlossener Bahn niemals Arbeit aus dem elektrostatischen Felde gewinnen kann. Daraus folgt sofort weiter — genau wie bisher —, daß es keine geschlossenen Kraftlinien geben kann, daß also der Vektor der elektrischen Feldstärke $\mathfrak{E}$ wirbelfrei bleibt, m. a. W. es folgt die Gültigkeit der Gleichung (10):

$$\oint \mathfrak{E}_s \, ds = 0 \tag{10}$$

und damit wieder die Existenz eines Potentials V. Freilich ist damit noch keineswegs gesagt (und das ist auch wirklich nicht der Fall), daß das Potential sich auf dieselbe Weise wie bisher nach den Gl. (17) bis (17b) berechnet.

Coulombsches Gesetz im Dielektrikum; Dielektrizitätskonstante. Aus dem oben Dargelegten ergibt sich, daß, wenn überhaupt Veränderungen durch das Einbringen elektrischer Ladungen in einen Isolator vor sich gehen, diese nur die Formulierung (8) des Gaußschen Satzes betreffen können. Der Gaußsche Satz beruht in der speziellen Form der Gl. (8), wie aus den Entwicklungen der Nr. 6 hervorgeht, auf dem Coulombschen Gesetz (2): $F = \frac{q_1 q_2}{r^2}$, das die Kraftwirkung zwischen zwei im Vakuum befindlichen Ladungen q_1 und q_2 in der Entfernung r voneinander bestimmt; wenn dieses Gesetz (2) auch jetzt noch Gültigkeit besäße, so müßte auch Gl. (8) unverändert gelten, d. h. dann würde überhaupt keine Änderung durch Einbetten der wahren Ladungen in einen Isolator auftreten. Es kommt also alles auf die Entscheidung der Frage an, welches die Kräfte sind, die zwei punktförmige Ladungen q_1 und q_2 im Abstande r aufeinander ausüben, wenn sie sich in einem beliebigen isolierenden Medium befinden. Derartige Versuche können im Prinzip wieder mit der Drehwaage oder mit der Pendelanordnung Abb. 17 gemacht werden, freilich nur für gasförmige und flüssige Isolatoren; wie die Frage für feste Isolatoren zu beantworten wäre, wird später zu besprechen sein, wenn wir die tatsächlich ausgeführten Messungen beschreiben. Vorläufig nehmen wir der Einheitlichkeit der Darstellung wegen an, die Versuche seien — genau wie in Nr. 5 — mit der Drehwaage angestellt.

Die Messungen liefern nun ein relativ einfaches Resultat: *Die Kräfte werden — verglichen mit den im Vakuum auftretenden — stets kleiner.* Bedeutet ε eine Verhältnisgröße der Dimension 1, so erhält das Coulombsche Gesetz die Formen:

(28a) im elektrostatischen CGS-System: $F = \frac{1}{\varepsilon} \frac{q_1 \cdot q_2}{r^2}$;

(28b) im SI-System: $F = \frac{1}{\varepsilon\varepsilon_0} \cdot \frac{q_1 \cdot q_2}{4\pi r^2}$.

Die **Dielektrizitätskonstante** (D. K.) ε ist eine für jeden Stoff charakteristische Zahl, die stets größer ist als 1. Den Wert 1 hat sie nur im Vakuum. Die **elektrische Feldkonstante** ε_0 tritt nur im SI-System auf und hat für das Vakuum und für alle Stoffe den gleichen Wert $\varepsilon_0 = 8{,}854 \cdot 10^{-12}$ As/Vm. Die folgende Tabelle gibt die Zahlenwerte der D. K. für die wichtigsten Stoffe an; hier sind auch die Werte für feste Isolatoren mit angegeben, obwohl sie mit der Drehwaage nicht bestimmt werden können. Es geht aus der vorstehenden Tabelle zunächst hervor, daß die D. K.

Material	D. K. bei 20° C	Material	D. K. bei 20° C	Material	D. K. b. 760 Torr
Paraffin	1,9—2,2	Petroleum	2,1	He	1,000060
Hartgummi	2,5—3,5	Benzol	2,3	Ne	1,000123
Bernstein	2,8	Terpentinöl	2,3	H_2	1,000252
Schellack	2,7—3,7	Olivenöl	3,1	O_2	1,000486
Eis	3,0	Rizinusöl	4,6	Ar	1,000504
Quarzglas	3,7	Anilin	7,0	N_2	1,000528
Quarz ⊥ opt. Achse	4,4	Aceton	21	Luft	1,000590
Quarz ∥ opt. Achse	4,7	Äthylalkohol	21	CO	1,000634
Porzellan	6	Methylalkohol	34	CO_2	1,000985
Glas	5—7	Glyzerin	41,1	N_2O	1,001028
Marmor	8,5	Wasser	80,3	O_3	1,001900
TiO_2	40—80				

aller Gase, insbesondere auch die der Luft, nur sehr wenig von 1, der D. K. des Vakuums, abweichen; daher war es gerechtfertigt, daß wir in den vorhergehenden Nummern die elektrischen Erscheinungen im lufterfüllten Raume, statt im Vakuum, untersuchten. Von besonderem

Interesse sind die hohen D. K.-Werte einiger Flüssigkeiten, besonders von Wasser ($\varepsilon = 81$); es ist beachtenswert, daß im Gegensatz dazu Eis nur den D. K.-Wert $\varepsilon = 3$ besitzt. — Die nichtregulären Kristalle haben je nach der Beobachtungsrichtung verschiedene D. K.-Werte; als Beispiel ist in der Tabelle Quarz parallel und senkrecht zur kristallographischen Hauptsache angeführt.

Gl. (28) stellt das Vakuum in eine Reihe mit allen anderen stofflichen Isolatoren. Der leere Raum ist aber ein Kontinuum, während alle stofflichen Medien molekulare Struktur besitzen. Diese kommt demgemäß in Gl. (28) nicht zum Ausdruck. ε ist also für die ponderablen Körper nur in dem Sinne eine Konstante, wie es z. B. auch die Dichte ist, nämlich im Sinne eines Mittelwerts, der nur dann definiert ist, wenn man hinreichend ausgedehnte Volumina betrachtet, die eine sehr große Zahl von Molekülen enthalten. In Bezirken von molekularer Größenordnung schwankt natürlich die Zahl der darin enthaltenen Moleküle erheblich, und die Begriffe der D. K. und der Dichte werden dann sinnlos. In der nächsten Nummer werden wir auf eine molekulare Deutung der D. K. eingehen. —

Die Existenz einer D. K., d. h. die Feststellung eines spezifischen Einflusses des Mediums auf die elektrischen Erscheinungen, ist unzweifelhaft eine Bestätigung der Grundanschauungen Faradays, d. h. der Existenz eines elektrischen Feldes. Faraday verwendet statt des Wortes „Isolator“ die Bezeichnung **„Dielektrikum“**, um zum Ausdruck zu bringen, daß es der Träger des Feldes ist.

Freie Ladung; Verschiebung; Gaußscher Satz im Dielektrikum. Aus Gl. (28) folgt zunächst, daß die Feldstärke, die von einer punktförmigen Ladung q in einem um r entfernten Feldpunkte erzeugt wird, im elektrostatischen CGS-System den Betrag hat:

$$|\mathfrak{E}| = \frac{1}{\varepsilon}\,\frac{q}{r^2}\,. \tag{29}$$

Sie ist also ebenfalls, wie die Kraft nach (28) auf den εten Teil gegenüber dem Vakuum reduziert; es wirkt bei ihrem Zustandekommen nicht die ganze wahre Ladung q mit, sondern nur die Ladung:

$$q' = \frac{q}{\varepsilon}, \tag{30}$$

die deshalb als **freie Ladung** bezeichnet wird. Demgemäß ändert sich nun auch der Gaußsche Satz (8) in folgender Weise ab:

$$\oint |\mathfrak{E}_n|\, dA = 4\pi \sum q' = \frac{4\pi}{\varepsilon} \sum q. \tag{31}$$

Das bedeutet aber, daß als Quellen des Feldvektors $\mathfrak{E}$ im Dielektrikum nicht mehr die wahren Ladungen q, sondern die freien Ladungen q/ε fungieren.

Multipliziert man (31) mit ε, so kann man den Gaußschen Satz auch folgendermaßen schreiben:

$$\oint \varepsilon\, |\mathfrak{E}_n|\, dA = 4\pi \Sigma q. \tag{31a}$$

Den Inhalt dieser Gleichung kann man so aussprechen, daß die wahren Ladungen q die Quellen des Vektors ($\varepsilon\,\mathfrak{E}$) — (nicht die von $\mathfrak{E}$!) — sind. Es ist daher zweckmäßig, neben $\mathfrak{E}$ einen neuen Vektor $\mathfrak{D}$ durch die Beziehung:

$$\mathfrak{D} = \varepsilon\,\mathfrak{E} \tag{32}$$

einzuführen, der als **dielektrische Verschiebung** oder **Verschiebungsdichte** bezeichnet wird. Dann läßt sich (31a) schreiben:

$$\oint \mathfrak{D}_n\, |\, dA = 4\pi \Sigma q, \tag{33}$$

d. h. der Verschiebungsfluß durch eine geschlossene Fläche ist gleich dem 4π-fachen der Summe der eingeschlossenen wahren Ladungen, m. a. W.:

Die wahren Ladungen sind die Quellen des Verschiebungsvektors $\mathfrak{D}$. $\mathfrak{D}$ ist ein Vektor, der mit $\mathfrak{E}$ gleichgerichtet, aber vom ε-fachen Betrage ist. Man kann ihn durch Ziehen von $\mathfrak{D}$-Linien oder Verschiebungslinien in der gleichen Weise anschaulich machen, wie den Vektor $\mathfrak{E}$ durch Kraftlinien. Nur gibt es ε-mal soviel $\mathfrak{D}$-Linien als $\mathfrak{E}$-Linien. Denn von jeder wahren Ladung q gehen $4\pi q$ $\mathfrak{D}$-Linien aus, dagegen nur $\frac{4\pi q}{\varepsilon}$ $\mathfrak{E}$-Linien, da eben nicht die wahren

Ladungen q, sondern nur der freie Bruchteil $\frac{q}{\varepsilon}$ für $\mathfrak{E}$ maßgebend ist. Dimension und Einheiten: In beiden Maßsystemen ist dim $\varepsilon = 1$. Im SI ist: $\mathfrak{D} = \varepsilon\,\varepsilon_0\,\mathfrak{E}$; dim $\mathfrak{D}$ = dim Ladung/Fläche; dim $\mathfrak{E}$ = dim Kraft/Ladung = dim Spannung/Länge; dim ε_0 = dim $\mathfrak{D}/\mathfrak{E}$ = Ladung/(Spannung · Länge). $\varepsilon_0 = 8{,}854 \cdot 10^{-12}$ As/Vm.

(34a) El. stat. CGS-Einheit von $\mathfrak{D}$: $\mathrm{cm}^{-1/2}\,\mathrm{g}^{1/2}\,\mathrm{s}^{-1}$

(34b) SI-Einheit von $\mathfrak{D}$: Amperesekunde/m²

Der in (30) gegebene Ausdruck für die freie Ladung ist nur dann vollständig, wenn das Dielektrikum homogen ist, d. h. wenn ε überall den gleichen Wert hat. Ist dies nicht der Fall, variiert vielmehr ε entweder kontinuierlich (z. B. infolge Temperaturänderung) oder sprungweise (beim Übergang in ein anderes Medium), so tritt an diesen Stellen noch ein zweites Glied auf der rechten Seite von (30) auf. Einen wichtigen Fall eines inhomogenen Dielektrikums werden wir weiter unten kennenlernen[1]; im allgemeinen setzen wir aber voraus, daß ε überall den gleichen Wert hat.

Mit der Gl. (33) in Verbindung mit der „Materialgleichung" (32) haben wir unser Ziel erreicht; denn (33) ist die nunmehr gültige Form des Gaußschen Satzes. Das allgemeine Ergebnis ist also, daß zur Berechnung der Feldstärke $\mathfrak{E}$ und des Potentials V nur die freien Ladungen $q' = q/\varepsilon$ zu verwenden sind, daß aber die wahren Ladungen den Verschiebungsfluß bestimmen. Im Dielektrikum hat man also grundsätzlich zwei Vektorgrößen $\mathfrak{D}$ und $\mathfrak{E}$ zur vollständigen Charakterisierung des Feldes notwendig, während im Vakuum eine einzige ($\mathfrak{E}$) ausreicht. Allerdings kann man $\mathfrak{D}$ eliminieren und alles auf $\mathfrak{E}$ zurückführen, wenn man die Materialgleichung $\mathfrak{D} = \varepsilon\mathfrak{E}$ heranzieht. —

Für das Potential einer punktförmigen Ladung folgt also statt (17):

(35) $$V = \frac{1}{\varepsilon}\frac{q}{r};$$

für das Potential einer Kugel vom Radius R auf ihrer Oberfläche statt (17a):

(35a) $$V_0 = \frac{1}{\varepsilon}\frac{q}{R};$$

schließlich für das Potential eines Punktes, der von den felderzeugenden wahren Ladungen q_1, $q_2, \ldots\ldots q_n$ die Abstände $r_1, r_2, \ldots\ldots r_n$ hat, statt (17b):

(35b) $$V = \frac{1}{\varepsilon}\left(\frac{q_1}{r_1} + \frac{q_2}{r_2} + \ldots\ldots \frac{q_n}{r_n}\right) = \frac{1}{\varepsilon}\sum \frac{q_\lambda}{r_\lambda}.$$

Kapazität im Dielektrikum. Von den Potentialausdrücken wollen wir sofort eine Anwendung machen auf die Kapazität von Leitern, die sich nicht im Vakuum befinden, sondern in ein Dielektrikum eingebettet sind. Für die Kapazität einer im freien Raum befindlichen Kugel vom Radius R z. B. fanden wir in Gl. (21a) als Kapazität, d. h. als Quotienten von Ladung q zu Potential q/R, den Wert R. Jetzt jedoch haben wir für die Ladung zwar die wahre Ladung q beizubehalten, für das Potential aber die freie Ladung q/ε einzusetzen. Das Verhältnis wird also:

(36) $$C_{Kugel} = \frac{q}{q/\varepsilon R} = \varepsilon\, R \text{ cm, im SI (Système International): } C_{Kugel} = \varepsilon\varepsilon_0\, 4\pi R \text{ Farad}$$

die an die Stelle der früheren Gl. (21a) zu treten hat. Die Kapazität der Kugel hat sich also auf das ε-fache vermehrt. Das gilt offenbar für jeden Leiter, insbesondere auch für jeden Kondensator, z. B. für den Plattenkondensator. Wir müssen also an Stelle der früheren Gl. (23) für den Plattenkondensator, der Gl. (24) für den Kugelkondensator, der Gl. (25) für den Zylinderkondensator, der Gl. (26) für das Paralleldrahtsystem die folgenden setzen:

(37) $$C_{Plattenkond.} = \frac{\varepsilon F}{4\pi d}\text{ cm, im SI: } C_{Plattenkond.} = \frac{\varepsilon\varepsilon_0\, A}{d}\text{ Farad}$$

(38) $$C_{Kugelkond.} = \varepsilon\frac{r_a r_i}{r_a - r_i}\text{ cm, im SI: } C_{Kugelkond.} = \varepsilon\varepsilon_0\, 4\pi \cdot \frac{r_a \cdot r_i}{r_a - r_i}\text{ Farad}$$

(39) $$C_{Zylinderkond.} = \frac{\varepsilon\, h}{2\, ln\, r_a/r_i}\text{ cm, im SI: } C_{Zylinderkond.} = \frac{2\pi\,\varepsilon\varepsilon_0\, h}{ln\,(r_a/r_i)}\text{ Farad}$$

(40) $$C_{Paralleldrahtsystem} = \frac{\varepsilon\, l}{4\, ln\, d/r}\text{ cm, im SI: } C_{Paralleldrahtsystem} = \frac{\pi\,\varepsilon\varepsilon_0\, l}{ln\,(d/r)}\text{ Farad}$$

---

[1]) Vergleiche Seite 46, Gl. (43b).

Man kann sich von der Kapazitätsvergrößerung leicht durch folgenden Versuch überzeugen: Zwischen die auf einige Millimeter genäherten Platten eines Plattenkondensators (Abb. 49), dessen eine Platte geerdet, dessen andere auf ein bestimmtes Potential aufgeladen ist, bringen wir nacheinander den Zwischenraum gerade ausfüllende Scheiben aus Paraffin, Hartgummi, Glas usw. An dem mit der geladenen Platte verbundenen Elektrometer stellt man dann fest, daß das Potential abnimmt, wenn die Luft zwischen den Platten durch einen der genannten Stoffe ersetzt wird. Da die wahre Ladung auf dem Kondensator ungeändert blieb, so ist seine Kapazität größer geworden. Wird das Dielektrikum aus dem Zwischenraum entfernt, so nimmt das Potential wieder seinen alten Wert an.

Dieser Versuch liefert uns gleichzeitig eine bequeme Methode zur Bestimmung der D. K., als Verhältnis der Kapazitäten eines Kondensators mit und ohne Dielektrikum, und zwar auch für die festen Körper, für die es uns bisher an einer solchen Methode mangelte. Tatsächlich sind die oben erwähnten Versuche Faradays (1837) nicht mit der Drehwaage, sondern auf diese Weise angestellt worden; übrigens hatte schon lange vorher H. Cavendish (1773) auch auf diese Weise experimentiert und die Kapazitätsvergrößerung festgestellt, seine Versuche aber nicht veröffentlicht, so daß die ganze Erscheinung von Faraday erst wieder entdeckt werden mußte.

Bei den in Nr. 11 beschriebenen verschiedenen Ausführungsformen von Kondensatoren (Leidener Flasche, Blockkondensator usw.) dient die als Zwischenmedium zwischen den Metallbelegen befindliche Glas-, Glimmer- oder Papierschicht nicht nur zur Isolation, sondern gleichzeitig auch zur Erhöhung der Kapazität. Je höher die D. K. des Zwischenmediums ist, um so größer wird unter sonst gleichen Bedingungen die Kapazität.

Als Beispiel berechnen wir die Kapazität der in Abb. 52 dargestellten Leidener Flasche, deren Durchmesser 12 cm ist, und deren Metallbelege eine Höhe von 25 cm haben. Die gesamte Oberfläche eines Beleges ist dann $12\,\pi \cdot 25 + 6^2\,\pi$. Bei einer Wandstärke des Glases von 2 mm und einer D. K. von 6 ist nach Gl. (37), wenn wir die Leidener Flasche einfach als Plattenkondensator betrachten:

$$C = \frac{6\,(12\,\pi \cdot 25 + 36\,\pi)}{0{,}2 \cdot 4\,\pi}\,\text{cm} = 2520\ \text{cm} \triangleq 2{,}8 \cdot 10^{-3}\,\mu\text{F} = 2{,}8 \cdot 10^{-9}\ \text{F}:$$

Die Technik hat neuerdings keramische Stoffe hergestellt, die unter Verwendung von Titandioxyd Dielektrizitätskonstanten bis über 100 ergeben. Diese Stoffe sind unter den Namen Condensa, Kerafar usw. im Handel.

Kondensatoren besonders großer Kapazität, aber kleiner Durchschlagsfestigkeit, lassen sich herstellen, indem man in einer wässerigen Lösung von Borax und Borsäure zwei Aluminiumbleche einander gegenüberstellt. Legt man an diese Bleche eine elektrische Spannung von etwa 100 Volt, so überzieht sich die positive Platte vollkommen mit einer sehr dünnen Schicht von Aluminiumhydroxyd, die sehr gut isoliert und das eigentliche Dielektrikum zwischen der überzogenen Platte und der sie umgebenden Flüssigkeit bildet. Da die Dicke dieser Schicht nur etwa 10^{-4} mm beträgt, erhält man bereits bei Flächen von 1 dm² Kapazitäten von $^1/_2$ bis 6 μF. Mit solchen Elektrolytkondensatoren kann man daher auf kleinstem Raum Kapazitäten von vielen 1000 μF. unterbringen. Allerdings beträgt die Durchschlagsspannung nur einige 100 Volt.

Verhalten von $\mathfrak{D}$ und $\mathfrak{E}$; Influenzladungen. Wir müssen uns nun vor allem über einige Eigenschaften der Vektoren $\mathfrak{D}$ und $\mathfrak{E}$ klar werden. Zunächst gilt für geladene Leiteroberflächen, auf denen natürlich auch die $\mathfrak{D}$-Linien senkrecht stehen müssen, die zu Gl. (8a) analoge:

$$|\mathfrak{D}_n| = 4\pi\eta\,, \tag{41}$$

wenn η die Dichte der wahren Ladung ist; diese Gleichung ist natürlich gleichbedeutend mit der folgenden und gilt für das el. stat. CGS-System:

$$|\mathfrak{E}_n| = \frac{4\pi\eta}{\varepsilon}\,, \tag{41a}$$

wie durch Division von (41) mit ε folgt; während (41) nochmals (in spezieller Form) zum Ausdruck bringt, daß die wahren Ladungen die Quellen von $\mathfrak{D}$ sind, sagt (41a) aus, daß die freien Ladungen die gleiche Bedeutung für den Vektor $\mathfrak{E}$ besitzen.

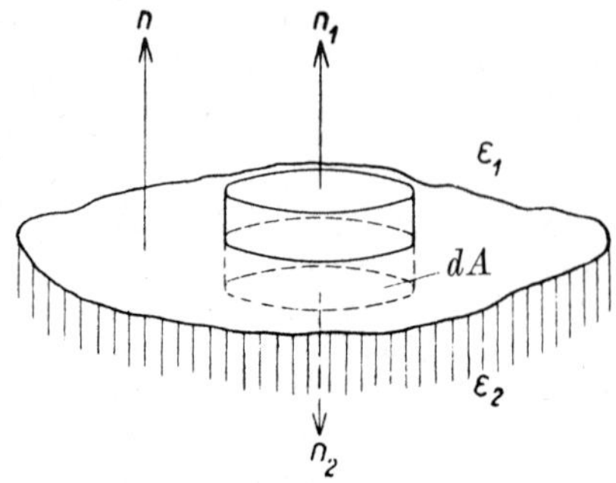

Abb. 68.
Zur Ableitung des Verhaltens der Normalkomponenten von $\mathfrak{D}$ und $\mathfrak{E}$ an der Trennungsfläche zweier verschiedener Medien

Wir betrachten jetzt den Fall, daß in einer beliebigen Trennungsfläche zwei verschiedene Medien mit den D. K. ε_1 und ε_2 aneinandergrenzen (Abb. 68). In beiden Medien herrsche ein elektrisches Feld $\mathfrak{E}$ und damit auch eine Verschiebung $\mathfrak{D}$. Wie verhalten sich diese beiden Vektoren beim Übergang von einem Medium zum anderen? Zur Beantwortung stehen die Aussagen der Gl. (10) — Wirbelfreiheit von $\mathfrak{E}$ — und Gaußscher Satz (33) — wahre Ladungen sind die Quellen von $\mathfrak{D}$ — zur Verfügung. Den letzteren wollen wir auf die Oberfläche eines flachen Zylinders anwenden, dessen Grundfläche dA in dem einen, dessen Gegenfläche in dem anderen Medium liegt (Abb. 68); die Höhe des Zylinders wollen wir so klein annehmen, daß die Größe der Mantelfläche gegen die von Grund- und Gegenfläche noch verschwindend klein ist, also bei Anwendung des Gaußschen Satzes außer Betracht bleiben kann. Da im Innern des Zylinders keine wahren Ladungen vorhanden sind, ist der gesamte Verschiebungsfluß durch seine Oberfläche $\oint \mathfrak{D}_n\, dA = 0$, d. h. es treten durch die Grundfläche ebensoviele $\mathfrak{D}$-Linien ein, wie durch die Gegenfläche aus, oder umgekehrt. Geben wir dem Vektor $\mathfrak{D}$ im ersten Medium den Index 1, entsprechend im zweiten Medium den Index 2, so liefert der Gaußsche Satz für die Normalkomponenten von $\mathfrak{D}$ folgende Beziehung:

$$(42) \qquad \begin{cases} (\mathfrak{D}_{1n} - \mathfrak{D}_{2n})\, dA = 0 \quad \text{oder} \\ \mathfrak{D}_{1n} = \mathfrak{D}_{2n}\,, \end{cases}$$

d. h. die Normalkomponente des Verschiebungsvektors durchsetzt die Trennungsfläche stetig.

Dabei ist, wie Abb. 68 zeigt, die positive Richtung der Normale n — und so wollen wir sie immer bei einer Trennungsfläche zweier Medien wählen — vom Medium 2 nach dem Medium 1 genommen. Bei der Anwendung des Gaußschen Satzes auf eine geschlossene Fläche weisen aber die Normalen dieser Fläche stets nach außen, wie wir schon auf S. 15 betonten (n_1 und n_2 in Abb. 68). Unsere jetzige Festsetzung der positiven Richtung von n stimmt also nur im ersten Medium mit der Flächennormale n_1 überein, nicht aber im zweiten Medium, wo n entgegengesetzt n_2 gerichtet ist. Daher tritt in der ersten Gl. (42) $\mathfrak{D}_{2n}$ auf der linken Seite mit negativem Vorzeichen auf.

Gl. (42) ist gleichbedeutend mit der Aussage:

$$(43) \qquad \varepsilon_1 \mathfrak{E}_{1n} = \varepsilon_2 \mathfrak{E}_{2n}\,,$$

die erkennen läßt, daß die Normalkomponenten von $\mathfrak{E}$ beim Durchtritt durch die Trennungsfläche nicht stetig sind. Vielmehr ist $\mathfrak{E}_{1n} \neq \mathfrak{E}_{2n}$, und eine leichte Umrechnung von (43) ergibt:

$$(43\text{a}) \qquad \mathfrak{E}_{1n} - \mathfrak{E}_{2n} = \frac{\varepsilon_2 - \varepsilon_1}{\varepsilon_1}\, \mathfrak{E}_{2n} = \frac{\varepsilon_2 - \varepsilon_1}{\varepsilon_2}\, \mathfrak{E}_{1n}\,,$$

d. h. die Zahl der $\mathfrak{E}$-Linien erleidet beim Durchgang durch die Trennungsfläche eine plötzliche Änderung. Da aber die $\mathfrak{E}$-Linien in den freien Ladungen endigen oder entspringen, heißt dies, daß auf der Trennungsfläche, die doch keine wahren Ladungen η trägt, eine freie Ladung η_i sitzt. Und zwar ist die Dichte η_i derselben nach dem Gaußschen Satze (31) durch die folgende Gleichung bestimmt:

$$(43\text{b}) \qquad \mathfrak{E}_{1n} - \mathfrak{E}_{2n} = 4\pi\eta_i = \frac{\varepsilon_2 - \varepsilon_1}{\varepsilon_1}\, \mathfrak{E}_{2n} = \frac{\varepsilon_2 - \varepsilon_1}{\varepsilon_2}\, \mathfrak{E}_{1n}\,.$$

Diese Art von freien Ladungen nennt man zuweilen auch scheinbare oder induzierte oder Influenzladungen, worauf der Index „i“ hindeuten soll; hier ist der Fall, auf den wir vorhin bei Erörterung des Begriffes „freie Ladung“ anspielten[1]).

Das Vorzeichen dieser induzierten Ladung η hängt, wie Gl. (43b) erkennen läßt, sowohl von dem Vorzeichen von $\mathfrak{E}_{1n}$ (oder $\mathfrak{E}_{2n}$) als auch von demjenigen von $\varepsilon_2 - \varepsilon_1$ ab. Wenn das Feld vom

[1]) Vergl. S. 43.

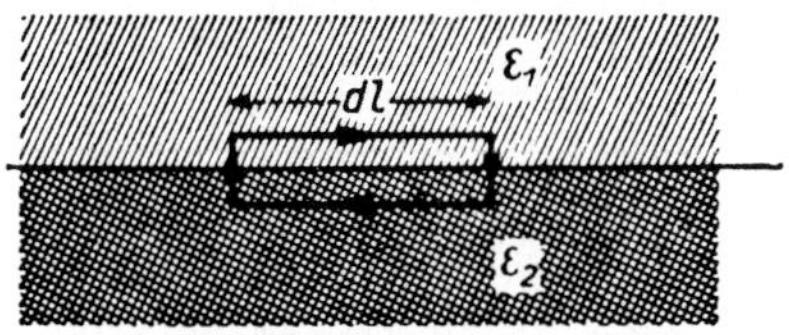

Abb. 69.
Zur Ableitung des Verhaltens der Tangentialkomponenten von $\mathfrak{D}$ und $\mathfrak{E}$ an der Grenzfläche zweier verschiedener Medien

Medium 1 nach dem Medium 2 (also entgegen der Normalen!) gerichtet ist, ist $\mathfrak{E}_{1n} < 0$; ist also $\varepsilon_2 > \varepsilon_1$, so ist η_i negativ, für $\varepsilon_2 < \varepsilon_1$ dagegen positiv. Allgemein kann man sagen: Wo die Feldstärke vom Medium mit der kleineren D. K. in das Medium mit der größeren D. K. hingerichtet ist, ist die induzierte Ladung negativ; weist $\mathfrak{E}$ in die umgekehrte Richtung, so ist die induzierte Ladung positiv. Darauf kommen wir in der nächsten Nummer noch zurück. —

Die Aussagen des Gaußschen Satzes sind damit erschöpft; sie beziehen sich, wie (42) und (43) erkennen lassen, auf das Verhalten der Normalkomponenten von $\mathfrak{D}$ und $\mathfrak{E}$. Die noch fehlende Kenntnis des Verhaltens der Tangentialkomponenten liefert die Gl. (10), d. h. die Bedingung der Wirbelfreiheit von $\mathfrak{E}$. Hier betrachten wir einen geschlossenen Linienzug (Abb. 69), der wieder zur Hälfte in Medium 1, zur Hälfte in Medium 2, dicht an der Trennungsgrenze entlanggeführt ist; die sehr kleinen Stücke des Kurvenzuges, die den Übergang von 1 nach 2 und umgekehrt vermitteln, können gegenüber der Längsausdehnung dl der Kurve vernachlässigt werden.

Für die Berechnung des Integrals $\oint \mathfrak{E}_s\,ds$ kommen daher nur die beiden Stücke von der Länge dl in Frage, von denen das eine im 1., das andere im 2. Medium verläuft. Wie Abb. 69 erkennen läßt, durchlaufen wir die beiden Stücke im entgegengesetzten Sinne; daher liefert (10) die Gleichung:

$$\mathfrak{E}_{1t}\,dl - \mathfrak{E}_{2t}\,dl = 0$$

d. h.

$$\mathfrak{E}_{1t} = \mathfrak{E}_{2t} \tag{44}$$

in Worten: Die tangentiellen Komponenten der Feldstärke $\mathfrak{E}$ durchsetzen die Trennungsfläche stetig. Damit ist gleichzeitig gesagt, daß dies für die tangentiellen Komponenten der Verschiebung $\mathfrak{D}$ nicht gilt; denn es folgt aus (44):

$$\frac{\mathfrak{D}_{1t}}{\varepsilon_1} = \frac{\mathfrak{D}_{2t}}{\varepsilon_2} \tag{45}$$

oder nach leichter Rechnung:

$$\mathfrak{D}_{1t} - \mathfrak{D}_{2t} = \frac{\varepsilon_1 - \varepsilon_2}{\varepsilon_2}\mathfrak{D}_{2t} = \frac{\varepsilon_1 - \varepsilon_2}{\varepsilon_1}\mathfrak{D}_{1t}.$$

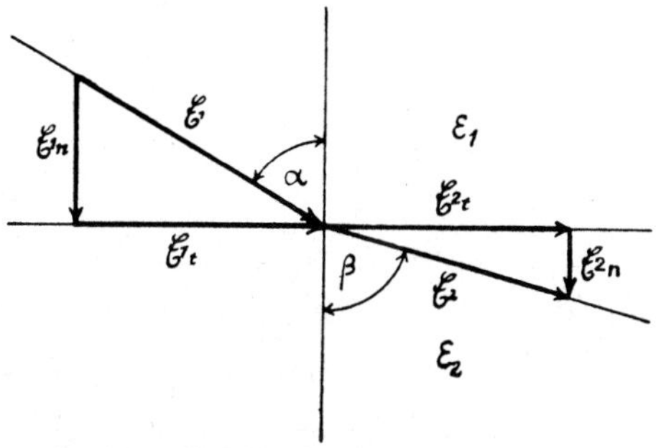

Abb. 70. Zur Brechung der elektrischen Kraftlinien an der Grenzfläche zweier verschiedener Dielektrika

Das bedeutet also, daß an den Stellen, an denen die D. K. variiert, $\mathfrak{D}$ — im Gegensatz zu $\mathfrak{E}$ — **nicht wirbelfrei** ist, und zwar haben wir es hier mit einem „**Flächenwirbel**" zu tun, der in der Unstetigkeitsfläche seinen Sitz hat.

Dieser Flächenwirbel von $\mathfrak{D}$ ist durchaus analog dem Flächenwirbel bei gewissen Flüssigkeitsströmungen, wie wir sie in Band I, VI. Kapitel Nr. 60, erörtert haben; dort tritt eine Unstetigkeitsfläche auf, an der die tangentiellen Komponenten der Geschwindigkeit einen Sprung machen.

Damit sind alle Aussagen über das Verhalten von $\mathfrak{D}$ und $\mathfrak{E}$ gewonnen. —

Brechung von $\mathfrak{E}$- und $\mathfrak{D}$-Linien. Eine wichtige Konsequenz ist die Brechung der Kraft- und Verschiebungs-Linien beim Übergang von einem Medium zum anderen (Abb. 70). Es möge im Medium 1 ein homogenes elektrisches Feld $\mathfrak{E}_1$ existieren, dessen (parallele und äquidistante) Kraftlinien mit der Normale der Trennungsfläche den „Einfallswinkel" α bilden. Dann ist nach der Abb. 70:

$$|\mathfrak{E}_{1t}| = |\mathfrak{E}_1| \sin\alpha;\ |\mathfrak{E}_{1n}| = |\mathfrak{E}_1| \cos\alpha;\ \operatorname{tg}\alpha = \frac{|\mathfrak{E}_{1t}|}{|\mathfrak{E}_{1n}|}.$$

Ist β der „Brechungswinkel", den die $\mathfrak{E}_2$-Linien im Medium 2 mit der Normale bilden, so ist entsprechend:

$$|\mathfrak{E}_{2t}| = |\mathfrak{E}_2| \sin\beta; \; |\mathfrak{E}_{2n}| = |\mathfrak{E}_2| \cos\beta; \; \operatorname{tg}\beta = \frac{|\mathfrak{E}_{2t}|}{|\mathfrak{E}_{2n}|}.$$

Bildet man den Quotienten $\operatorname{tg}\alpha/\operatorname{tg}\beta$, so findet man zunächst, da $\mathfrak{E}_{1t} = \mathfrak{E}_{2t}$ ist:

$$\frac{tg\,\alpha}{tg\,\beta} = \frac{|\mathfrak{E}_{1t}|\cdot|\mathfrak{E}_{2n}|}{|\mathfrak{E}_{1n}|\cdot|\mathfrak{E}_{1t}|} = \frac{|\mathfrak{E}_{2n}|}{|\mathfrak{E}_{1n}|}.$$

Da aber $\varepsilon_1 \mathfrak{E}_{1n} = \varepsilon_2 \mathfrak{E}_{2n}$ ist, folgt weiter:

(46) $$\frac{tg\,\alpha}{tg\,\beta} = \frac{\varepsilon_1}{\varepsilon_2}.$$

Genau das gleiche Gesetz gilt für die Brechung der $\mathfrak{D}$-Linien. Denn es ist:

$$|\mathfrak{D}_{1t}| = |\mathfrak{D}_1| \sin\alpha; \; |\mathfrak{D}_{1n}| = |\mathfrak{D}_1| \cos\alpha; \; \operatorname{tg}\alpha = \frac{|\mathfrak{D}_{1t}|}{|\mathfrak{D}_{1n}|},$$

$$|\mathfrak{D}_{2t}| = |\mathfrak{D}_2| \sin\beta; \; |\mathfrak{D}_{2n}| = |\mathfrak{D}_2| \cos\beta; \; \operatorname{tg}\beta = \frac{|\mathfrak{D}_{2t}|}{|\mathfrak{D}_{2n}|},$$

also folgt für $\operatorname{tg}\alpha/\operatorname{tg}\beta$ der Reihe nach, unter Berücksichtigung von (42) und (45):

$$\frac{tg\,\alpha}{tg\,\beta} = \frac{|\mathfrak{D}_{1t}|}{|\mathfrak{D}_{1n}|} \cdot \frac{|\mathfrak{D}_{2n}|}{|\mathfrak{D}_{2t}|} = \frac{|\mathfrak{D}_{1t}|}{|\mathfrak{D}_{2t}|} = \frac{\varepsilon_1}{\varepsilon_2}$$

wie vorher.

Die Brechung der $\mathfrak{E}$-Linien wird verursacht durch die influenzierte Flächenladung η_i, die von der Unstetigkeit von $\mathfrak{E}_n$ herrührt, die der $\mathfrak{D}$-Linien dagegen von dem Flächenwirbel von $\mathfrak{D}$, d. h. von der Unstetigkeit von $\mathfrak{D}_t$. Trotz des gleichen Brechungsgesetzes besteht aber ein wesentlicher Unterschied: Die Zahl der $\mathfrak{E}$-Linien zu beiden Seiten der Trennungsfläche ist nicht die gleiche, und diese Ungleichheit ist gleichbedeutend mit dem Auftreten einer influenzierten Flächenladung η_i; dagegen ist die Zahl der

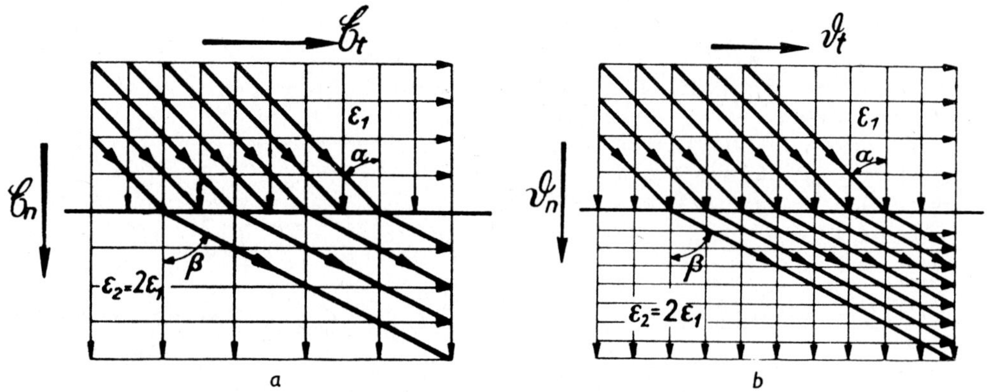

Abb. 71. Zur Brechung der $\mathfrak{E}$- und $\mathfrak{D}$-Linien an der Trennungsfläche zweier Medien mit den Dielektrizitätskonstanten ε_1 und $2\,\varepsilon_1$

$\mathfrak{D}$-Linien in beiden Medien die gleiche. Man kann sich dies auf folgende Weise geometrisch klarmachen. In den Figuren 71 ist beispielshalber angenommen, daß $\varepsilon_2 = 2\,\varepsilon_1$ ist; das unter dem Winkel α auf die Trennungsfläche auffallende Feld $\mathfrak{E}$ (bzw. $\mathfrak{D}$) können wir uns aus zwei überlagerten Feldern ($\mathfrak{E}_t$, $\mathfrak{E}_n$ bzw. $\mathfrak{D}_t$, $\mathfrak{D}_n$) zusammengesetzt denken. In der Figur 71a (Brechung der $\mathfrak{E}$-Linien) sind daher in beiden Medien einerseits äquidistante, zur Trennungsfläche parallele $\mathfrak{E}_t$-Linien gezogen, entsprechend der Tatsache, daß $\mathfrak{E}_{1t} = \mathfrak{E}_{2t}$ ist. Andererseits ist im Medium 1 die doppelte Zahl von $\mathfrak{E}_{1n}$-Linien gezogen wie im Medium 2, entsprechend der Voraussetzung, daß $\varepsilon_1 \mathfrak{E}_{1n} = 2\,\varepsilon_1 \mathfrak{E}_{2n}$ sein soll. Die Diagonalen der auf diese Weise entstehenden Vierecke stellen dann nach der Parallelogrammregel die resultierenden Felder $\mathfrak{E}_1$ und $\mathfrak{E}_2$ dar. Abb. 71a ergibt dann ohne weiteres die Brechung, läßt aber auch erkennen, daß jede zweite $\mathfrak{E}$-Linie in der Trennungsfläche endigt.

Anders ist es bei der in Abb. 71b dargestellten Brechung der $\mathfrak{D}$-Linien. Wegen $\mathfrak{D}_{1n} = \mathfrak{D}_{2n}$ sind in beiden Medien gleich viele $\mathfrak{D}_n$-Linien senkrecht zur Trennungsebene gezogen, dagegen im zweiten Medium doppelt so viele $\mathfrak{D}_{2t}$-Linien wie $\mathfrak{D}_{1t}$-Linien im Medium 1. Die Konstruktion der Diagonalen liefert wieder die resultierenden Verschiebungen $\mathfrak{D}_1$ und $\mathfrak{D}_2$, aber nunmehr gleiche Zahlen von $\mathfrak{D}_1$- und $\mathfrak{D}_2$-Linien, die auf die Trennungsfläche zulaufen bzw. von ihr ausgehen. Das entspricht der Tatsache, daß der Verschiebungsfluß je Flächeneinheit, nämlich $\mathfrak{D}_n$, stetig durch die Trennungsfläche hindurchgeht, was für den Kraftfluß $\mathfrak{E}_n$ ja nicht zutrifft. — Nach dem oben Gesagten ist die Flächendichte η_i auf der Trennungsfläche negativ und nach (43b) von der Größe:

$$\eta_i = \frac{2\,\varepsilon_1 - \varepsilon_1}{4\,\pi\,\varepsilon_1}\left|\mathfrak{E}_{2n}\right| = \frac{1}{4\pi}\left|\mathfrak{E}_{2n}\right| = \frac{1}{8\,\pi}\left|\mathfrak{E}_{1n}\right|.$$

Messung von $\mathfrak{E}$ und $\mathfrak{D}$ im Dielektrikum. Wir besitzen nunmehr alle Hilfsmittel, um darzulegen. wie $\mathfrak{E}$ und $\mathfrak{D}$ gemessen werden können, wenigstens in flüssigen und gasförmigen Medien. Die Feldstärke $\mathfrak{E}$ kann man grundsätzlich genau so bestimmen, wie im Vakuum, nämlich durch die Messung der ponderomotorischen Kraft auf die positive Einheitsladung, also etwa mit dem Pendelapparat der Abb. 17 oder mit der Drehwaage. Dagegen kann man $\mathfrak{E}$ nicht mehr durch Versuche mit der Maxwellschen Doppelplatte nach Nr. 10 gewinnen; denn Gl. (22a): $|\,\mathfrak{E}\,| = \frac{4\pi q_i}{A}$ beruht auf der hier nicht mehr zutreffenden Form (8) des Gaußschen Satzes. Derselbe muß vielmehr hier in der Form (33) verwendet werden, die an Stelle des Kraftflusses $|\,\mathfrak{E}_n\,|\,A$ durch die Doppelplatte den Verschiebungsfluß $|\mathfrak{D}_n|\,A$ treten läßt. Demgemäß ist Gl. (22a) bei Anwendung der Doppelplatte im Dielektrikum umzuändern in:

(47) $$q_i = \frac{|\mathfrak{D}_n\,|\,A}{4\pi}$$

und für den Fall, daß das Plattenpaar senkrecht zum Verlauf der $\mathfrak{D}$-Linien orientiert ist, geht die frühere Gl. (22a) über in:

(47a) $$|\,\mathfrak{D}\,| = \frac{4\pi q_i}{A}.$$

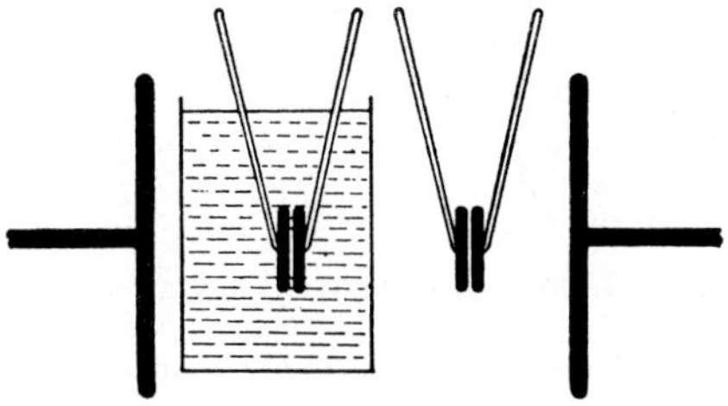

Abb. 72. Messung der Verschiebung $\mathfrak{D}_\varepsilon$ im Dielektrikum und der Feldstärke $\mathfrak{E}_0$ in Luft

Mit der Doppelplatte mißt man also nunmehr den Betrag von $\mathfrak{D}$, und die Richtung der Plattennormale, von der positiven zur negativen Ladung gerechnet, fällt mit der von $\mathfrak{D}$ zusammen. Abgesehen von der Ersetzung von $\mathfrak{E}$ durch $\mathfrak{D}$ ist dies alles genau so, wie es in Nr. 10 dargelegt wurde. Die Gl. (47) und (47a) gelten mit $\varepsilon = 1$ natürlich auch fürs Vakuum, in dem stets $\varepsilon = 1$ ist.

Gl. (47a) gibt auch eine anschauliche Deutung des Verschiebungsvektors $\mathfrak{D}$: Er bedeutet, abgesehen vom Faktor $4\,\pi$ eine Ladung pro Flächeneinheit, was man natürlich auch z.B. aus Gl. (41) entnehmen kann.

Folgender Versuch zeigt die Richtigkeit der obigen Darlegung: Abb. 72 zeigt einen Plattenkondensator, bei dem der Feldraum zwischen den Platten zur Hälfte mit einem flüssigen Dielektrikum angefüllt ist, während die andere Hälfte leer (d. h. praktisch mit Luft gefüllt) ist. Das Feld verläuft senkrecht zu den Platten, also auch senkrecht zur Begrenzung des Dielektrikums; nennen wir das Feld im leeren Raume $\mathfrak{E}_0$, so ist es im Dielektrikum $\mathfrak{E}_\varepsilon = \frac{1}{\varepsilon}\,\mathfrak{E}_0$; die Verschiebung $\mathfrak{D}_0$ ist im leeren Raume ($\varepsilon = 1$) natürlich gleich $\mathfrak{E}_0$, im Dielektrikum dagegen ist $\mathfrak{D}_\varepsilon = \varepsilon\mathfrak{E}_\varepsilon = \mathfrak{E}_0$. Wie es sein muß, geht also die Verschiebung stetig vom Luftraum in das Dielektrikum über. Verwenden wir das Plattenpaar einmal im Dielektrikum, so mißt es die Influenzladung $\mathfrak{D}_\varepsilon = \mathfrak{E}_0$, dagegen im Luftraum $\mathfrak{D}_0 = \mathfrak{E}_0$, mit anderen Worten: Bei dieser Anordnung werden in beiden Fällen g l e i c h e Ladungen influenziert. Aber im ersten Falle wird die V e r s c h i e b u n g $\mathfrak{D}_\varepsilon = \mathfrak{E}_0$ im D i e l e k t r i k u m gemessen, im zweiten Falle die F e l d s t ä r k e $\mathfrak{E}_0$ im l e e r e n R a u m e. Darin, daß beide Ladungen gleich ausfallen, zeigt sich die Gültigkeit unserer Behauptungen.

Hier erkennt man auch den Ursprung der Bezeichnung „Verschiebung“ für den Vektor $\mathfrak{D}$. Das Feld „verschiebt“ die Elektrizitätsmengen $\pm\,q_i$, die vorher ungetrennt waren, derartig, daß bei Trennung der Doppelplatten im Felde die eine positiv, die andere negativ geladen ist. Es ist daher nur natürlich, durch die Größe dieser verschobenen Ladungen $\mathfrak{D}$ zu messen.

Man könnte sich auf folgenden Standpunkt stellen: Wenn man durch eine Messung bereits ε kennt und weiß, daß es konstant ist, so würde es zur Bestimmung von $\mathfrak{D}$ genügen, unter Zugrundelegung der Materialgleichung $\mathfrak{D} = \varepsilon\,\mathfrak{E}$ allein $\mathfrak{E}$ zu messen, das dann ja nur mit ε multipliziert zu werden braucht, um $\mathfrak{D}$ zu ergeben. Es ist aber wichtig, sich klarzumachen, daß die Messung von $\mathfrak{D}$ mit der Doppelplatte nach (47a) gänzlich unabhängig von jeder Voraussetzung über ε, ja, auch von der Gültigkeit der Gleichung $\mathfrak{D} = \varepsilon\,\mathfrak{E}$ ist (die übrigens auch gar nicht allgemein stimmt, wie wir später sehen werden).

Die obigen Darlegungen über die Messung von $\mathfrak{D}$ und $\mathfrak{E}$ haben nur Gültigkeit für flüssige und gasförmige Dielektrika, passen aber nicht für feste Isolatoren.

Wir wollen aber wenigstens andeuten, wie man auch dann grundsätzlich diese Größen messen kann. Man muß in festen Isolatoren Hohlräume bestimmter Gestalt so anbringen, daß in ihnen entweder die Verschiebung $\mathfrak{D}$ oder die Feldstärke $\mathfrak{E}$ ungeändert bleibt, was nach den Sätzen über die Stetigkeit von $\mathfrak{D}_n$ und $\mathfrak{E}_t$ möglich ist. In diesen Höhlungen kann man dann — wenigstens im Prinzip — $\mathfrak{D}$ durch die Doppelplatten, $\mathfrak{E}$ durch die ponderomotorische Wirkung messen.

Schließlich ist noch darauf hinzuweisen, daß natürlich auch im Dielektrikum ein Spannungszustand besteht, nämlich ein Zug in Richtung der Feldlinien und ein Druck quer zu ihnen; an Stelle des im Vakuum gültigen Wertes $\frac{1}{8\pi}\,\mathfrak{E}^2$ für Zug- und Druckspannung (vgl. S. 17) tritt hier der Ausdruck:

$$\frac{\varepsilon}{8\pi}\,\mathfrak{E}^2 = \frac{1}{8\pi}\,\mathfrak{E}\mathfrak{D}.$$

13. Polarisation der Dielektrika

Zurückführung des Einflusses des Dielektrikums auf Wirkung von Influenzladungen. In der vorhergehenden Nummer sind die formalen Gesetzmäßigkeiten, die in einem Dielektrikum herrschen, abgeleitet worden; wir wollen sie in dieser Nummer anschaulich zu deuten versuchen. Zu diesem Zweck füllen wir das homogene Feld eines Plattenkondensators zum Teil mit einer dielektrischen Platte (D. K. ε) an (Abb. 73a). Unter den Bedingungen der Abbildung ist das im Kondensator herrschende Feld von links nach rechts gerichtet und hat im Vakuum den Betrag $|\mathfrak{E}_0| = 4\pi\eta$, wenn η die wahre Flächendichte auf den Kondensatorplatten ist. Im Inneren des Dielektrikums geht die Feldstärke $\mathfrak{E}_\varepsilon$ zurück auf den εten Teil: $|\mathfrak{E}_\varepsilon| = \frac{4\pi\eta}{\varepsilon} = 4\pi\eta'$, wo $\eta' = \eta/\varepsilon$ die freie Ladung der Kondensatorplatten bedeutet. Nun wollen wir unser Augenmerk auf die Tatsache richten, daß an den Grenzflächen des Dielektrikums auch freie Ladungen auftreten, die wir in der vorhergehenden Nummer „induzierte" oder „influenzierte" nannten und mit dem Index „i" auszeichneten. Da die Feldstärke auf der linken Seite vom Vakuum nach dem Dielektrikum, d. h. zum Medium mit der größeren D. K. hinweist, ist diese Ladungsdichte η_i auf der linken Grenzfläche negativ, auf der rechten umgekehrt positiv. Wären diese Ladungen η_i allein vorhanden, so würden sie im Dielektrikum ein „induziertes" Feld umgekehrten Sinnes, d. h. von rechts nach links gerichtet, erzeugen, wie es Abb. 73a andeutet. In Wirklichkeit überlagert sich dieses Feld dem primären $\mathfrak{E}_0$ (von links nach rechts gerichteten), und schwächt dasselbe. So sieht man zunächst qualitativ, daß das Feld in einem Dielektrikum kleinere Werte haben muß als im Vakuum. Aber dieser Gedanke läßt sich auch vollständig quantitativ durchführen. Wir wollen dies zeigen, indem wir das resultierende Feld im Inneren des Dielektrikums direkt als Überlagerung des primären und des induzierten Feldes bestimmen. Das primäre Feld $\mathfrak{E}_0$ hat den Betrag $4\pi\eta$. Jetzt bestimmen wir auf die gleiche Weise das induzierte Feld $\mathfrak{E}_i$, das die auf den Grundflächen des Dielektrikums sitzenden induzierten Ladungen für sich allein erzeugen. Dazu berechnen wir zunächst die Dichte der induzierten Ladungen nach (43b), wobei nur zu beachten ist, daß hier $\varepsilon_1 = 1$, $\varepsilon_2 = \varepsilon$ zu setzen

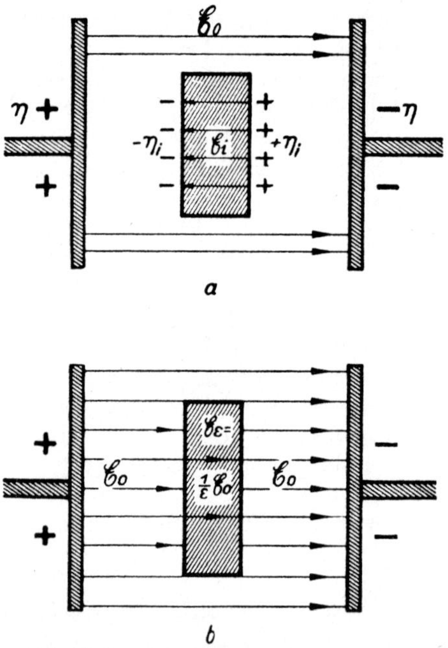

Abb. 73. Zur Polarisation des Dielektrikums

ist; ferner ist hier $\mathfrak{E}_{1n} = \mathfrak{E}_o$. Wir erhalten also für die influenzierte Ladungsdichte an der Unstetigkeitsfläche:

$$\eta_i = \frac{1}{4\pi}\,\frac{\varepsilon - 1}{\varepsilon}\,|\,\mathfrak{E}_o\,| = \frac{\varepsilon - 1}{4\pi\varepsilon}\,|\,\mathfrak{E}_o\,|\,.$$

Für das influenzierte Feld $\mathfrak{E}_i$ finden wir also dem Betrage nach

$$|\,\mathfrak{E}_i\,| = 4\pi\eta_i = \frac{\varepsilon - 1}{\varepsilon}\,|\,\mathfrak{E}_o\,|\,.$$

Dies überlagert sich — mit umgekehrtem Vorzeichen! — dem primären Felde $\mathfrak{E}_o$, und so finden wir für den Betrag des resultierenden Feldes im Dielektrikum:

$$|\,\mathfrak{E}_o\,| - \frac{\varepsilon - 1}{\varepsilon}\,|\,\mathfrak{E}_o\,| = \frac{1}{\varepsilon}\,|\,\mathfrak{E}_0\,| = \frac{4\pi\eta}{\varepsilon}$$

und das ist auch wirklich das im Dielektrikum herrschende Feld $|\,\mathfrak{E}_\varepsilon\,|$, wie es aus den Darlegungen der vorigen Nummer folgt. Daraus ergibt sich folgendes: Wir können das Dielektrikum in seiner Wirkung vollständig ersetzen durch die auf seiner Oberfläche auftretenden Influenzladungen, die zusammen mit den wahren Ladungen das Gesamtfeld erzeugen.

Man kann denselben Sachverhalt auch etwas anders ausdrücken. Durch die influenzierten Ladungen η_i wird ein Teil der auf den Kondensatorplatten sitzenden wahren Ladungen η „gebunden", so daß nur die Differenz, nämlich $\frac{\eta}{\varepsilon}$ als wirksam übrig bleibt. Insgesamt werden die Verhältnisse in unserem Kondensator durch Abb. 73b dargestellt, in der $\varepsilon = 2$ angenommen ist, d.h. im Inneren des Dielektrikums ist nur die Hälfte der $\mathfrak{E}$-Linien zu ziehen wie im Außenraume. (Die Zahl der nicht gezeichneten $\mathfrak{D}$-Linien ist natürlich in beiden Medien die gleiche.)

Der Vollständigkeit halber wollen wir auch den umgekehrten Fall betrachten: Ein Plattenkondensator sei mit einem Dielektrikum (D. K. ε) angefüllt, in dem sich ein plattenförmiger leerer Hohlraum ($\varepsilon = 1$) befindet (Abb. 74a). Unter den Bedingungen dieser Abbildung ist das Feld $\mathfrak{E}_\varepsilon$ im Dielektrikum des Kondensators von links nach rechts gerichtet, auf den Trennungsflächen entstehen wieder Influenzladungen η_i; da aber nunmehr die primäre Feldstärke von dem Medium mit der großen D. K. ε ins Vakunm ($\varepsilon = 1$) weist, ist η_i auf der linken Grenzfläche positiv, auf der rechten negativ, wie es Abb. 74a andeutet. Hier ist also das influenzierte Feld $\mathfrak{E}_i$ gleichgerichtet dem primären Felde $\mathfrak{E}_\varepsilon$ die sich also hier addieren, so daß im Hohlraum das resultierende Feld $\mathfrak{E}_o = \varepsilon\mathfrak{E}_\varepsilon$ entsteht, d.h. im Hohlraum verlaufen εmal mehr $\mathfrak{E}$-Linien wie im Dielektrikum (Abb. 74b); in der Zeichnung ist wieder $\varepsilon = 2$ angenommen. (Es sei noch bemerkt, daß die Anbringung des Hohlraumes selbstverständlich die Kapazität verkleinert!) Man kann noch den allgemeineren Fall betrachten, daß zwei Dielektrika (ε_1 und ε_2) im Kondensator vorhanden sind, daß nämlich in das den Kondensator ausfüllende Dielektrikum ε_1, eine dielektrische Platte mit der D. K. ε_2 eingebracht ist. Für $\varepsilon_2 - \varepsilon_1 > 0$ würden wir qualitativ die Verhältnisse der Abb. 73, für $\varepsilon_2 - \varepsilon_1 < 0$ dagegen die der Abb. 74 vorfinden; die induzierten Ladungen sind dann nach der allgemeinen Formel (43b) zu berechnen. Dieser Hinweis wird hier genügen.

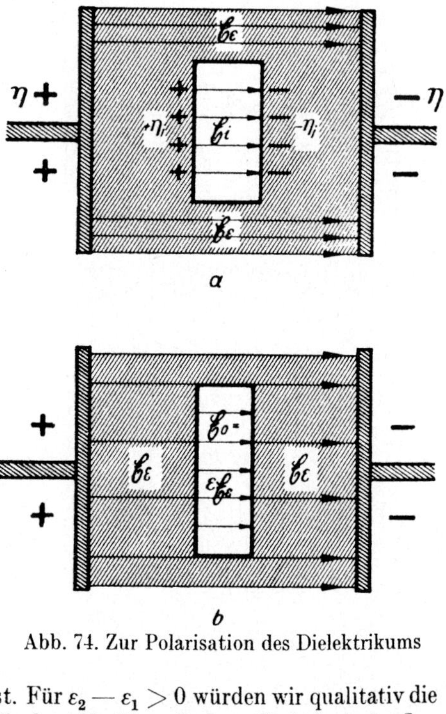

Abb. 74. Zur Polarisation des Dielektrikums

Was in dem relativ einfachen homogenen Felde des Kondensators gilt, trifft auch ganz allgemein zu: Wenn ein Dielektrikum (ε_2) in ein primäres Feld eingelagert wird, das entweder im Vakuum ($\varepsilon = 1$) oder in einem anderen Dielektrikum (ε_1) existiert, so entstehen auf der Oberfläche des eingelagerten Isolators Influenzladungen, die — je nachdem — das Feld im Dielektrikum schwächen — nach Analogie der Abb. 73 — oder verstärken — Abb. 74. Das Dielektrikum bekommt „Pole", womit wir lediglich zum Ausdruck bringen wollen, daß beim Ein- und Austritt des primären Feldes entgegengesetzte Influenzladungen auf seiner Oberfläche entstehen. Da die Erscheinung große Ähnlichkeit mit der Influenzelektrizität auf Leitern hat, rechtfertigt sich jetzt der Name „influenzierte" Ladungen für die η_i, den wir schon in Nr. 12 eingeführt hatten.

Man kann übrigens das Verhalten der Leiter rein formal als Grenzfall des Verhaltens eines Dielektrikums auffassen. Denn wenn wir uns die D. K. des Letzteren immer größer werdend denken, so wird bei der Anordnung der Abb. 73b das Feld $\mathfrak{E}_\varepsilon = \frac{1}{\varepsilon}\mathfrak{E}_0$ im Inneren des Dielektrikums immer kleiner, um für $\varepsilon = \infty$ ganz zu verschwinden. Das ist aber auch bei einem Leiter der Fall, in dessen Inneres ja kein Feld eindringen kann. In der Elektrostatik — aber auch nur in der Elektrostatik! — verhält sich ein Leiter also wie ein Isolator mit unendlich großer D. K. Wenn man daher in den Zwischenraum eines Plattenkondensators eine metallische (statt einer dielektrischen) Platte einbringt, so nimmt die Kapazität gleichfalls zu; wir haben immer den Fall der Abb. 73, niemals den der Abb. 74 vor uns. Denn wenn das Feld nach dem Leiter hin gerichtet ist, so ist die Influenzladung η_i stets negativ.

Wir zeigen zunächst durch Versuche, daß ein Isolator im elektrischen Felde eine Polarität erhält.

Hängt man ein kleines Hartgummi- oder Siegellackstäbchen waagerecht an einem dünnen Faden zwischen zwei entgegengesetzt geladenen Metallkugeln auf, so stellt sich das Stäbchen stets „axial", d.h. in die Richtung des Feldes; denn die an den Enden des Stäbchens auftretenden Influenzladungen werden von den wahren Ladungen der Kugel angezogen. So erklärt sich der historisch älteste elektrische Versuch des Thales von Milet, die Anziehungen leichter Korkstückchen, Papierschnitzel usw. durch einen elektrisierten Körper.

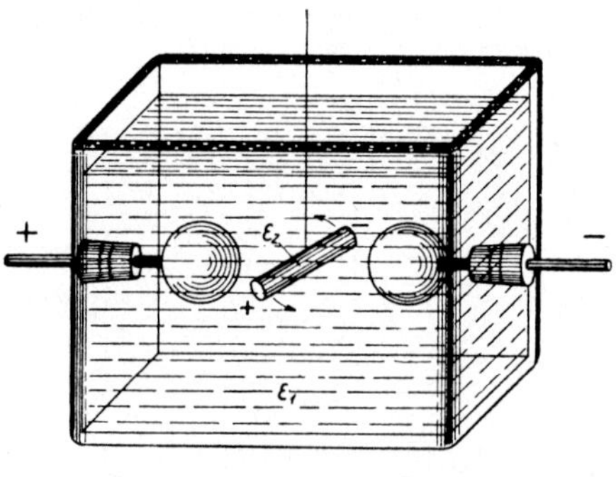

Abb. 75. Versuch zum Nachweis der Polarisation eines Dielektrikums

Von dieser Tatsache haben wir bei der Sichtbarmachung der elektrischen Kraftlinien auf S. 16 Gebrauch gemacht: Die einzelnen im Öl befindlichen Grießkörner werden im elektrischen Feld zu Dipolen und stellen sich mit ihrer Achse in die Richtung der Kraftlinien ein.

Auch folgender Versuch läßt die Polarisation eines Dielektrikums in einem elektrischen Felde erkennen: Hält man einen völlig ungeladenen Hartgummistab in geringem Abstand parallel zu einem geriebenen, also negativ elektrischen Hartgummistab, so ruft das Feld des letzteren in dem ungeladenen Stab eine dielektrische Polarisation hervor. Streicht man mit dem Finger auf der Außenseite des polarisierten Stabes entlang, so zieht die dort vorhandene influenzierte negative Ladung positive Ladungen aus der Erde heran und bindet sie. Entfernt man dann den geriebenen Stab, so daß die Polarisation in dem anderen Stab verschwindet, so bleiben die positiven Ladungen übrig, und der Hartgummistab erweist sich bei Annäherung an ein Elektroskop als positiv elektrisch.

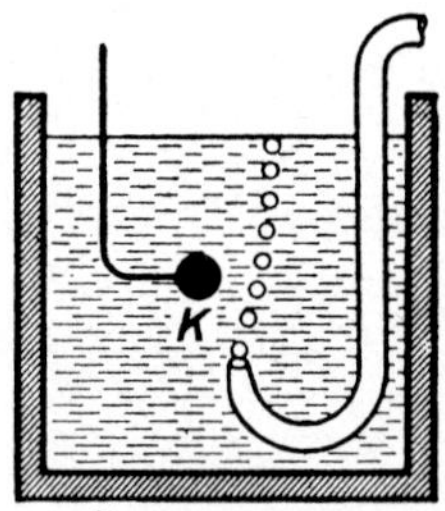

Abb. 76. In Öl aufsteigende Luftblasen werden von einer elektrisch geladenen Kugel abgestoßen

Während hier ein Material mit größerer D. K. in den Luftraum eingelagert ist, also stets eine Anziehung stattfinden muß, ist auch der umgekehrte Fall experimentell herstellbar, daß in ein Dielektrikum (ε_1) ein zweites mit kleinerer D. K. ($\varepsilon_2 < \varepsilon_1$) eingelagert wird. Hängt man nämlich ein Stäbchen aus Bernstein ($\varepsilon_2 = 2{,}8$) um eine vertikale Achse drehbar in einer Flüssigkeit mit größerer D. K. (z. B. Rizinusöl $\varepsilon_1 = 4{,}6$ oder Nitrobenzol $\varepsilon_1 = 36$) zwischen zwei entgegengesetzt geladenen Kugeln auf (Abb. 75), so stellt sich das Stäbchen im Gegensatz zu dem vorhergehenden

Versuch stets senkrecht zur Feldrichtung ein (sog. äquatoriale Lage). — Das gleiche zeigt das folgende Experiment: Luftblasen ($\varepsilon_1 = 1$), die aus einer Düse in Paraffinöl ($\varepsilon_1 = 2{,}3$) aufsteigen, werden von einer benachbarten (positiv oder negativ) geladenen Kugel stets abgestoßen (Abb. 76).

Polarisation. Nunmehr erhebt sich die Frage, woher die Influenzladungen stammen. Wir haben von Anfang an angenommen, daß jeder unelektrische Körper ungeheure gleich große Mengen positiver und negativer Elektrizität in inniger und gleichmäßiger Durchmischung enthält; der Unterschied zwischen Leitern und Isolatoren besteht nur darin, daß auf jenen frei verschiebliche Ladungen vorhanden sind, während sie auf diesen durch irgendwelche Kräfte (deren Natur uns im Moment nicht interessieren soll) an die einzelnen Volumelemente gebunden sind. So erklärten wir die Influenzerscheinungen auf Leitern durch die freie Verschieblichkeit von Ladungen. Aber auch bei den Isolatoren muß eine gewisse Verschieblichkeit angenommen werden; denn die Kräfte, die die Ladungen in ihren Lagen festhalten, sind doch jedenfalls endlich; sie werden daher durch ein hinzutretendes elektrisches Feld merklich abgeändert (natürlich um so mehr, je stärker das Feld ist). Das bedeutet aber, daß die elektrischen Ladungen aus ihren ursprünglichen Lagen in neue, ein wenig davon abweichende verschoben werden. Diese Verschiebung, wie klein sie auch sei, genügt aber schon, um das Auftreten der oberflächlichen Influenzladungen zu verstehen. Wenn wir in einem Dielektrikum, das von einem Felde durchsetzt wird, ein zylindrisches Volumelement von der Basisfläche f und der Höhe l so abgrenzen, daß f senkrecht zur Feldrichtung, l also parallel dem Felde liegt, so werden die in ihm durchmischten Ladungen, die es ohne Feld elektrisch neutral machen, ein wenig verschoben: die positiven in Richtung des Feldes, die negativen entgegengesetzt demselben. Es treten daher an Grund- und Gegenfläche des kleinen Zylinders Ladungen $\pm q_i$ auf (Abb. 77); dieses Volumelement wird also ein elektrischer Dipol (vgl. Nr. 7) von dem Moment

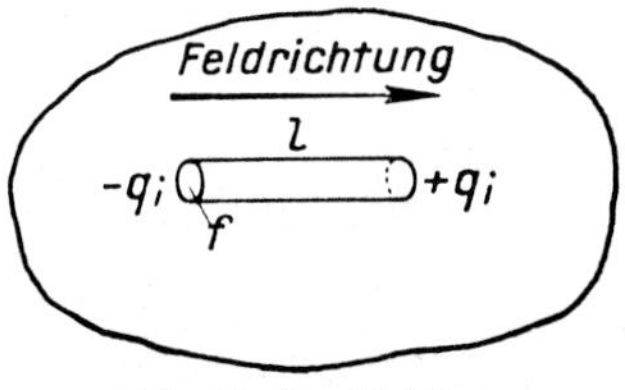

Abb. 77. Zur Erklärung der elektrischen Polarisation

$$\mathfrak{p} = q_i \mathfrak{l}$$

in Richtung des Feldes; $\mathfrak{l}$ ist der als Vektor aufgefaßte Abstand der beiden Ladungen, von der negativen zur positiven hin gerechnet. Was aber für dieses eine Volumelement gilt, gilt für alle. Wenn man also das Dielektrikum in solche Elemente aufteilt (Abb. 78), so erkennt man, daß im Inneren die Ladungen sich kompensieren, da die positive Ladung der Gegenfläche eines Elementes an die negative der Grundfläche des benachbarten stößt; es bleiben daher nur die Ladungen an der Oberfläche des Dielektrikums für eine Wirkung nach außen übrig. Das ist also im Effekt in der Tat ganz ähnlich, wie bei der Influenzierung von Leitern. Aber mit einem wesentlichen Unterschiede. Wenn man den Leiter im Felde teilt, so kann man, wie in Nr. 9 (Abb. 37) dargelegt, die beiden Influenzladungen trennen: Es sind wahre Ladungen. Das ist hier nicht möglich; denn wenn das Dielektrikum z. B. längs des Schnittes SS geteilt wird, so entsteht auf der Schnittfläche der linken Hälfte positive, der rechten Hälfte negative Ladung, so daß in beiden Hälften des Dielektrikums wieder die Influenzladungen beiderlei Vorzeichens in gleicher Stärke vorhanden sind, — wie weit man auch die Teilung treiben möge: Die Gesamtladung jedes Teiles bleibt also stets gleich Null. Daher nennt man die Influenzladungen auf einem Dielektrikum, wie schon erwähnt, scheinbare Ladungen, was jetzt verständlich wird.

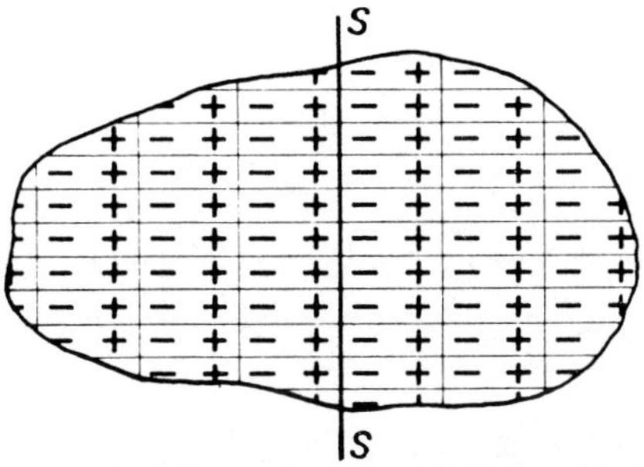

Abb. 78. Aufteilung eines im elektrischen Feld befindlichen Dielektrikums in einzelne Dipole

Wir kehren zu den in den Volumelementen induzierten elektrischen Dipolmomenten zurück; diese setzen sich natürlich zu einem resultierenden Moment zusammen. Sind im Volumen V im Ganzen N Dipole vorhanden, so ist das resultierende Moment gleich $N q_i \mathfrak{l}$, also das resultierende Moment der Volumeinheit $\frac{N}{V} q_i \mathfrak{l}$. Dies ist natürlich auch ein Vektor in Richtung des Feldes, den man in leicht verständlicher Weise als die **Polarisation $\mathfrak{P}$ des Dielektrikums** bezeichnet:

(48) $$\frac{N q_i \mathfrak{l}}{V} = \frac{N}{V}\mathfrak{p} = \mathfrak{P}.$$

In Worten: **Unter der Polarisation eines Dielektrikums versteht man eine der Feldstärke $\mathfrak{E}$ parallele vektorielle Zustandsgröße, deren Betrag gleich dem induzierten elektrischen Moment pro Volumeinheit ist.**

Wir wollen nun die Polarisation einerseits mit der Dichte der Influenzladung η_i, anderseits auch mit $\mathfrak{D}$ und $\mathfrak{E}$ in Verbindung setzen. Wir betrachten zu dem Zwecke einen besonders einfachen Fall: Homogenes Feld in einem Plattenkondensator, in das ein parallelepipedisches Dielektrikum (ε) eingelagert ist von der Grundfläche A und der Höhe L, also dem Volumen $V = AL$ (Abb. 79); die Flächendichte der induzierten Ladung sei η_i, also die Gesamtladung $A\eta_i$. Wir teilen nun das Parallelepiped in Volumelemente der Grundfläche f und der Höhe l; dann seien auf Grund- und Gegenfläche jedes derselben die Ladungen $\pm q_i$ vorhanden. Nun kann aber die ganze Betrachtung nicht abhängig davon sein, wie groß bzw. wie klein wir die Volumelemente fl wählen; wir können daher das ganze Dielektrikum gewissermaßen als ein solches Element ansehen. Das induzierte Gesamtmoment hat also den Betrag $A\eta_i L = V\eta_i$, und für den Betrag der Polarisation findet man nach (48) definitionsgemäß:

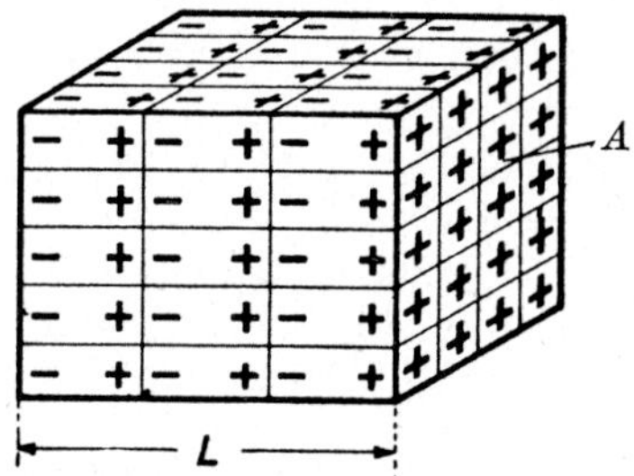

Abb. 79. Zur Erklärung der elektrischen Polarisation

$$|\mathfrak{P}| = \eta_i.$$

Dabei müssen wir allerdings berücksichtigen, daß in unserem speziellen Fall $\mathfrak{P}$ senkrecht zur Fläche A steht; wäre dies nicht der Fall, so käme für die induzierende Wirkung nur die Normalkomponente $\mathfrak{P}_n$ in Frage. Wir haben also allgemein:

(49) $$|\mathfrak{P}_n| = \eta_i,$$

d.h. die Normalkomponente des Polarisationsvektors $\mathfrak{P}$ ist gleich der Dichte der Influenzladung.

Damit ist der erste Teil unserer Aufgabe erledigt; es bleibt noch der Zusammenhang zwischen $\mathfrak{D}$, $\mathfrak{E}$, $\mathfrak{P}$ festzustellen. Dazu verhilft uns die Tatsache, daß die Summe von freier (η_f) und induzierter (η_i) Dichte gleich der Dichte der wahren Ladung (η_w) sein muß. Die wahre Ladung des Kondensators ist aber gegeben durch $\eta_w = \frac{1}{4\pi}|\mathfrak{D}_n|$, die freie ebenso durch $\eta_f = \frac{1}{4\pi}|\mathfrak{E}_n|$. Daher folgt aus der Gleichung:

$$\eta_w = \eta_f + \eta_i$$

durch Einsetzen der obigen Werte und Berücksichtigung von (49):

$$\frac{1}{4\pi}|\mathfrak{D}_n| = \frac{1}{4\pi}|\mathfrak{E}_n| + |\mathfrak{P}_n|$$

also allgemein:

(50) $$\mathfrak{D} = \mathfrak{E} + 4\pi\mathfrak{P}.$$

Schließlich ist noch $\mathfrak{D} = \varepsilon\mathfrak{E}$, und für den Zusammenhang zwischen $\mathfrak{P}$ und $\mathfrak{E}$ folgt weiter:

(51) $$\mathfrak{P} = \frac{\varepsilon - 1}{4\pi}\mathfrak{E} = \chi\mathfrak{E},$$ worin (52) $$\chi = \frac{\varepsilon - 1}{4\pi}$$

als die **„elektrische Suszeptibilität"** des Dielektrikums bezeichnet wird.

Die Dielektrizitätskonstante ε kennzeichnet also das mit Materie (der DK $= \varepsilon$) ausgefüllte elektrische Feld in folgender Weise:

a) Die Kapazität eines Kondensators steigt auf das ε-fache.

b) Die dielektrische Verschiebung $\mathfrak{D}$ (= Ladung/Fläche) in Materie ist gleich der ε-fachen Vakuum-Feldstärke $\mathfrak{E}$ bzw. der ε-fachen Verschiebung im Vakuum $\varepsilon_0\mathfrak{E}$:

$\mathfrak{D} = \varepsilon\,\mathfrak{E}$ im elektrostatischen CGS-System, bzw.

$\mathfrak{D} = \varepsilon\,\varepsilon_0\mathfrak{E}$ im Système International (SI).

c) Die dielektrische Verschiebung $\mathfrak{D}$ setzt sich additiv zusammen aus der Feldstärke bzw. Verschiebung im Vakuum und der Polarisation $\mathfrak{P}$. Die Polarisation ist also die zusätzliche Feldstärke bzw. Verschiebung, die von der Materie stammt.

$\mathfrak{D} = \mathfrak{E} + 4\pi\,\mathfrak{P}$ im elektrostatischen CGS-System, bzw.

$\mathfrak{D} = \varepsilon_0\,\mathfrak{E} + \mathfrak{P}$ im SI.

d) Die elektrische Suszeptibilität χ, ebenso wie ε eine Materialkonstante der Dimension eins, ist ein Maß für die Steigerung der Polarisation $\mathfrak{P}$ mit zunehmender Feldstärke $\mathfrak{E}$.

$\mathfrak{P} = \chi\,\mathfrak{E}$ im elektrostatischen System; $\mathfrak{P} = \chi\,\mathfrak{D}$ im SI;

$\chi = \frac{\varepsilon - 1}{4\pi}$ im elektrostatischen CGS-System, bzw.

$\chi = \varepsilon - 1$ im SI.

Gl. (51) spricht quantitativ aus, daß die Polarisation proportional der elektrischen Feldstärke $\mathfrak{E}$ ist; beim Verschwinden der Feldstärke muß daher die Polarisation ebenfalls auf Null zurückgehen. (Von dieser Folgerung gibt es gewisse Ausnahmen, auf die am Schlusse dieser Nummer eingegangen wird.) — Statt des Ausdrucks „Polarisation“ findet man in der Literatur auch den Ausdruck „Elektrisierung“. — Der Quotient elektrische Suszeptibilität χ/Dichte ϱ heißt spezifische elektrische Suszeptibilität.

Polare und nichtpolare Moleküle. Die eben gegebene Erklärung der Influenzladungen und der Polarisation macht noch keinen Gebrauch von der Tatsache der molekularen Struktur der Materie; man kann sie aber durch Berücksichtigung derselben noch wesentlich vertiefen. Zu dem Zwecke erinnern wir daran, daß die Atome, also auch die Moleküle, aus elektrischen Ladungen aufgebaut sind (vgl. Nr. 3 S. 6): Jedes Atom besteht aus einem positiven Kern mit dem weitaus überwiegenden Teil der Atommasse und einer Anzahl von den Kern umgebenden negativen Elementarteilchen, den Elektronen, deren Zahl so bemessen ist, daß das Atom als Ganzes unelektrisch wird; auch im Molekül haben wir im allgemeinen mehrere positive Ladungen, die von negativen Ladungen in bestimmter Anordnung umgeben sind. Die Anordnung der Ladungen kann so beschaffen sein, daß das normale Molekül für sich kein elektrisches Moment besitzt, also keinen Dipol darstellt (sog. nichtpolares Molekül); es kann aber auch der andere Fall eintreten, daß es ein natürlicher Dipol ist (sog. polares Molekül).

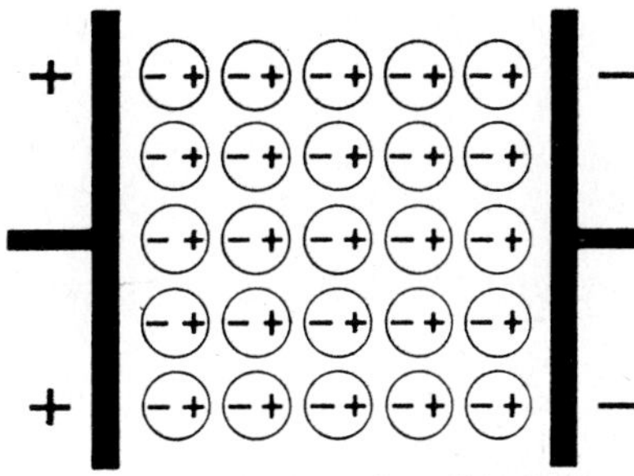

Abb. 80. Polarisation eines Dielektrikums im homogenen elektrischen Feld

Um übersehen zu können, wann einer dieser beiden Fälle vorliegt, ersetzen wir die positiven und negativen Ladungen des Moleküls durch je eine „mittlere“ positive und negative Ladung. Dies geschieht durch Einführung des Begriffes des „elektrischen Schwerpunktes“. Dieser wird genau so gebildet wie der Massenschwerpunkt, nur daß an Stelle der Massen die elektrischen Ladungen treten (vgl. Band I, Nr. 33). Fallen die elektrischen Schwerpunkte der positiven und negativen Ladungen zusammen, so ist das Molekül kein Dipol und besitzt im natürlichen Zustande kein elektrisches Moment; ein solches ist aber vorhanden, wenn die Schwerpunkte räumlich getrennt sind.

Wir wollen uns zunächst auf die Betrachtung des Falles beschränken, daß das Dielektrikum aus nichtpolaren Molekülen aufgebaut ist. Durch die auf jedes Molekül wirkende elektrische Feldstärke werden nun die positiven Ladungen in Richtung des Feldes, die negativen ihr entgegengesetzt verschoben, und so wird im Felde jedes Molekül zu einem („induzierten“) Dipol (Abb. 80). Wir setzen das induzierte Moment $\mathfrak{p}$ des Moleküls proportional der „wirkenden Feldstärke“ $\mathfrak{F}$:

$$\mathfrak{p} = \alpha\mathfrak{F} \tag{53}$$

wo α eine Konstante, die sog. Polarisierbarkeit des Moleküls bedeutet; α hat die Dimension eines Volumens: Das Moment $\mathfrak{p}$ ist gleich Ladung · Länge; die „wirkende Feldstärke“ $\mathfrak{F}$ ist gleich Kraft/Ladung. Die Konstante α ist also Ladung^2 · Länge/Kraft. Und nach dem Coulombschen Gesetz im elektrostatischen CGS-System ist Ladung² gleich $r^2 \cdot$ Kraft.

Es fragt sich nun, wie groß die Kraft $\mathfrak{F}$ ist. Auf den ersten Blick könnte es so scheinen, als ob $\mathfrak{F}$ gleich der im Inneren des Dielektrikums an der Stelle des betrachteten Moleküls herrschenden Feldstärke $\mathfrak{E}$ sein müsse. Dies ist jedoch im allgemeinen nicht der Fall, wie folgende Überlegung zeigt. Nach der atomistischen Auffassung setzt sich das elektrische Feld $\mathfrak{E}$ im Inneren des Dielektrikums offenbar zusammen aus dem äußeren Felde und den Feldern der in den Molekülen vorhandenen elektrischen Ladungen; wir erkannten ja weiter oben schon, daß das Dielektrikum durch diese Felder ersetzbar ist. Nun erinnern wir uns, was wir bei der Messung der Feldstärken in Nr. 6 besonders betont hatten, daß die Einheitsladung, die zur Messung benutzt wird, durch ihr eigenes Feld das zu messende nicht stören darf. Hier dagegen übt das Molekül, für das wir die „wirkende Feldstärke" $\mathfrak{F}$ bestimmen wollen, durch seine Ladung eine starke Rückwirkung auf das zu messende Feld aus; infolgedessen ist $\mathfrak{F}$ eben nicht gleich der im Inneren des Dielektrikums herrschenden Feldstärke $\mathfrak{E}$. Vielmehr zeigt eine komplizierte Rechnung, die elementar nicht durchführbar ist, daß (angenähert) folgender Zusammenhang zwischen $\mathfrak{F}$ und $\mathfrak{E}$ besteht:

$$\mathfrak{F} = \mathfrak{E} + \frac{4\pi}{3}\mathfrak{P}, \tag{54}$$

wo $\mathfrak{P}$ die Polarisation des Dielektrikums ist. Daher erhalten wir durch Einsetzen in (53):

$$\mathfrak{p} = \alpha\left(\mathfrak{E} + \frac{4\pi}{3}\mathfrak{P}\right).$$

Anderseits ist aber nach (48): $\frac{N}{V}\mathfrak{p} = \mathfrak{P}$, weil $\mathfrak{P}$ das elektrische Moment der Volumeinheit ist; durch beiderseitige Multiplikation der letzten Gleichung mit $\frac{N}{V}$ folgt demgemäß:

$$\frac{N}{V}\mathfrak{p} = \mathfrak{P} = \frac{N}{V}\alpha\left(\mathfrak{E} + \frac{4\pi}{3}\mathfrak{P}\right),$$

oder durch Auflösung nach $\mathfrak{P}$:

$$\mathfrak{P} = \frac{\frac{N}{V}\alpha}{1 - \frac{4\pi}{3}\frac{N}{V}\alpha}\mathfrak{E}. \tag{55}$$

Diese Gleichung bringt — vom atomistischen Standpunkt — die Polarisation des Dielektrikums in Zusammenhang mit der Feldstärke $\mathfrak{E}$; das gleiche hatten wir schon vom Feldstandpunkt in Gl. (51) erzielt, indem wir dort fanden:

$$\mathfrak{P} = \frac{\varepsilon - 1}{4\pi}\mathfrak{E} = \chi\mathfrak{E}.$$

Für die „dielektrische Suszeptibilität" nichtpolarer Moleküle findet man also die Beziehung:

$$\chi = \frac{\frac{N}{V}\alpha}{1 - \frac{4\pi}{3}\frac{N}{V}\alpha}, \tag{55a}$$

d. h. eine atomistische Deutung der bisher als „Körperkonstante" eingeführten Größe χ. Indem man für χ den Wert $\frac{\varepsilon - 1}{4\pi}$ einsetzt, findet man die folgende Beziehung zwischen der Dielektrizitätskonstante ε und der Polarisierbarkeit α:

$$\frac{\varepsilon - 1}{\varepsilon + 2} = \frac{4\pi}{3}\frac{N}{V}\alpha. \tag{56}$$

Da α — nach Ausweis der Erfahrung — eine Konstante, und $\frac{N}{V}$, die Zahl der Moleküle pro Volumeinheit, proportional der Dichte d des Dielektrikums ist, so besagt Gl. (56), daß $\frac{\varepsilon - 1}{\varepsilon + 2}$ proportional der Dichte sein muß. Nennen wir also m_0 die Molekülmasse, so ist $\frac{N m_0}{V}$ die Masse der Volumeinheit, also gleich der Dichte d. Mithin ist $\frac{N}{V} = \frac{d}{m_0}$. Setzt man dies in Gl. (56) ein, so folgt:

$$\frac{\varepsilon - 1}{\varepsilon + 2} = \frac{4\pi d}{3 m_0}\,\alpha.$$

Die rechte Seite dieser Gleichung wollen wir in Zähler und Nenner mit N_A, der Loschmidt-Avogadroschen Zahl der Moleküle im Mol, erweitern (vgl. Band I, Nr. 65); $N_A \cdot m_0$ ist dann die molare Masse M. Damit wird die letzte Gleichung:

$$\frac{\varepsilon - 1}{\varepsilon + 2} = \frac{4\pi}{3}\,\frac{d N_A}{M}\,\alpha$$

oder auch:

(57) $$\frac{\varepsilon - 1}{\varepsilon + 2}\,\frac{M}{d} = \frac{4\pi}{3} N_A \alpha = P_M$$

eine Beziehung, die zuerst von Mosotti und Clausius aufgestellt wurde und als **Clausius-Mosottische Gleichung bekannt** ist.

Da $N_A = 6{,}02 \cdot 10^{23}$ mol^{-1} ist, hat P_M den numerischen Wert

(57a) $$P_M = 2{,}54 \cdot 10^{24}\,\alpha.$$

P_M ist die Polarisierbarkeit pro Mol, d. h. das pro Mol und Volumen induzierte elektrische Moment; daher stammt der Name **„Molekularpolarisation"** für P_M.

P_M hat, wie α, die Dimension eines Volumens und ist experimentell bestimmbar, da ε, M und d leicht zugängliche Größen sind. Im CGS-System ergeben die Messungen für P_M

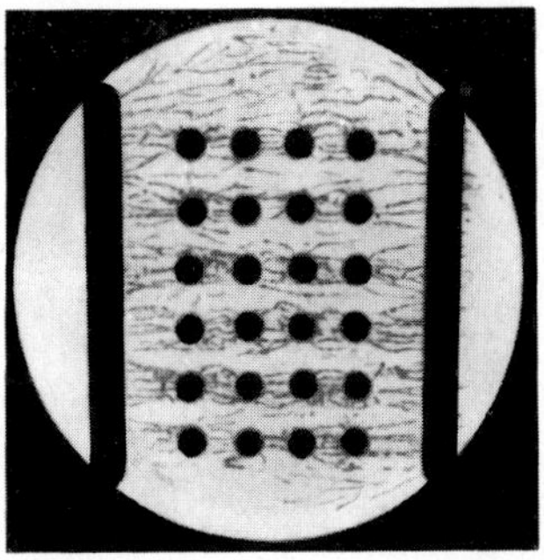

a

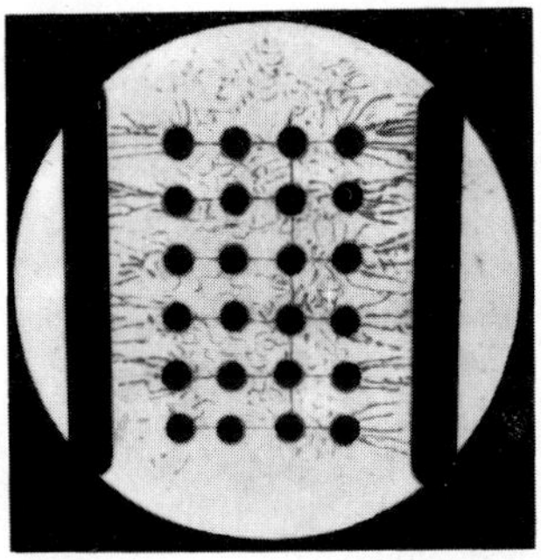

b

Abb. 81. Modellversuch zur Erklärung der Polarisation eines Dielektrikums; in a sind die die Moleküle darstellenden Metallblättchen voneinander isoliert, in b durch dünne Drähte leitend miteinander verbunden; a stellt ein „Dielektrikum", b einen „Leiter" im elektrischen Feld dar

Werte zwischen 10 und einigen 100 cm³; daraus ergibt sich natürlich sofort die Polarisierbarkeit α selbst, d. h. eine für das Molekül charakteristische Größe.

Wie schon erwähnt, ist Gl. (54) nur eine angenäherte Beziehung, die bei festen Körpern und Flüssigkeiten nicht immer erfüllt ist. Für Gase dagegen kann man das Korrektionsglied $\frac{4\pi}{3}\mathfrak{P}$ in (54) überhaupt fortlassen, da die Rückwirkung dann hinreichend klein ist. In diesem Falle vereinfacht sich entsprechend Gl. (57). Denn da ε für Gase sich nur wenig von 1 unterscheidet, kann man $\varepsilon + 2 \approx 3$ setzen, womit (57) übergeht in:

(57a) $$\frac{\varepsilon - 1}{3}\,\frac{M}{d} = \frac{4\pi}{3} N_A \alpha = P_M$$

und diese Gleichung kann als exakt begründet gelten. Da ε und d sich in gleichem Sinne mit der Temperatur ändern, ist $\frac{\varepsilon - 1}{d}$ und damit die ganze linke Seite temperaturunabhängig; P_M muß also für alle Temperaturen den gleichen Wert aufweisen, was in der Tat der Fall ist, wie wir später an einzelnen Beispielen zeigen werden.

Die bei nichtpolaren Molekülen vorliegenden Verhältnisse lassen sich durch ein Modell illustrieren. Denkt man sich nämlich die Moleküle als leitende Kugeln, so werden auf ihnen Influenzladungen in einem elektrischen Felde auftreten, sie werden also zu Dipolen; das war die (natürlich viel zu primitive) Vorstellung, von der seinerzeit Clausius und Mosotti bei Begründung ihrer Gl. (57) ausgingen. Diese Idee kann folgendermaßen makroskopisch nachgebildet werden: In das homogene Feld eines Plattenkondensators werden kreisrunde flache Metallscheiben eingelagert, und auf diese Weise ein „Modelldielektrikum" hergestellt (Abb. 81a). Man erkennt deutlich, daß die in der üblichen Weise sichtbar gemachten Kraftlinien von Metallplättchen zu Metallplättchen, von „Molekül" zu „Molekül" laufen: Jedes von ihnen ist im Felde offensichtlich ein Dipol geworden.

Eine Variante dieses Versuches ergibt sich, wenn man die Metallplättchen durch dünne Drähte leitend untereinander verbindet (Abb. 81b). In diesem Falle, der das Einbringen eines Leiters in den Kondensator modellmäßig abbildet, ist im Inneren des „Leiters" keinerlei Feld vorhanden; daher verlaufen nunmehr zwischen den Plättchen keine Feldlinien.

Wir gehen nunmehr zur Untersuchung des zweiten Falles über, in dem die Moleküle des Dielektrikums von vornherein fertige Dipole vom Moment $\mathfrak{p}_0$ sind. Diese machen sich ohne Feld allerdings nicht bemerkbar, da sie vollkommen ungeordnet durcheinander liegen, was Abb. 82a

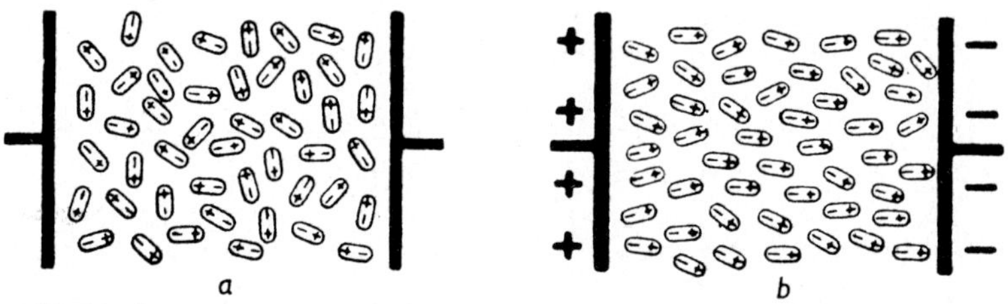

Abb. 82. Polare Moleküle im feldfreien Raum (a) sowie im elektrischen Feld (b)

versinnbildlicht. Sobald aber ein äußeres Feld vorhanden ist, werden die Dipole mehr oder weniger nach dem Felde ausgerichtet. Daher stammt der Name **„Orientierungspolarisation"** im Gegensatz zu der vorhin behandelten **„Verschiebungspolarisation"**. Zwar wird im allgemeinen keine vollständige Ausrichtung erreicht, weil die Wärmebewegung dem um so mehr entgegenwirkt, je höher die absolute Temperatur T des Dielektrikums ist (Abb. 82b). Die Größe der auf den Grenzflächen auftretenden Influenzladungen, d. h. die Polarisation $\mathfrak{P}$, oder schließlich das mittlere Moment $\bar{\mathfrak{p}}$ der Moleküle wird also zwar auch hier proportional der wirkenden Feldstärke $\mathfrak{F}$, aber gleichzeitig umgekehrt proportional der absoluten Temperatur T sein. In der Tat ergibt die genaue Rechnung, die elementar nicht durchführbar ist, statt der Gl. (53), die für nichtpolare Moleküle gilt, die folgende:

$$\bar{\mathfrak{p}} = \frac{\mathfrak{p}_0^2}{3kT}\,\mathfrak{F}.$$

Darin ist k die sog. Boltzmann-Konstante (vgl. Band I, Nr. 94 und 103), die den Wert $1{,}380 \cdot 10^{-16}$ erg/grad besitzt. Zu diesem temperaturabhängigen „Orientierungseffekt" tritt vielfach auch noch der vorhin betrachtete „Verschiebungseffekt" hinzu, indem der Abstand der beiden Ladungen des Dipols im Felde $\mathfrak{F}$ auch verändert wird; nennen wir diesen Teil des Momentes wieder α, so erhalten wir schließlich statt (53) die allgemeine Formel:

(58)
$$\bar{\mathfrak{p}} = \left(\alpha + \frac{\mathfrak{p}_0^2}{3kT}\right)\mathfrak{F}$$

und durch Multiplikation mit $\frac{N}{V}$, der Zahl der Moleküle in der Volumeinheit:

(58a)
$$\frac{N}{V}\bar{\mathfrak{p}} = \mathfrak{P} = \frac{N}{V}\left(\alpha + \frac{\mathfrak{p}_0^2}{3kT}\right)\mathfrak{F}$$

bzw. nach Einsetzen des Wertes für $\mathfrak{F}$ nach (54):

(59)
$$\mathfrak{P} = \frac{N}{V}\left(\alpha + \frac{\mathfrak{p}_0^2}{3kT}\right)\left(\mathfrak{E} + \frac{4\pi}{3}\mathfrak{P}\right).$$

Diese Gleichung tritt an die Stelle der Gl. (55). Für die Polarisation $\mathfrak{P}$ ergibt sich daraus:

$$\mathfrak{P} = \frac{\frac{N}{V}\left(\alpha + \frac{\mathfrak{p}_0^2}{3kT}\right)}{1 - \frac{4\pi}{3}\frac{N}{V}\left(\alpha + \frac{\mathfrak{p}_0^2}{3kT}\right)}\,\mathfrak{E} = \chi\,\mathfrak{E}. \tag{60}$$

Aus dieser Gleichung ist der allgemeine Wert für die Suszeptibilität zu ersehen; in dem besonderen Falle, daß reine Orientierungspolarisation vorliegt, setzen wir in (58a) $\alpha = 0$ und erhalten für die sog. parelektrische Suszeptibilität — zum Unterschied von der dielektrischen Suszeptibilität der Gl. (57a) — als Quotient aus der Polarisation $\mathfrak{P}$ und der wirkenden Feldstärke $\mathfrak{F}$ den Wert:

$$\chi = \frac{N\,\mathfrak{p}_0^2}{V\,3kT}. \tag{60a}$$

Genau wie früher folgt jetzt die der Clausius-Mosottischen Gleichung (57) analoge Formel für die Molekularpolarisation:

$$\frac{\varepsilon - 1}{\varepsilon + 2}\,\frac{M}{d} = \frac{4\pi}{3}\,N_A\left(\alpha + \frac{\mathfrak{p}_0^2}{3kT}\right) = P_M. \tag{61}$$

Für Gase können wir wieder das Glied $\frac{4\pi}{3}\mathfrak{P}$ in (59) streichen und $\varepsilon + 2 \approx 3$ setzen, so daß folgt:

$$\frac{\varepsilon - 1}{3}\,\frac{M}{d} = \frac{4\pi}{3}\,N_A\left(\alpha + \frac{\mathfrak{p}_0^2}{3kT}\right) = P_M. \tag{61a}$$

Es ergibt sich also hier, im Gegensatz zu dem ersten Falle nichtpolarer Moleküle, daß die Molekularpolarisation polarer Moleküle eine lineare Funktion von $1/T$, d. h. in ganz bestimmter Weise temperaturabhängig ist.

Ob man es in einem konkreten Falle mit polaren oder nichtpolaren Molekülen zu tun hat, kann man also (bei gasförmigen Stoffen) entscheiden, wenn man die Größe $\frac{\varepsilon - 1}{d}$ bei verschiedenen Temperaturen bestimmt; ist sie konstant, so hat man es mit nichtpolaren Molekülen zu tun; findet man eine lineare Abhängigkeit von $1/T$, so ist das Molekül ein permanenter Dipol. Man erhält also grundsätzlich in beiden Fällen das Bild der Abb. 83, in der als Ordinaten P_M, als Abszissen $1/T$ aufgetragen sind; aus der Neigung φ der Geraden b gegen die Abszissenachse erhält man sofort die Größe $|\mathfrak{p}_0|$, d. h. den Betrag des permanenten Dipolmomentes; denn es ist nach (61a):

$$\tan\varphi = \frac{4\pi}{3}\,\frac{N_A}{3k}\,\mathfrak{p}_0^2 = 6{,}177 \cdot 10^{39}\,\mathfrak{p}_0^2. \tag{62}$$

Das permanente Moment $\mathfrak{p}_0$ ist eine wichtige Konstante des Moleküls und ist daher in den letzten Jahren für zahlreiche Stoffe (im Dampfzustand) bestimmt worden. Man kann von vornherein

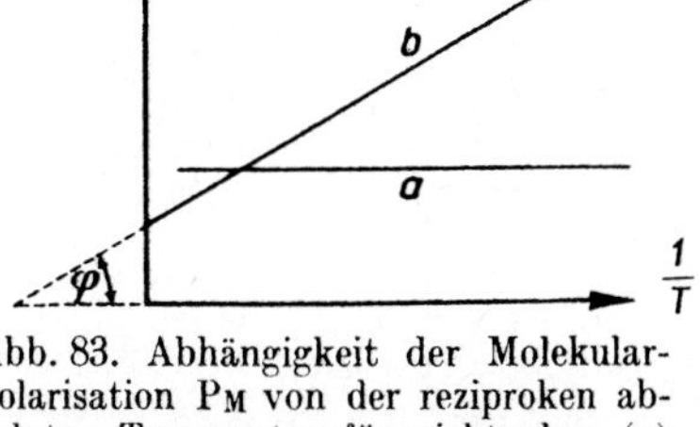

Abb. 83. Abhängigkeit der Molekularpolarisation P_M von der reziproken absoluten Temperatur für nichtpolare (a) und polare (b) Moleküle

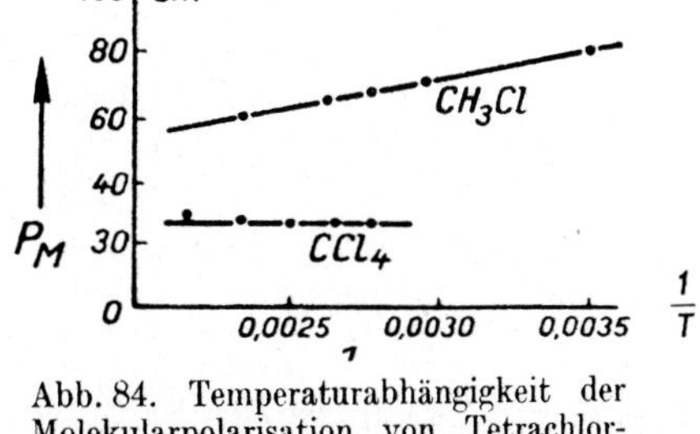

Abb. 84. Temperaturabhängigkeit der Molekularpolarisation von Tetrachlorkohlenstoff (CCl_4) und Methylchlorid (CH_3Cl)

die ungefähre Größe von $\mathfrak{p}_0$ folgendermaßen schätzen: Nehmen wir an, die beiden Ladungen des Dipols seien je ein Elementarquantum der Elektrizität, d. h. gleich $4{,}806 \cdot 10^{-10}\ g^{1/2}\ cm^{3/2}\ s^{-1}$;

ihr Abstand muß gleich dem „Moleküldurchmesser“, d. h. gleich 10^{-8} cm sein; daraus folgt für das Moment der ungefähre Wert $\mathfrak{p}_0 \approx 5 \cdot 10^{-18}\,g^{1/2}\,cm^{5/2}\,s^{-1}$. Die Messungen haben in der Tat ausnahmslos Werte in dieser Größenordnung ergeben, wie die nachfolgende Tabelle zeigt. Gleichzeitig gibt Abb. 84 wirklich ausgeführte Messungen an dem nichtpolaren CCl_4 (Tetrachlorkohlenstoff) und dem polaren CH_3Cl (Methylchlorid) wieder.

Stoff	$p_0 \cdot 10^{-18}\,g^{1/2}\,cm^{5/2}\,s^{-1}$	Stoff	$p_0 \cdot 10^{-18}\,g^{1/2}\,cm^{5/2}\,s^{-1}$
H_2	0	CO	0,1
N_2	0	CO_2	0
O_2	0	CCl_4	0
A	0	H_2O	1,9
HCl	1,03	NH_3	1,44
HBr	0,76	CH_3Cl	1,86
HJ	0,38		

Eine Anwendung auf die Molekularstruktur wollen wir von den obigen Zahlenwerten machen. CO_2 hat kein Moment; daher kommt nur eine solche Anordnung der Ladungen in Frage, bei der die Schwerpunkte der positiven und negativen Ladungen zusammenfallen, und das ist die geradlinige Anordnung mit C in der Mitte (Abb. 85a).

Dagegen hat H_2O ein Moment; es können daher nur zwei Anordnungen der Atome in Frage kommen, nämlich eine geradlinige unsymmetrische (Abb. 85b) und eine gewinkelte (85c). Da kein Grund vorliegt, eine asymmetrische Bindung der H-Atome anzunehmen, scheidet die Anordnung 85b aus, und es bleibt nur die Dreiecksform für das H_2O-Molekül übrig, was übrigens schon früher erwähnt wurde (Band I, Nr. 103); an diesem Beispiel erkennt man die Fruchtbarkeit der Bestimmung der Dipolmomente.

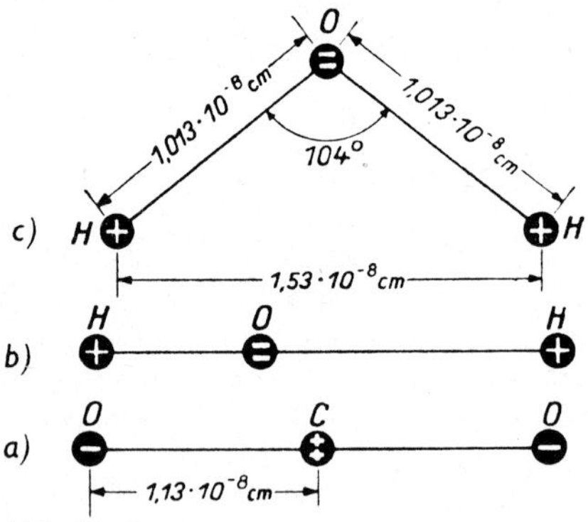

Abb. 85. Zur Bestimmung der Dipolmomente a) Struktur des CO_2-Moleküls; b) geradlinige unsymmetrische Struktur des H_2O-Moleküls (unzutreffend); c) gewinkelte symmetrische Struktur des H_2O-Moleküls (zutreffend)

Anomale Dielektrika; Elektrete; Rückstandsbildung. Bei der Besprechung der Gl. (51) hatten wir hervorgehoben, daß $\mathfrak{P}$ mit $\mathfrak{E}$ verschwindet: Die Polarisation existiert nur so lange, als ein äußeres Feld vorhanden ist, das sie erzeugt. Das ist das Verhalten eines normalen Dielektrikums. Es gibt aber gewisse anomale Dielektrika, die eine Polarisation, nachdem sie einmal durch ein Feld erzeugt war, auf lange Zeit nach dem Verschwinden des Feldes beibehalten. Sato (1922) und Eguchi (1925) haben zuerst z. B. gezeigt, daß gewisse Harze, wenn sie in geschmolzenem Zustande in ein elektrisches Feld gebracht werden, in dem man sie erstarren läßt, eine permanente Polarisation, d. h. permanente Ladungen, an der Oberfläche zeigen, da die im flüssigen Zustande ausgerichteten Dipole nach dem Erstarren nicht mehr oder nicht mehr vollständig in ihre ungeordnete Lagerung zurückkehren. Diese Erscheinung, die in der Elektrostatik eine Anomalie darstellt, ist bei den permanenten Magneten das Normale: Ein Stahlstab, der in einem magnetischen Felde einmal magnetisch polarisiert war, behält seine Magnetisierung bei, wie wir im nächsten Kapitel ausführlich besprechen werden. Wegen dieser Verwandtschaft zwischen der permanenten Elektrisierung und der permanenten Magnetisierung hat Heaviside die permanent polarisierbaren Dielektrika als „Elektrete“ bezeichnet.

Eine Beobachtung, die — aber nur scheinbar — mit dieser permanenten Polarisierung von Dielektricis zusammenhängt, ist die folgende: Eine Leydener Flasche zeigt sich, nachdem sie entladen ist, nach einiger Zeit wieder geladen, so daß sie mehrere Male hintereinander entladen werden kann; bei geeignetem Glasmaterial kann man dies bis zu zehnmal konstatieren. Man nennt dies „elektrische Rückstandsbildung“. In besonders krasser Weise zeigt sich die Rückstandsbildung bei folgendem Versuche: Man benutzt eine Leydener Flasche, die auseinandernehmbar ist; Innen- und Außenbelegung sind Metallbecher, die sich an das zwischen ihnen befindliche Glas dicht anschließen. Man lädt diese Flasche, hebt dann mit einem isolierenden Griff zunächst die Innenbelegung heraus, sodann das Glas aus dem äußeren Becher, bringt die beiden Metallbeläge miteinander in Kontakt und erdet sie, so daß sie sicher ungeladen sind. Setzt man dann die Flasche wieder zusammen, so erweist sie sich als vollkommen geladen. Es kann also kein Zweifel darüber sein, daß auf der inneren und äußeren Fläche des Dielektrikums Ladungen vorhanden sind. Indessen sind dies keine Influenzladungen, sondern die Erscheinung hängt damit zusammen, daß das Glas kein vollkommener Isolator ist, sondern ein gewisses Leitvermögen besitzt. Die ursprünglich auf den Metallbechern sitzenden Ladungen kriechen auf die schwach leitende Glasoberfläche und bleiben dort beim Auseinandernehmen sitzen. Bei der Wiederzusammensetzung der Leydener Flasche kommen sie natürlich wieder zur Wirkung. Dieser oft mißdeutete Versuch ist mit einem normalen Dielektrikum (z. B. geschmolzenem Quarz) gar nicht anstellbar; er hat mit den normalen Polarisationserscheinungen nur äußerlich etwas zu schaffen.

14. Die elektrische Energie; Kraftwirkungen im elektrostatischen Felde

Zur Aufladung eines Leiters ist eine bestimmte Arbeitsleistung notwendig. Sie wird um so größer sein, je größer die Elektrizitätsmenge q ist, die man auf den Leiter bringt, d. h. je höher das Potential V ist, das der Leiter bei gegebener Kapazität C annimmt.

Um eine unendlich kleine Ladung dq auf einen Leiter mit dem Potential V zu bringen, ist nach Definition des Potentials (als der Arbeit, die geleistet werden muß, um die Einheitsladung aus dem Unendlichen an den betreffenden Feldpunkt zu bringen; vgl. S. 19) die unendlich kleine Arbeit zu leisten

$$dA = V dq$$

und, da $V = \frac{q}{C}$ ist, auch:

$$dA = \frac{q\,dq}{C}.$$

Um also die Arbeit zu bekommen, die zur Heranschaffung der gesamten Elektrizitätsmenge q erforderlich wird, haben wir diesen Ausdruck von 0 bis q zu summieren, d. h. zu integrieren:

$$A = \frac{1}{C}\int_0^q q\,dq = \frac{1}{2}\frac{q^2}{C}.$$

Diese Arbeit ist als potentielle Energie E auf dem Leiter aufgespeichert und kann natürlich wieder in andere Energieformen (z. B. kinetische Energie, Wärme oder mechanische Arbeit) umgewandelt werden. Es ist also die elektrische Energie:

(63) $$E = \frac{1}{2}\frac{q^2}{C}.$$

oder, da $q = CV$ ist:

(63a) $$E = \frac{1}{2}CV^2,$$

oder:

(63b) $$E = \frac{1}{2}qV.$$

Alle drei einander gleichwertigen Formen entsprechen dem Standpunkt der Fernkräfte, indem Ladungen, Kapazitäten und Potentiale der geladenen Leiter in den Gleichungen auftreten, während weder von der Feldstärke $\mathfrak{E}$, noch der Dielektrizitätskonstante ε des Mediums die Rede ist; wir werden aber bald sehen, daß die hier gegebenen Ausdrücke für die elektrische Energie auch in die der Feldauffassung entsprechende Gestalt umgerechnet werden können.

Mißt man q, C, V in elektrostatischen Einheiten, so erhält man die Energie in Erg; mißt man dagegen q in Coulomb, C in Farad und V in Volt, so erhält man die Energie in Joule. Wir können daher die Gl. (63) auch im internationalen System (SI) unverändert schreiben:

(63′) $$E^* = \frac{1}{2}\frac{q^{*2}}{C^*}$$

(63′a) $$E^* = \frac{1}{2}C^*V^{*2}$$

(63′b) $$E^* = \frac{1}{2}q^*V^*$$

Um z. B. eine Kugel von 10 cm Radius auf ein Potential von 30000 Volt $\triangleq$ 100 elektrostatische Potentialeinheiten ($g^{1/2}\,cm^{1/2}\,sec^{-1}$) aufzuladen, hat man nach (63a), da $C = 10$ cm ist, eine Arbeit $A = 1/2 \cdot 10 \cdot 100^2$ cm · g cm sec^{-2} $= 5 \cdot 10^4$ g cm^2 sec^{-2} $= 5 \cdot 10^4$ erg $= 5 \cdot 10^{-3}$ Joule aufzuwenden.

Genau das gleiche Ergebnis erhält man natürlich, wenn man direkt in internationalen Einheiten rechnet. Dann ist die Kapazität von 10 cm $(1/9)\cdot 10^{-10}$ Farad: also ist die zu bestimmende Arbeit nach (63'a): $A = (1/2)\cdot(1/9)\, 10^{-10}\cdot(3\cdot 10^4)^2$ Farad Volt$^2 = 5\cdot 10^{-3}$ Joule, was zu beweisen war.

Wir wollen nun versuchen, statt der Gl. (63) die Form des Energieausdrucks zu finden, die der Feldauffassung entspricht. Wir gehen dazu von einem ganz einfachen Falle aus, in dem die Rechnungen elementar durchführbar sind, nämlich von dem homogenen Felde eines Plattenkondensators. Ist die Oberfläche der Platten A, ihr Abstand d, so ist das Volumen des ganzen Feldes Ad; anderseits ist die Kapazität $C = \frac{\varepsilon A}{4\pi d}$. Nehmen wir also etwa die Formel (63a) für die Energie, so finden wir durch Einsetzen:

$$E = \frac{1}{2}\cdot\frac{\varepsilon A}{4\pi d}V^2$$

oder, da $\frac{V}{d} = |\mathfrak{E}|$ ist, auch:

$$E = \frac{\varepsilon}{2}\cdot\frac{Ad}{4\pi}\,\frac{V^2}{d^2} = \frac{\varepsilon}{8\pi}\mathfrak{E}^2 Ad.$$

oder im SI ($\varepsilon_0 = 8{,}854\cdot 10^{-12}$ As/Vm; $\mathfrak{E}^*$ in V/m; A in m^2; d in m):

$$E^* = \frac{\varepsilon\varepsilon_0}{2}\mathfrak{E}^{*2} Ad \quad \text{[Joule]}.$$

Daraus ersieht man zunächst, daß die Energie — wenigstens in diesem einfachen Fall — dem Volumen Ad des Feldes proportional ist, ferner sind aus dem letzten Ausdruck Ladung, Kapazität und Potential der Leiter verschwunden, stattdessen aber die Feldstärke $\mathfrak{E}$ und die D. K. ε des Mediums aufgetreten. Die Energie je cm^3, die sog. Energiedichte, hat also den Wert:

$$\text{(64)} \qquad \frac{E}{Vol.} = \frac{\varepsilon}{8\pi}\mathfrak{E}^2,$$

und diesen Ausdruck betrachtet die Feldtheorie als allgemein gültig. Diese Gleichung lautet in Worten: Die elektrische Energiedichte ist dem Quadrat der Feldstärke und der Dielektrizitätskonstante proportional.

Nennen wir ein Volumelement des Feldes $d\tau$, so ist also die Energie, die nach der Feldtheorie in diesem Element vorhanden ist, $\frac{\varepsilon}{8\pi}\mathfrak{E}^2\, d\tau$, und durch Summation bzw. Integration über das ganze Feld gewinnt man die Gesamtenergie in der Form:

$$\text{(64a)} \qquad E = \frac{\varepsilon}{8\pi}\int \mathfrak{E}^2\, d\tau.$$

Führt man die Verschiebung $\mathfrak{D} = \varepsilon\mathfrak{E}$ ein, so kann man statt dessen auch schreiben:

$$\text{(64b)} \qquad E = \frac{1}{8\pi}\int \mathfrak{E}\mathfrak{D}\, d\tau.$$

Nach der Feldtheorie sitzt die Energie nicht auf den Leiteroberflächen, sondern ist in den Volumelementen des Feldes lokalisiert, — ein denkbar großer Unterschied der Auffassung. Man muß dazu bedenken, daß vom Standpunkt der Feldtheorie ein Leiter ja nur ein „Loch" im Feld ist, da dieses nicht in ihn eindringt.

Die elektrostatische Energie, die wir mit unseren Mitteln im Felde anhäufen können, ist übrigens relativ klein. Wenn wir die Leydener Flasche, deren Kapazität auf S. 45 zu $C = 2{,}8.10^{-3}\mu F = 2{,}8\cdot 10^{-9} F$ berechnet wurde, mit einer Spannung $U = 10^5$ Volt aufladen, was schon eine zu hohe Spannung für die Haltbarkeit der Leydener Flasche ist, so sitzt auf jeder Belegung eine Elektrizitätsmenge

$$Q^* = C^* U^* = 2{,}8\cdot 10^{-9}\cdot 10^5 = 2{,}8\cdot 10^{-4} \text{ Coulomb}.$$

Dem entspricht eine Gesamtenergie

$$E^* = {}^1/_2\, Q^* U^* = 1{,}4\cdot 10^{-4}\cdot 10^5 = 14 \text{ Joule} = 14\cdot 10^7 \text{ Erg},$$

die im Zwischenraum zwischen den Belegungen enthalten ist; nach den früher angegebenen

Abmessungen der Leydener Flasche hat dieser ungefähr ein Volumen von 200 cm³. Demgemäß ist die Energiedichte:

$$E/\text{Vol.} = 7.10^{-2}\ \text{Joule}/\text{cm}^3.$$

Um sich die Geringfügigkeit der aufgespeicherten Energie klarzumachen, beachte man, daß (Band I, Nr. 95) eine Kalorie = 4,186 Joule ist; mit der Energie von 14 Joule könnte man also 1 Gramm Wasser um 3,3° Celsius erwärmen, — und dabei haben wir noch zu günstig gerechnet. Hohe Spannungen, kleine Elektrizitätsmengen und kleine Energiemengen sind für die elektrostatischen Felder charakteristisch.

Da sich in Luft ($\varepsilon = 1$) nur Feldstärken von etwa 10^4 Volt erzielen lassen — bei höheren Werten wird die Luft in Form eines Funkens durchschlagen — ist die in der Volumeinheit maximal erreichbare elektrische Energie (10^7 erg = 1 Joule = 1 Ws)

$$E/\text{Vol.} = \frac{(10^4)^2}{8\pi\,(300)^2} \approx 40\ \text{erg/cm}^3 = 4\cdot 10^{-6}\ \text{Watt sec/cm}^3.$$

Lord Kelvin (W. Thomson) hat einen interessanten Satz über die Energie des elektrostatischen Feldes bewiesen. In diesem haben die auf den Leitern verschieblichen Ladungen eine solche Verteilung angenommen, daß elektrisches Gleichgewicht besteht. Für jede andere Verteilung der Ladungen, die also nicht dem elektrostatischen Felde entsprechen würde, ist nach diesem Satz die elektrische Energie größer als im Gleichgewichtsfalle des elektrostatischen Feldes. Die elektrische Energie des elektrostatischen Feldes ist also ein Minimum. Dieser Satz ist das vollkommene Analogon zu dem Satz der Mechanik (Band I, Nr. 34), daß im stabilen Gleichgewicht eines Systems seine potentielle Energie ein Minimum ist.

Mit dem Energieausdruck können wir nun auch in jedem einzelnen Falle die Kräfte berechnen, die im Felde wirksam sind. Denn wenn das System abgeschlossen ist — das bedeutet hier, daß seine Ladungen konstant gehalten werden —, so ist die von den Kräften des Systems geleistete Arbeit nach dem Energieprinzip gleich der Abnahme der elektrischen Energie.

Wir wollen dies am Beispiel des Plattenkondensators auseinandersetzen, indem wir uns die Frage vorlegen, wie groß die Anziehungskraft ist, mit der die beiden entgegengesetzt aufgeladenen Platten sich anziehen. Zu dem Zwecke gehen wir von dem Energieausdruck (63) aus, indem wir nur für C den Wert $\frac{A\varepsilon}{4\pi d}$ einzusetzen haben; wir wählen gerade diese Gleichung, weil in ihr nur q vorkommt, das nach Voraussetzung konstant gehalten werden soll. Das liefert:

$$E = \frac{2\pi q^2}{A\varepsilon}\,d.$$

Wenn also d um die kleine Größe δd abnimmt, so ist die Abnahme der Energie:

$$-\delta E = -\frac{2\pi q^2}{A\varepsilon}\,\delta d.$$

Dem muß die unendlich kleine Arbeit δA gleich sein, die von der zu bestimmenden Kraft F bei Verschiebung der Platte um das Stück δd geleistet wird, d. h. der Ausdruck $F\delta d$. Also besteht die Beziehung:

$$-\frac{2\pi q^2}{A\varepsilon}\,\delta\, d = F\,\delta\, d.$$

woraus sich für die Anziehungskraft zwischen beiden Platten ergibt:

$$F = -\frac{2\pi q^2}{A\varepsilon}\,.$$

Nun ist aber hier $\frac{4\pi q}{A} = |\mathfrak{D}| = |\varepsilon\mathfrak{E}|$. Ersetzen wir also q durch $\varepsilon\,|\mathfrak{E}|\cdot A/4\pi$, so folgt:

$$F = -\frac{2\pi}{A\varepsilon}\,\frac{\varepsilon^2\,|\mathfrak{E}^2|\,A^2}{16\pi^2} = -\frac{\varepsilon}{8\pi}\,|\mathfrak{E}^2|\,A\,.$$

Für die Spannung[1]) p, d. h. für die Kraft pro Flächeneinheit, ergibt sich demnach:

$$p = \frac{F}{A} = -\frac{\varepsilon}{8\,\pi}\,\mathfrak{E}^2\,. \tag{65}$$

Das Minuszeichen bedeutet dabei eine Anziehungskraft, und wir erkennen hier in einem Spezial-

[1]) Unter Spannung ist hier im Sinne der Elastizitätstheorie die Kraft pro Fläche zu verstehen, also Druck.

falle, was wir am Ende der Nr. 12 ohne Beweis angeführt hatten, daß längs jeder Kraftlinie ein Zug von der Größe $\frac{\varepsilon}{8\pi}\mathfrak{E}^2$ stattfindet.

Für den Plattenkondensator ist $|\mathfrak{E}| = \frac{V}{d}$; also kann (65) in die Form gebracht werden:

$$F = \frac{\varepsilon}{8\pi}\frac{V^2}{d^2}\cdot A. \tag{65a}$$

Dabei haben wir das Vorzeichen umgekehrt, weil wir jetzt einen Zug als positiv rechnen wollen. Da sich F durch Aufhängung der einen Platte eines waagerecht aufgestellten Kondensators an

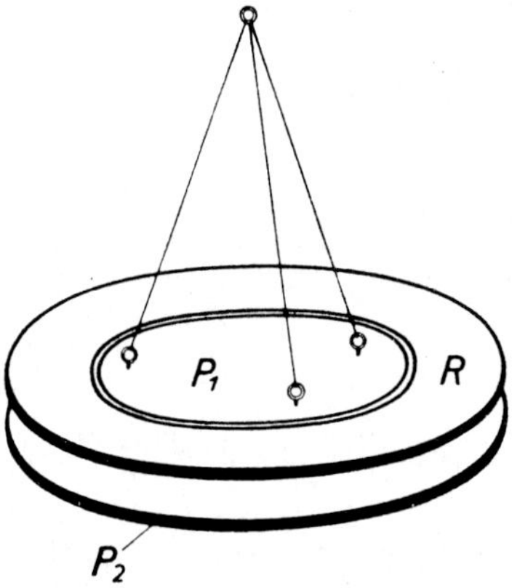

Abb. 86. Schutzringkondensator für absolutes Elektrometer

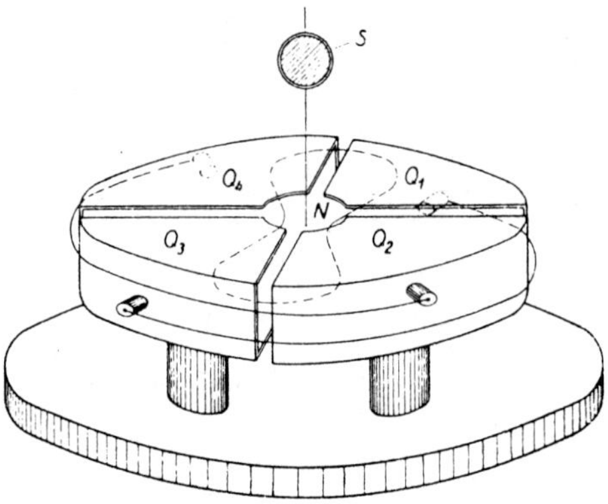

Abb. 87. Quadrantelektrometer

einer Waage messen läßt, so haben wir hier eine Methode, um das Potential direkt im CGS-System zu messen. Man nennt eine derartige Anordnung, wie sie von Lord Kelvin (1884) zuerst angegeben wurde, daher ein absolutes Elektrometer.

Um dabei die Wirkung des (nicht homogenen) elektrischen Feldes am Rande der Kondensatorplatten auszuschalten, umgibt man die beweglich aufgehängte obere Platte des Kondensators mit einem Schutzring R (Abb. 86), der auf dem gleichen Potential gehalten wird. Dann wird von der Waage nur die Zugwirkung des homogenen elektrischen Feldes zwischen der beweglich aufgehängten Platte P_1 und der unteren festen Platte P_2 gemessen. Für das Potential folgt dann aus (65a) die Beziehung, da der Versuch in Luft ($\varepsilon = 1$) angestellt wird:

$V = d\sqrt{\frac{8\pi F}{A}}$ in elektrostatischen CGS-Einheiten,

d. h. V in $\mathrm{cm}^{1/2}\mathrm{g}^{1/2}\mathrm{s}^{-1}$; d in cm; F in $\mathrm{cm\,g\,s^{-2}}$; A in cm^2.

Und $V^* = d\sqrt{\frac{2F}{\varepsilon_0 A}}$ in SI-Einheiten,

d. h. V^* in Volt; d in Meter; F in Newton = Voltamperesekunde/Meter; $\varepsilon_0 = 8{,}854\cdot 10^{-12}$ Amperesekunde/Voltmeter; A in Meter².

Mit dem absoluten Elektrometer ist es also möglich, jedes andere Elektrometer nur unter Zuhilfenahme von Maßstab und Waage absolut, etwa in elektrostatischen Potentialeinheiten oder auch in Volt zu eichen. Damit läßt sich dann auch, wie auf S. 40 auseinandergesetzt, die Kapazität des Elektrometers sowie anderer Körper durch Ladungsteilung ermitteln. Schließlich ermöglicht ein in Potentialen geeichtes Elektrometer mit bekannter Eigenkapazität auch die Bestimmung von Elektrizitätsmengen nach Gl. (21), da wir schreiben können $q = CV$. Es lassen sich also auf diese Weise die drei Grundgrößen der Elektrostatik: Elektrizitätsmenge, Potential und Kapazität ohne Schwierigkeit im CGS-System messen und dann jederzeit in SI-Einheiten umrechnen.

Von W. Thomson (1855) stammt ferner das **Quadrantenelektrometer**, das wegen seiner hohen Empfindlichkeit sowohl für Spannungs- als auch Ladungsmessungen eine größere praktische Bedeutung besitzt. Das Instrument (Abb. 87) besteht aus vier auf isolierenden Füßen befestigten Quadranten Q_1 bis Q_4, die man sich aus einer flachen zylindrischen Dose durch zwei zueinander senkrecht verlaufende, durch die Achse der Dose hindurchgehende Schnitte entstanden denken kann. Je zwei gegenüber liegende Quadranten sind miteinander leitend zu einem Quadrantenpaar verbunden. Im Innern der vier Quadranten hängt an einem dünnen Bronzeband oder einem versilberten Quarzfaden die aus dünnem Aluminiumblech in Biskuitform geschnittene Nadel N. Die Symmetrielinie der Nadel verläuft in der Ruhelage parallel zu einem der beiden Schnitte zwischen den Quadranten. Wird die Nadel durch eine Hilfsspannung auf ein höheres Potential (etwa 100—600 Volt) aufgeladen und den beiden Quadrantenpaaren die zu messende Potentialdifferenz erteilt (Abb. 88a), so wird die Nadel von dem entgegengesetzt geladenen Quadrantenpaar angezogen, von dem gleichgeladenen abgestoßen, und zwar so lange, bis die Fadentorsion der Drehkraft das Gleichgewicht hält. Die Drehung der Nadel kann über einen

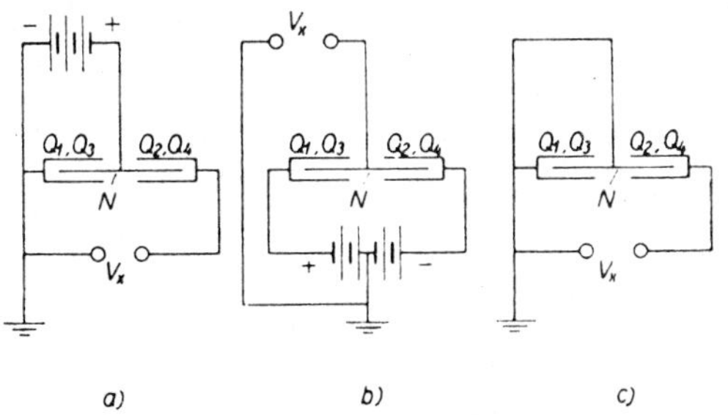

Abb. 88. Verschiedene Schaltungsarten des Quadrantenelektrometers; a) Quadrantenschaltung, b) Nadelschaltung, c) idiostatische Schaltung

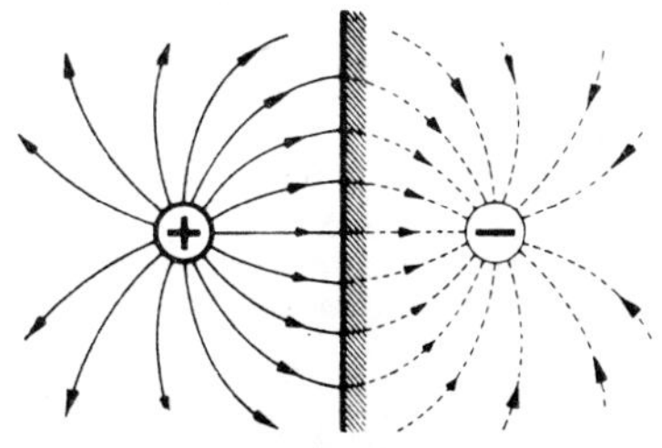

Abb. 89. Zur Anziehung einer geladenen Kugel durch eine geerdete Platte

Spiegel S mittels Lichtzeiger abgelesen werden. Außer dieser sogenannten Quadrantenschaltung sind noch zwei andere Schaltungen gebräuchlich. Bei der Nadelschaltung (Abb. 88b) wird das zu messende Potential an die Nadel gelegt, während die beiden Quadranten durch eine Hilfsbatterie entgegengesetzte Potentiale gegen Erde erhalten. Bei der idiostatischen Schaltung schließlich haben die Nadel und das eine Quadrantenpaar durch Verbindung mit Erde das Potential Null, während das andere Quadrantenpaar das zu messende Potential erhält (Abb. 88c). Bei einer Eigenkapazität zwischen 5 und 10 cm liegt die Empfindlichkeit eines solchen Quadrantenelektrometers unter günstig gewählten Umständen in der Größenordnung von 10^{-4} Volt; das bedeutet, daß sich unter Zugrundelegung von Gl. (21) $q = C \cdot V$ noch Ladungen in der Größenordnung von 10^{-6} el. stat. Einheiten messen lassen. Der Nachteil dieser Elektrometerform ist seine Erschütterungsempfindlichkeit und seine verhältnismäßig lange Einstellzeit.

Wir berechnen noch die Kraft, mit der eine geladene kleine Kugel von einer in der Entfernung d befindlichen geerdeten ebenen Platte angezogen wird. Die auf der Kugel befindliche Ladung $+ q$ muß auf der Platte durch Influenz eine solche Verteilung negativer Ladung hervorrufen, daß die Platte, die ja eine Niveaufläche darstellt, trotzdem das Potential Null besitzt. Dies können wir dadurch bewirkt denken, daß wir hinter der Platte in gleichem Abstand d eine ebenso große negative Ladung anbringen (Abb. 89). Die Potentiale, die dann von den beiden symmetrisch zur Platte gelegenen Ladungen $+ q$ und $- q$ auf dieser hervorgerufen werden, sind an jedem ihrer Punkte entgegengesetzt gleich und ergeben zusammen das Potential Null. Die Ladung $+ q$ vor der Platte wird von dieser mit einer Kraft angezogen, die scheinbar von der Ladung $- q$ im Spiegelbild von $+ q$ herrührt. Da der Abstand dieser beiden Ladungen $2d$ ist, erhält man für die gesuchte Kraft, mit der die Ladung $+ q$ von der Platte angezogen wird:

$$F = \frac{q^2}{4d^2} .$$

Nach W. Thomson nennt man die fingierte Ladung $-q$ das elektrische Bild der gegebenen Ladung, die hier angewendete Rechnungsmethode die „Methode der elektrischen Bilder".

Wir bestimmen mit diesem Verfahren noch die Kraft, mit der eine kleine kugelförmige Ladung q_1 von einer geerdeten großen Kugel mit dem Radius R angezogen wird. Der Abstand beider Kugelmittelpunkte sei a (Abb. 90). Wir denken uns im Inneren der großen Kugel eine fingierte Ladung $-q_2$ so angebracht, daß unter der gleichzeitigen influenzierenden Wirkung beider Ladungen die Kugelfläche zu einer Niveaufläche mit dem Potential Null wird. Die Gleichung dieser Niveaufläche lautet dann:

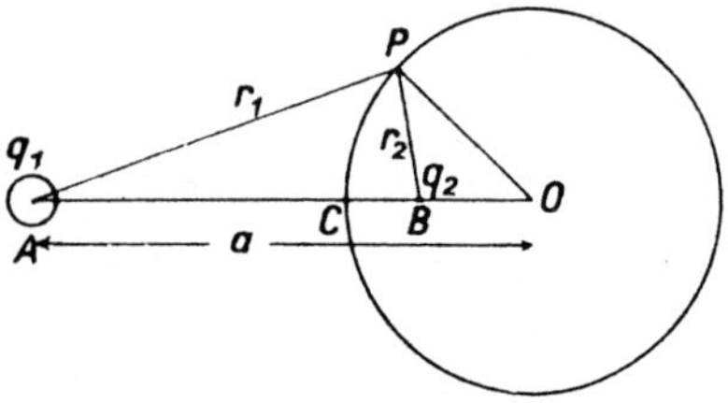

Abb. 90. Zur Berechnung der Kraft, mit der eine kleine kugelförmige Ladung q_1 von einer geerdeten großen Kugel angezogen wird

$$\frac{q_1}{r_1} + \frac{q_2}{r_2} = 0,$$

wenn r_1 und r_2 die Abstände eines beliebigen Punktes P der Kugelfläche von den beiden Ladungen bedeuten Daraus folgt:

$$\frac{r_1}{r_2} = -\frac{q_1}{q_2} = \text{konst}.$$

Diese Gleichung stellt aber eine Kugelfläche dar, die die Verbindungslinie der beiden Ladungen harmonisch teilt; denn der geometrische Ort aller Punkte P, deren Abstand r_1 und r_2 von zwei festen Punkten A und B, nämlich dem Ort der beiden Ladungen, das konstante Verhältnis r_1/r_2 hat, ist eine Kugelfläche. Es ist nach Abb. 90, wenn O den Mittelpunkt der Kugel darstellt, $\Delta OBP \sim \Delta OAP$, da der Winkel bei O beiden Dreiecken gemeinsam ist, und wegen $OB \cdot OA = OC^2 = R^2 = OP^2$ die Beziehung $OB : OP = OP : OA$ besteht. Stattdessen können wir auch sagen, daß die Punkte A und B bezüglich der Kugel zueinander invers oder reziprok sein müssen. Aus der Ähnlichkeit der genannten Dreiecke folgt dann weiter:

$$\frac{AP}{BP} = \frac{OP}{OB} = \frac{OA}{OP} = \frac{r_1}{r_2} = -\frac{q_1}{q_2} = \text{konst}.$$

Aus dieser Gleichung finden wir die beiden Beziehungen:

$$\frac{-q_1}{q_2} = \frac{a}{R}, \quad \text{oder } q_2 = -\frac{R}{a} q_1$$

und

$$OB = \frac{R^2}{a},$$

die uns die Größe und den Ort der Ladung q_2 liefern. Damit wird die Kraft, mit der sich die beiden Ladungen q_1 und q_2, d. h. die Ladung q_1 und die geerdete Kugel vom Radius R anziehen:

$$F = \frac{q_1^2 \frac{R}{a}}{\left(a - \frac{R^2}{a}\right)^2} = \frac{q_1^2\, a\, R}{(a^2 - R^2)^2}$$

Setzen wir $a = d + R$, wobei d den Abstand der Ladung q_1 von der Kugeloberfläche bedeutet, so wird:

$$F = \frac{q_1^2\, R\,(d + R)}{(d^2 + 2\,Rd)^2}$$

Lassen wir jetzt $R = \infty$ werden, so geht die Kugelfläche in eine Ebene über, und es wird $F = q^2/4d^2$ was mit dem bereits auf S. 65 erhaltenen Resultat übereinstimmt.

Die Bewegung kleiner geladener Teilchen in einem elektrischen Feld hat R. A. Millikan (1909) dazu benutzt, um in sehr eleganter Weise die Größe der elektrischen Elementarladung zu bestimmen. Denken wir uns in das vertikal gerichtete homogene elektrische Feld eines Plattenkondensators ein elektrisch geladenes Teilchen (Öltröpfchen, Rauchteilchen) gebracht, so wird sich dieses je nach der Richtung des elektrischen Feldes nach oben oder unten bewegen bzw. sich gerade im Schwebezustand befinden. Letzteres ist bei einem negativ geladenen Teilchen der Fall, wenn die elektrische Feldstärke von oben nach unten gerichtet ist und eine solche Größe hat, daß die auf die Ladung q des Teilchens in Richtung nach oben ausgeübte Kraft $q\,|\mathfrak{E}|$ der nach unten wirkenden Schwerkraft $G = mg$ das Gleichgewicht hält, so daß die Beziehung $mg = q\,|\mathfrak{E}| = q\,\frac{U}{d}$ gilt (U = Spannung am Kondensator mit dem Plattenabstand d), aus der man für die gesuchte Ladung den Ausdruck erhält:

$$q = \frac{m\,g\,d}{U}. \tag{66}$$

Da sich die Masse m des Teilchens aus seiner Fallgeschwindigkeit im elektrisch feldfreien Raume mit Hilfe des Stokesschen Gesetzes (s. Band I, Nr. 59) bestimmen läßt, kann man aus Gl. (66) die Ladung des Teilchens ermitteln.

Das Stokessche Gesetz sagt aus, daß eine Kugel mit dem Radius r, wenn sie sich in einer ruhenden Flüssigkeit mit dem Reibungskoeffizienten η mit der Geschwindigkeit v bewegt, die Reibungskraft $R = 6\pi\eta r v$ erfährt. Auf ein nach unten absinkendes Teilchen wirkt als beschleunigende Kraft die Schwerkraft $G = mg = \frac{4}{3} r^3 \pi \rho g$, wenn ρ die Dichte und g die Fallbeschleunigung bedeuten, und nach oben der Auftrieb $A = \frac{4}{3} r^3 \pi \rho' g$, wo ρ' die Dichte des Mediums ist. Das Teilchen fällt so lange beschleunigt, bis seine Geschwindigkeit so groß geworden ist, daß $R = G - A$ ist; dann heben sich die auf das Teilchen wirkenden Kräfte gerade auf und das Teilchen fällt nach dem Trägheitsgesetz mit der konstanten Geschwindigkeit v. Es ist also

$$6 \pi \eta r v = \frac{4}{3} \pi r^3 \rho g - \frac{4}{3} \pi r^3 \rho' g,$$

woraus für den Teilchenradius r folgt:

(66a) $$r = 3 \sqrt{\frac{\eta v}{2 g (\rho - \rho')}}.$$

Für die Teilchenmasse ergibt sich dann:

(66b) $$m = \frac{4}{3} r^3 \pi \rho = \frac{9 \pi \sqrt{2}}{\sqrt{\rho}} \left[\frac{\eta v}{g(1 - \rho'/\rho)}\right]^{3/2}$$

Zur Durchführung des Versuches benutzt man meistens Öltröpfchen ($\rho = 0{,}92$ g/cm³), die man in Luft ($\rho' = 0{,}0012_1$ g/cm³, $\eta = 1{,}83 \cdot 10^{-4}$ dyn sec/cm²) beobachtet. Dann erhält man für Gl. (66b) den Ausdruck:

$$m = 3{,}1 \cdot 10^{-9}\, v^{3/2}.$$

Da es infolge der Molekularbewegung schwierig ist, den Schwebezustand eines Teilchens einzustellen, beobachtet man einfacher die Bewegung eines geladenen Teilchens in einem vertikal gerichteten Kondensatorfeld und bestimmt die Geschwindigkeit des Teilchens für die beiden Fälle, daß das elektrische Feld mit der Schwerkraft gleich- bzw. entgegengesetzt gerichtet ist.

Bezeichnen v_+ und v_- die beobachteten Geschwindigkeiten des Teilchens in beiden Fällen, so hat man zur Berechnung von q die beiden Gleichungen:

$$\frac{4}{3} \pi r^3 g (\rho - \rho') + q \frac{U}{d} = 6 \pi \eta r v_+$$

$$\frac{4}{3} \pi r^3 g (\rho - \rho') - q \frac{U}{d} = 6 \pi \eta r v_-$$

aus denen durch Subtraktion folgt:

$$q = \frac{3 \pi \eta r d}{U} (v_+ - v_-).$$

Die Messungen von Millikan und anderen Forschern ergaben, daß die Ladung der beobachteten Teilchen stets ein ganzzahliges Vielfaches einer kleinsten Ladung betrug; für die Größe dieser Elementarladung, die die Ladung eines Elektrons darstellt, ergeben die neuesten Messungen den Wert:

$$e = (4{,}80298 \pm 0{,}00020) \cdot 10^{-10} \text{ elektrostatische Einheiten},$$

bzw. $$e = (1{,}60210 \pm 0{,}00007) \cdot 10^{-19} \text{ Coulomb}.$$

Dem allgemeinen Gebrauch folgend wird das Elementarquantum hier mit e statt mit q bezeichnet.

15. Die elektrostatischen Generatoren

Wir haben bisher zur Erzeugung von Elektrizität zwei Verfahren kennengelernt, den Vorgang der Reibung zweier Körper aneinander und den Vorgang der Influenz. Beide Verfahren werden auch bei den elektrostatischen Generatoren benutzt, um fortlaufend durch eine Drehbewegung größere Mengen Elektrizität zu erzeugen. Bei der von Otto v. Guericke (1671) angegebenen Reibungselektrisiermaschine (Abb. 91) ist eine runde Glasscheibe G auf einer

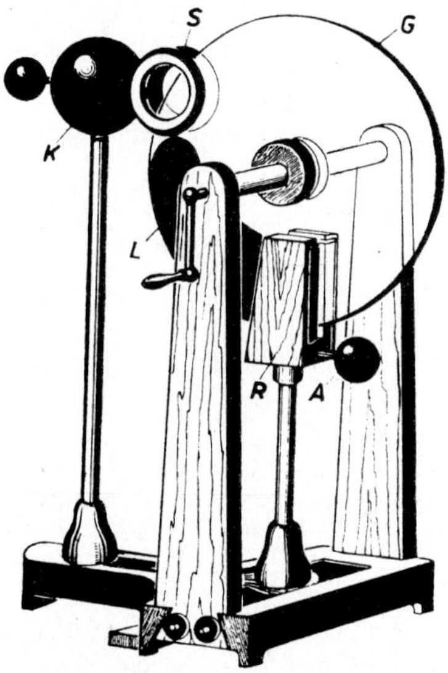

Abb. 91. Reibungselektrisiermaschine

Abb. 92. Influenzmaschine

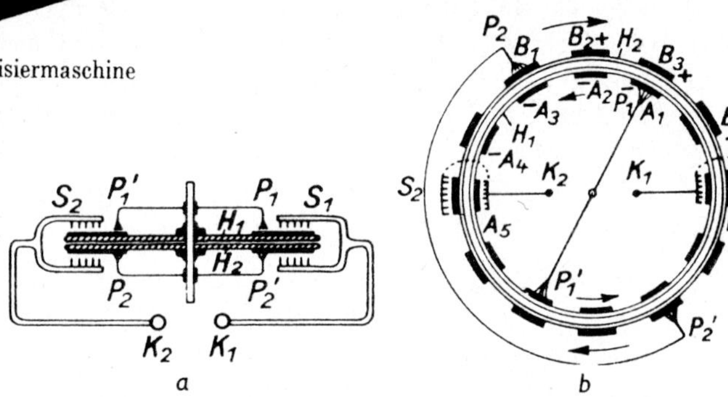

Abb. 93. Zur Wirkungsweise der Influenzmaschine

horizontalen Achse befestigt und läßt sich mittels einer Kurbel drehen. Dabei drückt ein aus zwei amalgamierten Lederkissen bestehendes Reibzeug R von beiden Seiten gegen die Scheibe. Dadurch wird die Scheibe positiv und das Reibzeug nebst dem damit verbundenen Konduktor A negativ elektrisch. Die positiv geladene Glasscheibe kommt bei der Drehung zwischen die mit Metallspitzen versehene Saugvorrichtung S. Diese wird entsprechend der auf S. 33 beschriebenen Saugwirkung positiv elektrisch und lädt auch den Konduktor K positiv auf. Um einen Verlust der positiven Ladung der Glasscheibe auf dem Wege vom Reibzeug zur Saugvorrichtung etwa durch Ausströmen in die Luft oder durch Funkenübergang zu den nicht direkt an der Glasscheibe anliegenden Teilen des Reibzeuges zu verhindern, sind an letzterem noch zwei Lappen L aus Seide befestigt, die sich bei Drehung der Glasscheibe dicht an diese anlegen. — Der Wirkungsgrad der Reibungselektrisiermaschine ist sehr schlecht. Der größte Teil der zur Drehung der Scheibe aufgewandten Arbeit dient zur Überwindung der mechanischen Reibung und wird in Wärme umgewandelt, nur ein sehr kleiner Bruchteil wird zur Trennung der Ladungen verwandt.

Weit besser und vorteilhafter arbeiten dagegen die sog. Influenzmaschinen. Die erste derartige Maschine wurde von W. Holtz (1865) angegeben. Sie wurde von A. Töpler (1866) und später von Wimshurst (1883) verbessert. In Abb. 92 ist eine der heute noch viel benutzten Ausführungsformen einer Influenzmaschine abgebildet. Die Abb. 93a zeigt von oben gesehen einen Querschnitt durch die Maschine. Zwei Hartgummischeiben H_1 und H_2 sind mit einer größeren Zahl von Stanniolsektoren belegt und können um eine horizontale Achse in entgegengesetzter Richtung gedreht werden. Auf jeder Scheibe schleifen je zwei miteinander in leitender Verbindung stehende Metallpinsel P_1, P'_1 und P_2, P'_2. Außerdem werden rechts und links beide Scheiben von zwei mit Spitzen versehenen Saugvorrichtungen S_1 und S_2 umfaßt, die mit den Konduktorkugeln K_1 und K_2 in Verbindung stehen. Um die Wirkungsweise der Maschine leichter zu verstehen, denken wir uns entsprechend Abb. 93b, deren Bezeichnungen mit denen der Abb. 93a übereinstimmen, die Stanniolbelege A_1, A_2 ... B_1, B_2 ... usw. statt auf ebenen Scheiben auf zwei Zylindern angebracht, die sich in entgegengesetzter Richtung um eine gemeinsame Achse drehen. Wir betrachten zunächst den Vorgang in der oberen Hälfte der Abb. 93b. Wenn etwa durch Reibung mit dem Pinsel P_2 der Belag B_1 positiv elektrisch geworden ist, so kommt er mit dieser Ladung nacheinander in die Stellungen B_2 und B_3. Bei der Stellung B_3 steht ihm der Belag A_1 gegenüber, der über den Pinsel P_1 mit der Erde verbunden ist, so daß er eine negative Influenzladung erhält. Diese Ladung behält der Belag A_1 bei, wenn er infolge der Drehung nach A_2 und A_3 kommt. In der Stellung A_3 influenziert der negativ geladene Belag A_3 auf dem ihm jetzt gegenüberstehenden Belag B_1 eine positive Influenzladung. Dieser Vorgang wiederholt sich fortgesetzt, wobei allmählich eine Vergrößerung der Ladungen auf den Belägen erfolgt. Bei fortlaufender Drehung kommen alle positiv geladenen Belege B zur Saugvorrichtung S_1 und die negativ geladenen Belege A zur Saugvorrichtung S_2 und geben dort ihre Ladungen an die Konduktorkugeln K_1 und K_2 ab. Auf der unteren Hälfte der Abb. 93b spielen sich die gleichen Vorgänge ab, nur mit dem Unterschied, daß die an P'_1 vorbeilaufenden Belege A positiv und die an P'_2 vorbeilaufenden Belege B negativ aufgeladen werden. Die mit solchen Maschinen erzielten elektrischen Spannungen steigen mit dem Scheibendurchmesser. Mit modernen Maschinen lassen sich Spannungen bis zu 150 Kilovolt (KV) erzielen. Die abgebbare Elektrizitätsmenge pro Sekunde läßt sich durch Anbringung mehrerer Scheibenpaare auf derselben Achse steigern. Man kann so ohne Schwierigkeiten mehrere 10^{-3} Coulomb/sec erreichen, wobei der theoretisch erreichbare Wirkungsgrad 50% beträgt. Als Vorteil hat es sich ferner erwiesen, die in Abb. 92 außen auf die Hartgummischeiben aufgeklebten Metallbelege in das Innere der Scheiben einzubetten, so daß nur kleine Metallknöpfe nach außen führen (H. Wommelsdorf).

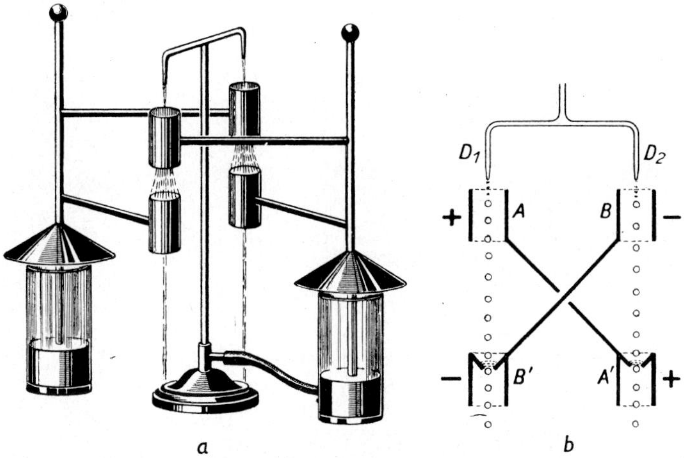

Abb. 94. Wasserinfluenzmaschine
a) Ansicht; b) Schnitt durch den mittleren Teil

Recht anschaulich läßt sich der Vorgang der fortdauernden Elektrizitätserregung durch Influenz an der von W. Thomson angegebenen Wasserinfluenzmaschine erkennen, die in Abb. 94a abgebildet ist; Abb. 94b zeigt einen Schnitt durch den wirksamen Teil. Aus zwei Düsen D_1 und D_2 fließen zwei Wasserstrahlen so aus, daß sie in den beiden Metallzylindern A und B in Tropfen zerfallen. Ist nun A schwach positiv geladen, so werden die Wassertropfen in A durch Influenz negativ geladen. Ihre Ladungen geben sie beim Einfallen in das mit einem

Trichter versehene Gefäß B' ab, aus dem sie selbst unelektrisch herauskommen. Mit B' ist der Zylinder B verbunden. Dadurch wird dieser negativ geladen und die sich in ihm bildenden Tropfen erhalten eine positive Influenzladung, die sie an das Auffanggefäß A' abgeben, das seinerseits wieder mit A verbunden ist. Dadurch wird die anfänglich auf A vorhandene positive Ladung weiter verstärkt, und dieser Vorgang geht so weiter, bis ein Endzustand erreicht ist, der im wesentlichen dadurch gegeben ist, daß die geladenen Tropfen infolge einer elektrostatischen Abstoßung durch den Auffangbehälter zur Seite geschleudert werden und ihre Ladung nicht mehr an die Behälter A' und B' abgeben können. Eine praktische Bedeutung kommt dieser Wasserinfluenzmaschine nicht zu.

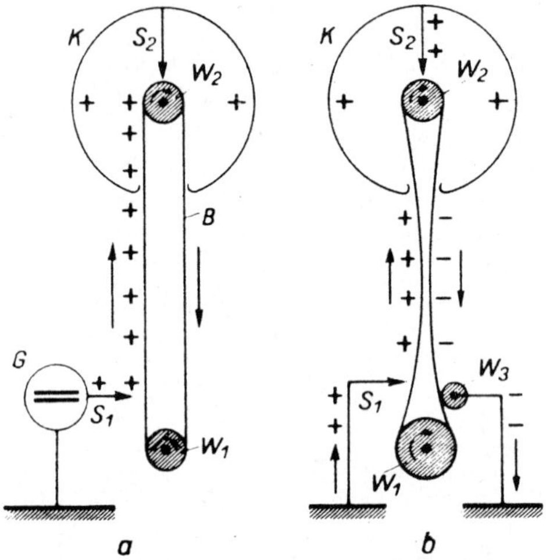

Abb. 95. Schnitt durch einen elektrostatischen Bandgenerator
a) mit Fremderregung, b) mit Selbsterregung

Abb. 96. Elektrostatischer Bandgenerator nach van de Graaf
Verlag Fr. Vieweg u. Sohn, Braunschweig 1943)
(Aus Heisenberg, Physik der Atomkerne)

Die größten Spannungen bis zu 10 Millionen Volt lassen sich mit den erst in den 30er Jahren gebauten elektrostatischen Bandgeneratoren erreichen. Bei diesen geschieht die Aufladung metallischer Hohlräume in der Weise, daß mittels eines Transportbandes aus Gummi oder Seide elektrische Ladungen fortlaufend in das Innere des Hohlraumes transportiert werden, wo sie sofort auf die Oberfläche abfließen, so daß das Band ungeladen den Raum wieder verläßt. Abb. 95a zeigt einen Längsschnitt durch eine zuerst von van den Graaf (1933) angegebene Ausführung eines solchen Bandgenerators. Ein etwa 1 m breites und mehrere Meter langes, endloses Gummiband B läuft über zwei Walzen W_1 und W_2. Die Walze W_1, die von einem Motor angetrieben wird, befindet sich dicht über dem Boden, während W_2 im Inneren einer großen isoliert aufgestellten Hohlkugel K untergebracht ist. Von einer Hilfsspannungsquelle G (etwa einer großen Influenzmaschine) werden fortlaufend elektrische Ladungen auf das Band durch einen Spitzenkamm S_1 aufgesprüht. Diese Ladungen gelangen, wenn das Band rotiert, in das Innere der Kugel K, werden dort von den Spitzen S_2 abgesaugt und verteilen sich auf der Kugeloberfläche. Das Transportband verläßt also ungeladen wieder die Kugel. Auf diese Weise ist es möglich, durch fortwährendes Hinzuführen neuer Ladungen die Elektrizitätsmenge auf der Oberfläche der Kugel so zu steigern, daß zwischen Kugel und Erde sehr hohe Spannungen auftreten. Abb. 96 zeigt eine derartige Anlage mit zwei nebeneinander aufgestellten Bandgeneratoren, deren Kugeln gegeneinander eine maximale Spannung von 5,1 Millionen Volt haben. Durch Einbau in Druckgefäße läßt sich das Volumen erheblich verkleinern.

Derartige Bandgeneratoren lassen sich auch mit einer elektrischen Selbsterregung ausgestalten (Abb. 95b). Zu diesem Zweck wird die obere Walze W_2 nicht aus Metall, sondern aus einem Isolierstoff (Glas oder Zelluloid) hergestellt. Durch Berührung des Gummibandes mit dieser sog. „Erregerrolle“ und nachträgliche Trennung von derselben tritt Reibungselektrizität auf (Band negativ, Rolle positiv). Die Hohlkugel lädt sich dadurch im Sinne der Rolle auf (in Abb. 95b z. B. positiv). Das Band läuft mit der entgegengesetzten negativen Ladung abwärts und influenziert auf dem aufwärts laufenden Band eine positive Ladung, indem negative Elektrizität über den Spitzenkamm S_1 zur Erde weggedrückt wird. Die negative Ladung des abwärtslaufenden Bandes fließt durch die metallene Spannrolle W_3 zur Erde ab. Auf diese Weise bringt das aufwärtslaufende Band fortlaufend positive Ladung in die Kugel K. — Statt eines Bandes wird auch ein kleiner, schnell rotierender Kunststoffzylinder mit Erfolg verwendet (N. Felici).

16. Piezo- und Pyroelektrizität

Neben der Erzeugung der Elektrizität durch sog. Reibung, Influenz und Polarisation besprechen wir in der vorliegenden Nummer noch zwei andere Möglichkeiten, die von grundsätzlicher theoretischer, teilweise auch praktischer Bedeutung sind.

Im Jahre 1880 entdeckten die Gebrüder Curie, daß bei gewissen Kristallen bei Druck oder Dehnung in bestimmten Richtungen auf bestimmten Kristallflächen positive und negative elektrische Ladungen auftreten. Diese Erscheinung wird **„piezoelektrischer Effekt“** genannt. Die Versuche zeigen, daß sich bei Vertauschung von Kompression und Dilatation das Vorzeichen der Ladungen ändert, daß ferner ihre Größe der mechanischen Belastung genau proportional ist und bei gegebener Gesamtbelastung nicht von den Abmessungen des Kristalles abhängt, d. h. die Länge des Kristalles in Richtung der mechanischen Beanspruchung hat keinen Einfluß auf die Größe der freiwerdenden Ladung; wird z. B. bei gleicher Gesamtbelastung der Kristallquerschnitt halbiert, so tritt infolge des doppelten Druckes auf die Flächeneinheit die doppelte Ladungsdichte und somit die gleiche Gesamtladung auf.

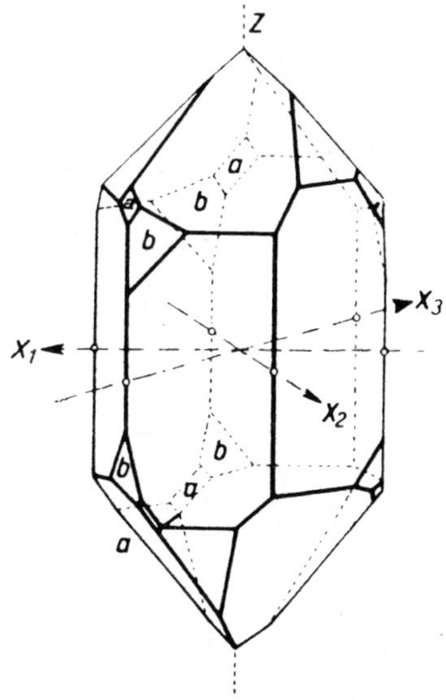

Abb. 97. Kristallform des Quarzes

Der piezoelektrische Effekt wurde zunächst bei den Kristallen Turmalin, Quarz, Zinkblende, Natriumchlorat, Weinsäure, Rohrzucker, Seignettesalz gefunden; doch tritt er nach neueren Untersuchungen auch noch bei vielen anderen Kristallen aus den verschiedensten Kristallklassen auf; er ist also nicht an eine bestimmte Kristallklasse gebunden. Das gemeinsame Kennzeichen, das alle bisher als piezoelektrisch erkannten Kristalle besitzen, ist das Vorhandensein einer oder mehrerer „polarer“ Achsen bzw. polarer Richtungen (Bd. I, Nr. 84) oder das Fehlen eines Symmetriezentrums. Unter einer polaren Achse versteht man in der Kristallographie eine solche, bei der vorderes und hinteres Ende nicht gleichwertig, also nicht miteinander vertauschbar sind, mit anderen Worten: Eine 180°-Drehung um eine zur polaren senkrechten Achse bringt den betreffenden Kristall nicht mit der Ausgangsstellung zur Deckung. Dies soll am Quarz veranschaulicht werden, dessen typische Kristallform in Abb. 97 wiedergegeben ist. Bei diesem dem trigonalen System angehörenden Kristall haben wir drei zweizählige polare Achsen, die mit X_1, X_2, X_3 bezeichnet sind. Diese Achsen verbinden jeweils zwei gegenüberliegende Kanten des sechsseitigen Prismas, jedoch sind die einander gegenüberliegenden Kanten nicht gleichwertig. Dies erkennt man daran, daß an einer der Kanten die kleinen mit a und b bezeichneten Flächen anliegen, die bei der gegenüberliegenden Kante fehlen. Die vierte, beim Quarz vorhandene sog. kristallographische Hauptachse (in Abb. 97 mit Z bezeichnet) ist dreizählig und nicht polar; denn eine 180°-Drehung um eine der drei X-Achsen bringt den Kristall mit seiner Ausgangsstellung wieder zur Deckung. Da die Z-Achse auch in optischer Beziehung eine Symmetrieachse darstellt, wird sie vielfach als optische Achse bezeichnet. Die polaren Achsen lassen sich nicht nur aus der äußeren Tracht des Kristalles erkennen; auch in physikalischer und chemischer Beziehung ist vorderes und hinteres Ende einer polaren Achse ganz verschieden. So sind z. B. die Ätzfiguren und die Geschwindigkeit des Ätzvorganges an den beiden Enden einer polaren Achse verschieden. Auch die Piezoelektrizität ist in diesem Sinne ein Kennzeichen dafür, daß der betreffende Kristall polare Achsen besitzt. Es treten stets bei einer mechanischen Beanspruchung (z. B. Druck oder Dehnung) des Kristalles an den Enden einer polaren Achse bzw.

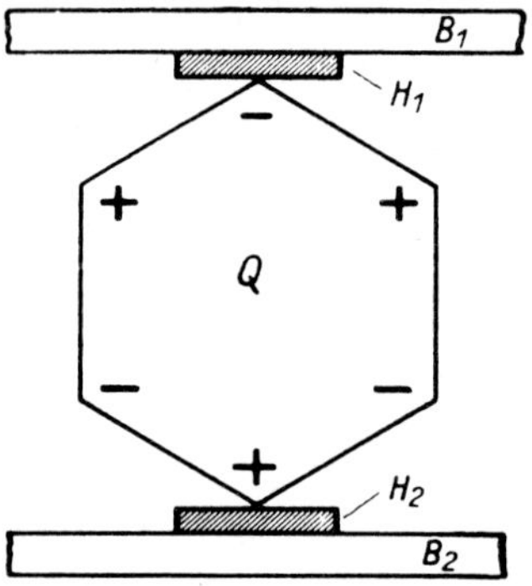

Abb. 98. Erzeugung von Piezoelektrizität beim Quarz durch Druck

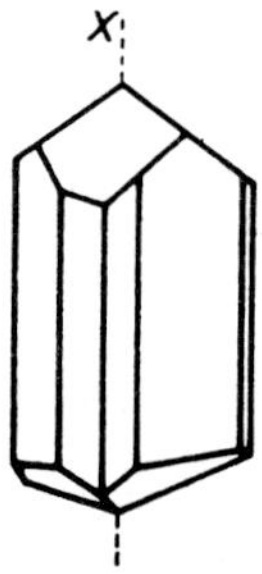

Abb. 99. Turmalinkristall

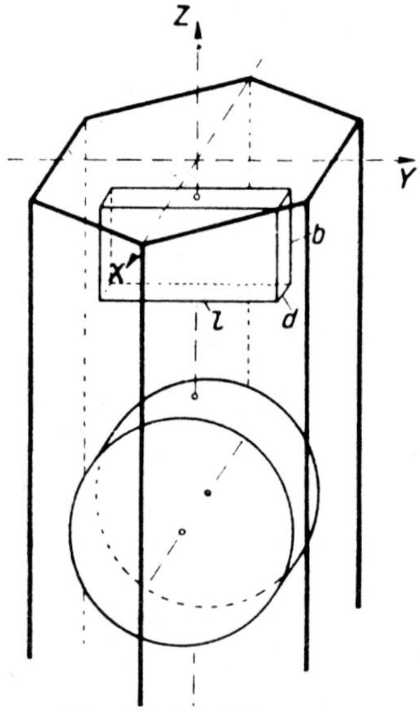

Abb. 100. Schnittlagen von Piezoquarzplatten

auf den zur polaren Achse senkrechten Flächen entgegengesetzt gleiche elektrische Ladungen auf. Dabei ist nicht unbedingt notwendig, daß die mechanische Beanspruchung direkt in Richtung der polaren Achse erfolgt, sondern es genügt, wenn eine Druck- oder Dehnungskomponente in Richtung dieser Achse vorhanden ist.

Experimentell läßt sich bei einem Quarzkristall das Auftreten der Ladungen dadurch zeigen, daß man den Kristall entsprechend Abb. 98 zwischen den Backen B_1 und B_2 eines Schraubstockes oder einer Schraubzwinge in Richtung einer polaren Achse drückt; damit die an den gedrückten Kanten auftretenden Ladungen nicht über die Backen des Schraubstockes abfließen, legt man zur Isolation dünne Hartgummischeiben H_1 und H_2 dazwischen. Die bei Druck an den Kanten des Kristalls auftretenden Ladungen haben die in Abb. 98 angedeuteten Vorzeichen; sie lassen sich bequem durch eine Bestäubung des Kristalls mit einem Gemisch von Mennige und Schwefelpulver nachweisen. Der bei der Zerstäubung negativ gewordene Schwefel sammelt sich an den positiven, das positiv gewordene Mennigepulver an den negativen Stellen auf dem Kristall an. Befestigt man an den Kristallkanten schmale Stanniolelektroden und verbindet man jeweils gegenüberliegende mit einem empfindlichen Elektrometer (Ein- oder Zweifadenelektrometer), so lassen sich die piezoelektrischen Ladungen auch quantitativ nachweisen.

In Abb. 99 ist die typische Form eines Turmalinkristalles gezeichnet. Dieser ebenfalls dem trigonalen System angehörende Kristall hat nur eine polare Achse X, die mit der kristallographischen Hauptachse (optischen Achse) in der Längsrichtung des Kristalls zusammenfällt. Bei Druck oder Dehnung in dieser Richtung werden demnach die beiden Kristallenden positiv bzw. negativ elektrisch.

Da bei Druck oder Dehnung die maximalen elektrischen Ladungen stets an den Enden einer polaren Achse auftreten, schneidet man die zu piezoelektrischen Versuchen benutzten Platten und Stäbe so aus dem betreffenden Kristall heraus, daß ein Flächenpaar senkrecht zu einer polaren Achse, die man häufig auch elektrische oder Piezoachse nennt, verläuft. Für den Fall des Quarzes ist in Abb. 100 die Schnittlage für eine rechteckige und eine runde Platte angegeben.

Für einen Quarzstab oder eine rechteckige Quarzplatte, deren Dicke d entsprechend Abb. 100 in Richtung der elektrischen Achse, deren Breite b in Richtung der optischen Z-Achse und deren Länge l in Richtung der dritten Koordinate Y verläuft, können wir folgende piezoelektrischen Teileffekte unterscheiden, deren Zustandekommen wir weiter unten noch näher erklären werden.

1. Kompression in Richtung der X-Achse lädt die beiden normal zur X-Achse liegenden Flächen $b.l$ positiv bzw. negativ auf **(longitudinaler, direkter piezoelektrischer Effekt).**

2. Dilatation in Richtung der Y-Achse lädt die beiden normal zur X-Achse liegenden Flächen $b.l$ in gleicher Weise positiv bzw. negativ auf **(transversaler, direkter piezoelektrischer Effekt).**

3. Dilatation im Falle 1 und Kompression im Falle 2 bewirken eine Umkehrung der Vorzeichen der elektrischen Ladungen auf den Flächen $b.l$.

4. Druck oder Dehnung in Richtung der Z-Achse ergibt keinen piezoelektrischen Effekt.

Die bei gegebener Kompression oder Dilatation frei werdende Elektrizitätsmenge läßt sich berechnen. Hierzu ist die Kenntnis der sog. piezoelektrischen Moduln des betreffenden Kristalles notwendig. Ohne im einzelnen auf die mathematische Ableitung einzugehen, sei nur angegeben, daß beim Quarz im Falle des longitudinalen Effektes bei einer Gesamtkraft P in Richtung einer X-Achse auf der Oberfläche $b \cdot l$ die Ladung $q = -d_{11} P$ frei wird, wobei d_{11} (der in diesem Fall in Betracht kommende piezoelektrische Modul) den Wert $-6{,}36 \cdot 10^{-8}\,\mathrm{cm}^{3/2}\,\mathrm{g}^{-1/2}\,\mathrm{sec}$ hat; es wird demnach bei einem Druck von $1\,\mathrm{kp/cm^2} \approx 10^6\,\mathrm{dyn/cm^2}$ die Elektrizitätsmenge 0,063 elektrostatische Einheiten frei. Schließt man also an die auf den Flächen $b \cdot l$ angebrachten Elektroden ein Elektrometer an, dessen Kapazität C einschließlich des angeschlossenen Quarzstückes etwa 10 cm beträgt, so wird das Elektrometer eine Spannung von

$$V = \frac{q}{C} = \frac{0{,}063}{10} \frac{g^{1/2}\, cm^{3/2}\, sec^{-1}}{cm} = 6{,}3 \cdot 10^{-3}\, \mathrm{g}^{1/2}\, \mathrm{cm}^{1/2}\, \mathrm{sec}^{-1}.$$

d. h. von $6{,}3 \cdot 10^{-3}$ elektrostatischen Potentialeinheiten oder $300 \cdot 6{,}3 \cdot 10^{-3}$ Volt $= 1{,}9$ Volt anzeigen. Für Turmalin ergibt sich unter den gleichen Bedingungen bei einem Druck von 1 kp/cm² in Richtung der piezoelektrischen Achse (wirksamer piezoelektrischer Modul $d_{33} = 5{,}78 \cdot 10^{-8}\,\mathrm{g}^{-1/2}\,\mathrm{cm}^{3/2}\,\mathrm{sec}$) eine Spannung von 1,67 Volt.

Während im vorliegenden Falle des longitudinalen piezoelektrischen Effektes die frei werdende Elektrizitätsmenge von den Abmessungen des Kristalles unabhängig ist, worauf wir bereits oben hinwiesen, ist dies beim transversalen Effekt nicht der Fall. Hier liefert die theoretische Berechnung bei Quarz für die durch den Druck P in Richtung der Y-Achse auf der Fläche $b \cdot l$ erzeugte Ladung den Wert $q = d_{12}\, Pl/d$, wobei $d_{12} = d_{11}$ ist. Drückt man demnach einen Quarzstab mit den Abmessungen $l = 5$ cm, $d = 1/2$ cm und $b = 1$ cm in der Y-Richtung (Längsrichtung) mit einem Druck von 1 kp/cm², so wird die 10-fache Elektrizitätsmenge wie im Fall des oben besprochenen longitudinalen Effektes frei.

Der piezoelektrische Effekt wird u. a. in der Technik dazu benutzt, Drucke elektrisch zu messen, z. B. in den Zylindern von Explosionsmotoren, ferner als Wandler in Tonabnehmerköpfen.

Wie viele Erscheinungen in der Physik, ist der direkte piezoelektrische Effekt umkehrbar; dieser reziproke piezoelektrische Effekt wurde von O. Lippmann (1881) auf Grund thermodynamischer Überlegungen vorausgesagt und kurz darauf von den Gebr. Curie am Quarz entdeckt. Wird ein piezoelektrischer Kristall so in ein elektrisches Kraftfeld gebracht, daß die elektrische Feldrichtung in der Richtung einer piezoelektrischen polaren Achse fällt, so wird der Kristall in bestimmten Richtungen komprimiert bzw. dilatiert. Eine Dilatation in Richtung einer elektrischen Achse tritt z. B. dann auf, wenn auf die Elektroden auf den Flächen senkrecht zur elektrischen Achse die gleichen Elektrizitätsmengen gebracht werden, die beim direkten piezoelektrischen Effekt durch Kompression in Richtung der betreffenden elektrischen Achse entstehen. Auch hier unterscheidet man zwei Teileffekte, die wir an dem Quarzstab mit der oben angegebenen Orientierung folgendermaßen beschreiben können:

1. Positive Ladung auf der Fläche $b.l$ und negative Ladung auf der gegenüberliegenden Fläche dilatieren den Kristall in Richtung der X-Achse **(longitudinaler reziproker piezoelektrischer Effekt).**

2. Positive Ladung auf der Fläche $b.l$ und negative Ladung auf der gegenüberliegenden Fläche komprimieren den Stab in der Richtung der Y-Achse **(transversaler reziproker piezoelektrischer Effekt).**

3. Umkehrung der Vorzeichen der Ladungen auf den genannten Flächen bewirkt im Falle 1 bzw. 2 ein Übergehen der Dilatation in eine Kompression und umgekehrt.

Die Größe δ der Dilatation bzw. Kompression bei Anlegung einer Potentialdifferenz V an die gegenüberliegenden Flächen läßt sich ebenfalls berechnen. Für den longitudinalen Effekt gilt beim Quarz die Beziehung $\delta = d_{11}\, V$ und für den transversalen Effekt die Beziehung $\delta = d_{12}\, V\, l/d$; d_{11} und d_{12} sind wieder die oben angegebenen piezoelektrischen Moduln des Quarzes. Im Falle des longitudinalen Effektes, bei dem wiederum die Größe der mechanischen Deformation des Kristalles unabhängig von den Abmessungen und nur von der angelegten Spannung abhängig ist, ergibt sich z.B. für eine Spannung von 3000 Volt in Richtung der X-Achse eine Dilatation bzw. Kompression von $6{,}36 \cdot 10^{-7}$ cm.

Dieser reziproke piezoelektrische Effekt findet in der Hochfrequenz- und Ultraschalltechnik (Bd. I, Nr. 84) eine vielseitige Anwendung, worauf wir an anderer Stelle noch zurückkommen.

Es bleibt uns nur noch übrig, einige Worte zur physikalischen Erklärung dieser piezoelektrischen Erscheinungen zu sagen. Wir betrachten zu diesem Zweck die Verhältnisse beim Quarz vom molekularen Gesichtspunkt aus. Der Quarz hat die chemische Zusammensetzung SiO_2, und man kann in erster Annäherung die Silicium- und Sauerstoffatome in sechsseitigen Strukturzellen so anordnen, wie es die Abb. 101 zeigt, die einen Blick in Richtung der optischen Achse auf eine solche Strukturzelle wiedergibt. Die großen Kreise stellen die Si-Atome, die kleinen die O-Atome dar. Die Anordnung der Si-Atome ist dabei schraubenförmig zu denken, und der Drehsinn dieser Schraubenordnung gibt an, ob wir es mit einem optisch rechts oder links drehenden Quarz zu tun haben (vgl. Bd. III). In der Abb. 101, die einen optisch links drehenden Quarz darstellt, liegt das Si-Atom 3 etwas tiefer als 1. Die Anordnung der O-Atome ist dann ohne weiteres verständlich. Nun trägt jedes Si-Atom 4 positive Einheitsladungen und jedes O-Atom 2 negative, und in der Anordnung der Strukturzelle der Abb. 101 werden sämtliche Ladungen gegenseitig abgesättigt, so daß die Zelle nach außen hin elektrisch neutral ist. Denken wir uns zur Vereinfachung die beiden jeweils etwas ober- und unterhalb eines Si-Atoms angebrachten O-Atome in ein einziges O-Atom mit der Ladung von 4 Einheiten zusammengefaßt, so kommen wir zu einer Strukturzelle nach Abb. 102a. Wird auf eine solche Strukturzelle entsprechend der Abb. 102b in Richtung der polaren Achse X ein Druck ausgeübt, so rückt das Si-Atom 1 zwischen die O-Atome 2 und 6 und das O-Atom 4 zwischen die Si-Atome 3 und 5; dadurch wird auf der Oberfläche A eine negative Ladung und auf der Oberfläche B eine positive Ladung frei. Dies ergibt den longitudinalen direkten Piezoeffekt. Wird dagegen, wie es die Abb. 102c andeutet, senkrecht zu der polaren Achse X_1 ein Druck erzeugt, so verschieben sich das Si-Atom 3 und das O-Atom 2 bzw. das Si-Atom 5 und das O-Atom 6 gleichmäßig nach innen, und auf den Elektroden C und D werden keine Ladungen influenziert. Wohl treten aber wieder auf den Flächen A und B an den Enden der elektrischen Achse X_1 Ladungen,

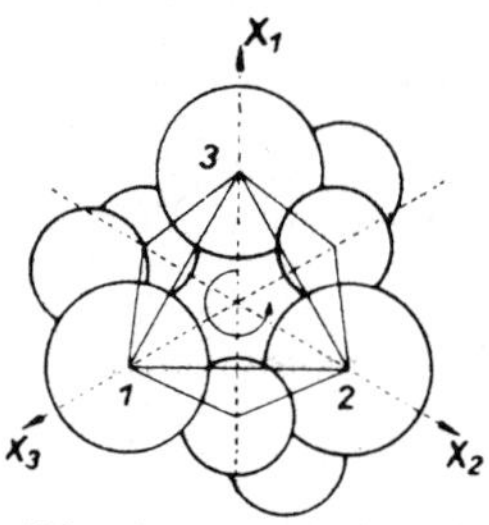

Abb. 101. Strukturzelle des Quarzes von oben gesehen

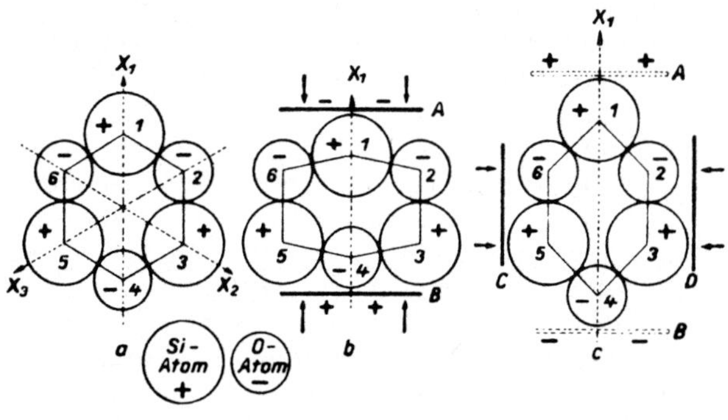

Abb. 102. Zur Entstehung der Piezoelektrizität

allerdings mit umgekehrtem Vorzeichen wie im Fall der Abb. 102b auf, da jetzt das Si-Atom 1 sowie das O-Atom 4 nach außen verschoben werden. Wir haben es also mit dem transversalen direkten piezoelektrischen Effekt zu tun. Man ersieht leicht aus diesem Modell, daß eine Dehnung an Stelle des Druckes die Vorzeichen der Ladungen umkehrt, und daß ferner eine mechanische Beanspruchung in der Z-Achse, also senkrecht zur Zeichenebene, keine unsymmetrische Verschiebung von Ladungsträgern verursachen kann. Des weiteren ergibt sich, daß beim Quarz ein allseitig gleicher Druck keinerlei elektrische Ladungen hervorbringt; hat dagegen ein Kristall, wie z. B. der Turmalin, nur eine polare Achse, so kann auch durch allseitig gleichen Druck eine piezoelektrisehe Erregung stattfinden.

Auch der reziproke piezoelektrische Effekt läßt sich mittels der beschriebenen Strukturzelle erklären. Denken wir uns z. B. auf die zur Achse X_1 senkrechten Flächen A und B die in Abb. 102b eingezeichneten Ladungen gebracht, so wird Si-Atom 1 und ebenso O-Atom 4 angezogen, dagegen werden die O-Atome 2 und 6 und die Si-Atome 3 und 5 abgestoßen, so daß eine Dilatation des Kristalles in der X_1-Achse bzw. eine Kompression in der dazu senkrechten Richtung eintritt.

Wir haben bisher nur das Auftreten piezoelektrischer Ladungen bei Druck oder Dehnung eines Kristalles besprochen. Es ist nicht schwer einzusehen, daß auch durch Verdrillung eines piezoelektrischen Kristalles elektrische Ladungen auftreten müssen und umgekehrt durch Anlegen geeigneter elektrischer Felder eine Torsion des Kristalles stattfinden muß. Diese Erscheinungen, die zuerst von W. C. Röntgen (1889) an Quarzzylindern nachgewiesen wurden, sind jedoch für die praktische Anwendung weniger wichtig, so daß wir uns hier mit diesem Hinweis begnügen können.

Noch auf eine gänzlich andere Weise lassen sich an Kristallen elektrische Ladungen hervorbringen. Erwärmt man z. B. einen natürlichen Turmalinkristall (s. Abb. 99), so kann man durch Bestäuben mit Schwefel-Mennigepulver zeigen, daß er an einem Ende positiv, am anderen negativ elektrisch geladen ist. Der gleiche Effekt nur mit einer Umkehrung der Vorzeichen der elektrischen Ladungen tritt auch bei einer Abkühlung des Kristalles auf. Man nennt diese Erscheinungen **Pyroelektrizität**; sie wurde bereits 1756 von F. Aepinus gefunden und später von J. Canton (1757), R. J. Hauy (1799), H. Hankel (1840), E. Riecke (1885) und anderen Forschern näher studiert. Die dabei am Kristall freiwerdenden Elektrizitätsmengen sind dem Kristallquerschnitt proportional, aber unabhängig von der Länge des Kristalls. Bei einer Erwärmung um 1° wird z. B. beim Turmalin eine Elektrizitätsmenge von 1,22 elektrostatischen Einheiten pro Flächeneinheit frei.

Außer Turmalin zeigen u. a. Kristalle von Rechtsweinsäure, Rohrzucker, Resorcin, neutralweinsaures Kalium den pyroelektrischen Effekt. Es sind dies Kristalle, die den hemimorphen und tetartoedrischen Kristallgruppen mit einer polaren Achse angehören. Diese Kristalltypen zeichnen sich dadurch aus, daß die Moleküle, aus denen sie sich aufbauen, bereits ein elektrisches Dipolmoment besitzen; infolge der gleichnamigen Orientierung aller Moleküle im Kristallgitter addieren sich die Einzelmomente zu einem Gesamtmoment. Der Kristall befindet sich also dauernd in gleichem Zustande wie ein durch ein elektrisches Feld polarisiertes Dielektrikum. Die auf den Endflächen des Kristalls auftretenden scheinbaren Ladungen des elektrischen Kristallmomentes machen sich aber zunächst nicht bemerkbar, da sich auf den Kristallflächen Oberflächenladungen mit entgegengesetztem Vorzeichen befinden, die von den scheinbaren Ladungen des Momentes gebunden werden und deren Wirkung nach außen neutralisieren. Erst wenn durch eine Erwärmung oder Abkühlung das molekulare elektrische Moment des Kristalls verändert wird, reicht die Oberflächenladung, die dabei unverändert bleibt, nicht mehr aus, um die elektrische Wirkung nach außen hin völlig zu kompensieren. Da im allgemeinen das den Kristall umgebende Medium nicht völlig isoliert, bilden sich mit der Zeit neue Oberflächenladungen aus, so daß nach einiger Zeit die durch Erwärmung bzw. Abkühlung hervorgerufene elektrische Ladung in ihrer Wirkung wieder verschwindet. Erst bei einer neuen thermischen Änderung tritt der pyroelektrische Effekt wieder hervor. Taucht man z. B. einen an einem Faden aufgehängten Turmalinkristall in flüssige Luft, die man durch Einblasen von Kohlendioxyd getrübt hat, so sammeln sich die in der flüssigen Luft schwimmenden festen Kohlendioxydteilchen an den beiden Enden des durch die starke Abkühlung pyroelektrisch gewordenen Turmalins genau so wie die Eisenfeilspäne an einem Magneten. Eine praktische Bedeutung hat die Pyroelektrizität bisher nicht gewonnen.

17. Kontaktelektrizität

Die sog. Reibungselektrizität. Schon bei einer früheren Gelegenheit (S. 5) wurde darauf aufmerksam gemacht, daß die Bezeichnung „Reibungselektrizität" nicht den Kern der Sache trifft, weil der Reibungsvorgang unwesentlich für das Auftreten der Elektrizitäten ist; vielmehr schlossen wir schon damals aus einem bestimmten Versuch, daß der entscheidende Moment der innige Kontakt der beiden verwendeten Stoffe sei, daß man also besser von „Berührungs-" oder „Kontaktelektrizität" spreche. Diese Frage können wir jetzt genauer erörtern, da wir inzwischen (in Nr. 12) das räumliche Verhalten des elektrischen Vektors $\mathfrak{E}$ kennengelernt haben. Die für uns entscheidende Tatsache ist die, daß die Tangentialkomponente von $\mathfrak{E}$ beim Durchgang durch die Berührungsfläche zweier Medien — als Folge der Wirbelfreiheit von $\mathfrak{E}$ — stetig ist, daß also gemäß Gl. (44):

(44) $$\mathfrak{E}_{1t} = \mathfrak{E}_{2t}$$

ist, wenn $\mathfrak{E}_1$ und $\mathfrak{E}_2$ die Feldstärken in beiden Medien bedeuten. Nun ist aber $\mathfrak{E}$ aus einem Potential V ableitbar; denn nach Gl. (16) auf S. 20 ist für jede beliebige Richtung s:

$$|\mathfrak{E}_s| = -\frac{dV}{ds}$$

Wenn wir also jetzt unter ds eine in der Trennungsfläche liegende Strecke und unter V_1 und V_2 die Potentiale in beiden Medien verstehen, so können wir Gl. (44) auch schreiben:

$$\frac{dV_1}{ds} = \frac{dV_2}{ds}$$

oder:

$$\frac{d}{ds}(V_1 - V_2) = 0 .$$

Das bedeutet aber, daß die Differenz $V_1 — V_2$ an der Grenze beider Medien gleich einer Konstanten ist (die freilich auch gleich Null sein könnte), die nur[1]) von der Natur der beiden Medien abhängt:

(67) $$V_1 - V_2 = U_{12} = \text{Const.},$$

in Worten: **Wenn zwei beliebige Medien sich in Kontakt befinden, so bildet sich im allgemeinen eine bestimmte Potentialdifferenz zwischen ihnen aus, die als Kontaktpotentialdifferenz oder Kontaktspannung bezeichnet wird.**

Dies bedeutet, daß die Oberfläche der Substanz mit dem kleineren Potentialwert negativ, die andere ebenso stark positiv geladen ist; es bildet sich an der Berührungsfläche zweier Körper eine sog. **elektrische Doppelschicht** aus (Abb. 103).

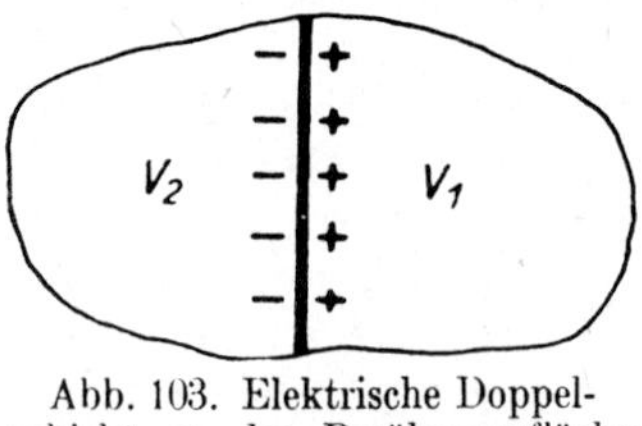

Abb. 103. Elektrische Doppelschicht an der Berührungsfläche zweier Medien

Diese Tatsache ermöglicht nun ein Verständnis der sog. Reibungselektrizität. Werden zwei Isolatoren (z. B. Seidenlappen und Glas, Katzenfell und Hartgummi oder auch Glas und Hartgummi) zum Kontakt gebracht, so wird der eine längs der Berührungsfläche negativ, der andere positiv elektrisch. Trennt man die beiden Isolatoren, so reißt man die Doppelschicht auseinander, und der eine Körper bleibt positiv und der andere negativ geladen zurück. Wir wollen eine Abschätzung über die zu erwartende Potentialdifferenz zwischen beiden Körpern machen, wenn sie in größere Entfernung (etwa 1 cm) gebracht sind. Nehmen wir zunächst an, die Berührungsflächen seien ideale Ebenen, so daß längs der ganzen Fläche inniger Kontakt bestehe, d. h. der Abstand der beiden Körper an allen Punkten der Berührungsfläche von der Größe der Molekularabstände (10^{-8} cm) sei. Unter diesen Umständen haben wir es mit einem Plattenkondensator

[1]) Dies gilt unter der Voraussetzung, daß die Versuche im Vakuum gemacht werden; werden sie in einem beliebigen gasförmigen oder flüssigen Dielektrikum angestellt, so hängt die Konstante auch noch von der Natur dieses Dielektrikums ab.

von ungeheurer Kapazität zu tun; die Kontaktpotentialdifferenz U_{12} wird daher nur klein sein, erfahrungsgemäß von der Größenordnung von etwa 1 Volt. Trennen wir aber die beiden Isolatoren bis auf 1 cm Entfernung, so nimmt die Kapazität, die dem Abstand umgekehrt proportional ist — (Gl. 22) — außerordentlich stark ab, nämlich auf den 10^{-8}ten Teil, die zu erwartende Potentialdifferenz würde also rund 10^{+8} Volt betragen. Nun sind die bei der Reibungselektrizität auftretenden Spannungen in der Tat groß, wie aus der Funkenlänge geschlossen werden kann[1]), etwa bis zu 10^5 Volt, aber sie bleiben doch erheblich hinter dem geschätzten Wert zurück, von dem sie nur etwa $^1/_{1000}$ betragen. Dies erklärt sich folgendermaßen: In Wirklichkeit haben wir natürlich nie ideale Ebenen, vielmehr findet die Berührung der beiden Isolatoren nur in wenigen Punkten statt, deren Zahl man dadurch zu vermehren sucht, daß man die Körper unter Druck gegeneinander reibt, d.h. die molekularen Unebenheiten etwas abschleift. Die an den wenigen Berührungspunkten erzeugte Elektrizitätsmenge ist entsprechend klein, dazu treten kleine Funkenentladungen auf, die an einem leisen knisternden Geräusch erkannt werden; diese beseitigen noch einen erheblichen Teil der schon getrennten Elektrizitätsmengen wieder. So versteht man, daß die entstehenden Potentialdifferenzen so stark hinter dem theoretischen Werte zurückbleiben.

Nach der dargelegten Auffassung der Entstehung der sog. Reibungselektrizität, die, wie der Begriff der Doppelschicht, auf Helmholtz zurückgeht, spielt die Reibung nur eine sekundäre Rolle, indem sie lediglich ein Mittel ist, um die Kontaktfläche zu vergrößern.

Genau die nämlichen Überlegungen treffen auch zu, wenn es sich um Kontakt zwischen einem Leiter und einem Isolator handelt (z.B. amalgamiertes Leder und Glas usw.). Auch hier treten nach Trennung Spannungen in der Größe von 10^4 — 10^5 Volt auf.

Woher kommt nun die Kontaktspannung? Man kann sich (nach Helmholtz) etwa vorstellen, daß die Moleküle der verschiedenen zur Berührung gebrachten Körper eine etwas verschiedene Anziehungskraft auf die positive und die negative Elektrizität ausüben. Haben wir es nur mit einem Körper zu tun, so unterliegen die elektrischen Ladungen der Anziehung nur einer einzigen Art von Molekülen, es tritt also keine andere elektrische Verteilung ein. Anders aber, wenn zwei verschiedene Körper sich in molekularen Abständen berühren: dann wird derjenige Körper, dessen Moleküle eine größere Anziehung für die positive Ladung besitzen, von dem anderen positive Elektrizität zu sich herüberziehen, umgekehrt der andere negative Ladung von dem ersten. Dieser Prozeß kommt natürlich sehr bald zum Stillstand; denn es bildet sich sofort eine Potentialdifferenz — eben die Kontaktpotentialdifferenz — aus, die dem genannten Vorgang schließlich das Gleichgewicht hält. Die hier als wirkend angenommenen Kräfte, die das ursprüngliche Gleichgewicht der Elektrizität ändern, sind nicht elektrische Kräfte von der Art der Feldstärke $\mathfrak{E}$: denn diese wirkt ja doch im Sinne eines Ausgleichs von Potentialdifferenzen, während hier durch diese Art von Molekularkräften gerade eine Potentialdifferenz hervorgerufen wird. Man nennt sie deshalb **„elektromotorische Kräfte"** (EMK). Man versteht unter diesem nicht ganz einwandfreien Ausdruck keine eigentliche Kraft, sondern den an den Berührungsflächen zweier Körper entstehenden Potentialsprung. Dieser Potentialsprung muß von den Ladungsträgern überwunden werden. Die dann notwendige Arbeit wird als **Austrittsarbeit** bezeichnet.

Kontaktspannungen zwischen Leitern. Ganz analog, nur quantitativ anders, liegen die Verhältnisse, wenn wir zwei Leiter zum Kontakt bringen. Wir wollen zunächst zwei Metalle dazu wählen, etwa Kupfer und Zink, mit denen die Versuche gut gelingen. Man muß zwei ebengeschliffene Platten aus beiden Metallen benutzen, die an isolierenden Griffen gehalten, zusammengepreßt und dann getrennt werden; dann erweist sich das Zn als positiv, Cu als negativ geladen. Aber die hier nach Trennung der Platten auftretenden Spannungen sind viel kleiner als bei Isolatoren, nämlich von der Größenordnung von 10 bis 100 Volt. So kleine Felder bedürfen zu ihrem Nachweis empfindlicher Meßinstrumente, z.B. des auf S. 39 geschilderten Kondensatorelektrometers. Man verbindet etwa die Zn-Platte mit dem Knopf des Elektrometers,

[1]) Zum Durchschlag einer Funkenstrecke von 1 cm Länge zwischen zwei Kugeln bedarf es einer Spannung von rund 30000 Volt; Funkenlängen bis zu 3 cm sind leicht zu erzielen.

z. B. des Wulffschen Zweifadenelektrometers, während die Cu-Platte mit dem Gehäuse und der Erde verbunden ist (Abb. 104). Setzt man die Platten aufeinander und trennt sie dann mit einem Ruck wieder, so spreizen sich die Fäden des Elektrometers, ein Zeichen, daß die Zn-Platte Ladung angenommen hat; ihr Vorzeichen prüft man durch Nähern eines geriebenen Glas- oder Hartgummistabes. Im ersten Falle vergrößert sich die Spreizung, im zweiten Falle verkleinert sie sich, ein Zeichen, daß Zn positiv geladen ist. Durch Vertauschen der beiden Platten kann man ebenso zeigen, daß Cu eine negative Ladung annimmt.

Obwohl die Platten in direktem metallischem Kontakt sind, stellen sie doch einen Kondensator von erheblicher Größe dar, eben infolge der elektromotorischen Kraft, die den Ausgleich der Potentiale verhindert, ja, ihren Unterschied erst erzeugt. Bei direkter Berührung der beiden Platten ist die Distanz Zn—Cu so klein als möglich, der Effekt infolge der großen Verstärkungszahl des Elektrometers besonders deutlich. Dennoch erhält man

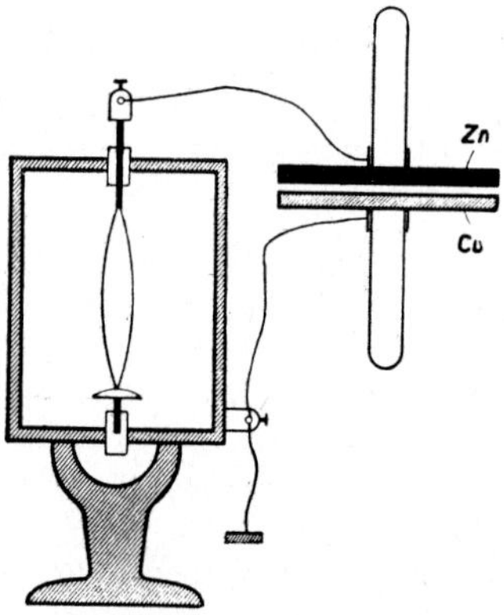

Abb. 104. Anordnung zum Nachweis der Kontaktspannung zwischen zwei verschiedenen Leitern, z. B. Cu und Zn

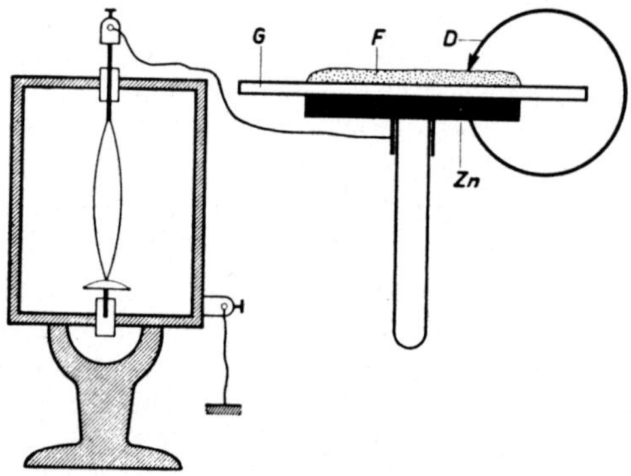

Abb. 105. Anordnung zum Nachweis der Kontaktspannung zwischen einem Metall und einer Salzlösung

bei Trennung nur geringe Potentialdifferenzen. Dies liegt daran, daß wir es hier mit Leitern zu tun haben, auf denen die Elektrizität frei verschieblich ist. Werden zwei Isolatoren zusammengepreßt, so haften die einmal erzeugten Ladungen an der Oberfläche fest; es ist daher gleichgültig, ob alle Teile der Berührungsfläche gleichzeitig voneinander getrennt werden oder ob dies nacheinander geschieht. Ersteres ist technisch unmöglich, da es verlangen würde, daß die sich berührenden Flächen vollkommen parallel zueinander wieder getrennt würden. Bei Isolatoren macht dies, wie gesagt, nichts aus, bei Metallen aber ist es wesentlich. Während des Kontaktes der Metalle sammelt sich auf beiden Platten infolge der sehr großen Kapazität des aus ihnen gebildeten Plattenkondensators eine relativ große Elektrizitätsmenge an; bei der Trennung der Platten kommt aber für die Verstärkung der Kontaktpotentialdifferenz nicht diese große Anfangskapazität in Frage, die einem Plattenabstand von rund 10^{-8} cm entspricht, sondern nur die Kapazität in dem Augenblicke, in dem die letzte Verbindung der beiden Platten aufhört. Dann haben die übrigen Teile der Platten schon Abstände von schätzungsweise $^1/_{10}$ mm; bei Vergrößerung des Abstandes auf 1 cm verringert sich die Kapazität also nur auf $^1/_{100}$ und steigt die Potentialdifferenz auf das Hundertfache. Da die Kontaktspannung U_{12} von der Größenordnung von 0,1 bis 1 Volt ist, erhält man also nur geringe Potentialdifferenzen in der oben angegebenen Größe von 10 bis 100 Volt.

Man kann den Versuch daher auch anders ausführen, indem man die beiden Platten auf den einander zugewendeten Seiten mit einer dünnen isolierenden Lackschicht überzieht, sie damit aufeinandersetzt und nun für eine kurze Zeit den Kontakt durch einen Cu- oder Zn-Draht herstellt; je dünner die Lackschicht ausfällt, desto größer ist natürlich der Effekt. Ja, man kann sogar die Platten (ohne Lackschicht) in eine möglichst kleine Distanz voneinander bringen, so daß sie sich sicher noch nicht berühren und dann mittels Draht wie oben die Verbindung herstellen.

Auf diese Weise kann man sich auch davon überzeugen, daß beim Berühren von Metallen und leitenden Salz- und Säurelösungen gleichfalls eine Kontaktspannung auftritt, die im allgemeinen größer als die zwischen reinen Metallen auftretende ist. Man macht den Versuch z. B. in folgender Weise (Abb. 105): Auf die Kollektorplatte Z (z. B. aus Zn), die mit dem Knopf des Elektrometers verbunden ist, legt man eine möglichst dünne Glimmerscheibe *G*, die man vorher völlig unelektrisch gemacht hat, indem man sie durch eine Flamme hindurchzieht. Auf diese zur Isolation dienende Platte legt man ein Stück Fließpapier *F*, das mit der zu untersuchenden Lösung (z. B. verdünnter Schwefelsäure) getränkt ist. Dann stellt man mittels eines Zn-Drahtes *D* für einen Augenblick die Verbindung zwischen der Zn-Platte und der Schwefelsäure her. Hebt man die Glimmerplatte mit dem Fließpapier ab, so zeigt sich das Zn negativ geladen.

Ebenso zeigen sich auch Kontaktspannungen zwischen verschiedenen Salz- und Säurelösungen, auch zwischen gleichartigen Lösungen verschiedener Konzentration; doch sind diese Spannungen im allgemeinen sehr klein gegen die bisher besprochenen.

Aus den obigen Darlegungen geht hervor, daß die sog. Kontaktelektrizität bei Leitern, die von Alexander Volta in den Jahren 1792—96 entdeckt wurde, nur eine besondere Erscheinungsform der damals längst bekannten sog. Reibungselektrizität darstellt.

Eine grundsätzlich wichtige Folgerung ist aus diesen Messungen zu ziehen: Der auf S. 21 ausgesprochene Satz, daß auf einem Leiter das Potential einen konstanten Wert hat, ist einzuschränken auf den Fall, daß der Leiter homogen ist. Bei einem aus verschiedenen homogenen Stücken zusammengesetzten Leiter hat dagegen zwar jedes Stück einen konstanten Potentialwert, aber zwischen den einzelnen Stücken bestehen die Kontaktpotentialdifferenzen. Da diese Kontaktspannungen im Vergleich zu den hohen Spannungen, mit denen man es bei der Reibungselektrizität zu tun hat, keine Rolle spielen, ist es im allgemeinen gerechtfertigt, von diesen Differenzen abzusehen.

Die Feststellung der genauen Werte der Kontaktpotentiale zwischen reinen Metallen hat bis in die jüngste Zeit erhebliche Schwierigkeiten gemacht, da es fast unmöglich ist, reine Metalloberflächen herzustellen; eine Zeitlang hat man sogar geglaubt, Kontaktspannungen seien nur zwischen Metallen einerseits und Lösungen anderseits vorhanden; die tatsächlich bei Metallen beobachteten Kontaktspannungen führte man darauf zurück, daß die Metalle an ihrer Oberfläche im allgemeinen von einer sehr dünnen Wasserhaut überzogen sind. Heute darf die Frage im Sinne unserer Darstellung als entschieden gelten: Auch zwischen reinen Metallen gibt es Kontaktspannungen, die freilich wesentlich kleiner sind, als man aus früheren Messungen geschlossen hat. Die Kontaktspannung berechnet sich aus der Differenz der Austrittsarbeiten. Dabei lädt sich der Körper mit der geringeren Austrittsarbeit positiv, der mit der höheren Austrittsarbeit negativ auf. So wird z. B. Eisen in Berührung mit Messing negativ, im Kontakt mit Kupfer positiv. Allgemein gilt für zwei Metalle A und B:

$$A \mid B = -B \mid A\text{; bzw. } U_{AB} = -U_{BA} \tag{68}$$

Leiter 1. und 2. Art bzw. Klasse; Voltasche Spannungsreihe. Es kann nun die für jeweils zwei Metalle gleicher Temperatur[1]) charakteristische Kontaktspannung angegeben werden.

[1]) Temperaturgleichheit muß vorausgesetzt werden, weil die Kontaktspannung von der Temperatur abhängig ist; bei verschiedenen Temperaturen der sich berührenden Metalle treten neue Effekte auf, sog. Thermospannungen, die wir später (Nr. 29) erörtern werden. Bei allen im folgenden besprochenen Gesetzmäßigkeiten wird daher immer gleiche Temperatur vorausgesetzt.

Zn | Pb = 0,39 V	Zn | Ag = 0,97 V
Pb | Sn = 0,06 V	Sn | Cu = 0,44 V
Sn | Fe = 0,30 V	Zn | Fe = 0,75 V
Fe | Cu = 0,14 V	Zn | Cu = 0,89 V
Cu | Ag = 0,08 V	
Ag | Pt = 0,12 V	
Pt | C = 0,13 V	

Aus diesen Zahlen kann ein wichtiges Gesetz abgelesen werden. Die in der linken Spalte aufgeführten Messungen bedeuten, daß Zn positiv gegen Pb, dieses positiv gegen Sn, dieses positiv gegen Fe, Fe positiv gegen Cu, Cu positiv gegen Ag, dieses positiv gegen Pt und schließlich Pt positiv gegen C ist. Wenn wir also die Leiter in der Reihenfolge schreiben:

(69) $$+\ \text{Zn, Pb, Sn, Fe, Cu, Ag, Pt, C}\ -,$$

so wird jeder von ihnen im Kontakt mit dem folgenden positiv elektrisch, im Kontakt mit dem vorhergehenden negativ. Diese Reihe heißt die **Voltasche Spannungsreihe.** Ziehen wir jetzt auch die Messungen in der rechten Spalte heran, die Kontaktspannungen zwischen Leitern darstellen, die in der obigen Reihe nicht unmittelbar aufeinanderfolgen, z. B. Zn | Ag = 0,97 V. Man sieht nun, daß der Wert 0,97 V innerhalb der Fehlergrenzen die Summe aller der Kontaktspannungen darstellt, die man erhält, wenn man alle zwischen Zn und Ag in der obigen Reihe vorhandenen Leiter paarweise zum Kontakt bringt.

D.h. Zn | Ag = Zn | Pb + Pb | Sn + Sn | Fe + Fe | Cu + Cu | Ag, nämlich
0,97 V = 0,39 V + 0,06 V + 0,30 V + 0,14 V + 0,08 V

Genau das gleiche gilt für alle übrigen Werte der rechten Spalte. Z. B. gilt auch:

Sn | Cu = Sn | Fe + Fe | Cu, ebenso:

Zn | Fe = Zn | Pb + Pb | Sn + Sn | Fe usw.

Hat man also eine Anzahl von miteinander in Kontakt befindlichen Metallen 1, 2, ... n, so ist die Kontaktspannung U_{1n} zwischen dem ersten und letzten gleich der Summe $U_{12} + U_{23} + \ldots\ldots U_{n-1,n}$; d.h. die Kontaktspannung zwischen zwei Metallen ist unabhängig davon, ob und wieviele Metalle noch dazwischengeschaltet sind. Dies zeigt man experimentell mit der Anordnung der Abb. 104, bei der man die beiden Metalle Zn und Cu nicht bis zur Berührung einander nähert, sondern durch einen Draht für einen Augenblick eine Verbindung herstellt. Bisher benutzten wir einen Cu- oder Zn-Draht, um eben keine anderen Kontaktspannungen störend in den Versuch hineinzubekommen: nunmehr zeigt es sich, daß es ganz gleichgültig ist, mit welchem Metall man den Kontakt herstellt: Der Ausschlag des Elektrometers bleibt stets der gleiche. In einer graphischen Darstellung kann man diese Gesetzmäßigkeit zum Ausdruck bringen (Abb. 106). Wir denken uns gleichgroße Stücke von Cu und Zn (Abb. 106a) nebeneinandergelegt, gewissermaßen als Abszissen, darüber tragen wir dann als Or-

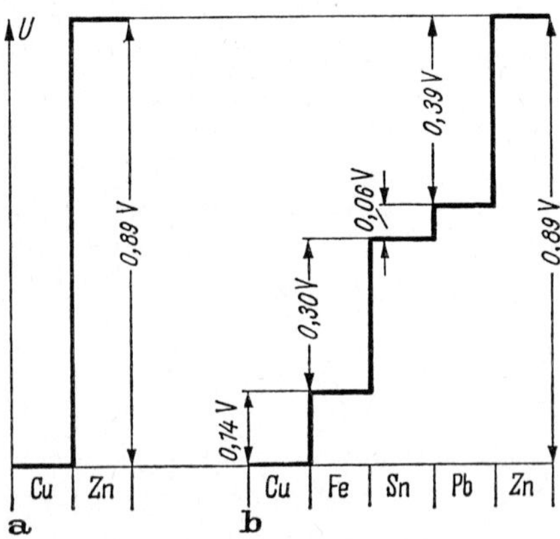

Abb. 106. Zur Erklärung der Voltaschen Spannungsreihe

dinaten die Potentiale auf; der Potentialdifferenz zwischen Zn und Cu kommt die Spannung 0,89 V zu. In Abb. 106b sind zwischen Cu und Zn noch Fe, Sn, Pb eingeschaltet, und ebenfalls die Potentiale als Ordinaten aufgetragen. Die Summe aller auftretenden Potentialdifferenzen von Cu bis zu Zn ergibt wieder 0,89 V; die in den Figuren angeschriebenen Zahlen entsprechen den in der Tabelle oben angegebenen.

Die durch die Abbildungen 106 versinnbildlichte Gleichung:

$$U_{1n} = U_{12} + U_{23} + \ldots\ldots U_{n-1,\,n}$$

kann nun auch so geschrieben werden:

(70) $$U_{12} + U_{23} + \ldots\ldots + U_{n-1,\,n} + U_{n1} = 0,$$

wobei davon Gebrauch gemacht worden ist, daß nach (68) $U_{1n} = -U_{n1}$ ist. Diese Beziehung kann man folgendermaßen interpretieren: Ist in einer Kette von im Kontakt befindlichen Metallen das erste und letzte Metall das gleiche, so ist die Summe aller Kontaktspannungen gleich Null. Analog zu den Abbildungen kann man dies durch Abb. 107 erläutern, die aus Abb. 106b dadurch hervorgeht, daß wir rechts an das Zink noch einmal Cu anfügen.

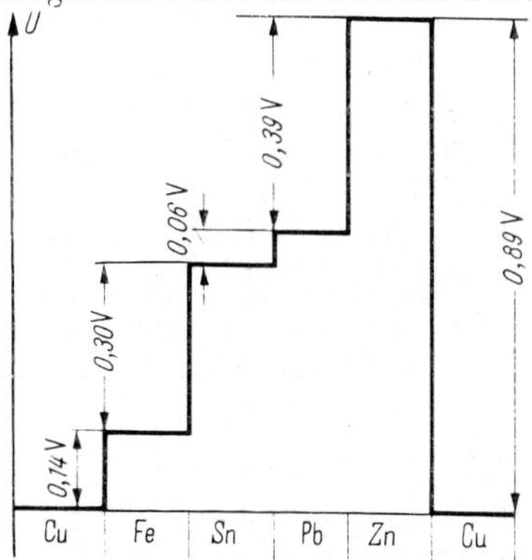

Abb. 107. Zum Gesetz der Voltaschen Spannungsreihe

Dabei ist wie immer vorausgesetzt, daß alle Leiter sich auf der gleichen Temperatur befinden.

In dem Gl. (70) zugrundeliegenden Falle kann man die Kette schließen, d. h. das erste und das mit ihm identische letzte Metall selbst in direkten Kontakt bringen, ohne daß das elektrische Gleichgewicht gestört wird. **In einer geschlossenen Kette metallischer Leiter gleicher Temperatur ist die Summe aller Kontaktspannungen gleich Null, d. h. die Elektrizität im Gleichgewicht (Gesetz der Voltaschen Spannungsreihe).**

Es gehorchen keineswegs alle Leiter dem Gesetz der Spannungsreihe, z. B. die Salz- und Säurelösungen nicht. Deshalb kann man das Gesetz der Spannungsreihe zu einer Klassifikation der Leiter benutzen, indem man **diejenigen, die sich in die Spannungsreihe einordnen lassen, als Leiter 1. Art, alle übrigen als Leiter 2. Art bezeichnet.** Die Hauptrepräsentanten der Leiter 1. Art sind zwar, wie aus dem Obigen hervorgeht, die Metalle, aber sie sind keineswegs darauf beschränkt, z. B. gehört auch das Nichtmetall Kohle zu ihnen; ferner gehören der Spannungsreihe keineswegs nur chemische Elemente, sondern auch Verbindungen wie Bleiglanz, Pyrit, Braunstein und Metallegierungen an. **Die Leiter 2. Art können also umgekehrt so definiert werden, daß in einer geschlossenen Kette aus mindestens dreien**[1]**) von ihnen die Gesamtsumme der Kontaktspannungen ungleich Null ist; die Elektrizität kann also nicht im Gleichgewicht sein, sie muß sich vielmehr dauernd bewegen, d. h. es tritt in der Kette ein elektrischer Strom auf.** Die durch den elektrischen Strom verursachte Änderung der als **Elektrolyte** bezeichneten Leiter 2. Art wird später eingehend untersucht (VII. Kap. Elektrolyse).

Die oberflächlichen Verunreinigungen der Leiter 1. Art beeinflussen nicht nur den Wert der Kontaktspannungen (er wird im allgemeinen erhöht), sondern natürlich auch die Stellung des betreffenden Leiters in der Spannungsreihe; in der Literatur finden sich daher verschiedentlich andere Reihenfolgen. Die in Gl. (69) angegebene Reihenfolge harmoniert mit den in der Tabelle auf S. 80 angegebenen Voltaschen Messungen, macht aber ebensowenig wie diese Zahlen den Anspruch, endgültig zu sein.

Galvanische Elemente. Daß die Leiter 2. Art das Gesetz der Voltaschen Spannungsreihe durchbrechen, zeigt auch die folgende Überlegung. Wir bewiesen im Vorhergehenden, daß in einer Kette von Leitern 1. Klasse, bei denen der erste und letzte Leiter identisch sind, die Potentialdifferenz zwischen den Enden Null ist, ganz gleichgültig, welche Leiter 1. Art dazwischen-

[1]) Zwei reichen offenbar nicht aus, da natürlich $U_{12} = -U_{21}$ ist.

geschaltet sind. Das ist nicht mehr der Fall, wenn auch nur ein einziger Leiter 2. Art sich in der Kette befindet. Wenn man z. B. die folgende Leiterkombination betrachtet:

(71) $$Zn—ZnSO_4—CuSO_4—Cu$$

in der die Elektroden Cu und Zn sind, zwischen denen sich aber zwei Leiter 2. Art (wäßrige Lösungen von Zinksulfat und Kupfersulfat) befinden, so haben die beiden Elektroden keineswegs mehr das Kontaktpotential, wie man mit Hilfe eines Elektrometers in der vorhin erörterten Weise sofort zeigen kann. Verbindet man die beiden Enden miteinander, so gleichen sich ihre Potentiale zwar momentan aus, sie werden aber durch die permanent wirkenden elektromotorischen Kräfte sofort wiederhergestellt, und so bildet sich ein Gleichgewichtszustand zwischen Ausgleich und Wiederherstellung der Potentialdifferenz aus. Als Folge davon kann die Elektrizität nicht in Ruhe bleiben, sondern bewegt sich dauernd in der Kette: wir haben es also hier mit einer permanenten elektrischen Strömung zu tun. Diese Eigenschaft, infolge des Nichtverschwindens der Summe der elektromotorischen Kräfte eine ständige Gleichgewichtsstörung zu erzeugen, kommt den Leiterkombinationen aus mindestens drei Leitern zu, die wenigstens einen Elektrolyten (Leiter 2. Art) enthalten; eine solche Kombination heißt ein **galvanisches Element.** Der Name ist zu Ehren des Bologneser Arztes Luigi Galvani gewählt, dessen Beobachtungen (siehe weiter unten) die Versuche Voltas über Kontaktelektrizität angeregt haben; letzterem ist auch die systematische Konstruktion des ersten galvanischen Elementes zu verdanken. Man kann also folgendermaßen definieren:

Ein galvanisches Element ist eine Kombination von mindestens drei Leitern, die nicht alle der 1. Art angehören. Die praktische Ausführungsform ist die, daß man zwei verschiedene Leiter 1. Art mit einem oder zwei Elektrolyten kombiniert; es können aber auch drei Elektrolyte allein gewählt werden.

Die in Gl. (71) angegebene Kombination enthält das sogenannte Daniellsche Element (J. Daniell, 1836), dessen Gesamtspannung U_0 mit einem Elektrometer zu 1,1 V bestimmt werden kann. Die Potentialdifferenz zwischen einer Elektrode allein und dem Elektrolyten, einer sogenannten Halbzelle, kann absolut nicht gemessen werden. Um trotzdem verschiedene Halbzellen untereinander vergleichen zu können, ist es notwendig, ein Bezugspotential mit Hilfe einer Bezugselektrode festzulegen. Als Bezugselektrode wird willkürlich die Spannung einer mit Wasserstoff umspülten Platinelektrode unter Normalbedingungen (760 Torr, 25 °C) gegen eine 1-normale Säurelösung gleich Null gesetzt. Mit dieser Festlegung ist es möglich, das Halbzellenpotential beliebiger Elektroden relativ zur Wasserstoffelektrode anzugeben.

Für die im Daniellschen Element verwendeten Elektroden Zn und Cu ergeben sich in den das gleiche Metallion enthaltenden 1-normalen Elektrolytlösungen folgende Halbzellenpotentiale unter Normalbedingungen:

$$Zn \mid ZnSO_4 = -0{,}763\ V$$
$$Cu \mid CuSO_4 = +\ 0{,}34\ V$$

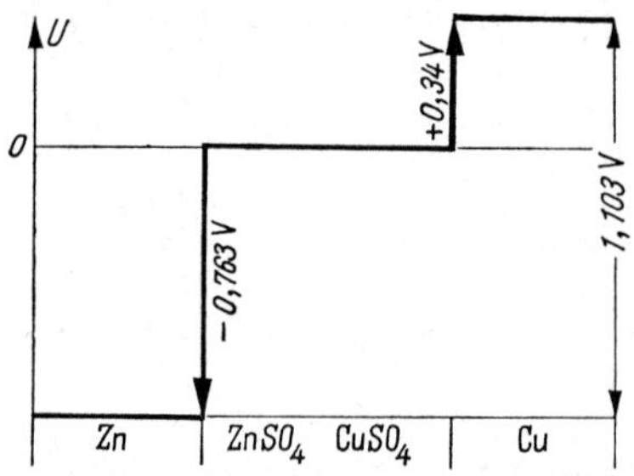

Abb. 108. Graphische Darstellung der Spannungsverhältnisse im Daniell-Element

Die Gesamtspannung des Elements berechnet sich aus der Differenz der Halbzellenpotentiale zu 1,103 V. Bei der praktischen Ausführung des Elements wird zur Verhütung einer Ineinanderdiffusion der Elektrolyte zwischen beiden ein poröser Tonzylinder (Diaphragma) angeordnet. Die Ausführungsform zeigt Abb. 109. Ebenso folgt für das Grovesche Element (W. Grove, 1839), bei dem Zn in $ZnSO_4$-Lösung und Pt in HNO_3 eintaucht, mit dem Halbzellenpotential $Pt/HNO_3 = +\ 0{,}95$ V durch Differenzbildung die Gesamtspannung zu 1,713 V:

(72) $$Zn — ZnSO_4 — HNO_3 — Pt$$

Fast die gleiche Gesamtspannung besitzt das Bunsen-Element (R. Bunsen, 1842) bei dem Pt durch C ersetzt ist.

Ergänzend muß bemerkt werden, daß die gemessene Gesamtspannung eines galvanischen Elementes meist von der aus den Halbzellenpotentialen berechneten Spannung abweicht. Diese Abweichung wird durch die unterschiedliche Diffusion der einzelnen potentialbestimmenden Ionen im Elektrolyten verursacht und geht als sogenanntes Diffusionspotential in die Spannungsbilanz des galvanischen Elementes ein.

Die Diffusion ist irreversibel und findet immer dann statt, wenn sich eine elektrolytische Lösung mit einer anderen (qualitativ oder auch nur quantitativ verschiedenen Lösung) in Kontakt befindet.

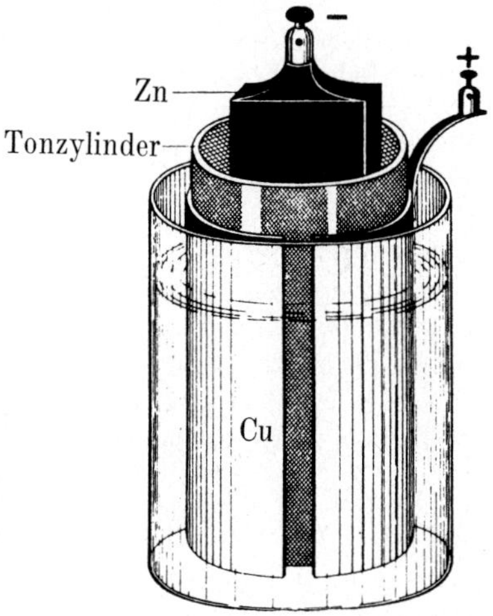

Abb. 109. Daniell-Element

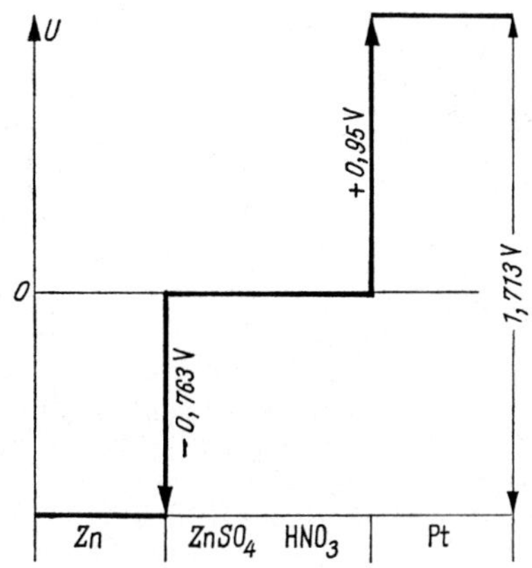

Abb. 110. Graphische Darstellung der Spannungsverhältnisse im Groveschen Element

Da die allgemeine Berechnung des Diffusionspotentials für beliebige Elektrolyte nicht einfach und ihre experimentelle Bestimmung schwierig ist, wird sie im allgemeinen durch experimentelle Maßnahmen eliminiert. Eine dieser Maßnahmen besteht in der Verwendung einer KCl-Brücke zum Verbinden der einzelnen Halbzellen. Es kann damit erreicht werden, daß die gemessenen und die berechneten Gesamtspannungen eines galvanischen Elementes innerhalb einer oder weniger Millivolt übereinstimmen. Weniger erfolgreich, aber sehr häufig verwendet, ist die Trennung der beiden Elektrolyte durch eine poröse Substanz (Tonzylinder).

Wie aus den graphischen Darstellungen der Spannungsverhältnisse (Abb. 108 und 110) hervorgeht, ist sowohl im Daniellschen wie im Grove-Bunsenschen Element das Zn negativ, dagegen Cu bzw. Pt (oder C) positiv; diese Enden des Elementes pflegt man seine **Pole** zu nennen. Das einfachste und gleichzeitig älteste Element ist das **Voltasche;** es besteht aus Zn und Cu, die in verdünnte Schwefelsäure tauchen; seine Gesamtspannung ist ungefähr 1 Volt; auch hier ist Zn der negative, Cu der positive Pol.

Man kann die Gesamtspannung dieser und aller Elemente z. B. mit dem Thomsonschen absoluten Elektrometer (S. 64) oder auch an einem mit diesem geeichten beliebigen Elektrometer bestimmen. Sie erweist sich dabei, wie auch aus unserer Darstellung hervorgeht, als ausschließlich abhängig von der chemischen Zusammensetzung des Elementes, d. h. der Natur der verwendeten Leiter 1. und 2. Klasse, insbesondere von der Konzentration der letzteren; dagegen ist sie völlig unabhängig von den Abmessungen der verwendeten Leiter. Man zeigt dies z. B., indem man zwei Voltaelemente sehr verschiedener Größe herstellt: Das Elektrometer zeigt, daß sie die gleiche Spannung U_0 besitzen. Solange also die Zusammensetzung unverändert bleibt, ist die Gesamtspannung U_0 eine Konstante des Elementes. Bei der praktischen Anwendung tritt indessen im allgemeinen bald eine Änderung der Zusammensetzung ein. Wenn das Element geschlossen ist, also eine elektrische Strömung unterhalten wird, treten — als hauptsächliches Energieäquivalent dafür — chemische Umsetzungen auf, die einer Abnahme der chemischen Energie entsprechen; in jedem Falle ändert sich die Zusammensetzung und damit die

Gesamtspannung U_0. Aber selbst wenn das Element nicht geschlossen wird, keinen Strom liefert, sondern nur als Spannungsquelle dient, sind Änderungen auf die Dauer nur schwer zu vermeiden. Z.B. diffundieren beim Daniellschen, Groveschen, Bunsenschen Elemente — trotz Verwendung der porösen Zwischenwand zwischen den Elektrolyten — diese doch allmählich ineinander. Daher liefern diese älteren Elemente selbst im stromlosen Zustande nicht so konstante Spannungen, daß sie den heutigen Anforderungen entsprechen. Dieses tut aber das internat. **Westonsche Cadmium-Quecksilber-Element,** dessen Aufbau aus der Abb. 111 hervorgeht (E. Weston, 1893). Ein Glasgefäß der aus Abb. 111 ersichtlichen Form ist am Boden auf der einen Seite mit Hg, auf der anderen Seite mit Cd-Amalgam gefüllt, die mittels zweier Platindrähtchen, die durch das Glas hindurchtreten, nach außen Kontakt geben. Über dem Hg befindet sich eine Paste aus Hg_2SO_4 und Hg. Das übrige Gefäß ist mit einer konzentrierten $CdSO_4$-Lösung angefüllt, der noch überschüssige Cadmiumkristalle zugesetzt sind; das Gefäß ist oben zugeschmolzen. Nach dieser Vorschrift — Lord Rayleigh; Hahlbohm u. a. — hergestellte Weston-Elemente haben eine äußerst konstante Spannung, solange weniger als 10^{-5} A entnommen wird; auch die Temperaturabhängigkeit der Spannung ist sehr gering. Deshalb wurde diese Spannungsquelle das **internationale Normal-Element.** Die Leerlaufspannung ist je nach Zusammensetzung des Amalgams und je nach Säuregehalt des Elektrolyten etwas (bis zu einigen 10^{-4} V) verschieden und liegt bei 20° C um den Richtwert von

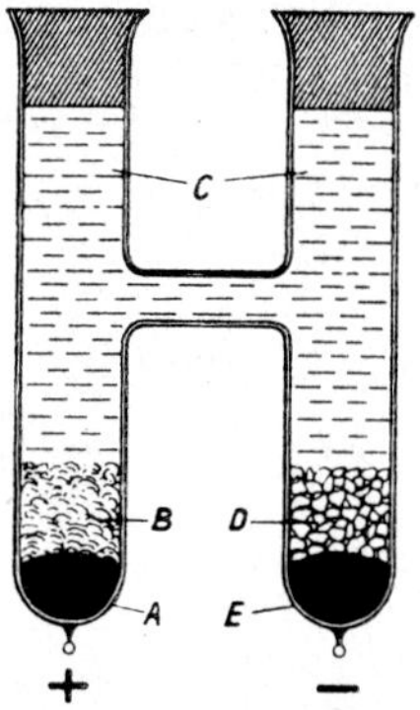

Abb. 111. Westonsches Normalelement

A: Quecksilber, B: Paste aus Hg und Hg_2SO_4, C: konzentrierte $CdSO_4$-Lösung, D: $CdSO_4$-Kristalle, E: Cd-Amalgam

$$U_0 = 1{,}01846 \text{ Volt.} \tag{73}$$

Die genaue Spannung ist für jedes „Internationale Weston-Element" durch Anschluß an ein Spannungs-Hauptnormal zu bestimmen. Die zeitliche Änderung sehr guter Elemente beträgt pro Jahr weniger als 0,5 μV. Die Belastungs-Stromstärke darf kurzzeitig höchstens 10^{-5} A betragen. Der Temperaturkoeffizient, bezogen auf die gleichzeitige Temperaturänderung beider Elektroden, hat bei 20° C den Wert — 40 μV/°C.

Galvanische Batterien. Wie schon hervorgehoben, ist das Charakteristikum der sog. Reibungselektrizität das Auftreten hoher Spannungen, aber kleiner Elektrizitätsmengen. Im Gegensatz dazu liefern die galvanischen Elemente nur Spannungen von 1 bis 2 Volt; wir werden später noch zeigen, daß aber ganz ungeheure Elektrizitätsmengen, die nach hunderten, ja tausenden Coulomb zählen, dadurch in Bewegung gesetzt werden können. Doch kann man durch geeignete Kombination von Elementen auch hohe Spannungen erzielen. Wenn man eine Anzahl von Elementen so verbindet, daß der positive Pol des ersten mit dem negativen Pol des zweiten, der positive Pol des zweiten mit dem negativen des dritten verbunden werden usw., so entsteht (Abb. 112) die sog. **Hintereinanderschaltung von Elementen** oder eine **galvanische Batterie.** In diesem Falle addieren sich alle Spannungen zueinander, so daß n hintereinandergeschaltete Elemente der Spannung U_0 eine Spannung nU_0 liefern. In der Figur haben wir als übliches Symbol eines Elementes einen

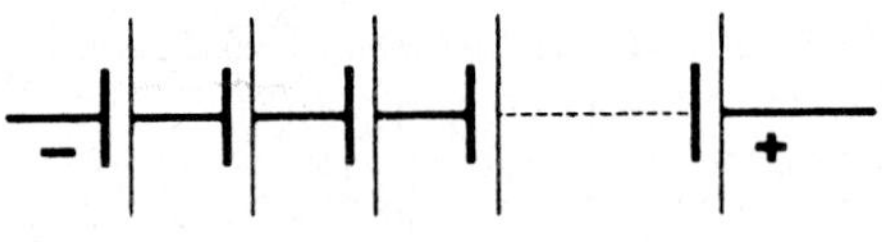

Abb. 112. Hintereinanderschaltung von galvanischen Elementen

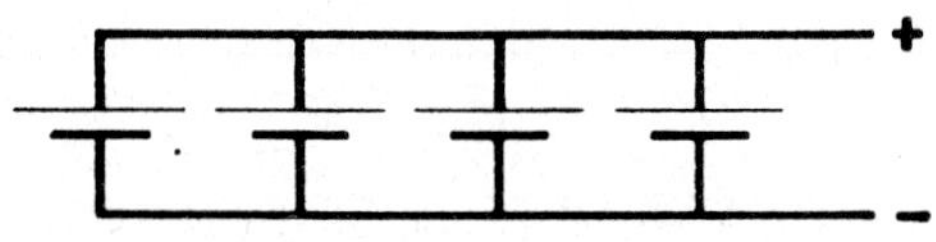

Abb. 113. Parallelschaltung von galvanischen Elementen

kurzen dicken vertikalen Strich als negativen Pol, einen längeren dünnen vertikalen als positiven Pol verwendet. Schaltet man dagegen die Elemente so, daß alle Pluspole und ebenso alle Minuspole untereinander verbunden werden (Abb. 113), so ist die Spannung U_0 der Batterie die gleiche wie die des einzelnen Elementes. Denn die Batterie ist in diesem Falle einfach ein Element von sehr großen Abmessungen. Bei dieser **Parallelschaltung** ändert sich allerdings auch etwas, was wir aber erst später erklären können (Nr. 27).

Schließlich kann man die Elemente in Gruppen hintereinander und diese Gruppen parallel schalten; Abb. 114 zeigt zwei Gruppen zu je drei hintereinandergeschalteten Elementen, die selbst parallelgeschaltet sind.

Die erste Batterie hat A. Volta (1799) hergestellt, indem er Zn- und Cu-Platten unter Zwischenlegung von mit H_2SO_4 getränkten Filzlappen aufeinanderschichtete (sog. **Voltasche Säule**); sie hat nur historische Bedeutung. Ein sehr bequemes Hilfsmittel, z. B. zum Aufladen von Elektrometern, bildet die sog. **Zambonische Säule.** Sie besteht aus Schichten Metall (Cu, Zn)-Papier, die mit den metallisierten Seiten zu Hunderten aufeinandergelegt werden; das Papier ist etwas feucht und enthält Spuren von Säure (Abb. 115). So kann man bequem Spannungen bis zu einigen tausend Volt erhalten.

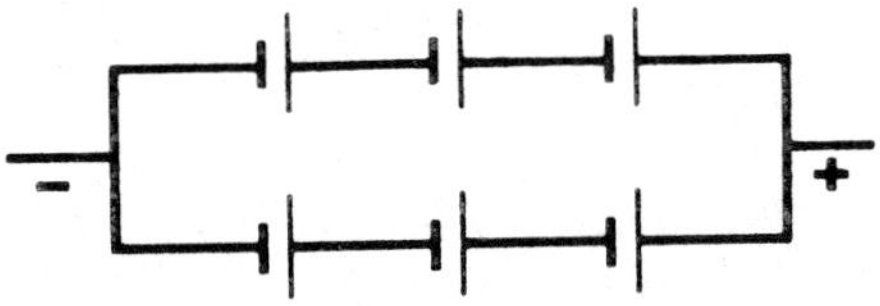

Abb. 114. Gleichzeitige Hintereinander- und Parallelschaltung galvanischer Elemente

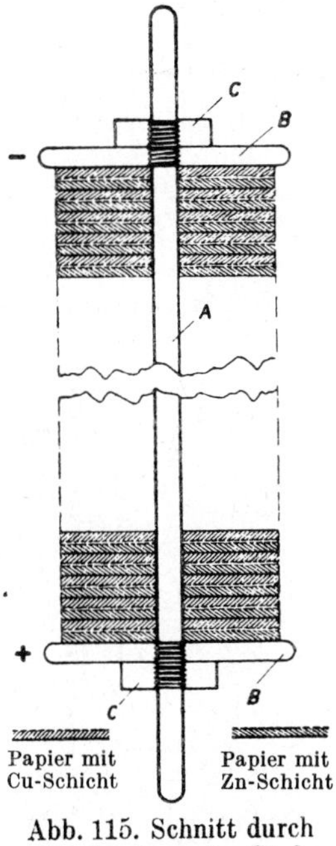

Abb. 115. Schnitt durch eine Zambonische Säule

Die heute in kleinen Radioapparaten, Hörgeräten, Taschenlampen usw. verwendeten **„Monozellen“** und **„Trockenbatterien“** sind sog. „Leclanché-Elemente“ (G. Leclanché, 1868). Bei diesen besteht die negative Elektrode aus einem Zink-Topf, in dem sich eine Lösung von Ammoniumchlorid (NH_4Cl) oder Ammoniak (NH_4OH) befindet. Diese ist zur Erschwerung des Ausfließens von einem neutralen Pulver oder von Sägespänen aufgesaugt oder ist durch eine Gelatine verdickt. In der Mitte des Topfes steckt die positive Elektrode. Sie besteht aus einem Kohlestab, der von gepreßtem Braunsteinpulver (MnO_2) oder von HgO umgeben ist. Zur Erhöhung der Leitfähigkeit ist etwas Ruß oder Graphit beigemengt. An der negativen Elektrode geht das Zink unter Abgabe von Elektronen in Lösung. Bei Stromentnahme würde an der positiven Elektrode Wasserstoff entstehen, wodurch die Spannung stark absinken würde. Dies wird vermieden, indem der Wasserstoff durch MnO_2 oxydiert wird. Eine solche Monozelle gibt eine Spannung von 1,5 Volt. Sie ist verbraucht, wenn das Zink aufgelöst ist. Um das Ausfließen des Elektrolyten nach Erschöpfung zu vermeiden, wird die Trockenbatterie oft zusätzlich gekapselt (leak proof).

Im Gegensatz zu den Trockenbatterien müssen die **„Akkumulatoren“** aufgeladen werden. Die hineingebrachte elektrische Energie wird durch chemischen Prozeß gespeichert. Es gibt Blei-Akkumulatoren, bei denen poröse Bleiplatten in verdünnter Schwefelsäure stehen. Sie werden als Starterbatterien in Kraftfahrzeugen verwendet. Die Spannung einer Zelle beträgt 2 Volt. Ferner gibt es Nickel-Cadmium-Akkumulatoren, die Kaliumhydroxid (KOH) als Elektrolyt enthalten. Ihre mittlere Entladespannung beträgt 1,2 Volt. Die Lebensdauer der Akkumulatoren kann bei guter Pflege viele Jahre betragen. Während dieser Zeit können viele hundert Ladungen und Entladungen erfolgen.

Historisches. Luigi Galvani, Prof. der Anatomie zu Bologna, beobachtete im Jahre 1789 durch einen Zufall, daß ein enthäuteter Froschschenkel in lebhafte Zuckungen geriet, wenn in seiner Nähe ein Funke aus einer Elektrisiermaschine gezogen wurde. Der Froschschenkel geriet gleichfalls in Zuckungen, wenn durch einen Draht zwischen dem Rückenmark und den Schenkelmuskeln eine metallische Verbindung hergestellt wurde, allerdings nur dann stark und regelmäßig, wenn der Draht aus zwei verschiedenen Metallen, Cu und Fe beispielsweise, bestand. Daß diese Verschiedenartigkeit der metallischen Leitung ein wesentlicher Umstand war, entging allerdings Galvani. Er hatte sich vielmehr die Vorstellung gebildet, daß das Rückenmark und die Schenkelmuskeln entgegengesetzt elektrisch geladen seien (sog. tierische Elektrizität), und daß die Drahtverbindung einen Ausgleich zwischen diesen Ladungen vermittle. Erst A. Volta erkannte 1794, daß es wesentlich ist, daß die leitende Verbindung aus zwei verschiedenen Metallen besteht, wie oben auseinandergesetzt. Wir können also sagen, daß Galvani, ohne es zu wissen, ein Element in der Hand hatte, bestehend aus zwei verschiedenen Leitern 1. Art und dem Froschschenkel als Leiter 2. Art; diese Erkenntnis blieb Volta vorbehalten. Freilich überschätzte er die Größe der Kontaktspannung zwischen reinen Leitern 1. Art und unterschätzte dafür diejenige zwischen Leitern 1. und 2. Art; aber das Wesentliche seiner Auffassung ist bis heute geblieben.

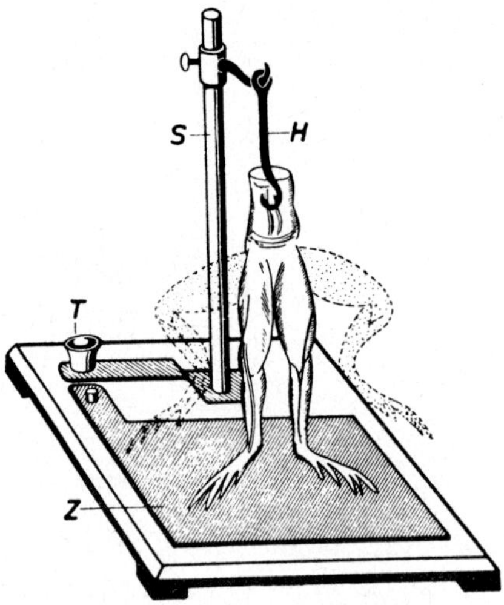

Abb. 116. Anordnung zur Vorführung des Galvanischen Froschschenkelversuches

Den Versuch Galvanis kann man leicht in folgender Weise anstellen: Man legt den Froschschenkel auf eine Zinkplatte, an der ein Kupferdraht angelötet ist; in dem Augenblick, in dem man mit dem freien Ende des Drahtes die Rückenmarksnerven berührt, tritt eine lebhafte Zuckung ein. Eine Variante dieses Versuches ist die folgende: Auf einem Grundbrett (Abb. 116) liegt eine Zinkplatte Z; ferner ist eine Kupferstange S in dieses eingeschraubt, die oben einen gleichfalls aus Cu bestehenden Haken H trägt, der durch das Rückenmark des Frosches hindurchgesteckt wird. Der Haken wird in solcher Höhe an der Stange befestigt, daß die Zehen breit auf der Zinkplatte aufliegen. Stellt man dann durch Niederdrücken der Taste T den Kontakt zwischen Cu und Zn her, so zuckt der Froschschenkel lebhaft und geht in die gestrichelte Lage der Abb. 116 über. Dadurch heben sich die Zehen von der Zinkplatte ab, der Kreis ist nicht mehr geschlossen, die Schenkel sinken wieder herab bis zur Berührung der Zinkplatte, und das Spiel beginnt von neuem.

18. Das elektrische Feld der Erde

Bereits 1750 sprach B. Franklin die Vermutung aus, daß der Blitz elektrischer Natur sei, und zwei Jahre später wurde dies von Dalibard experimentell nachgewiesen; aber darüber hinaus zeigte Lemonnier (1752), daß auch bei wolkenlosem Himmel in der die Erde umgebenden Atmosphäre ein elektrisches Feld vorhanden ist. Mißt man mit Hilfe der in Nr. 10 auf S. 31 beschriebenen Sonden (Flammensonde, Tropfkollektor) das Potential in einigen Metern Höhe über dem Erdboden, so findet man unter normalen atmosphärischen Bedingungen, d. h. bei schönem wolkenlosem Wetter, daß von zwei in einer Vertikalen gelegenen Punkten der obere stets ein höheres Potential als der untere besitzt. Daraus geht hervor, daß in der Atmosphäre ein elektrisches Feld herrscht, das auf die Erde zu gerichtet ist; die Erde selbst muß demnach eine negative Ladung tragen. Die elektrische Feldstärke schwankt in der Nähe des Erdbodens zwischen 317 und 64 Volt/m. Als Mittel langjähriger Beobachtungen findet man über Land 135 Volt/m und über See 126 Volt/m. Mit einem Durchschnittswert von 130 Volt/m erhält man aus Gl. (8a) auf S. 15:

$$|\mathfrak{E}_n| = 4\pi\eta$$

für die elektrische Oberflächendichte der Erde den Wert:

$$\eta = \frac{130}{4\pi \cdot 300 \cdot 100} = 3{,}4 \cdot 10^{-4}\ \mathrm{g}^{1/2}\mathrm{cm}^{1/2}\mathrm{sec}^{-1}$$ (elektrost. Ladungseinheiten pro cm²).

Da die Oberfläche der Erde $A = 5{,}1 \cdot 10^{18}\ \mathrm{cm}^2$ ist, ergibt dies eine negative Gesamtladung der Erde:

$$q_{Erde} = A\eta = 17{,}3 \cdot 10^{14}\ \mathrm{g}^{1/2}\mathrm{cm}^{3/2}\,\mathrm{s}^{-1} \triangleq 5{,}77 \cdot 10^5\ \text{Coulomb}.$$

Dies entspricht einer Anzahl von $3{,}62 \cdot 10^{24}$ Elektronen.

Wäre die Erdoberfläche eine Kugelfläche, so müßten die Äquipotentialflächen des elektrischen Erdfeldes konzentrische Kugelschalen sein. Dies ist in größerer Entfernung von der Erde sicherlich auch der Fall. Da aber auf der Erde jeder Berg, jedes Gebäude, jeder Baum eine Erhebung darstellt, so findet dadurch (Abb. 117) eine Deformation der Potentialflächen statt, der zufolge der Gradient

Abb. 117. Deformation der Potentialflächen des elektrischen Feldes der Erde

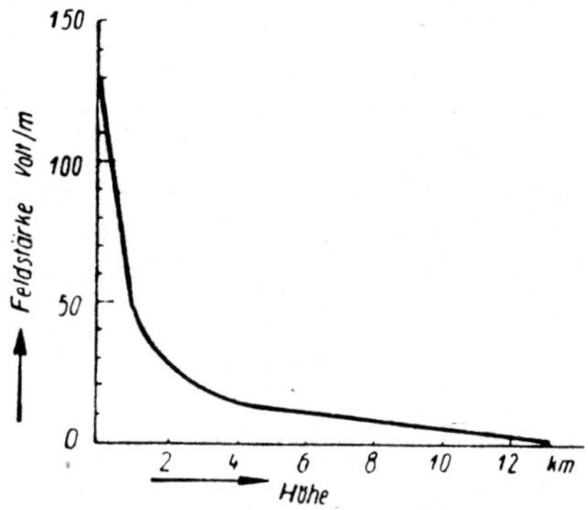

Abb. 118. Abnahme der Feldstärke des elektrischen Erdfeldes mit der Höhe

des elektrischen Potentials z. B. seitlich von einem Hause in horizontaler Richtung verläuft. Außerdem ist über einer Erhebung infolge der Zusammendrängung der Niveauflächen der Potentialgradient größer als über Tälern oder zwischen Gebäuden usw., wo die Potentialflächen weiter auseinanderliegen.

Eingehende Untersuchungen, insbesondere von F. Exner sowie von J. Elster und H. Geitel (1899), haben ferner ergeben, daß der Potentialgradient, d. h. die Feldstärke des Erdfeldes, auch über ebenen Teilen der Erde mit der Höhe abnimmt, wie es Abb. 118 zeigt. Im Freiballon ausgeführte Messungen lieferten z. B. in 20 km Höhe nur noch 1/100 des am Boden gemessenen Wertes.

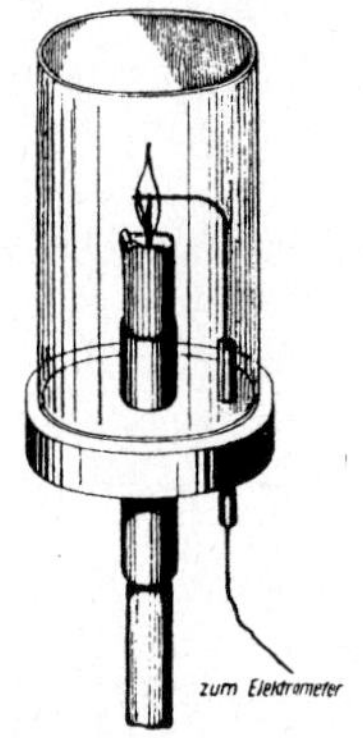

Abb. 119. Flammensonde

Eine einfache Ausführung einer Flammensonde zur Messung von Potentialen zeigt Abb. 119. Am oberen Ende einer langen Stange befindet sich, von einem Glaszylinder gegen Luftströmungen geschützt, eine Kerze, in deren Flamme ein Draht hineinragt; dieser geht durch den Boden des Kerzenhalters isoliert hindurch und führt zum Elektroskop. Da in der Nähe eines Gebäudes der Potentialgradient horizontal gerichtet ist (s. Abb. 117), kann man den Anstieg des Potentials in einem Vorlesungsversuch so zeigen, daß man die Flammensonde horizontal (an einer Bambusstange) immer weiter aus einem Fenster herausschiebt.

Wäre die negative Ladung der Erde die einzige Ursache für das elektrische Feld in ihrer Umgebung, so müßte der Potentialgradient in Höhen bis zu 20 km, für die man die Erdoberfläche noch als Ebene ansehen darf (wie in einem Plattenkondensator), konstant sein. Da dies nicht der Fall ist, muß man in der Erdatmosphäre eine aus positiven Ladungsträgern (positiven Ionen) bestehende Raumladung annehmen, die die Wirkung der negativen Erdladung mit zunehmender Höhe allmählich kompensiert. (In Wirklichkeit sind sowohl positive wie auch negative Ladungen in der Atmosphäre vorhanden, aber positive im Überschuß, und darauf allein kommt es hier an.) Die Dichte dieser positiven Raumladung ist in den unteren Schichten der Atmosphäre am größten und nimmt nach oben zu ab. In einem über der Grundfläche von 1 cm^2 errichteten vertikalen Zylinder von nur 1 km Höhe befinden sich schon etwa $2 \cdot 10^{-4}$ elektrostatische Einheiten positiver Elektrizität, also rund zwei Drittel des Betrages, der zum völligen Ausgleich der auf der Grundfläche des Zylinders auf der Erde vorhandenen negativen Ladung erforderlich wäre.

Auf das Vorhandensein von beweglichen Ladungen beiderlei Vorzeichens in der Atmosphäre deuteten bereits Beobachtungen von Coulomb aus dem Jahre 1785 hin, der fand, daß die Ladung eines isoliert aufgestellten Konduktors mit der Zeit abnahm; aber erst J. Elster und H. Geitel konnten 1899 quantitativ zeigen, daß dieser Zerstreuungseffekt durch in der Luft befindliche Ladungsträger erfolgt, und zwar in der Weise, daß der geladene Körper die Ionen entgegengesetzten Vorzeichens zu sich heranzieht, wodurch seine eigene Ladung allmählich kompensiert wird.

Durch das vertikal zur Erdoberfläche gerichtete elektrische Feld werden die in der Atmosphäre befindlichen positiven Ladungen zur Erde hin bewegt. Man kann ausrechnen, und findet dies auch durch Messungen bestätigt, daß auf diese Weise pro Quadratzentimeter in der Sekunde dauernd eine positive Ladung von etwa $2 \cdot 10^{-16}$ Coul. der Erde zuströmt, das bedeutet für die ganze Erdoberfläche einen Zustrom von rund 10^3 Coul/sec, d. h. es würde die negative Ladung der Erde praktisch bereits nach wenigen Sekunden kompensiert sein. Da nun aber das elektrische Feld der Erde im Mittel konstant ist, muß die Erde dauernd eine Nachlieferung negativer Ladung erhalten; woher diese kommt, ist heute noch nicht vollständig geklärt. Wir kommen hierauf und auf die Entstehung der Ionen in der Atmosphäre in Kap. VIII nochmals zurück.

Die oben angegebenen Werte des Potentialgefälles der Erde sind Mittelwerte bei schönem Wetter. Sieht man zunächst von Unregelmäßigkeiten beim Auftreten von Niederschlägen, Nebel, Wolken, Staub usw. ab, so zeigen sich noch regelmäßige jährliche und tägliche Schwankungen. In der gemäßigten Zone der nördlichen Halbkugel ist das Potentialgefälle am höchsten im Winter und am tiefsten im Sommer. Der tägliche Gang zeigt im allgemeinen in den kalten Monaten ein Minimum in den frühen Vormittagsstunden und ein flaches Maximum am Nachmittag. In den Sommermonaten kommt hierzu noch ein zweites Maximum am Vormittag und ein weiteres Minimum am Mittag.

Besonders starke Störungen des luftelektrischen Feldes entstehen beim Auftreten von Niederschlägen und bei der Bildung von Gewittern. Erfahrungsgemäß führen Regen, Schnee und Hagel beträchtliche elektrische Ladungen mit sich, die bei Landregen gewöhnlich positiv sind, bei Gewitterböen und Schneefällen jedoch sowohl positiv als auch negativ sein können. Die Ursache für die Entstehung von Elektrizität bei Niederschlägen hat durch Untersuchungen von Ph. Lenard und seiner Schüler die folgende Erklärung gefunden: Die einzelnen Regentropfen werden beim Fallen in dem sie umgebenden aufsteigenden Luftstrom zerblasen. Dabei wird der Tropfen zuerst hutartig aufgeblasen, wobei sich sein oberer Teil in eine dünne Haut verwandelt, die dann plötzlich in eine große Zahl kleinster Tröpfchen zerrissen wird. Diese kleinen Tröpfchen zeigen eine negative Ladung und werden vom Luftstrom mit nach oben genommen, während die größeren Teile des Wassertropfens mit positiver Ladung nach unten sinken. Die eigentliche Ursache für diese Bildung von „Wasserfallelektrizität" liegt in dem Vorhandensein einer elektrischen Doppelschicht, deren negative Belegung nach außen zeigt, und die bei dem beschriebenen Zerstäubungsvorgang abgetrennt wird; es handelt sich auch hier also um eine Erscheinung der Kontaktelektrizität (Nr. 17).

Man kann sich diesen Vorgang durch folgenden Versuch veranschaulichen: Schüttet man ein Gemisch von Bleischrot und Schwefelblüte aus einiger Höhe in einen mit einem Elektroskop verbundenen Metallbecher, so bleibt das Elektroskop ungeladen. Bläst man aber von der Seite her z. B. mit einem Fön die Schwefelblüte aus dem herunterfallenden Gemisch zur Seite, so zeigt das Elektroskop eine positive Spannung von mehreren tausend Volt an, die durch die Trennung des Bleis vom Schwefel entstanden ist.

Bei der Vereinigung mehrerer kleiner geladener Wassertropfen zu einem größeren Tropfen kommt es zu einer erheblichen Potentialerhöhung. Dies kann man verstehen, wenn man bedenkt, daß beim Zusammenfließen von acht Kugeln gleichen Halbmessers eine Kugel vom doppelten Halbmesser entsteht. Da aber die Kapazität proportional dem Radius wächst, hat die größere Kugel mit acht Ladungen nur die doppelte Kapazität, also das vierfache Potential wie die kleinen Kugeln, aus denen sie entstanden ist. Durch derartige Vorgänge ist es erklärlich, daß es bei Gewitterregen in der Atmosphäre zu Spannungen von vielen Millionen Volt kommen kann, die sich dann in Form eines Funkens als Blitz zwischen entgegengesetztgeladenen Wolken oder zwischen Wolken und Erde ausgleichen. Auf die Form des Blitzes als elektrische Entladungserscheinung gehen wir später in Kap. VIII noch ein.

Um bei einem Blitzeinschlag Brände und sonstige Zerstörungen an Gebäuden zu vermeiden, bringt man an diesen nach einem schon von B. Franklin (1753) gemachten Vorschlag Blitzableiter an. Diese bestehen aus einer oder mehreren auf den höchsten Stellen des Gebäudes angebrachten Metallstangen, die auf möglichst kurzem Wege durch eine hinreichend starke Metalleitung mit der Erde, und zwar mit der Grundwasserschicht verbunden sind. Da eine in der Feldrichtung in ein elektrisches Feld hineinragende Metallstange die elektrischen Niveaulinien über ihrer Spitze stark zusammendrängt (s, Abb. 33 auf S. 24), wird die elektrische Feldstärke am Ende der Stange besonders hoch, so daß eine Entladung bevorzugt an dieser Stelle einsetzt, womit dem Blitz ein das Gebäude nicht schädigender Weg über den Blitzableiter zur Erde dargeboten ist. Vor allem können Blitzableiter auch die Entstehung eines Blitzeinschlages schon dadurch verhindern, daß aus ihren Spitzen die Elektrizität ausströmt und es dadurch zu einem allmählichen Ausgleich des zwischen Erde und darüber befindlicher geladener Wolke bestehenden elektrischen Spannungszustandes kommt. Derartige elektrische Entladungen aus Spitzen (s. Kap.VIII), die im Dunkel als ein helles Lichtbüschel bei ausströmender positiver Elektrizität oder als heller Lichtpunkt an der Spitze bei negativer Elektrizität zu erkennen sind, treten häufig vor Gewittern und an Tagen mit besonders hohem elektrischem Potentialgefälle an der Spitze von Masten, sowie an den Blitzableitern und den scharfen Kanten und Ecken von Gebäuden auf Bergen ja sogar an den Haaren und den emporgestreckten Händen als sog. St. Elmsfeuer auf.

II. KAPITEL

Magnetostatik

19. Grundtatsachen; Analogien und Differenzen zur Elektrostatik

Neben den im 1. Kapitel besprochenen elektrischen Kräften und Feldern gibt es eine Reihe von Erscheinungen, die mit jenen nahe verwandt, aber nicht identisch sind. Es handelt sich um die sog. **magnetischen Kräfte** und **Felder.** Man findet in der Natur — angeblich zuerst in der Nähe der kleinasiatischen Stadt Magnesia, von der die Erscheinungen ihren Namen tragen — ein Eisenerz (Fe_3O_4), das als Magneteisenstein bezeichnet wird.

Wenn man ein Stück dieses Erzes in feinem Eisenpulver hin und her wälzt, so bleibt letzteres an einigen Stellen in größerer Menge festhaften (Abb. 120), ganz ähnlich wie leichte Korkfeile an einem Stück geriebenen Bernsteins. Man nennt ein solches Stück Erz einen natürlichen Magneten, die Kräfte, die von ihm ausgehen, magnetische, den Raum, innerhalb dessen sie wirksam sind, das magnetische Feld.

Abb. 121. Magnetische Stahlstäbe mit daran haftendem Eisenfeilicht; die Stäbe b, c und d sind durch Zerbrechen von a gewonnen

Wegen der unregelmäßigen Gestalt der natürlichen Magnete sind die Erscheinungen sehr unübersichtlich; ein wissenschaftlicher Fortschritt gelang erst, nachdem man erkannt hatte, daß Stahlstücke durch Bestreichen mit einem Magneteisenstein dieselbe Eigenschaft bekommen und dauernd behalten: Man kann auf diese Weise künstliche permanente Magnete darstellen. Denken wir uns auf diese Weise einen gegen seine Dicke sehr langen Stahlstab magnetisiert und tauchen ihn in Eisenfeilicht, so beobachten wir nach dem Zurückziehen aus dem Eisenpulver, daß dieses in größeren Mengen an zwei bestimmten Stellen des Stabes hängen bleibt (Abb. 121a). Diese Stellen liegen ungefähr um $^1/_{12}$ der Stablänge von den Enden entfernt und werden **Pole** genannt. Die Mitte des Stabes, wo keine Anziehung stattfindet, heißt neutrale oder indifferente Zone des Magneten, die Verbindungslinie seiner Pole magnetische Achse.

Abb. 120. Magneteisenstein mit daran haftendem Eisenpulver

Hat man sich auf die obengenannte Weise zwei Magnetstäbe hergestellt, so kann man zwischen ihren Polen Kraftwirkungen beobachten, am einfachsten, indem man einen Magnetstab horizontal aufhängt und ihn dem anderen nähert. Bezeichnen wir die Pole durch die Buchstaben A_1 und A_2 bei dem ersten, durch B_1 und B_2 bei dem zweiten Stabmagneten, so findet man z. B. folgendes:

1. Wenn A_1 den Pol B_1 mit einer bestimmten Kraft abstößt, so zieht
2. A_1 den Pol B_2 mit der nämlichen Kraft an; dann stößt ferner
3. A_2 den Pol B_2 mit der nämlichen Kraft ab, und
4. A_2 zieht B_1 ebenso stark an.

Diese Versuche zeigen, daß die Kraftwirkungen zwischen den Polen teils anziehend, teils abstoßend sind, ganz ähnlich wie in der Elektrostatik die Kräfte zwischen ungleichnamigen bzw. gleichnamigen Ladungen. Daher nennt man auch hier Magnetpole, die sich abstoßen, gleichnamig, solche, die sich anziehen, ungleichnamig. Jeder Magnet besitzt also zwei ungleichnamige Pole. Eine quantitative Durchführung der Versuche zeigt ferner, daß die beiden Pole eines Magneten in gleicher Stärke vorhanden sind. Man kann dies z. B. in folgender Weise zeigen: Man benutzt eine biegsame sehr flache, magnetische Stahllamelle, bei der man die beiden Pole durch Zusammenbiegen dicht nebeneinander bringen kann (Abb. 122). Während jeder Pol einzeln z. B. kleine Eisennägel anzieht und festhält, geht von den zusammengebogenen Polen keine Kraftwirkung mehr aus.

Die Verschiedenartigkeit der Pole eines Magneten ergibt sich aus folgendem Experiment: Hängt man einen Magnetstab so auf, daß er sich um eine vertikale Achse frei drehen kann, so stellt er sich in eine bestimmte Richtung im Raume ein, die bei uns etwa mit der geographischen Nord-Süd-Richtung übereinstimmt. Man nennt daher den nach Norden zeigenden Pol den Nordpol, den anderen den Südpol. Daß ein Magnet sich in diese Richtung einstellt, erklärt sich durch den Umstand, daß die Erde selbst ein Magnet ist mit einem südmagnetischen Pol auf der nördlichen Halbkugel und einem nordmagnetischen auf der südlichen[1]. — Einen auf einer Spitze drehbaren Magneten von der in Abb. 123 dargestellten Form nennt man eine Magnetnadel; ihr Nordende wird im allgemeinen blau angelassen.

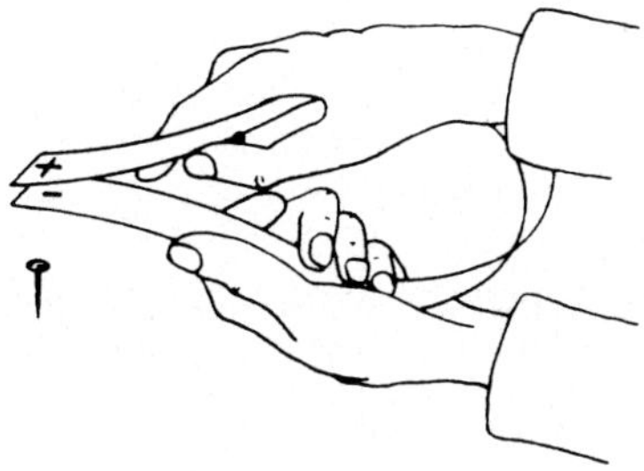

Abb. 122. Versuch zum Nachweis, daß die beiden Pole eines Magneten gleiche Stärke haben

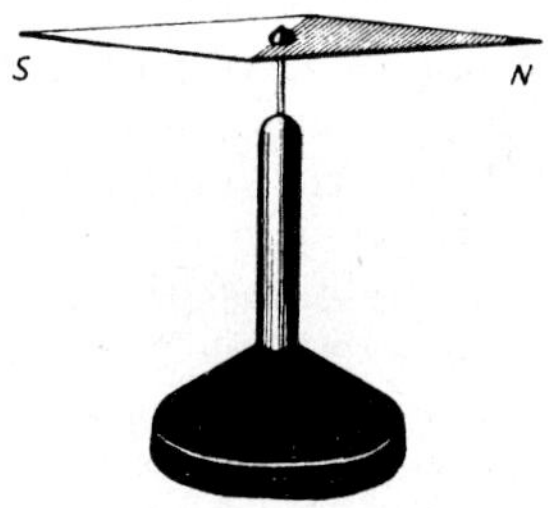

Abb. 123. Magnetnadel

Die beschriebenen Tatsachen könnten die Auffassung nahelegen, daß es zwei Arten magnetischer Flüssigkeiten (oder Magnetismen) gäbe, die eine positiv oder nordmagnetisch, die andere negativ oder südmagnetisch, die in den Polen konzentriert wären. Man hat diese Hypothese in der Tat früher gemacht — die Analogie zu den positiven und negativen elektrischen Ladungen verführt ja dazu —; doch hat es sich gezeigt, daß nur ein Teil der magnetischen Erscheinungen sich damit erklären läßt, während andere damit nicht vereinbar sind.

Versucht man nämlich, die beiden verschiedenen Magnetismusmengen, die in den Polen konzentriert erscheinen, zu trennen, indem man den Magnetstab in der Mitte zwischen den Polen, wo er unmagnetisch ist, zerbricht, so erweist sich jedes Stück wieder als ein vollständiger Magnet mit zwei Polen: Die den Nordpol enthaltende Hälfte hat an der Bruchstelle einen Südpol, die andere einen Nordpol erhalten, und zwar sind die beiden neuen Pole von der gleichen Stärke wie die alten. Diese Teilung kann man beliebig weit fortsetzen (Abb. 121b bis 121d): Immer zeigt sich das nämliche Ergebnis, so daß man zu der Vorstellung geführt wird, daß selbst ein beliebig kleines Volumelement ein vollständiger Magnet mit zwei entgegengesetzten Polen, d. h. ein magnetischer Dipol ist. Man spricht daher auch von Molekularmagneten, indem man folgerichtig annimmt, daß bereits jedes Eisenmolekül einen magnetischen Dipol darstellt. Im unmagnetischen Eisen oder Stahl denkt man sich diese Molekularmagnete völlig ungeordnet

[1]) Trotzdem nennt man inkonsequenterweise den magnetischen Pol der Erde, der auf der Nordhälfte liegt, den magnetischen Nordpol.

durcheinanderliegend, so daß sich ihre magnetischen Wirkungen nach außen gänzlich aufheben. Durch das Bestreichen mit einem Magneten werden sie aber so ausgerichtet, daß alle ihre Nordpole in die eine, ihre Südpole in die entgegengesetzte Richtung weisen.

In vergröbertem Maße kann man dies durch folgenden Versuch zeigen. Man füllt ein Reagenzglas mit feinen Stahlspänen und bestreicht die Röhre mehrmals in der gleichen Richtung mit dem Pol eines kräftigen Stabmagneten. Dadurch werden die Stahlspäne alle in gleicher Richtung magnetisiert, und die ganze Röhre erhält die Eigenschaft eines Magneten mit zwei Polen in der Nähe der Enden. Schüttelt man aber die Röhre kräftig, so daß die Ordnung der magnetisierten Späne verlorengeht, so erweist sich das ganze Aggregat wieder als unmagnetisch.

Die Tatsache, daß es auf keine Weise gelingt, die hypothetischen magnetischen Flüssigkeiten zu trennen, steht im Gegensatz zu der in der Elektrostatik vorhandenen Möglichkeit, die entgegengesetzten Elektrizitätsmengen zu separieren und für sich getrennt zu erhalten. Man muß daher schließen: Der Magnetismus ist eine Erscheinung, die mit keiner anderen vergleichbar ist. Es gibt keinen substantiellen Magnetismus, keine voneinander trennbaren Magnetpole. Der Magnetismus durchsetzt wie ein Fluß die magnetisierbaren und magnetisierten Körper.

Diese Aussage steht in einem nur scheinbaren Gegensatz zu der anderen, daß es Pole gibt, in denen Nord- oder Südmagnetismus konzentriert ist. Wir erinnern daran, daß in Nr. 13 gezeigt wurde, daß ein polarisiertes Dielektrikum in jedem Volumelement einen elektrischen Dipol enthält, und daß trotzdem Ladungen sich nur an seiner Oberfläche bemerkbar machen. *Die Konstitution der Magnete hat offenbar eine sehr nahe Verwandtschaft mit der eines polarisierten Dielektrikums.* Wir behalten daher die Vorstellung von Magnetpolen ruhig bei, weil sich im allgemeinen ein Magnet nach außen so verhält, als ob nur in den Polen magnetische Mengen vorhanden wären, womit eben keineswegs gesagt ist, daß zwischen den Polen keine Mengen von Magnetismus vorhanden sind.

Wir bezeichnen im folgenden die im Nordpol eines Magneten sich bemerkbar machende Magnetismusmenge m mit $+p$, die im Südpol vorhandene mit $-p$; $+p$ und $-p$ werden als **Polstärken** bezeichnet. Beträgt der Abstand der beiden Pole $\mathfrak{l}$, so hat der Magnet das (resultierende) magnetische Moment $\mathfrak{M} = p \cdot \mathfrak{l}$. Die Richtung von l, also auch die des Momentes, weist vom negativen zum positiven Pol. $\mathfrak{M}$ ist das resultierende Moment, das sich (nach der Parallelogrammregel) aus den Einzelmomenten $p_i \mathfrak{l}_i$ der einzelnen Molekularmagnete zusammensetzt; man kann daher auch schreiben: $\mathfrak{M} = \sum_i p_i \mathfrak{l}_i$. Nähert man einem Stück reinen Eisens z. B. den Nordpol eines Stabmagneten, so wird das Eisenstück ebenfalls magnetisch wobei es an seinem dem Magneten genäherten Ende einen Südpol, am entfernteren Ende einen Nordpol erhält. In Analogie zur Elektrostatik spricht man von **magnetischer Influenz,** auch der Ausdruck **induzierter Magnetismus** ist gebräuchlich. Auch hier handelt es sich nicht um eine Trennung positiver und negativer magnetischer Mengen im Eisen, sondern um eine Ausrichtung der einzelnen Molekularmagnete. Entfernt man den Magnetpol wieder, so verliert das reine Eisen seinen induzierten Magnetismus wieder vollkommen. Anders verhält sich Stahl, d. h. Eisen mit Zusatz von Kohlenstoff. Stahl behält die in ihm induzierte Magnetisierung auch nach Entfernung des induzierenden Poles ganz oder teilweise bei, ist also ein Dauermagnet geworden. Daher unterscheidet man die *temporäre Magnetisierung reinen Eisens* von der *permanenten Magnetisierung des Stahles.* Dies drückt man auch so aus, daß man den Stoffen, die eine permanente Magnetisierung zurückbehalten, eine gewisse **Koerzitivkraft** zuschreibt, mit der sie die Rückkehr der geordneten Molekularmagnete in den ungeordneten Zustand verhindern; eine genauere Definition dieses Begriffes werden wir später geben. Reines Eisen hat also eine verschwindend kleine Koerzitivkraft, Stahl eine sehr große. Stoffe wie das Eisen nennt man *magnetisch weich*, Stahl dagegen ist der Repräsentant *magnetisch harter* Körper. Die Ursachen für das verschiedenartige magnetische Verhalten fester Stoffe kann erst in Nr. 76 behandelt werden.

Zur Vorführung der magnetischen Influenz dienen folgende Versuche: Nähert man dem einen Ende eines horizontal gelagerten Weicheisenstabes den Pol eines kräftigen Magneten (Abb. 124), so erhält der Eisenstab an seinen Enden entgegengesetzte magnetische Pole, so daß kleine Eisenteile (Nägel) an ihm haften bleiben. — Hängt man zwei Nägel an Fäden dicht nebeneinander auf (Abb. 125a), so stoßen sich diese voneinander ab (Abb. 125b), wenn man unter sie den Pol eines kräftigen Magneten bringt, da nun beide Nägel zu Magneten werden, deren gleichnamige Pole nebeneinander liegen.

Die schon mehrfach betonte Analogie zwischen einem polarisierten Dielektrikum und einem magnetisierten Körper zeigt sich auch in folgender Hinsicht: Die normalen Dielektrika entsprechen den magnetisch weichen Materialien, insofern beide Polarisation oder Magnetisierung verlieren, wenn das äußere Feld fortgenommen wird. Dagegen sind die anomalen Dielektrika, die Elektrete, in Parallele zu setzen mit den magnetisch harten Stoffen von großer Koerzitivkraft, die, einmal magnetisiert, Dauermagnete bleiben. Was in der Elektrostatik aber Ausnahmefall, sozusagen eine Kuriosität ist, ist in der Magnetostatik von außerordentlicher Bedeutung insofern, als es ohne diese Anomalie gar keine Magnete geben würde.

Noch auf einen anderen Punkt muß hingewiesen werden. Wir haben im Vorstehenden mehrfach betont, daß die Magnete mit (polarisierten) Isolatoren in Parallele zu stellen sind. **In der Tat gibt es nach Ausweis der Erfahrung keine magnetischen Leiter.** Wäre es der

Abb. 124.

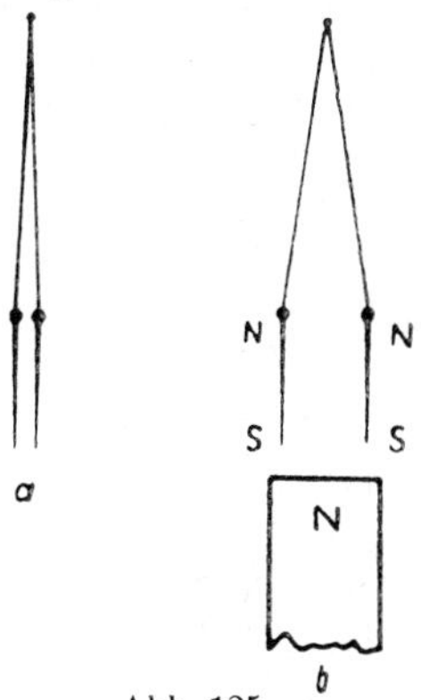

Abb. 124 und Abb. 125. Versuche zum Nachweis der magnetischen Influenz Abb. 125.

Fall, so würde man — wie in der Elektrostatik — positiv und negativ magnetische Mengen trennen können, was sich stets als unmöglich erwiesen hat. Der Vorgang der Magnetisierung besteht eben nur in der Ausrichtung bereits vorhandener magnetischer Dipole. Wenn daher alle Dipole (Molekularmagnete) ausgerichtet sind, so ist eine weitere Steigerung der Magnetisierung nicht möglich: Der Zustand der sog. **magnetischen Sättigung** ist erreicht. Auch diese Erscheinung bildet einen bedeutsamen Unterschied gegen die Elektrostatik.

20. Coulombsches Gesetz; magnetische Feldstärke

Wir wenden uns jetzt der Aufgabe zu, das quantitative Gesetz der Kraftwirkung zwischen zwei Magnetpolen zu bestimmen. Dabei stößt man auf die Schwierigkeit, daß sich die Kraft zwischen den beiden Polen desselben Magneten nicht messen läßt, weil sie starr verbunden sind. Man muß also für den Versuch zwei Magnete nehmen, mit insgesamt 4 Polen, und erhält so kompliziertere Verhältnisse, als sie in der Elektrostatik vorliegen. Man stellt aber leicht fest, daß die Kräfte zwischen je zwei Polen um so schwächer werden, je größer die Entfernung zwischen ihnen ist. Nimmt man daher zu dem Versuche sehr lange Stahlstäbe, so kann man es offenbar erreichen, daß die zweiten Pole sehr weit von einander entfernt sind; man kann sich so in sehr großer Annäherung den einfachen Fall zweier Pole herstellen. In dieser Weise ist Ch. Coulomb (1784) vorgegangen, indem er in der auf S. 10 abgebildeten Drehwaage einen Magnetstab an dem Torsionsfaden waagrecht aufhing und einem Pol desselben von der Seite her einen Pol eines zweiten möglichst langen vertikal gehaltenen Magnetstabes näherte. Coulomb fand zunächst, daß die anziehende oder abstoßende Kraft zwischen zwei Magnetpolen (genau wie die Kraftwirkung zwischen elektrischen Ladungen) umgekehrt proportional dem Quadrat des Abstandes der beiden Pole ist. Außerdem stellte er fest, daß die Kraftwirkung zwischen zwei Polen bei gleicher Entfernung von der Stärke der Magnetisierung der Stäbe, d. h. von den in den Polen konzentriert gedachten magnetischen Mengen p_1 und p_2, also den Polstärken abhängt. Coulombs Messungen, die später von Gauß (1832) auf das genaueste bestätigt wurden, führen unter der von jetzt ab stets zu machenden Voraussetzung, daß sich die Pole in Luft (genauer Vakuum) befinden, zu dem Gesetz:

$$F_{12} = f\,\frac{p_1 p_2}{r_{12}^2}\,, \tag{74}$$

in dem F_{12} den Betrag der Kraft $\mathfrak{F}_{12}$ zwischen den magnetischen Mengen p_1 und p_2 bedeutet, die sich in der Entfernung r_{12} voneinander befinden, $\mathfrak{F}_{12}$ hat die Richtung der Verbindungslinie r_{12}; f ist ein Proportionalitätsfaktor, auf den wir sogleich noch näher eingehen müssen. In Worten:

Die Kraft, mit der sich zwei Magnetpole anziehen oder abstoßen, hat die Richtung ihrer Verbindungslinie und ist dem Produkt der Polstärken direkt und dem Quadrate der Entfernung umgekehrt proportional (Coulombsches Gesetz).

Wenn wir dabei, wie üblich, abstoßende Kräfte als positiv, anziehende als negativ rechnen, so gibt Gl. (74) auch das Vorzeichen richtig an.

Hinsichtlich der mehrfach betonten Analogie mit den elektrostatischen Verhältnissen muß aber noch auf einen Punkt hingewiesen werden. In der Elektrostatik sind die beiden Elektrizitätsmengen, zwischen denen die Kräfte wirken, völlig konstant und unabhängig von dem elektrischen Felde, in das sie hineingebracht werden. In der Magnetostatik gibt es aber keine absolut konstanten Magnetismusmengen, d. h. keine im strikten Wortsinne permanenten Magnete. Vielmehr hängen die Polstärken p von dem Felde ab, in das sie hineingebracht werden, d. h. es wird die Magnetisierung und damit das magnetische Moment eines Magneten durch die von einem zweiten Magneten ausgehenden Kräfte verändert. Wir werden jedoch der Einfachheit halber von dieser Veränderlichkeit der Polstärken der sog. permanenten Magnete absehen, da es gelingt, solche herzustellen, die zumindest in nicht allzu kräftigen Feldern keine Veränderung ihres magnetischen Momentes erfahren. Magnete, deren Polstärken durch äußere magnetische Kräfte gar nicht beeinflußt werden, nennt man starre Magnete; wir setzen im folgenden also stets diesen Idealfall voraus.

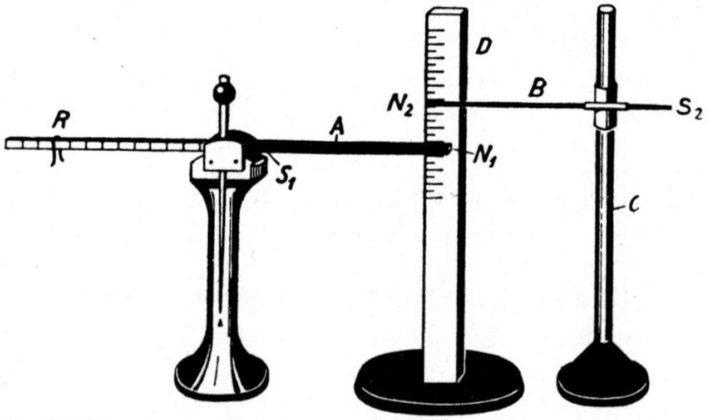

Abb. 126. Magnetische Waage zum Nachweis des Coulombschen Gesetzes

Abb. 126 zeigt eine einfache Anordnung zum Nachweis des Coulombschen Gesetzes. Eine magnetisierte Stricknadel A mit ihren beiden Polen N_1 und S_1 bildet die eine Hälfte eines Waagebalkens, auf dessen anderer (aus unmagnetischem Material, z. B. Messing, hergestellten) Seite sich kleine Reitergewichte R meßbar verschieben lassen. Nähert man dem Pol N_1 von oben den gleichnamigen Pol N_2 einer zweiten magnetisierten Stricknadel B, die sich an einem Stativ verschieben läßt, so wird der Pol N_1 nach unten abgestoßen. Durch Aufsetzen von Reitergewichten auf die linke Seite des Waagebalkens kann die Waage wieder in ihre Ruhelage gebracht werden. Aus der Gleichheit der Drehmomente des Reitergewichtes und der magnetischen Abstoßungskraft kann man letztere berechnen. Durch Verändern des Abstandes der beiden abstoßenden Pole, der an einer Skala D abgelesen wird, kann man ohne weiteres zeigen, daß die Kraft mit dem Quadrate der Entfernung abnimmt. Ersetzt man die feststehende Stricknadel B durch zwei oder drei gleich stark magnetisierte, so wird die abstoßende Kraft verdoppelt oder verdreifacht.

Um aus Gl. (74) zu einem Maß für die Stärke des Magnetismus zu gelangen, setzen wir (wie in der Elektrostatik) den Proportionalitätsfaktor f willkürlich gleich 1 und dimensionslos. Damit nimmt das Coulombsche Gesetz die Form an:

$$F_{12} = \frac{p_1 p_2}{r_{12}^2}, \tag{74a}$$

Stellt man sich zwei Magnete mit gleich starken Polen p her, z. B. durch Halbieren einer Magnetnadel, so erhält man aus Gl. (74a): $p = \sqrt{F_{12}\, r_{12}^2}$; damit ist p auf die Messung einer Kraft und einer Länge zurückgeführt.

Als Einheit der magnetischen Polstärke kann man diejenige bezeichnen, die auf eine gleich große im Abstand von 1 cm die Kraft 1 dyn ausübt.

(75) $$\dim p = L^{3/2}\, M^{1/2}\, T^{-1}; \text{ CGS-Einheit: } \mathrm{cm}^{3/2}\, \mathrm{g}^{1/2}\, \mathrm{s}^{-1}.$$

Das durch die Festsetzung: „f gleich 1 und dimensionslos" definierte Maßsystem heißt das **magnetische** oder aus später erkennbaren Gründen das **elektromagnetische Maßsystem.** Es sei ausdrücklich betont, daß dieses Maßsystem zunächst nichts mit dem elektrostatischen Maßsystem zu tun hat. Denn wir kennen noch keine Beziehungen zwischen elektrischen und magnetischen Größen. Solche existieren auch so lange nicht, als wir es lediglich mit elektrostatischen und magnetostatischen Erscheinungen zu tun haben. Erst wenn wir in den nächsten Kapiteln Verknüpfungen zwischen elektrischen und magnetischen Größen kennengelernt haben, wird es möglich sein, entweder das elektrostatische auf das magnetische Maßsystem zurückzuführen oder umgekehrt.

Das ist ganz ebenso, wie in der Mechanik und der Wärmelehre: Solange nicht bekannt ist, daß die Wärme eine Energieform ist, besteht keine Möglichkeit, die Kalorie in mechanische Einheiten (erg) umzurechnen; erst wenn diese Erkenntnisstufe erreicht ist, kann das thermische Maßsystem auf das mechanische zurückgeführt werden.

Die Messung der magnetischen Polstärke ist ungenau, weil der Magnetismus nicht punktförmig in den Polen konzentriert ist. Die Pole sind Haupteintritts- bzw. -austrittsgebiete der magnetischen Feldlinien. Die Messung von r ist somit ungenau. Man bestimmt daher besser und richtiger den gesamten Fluß, der einen Magneten durchsetzt. Dadurch werden wirklich alle Kraftlinien und nicht nur die meisten erfaßt. Dies geschieht mit Hilfe einer Drahtspule, die von der Mitte über ein Ende des Magneten abgezogen wird. Man verbindet die Enden der Spule mit einem Galvanometer und mißt den induzierten Spannungsstoß (s. V. Kap.). Die Abb. 132a zeigt deutlich, wie eine Messung der Polstärke mit Hilfe der magnetischen Waage nicht sämtliche Kraftlinien erfassen kann, wohl aber eine von der Mitte des Stabmagneten nach rechts oder links abgezogene Spule.

Obgleich die Einführung der magnetischen Polstärke überflüssig ist, ist trotzdem die Kenntnis des Begriffes ganz nützlich. So ist die wichtige Größe magnetisches Moment $\mathfrak{M} = p \cdot \mathfrak{l}$, also magnetische Polstärke mal Abstand der beiden Magnetpole, leichter verständlich mit dem Begriff der magnetischen Pole.

Zur weiteren Untersuchung der von Magnetpolen ausgehenden Kräfte stellen wir uns wie in der Elektrostatik auf den Standpunkt der Feldtheorie von Faraday. Wir stellen uns also in dem umgebenden Raum einen besonderen Spannungszustand vor, den wir grundsätzlich in derselben Weise messen, wie den Vektor des elektrischen Feldes. Wir bestimmen zu diesem Zwecke die Kraft, die auf eine sehr kleine magnet. Polstärke p ausgeübt wird, und definieren einen Vektor $\mathfrak{H}$ durch die Gleichung:

(76) $$\mathfrak{H} = \lim_{p \to 0} \frac{\mathfrak{F}}{p}.$$

$\mathfrak{H}$ ist die **magnetische Feldstärke**

(77) $$\dim \mathfrak{H} = \dim \frac{Kraft}{Polstärke} = \frac{\sqrt{Kraft}}{Länge} = L^{-1/2}\, M^{1/2}\, T^{-1}.$$

Im CGS-System ist die Einheit $\sqrt{\mathrm{dyn}}/\mathrm{cm}$, also $\mathrm{cm}^{-1/2}\, \mathrm{g}^{1/2}\, \mathrm{s}^{-1}$. In einem Raumpunkt herrscht die Einheit der magnetischen Feldstärke, wenn dort der magnetische Einheitspol die Kraft 1 dyn erfährt. Diese (elektromagnetische) CGS-Einheit der magnet. Feldstärke hieß früher auch Oersted (genannt nach dem dänischen Physiker Oersted).

Aufgrund internationaler Vereinbarung hat die magnet. Feldstärke $\mathfrak{H}$ eine neue Einheit erhalten. Das Magnetfeld in einer langen, stromdurchflossenen Spule ist sehr gut meßbar und ist nur abhängig von der Stromstärke und der Windungszahl pro Länge der Spule. Die magnet. Feldstärke in der Spule ist gleich Ampere mal Windungszahl pro Meter; die Einheit ist A/m. Um die gewohnte Abkürzung Oersted beizubehalten, hat man vereinbart:

(77a) $$\mathbf{1\ cm^{-1/2}\, g^{1/2}\, s^{-1} \mathrel{\hat{=}} 1\ Oersted\ (Oe) = 79{,}577\ A/m}$$

(siehe auch S. 121 und S. 193 unten).

Das magnetische Feld der Erde hat in unseren Breitengraden eine Stärke von etwa 0,2 Oersted. Die kräftigsten Magnetfelder, die wir mit modernen technischen Mitteln (mit Hilfe elektrischer Ströme) erzeugen können, liegen in der Größenordnung von 200000 Oersted. Für Bruchteile von Sekunden ist man allerdings bis zu Feldern von etwa 500000 Oersted gelangt.

21. Kraftlinien; Kraftfluß; magnetisches Potential

Ebenso wie in der Elektrostatik kann man auch den Zustand des magnetischen Feldes geometrisch durch Kurven darstellen, die man **magnetische Kraftlinien, Feldlinien** oder **$\mathfrak{H}$-Linien** nennt. Die Richtung dieser Linien stimmt in jedem Punkt des Feldes mit der Richtung der dort vorhandenen magnetischen Feldstärke überein. An sich geht durch jeden Punkt des Feldes eine solche Kraftlinie. Wir können aber auch hier den Betrag der Feldstärke durch die Kraftliniendarstellung zum Ausdruck bringen, indem wir durch jeden Quadratzentimeter einer zur Feldrichtung senkrechten Fläche nur so viele $\mathfrak{H}$-Linien ziehen, als dem Betrage $|\mathfrak{H}|$ der Feldstärke an dieser Stelle entspricht. Die Anzahl dN der auf diese Weise gezogenen $\mathfrak{H}$-Linien, die ein beliebig orientierten Flächenstück dA durchsetzen, ist also

$$dN = |\mathfrak{H}_n| \, dA,$$

wenn $\mathfrak{H}_n$ die zu dA normale Komponente von $\mathfrak{H}$ ist (vgl. hierzu die analoge Festsetzung für die $\mathfrak{E}$-Linien auf S. 14 u. 15).

Das einfachste Mittel zur Untersuchung eines magnetischen Feldes ist eine kleine Magnetnadel. Sie stellt sich an jeder Stelle des Feldes in die Richtung der dort herrschenden magnetischen Kraft ein. Schreitet man von Punkt zu Punkt immer in der Richtung fort, die die Nadel angibt, so beschreibt man eine magnetische Kraftlinie.

Darauf beruht der folgende kleine Apparat zum praktischen Zeichnen von $\mathfrak{H}$-Linien: Wenn man im Inneren des Fußes der in Abb. 123 dargestellten Magnetnadel einen kleinen Schreiber anbringt, dessen Spitze durch eine Feder gegen darunter liegendes Papier gedrückt wird, so zeichnen sich bei der Verschiebung der Nadel in ihrer Längsrichtung die $\mathfrak{H}$-Linien selbsttätig auf.

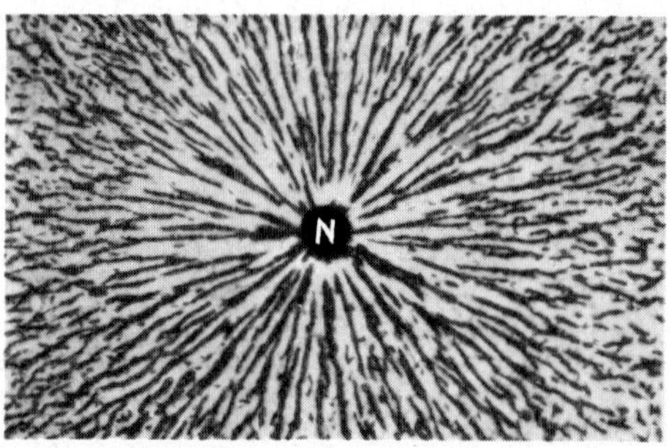

Abb. 127. Von dem Pol eines vertikal gestellten Stabmagneten ausgehende Kraftlinien

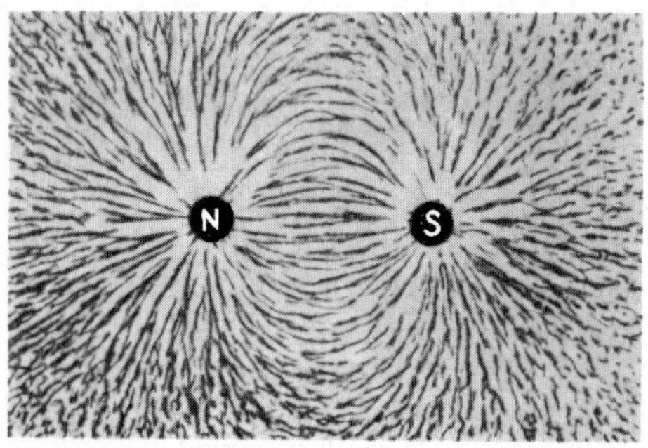

Abb. 128. Kraftlinienbild zweier ungleichnamiger Magnetpole

Experimentell lassen sich magnetische Kraftlinienbilder in folgender Weise gewinnen: Man legt auf den Magneten ein Stück glattes steifes Papier und streut hierauf Eisenfeilspäne. Erschüttert man das Papier durch leises Klopfen mit dem Finger, so ordnen sich die Eisenteilchen zu deutlich sichtbaren Kurven an. Da nach S. 93 ein Stück Eisen in der Nähe eines Magneten selbst zu einem magnetischen Dipol wird, wird auch jedes Spänchen zu einem solchen Dipol und stellt sich wie eine Magnetnadel in die Richtung der dort herrschenden magnetischen Kraft ein.

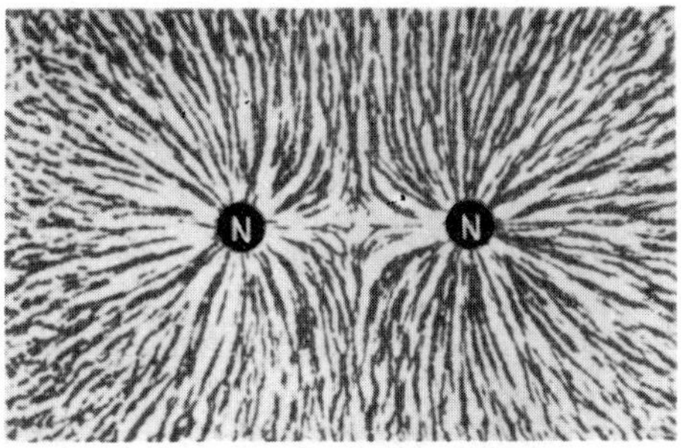

Abb. 129. Kraftlinienbild zweier gleichnamiger Magnetpole

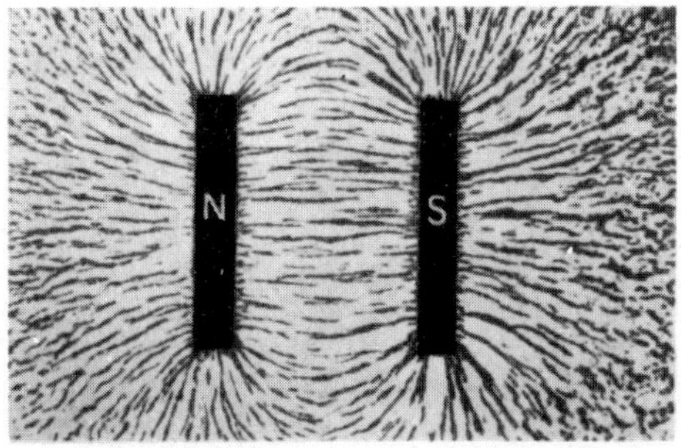

Abb. 130. Annähernd homogenes Kraftlinienbild zwischen den Polen eines Hufeisenmagneten

In den Abbildungen 127 bis 130 sind einige magnetische Kraftlinienbilder wiedergegeben. Abb. 127 zeigt die von einem Pol eines vertikal gestellten Stabmagneten ausgehenden Kraftlinien; in Abb. 128 ist das Kraftlinienbild für zwei ungleichnamige, in Abb. 129 für zwei gleichnamige Magnetpole wiedergegeben, und in Abb. 130 sehen wir das Feld zwischen den Polen eines Hufeisenmagneten. In Abb. 131a—d ist schematisch die Form der Magnete wiedergegeben, mit denen die Kraftlinienbilder erhalten wurden; die Abb. 127 bis 130 zeigen natürlich nur einen ebenen Schnitt durch das in Wirklichkeit räumliche Kraftlinienbild.

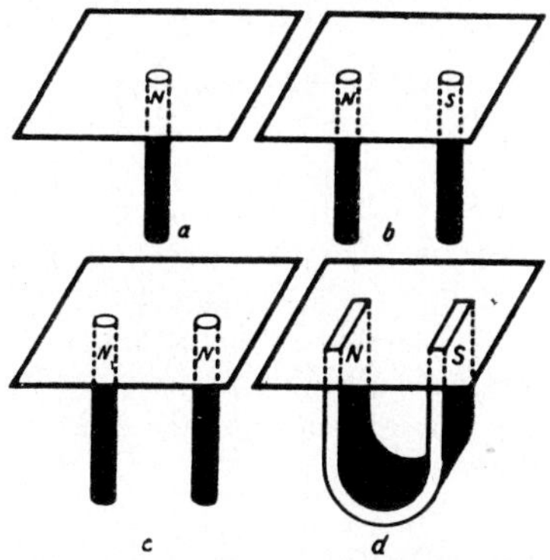

Abb. 131. Ansicht der Versuchsanordnung, mit der die Kraftlinienbilder von Abb. 127 bis Abb. 130 erhalten wurden

Die Bilder 127 bis 129 stellen inhomogene Felder dar, bei denen sich Stärke und Richtung des Feldes von Punkt zu Punkt ändern. Je dichter die Kraftlinien nebeneinander verlaufen, desto stärker ist an der betreffenden Stelle die Feldintensität. Abb. 130 zeigt in der Mitte zwischen den länglichen Polen ein praktisch h o m o g e n e s Feld: Die Kraftlinien verlaufen überall nahezu parallel und äquidistant: wir haben hier das magnetische Analogon zu dem auf S. 16 in Abb. 23 wiedergegebenen elektrischen Kraftlinienverlauf im Inneren eines Plattenkondensators.

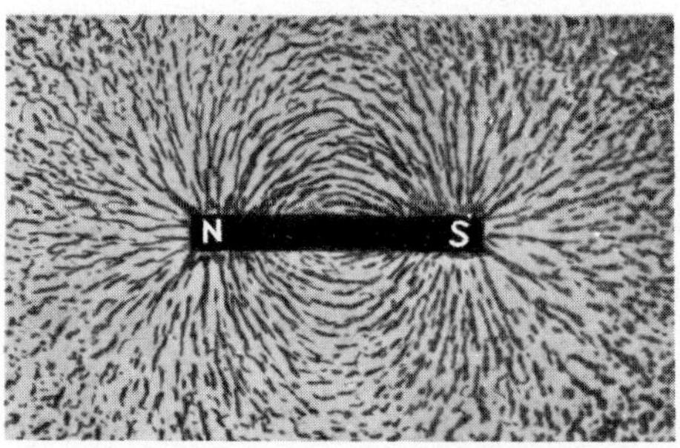

a

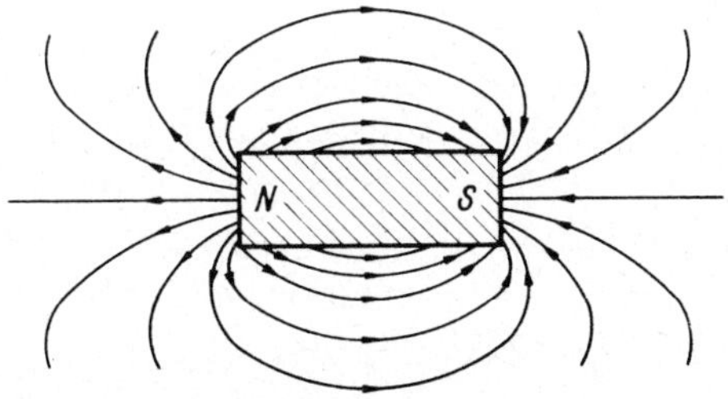

b

Abb. 132. Kraftlinienbild eines Stabmagneten
a: mit Eisenfeilspänen sichtbar gemacht; b: Verlauf und Richtung einzelner Kraftlinien schematisch

Magnetische Kraftlinien beginnen oder enden niemals im freien Raum, sie treten vielmehr stets aus einem (positiven) Pol eines Magneten heraus und enden in einem (negativen) Magnetpol. Man erkennt dies besonders gut an dem in Abb. 132a wiedergegebenen Kraftlinienbild eines Stabmagneten; schematisch ist dieser Kraftlinienverlauf unter Einzeichnung von Richtungspfeilen nochmals in Abb. 132b wiedergegeben. Schließlich zeigt Abb. 133 noch das Kraftlinienbild eines Hufeisenmagneten.

Eine jede magnetische Kraftlinie stellt die Bahn dar, längs derer sich ein frei beweglicher einzelner Nordpol in dem betreffenden Feld bewegen würde, falls seine Geschwindigkeit so klein gehalten wird, daß Trägheitskräfte nicht stören. Die Richtung, in der sich ein Nordpol auf der

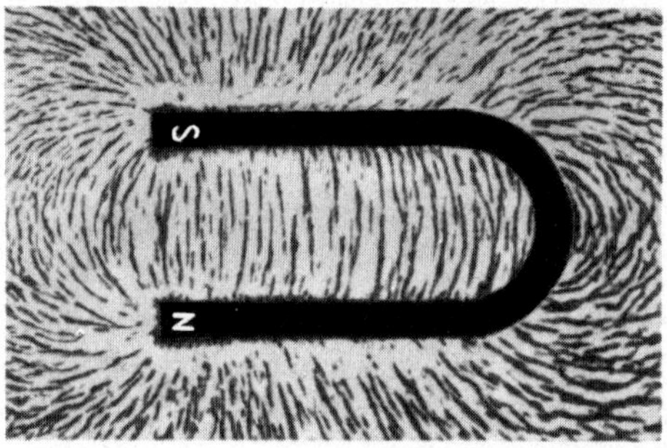

Abb. 133. Kraftlinienbild eines Hufeisenmagneten

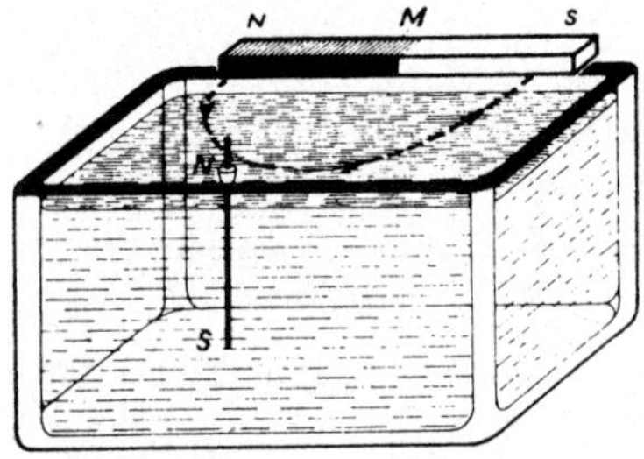

Abb. 134. Versuchsanordnung zur Sichtbarmachung der Bewegung eines Magnetpols längs einer Kraftlinie

Kraftlinie bewegt, bezeichnen wir als die positive Richtung derselben; in diesem Sinne sind z. B. die Pfeile in der schematischen Abb. 132b zu verstehen. Man kann die Bewegung eines Poles auf einer Kraftlinie dadurch zeigen, daß man auf den Rand einer größeren mit Wasser gefüllten Glaswanne (Abb. 134) einen langen Stabmagneten M legt und im Wasser in vertikaler Stellung eine durch einen Kork gesteckte magnetisierte Stricknadel schwimmen läßt, so daß ihr Nordpol sich oben in der Höhe des Magneten M befindet. Bringt man diesen Nordpol an den gleichen Pol von M heran und läßt ihn los, so bewegt sich der schwimmende Pol auf der von dieser Stelle ausgehenden Kraftlinie (in Abb. 134 gestrichelt) nach dem Südpol von M hinüber. Die dabei auf den Pol von der Stärke p ausgeübte Kraft ist gemäß der in (76) gegebenen Definition der Feldstärke der Größe und Richtung nach:

(78) $$\mathfrak{F} = p\mathfrak{H}.$$

Setzen wir in Gl. (74a) für das Coulombsche Gesetz die magn. Polstärke p_2 des einen Poles gleich 1, so liefert die linke Seite die Feldstärke, die die magn. Polstärke p_1 im Abstand r ausübt. Das heißt:

Die Feldstärke eines punktförmigen magnetischen Pols p im Abstand r hat den Betrag:

(79) $$|\mathfrak{H}| = \frac{p}{r^2};$$

je nach dem Vorzeichen von p ist $\mathfrak{H}$ radial von p fort ($p > 0$) oder aber auf p hin ($p < 0$) gerichtet. Aus Gl. (79) folgt für die Dimension der magnetischen Feldstärke:

$$\dim \mathfrak{H} = L^{-1/2}\, M^{1/2}\, T^{-1},$$

was natürlich mit dem früheren Ergebnis der Gl. (77) übereinstimmt.

Genau wie in der Elektrostatik nennt man die Anzahl dN der ein Flächenstück dA durchsetzenden Kraftlinien, d. h. die Größe

$$dN = |\mathfrak{H}_n|\, dF = |\mathfrak{H}| \cos\alpha\, dA,$$

wo α den Winkel zwischen der positiven Feldrichtung und der Normalen von dA bedeutet, den **magnetischen Fluß $d\Phi_m$** durch dA:

(80) $$d\Phi_m = |\mathfrak{H}| \cos\alpha\, dA.$$

Für eine endliche Fläche A ergibt sich daraus durch Summation bzw. Integration:

(80a) $$\Phi_m = \int |\mathfrak{H}| \cos\alpha \, dA = \int |\mathfrak{H}_n| \, dA.$$

Ist das Feld in der ganzen Ausdehnung der Fläche A homogen und außerdem senkrecht zur Fläche gerichtet ($\alpha = 0$, $\cos\alpha = 1$), so ist speziell:

(80b) $$\Phi_m = |\mathfrak{H}| \, A.$$

In der Elektrostatik zeigten wir nun — Gaußscher Satz (Gl. (8) S. 15 —, daß der elektrische Kraftfluß durch eine geschlossene Fläche gleich 4π mal der Summe der umhüllten Elektrizitätsmengen ist. Umhüllt hier die Fläche einen vollständigen Magneten, so ist die Summe der Polstärken, also auch der gesamte Kraftfluß, gleich Null, da es keinen „wahren" Magnetismus gibt. Wenn man aber nur einen Pol umhüllen will, so muß die Fläche notwendig den Magneten schneiden, d. h. zum Teil in seinem Innenraum verlaufen, über den wir noch nichts aussagen können. Wir müssen uns also darauf beschränken, den Kraftfluß des umhüllten Poles in den Außenraum zu betrachten, d. h. ihn nur für diejenigen Teile (A_a) der Hüllfläche zu berechnen, die außerhalb des Magneten verläuft, wie es Abb. 135 andeutet. Wir finden so:

(80c) $$\Phi_m = \int |\mathfrak{H}_n| \, dA_a = p \int \frac{1}{r^2} \, dA_a .$$

Der Kraftfluß ist also sicher der Polstärke proportional. Man kann also sagen: Die Stärke eines Poles ist proportional dem Kraftfluß, den er in den Außenraum des Magneten schickt, eine Aussage, die man zu einer exakten Definition der Polstärke benutzen kann. Da nach Abb. 135 das an der geschlossenen Fläche A fehlende Stück (im Innenraum des Magneten) klein ist, kann man mit dieser Einschränkung sagen, daß

(80d) $$\Phi_m = 4\pi p$$

ist.

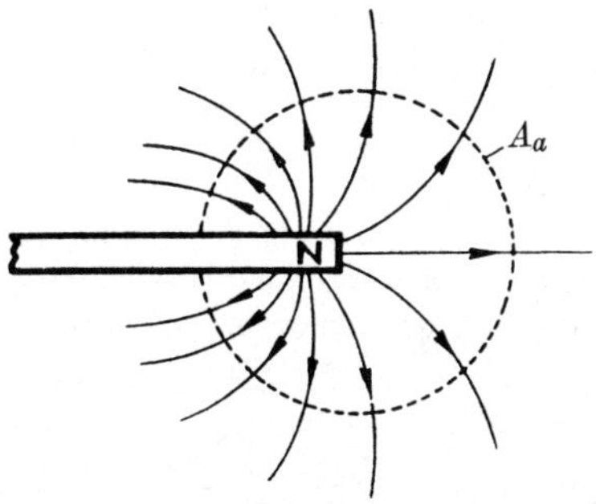

Abb. 135.
Zur Bestimmung des von einem Magnetpol durch eine geschlossene Fläche tretenden Kraftflusses

In allen Kraftlinienbildern erkennt man, daß das Feld eines Permanentmagneten im Außenraum — und auf diesen müssen wir uns ja vorläufig beschränken — ein Quellenfeld ist und keine Wirbel besitzt, d.h. daß es keine in sich zurücklaufenden Kraftlinien gibt. Genau wie im elektrostatischen Felde muß also auch das Linienintegral der magnetischen Feldstärke über eine geschlossene Kurve verschwinden. Wir haben also für $\mathfrak{H}$ die Bedingung:

(81) $$\oint |\mathfrak{H}_s| \, ds = 0.$$

Für die linke Seite dieser Gleichung ist die Bezeichnung **magnetomotorische Kraft** gebräuchlich.

Aus (81) folgt aber sofort, daß die Feldstärke aus einem Potential V_m ableitbar ist. Dieses ist — genau wie in der Elektrostatik — definiert durch die Bestimmung: Das magnetische Potential in einem Punkt des Feldes ist die Arbeit, die erforderlich ist, um einen positiven (nördlichen) Pol aus dem Unendlichen an den betreffenden Feldpunkt zu bringen, dividiert durch die Polstärke.

Daher folgt für das Potential eines punktförmigen Poles p im Abstande r der Wert:

(82) $$V_m = \frac{p}{r}.$$

Wird das Feld von mehreren Polen p_i hervorgerufen, so ist das Potential in dem Feldpunkte, der von den einzelnen Polen p_i die Abstände r_i besitzt:

(82a) $$V_m = \frac{p_1}{r_1} + \frac{p_2}{r_2} + \ldots \frac{p_n}{r_n} = \sum_i \frac{p_i}{r_i}.$$

In Wirklichkeit sind die Pole natürlich nicht punktförmig, sondern die magnetischen „Mengen" sind entweder in einem Raumgebiete τ oder auf einer Fläche A ausgebreitet. Die Verhältnisse $\frac{p}{\tau} = \varrho$ bzw. $\frac{p}{A} = \eta$ nennt man die räumliche bzw. flächenhafte Dichte des Magnetismus.

Haben wir es mit solchen Fällen zu tun, so geht die Summe (82a) für das Potential sinngemäß in ein Integral über:

$$V_m = \int \frac{\varrho\, d\tau}{r} \text{ bzw. } V_m = \int \frac{\eta\, dA}{r}. \tag{82b}$$

Schließlich folgt für den Zusammenhang zwischen der Feldstärke $\mathfrak{H}_s$ in einer beliebigen Richtung s und dem Potential:

$$|\mathfrak{H}_s| = -\frac{d V_m}{ds}. \tag{83}$$

d. h. die magnetische Feldstärke ist gleich dem Potentialgefälle. Es muß jedoch darauf hingewiesen werden, daß dies nur gilt, solange die Annahme genau definierter „Pole" als Anfangs- und Endpunkte der magnetischen Feldlinien gerechtfertigt ist. Auf keinen Fall gilt Gl. (83) für das Magnetfeld stromdurchflossener Drähte oder Spulen. Vgl. Ende von Nr. 24.

Die Messung der „magn. Spannung" zwischen zwei Punkten verschiedenen Potentials wird in Nr. 42 behandelt.

Unter Benutzung des Potentials berechnet sich nach (82a) und (83) die Feldstärke eines Magnetstabes vom magnetischen Momente $\mathfrak{M}$ in der Entfernung r von der Stabmitte ganz analog wie die Feldstärke eines elektrischen Dipols (vgl. S. 24) zu:

$$\mathfrak{H}_{Dipol} = \frac{\mathfrak{M}}{r^3}\sqrt{3\cos^2\varphi + 1}, \tag{84}$$

wenn φ den Winkel zwischen der magnetischen Achse und der von der Stabmitte nach dem Aufpunkt gezogenen Geraden bedeutet (s. Abb. 34), und wenn die Länge des Magneten klein gegen den Abstand r ist.

22. Magnetstab im homogenen Magnetfeld; Messung der Feldstärke und des magnetischen Momentes

In einem beliebigen magnetischen Felde lassen sich die auf einen Magnetstab (Moment $\mathfrak{M}_S$, Betrag M_S) wirkenden Kräfte nach den allgemeinen Regeln der Mechanik für das Kräftesystem an einem starren Körper zurückführen auf eine Einzelkraft und ein Kräftepaar (s. Band I, Nr. 32). In einem homogenen Felde, z. B. in dem der Erde, vereinfacht sich das Kräftesystem in der Weise, daß die resultierende Einzelkraft gleich Null ist und nur ein Kräftepaar übrig bleibt, das im allgemeinen ein Drehmoment auf den Magneten ausübt. Denn die Kräfte, die das homogene Magnetfeld $\mathfrak{H}$ (Betrag H) auf die beiden Magnetpole $\pm\, p$ im Abstande l ausübt, sind offenbar

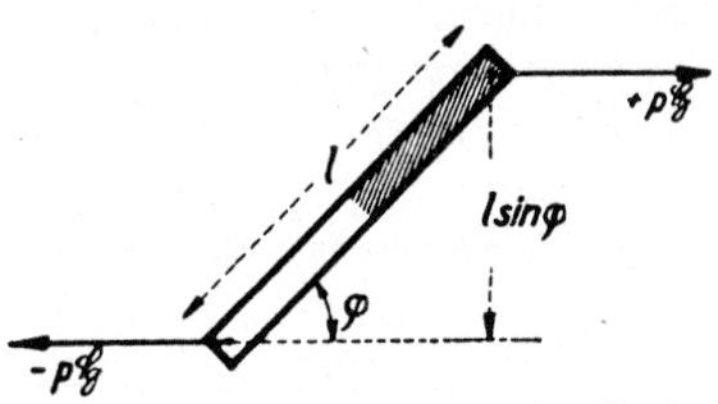

Abb. 136. Zur Berechnung des Drehmomentes eines Stabmagneten in einem homogenen Magnetfeld

$$\mathfrak{F}_1 = +p\mathfrak{H} \quad \text{und} \quad \mathfrak{F}_2 = -p\mathfrak{H},$$

deren Summe in der Tat gleich Null ist. Da die beiden Kräfte aber dem Betrage nach gleich groß und entgegengesetzt gerichtet sind, so bilden sie ein Kräftepaar, welches ein Drehmoment $\mathfrak{D}$ vom Betrage

$$D = pHl\sin\varphi = M_S H \sin\varphi \tag{85}$$

ausübt, wie sofort aus Abb. 136 folgt, wenn man beachtet, daß $pl = M_S$ ist.

Ist der Magnet um eine senkrecht zur Richtung von $\mathfrak{H}$ stehende, durch seinen Schwerpunkt gehende Achse frei drehbar, so bewegt er sich unter dem Einfluß dieses Drehmomentes so lange, bis es gleich Null geworden ist. Das ist der Fall für $\varphi = 0$[1]), d. h. der Magnet stellt sich in die

[1]) Auch für $\varphi = \pi$ verschwindet das Drehmoment; der Magnet ist dann aber in einer Lage labilen Gleichgewichtes; stabiles Gleichgewicht tritt nur für $\varphi = 0$ ein.

Richtung des äußeren Feldes ein (Wirkungsweise des Kompasses, s. S. 105). Abb. 137 zeigt das Kraftlinienbild eines in einem homogenen Feld befindlichen Magnetstabes. Man sieht deutlich, wie an seinem unteren linken und an seinem oberen rechten Ende die Kraftlinien des Feldes angreifen, um den Stab im Uhrzeigersinne zu drehen.

Durch eine Messung des Drehmomentes (85) gewinnt man das Produkt $M_S H$ aus dem magnetischen Moment des Magneten und der Feldstärke. Praktisch kommt nur der Fall in Betracht, daß der Magnet um eine vertikale Achse drehbar ist; wenn daher das homogene Feld nicht selbst horizontal verläuft, so kommt — wie wir in der nächsten Nummer z. B. beim Erdfeld sehen werden — doch nur seine horizontale Komponente als wirkend in Frage; in jedem Fall wollen wir den Betrag der wirkenden Feldstärke mit H bezeichnen.

Das Produkt $M_S H$ könnte man statisch z. B. in der Weise messen, daß man (Abb. 138) den Magnetstab mittels eines bekannten Drehmomentes in die Lage senkrecht zum Felde $\mathfrak{H}$ zurückdreht. Zu diesem Zweck befestigt man im Abstand a vom Aufhängepunkt 0 zwei Fäden am Magneten, an denen waagerecht in entgegengesetzter Richtung über zwei Rollen zwei Gewichte G ziehen. Durch geeignete Bemessung derselben kann man es erreichen, daß sich der Magnet senkrecht zur Feldrichtung einstellt. Dann ist $\varphi = \pi/2$, also

$$M_S H = 2 G a.$$

Wesentlich genauer läßt sich $M_S H$ ermitteln, wenn man nach Gauß den Magneten im Felde $\mathfrak{H}$ Drehschwingungen um die Vertikale ausführen läßt. Nach Band I, IV. Kap. Nr. 37, ist die Schwingungsdauer $T = 2\pi\sqrt{\Theta/D_1}$, wenn Θ das Trägheitsmoment des Magneten in bezug auf die Drehachse und $D_1 = M_S H$ das Direktionsmoment, d. h. der Wert des Drehmomentes $\mathfrak{D} = M_S H \sin\varphi$ für $\sin\varphi = 1$ ist. Die Schwingungsdauer des Magneten ist also:

$$T = 2\pi\sqrt{\frac{\Theta}{M_S H}}.$$

Hieraus folgt:

$$M_S H = \frac{4\pi^2 \Theta}{T^2} \tag{86}$$

Um M_S und H einzeln zu ermitteln, muß man außer dem Produkt der beiden Größen noch eine andere Funktion von ihnen, z. B. das Verhältnis M_S/H ermitteln. Zu diesem Zweck läßt man nach Gauß auf eine kleine Magnetnadel (A), deren Nullstellung mit der Richtung des Feldes $\mathfrak{H}$ übereinstimmt, in der aus Abb. 139 erkennbaren Lage den Magneten (B)

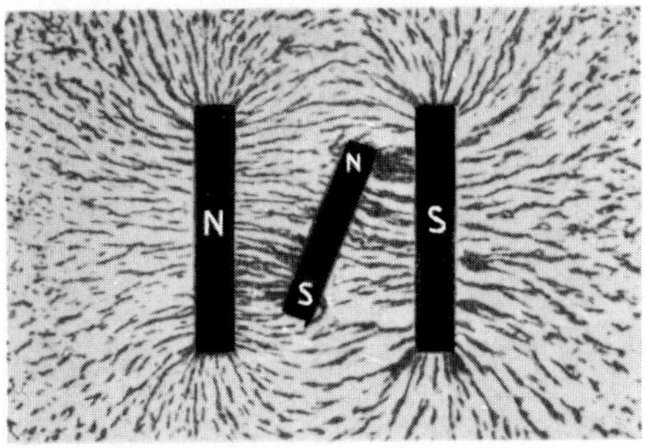

Abb. 137. Kraftlinienbild eines in einem homogenen Magnetfeld befindlichen Stabmagneten

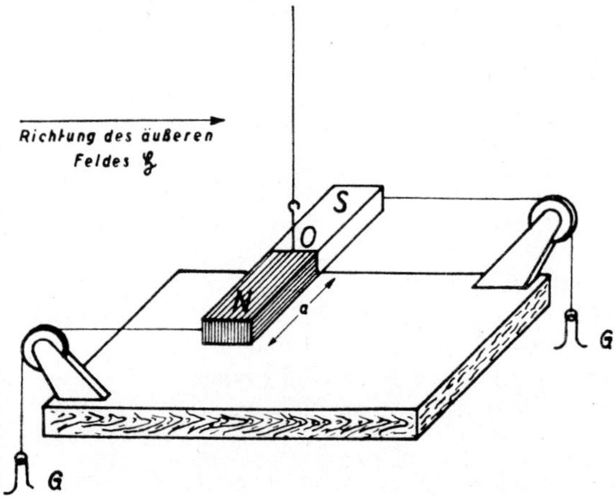

Abb. 138. Anordnung zur Messung von $M_S H$

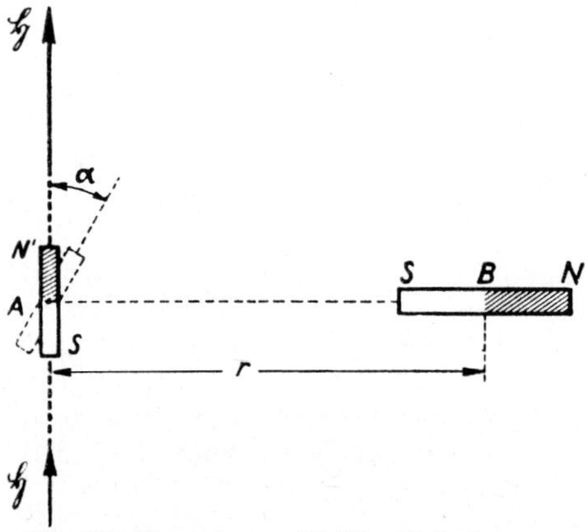

Abb. 139. Messung von M_S/H mittels der 1. Gaußschen Hauptlage

einwirken. Dadurch wird die Magnetnadel A um den Winkel α aus ihrer Ruhelage abgelenkt; sie befindet sich im Gleichgewicht, wenn die vom Felde $\mathfrak{H}$ und vom Magneten B auf sie ausgeübten Drehmomente gleich und entgegengesetzt gerichtet sind.

Nach Gl. (84) auf S. 100 erzeugt der Stabmagnet B am Orte der Magnetnadel ($\varphi = 0$) das Feld $\mathfrak{H}' = \frac{2\,\mathfrak{M}_S}{r^3}$ und übt somit auf die Nadel ein Drehmoment vom Betrage $D' = \frac{2\,M_S\,M_N \cos\alpha}{r^3}$ aus, wenn $\mathfrak{M}_N$ das magnetische Moment der Nadel bedeutet. Unter dem Einfluß des Feldes $\mathfrak{H}$ erfährt die Nadel anderseits das Drehmoment $D = M_N\,H \sin\alpha$. Die Nadel befindet sich im Gleichgewicht, wenn $D = D'$ ist, d. h. die Beziehung

$$\frac{2\,M_S\,M_N}{r^3}\cos\alpha = M_N\,H\sin\alpha$$

besteht. Hieraus findet man:

$$\frac{M_S}{H} = \frac{1}{2}\,r^3 \operatorname{tang}\alpha. \tag{87}$$

Da r und α der Messung leicht zugänglich sind, läßt sich der Quotient M_S/H bestimmen. Die in Abb. 139 benutzte Zuordnung von Magnetstab und Magnetnadel wird nach Gauß die **1. Hauptlage** genannt.

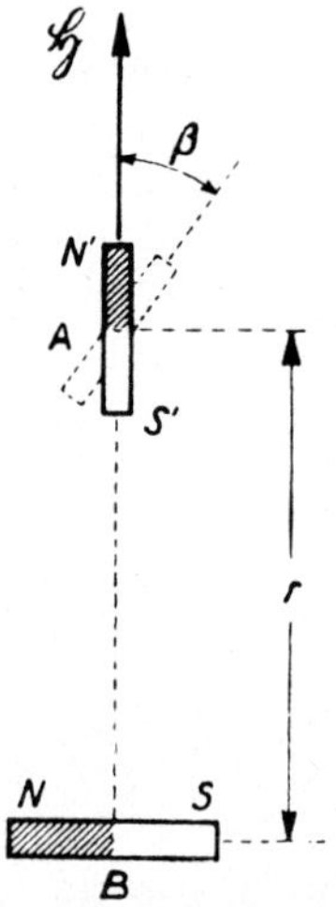

Abb. 140. Messung von M_S/H mittels der 2. Gaußschen Hauptlage

Abb. 140 zeigt eine andere Zuordnung, die als **2. Hauptlage** bezeichnet wird. In diesem Falle ist das vom Magnetstab B am Orte der Nadel ($\varphi = 90°$) erzeugte Feld nach Gl. (84) auf S. 100 $\mathfrak{H}' = \mathfrak{M}_S/r^3$; das von ihm auf die Nadel A ausgeübte Drehmoment hat also den Betrag $D' = \frac{M_S\,M_N\cos\beta}{r^3}$, wenn die Nadel um den Winkel β von der Feldrichtung abweicht. Anderseits erfährt die Nadel unter dem Einfluß des Feldes $\mathfrak{H}$ ein Drehmoment vom Betrage $D = M_N\,H\sin\beta$. Daher ergibt sich für die Gleichgewichtslage aus der Bedingung $D = D'$ die Beziehung:

$$\frac{M_S}{H} = r^3 \operatorname{tang}\beta. \tag{87a}$$

Aus den Gleichungen (86) und (87) folgen durch Multiplikation und Division für das magnetische Moment und für das homogene Magnetfeld (bzw. seine Horizontalkomponente) folgende Ausdrücke:

$$M_S = \frac{r\pi}{T}\sqrt{2\,\Theta\,r \operatorname{tang}\alpha}\,. \tag{88}$$

$$H = \frac{2\pi}{rT}\sqrt{\frac{2\,\Theta}{r \operatorname{tang}\alpha}}\,. \tag{89}$$

Statt (87) kann man auch (87a) — 2. Hauptlage — verwenden: dann hat man statt (88) und (89) die Ausdrücke:

$$M_S = \frac{2\,r\,\pi}{T}\sqrt{\Theta\,r \operatorname{tang}\beta}\,, \tag{88a}$$

$$H = \frac{2\pi}{rT}\sqrt{\frac{\Theta}{r \operatorname{tang}\beta}}\,. \tag{89a}$$

Nach der geschilderten Methode, d. h. nach den Gl. (88) und (89), bzw. (88a) und (89a), hat Gauß 1832 als Erster die Horizontalkomponente des erdmagnetischen Feldes und das magnetische Moment eines Magneten in absoluten Einheiten bestimmt, d. h. in CGS-Einheiten.

Wir können die Gl. (88) und (89) z. B. zu einer Kontrolle der Dimensionen von $\mathfrak{M}$ und $\mathfrak{H}$ benutzen. Gl. (88) liefert:

$$\dim \mathfrak{M} = \frac{L}{T}\cdot\sqrt{ML^2 L} = L^{5/2}\,M^{1/2}\,T^{-1}$$

was mit der auf S. 95 gefundenen Dimension natürlich übereinstimmt. Ebenso ergibt sich aus (89):

$$\dim \mathfrak{H} = \frac{1}{LT}\sqrt{\frac{ML^2}{L}} = L^{-1/2}\,M^{1/2}\,T^{-1}$$

wieder in Übereinstimmung mit der auf S. 98 bereits angegebenen Dimension der Feldstärke.

Die bei den beiden Hauptlagen durchgeführten Rechnungen gelten nur unter der Voraussetzung, daß die Dimensionen der Magnetnadel und des Magneten klein gegen ihre gegenseitige Entfernung sind; nur unter dieser Voraussetzung darf die Gl. (84) benutzt werden.

Die Apparate zur Messung von MH bzw. M/H werden Schwingungs- bzw. Ablenkungsmagnetometer genannt.

23. Magnetisches Feld der Erde

Wie schon in Nr. 19 erwähnt und schon 1600 von W. Gilbert ausgesprochen wurde, folgt aus der Einstellung einer Magnetnadel in die Nord-Süd-Richtung, daß die Erde selbst von einem Magnetfeld umgeben ist. Bestimmt man an möglichst vielen Orten der Erde mit den weiter unten beschriebenen Apparaten die Richtung der magnetischen Kraftlinien, so erhält man ein Bild des Kraftlinienverlaufs, wie es etwa einer längs eines Durchmessers magnetisierten Stahlkugel entspricht und wie es in Abb. 141 schematisch in einem Meridianschnitt wiedergegeben ist. Danach verlaufen die Kraftlinien nur in der Nähe des Äquators parallel zur Erdoberfläche, d.h. horizontal, während sie auf der nördlichen bzw. südlichen Halbkugel unter einem spitzen Winkel gegen die Horizontale geneigt sind. Das magnetische Erdfeld besitzt daher im allgemeinen eine horizontale und eine vertikale Komponente. Infolge des Vorhandenseins der letzteren zeigen vertikale eiserne Stäbe (z.B. die Gitterstäbe eines Fensters) auf der nördlichen Halbkugel durch magnetische Influenz am unteren Ende stets einen magnetischen Nordpol — denn auf der Nordhälfte der Erdkugel herrscht Südmagnetismus! — und am oberen einen Südpol, während die Verhältnisse auf der südlichen Halbkugel gerade umgekehrt liegen. Hält man einen Weicheisenstab vertikal oder in Richtung der erdmagnetischen Kraftlinien und erschüttert ihn durch Klopfen mit einem Hammer, damit sich die Molekularmagnete leichter in die Feldrichtung einstellen können, so wird er am unteren Ende nordmagnetisch, was sich mit einer Magnetnadel leicht nachweisen läßt. Diese Magnetisierung kehrt sich um, wenn man den Stab um 180° dreht und erneut erschüttert. Auch eiserne Hämmer zeigen auf der nördlichen Halbkugel fast stets an dem beim Schlagen nach unten gerichteten Ende einen Nordpol.

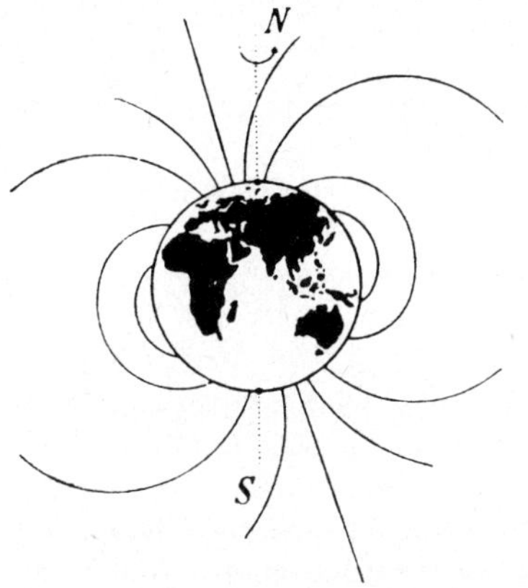

Abb. 141. Magnetische Kraftlinien der Erde

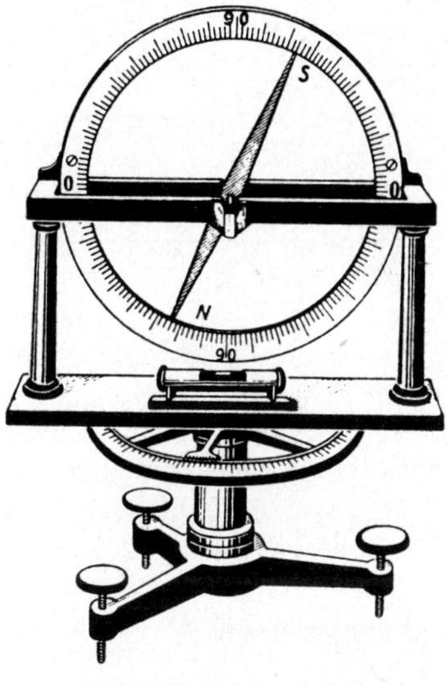

Abb. 142. Inklinatorium

Die Neigung der Magnetnadel gegen die Horizontale heißt **magnetische Inklination,** der Winkel ϑ, den die Richtung des Erdfeldes mit der Horizontalen bildet, **Inklinationswinkel.** Seine Messung geschieht mit dem in Abb. 142 dargestellten Inklinatorium. Dieses besteht aus einem lotrechten Teilkreis, in dem eine Magnetnadel um eine waagerechte Achse, die durch ihren Schwerpunkt geht, drehbar gelagert ist; der Teilkreis selbst ist noch um eine vertikale Achse drehbar. Stellt man durch Drehen um die vertikale Achse die Ebene des Teilkreises in die Richtung des magnetischen Feldes ein, so stellt sich die Magnetnadel unter dem gemeinsamen Einfluß der horizontalen und der vertikalen Feldkomponente genau in die Richtung der Kraftlinien, d. h. unter den Inklinationswinkel ϑ gegen die Horizontale ein, der dann an der Stellung der Spitzen S und N am

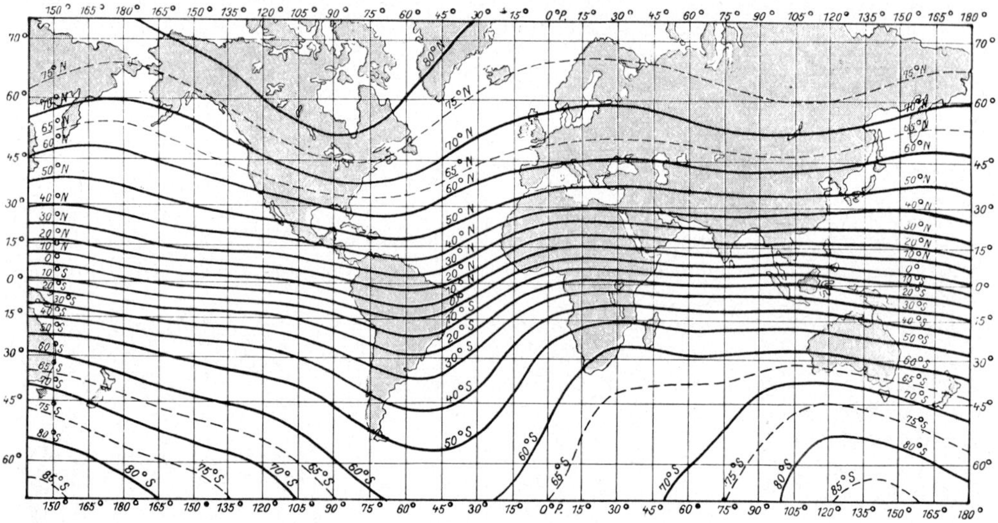

Abb. 143. Isoklinenkarte

Teilkreis abgelesen werden kann. Stellt man dagegen die Ebene des Teilkreises senkrecht zur Feldrichtung, so kann die Horizontalkomponente nicht mehr auf die Nadel wirken; unter der alleinigen Wirkung der Vertikalkomponente stellt sich dann die Magnetnadel genau lotrecht.

Der Wert des Inklinationswinkels ändert sich auf der Erde von Ort zu Ort. Verbindet man die Orte gleicher Inklination, so erhält man Linien, die **Isoklinen** heißen und ähnlich wie die Breitenkreise um die Erde herumlaufen, aber nicht mit ihnen zusammenfallen. Abb. 143 zeigt eine Isoklinenkarte. Die Linie mit der Inklination Null heißt der **magnetische Äquator**; er verläuft teils nördlich, teils südlich vom geographischen Äquator. Der Inklinationswinkel beträgt z. Z. in Berlin 67,5°, in Hamburg 68,2°, in Göttingen 66,7° und in München 64°.

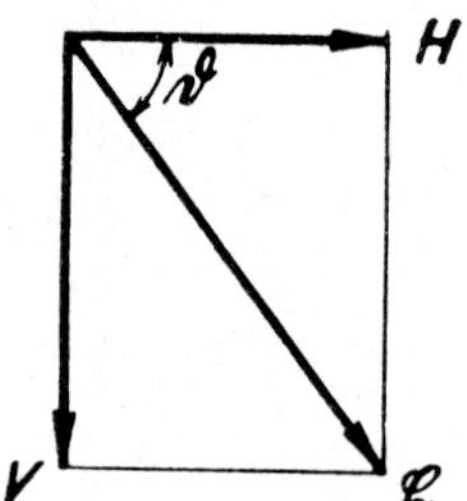

Abb. 144. Komponenten der erdmagnetischen Feldstärke

In der durch den Inklinationswinkel gegebenen Richtung herrscht die totale Intensität $\mathfrak{H}$ der erdmagnetischen Feldstärke, und diese wirkt, wie oben dargelegt, bei richtiger Einstellung des Inklinatoriums auf dessen Magnetnadel. Bei den meisten magnetischen Geräten (Magnetometer, Kompaß usw.) kann jedoch nur eine Drehung der Nadel um eine vertikale Achse erfolgen, daher kommt nur die horizontale Komponente des Erdfeldes in Betracht. Seit alter Zeit bezeichnet man Horizontal- und Vertikalkomponente durch die Buchstaben H und V, die auch wir beibehalten wollen; in dieser Nummer bedeutet also H ausnahmsweise nicht den Betrag des Vektors $\mathfrak{H}$. Zwischen H, V und $\mathfrak{H}$ bestehen nach Abb. 144 die Beziehungen:

$$H = |\mathfrak{H}| \cos\vartheta; \quad V = |\mathfrak{H}| \sin\vartheta; \quad V = \sqrt{\mathfrak{H}^2 - H^2}\,.$$

Es genügt also die Kenntnis der Horizontalkomponente H, die sich mittels des Gaußschen Verfahrens (Nr. 22, S. 100) genau messen läßt, und des Inklinationswinkels ϑ, um auch die Vertikalkomponente V und die Gesamtintensität $\mathfrak{H}$ zu erhalten.

Auch die Horizontalintensität ändert sich mit dem Ort auf der Erde; in Deutschland schwanken die Werte zwischen 0,175 und 0,210 Oersted. In Berlin ist $H = 0{,}185$, in Hamburg 0,180, in Göttingen 0,189 und in München 0,206 Oersted. Verbindet man auch hier wieder die Orte gleicher Horizontalintensität, so erhält man Kurven, die **Isodynamen** heißen (Abb. 145).

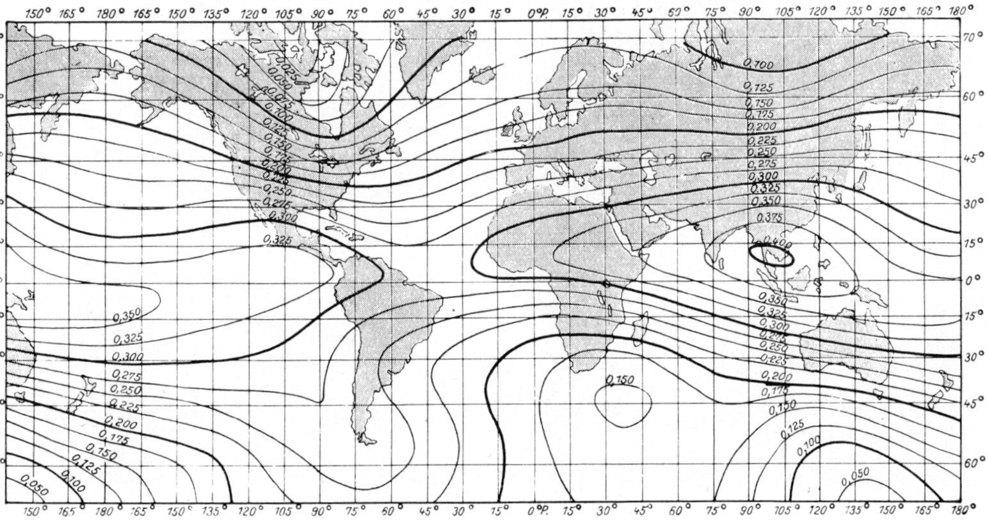

Abb. 145. Isodynamenkarte

Die Richtung von H wird der **magnetische Meridian** genannt. Dieser weicht an fast allen Orten der Erde vom geographischen Meridian ab. Der Winkel zwischen beiden heißt **magnetische Deklination**; man unterscheidet östliche und westliche Deklination, je nachdem der Nordpol der Magnetnadel nach Ost oder West vom geographischen Meridian abweicht. Die Messung der Deklination geschieht mit dem sog. **Deklinatorium.** Dieses besteht aus einem horizontalen Teilkreis (Abb. 146), in dem auf einer vertikalen Achse eine Magnetnadel spielt. An dem Teilkreis ist ein Fernrohr angebracht, dessen Achse mit der Verbindungslinie der Punkte 0° und 180° des Teilkreises parallel läuft. Mit Hilfe des Fernrohrs wird dieser Durchmesser des Teilkreises in den geographischen Meridian eingestellt, der durch feste Marken fixiert sein muß; dann kann man an der Nordspitze der Magnetnadel Größe und Sinn der Deklination ablesen. Abb. 147 zeigt eine magnetische Deklinationskarte, auf der die Orte gleicher Deklination durch die sog. **Isogonen** verbunden sind. Mit Hilfe solcher Karten kann der Seefahrer mittels des Magnetkompasses die von ihm einzuschlagende Richtung bestimmen. (Die erste Deklinationskarte wurde 1701 von Halley für den Atlantischen und Indischen Ozean aufgestellt.)

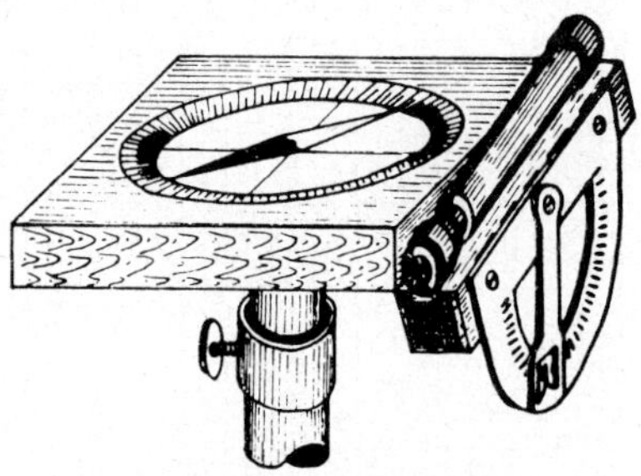

Abb. 146. Deklinatorium

Alle Isogonen (bis auf einzelne in sich geschlossene Kurven) laufen sowohl in den magnetischen Polen als auch in den geographischen Polen zusammen. (In Abb. 147 ist nur der nördliche Magnetpol zu erkennen.) In ersteren hat die Deklinationsnadel keine bestimmte Einstellung, so daß dort die Deklination unbestimmt ist, während in letzteren durch das Schneiden der geographischen Meridiane die Himmelsrichtungen und damit abermals die Deklination unbestimmt werden. Der nördliche Magnetpol der Erde liegt z. Z. (1970) westlich von Thule, Nordwestgrönland. Der

Magnetpol auf der südlichen Halbkugel liegt z. Z. am Rande des antarktischen Kontinents südlich von Tasmanien. Die Lage der erdmagnetischen Pole verändert sich stetig.

In Abb. 147 sind zwei Isogonen mit dem Werte Null zu erkennen; sie verbinden die Orte, die keine Deklination haben; diese Linien heißen Agonen; sie trennen die Gebiete westlicher und östlicher Deklination. (Außerdem liegt in Ostasien noch eine in sich geschlossene Agone.)

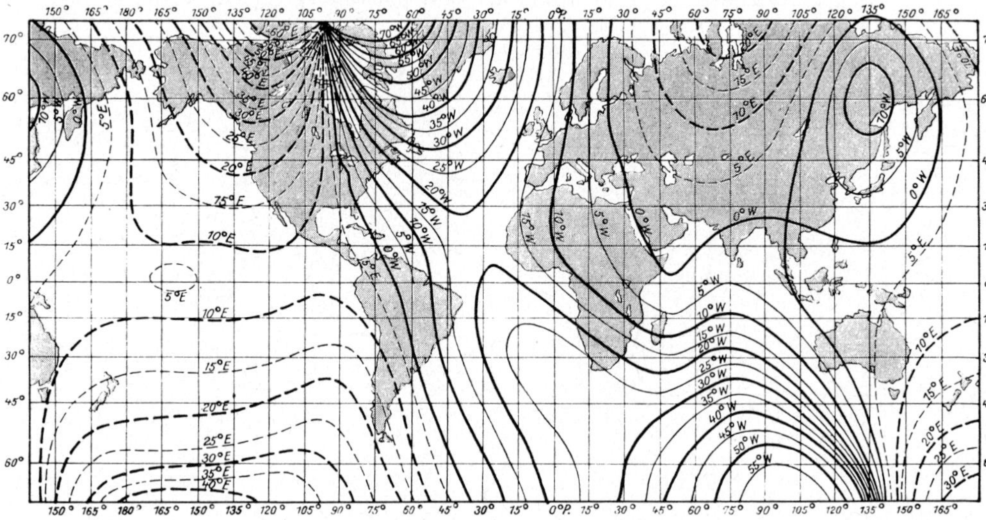

Abb. 147. Deklinationskarte

Die Deklination beträgt (1970) in Berlin 1,2° westl., in Hamburg 2,7° westl., in Göttingen 2,6° westl., in München 1,7° westl.

Die drei Größen Deklination, Inklination und Horizontalintensität nennt man die **Elemente des Erdmagnetismus**; sie bestimmen das magnetische Kraftfeld der Erde. Kennt man sie für eine hinreichende Zahl von Punkten der Erde, so kann man, wie Gauß gezeigt hat, daraus die Werte für alle anderen Orte berechnen. Gauß gelang es auch, auf diese Weise die Lage der magnetischen Pole der Erde zu berechnen; die Lage des nördlichen Poles war bereits bekannt, während der südliche Pol erst 1841 in der Nähe der von Gauß vorhergesagten Stelle gefunden wurde.

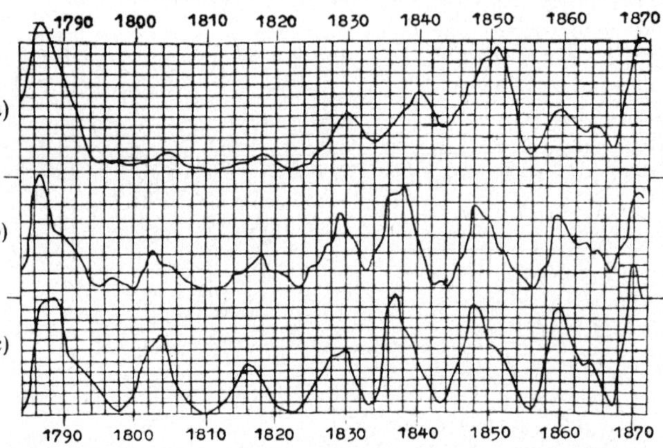

Abb. 148. Zusammenhang zwischen den Perioden der Nordlichthäufigkeit (a), den Perioden der täglichen Deklinationsänderungen (b) und den Perioden der Sonnenfleckenhäufigkeit (c)

Die erdmagnetischen Elemente sind keine Konstanten, sondern unterliegen täglichen, jährlichen und sog. säkularen periodischen Schwankungen (**magnetische Variationen**), zu denen noch unregelmäßige Störungen (**magnetische Gewitter**) kommen, die sämtlich in den magnetischen Observatorien laufend beobachtet und registriert werden. Als Beispiel für die säkularen Variationen sei angeführt, daß die Deklination 1580 in Paris 11,5° östlich betrug, 1663 war sie 0, um dann bis 22,5 westlich im Jahre 1814 anzusteigen und dann wieder abzunehmen. Die Inklination betrug 1671 am gleichen Ort 75°, um seitdem regelmäßig abzunehmen, so daß sie heute nur noch 64° beträgt. Über die Ursachen dieser Veränderungen der magnetischen Elemente ist nur verhältnismäßig wenig bekannt. Sicher ist, daß ein Teil der regelmäßigen Variationen mit Erscheinungen auf der Sonne zusammenhängt. Zum Beispiel zeigen sie die gleiche Periode von 11.1 Jahren, die auch der Häufigkeit der Sonnenflecken zukommt; diese hängen wieder mit der Erscheinung der Nordlichter zusammen, die die gleiche Periode haben (Abb. 148). Beim plötzlichen Auftreten großer Sonnenflecken zeigen sich in der Tat einerseits intensive Nordlichter und anderseits anomale magnetische Störungen, d.h. magnetische Gewitter. So treten die magnetischen Variationen in einen großen kosmischen Zusammenhang ein.

Die eigentliche Ursache der magnetischen Kräfte der Erde ist noch wenig geklärt. Berechnet man, wie es schon Gauß getan hat, aus den Daten des Erdfeldes, das magnetische Moment der Erdkugel, so erhält man den Wert $8.4 \cdot 10^{25}\,g^{1/2}\,cm^{5/2}\,sec^{-1}$. Um diesen Wert mit einer bis zur Sättigung magnetisierten Stahlkugel zu erreichen, müßte sie einen Radius von 243 km haben ($= {}^1/_{25}$ des Erdradius). Schließlich sei erwähnt, daß auch die Sonne ein Magnetfeld besitzt und ihr magnetisches Moment $17 \cdot 10^{32}\,g^{1/2}\,cm^{5/2}\,sec^{-1}$ beträgt.

24. Einfluß der Materie auf die magnetischen Erscheinungen; para-, dia- und ferromagnetische Stoffe; magnetische Induktion, Magnetisierung

Bisher hatten wir bei unseren Betrachtungen als Außenraum der felderregenden Magnete stets Luft bzw. Vakuum vorausgesetzt. Indessen liegt vom Standpunkt der Feldtheorie dieselbe Fragestellung vor wie in der Elektrostatik (Nr. 12, S. 41), ob nicht die spezifische Natur der die Magnete umgebenden Medien einen Einfluß auf die magnetischen Kräfte habe. Auch diese Frage hat M. Faraday (1845) zuerst untersucht. Bereits in Nr. 19, S. 92, erwähnten wir, daß ein parallel zur Feldrichtung in ein magnetisches Feld gebrachter Weicheisenstab selbst zu einem temporären Magneten wird, indem an seinen Enden positiver oder negativer Magnetismus dadurch auftritt, daß die zunächst unorientierten Molekularmagnete durch das magnetische Feld gerichtet werden. Wir wiesen auch bereits an der genannten Stelle darauf hin, daß diese Erscheinung in voller Analogie zur Polarisierung eines Dielektrikums steht. In den Abb. 149a und b sind die Kraftlinienbilder wiedergegeben, die man erhält, wenn man in ein homogenes Magnetfeld einen

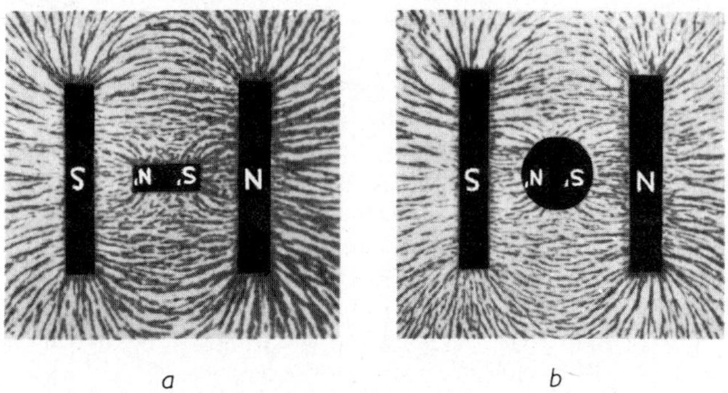

Abb. 149. Deformation eines ursprünglich homogenen magnetischen Feldes durch ein rundes (a) bzw. rechteckiges (b) Eisenstück

runden oder rechteckigen Weicheisenkörper bringt. Das homogene Feld verläuft in den Abbildungen von links nach rechts, wie aus den Polbezeichnungen hervorgeht; die Kraftlinien endigen zum Teil auf der linken Seite der eingebetteten Körper und entspringen wieder auf ihrer rechten Seite, ein Beweis dafür, daß auf der linken Seite ein Südpol (S'), auf der rechten Seite ein Nordpol (N') induziert wird. Da das magnetische Moment die Richtung von Südpol S' zum Nordpol N' hat, kann man sagen, daß im vorliegenden Falle ein magnetisches Moment induziert wird, das dem induzierenden Felde gleichgerichtet ist. Diese Versuche lassen sich in gleicher Weise auch mit Nickel, Kobalt sowie Legierungen von Fe, Ni, Co mit Mn, Al, Cr und Si anstellen, schließlich auch noch mit den sog. Heuslerschen Legierungen (Fr. Heusler, 1903), die aus Cu, Mn, Al bestehen. Wegen ihres dem Eisen ähnlichen Verhaltens bezeichnet man diese Stoffe kurz als **ferromagnetisch;** wir benutzen schon hier diesen Ausdruck, obwohl wir eine genaue Festlegung der Eigenschaften der Ferromagnetica erst weiter unten geben können. Es liegt auf der Hand, daß das Verhalten ferromagnetischer Stoffe in einem Magnetfelde völlig analog dem Verhalten dielektrischer Stoffe ist, die in ein elektrisches Feld gebracht werden: letztere werden, wie wir wissen, elektrisch, jene magnetisch polarisiert. Übrigens ist diese Erscheinung nicht auf die ferromagnetischen Stoffe beschränkt, vielmehr hat Faraday gezeigt, daß in sehr starken Feldern, wie sie nur mit Hilfe elektrischer Ströme hergestellt werden können (s. S. 200), alle Stoffe magnetische Eigenschaften zeigen, d. h. polarisierbar sind. Zum Nachweis dieser Polarisierbarkeit bringt man die zu untersuchenden Stoffe in Gestalt eines kleinen an einem dünnen Faden aufgehängten waagerechten Stäbchens so in ein inhomogenes Feld zwischen die spitzen Pole eines starken Elektromagneten, daß das Stäbchen einen Winkel von 45° mit der Verbindungslinie der beiden Pole bildet (Abb. 150, von oben gesehen). Bei einer Anzahl von Stoffen, z. B. Mn, Cr, weißes Sn, Al, Pd, Pt usw. stellt sich das Stäbchen axial, d. h. in Richtung der Verbindungslinie der beiden Magnetpole — genau wie ein Dielektrikum mit größerer D. K. als die Umgebung es in einem elektrischen Felde tut (vgl. S. 52). Stoffe mit diesem Verhalten nennt man nach Faraday **paramagnetische.** Sie verhalten sich qualitativ wie die Ferromagnetica, nur quantitativ sehr viel schwächer, aber das induzierte magnetische Moment ist auch hier mit dem erzeugenden Felde gleichgerichtet. Im Gegensatz dazu stellen sich andere Stoffe, z. B. Bi, Sb, Zn, Pb, Cu, Ag, Au ..... äquatorial, d. h. senkrecht zur Verbindungslinie der beiden Magnetpole; diese Stoffe heißen nach Faraday **diamagnetisch;** bei ihnen ist das induzierte magnetische Moment gerade umgekehrt wie das Feld gerichtet. Analoge Versuche kennen wir auch in der Elektrostatik: denn ein dielektrisches Stäbchen, das in ein Dielektrikum mit höherer D. K. eingebettet ist, stellt sich in einem elektrischen Felde gleichfalls äquatorial; man vergleiche z. B. die Abb. 75 auf S. 52.

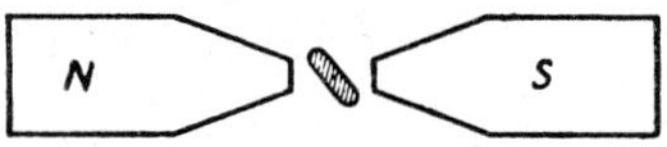

Abb. 150. Probestäbchen zwischen Magnetpolen

Bringt man eine kleine Kugel aus paramagnetischem Material in ein inhomogenes Feld, z. B. dicht vor einen spitzen Magnetpol, so wird sie — genau wie eine ferromagnetische Kugel — nach den Stellen höherer Feldstärke hingetrieben, d. h. von dem Pol angezogen (Abb. 151a); auch hier ist das induzierte Moment dem primären Felde gleichgerichtet. Eine diamagnetische Kugel, z. B. aus Wismut, wird dagegen von dem Pol abgestoßen, da hier das induzierte Moment dem primären Felde entgegengerichtet ist (Abb. 151b).

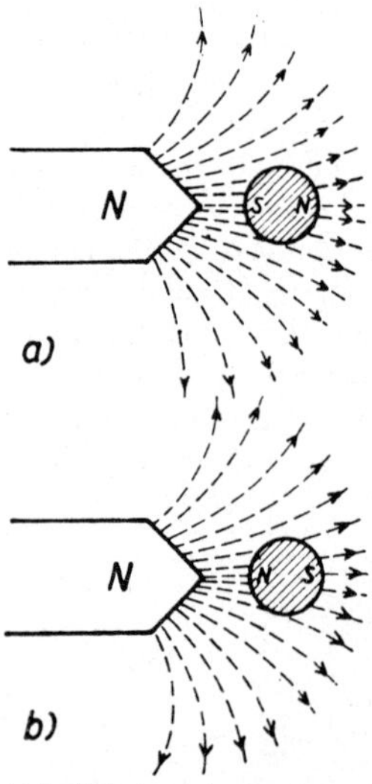

Abb. 151. Anziehung einer paramagnetischen (a) und Abstoßung einer diamagnetischen (b) Kugel im inhomogenen Feld eines Magnetpoles

Zur Prüfung des para- oder diamagnetischen Verhaltens von Flüssigkeiten füllt man diese entweder in ein feines Glasröhrchen, das man entsprechend Abb. 150 zwischen die Pole eines starken Magneten hängt[1]), oder man bringt die Flüssigkeiten in einem flachen Uhrschälchen auf die einander genäherten Pole eines Magneten. Dann nimmt die freie Oberfläche einer paramagnetischen Flüssigkeit (z. B. Eisenchloridlösung) die in Abb. 152a, eine diamagnetische (z. B. Wasser) dagegen

[1]) Natürlich beobachtet man hier die Überlagerung zweier Effekte, der magnetischen Wirkung auf das Glasröhrchen und auf seine Füllung; die Wirkung des Glases muß daher besonders bestimmt und eliminiert werden.

die in Abb. 152b angegebene Gestalt an. Die Erscheinung beruht darauf, daß sich die freie Flüssigkeitsoberfläche an jeder Stelle stets senkrecht zur resultierenden Kraft einstellen muß, die sich hier aus Schwerkraft und magnetischer Feldstärke (evtl. auch Oberflächenspannung) zusammensetzt. Flüssige Luft, die sehr sauerstoffreich ist, noch besser flüssiger Sauerstoff, ist relativ stark paramagnetisch. Diese kann man direkt zwischen die sehr genäherten Pole eines starken Magneten gießen: Die Flüssigkeit wird dann zwischen den Polen festgehalten und bildet eine Brücke zwischen ihnen (Abb. 153). Eine Methode, die relativ bequem erlaubt, die Stärke der para- bzw. diamagnetischen Polarisierbarkeit von Flüssigkeiten quantitativ zu bestimmen, hat G. Quincke (1885) angegeben. Bringt man den einen (kapillaren) Schenkel eines mit der zu untersuchenden Flüssigkeit gefüllten U-Rohres zwischen die Pole eines Elektromagneten (Abb. 154), so wird die Flüssigkeit bei vorhandenem Paramagne-

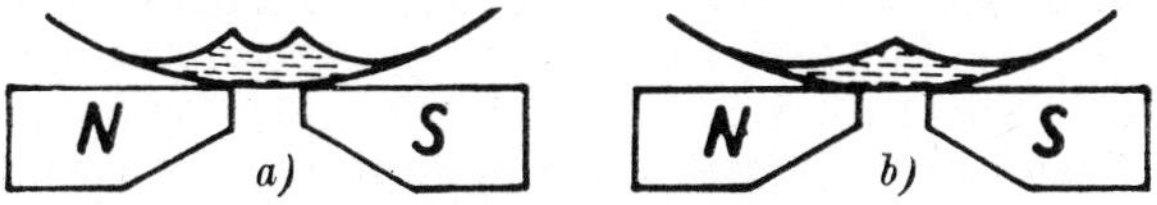

Abb. 152. Paramagnetische und diamagnetische Flüssigkeit im inhomogenen Magnetfeld

a 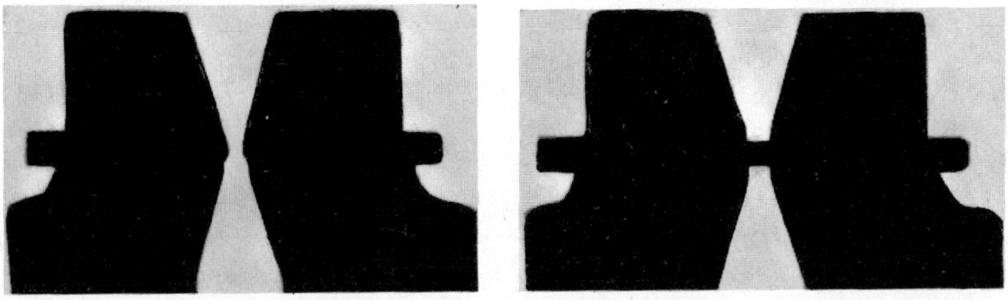 b

Abb. 153. Zum Nachweis des paramagnetischen Verhaltens von flüssiger Luft; Elektromagnet in Schattenprojektion ohne (a) und mit (b) flüssiger Luft zwischen den Polen

tismus (z. B. Eisenchloridlösung) ins Feld hineingezogen, bei Diamagnetismus (z. B. Wasser) aus demselben herausgestoßen. Die sich so einstellende Niveaudifferenz h zwischen beiden Rohrschenkeln ist um so größer, je größer die Polarisierbarkeit der Flüssigkeit ist. Auf die Theorie dieser Methode gehen wir weiter unten ein (s. S. 120).

Das magnetische Verhalten von Gasen kann man untersuchen, indem man sie in einer Seifenblase[1]) in ein Magnetfeld bringt. Daß, wie Faraday zuerst gezeigt hat, eine zwischen die Pole eines Elektromagneten gebrachte Kerzenflamme bei Erregung des Feldes nach beiden Seiten aus ihm herausgeblasen wird (Abb. 155), hat nach Gerlach und Lehrer (1926) seine Ursache nicht nur in dem Diamagnetismus der Flammengase, sondern beruht z. T. auch auf der Änderung der Suszeptibilität der paramagnetischen Luft mit der Temperatur.

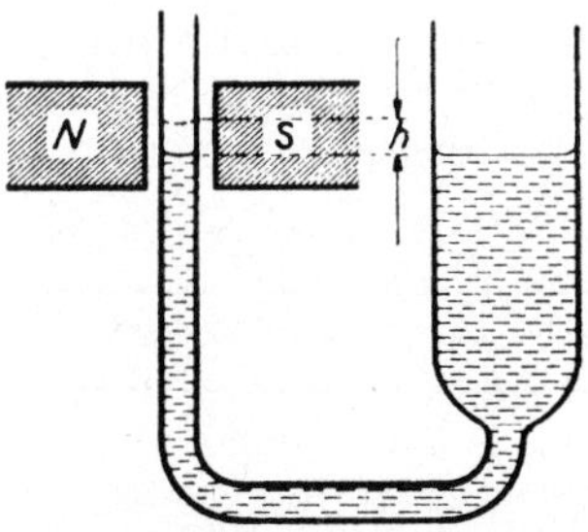

Abb. 154. Quinckesche Steighöhenmethode

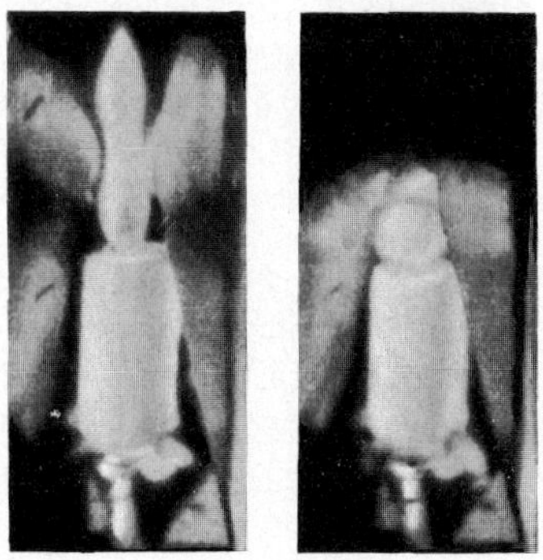

a b

Abb. 155. Kerzenflamme zwischen den Polen eines Elektromagneten
a: Magnet ausgeschaltet
b: Magnet eingeschaltet

Allgemeines Coulombsches Gesetz; Permeabilität.

Die im vorhergehenden be-

[1]) Hier gilt entsprechend dasselbe, wie in Anmerkung 1, S. 108.

schriebenen Versuche und dargelegten Tatsachen beweisen, daß es sich bei der magnetischen Influenz um den analogen Vorgang handelt, wie bei der Polarisation der Dielektrika. Diese letztere ist aber, wie aus Nr. 13 hervorgeht, nur ein anderer Ausdruck dafür, daß das betreffende Medium in elektrischer Hinsicht durch eine von dem Vakuumwert 1 abweichende D. K. ε charakterisiert ist, der zufolge die Kräfte zwischen zwei Ladungen auf den εten Teil — verglichen mit der gleichen Anordnung im Vakuum — reduziert werden. Demgemäß wird man nicht fehlgehen, wenn man die Stoffe in magnetischer Hinsicht ebenfalls durch eine Körperkonstante — wir wollen sie mit μ bezeichnen — charakterisiert, die fürs Vakuum den Wert 1 annimmt. An Stelle des Coulombschen Gesetzes im Vakuum, wie es in Gl. (74a) auf S. 94 formuliert ist, hat demgemäß in einem beliebigen Medium das folgende zu treten:

$$F_{12} = \frac{1}{\mu} \frac{p_1 p_2}{r_{12}^2}. \tag{90}$$

Dieses **erweiterte Coulombsche Gesetz** läßt sich freilich durch direkte Messungen der Kräfte zwischen zwei Polen in verschiedenen gasförmigen oder flüssigen Medien — feste scheiden der Natur der Sache nach ohnehin aus — kaum bestätigen, da die Größe μ in diesen immer nur wenig von 1 abweicht, wie andere Messungen ergeben haben. Dennoch dürfen wir diese Formel als gültig annehmen, weil alle Folgerungen aus derselben sich stets bewährt haben. Die Konstante μ heißt die **Magnetisierungskonstante,** oder, nach einem Vorschlag von Lord Kelvin, meistens **Permeabilität**; sie ist, wie die D. K. im elektrostatischen, im magnetischen Maßsystem dimensionslos. Wir lassen zunächst eine Tabelle der Werte von μ (2. Spalte) folgen, die nach später zu besprechenden Methoden gemessen sind. Dabei zeigt sich insofern ein Unterschied gegen die D. K. ε, als hier bei den diamagnetischen Stoffen $\mu < 1$ wird. Das ist eine Folge der Tatsache, daß diamagnetische Stoffe im Magnetfeld die umgekehrte Polarität wie paramagnetische zeigen, und wir wissen aus der Elektrostatik, daß auch dort umgekehrte Polarität eines Dielektrikums dann auftritt, wenn das umgebende Medium eine größere D. K. besitzt. Da dem Vakuum der Wert $\mu = 1$ zukommt, folgt also in der Tat, daß für die Diamagnetica $\mu < 1$ sein muß.

In dieser Tabelle fehlen gerade die wichtigsten Stoffe, die Ferromagnetica. Das hat seinen Grund darin, daß man bei ihnen nicht schlechtweg von einer bestimmten Permeabilität reden kann, da diese hier eine Funktion der Feldstärke $\mathfrak{H}$ ist. Man kann aber etwa die Anfangspermeabilität μ_a, d. h. den Grenzwert angeben, dem μ für $\mathfrak{H} \to 0$ zustrebt. Oder man kann den Maximalwert μ_{max} angeben, der bei einer gewissen Feldstärke eintritt. Dabei ist aber noch eine Einschränkung zu machen: μ ist im allgemeinen nicht einmal eine eindeutige Funktion von $\mathfrak{H}$, sondern von der Vorbehandlung abhängig; wenn man mit der Feldstärke vom Werte 0 an steigt, bis magnetische Sättigung erreicht ist, und dann wieder $\mathfrak{H} = 0$ werden läßt, so sind die μ-Werte, die man jetzt für die gleichen Feldstärken beim „Abstieg" erhält, andere, wie sie beim „Aufstieg" waren; die μ-Werte bleiben hinter ihren früheren Werten zurück, „verspäten" sich gewissermaßen, weswegen diese Erscheinung als **Hysterese** bezeichnet wird; nur bei ideal magnetisch weichem Material ist Hysterese nicht vorhanden und kann μ als eindeutige Funktion von $\mathfrak{H}$ betrachtet werden. Man muß also, wenn man μ_a und $\mu_{\max}$ angeben will, noch die Einschränkung hinzufügen, daß diese Werte vom völlig unmagnetischen Zustande des Materials aus gewonnen wurden, auf der sog. jungfräulichen oder Neukurve.

Stoff	μ	$\varkappa \cdot 10^6$	$\chi_m \cdot 10^6$
Chrom	$1 + 324 \cdot 10^{-6}$	+ 26	+ 3,7
Palladium	754	60	5,2
Platin	270	21,4	1,0
Wolfram	71	5,73	0,30
Aluminium	20	1,66	0,62
Kalium	5	0,45	0,52
Zinn	2	0,19	0,026

Stoff	μ	$\varkappa \cdot 10^6$	$\chi_m \cdot 10^6$
Sauerstoff, gasförmig	$1 + 1{,}9 \cdot 10^{-6}$	+ 0,15	+ 104
Sauerstoff, flüssig	3400	274	241 (— 183° C)
Sauerstoff, fest	6000	522	375 (— 253° C)
Stickoxyd	0,83	0,66	49
Luft	0,37	0,03	24
Eisenchlorid, fest	$1 + 3758 \cdot 10^{-6}$	+ 299	+ 103
Eisenchlorid, ges. Lösung	1470	117	73
Nickelchlorid, fest	1973	157	45,57
Nickelchlorid, ges. Lösung	709	56,40	40
Wismut[1])	$1 - 168 \cdot 10^{-6}$	13,43	— 1,37
Antimon	116	9,2	1,38[1])
Quecksilber	33	2,6	0,19
Gold	29	2,3	0,12
Silber	25	2,0	0,19
Zink	13	1,0	0,14
Kupfer	10	0,80	0,09
Äthylalkohol	$1 - 8 \cdot 10^{-6}$	— 0,63	0,80
Wasser	9	0,72	0,72
Benzol	8	0,63	0,71
CO_2, gasförmig	$1 - 1{,}0 \cdot 10^{-8}$	— 0,00083	— 0,71
H_2, gasförmig	$2{,}3 \cdot 10^{-9}$	0,00018	2,002
H_2, flüssig	$1{,}8 \cdot 10^{-6}$	0,14	1,99

[1]) Senkrecht zur Hauptachse. — $\varkappa$ und χ_m werden auf folg. Seiten erklärt.

In diesem Sinne sind die folgenden Werte für relativ weiche Ferromagnetica zu verstehen; auf die hysteretischen Erscheinungen, die für die Praxis von großer Wichtigkeit sind, gehen wir auf S. 206 ein.

Ferromagnetikum	Zusammensetzung in Gewichtsprozenten	μ_a	μ_{max}
Siliziumeisen	96 Fe, 4 Si	450	8 000
Nickel	100 Ni	280	2 500
Kobalt	100 Co	80	200
Eisen	100 Fe	250	680
Heuslersche Legierung	75,6 Cu, 14,2 Mn, 10,1 Al	48	80
Permalloy	78,5 Ni, 21,5 Fe	8 000	100 000
μ-Metall	76 Ni, 17 Fe, 5 Cu, 2 Cr	15 000	120 000
Supermalloy	79 Ni, 15 Fe, 5 Mo	100 000	900 000
Hipernik	50 Ni, 50 Fe	4 000	80 000

Die Werte für μ_a und μ_{max} sind weitgehend von der Vorbehandlung des Materials abhängig.

Aus den Zahlen der μ-Spalte der vorletzten Tabelle geht deutlich hervor, wie gering die Abweichung der Permeabilität bei den para- und diamagnetischen Stoffen vom Vakuumwert 1 ist; in nicht allzu starken Feldern kann sie völlig vernachlässigt werden. Die Werte sind für paramagnetische Stoffe merklich größer als für die diamagnetischen. Außerordentlich groß sind die μ-Werte für die ferromagnetischen Stoffe, wie die Spalten 3 und 4 der letzten Tabelle erkennen lassen.

Eine besondere Bemerkung ist noch über den Diamagnetismus zu machen ($\mu < 1$). Dieser ist, wie wir erst später begründen können, eine ganz allgemeine Eigenschaft aller Stoffe, auch der bei einer Messung als paramagnetisch oder auch ferromagnetisch sich erweisenden; worauf er beruht, können wir erst im Kapitel V erörtern, wenn wir die Induktionserscheinungen kennengelernt haben. Daß man diamagnetisches Verhalten bei para- und ferromagnetischen Stoffen nicht bemerkt, liegt daran, daß nach der Tabelle auf S. 111 der diamagnetische Effekt sehr klein ist; er wird daher von dem stärkeren Para- bzw. Ferromagnetismus verdeckt.

Wir kehren zum erweiterten Coulombschen Gesetz (90) zurück. Aus ihm ergibt sich, daß die Feldstärke eines punktförmigen Magnetpoles p in einem Medium von der Permeabilität μ — verglichen mit ihrem Wert im Vakuum — auf den μten Teil zurückgeht, also den Betrag hat:

(91) $$|\mathfrak{H}| = \frac{1}{\mu}\,\frac{p}{r^2};$$

ebenso hat man für das Potential V jetzt den Wert:

(92) $$V = \frac{1}{\mu}\,\frac{p}{r}.$$

Entsprechendes gilt natürlich für das Potential mehrerer punktförmiger Pole oder von flächenhaft verteiltem Magnetismus.

Die in (91) und (92) angegebenen Werte erhält man also, wenn man statt der im Vakuum einzusetzenden Polstärke p den Wert

(93) $$p' = \frac{1}{\mu}\,p$$

in Rechnung stellt, genau so wie an Stelle der wahren Ladung q im Dielektrikum für die Berechnung der elektrischen Feldstärke und des Potentials die freie Ladung $q' = \frac{1}{\varepsilon}\,q$ zu benutzen ist. Man nennt dann entsprechend auch $p' = \frac{1}{\mu}\,p$ die freie Polstärke und bezeichnet im Gegensatz dazu p auch als die wahre Polstärke — unbeschadet der Tatsache, daß es substantiellen Magnetismus gar nicht gibt, sondern nur geschlossene Flußlinien.

Magnetische Induktion; Magnetisierung; Suszeptibilität. Der völlige Parallelismus in den Formeln (90) bis (93) der Magnetostatik und den entsprechenden (28), (29), (30), (35) der Elektrostatik berechtigt uns natürlich, auch die weitere Begriffsbildung der Magnetostatik eng an diejenige der elektrischen Verhältnisse anzuschließen. Wie wir früher in Gl. (32) den Verschiebungsvektor $\mathfrak{D} = \varepsilon\mathfrak{E}$ einführten, so bilden wir hier analog einen Vektor

(94) $$\mathfrak{B} = \mu\mathfrak{H},$$

der **magnetische Induktion** oder **magn. Flußdichte** heißt. $\mathfrak{B}$ ist nach (94) in para- und diamagnetischen Medien parallel mit $\mathfrak{H}$ gerichtet, aber von einem μmal größeren Betrage. In ferromagnetisch weichen Stoffen, die praktisch ohne Hysterese sind, stimmen die Richtungen von $\mathfrak{B}$ und $\mathfrak{H}$ auch noch überein, aber μ ist nicht mehr konstant, sondern, wie schon erwähnt, eine Funktion von H, so daß man für solche Stoffe deutlicher schreibt:

(94a) $$\mathfrak{B} = \mu(H)\mathfrak{H}.$$

In ferromagnetisch harten Stoffen, wie sie z. B. zur Herstellung permanenter Magnete verwendet werden müssen, tritt an Stelle der magnetischen Zustandsgleichung (94) bzw. (94a) ein komplizierterer Zusammenhang, auf den wir weiter unten eingehen werden.

Die Induktion $\mathfrak{B}$ kann, ebenso wie $\mathfrak{H}$, durch Ziehen von Induktionslinien oder $\mathfrak{B}$-Linien veranschaulicht werden, die streng von den Kraft- oder $\mathfrak{H}$-Linien zu unterscheiden sind. Die Zahl der $\mathfrak{B}$-Linien wird so gewählt, daß man nur so viele durch eine zur $\mathfrak{B}$-Richtung senkrechte Fläche von 1 cm² hindurchzieht, als dem Betrage B an dieser Stelle entspricht. Deshalb wird die magn. Induktion $\mathfrak{B}$ auch **magn. Flußdichte** genannt, da B der Quotient aus dem gesamten magnet. Fluß Φ dividiert durch die Fläche A ist. Es ist also $B \cdot A = \Phi$. Die Einheit von $\mathfrak{B}$ ist im CGS-System gleich der Einheit der Feldstärke $\mathfrak{H}$, da die vom Material abhängige Permeabilität μ die Dimension eins hat. Dagegen ist im SI-System die Einheit von $\mathfrak{B}$ verschieden von $\mathfrak{H}$, da hier $\mathfrak{B} = \mu\mu_0\,\mathfrak{H}$ ist. Die Permeabilität μ ist die gleiche und hat auch die Dimension eins, aber die magn. Feldkonstante μ_0 beträgt $1{,}256 \cdot 10^{-6}$ Voltsekunde/Amperemeter. Da im SI die Feldstärke $\mathfrak{H}$ in Ampere/Meter gemessen wird, beträgt die Einheit von $\mathfrak{B}$ im SI Voltsekunde/Meter². Man erhält B, indem man eine Spule der Fläche A aus dem Magnetfeld zieht, den Spannungsstoß in Voltsekunden mißt und durch die Fläche A und Windungszahl N der Spule dividiert.

Die magnetische Induktion $\mathfrak{B}$ spielt die gleiche Rolle wie die dielektrische Verschiebung $\mathfrak{D}$; dem dielektrischen Verschiebungsfluß $\int |\mathfrak{D}_n|\, dA$ tritt demgemäß hier der magnetische Fluß

(95) $$\int |\mathfrak{B}_n|\, dA = \int |\mathfrak{B}| \cos\alpha\, dA$$

zur Seite. Und ebenso, wie nach Gl. (33) der Verschiebungsfluß durch eine geschlossene Fläche gleich 4πmal der Summe der eingeschlossenen wahren Ladungen ist, so gilt das gleiche für den Induktionsfluß durch eine vollkommen geschlossene Fläche, nur mit der Besonderheit, *daß es keine wahren magnetischen Ladungen gibt*, da sie immer paarweise in gleicher Stärke und mit entgegengesetztem Vorzeichen auftreten. Es gilt also hier allgemein für jede geschlossene Fläche:

(96) $$\oint |\mathfrak{B}_n|\, dA = 0$$

Während also die $\mathfrak{D}$-Linien in den wahren Ladungen q entspringen und endigen, müssen die $\mathfrak{B}$-Linien in sich zurücklaufende geschlossene Kurven sein: Die magnetische Induktion $\mathfrak{B}$ hat keine Quellen, sondern nur Wirbel.

Damit gewinnen wir zum erstenmal auch eine Aussage für den Innenraum des Magneten: Die Induktionslinien, die ja im para- oder diamagnetischen Außenraum praktisch (im Vakuum streng) mit den $\mathfrak{H}$-Linien identisch sind, verlaufen im Inneren derartig, daß sie diese zu geschlossenen Kurven ergänzen. Dies gilt aber *nicht* für die $\mathfrak{H}$-Linien, auch wenn man den Innenraum hinzunimmt. Bei Permanent-Magneten wird vorausgesetzt, daß die *$\mathfrak{H}$-Linien in den Polen entspringen und endigen.*

Den durch die D. K. ε charakterisierten Einfluß des Dielektrikums führten wir in Nr. 13 auf die Polarisation desselben, d. h. auf die durch das Feld induzierten Influenzladungen zurück; dadurch wird jedes in einem elektrischen Felde befindliche Dielektrikum zu einem Aggregat von Dipolen, und das elektrische Moment pro Volumeinheit nannten wir seine Polarisation $\mathfrak{P}$. Genau dem gleichen Gedankengang folgen wir hier. Wir führen die Permeabilität μ zurück auf die in dem Magneticum induzierten Pole und nennen das erzeugte magnetische Moment pro Volumeinheit die **magnetische Polarisation** oder die **Magnetisierung** $\mathfrak{J}$. Und so wie wir in Gl. (49) zu dem Ergebnis kamen, daß $\mathfrak{P}_n = \eta_i$, d. h. die Normalkomponente der elektrischen Polarisation gleich der induzierten elektrischen Flächendichte war, so folgt auch hier die Beziehung:

(97) $$|\mathfrak{J}_n| = \eta_i\,,$$

wenn hier η_i die induzierte magnetische Flächendichte bedeutet. *Die Normalkomponente der Magnetisierung ist gleich der induzierten magnetischen Flächendichte.* Daraus ergibt sich weiter in voller Analogie zu Gl. (50), wonach $\mathfrak{D} = \mathfrak{E} + 4\pi\mathfrak{P}$ ist:

(98) $$\mathfrak{B} = \mathfrak{H} + 4\pi\mathfrak{J}\,,$$

und da anderseits nach (94) $\mathfrak{B} = \mu\,\mathfrak{H}$ ist, folgt für den Zusammenhang zwischen Magnetisierung und Feldstärke $\mathfrak{H}$ bei para- und diamagnetischen sowie weichen ferromagnetischen Medien:

(99) $$\mathfrak{J} = \frac{\mu - 1}{4\pi}\mathfrak{H} = \varkappa\,\mathfrak{H}\,,$$

wobei

(100) $$\varkappa = \frac{\mu - 1}{4\pi}$$

als die **magnetische Suszeptibilität** bezeichnet wird; ebenso wie μ ist $\varkappa$ im magnetischen Maßsystem dimensionslos. Für paramagnetische Stoffe ist $\varkappa > 0$, für diamagnetische $\varkappa < 0$. Die dritte Spalte der Tabelle auf S. 110/111 gibt die $\varkappa$-Werte für eine Anzahl von Stoffen an. — Solange $\varkappa$ konstant ist, d. h. für para- und diamagnetische Stoffe, folgt also aus (99), daß die durch ein Feld $\mathfrak{H}$ erzeugte Magnetisierung $\mathfrak{J}$ diesem Felde proportional und entweder (für $\varkappa > 0$) gleich- oder (für $\varkappa < 0$) entgegengerichtet ist, d. h. eine sehr einfache magnetische Zustandsgleichung.

Für ferromagnetische Stoffe ist $\varkappa$, wie μ auch auf der Neukurve selbst eine Funktion für H; daher ist hier der Zusammenhang zwischen $\mathfrak{J}$ und $\mathfrak{H}$ viel komplizierter. Gl. (99) ist daher genauer zu ersetzen durch:

(99a) $$\mathfrak{J} = \varkappa(H)\,\mathfrak{H}.$$

Auch hier ist wegen $\varkappa > 0$ der Vektor der Magnetisierung dem des erzeugenden Feldes gleichgerichtet. Eine analytische Darstellung des Zusammenhanges von $\mathfrak{J}$ und $\mathfrak{H}$ nach (99a) ist wegen der Kompliziertheit der Verhältnisse nicht möglich: $\mathfrak{J}$ wird statt dessen graphisch als Funktion von $\mathfrak{H}$ dargestellt, wovon Abb. 156 ein Beispiel liefert. Man erkennt aus ihr, daß $\mathfrak{J}$ zunächst stark mit $\mathfrak{H}$ steigt (Kurve konkav nach oben), dann allmählich langsamer (Kurve konkav nach unten), um schließlich einem konstanten Werte zuzustreben (Kurve fast geradlinig horizontal). $\mathfrak{J}$ wächst also schließlich nicht mehr mit steigendem $\mathfrak{H}$ (magnetische Sättigung).

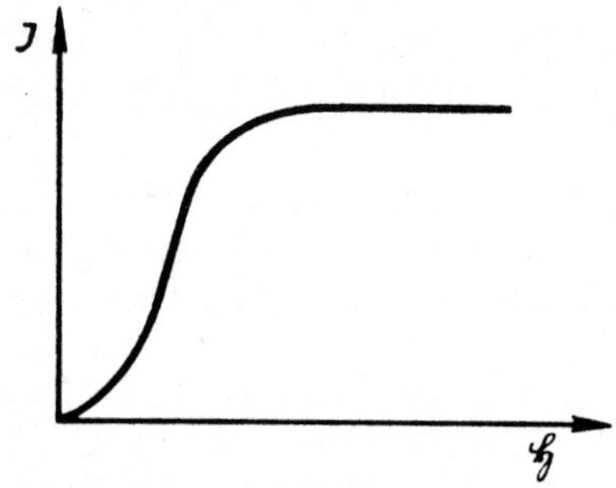

Abb. 156. Abhängigkeit der Magnetisierung $\mathfrak{J}$ von der Feldstärke $\mathfrak{H}$

Noch komplizierter ist das Verhalten von magnetisch harten Stoffen, bei denen wenigstens ein Teil der Magnetisierung $\mathfrak{J}$ permanent ist: man kann in diesem Falle statt (98) ansetzen:

(98a) $$\mathfrak{B} = \mathfrak{H} + 4\pi\mathfrak{J} + 4\pi\mathfrak{J}_p,$$

und in dem speziellen Falle ideal starrer Magnete ist überhaupt nur eine konstante, von $\mathfrak{H}$ völlig unabhängige permanente Magnetisierung $\mathfrak{J}_p$ vorhanden, die deshalb auch keineswegs die gleiche Richtung wie $\mathfrak{H}$ zu haben braucht. Hierfür können wir als Zustandsgleichung ansetzen:

(98b) $$\mathfrak{B} = \mathfrak{H} + 4\pi\mathfrak{J}_p.$$

Häufig gibt man statt $\varkappa$ die Größe

(100a) $$\chi_m = \frac{\varkappa}{\varrho}$$

(ϱ = Dichte) an, die man als spezifische oder Massen-Suszeptibilität bezeichnet, da sie auf die Masseneinheit bezogen ist; da ϱ die dim $L^{-3}\,M$ u. Einheit $cm^{-3}\,g$ hat, wird hier χ_m in $cm^3 g^{-1}$ angegeben. Die vierte Spalte der Tabelle auf S. 110 enthält die spezifische Suszeptibilität für die gleichen Stoffe, für die auch μ und $\varkappa$ angegeben sind; man erkennt, daß die Absolutwerte von χ_m für die paramagnetischen Stoffe im allgemeinen größer sind als für die diamagnetischen.

Ferner ist von Bedeutung die Molekular-Suszeptibilität:

(100b) $$\chi'_m = M\chi_m.$$

und die Atom-Suszeptibilität:

(100c) $$\chi''_m = A\,\chi_m,$$

wo M und A die Massen eines Gramm-Moleküls bzw. Gramm-Atoms bedeuten: χ'_m und χ''_m haben daher die Dimension L^3 und werden in cm^3 angegeben.

Temperaturabhängigkeit der Suszeptibilität. Bei der Untersuchung der Temperaturabhängigkeit der dielektrischen Suszeptibilität fanden wir, daß zwei Arten von Suszeptibilität unterschieden werden müssen, die dielektrische und die parelektrische. Erstere fanden wir bei Stoffen, die keine fertigen elektrischen Dipole enthalten, deren Moleküle wir deshalb als nichtpolar bezeichneten. Durch das angelegte Feld werden Dipole erst in jedem Molekül durch kleine Verschiebungen der in ihm enthaltenen elektrischen Ladungen erzeugt, daher der Name Verschiebungspolarisation. Diese nichtpolaren Stoffe besitzen eine Suszeptibilität, die nicht von der absoluten Temperatur T abhängt. Anderseits zeigen die polaren Moleküle eine ganz bestimmte Temperaturabhängigkeit; diese war umgekehrt ein Beweis dafür, daß schon von vornherein elektrische Dipole vorhanden sind, die durch das elektrische Feld nur gerichtet werden, woher die Bezeichnung Orientierungspolarisation stammt. (Dieser Orientierungspolarisation ist übrigens im allgemeinen noch eine temperaturunabhängige Verschiebungspolarisation überlagert, vgl. S. 58.) Wie steht es nun in dieser Hinsicht mit der magnetischen Suszeptibilität? Eingehende Versuche haben gezeigt, daß die diamagnetischen Stoffe eine von der Temperatur unabhängige Suszeptibilität besitzen. Dies führt uns daher zu der Vorstellung, daß in Diamagneticis keine fertigen magnetischen Momente im Atom vorhanden sind, sondern erst durch ein äußeres Magnetfeld erzeugt werden; wie dies geschieht, und warum das Moment stets dem Felde entgegengerichtet (d. h. diamagnetisch) ist, können wir allerdings an dieser Stelle nicht auseinandersetzen, sondern müssen dies für später aufsparen (vgl. S. 251).

Umgekehrt nehmen wir bei den paramagnetischen Stoffen an, daß im Atom schon fertige magnetische Dipole vorhanden sind, d. h. dieses von vornherein ein magnetisches Moment besitzt. Ohne äußeres Feld sind diese aber völlig ungeordnet, und das Feld erst ist bestrebt, sie gleichmäßig zu orientieren, während die Wärmebewegung die Unordnung aufrecht zu erhalten sucht. Auf einen Dipol wirken grundsätzlich außer dem äußeren Felde auch die magnetischen Felder aller anderen Dipole ein, genau wie es auch bei den elektrischen Dipolen der Fall ist (vgl. S. 83), aber bei den paramagnetischen Stoffen liegt die Besonderheit vor, daß diese gegenseitigen Einwirkungen gering sind und völlig außer acht bleiben können; all dies sind genau die Überlegungen, die auch in Nr. 13 bei den elektrisch polaren Molekülen angestellt wurden. Man erkennt daher, daß das magnetische Moment paramagnetischer Stoffe auf alle Fälle temperaturabhängig sein muß. In der Tat fand P. Curie 1892 das folgende Gesetz für die Massensuszeptibilität der Paramagnetica:

(101) $$\chi_m = \frac{C}{T},$$

das als **Curiesches Gesetz** bezeichnet wird; C ist die sog. **Curie-Konstante.** Eine theoretische Betrachtung, wie sie auch für die elektrisch polaren Moleküle gilt, liefert in der Tat dieses Curiesche Gesetz. Ist N die Zahl der Moleküle im Volumen V, m_0 das magnetische Moment des Atoms, so ergibt sich (Langevin) für die Magnetisierung $\mathfrak{J}$ (k = Boltzmann-Konstante):

(102) $$\mathfrak{J} = \frac{N m_0^2}{V\, 3\, k\, T}\,\mathfrak{H}.$$

Vergleicht man dies mit Gl. (99), so folgt für die Suszeptibilität $\varkappa$:

(103) $$\varkappa = \frac{N m_0^2}{V\, 3\, k\, T},$$

die das vollständige Analogon zu der Gl. (60a) ist, der die parelektrische Suszeptibilität genügt. Da $\frac{\varkappa}{\varrho} = \chi_m$ ist, gewinnt man durch Vergleich mit (101) folgenden Ausdruck für die experimentell bestimmbare Curie-Konstante C:

(104) $$C = \frac{\frac{N}{\varrho V} m_0^2}{3\,k},$$

woraus sich für das magnetische Moment des Atoms ergibt:

(105) $$m_0 = \sqrt{\frac{3\,k\,C}{\left(\frac{N}{\varrho V}\right)}}$$

Auch bei diesen paramagnetischen Stoffen tritt neben dem Orientierungseffekt die Verschiebungspolarisation der Diamagnetica auf, die aber, wie schon erwähnt, vom größeren Paramagnetismus überdeckt wird und daher im allgemeinen nicht in Erscheinung tritt.

Auch die ferromagnetischen Stoffe zeigen eine Temperaturabhängigkeit ihres magnetischen Zustandes; wir nehmen also auch hier an, daß die Atome von vornherein ein magnetisches Moment besitzen. Aber hier sind die Kräfte, die die einzelnen Dipole aufeinander ausüben — umgekehrt wie bei den paramagnetischen Stoffen — sehr groß, so daß auch ohne äußeres Feld die Dipole nicht völlig ungeordnet liegen können. Die Dipole haben vielmehr in ferromagnetischen Substanzen die Tendenz, sich parallel zu orientieren. P. Weiß hat die Vorstellung entwickelt, daß es in ihnen tatsächlich relativ große Bezirke gibt — die sog. Weißschen Bezirke —, in denen diese Ausrichtung bereits völlig erfolgt ist; nur diese Bezirke liegen ungeordnet durcheinander. Das äußere Feld hat daher nur noch die Aufgabe, auch diese Bezirke gleichmäßig zu orientieren; ist dies geschehen, so ist die magnetische Sättigung erzielt, und zwar — in Übereinstimmung mit den Tatsachen — bei verhältnismäßig kleinen Feldern. Da die Wärmebewegung der Orientierung entgegenwirkt, haben wir auch hier Temperaturabhängigkeit zu erwarten. Erwärmt man ein im magnetischen Feld magnetisch gewordenes Stück Eisen auf immer höhere Temperaturen, so nimmt seine Magnetisierung zunächst langsam, dann immer schneller ab und verschwindet schließlich bei einer bestimmten Temperatur. Diese nennt man den **„kritischen"** oder auch den **„Curie-Punkt"** bzw. den **magnetischen Umwandlungspunkt"**. Derselbe liegt für Eisen bei 769° C, für Kobalt bei 1075° C, für Nickel bei 356° C und für Heuslersche Legierungen zwischen 60° und 380° C. In rotglühendem Zustand zeigt also Eisen keine ferromagnetischen Eigenschaften mehr. Hängt man ein Eisenstäbchen an einem dünnen Platindraht vor einem Magneten so auf, daß es von diesem zur Seite gezogen wird (Abb. 157), so fällt das Stäbchen beim Erhitzen mit einem Bunsenbrenner in seine vertikale Lage zurück. — In Abb. 158 ist ein Ring R aus Eisendraht vermittels zweier senkrechter Drahtdurchmesser auf einer Spitze leicht drehbar horizontal vor den Polen eines kräftigen Hufeisenmagneten M gelagert; infolge der symmetrischen Anordnung tritt natürlich keine Drehung des Ringes auf. Erhitzt man aber mit einem Bunsenbrenner den vor dem einen Pol des Magneten befindlichen Teil a des Ringes, so wird die Symmetrie gestört, indem die Teile a unmagnetisch werden; daher beginnt sich der Ring zu drehen, indem die nicht erhitzten Teile von dem Pol angezogen werden. Da auf diese Weise immer neue Stellen des Ringes in die Flamme kommen, erfolgt eine fortdauernde Drehung des Eisenringes.

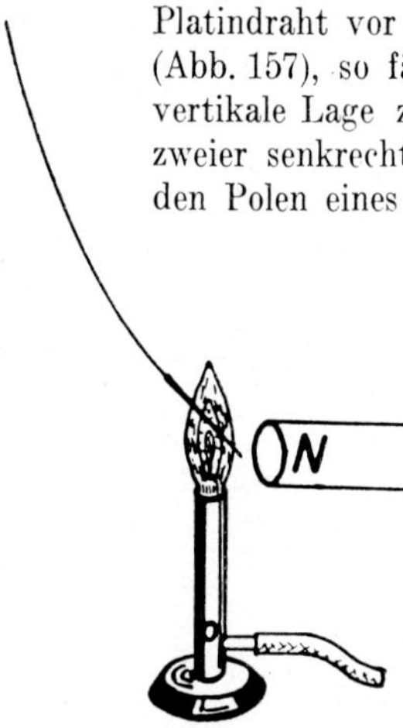

Abb. 157. Versuch zum Nachweis des magnetischen Umwandlungspunktes

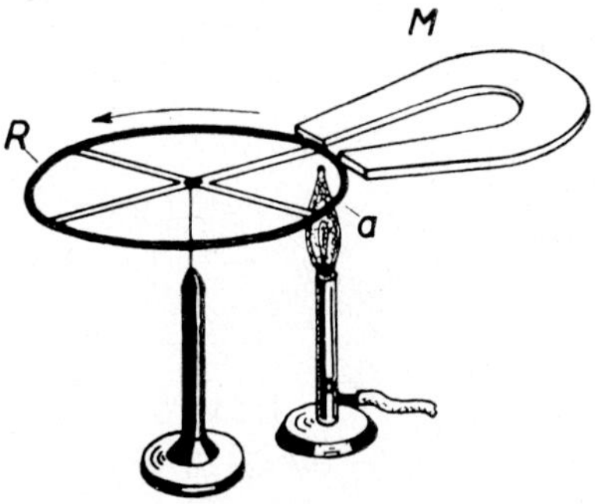

Abb. 158. Versuch zum Verschwinden des Ferromagnetismus bei hoher Temperatur

Beim Eisen erklärte man irrtümlicherweise die magnetische Umwandlung dadurch, daß das Eisen eine Umwandlung des Kristallaufbaus erfährt. Dieser Irrtum ist entstanden, weil beim Eisen die Curie-Temperatur und die Temperatur der Phasen-Umwandlung zufällig fast gleich sind. Bei anderen ferromagnetischen Stoffen und Legierungen, die entweder bei einer ganz anderen Temperatur eine Phasenumwandlung oder gar keine Phasenumwandlung erfahren, gibt es auch einen Curie-Punkt, also ein Verschwinden des Ferromagnetismus. Allerdings hängt der Ferromagnetismus von der Kristallstruktur eines Stoffes ab.

Kubisch raumzentriertes Eisen (α-Eisen) ist ferromagnetisch und wandelt sich oberhalb von etwa 900° C in die kubisch flächenzentrierte Phase (γ-Eisen) um. Diese ist antiferromagnetisch. Bei Abkühlung dieser Phase entsteht wieder ferromagnetisches α-Eisen. Fügt man nun 18% Cr und 8% Ni dem Eisen zu, so behält die Legierung die γ-Phase auch bei Abkühlung bei, d. h. sie kann sich nicht in die α-Phase umwandeln. Daher hat die Legierung keine ferromagnetischen Eigenschaften, obwohl sie zu mehr als 80% aus Eisen und Nickel besteht (V2A-Stahl).

In neuester Zeit wurden auch amorphe Stoffe gefunden, die ferromagnetisch sind (z. B. Fe-Au, auf kalte Unterlage aufgedampft). Ferner wird auch berichtet, daß sogar ferromagnetische Flüssigkeiten gefunden worden sind.

Allgemeines Verhalten von $\mathfrak{B}$ und $\mathfrak{H}$, insbesondere an Grenzflächen; Schirmwirkung des Eisens. Wir hatten bereits in Nr. 21 Gl. (81) konstatiert, daß es im Außenraum (Vakuum) der Magnete keine in sich zurücklaufenden $\mathfrak{H}$-Linien gibt; dasselbe gilt auch, wenn der Außenraum ganz oder teilweise mit beliebigem ferro-, para- oder diamagnetischem Material ausgefüllt ist. Wir müssen daher annehmen, daß die Gl.

$$\oint |\mathfrak{H}_s| \, ds = 0 \tag{81}$$

auch im Innenraum der Magnete, d. h. ganz allgemein gilt. Es gibt also im statischen Felde permanenter Magnete überhaupt keine geschlossenen $\mathfrak{H}$-Linien[1]; diese müssen vielmehr in Quellen Anfang und Ende haben. Diese Quellen kennen wir bereits: Es sind die Pole der felderregenden permanenten Magnete. Streng genommen muß vorausgesetzt werden, daß die Pole punktförmig sind. Das Feld der magnetischen Kraft $\mathfrak{H}$ ist also ein Quellenfeld. Daher liefert uns Gl. (81) auch eine Aussage über das Verhalten der Feldstärke $\mathfrak{H}$ im Inneren von permanenten Magneten.

Eine andere allgemein gültige Aussage besitzen wir in Gl. (96) für den Induktionsvektor $\mathfrak{B}$:

$$\oint |\mathfrak{B}_n| \, dA = 0, \tag{96}$$

die aussagt, daß umgekehrt $\mathfrak{B}$ keine Quellen, sondern nur Wirbel besitzt. Auch diese Gleichung ermöglicht uns eine Aussage über den Innenraum permanenter Magnete.

Wenden wir beide Gleichungen auf eine Trennungsfläche an, in der zwei Medien mit verschiedenen Permeabilitäten (μ_1 und μ_2) zusammenstoßen, so gibt Gl. (81), genau wie in Nr. 12 in der Elektrostatik, die Beziehung:

$$\mathfrak{H}_{1t} = \mathfrak{H}_{2t} \tag{106}$$

d. h. die Tangentialkomponenten der magnet. Feldstärke $\mathfrak{H}$ durchsetzen eine Trennungsfläche stetig. Diese Gleichung ist das magnetische Analogon zu Gl. (44) auf S. 47; nach dem oben Gesagten gilt (106) auch für die Trennungsfläche Magnet und Außenraum. Ebenso folgt durch Anwendung der Gl. (96):

$$\mathfrak{B}_{1n} = \mathfrak{B}_{2n}, \tag{107}$$

d. h. die Normalkomponente der Induktion ist beim Durchgang durch eine Trennungsfläche gleichfalls stetig, natürlich auch für diejenige, die Innen- und Außenraum eines Magneten gegeneinander abgrenzt; sie hat ihr elektrisches Analogon in Gl. (42) auf S. 46. Mit Gl. (106) ist gleichwertig die folgende:

$$\frac{1}{\mu_1}\mathfrak{B}_{1t} = \frac{1}{\mu_2}\mathfrak{B}_{2t}. \tag{106a}$$

und mit Gl. (107):

$$\mu_1 \mathfrak{H}_{1n} = \mu_2 \mathfrak{H}_{2n}. \tag{107a}$$

Die Tangentialkomponente der Induktion erleidet also ebenso wie die Normalkomponente der magnetischen Feldstärke, deren Größe durch (106a) und (107a) bestimmt wird, eine bestimmte Unstetigkeit.

Im allgemeinen sind bei para- und diamagnetischen Medien μ_1 und μ_2 wenig voneinander verschieden, daher $\mathfrak{H}_1$ und $\mathfrak{H}_2$ praktisch einander gleich. Tritt dagegen das Feld $\mathfrak{H}_1$ aus dem

[1]) Es gibt aber, worauf hier wieder aufmerksam gemacht sei, geschlossene $\mathfrak{H}$-Linien im Magnetfeld elektrischer Ströme.

Vakuum in ein Ferromagnetikum mit sehr großen μ_2 ein, so ist in diesem $\mathfrak{H}_{2n} = \frac{1}{\mu_2} \mathfrak{H}_{1n}$ sehr klein gegen $\mathfrak{H}_{1n}$, und daher das Feld z. B. im Eisen stark geschwächt, während die Induktion (wegen $\mathfrak{B}_{1n} = \mathfrak{B}_{2n}$) ungeändert bleibt. Wegen (106) und (107) werden daher sowohl die magnetischen Feldlinien ($\mathfrak{H}$-Linien) wie auch die Induktionslinien ($\mathfrak{B}$-Linien) beim Übergang aus einem Medium zum anderen gebrochen, und zwar wieder nach dem gleichen Gesetz, dem auch die $\mathfrak{E}$- bzw. $\mathfrak{D}$-Linien unterliegen: Die Tangenten des Einfallswinkels α und des Brechungswinkels β verhalten sich wie die Permeabilitäten:

$$\frac{\operatorname{tang}\alpha}{\operatorname{tang}\beta} = \frac{\mu_1}{\mu_2}. \tag{108}$$

Bei den para- und diamagnetischen Stoffen spielt diese Brechung der magnetischen $\mathfrak{H}$- und $\mathfrak{B}$-Linien wegen der geringen Abweichung ihrer Permeabilitäten voneinander und von 1 praktisch keine Rolle, von Bedeutung ist sie aber bei den ferromagnetischen Körpern. Aus Gl. (108) folgt,

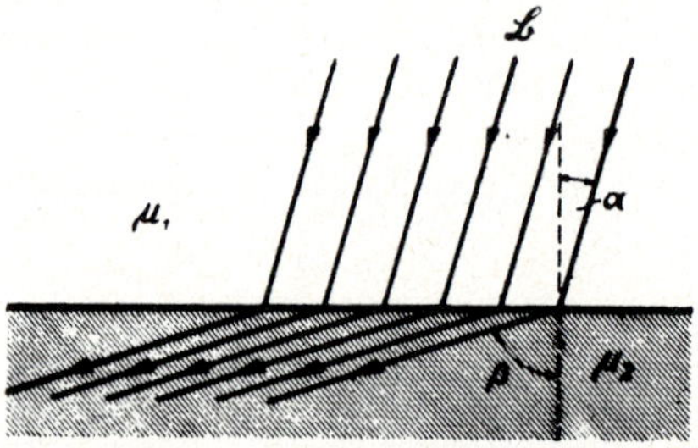

Abb. 159. Brechung der Induktionslinien beim Durchgang durch die Trennungsfläche zweier Medien mit verschiedener Permeabilität

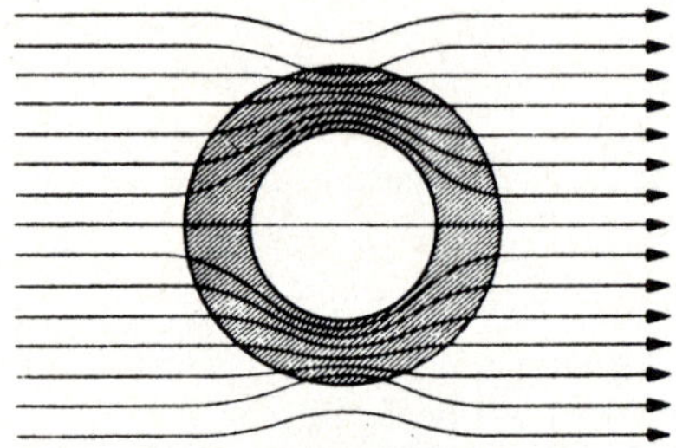

Abb. 160. Magnetische Schirmwirkung eines Eisenringes

daß im Medium mit der höheren Permeabilität die Kraft- bzw. Induktionslinien weiter von der Normalen abgelenkt werden. Da die Werte von μ für Eisen sehr hoch sind (vgl. Tab. S. 112), so findet man, daß selbst bei Einfallswinkeln von 1° bis 5°, d. h. bei nahezu senkrechtem Einfall, die Brechungswinkel größer als 70° sind. In der folgenden Tabelle sind für das Verhältnis $\mu_2 : \mu_1 = 200$ zusammengehörige Werte von α und β zusammengestellt:

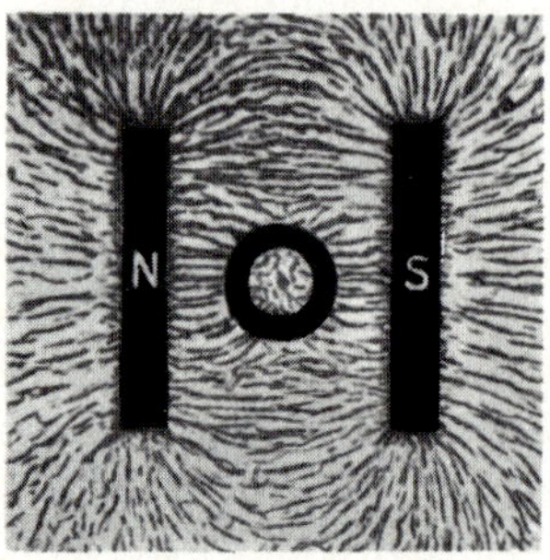

Abb. 161. Magnetische Schirmwirkung eines Eisenringes

α	β
0°	0°
1°	74° 1′
2°	82° 51′
3°	84° 33′
4°	85° 54′
5°	86° 43′

Infolge dieser starken Brechung verlaufen, wie es Abb. 159 andeutet, die Induktionslinien in Eisen viel dichter beieinander als in Luft. Man sagt daher auch, daß Eisen die Induktionslinien eines Magnetfeldes in sich konzentriert. Hierauf beruht die magnetische Schirmwirkung eines Eisenringes. Bringt man einen dickwandigen Eisenzylinder mit seiner Achse senkrecht zu den $\mathfrak{B}$-Linien in ein homogenes Magnetfeld, so verlaufen die in das Eisen einmündenden Linien infolge der Brechung fast sämtlich innerhalb der Zylinderwandung, so daß der Innenraum des Zylinders praktisch feldfrei ist (Abb. 160). In Abb. 161 ist das diesbezügliche Kraftlinienbild wiedergegeben; von einer Orientierung der Eisenfeilspäne im Inneren des Zylinders ist nichts zu erkennen. Man benutzt diese Schirmwirkung des Eisens dazu, um z. B. die Magnetnadeln hochempfindlicher Galvanometer gegen die Einwirkung störender äußerer Magnetfelder zu schützen. Dabei läßt sich die Schirmwirkung steigern, indem man zwei oder mehrere Eisenmäntel konzentrisch umeinander anordnet (sog. Panzergalvanometer, s. S. 182).

Von den Gl. (106) und (107) wollen wir nun eine Anwendung auf die Grenzfläche zwischen Innen- und Außenraum eines Magneten machen, um einigen Aufschluß über den Verlauf der $\mathfrak{H}$- und $\mathfrak{B}$-Linien im Inneren zu erhalten. In Abb. 162a ist im Außenraum der Verlauf der (hier ja identischen) $\mathfrak{H}$- bzw. $\mathfrak{B}$-Linien eines Stabmagneten experimentell hergestellt; man erkennt, daß

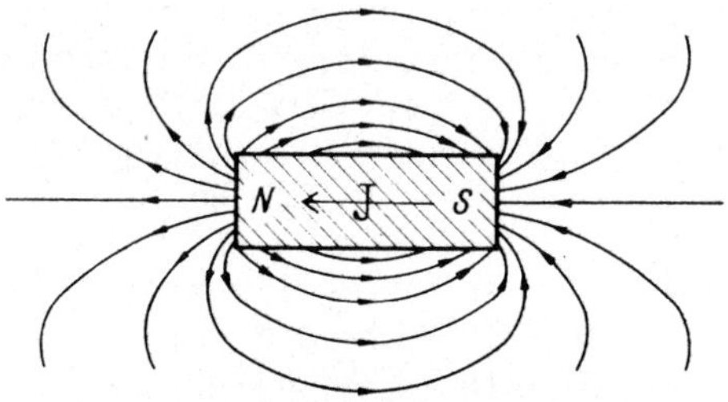

Abb. 162a. Verlauf der magnetischen $\mathfrak{H}$-Linien im Außenraum eines Stabmagneten

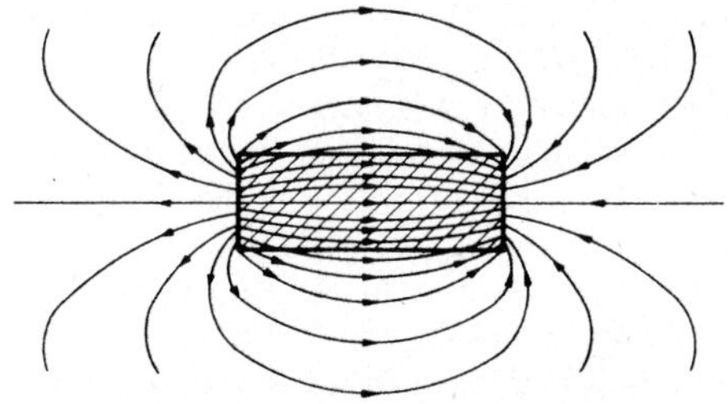

Abb. 162b. Verlauf der magnetischen $\mathfrak{H}$-Linien im Außen- und Innenraum eines Stabmagneten

bei der gewählten Anordnung — links Nordpol, rechts Südpol — das Feld im wesentlichen von links nach rechts verläuft. Im besonderen sieht man, daß in den mittleren Partien des Magneten das Feld praktisch parallel zum Stabe gerichtet ist, ebenfalls von links nach rechts. In Abb. 162a

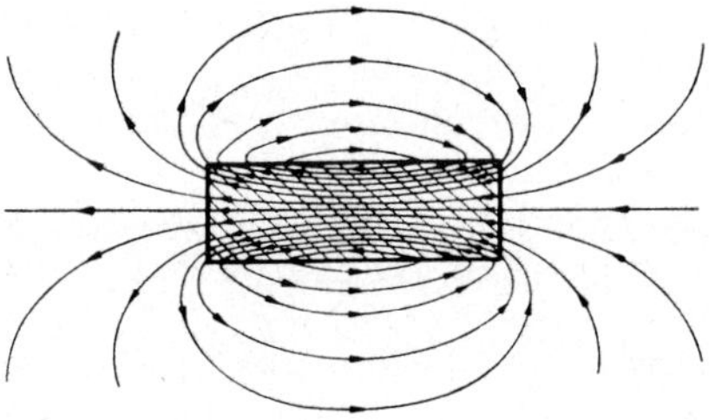

Abb. 162c. Verlauf der magnetischen $\mathfrak{B}$-Linien im Außen- und Innenraum eines Stabmagneten

ist dieser Feldverlauf im Außenraum mit Einzeichnung von Pfeilen schematisch wiedergegeben. Erwähnt sei noch, daß der Magnetisierungsvektor $\mathfrak{J}$, der nur im Inneren von Null verschieden ist, seiner Definition nach vom Südpol S zum Nordpol N hingerichtet ist, d. h. von rechts nach links (im Inneren des Magneten durch Pfeil angedeutet). Aus Gl. (81) folgt aber, daß im Inneren die $\mathfrak{H}$-Linien von links nach rechts verlaufen; sie beginnen und enden in den Polen; denn andernfalls existierten geschlossene, einsinnig durchlaufende Feldlinien, was zu Gl. (81) im Widerspruch steht. Die $\mathfrak{H}$-Linien sind also auch unter Hinzunahme des Innenraumes keine geschlossenen Linien, sondern entstehen und endigen in ihren Quellen, den Polen. Dies bringt Abb. 162b zum Ausdruck. Im einzelnen sieht man auch, daß im Inneren weniger $\mathfrak{H}$-Linien als im Außenraum verlaufen, da $\mathfrak{H}_i$ wegen des großen μ-Wertes des Magneten viel kleiner als $\mathfrak{H}_a$ sein muß. Man bemerke ferner, daß der $\mathfrak{H}$-Vektor im Innern dem $\mathfrak{J}$-Vektor entgegengerichtet ist, eine Tatsache von Bedeutung, auf die wir gleich noch zurückkommen werden. — Neben die eben gegebene Darstellung können wir eine zweite stellen, die im Innern die $\mathfrak{B}$-Linien betrachtet. Diese sind aber stets geschlossene Linien, sie beginnen und endigen nicht in den Polen, da sie keine Quellen haben. Im Außenraum sind die $\mathfrak{B}$-Linien mit den in Abb. 162a und 162b gezeichneten $\mathfrak{H}$-Linien identisch; sie schließen sich sämtlich im Innenraum durch die von rechts nach links verlaufenden $\mathfrak{B}_i$-Linien, was Abb. 162c zum Ausdruck bringt. Diese Darstellung ist der Auffassung der Abb. 162b vollkommen gleichwertig.

Da, wie vorhin erwähnt, das Feld $\mathfrak{H}_i$ der Magnetisierung $\mathfrak{J}$ entgegengesetzt gerichtet ist, hat es die Tendenz, die Magnetisierung zu schwächen; deswegen spricht man von einer entmagnetisierenden Wirkung, die am stärksten, wie eine genauere Berechnung zeigt, an den Enden der Magnete auftritt (entmagnetisierende Wirkung der Enden). Wäre das Material der Magnete vollkommen weich, so würde $\mathfrak{H}_i$ die Magnetisierung $\mathfrak{J}$ völlig zerstören; das geschieht nur aus dem Grunde nicht, weil es in der Natur kein ideal magnetisch weiches Material gibt, sondern immer wenigstens ein Teil der Magnetisierung permanent ist, eine Folge der sog. Koerzitivkraft (vgl. S. 209) des Materials. Bei dem anderen Extrem, dem ideal starren Magneten, bei dem $\mathfrak{J}_p$ unabhängig von $\mathfrak{H}_i$ wäre, würde die Entmagnetisierung natürlich keine Rolle spielen; aber dieser Fall läßt sich ebensowenig realisieren, wie der absolut weichen Materials.

Magnetische Energie. Auf Grund der weitgehenden formalen Übereinstimmung der Gesetze des elektrostatischen und magnetostatischen Feldes können wir schließlich noch die magnetische Energie E_m angeben. In Analogie zu den Gl. (64) und (64a) auf S. 62 erhalten wir für die Energiedichte:

(109) $$E_{m/Vol.} = \frac{\mu}{8\pi}\,\mathfrak{H}^2,$$

und für die Gesamtenergie:

(109a) $$E_m = \frac{1}{8\pi}\int \mu\,\mathfrak{H}^2\,d\tau,$$

oder, weil $\mu\mathfrak{H} = \mathfrak{B}$ ist:

(109b) $$E_m = \frac{1}{8\pi}\int \mathfrak{H}\mathfrak{B}\,d\tau.$$

wenn $d\tau$ ein Volumelement bedeutet. Diese Energie ist erforderlich, um das magnetische Feld zu erzeugen und ist in seinen Volumelementen aufgespeichert.

Da man in Luft ohne besondere Schwierigkeiten magnetische Feldstärken von 10000 Oersted erzeugen kann, läßt sich in der Volumeinheit eine magnetische Energie von

$$E_{m/}Vol. = \frac{10^8}{8\pi} = 4\cdot 10^6\ erg/cm^3 = 0{,}4\,\frac{Wattsec}{cm^3}$$

aufspeichern. Das ist rund 10^5mal mehr gegenüber der in einem elektrischen Feld enthaltenen Energie (s. S. 63). Alle Elektromotoren arbeiten daher ausschließlich mit magnetischen Feldern.

Wir benutzen die Gl. (109) dazu, um die Theorie der auf S. 109 angegebenen Quinckeschen Steighöhen-Methode zur Bestimmung der Permeabilität von Flüssigkeiten abzuleiten. Die Flüssigkeit wird, falls sie paramagnetisch ist, so lange in das Magnetfeld hereingezogen, bis sich die vom Magnetfeld ausgeübte Kraft und die in umgekehrter Richtung wirkende Schwerkraft das Gleichgewicht halten. Ist h die Niveaudifferenz der Flüssigkeit in beiden Rohrschenkeln (Abb. 154), f der Querschnitt derselben, ϱ die Dichte der Flüssigkeit und g die Schwerebeschleunigung, so ist die bei einer kleinen Verschiebung dh der Niveaudifferenz gegen die Schwere geleistete Arbeit $fh\varrho g\,dh$. Dabei tritt das Flüssigkeitsvolumen $f\,dh$ mit der Permeabilität μ an die Stelle von Luft, deren Permeabilität 1 ist, und dies bewirkt nach (109) eine Änderung der magnetischen Energie um

$$\left(\frac{\mu\mathfrak{H}^2}{8\pi} - \frac{\mathfrak{H}^2}{8\pi}\right) f\,dh.$$

Diese muß der geleisteten Arbeit gleich sein: $f h \varrho g d h = \frac{\mu - 1}{8\pi} \mathfrak{H}^2 f \, dh,$

und daraus folgt:

(110) $$\mu = 1 + \frac{8\pi h \varrho g}{\mathfrak{H}^2}.$$

Aus dieser Gleichung kann bei bekanntem $\mathfrak{H}$ die Permeabilität bestimmt werden. Die Ableitung gilt natürlich auch für diamagnetische Stoffe, bei denen nur das Vorzeichen von dh sich ändert.

In Analogie zum elektrischen Feld (s. S. 49) besteht auch im magnetischen Feld ein Zug der Feldlinien und ein Druck quer zu ihnen; seine Größe ist durch den Ausdruck

$$\frac{\mu}{8\pi} \mathfrak{H}^2 = \frac{1}{8\pi} \mathfrak{H} \mathfrak{B}$$ gegeben.

Andere Darstellung der Gesetze des magnetischen Feldes

Die quantitative Untersuchung des magnetischen Feldes mit Hilfe des Begriffs der Polstärke p und die Definition der Feldstärke $\mathfrak{H}$ durch die Gleichung

(76) $$\mathfrak{H} = \lim_{p \to 0} \frac{\mathfrak{F}}{p}$$

geschah dem historischen Weg entsprechend. Obwohl es streng genommen keine punktförmigen magnetischen Pole gibt, in denen die Feldlinien beginnen bzw. enden, läßt sich das Feld permanenter Magnete auf diese Weise annähernd beschreiben, und zwar um so genauer, je länger ein Stabmagnet ist, verglichen mit seinem Durchmesser. Die notwendige Folge war die Annahme eines wirbelfreien Magnetfeldes, d. h.

(81) $$\oint |\mathfrak{H}_s| \, ds = 0,$$

was gleichbedeutend ist mit der Existenz eines eindeutigen magnetischen Potentials.

Die moderne Darstellung trägt in stärkerem Maße der Tatsache Rechnung, daß es keine isolierten magnetischen Pole gibt, daß man also die Kraft, die ein sehr kleiner „einzelner" Magnetpol im Feld eines vergleichsweise großen Magneten erfährt, gar nicht mit Sicherheit bestimmen kann, da stets in endlicher Entfernung ein Gegenpol vorhanden ist, auf den eine andere Kraft wirkt. Messen kann man aber in jedem Fall ein Drehmoment (Beispiel: Kompaßnadel im Magnetfeld der Erde). Aus diesem Grund verzichtet man heute völlig auf den Begriff der Polstärke. Daß dies möglich ist, zeigt bereits die Tatsache, daß sich bei der Bildung des Vektorproduktes von $\mathfrak{H} = \mathfrak{F}/p$ und dem magnetischen Moment $\mathfrak{M} = p \cdot \mathfrak{l}$ die Polstärke heraushebt:

$$\mathfrak{M} \times \mathfrak{H} = \mathfrak{l} \times \mathfrak{F}$$

(Die rechte Seite der Gleichung stellt das mechanische Drehmoment dar.) Ferner wurde bereits auf S. 99 gezeigt, daß die Polstärke dem magnetischen Fluß Φ_m proportional ist. Deshalb tritt im internationalen System der magnetische Fluß Φ^* als Meßgröße an die Stelle der Polstärke, wobei in Luft ($\mu = 1$)

(111) $$\Phi^* = |\mathfrak{B}^*| \cdot A = \mu_0 \, |\mathfrak{H}^*| \cdot A$$

ist. Bei der Definition der Feldstärke $\mathfrak{H}^*$ geht man vom Magnetfeld einer stromdurchflossenen Spule aus (s. Nr. 35). Dabei ergibt sich folgende Abhängigkeit von der Stromstärke J^*, der Windungszahl N und der Spulenlänge l:

(112) $$|\mathfrak{H}^*| = J^* \cdot N/l.$$

Es zeigte sich nämlich, daß das Feld einer stromdurchflossenen Spule zumindest im Außenraum mit dem eines Stabmagneten übereinstimmt. Allerdings durchsetzen hier die Feldlinien das Spuleninnere im gleichen Umlaufsinn wie den Außenraum. Es gibt also geschlossene Feldlinien. Das heißt, auf einem Weg, der auch durch den Innenraum der Spule führt, ist

$$\oint |\mathfrak{H}_s| \, ds \neq 0$$

und das magnetische Potential V_m vieldeutig. Diese Tatsache läßt sich auch auf Permanentmagnete übertragen, wenn man mit Ampère annimmt, daß es in ihnen kreisende „Molekularströme" gibt, die für das Magnetfeld verantwortlich sind, ähnlich wie bei der stromdurchflossenen Spule. Damit wird die Existenz von genau lokalisierten Polen hinfällig. Der Widerspruch zu dem bisher Gesagten ist unerheblich; es handelt sich nur um eine andere Beschreibung des gleichen Tatbestandes.

Für das magnetische Moment einer gestreckten Spule ergibt sich im SI:

(113) $$|\mathfrak{M}^*| = \mu_0 \cdot N \cdot J^* \cdot A.$$

Dies liefert mit (111) und (112):

(113a) $$|\mathfrak{M}^*| = \Phi^* l.$$

Gleichung (113a) entspricht also genau der Gleichung $|\mathfrak{M}| = p \cdot l$ im CGS-System. Damit ist erneut gezeigt, daß man auf den Begriff der Polstärke verzichten kann.

III. Kapitel

Stationäre elektrische Ströme

25. Begriff des elektrischen Stromes; Stromstärke; Stromdichte

Im I. Kapitel ist bereits mehrfach davon Gebrauch gemacht, daß ein elektrisch geladener Körper seine Ladung verliert, wenn er durch einen Leiter (Metalldraht, menschlicher Körper usw.) mit der Erde verbunden wird. Dieser Vorgang ist so zu erklären, daß entweder die Ladung vom Körper zur Erde abfließt, oder, was im Prinzip auf das gleiche hinauskommt, eine entgegengesetzt gleiche Ladung von der Erde auf den Körper strömt, so daß im Endergebnis seine Ladung sich anulliert. Im folgenden beschäftigen wir uns gerade mit dieser Bewegung elektrischer Ladungen. d. h. mit elektrischen Strömen.

Für die Elektrostatik, die den Zustand des Gleichgewichtes elektrischer Ladungen auf Leitern behandelt, ist es charakteristisch, daß einmal die elektrischen Kraftlinien senkrecht auf den Leiteroberflächen stehen, die demnach Niveauflächen sind, und daß anderseits im Innern der Leiter kein elektrisches Feld besteht. Diese Aussagen können nicht mehr gelten, wenn das Gleichgewicht der Ladungen gestört ist, wenn also Bewegungen oder Strömungen der Ladungen in den Leitern vor sich gehen. Dies zeigt ein einfaches Beispiel. Wir betrachten zwei isolierte, gleich große Kugeln vom Radius R aus dem gleichen Metall, die mit Elektrizitätsmengen q_1 und q_2 geladen sind, wobei etwa $q_1 > q_2$ sein möge; dann sind ihre Potentiale $V_1 = \frac{q_1}{R}$ und $V_2 = \frac{q_2}{R}$, wobei auch $V_1 > V_2$ ist. Verbindet man die beiden Kugeln durch einen Draht gleichen Materials, so kann das System nicht mehr im elektrischen Gleichgewicht sein, da es infolge der Drahtverbindung der Kugeln einen einzigen homogenen Leiter bildet, dessen verschiedene Teile verschiedenes Potential besitzen. Es muß daher eine Strömung von Elektrizität eintreten, die als Endresultat das Gleichgewicht wiederherstellt. Umgekehrt kann man sagen, daß Potentialdifferenzen in einem homogenen Leiter die Vorbedingung dafür sind, daß überhaupt Abweichungen vom elektrischen Gleichgewicht vorhanden sind. Dies bedeutet, daß bei Nichtvorhandensein des elektrostatischen Gleichgewichtszustandes, d. h. beim Fließen elektrischer Ladungen, die Leiteroberfläche keine Niveaufläche mehr ist, anders ausgedrückt, daß die elektrischen Kraftlinien nicht mehr senkrecht auf der Leiteroberfläche stehen. Bei einer elektrischen Strömung müssen tangentielle Komponenten der elektrischen Feldstärke $\mathfrak{E}$ an der Leiteroberfläche im Isolator vorhanden sein. Wegen der Stetigkeit der tangentiellen Komponente von $\mathfrak{E}$ gilt dies aber auch für das Leiterinnere: es muß also auch dort ein elektrisches Feld herrschen; denn nur im Gleichgewichtszustand verteilen die elektrischen Ladungen auf der Leiteroberfläche sich derartig, daß die von ihnen ausgehenden Kraftwirkungen sich im Leiterinneren gerade aufheben.

Das Wesentliche jeder Abweichung vom elektrostatischen Gleichgewichtszustande besteht also in einer Bewegung von Elektrizität im Inneren des Leiters. Dies ergibt sich mit besonderer

Deutlichkeit, wenn man im obigen Beispiel $q_2 = -q_1$, also $V_1 = -V_2$ wählt. Verbindet man jetzt die beiden Kugeln durch einen Draht, so ist im Endzustand $V_1 = V_2 = 0$, also auch die schließliche Ladung beider Kugeln gleich Null, d.h. die entgegengesetzt gleichen Ladungen beider Kugeln haben sich ausgeglichen. Es sind also positive Ladungen vom höheren Potential V_1 zum niederen V_2 durch den Draht geströmt, oder negative in umgekehrter Richtung, oder endlich beide el. Ladungen gleichzeitig in entgegengesetzter Richtung. In jedem Falle ist klar, daß dem schließlich erreichten Gleichgewichtszustand eine Bewegung elektrischer Ladungen durch den Leiter vorherging. **Die Bewegung elektrischer Ladungen nennt man elektrischen Strom.** Dabei ist es völlig gleichgültig, ob sich die Ladung durch einen in Ruhe bleibenden Leiter hindurchbewegt, oder ob die Ladung sich mit ihrem Träger (z. B. einem geriebenen Kunststoffstab oder einem geladenen Atom) durch den Raum bewegt. **Das Wesentliche eines Stromes ist die Bewegung elektrischer Ladungen.**

Um die Stärke eines Stromes anzugeben, benötigt man eine neue Größe. Sie heißt **elektrische Stromstärke** J und ist die pro Zeitelement dt durch einen beliebigen Leiterquerschnitt fließende Ladungsmenge dq:

(114) $$J = \frac{dq}{dt}.$$

Man kann also kurz sagen: **Die elektrische Stromstärke ist der Quotient Ladungsmenge pro Zeit.** Entsprechend gilt:

$$\dim J = \dim \frac{q}{t}.$$

Im elektrostatischen System ist

(115) $$\dim J = L^{3/2} M^{1/2} T^{-2}.$$

Im SI-System ist, wie schon in Nr. 5 erwähnt, die Stromstärke eine Basisgröße und hat die Einheit Ampere (zu Ehren des französischen Physikers André Marie Ampère 1775—1836). Nach der älteren Definition (gültig von 1908—1947) ist ein Ampere (A_{int}) derjenige Strom, der in einer wäßrigen Lösung von Silbernitrat in der Sekunde 1,118 mg Silber abscheidet. Seit dem 1. Januar 1948 gilt die folgende Definition: Ein Ampere ist die Einheit des Stromes, der in zwei parallelen, geradlinigen, unendlich langen, in einem Meter Abstand befindlichen Leitern fließt und zwischen ihnen eine Kraft von $2 \cdot 10^{-7}$ Newton pro Meter Länge ausübt. Damit ist jetzt das Ampere auf die Kraft zurückgeführt, welche die durch den Strom erzeugten Magnetfelder aufeinander ausüben.

Will man zwischen dem CGS-System und dem Système International (SI) umrechnen, so gilt:

(116) $$1\,\mathrm{A} \mathrel{\hat{=}} 3 \cdot 10^9\,\mathrm{cm}^{3/2}\,\mathrm{g}^{1/2}\,\mathrm{s}^{-2}.$$

Da die Beziehung zwischen den beiden Einheiten keine Gleichung sondern nur eine Entsprechung ist, muß die in der praktischeren Einheit Ampere angegebene Stromstärke — sie wird im folgenden mit J^* bezeichnet — stets von der in elektrostatischen Einheiten gemessenen Stromstärke J unterschieden werden.

Ein zeitlich konstanter Strom von der Stärke J befördert in der Zeit t die Elektrizitätsmenge $q = Jt$. Ist der Strom zeitlich veränderlich, so muß man von der exakten Definitionsgleichung (114) ausgehen und findet für die während der Zeit t transportierte Elektrizitätsmenge:

(117) $$q = \int_0^t J\,dt.$$

Die Einheit für die Ladungsmenge ist

1 Coulomb (C) = 1 Amperesekunde (As)

Über die Richtung des Stromes ist folgendes zu sagen. Wenn wir einen durchströmten Leiter betrachten, so können wir darin Kurven zeichnen der Art, daß ihre Tangente stets mit der augenblicklichen Strömungsrichtung zusammenfällt; diese Kurven entsprechen genau denjenigen, die man in der Hydrodynamik (s. Bd. I, Nr. 55) benutzt, um eine Flüssigkeitsströmung anschaulich zu charakterisieren; sie werden hier wie dort **Stromlinien** genannt. Es ist üblich, diesen Kurven eine bestimmte Richtung zuzuordnen, nämlich diejenige, in der die positive Elektrizität fließt, und diese Richtung nennen wir die Stromrichtung. Diese Festsetzung ist natürlich vollkommen willkürlich. Wir wissen heute (s. Kap. IX), daß in einem metallischen Leiter nur negative Elektrizitätsteilchen, nämlich die bereits auf S. 13 erwähnten Elektronen, den Ladungstransport besorgen, so daß ihre Bewegungsrichtung der oben definierten Stromrichtung gerade entgegengesetzt ist. In den elektrolytischen Leitern, z. B. in Salz- und Säurelösungen, bewegen sich anderseits elektrische Ladungen beiderlei Vorzeichens in entgegengesetzter Richtung; die Bewegungsrichtung der positiven Ladung ist also mit der Stromrichtung identisch, die der negativen ihr entgegengesetzt. Zur Vermeidung von Irrtümern ist es deshalb notwendig, zwischen Stromrichtung und Bewegungsrichtung der Ladungen deutlich zu unterscheiden.

Bei konstanten und zeitlich sehr langsam veränderlichen Strömen ist die Stromstärke J über den Leiterquerschnitt gleichmäßig verteilt, nicht aber, wie wir später sehen werden, bei schnell veränderlichen Strömen. Man führt daher noch einen neuen Begriff ein, den Vektor $\mathfrak{j}$ der **Stromdichte**, auch **Strömungsvektor** genannt. Er hat die Richtung des Stromes, d. h. die Richtung der Bewegung der positiven Ladung; sein Betrag ist gleich der Stromstärke pro Flächeneinheit des zur Stromrichtung senkrechten Querschnitts A. Ist also der Strom konstant, so ist einfach:

(118a) $$|\mathfrak{j}| = \frac{J}{A}\,.$$

woraus umgekehrt

(118b) $$J = |\mathfrak{j}|\,A$$

folgt. Ist aber der Strom — bei schnell veränderlichen Strömen — ungleichmäßig über den Querschnitt verteilt, so zerlegen wir A in die Elemente dA, die so klein gewählt sind, daß in jedem Element noch eine gleichmäßige Stromverteilung herrscht. Dann ist die (unendlich kleine) Stromstärke dJ in einem solchen Elemente nach (118b):

$$dJ = |\mathfrak{j}|\,dA,$$

und die gesamte Stromstärke ergibt sich durch Summation (bzw. Integration) über den ganzen Querschnitt zu:

$$J = \int |\mathfrak{j}|\,dA.$$

Steht schließlich der Querschnitt A nicht senkrecht zur Richtung von $\mathfrak{j}$, so zerlegen wir letzteres in zwei Komponenten, eine zu dA tangentiale ($\mathfrak{j}_t$) und eine zu dA senkrechte ($\mathfrak{j}_n$). Letztere ist gleich $|\mathfrak{j}|\cos\alpha$, wenn α der Winkel zwischen $\mathfrak{j}$ und der Normale von dA ist. Diese senkrechte Komponente $\mathfrak{j}_n$ ist es allein, die elektrische Ladungen durch dA hindurchtransportiert. Also ist schließlich allgemein:

$$dJ = |\mathfrak{j}_n|\,dA = |\mathfrak{j}|\cos\alpha\,dA,$$

und der Gesamtstrom wird:

(119) $$J = \int |\mathfrak{j}_n|\,dA = \int |\mathfrak{j}|\cos\alpha\,dA.$$

Die rechte Seite dieser Gleichung, die die allgemeine Definition der Stromstärke darstellt, ist genau so gebildet wie der elektr. Fluß $\int|\mathfrak{E}_n|\,dA$ oder der magnet. Fluß $\int|\mathfrak{B}_n|\,dA$, und man versteht nunmehr auch, woher die Bezeichnung „Fluß" kommt.

Im folgenden werden wir uns hauptsächlich mit linearen Strömen beschäftigen, d. h. Strömen, die in linearen Leitern fließen, bei denen also die Querschnittsabmessungen klein gegen die Länge des Leiters sind. Den Gegensatz hierzu bilden körperliche Ströme, die deshalb schwierig zu behandeln sind, weil man die Lage der Stromlinien nicht von vornherein kennt, während sie bei den linearen Strömen durch die Richtung des Leiters bestimmt ist.

Ferner werden wir in diesem Kapitel voraussetzen, daß die Stromstärke zeitlich konstant ist. Solche Ströme heißen stationär, weil bei ihnen zwar dauernd Elektrizität fließt, aber durch jeden Querschnitt in jeder Sekunde die gleiche Menge. Würde dies nämlich nicht der Fall sein, sondern durch einen Querschnitt mehr Elektrizität hindurchtreten wie durch die übrigen, so würde sich in ihm Elektrizität dauernd anhäufen, also der Zustand sich mit der Zeit ändern; ebenso wäre es, wenn etwa weniger Ladung durch einen Querschnitt hindurchtreten würde. In einem stationären Strome ist also die Stromstärke J überall, in allen Querschnitten, wie groß oder wie klein sie seien, die gleiche. Die Stromdichte $|\,\mathfrak{j}\,|$ ist daher nach (118a) dort größer, wo der Querschnitt A kleiner ist und umgekehrt: Die Stromdichten $\mathfrak{j}_1$ und $\mathfrak{j}_2$ in zwei Querschnitten A_1 und A_2 verhalten sich umgekehrt wie diese:

$$|\,\mathfrak{j}_1\,| : |\,\mathfrak{j}_2\,| = A_2 : A_1$$

Das bedeutet eben, daß die Stromstärke J in A_1 und A_2 die gleiche ist.

26. Ohmsches Gesetz

El. Strom in einem homogenen Leiter. Wie in der vorhergehenden Nummer dargelegt wurde, kann ein Strom in einem homogenen Leiter nur dann zustande kommen, wenn an seinen Enden ein Potentialunterschied besteht. Zur Klärung der Frage, wie die Stromstärke von diesem Potentialunterschied sowie von den Abmessungen und Eigenschaften des Leiters abhängt, untersuchen wir experimentell die Entladung eines Kondensators. Um die Entladung, die durch einen gewöhnlichen Metalldraht in sehr kurzer Zeit vor sich geht, bequem beobachten zu können, wählen wir einen schlechten Leiter L, z. B. einen Bindfaden oder einen Graphitstrich auf Papier als Verbindung der beiden Kondensatorplatten. Abb. 163 zeigt das Schaltbild; parallel zum Kondensator C liegt ein Elektrometer E, an dem wir das am Kondensator herrschende Potential, gemessen gegen Erde, ab-

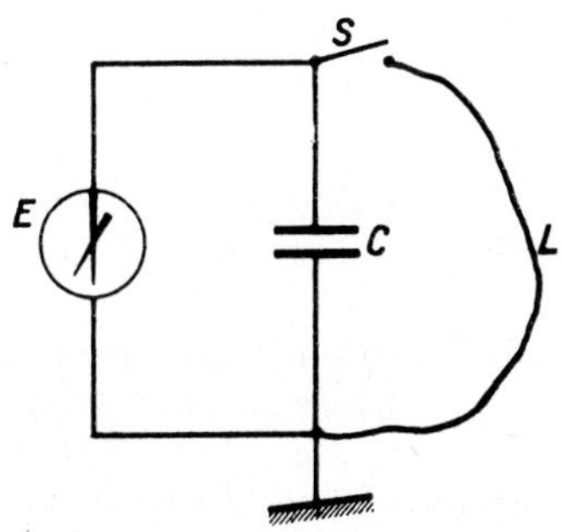

Abb. 163. Schaltung zur Messung der Entladung einer Kapazität

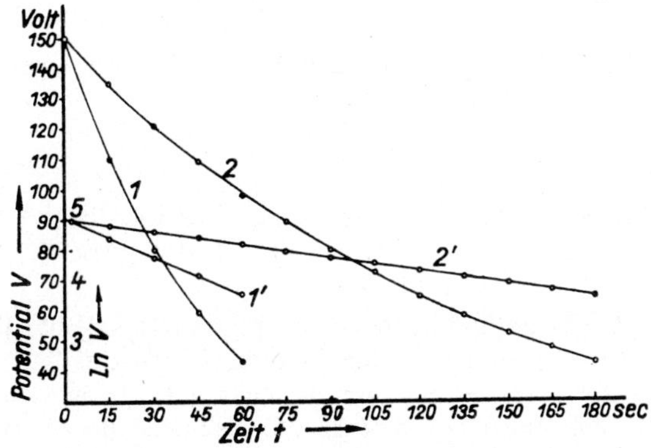

Abb. 164. Zeitlicher Verlauf des Potentials V eines Kondensators während seiner Entladung

lesen können. Wir laden den Kondensator (0,002 μF) auf eine bestimmte Anfangsspannung (im Versuch 150 Volt), schließen dann den Schalter S und lesen in gleichen Zeitabschnitten (im Versuch alle 15 Sekunden) das am Kondensator herrschende Potential V ab. Wir erhalten dann die in Spalte 2 der folgenden Tabelle zusammengestellten Werte. Tragen wir diese in Abhängigkeit von der Zeit graphisch auf, so bekommen wir die in Abb. 164 wiedergegebene Kurve 1, die zeigt, daß das Potential V des Kondensators während der Entladung zunächst rasch und dann immer langsamer absinkt. Dies zeigt, daß die Schnelligkeit des Entladungsvorganges, d. h. die Stromstärke von der Höhe des Potentials abhängt. Tragen wir statt V die natürlichen Logarithmen der Zahlenwerte von V in dem Diagramm der Abb. 164 ein, so ergibt sich eine Gerade 1', d. h. eine lineare Beziehung zwischen $\ln V$ und der Zeit t. Wir können also schreiben:

(120) $$\ln V = \ln V_0 - at,$$

wenn V bzw. V_0 ausnahmsweise nur die Zahlenwerte der in Volt angegebenen Potentiale bedeuten. V_0 ist das Potential für $t = 0$, a eine Konstante. Durch Differentiation nach t folgt: $-\Delta \ln V = a \Delta t$. Da im Versuch $\Delta t = 15$ s gewählt wurde, ist $-\Delta \ln V$ (4. Spalte der Tabelle) der Konstante a proportional. Die Tabelle zeigt, daß die Konstanz von a sehr gut erfüllt ist.

t in sec	V in Volt	lnV	−Δ lnV	V in Volt	ln V	Δ lnV
	für $C = 0{,}002\ \mu F$			für C 0,006 μF		
0	150	5,01	0,31	150	5,01	0,11
15	110	4,70	0,32	135	4,9	0,10
30	80	4,38	0,31	121	4,8	0,11
45	59	4,07	0,31	109	4,69	0,11
60	43	3,76	Mittel=0,313	98	4,58	0,09
				89	4,49	0,11
				80	4,38	0,11
				73	4,27	0,11
				64	4,16	0,10
				58	4,06	0,10
				52,5	3,96	0,11
				47,5	3,85	0,11
				42,5	3,47	Mittel=0,106

Der Buchstabe V in $\ln V$ soll nur den Zahlenwert von V bedeuten.

Gl. (120) läßt sich durch Übergang zu den Numeris auch in der Form darstellen:

(120a) $$V = V_0 e^{-at};$$

dies ist die mathematische Formulierung der Entladungskurve 1 in Abb. 164. Durch Differentiation nach der Zeit erhalten wir aus (120a):

(121) $$-\frac{dV}{dt} = a\, V_0\, e^{-at} = a\, V,$$

und daraus erkennt man, daß die Geschwindigkeit der Entladung, gemessen durch die sekundliche Abnahme des Potentials V, dem augenblicklichen Werte des Potentials direkt proportional ist.

Wie hängt die Entladung von der Kapazität C ab? Um dies festzustellen, führen wir dieselbe Messung z. B. mit einer dreimal so großen Kapazität durch. Die für eine Kapazität von 0,006 Mikrofarad gefundenen Werte sind in Spalte 5 der Tabelle zusammengestellt. Man sieht sofort, wenn man die Zahlenwerte mit denen von Spalte 2 vergleicht, daß die Entladung jetzt dreimal so langsam vor sich geht. Die zugehörige Entladungskurve ist in Abb. 164 als Kurve 2 wiedergegeben, die ebenfalls eingezeichnete Abhängigkeit der logarithmierten Potentialwerte (Spalte 6) von der Zeit ergibt die Gerade 2′. Es ist also die Entladungsgeschwindigkeit $-\frac{dV}{dt}$, d. h. die Konstante a in Gl. (121) der Größe der Kapazität C des Kondensators umgekehrt proportional, wie auch ein Vergleich der Spalten 4 und 7 ergibt, die Zahlen enthalten, die a proportional sind. Es ist daher unter Einführung einer neuen Konstante b:

$$a = \frac{b}{C},$$

und folglich nach (121):

$$-\frac{dV}{dt} = \frac{b}{C} V,$$

oder:

$$-\frac{d}{dt}(CV) = bV.$$

CV ist nach Gl. (21) auf S. 25 gleich der Ladung q, die sich auf dem Kondensator C befindet. Es ist also:

$$-\frac{dq}{dt} = b\,V.$$

$-\frac{dq}{dt}$ ist aber gleich der sekundlich durch den Leiterquerschnitt fließenden Elektrizitätsmenge, d. h. gleich der Stromstärke J[1], folglich wird die letzte Gleichung:

(122) $$J = b\,V.$$

In Gl. (122) bedeutet V das Potential des einen Kondensatorbelages gegen den mit der Erde verbundenen zweiten Belag, dessen Potential mithin Null ist; wir können also an Stelle der Potentialdifferenz V auch die elektrische Spannung U zwischen den Klemmen des Kondensators setzen und schreiben:

(123) $$J = b \cdot U.$$

U ist gleichzeitig auch die Spannung, die an den Enden des Leiters L herrscht, und daher kann man (123) folgendermaßen aussprechen:

Die durch einen homogenen Leiter fließende Stromstärke ist der an seinen Enden liegenden Spannung direkt proportional.

Wir müssen nun noch die Bedeutung der Proportionalitätskonstanten b feststellen. Zu diesem Zweck ändern wir den Versuch von Abb. 163 in der Weise ab, daß wir an Stelle des die Entladung hervorrufenden Leiters L einen gleichartigen von der doppelten, dreifachen, ... n-fachen Länge benutzen und jedesmal die Zeit messen, in der die Spannung am Kondensator infolge der Entladung auf einen bestimmten Bruchteil ihres Anfangswertes, etwa auf die Hälfte, absinkt. Der Versuch zeigt dann, daß diese Entladungszeit der Länge l des Leiters direkt proportional ist, anders ausgedrückt, daß die durch den Leiter fließende Stromstärke mit größer werdender Leiterlänge abnimmt. b ist also zunächst umgekehrt proportional der Länge l des Leiters. Nehmen wir ferner statt eines Leiters der Länge l zwei, drei ... n gleichlange Leiter von demselben Querschnitt und schalten sie parallel, so daß der Querschnitt des Gesamtleiters den zwei-, drei- ... n-fachen Wert hat, so finden wir, daß die Entladungszeit des Kondensators dem Querschnitt des Leiters umgekehrt, also die durch ihn fließende Stromstärke dem Leiterquerschnitt A direkt proportional ist. Damit erweist sich b als direkt proportional dem Querschnitt A des Leiters. Vergleichen wir schließlich verschiedenartige Leiter von gleicher Länge l und gleichem Querschnitt A, so erweist sich die Entladungszeit, also die Stromstärke auch noch als abhängig vom Material des Leiters, was demgemäß auch für die Konstante b gelten muß. Zusammenfassend kann diese also gesetzt werden:

$$b = \frac{A}{\varrho l},$$

wenn wir mit ϱ einen Materialfaktor bezeichnen; b und ebenso sein Kehrwert

(124) $$\frac{1}{b} = R = \varrho \frac{l}{A}$$

hängt also nur von den Eigenschaften des Leiters (Länge, Querschnitt, Material) ab, ist aber gänzlich unabhängig von der Stromstärke J, die durch den Leiter fließt, und der Spannung U, die an seinen Enden liegt. Man nennt die für den Leiter charakteristische Größe R den elektrischen Widerstand des Leiters.

Wir können also schließlich Gl. (123) in der Form schreiben:

(125) $$J = \frac{U}{R}.$$

---

[1] $-\frac{dq}{dt} = J$ scheint ein Widerspruch gegen Gl. (114) zu sein, in der das Minuszeichen fehlt: man muß aber bedenken, daß hier $-dq$ die Abnahme der Ladung des Kondensators bedeutet, während $+dq$ in (114) die durch den Querschnitt fließende Elektrizitätsmenge ist; beide sind absolut genommen gleich groß, aber von entgegengesetztem Vorzeichen.

Diese Gleichung ist die einfachste Form des **Ohmschen Gesetzes für einen homogenen Leiter** (G. S. Ohm 1826):

Die Stromstärke in einem homogenen Leiter ist der Spannung an den Enden des Leiters direkt und dem Widerstand des Leiters umgekehrt proportional.

Aus Gl. (125) können wir die Dimension und die Einheit des Widerstandes ableiten. Die Dimension von R ist danach gleich der Dimension der Spannung oder des Potentials (s. S. 20) dividiert durch die der Stromstärke (s. S. 123); also:

$$\dim R = \frac{L^{1/2}\, M^{1/2}\, T^{-1}}{L^{3/2}\, M^{1/2}\, T^{-2}} = L^{-1}\, T.$$

Die Einheit im CGS-System ist somit: $\mathrm{cm}^{-1}\,\mathrm{s}$.

Der Widerstand hat also im elektrostatischen Maßsystem die Dimension einer reziproken Geschwindigkeit. Die elektrostatische Widerstandseinheit verkörpert ein linearer Leiter dann, wenn eine an seinen Enden wirkende Spannung von einer absoluten Einheit ($= 1\,\mathrm{g}^{1/2}\,\mathrm{cm}^{1/2}\,\mathrm{sec}^{-1}$) einen Strom gleich der absoluten elektrostatischen Einheit ($=1\,\mathrm{g}^{1/2}\,\mathrm{cm}^{3/2}\,\mathrm{sec}^{-2}$) hervorruft. Da die absolute Stromeinheit sehr klein, die absolute Spannungseinheit groß ist, ist die hier definierte absolute Widerstandseinheit ganz außerordentlich groß. Man benutzt daher an ihrer Stelle als praktische Einheit das **Ohm** (Ω): Das ist der Widerstand eines Leiters, durch den bei der Spannung von 1 Volt an seinen Enden ein Strom von 1 Ampere fließt. Es ist also:

$$1\ \mathrm{Ohm} = \frac{1\ \mathrm{Volt}}{1\ \mathrm{Ampere}} \triangleq \frac{{}^{1}/_{300}\,\mathrm{g}^{1/2}\,\mathrm{cm}^{1/2}\,\mathrm{s}^{-1}}{3\cdot 10^{9}\,\mathrm{g}^{1/2}\,\mathrm{cm}^{3/2}\,\mathrm{s}^{-2}} = \frac{1}{9}\cdot 10^{-11}\,\mathrm{cm}^{-1}\,\mathrm{s}.$$

Für Gl. (125) kann man im internationalen Maßsystem (SI) schreiben:

(125a) $$J^{*} = \frac{U^{*}}{R^{*}}.$$

Die praktische Herstellung des Ohms wird durch einen Quecksilberfaden von $1\,\mathrm{mm}^2$ Querschnitt und 106,3 cm Länge bei einer Temperatur von 0° Celsius verwirklicht.

Schreibt man Gl. (125) in der Form:

(125b) $R \cdot J = U$,

so sagt das Ohmsche Gesetz aus: **Das Produkt aus Stromstärke und Widerstand eines Leiters ist gleich der an den Enden des Leiters herrschenden Spannung.**

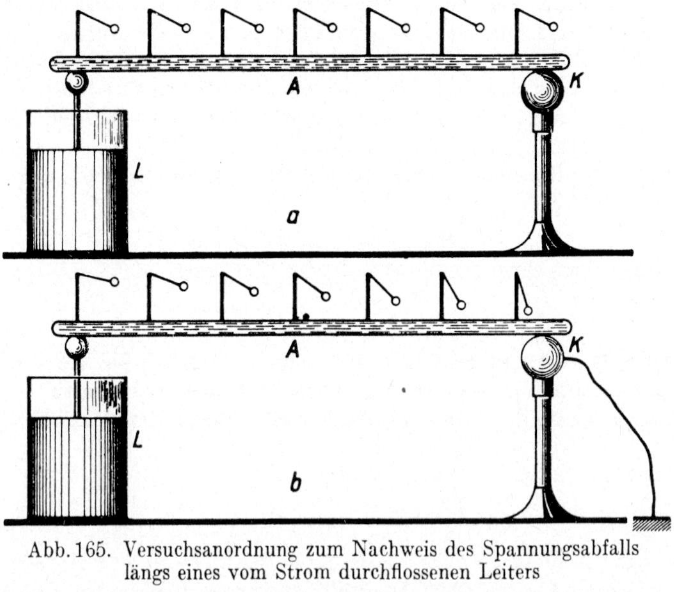

Abb. 165. Versuchsanordnung zum Nachweis des Spannungsabfalls längs eines vom Strom durchflossenen Leiters

Da der Widerstand eines homogenen Leiters von gleichbleibendem Querschnitt nach Gl. (124) mit der Länge wächst, muß auf einem solchen Leiter beim Hindurchfließen eines Stromes ein linearer Spannungsabfall herrschen. Wir überzeugen uns davon durch folgenden Versuch: Von dem Innenpol einer größeren Leidenerflasche L (Abb. 165) führt eine mehrere Meter lange Holzlatte zu einer isoliert aufgestellten Kugel K. Auf der Latte sind in gleichen Abständen kleine

Elektroskope angebracht, die durch ihren Ausschlag an der betreffenden Stelle das Potential anzeigen. Laden wir die Leidenerflasche auf das Potential V, so zeigen (Abb. 165a) alle Elektroskope nach Eintritt des elektrischen Gleichgewichts denselben Ausschlag, da die Lattenoberfläche eine Niveaufläche darstellt. Verbindet man aber die Kugel K mit der Erde, so daß ihr Potential Null wird, so nehmen die Elektroskope die in Abb. 165b wiedergegebenen Ausschläge an, aus denen hervorgeht, daß von dem einen Ende der Latte zu ihrem anderen Ende ein gleichmäßiger Spannungsabfall besteht. Da sich bei diesem Versuch die Leidenerflasche allmählich entlädt, wird mit zunehmender Zeit das Spannungsgefälle längs der Holzlatte immer kleiner, weil der in der Latte fließende Strom dauernd abnimmt. Will man dies verhindern, so muß man etwa mit einer Influenzmaschine der Leidenerflasche dauernd so viel neue Ladung zuführen, daß ihr Potential auf einem konstanten Wert bleibt.

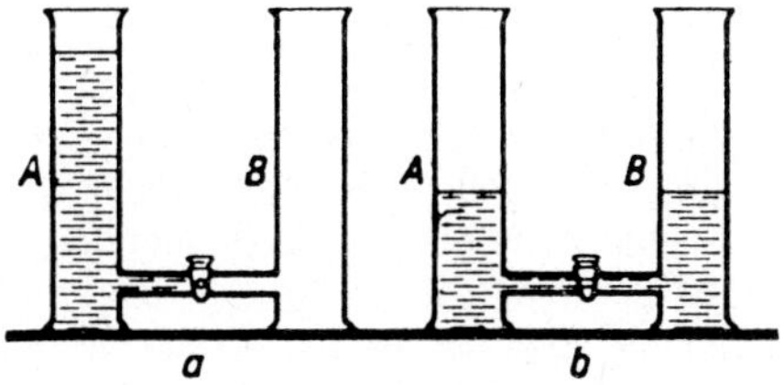

Abb. 166. Hydrodynamisches Analogon zur Entladung eines Kondensators

Es ist nützlich, die bisher besprochenen elektrischen Strömungserscheinungen mit Vorgängen des Fließens von Wasser durch eine Rohrleitung zu vergleichen. Schließen wir an das untere Ende eines mit Wasser gefüllten Standzylinders A (Abb. 166a) ein horizontales Glasrohr an, das in einen zunächst leeren Standzylinder B einmündet, so wird nach Öffnen des am Rohr befindlichen Hahnes das Wasser von A nach B überströmen, und zwar zunächst rasch und dann immer langsamer, je geringer mit zunehmender Zeit der Höhenunterschied der beiden Flüssigkeitssäulen wird. Das Fließen hört auf, sobald in beiden Zylindern die Flüssigkeit gleich hoch steht (Abb. 166b). Dieser Versuch ist das hydrodynamische Analogon zur oben (S. 125, Abb. 163) beschriebenen Entladung eines Kondensators. Die Niveaudifferenz der beiden Wassersäulen, d. h. die an den Enden des Rohres herrschende Druckdifferenz, entspricht der elektrischen Potentialdifferenz oder elektrischen Spannung. Die Stärke des Wasserstromes, d. h. die in der Zeiteinheit durch den Rohrquerschnitt fließende Wassermenge, entspricht der elektrischen Stromstärke. Man sieht leicht, daß bei Benutzung verschiedener Rohre die durch dieselben in gleichen Zeiten fließenden Wassermengen um so größer sind, je kürzer und weiter das Rohr ist, d. h. je kleiner der Reibungswiderstand ist, den das fließende Wasser in dem Rohr überwinden muß. Dieser Reibungswiderstand wirkt der das Wasser beschleunigenden Druckkraft entgegen,

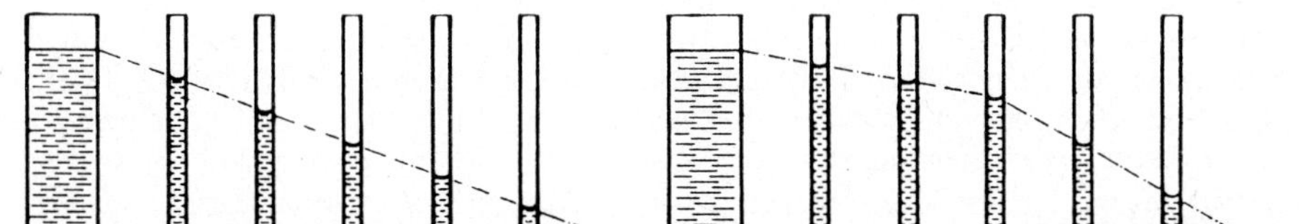

Abb. 167. Hydrodynamischer Analogieversuch zum Ohmschen Gesetz

so daß das Wasser mit konstanter Geschwindigkeit strömt (s. hierzu Bd. I, Nr. 59). Diese Analogie war bestimmend für die Einführung des Begriffes „elektrischer Widerstand" eines Leiters.

Auch den Potentialabfall längs eines durchströmten Leiters können wir an der Wasserströmung veranschaulichen, indem wir an dem Rohr in gleichen Abständen eine Anzahl Manometerrohre zur Druckmessung anbringen. Lassen wir das Wasser aus dem Rohrende frei ausströmen, so erhalten wir die in Abb. 167a dargestellte Druckverteilung längs des Rohres. Um das Druckgefälle konstant zu halten, müssen wir natürlich das Wasserniveau im Gefäß A durch Ergänzung der abfließenden Wassermenge auf derselben Höhe halten. —

Das Ohmsche Gesetz in der Gestalt der Gl. (125b) sagt aus, daß bei konstantem Strom J die Spannung an den Enden eines Widerstandes diesem proportional ist. Auch hierzu läßt sich ein Analogieversuch mit der Wasserströmung erbringen. Verkleinert man längs eines Teiles des Abflußrohres von Abb. 167a den Querschnitt der Leitung durch Einschieben eines Drahtes, so entsteht längs dieses Teiles ein stärkerer Druckabfall als bei dem Rohr mit weiterem Querschnitt (Abb. 167b).

An dieser Stelle ist noch eine Erscheinung zu erwähnen, die 1917 von A. Johnson und K. Rahbeck entdeckt wurde. Legt man auf eine plangeschliffene Platte aus einem Halbleiter z. B. aus Achat oder Solnhofer Schiefer von einigen Millimeter oder Zentimeter Dicke eine plane Metallplatte, die mit dem einen Pol einer Spannungsquelle von 200 bis 400 Volt verbunden ist, während der andere Pol in Verbindung mit einer auf der Unterseite der Halbleiterplatte aufgeklebten Metallfolie in Verbindung steht, so haftet der Halbleiter mit großer Kraft an der Metallelektrode, so daß es unter Umständen einer Zugspannung von mehreren Kilogramm bedarf, um beide Platten voneinander zu trennen. Die Erklärung für diese Erscheinung ist folgende: Zwei aufeinandergelegte, selbst technisch vollkommen plane Platten berühren sich stets nur an ganz wenigen Punkten, während an den übrigen Stellen ein sehr geringer Abstand zwischen ihnen besteht. Nur an diesen wenigen Berührungspunkten nimmt die Halbleiteroberfläche das Potential der Metallplatte an, während an allen anderen Stellen die Halbleiteroberfläche infolge ihrer wenn auch sehr geringen Leitfähigkeit das Potential der unteren Elektrode besitzt. Metallplatte und Halbleiteroberfläche bilden daher einen Plattenkondensator mit einem sehr kleinen Plattenabstand, an dem praktisch die volle Spannung der angeschalteten Spannungsquelle liegt. Infolge der sehr dünnen Luftschicht zwischen Metall und Halbleiter, deren Dicke in der Größenordnung von 0,01 mm liegt, ergeben sich nach Gl. (65a) die beobachteten großen Anziehungskräfte. Da ein Stromübergang nur an den wenigen wirklichen Berührungspunkten erfolgen kann und diese einen sehr hohen Ohmschen Widerstand bilden, liegt der durch das ganze System fließende Strom bei 1 cm^2 Plattenoberfläche in der Größenordnung von 10^{-6} Amp. Dieser **Johnson-Rahbeck-Effekt** hat eine gewisse Bedeutung für den Bau von elektrischen Relais gefunden.

Wirkungen des Leitungsstromes in seiner Bahn; Strom- und Spannungsmesser. Die bisher benutzte Anordnung zur Begründung des Ohmschen Gesetzes lieferte keinen im strengen Sinne stationären Strom (obwohl man sich diesem Grenzfall durch Wahl der Abmessungen des Leiters beliebig nähern kann), da der Kondensator sich ja langsam entlädt. Diesem Nachteil aber steht der Vorteil gegenüber, daß man aus der zeitlichen Abnahme der Spannung U des Kondensators und aus seiner Kapazität C die Stromstärke J bestimmen kann, ohne außer dem Elektrometer ein besonderes Instrument notwendig zu haben. Wir werden aber in Zukunft an Stelle des bisher als Energiequelle benutzten geladenen Kondensators zur Erzeugung elektrischer Ströme galvanische Elemente bzw. Batterien aus solchen (vgl. Nr. 17 S. 76 ff.) benutzen, deren elektrische Spannung zeitlich konstant ist, die also auch vollkommen konstante Ströme liefern. Damit tritt die praktische Notwendigkeit an uns heran, geeignete Apparate zur Strom- und Spannungsmessung zu benutzen, da die bisherige Möglichkeit der Messung versagt.

Man kann freilich die Spannung an jedem Punkte der Leitung nach wie vor mit einem Elektrometer bestimmen, und es ist nach dem Ohmschen Gesetz (125) auch möglich, mit dem Elektrometer Stromstärken zu messen. Denn es ist ja $J = U/R$; man hat also nur die elektrisch gemessene Spannung U zwischen zwei Punkten der Leitung durch den Widerstand R dieses Stückes zu dividieren; am einfachsten würde man also die Spannung an den Enden eines Widerstandes von 1 Ohm messen. Diese Methode der Strommessung wird auch zuweilen angewendet; für die allgemeine Praxis kommt aber das Elektrometer weder als Strom- noch als Spannungsmesser in Frage; vielmehr besitzt man auf anderen Grundlagen beruhende Apparate, deren Prinzip wir jetzt darlegen wollen.

Zur Messung des Stromes kann jede seiner Wirkungen dienen, und so haben wir diese zunächst festzustellen.

Zunächst ist hier die **Elektrolyse** zu nennen, die Erscheinung, daß beim Stromdurchgang die Leiter 2. Art oder **Elektrolyte,** vor allem Salz- und Säurelösungen, chemisch verändert werden. Worauf dies im einzelnen beruht, wird später (Kap. VII) genau erörtert werden. Hier genügen uns folgende leicht feststellbare Tatsachen:

Ein elektrischer Strom scheidet aus wässeriger H_2SO_4-Lösung Wasserstoff und Sauerstoff im gleichen Verhältnis ab, in dem sie in der Verbindung H_2O vorhanden sind, d. h. zwei Volumteile H_2 auf ein Volumen O_2; werden die Gase nicht getrennt aufgefangen, so bildet sich Knallgas (sog. „Wasserzersetzung"). Ebenso scheidet der Strom z. B. aus einer $CuSO_4$-Lösung am negativen Pol metallisches Kupfer, aus einer Silbernitratlösung metallisches Silber ab. Wir können die Menge der in einer bestimmten Zeit abgeschiedenen Zersetzungsprodukte dazu benutzen, die Stromstärke J zu bestimmen, wenn wir den Zusammenhang zwischen beiden Größen kennen. Zu diesem Zweck machen wir folgenden Versuch (Abb. 168):

Ein Kondensator C (von etwa 20 Mikrofarad) wird mit einer Spannung (etwa 220 Volt) aus einer Batterie B aufgeladen und dann durch eine wässerige H_2SO_4-Lösung hindurch entladen; das bei dem Stromdurchgang entwickelte Knallgas wird in dem graduierten Zylinder Z des Zersetzungsgefäßes aufgefangen; der Strom wird dem Elektrolysegefäß durch zwei in dasselbe eingeschmolzene Platindrähte zugeführt. Damit man den Versuch schnell wiederholen kann, ist folgende Einrichtung getroffen (Abbildung 168): In einem Paraffinklotz P sind 6 mit Quecksilber gefüllte Näpfchen a, b, c, d, e, f vorhanden; die Batterie ist mit den 2 äußeren Näpfchen a und b, der Kondensator C mit den mittleren c und d, das Zersetzungsgefäß Z mit e und f leitend verbunden. Durch einen umlegbaren Doppelbügel A kann man entweder a mit c und b mit d verbinden (diese Verbindung ist in Abb. 168 angedeutet), oder aber c mit e und d mit f. Im ersten Falle wird der Kondensator C durch die Batterie B auf deren Spannung aufgeladen, im letzteren Falle durch den Elektrolyten hindurch entladen. Durch abwechselndes Umlegen der Bügel an der „Wippe" kann man also Ladung und Entladung beliebig oft wiederholen. Bei jeder Entladung des Kondensators fließt eine ganz bestimmte Elektrizitätsmenge q durch den Elektrolyten. In unserem Falle ist dieselbe gleich $20 \cdot 10^{-6}$ Farad $\cdot$ 220 Volt $= 4{,}4 \cdot 10^{-4}$ Coulomb; man beobachtet, daß jedesmal ein gleiches Quantum Knallgas entwickelt wird. Ebenso würde eine bestimmte Menge Cu und Ag aus den betreffenden Salzlösungen abgeschieden werden, was durch Wägung sehr genau festgestellt werden kann. Auf diese Weise überzeugt man sich (Faraday, 1833), **daß die Menge der Zersetzungsprodukte proportional der durchgegangenen Elektrizitätsmenge ist.** Und zwar ergibt die quantitative Ausmessung folgende Zahlen:

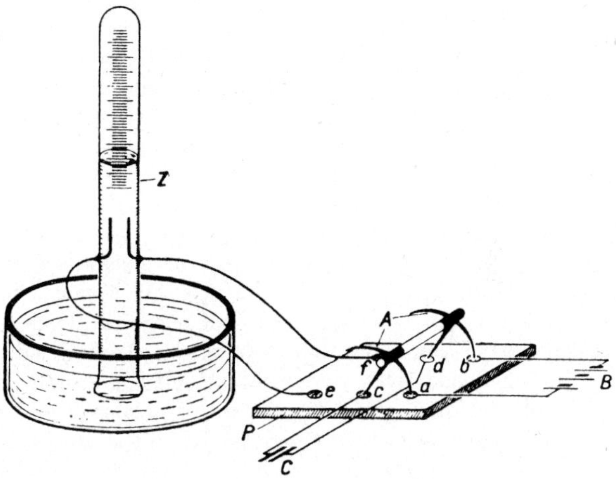

Abb. 168. Messung der Stromstärke mittels Elektrolyse

1 C scheidet ab aus einer wässerigen H_2SO_4-Lösung $\left\{\begin{array}{l}0{,}09335 \text{ mg Wasser,} \\ 0{,}1740 \text{ cm}^3 \text{ Knallgas,}\end{array}\right\}$ bei 0° und 760 Torr,
„ „ „ „ „ $CuSO_4$-Lösung: 0,3294 mg Cu,
„ „ „ „ „ $AgNO_3$-Lösung: 1,118 mg Ag.

Man nennt diese Zahlen, die die abgeschiedenen mg/Coul. angeben, die **elektrochemischen Äquivalente** der betreffenden Substanzen. Die Elektrizitätsmenge q ist nun bei einem konstanten Strom gleich Jt, wenn t die Dauer des Stromflusses ist; man kann also mit einer dieser elektrolytischen Zellen, die dann als **Coulombmeter** (der besseren Aussprache wegen auch als **Coulometer**) bezeichnet werden, Stromstärken messen.

Da die Stromstärke bei dem Silbercoulometer durch Wägungen, d. h. sehr genau ausführbare Messungen bestimmt wird, hat man die Stromstärke von 1 Ampere = 1 C/s früher gesetzlich als diejenige Stromstärke festgelegt, die aus einer wässerigen Lösung von Silbernitrat in der Sekunde 0,001118 g Silber abscheidet.

Obgleich diese Methode sehr genaue Resultate liefert, wäre die Benutzung der Coulometer für die Praxis im allgemeinen viel zu unbequem, und man benutzt statt der elektrolytischen Wirkung daher eine **andere Eigenschaft der elektrischen Ströme, nämlich die, in ihrer Umgebung ein Magnetfeld zu erzeugen.** Dieses wird in Kapitel IV eingehend zu besprechen sein; hier genügt es, grundsätzlich zu verstehen, wie es zur Messung von J benutzt werden kann. Man führt den Stromleiter an einer in die Nord-Südrichtung eingestellten Magnetnadel vorbei und bemerkt dann, daß sie um einen bestimmten Winkel abgelenkt wird (Chr. Oersted, 1820). Dies ist leicht verständlich, da die Nadel sich in die Richtung des resultierenden Magnetfeldes einstellen muß, das aus dem Erdfeld und dem Stromfeld zusammengesetzt ist. Schaltet man in den Stromkreis einer Batterie gleichzeitig ein Coulometer zur Strommessung ein, so stellt man fest, daß die Nadelablenkung bei kleinen Winkeln proportional der (durch das Coulometer angezeigten) Stromstärke J ist, woraus sich also ergibt, daß die Stärke des Magnetfeldes der Stromstärke proportional ist. Bei der tatsächlichen Ausführung des Versuches führt man die Stromleitung zur Verstärkung des Effektes in mehreren Windungen (einer „Stromspule") um die Magnetnadel herum; ein derartiger Apparat heißt **Galvanometer** oder, wenn er mit Hilfe des Coulometers in Ampere geeicht ist, **Amperemeter.** Nach dem Newtonschen Reaktionsprinzip kann man auch umgekehrt die Stromspule beweglich machen und in dem Felde eines Permanentmagneten anbringen; dann erfährt die stromdurchflossene Spule eine Drehung, die proportional der Stromstärke J ist (sog. **Drehspul-Galvanometer** bzw. **Drehspul-Amperemeter**). Nach diesem Prinzip sind die heute in der Praxis benutzten Strommesser fast ausschließlich gebaut; man liest bei ihnen an einer geeichten Skala direkt die Größe von J ab. Damit durch die Einführung des Amperemeters die zu messende Stromstärke nicht merklich geändert wird, wird der Widerstand der Stromspule so klein genommen, daß er gegen den übrigen Widerstand der Leitung verschwindet.

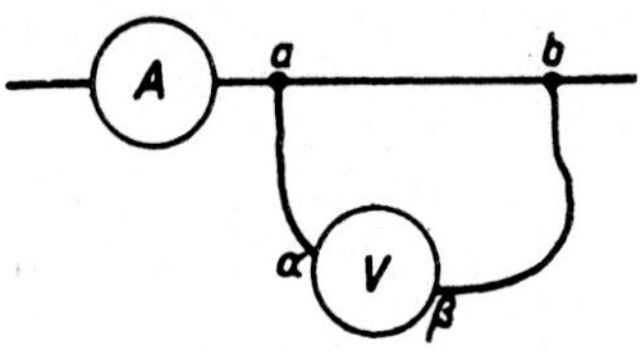

Abb. 169. Zur Spannungsmessung mit dem Voltmeter

Das gleiche Prinzip kann man auch zur Spannungsmessung benutzen. Denn wenn wir, statt das Instrument in Ampere zu eichen, auf der Skala an Stelle der Stromstärke J die Werte RJ anbringen, wo R der Widerstand der Stromspule, d. h. der Widerstand des Instruments in Ohm ist, so ergibt das Produkt RJ nach (125b) ja die Spannung an den Enden des Instrumentes an; so erhält man ein **Voltmeter,** das demnach die gleiche Konstruktion wie ein Amperemeter, aber statt einer in A geeichten Skala eine in Ω A = V geeichte besitzt. Abb. 169 zeigt eine Stromleitung, in der ein Amperemeter A eingeschaltet ist, und bei der die Spannung zwischen den Punkten a und b gemessen werden soll; an diese Stelle muß daher das Voltmeter V angelegt werden. Während also das Amperemeter in den Hauptstrom eingeschaltet ist, muß das Voltmeter in einem sog. Nebenschluß angelegt werden, der Strom verzweigt sich also in a, um sich in b wieder zu vereinigen. Ebensowenig wie das Amperemeter den zu messenden Strom merklich ändern darf — daher sein kleiner Widerstand —, darf die Nebenleitung mit dem Voltmeter dies tun; denn wenn die Stromstärke im Hauptstrom merklich verändert würde, so würde nach dem Ohmschen Gesetz auch die zu messende Spannung eine proportionale Änderung erfahren. Auch ohne daß wir auf die genaue Berechnung eingehen, die wir später (S. 145) nachholen müssen, erkennt man jedenfalls, daß der Widerstand des Nebenschlusses groß sein muß, damit dieser vom Hauptstrom in a möglichst wenig ableitet. Auch diese Forderung genügt noch nicht. Denn das Voltmeter mißt unter allen Umständen immer nur die Spannung an seinen Enden α und β; wir wollen aber die Spannung zwischen den Punkten a und b kennen. Diese stimmt nur dann mit der Spannung in α und β überein, wenn zwischen a und α sowie β und b kein merklicher Spannungsabfall stattfindet, d. h. wenn nach Gl. (125b) der Widerstand der Zuleitung zum Voltmeter, d. h. der Widerstand von $a\alpha$ und βb klein ist. Da aber der Gesamtwiderstand der Leitung von a bis b mit Einschluß des Voltmeters nach dem Obigen groß sein soll, muß das Voltmeter einen sehr hohen Widerstand besitzen. Danach können wir sagen: Voltmeter sind umgeeichte Amperemeter mit sehr großem inneren Widerstand.

Mit diesen Instrumenten werden wir im folgenden alle Strom- und Spannungsmessungen durchführen.

Ein jeder elektrischer Leitungsstrom erzeugt außerdem in seiner Strombahn dauernd Wärme, die ebenfalls zur Messung der Stromstärke benutzt werden kann (und wird); auf derartige Meßinstrumente werden wir aber erst später (S. 153) eingehen. Um den Zusammenhang zwischen J und der erzeugten Wärmemenge Q festzustellen, schließen wir eine Batterie über ein Amperemeter und betten einen Teil des Leiters vom Widerstand R in ein Wasserkalorimeter (s. Bd. I, Nr. 95) ein, um die in diesem Leiterstück erzeugte Wärmemenge in Kalorien zu bestimmen. Man überzeugt sich leicht davon (J. P. Joule, 1841), daß die doppelte, dreifache, ... n-fache Stromstärke im gleichen Leiterstücke die vierfache, neunfache, ... n^2-fache Wärmemenge in der gleichen Zeit erzeugt; d. h. $Q \sim J^2$. Ändert man ferner den Widerstand R des im Kalorimeter untergebrachten Leiterstückes ab, so findet man, daß die sekundliche Wärmeproduktion dem Widerstand R proportional ist.

Schließlich wird in jeder Sekunde das gleiche Quantum Wärme erzeugt, so daß wir insgesamt das Resultat haben:

$$Q \sim J^2 R\, t, \tag{127}$$

in Worten: **Die während der Zeit t von einem Strom der Stärke J in einem Widerstand R erzeugte Wärmemenge Q ist proportional der Zeit, dem Quadrat der Stromstärke und dem Widerstand (Joulesches Gesetz).**

Die Wärmeproduktion kann nur dann gleich Null sein, wenn der Leiter den Widerstand Null hat; diese Bemerkung wird später wichtig für uns werden.

Die Wärmeproduktion im stromdurchflossenen Leiter ist der Grund dafür, daß wir vorhin betonen mußten, daß das Ohmsche Gesetz nur dann gilt, wenn die Temperatur der Leiter konstant gehalten wird; denn nur dann ist der Widerstand des Leiters selbst konstant. Um dies zu erzielen, muß die erzeugte Wärmemenge irgendwie abgeleitet werden.

Allgemeines Ohmsches Gesetz im inhomogenen Leiter; Substitutionsmethode zur Bestimmung von Widerständen. Wir haben bisher das Ohmsche Gesetz nur für einen homogenen Leiter abgeleitet. Dies ist indessen nur ein Spezialfall. Betrachten wir z. B. einen Leiter, der aus drei verschiedenen Stücken I, II, und III, die entweder Leiter 1. oder 2. Art sein können, zusammengesetzt ist (Abb. 170), so herrscht an der Berührungsstelle je zweier Leiter eine eingeprägte elektromotorische Kraft, wie wir in Nr. 17 auf S. 76 ff. auseinandergesetzt haben[1]). In Abb. 170 ist der Fall so gewählt, daß an der Berührungsstelle (α, β) zwischen Leiter I und II ein Potentialsprung $V_\alpha - V_\beta > 0$, an der Berührungsstelle (γ, δ) zwischen Leiter II und III dagegen ein Potentialsprung $V_\gamma - V_\delta < 0$ auftritt. (Das jeweils umgekehrte Vorzeichen haben die an diesen Stellen eingeprägten elektromotorischen Kräfte $E_{\alpha\beta} < 0$ und $E_{\gamma\delta} > 0$.) Da das Potential längs jedem Leiterstück wegen seines konstanten Querschnittes linear absinkt, erhalten wir längs des ganzen Leiters den in Abb. 170 eingezeichneten Potentialverlauf. Für jedes der homogenen Leiterstücke I, II und III ... gilt das Ohmsche Gesetz in der bisherigen Form (125a); sind also R_I, R_{II}, R_{III} ... die Widerstände der einzelnen Leiterstücke, so ist im Anschluß an Abb. 170:

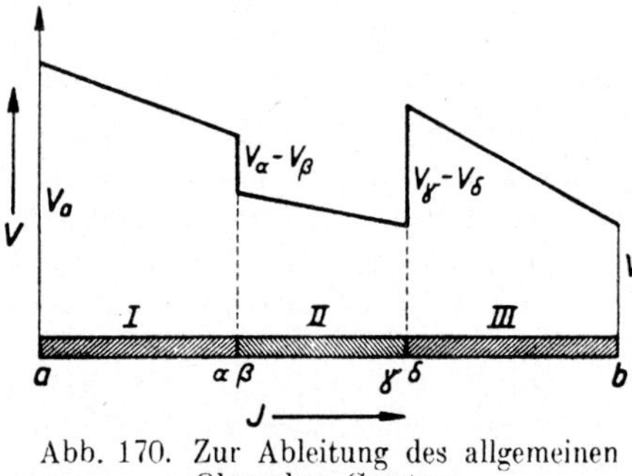

Abb. 170. Zur Ableitung des allgemeinen Ohmschen Gesetzes

[1]) Die elektromotorische Kraft (EMK) ist die Kraft, die eine Trennung von pos. u. neg. Ladungen verursacht. Die erforderliche Arbeit wird einem Vorrat an mechan., chem. oder therm. Energie entnommen. Die Dimension der EMK ist die gleiche wie die der elektr. Spannung. Die Einheit im int. System ist also 1 Volt. In einem offenen Stromkreis ist die an seinen Enden vorhandene Spannung gleich der EMK.

$$V_a - V_\alpha = J R_I, \qquad V_\beta - V_\gamma = J R_{II}, \qquad V_\delta - V_b = J R_{III},$$

und durch Addition folgt:

$$V_a - V_b - (V_\alpha - V_\beta) - (V_\gamma - V_\delta) = J \sum R_{\nu\mu}$$

Statt der Kontaktpotentialdifferenzen $V_\alpha - V_\beta$, $V_\gamma - V_\delta$ können wir die ihnen entgegengesetzt gleichen eingeprägten elektromotorischen Kräfte $-E_{\alpha\beta}$, $-E_{\gamma\delta}$ eintragen und erhalten dann, wenn wir letztere jetzt einfacher mit E^e bezeichnen:

(128) $$V_a - V_b + \Sigma E^e = J \sum R_{\nu\mu}$$

Diese Gleichung nennen wir das **allgemeine Ohmsche Gesetz.** Man kann es so aussprechen: **Die Summe aus dem längs eines beliebigen inhomogenen Leiters herrschenden Spannungsabfall und den eingeprägten elektromotorischen Kräften ist gleich dem Produkte aus der Stromstärke und dem Gesamtwiderstande der Leitung.**

Wenden wir das allgemeine Ohmsche Gesetz (128) auf einen geschlossenen Leiterkreis an, d. h. lassen wir die Punkte a und b in Abb. 170 zusammenfallen, so ist (wegen der Eindeutigkeit des Potentials) $V_a = V_b$ und aus (128) folgt dann:

(129) $$\Sigma E^e = J \Sigma R.$$

Darin ist ΣE^e die sog. **elektromotorische Gesamtkraft,** d. h. die Summe aller in dem geschlossenen Kreise vorhandenen eingeprägten elektromotorischen Kräfte, und ΣR der Gesamtwiderstand des Kreises, d. h. die Summe der Einzelwiderstände.

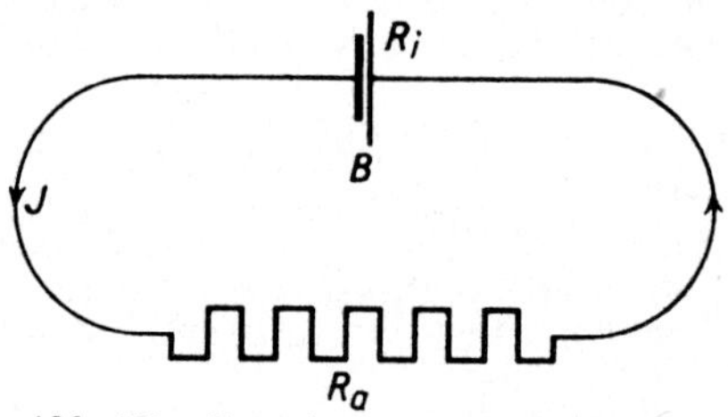

Abb. 171. Stromkreis mit galvanischem Element B und Ohmschen Widerstand R_a

Hier hat man zwei Fälle zu unterscheiden, nämlich ob in der geschlossenen Kette nur Leiter 1. Art vorhanden sind oder auch Leiter 2. Art. Im ersteren Falle ist nach dem Gesetz der Voltaschen Spannungsreihe $\Sigma E^e = 0$, und aus (129) folgt dann: $J = 0$. Das heißt in Worten: In einem aus lauter Leitern 1. Art bestehenden Kreis kann kein stationärer Strom existieren, in voller Übereinstimmung mit der Erfahrung. Im zweiten Falle, der darauf hinauskommt, daß sich galvanische Elemente im Leiterkreise befinden, ist die elektromotorische Integralkraft von Null verschieden und erzeugt einen konstanten Strom. Ist im besonderen ein einzelnes galvanisches Element B (Abb. 171) mit der elektromotorischen Kraft E über einen Leiter mit dem äußeren Widerstande R_a geschlossen, so nimmt Gl. (128) die Form an:

(129a) $$E = J\,(R_i + R_a),$$

wo R_i den inneren Widerstand des Elementes bedeutet; in Worten: **Das Produkt aus der Stromstärke J und der Summe des inneren und äußeren Widerstandes $(R_i + R_a)$ eines galvanischen Elementes ist gleich seiner elektromotorischen Kraft.**

Hier ist der Ort, um einiges über eine vorläufige Methode zur Widerstandsbestimmung zu sagen; sie beruht, wie übrigens alle Methoden der Widerstandsbestimmung, auf dem Ohmschen Gesetze, das wir hier in der speziellen Form (129a) benutzen. Man schaltet den zu bestimmenden Widerstand X zusammen mit einem Amperemeter in den Stromkreis eines Elementes mit der elektromotorischen Kraft E ein und liest die Stromstärke J ab; dann ersetzt man X durch einen bekannten, variabeln Widerstand — vgl. hierzu S. 138 ff —, den man so lange verändert, bis das Amperemeter die gleiche Stromstärke J wie vorher anzeigt. Dann muß X gleich dem eingestellten bekannten Widerstand R sein. Nach dieser „Substitutionsmethode" denken wir uns vorläufig alle Widerstandsmessungen ausgeführt.

Spezifischer Widerstand; elektrische Leitfähigkeit; Temperaturkoeffizient des Widerstandes; Supraleitfähigkeit. In Gl. (124), die die Abhängigkeit des Widerstandes eines Leiters von seinen Abmessungen angibt, tritt auf der rechten Seite die Konstante ϱ auf, die die Abhängigkeit des Widerstandes vom Leitermaterial angibt. Experimentell kann man sich leicht von der Materialabhängigkeit des Widerstandes überzeugen, indem man verschiedenartige Drähte gleicher Dicke und Länge nacheinander an eine Spannungsquelle über ein Amperemeter anschließt. Man erhält

Stromstärken, die um so größer ausfallen, je kleiner ϱ ist. Zahlenmäßig gibt ϱ den Widerstand eines Leiters von 1 cm Länge und 1 cm² Querschnitt an und wird daher **spezifischer Widerstand** genannt. Seine Einheit ist im internat. Maßsystem Ohm · cm. Zur Bestimmung von ϱ muß man (z. B. nach der Substitutionsmethode) den Widerstand R eines Leiters von bekannten Abmessungen (l; A) messen. Auf diese Weise ergibt sich, daß ϱ für die meisten Metalle in der Größenordnung von 10^{-5} Ohm cm liegt; daher gibt man meistens den Wert $\varrho \cdot 10^4$ an, d. h. den Widerstand eines Drahtes von 1 m Länge und 1 mm² Querschnitt. Für eine Anzahl von Leitern 1. Art (Metalle und Legierungen) sind diese Werte in der folgenden Tabelle zusammengestellt.

Leiter	$\varrho \cdot 10^4$ Ohm cm	β	$\sigma \cdot 10^{-4}$ Ohm^{-1} cm^{-1}
Silber	0,016	+ 0,0040	62
Kupfer	0,017	+ 0,0040	59
Gold	0,023	+ 0,0040	43
Aluminium	0,027	+ 0,0047	37
Zink	0,059	+ 0,0042	16
Nickel	0,08—0,11	+ 0,0037—0,006	10
Eisen	0,09—0,15	+ 0,0045—0,006	10
Platin (rein)	0,108	+ 0,0039	9,3
Platin (gewöhnlich)	0,14	+ 0,002—0,003	7
Tantal	0,12	+ 0,0035	8,3
Blei	0,21	+ 0,0042	4,8
Antimon	0,40	+ 0,0041	2,2
Quecksilber	0,958	+ 0,00099	1,0
Wismut	1,2	+ 0,00045	0,8
Kohle	50—100	— 0,0002—0,0008	0,02
Messing	0,07—0,09	0,0015	12
Neusilber (60% Cu, 21% Ni, 19% Zn)	0,15—0,40	0,00022—0,0007	6,5—2,5
Nickelin (58% Cu, 21% Ni, 1% Mn)	0,42	0,00023	2,4
Konstantan (35—55% Ni, 65-45% Cu, 0-20% Zn)	0,49—0,52	0	2
Manganin (70% Cu, 30% Mn)	0,42	0—0,00003	2,4

Je kleiner ϱ ist, desto besser leitet der betreffende Stoff den elektrischen Strom; man nennt daher den reziproken Wert von ϱ, die elektrische Leitfähigkeit oder das elektrische Leitvermögen σ. Es ist also:

(130) $$\sigma = \frac{1}{\varrho} = \frac{l}{AR};$$

als Einheit ist üblich: Ohm^{-1} cm^{-1}.

Setzt man in (130) $A = 1$ cm², $R = 1\,\Omega$, so folgt, daß σ numerisch gleich ist der in Zentimetern gemessenen Länge eines Leiters, der beim Querschnitt 1 cm² gerade den Widerstand 1 Ohm hat; $\sigma \cdot 10^{-4}$ ist also gleich der in Metern gemessenen Länge eines Drahtes von 1 mm² Querschnitt und 1 Ohm Widerstand; diese Zahlen sind in der 4. Spalte der Tabelle angeführt.

In der Wärmeleitung (Bd. I Nr. 98) gilt für die Wärmemenge Q, die Wärmeleitfähigkeit λ, die Querschnittsfläche A und das Temperaturgefälle $-dT/dx$ die Gleichung $dQ/dt = -\lambda \cdot A \cdot dT/dx$. In Analogie dazu ist dq/dt, die Elektrizitätsmenge pro Zeit, nach dem Ohmschen Gesetz dem

Potentialgefälle längs des Leiters proportional. Die im ersteren Fall auftretende Materialkonstante, die Wärmeleitfähigkeit λ, entspricht im elektrischen Fall der elektrischen Leitfähigkeit σ. Nach dem Wiedemann-Franzschen Gesetz ist das Verhältnis von λ/σ für reine Metalle eine Konstante: je besser ein Metall die Wärme leitet, desto besser leitet es auch die Elektrizität; man vgl. die Tabelle Bd. I, Nr. 98.

Der elektrische Widerstand eines Leiters ändert sich mit der Temperatur; er nimmt mit wachsender Temperatur bei metallischen Leitern zu, bei Halbleitern, z. B. Silicium, und den elektrolytischen Leitern ab. Schickt man durch eine zwischen zwei Stativsäulen aufgehängte Eisendrahtspirale und eine damit in Reihe geschaltete Glühlampe (Abb. 172) einen elektrischen Strom von solcher Stärke, daß die Glühlampe hell leuchtet, und erwärmt dann die Drahtspirale mit einem Bunsenbrenner zur Rotglut, so erhöht sich ihr Widerstand so stark, daß die nun noch vorhandene Stromstärke nicht mehr ausreicht, die Glühlampe zum Leuchten zu bringen. Schwächt man anderseits von vornherein die Stromstärke so weit, daß die Glühlampe nur dunkel glüht, so leuchtet sie wieder hell auf, wenn man durch Eintauchen der Drahtspirale in flüssige Luft (also Abkühlung auf —190° C) deren Widerstand erniedrigt. — Bringt man eine vertikal hängende Schleife aus Platindraht durch einen Strom zur hellen Rotglut und taucht

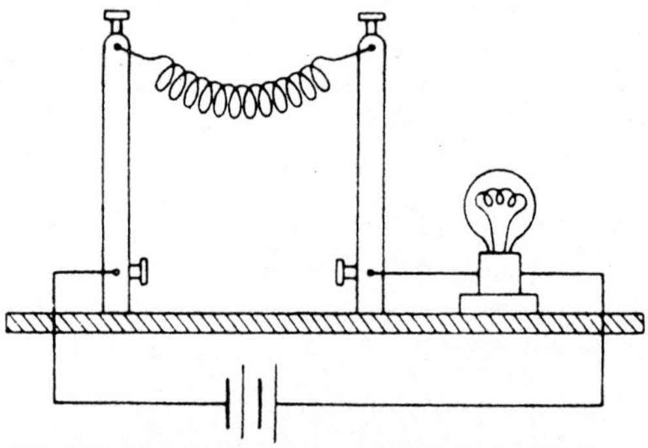

Abb. 172. Versuchsanordnung zum Nachweis der Temperaturabhängigkeit eines metallischen Widerstandes

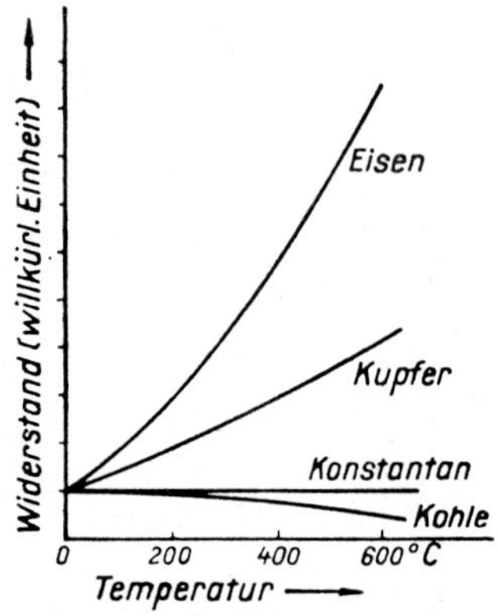

Abb. 173. Änderung des elektrischen Widerstandes verschiedener Leiter mit der Temperatur

die untere Hälfte in kaltes Wasser, so beobachtet man helleres Aufglühen des oberen Teiles: Infolge der Abkühlung verkleinert sich der Widerstand des unteren Schleifenteiles so stark, daß der Strom anwächst und den oberen Teil entsprechend stärker heizt.

Bezeichnen wir mit R_0 den Widerstand eines Leiters bei 0° C, mit R_t den bei t° C, so wird in erster Annäherung:

$$R_t = R_0 (1 + \beta t); \tag{131}$$

für den **Temperaturkoeffizienten des Widerstandes** β ergibt sich aus (131):

$$\beta = \frac{R_t - R_0}{R_0 t},$$

d. h. β ist gleich der relativen Widerstandsänderung pro Grad; die Werte von β sind in der obigen Tabelle in Spalte 3 angegeben. Die in der Tabelle aufgeführten Werte von β sind Mittelwerte für das Temperaturintervall zwischen 0° und 30°. Der Temperaturkoeffizient liegt danach für die meisten chemisch reinen Leiter 1. Art zwischen 1/200 und 1/300, also in derselben Größenordnung wie der Ausdehnungskoeffizient der Gase (1/273). Wichtig für die Herstellung temperaturunabhängiger Meßwiderstände ist die aus der Tabelle hervorgehende Tatsache, daß Metalllegierungen einen sehr kleinen Temperaturkoeffizienten besitzen, der z. B. bei Konstantan praktisch gleich Null ist. In Abb. 173 ist die Abhängigkeit des Widerstandes von Eisen, Kupfer, Konstantan und Kohle von der Temperatur graphisch dargestellt. Man erkennt, daß die Kurven z. T. keine Geraden sind, der Temperaturkoeffizient also keine unveränderliche Größe darstellt.

Für eine genauere Darstellung des Widerstandsverlaufs mit der Temperatur muß man daher eine quadratische Gleichung

(131 a) $$R_t = R_0 (1 + \beta t + \gamma t^2)$$

benutzen.

Daß der Temperaturkoeffizient für Metalle positiv, für Kohle negativ ist, kann man beim gleichzeitigen Einschalten einer Metallfadenlampe und einer Kohlefadenlampe beobachten. Erstere leuchtet sofort hell auf, während letztere erst etwa nach einer Sekunde ihre volle Lichtstärke zeigt, da ihr Widerstand mit steigender Temperatur sinkt. Schaltet man vor jede Lampe ein Amperemeter, so ist beim Einschalten der Metallfadenlampe der Ausschlag des Instrumentes zuerst größer und geht dann etwas zurück, während es bei der Kohlefadenlampe umgekehrt ist.

Die starke Temperaturabhängigkeit des Widerstandes von Eisen benutzt man zu einer automatischen Regulierung der Stromstärke. Wird die Spannung an den Enden eines Stromkreises erhöht, so wird dadurch nach dem Ohmschen Gesetz die im Kreise fließende Stromstärke bei gleicher Temperatur entsprechend größer. Liegt aber im Stromkreis ein aus Eisendrähten gebildeter Widerstand,

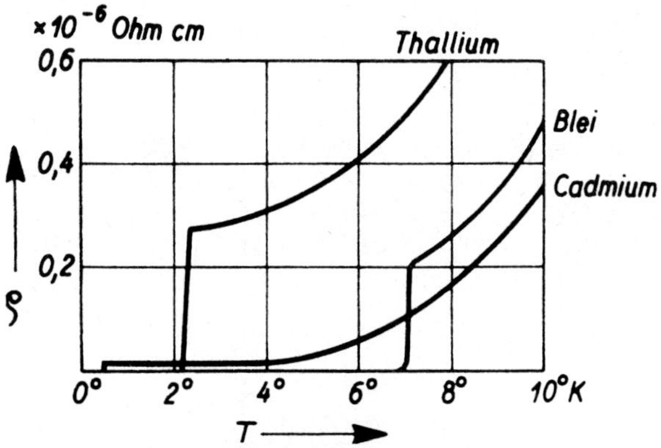

Abb. 175. Abhängigkeit des spezifischen Widerstandes von Thallium, Blei und Cadmium von der Temperatur in der Nähe des absoluten Nullpunktes

so erwärmt sich dieser Draht durch den in ihm fließenden Strom und sein Widerstand steigt an. Es kann sogar dazu kommen, daß trotz Spannungserhöhung wegen der starken Widerstandszunahme des Eisendrahtes die Stromstärke absinkt. Durch geeignete Wahl der Abmessungen kann man daher in gewissen Grenzen bei Schwankungen der Spannung die Stromstärke automatisch konstant halten. Damit die Temperatur des Eisendrahtes nicht zu hoch ansteigt, baut man ihn in einen mit Wasserstoff gefüllten Glaskolben ein (Eisen-Wasserstoff-Widerstand).

Von der Temperaturabhängigkeit des Widerstandes reiner Metalle macht man ferner Gebrauch beim Widerstandsthermometer. Dieses besteht aus einer sehr dünnen, meist in Quarz eingeschmolzenen Platindrahtwendel. Mit dem bekannten Temperaturkoeffizienten des Platins kann man aus dem Widerstand der Wendel auf die Temperatur schließen, auf der sich dieselbe befindet. Solche Widerstandsthermometer lassen sich bis hinauf zu 600° und besonders für tiefe Temperaturen verwenden. — Eine Abart der Widerstandsthermometer sind die Bolometer, die zur Strahlungsmessung dienen (S. Langley, 1881). Sie bestehen aus einem in einem Rahmen meist zickzackförmig ausgespannten sehr dünnem Platinband (Dicke etwa $5 \cdot 10^{-5}$ mm), dessen Oberfläche mit Ruß oder Platinmoor geschwärzt ist. Wird die Platinfolie von einer Strahlung getroffen, so wird diese absorbiert und in Wärmeenergie verwandelt. Dadurch tritt eine Widerstandserhöhung des Platins ein, die sich sehr genau messen läßt; aus ihr ergibt sich die einfallende Strahlungsenergie.

Der Gültigkeitsbereich des Ohmschen Gesetzes ist überschritten, wenn der spez. Widerstand ϱ eines Leiters durch irgendeine Veränderung nicht mehr konstant ist. Dies ist, wie eben beschrieben, bei Temperaturänderung der Fall. Ferner auch dadurch, daß die Zahl der Ladungsträger bei Stromzunahme schließlich erschöpft ist (z. B. bei ionisierten Gasen und bei Halbleitern). — Ein besonders extremer Fall tritt bei einigen Metallen und Verbindungen ein, wenn die Temperatur auf wenige Grad Kelvin gesenkt wird. Dann tritt der Fall der **Supraleitfähigkeit** ein (H. Kamerlingh-Onnes in Leiden 1911). Der spez. Widerstand verschwindet bei Temperatursenkung praktisch vollständig. Die Elektronen schließen sich paarweise zusammen und können vollkommen unbehindert (d. h. ohne Widerstand) durch den Leiter fließen. Der Übergang des betreffenden Metalles in den supraleitenden Zustand erfolgt sprunghaft bei einer bestimmten, für das Metall charakteristischen Temperatur, der Sprungtemperatur (T_u); Abb. 175 zeigt das Absinken des Widerstandes für Thallium und Blei, das innerhalb weniger hundertstel oder tausendstel Grad erfolgt. In der Abb. 175 ist noch die analoge Kurve für Cadmium eingetragen, dessen Sprungpunkt aber viel tiefer liegt (bei ungefähr 0,56 K); so lange man noch nicht zu Messungen unterhalb 1 K fortgeschritten war, schien Cadmium nicht zu den Metallen zu gehören, die supraleitend werden können. — Die Erscheinungen, die auf der Supraleitfähigkeit beruhen, sind zum Teil sehr überraschend, weil sie von den uns geläufigen Beobachtungen abweichen. Erzeugt man z. B. in einem ringförmig geschlossenen Supraleiter einen elektrischen Strom („Dauerstrom") durch Induktion, so fließt dieser so lange, wie sich der Draht auf einer Temperatur unterhalb der Sprungtemperatur befindet.

Dieser Dauerstrom ist einer der Beweise für das Vorhandensein einer echten Supraleitung. Auch in den besten Normalleitern (Cu, Ag) läßt sich kein Dauerstrom erzeugen. Man kann die zeitliche Abnahme des Dauerstroms eines Supraleiters im Verlauf von mehreren Monaten dadurch messen, daß man von Zeit zu Zeit das Magnetfeld des Dauerstroms bestimmt. — Durch ein hinreichend großes („kritisches") Magnetfeld läßt sich die Supraleitung aufheben; d. h. der Supraleiter wird dann auch unterhalb der Sprungtemperatur normalleitend. Näheres über die interessante und wichtige Supraleitung in Bd. I., Nr. 119; ferner in diesem Band Nr. 75.

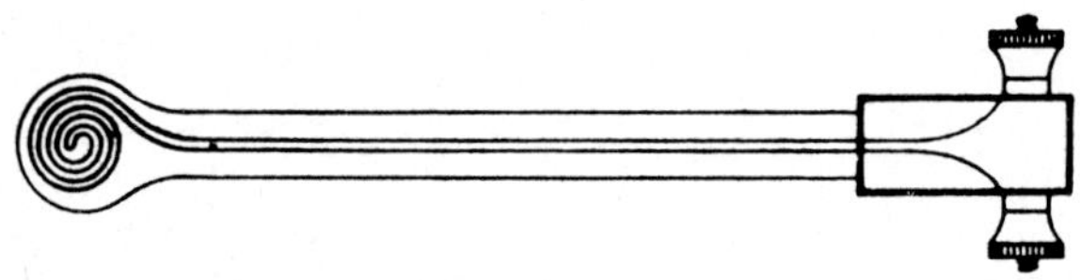

Abb. 177. Wismutspirale zur Ausmessung magnetischer Felder

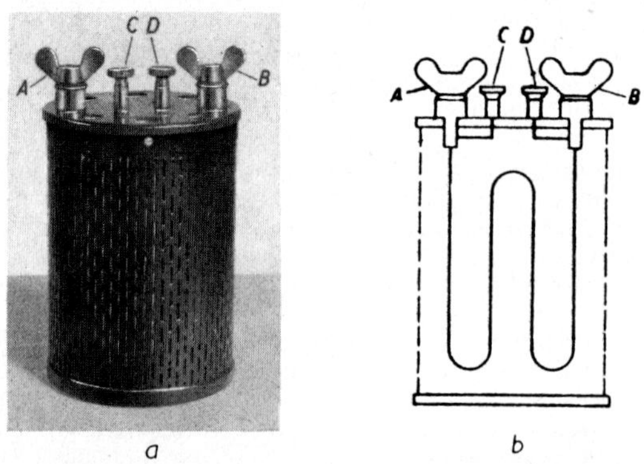

Abb. 178. Normalwiderstand: a Außenansicht, b Längsschnitt

Ganz allgemein sei darauf hingewiesen, **daß magnetische Felder den Widerstand eines Leiters vergrößern können** (W. Thomson, 1858). Dieser Effekt ist aber nur bei Wismut von solcher Größe, daß man ihn praktisch dazu benutzen kann, die Stärke eines Magnetfeldes aus der Widerstandsänderung eines zu einer flachen Spirale aufgewickelten Wismutdrahtes zu bestimmen (Wismutspirale Abb. 177). Das Magnetfeld muß dabei senkrecht zur Stromrichtung stehen. Halbleiter wie InSb und InAs geben einen viel größeren Effekt als Wismut. Bei ihnen wird das Magnetfeld mit Hilfe des Hall-Effektes gemessen (Hall-Sonden). Kleinste, mit solchen Hall-Sonden noch meßbare Magnetfelder betragen etwa $^1/_2$ Oe $= 40$ A/m.

Auch durch Licht- oder Röntgenstrahlen kann der elektrische Widerstand bestimmter Stoffe (z. B. Selen) verkleinert werden („innerer Photoeffekt"). Der Effekt beruht darauf, daß die Zahl der Ladungsträger erhöht wird.

Zum Schluß dieses Abschnittes sollen noch kurz die wichtigsten Formen von Widerständen besprochen werden, wie sie insbesondere für Meßzwecke benutzt werden. Abb. 178 zeigt einen **Normalwiderstand**; er besteht aus einem Manganinband, das in einem Metallgehäuse untergebracht ist; letzteres kann bei der Messung in einen Thermostaten zur Konstanthaltung der Temperatur eingesetzt werden. Der Widerstand wird mit den Klemmen A und B in den Stromkreis eingeschaltet; die Klemmen C und D dienen zum Anschluß eines Voltmeters zur Messung des

Spannungsabfalles am Widerstand. Während dieser Normalwiderstand nur einen einzigen Widerstandswert darstellt, kann man mit dem in Abb. 179 wiedergegebenen **Stöpselwiderstand (Stöpselrheostat)** verschiedene Widerstandswerte einstellen. Ein derartiger Widerstandskasten besteht aus einer Reihe von hintereinandergeschalteten Drahtspulen, deren Einzelwiderstand bekannt ist¹). Die Enden der einzelnen Spulen sind angelötet an Metallklötze *M* (Abb. 180a), die auf der isolierenden Deckplatte des Kastens festgeschraubt sind. Je zwei Metallklötze können durch Hineinstecken eines Stöpsels *S* leitend miteinander verbunden werden. Bei gesteckten Stöpseln ist der Widerstand zwischen den Metallklötzen praktisch gleich Null, so daß der Strom ungeschwächt hindurchfließt, während durch die Spulen dann so gut wie gar kein Strom geht. Zieht man einen oder mehrere Stöpsel, so muß der Strom durch die unter den Klötzen liegenden Spulen fließen. Die Größe des dadurch eingeschalteten Widerstandes in Ohm ist neben jedem Stöpselloch angegeben.

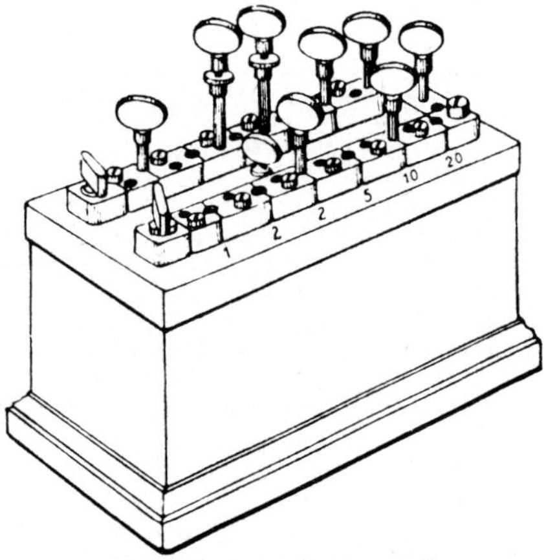

Abb. 179. Stöpselwiderstand

Zum bequemen Einregulieren von Stromstärken dienen entweder **Schiebewiderstände** bzw. **Drehwiderstände** (Abbildung 181) oder **Kurbelwiderstände** (Abb. 182). Bei ersteren kann ein Gleitkon-

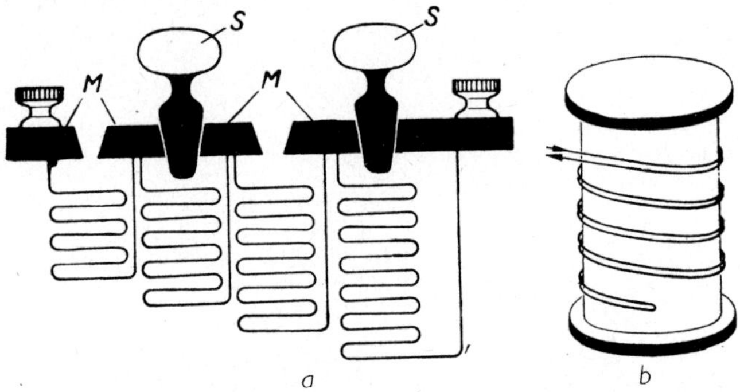

Abb. 180. Schaltung der Widerstandspulen in einem Stöpselwiderstand (a) und Ausführung der bifilaren Wicklung (b)

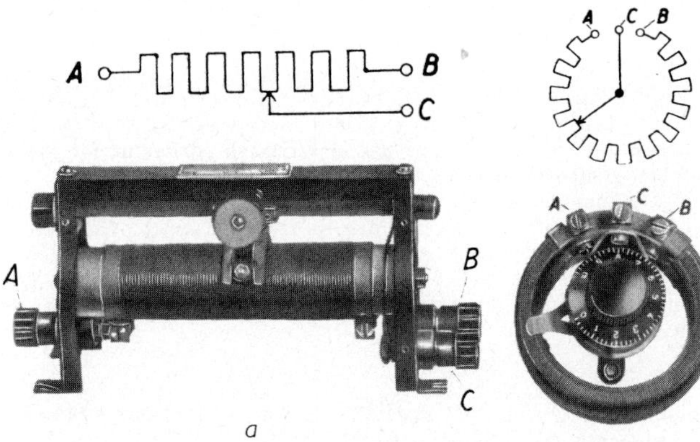

Abb. 181. Zwei Ausführungsformen von Regulierwiderständen
a Schiebewiderstand; b Drehwiderstand

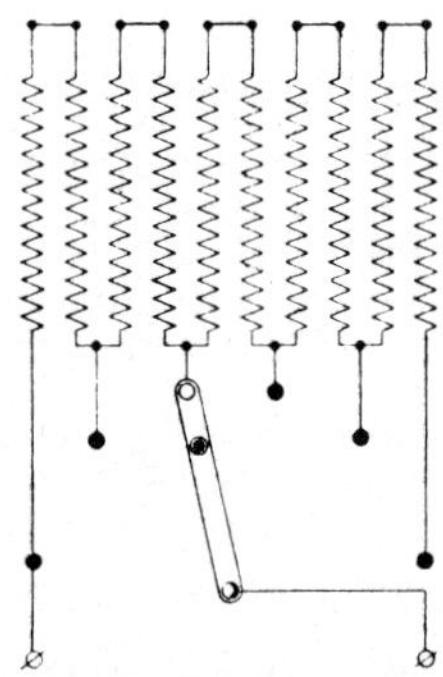
Abb. 182. Schaltung eines Kurbelwiderstandes

¹) Aus besonderen Gründen (s. S. 254) müssen die Widerstandsspulen anders wie in Abb. 180a, nämlich „bifilar" gewickelt werden. Darunter ist folgendes zu verstehen: Man nimmt Anfang und Ende des Drahtes zusammen und legt ihn doppelt, indem man ihn von der Mitte aus wickelt. Dadurch liegen an allen Stellen der Wicklung Hin- und Rückleitung dicht nebeneinander; Abb. 180b zeigt dies.

takt C längs eines den Widerstand bildenden spulenförmig aufgewickelten Drahtes verschoben, und dadurch ein mehr oder weniger großer Teil des Drahtes in den betreffenden Stromkreis eingeschaltet werden. Bei dem Kurbelwiderstand dagegen werden durch einen über Kontaktknöpfe geleiteten Hebel die einzelnen Abteilungen des aus frei ausgespannten Spiralen bestehenden Drahtes eingeschaltet. — Die Strombelastbarkeit der Widerstände ist sehr verschieden!

Ohmsches Gesetz und Feldtheorie; Gültigkeitsgrenzen des Ohmschen Gesetzes. Zum Schluß dieses Abschnitts wollen wir auf die Frage eingehen, wie sich das von uns in den Gl. (125) und (129) formulierte Ohmsche Gesetz zur Auffassung der Feldtheorie verhält. In der Feldtheorie ist der Grundgedanke der, daß ein bestimmter physikalischer Zustand in einem beliebigen Feldpunkt nur von anderen Zuständen im gleichen Punkt oder seiner unmittelbaren Umgebung abhängen kann. Wenn wir daher in den vorhergehenden Kapiteln Feldgrößen miteinander in Beziehung setzten, z. B. dielektrische Verschiebung $\mathfrak{D}$, elektrische Feldstärke $\mathfrak{E}$ und Polarisation $\mathfrak{P}$, oder die entsprechenden magnetischen Größen, so beziehen sich z. B. in der Gl. $\mathfrak{D} = \mathfrak{E} + 4\pi\mathfrak{P}$ sämtliche Vektoren $\mathfrak{D}$, $\mathfrak{E}$, $\mathfrak{P}$ auf den gleichen Feldpunkt; d. h. die Verschiebung $\mathfrak{D}$ an irgendeinem Punkte des Feldes ist nur abhängig von den $\mathfrak{E}$- und $\mathfrak{P}$-Werten am gleichen Punkte. Wie steht es nun in dieser Hinsicht mit dem Ohmschen Gesetz? Nehmen wir zunächst einen homogenen Leiter an, so tritt in der Spannung $U = V_1 - V_2$ schon eine Beziehung der beliebig weit voneinander entfernten Punkte 1 und 2 des Leiters auf, und das gleiche gilt vom Widerstand R, der sich auf die endliche Strecke zwischen den gleichen Punkten bezieht. Die bisherige Formulierung des Ohmschen Gesetzes entspricht demnach nicht den Anschauungen und den Anforderungen der Feldtheorie. Es ist indessen leicht, eine entsprechende Gleichung aufzustellen. Wir haben zu dem Zwecke nur die Größen U (Potentialabfall zwischen zwei Punkten des Leiters) und R (Wiederstand einer endlichen Strecke des Leiters) auf unendlich benachbarte Stellen anzuwenden. Wir betrachten also ein Stück ds eines linearen Leiters vom Leitvermögen σ und Querschnitt A; dessen Widerstand ist offenbar

$$dR = \frac{ds}{A\sigma},$$

der Potentialabfall an seinen Enden $dU = -dV$. Schließlich ist zu beachten, daß $J = |\,\mathfrak{j}_s\,| \cdot A$ ist wenn $\mathfrak{j}_s$ die Stromdichte bedeutet. Nach dem Ohmschen Gesetz ist $J = dU/dR$. Durch Einsetzen der Ausdrücke für dU, dR und J erhält man:

$$|\,\mathfrak{j}_s\,|\,A = \frac{-dV}{\dfrac{ds}{A\sigma}} = -A\sigma\frac{dV}{ds}.$$

Darin kürzt sich zunächst A; ferner ist $-dV/ds = |\mathfrak{E}_s|$, der s-Komponente der elektrischen Feldstärke; also folgt weiter:

$$\mathfrak{j}_s = \sigma\mathfrak{E}_s,$$

und da die Richtung s beliebig sein kann, allgemein:

(132) $$\mathfrak{j} = \sigma\mathfrak{E}.$$

Damit haben wir unser Ziel bereits erreicht; denn in (132) beziehen sich die Werte von $\mathfrak{j}$, σ, $\mathfrak{E}$, tatsächlich auf einen Raumpunkt; (132) ist also die der Feldtheorie entsprechende Fassung des Ohmschen Gesetzes. In Worten lautet sie: **Der Vektor der elektrischen Strömung ist gleich dem Produkt aus dem Leitvermögen und der elektrischen Feldstärke.**

Um auch den allgemeinen Fall eines inhomogenen Leiters mit eingeprägten Kräften mit zu umfassen, wollen wir uns denken, daß der Leiter nicht nur an einzelnen Stellen sich sprunghaft ändert, also nur an diesen Stellen elektromotorische Kräfte auftreten, sondern daß er eine kontinuierliche Änderung seiner Eigenschaften erfahre. Das bedeutet, daß an jedem seiner Punkte eine eingeprägte elektromotorische Kraft $\mathfrak{E}^e$ auftritt. Eine der obigen ganz analoge Überlegung führt dann zu der allgemeinen Formulierung des Ohmschen Gesetzes:

(132a) $$\mathfrak{j} = \sigma(\mathfrak{E} + \mathfrak{E}^e),$$

in Worten: **Der elektrische Strömungsvektor ist gleich dem Produkt aus dem Leitvermögen und der Summe von elektrischer Feldstärke und eingeprägter elektromotorischer Kraft.**

Die bisherigen Fassungen (124) und (129) des Ohmschen Gesetzes lassen sich aus den Gleichungen (132) durch Summation (Integration) über ein endliches Leiterstück natürlich zurückgewinnen; aber unsere neuen Formulierungen sind den alten überlegen. Dies zeigt sich, wenn wir nach dem Gültigkeitsbereich beider Arten von Gleichungen fragen. Die Integralformulierungen (124) und (129) haben sich bei zeitlich konstantem Gleichstrom zwar überall bewährt, aber schon bei Wechselstrom, d. h. Strom, der seine Richtung periodisch wechselt, ist dies nicht mehr der Fall. Denn an Stelle des Ohmschen Widerstandes hat dann ein anderer Ausdruck zu treten, der sog. Wechselstromwiderstand, auf den wir in Nr. 45 genau eingehen müssen. Die Komplikation rührt gerade davon her, daß die Integralformulierungen sich auf ein endliches Stück des Leiters beziehen. In den „Differentialformulierungen" (132) fällt diese Komplikation durch die räumliche Ausdehnung natürlich fort, und es ist höchst bemerkenswert, daß die einfache Gleichung $\mathfrak{j} = \sigma\,\mathfrak{E}$ sich bis zu Wechselströmen bewährt, die in der Sekunde mehr als hundertbillionenmal ihre Richtung wechseln. Erst bei noch schnelleren Wechseln verlieren auch die Gleichungen (132) ihre Gültigkeit. Man erkennt jedenfalls die außerordentliche Vergrößerung des Gültigkeitsbereiches der letzten Gleichung gegenüber den Integralformeln (124) und (129) des Ohmschen Gesetzes. Mit diesen Andeutungen müssen wir uns hier begnügen.

27. Anwendungen des Ohmschen Gesetzes; Kirchhoffsche Sätze über Stromverzweigungen; Spannungsteilung, Potentiometer, Wheatstonesche Brücke

Bisher hatten wir als Bahn des elektrischen Stromes einen einzigen Leiter vorausgesetzt. Nunmehr betrachten wir die Stromverteilung innerhalb eines Leitersystems, bei dem die einzelnen stromführenden Zweige in einem beliebig komplizierten Netz miteinander verknüpft sind. Als gegeben werden die Widerstände der einzelnen Leiter und die in ihnen etwa vorhandenen elektromotorischen Kräfte betrachtet; gesucht sind die Intensitäten der in den Einzelzweigen fließenden Ströme, d. h. die Stromstärken.

Die Grundlage zur Lösung dieser Aufgabe bilden zwei Sätze von G. Kirchhoff. Der **erste Kirchhoffsche Satz** sagt aus:

An jedem Verzweigungspunkt (Knotenpunkt) mehrerer Leitungen ist die Summe der auf ihn zufließenden Stromstärken gleich der Summe der von ihm abfließenden.

In Abb. 183 würde z. B. $J_1 + J_2 = J_3 + J_4 + J_5$ sein. Daß dies in der Tat so sein muß, folgt aus der Überlegung, daß es andernfalls an der Verzweigungsstelle entweder zu einer Anhäufung oder zu einer Abnahme elektrischer Ladungen kommen müßte, wodurch sich das Potential dieser Stelle dauernd ändern würde, im Widerspruch mit der vorausgesetzten stationären Stromverteilung. Es muß daher an jedem Knotenpunkt eines von zeitlich konstanten Strömen durchflossenen Leitersystems die gleiche Elektrizitätsmenge zu- und abfließen. Rechnet man die Intensitäten der zufließenden Ströme als positiv und versieht die der abfließenden mit dem negativen Vorzeichen, so kann das 1. Kirchhoffsche Gesetz in der Form geschrieben werden:

(133a) $$\Sigma J_k = 0.$$

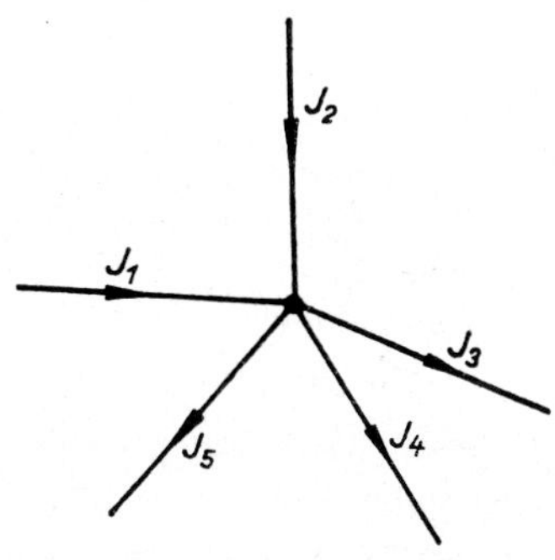

Abb. 183. Stromverzweigungspunkt

Der **2. Kirchhoffsche Satz** lautet:

In jedem beliebig aus einem Leiternetz herausgegriffenen in sich geschlossenen Stromkreis ist die Summe der elektromotorischen Kräfte gleich der Summe der Produkte aus den Stromstärken und den Widerständen der einzelnen Zweige.

Dabei müssen die Stromrichtungen im Sinne des Uhrzeigers etwa als positiv, die gegen den Uhrzeiger folglich als negativ gerechnet werden (oder umgekehrt); ebenso sind die elektromotorischen Kräfte mit dem richtigen Vorzeichen, also positiv zu zählen, wenn sie einen Strom im positiven Sinne hervorrufen. In einer Gleichung lautet dieser 2. Kirchhoffsche Satz:

(133b) $$\Sigma E_k = \Sigma J_k R_k .$$

Zum Beweise betrachten wir in einem beliebigen Leitungsnetz einen geschlossenen Stromweg, eine sog. Masche des Netzes, z. B. die Strombahn A, B, C, D, A der Abb. 184, in der die eingezeichneten Pfeile die Stromrichtung angeben, und in der zunächst keine eingeprägten elektromotorischen Kräfte vorhanden sein mögen. Wir denken uns die Masche bei A aufgeschnitten und gradlinig ausgestreckt, wobei wir die Länge der einzelnen Strecken AB, BC usw. so wählen, daß sie den in diesen Leiterstücken enthaltenen Widerständen R_1, R_2 usw. entsprechen (Abb. 185). Errichten wir in den Punkten A, B, C, D Ordinaten gleich den in diesen Punkten herrschenden Potentialwerten und verbinden ihre Endpunkte, so erhalten wir die gebrochene Linie a, b, c, d, a, aus der wir ersehen, daß das Potential von A nach B steigt, von B nach D abnimmt, um dann wieder auf dem Weg nach A zu steigen. Da der gebrochene Linienzug notwendig wieder in der gleichen Höhe endigt, muß die Summe aller Höhendifferenzen gleich Null sein. Die Höhendifferenzen stellen aber die Potentialunterschiede längs der einzelnen Leiterstücke dar, für die wir nach dem Ohmschen Gesetz die folgenden Ausdrücke hinschreiben können:

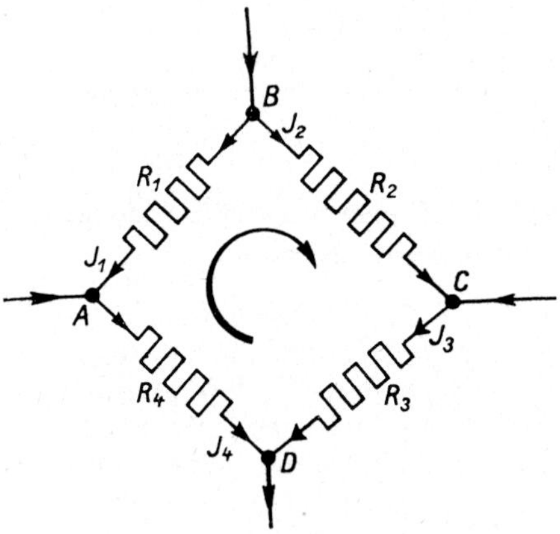

Abb. 184. Masche eines Stromnetzes ohne eingeschaltete EMK

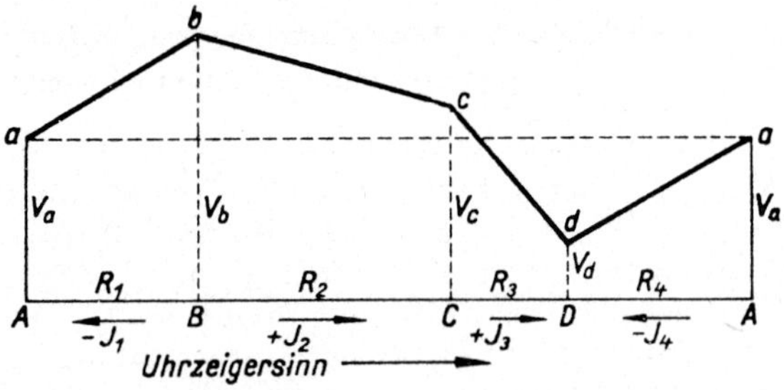

Abb. 185. Potentialverlauf längs der Widerstände der in Abb. 184 gekennzeichneten Strommasche

$$V_A - V_B = U_{AB} = -J_1 R_1$$
$$V_B - V_C = U_{BC} = +J_2 R_2$$
$$V_C - V_D = U_{CD} = +J_3 R_3$$
$$V_D - V_A = U_{DA} = -J_4 R_4.$$

Die Minuszeichen in zweien der obigen Gleichungen kommen daher, daß im Ohmschen Gesetz der Potential**abfall**, der gleich JR ist, positiv gerechnet wird; $V_A - V_B$ sowohl wie $V_D - V_A$ sind aber Potential**anstiege**, sind also gleich $-JR$ zu nehmen. Durch Addition der obigen Gleichungen finden wir:

$$0 = U_{AB} + U_{BC} + U_{CD} + U_{DA} = -J_1 R_1 + J_2 R_2 + J_3 R_3 - J_4 R_4.$$

Unter Berücksichtigung des über die Vorzeichen Gesagten, kann man also die rechte Seite schreiben:

(133c) $$\Sigma J_k R_k = 0,$$

was für den hier betrachteten Spezialfall — keine elektromotorischen Kräfte in den Maschen — bereits das 2. Kirchhoffsche Gesetz darstellt.

Die Summe der Teilspannungen für einen vollständigen Umlauf um eine Netzmasche nennt man die **Umlaufspannung** derselben; **sie hat für jede Masche stets den Wert Null** — wegen der Eindeutigkeit des Potentials.

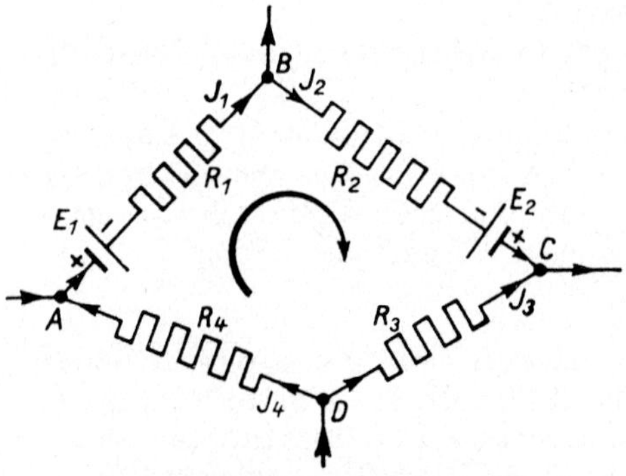

Abb. 186. Masche eines Stromnetzes mit eingeschalteten elektromotorischen Kräften

Enthält die Masche auch elektromotorische Kräfte (z.B. nach Abb. 186), so müssen wir zur Bestimmung der Teilspannungen auf die allgemeinere Gleichung des Ohmschen Gesetzes (128) zurückgreifen. Dann gelten folgende Gleichungen für die vier Zweige der Masche der Abb. 186:

$$U_{AB} - E_1 = +J_1 R_1, \qquad U_{CD} = -J_3 R_3$$
$$U_{BC} + E_2 = +J_2 R_2, \qquad U_{DA} = +J_4 R_4.$$

Addieren wir diese Gleichungen, so erhalten wir wegen des Verschwindens der Umlaufspannung:

$$E_2 - E_1 = J_1R_1 + J_2R_2 - J_3R_3 + J_4R_4.$$

Auf der linken Seite steht, unter Berücksichtigung der Vorzeichenwahl, die Summe der elektromotorischen Kräfte, die man bei einem Umlauf um die Masche im Uhrzeigersinne erhält; auf der rechten Seite steht die in gleichem Sinne zu verstehende Summe der Produkte aus Stromstärke und Ohmschen Widerstand. Damit ist Gl. (133b) allgemein bewiesen.

Wir wenden die Kirchhoffschen Sätze auf folgende Schaltungen an:

1. Zwei in Reihe geschaltete Widerstände R_1 und R_2 sind an eine Spannungsquelle von der elektromotorischen Kraft E angeschlossen (Abb. 187). Dann ist nach dem 2. Kirchhoffschen Gesetz:

$$E = J_0R_i + J_0R_0 + J_0(R_1 + R_2);$$

R_0 ist der Leitungswiderstand und R_i der Innenwiderstand der Spannungsquelle. (Seine Existenz folgt aus der Tatsache, daß beim Kurzschließen der Spannungsquelle die Stromstärke nicht unendlich groß werden kann). Es gilt demnach allgemein: **Bei Hintereinanderschaltung von Widerständen ist der Gesamtwiderstand gleich der Summe der Einzelwiderstände:**

(134) $$R = \sum_{k=1}^{n} R_k.$$

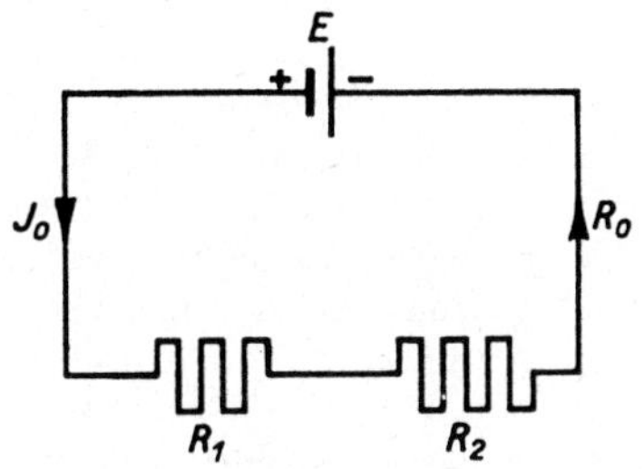

Abb. 187. Reihenschaltung zweier Widerstände

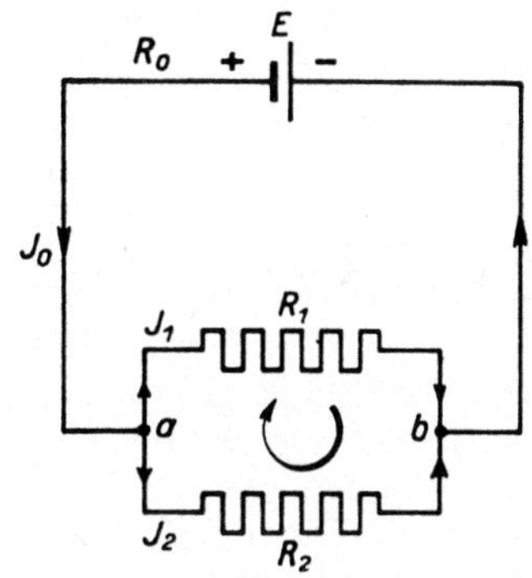

Abb. 188. Parallelschaltung zweier Widerstände

2. Zwei Widerstände R_1 und R_2 sind parallel geschaltet (Abb. 188) und an eine Spannungsquelle von der elektromotorischen Kraft E angeschlossen. Dann gilt für die beiden Verzweigungspunkte a und b nach dem 1. Kirchhoffschen Satz:

$$J_0 = J_1 + J_2.$$

Wenden wir ferner für jeden der beiden geschlossenen Stromkreise EaR_1bE und EaR_2bE das 2. Kirchhoffsche Gesetz an, so erhalten wir die Gleichungen:

$$E = J_0R_i + J_0R_0 + J_1R_1 \text{ und}$$
$$E = J_0R_i + J_0R_0 + J_2R_2.$$

Bezeichnen wir den Gesamtwiderstand zwischen den Punkten a und b mit R_x, so gilt ferner:

$$E = J_0R_i + J_0R_0 + J_0R_x.$$

Aus diesen drei Gleichungen findet man:

$$J_0R_x = J_1R_1 = J_2R_2,$$

d.h.

$$J_1 = J_0\frac{R_x}{R_1}, \quad J_2 = J_0\frac{R_x}{R_2}.$$

Durch Addition folgt weiter:

$$J_1 + J_2 = J_0R_x\left(\frac{1}{R_1} + \frac{1}{R_2}\right) = J_0,$$

d.h.

$$R_x\left(\frac{1}{R_1} + \frac{1}{R_2}\right) = 1.$$

oder:

$$\frac{1}{R_x} = \frac{1}{R_1} + \frac{1}{R_2}.$$

in Worten:

Der reziproke Gesamtwiderstand zweier parallelgeschalteten Widerstände ist gleich der Summe der reziproken Werte der Einzelwiderstände.

Allgemein ist ebenso:

(135)
$$\frac{1}{R} = \sum_{k=1}^{n} \frac{1}{R_k}.$$

Die Kehrwerte der Widerstände nennt man auch die Leitwerte; daher kann Gl. (135) auch in der Form ausgesprochen werden:

Bei Parallelschaltung von Widerständen ist der resultierende Leitwert gleich der Summe der Einzelleitwerte.

3. Weiter folgt:

$$J_1 R_1 = J_2 R_2$$

oder:

(136)
$$J_1 : J_2 = R_2 : R_1$$

d.h.: **In zwei parallelgeschalteten Leitern verhalten sich die Stromstärken umgekehrt wie die Widerstände.** Dies folgt übrigens auch durch direkte Anwendung des 2. Kirchhoffschen Satzes auf die Masche aR_1bR_2a in Abb. 188.

Von den Gl. (134) und (135) machen wir zunächst eine Anwendung auf die verschiedenen Schaltungen von galvanischen Elementen, die in Nr. 17, S. 84 ff., besprochen wurden. Wir wissen bereits, daß bei Hintereinanderschaltung von N Elementen von der elektromotorischen Kraft E und dem inneren Widerstande R_i die elektromotorische Kraft der Batterie NE wird; nunmehr können wir diese Aussage dahin ergänzen, daß der innere Widerstand der Batterie gleichfalls auf den N-fachen Wert, nämlich auf NR_i steigt. Umgekehrt bleibt bei Parallelschaltung dieser N Elemente die elektromotorische Kraft E unverändert, aber der innere Widerstand sinkt auf den Nten Teil, nämlich R_i/N. Wenn man schließlich die N Elemente in Gruppen zu n hintereinander und diese Gruppen — es mögen m sein, so daß $N = n \cdot m$ ist — parallel schaltet, so hat man offenbar eine elektromotorische Kraft nE und einen inneren Widerstand nR_i/m; für letzteren kann man auch schreiben n^2R_i/N. Es fragt sich natürlich, wie man im gegebenen Falle am günstigsten schaltet, so daß man die größte Stromstärke erhält. Daß dies keineswegs gleichgültig ist, sieht man, wenn man z. B. hundert Akkumulatoren einmal hintereinander und einmal parallel verbindet. Im ersteren Falle hat man zwar eine elektromotorische Kraft von 200 Volt, aber dafür einen inneren Widerstand von $200 \cdot {}^1/_{100}$ bis $200 \cdot {}^1/_{200}$ Ohm, d.h. von 2 bis 1 Ohm. Bei Kurzschluß der Batterie ($R_a = 0$) erhält man als maximale Stromstärke 100 bis 200 Ampere, d. h. nicht mehr als bei Kurzschluß einer einzigen Zelle! Schaltet man die 100 Akkumulatoren aber parallel, so bleibt zwar die elektromotorische Kraft gleich 2 Volt, aber der innere Widerstand sinkt auf ${}^1/_{100} \cdot {}^1/_{100}$ bis ${}^1/_{100} \cdot {}^1/_{200}$ Ohm, d.h. auf 10^{-4} bis ${}^1/_2 10^{-4}$ Ohm. Bei Kurzschluß erhält man hier Maximalströme von 10^4 bis $2 \cdot 10^4$ Ampere!

Nach diesem Beispiel kehren wir zu der allgemeinen Frage zurück, wie man eine Batterie von $N = n \cdot m$ Elementen bei gegebenem äußeren Widerstand R_a schalten muß, damit J möglichst groß wird. Nach dem Ohmschen Gesetz (129a) haben wir offenbar:

$$J = \frac{nE}{\frac{n^2}{N} R_i + R_a},$$

wenn m Gruppen zu je n hintereinandergeschalteten Elementen parallel verbunden werden. Wenn J ein Maximum werden soll, muß $\frac{dJ}{dn} = 0$ werden. Die Ausführung der Differentation liefert die Bedingung:

$$\frac{dJ}{dn} = \frac{\left(\frac{n^2}{N} R_i + R_a\right) E - nE \frac{2n}{N} R_i}{\left(\frac{n^2}{N} R_i + R_a\right)^2} = \frac{E\left(R_a - \frac{n^2}{N} R_i\right)}{\left(\frac{n^2}{N} R_i + R_a\right)^2} = 0.$$

d.h.

$$N R_a = n^2 R_i.$$

Dafür kann man schreiben:

$$nmR_a = n^2 R_i$$

oder, nach Kürzung von n und Division mit m:

$$R_a = \frac{n}{m} R_i,$$

und das heißt, daß der innere Widerstand $\frac{n}{m} R_i$ gleich dem vorgegebenen äußeren Widerstand R_a sein muß; man muß die Faktoren n und m so wählen, daß der resultierende innere Widerstand gleich dem äußeren wird.

An sich folgt aus dem Verschwinden von $\frac{dJ}{dn}$ nur, daß J einen Extremwert annimmt, der aber auch ein Minimum oder ein Sattelwert sein könnte; damit J wirklich ein Maximum wird, muß noch $\frac{d^2J}{dn^2} < 0$ sein: durch Ausführung dieser zweiten Differentiation kann man sich überzeugen, daß dies hier wirklich der Fall ist.

Von der Parallelschaltung zweier Widerstände, insbesondere von Gl. (136), macht man Gebrauch, wenn man den Meßbereich eines Strommessers vergrößern will. Gegeben sei ein Amperemeter, dessen maximaler Meßbereich 1 Amp. beträgt. Um mit diesem Instrument einen Strom von 10 Amp. messen zu können, müssen wir ihm parallel einen Widerstand R_S legen (Abb. 189), der $^9/_{10}$ des gesamten Stromes, also 9 Amp. aufnimmt, so daß nur $^1/_{10}$ des Stromes, nämlich 1 Amp., durch das Meßinstrument fließt. Nennen wir R_g den Widerstand des Instrumentes, so gilt also nach (136):

$$R_S : R_g = \frac{1}{10} : \frac{9}{10}$$

oder:

$$R_S = \frac{1}{9} R_g\,.$$

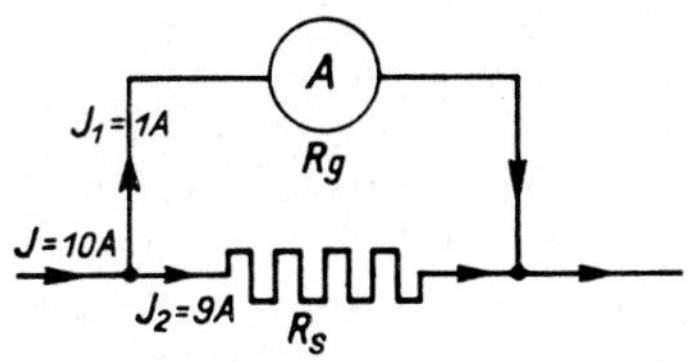

Abb. 189. Erhöhung des Meßbereiches eines Amperemeters durch einen Nebenschlußwiderstand

Allgemein gilt: Um den Meßbereich eines Amperemeters mit dem Eigenwiderstand R_g auf den x-fachen Betrag zu erhöhen, muß man parallel zu dem Instrument einen Nebenschlußwiderstand R_S schalten, dessen Größe durch die Beziehung $R_S = \frac{1}{x-1} R_g$ gegeben ist. Um also dem Amperemeter den 10-, 100-, 1000-, ... -fachen Meßbereich zu geben, müssen die Nebenschlüsse $^1/_9$, $^1/_{99}$, $^1/_{999}$, ... von R_g betragen. Solche Nebenschlußwiderstände (englisch Shunt genannt) werden daher stets zusammen mit dem Instrument von der elektrischen Industrie geliefert, oder sie sind eingebaut und umschaltbar.

Abb. 189 stellt grundsätzlich die gleiche Schaltung dar, wie wir sie in Abb. 169 bei der Schaltung eines Voltmeters benutzt haben. Nunmehr kann man sich leicht von der Richtigkeit unserer damaligen qualitativen Aussage überzeugen. Denn damit der Nebenschluß mit dem Widerstande R_2, den wir jetzt als Voltmeter-Widerstand betrachten wollen, möglichst wenig vom Hauptstrom ableitet, muß in der Tat $R_2 \gg R_1$ sein; denn aus den Kirchhoffschen Sätzen folgt, daß die Stromstärke $J_1 = \frac{J_0}{1 + R_1/R_2}$ ist, und das ist nur dann merklich gleich J_0, wenn die obige Ungleichung erfüllt ist.

Wir greifen nochmals auf die Schaltung in Abb. 187 zurück. Durch die beiden hintereinandergeschalteten Widerstände R_1 und R_2 fließt die gleiche Stromstärke J_0; infolgedessen tritt an den Enden von R_1 eine Spannung U_1 gleich J_0R_1 und an den Enden von R_2 eine Spannung U_2 gleich J_0R_2 auf, während an den Enden von $R_1 + R_2$ die Gesamtspannung $U = J_0\,(R_1 + R_2)$ liegt. Durch geeignete Wahl des Widerstandsverhältnisses $R_1 : R_2$ kann man also etwa an R_1 jeden beliebigen Bruchteil der Spannung U abgreifen. Eine solche Schaltung nennt man eine **Spannungsteiler-** oder **Potentiometerschaltung.** Abb. 190 zeigt eine solche unter Benutzung eines Schiebewiderstandes. Verschiebt man den Gleitkontakt c von dem einen Ende a des Widerstandes nach dem anderen b, so erhält man zwischen den Klemmen d und e jeden Spannungswert U_x zwischen

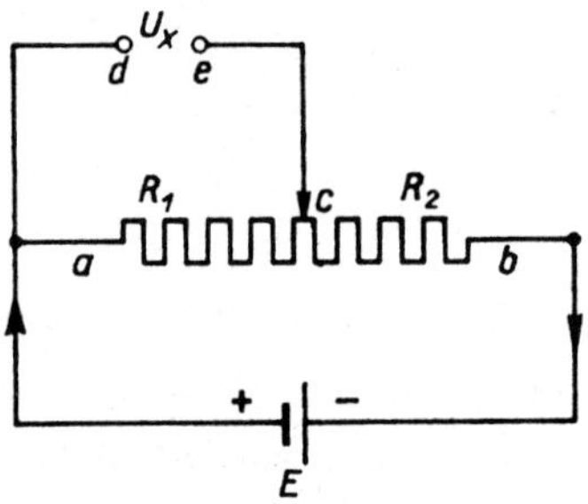

Abb. 190. Potentiometerschaltung

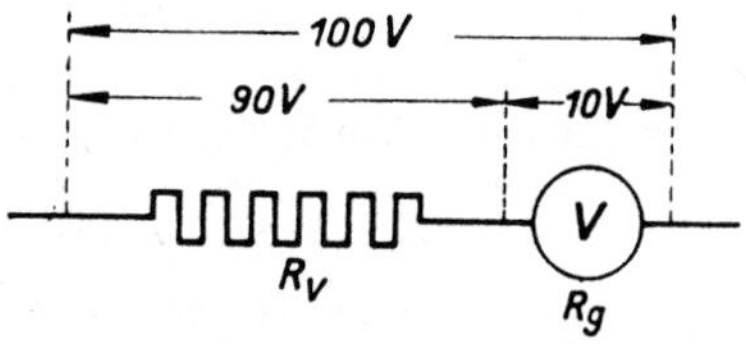

Abb. 190a. Erweiterung des Meßbereiches eines Voltmeters durch einen Vorwiderstand

Null und der an den Enden ab des Widerstandes liegenden Spannung U. Liegt zwischen a und c der Widerstand R_1 und zwischen c und b der Widerstand R_2, so ist:

$$U_x = U \frac{R_1}{R_1 + R_2},$$

denn nach dem Ohmschen Gesetz ist $U = J_0 (R_1 + R_2)$ und $U_x = J_0 R_1$.

Auf Spannungsteilung beruht auch die Anordnung zur Erweiterung des Meßbereichs von Voltmetern (Abb. 190a). Soll z. B. mit einem Voltmeter, das maximal 10 Volt anzeigt, eine Spannung von 100 Volt gemessen werden, so muß man diese große Spannung so teilen, daß $^9/_{10}$ derselben (gleich 90 Volt) auf einen vor das Instrument geschalteten „Vorschaltwiderstand", $^1/_{10}$ derselben (gleich 10 Volt) auf das Instrument selbst entfallen, d. h. man muß den 9-fachen Wert von R_g vor das Voltmeter vorschalten, entsprechend den 99-, 999-, ... -fachen Wert von R_g, wenn man 1000, 10000 ..... Volt mit dem gleichen Instrument messen will.

Allgemein gilt: Um den Meßbereich eines Voltmeters mit dem Eigenwiderstand R_g auf den x-fachen Betrag zu erhöhen, muß man vor das Instrument einen Widerstand R_V schalten, dessen Größe durch die Beziehung $R_V = (x - 1) R_g$ gegeben ist.

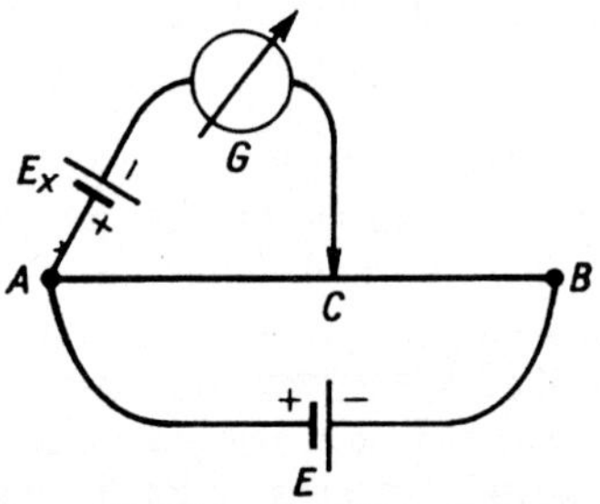

Abb. 191. Kompensationsschaltung nach Poggendorff zur Messung elektromotorischer Kräfte

Geeignete Vorschaltwiderstände werden von der elektrischen Industrie zu jedem Voltmeter mitgeliefert, bzw. sind in das Instrument zur Wahl fest eingebaut.

Von J. Poggendorff (1841) wurde die Spannungsteilerschaltung zur Messung elektromotorischer Kräfte benutzt. Als Spannungsteiler dient ein in Material und Querschnitt gleichmäßiger Metalldraht AB (Abb. 191), durch den eine Hilfsbatterie einen konstanten Strom hindurchschickt; zwischen A und B liegt also eine Spannung, die (praktisch) gleich der elektromotorischen Kraft E der Hilfsbatterie ist. Zwischen A und einem auf dem Draht verschiebbaren Gleitkontakt C ist die zu messende elektromotorische Kraft E_x über ein empfindliches Galvanometer G geschaltet. Der Kontakt C wird nun so lange verschoben, bis das Galvanometer keinen Strom mehr anzeigt; damit dies immer möglich ist, muß die elektromotorische Kraft der Hilfsbatterie größer als die zu messende sein. Dann ist die am Draht zwischen A und C abgegriffene Spannung gerade entgegengesetzt gleich der gesuchten elektromotorischen Kraft E_x; diese Spannung ist aber anderseits gleich JR_{AC}, wenn J die durch den Draht fließende Stromstärke und R_{AC} den Ohmschen Widerstand zwischen A und C bedeutet. Letzterer ist aber proportional der Länge a des Drahtstückes

AC, die man an einem unter dem Draht liegenden Maßstab ablesen kann. Ersetzt man nun E_x durch eine bekannte elektromotorische Kraft E_n, z. B. von einem Normalelement — zweckmäßig benutzt man zum Umschalten eine Wippe —, so muß man eine neue Abgleichung herbeiführen; das in diesem Falle zwischen A und C liegende Drahtstück habe die Länge b; dann gilt:

$$E_x : E_n = a : b; \quad \text{d. h.} \quad E_x = E_n \frac{a}{b}.$$

Der Vorteil dieser **Kompensationsmethode** liegt vor allem darin, daß der zu messenden Spannungsquelle während der Messung kein Strom entnommen wird, so daß man sehr genau die elektrische Spannung messen kann, während dies bei Benutzung eines Voltmeters immer nur angenähert der Fall ist. Außerdem ist die Methode eine sog. Nullmethode, bei der auf Stromlosigkeit des anzeigenden Meßinstrumentes eingestellt wird — wie stark auch im übrigen die Ströme in den anderen Leitungsteilen sein mögen; die Abgleichung ist daher mit großer Genauigkeit möglich. Kompensationsmethoden mit Nullabgleich werden wegen ihrer großen Empfindlichkeit häufig in der Meßtechnik benutzt. Um das Nullinstrument vor einer Zerstörung zu schützen, muß vor jeder Messung sichergestellt sein, daß der Strom für das Instrument nicht zu groß ist (durch stufenweise Umschaltung vom unempfindlichen auf den empfindlichen Bereich).

Eine zur Messung von Widerständen fast ausschließlich benutzte Schaltung ist die von Ch. Wheatstone (1843) angegebene **Brückenschaltung** (Abb. 192).

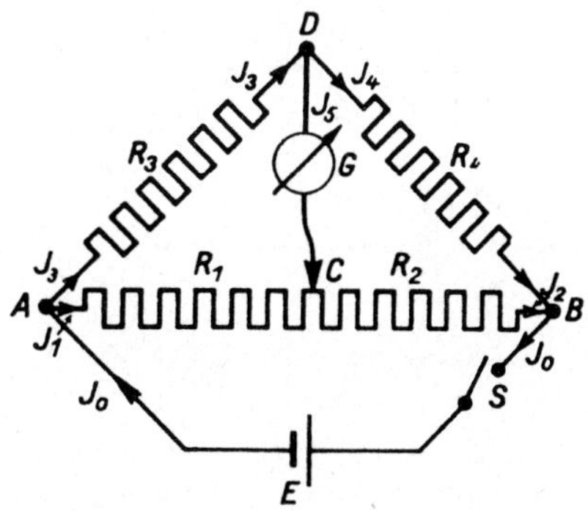

Abb. 192. Wheatstonesche Brückenschaltung

Der von der Stromquelle E kommende Strom verzweigt sich in den Punkten A und B; in beide Zweige sind je zwei Widerstände R_1 und R_2 und R_3, R_4 eingeschaltet. Die beiden Zweigleitungen werden durch die „Brücke“ CD, in der ein empfindlicher Strommesser (Galvanometer) G liegt, überbrückt. Durch Verändern der beiden Widerstände R_1 und R_2 kann man es erreichen, daß die Brücke CD stromlos wird, d. h. daß das Galvanometer beim Schließen des Schalters S keinen Strom anzeigt. Wir fragen nach den Bedingungen, die für diesen Fall erfüllt sein müssen. Nach dem ersten Kirchhoffschen Gesetz gelten für die vier Verzweigungspunkte bei A, B, C und D die folgenden Gleichungen:

$$J_0 = J_1 + J_3; \; J_0 = J_2 + J_4; \; J_2 = J_1 + J_5; \; J_3 = J_4 + J_5,$$

aus denen für den Fall, daß $J_5 = 0$ ist, folgt:

$$J_3 = J_4 \text{ und } J_1 = J_2.$$

Wenden wir ferner auf die beiden Maschen $ADCA$ und $DBCD$ das zweite Kirchhoffsche Gesetz an, so gilt:

$$J_3R_3 + J_5R_5 - J_1R_1 = 0$$

und

$$J_4R_4 - J_2R_2 - J_5R_5 = 0,$$

aus denen für den Fall, daß $J_5 = 0$ ist, folgt:

$$J_3R_3 = J_1R_1 \text{ und } J_4R_4 = J_2R_2.$$

Schreiben wir diese beiden Beziehungen in der Form:

$$\frac{R_3}{R_1} = \frac{J_1}{J_3} \text{ und } \frac{R_4}{R_2} = \frac{J_2}{J_4},$$

so erhalten wir, da $J_3 = J_4$ und $J_1 = J_2$ ist, die Proportion:

$$\frac{R_1}{R_2} = \frac{R_3}{R_4}. \tag{137}$$

Nur wenn diese Gleichung erfüllt ist, ist die Brücke abgeglichen, d.h. der Brückenzweig *CD* stromlos. Sind also drei Widerstände, z.B. R_1, R_2 und R_4, bekannt, so läßt sich der vierte aus der Proportion (137) berechnen. Es ist also:

$$R_3 = \frac{R_1}{R_2} R_4. \tag{137a}$$

Bei der praktischen Ausführung der Schaltung bildet man die beiden Widerstände R_1 und R_2, von denen nach (137a) nur ihr Verhältnis bekannt zu sein braucht, aus den Abschnitten eines Widerstandsdrahtes von bestimmter Länge und überall gleichem Querschnitt, der auf einem Maßstab mit Millimeterteilung ausgespannt ist. Längs des Drahtes läßt sich ein Kontakt verschieben, dessen Einstellung auf dem Maßstab abgelesen wird. Dieser verschiebbare Kontakt ist der Punkt *C* in dem Schaltbild (Abb. 192). Da der Widerstandsdraht überall gleichen Querschnitt besitzt und sein spezifischer Widerstand überall der gleiche ist, ist das Verhältnis der links und rechts vom Kontakt *C* liegenden Widerstände R_1 und R_2 gleich dem Verhältnis der Drahtlängen $l_1 : l_2$, die man auf dem Maßstab abliest. Es ist also:

$$R_3 = \frac{l_1}{l_2} R_4.$$

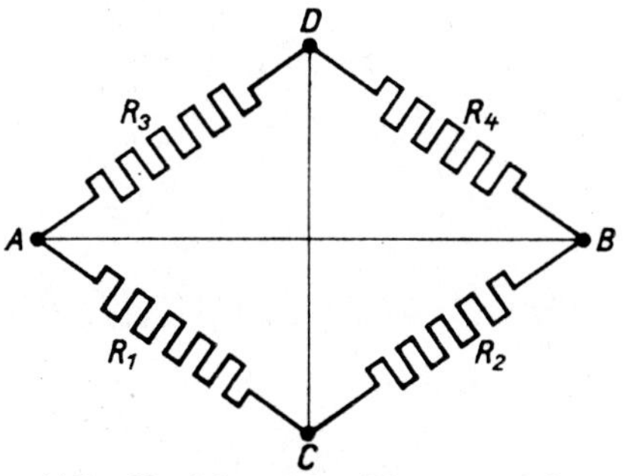

Abb. 193. Schema der Wheatstoneschen Brückenschaltung

Wie Abb. 193 zeigt, bilden die vier Widerstände in der Wheatstoneschen Brückenschaltung (Abb. 192) ein Drahtviereck, in dessen einer Diagonale die Stromquelle, in dessen anderer das Galvanometer liegt. Man kann daher wegen der Symmetrie in der Schaltung (Abb. 192) Stromquelle und Galvanometer miteinander vertauschen.

Anstatt den Meßdraht auf einem Maßstab auszuspannen, wickelt man ihn häufig in genau 10 Windungen auf einen Zylinder aus isolierendem Material (Kohlrauschsche Walzenbrücke, Abb. 194). Die Drahtenden sind über die Achse und zwei Schleifkontakte an zwei Klemmen geführt; den Schleifkontakt ersetzt ein Rädchen, das am Rande eine Rille besitzt, mit der es auf dem Draht gleitet. Durch diese Walzenbrücke wird die Unterbringung eines langen Meßdrahtes auf einem kleinen Raum ermöglicht. Die Wheatstonesche Brückenschaltung ist gleichfalls eine Nullmethode; bei empfindlichem Galvanometer im Brückenzweig ist die Einstellung auch bei starken Strömen in den übrigen Zweigen mit außerordentlicher Genauigkeit möglich.

Abb. 194. Walzenbrücke nach Kohlrausch

Die vorhin (S. 137) erwähnten Widerstandsthermometer und Bolometer werden im allgemeinen gleichfalls als einer der vier Widerstände in der Wheatstoneschen Brücke angewendet; ist die Brücke etwa bei Zimmertemperatur abgeglichen, so ruft jede Temperaturänderung am Draht des Widerstandsthermometers oder des Bolometers wieder einen Strom in der Brücke hervor, der als Maß für die Temperaturdifferenz oder Energiestrahlung dienen kann.

28. El. Arbeit; Stromwärme; Joulesches Gesetz; Peltier-Effekt; chemische Umsetzungen

Arbeit und Leistung des Stromes. Wenn eine elektrische Ladung q sich von einem Feldpunkt mit dem Potential V_a zu einem anderen mit dem tieferen Potential V_b bewegt, so verliert sie dabei die potentielle Energie $q\,(V_a - V_b) = qU$, wenn $U = V_a - V_b$ die durchlaufene Spannung zwischen beiden Punkten ist; dies folgt unmittelbar aus der Definition des Potentials (s. S. 19). Genau dies ist aber der Vorgang, wenn ein Strom von der Stärke J einen beliebigen — homogenen oder inhomogenen — Leiter durchfließt; denn dies heißt ja, daß in der Zeit t die Ladung $q = J \cdot t$ durch den Leiterquerschnitt hindurchtritt. Fassen wir also zwei Stellen des durchströmten Leiters mit den Potentialen V_a und V_b ins Auge, so verschwindet in jeder Sekunde die potentielle Energie $J\,(V_a - V_b) = JU$. Es ist also JU die vom Strom in einem Leiterstück, an dessen Enden die Spannung U liegt, je Sekunde geleistete Arbeit, d. h. die Stromleistung N:

$$N = JU. \tag{138}$$

Mißt man J und U in elektrostatischen Einheiten (J in $g^{1/2}\,cm^{3/2}\,s^{-2}$, U in $g^{1/2}\,cm^{1/2}\,s^{-1}$), so erhält man als das Produkt der beiden die Leistung N in $g\,cm^2\,s^{-3}$, d. h. in erg/s. Mißt man dagegen J und U in den internat. Einheiten Ampere und Volt (1 Amp $\triangleq 3 \cdot 10^9\,g^{1/2}\,cm^{3/2}\,s^{-2}$, 1 Volt $\triangleq 1/300\,g^{1/2}\,cm^{1/2}\,s^{-1}$), so erhält man N in 10^7 erg/s, d. h. in Joule/s oder in Watt; denn 10^7 erg = 1 Joule = 1 Wattsekunde; es ist also

1 Volt • 1 Ampere = 1 Watt (W)

die internationale Einheit der elektr. Leistung. Für die elektrische Arbeit $A = N \cdot t$ ergibt sich

$$A = JUt. \tag{139}$$

Für die Einheiten gilt Entsprechendes: Mißt man J und U in CGS-Einheiten, so folgt die elektr. Arbeit in erg, mißt man in Ampere (J^*) und Volt (U^*), so erhält man die elektr. Arbeit in der internation. Einheit **Volt · Ampere · Sekunde gleich Wattsekunde**; es ist

$$A^* = J^* \cdot U^* \cdot t. \tag{139a}$$

Da eine Amperesekunde = 1 Coulomb ist, ist eine Wattsekunde = 1 Coulomb · Volt; hier erkennt man deutlich den Ausdruck für die elektrische Arbeit, nämlich Elektrizitätsmenge mal Spannung. In der Praxis wird die elektrische Arbeit in Kilowattstunden (kWh), d. h. in einer 60 · 60 · 1000mal größeren Einheit gemessen.

Eine Kochplatte, die bei einer Spannung von 220 Volt einen Strom von 4,5 A hindurchläßt, nimmt also eine elektr. Leistung von 1000 Watt = 1 kW auf. Bei dieser Leistung hat sie nach einer Stunde die elektrische Arbeit von 1 kWh verbraucht und in Wärme umgewandelt.

Man kann sich die obigen Ausdrücke für Leistung N und Arbeit A auf folgende Weise anschaulich machen. Wir denken uns den Strom dadurch erzeugt, daß wir einen Kondensator von der Kapazität C, dessen Platten auf die Potentiale V_a und V_b, d. h. auf die Spannung $U = V_a - V_b$ geladen sind, durch eine Leitung beliebiger Art entladen. Auf dem Kondensator sitzt zu Beginn die Elektrizitätsmenge $q = CU$; die in seinem Innern aufgespeicherte Energie ist $1/2\,CU^2 = 1/2\,q^2/C$. Nimmt in der Zeit dt die Ladung um den Betrag dq ab, d. h. fließt durch die Leitung ein Strom von der Stärke $J = dq/dt$, so beträgt die zeitliche Abnahme der elektrischen Energie:

$$\frac{d}{dt}\left(\frac{1}{2}\,\frac{q^2}{C}\right) = \frac{q}{C}\,\frac{dq}{dt} = \frac{q}{C}\,J = J\,U,$$

und das ist gerade der in (138) angegebene Wert der Stromleistung. Will man die Ladung des Kondensators konstant halten, so muß man also pro Sekunde die Elektrizitätsmenge J, etwa durch Drehen einer Elektrisiermaschine zuführen, und das erfordert wieder gerade die Arbeit JU.

Anwendung des Energieprinzips auf ein begrenztes Stück der Leitung. Was tritt nun als Äquivalent für die Abnahme JUt der potentiellen Energie auf? Nach dem Energieprinzip kann ja im ganzen keine Energie verlorengehen. Auf diese Frage erhalten wir die Antwort, wenn wir für die an den Enden des betrachteten Leiterstückes herrschende Potentialdifferenz $V_a - V_b$ ihren Wert nach dem Ohmschen Gesetz (128) in den Leistungsausdruck $JU = J\,(V_a - V_b)$ einsetzen. Dabei betrachten wir den allgemeinen Fall, daß das ins Auge gefaßte stromdurchflossene Leiterstück $a\ b$

aus mehreren aneinandergrenzenden Leitern mit den Einzelwiderständen R_k besteht, wobei in den Grenzflächen die eingeprägten elektromotorischen Kräfte E_k^e auftreten; ΣR_k und ΣE_k^e sind also Gesamtwiderstand und gesamte elektromotorische Kraft. Einsetzen liefert dann sofort:

$$JU = J^2 \sum_k R_k - J \sum_k E_k^e. \tag{140}$$

Der Leistungsausdruck besteht also aus zwei Summanden. Von diesen ist der erste $J^2 \sum_k R_k$ stets positiv und — wegen des Auftretens von der zweiten Potenz von J — unabhängig von der Stromrichtung. Jedes einzelne Glied des zweiten Summanden $-J \sum_k E_k^e$ kann aber negativ oder positiv ausfallen und damit auch der ganze Ausdruck $-J\Sigma E_k^e$; das hängt davon ab, ob die Stromrichtung mit der von E_k^e bzw. der von ΣE_k^e übereinstimmt oder nicht. Stimmt z. B. die Richtung des Stromes J mit derjenigen überein, die auch E_1^e erzeugen würde, so ist $J E_1^e > 0$, also $-J E_1^e < 0$; an dieser Stelle würde der Strom gar keine Energie abgeben, sondern umgekehrt Energie aufnehmen. Das Energieprinzip (in Verbindung mit dem Ohmschen Gesetz) liefert also von vornherein das Ergebnis, daß die Arbeitsäquivalente für die verschwundene potentielle Energie von zweierlei Art sind: das eine ist unabhängig von der Stromrichtung stets positiv und der zweiten Potenz von J proportional, das andere dagegen — je nach Stromrichtung — positiv oder negativ und mit der ersten Potenz von J verhältnisgleich.

Es handelt sich nun um die Frage, welche physikalischen Erscheinungen diesen beiden Arbeitsgrößen entsprechen. Der Ausdruck $J^2 \Sigma R_k$ tritt offenbar in jedem noch so kleinen Stücke des Leiters auf, da jedes einen Widerstand R_k besitzt, während dagegen die Glieder $-J E_k^e$ immer nur an den Inhomogenitätsstellen der Leiter auftreten können, d. h. da, wo eingeprägte elektromotorische Kräfte sitzen. Mit diesen letzteren Ausdrücken werden wir uns später beschäftigen. Aus Gründen, die im folgenden von selbst klar werden, nennt man den auf der rechten Seite von (140) stehenden Ausdruck die **thermisch-chemische Leistung des Stromes.**

Stromwärme, Joulesches Gesetz. Das erste Glied tritt allein auf, wenn wir den Leiter a, b aus einem homogenen Material (Leiter 1. oder 2. Art) nehmen. Dann reduziert sich das stets positive Arbeitsäquivalent pro Sekunde auf J^2R, wenn wir den Widerstand des ganzen Leiters durch R bezeichnen. Die Erfahrung, die wir übrigens schon in Nr. 26 erwähnt haben, zeigt nun, daß jeder stromdurchflossene Leiter erwärmt wird. Es liegt also die Vermutung nahe, daß J^2R die vom Strom J im Leiter pro Sekunde erzeugte Wärmemenge darstellt. Daß dies wirklich zutrifft, hat J. P. Joule (1840) bewiesen, indem er experimentell zeigte, daß die pro Zeit t erzeugte Stromwärme proportional dem Quadrat der Stromstärke J und dem Widerstand R ist. Daher nennt man die Stromwärme J^2Rt auch Joulesche Wärme. Das **Joulsche Gesetz** besagt:

Die in einem Leiter entwickelte Stromwärme ist dem Quadrat der Stromstärke, dem Widerstand des Leiters und der Zeit proportional.

Diese Joulesche Wärme wird in Energieeinheiten gemessen; denn $J^2 \cdot R \cdot t = U \cdot J \cdot t$ stellt eine Arbeit dar. Sie kann einerseits mit elektrischen Instrumenten und einer Uhr gemessen werden, andererseits durch die erzeugte Wärme in einem Kalorimeter. Durch einen einfachen Versuch (Tauchsieder in einer Thermosflasche, die mit Wasser gefüllt ist) kann man die Gleichwertigkeit (Aequivalenz) der hineingesteckten elektrischen Arbeit und der erzeugten Wärmemenge messend feststellen. Man spricht vom **elektrischen Wärmeaquivalent.** Hier eine Zusammenstellung einiger Energieeinheiten:

1 Wattsekunde (Ws) = 1 Newtonmeter (Nm) = 1 Joule (J) = 10^7 Erg (erg) = 0,24 Kalorien (cal) = 0,102 Kilopondmeter (kpm).
1 Kilowattstunde (kWh) = $3{,}6 \cdot 10^6$ Ws = $3{,}6 \cdot 10^6$ Nm = 860 kcal = $3{,}67 \cdot 10^5$ kpm.
1 Kalorie (cal) = 4,1868 Joule (J).

Wir prüfen die Richtigkeit des Jouleschen Gesetzes mit der in Abb. 195 skizzierten Versuchsanordnung. In zwei vollkommen gleichen Thermoskopen A und B sind je zwei Spiralen aus dünnem Draht untergebracht; werden diese Spiralen durch einen hindurchfließenden Strom erwärmt, so überträgt sich ihre Erwärmung auf die sie umgebende Luft; diese dehnt sich aus und drückt die Flüssigkeit in dem offenen Schenkel des Manometers in die Höhe. Der an einer Skala ablesbare Stand des Manometers ist also ein Maß für die im Thermoskop entwickelte Wärme. Die vier Drahtspiralen sollen den gleichen Widerstand R haben. Dies läßt sich zunächst in der Weise kontrollieren, daß man nacheinander die Spulen 1 und 3, 2 und 4 und 1 und 4 in Reihe schaltet und einen Strom hindurchschickt. Dann müssen jedesmal die beiden Manometer den gleichen Stand anzeigen. Schaltet man dann die Widerstände 1, 2 und 3 hintereinander, so befindet sich im Thermoskop A der Widerstand $2\,R$ und im Thermoskop B der Widerstand R. Schickt man durch die in Reihe geschalteten Widerstände einen Strom J, so wird in A die doppelte Wärmemenge wie in B entwickelt, was man an dem doppelt so hohen Anstieg des mit A verbundenen Manometers erkennen kann. Dann schalten wir die Widerstände 3 und 4 parallel und in Reihe mit den hintereinandergeschalteten Widerständen 1 und 2. Im Thermoskop A befindet sich jetzt der Widerstand $2\,R$, in B dagegen der resultierende Widerstand $1/2\,R$. Schicken wir durch diese Schaltung einen Strom J, so entsteht in A pro Sekunde die Wärmemenge $0{,}239\,J^2 \cdot 2\,R$ und in B die Wärmemenge $0{,}239\,J^2 \cdot 1/2\,R$; die in A erzeugte Wärmemenge ist also jetzt viermal so groß wie die in B, was sich aus dem Stand der Manometer tatsächlich ergibt.

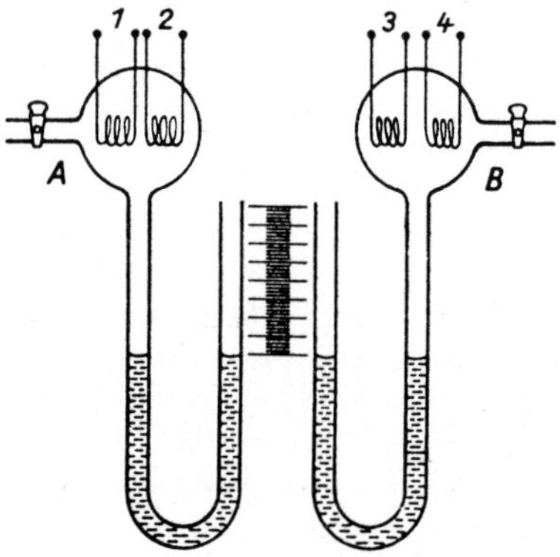

Abb. 195. Anordnung zur Prüfung des Jouleschen Gesetzes

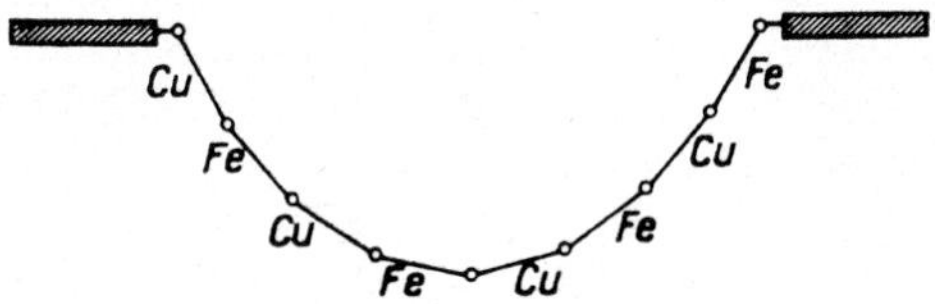

Abb. 196. Kette aus gleich langen und gleich dicken Eisen- und Kupferdrähten

Nach dem Jouleschen Gesetz hängt unter sonst gleichen Bedingungen (gleicher Stromstärke gleichem Drahtdurchmesser, gleicher Drahtlänge) die entwickelte Wärme nur noch vom spezifischen Widerstand oder spezifischen Leitvermögen des Drahtmaterials ab. Dies läßt sich zeigen, indem man einen starken Strom durch eine Kette hindurchschickt, die abwechselnd aus gleich dicken und gleich langen Eisen- und Kupferdrähten besteht (Abb. 196). Man beobachtet dann, daß bei einer bestimmten Stromstärke nur die Eisendrähte glühen, während die Kupferdrähte infolge ihres sechsmal größeren Leitvermögens (siehe Tabelle S. 135) dunkel bleiben.

Die Umwandlung von elektrischer Energie in Wärme erfolgt ohne Verluste. Selbstverständlich muß man bei einer solchen Messung jedes Entweichen von Wärme vermeiden bzw. jede erzeugte Wärmemenge bei der Messung erfassen. Dies kann weitgehend verwirklicht werden, wenn sich ein Tauchsieder in einer mit Wasser gefüllten Thermosflasche befindet.

Bei den im Haushalt verwendeten Heiz- und Kochgeräten wird ein Widerstandsmaterial (Chromstahl, Nickel-Chrom 80/20, Fe-haltig) verwendet, das bei einer Temperatur bis ca. 1000° C zwar eine dünne Oxid-Schicht an der Oberfläche erhält, nicht aber durchoxydiert wird. Im Laboratorium werden oft Öfen verwendet, bei denen ein Platindraht oder -band auf einem Keramikrohr gewickelt ist. Außerhalb des Rohres befindet sich eine gute Wärmeisolierung; die zu erhitzenden Stoffe werden (z. B. in einem Tiegel oder Quarzrohr) in das Keramikrohr gelegt. Wegen des hohen Schmelzpunktes des Platins (1774 °C) und seiner relativ guten chemischen Beständigkeit haben sich diese Öfen sehr gut bewährt. Noch höhere Temperaturen erhält man mit Widerstandsstäben aus Siliciumcarbid (ca. 2000 °C). Vermeidet man jede Art von Oxydation, z. B. durch Hochvakuum oder durch ein umgebendes Schutzgas (Wasserstoff-Atmosphäre), so kann man auch Wolfram oder Molybdän als Widerstandsmaterial verwenden; diese Metalle haben sehr hohe Schmelzpunkte (Wo 3380 °C; Mo 2622 °C).

Bei den Glühlampen erhält ein einfach oder doppelt gewendelter Wolframfaden eine Temperatur von etwa 2600 K. (Die ersten Glühlampen wurden 1854 von Goebel hergestellt,

1879 von Edison verbessert; man verwendete Kohlefäden, die aus Bambusfasern unter Luftabschluß hergestellt, also verkohlt wurden.) Um die Verdampfung des Wolframfadens zu verringern, wird der Glaskolben nicht mehr evakuiert, sondern mit einem Gas (Stickstoff, Argon, Krypton) gefüllt. Hierbei gibt der Glühfaden auch Wärme an das Füllgas ab. Dieser Anteil hängt wesentlich von der Länge des Glühfadens, praktisch aber kaum vom Durchmesser ab. Deshalb werden die Wolframfäden als schraubenförmige Wendeln, meist sogar als Doppelwendeln in der gasgefüllten Glühlampe verwendet (Abb. 197a).

Die mittlere Lebensdauer der Glühlampen beträgt etwa 1000 Stunden. Sie kann wesentlich erhöht werden, wenn die Temperatur des Glühfadens etwas gesenkt wird. Mit einer solchen Änderung sinkt aber die Lichtausbeute beträchtlich, weil der Anteil an unsichtbarem, infrarotem Licht bei Senkung der Glühtemperatur außerordentlich stark ansteigt. Die Lichtausbeute ist das Verhältnis von dem gesamten Lichtstrom sichtbaren Lichtes zur hineingesteckten elektrischen Leistung. Die Einheit ist Lumen pro Watt.

Durch Temperaturerhöhung wird die Lichtausbeute erhöht und die Lebensdauer durch Verdampfung des Wolframs herabgesetzt, weil das Füllgas die Verdampfung nicht ganz verhindern kann. Mit der Zeit wird der Wolframfaden zu dünn und brennt durch; auch wird die innere Wand des Glaskolbens durch das verdampfte Wolfram geschwärzt und absorbiert das Licht. Abb. 197c zeigt eine Projektionslampe nach einer gewissen Brenndauer mit dem geschwärzten Glaskolben. Abb. 197b zeigt die gleiche Lampe nach gleicher Betriebszeit. Man sieht einen dünnen Wolframfaden, der die Glühwendel ähnlich wie ein „Gitter“ bei einer Verstärkerröhre umgibt. Dieses Gitter erhält durch Bestrahlung von der Glühwendel eine Temperatur von etwa 1500° C und hat den Zweck, das Temperaturgefälle von der Glühwendel zur Glaswand weniger schroff verlaufen zu lassen. Dadurch wird die Diffusion der Wolfram-Partikel, die sich in unmittelbarer Nähe der Glühwendel bilden, in Richtung zur Glaswand stark herabgesetzt.

Ein anderer, alter Gedanke führte zur **Halogen-Lampe,** die wegen des technologischen Aufwandes (z. B. Quarz-Kolben) erst spät eingeführt wurde. Sie hat aber inzwischen sehr große Bedeutung erlangt. Als Füllgas wird ein Halogen (Fluor, Chlor, Brom, Jod) benutzt, überwiegend Jod. Der Ausdruck Halogen (= Salzbildner) wird in der Chemie verwendet, da diese Elemente durch Verbindung mit Metallen Salze bilden, z. B. NaCl. Das verdampfte Wolfram verbindet sich bei niedrigerer Temperatur, z. B. an der Wand, mit dem Halogen zu einer Wolfram-Halogen-Verbindung, die gasförmig ist. Durch Diffusion gelangen Moleküle dieser Verbindung auf die heiße Wolfram-Wendel. Bei hoher Temperatur dissoziiert aber die Wolfram-Halogen-Verbindung, d. h. auf der heißen Wendel wird die Verbindung in ihre Bestandteile zerlegt. Das Wolfram bleibt auf dem Wolframdraht und ist somit zurückgeführt; das Halogen (z. B. Jod) diffundiert fort und steht an der kälteren Wand wieder zur Verfügung, sich mit dem verdampften Wolfram zu verbinden. Durch diesen Rücktransport des verdampften Wolframs

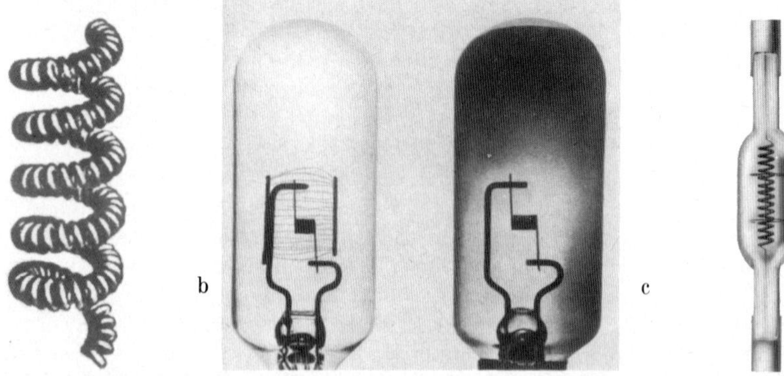

a b c d

Abb. 197a. Wolfram-Doppelwendel; b. Projektionslampe mit „Gitter“ zur Herabsetzung der Diffusion des Wolframs von der Glühwendel zur Glaswand; c. die gleiche Lampe wie bei b. nach gleicher Betriebsdauer, jedoch ohne „Gitter“ (man beachte die Schwärzung der Glaswand); d. Halogen-Glühlampe für Photo-Aufnahmezwecke, 800 Watt, Gesamtlänge 8 cm ist es möglich, die Temperatur der Wolfram-Glühwendel zu erhöhen, wodurch das Spektrum des ausgesandten Lichtes weiter in den sichtbaren Bereich geschoben wird. Der Anteil des blauen Lichtes ist größer; das Licht sieht „weißer“ aus. Dadurch ist auch der Wirkungsgrad gestiegen. Eine Schwärzung des Kolbens tritt selbst nach längerer Betriebsdauer nicht ein. Die Tabelle zeigt den Anstieg der Lichtausbeute im Lauf der Entwicklung. Eine Projektionslampe ist mit aufgeführt, die zwar eine sehr hohe Lichtausbeute, dafür aber auch eine kurze Lebensdauer besitzt. Zum Vergleich sei erwähnt, daß moderne Gasentladungslampen (Leuchtröhren) eine Lichtausbeute bis zu 118 lm/W erreichen. Bei diesen wird die elektrische Energie nicht in Wärme umgewandelt, sondern zur Anregung von Metallionen (Hg, Na) verwendet, die das Licht aussenden.

Lampenart	Lichtausbeute bei gleicher mittlerer Lebensdauer von 1000 Std. in Lumen/Watt
Kohlefadenlampe; Vakuum	3
Lampe mit langem, nicht gewendelten Wolframdraht; Vakuum	9
Lampe mit einfach gewendeltem Wolframdraht; Argon als Füllgas	11
Lampe mit Wo-Doppelwendel; Krypton als Füllgas	14
Halogenlampe	21
kurzlebige Projektionslampe; mittlere Lebensdauer 25 Stunden; Wolfram Doppelwendel; 2 at Jod Füllung; 350 Watt	41
zum Vergleich: Natriumdampf-Leuchstoff-Lampe	118

Eine weitere Anwendung der Stromwärme stellen die Schmelzsicherungen dar. Sie sollen verhüten, daß eine elektrische Leitung im Falle eines Kurzschlusses zu stark erwärmt wird und das Gebäude in Brand setzen kann. Die Schmelzsicherungen bestehen zu diesem Zweck aus einem in einer Porzellanpatrone in eine Sandfüllung eingebetteten Blei- oder Silberdraht, der nur für die zulässige Stromstärke ausreicht, bei höherer aber durchschmilzt und so den Strom selbsttätig ausschaltet. Die Sicherung stellt also eine künstlich hergestellte schwächste Stelle an einem bequem zugänglichen Punkte der Leitung dar. —

Auf der Wirkung der Stromwärme beruhen auch die sog. elektrolytischen Unterbrecher. Bei der von A. Wehnelt (1899) angegebenen Form (Abb. 198a) befinden sich in einem Gefäß mit verdünnter (30%iger) Schwefelsäure zwei Elektroden, von denen die eine (A) aus einer größeren Bleiplatte, die andere aus einem Platinstift P besteht, der am unteren Ende eines von einem Porzellanrohr R umgebenen Bleistabes B befestigt ist. Schaltet man diese Anordnung in einen Stromkreis ein, so daß der Strom von der Platinspitze durch die Flüssigkeit zur Elektrode A fließt, so wird durch die an der Platinspitze entstehende hohe Stromdichte die Flüssigkeit bis zum Verdampfen erhitzt. Die dabei den Stift umhüllende Dampfblase unterbricht den Strom fast augenblicklich. Bei darauf folgender Kondensation der Dampfblase wird der Strom wieder geschlossen, und das Spiel wiederholt sich von neuem. Auf diese Weise lassen sich Unterbrechungs-

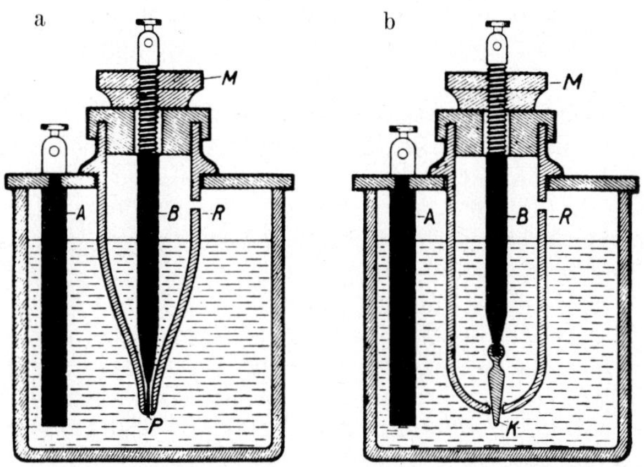

Abb. 198. Elektrolytischer Unterbrecher nach Wehnelt (a) und nach Simon (b). — Solche Unterbrecher hatten um 1900 große Bedeutung, werden aber heute nicht mehr verwendet.

zahlen von mehreren hundert pro Sekunde erreichen. Mittels der Stellschraube M kann die Länge des aus der Öffnung im Porzellanrohr herausragenden Platinstiftes verändert und die Unterbrechungszahl und die Betriebsstromstärke reguliert werden. Bei dem von H. T. Simon (1899) gebauten Unterbrecher (Abb. 198b) wird die zur Erhitzung und Verdampfung der Flüssigkeit notwendige Verengung der Strombahn dadurch erreicht, daß sich die eine Bleielektrode B im Innern eines Porzellanrohres R befindet, das am unteren Ende eine kleine Öffnung besitzt. Beim Durchgang des Stromes durch diesen engen Flüssigkeitsquerschnitt verdampft die Flüssigkeit in der Öffnung, und die entstehende Dampfblase unterbricht den Strom. Durch einen Porzellankegel K, der am unteren Ende der Elektrode B befestigt ist und sich mit dieser vermittels der Stellschraube M in der Höhe verschieben läßt, kann der Querschnitt der Öffnung verändert werden. —

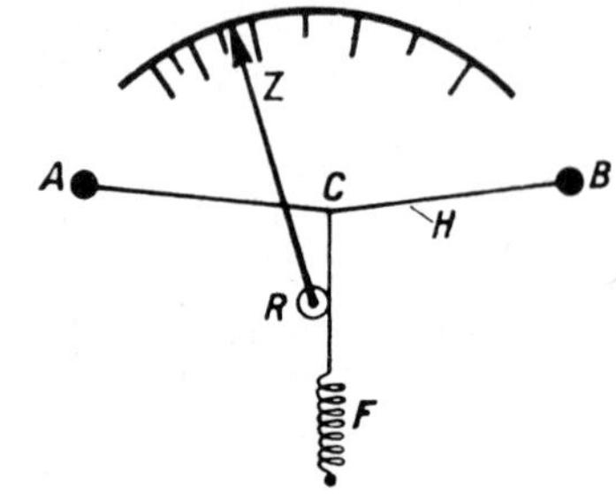

Abb. 199. Schema eines Hitzdrahtstrommessers

Auch zu Meßzwecken wird die elektrische Stromwärme benutzt. Man mißt die erzeugte Wärmemenge und schließt daraus auf die elektr. Leistung bzw. den Strom. Abb. 199 zeigt das Prinzip eines Hitzdrahtstrommessers. Ein dünner Platindraht H ist zwischen den beiden Punkten A und B, den Anschlußklemmen des Instrumentes, ausgespannt. In der Mitte des Drahtes bei C ist ein Faden befestigt, der über eine Rolle R führt und von einer Feder F gespannt wird. An der Achse der Rolle ist der Zeiger Z des Instrumentes befestigt. Dehnt sich nun infolge der Erwärmung durch einen elektrischen Strom der Draht aus, so zieht die Feder an dem Faden und dreht damit die Rolle und den Zeiger im Uhrzeigersinn. Da die Erwärmung des Drahtes H nach Gl. (141) proportional J^2 ist, hängt die Längenänderung des Drahtes nicht von der Stromrichtung ab. Daher kann ein Hitzdrahtinstrument sowohl für Gleich- als auch für Wechselstrom benutzt werden. — Man kann auch einfach die Erwärmung eines kurzen, dünnen Drahtstückes mit einem feinen Thermoelement (Nr. 29) messen, dessen (aus verschiedenen Metalldrähten bestehendes) Leiterpaar mit dem Meßdraht durch Punktschweißung verbunden ist (Abb. 207 u. 208).

Peltier-Wärme und chemische Umsetzungen. Wir wenden uns nun zu einer kurzen Diskussion des zweiten Anteiles $-J\Sigma E_k^e$ in Gl. (140); wie schon erwähnt kommt dieser nur in Betracht an den Inhomogenitätsstellen der Leiter, wo eingeprägte elektromotorische Kräfte wirken. Daß diese Ausdrücke einzeln und insgesamt größer oder kleiner als Null sein können, wurde bereits hervorgehoben; auch kehren sie ihr Vorzeichen um, wenn die Stromrichtung wechselt, da die E_k^e unabhängig von dieser sind.

Betrachten wir zunächst den Fall, daß zwei Leiter 1. Art aneinander grenzen, und fragen, welche beobachtbaren Erscheinungen man hier zu erwarten hat. Da die Leiter selbst unverändert bleiben, kann höchstens die Wärmeenergie an den Inhomogenitätsstellen je nach Stromrichtung zu- oder abnehmen, was sich also in einer lokalen Temperaturerhöhung oder -erniedrigung zeigen würde. Tatsächlich hat J. Peltier (1834) experimentell bewiesen, daß dies der Fall ist: je nach Richtung des Stromes erwärmt oder kühlt sich jede Kontaktstelle. (**Peltier-Effekt.**) Auf diese sog. **Peltier-Wärme,** die offenbar etwas völlig anderes als die Joulesche Wärme ist, gehen wir in der nächsten Nummer in anderem Zusammenhang näher ein; hier genügt die Feststellung, daß ein solcher Effekt möglich und wirklich vorhanden ist.

Gehen wir nun zu dem Fall über, daß ein Leiter 1. Art an einen Leiter 2. Art oder auch zwei Leiter 2. Art aneinander angrenzen. Beim Stromdurchgang treten hier — außer dem Peltier-Effekt — chemische Umsetzungen auf, die je nach Stromrichtung entweder eine Abnahme oder eine Zunahme der chemischen Energie bewirken. Dies ist die bereits in Nr. 26 erwähnte Erscheinung der Elektrolyse, wobei die Menge der dabei auftretenden Zersetzungsprodukte, d. h. die Änderung der chemischen Energie nach dem Faradayschen Gesetze tatsächlich der ersten Potenz der Stromstärke proportional ist. Die Elektrolyse werden wir in einem besonderen Kapitel VII ausführlich besprechen, daher mag hier ein Beispiel genügen.

Wenn wir einen Strom durch ein Daniell-Element (Zn in H_2SO_4, Cu in $CuSO_4$) in der Richtung hindurchsenden, in der das Daniell-Element ihn selbst erzeugen würde, nämlich von der Zinkelektrode zur Kupferelektrode, so geht Zn in Lösung, indem sich $ZnSO_4$ bildet; gleichzeitig wird aus $CuSO_4$ metallisches Cu abgeschieden. Während die Reaktion

$$Zn + H_2SO_4 \rightarrow Zn\,SO_4 + H_2$$

mit einem Verlust an chemischer Energie verbunden ist, ist die gleichzeitig verlaufende

$$H_2 + CuSO_4 \rightarrow H_2SO_4 + Cu$$

mit einem Gewinn an chemischer Energie verknüpft. Wenn man diese Reaktionen auf rein chemischem Wege ohne Arbeitsaufwand vor sich gehen läßt, so erhält man bei der ersteren eine positive, bei der letzteren eine kleinere negative Wärmetönung, im ganzen pro Mol aufgelöstes Zink und gebildetes Kupfer rund 50 000 Kalorien.

Schickt man dagegen den Strom im umgekehrten Sinne, vom Kupfer zum Zink, durch das Element hindurch, so gehen auch die Reaktionen im umgekehrten Sinne vor sich:

$$Cu + H_2\,SO_4 \rightarrow Cu\,SO_4 + H_2$$
$$Zn\,SO_4 + H_2 \rightarrow Zn + H_2\,SO_4$$

d. h. Cu geht in Lösung und Zn scheidet sich ab. Hier entsteht entsprechend ein Gewinn an chemischer Energie.

Anwendung des Energieprinzips auf einen geschlossenen Stromkreis. Wenden wir zum Schluß Gl. (140) noch auf einen vollkommen geschlossenen Stromkreis mit einem galvanischen Element an, so ist $V_a - V_b = U = 0$, und wir erhalten, wenn wir die elektromotorische Kraft des Elementes durch E_0 bezeichnen und $\Sigma\, R_k$ durch $(R_i + R_a)$ ersetzen:

$$J^2 (R_i + R_a)\, t = J\, E_0\, t. \tag{140a}$$

In diesem Falle wird von äußeren Kräften gar keine Arbeit geleistet, da $J\,(V_a - V_b) = 0$ ist; der elektrische Strom hat also hier nur die Funktion, die im Stromkreise als Joulesche Wärme auftretende Energie von den Kontaktstellen aus dorthin zu übertragen; die gesamte Produktion an Joulescher Wärme wird dann gedeckt durch die in den Kontaktstellen vor sich gehenden Peltier-Effekte und chemischen Änderungen. Wären die Peltier-Effekte gar nicht vorhanden, so würde man sagen können, daß der Verlust an chemischer Energie gleich dem Gewinn an Stromwärme ist. In diesem Falle könnte man aus den chemischen Reaktionsgleichungen (z. B. des Daniell-Elementes), d. h. aus der beobachtbaren Wärmetönung bei rein chemischem Ablauf die elektromotorische Kraft des Elementes bestimmen. Beim Daniell-Element ist dies tatsächlich angenähert der Fall; nicht aber im allgemeinen, da diese einfache Beziehung durch die Peltierschen Wärmeeffekte modifiziert wird. An den Kontaktstellen kann sich das Element noch abkühlen und erwärmen, also auf diese Weise noch zur Jouleschen Wärme positiv oder negativ beitragen. Die eingehendere Darlegung dieser Verhältnisse setzt die genaue Kenntnis der Vorgänge bei der Elektrolyse voraus; in Kapitel VII werden wir darauf zurückkommen.

Differentialform der thermisch-chemischen Leistung. Ebensowenig wie die Formen (127) (128), (129) des Ohmschen Gesetzes entspricht der Ausdruck (140) für die thermisch chemische Leistung den Anforderungen einer Feldtheorie; diesen genügen wir aber, indem wir beide Summanden von (140) auf ein unendlich kleines Volumelement des Leiters anwenden. Hat dieser den Querschnitt A und fassen wir ein Stück von der Länge ds ins Auge, so ist dessen Widerstand gleich $\frac{ds}{\sigma A}$, also die in ihm erzeugte Joulesche Wärmemenge dQ:

$$dQ = \frac{J^2\, ds}{\sigma A}.$$

Da nun aber $J = A\,|\,\mathfrak{j}\,|$ und nach der Differentialform (132a) des Ohmschen Gesetzes $\mathfrak{j} = \sigma\,(\mathfrak{E} + \mathfrak{E}^e)$ ist, so folgt weiter:

$$dQ = \frac{\mathfrak{j}^2 A^2\, ds}{\sigma\, A} = \frac{\mathfrak{j}^2}{\sigma}\, A\, ds = \sigma\,(\mathfrak{E} + \mathfrak{E}^e)^2\, A\, ds$$

also für die auf die Volumeinheit bezogene Wärme Q;

$$(142) \qquad Q' = \sigma\,(\mathfrak{E} + \mathfrak{E}^e)^2.$$

In dieser Gleichung beziehen sich nunmehr alle auftretenden Größen (Q', σ, $\mathfrak{E}$, $\mathfrak{E}^e$) auf einen Punkt des Feldes; diese Differentialform des Jouleschen Gesetzes ist also die der Feldtheorie gemäße.

Ganz ebenso findet man die Differentialform für den zweiten Ausdruck $-J\Sigma E_k^e$, indem wir uns vorstellen, daß die eingeprägten Kräfte $\mathfrak{E}_k^e$ stetig verteilt seien. Dann folgt durch Anwendung auf ein Volumelement $A\,ds$ des Leiters:

$$-J\Sigma E_k^e = -J \mid \mathfrak{E}^e \mid ds = -\mathfrak{j}\cdot\mathfrak{E}^e A\,ds,$$

also für die Leistung pro Volumeinheit nach Division durch $A\,ds$ der Ausdruck: $-\mathfrak{j}\cdot\mathfrak{E}^e$. Setzt man hier noch nach dem Ohmschen Gesetz $\mathfrak{j} = \sigma\,(\mathfrak{E} + \mathfrak{E}^e)$, so folgt:

$$(143) \qquad -\mathfrak{j}\cdot\mathfrak{E}^e = -\sigma\,(\mathfrak{E} + \mathfrak{E}^e)\cdot\mathfrak{E}^e.$$

Die Summe der Ausdrücke (142) und (143) stellt also die gesamte thermisch-chemische Leistung pro Volumeinheit, die sog. Leistungsdichte dar:

$$(144) \qquad \sigma\,(\mathfrak{E} + \mathfrak{E}^e)^2 - \sigma\,(\mathfrak{E} + \mathfrak{E}^e)\cdot\mathfrak{E}^e = \sigma\,\mathfrak{E}\cdot(\mathfrak{E} + \mathfrak{E}^e).$$

Diesen Ausdruck betrachtet die Feldtheorie als allgemein gültig; durch Integration über ein endliches Leiterstück gewinnt man daraus die bisherige Integralform (140) wieder.

29. Thermoelektrizität; Peltier- und Thomson-Effekt

Das in Nr. 17 dargelegte Voltasche Gesetz der Spannungsreihe sagt aus, daß in einem aus Leitern erster Art bestehenden geschlossenen Leiterkreis die algebraische Summe der elektromotorischen Kräfte gleich Null ist. Voraussetzung für die Gültigkeit dieses Gesetzes ist, daß alle Stellen des betreffenden Stromkreises die gleiche Temperatur haben. Ist dieses nicht der Fall, und hat auch nur eine Berührungsstelle zwischen zwei verschiedenen Metallen eine andere Temperatur als die übrigen Teile des Stromkreises, so entsteht, wie zuerst Th. J. Seebeck (1821) feststellte, in dem Kreis eine elektromotorische Kraft, die bei geschlossenem Kreis einen Strom hervorruft. Man nennt einen solchen nur durch Wärmewirkung hervorgerufenen Strom einen **thermoelektrischen Strom** oder kurz **Thermostrom** und die ihn erzeugende elektromotorische Kraft die **integrale Thermokraft.** Das bei Erwärmung oder Abkühlung den Strom liefernde Metallpaar heißt **Thermoelement.** Der beschriebene Vorgang läßt sich experimentell am einfachsten so verwirklichen, daß man zwischen zwei mit den Klemmen eines empfindlichen Galvanometers verbundene Kupferdrähte einen Konstantan- oder Neusilberdraht oder besser noch ein Wismutstäbchen lötet und eine der beiden Lötstellen mit der Hand oder einer Flamme erwärmt (Abb. 200). Dann zeigt das Galvanometer einen Strom an, dessen Richtung sich umkehrt, wenn man die betreffende Lötstelle abkühlt oder wenn man an ihrer Stelle die andere Lötstelle erwärmt. Für die Entstehung des Thermostromes sind also nicht die Absolutwerte der Temperaturen an den beiden Lötstellen, sondern die Differenz zwischen diesen beiden Temperaturen verantwortlich.

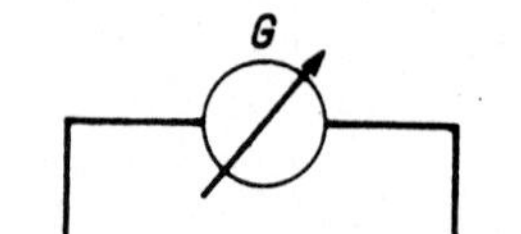

Abb. 200. Eisen-Konstantan-Thermoelement

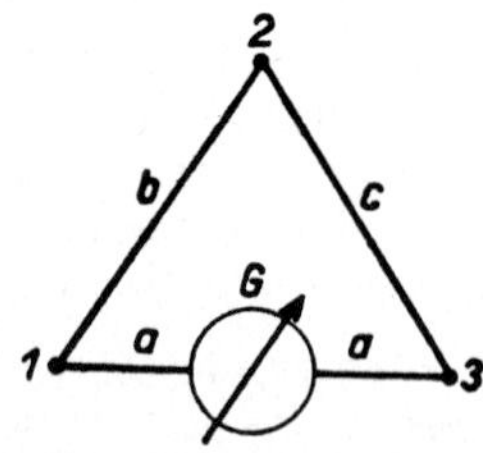

Abb. 201. Aus drei verschiedenen Metallen a, b und c bestehender Kreis

Betrachten wir einen aus drei verschiedenen Metallen a, b und c bestehenden Kreis (Abb. 201) und bezeichnen wir die durch Erhitzen der Verbindungsstellen 1, 2, 3 entstehenden Thermospannungen mit E_{ab}, E_{bc} und E_{ca}, so muß bei Erwärmung aller drei Verbindungsstellen auf die gleiche Temperatur nach dem Gesetz der Spannungsreihe die Beziehung

$$E_{ab} + E_{bc} + E_{ca} = 0$$

bestehen. Hieraus folgt z. B.

$$E_{ab} = E_{ac} + E_{cb},$$

d. h. wir erhalten abgesehen vom Vorzeichen dieselbe Thermokraft, wenn wir nur die Stelle 1 allein erwärmen, oder wenn wir die Stellen 2 und 3 gemeinsam auf die höhere Temperatur bringen. Wenn man das Metall c als Lötmetall für die Verbindung der Metalle a und b betrachtet, ist es also für die Bestimmung von Thermospannungen gleichgültig, durch welches Lötmittel die betreffenden Metalle verbunden sind.

Die letzte Gleichung zeigt ferner, daß man die sämtlichen Metalle, Legierungen und Halbleiter in eine thermoelektrische Spannungsreihe so einordnen kann, daß an der erwärmten Lötstelle der Strom aus dem in der Reihe folgenden Metall zu dem voranstehenden übergeht. Für Temperaturen zwischen 0 und 100° lautet diese (Werte in μV/grd):

Selen (+ 997), Tellur (+ 397), Germanium (+ 297), Antimon (+ 32), Eisen (+ 13,4), Lithium (+ 8,7), Cer (+ 4,4), Molybdän (+ 3,1), Zink (+ 0,3), Cadmium (+ 0,2), Gold (+ 0,1), Kupfer (0), Rhenium (— 0,1), Silber (— 0,2), Iridium (— 0,4), Indium (— 0,4), Thallium (— 0,8), Wolfram (— 1,1), Caesium (— 2,4), Zinn (— 2,6), Blei (— 2,8), Magnesium (— 3,0), Alumium (— 3,2), Tantal (— 3,6), Platin (— 5,9), Quecksilber (— 6,0), Natrium (— 7,0), Palladium (— 8,3), Calcium (— 10,8), Rubidium (— 10,8), Kalium (— 14,3), Kobalt (— 20,1), Nickel (— 20,4), Wismut (— 72,8).

Die Reihe gilt nur für vollkommen reine Stoffe; geringe Verunreinigungen, selbst verschiedenartige Vorbehandlung können die Stellung des betreffenden Stoffes stark verändern. Verbindet man z. B. einen zur Hälfte hartgezogenen, zur Hälfte ausgeglühten Messingdraht mit einem empfindlichen Galvanometer, so entsteht bei Erwärmung der Grenze zwischen ausgeglühten und noch hartem Metall ein Thermostrom, da sich diese beiden Drahtteile wie verschiedenartige Metalle verhalten. Auch ein elastisch auf Spannung beanspruchter Draht zeigt gegen einen unbeanspruchten Draht einen Thermoeffekt. Kristalle desselben Metalles ergeben an der Berührungsstelle verschieden orientierter Flächen oft beträchtliche thermoelektrische Wirkungen.

Man bezeichnet ein Metall A als thermoelektrisch positiv gegen ein anderes Metall B, d. h. die integrale Thermokraft E_{AB} als positiv, wenn in B der Strom von der kalten zur warmen Lötstelle fließt. Je weiter zwei Stoffe in der Reihe auseinanderstehen, desto größer ist bei gegebener Erwärmung ihrer Verbindungsstelle die entstehende Thermospannung. Die in obiger Reihe in Klammern beigefügten Zahlen geben in Mikrovolt die Thermospannung (willkürlich bezogen auf Cu als Normalmetall), die bei einer Temperaturdifferenz von 1° C der beiden Lötstellen entsteht. Während also die Voltaschen Kontaktspannungen in der Größenordnung von 1 Volt liegen, betragen die Thermospannungen nur 10^{-4} bis 10^{-5} Volt pro Grad Temperaturdifferenz. Um den thermoelektrischen Effekt zu verstehen, sei daran erinnert, daß die Austrittsarbeit der Elektronen für jeden Stoff verschieden ist. Die Differenz dieser Austrittsarbeiten ruft ja die äußere Kontaktspannung, die Voltaspannung, hervor. Man kann sie auch bei leitenden Stoffen messen, wenn diese sich nicht berühren. Bei einer Löt- oder Schweißstelle (z. B. eines Thermoelementes) sind Elektronen von dem einen Material (Metall oder Halbleiter) solange in das andere übergetreten, bis sich die Fermi-Verteilung (ein bestimmtes Energieverteilungsgesetz) der Elektronen des einen Stoffes mit der des anderen Stoffes im statistischen Gleichgewicht befindet. Durch den Übertritt der Elektronen hat sich das eine Material aufgeladen; es hat sich eine innere Potentialdifferenz eingestellt. Man nennt diese Größe die „innere Kontaktspannung“ oder **Galvani-Spannung.** Im Gegensatz zur Volta-Spannung ist die Galvani-Spannung nicht direkt meßbar, da in einem geschlossenen Leiterkreis bei überall gleicher Temperatur immer die Summe aller Galvani-Spannungen Null ist. Eine indirekte Messung ist aber mit Hilfe des thermoelektrischen Effektes möglich. Dieser kommt nämlich dadurch zustande, daß die Galvani-Spannung zwischen zwei Materialien temperaturabhängig ist.

Es ist üblich, die Thermokraft für 1° Temperaturdifferenz der beiden Lötstellen als **differentielle Thermokraft** e zu bezeichnen. Ist also dE die elektromotorische Kraft, die bei einem Temperaturunterschied von dT entsteht, so ist $e = dE/dT$. Die in der oben angeführten thermoelektrischen Spannungsreihe eingetragenen Zahlen stellen also die differentiellen Thermokräfte gegen Kupfer (als normales Bezugsmetall) in Mikrovolt/Grad dar.

Wie hängt der Thermoeffekt von der Temperatur ab? Ein allgemein gültiges Gesetz für die Abhängigkeit der integralen Thermokraft E von der Temperaturdifferenz der Lötstelle konnte noch nicht angegeben werden. In Abb. 202 ist der experimentell ermittelte Temperaturverlauf der Thermokräfte einiger Elemente gegen Eisen im Bereiche 0° bis 980° wiedergegeben. Die Kombinationen Fe-Mo, Fe-Wo, Fe-Cu, und Fe-Ag zeigen einen annähernd parabelförmigen Verlauf von E, indem zunächst ein fast linearer Anstieg bis zu einem Umkehrpunkt stattfindet, worauf dann eine Abnahme und schließlich sogar ein Wechsel des Vorzeichens der Thermokraft erfolgt; im Umkehrpunkte haben die Kurven der Abb. 202 eine horizontale Tangente. Dies kann man leicht durch Erhitzen der Lötstellen eines Eisen- und Kupferdrahtes nachweisen. Die Kombination Fe-Au zeigt sogar zwei Umkehrpunkte, die auch **neutrale Punkte** genannt werden. An diesen Stellen verschwindet die differentielle Thermokraft e, da $dE/dT = 0$ ist. Bezeichnen wir mit T_1 und T_2 die absoluten Temperaturen der beiden Lötstellen eines Thermoelementes, so kann man für kleine Temperaturintervalle die integrale Thermokraft E durch folgende Reihenentwicklung darstellen:

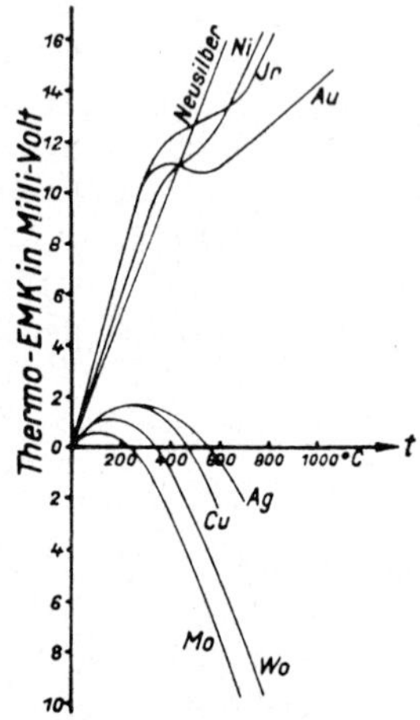

Abb. 202. Thermokraft verschiedener Metalle gegen Eisen im Bereich zwischen 0 und 980°

$$E = a(T_1 - T_2) + \frac{b}{2}(T_1 - T_2)^2 + \frac{c}{3}(T_1 - T_2)^3 \ldots, \tag{145}$$

wobei a, b und c für die betreffende Metallkombination charakteristische Konstanten sind. In der folgenden Tabelle sind diese Werte für eine Reihe reiner Metalle gegen Kupfer angegeben.

Integrale Thermokräfte gegen Kupfer

Metall	$a \cdot 10^6$ $V \cdot grd^{-1}$	$b \cdot 10^6$ $V \cdot grd^{-2}$	$c \cdot 10^6$ $V \cdot grd^{-3}$
Eisen	+ 13,403	— 0,0275	— 0,000260
Molybdän	+ 3,115	— 0,0337	—
Zink	+ 0,270	— 0,0196	—
Gold	+ 0,122	— 0,0004	— 0,000005
Silber	— 0,211	— 0,0011	—
Zinn	— 2,547	— 0,0110	—
Blei	— 2,777	— 0,0097	—
Aluminium	— 3,193	— 0,0095	— 0,000030
Platin	— 5,869	— 0,0064	—
Palladium	— 8,273	— 0,0449	—
Nickel	— 20,390	— 0,0453	—

Wie man sieht, sind die Werte c bereits sehr klein, so daß man in den meisten Fällen Gl. (145) nach dem zweiten Gliede abbrechen kann. Setzen wir noch die Lötstellentemperaturen $T_1 =$

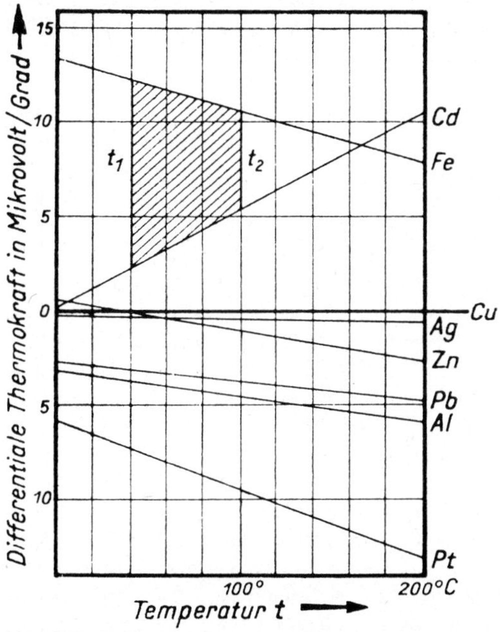

Abb. 203. Differentielle Thermokraft verschiedener Metalle bezogen auf Kupfer im Temperaturbereich 0° bis 200°

$(273 + t)°$ K und $T_2 = 273°$ K, d. h. bringen wir die eine Lötstelle auf $t°$ C und halten die andere auf 0° C, so erhalten wir:

(145a) $$E = a\,t + \frac{b}{2}\,t^2.$$

Hieraus folgt für die differentielle Thermokraft e die Beziehung:

(145b) $$e = a + b\,t,$$

aus der hervorgeht, daß e wenigstens innerhalb eines bestimmten Temperaturbereiches linear von der Temperatur abhängt. Dies führt zu der sehr übersichtlichen graphischen Darstellung (Abb. 203), in der die differentielle Thermokraft e einer Anzahl Metalle bezogen auf Kupfer für den Temperaturbereich 0⁰—200⁰ C wiedergegeben ist. Für eine beliebige Metallkombination ($A\,B$) folgt daraus für die differentielle Thermokraft:

$$e_{AB} = (a_A - a_B) + (b_A - b_B)\,t;$$

das ist die Differenz der zu der Temperatur t gehörenden Ordinaten der in Abb. 203 gezeichneten Geraden für die betreffenden beiden Metalle. Der Schnittpunkt zweier Geraden liefert die Temperatur des neutralen Punktes, an dem $e_{AB} = 0$ wird. Die integrale Thermokraft E_{AB} zweier Metalle AB für eine Temperaturdifferenz t_1—t_2 ist durch den Flächeninhalt derjenigen Fläche gegeben, die von den zu den beiden Metallen A und B gehörenden Geraden und den in den Temperaturen t_1 und t_2 errichteten Ordinaten begrenzt wird. Dieser Flächeninhalt und damit die integrale Thermokraft des Metalls A gegen B bei einer Temperaturdifferenz (t_1—t_2) der Lötstellen ist, wie eine einfache Rechnung ergibt, durch die Gleichung gegeben:

$$E_{t_1 t_2}^{AB} = \frac{(e_{t_1}^{AB} + e_{t_2}^{AB})\,(t_2 - t_1)}{2}.$$

Z. B. ergibt sich aus Abb. 203 für das Thermoelement Eisen-Cadmium, wenn sich die eine Lötstelle auf der Temperatur $t_2 = 100°$, die andere auf $t_1 = 40°$ C befindet (schraffierte Fläche):

$$e_{40}^{AB} = 10\ \frac{\text{Mikrovolt}}{\text{Grad}}\ \text{und}\ e_{100}^{AB} = 5\ \frac{\text{Mikrovolt}}{\text{Grad}},$$

und somit:

$$E_{100,40}^{AB} = \frac{(10 + 5)\ 60}{2} = 450\ \text{Mikrovolt}.$$

Obwohl ein einzelnes Thermoelement nur eine sehr kleine Thermospannung liefert, kann man mit seiner Hilfe doch verhältnismäßig starke Ströme erzeugen, wenn man den Widerstand des ganzen Kreises nur klein genug macht. Biegt man z. B. einen 10 mm starken Kupferdraht A (Abb. 204) zu einer Schleife und schließt sie durch zwei kurze eingelötete Konstantanstücke B, so fließt in diesem Kreis ein Strom von etwa 40 Ampere, wenn man durch Eintauchen des rechtwinklig umgebogenen Drahtendes in ein Glas mit Eiswasser die eine Lötstelle auf etwa 0° abkühlt und gleichzeitig die

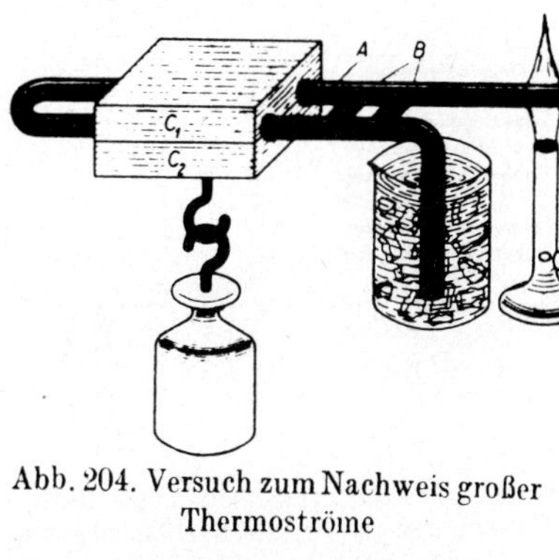

Abb. 204. Versuch zum Nachweis großer Thermoströme

andere Lötstelle auf etwa 100° erhitzt, indem man das freie andere Ende des Kupferdrahtes in eine Bunsenflamme bringt. Es entsteht dann eine Thermospannung von etwa $4{,}2 \cdot 10^{-3}$ Volt. Da der Widerstand des ganzen Kreises, der in der Hauptsache durch die beiden Konstantanstücke bestimmt wird, in der Größenordnung von 10^{-4} Ohm liegt, erhält man einen Thermostrom von 42 Ampere, der sich durch seine magnetische Wirkung nachweisen läßt. Zu diesem Zweck legt man die Kupferschleife zwischen zwei mit entsprechenden Rillen versehene gut aufeinander passende Eisenstücke C_1 und C_2, die dann durch das magnetische Feld der einen Stromwindung (s. hierzu S. 179) so fest zusammengehalten werden, daß man an C_2 ein Gewicht von mehreren Kilopond anhängen kann.

Die wichtigste Anwendung von Thermoelementen ist ihre Benutzung zu Temperaturmessungen. Für die meisten Zwecke genügt schon ein aus Drähten zweier verschiedener Metalle gebildetes Element, dessen eine Lötstelle man an den Ort der zu bestimmenden Temperatur bringt, während man die andere Lötstelle auf einer konstanten Temperatur, etwa der des schmelzendes Eises hält. Für Temperaturen von — 200° C bis + 400° C verwendet man Kupfer-Konstantan, bis 800° C Eisen-Konstantan-Elemente; für Temperaturen bis 2000° C ist eine Kombination aus Iridium und einer Legierung von 50% Iridium mit 50% Rhodium gebräuchlich. Um eine Berührung beider Drähte zu vermeiden, führt man den einen Draht durch ein dünnes Quarz- oder Porzellanrohr. Der Vorteil der Thermoelemente liegt in ihrer Kleinheit und der dadurch bedingten geringen Wärmekapazität, sowie in der Möglichkeit, das Anzeigeinstrument an einem anderen Ort aufzustellen. Dadurch ist z. B. eine Überwachung von Temperaturen direkt schwer zugänglicher Stellen möglich. Für medizinische und biologische Zwecke werden Thermoelemente als nadelförmige Sonden hergestellt, die den Temperaturverlauf im lebenden Organismus zu verfolgen gestatten. Zur Strahlungsmessung benutzt man meist eine größere Anzahl hintereinander geschalteter Thermoelemente, eine sog. **Thermosäule.** Bei der von L. Nobili (1835) gebauten Thermosäule sind Antimon- und Wismutstäbchen nach Abb. 205 so miteinander verlötet, daß die ungeradzahligen Lötstellen nach der einen, die geradzahligen nach der anderen Seite zeigen. Nur für die Hauptlötstellen werden von der Strahlung getroffen; die Nebenlötstellen bleiben kalt. Dadurch addieren sich die Thermospannungen. Abb. 206 zeigt eine lineare Thermosäule, die zu Strahlungsmessungen von Spektrallinien geeignet ist. Zur besseren Absorption der Strahlung sind die Hauptlötstellen einzeln mit einer kleinen, geschwärzten Metallfolie bedeckt. —

An Stelle einer Thermosäule wird heute ein einzelnes, sehr kleines Thermoelement bevorzugt (geringere Wärmekapazität). Die auffallende Strahlung wird durch eine rotierende Blende periodisch etwa 10 mal pro Sekunde unterbrochen; der thermoelektrische Wechselstrom wird elektronisch verstärkt. Das Thermoelement befindet sich im Hochvakuum (infra-

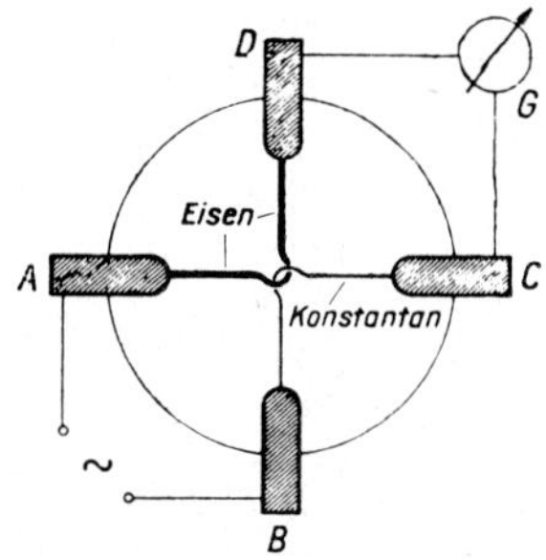

Abb. 207. Thermokreuz zur Messung schwacher Wechselströme (nach Klemenčic)

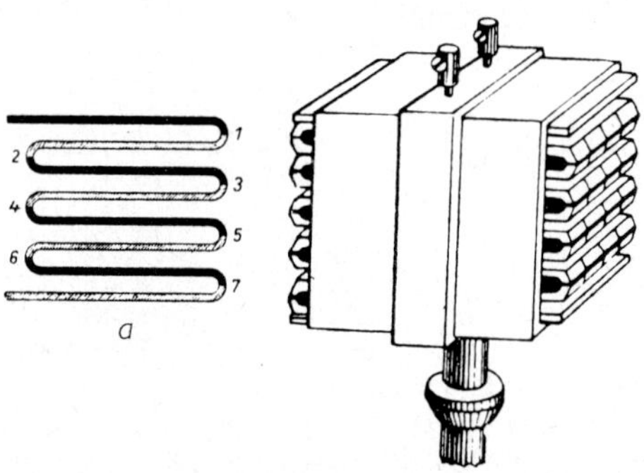

Abb. 205. Aus hintereinander geschalteten Thermoelementen (a) bestehende Thermosäule (b)

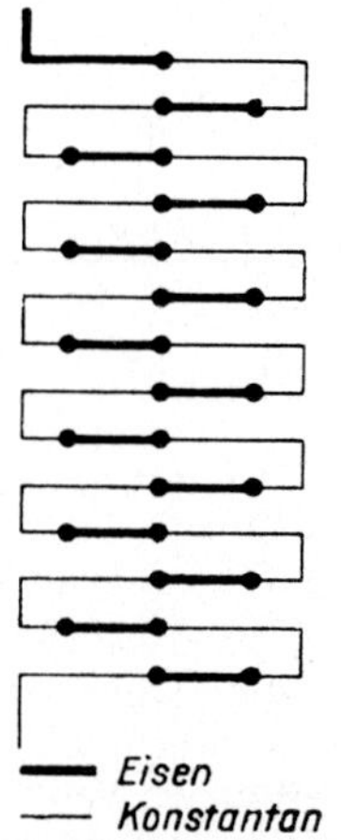

Abb. 206. Anordnung der Thermoelemente in einer linearen Thermosäule

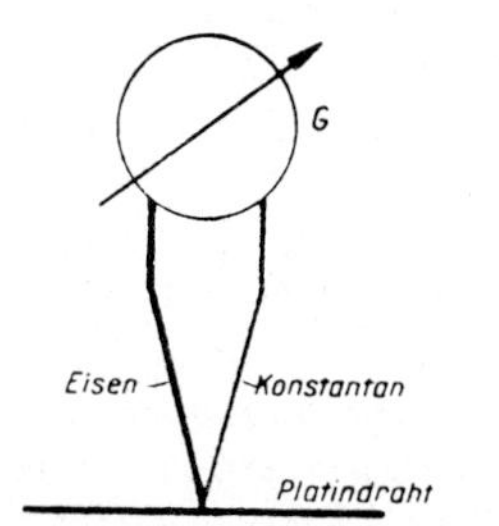

Abb. 208. Thermoelement-Anordnung zur Messung von Wechselströmen (nach Voege)

rotdurchlässiges Fenster aus Quarz, LiF, usw.). — Eine prinzipielle Empfindlichkeitsgrenze ist dadurch gegeben, daß die Metalle nicht nur den elektrischen Strom, sondern auch die Wärme von der Lötstelle fortleiten. Man sucht deshalb nach Stoffen, die eine hohe Thermokraft und eine hohe elektrische Leitfähigkeit, jedoch eine schlechte Wärmeleitfähigkeit besitzen. Die theoretische Grenze liegt bei 10^{-11} Watt; praktisch kann noch eine auffallende Strahlung von $3 \cdot 10^{-10}$ Watt nachgewiesen werden.

Zur Messung kleiner Wechselströme, insbesondere von Hochfrequenzströmen dient das **Thermokreuz** (Abb. 207). Bei diesem sind ein dünner Eisen- und ein Konstantandraht kreuzweise umeinander geschlungen und verlötet; ihre Enden sind zu den vier Anschlüssen A, B, C, D geführt. Legt man A und B an den zu messenden Wechselstrom, so fließt dieser über die Lötstelle und erwärmt sie. Die dadurch auftretenden Thermospannungen lassen sich an den Stellen C und D abnehmen und mit einem Gleichstrom-Galvanometer G messen. — Eine andere Anordnung zeigt Abb. 208. Der zu messende Wechselstrom wird durch einen dünnen Platindraht geleitet, an dem die Lötstelle eines Thermoelementes angelötet ist. Der mit einem Gleichstrom-Galvanometer meßbare Thermostrom liefert dann ein Maß für die Intensität des Wechselstromes.

Thermodynamische Betrachtungen. Wir wollen an das Vorstehende einige thermodynamische Betrachtungen über Thermoelektrizität anschließen. Um einen stationären Thermostrom zu erhalten, muß die Temperaturdifferenz der beiden Lötstellen konstant gehalten werden. Dies kann nur so geschehen, daß der wärmeren (Temperatur T_1) je Sekunde eine bestimmte positive Wärmemenge zugeführt, von der kühleren (Temperatur T_2) eine bestimmte positive Wärmemenge abgeführt wird. Wir wollen, wie auch in der Wärmelehre, eine positive abgeführte Wärmemenge als negative zugeführte rechnen; ferner wollen wir diejenigen Wärmemengen, die sekundlich den Lötstellen zugeführt werden müssen, um einen Strom von der Stärke J zu liefern, mit N_1 (> 0) und N_2 (< 0) bezeichnen. Dann können wir den 1. Hauptsatz anwenden, wonach die Änderung der Energie des betrachteten Systems gleich der zugeführten Wärmemenge und der von außen zugeführten Arbeit ist. Hier ist, da wir den vollständigen geschlossenen Stromkreis betrachten, bei dem alles stationär ist, die Energieänderung gleich Null; daher ist die pro Zeit t zugeführte Wärmemenge gleich der nach außen abgegebenen Leistung. Letztere ist gleich JE, wenn E die integrale Thermokraft des Thermoelementes ist:

(146) $$N_1 + N_2 = JE; \quad \text{bzw.} \quad Q_1 + Q_2 = JEt.$$

Dies ist im Prinzip die alte Gleichung (140a), nur mit dem Unterschied, daß hier — beim Thermostrom — die Wärmemengen Q_1 und Q_2 zusätzlich auftreten, und daß die Joulesche Wärme weggelassen ist. Dies hat folgenden Grund: Da wir auch den 2. Hauptsatz anwenden wollen, müssen alle Prozesse reversibel geführt werden; die Joulesche Wärme, weil dem Quadrate von J proportional, ist aber ein irreversibler Vorgang, nach Art der Wärmeerzeugung durch Reibung. Wir können sie aber, wenn wir die Stromstärke, die das Thermoelement liefert, hinreichend klein wählen, praktisch zum Verschwinden bringen, eben weil sie dem Quadrat der sehr kleinen Größe J proportional ist. Die beiden Wärmemengen Q_1 und Q_2 müssen aus dem gleichen Grunde Wärmereservoiren entnommen bzw. abgegeben werden, deren Temperaturen bis auf unendlich kleine Differenzen gleich T_1 bzw. T_2 gewählt sind, damit der Vorgang auch im umgekehrten Sinne geleitet werden kann. Unter diesen Umständen vollzieht die im Stromkreise fließende Elektrizität offenbar einen reversiblen Kreisprozeß; sie selbst ist am Ende eines einmaligen Durchflusses wieder in genau demselben Zustande wie vorher, fällt also aus der ganzen Betrachtung heraus — genau so, wie die Arbeitssubstanz (z. B. Wasserdampf) in einer Dampfmaschine. Es ist sogar ein Carnotscher Kreisprozeß (siehe Bd. I, Nr. 104), der hier mit der elektrischen Ladung als Arbeitssubstanz beschrieben wird; er besteht nämlich aus zwei isothermischen und zwei adiabatischen Vorgängen: in den Lötstellen wird isotherm Wärme Q_1 bzw. Q_2 zugeführt, dann aber — auf dem Wege von einer Lötstelle zur anderen — haben wir keine Wärmezufuhr mehr, also adiabatische Vorgänge. Nach dem 2. Hauptsatze muß die Entropieänderung dann gleich Null sein; das liefert die 2. Gleichung — vgl. Nr. 105 im Band I —:

(147) $$\frac{Q_1}{T_1} + \frac{Q_2}{T_2} = 0;$$

denn Q_1/T_1 ist die Entropiezunahme der wärmeren, Q_2/T_2 die der kälteren Lötstelle. Danach sind wir imstande, sowohl die integrale Thermokraft E, wie auch den Wirkungsgrad dieses thermoelektrischen Prozesses zu berechnen. Aus (146) folgt:

$$Q_2 = JEt - Q_1$$

und durch Einsetzen in (147): $$\frac{Q_1}{T_1} + \frac{JEt}{T_2} - \frac{Q_1}{T_2} = 0,$$

oder:

(148) $$JEt = \frac{Q_1}{T_1}(T_1 - T_2) = -\frac{Q_2}{T_2}(T_1 - T_2).$$

Wenn man also die Temperatur einer Lötstelle (T_1 oder T_2) festhält, so sollte die integrale Thermokraft E proportional der Temperaturdifferenz $T_1 - T_2$ sein. Wir haben im Vorhergehenden — siehe Gl. (145) — aber bereits festgestellt, daß dies keineswegs zutrifft. Da an der Zulässigkeit der Anwendung der beiden thermodynamischen Hauptsätze kaum gezweifelt werden kann, muß also in der obigen Ableitung eine unzulässige Annahme oder Vereinfachung gemacht worden sein; auf diese Frage kommen wir weiter unten zurück.

Für den Wirkungsgrad, d. h. das Verhältnis von geleisteter Arbeit zu zugeführter Wärme, findet man nach (148):

$$\eta = \frac{JEt}{Q_1} = 1 - \frac{T_2}{T_1},$$

d. h. gleich dem eines Carnotschen Kreisprozesses zwischen den Temperaturen T_1 und T_2. Dies hätte übrigens schon ohne Rechnung daraus geschlossen werden können, daß das Thermoelement eine thermodynamische Maschine ist, deren wärmere Lötstelle dem Kessel, deren kältere dem Kühler der Dampfmaschine entspricht, und zwischen den Temperaturen T_1 und T_2 einen Carnotschen Prozeß durchläuft.

Peltier- und Thomson-Effekt. Wie vorhin festgestellt, ist zur Aufrechterhaltung eines stationären Thermostromes die Zufuhr der positiven Wärmemenge Q_1 und der negativen Wärmemenge Q_2 zu den Lötstellen erforderlich. Geschieht dies nicht, so hat der Thermostrom natürlich die Wirkung, die wärmere Lötstelle abzukühlen und die kältere zu erwärmen, bis die Temperaturdifferenz zwischen ihnen ausgeglichen ist. Der Thermostrom wird dabei immer schwächer und hört auf, wenn $T_1 = T_2$ geworden ist. Das ist eine direkte Folge des Energieprinzips. Bei der wärmeren Lötstelle fließe der Strom etwa vom Metall A zum Metall B; an der kühleren ist es dann umgekehrt. Da es nun völlig gleichgültig ist, wie der die Lötstellen durchfließende Strom erzeugt ist — ob durch die Thermokraft oder sonst irgendeine äußere elektromotorische Kraft — heißt dies nichts anderes, als daß ein Strom beim Durchfließen einer Lötstelle (d. h. einer Unstetigkeitsstelle) diese entweder abkühlt oder erwärmt, und das ist die bereits in der vorhergehenden Nummer erwähnte von Peltier entdeckte, der ersten Potenz der Stromstärke proportionale Wärmetönung, die hier innig mit den thermoelektrischen Erscheinungen verknüpft ist.

Man kann den Peltier-Effekt auf verschiedene Weise zeigen. Bei der Anordnung der Abb. 209 ist ein Antimonstäbchen A zwischen zwei Wismutstäbchen B_1 und B_2 gelötet. Die beiden Lötstellen sind luftdicht in zwei Thermoskopgefäße Th_1 und Th_2 eingeschlossen, die durch eine U-förmige Glasröhre miteinander verbunden sind. Im unteren horizontalen Teil dieser Ver-

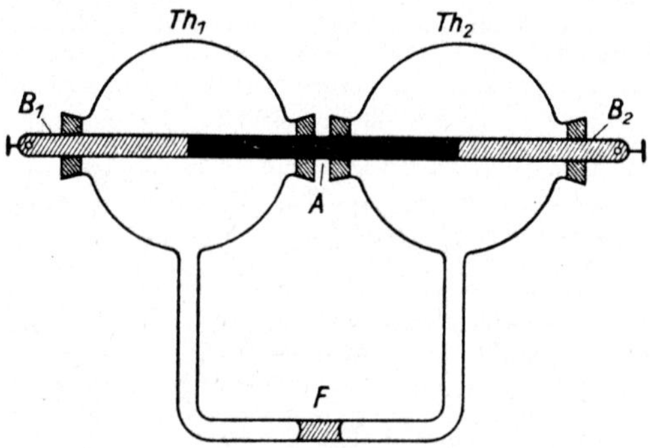

Abb. 209.
Anordnung zum Nachweis des Peltier-Effektes

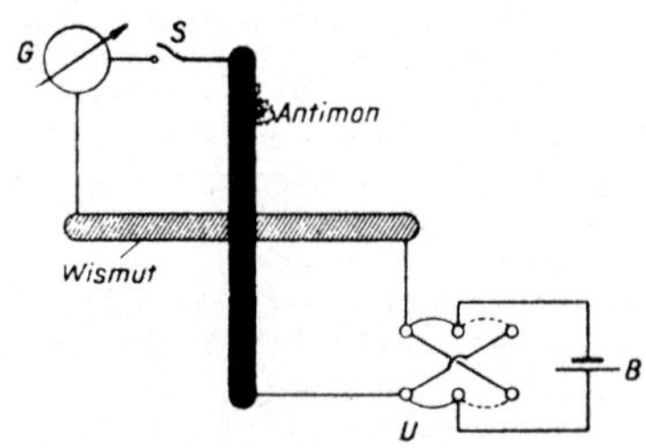

Abb. 210. Thermokreuz zum Nachweis des Peltier-Effektes

bindung befindet sich ein Flüssigkeitstropfen F. Schickt man einen Strom von B_1 über A nach B_2, so verschiebt sich der Tropfen von rechts nach links, da an der Lötstelle in Th_1 eine Abkühlung und an der Lötstelle in Th_2 eine Erwärmung auftritt. Bei Stromumkehr kehrt sich der beobachtete Effekt gleichfalls um. Die im Stromkreise natürlich gleichzeitig erzeugte Joulesche Wärme stört nicht, da sie einerseits in beiden Thermoskopgefäßen gleich groß ist, und sie anderseits dadurch sehr klein gemacht werden kann, daß man durch Wahl dicker Antimon- und Wismutstäbe den Widerstand klein macht, dem die Joulesche Wärme proportional ist. — Lötet man ein

Wismut- und Antimonstäbchen oder einen Kupfer- und Konstantandraht kreuzweise übereinander (Abb. 210) und schickt man von einer Batterie B einen Strom über die Lötstelle, so tritt je nach der (mittels des Stromwenders U einstellbaren) Stromrichtung eine Erwärmung oder Abkühlung der Lötstelle ein, nach Ausschalten des Stromes kann man diese Temperaturänderung durch die von ihr erzeugte Thermospannung nachweisen, indem man mittels des Schalters S ein Galvanometer G an die anderen Enden des Thermokreuzes anlegt. Dieser Versuch zeigt sogar noch mehr: Von dem durch die Lötstelle fließenden Strom wird ein bestimmter Energiebetrag zur Erzeugung der Temperaturänderung der Lötstelle verbraucht; die in der Lötstelle aufgespeicherte thermische Energie läßt sich nach Abschalten des Stromes im Galvanometerkreis als Thermostrom wieder zurückgewinnen.

Schließlich sei noch auf eine Demonstration des Peltiereffektes bei hohen Temperaturen hingewiesen (P. Cermak, 1913). Lötet man zwei etwa 12 cm lange, etwa 0,3 bis 0,5 mm starke Drähte aus Eisen und Konstantan hart aneinander, ohne daß die Lötstelle eine Verdickung erfährt, und bringt man die Drähte in einem evakuierten Glasrohr durch einen elektrischen Strom zum Glühen, so hat man je nach der Stromrichtung einen verschiedenartigen Anblick. Fließt der Strom so, daß er die Lötstelle erwärmt, d. h. also vom Eisen zum Konstantan, so glüht die Lötstelle heller als die Drähte; kehrt man die Stromrichtung um, so daß die abkühlende Wirkung des Peltiereffektes eintritt, so bleibt die Lötstelle dunkel und die Orte des stärksten Glühens befinden sich in etwa drei und fünf Siebentel der gesamten Drahtlänge.

Beim Peltier-Effekt erfolgt die Temperaturänderung stets in dem Sinne, daß der durch diese Temperaturänderung hervorgerufene Thermostrom dem hineingeschickten Strom entgegengesetzt gerichtet ist. Der Peltier-Effekt ist also im gewissen Sinne die Umkehr des thermoelektrischen Effektes: Erwärmt man eine Lötstelle, so ergibt sich ein Thermostrom bestimmter Richtung. Schickt man aber durch die Lötstelle einen äußeren Strom in der gleichen Richtung, so kühlt sie sich ab.

Nunmehr können wir auch den Widerspruch zwischen der theoretischen Formel (148) und der empirischen (145) aufklären, was zuerst W. Thomson (1854) gelungen ist. Er machte darauf aufmerksam, daß die beiden Metalldrähte, die den Thermostrom von der einen Lötstelle zu der anderen leiten, auch wenn sie chemisch homogen sind, doch unter allen Umständen eine physikalische Inhomogenität aufweisen. Denn auf ihnen besteht von der wärmeren zur kälteren Lötstelle ein Temperaturgefälle. Thomson hat daraus geschlossen, daß nicht nur an den Lötstellen, d. h. den Orten der chemischen Inhomogenität, eine eingeprägte elektromotorische Kraft auftritt, sondern auch an allen Stellen des thermisch-inhomogenen Leiters eine kontinuierlich verteilte elektromotorische Kraft vorhanden ist. Diese bewirkt bei Stromdurchgang einen an allen Stellen auftretenden Peltier-Effekt, der zu dem in den Lötstellen vorhandenen hinzutritt; man hat diese reversible Wärmeproduktion daher als **Thomson-Effekt (Thomson-Wärme)** bezeichnet. Diese Erscheinung bewirkt offenbar, daß auch in einem chemisch homogenen Leiter durch einen elektrischen Strom je nach seiner Richtung eine verschiedene Verteilung der Temperatur hervorgerufen werden kann, falls längs dieses Leiters bereits ein Temperaturgefälle besteht. Fließt ein elektrischer Strom in Richtung dieses Temperaturgefälles also vom heißen Ende des Drahtes zu dem kalten, so findet bei manchen Metallen (z. B. Kupfer, Kadmium, Silber, Gold, Wolfram) eine Verschiebung der Temperaturen im Sinne der Stromrichtung, bei anderen Metallen (z. B. Platin, Eisen, Zink, Nickel, Konstantan) in der umgekehrten Richtung statt. Bei den erstgenannten Metallen wird beim Übergang des Stromes vom wärmeren zum kälteren Teil Wärme entwickelt, bei den Metallen zweiter Art dagegen Wärme verbraucht. Man spricht daher auch von positivem und negativem Thomson-Effekt. Die pro Zentimeter des Leiters pro Sekunde entwickelte „Thomson-Wärme“ Q_{Th} ist der Stromstärke und dem Temperaturgefälle $\frac{dT}{dl}$ längs des Leiters proportional. Es ist:

$$Q_{Th} = k\frac{dT}{dl} \cdot J,$$

wobei k den sog. Thomsonkoeffizienten darstellt, der je nach der Metallart positiv oder negativ sein kann. Für Blei ist merkwürdigerweise k gleich Null.

Ein sehr anschauliches Verfahren zur Demonstration des Thomson-Effektes hat W. König (1910) angegeben. Vier vertikal ausgespannte gleich starke und lange Platindrähte tauchen mit ihrem unteren Ende in Quecksilber (Abb. 211a). Bringt man die Drähte durch einen Strom zum hellen Glühen, so entsteht an den durch das Quecksilber gekühlten Enden ein Temperaturgefälle und infolgedessen ein Thomson-Effekt, durch den die Grenzen des Glühens bei den in verschiedener Richtung vom Strom durchflossenen Drähten in entgegengesetztem Sinne verschoben werden. Abb. 211b zeigt eine photographische Aufnahme dieser Glüherscheinung, dabei deuten die mit Pfeilen versehenen Striche über der Aufnahme die Richtung des Stromes in den einzelnen Drähten an.

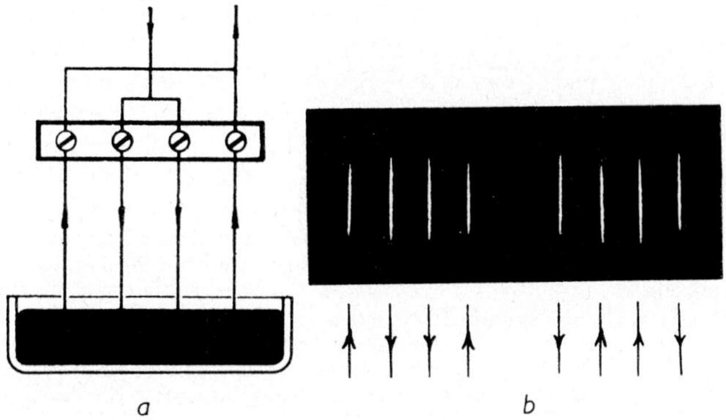

Abb. 211. Versuch zum Nachweis des Thomson-Effektes. a Versuchsanordnung, b beobachtete Glühwirkung der in a gezeichneten Drähte über dem Quecksilber

IV. Kapitel

Das elektrische und magnetische Feld stationärer Ströme

30. Das elektrische Feld stationärer Ströme

Während ein stationärer elektrischer Strom einen Leiter zu durchfließen beginnt, bilden sich auf dem letzteren Ladungen aus, die nach völliger Ausbildung des stationären Zustandes natürlich zeitlich ebenfalls unveränderlich sind und ein unveränderliches elektrisches Feld im Außenraum des Leiters erzeugen. Daß im Innenraume ein solches existiert, wurde schon im vorhergehenden Kapitel mehrfach betont; Feldfreiheit bzw. Potentialkonstanz im Leiterinneren ist ja nur das Charakteristikum des elektrischen Gleichgewichtszustandes, und ein elektrischer Strom ist eine Abweichung von diesem. Dementsprechend sagt das Ohmsche Gesetz aus, daß die Stromstärke in einem homogenen Leiter proportional der Spannung, d. h. der Potentialdifferenz an den Enden des Leiters ist. Haben wir im besonderen einen linearen Leiter, so ist die elektrische Feldstärke im Innern $\mathfrak{E}_i$, ebenso wie die Strömung $\mathfrak{j}$, parallel der Achse des Drahtes gerichtet und gleichmäßig über den ganzen Querschnitt verteilt. In einem geradlinigen Draht sind also die elektrischen Kraftlinien Geraden parallel der Drahtachse und auf jeden Quadratzentimeter des Querschnittes entfallen gleichviel $\mathfrak{E}_i$-Linien. Das innere Feld $\mathfrak{E}_i$ hat also gar keine zur Mantelfläche des Drahtes senkrechte Komponente ($\mathfrak{E}_{in} = 0$), sondern nur eine tangentiale ($\mathfrak{E}_{it} \neq 0$). Schon aus dieser Tatsache folgt wegen der Stetigkeit der Tangentialkomponente des elektrischen Feldes — siehe Gl. (44) auf S. 47 —, daß auch im Außenraum eines stromführenden Drahtes ein elektrisches Feld $\mathfrak{E}_a$ vorhanden sein muß. Im folgenden handelt es sich darum, die Beschaffenheit dieses Feldes festzustellen und verstehen zu lernen, wie es entsteht.

Zu dem Zwecke betrachten wir ein Stück eines zylindrischen Leiters, dessen Querschnitt der Deutlichkeit halber wir sehr groß zeichnen (Abb. 212). In demselben soll zunächst kein stationärer

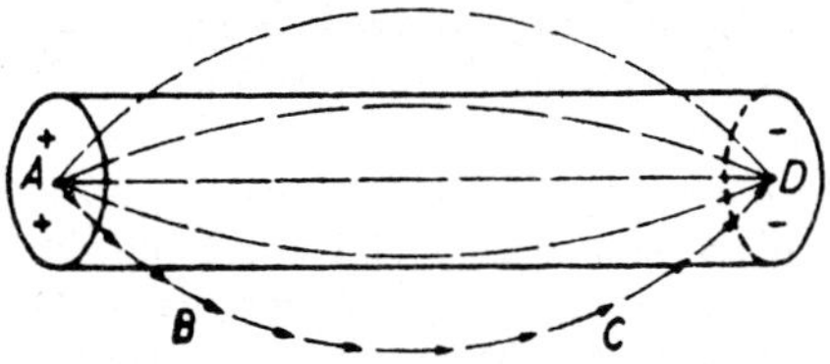

Abb. 212. Elektrisches Feld eines zylindrischen Leiters

Strom fließen; wir wollen vielmehr gerade die allmähliche Ausbildung eines solchen verfolgen. Wir können uns etwa denken, daß wir auf seiner linken Endfläche positive, auf der rechten negative Ladungen anbringen, die unter dem Einflusse ihrer gegenseitigen Anziehung in dem Leiter zu strömen beginnen; wenn wir dafür sorgen, daß die sich ausgleichenden Ladungen stets wieder erneuert werden, bildet sich schließlich ein vollkommen stationärer Strom heraus. In diesem Zustande verlaufen, wie wir oben auseinandersetzten, die elektrischen Feldlinien im Innern äquidistant und parallel der Drahtachse. Wir wollen aber jetzt nicht den voll ausgebildeten stationären Zustand ins Auge fassen, sondern gerade seine allmähliche Entstehung, nachdem die positiven und negativen Ladungen an den Enden des Leiters angebracht sind. Wir fassen etwa eine punktförmige positive Ladung im Punkte A und eine gleich große negative auf der rechten Endfläche des Leiters im Punkte D ins Auge. Im ersten Augenblick, bevor die Ladungen noch zu fließen beginnen, bildet sich zwischen ihnen das wohlbekannte elektrische Feld aus, das durch die in Abb. 212 gestrichelten Feldlinien charakterisiert ist, wie wir es z. B. in Abb. 20 kennengelernt haben. Es ist danach zu Anfang des Prozesses noch gar keine Rede davon, daß im Innern des Leiters die Feldlinien äquidistant und parallel der Drahtachse sind; fassen wir z. B. eine der Feldlinien, nämlich $ABCD$, ins Auge, so sieht man, daß das Feld $\mathfrak{E}_i$ vielmehr in diesem Stadium noch eine von Null verschiedene Normalkomponente $\mathfrak{E}_{in}$ hat. Und zwar ist $\mathfrak{E}_{in}$ links (z. B. bei B) nach außen, rechts (z. B. bei C) nach innen gerichtet. Nun beginnen die Ladungen sich zu bewegen; die positive Ladung im Punkte A folgt z. B. der positiven Richtung der Kraftlinie $ABCD$, entsprechend die negative Ladung in D der negativen Richtung der gleichen Kraftlinie. Freie Beweglichkeit ist aber nur innerhalb des Leiters möglich; die positive Ladung kommt also nur bis B, die negative nur bis C, d. h. bis zu den Stellen, in denen die Kraftlinie $ABCD$ aus dem Leiter heraustritt. Die Folge davon muß also die sein, daß sich im Punkte B des Leiters positive, im Punkte C eine gleich große negative Ladung anhäuft; die erstere erzeugt eine nach innen gerichtete Normalkomponente der Feldstärke, die letztere eine nach außen weisende. Beide sind den bereits in B und C vorhandenen Normalkomponenten entgegengesetzt, denen sie sich überlagern. Die Ladungsanhäufung in den Punkten B und C dauert offenbar so lange an, bis die resultierenden Normalkomponenten $\mathfrak{E}_{in}$ überhaupt verschwunden sind: dann verläuft die endgültige $\mathfrak{E}_i$-Linie tangential zur Wandung und führt die Ladung im Inneren fort, aber nicht mehr an die Wandung. Man erkennt aus dieser Darlegung, daß in dem Augenblick, in dem man eine Spannung an ein Leiterstück anlegt, sich positive und negative Ladungen auf der Oberfläche ausbilden müssen, die durch ihr Vorhandensein gerade bewirken, daß im Innern $\mathfrak{E}_i$ tangential zur Wand des Leiters gerichtet ist, wie es im stationären Strom der Fall sein muß. Man erkennt aber auch, daß ein stationärer Strom die einmal ausgebildeten Ladungen auf der Drahtoberfläche nicht mehr ändert, eben weil keine Normalkomponente von $\mathfrak{E}_i$ mehr vorhanden ist, die Zu- oder Abfluß von elektrischen Ladungen bewirken könnte.

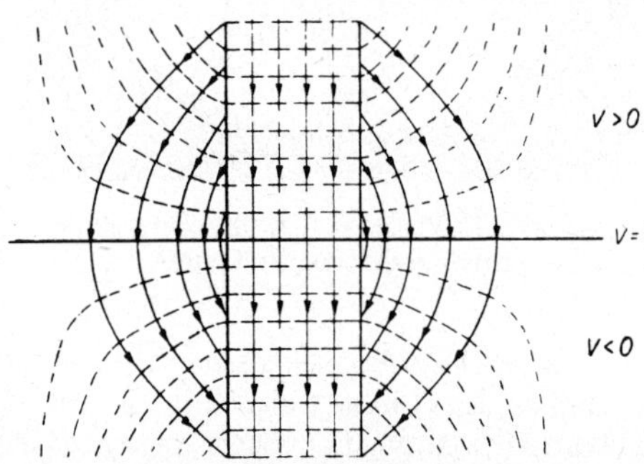

Abb. 213. Elektrische Kraftlinien (——) und Niveaulinien (.......) um einen stromdurchflossenen Leiter

Da also der stromführende Leiter in ganz bestimmter Weise aufgeladen ist, und zwar teils positiv, teils negativ, muß auch im Außenraum ein elektrisches Feld existieren. Die Feldlinien entspringen, wie immer, in den positiven und endigen in den negativen Ladungen. Man erhält nach diesen Darlegungen für das innere und äußere elektrische Feld eines geradlinigen Drahtes das Bild nach Abb. 213; die ausgezogenen Kurven stellen die Kraftlinien dar, die gestrichelten die Schnitte der Äquipotentialflächen mit der Papierebene; beide Kurvensysteme schneiden einander unter rechten Winkeln. Die Äquipotentialfläche $V = 0$ ist die Symmetrieebene des elektrischen Feldes: oberhalb und unterhalb derselben liegen die gleichen Verhältnisse vor, nur haben die Ladungen verschiedenes Vorzeichen. Im Innern des Leiters sind die Flächen gleichen Potentials natürlich Ebenen senkrecht zur Drahtachse, weil die $\mathfrak{E}_i$-Linien parallel derselben verlaufen. Man kann sich durch den Versuch überzeugen, daß der Kraftlinienverlauf der geschilderte ist. Freilich kann man zur Erzeugung des Feldlinienbildes nicht das elektrische Feld benutzen, das sich um einen metallischen Leiter ausbildet, das im allgemeinen viel zu schwach dazu ist, weil wegen der großen Leitfähigkeit keine erheblichen Potentialdifferenzen auf dem Leiter auftreten. Man kann aber z. B. einen graphitierten Papierstreifen hohen Widerstandes nehmen, dessen Enden mit den Polen einer Elektrisiermaschine verbunden sind und gegeneinander eine Spannung von 20000 bis 40000 Volt besitzen. Die Mitte des Papierstreifens wird geerdet, um dort — zwecks Übereinstimmung mit Abb. 213 das Potential $V = 0$ zu haben, d. h. den Verlauf der Feldlinien symmetrisch zur Mitte zu erhalten. Dann bilden sich mit der üblichen Versuchsanordnung — Grieskörner in Rizinusöl — die $\mathfrak{E}_a$-Linien sehr schön aus, wie Abb. 214 zeigt, die in dieser Weise gewonnen ist; der schwarze Strich in der Mitte der Abbildung ist der stromführende Papierstreifen. Man erkennt aus beiden Abb. 213 und 214, daß die Feldlinien nicht senkrecht von dem Leiter ausgehen oder in ihn einmünden; $\mathfrak{E}_a$ besitzt also an der Leiteroberfläche eine von Null verschiedene Tangentialkomponente $\mathfrak{E}_{at}$, die wegen der Stetigkeit gleich $\mathfrak{E}_{it}$ sein muß. Das unterscheidet das Feld eines elektrischen Stromes von dem einer elektrischen Ladung: bei letzterer gibt es keine Tangentialkomponenten im Außenraum (im Innenraum überhaupt kein Feld), und die Kraftlinien setzen senkrecht auf dem Leiter an.

Die Größe der elektrischen Ladung auf dem Leiter ist leicht zu berechnen. Nennen wir die Kapazität des Leiters pro Zentimeter C', so ist die eines kleinen Stückes von der Länge dl offenbar $C'dl$; hat nun diese Stelle des Leiters das Potential V, so sitzt hier die Ladung $dq = C'V dl$. Wegen der im allgemeinen kleinen Kapazität pro Zentimeter ist auch dq im allgemeinen klein und macht sich kaum bemerkbar; hat man es dagegen mit großen Kapazitäten zu tun, wie z. B. bei einem überseeischen Kabel, das ja eine riesige Leydener Flasche darstellt, so sitzen erhebliche Mengen Ladungen auf demselben, deren Ausbildung längere Zeit erfordert.

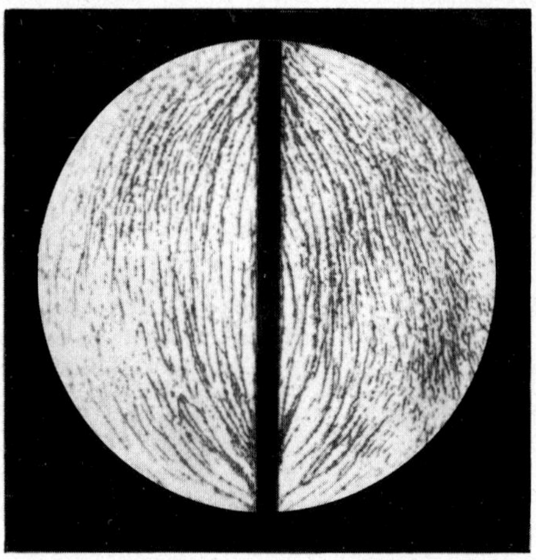

Abb. 214. Elektrisches Kraftlinienbild eines stromdurchflossenen Leiters

Würde man den stromführenden Draht an einem Punkte z. B. mit einer Elektrisiermaschine verbinden, so würde zu den bisher besprochenen Aufladungen noch eine rein elektrostatische Ladung hinzutreten, die pro Zentimeter Länge einen bestimmten (positiven oder negativen) Betrag hat; sie überlagert sich den räumlich variablen Ladungen und bewirkt so lediglich eine Verschiebung der Stelle des Potentials Null. Das Feld dieser zusätzlichen elektrostatischen Ladung besitzt für sich keine Tangentialkomponente, da es eben senkrecht auf dem Leiter steht. Daher beeinflußt eine solche Ladung den Strom auch nicht im geringsten. Man kann z. B. ein galvanisches Element durch ein Amperemeter und einen Widerstand schließen, den ganzen Stromkreis auf einen Isolierschemel setzen und dann beliebig mit einer Elektrizitätsquelle aufladen: das Amperemeter zeigt unabhängig davon stets die gleiche Stromstärke.

Natürlich ist das elektrische Feld nicht-geradliniger Ströme entsprechend komplizierter, aber im Prinzip ist es immer dasselbe: die Stellen positiven Potentials tragen positive, die negativen Potentials negative Ladungen, zwischen denen die Feldlinien verlaufen. Biegt man z. B. den geradlinigen Leiter der Abb. 214 zu einer Schleife zusammen, so erhält man in der Schleifenebene das Feldlinienbild der Abb. 215a; auch hier erkennt man deutlich, daß die elektrischen Feldlinien nicht senkrecht auf dem Leiter stehen, sondern geneigt sind, weil in seinem Innern

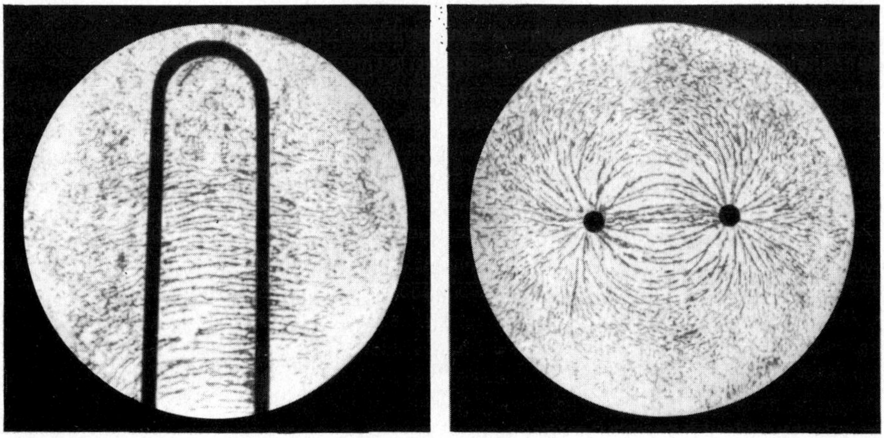

a b

Abb. 215. Elektrisches Kraftlinienbild eines U-förmig gebogenen stromdurchflossenen Leiters (a) parallel und (b) senkrecht zur Leiterebene

eine Tangentialkomponente von $\mathfrak{E}_t$ vorhanden ist; das unterscheidet den Feldverlauf der Abb. 215a von dem in einem Plattenkondensator. Abb. 215b gibt das elektrische Feld senkrecht zur Schleifenebene: hier hat man das bekannte Bild zweier entgegengesetzt gleicher elektrischer Ladungen vor sich.

Obwohl von geringerer Bedeutung als das in den nächsten Nummern zu erörternde magnetische Feld elektrischer Ströme, hat das elektrische Feld für den Energietransport doch eine ganz bestimmte Funktion, auf die wir später eingehen müssen.

31. Oerstedscher Versuch; Magnetfeld eines geradlinigen Stromleiters

Im Jahre 1820 entdeckte der dänische Physiker Chr. Oersted eine Wechselwirkung zwischen elektrischen Strömen und Magneten, was bereits in Nr. 26 S. 132 erwähnt wurde. Er beobachtete nämlich, daß eine Magnetnadel aus ihrer Ruhelage abgelenkt wurde, wenn ein stromführender Draht parallel zur Magnetnadel über dieselbe gehalten wurde. Floß der Strom bei diesem Versuch von Süden nach Norden, so wurde der Nordpol der Nadel nach Westen, ihr Südpol nach Osten abgelenkt (Abb. 216a). Die Ablenkung der Nadel war aber entgegengesetzt, wenn die Stromrichtung umgekehrt oder der Draht unter die Nadel gehalten wurde (Abbildung 216b). Ferner konnte Oersted bereits zeigen, daß die Magnetnadel um so kräftiger aus der Nord-Süd-Richtung abgelenkt wird, je stärker der durch den Draht fließende Strom ist. Damit wurde Oersted zum Begründer eines neuen Zweiges der Physik, des **Elektromagnetismus.** Ganz allgemein wird das Ergebnis der Oerstedschen Versuche, d. h. die Richtung, nach der die Ablenkung der Magnetnadel erfolgt, durch folgende Regel von A. M. Ampère bestimmt:

Denkt man sich in dem Stromleiter eine menschliche Figur mit dem Strome schwimmend, den Kopf voran und das Gesicht der Nadel zugekehrt, so wird ihr Nordpol nach der linken Seite abgelenkt (**Ampèresche Schwimmregel**).

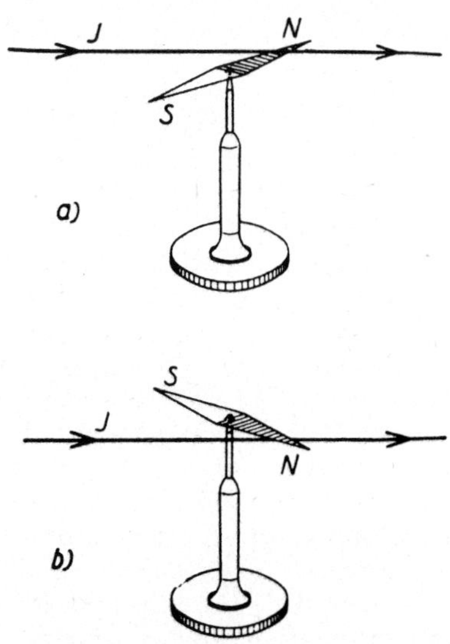

Abb. 216. Oersteds Versuch zum Nachweis des magnetischen Feldes eines Stromleiters

In der Anwendung bequemer ist die folgende Regel:

Legt man die rechte Hand in die Richtung des Stromes, so daß dieser vom Handgelenk nach den Fingerspitzen fließt und kehrt die Handfläche der Nadel zu, so wird deren Nordpol stets nach der Richtung des ausgestreckten Daumens abgelenkt.

Die beschriebene Einwirkung eines stromdurchflossenen Leiters auf eine Magnetnadel beweist, daß sich in der Umgebung des Leiters ein Magnetfeld ausbildet, das sich dem Erdfelde überlagert und so die ursprüngliche Einstellung der Magnetnadel in die Nordsüd-Richtung stört. Wir fragen nach der besonderen Art dieses Feldes. Diese Frage ist indessen so allgemein nicht zu beantworten, da das Magnetfeld außer von der Stromstärke offenbar auch von der Gestalt des Leiters abhängen wird; da diese ganz beliebig sein kann, wäre es hoffnungslos, einen allgemein gültigen Ausdruck für das Feld zu finden. Wir können nur spezielle einfache Leiterformen zugrunde legen, z. B. einen unendlich langen geradlinigen Draht (der im Unendlichen natürlich irgendwie geschlossen sein muß, da alle stationären Ströme geschlossen sind).

Magnetisches Feld im Außenraum eines unendlich langen geradlinigen Leiters. Untersucht man mit einer vollkommen frei beweglichen (etwa an einem Faden aufgehängten) Magnetnadel die Umgebung eines vertikalen geradlinigen Stromleiters (Abb. 217), so stellt sich die Nadel stets horizontal und mit ihrer Längserstreckung senkrecht zum Leiter ein; sie ist also in der gewählten Horizontalebene tangential zu einem um den Draht als Mittelpunkt beschriebenen Kreis gerichtet. Voraussetzung ist hierbei, daß das Magnetfeld des Stromleiters das Erdfeld an Intensität stark überwiegt, damit letzteres nicht stört. Wir erhalten also den Satz:

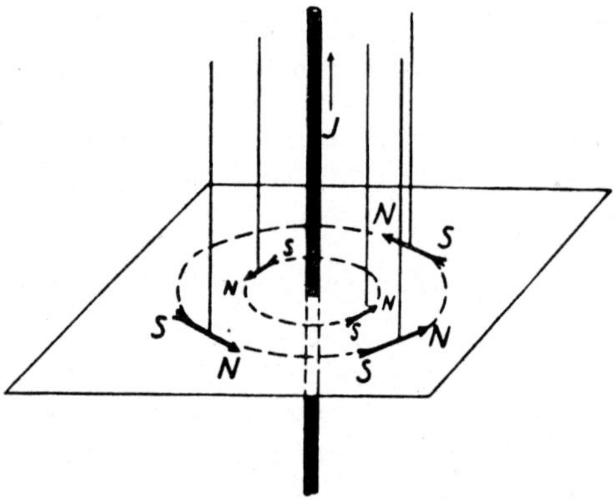

Abb. 217. Untersuchung des Magnetfeldes eines vertikalen Stromleiters mittels aufgehängter Magnetnadeln

Die magnetischen Kraftlinien ($\mathfrak{H}$-Linien) im Außenraum eines geradlinigen stromdurchflossenen Leiters verlaufen in zum Stromleiter senkrechten Ebenen als konzentrische Kreise um den Leiter.

Führt man den Leiter senkrecht durch ein Stück Karton, auf das man Eisenfeilspäne streut, so ordnen sich diese in der Tat zu Kreisen, wie Abb. 218 zeigt. In der folgenden Abb. 219 ist zur Ergänzung das Kraftlinienbild in der Ebene des Drahtes wiedergegeben. Die Eisenteilchen ordnen sich in diesem Fall in kurzen geraden Linien an, die zur Drahtrichtung senkrecht verlaufen, ein Beweis, daß das Feld keine longitudinale, d. h. zur Drahtrichtung parallele Komponente besitzt.

Die magnetischen Kraftlinien eines geradlinigen Stromes beginnen oder endigen also nirgendwo in magnetischen Polen, sondern bilden in sich geschlossene Kurven; diese Aussage ist ganz allgemein gültig für jede beliebige Gestalt des Stromkreises. Die positive Richtung der Kraftlinien ergibt sich aus der Einstellung der Magnetnadel (s. Abb. 217), und man findet folgenden Zusammenhang: Blickt man in Richtung des Stromes, so stimmt die positive Richtung der magnetischen Kraftlinien mit dem Uhrzeigersinn überein. Damit gleichwertig sind folgende Regeln: Die magnetischen Kraftlinien umgeben einen Strom in dem Sinne, in dem man eine rechtsgängige Schraube (Korkzieher) drehen muß, damit sie sich in der Stromrichtung verschiebt (Maxwellsche Schraubenregel) oder auch: Umfaßt man den Stromleiter mit der rechten Hand (Abb. 220), so daß der Daumen in die Stromrichtung zeigt, so umschließen die Finger den Leiter in der positiven Richtung der magnetischen Kraftlinien.

Durch diese Bestimmungen ist einem bestimmten Umlaufssinn (dem positiven Umlaufssinn der Kraftlinien) eine bestimmte Fortschreitungsrichtung (die positive Stromrichtung) zu-

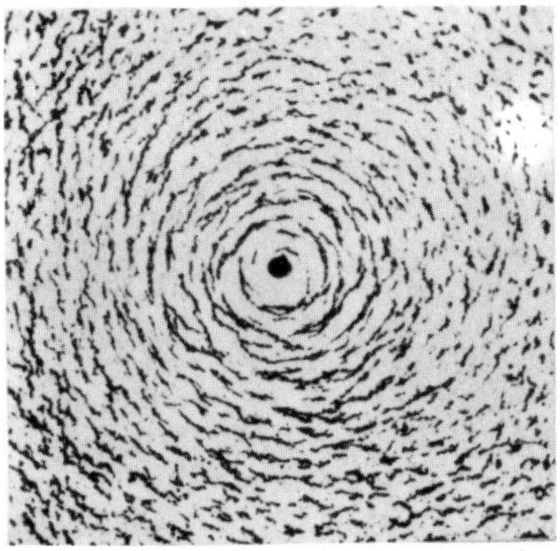

Abb. 218. Mittels Eisenfeilspänen sichtbar gemachte magnetische Kraftlinien in einer zum Stromleiter senkrechten Ebene

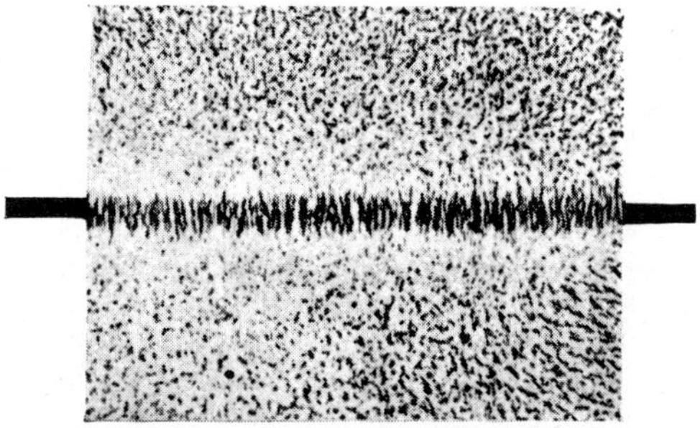

Abb. 219. Mittels Eisenfeilspänen sichtbar gemachte magnetische Kraftlinien in einer Ebene dicht über dem Stromleiter

geordnet und zwar im Sinne einer Rechtsschraube. Bedenkt man, daß sowohl die Festsetzung der positiven Stromrichtung als auch die der positiven Richtung der Kraftlinien konventionelle Festsetzungen sind, so erkennt man, daß man die Zuordnung der positiven Fortschreitungsrichtung zu dem als positiv betrachteten Umlaufssinn auch gerade umgekehrt, nämlich im Sinn

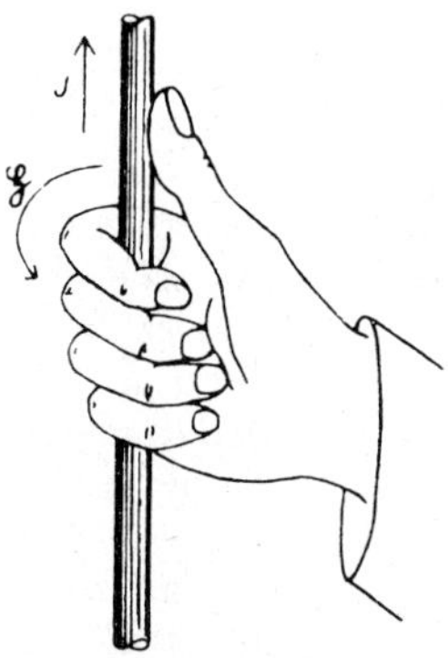

Abb. 220. Zur Festlegung des Zusammenhanges zwischen Stromrichtung und Richtung der magnetischen Kraftlinien (Maxwellsche Schraubenregel)

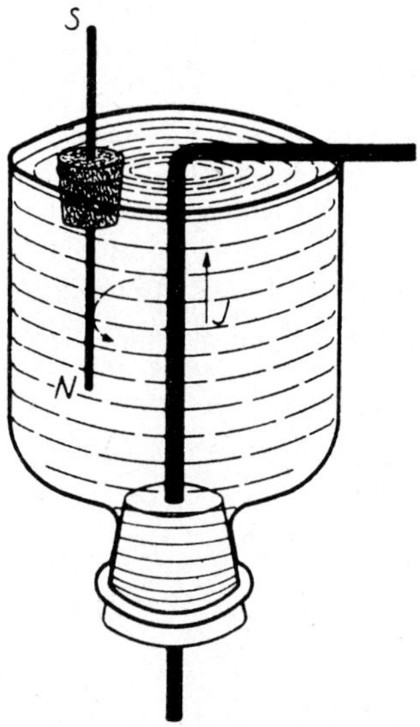

Abb. 221. Bewegung eines Magnetpoles N im Feld eines Stromleiters

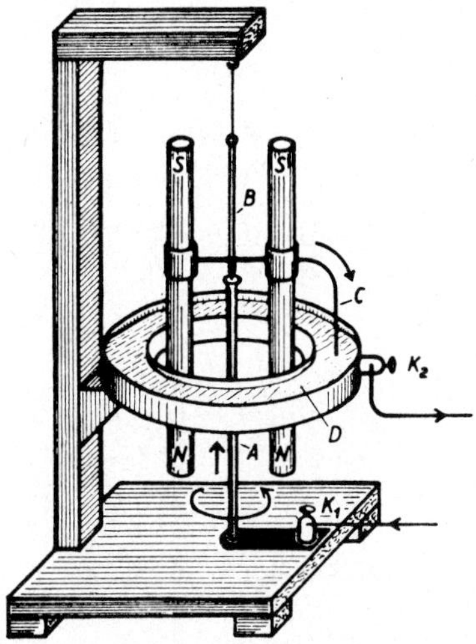

Abb. 222. Apparat zum Nachweis der Rotation von Magnetpolen um einen vertikalen Stromleiter

einer Linksschraube hätte treffen können. Das ist an sich gleichgültig und würde sich in den späteren Gleichungen [z. B. (151) und (156)] nur durch das Auftreten eines Minuszeichens bemerkbar machen. Wir bleiben bei unserer hier getroffenen Festsetzung.

Da nach den Ausführungen auf S. 98 eine magnetische Kraftlinie die Bahn darstellt, längs der sich ein einzelner magnetischer Pol bewegt, muß ein solcher einen stromdurchflossenen Leiter auf einer Kreisbahn umlaufen, und zwar ein Nordpol im Sinne, ein Südpol entgegen dem Sinne der Feldlinien. Wir zeigen dies auf zweierlei Weise: In Abb. 221 ist durch den Boden eines mit Wasser gefüllten Gefäßes ein Kupferdraht vertikal nach oben und dann rechtwinkelig über den Rand des Gefäßes nach außen geführt. Läßt man in senkrechter Stellung mittels eines Korks eine magnetisierte Stricknadel in dem Wasser schwimmen, so daß sich der Nordpol im Wasser seitwärts vom vertikalen Stück des Leitungsdrahtes befindet, so bewegt er sich in einer Kreisbahn um den Leiter herum, wenn man einen kräftigen Strom hindurchschickt. Da die Nadel bei dieser Bewegung aber schließlich an den seitlich herausführenden Teil des Drahtes stößt, ist eine fortlaufende Rotation des Magnetpoles um den Leiter auf diese Weise nicht möglich. Dies gelingt jedoch z. B. mit dem in Abb. 222 skizzierten Apparat. Der der Klemme K_1 zugeführte Strom fließt durch den vertikal stehenden Stab A, der am oberen Ende ein kleines Quecksilbernäpfchen besitzt. In dieses taucht das Gehänge B ein, das zwei parallele und gleichgerichtete Stabmagnete trägt. Durch das Gehänge und den Drahtbügel C, der mit seinem unteren Ende in eine mit Quecksilber gefüllte Rinne D taucht, fließt der Strom über die Klemme K_2 zur Batterie zurück. Sobald der Strom fließt, beginnen die beiden Nordpole, die sich allein in dem magnetischen Feld des vertikalen Stückes des Stromleiters befinden, um diesen zu rotieren. Der Rotationssinn kehrt sich um, wenn die Stromrichtung geändert wird oder die Pole vertauscht werden.

Um für das Folgende eine bestimmte Vorstellung zu haben, lassen wir die z-Achse eines Koordinatensystems mit der Achse des Stromleiters zusammenfallen; dann folgt aus den bereits beschriebenen Versuchen, daß $\mathfrak{H}_z = 0$ ist, — keine longitudinale Komponente von $\mathfrak{H}$. In den Parallelebenen zur xy-Ebene können wir einen beliebigen Punkt durch ebene Polarkoordinaten (ϱ, φ) bestimmen: ϱ ist der Abstand von der Achse des Stromleiters, φ der Winkel, den ϱ mit der x-Achse bildet. Da die Kraftlinien Kreise in der xy-Ebene bzw. Parallelebenen dazu sind, so ist auch keine radiale Feldkomponente vorhanden: $\mathfrak{H}_\varrho = 0$, sondern nur eine in Richtung der Kreistangenten, die wir sinngemäß mit $\mathfrak{H}_\varphi$ bezeichnen. Es ist also im folgenden stets:

$$\mathfrak{H}_z = 0, \quad \mathfrak{H}_\varrho = 0, \quad \mathfrak{H}_\varphi \neq 0.$$

Wir wollen nun die Abhängigkeit der von einem geradlinigen Strom J in der Entfernung ϱ erzeugten magnetischen Feldstärke $\mathfrak{H}_\varphi$ von den beiden Größen J und ϱ untersuchen. Dazu dient folgender Versuch: Am oberen Ende des vertikalen Stromleiters (Abb. 223) sind drei Fäden befestigt, die einen Holzring tragen, in dem drei Stabmagnete in zum Stromleiter senkrechter Richtung so befestigt sind, daß ihre gleichnamigen Pole nach außen (und innen) zeigen. Leitet man durch den Draht einen Strom, so beobachtet man keinerlei Ablenkung oder Drehung des Magnetsystems um den Stromleiter, wie groß man auch die Stärke des Stromes wählt. Es müssen also, wenn wir mit F_1 und F_2 die Beträge der von dem Magnetfeld auf Nord- und Südpol ausgeübten Kräfte und mit ϱ_1 und ϱ_2 ihre senkrechten Abstände vom Stromleiter bezeichnen, die Drehmomente entgegengesetzt gleich, ihre Beträge $F_1 \varrho_1$ und $F_2 \varrho_2$ also einander gleich sein, d. h. es muß die Beziehung bestehen:

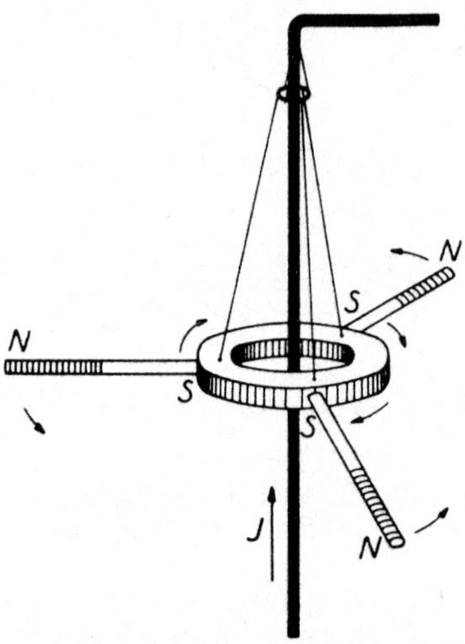

Abb. 223. Versuch zum Nachweis, daß das Magnetfeld $\mathfrak{H}_\varphi$ eines geradlinigen Stromleiters proportional mit der Entfernung von diesen abnimmt

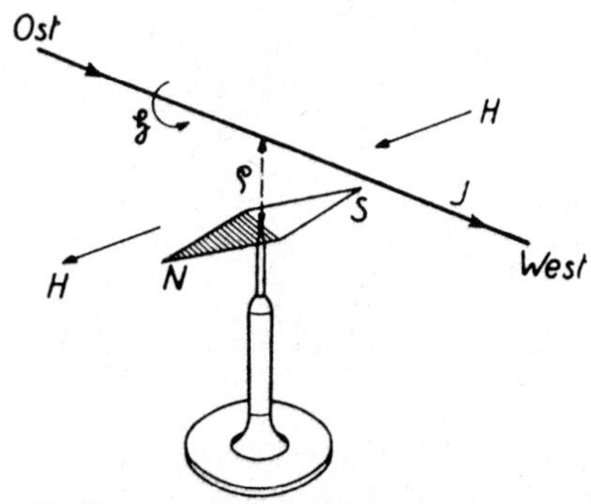

Abb. 224. Versuch zur Bestimmung der Abhängigkeit der Feldstärke $\mathfrak{H}_\varphi$ von der Stromstärke $\mathfrak{J}$ eines geradlinigen Stromleiters

$$F_1 \varrho_1 = F_2 \varrho_2,$$

woraus die Proportion folgt:

$$F_1 : F_2 = \varrho_2 : \varrho_1.$$

Dividieren wir F_1 und F_2 durch die Polstärke p der Magnete, so können wir auch schreiben, da $\mathfrak{F} = p\,\mathfrak{H}_\varphi$ ist:

$$|\,\mathfrak{H}_{\varphi 1}\,| : |\,\mathfrak{H}_{\varphi 2}\,| = \varrho_2 : \varrho_1,$$

d. h.: **Die magnetische Feldstärke eines geradlinigen Stromes ist umgekehrt proportional dem senkrechten Abstand von dem Leiter.**

Um die Abhängigkeit der Feldstärke $\mathfrak{H}_\varphi$ von der Stromstärke J zu finden, spannen wir in einiger Entfernung über einer Magnetnadel einen Draht horizontal in der Ost-West-Richtung aus, so daß er mit der Ruhelage der Magnetnadel einen rechten Winkel bildet (Abb. 224).

Wir schicken durch den Draht, und zwar in der Richtung von Ost nach West, einen Strom J und nähern ihn langsam der Magnetnadel. Bei einer bestimmten Entfernung ϱ zwischen Draht und Nadel beobachten wir, daß die Einstellung der Nadel unbestimmt wird und diese bei weiterer Annäherung des Drahtes in die gerade entgegengesetzte Richtung umschlägt. In dem Augenblick, in dem die Einstellung der Magnetnadel unbestimmt wird — die Nadel schwingt dann mit großer Amplitude hin und her —, ist das am Ort der Nadel vom Strom erzeugte Magnetfeld gerade gleich und entgegengesetzt der Horizontalkomponente des Erdfeldes. Schwächen wir den Strom im Draht auf die Hälfte, ein Drittel usw. der ursprünglichen Stromstärke, so müssen wir, um das gleiche Ergebnis zu erhalten, die Entfernung ϱ zwischen Draht und Nadel ebenfalls auf die Hälfte, ein Drittel, usw. verkleinern. Daraus folgt, **daß die von einem geradlinigen Strom erzeugte Magnetfeldstärke der Stromstärke direkt proportional ist** — in Übereinstimmung mit dem bereits in Nr. 26 S. 132 Gesagten. Wir können also schreiben (der Index „a“ soll auf „Außenraum“ deuten):

$$|\,\mathfrak{H}_{\varphi a}\,| = C\,\frac{J}{\varrho}, \tag{151}$$

wobei C eine Konstante darstellt, deren Bestimmung wir auf später verschieben.

Wir haben bisher stillschweigend angenommen, daß die Umgebung des linearen Stromleiters Luft, oder genauer, das Vakuum sei. Bringen wir jetzt in den Außenraum einen anderen Stoff von der Permeabilität μ, so können wir dies wegen der kreissymmetrischen Form des Feldes so machen, daß die Begrenzung des eingebrachten Körpers überall parallel zu den Kraftlinien verläuft, d. h. dieser die Gestalt eines den Stromleiter konzentrisch umschließenden Ringes hat. Dann ist wegen der Stetigkeit der Tangentialkomponente von $\mathfrak{H}$ das Feld im Innern des Ringes das nämliche wie vor Einbringen des ringförmigen Körpers. Man kann schließlich den Körper sich so weit ausdehnen lassen — wobei er immer die Ringform beibehalten soll —, daß er den ganzen Außenraum des Leiters ausfüllt, ohne daß die Feldstärke dabei ihre Größe ändert. *Die durch Gl. (151) bestimmte Feldstärke eines Stromleiters — denn das gleiche gilt für jeden beliebig gestalteten Leiter — ist völlig unabhängig von der Permeabilität des Mediums, in das der Leiter eingebettet ist.* Die im Außenraum bestehende magnetische Induktion $\mathfrak{B}_{\varphi a}$ ist selbstverständlich μ-mal so groß wie $\mathfrak{H}_{\varphi a}$ — im Vakuum stimmen $\mathfrak{B}$ und $\mathfrak{H}$ im CGS-System überein —; also ist nach (151):

$$|\,\mathfrak{B}_{\varphi a}\,| = C\,\frac{\mu J}{\varrho} \tag{151a}$$

Magnetisches Feld im Innenraum eines unendlich langen geradlinigen Leiters. Wir haben bisher nur das Magnetfeld im Außenraum des Leiters betrachtet und müssen jetzt die gleiche Untersuchung für den Innenraum durchführen. Da nach (151) an der äußeren Oberfläche des Leiters das Feld den Betrag $\frac{CJ}{R}$ hat (R = Radius des Zylinders) und tangential zu ihr gerichtet ist, folgt wegen der Stetigkeit der Tangentialkomponenten sofort, daß auch im Innenraum des Leiters ein Magnetfeld vorhanden ist, das sich stetig an das des Außenraumes anschließt. Bevor wir einen durchströmten Vollzylinder betrachten, untersuchen wir zunächst einen Leiter in Gestalt eines Hohlzylinders; bei einem solchen haben wir einen äußeren und einen inneren Außenraum des Leiters zu unterscheiden. Im äußeren Außenraume bleibt alles wie bisher, das Feld berechnet sich nach Gl. (151); im inneren Außenraum dagegen ist überhaupt kein Feld vorhanden. Man kann dies leicht durch folgende Überlegung verstehen: Den hohlzylindrischen Leiter denken wir uns aus dicht nebeneinander verlaufenden Drähten aufgebaut, in deren jedem Strom fließt und deren jeder also um sich herum das bereits bekannte kreisförmige Kraftlinienbild erzeugt; für jeden inneren Punkt heben sich die magnetischen Felder dieser Ströme vollkommen auf. Diese Überlegung ist ganz ähnlich der, die wir auf S. 11 in der Elektrostatik angestellt haben, und die durch Abb. 18 erläutert wird. Ein auf die übliche Weise in einer zum Hohlzylinder senkrechten Ebene hergestelltes Kraftlinienbild (Abb. 225) zeigt in der Tat, daß die Eisenfeilspäne im inneren Außenraum ungeordnet liegen bleiben, also tatsächlich das Feld Null ist.

Diese Tatsache hat W. König (1897) zum Bau eines sehr einfachen elektromagnetischen Rotationsapparates benutzt (Abb. 226). In einem Holzgestell ist ein Metallrohr R in vertikaler Stellung mit seinem oberen Ende befestigt. Im Innern des Rohres hängt an einem Faden eine Metallstange G, die einen Quecksilbernapf Q trägt, in den das untere Ende des Rohres R eintaucht. Der Napf trägt gleichzeitig eine Anzahl hufeisenförmig gebogener Magnetstäbe M, die konzentrisch um die Stange G

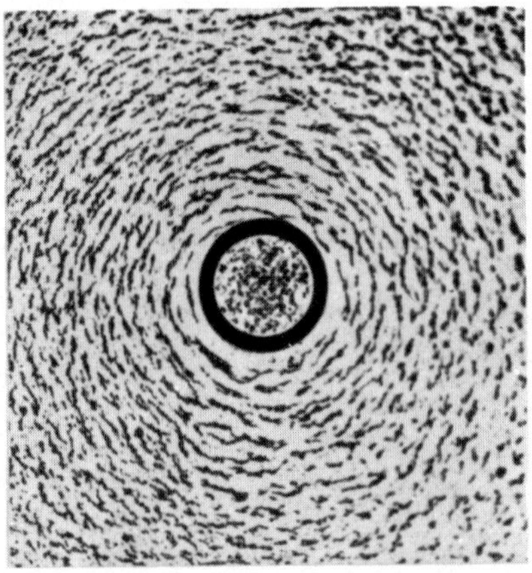

Abb. 225. Durch Eisenfeilspäne sichtbar gemachtes Magnetfeld in einer zu einem stromdurchflossenen Hohlzylinder senkrechten Ebene

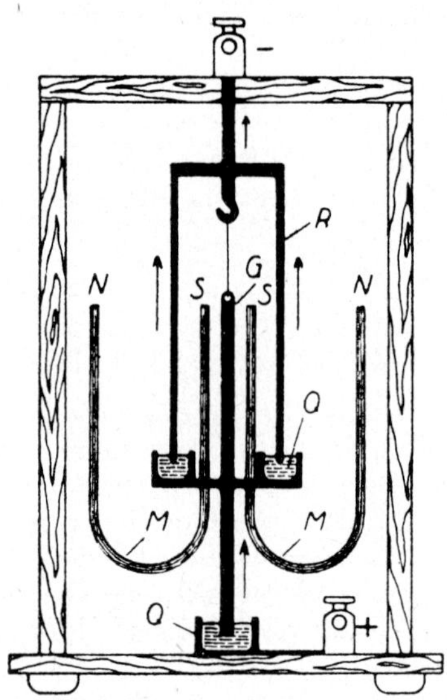

Abb. 226. Elektromagnetischer Rotationsapparat nach W. König

so angebracht sind, daß sämtliche gleichnamigen Pole (in der Abbildung die Südpole) sich im Innern der Röhre R befinden. Leitet man nun über einen zweiten Quecksilbernapf Q' einen Strom zu dem unteren Ende der Röhre, so daß dieser in der Rohrwand nach oben fließt, so beginnen die äußeren Magnetpole um das Rohr zu rotieren, da nur auf sie das Magnetfeld der stromdurchflossenen Röhre R ein Drehmoment ausübt.

Nach dieser Vorbereitung betrachten wir einen durchströmten Vollzylinder (Radius R) und fragen nach der Größe des Feldes im beliebigen Abstande $\varrho < R$ von der Achse (Abb. 227). Schlagen wir um den Mittelpunkt einen Kreis mit dem Radius ϱ, so kommt für die magnetische Wirkung in diesem Abstand nur der durch diesen Kreis vom Radius ϱ fließende Strom in Frage, dessen Intensität J' sein möge; der schraffierte Ring übt ja nach dem Vorhergehenden auf innere Punkte keine Wirkung aus. Wenden wir nun Gl. (151) an, so finden wir für den Betrag des Feldes im Abstande ϱ — formal genau wie vorher — den Wert:

$$|\mathfrak{H}_{\varphi i}| = C\frac{J'}{\varrho},$$

und es ist nur noch festzustellen, wie groß J' ist. Da der Gesamtstrom sich auf den Querschnitt von der Größe $R^2\pi$ gleichmäßig verteilt, so erhält man den Bruchteil J' desselben, der den Querschnitt $\varrho^2\pi$ durchströmt, indem man J im Verhältnis ϱ^2/R^2 reduziert:

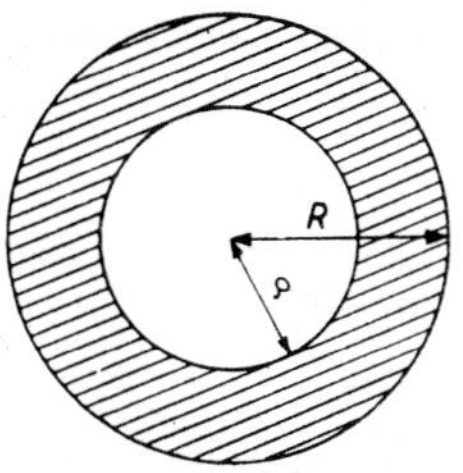

Abb. 227. Zur Berechnung des Magnetfeldes im Innern eines Stromleiters

$$J' = J\frac{\varrho^2}{R^2}.$$

Damit wird die vorhergehende Gleichung:

$$(152) \qquad |\mathfrak{H}_{\varphi i}| = \frac{CJ}{\varrho}\frac{\varrho^2}{R^2} = \frac{CJ}{R^2}\varrho.$$

Daraus geht hervor, **daß im Innern des durchströmten Leiters das Magnetfeld proportional dem Abstande ϱ von der Achse ist**; für $\varrho = R$, d. h. an der Oberfläche des Drahtes geht dieser Wert über in $\frac{CJ}{R}$, d. h. in den gleichen Wert, den man auch aus (151) im Außenraum für $\varrho = R$ erhält, wie es wegen der Stetigkeit der Tangentialkomponenten sein muß. Abb. 228 zeigt den Verlauf der magnetischen Feldstärke eines kreisförmigen zylindrischen Leiters in Abhängigkeit von der Entfernung von der Drahtachse; in der Achse selbst ist das Feld gleich Null, steigt dann im Innern linear mit ϱ an bis zum maximalen Werte $\frac{CJ}{R}$ an der Oberfläche des Zylinders, um dann asymptotisch auf den Wert Null abzufallen, der im Unendlichen erreicht wird. Auch im Innern des Leiters sind die Feldlinien natürlich Kreise um die Drahtachse als Zentrum.

Da der Verlauf des Feldes im Inneren völlig anders als im Außenraum ist, ist es klar, daß der Versuch der Abb. 223 im Innenraume ein anderes Resultat ergeben muß; das System der drei Magnete kann dann nicht in Ruhe bleiben, sondern muß sich drehen. Einen derartigen Versuch hat G. Jaumann gemacht, indem er den Apparat in seinen Abmessungen erheblich verkleinerte, so daß er ins Innere eines flüssigen Leiters, z. B. Quecksilber, eingebettet werden konnte. Eine brauchbare Anordnung ist die folgende (Abb. 229). In der Achse eines am unteren Ende durch einen Kupferboden B verschlossenen Glasrohres G befindet sich in Spitzen gelagert eine Stahlachse A, die an drei Stellen je vier radial angebrachte kleine Stabmagnete (am besten aus Oerstit) so trägt, daß sämtliche Nordpole direkt an der Achse liegen. Das ganze Rohr wird mit Quecksilber bis zu dem Kupferring R gefüllt. Leitet man einen Strom von 20 bis 30 Amp. durch das Quecksilber von B nach R, so beginnt die Achse mit den Magneten zu rotieren. Die Rotation, die bei Stromumkehr ihren Drehsinn ändert, ist an der Umdrehung der mit der Achse verbundenen Scheibe S zu erkennen.

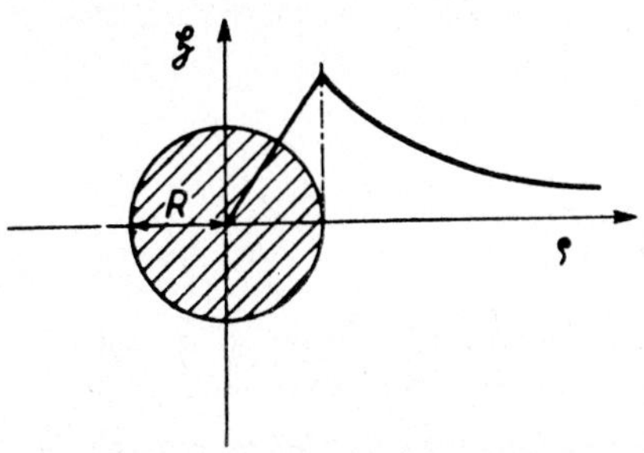

Abb. 228. Abhängigkeit der magnetischen Feldstärke eines kreisförmigen zylindrischen Leiters von der Entfernung R von der Leiterachse

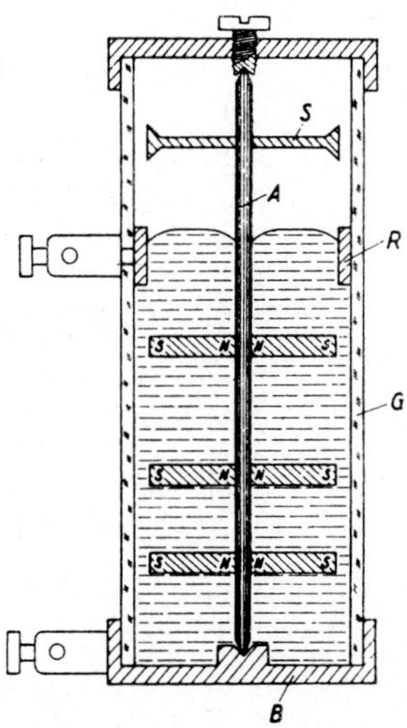

Abb. 229. Elektrischer Rotationsapparat im Innern eines Leiters nach G. Jaumann

Magnetisches Potential im Außenraum, magnetischer Wirbel im Innenraum eines Leiters. Es erhebt sich nun die Frage, ob ein magnetisches Potential auch in den hier vorliegenden Feldern existiert. Dies ist keineswegs von vornherein klar; denn die magnetischen Kraftlinien entspringen und endigen hier nicht mehr in Polen, sondern sind in sich zurücklaufende geschlossene Kurven.

Wir beantworten zunächst die gestellte Frage für den Außenraum des Leiters, indem wir davon ausgehen, daß der negative Gradient des Potentials V_m nach irgendeiner Richtung s die Kraftkomponente in dieser Richtung ergibt:

$$-\frac{dV_m}{ds} = |\mathfrak{H}_s| \text{ [siehe Gl. (83) auf S. 100].}$$

Hier ist nur $\mathfrak{H}_\varphi$ von Null verschieden, und zwar gleich $\frac{CJ}{\varrho}$ und $ds = \varrho d\varphi$. Setzen wir diese Werte ein, so erhalten wir:

$$-\frac{d\,V_m}{\varrho\,d\,\varphi} = \frac{CJ}{\varrho}$$

oder:

$$d\,V_m = -C\,J\,d\varphi.$$

woraus durch Integration sofort folgt:

(153) $$V_m = -C\,J\,\varphi + \text{Const.}$$

Damit ist die Frage beantwortet: Es existiert im Außenraume eines geradlinigen Stromleiters — und das gleiche gilt für beliebig gestaltete Ströme — ein magnetisches Potential. Die Flächen gleichen Potentials sind gegeben durch $\varphi = \text{const}$; das sind Ebenen, die den Stromleiter in sich enthalten und sich in ihm schneiden. Abb. 230 zeigt einen senkrechten Schnitt durch einen mit der z-Achse zusammenfallenden Stromleiter, das System der kreisförmigen Kraftlinien und 6 (punktierte) Durchschnittsgraden der Äquipotentialebenen; der Winkel φ ist von der Abszissenachse an gerechnet. Man erkennt, daß auch hier die Feldlinien auf den Niveauflächen senkrecht stehen.

Die Differenz der Potentiale V_{m1} und V_{m2} zwischen zwei beliebigen Punkten P_0 und P_1 des Feldes ist gleich der Arbeit, die gegen die Feldkräfte geleistet wird, um einen positiven Pol von P_0 nach P_1 zu bringen, dividiert durch die Polstärke. Darin ist ausgesprochen, daß die Arbeit nur vom Anfangspunkt P_0 und Endpunkt P_1 abhängen kann, nicht aber von dem Wege, auf dem der Einheitspol von P_0 nach P_1 gebracht wird. Wir wollen dies an Hand der Abb. 230 verifizieren, indem wir diese Arbeit direkt berechnen. Von P_0 können wir den

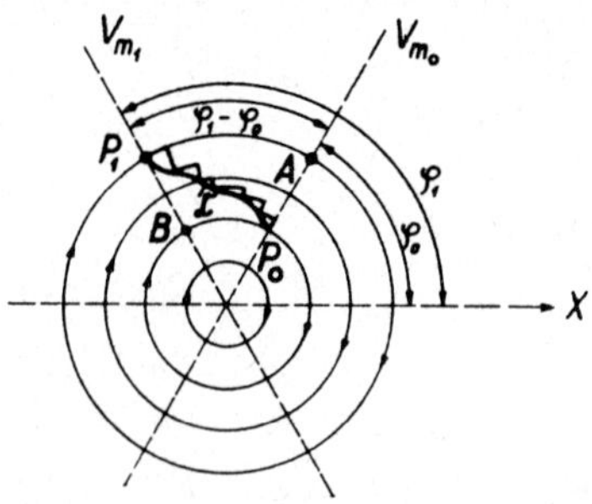

Abb. 230. Zur Unabhängigkeit des magnetischen Linienintegrals vom Weg

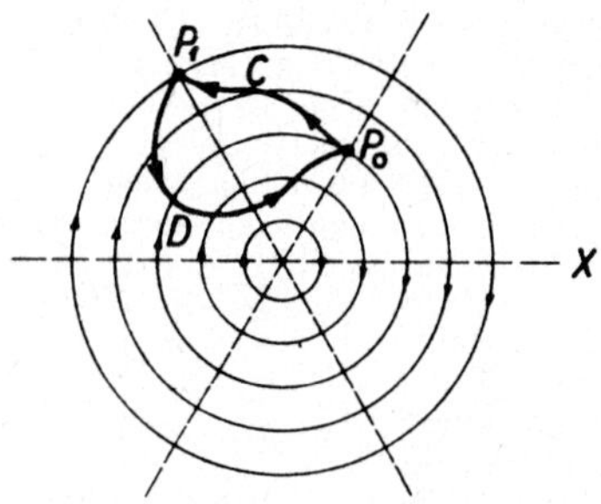

Abb. 231. Zur Ableitung der Gleichung $\oint \mathfrak{H}_s\,ds = 0$

Pol z. B. zuerst radial bis A und von da längs der durch A gehenden Feldlinie, aber entgegen ihrem positiven Sinne, bis P_1 verschieben. Auf dem Stück P_0A wird gar keine Arbeit geleistet, da Kraft und Verschiebung senkrecht aufeinander stehen; auf dem Stück AP_1 ist $|\mathfrak{H}_\varphi| = \frac{CJ}{\varrho_1}$, und die Verschiebung ist entgegengesetzt der Richtung von $\mathfrak{H}_\varphi$, der Bogen $AP_1 = \varrho_1(\varphi_1 - \varphi_0)$. Also ist die gesamte Potentialdifferenz von P_0 bis P_1 auf dem beschriebenen Weg:

(154a) $$V_{P_0AP_1} = -CJ\,(\varphi_1 - \varphi_0).$$

Nunmehr wählen wir einen anderen Weg, nämlich P_0BP_1, der von P_0 bis B auf einem Kreis vom Radius ϱ_0, von B nach P_1 auf einem Radius führt. Auf dem letzteren Stück wird wieder keine Arbeit geleistet; auf dem ersteren ist $|\mathfrak{H}_\varphi| = \frac{CJ}{\varrho_0}$ und die Bogenlänge ist $\varrho_0(\varphi_1 - \varphi_0)$, also ist die Potenzialdifferenz:

(154b) $$V_{P_0BP_1} = -CJ(\varphi_1 - \varphi_0),$$

genau übereinstimmend mit (154a). Schließlich betrachten wir eine beliebige Kurve $\mathfrak{C}$, die P_0 mit P_1 verbindet. Wie in Abb. 230 angedeutet, kann man jedes Wegelement ds derselben ersetzen durch ein radiales Element $d\varrho$, längs dessen keine Arbeit geleistet wird, und ein Kreisbogenelement $\varrho d\varphi$, längs dessen die Potentialdifferenz $-\frac{CJ}{\varrho}\varrho d\varphi$ ist; man kann also die ganze Kurve durch einen derartigen „Treppenweg" ersetzen, um so genauer, je feiner die Teilung gemacht wird. Für die Berechnung der Potentialdifferenz kommen wieder nur die Kreisbogenelemente in Betracht, d. h. es ist:

(154c) $$V_{P_0P_1} = -CJ(\varphi_1 - \varphi_0),$$

genau wie in (154a) und (154b). Auf den beiden Wegen P_0CP_1 und P_0DP_1 der Abb. 231 ist, wie auf die gleiche Weise folgt, die Potentialdifferenz wieder die gleiche:

(154d) $$V_{P_0CP_1} = V_{P_0DP_1} = -CJ(\varphi_1 - \varphi_0).$$

Kehren wir nun etwa auf dem Wege P_0DP_1 die Durchlaufsrichtung um, so daß wir den Einheitspol zunächst von P_0 über C nach P_1 und von da über D nach P_0 zurückführen, so ist die gesamte Arbeit längs dieser geschlossenen Kurve gleich Null, d. h.

(155) $$\oint |\mathfrak{H}_s|\, ds = 0.$$

Diese Gleichung, die im magnetostatischen (und für die Feldstärke $\mathfrak{E}$ im elektrostatischen) Feld ganz allgemein gilt, hat hier jedoch keine unbeschränkte Gültigkeit. Der geschlossene Kurvenzug $P_0CP_1DP_0$ in Abb 231, für den Gl. (155) abgeleitet wurde, hat die Eigenschaft, daß er den Stromleiter nicht umfaßt: Für alle geschlossenen Kurven, die dies nicht tun, gilt in der Tat die Aussage, daß man auf ihnen durch Herumführen eines Poles keine Arbeit aus dem magnetischen Felde gewinnen kann. Aber es gibt geschlossene Kurven, die den Stromleiter umfassen, und für diese gilt das nicht mehr. Wenn wir einen Magnetpol auf einer Kraftlinie um den Stromleiter einmal herumführen, entgegen der positiven Feldrichtung, so ist die dabei auftretende Potentialdifferenz:

(156) $$\underset{\circ}{V} = -\oint |\mathfrak{H}_s|\, ds = -\int_0^{2\pi} |\mathfrak{H}_\varphi|\, \varrho\, d\varphi = -2\pi CJ,$$

deshalb kann man die Arbeit (= Potentialdifferenz mal Polstärke p)

$$-\underset{\circ}{A} = 2\pi CJ \cdot p$$

aus dem Feld gewinnen, wenn sich der Magnetpol in der positiven Richtung auf einer Kraftlinie oder auf irgendeiner anderen geschlossenen Kurve einmal um den Stromleiter herum bewegt: **Man kann also, eben weil es geschlossene, den Leiter umzingelnde Kraftlinien gibt, durch geeignete Anordnungen dauernd Arbeit aus dem Felde entnehmen.** Eine solche Anordnung stellt den einfachsten Typus eines **Elektromotors** dar.

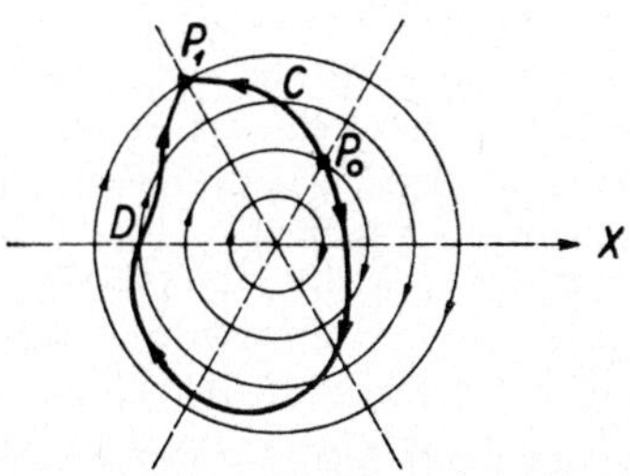

Abb. 232. Zur Vieldeutigkeit des magnetischen Potentials eines Stromleiters

Damit hängt eine Besonderheit der hier auftretenden Potentiale z. B. von (153), zusammen. Betrachten wir (Abbildung 232) zunächst wieder unseren alten Kurvenzug P_0CP_1, so ist die Potentialdifferenz nach (154d):

(157a) $$V_{P_0CP_1} = -CJ(\varphi_1 - \varphi_0),$$

weil der von dem genannten Wege überspannte Winkel $\varphi_1 - \varphi_0$ ist. Gehen wir aber von P_0 über D nach P_1, so überspannt dieser Weg, der mit dem ersten zusammen den Stromleiter umschließt, den Winkel $2\pi - (\varphi_1 - \varphi_0)$, und folglich ist die Potentialdifferenz:

(157b) $$V_{P_0DP_1} = CJ\,[2\pi - (\varphi_1 - \varphi_0)] = 2\pi CJ - CJ\,(\varphi_1 - \varphi_0).$$

Vergleicht man die beiden Potentialdifferenzen (157a) und (157b), so erkennt man, daß sie sich gerade um den Betrag $2\pi CJ$ unterscheiden. Es ist also nach (157a):

(158a) $$V_{P_0CP_1} = V_{m1} - V_{m0} = -CJ\,(\varphi_1 - \varphi_0),$$

dagegen nach (157b):

(158b) $$V_{P_0DP_1} = V'_{m1} - V_{m0} = -CJ\,(\varphi_1 - \varphi_0) + 2\pi CJ.$$

Würde der Weg $P_0D'P_1$ zusammen mit P_0CP_1 den Strom nicht einmal, wie in Abb. 232, sondern n-mal im positiven oder negativen Sinne umschlingen, so würden wir erhalten:

(158c) $$V_{m^{(n)}1} = V_{m0} - CJ\,(\varphi_1 - \varphi_0) \pm 2\pi nCJ.$$

Man erhält daher für einen und denselben Feldpunkt verschiedene Potentialwerte, je nachdem der Weg, auf den man den Magnetpol dorthin bringt, den Leiter gar nicht, einmal oder mehrere Male umschlingt: **Das magnetische Potential eines Stromleiters ist vieldeutig.** Das erkennt man natürlich auch direkt an dem Potentialausdruck (153); denn bei jeder Umkreisung des Leiters ändert sich ja φ — je nach Umlaufssinn — um $\pm 2\pi$. Für die magnetische Feldstärke spielt die Vieldeutigkeit des Potentials keine Rolle, da die Glieder $2\pi nCJ$ konstant sind und in der Gleichung $|\mathfrak{H}_s| = -\frac{dV_m}{ds}$ infolge der Differentiation nicht mehr auftreten.

Das Gesamtergebnis unserer Überlegung ist also folgendes:

Im Außenraum eines Stromleiters existiert ein vieldeutiges magnetisches Potential; für die Berechnung des Feldes spielt die Vieldeutigkeit keine Rolle.

Wie steht es nun im Innenraum, wo nach (152) die Feldstärke $|\mathfrak{H}_{\varphi i}| = \frac{CJ}{R^2}\varrho$ ist? Nehmen wir zunächst versuchsweise an, es gäbe auch hier ein Potential $V_m{}^i$, so müßte der negative Gradient

$$-\frac{dV_m{}^i}{\varrho\, d\varphi} = |\mathfrak{H}_{\varphi i}| = \frac{CJ}{R^2}\varrho$$

sein. Das würde zur Bestimmung von $V_m{}^i$ die Gleichung liefern:

$$dV_m{}^i = -\frac{CJ}{R^2}\varrho^2(\varphi)d\varphi,$$

und die Potentialdifferenz zweier Punkte P_0 und P_1 des Innenraumes würde sich ergeben zu:

$$V_m{}^i{}_1 - V_m{}^i{}_0 = -\frac{CJ}{R^2}\int_{\varphi_0}^{\varphi_1} \varrho^2(\varphi)\, d\varphi.$$

Dieses Integral aber hat keinen vom Wege unabhängigen Wert; denn für jede Verbindungslinie zwischen P_0 und P_1 ist ja $\varrho(\varphi)$ eine andere Funktion von φ; folglich hängt das Integral nicht nur von Anfang und Ende des Weges, sondern auch vom Wege selbst ab: Die Arbeit zwischen zwei Punkten des Innenraumes hat gar keinen bestimmten Wert. Daraus läßt sich nur der Schluß ziehen: **Im Innenraum eines stromdurchflossenen Leiters existiert kein magnetisches Potential.**

Vergleichen wir nun die Abb. 228, die die Feldstärke in ihrer Abhängigkeit von ϱ in Innen- und Außenraum darstellt, mit der Abb. VI, 91 in Nr. 60 des I. Bandes, die die Verteilung der Geschwindigkeit v innerhalb und außerhalb eines geradlinigen Wirbels darstellt, so erkennt man völlige Identität beider Figuren. Was bei uns die Stromstärke J ist, ist dort die Geschwindigkeit v. Tatsächlich besteht zwischen beiden Vorgängen eine enge Analogie. Bei der Flüssigkeitsströmung wächst im Inneren des betrachteten Wirbels die Geschwindigkeit proportional dem Abstande ϱ von der Achse, wie bei einem rotierenden starren Körper; daher eben heißt dieses Flüssigkeitsgebiet ein „Flüssigkeitswirbel". Daran schließt sich im Außenraum eine „Zirkulationsströmung" an, bei der v umgekehrt proportional ϱ ist: das ist eine echte Potentialströmung. So ist es auch hier: Das Magnetfeld im Außenraume entspricht der Zirkulationsströmung und gehorcht dem gleichen Abhängigkeitsgesetz von ϱ; das Feld im Innenraum dagegen entspricht dem Flüssigkeitswirbel. In Übertragung der hydrodynamischen Bezeichnung nennt man das Feld im Inneren einen **magnetischen Wirbel,** der in dem stromführenden Teil des Leiters seinen Sitz hat. Anders ausgedrückt: **Das Magnetfeld eines elektrischen Stromes ist ein quellenfreies Wirbelfeld,** im Gegensatz zu den wirbelfreien Quellenfeldern der Elektrostatik und Magnetostatik.

Die eben betonte Analogie zwischen Flüssigkeitswirbeln und elektrischen Strömen (magnetischen Wirbeln) geht noch weiter. Wie Helmholtz bewiesen hat, müssen Flüssigkeitswirbel stets geschlossen sein, also Ringe (Wirbelringe) bilden (vgl. Nr. 60, Bd. I). Auch die stationären Ströme sind stets geschlossen, da der Strom auch durch das Innere des galvanischen oder thermoelektrischen Elementes fließt; es gibt also — wenigstens für den stationären Fall — auch nur ringförmig geschlossene Ströme. Diese werden ihrerseits von den Kraftlinien umschlungen, so daß Ströme und ihre Felder räumlich miteinander so verknüpft sind wie zwei Glieder einer Kette. — Allerdings scheint diese Behauptung für nicht stationäre Ströme nicht immer zuzutreffen. Betrachten wir z. B. eine Kondensatorentladung, so beginnt der Leitungsstrom jedenfalls an der einen und endigt an der anderen Kondensatorplatte: der Leitungsstrom ist also sicher nicht geschlossen. Aber gestützt auf den Helmholtzschen Satz hat Maxwell die Hypothese gemacht, daß auch in diesem Falle der Strom tatsächlich geschlossen sei, indem im Inneren des den Kondensator ausfüllenden Dielektrikums noch eine andere Stromart, der sog. Verschiebungsstrom, existiere, der zusammen mit dem Leitungsstrom wieder eine geschlossene Strombahn bilde. Diese kühne Hypothese, auf die wir später genau eingehen müssen, ist durch die Versuche von Heinrich Hertz vollkommen gerechtfertigt worden.

Aus dem Dargelegten folgt, daß die Gl. (156)

$$\oint |\mathfrak{H}_s| \, ds = 2\pi C J$$

eine ganz fundamentale Eigenschaft elektrischer Ströme ausspricht, nämlich die besondere Art der Verknüpfung zwischen dem elektrischen Strome, d. h. dem magnetischen Wirbel und dem von ihm erzeugten magnetischen Feld. Diese Gleichung — **die Grundgleichung des Elektromagnetismus** — betrachten wir daher mit Maxwell als allgemein gültig, wobei wir unter J gegebenenfalls die Summe von Leitungs- und Verschiebungsstrom zu verstehen haben; natürlich haben wir in ihr, wie in allen vorhergehenden Gleichungen, die noch unbekannte Konstante C zu bestimmen.

32. Biot-Savartsches Elementargesetz

Biot-Savartsches Gesetz; kritische Geschwindigkeit. Wie schon erwähnt, kann man nur für einfache Leiterformen das magnetische Feld durch geschlossene Ausdrücke angeben; deswegen wurde im Vorhergehenden der unendlich lange geradlinige Leiter in den Vordergrund gestellt. Man kann aber das Feld beliebig gestalteter Ströme bestimmen, wenn man sich die magnetische Wirkung des (geschlossenen) Gesamtstromleiters als die Summe der Wirkungen seiner einzelnen Teile denkt. Indem man also den Leiter in unendlich kleine Elemente dl zerlegt, die als geradlinig betrachtet werden können, setzt man die Gesamtwirkung aus den „Elementarwirkungen" der „Stromelemente" zusammen. Man muß zu diesem Zweck das Gesetz der elektrischen Wirkung eines Stromelementes kennen. Solche gibt es in der Natur natürlich nicht; vielmehr muß man die Wirkung der Elemente aus der allein beobachtbaren Wirkung der Gesamtströme erschließen. Derartige Untersuchungen haben P. S. Laplace sowie J. B. Biot und F. Savart angestellt und ein „Elementargesetz" angegeben, das sich in der Form so eng als möglich an die der Coulombschen Gesetze (und des Newtonschen Gravitationsgesetzes) anschließt. Sie sprachen 1820 folgendes Elementargesetz aus:

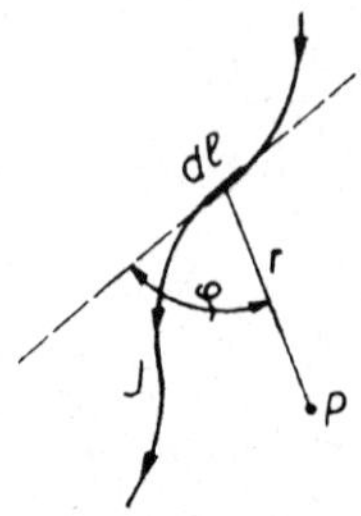

Abb. 233. Zum Biot-Savartschen Gesetz

Ein kleines geradliniges Leiterelement dl wirkt auf einen Magnetpol der Stärke p mit einer Kraft $d\mathfrak{F}$ ein, die senkrecht auf der durch dl und p gelegten Ebene steht, umgekehrt proportional ist dem Quadrat der Entfernung r zwischen dl und p, direkt proportional dem Produkt Jdl aus Stromstärke J und Länge dl des Elementes, der Polstärke p und dem Sinus des Winkels $\varphi = (r, dl)$, welchen die Verbindungslinie r von dl nach p mit der positiven Stromrichtung bildet (Abb. 233) **(Biot-Savartsches Gesetz).** Für den Betrag der Kraft $d\mathfrak{F}$ gilt also die Gleichung:

$$(159) \qquad |\, d\mathfrak{F}\, | = \frac{1}{c}\frac{J\,dl\,p}{r^2}\sin\varphi = \frac{1}{c}\frac{J\,dl\,p}{r^2}\sin(r, dl);$$

dabei ist c ein zu bestimmender Proportionalitätsfaktor.

Das Biot-Savartsche Gesetz ist seiner Form nach ein typisches Fernwirkungsgesetz; die Analogie zu dem Newtonschen und den Coulombschen Gesetzen springt in die Augen. In der damaligen Zeit, als Fernkräfte nicht anstößig, vielmehr als Schlüssel zum Verständnis der Natur erschienen, war es geradezu das Bestreben der Physiker, Gesetze von dieser Gestalt aufzufinden. Es ist indessen schon beim Biot-Savartschen Gesetze zu bemerken, daß dies nicht vollständig gelang. Zwar treten im Zähler die beiden Faktoren (Jdl) und p auf, die sich auf Ausgangs- und Angriffspunkt der Kraft beziehen, ebenso wie der Nenner das Quadrat ihres Abstandes r^2 enthält; aber einmal tritt, da (Jdl) eine Längenausdehnung (im Gegensatz zu p) hat, zusätzlich eine Winkelfunktion auf, und zweitens ist die Kraft weder anziehend noch abstoßend, d. h. nicht in Richtung der Verbindungslinie r wirkend, sondern senkrecht dazu. Es kommt hinzu, daß man Elementargesetze, wie das Biot-Savartsche, als solche nie direkt prüfen kann, sondern immer nur die Folgerungen, zu denen sie für geschlossene Ströme führen; aus Beobachtungen an solchen sind sie ja auch erst abstrahiert. Da nun der Schluß von der Summe (Gesamtstromleiter) auf die Summanden (Stromelemente) niemals eindeutig ist, so gibt es unendlich viele Elementargesetze verschiedener Gestalt, die dennoch für geschlossene Stromkreise das gleiche Ergebnis liefern können. Von der „Richtigkeit" eines Elementargesetzes — also auch des Biot-Savartschen — kann daher nur in dem Sinne gesprochen werden, daß es für geschlossene Ströme richtige, d. h. mit der Beobachtung übereinstimmende Resultate liefert; besser würde man statt „Richtigkeit" also „Zulässigkeit" sagen. Die Feldtheorie betrachtet daher Elementargesetze dieser Art zwar als unter Umständen bequeme Formeln zum Rechnen, aber in keiner Weise mehr als Fundamentalgesetze.

Dividiert man (159) beiderseits durch p, so erhält man links die Kraft auf den positiven Einheitspol, d. h. die von dem Stromelement erzeugte unendlich kleine Feldstärke $d\mathfrak{H}$, deren Betrag also der Gleichung gehorcht:

$$(160) \qquad |\, d\mathfrak{H}\, | = \frac{1}{c}\frac{J\,dl}{r^2}\sin(r\, dl).$$

Die positive Richtung von $d\mathfrak{H}$ ist natürlich durch die auf S. 168 angegebene Maxwellsche Schraubenregel oder die Ampèresche Schwimmregel gegeben, so daß dl, r und $d\mathfrak{H}$ die in Abb. 234 angedeutete Orientierung gegeneinander besitzen.

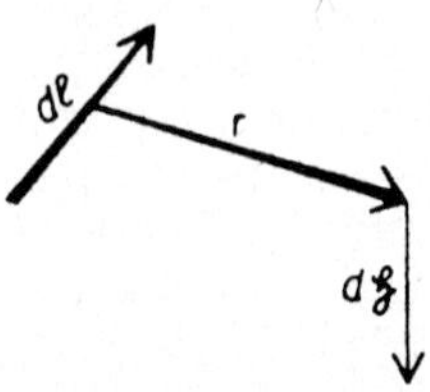

Abb. 234. Zum Biot-Savartschen Gesetz

In Gl. (159) und (160) tritt eine Konstante auf, die wir mit c bezeichneten. Im Gegensatz zu den Konstanten, die in den Gesetzen von Coulomb für die Elektrostatik — Gl. (2) — und Magnetostatik — Gl. (74) — stehen, ist sie nicht frei verfügbar. In den Coulombschen Gesetzen wurde der Konstante ein beliebiger dimensionsloser Wert, nämlich 1, beigelegt und auf diese Weise erst ein Maß für die Elektrizitätsmenge q und die Polstärke p gewonnen. In Gl. (159) ist aber alles bereits bekannt: Die Kraft $d\mathfrak{F}$, die Stromstärke J, die Polstärke p, die auftretenden Längen können wir schon messen. Daher muß die Konstante c einen wohldefinierten Wert und eine ganz bestimmte Dimension haben, wenn wir die genannten Größen quantitativ bestimmen. Wir wollen alles im CGS-System ausdrücken, also dF in dyn, J in elektrostatischen, p in magnetischen Einheiten und die Längen in Zentimetern. Wenn wir nun die bekannten Dimensionen in (159) einsetzen, so ergibt sich:

$$\dim F = MLT^{-2} = \dim\frac{1}{c}\left(\frac{M^{1/2}L^{3/2}T^{-2}L}{L^2}\right)\cdot M^{1/2}L^{3/2}T^{-1} = \dim\frac{1}{c}(ML^2T^{-3}),$$

und daraus folgt, daß c die Dimension

(161) $$\dim c = LT^{-1},$$

also die einer Geschwindigkeit besitzt. Mißt man die auftretenden Größen in den oben genannten Einheiten, so hat die Geschwindigkeit c einen ganz bestimmten numerischen Wert. Derselbe wurde zuerst von W. Weber und R. Kohlrausch (1852) bestimmt — wie, erörtern wir später auf S. 190 —; sie fanden das seinerzeit sehr überraschende Resultat:

(162) $$c = 3 \cdot 10^{10}\ \text{cm/sec},$$

d. h. **die im Biot-Savartschen Gesetz auftretende Konstante c ist gleich der Lichtgeschwindigkeit im Vakuum.** Die Konstante c muß in allen Gleichungen auftreten, die gleichzeitig elektrostatisch gemessene elektrische und magnetisch gemessene magnetische Größen enthalten; sie ist es, die die quantitativen Beziehungen zwischen ihnen reguliert und nachdrücklich auf einen inneren Zusammenhang zwischen den elektrischen und magnetischen Erscheinüngen einerseits, den optischen anderseits hinweist. Wegen dieser grundsätzlichen Bedeutung der Geschwindigkeit c für alle Gleichungen des Elektromagnetismus wird sie als die **kritische Geschwindigkeit** bezeichnet.

Mit der Bestimmung von c ist nun auch der Wert der in den Gl. (151) bis (158) bisher unbestimmt gebliebenen Konstanten C festgelegt: man braucht nur z. B. das Feld eines geradlinigen Stromes mit Hilfe des Biot-Savartschen Gesetzes auszurechnen und mit dem bisherigen Ergebnis vergleichen, was im folgenden geschieht.

Anwendungen des Biot-Savartschen Gesetzes: geradliniger und kreisförmiger Stromleiter. Wir wenden demgemäß Gl. (160) des Biot-Savartschen Gesetzes, indem wir uns auf die Abb. 235 beziehen, auf den unendlich langen geradlinigen Stromleiter an, den wir uns im Unendlichen irgendwie geschlossen denken müssen; wegen r^2 im Nenner von Gl. (160) spielen diese unendlich entfernten Partien keine Rolle. Das resultierende Feld ist danach ausgedrückt durch die Summe bzw. das Integral über den Stromleiter:

$$|\mathfrak{H}_\varphi| = \frac{J}{c}\int_{-\infty}^{+\infty} \frac{dl}{r^2} \sin\varphi.$$

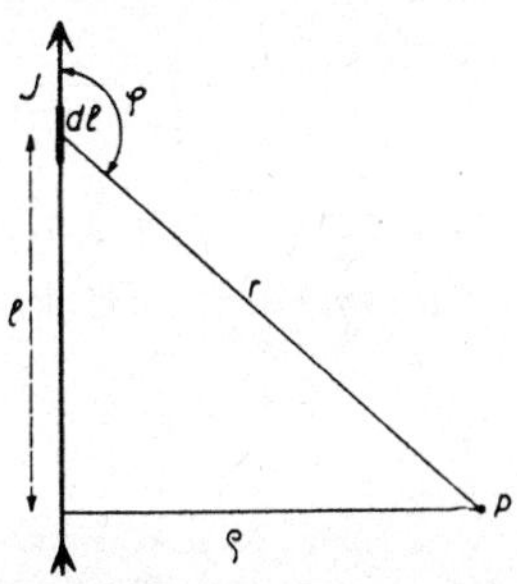

Abb. 235. Zur Ableitung des Magnetfeldes eines geradlinigen Stromleiters

Nach Abb. 235 ist

$$r = \frac{\varrho}{\sin\varphi},$$

$$l = -\varrho \operatorname{ctg}\varphi,\quad dl = \frac{\varrho}{\sin^2\varphi}\,d\varphi.$$

Setzen wir diese Werte in die obige Gleichung ein und beachten, daß für $l = -\infty$ gleichzeitig $\varphi = 0$, für $l = +\infty$ dagegen $\varphi = \pi$ ist, so folgt:

$$|\mathfrak{H}_\varphi| = \frac{J}{c\varrho}\int_0^\pi \sin\varphi\,d\varphi = -\frac{J}{c\varrho}[\cos\varphi]_0^\pi = \frac{2J}{c\varrho}.$$

Der Vergleich mit (151) ergibt sodann, daß

$$C = \frac{2}{c}$$

gesetzt werden muß. Damit haben die Gl. (151) bis (158) ihre definitive Gestalt angenommen, die wir hier übersichtlich noch einmal zusammenstellen:

(151′) $|\mathfrak{H}\varphi_a| = \frac{2J}{c\varrho}$ (Magnetfeld im Außenraum eines geradlinigen Stromleiters)

(152′) $|\mathfrak{H}\varphi_i| = \frac{2J}{cR^2}\varrho$ (Magnetfeld im Innenraum eines geradlinigen Stromleiters)

(153′) $V_m = -\frac{2J}{c}\varphi + \text{Const.}$ (Potential im Außenraum eines geradlinigen Stromleiters)

(156′) $\oint |\mathfrak{H}|\, ds = +\frac{4\pi}{c} J$ (Grundgesetz des Elektromagnetismus).

In diesen Gleichungen ist $\mathfrak{H}$ im magnetischen und J im elektrischen Maßsystem gemessen. Beim Übergang zum internationalen Einheitensystem ($\mathfrak{H}^*$ in A/m und J^* in A) sind, wie auf Seite 193 unten gezeigt wird, die rechten Seiten mit $c/4\pi$ zu multiplizieren; dies liefert:

(151″) $|\mathfrak{H}^*_{\varphi a}| = \frac{1}{2\pi}\frac{J^*}{\varrho}$ (Magnetfeld im Außenraum eines geradlinigen Stromleiters)

(152″) $|\mathfrak{H}^*_{\varphi i}| = \frac{1}{2\pi}\frac{J^*}{R^2}\varrho$ (Magnetfeld im Innenraum eines geradlinigen Stromleiters)

(153″) $V^*_m = -\frac{1}{2\pi}J^*\varphi + \text{Const.}$ (Potential im Außenraum eines geradlinigen Stromleiters)

(156″) $\oint |\mathfrak{H}^*|\, ds = J^*$ (Grundgesetz des Elektromagnetismus).

Wir wenden uns nun zur Berechnung des Magnetfeldes eines kreisförmigen Stromleiters, das wir für einen Punkt P (Abb. 236) auf der Achse des Kreisringes (Radius R) im Abstande r_0 von der Ebene des Ringes bestimmen. Nach dem Biot-Savartschen Gesetz liefert z. B. das Stromelement dl_1 das Feld $d\mathfrak{H}_1$, das auf der durch dl_1 und r gelegten Ebene senkrecht steht und nach Gl. (160) den Betrag

$$|d\mathfrak{H}_1| = \frac{1}{c}\frac{J}{r^2}\, dl_1$$

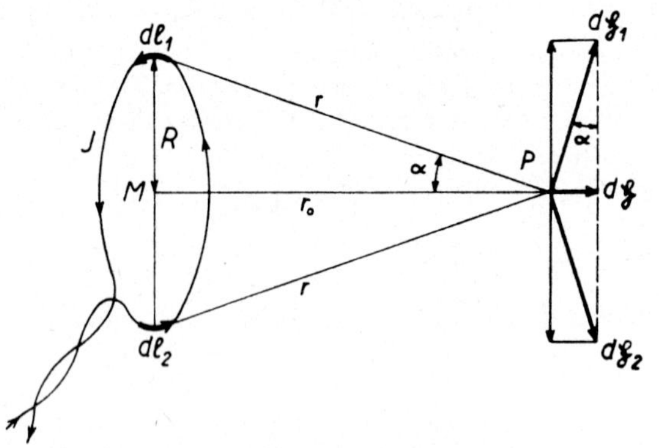

Abb. 236. Zur Berechnung des Magnetfeldes eines kreisförmigen Stromleiters

hat, da für alle Elemente dl des Stromkreises $\sin\varphi = \sin(r, dl) = 1$ ist. Sämtliche von den einzelnen Elementen des Kreisstromes erzeugten Beiträge zur Feldstärke bilden nach Abb. 236 offenbar die Seitenlinien eines Kegels, dessen Spitze in P liegt und dessen Achse die Verlängerung von MP ist. Jeder dieser Feldstärkenbeträge läßt sich in zwei Komponenten zerlegen, deren eine ($d\mathfrak{H}$) in die Richtung der Achse MP fällt, deren andere senkrecht darauf steht. Diese letzteren Komponenten heben sich aber für je zwei diametral gegenüberliegende Stromelemente (dl_1 und dl_2 in Abb. 236) auf; es bleiben nur die Komponenten $d\mathfrak{H}$ in Richtung der Achse übrig, die alle gleich groß sind und deren Summe zu bestimmen ist. Aus Abb. 236 folgt, daß

$$|d\mathfrak{H}| = |d\mathfrak{H}_1| \sin\alpha;\ \sin\alpha = \frac{R}{r} \text{ ist.}$$

Mithin ist:

$$|d\mathfrak{H}| = \frac{JR}{c\, r^3}\, dl.$$

und die zu bestimmende Summe:

(163) $$|\mathfrak{H}| = \frac{JR}{c r^3}\int dl = \frac{J}{c}\frac{R}{r^3}\, 2\pi R = \frac{2\pi R^2}{c\, r^3} J.$$

Da $r = \sqrt{r_0^2 + R^2}$ ist, können wir auch schreiben:

(163a) $$|\mathfrak{H}| = \frac{2\pi J}{c R\left(1 + \frac{r_0^2}{R^2}\right)^{3/2}}.$$

Damit ist die gestellte Aufgabe gelöst.

Zwei spezielle Fälle haben besonderes Interesse: Für den Kreismittelpunkt M geht die letzte Gleichung, da $r_0 = 0$ wird, über in:

(163b) $$|\mathfrak{H}_0| = \frac{2\pi J}{c R}.$$

Diese Feldstärke ist parallel der Achse MP, d. h. senkrecht zur Ebene des Kreisringes gerichtet; davon werden wir später eine praktische Anwendung machen (Tangentenbussole, S. 181). Der andere spezielle Fall ergibt sich für $r_0 \gg R$, d. h. für einen Aufpunkt P in sehr großer Entfernung von dem Kreisstrom. Dafür folgt, da dann 1 gegenüber $\frac{r_0^2}{R^2}$ vernachlässigt werden kann:

(163c) $$|\mathfrak{H}_\infty| = \frac{2\pi R^2 J}{c r_0^3},$$

eine Gleichung, deren physikalische Bedeutung wir später erörtern werden. Wir wollen sie aber zum Zwecke der Verallgemeinerung noch etwas anders formulieren. $R^2\pi$ ist die vom Stromleiter umrandete Fläche A; führt man A, das man als Windungsfläche bezeichnet, in (163c) ein so läßt sich diese Gleichung auch schreiben:

(163d) $$|\mathfrak{H}_\infty| = \frac{2AJ}{c r_0^3}.$$

In dieser Form nun gilt sie — selbstverständlich bei großen r_0, wie ja vorausgesetzt — für beliebig gestaltete Stromschleifen (Dreieck, Viereck, beliebiges Polygon usw.); dies ist leicht verständlich, weil gegenüber dem großen Wert r_0 die Abmessungen der Stromfläche verschwinden und eine Abweichung von der Kreisgestalt daher nichts ausmacht.

Tangentenbussole; Nadelgalvanometer. Man macht von der Bestimmung des Feldes einer kreisförmigen Stromschleife eine sehr wichtige Anwendung zur Konstruktion eines Strommessers, der sog. **Tangentenbussole.** Diese besteht in ihrer einfachsten Form aus einer kreisförmigen Stromschleife, die man in die Richtung des magnetischen Meridians stellt; in ihrem Mittelpunkt ist eine sehr kleine Magnetnadel um eine vertikale Achse drehbar aufgestellt. Wird durch die Stromschleife ein Strom J hindurchgesandt, so wirkt z. B. auf den Nordpol der Nadel von der Polstärke p außer der Horizontalintensität H des Erdfeldes die senkrecht dazu stehende Feldstärke $|\mathfrak{H}_0| = \frac{2\pi J}{c R}$ nach Gl. (163b) ein. Die Nadel wird dadurch aus der Nord-Süd-Richtung um einen bestimmten Winkel α abgelenkt; sie ist wieder im Gleichgewicht, wenn die Resultierende aus den beiden Kräften dieselbe Richtung wie die Nadel hat, d. h. wenn die Resultierende mit der Nord-Süd-Richtung gleichfalls den Winkel α bildet (Abb. 237). Dann ist offenbar:

(164) $$\tan\alpha = \frac{|\mathfrak{H}_0|\,p}{H p} = \frac{|\mathfrak{H}_0|}{H} = \frac{2\pi}{c R H} J = A J,$$

d. h. die Tangente des Ausschlagswinkels ist proportional der Stromstärke J. Kennt man die Konstante $A = \frac{2\pi}{c R H}$, den sog. Reduktionsfaktor der Tangentenbussole, so kann man mit diesem Instrument, dessen Name nun verständlich wird, Stromstärken bestimmen; wir haben also ein **Galvanometer** vor uns. Da bei diesem und den im folgenden besprochenen Galvanometern die Spule fest, die Magnetnadel beweglich ist, nennt man diesen Typus genauer Nadelgalvanometer. Der Ausschlag kann vergrößert werden, indem man nicht eine, sondern N kreisförmige Drahtwindungen eng nebeneinander legt; dann ist:

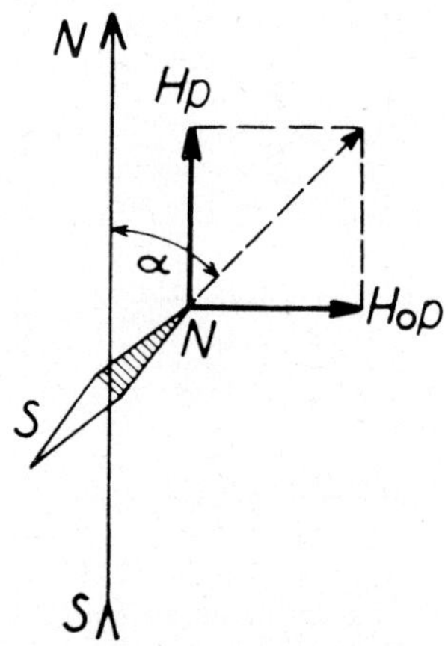

Abb. 237. Zur Wirkung der Tangentenbussole (Bussola, ital. = Kompaß)

(164a) $$\tan\alpha = \frac{2\pi N}{c R H} J = A'J.$$

Für kleine Winkel α kann statt der trigonometrischen Tangente der Winkel selbst genommen werden, so daß gilt:

(164b) $$\alpha = A' J.$$

Man erkennt, daß der Ausschlag α umgekehrt proportional R und H ist; das Instrument ist also um so empfindlicher, je kleiner R und H sind. Erstere Forderung kommt darauf hinaus, daß man die Windungen sehr eng um die Nadel herumlegt; wie man letzteres erzielt, wird weiter unten erläutert werden.

Umgekehrt kann man aus der Gl. (164a) bei bekanntem J den Reduktionsfaktor $A' = 2\pi N/cRH$ bestimmen; da N und R leicht gemessen werden können, ergibt sich auf diese Weise die Horizontalkomponente H des Erdfeldes.

Die im Gebrauch befindlichen Galvanometer sind nur Varianten bzw. Weiterentwicklungen der Tangentenbussole. Z. B. zeigt Abb. 238 den von Chr. Schweigger und J. Poggendorff (1821) angegebenen „Multiplikator", so genannt, weil die Magnetnadel zur Vergrößerung des Ausschlages von einer großen Anzahl N von Windungen umgeben ist. Die Kreisform ist dabei allerdings verlassen, das Biot-Savartsche Gesetz erlaubt aber, das Magnetfeld am Ort der Nadel zu bestimmen. Auch hier gilt eine (164a) analoge Formel, nur hat der Reduktionsfaktor eine andere Gestalt. Um die Empfindlichkeit weiter zu erhöhen, verwandte L. Nobili (1825) ein **astatisches Nadelpaar** (Abb. 239). Es besteht aus zwei gleichartigen möglichst gleich stark magnetisierten Nadeln, die parallel starr so miteinander verbunden sind, daß entgegengesetzte Pole nach der gleichen Seite zeigen. Sind die Polstärken p und $-p'$, so wirkt das Erdfeld auf den einen Pol mit der Kraft $+Hp$, auf den anderen dagegen mit der Kraft $-Hp'$ ein, so daß die Gesamtkraft $H(p-p')$ ist; das kommt auf dasselbe heraus, als ob das Erdfeld H stark geschwächt

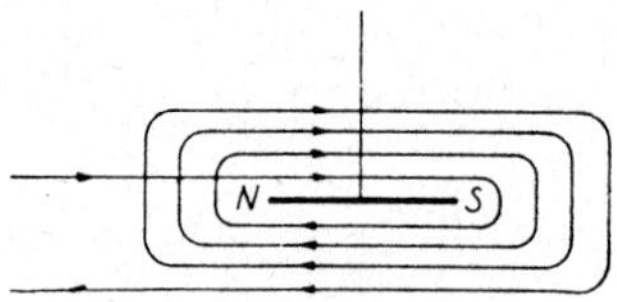

Abb. 238. Prinzip des Nadelgalvanometers

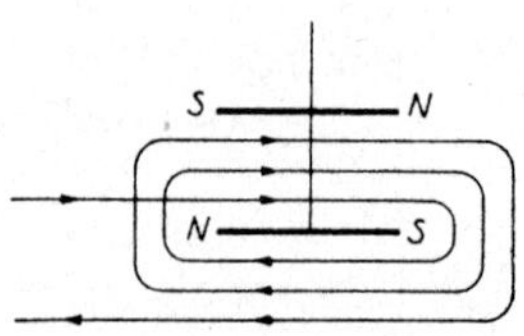

Abb. 239. Nadelgalvanometer mit astatischem Nadelpaar

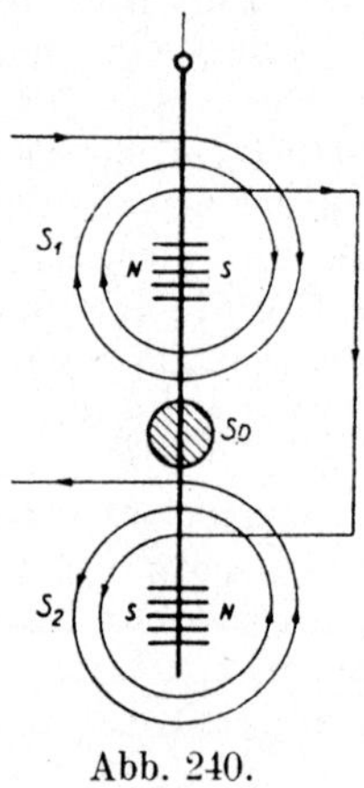

Abb. 240. Spiegelgalvanometer nach W. Thomson

Abb. 241. Panzergalvanometer (äußerer Eisenpanzer zur Hälfte abgenommen)

sei, was wir oben als eine Möglichkeit zur Vergrößerung des Ausschlages erkannten. Anderseits wird die magnetische Wirkung der Stromspule verstärkt, indem man die eine der Nadeln innerhalb, die andere z. B. oberhalb der Spule anbringt, so daß die entgegengesetzten Pole dennoch nach der gleichen Seite abgelenkt werden. Ist $p = p'$, so würde die richtende Kraft des Erdfeldes gleich Null sein, also beim kleinsten Strom die Nadel um 90° ausschlagen, wenn nicht die Torsionskraft des Aufhängefadens die Nadel in die Ruhelage zurückzöge, was wir bisher der Einfachheit halber nicht berücksichtigt haben; auch die Torsionskraft kann weitgehend reduziert werden, indem man sehr dünne Quarzfäden zur Aufhängung benutzt. Dies ist z. B. der Fall bei dem von W. Thomson (Lord Kelvin) angegebenen Galvanometer. Das astatische System besteht hier (Abb. 240) aus zwei Systemen magnetisierter Stahllamellen, die in paralleler Richtung übereinander an einem leichten Aluminiumstäbchen befestigt sind, das seinerseits von dem Quarzfaden getragen wird. Jedes der einander entgegengerichteten Magnetsysteme befindet sich im Innern je zweier Spulen S_1 und S_2 mit vielen Windungen, die in entgegengesetztem Sinn vom Strom durchflossen werden, wie die Abbildung zeigt; so werden die beiden Systeme nach der gleichen Seite abgelenkt. Die Drehung kann mittels Fernrohr über einen am Gehänge befestigten kleinen Spiegel Sp an einer Skala abgelesen werden (Spiegelgalvanometer); in diesem Falle hat man es mit so kleinen Ablenkungswinkeln zu tun, daß man unbedenklich tang α mit α vertauschen darf.

Je empfindlicher ein Galvanometer ist, um so größeren Störungen ist es ausgesetzt, sei es durch Schwankungen des Erdfeldes selbst, sei es durch die Magnetfelder, die von starken elektrischen Strömen (von elektr. Bahnen) herrühren. Um diese magnetischen Störungen herabzudrücken, umgibt man die Galvanometer mit einem oder mehreren Eisenpanzern, die den magnetischen Fluß in sich hineinziehen und das Innere abschirmen. Berühmt geworden ist das Panzergalvanometer von Paschen, Dubois und Rubens. In der Abb. 241 sieht man den inneren und den äußeren Kugelpanzer. Der besondere Vorteil ist, daß man Spulen mit wenigen Wicklungen aus dickem Draht (d. h. kleiner innerer Widerstand von einigen Ohm) verwenden kann. Hierdurch erreicht man bei der Messung der Ströme von Thermoelementen mit kleinem inneren Widerstand eine ideale Widerstandsanpassung. — Bei Verwendung von Magnetnadeln aus modernen Stählen mit großer Koerzitivfeldstärke lassen sich Ströme bis herab zu 10^{-11} A bei einem Innenwiderstand von wenigen Ohm messen.

Magnetische Wirkung von Konvektionsströmen. Nachdem wir im Vorhergehenden die magnetische Wirkung eines Kreisstromes kennengelernt haben, können wir jetzt den experimentellen Nachweis erbringen, daß eine freie, bewegte elektrische Ladung sich bezüglich ihrer magnetischen Wirkung genau wie ein elektrischer Leitungsstrom verhält. Die magnet. Wirkung ist die gleiche, ob sich die Ladungen im Draht oder frei im Vakuum bewegen. Wir versehen z. B. eine senkrecht stehende Kunststoffscheibe auf ihrem äußeren Rand mit einem Metallring, den wir elektrisch aufladen. Wird dann die ganze Scheibe um ihre horizontale Achse in schnelle Rotation versetzt, so stellt die rotierende ringförmige Ladung einen Kreisstrom dar, den man durch die Ablenkung einer empfindlichen Magnetnadel ebenso nachweisen und messen kann, wie den Strom in einer Tangentenbussole. Um dabei ganz sicher zu sein, daß die auf dem Metallring befindlichen Ladungen bei der Rotation vom Metall auch mitgenommen werden, wird der Ring durch eine Anzahl radialer Schnitte in einzelne Segmente unterteilt. Der geschilderte Versuch wurde zuerst von H. A. Rowland im Helmholtzschen Laboratorium (1876) ausgeführt. Nennen wir q die auf der Längeneinheit des Ringes befindliche Ladung und v die Umfangsgeschwindigkeit des Ringes, so werden pro Sekunde qv elektrische Ladungen mit dem Ring durch seinen Querschnitt hindurchbewegt; das ist aber definitionsgemäß die elektrische Stromstärke des Konvektionsstromes. Die genannten Versuche, die später von W. C. Röntgen (1885) und F. Himstedt (1889 und 1904) in verbesserter Form wiederholt wurden, ergaben das Resultat, daß Gl. (164a) quantitativ zutrifft. Die große Bedeutung dieser Versuche liegt darin, daß sie beweisen, daß eine bewegte elektrostatische Ladung, d. h. ein Konvektionsstrom, einem Leitungsstrom magnetisch völlig äquivalent ist. Auf die quantitative Bedeutung dieses Versuches gehen wir am Schluß der Nr. 34 noch ein.

33. Äquivalenz von Strömen und Magneten; Ampères Molekularströme

Elektrische Ströme treten durch ihr Magnetfeld in eine Beziehung zu Permanentmagneten, die von Ampère genauer formuliert wurde; die vorhergehenden Darlegungen setzen uns in den Stand, seine Gedanken zu verstehen. Zu dem Zweck untersuchen wir das Kraftlinienbild eines Kreisstromes in einer durch den Kreismittelpunkt gehenden, auf der Windungsfläche A senkrechten Ebene; es ist in Abb. 242a in der üblichen Weise durch Eisenfeilspäne sichtbar gemacht und in Abb. 242b nochmals schematisch gezeichnet. Die Linien treten auf der einen Seite der Windungsfläche, deren Schnitt in Abb. 242b gestrichelt eingezeichnet ist, heraus, umschlingen in größeren oder kleineren Kreisbögen den Leiter und münden auf der anderen Seite wieder in die Windungsfläche ein; davon, daß die Kraftlinien sich innerhalb der Windungsfläche wieder schließen, sehen wir zunächst ab. Außerhalb der Windungsfläche stimmt dieses Kraftlinienbild vollständig überein mit dem einer gleich großen kreisförmigen magnetisierten Eisenlamelle, einem sog. magnetischen Blatt. Es ist dabei übrigens unwesent-

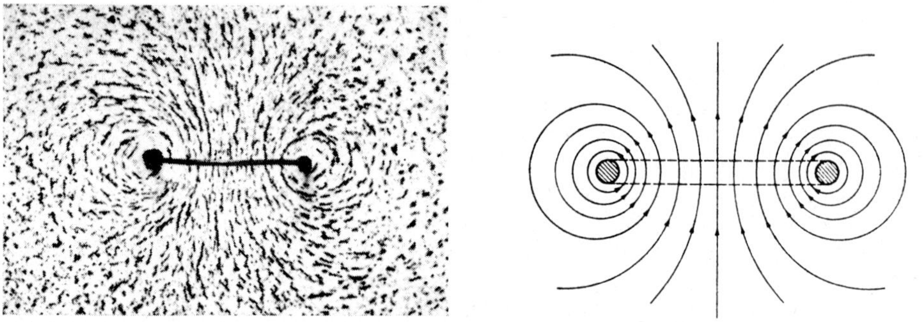

a b

Abb. 242. Magnetisches Kraftlinienbild einer Stromschleife
a mit Eisenfeilspänen sichtbar gemacht; b schematisch dargestellt

lich, daß wir einen Kreisstrom zugrunde gelegt haben; auch ein Stromkreis beliebiger Gestalt erzeugt ein Magnetfeld, das völlig identisch ist mit dem eines gleichgestalteten magnetischen Blattes in dessen Außenraum. Wir können uns also einen Stromleiter bezüglich seiner magnetischen Wirkung im Außenraum stets durch eine von ihm umrandete magnetische Lamelle oder Doppelschicht ersetzt denken, die auf der einen Seite nord-, auf der anderen südmagnetisch ist. Um festzustellen, welche Seite der stromumflossenen Fläche sich nordmagnetisch verhält, haben wir nur eine der auf S. 168 angegebenen Regeln anzuwenden und finden, daß diejenige Seite einem Nordpol äquivalent ist, um die der Strom, wenn man senkrecht auf die Fläche blickt, entgegen dem Uhrzeiger fließt. Diese Beziehung zwischen Strömen und Magneten heißt nach ihrem Urheber die **Ampèresche Äquivalenz.** Wir haben nur noch zu bestimmen, wie stark die Lamelle, die einem Strom J äquivalent sein soll, zu magnetisieren, d. h. wie groß ihr magnetisches Moment $\mathfrak{M}$ ist. Sei η die Dichte der magnetischen Belegung und d die Dicke der Platte, so ist $m = \eta\, d$ der Betrag des magnetischen Moments der Flächeneinheit, also $|\,\mathfrak{M}\,| = A\eta d$ der des gesamten magnetischen Momentes. Ferner ist nach Gl. (163 d) die von einem die Fläche A berandenden Strom J in einem weit entfernten Punkt der Achse erzeugte Feldstärke gleich $(2A/cr_0^3)\,J$. Diesen Ausdruck vergleichen wir mit der Feldstärke, die ein gewöhnlicher Magnet gleichfalls in einem weit entfernten Punkt seiner Achse erzeugt; diese ist nach Gl. (84) $2M/r_0^3$; (in der erwähnten Gleichung ist $\varphi = 0$, $r = r_0$ zu setzen). Es muß daher zwischen dem magnetischen Moment $\mathfrak{M}$ der Doppelschicht und der Stromstärke J des sie umrandenden Stromes die Beziehung bestehen:

$$\frac{2}{c}\frac{A}{r_0^3}J = \frac{2\,M}{r_0^3},$$

d. h.

$$M = \frac{A}{c}J; \qquad \frac{J}{c} = \frac{M}{A} = m. \tag{165}$$

Daher gilt der Satz:

Jeder geschlossene Strom J kann hinsichtlich seines Magnetfeldes im Außenraum durch eine vom Leiter umrandete, sonst aber ganz beliebig gestaltete magnetische Doppelschicht ersetzt werden, deren magnetisches Moment m pro Flächeneinheit gleich J/c ist.

Zwei Bemerkungen sind dazu zu machen:

Erstens ist es wichtig, sich klar zu machen, daß die Ersetzbarkeit eines Stromes durch eine magnetische Lamelle nur für den Außenraum der Lamelle gilt; denn nur im Außenraum der Lamelle ist

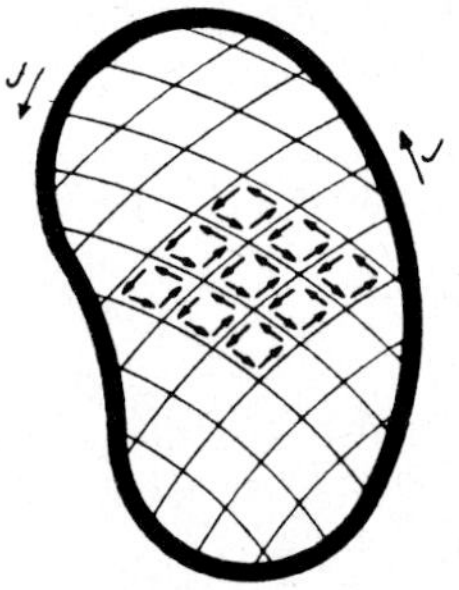

Abb. 243. Durch einen Strom berandete Fläche beliebiger Krümmung

ihr Feld mit dem des Stromes identisch. Man erkennt dies z. B. durch die Betrachtung des Kraftlinienverlaufes im Innnern der Doppelschicht in Abb. 242 b. Dort sind die $\mathfrak{H}$-Linien für einen *Strom* gezeichnet, und diese sind geschlossene Kurven. Wäre aber die Doppelfläche ein *wirklicher Magnet*, so würden in seinem Innern die Feldlinien gerade die umgekehrte Richtung haben: denn hier entspringen und endigen sie in den Polen; man vergleiche z. B. Abb. 162 b auf S. 119, in der dieser Sachverhalt zum Ausdruck kommt. (Etwas anderes wäre es mit den $\mathfrak{B}$-Linien; diese sind auch bei Magneten geschlossene Kurven.)

Zweitens ist es keineswegs notwendig, daß das magnetische Blatt, das durch den Stromleiter berandet wird, eine ebene Fläche ist, wie der Einfachheit halber im Vorhergehenden stillschweigend angenommen wurde; vielmehr leistet jede durch den Strom berandete Fläche beliebiger Krümmung dasselbe. Dies kann man folgendermaßen beweisen: Man denke sich die beliebig gekrümmte Fläche durch sich kreuzende Kurven in ein Netz von kleinen krummlinigen Vierecken eingeteilt (Abb. 243). Jedes dieser Vierecke sei von einem Strom J im gleichen Sinne umflossen, wie der wirkliche Strom J die ganze Fläche umfließt. Dann fließen in jeder Vierecksseite zwei entgegengesetzte gleiche Ströme, die sich in ihrer magnetischen Wirkung aufheben, so daß nur der Strom in der Berandung, d. h. im gegebenen Stromleiter übrig bleibt. Jedes der einzelnen Vierecke können wir uns ersetzt denken durch einen magnetischen Dipol, die alle zusammen die magnetische Doppelschicht ergeben, deren Gestalt also völlig gleichgültig ist.

Aus der oben formulierten Äquivalenz zwischen Strömen und Magneten folgt, daß das magnetische Potential V_m eines geschlossenen Stromes identisch ist mit dem der äquivalenten Doppelschicht. Letzteres läßt sich aber folgendermaßen berechnen:

Wir betrachten ein kleines Element dA der Doppelfläche (Abb. 244), das wir als einzelnen Dipol auffassen können. In einem Punkte P, der von der Mitte des Flächenelementes die Entfernung r hat, ist nach Gl. (18a) in Nr. 7 S. 24 das Potential

$$d\,V_m = \frac{m\,dA}{r^2}\cos\varphi \tag{166}$$

dabei bedeutet m das magnetische Moment der Flächeneinheit der Doppelfläche und φ den Winkel zwischen r und der Normalen N des Flächenelementes dA, die mit der Richtung des magnetischen Momentes zusammenfällt[1]). Wir denken uns von P aus einen Kegel von Radien nach der Umrandung von dA gezogen; dann ist der räumliche Winkel $d\omega$ dieses Kegels der Winkel, unter dem das Flächenelement dA von P aus gesehen wird; $r^2\,d\omega$ ist das Stück der Kugelfläche um P, das von dem besagten Kegel ausgeschnitten wird, und folglich gleich der Projektion von dA auf diese Kugelfläche, d. h. es ist:

$$\cos\varphi = \frac{r^2\,d\omega}{dA}$$

oder:

$$d\,\omega = \frac{dA\cos\varphi}{r^2}$$

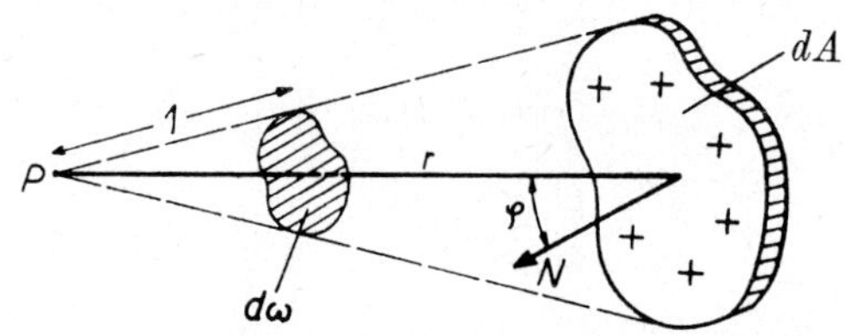

Abb. 244. Zur Berechnung des Potentials einer magnetischen Doppelfläche

Aus Gl. (166) folgt dann:

$$dV_m = m\,d\omega$$

und wenn wir über die ganze vom Strom begrenzte Doppelfläche summieren bzw. integrieren:

$$V_m = \int dV_m = m\int d\omega = m\,\omega \tag{167}$$

d. h. das Potential einer magnetischen Doppelschicht in einem Punkte P ist gleich dem Produkt aus dem magnetischen Moment je Flächeneinheit der Doppelschicht und dem räumlichen Winkel ω, unter dem die Doppelschicht von P aus erscheint.

Da nach Gl. (165) $m = J/c$ ist, folgt für das Potential des äquivalenten Stromes:

$$V_m = \frac{J}{c}\,\omega\,, \tag{168}$$

---

[1]) In Gl. (18a) ist die Bezeichnung etwas anders als hier: dort ist m das ganze Moment, das hier durch $m\,dA$ bezeichnet ist. Daß ferner Gl. (18a) sich auf einen elektrischen Dipol bezieht, ist natürlich nebensächlich.

in Worten:

Das magnetische Potential eines geschlossenen Stromes in einem Punkte P außerhalb des Leiters ist gleich dem $1/c$-fachen Produkt aus der Stromstärke J und dem räumlichen Winkel ω, unter dem die Stromschleife von P aus erscheint.

Rückt der Punkt P in die Doppelfläche hinein, so wird der räumliche Winkel ω gleich 2π. Für das Potential der Doppelfläche selbst erhalten wir also:

$$V_m = \pm 2\pi m = \pm \frac{2\pi}{c} J,$$

wobei das positive Zeichen für diejenige Seite gilt, auf der sich die nordmagnetische Belegung befindet, dagegen das negative Zeichen für die Seite mit der südmagnetischen Belegung. Beim Durchgang durch die Doppelfläche ändert sich also das Potential um den Betrag:

$$V_{m+} - V_{m-} = 4\pi m = \frac{4\pi}{c} J. \tag{169}$$

Das Potential einer magnetischen Doppelschicht wächst beim Durchgang durch die Fläche von der Seite der negativen Belegung zur positiven sprungweise um $4\pi m$ bzw. $\frac{4\pi}{c} J$, wobei m das Moment der Flächeneinheit der Doppelschicht und J den (in elektrostatischen Einheiten gemessenen) Strom in dem die Doppelfläche begrenzenden Stromleiter bedeuten.

Dieser Satz und Gl. (169) sagen also das gleiche aus, was wir bereits früher fanden, daß beim einmaligen Umfahren eines vom Strom J durchflossenen Leiters mit einem magnetischen Pol der Stärke p die Arbeit $\pm \frac{4\pi}{c} J \cdot p$ zu leisten ist bzw. gewonnen wird, je nachdem, ob man die Bewegung des Poles *gegen* oder *in* Richtung der Kraftlinien vornimmt.

Daß ein stromdurchflossener kreisförmiger Leiter wie ein magnetisches Blatt wirkt, zeigen folgende Versuche: Bringt man in horizontaler Lage den Leiter am Ende eines Waagebalkens an (Abb. 245), indem man die Stromzuführung über die beiden Lagerschalen vornimmt, so wird

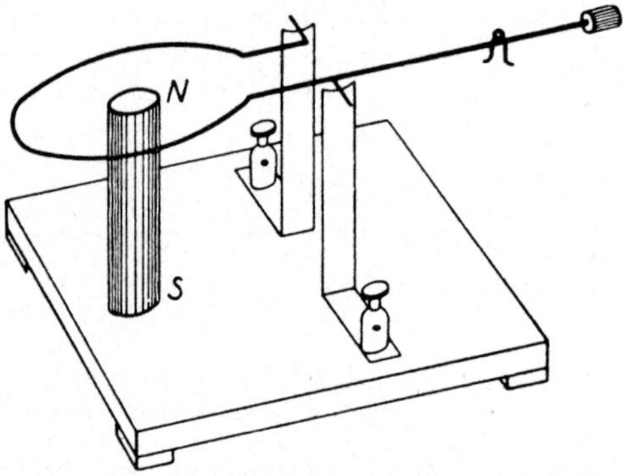

Abb. 245. Magnetisches Verhalten eines kreisförmigen Stromleiters

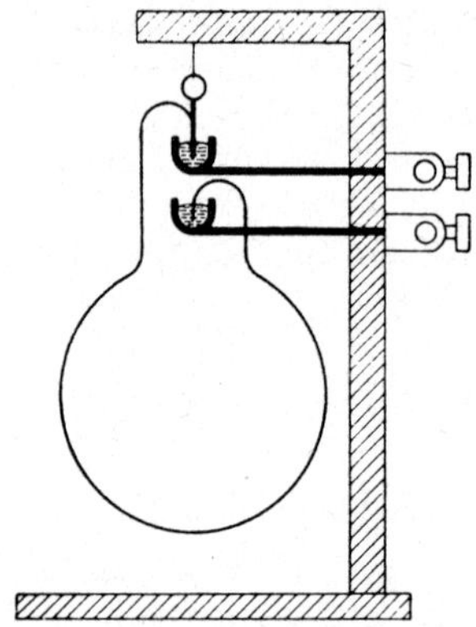

Abb. 246. Drehbar aufgehängter kreisförmiger Stromleiter

je nach Stromrichtung die Schleife von dem Pol eines darunter gestellten Stabmagneten angezogen oder abgestoßen. — Hängt man einen stromdurchflossenen kreisförmigen Leiter an einem Faden vertikal auf (Abb. 246) und führt man den Strom über zwei Quecksilbernäpfchen zu, so stellt sich der Leiter mit seiner Fläche senkrecht zum magnetischen Meridian ein. Die Normale auf der Fläche nimmt also die Nord-Süd-Richtung an (Ampèresches Gestell).

Ampère hat bereits selbst aus der Äquivalenz von Strömen und Magneten den wichtigen und folgenschweren Schluß gezogen, daß der Magnetismus auf elektrische Ströme zurückgeführt werden kann. Er dachte sich statt der Molekularmagnete, die wir bisher in den magnetisierbaren, vor allem in den ferromagnetischen Körpern angenommen haben, daß jedes Atom in diesen Substanzen von einem kleinen Kreisstrom (**Molekularstrom**) umflossen sei. Dies kommt ja nach dem Obigen in der Tat auf dasselbe heraus, wie die Annahme eines molekularen Magneten. Die Normalen dieser Molekularströme, die den Achsen der Molekularmagnete entsprechen, sind danach im unmagnetischen Zustande als völlig unorientiert zu denken, sie weisen nach allen Richtungen; erst durch ein äußeres Magnetfeld werden sie gerichtet. Die Hypothese der **Ampèreschen Molekularströme** macht offenbar nicht nur die Annahme eines magnetischen Fluidums überflüssig, sondern sie erklärt vor allem, warum die beiden Pole eines Magneten immer nur paarweise in gleicher Stärke auftreten, d. h. daß es keine isolierten Nord- oder Südpole gibt. Freilich bietet sie in ihrer ursprünglichen Form die große Schwierigkeit, daß die Ströme dauernd fließen müßten, ohne — wie Leitungsströme — Joulesche Wärme zu erzeugen. Die neuere Entwicklung hat diese Schwierigkeit beseitigt; denn wir wissen, daß im Atom negative Ladungen, nämlich Elektronen vorhanden sind, die um einen positiven Kern kreisen: Diese bewegten Ladungen stellen aber echte elektrische Ströme dar.

Wir besprechen im folgenden Versuche, die die Existenz kreisender Elektronen direkt beweisen; der Grundgedanke der Ampèreschen Hypothese hat sich also voll bewährt.

Gyromagnetische Effekte. Die im Atom als kreisend vorausgesetzten Elektronen erzeugen nicht nur das magnetische Moment desselben, sondern besitzen auch einen mechanischen Drehimpuls, da die Elektronen eine wenn auch kleine Masse besitzen. Außerdem drehen sich die Elektronen auch noch um ihre eigene Achse mit ganz bestimmten Winkelgeschwindigkeiten (sog. Elektronenspin); auch dies trägt — sogar vorzugsweise — zum magnetischen Moment und zum Drehimpuls bei. Jedes einzelne im Atom kreisende und um seine Achse rotierende Elektron stellt also gleichzeitig einen Kreisel dar. Im unmagnetischen Zustand sind die Richtungen der magnetischen Einzelmomente ganz regellos angeordnet, das resultierende magnetische Moment ist also Null. Das gleiche gilt von den Drehimpulsachsen: Im unmagnetischen Zustand verschwindet auch der resultierende Drehimpuls. Werden aber durch ein äußeres magnetisches Feld etwa in einem Eisenstäbchen sämtliche Kreiselachsen parallel gerichtet, so bekommt das Stäbchen magnetische Pole und gleichzeitig einen — freilich unsichtbaren — von Null verschiedenen Drehimpuls. Dreht man die Richtung des äußeren Feldes um, so wird das Stäbchen ummagnetisiert, gleichzeitig schlägt der Drehimpuls in die entgegengesetzte Richtung um, ändert sich also um das Doppelte seines ursprünglichen Betrages. Nach dem Satz von der Erhaltung des Drehimpulses (Band I, Nr. 28) muß diese Änderung des unsichtbaren Drehimpulses kompensiert werden durch das Auftreten eines entgegengerichteten Drehimpulses des ummagnetisierten Eisenstäbchen als Ganzes. In der Tat gelang es S. J. Barnett sowie A. Einstein und A. de Haas (1916), diesen Effekt nachzuweisen. Sie hingen an einem dünnen Quarzfaden ein Eisenstäbchen völlig symmetrisch in einer Spule auf, in der der Strom umgekehrt wurde. Bei jeder Umkehrung, d. h. bei jeder Ummagnetisierung, erfolgte gleichzeitig eine Drehung des Stäbchens in dem einen oder anderen Sinne, eine Folge des äußeren auftretenden Drehimpulses. Indem man das Umkehren im Takt der Stäbcheneigenschwingung vornahm, konnte durch Resonanz der Effekt sehr deutlich gemacht werden: die Existenz kreisender bzw. kreiselnder Elektronen in den Atomen der ferromagnetischen Körper ist damit bewiesen. Auch quantitativ ergaben sich für Ladung und Masse der Elektronen die richtigen Werte.

Noch durch einen anderen Versuch läßt sich die Existenz der Molekularströme im Eisen beweisen. Dreht man einen rotierenden Kreisel um eine beliebige Achse, so versucht der Kreisel seine Achse parallel dieser letzteren Drehachse zu stellen (Prinzip des Kreiselkompasses, Bd. I, Nr. 40). Bringt man ein unmagnetisches Eisenstäbchen, in dem die Achsen der einzelnen Kreisströme also ganz unorientiert liegen, in rasche Rotation um seine Längsachse, so müssen sich die Achsen der Kreisströme, die wir, wie oben auseinandergesetzt, als einzelne Kreisel betrachten können, parallel zur Stabachse stellen, d. h. im Eisenstäbchen muß eine magnetische Polarisation auftreten. Diese schon von Maxwell gesuchte Erscheinung wurde von S. J. Barnett (1914) experimentell mit Erfolg verwirklicht. Er versetzte einen kleinen Eisenzylinder um seine Längsachse in sehr schnelle Rotation und konnte beobachten, daß bei einer Drehung im Sinne des Uhrzeigers auf der Vorderseite ein Nordpol entsteht; das bedeutet, daß die in den Molekülen kreisenden, die Magnetisierung erzeugenden Ladungen negatives Vorzeichen haben; deren Ladung und Masse ergeben wieder, daß es sich um Elektronen handelt.

34. Die verschiedenen Maßsysteme der Elektrodynamik und ihre Beziehungen zueinander

In allen Gleichungen des Elektromagnetismus, z. B. im Biot-Savartschen Gesetz (159) auf S. 177 oder in Gl. (163b) auf S. 180, für die magnetische Feldstärke im Mittelpunkt eines kreisförmigen Leiters vom Radius R, der von der Stromstärke J durchflossen wird, haben wir folgenden Sachverhalt vor uns: Sie alle enthalten sowohl elektrische Größen, die nach elektrostatischem Maß gemessen sind, wie auch gleichzeitig magnetische Größen, die im magnetischen — oder wie man lieber sagt, elektromagnetischen — Maßsystem gemessen werden. Z. B. lautet Gl. (163b):

(170a) $$|\mathfrak{H}_{em}| = \frac{2\pi}{R}\frac{J_{es}}{c}.$$

Dabei haben wir durch die Indices „em" und „es" das jedesmal benutzte Maßsystem deutlicher hervorgehoben. Die Folge des eingeschlagenen Verfahrens war die, daß die in sämtlichen Gleichungen des Elektromagnetismus auftretende Konstante c nicht willkürlich wählbar war, sondern sowohl eine bestimmte Dimension (die einer Geschwindigkeit), als auch einen ganz bestimmten numerischen Wert ($c = 3.10^{10}$ cm/sec) erhalten mußte.

Elektromagnetisches Maßsystem. Wir hätten auch anders verfahren können. Wenn wir z. B. von unserer Kenntnis des elektrostatischen Maßsystems aus irgendeinem Grunde keinen Gebrauch hätten machen wollen oder es tatsächlich nicht gekannt hätten, so hätten wir gerade die Gl. (170 a) zur Definition und zur Festlegung einer Einheit der Stromstärke benutzen müssen. Wir hätten z. B. zur Definition der Stromstärke setzen können:

(170b) $$|\mathfrak{H}_{em}| = \frac{2\pi}{R} J_{em}.$$

Dabei hat J den Index „em" erhalten, weil nunmehr die Messung der Stromstärke auf die von $\mathfrak{H}_{em}$, d. h. auf eine im elektromagnetischen Maß gemessene Größe zurückgeführt ist. Formal kommt dies darauf heraus, $c = 1$ und dimensionslos zu setzen; das ist ja in der Tat möglich, wenn wir noch nicht wissen, wie J zu messen ist bzw. wenn wir von der früheren Kenntnis keinen Gebrauch machen wollen. Der Vergleich von (170a) und (170b) ergibt sodann:

(171a) $$\frac{J_{es}}{c} = J_{em}; \quad \frac{J_{es}}{J_{em}} = c.$$

Die Maßzahl einer bestimmten Stromstärke ist danach im elektromagnetischen Maßsystem nur $1/c = \frac{1}{3}\cdot 10^{-10}$ mal derjenigen im elektrostatischen System; umgekehrt ist natürlich die elektromagnetische Einheit der elektrischen Stromstärke c mal größer als die elektrostatische. Erstere kann unter Zugrundelegung von (170b) z. B. definiert werden als diejenige Stromstärke, die in einem Kreisstrom vom Radius 1 cm fließend, auf einen in seinem Mittelpunkt befindlichen Einheitspol die Kraft 2π dyn ausübt.

Natürlich hat J_{em} eine andere Dimension wie J_{es}, wie sich aus (171 a) sofort ergibt; denn da

$$\dim J_{es} = M^{1/2} L^{3/2} T^{-2}$$

ist, bekommt J_{em} die Dimension:

$$\dim J_{em} = M^{1/2} L^{1/2} T^{-1}.$$

Die Zurückführung der Stromstärke auf elektromagnetisches Maß ermöglicht das gleiche für die Elektrizitätsmenge q, da $J = q/t$ ist. Man hat also nach (171a):

$$q_{em} = J_{em}\cdot t = \frac{J_{es}}{c} t = \frac{1}{c} q_{es},$$

d. h.:

(171b) $$\frac{q_{es}}{q_{em}} = c; \quad q_{em} = \frac{1}{c} q_{es}; \quad \dim q_{em} = M^{1/2} L^{1/2}.$$

Von Wichtigkeit ist ferner die Zurückführung der Dielektrizitätskonstante ε auf elektromagnetisches Maß; dazu dient die Definitionsgleichung derselben (28) auf S. 42 (Coulombsches Gesetz):

$$F = \frac{1}{\varepsilon_{es}} \frac{q_{es}^2}{r^2} = \frac{1}{\varepsilon_{em}} \frac{q_{em}^2}{r^2}.$$

Daraus folgt mit Rücksicht auf (171 b):

(171 c) $$\frac{\varepsilon_{es}}{\varepsilon_{em}} = \frac{q^2{}_{es}}{q^2{}_{em}} = c^2; \quad \varepsilon_{em} = \frac{1}{c^2} \varepsilon_{es}; \quad \dim \varepsilon_{em} = L^{-2}\, T^{-2}.$$

Auf die gleiche Weise folgt für das Potential V aus der Definitionsgleichung (35) auf S. 44:

$$V_{es} = \frac{1}{\varepsilon_{es}} \frac{q_{es}}{r}; \quad V_{em} = \frac{1}{\varepsilon_{em}} \frac{q_{em}}{r}$$

d. h.:

(171 d) $$\frac{V_{es}}{V_{em}} = \frac{\varepsilon_{em}}{\varepsilon_{es}} \frac{q_{es}}{q_{em}} = \frac{1}{c}; \quad V_{em} = c\, V_{es}; \quad \dim V_{em} = M^{1/2}\, L^{3/2}\, T^{-2}$$

usw.

In der folgenden Tabelle sind die wichtigsten elektrischen Größen und das Verhältnis ihrer Dimensionen und Maßzahlen in beiden Maßsystemen angegeben; dieses Verhältnis ist in allen Fällen eine Potenz von c, das eben deshalb den Namen kritische Geschwindigkeit erhalten hat.

Wenn man in den Gleichungen des Elektromagnetismus also alle Größen im elektromagnetischen Maßsystem mißt, so verschwindet die Größe c aus ihnen.

Elektrostatisches System. Statt die elektrostatischen Einheiten aus den Gleichungen des Elektromagnetismus zu beseitigen, hätte man das gleiche auch mit den elektromagnetischen machen können. Die Folge davon wäre, daß nicht nur die rein elektrischen, sondern auch die magnetischen Größen im elektrostatischen System zu messen wären. Knüpfen wir, um dies an einem Beispiel zu zeigen, wieder an Gl. (170 a) an. Diese können wir auch folgendermaßen schreiben:

$$c \mid \mathfrak{H}_{em} \mid = \frac{2\pi}{R} J_{es},$$

indem wir den Faktor c auf die linke Seite bringen. Die Größe $c\,\mathfrak{H}_{em}$ kann man nun als die im elektrostatischen Maß gemessene magnetische Feldstärke $\mathfrak{H}_{es}$ definieren, und daraus folgt auf die gleiche Weise wie oben:

(171 e) $$\frac{|\mathfrak{H}_{es}|}{|\mathfrak{H}_{em}|} = c; \quad \mathfrak{H}_{es} = c\,\mathfrak{H}_{em}; \quad \dim \mathfrak{H}_{es} = M^{1/2}\, L^{1/2}\, T^{-2}.$$

Von hier ausgehend kann man das gleiche bei allen magnetischen Größen erzielen, die gleichfalls in der folgenden Tabelle in beiden Maßsystemen enthalten sind. Auch auf diese Weise kann man den Faktor c aus den Gleichungen beseitigen. Auch hier kommt, wie man sieht, das Verfahren formal darauf hinaus, $c = 1$ und dimensionslos zu setzen. Aber im elektromagnetischen System ist außer c auch noch μ dimensionslos, ε dagegen hat die Dimension $L^{-2}\, T^2$, während umgekehrt im elektrostatischen ε dimensionslos ist und dafür μ die Dimension $L^{-2}\, T^2$ bekommt; man vergleiche hierzu die folgende Tabelle.

Gaußsches System. In diesem Buch wird keines der beiden Maßsysteme verwendet. Vielmehr werden alle elektrischen Größen elektrostatisch und alle magnetischen Größen elektromagnetisch gemessen. Dieses durch seine Symmetrie ausgezeichnete Maßsystem nennt man auch das Gaußsche. Hier haben ε und μ die Dimension eins (d. h. sie sind dimensionslos), während c die Dimension einer Geschwindigkeit erhält. Die theoretische Physik verwendet noch überwiegend das Gaußsche System. Deshalb erscheint es auch in diesem Buch noch neben dem Internationalen Einheitensystem. In der Tabelle sind die Symbole für die Dimension der Masse, Länge und Zeit ausnahmsweise durch kleine Buchstaben m, l und t gekennzeichnet.

Größe	Elektro-statisch	Elektro-magnetisch	El. stat. / El. magn.	Gaußsches System
Stromstärke J	$m^{1/2} l^{3/2} t^{-2}$	$m^{1/2} l^{1/2} t^{-1}$	c	$m^{1/2} l^{3/2} t^{-2}$
El. Menge q	$m^{1/2} l^{3/2} t^{-1}$	$m^{1/2} l^{1/2}$	c	$m^{1/2} l^{2/2} t^{-1}$
Diel. Konst. ε	$m^{\circ}\ l^{\circ}\ t^{\circ}$	$l^{-2} t^{2}$	c^{2}	$m^{\circ}\ l^{\circ}\ t^{\circ}$
Potential V	$m^{1/2} l^{1/2} t^{-1}$	$m^{1/2} l^{3/2} t^{-2}$	c^{-1}	$m^{1/2} l^{1/2} t^{-1}$
Feldstärke $\mathfrak{E}$	$m^{1/2} l^{-1/2} t^{-1}$	$m^{1/2} l^{1/2} t^{-2}$	c^{-1}	$m^{1/2} l^{-1/2} t^{-1}$
Verschiebung $\mathfrak{D}$ ... / Polarisation $\mathfrak{P}$ ...	$m^{1/2} l^{-1/2} t^{-1}$	$m^{1/2} l^{-3/2}$	c	$m^{1/2} l^{-1/2} t^{-1}$
Kapazität C	l	$l^{-1} t^{2}$	c^{2}	l
Widerstand W	$l^{-1} t$	$l\, t^{-1}$	c^{-2}	$l^{-1} t$
Leitvermögen σ	t^{-1}	$l^{-2} t^{1}$	c^{2}	t^{-1}
Polstärke p	$m^{1/2} l^{1/2}$	$m^{1/2} l^{3/2} t^{-1}$	c^{-1}	$m^{1/2} l^{3/2} t^{-1}$
Permeabilität μ	$l^{-2} t^{2}$	$m^{\circ}\ l^{\circ}\ t^{\circ}$	c^{-2}	$m^{\circ}\ l^{\circ}\ t^{\circ}$
Potential V	$m^{1/2} l^{3/2} t^{-2}$	$m^{1/2} l^{1/2} t^{-1}$	c	$m^{1/2} l^{1/2} t^{-1}$
Feldstärke $\mathfrak{H}$	$m^{1/2} l^{1/2} t^{-2}$	$m^{1/2} l^{-1/2} t^{-1}$	c	$m^{1/2} l^{-1/2} t^{-1}$
Induktion $\mathfrak{B}$	$m^{1/2} l^{-3/2}$	$m^{1/2} l^{-1/2} t^{-1}$	c^{-1}	$m^{1/2} l^{-1/2} t^{-1}$
Selbstinduktion L...	$l^{-1} t^{2}$	l	c^{-2}	l

Das **Internationale Einheitensystem** beruht auf den sechs Basiseinheiten Meter m, Kilogramm kg, Sekunde s, Ampere A, Kelvin K, Candela cd. Das Maßsystem wurde 1960 auf der Generalkonferenz für Maße und Gewichte beschlossen. Die Einheiten dieses Systems (und auch die abgeleiteten) heißen SI-Einheiten (SI = Système International d'Unités). In der Experimentalphysik und in der Technik wird dieses System überwiegend benutzt. Wenn in diesem Buch daneben auch noch das Gaußsche Maßsystem verwendet wird, so geschieht dies aus pädagogischen Gründen, zumal es in der theoretischenPhysik noch fast ausschließlich gebraucht wird.

Aus den vier Basiseinheiten m, kg, s und A werden alle anderen Einheiten der Elektrizität und des Magnetismus abgeleitet. Das Ampere ist die Stärke eines zeitlich unveränderlichen elektrischen Stromes, der, durch zwei im Vakuum parallel im Abstand 1 Meter voneinander angeordnete, geradlinige, unendlich lange Leiter von vernachlässigbar kleinem, kreisförmigen Querschnitt fließend, zwischen diesen Leitern je 1 Meter Leiterlänge elektrodynamisch die Kraft von $2 \cdot 10^{-7}$ kgm/s^2 hervorrufen würde. Das Ampere wird also durch die Kraft gemessen, mit der sich die beiden Magnetfelder anziehen bzw. abstoßen, die zwei stromdurchflossene Leiter umgeben. Der Wert ergibt sich, weil man die Einheit Ampere an die magnetische Feldkonstante μ_0 angeschlossen hat. (magnet. Feldkonstante $\mu_0 = 4\pi \cdot 10^{-7}$ Vs/Am).

Die elektrischen Einheiten sind mit den mechanischen ferner durch die festgelegte Einheitengleichung für die Energie verknüpft:

1 Wattsekunde (Ws) = 1 Newtonmeter (Nm) = 1 Joule (J)

(1 Watt = 1 Volt · 1 Ampere; 1 Newton = 1 kgm/s^2)

Die folgende Tabelle gibt eine Übersicht über die wichtigsten elektrischen und magnetischen Einheiten im Internationalen Einheitensystem.

Größenart	Einheit	Kurz-Zeichen	Ableitung oder andere Bezeichnung
Leistung P oder N	1 Watt	1 W	= 1 J/s = 1 kgm^2/s^3
Ladung Q oder q	1 Amperesekunde	1 As	= 1 Coulomb (C)
Spannung U	1 Volt	1 V	= 1 J/As
Widerstand R	1 Ohm	1 Ω	= 1 V/A
Kapazität C	1 Farad	1 F	= 1 As/V
magnetische Feldstärke $\mathfrak{H}$	$1\ \frac{\text{Ampere}}{\text{Meter}}$	1 A/m	

Größenart	Einheit	Kurz-Zeichen	Ableitung oder andere Bezeichnung
magnetischer Fluß Φ	1 Voltsekunde	1 Vs	= 1 Weber (Wb)
magnetische Flußdichte $\mathfrak{B}$	$1 \frac{\text{Voltsekunde}}{\text{Quadratmeter}}$	1 Vs/m^2	= 1 Tesla (T) = 1 Wb/m^2
Induktivität L	$1 \frac{\text{Voltsekunde}}{\text{Ampere}}$	1 Vs/A	= 1 Henry (H)

Eine andere Einheit für die magnetische Feldstärke $\mathfrak{H}$ ist:

$$1 \text{ Oersted (Oe)} = \frac{4\pi}{10} \frac{\text{A}}{\text{cm}} = 79{,}577 \text{ A/m}.$$

Eine andere Einheit für die magnetische Flußdichte (= magnet. Induktion) ist:

$$1 \text{ Gauß (G)} = 10^{-4} \text{ Vs/m}^2 = 10^{-4} \text{ Wb/m}^2 = 10^{-4} \text{ T}.$$

Die Division 1 Gauß/1 Oersted ergibt die magnet. Feldkonstante $\mu_0 = 4\pi \cdot 10^{-7}$ Vs/Am. Zur Umrechnung von SI-Einheiten in das Gaußsche System und umgekehrt kann folgende Tabelle nützlich sein:

(172)

Stromstärke J	$1\ \text{cm}^{3/2}\text{g}^{1/2}\text{s}^{-2}$	$\triangleq$	$3{,}34 \cdot 10^{-10}$ A
Elektr. Spannung U	$1\ \text{cm}^{1/2}\text{g}^{1/2}\text{s}^{-1}$	$\triangleq$	300 V
Elektr. Feldstärke $\mathfrak{E}$	$1\ \text{cm}^{-1/2}\text{g}^{1/2}\text{s}^{-1}$	$\triangleq$	$3 \cdot 10^4$ V/m
Elektr. Verschiebung $\mathfrak{D}$	$1\ \text{cm}^{-1/2}\text{g}^{1/2}\text{s}^{-1}$	$\triangleq$	$2{,}65 \cdot 10^{-7}$ As/m^2
Kapazität C	1 cm	$\triangleq$	$1{,}11 \cdot 10^{-12}$ F
Magnet. Feldstärke $\mathfrak{H}$	$1\ \text{cm}^{-1/2}\text{g}^{1/2}\text{s}^{-1}$	$\triangleq$	79,577 A/m
Magnet. Flußdichte $\mathfrak{B}$	$1\ \text{cm}^{-1/2}\text{g}^{1/2}\text{s}^{-1}$	$\triangleq$	10^{-4} T
Induktivität L	1 cm	$\triangleq$	10^{-9} H

Bestimmung der kritischen Geschwindigkeit. Die vorstehenden Erörterungen erlauben uns, die Methode darzulegen, mittels der Weber und Kohlrausch im Jahre 1856 den numerischen Wert der kritischen Geschwindigkeit c bestimmt haben. Nach der Tabelle ist dazu nur erforderlich die gleiche Elektrizitätsmenge oder Stromstärke einmal elektrostatisch, einmal elektromagnetisch zu messen; das Verhältnis der Maßzahlen liefert dann ohne weiteres das Verlangte. Weber und Kohlrausch verfuhren folgendermaßen (Abb. 247): Eine (elektromagnetisch) zu ungedämpften Schwingungen angeregte Stimmgabel S trägt an einem ihrer Zinkenenden eine Kontaktfeder Z, die bei einer Bewegung nach links einen Kondensator K von der Kapazität C_{es} auf die Spannung U_{es} einer Batterie B auflädt, um bei der darauf folgenden Bewegung nach rechts diesen Kondensator über eine Tangentenbussole T zu entladen. Ist die Stimmgabelfrequenz ν, so wird dem Kondensator in der Sekunde ν-mal die Ladung $C_{es}\,U_{es}$ zugeführt, die sich dann ebenfalls ν-mal je Sekunde über die Tangentenbussole entlädt. Die mittlere Entladungsstromstärke J_{es} (d. h. die pro Sekunde den Querschnitt durchfließende Elektrizitätsmenge) ist also:

(173a) $$J_{es} = \nu\, C_{es}\, U_{es}.$$

Dieser Strom erzeugt an der Tangentenbussole einen Ausschlag α, und nach Gl. (164a) gilt:

$$\tan\alpha = \frac{2\pi N}{RH} J_{em}.$$

In dieser Gleichung haben wir jetzt den Faktor $1/c$ gestrichen, weil wir nunmehr die Stromstärke elektromagnetisch messen wollen; für J_{em} ergibt sich also:

(173b) $$J_{em} = \frac{RH}{2\pi N} \tan\alpha.$$

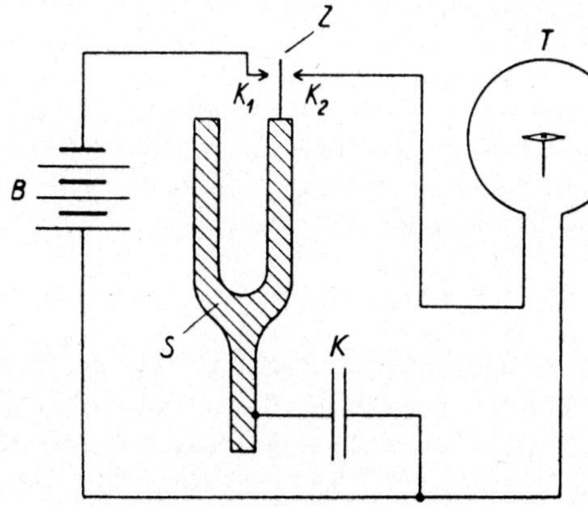

Abb. 247. Messung der kritischen Geschwindigkeit

Es ist also möglich, gleichzeitig J_{es} und J_{em} zu bestimmen und nach (171a) folgt für c der Wert:

$$c = \frac{J_{es}}{J_{em}} = \frac{2\pi N \nu C_{es} U_{es}}{RH \tan\alpha}$$

Die genannten Physiker fanden seinerzeit für c den Wert $3{,}111 \cdot 10^{10}$ cm/s. — Auch die auf S. 183 erwähnten Versuche von Rowland, Röntgen, Himstedt über die magnetische Wirkung von Konvektionsströmen gestatten die Messungen der Größe c. Denn da in diesen Versuchen für Konvektionsströme ebenfalls die Gleichung (164a) bestätigt wurde, so bieten sie wieder die Möglichkeit, den gleichen Strom einmal elektrostatisch, einmal elektromagnetisch zu messen Die sehr genauen Messungen Himstedts (1904) ergaben für c Werte, die nur zwischen $2{,}99 \cdot 10^{10}$ und $3{,}04 \cdot 10^{10}$ schwankten. Man kann dieses Ergebnis anschaulich so formulieren: Man müßte die elektrostatische Ladungseinheit mit einer Geschwindigkeit $c = 3 \cdot 10^{10}$ cm/sec bewegen, damit sie die gleiche magnetische Wirkung ausübt, wie ein Leitungsstrom von der Stärke einer elektromagnetischen Einheit.

Die nach dieser Methode gemessenen Werte von c stimmen so genau mit der Lichtgeschwindigkeit überein — bei Weber und Kohlrausch beträgt die Abweichung etwa 4%, bei Himstedt 1% —, daß es unmöglich ist, an einen Zufall zu glauben. Die Messung von c begründete bei Maxwell die Überzeugung, daß die Lichterscheinungen eng mit den elektrischen und magnetischen verknüpft seien.

35. Magnetfeld von Spulen; Elektromagnete

Bisher haben wir das Magnetfeld einzelner Stromleiter behandelt und wenden uns jetzt der Besprechung von Feldern stromdurchflossener Spulen zu. Allerdings hatten wir bei der Tangentenbussole statt einer kreisförmigen Windung schon deren N betrachtet; doch war dabei vorausgesetzt, daß diese räumlich praktisch zusammenfielen, so daß dies auf dasselbe herauskam, als wenn man eine Windung, aber N-fachen Strom verwendet hätte.

Im Gegensatz dazu betrachten wir jetzt eine zylindrische Spule, deren Länge l groß gegen ihren Durchmesser $2\,R$ sein soll. Man erhält eine solche — ein sog. Solenoid —, indem man einen isolierten Draht in dicht nebeneinander liegenden Windungen auf ein zylindrisches Rohr aufwickelt. Eine Zylinderspule kann also als aus vielen nebeneinander aufgestellten einzelnen kreisförmigen Leitern bestehend betrachtet werden, die fortlaufend so miteinander verbunden sind, daß der Strom in allen im gleichen Sinn fließt. Da ein einzelner kreisförmiger Leiter ein magnetisches Blatt darstellt, das auf der einen Seite nord-, auf der anderen südmagnetisch ist, heben sich bei den nebeneinander liegenden Blättern die Wirkungen der aneinander grenzenden magnetischen Belegungen auf, und es bleiben nur die von den Außenflächen des ersten und des letzten Kreisleiters an den Enden der Spule ausgehenden magnetischen Wirkungen übrig. Eine stromdurchflossene Spule muß sich also im Außenraum wie ein Stabmagnet gleicher Abmessung verhalten. Der Nordpol liegt an demjenigen Spulenende, an dem der Strom für den Beschauer entgegengesetzt dem Uhrzeigersinn kreist (vgl. hierzu S. 184); man kann dies experimentell in der Art nachweisen, daß man eine leichte (z. B. aus Aluminiumdraht gewickelte) Spule an Stelle des in Abb. 246 verwendeten Kreisstromes an dem Ampèreschen Gestell aufhängt. Sobald ein Strom die Spule durchfließt, stellt sie sich in die Nord-Süd-Richtung ein; ein genäherter Magnetpol stößt das eine Spulenende ab und zieht das andere an.

Abb. 248 zeigt das Kraftlinienbild einer Zylinderspule; in der Abbildung sind die einzelnen Windungen absichtlich in großen Abständen gewickelt, damit der Innenraum erkennbar ist. Man sieht, daß die magnetischen Kraftlinien parallel der Spulenachse verlaufen, aus den Stirnflächen heraustreten und sich durch den Außenraum um die Spule herum in größeren oder kleineren Bögen schließen; man vgl. hiermit das in Abb. 132a wiedergegebene Kraftlinienbild eines Stabmagneten. Im Außenraum sind die Felder bei geeigneter Wahl der Abmessungen der Spule identisch. Im Innenraum der Spule herrscht ein überall gleichgerichtetes und gleich starkes,

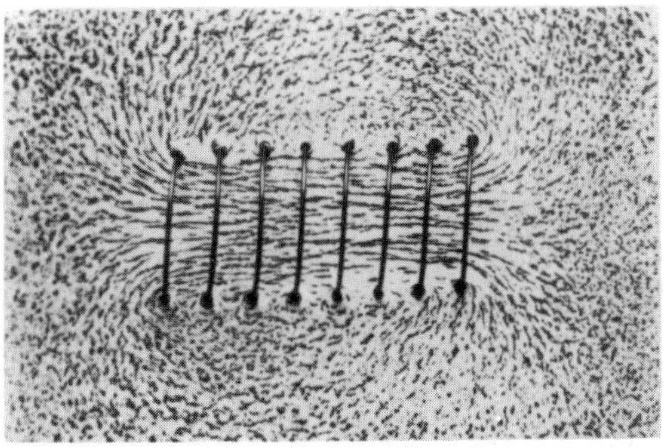

Abb. 248. Mit Eisenfeilspänen sichtbar gemachtes gemagnetisches Kraftlinienbild einer zylindrischen Spule

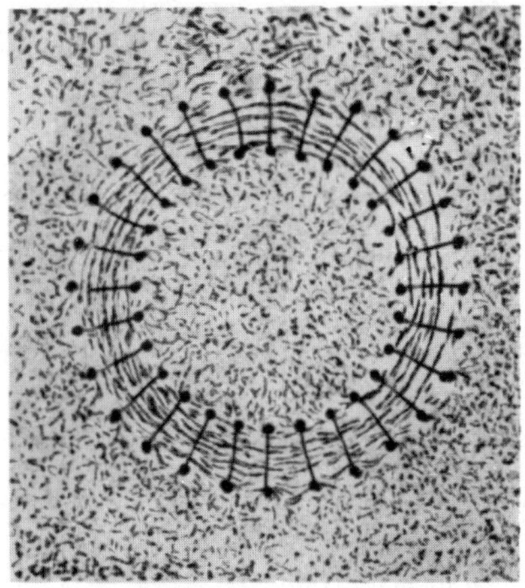

Abb. 249. Mit Eisenfeilspänen sichtbar gemachte magnetische Kraftlinien im Innern eines geschlossenen Solenoids

also „homogenes" Magnetfeld; zur Herstellung eines solchen kann man daher mit Vorteil lange zylindrische, dicht bewickelte Spulen benutzen.

Wie hängt die Feldstärke $\mathfrak{H}_i$ im Innenraum der Spule von den Abmessungen der Spule und der Stromstärke J ab? Um diese Frage zu beantworten, denken wir uns die Spule zunächst zu einem kreisförmigen Ring zusammengebogen, so daß Anfang und Ende zusammenfallen. Bei einem derartigen geschlossenen Solenoid verlaufen, wie Abb. 249 zeigt, die Kraftlinien als geschlossene Kreise vollständig im Spuleninnern, so daß das Feld im Außenraum Null ist. Streng gilt dies natürlich nur, wenn die einzelnen Windungen — anders als in der Abb. 249 — lückenlos dicht nebeneinander liegen. Es sei l die Gesamtlänge der Spule und N die Gesamtzahl der Windungen auf derselben. Führt man im Innern einen Pol der Stärke p gegen die Feldrichtung ganz herum, so muß man die Arbeit $p \cdot \oint |\mathfrak{H}_s| \, ds$ gegen das Feld leisten, die nach Gl. (156′) gleich $4\pi\, p/c$ mal der gesamten Stromstärke ist. Wenn die Ringspule einen sehr kleinen Querschnitt A gegenüber ihrer Länge l besitzt, so kann man $\oint |\mathfrak{H}_s| \, ds$ einfach gleich $|\mathfrak{H}_i| \, l$ setzen, da $\mathfrak{H}_i$ konstant ist und die kleinen Unterschiede der Wege, längs deren man im Innern den Pol p führen kann, nicht mehr ins Gewicht fallen; ferner umfährt man den Strom J bei einem Umgang nicht einmal, sondern — wegen der N Windungen — N-mal. Wir erhalten also das Ergebnis:

$$|\mathfrak{H}_i| \, l = \frac{4\pi}{c} N J$$

und damit für das Feld im Innern des geschlossenen Solenoides:

$$(174) \qquad |\mathfrak{H}_i| = \frac{4\pi}{c} \frac{N}{l} J = \frac{4\pi}{c} n J,$$

wenn $n = \frac{N}{l}$ die Windungszahl je Längeneinheit ist. Da in Gleichung (174) der Querschnitt der Spule überhaupt nicht vorkommt, gilt sie auch für Spulen mit beliebigem Querschnitt, falls dieser nur im Vergleich zur Spulenlänge kleine Linearabmessungen hat.

Angenähert gilt die Gl. (174) auch für hinreichend lange gerade Spulen, sofern man sich deren Enden nicht zu sehr nähert. Dies ergibt sich auf folgende Weise: Der Arbeitsausdruck $\oint |\mathfrak{H}_s| \, ds$ zerfällt in diesem Fall in zwei Teile, von denen der eine $|\mathfrak{H}_i| \, l$ sich auf den Innenraum der gestreckten Spule bezieht, während der andere $\int |\mathfrak{H}_{as}| \, ds$ für den Außenraum gilt. Dieser letztere ist streng nicht zu berechnen, weil man im Außenraum den Magnetpol auf verschiedenen Wegen von einem Ende der Spule zum anderen führen kann und den Wert auf diesen Wegen nicht kennt. Man kann aber jedenfalls sagen, daß $|\mathfrak{H}_a|$ klein gegen $|\mathfrak{H}_i|$ sein muß, weil im Außenraum die Kraftlinien sehr stark streuen. Unter diesen Umständen kann man $\int|\mathfrak{H}_{as}|\,ds$ gegen $|\mathfrak{H}_i|\,l$ vernachlässigen und erhält so angenähert für das Innere einer gestreckten Spule wieder Gl. (174). Für das Folgende ist zu beachten, daß dies nur darauf beruht, daß man den auf den Außenraum bezüglichen Teil des Arbeitsausdruckes $\oint|\mathfrak{H}_s|\,ds$ gegen den für den Innenraum geltenden vernachlässigen darf.

Nach (174) hängt das Feld nur ab von dem Produkt aus der Windungszahl pro Längeneinheit $n = \frac{N}{l}$ und der Stromstärke J; die Größe nJ heißt im allgemeinen Fall die **Stromwindungszahl,** im speziellen die **Amperewindungszahl,** falls J in Ampere gemessen wird. Man hat also den Satz:

Das magnetische Feld im Innern einer hinreichend langen engen Spule hängt nur ab von der Stromwindungszahl (bzw. Amperewindungszahl) je Längeneinheit, ist aber völlig unabhängig von Größe und Form des Spulenquerschnittes.

Man kann (174) daher dazu benutzen, eine neue Einheit für die bisher in $cm^{-1/2}\,g^{1/2}\,s^{-1}$ gemessene magnet. Feldstärke zu definieren, indem man $\mathfrak{H}^* = (c/4\pi)\,\mathfrak{H}$ setzt und gleichzeitig vereinbart, daß die Stromstärke in Ampere anzugeben ist. Dann lautet (174) einfach:

$$|\mathfrak{H}^*| = (N/l)\cdot J^* \tag{174a}$$

d. h. das Magnetfeld $\mathfrak{H}_i^*$ im Innern einer hinreichend langen, engen Spule ist dann nicht nur proportional, sondern gleich der Amperewindungszahl pro Länge. Auf dieser Festsetzung beruht die Einheit der magnet. Feldstärke im internationalen Einheitensystem. Die Windungszahl hat die Dimension eins; sie ist eine reine Zahl ohne Einheit. Im internationalen Einheitensystem sind das Ampere und das Meter Basiseinheiten. Deshalb wurde für die magnet. Feldstärke die SI-Einheit A/m vereinbart. Gebräuchlich sind auch die Einheiten A/cm und Oersted.

$$\begin{aligned} 1\ cm^{-1/2}\,g^{1/2}\,s^{-1} &\mathrel{\hat{=}} 1\ \text{Oersted (Oe)} = \frac{1000}{4\pi} = 79{,}577\ \text{A/m}. \\ 1\ \text{A/m} &= 0{,}01\ \text{A/cm} = 0{,}01256\ \text{Oe} \end{aligned} \tag{174b}$$

Da es nach (174) nur auf die Größe des Produktes nJ ankommt, kann man ein bestimmtes Magnetfeld mittels einer Spule entweder mit vielen Windungen je cm und schwachem Strom oder mit wenigen Windungen und entsprechend starkem Strom erzeugen.

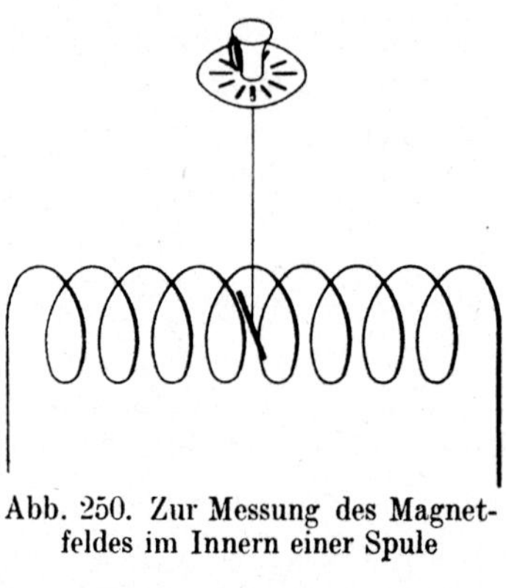

Abb. 250. Zur Messung des Magnetfeldes im Innern einer Spule

Experimentell läßt sich (174 a) in der Weise prüfen daß man die Spulenachse senkrecht zum magnetischen Meridian stellt und eine Magnetnadel an einem dünnen Draht im Innern der Spule aufhängt, so daß sie in der Ruhelage senkrecht zur Spulenrichtung steht (Abb. 250). Erregt man ein Feld in der Spule, so wird die Nadel abgelenkt; die Ablenkung kann mit einer Spiegelablesung beobachtet werden. Zur Rückdrehung der Nadel in ihre Ausgangslage ist ein bestimmtes Drehmoment notwendig, das man durch Verdrillung des Drahtes mit Hilfe eines Torsionskopfes herstellen und durch den Torsionswinkel messen kann. Dieses Torsionsdrehmoment ist gleich dem Drehmoment, das die Nadel im Feld der Spule erfährt, und da der magnetische Zustand der Nadel unverändert bleibt, kann man aus dem Drehmoment auf die magnetische Feldstärke $\mathfrak{H}_i$ schließen.

Zur Größe der erreichbaren Felder: Eine Spule von 20 Windungen pro cm (4 Lagen) hat bei einer Stromstärke von 10 A eine magnet. Feldstärke

$$|\mathfrak{H}_i| = 10\ \text{A}\cdot 20\ \text{cm}^{-1} = 200\ \text{A/cm} = 20000\ \text{A/m} = 251\ \text{Oe}$$

Mit solchen Zylinderspulen ohne Eisenkern (also Luftspulen) und ohne Kühlung lassen sich etwa doppelt so starke Magnetfelder dauernd und viermal so starke Felder für kurze Zeit erzeugen. Höhere Felder werden durch Elektromagnete, das sind Spulen mit Eisenkern, hergestellt. Sehr hohe Felder oberhalb $6 \cdot 10^6$ A/m erhält man wieder in Luftspulen, deren einzelne Windungen aus spiralförmigen Kupferscheiben bestehen (Bitter-Magnete). Die kreisrunden Scheiben haben zahlreiche Löcher, durch welche parallel zur Achse Kühlwasser fließt. Mit einem Leistungsaufwand von 1 MW ergibt sich über längere Zeit im Innenraum von 1 cm Radius eine Feldstärke von etwa $8{,}8 \cdot 10^6$ A/m. — Etwa gleich starke Felder erhält man mit Supraleitungsspulen. — Durch Entladung einer Kondensatorbatterie lassen sich während sehr kurzer Zeit in kleinen Spulen bis zu $60 \cdot 10^6$ A/m erzeugen.

Für eine beliebige gestreckte Spule, auch wenn ihre Länge nicht groß gegen ihren Durchmesser ist, läßt sich übrigens die Feldstärke für einen beliebig gelegenen Achsenpunkt, sowohl innerhalb wie außerhalb der Spule aus Gl. (163) auf S. 180 berechnen. Danach ist die Feldstärke auf der Achse einer Windung gleich:

$$|\mathfrak{H}| = \frac{2\pi}{c}\frac{R^2}{r^3}J,$$

Hat man nicht eine, sondern N räumlich dicht beieinander liegende Windungen, so ist die rechte Seite noch mit N zu multiplizieren:

$$|\mathfrak{H}| = \frac{2\pi}{c}\frac{R^2}{r^3}NJ,$$

oder, wenn wir J in Ampere (J^*), $\mathfrak{H}$ in A/m ($\mathfrak{H}^*$) und R sowie r in m messen:

$$|\mathfrak{H}^*| = \frac{1}{2}\frac{R^2}{r^3}NJ^*.$$

Diese Formel läßt sich hier unmittelbar anwenden; denn wenn wir unter n die Zahl der Windungen je Zentimeter verstehen, so ist $n\,dx$ die Zahl N der Windungen, die auf das sehr kleine Stück dx der Spulenlänge entfallen; diese erzeugen daher nach der letzten Gleichung auf der Achse die unendlich kleine Feldstärke

$$|d\mathfrak{H}^*| = \frac{1}{2}\frac{R^2}{r^3}n\,J^*\,dx.$$

Das gesamte Feld $|\mathfrak{H}^*|$ gewinnt man, indem man diese Gleichung über die ganze Länge der Spule integriert; also:

$$|\mathfrak{H}^*| = \frac{1}{2}R^2\,n\,J^*\int_0^l \frac{dx}{r^3}.$$

Nach Abb. 251 ist nun:

$$\sin\alpha = \frac{R}{r}\,;\quad x = R\,\mathrm{ctg}\,\alpha\,;\quad dx = -\frac{R}{\sin^2\alpha}\,d\alpha.$$

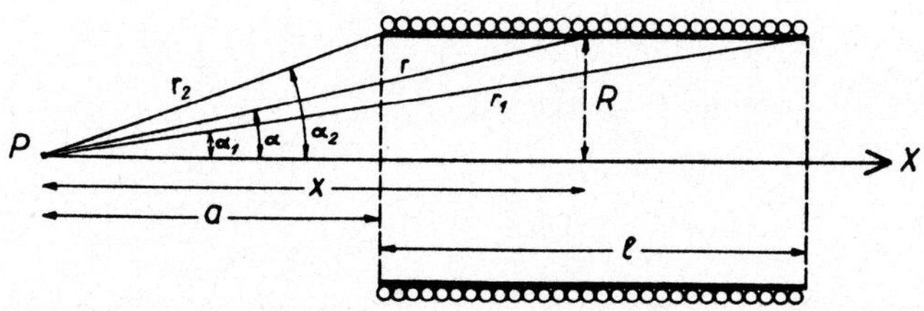

Abb. 251. Zur Berechnung des magnetischen Feldes einer Zylinderspule für einen Punkt im Außenraum auf der Spulenachse

Substituiert man diese Ausdrücke in die letzte Gleichung, so wird sie

$$|\mathfrak{H}^*| = -\frac{1}{2}n\,J^*\int_{\alpha_1}^{\alpha_2}\sin\alpha\,d\alpha.$$

Die Bedeutung von α_1 und α_2 ist aus Abb. 251 zu entnehmen. Die Integration ergibt:

$$|\mathfrak{H}^*| = \frac{1}{2}n\,J^*(\cos\alpha_1 - \cos\alpha_2).$$

Ist a der Abstand des Achsenpunktes P vom benachbarten Spulenende und l deren Länge, so ist

(175) $$|\,\mathfrak{H}^*\,| = \frac{1}{2} n J^* \left[\frac{a+l}{\sqrt{R^2+(a+l)^2}} - \frac{a}{\sqrt{R^2+a^2}}\right].$$

Für einen Achsenpunkt in der Mitte der Spule ist $a = -\frac{l}{2}$ und folglich

(175a) $$|\,\mathfrak{H}^*_i\,| = n J^* \frac{l}{\sqrt{l^2+4R^2}}.$$

Für eine sehr lange enge Spule, für die also $R < l$ ist, kann die Wurzel nach dem binomischen Lehrsatz entwickelt werden: dann folgt:

$$|\,\mathfrak{H}^*_i\,| = n J^* \left(1 - \frac{2R^2}{l^2}\right),$$

also für $R \ll l$ noch einfacher:

$$|\,\mathfrak{H}^*_i\,| \approx n J^*,$$

in Übereinstimmung mit dem früheren Ergebnis in Gl. (174a). Für das Magnetfeld in den Achsenpunkten an den beiden Enden der Spule, über das wir bisher keine Aussage machen konnten, ist $a = 0$ oder $a = -l$ zu setzen; in beiden Fällen folgt aus Gl. (175)

(175b) $$|\,\mathfrak{H}^*\,|_{Enden} = \frac{1}{2} n J^* \frac{l}{\sqrt{l^2+R^2}}.$$

Für eine sehr lange Spule, wo wieder R^2 gegen l^2 klein ist, ergibt dies:

$$|\,\mathfrak{H}^*\,|_{Enden} = \frac{1}{2} n J^* \left(1 - \frac{R^2}{2l^2}\right)$$

oder noch vereinfacht ($R \ll l$):

(175c) $$|\,\mathfrak{H}^*\,|_{Enden} = \frac{1}{2} n J^*,$$

d. h. nur die halben Werte gegenüber der Spulenmitte. Der Grund dafür ist folgender: In der Mitte der Spule wirken zur Erzeugung des Feldes $|\,\mathfrak{H}^*_i\,| \approx nJ^*$ die Windungen der linken und der rechten Spulen hälfte zusammen, auf deren jede der Anteil $(^1/_2)\, nJ^*$ entfällt; am Ende der Spule fehlen natürlich entweder die links oder die rechts davon liegenden Windungen. Die für ein geschlossenes Solenoid in Strenge gültigen Gl. (174) und (174a) gelten also, wie wir schon wissen, nur angenähert im Innern einer langen Spule und in hinreichender Entfernung von den Enden derselben.

Da eine offene Spule einem ähnlich großen Stabmagneten bestimmter Polstärke äquivalent ist, liegt die Frage nach der Polstärke und dem Moment des Solenoids nahe. Zur Berechnung der ersteren muß man nach Gl. (80a) auf S. 99 den Fluß $\Phi_m = \int |\,\mathfrak{H}_n\,|\, dA$ kennen. Bedeutet nun A den Querschnitt der Spule, so ist nach (174) der Fluß einfach $|\,\mathfrak{H}_i\,|\, A$, also:

(176) $$\Phi_m = \frac{4\pi}{c} \frac{NA}{l} J = \frac{4\pi}{c} n A J.$$

Da nach Gl. (80d) auf S. 99 die Polstärke, falls der Außenraum Luft (genauer Vakuum) ist, $p = \frac{1}{4\pi} \Phi_m$ ist, so finden wir für diese:

(177) $$p = \frac{1}{c} \frac{NA}{l} J = \frac{1}{c} n A J,$$

und für den Betrag M des magnetischen Momentes $\mathfrak{M}$ der Spule folgt durch Multiplikation mit dem Polabstand, d. h. der Spulenlänge l:

(178) $$M = \frac{1}{c} n A l J = \frac{1}{c} N J A.$$

Im Internationalen System gilt statt (178) die schon auf S. 121 erwähnte Gleichung (113):

(178a) $$M^* = \mu_0 N \cdot J^* A$$

und wir erhalten den Satz: Das magnetische Moment einer Spule ist proportional dem Produkt aus der gesamten Stromwindungszahl NJ und dem Querschnitt A derselben; der Proportionalitätsfaktor hängt natürlich von dem gewählten Maßsystem ab.

Setzt man in (178) die Windungszahl $N = 1$, so erhalten wir das Moment einer vom Strom einmal umflossenen Fläche A:

$$M = \frac{1}{c} A J,$$

in Übereinstimmung mit Gl. (165) auf S. 184.

Zu beachten ist bei dem Vergleich von Solenoiden und Magneten stets, daß bei den ersteren die Kraftlinien geschlossene Kurven sind, d. h. daß die im Innern verlaufenden die Fortsetzung der im Außenraum vorhandenen bilden; bei einem Magneten jedoch entspringen und enden die $\mathfrak{H}$-Linien in den Polen, und verlaufen im Innern des Magneten in umgekehrter Richtung wie beim Solenoid; man vergleiche hierzu die Abbildung 162b.

Elektromagnete. Ohmsches Gesetz des magnetischen Kreises. Bei den vorangehenden Betrachtungen war angenommen, daß im Innen- und Außenraum der Spule sich Luft (genauer Vakuum) befand, d. h. ein Stoff mit der Permeabilität 1. Wir wollen jetzt ins Innere ein Material von großer Permeabilität, z. B. weiches Eisen bringen. Wir betrachten zunächst wieder geschlossene Solenoide, indem wir den Draht auf einen Ring aus weichem Eisen, ein sog. Toroid, dicht nebeneinander wickeln. Dadurch ändert sich die vom Strom erzeugte Feldstärke im Spuleninnern nicht; der durch die Spule erzeugte magnetische Fluß hat den gleichen Wert wie vorher in Luft: denn die Grundgleichung des Elektromagnetismus (156′) gilt ja unverändert in allen Medien. Dagegen steigt natürlich die Induktion $\mathfrak{B}$ auf den μ-fachen Wert derjenigen in Luft; nach (174) ergibt sich also:

$$|\mathfrak{B}_i| = \frac{4\pi}{c} \mu \frac{N}{l} J,$$

und für den magnetischen Fluß $\int |\mathfrak{B}_n| \, dA$ durch den Innenraum der eisenerfüllten Spule folgt nach Gl. (176):

$$\Phi_m = \frac{4\pi}{c} \frac{\mu N A}{l} J. \tag{176a}$$

Im internationalen System enthält der magnet. Fluß Φ_m^* noch den Faktor $\mu_0 = 4\pi \cdot 10^{-7}\,\mathrm{V \cdot s/A \cdot m}$, d. h. es gilt:

$$\Phi_m^* = \frac{\mu \cdot \mu_0 \cdot N \cdot A}{l} \cdot J^* \tag{176b}$$

Bei dem geschlossenen Solenoid verläuft keine $\mathfrak{H}$- oder $\mathfrak{B}$-Linie außerhalb des Eisens; man kann daher auch nicht mit einer Magnetnadel von außen her feststellen, ob das Solenoid überhaupt magnetisch erregt ist oder nicht. (Dies wird erst möglich durch Benutzung der Induktionserscheinungen, die wir in Kap. V kennenlernen werden.) Das geschlossene Solenoid ist also theoretisch sehr einfach zu behandeln, hat aber für die Erzeugung starker, experimentell nutzbarer magnet. Gleichfelder keine Bedeutung. Eine solche kommt nur offenen Spulen mit Eisenkernen zu, die man deshalb auch als Elektromagnete (im engeren Sinne des Wortes) bezeichnet.

Betrachten wir zunächst eine gestreckte Spule mit Eisenkern, so zerfällt wieder der Arbeitsausdruck $\oint |\mathfrak{H}_s| \, ds$ in zwei Teile: der erste $\int |\mathfrak{H}_{is}| \, ds$ bezieht sich auf einen eisenerfüllten Innenraum, der andere $\int |\mathfrak{H}_{as}| \, ds$ auf den mit Luft erfüllten Außenraum der Spule. Wäre es gestattet, wie bei den eisenfreien Spulen, den letzteren Betrag $\int |\mathfrak{H}_{as}| \, ds$ gegenüber $\int |\mathfrak{H}_{is}| \, ds$ zu vernachlässigen, so könnte man mit relativ kleinen Stromstärken an den Enden der Spule im Außenraum sehr starke Felder erzielen; denn durch die gleiche Beweisführung wie bei der eisenfreien Spule würde man an den Enden der Spule (aber auch im Eisenkern) Gl. (175c) erhalten; sie lautet im Gaußschen Maßsystem:

$$|\mathfrak{H}|_{\substack{\text{Enden}\\\text{Eisen}}} = \frac{2\pi}{c} \frac{N}{l} J,$$

das bedeutet aber, daß aus dem Eisen an der Stirnfläche $\frac{2\pi}{c} \frac{\mu N}{l} J$ Induktionslinien austreten und sich stetig in Luft fortsetzen. Dort aber sind die $\mathfrak{B}$-Linien mit den $\mathfrak{H}$-Linien identisch, d. h. an der Stirnfläche der Spule würde in Luft ein Feld vom Betrage

$$|\mathfrak{H}|_{\substack{\text{Enden}\\\text{Luft}}} = \frac{2\pi}{c} \mu \frac{N}{l} J$$

bestehen, d. h. ein μ-mal so starkes Feld wie ohne Eisen. Betrachten wir zur Abschätzung der Größe von $\mathfrak{H}$ wieder die gleiche Spule wie oben; $\frac{N}{l} = 2000\ \mathrm{m}^{-1}$, $J^* = 10$ Amp. Nach (175c) würde ohne Eisenfüllung an den Enden ein Feld $|\mathfrak{H}^*| = 10^4$ A/m = 125 Oe bestehen. Füllen wir mit Eisen aus, so ist $\mathfrak{H}$ mit μ zu multiplizieren; bei 125 Oe haben viele Eisensorten μ-Werte von etwa 150[1]), was somit das sehr starke Feld von 19000 Oe ergeben würde. Aber diese Berechnung ist deshalb nicht zulässig, weil $\int |\mathfrak{H}_{as}|\, ds$ nicht mehr neben $\int |\mathfrak{H}_{is}|\, ds$ vernachlässigt werden darf. Immerhin ist soviel richtig, daß man mit eisenerfüllten Spulen bei gleicher Amperewindungszahl je Zentimeter erheblich stärkere Felder erhält als ohne Eisen; aber sie bleiben doch merklich hinter dem oben berechneten Werte zurück.

Wir müssen daher die Betrachtung anders anstellen, und zwar denken wir uns aus einem geschlossenen Eisentoroid einen Luftspalt von der Breite b herausgeschnitten (Abb. 252). Dies hat den Vorteil, daß wir — unter Vernachlässigung der schwachen Streuung — einerseits bequem noch genau so rechnen können wie bei der vollkommen geschlossenen Spule, anderseits doch ein experimentell ausnutzbares Feld im Luftspalt (im sog. Interferricum) erhalten. Eine solche Anordnung nennt man ein geschlitztes Toroid. Die Länge des Eisenkernes sei wieder mit l bezeichnet. Wenden wir die Grundgleichung des Elektromagnetismus (156′) an, so zerfällt wieder $\oint |\mathfrak{H}_s|\, ds$ in 2 Teile, die sich hier sofort berechnen lassen, wenn wir die im Luftspalt und im Eisenring geringe Streuung außer acht lassen; es ist dann nämlich:

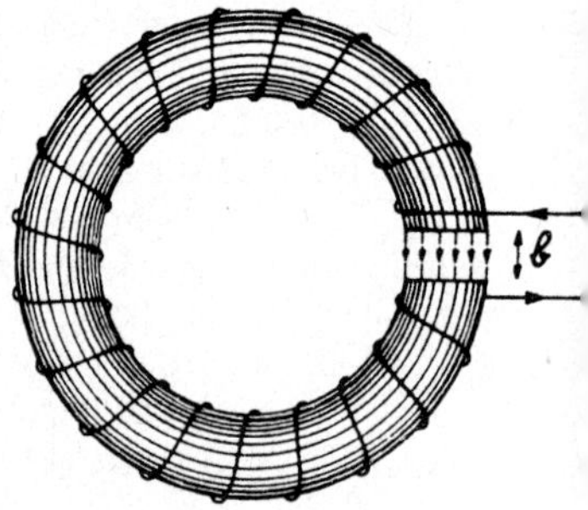

Abb. 252. Eisentoroid mit Luftspalt

$$\oint |\mathfrak{H}_s|\, ds = |\mathfrak{H}_i|\, l + |\mathfrak{H}_a|\, b = \frac{4\pi}{c} N J .$$

Da ferner wegen der Stetigkeit der Normalkomponenten von $\mathfrak{B}$ hier $\mathfrak{B}_i = \mathfrak{B}_a$, also $\mu\, \mathfrak{H}_i = \mathfrak{H}_a$ ist, folgt weiter:

$$|\mathfrak{H}_a| \left(\frac{l}{\mu} + b\right) = \frac{4\pi}{c} N J ,$$

mithin hat die Feldstärke im Luftspalt den Betrag:

$$|\mathfrak{H}_a| = \frac{(4\pi/c)\, N J}{\frac{l}{\mu} + b}, \quad \text{bzw.} \quad |\mathfrak{H}^*_a| = \frac{N J^*}{\frac{l}{\mu} + b} \tag{179}$$

An dieser Gleichung sieht man besonders deutlich, daß der auf den Luftspalt bezügliche Arbeitsbetrag $|\mathfrak{H}_a|\, b$ nicht gestrichen werden darf; denn obwohl zwar $l \gg b$ ist, besteht im allgemeinen — wegen der großen μ-Werte — nicht die Ungleichung $\frac{l}{\mu} \gg b$; der Summand b darf daher, wenn er nicht extrem klein ist gegenüber $\frac{l}{\mu}$ nicht vernachlässigt werden. Man entnimmt im Gegenteil aus (179), daß starke magnetische Felder nur bei engem Luftspalt erzielbar sind.

Ein Beispiel möge erläutern, welche Felder man unter normalen Bedingungen herstellen kann. Der Eisenkern habe die Länge $l = 100$ cm; die Gesamtzahl der Windungen betrage $N = 2000$, so daß auf den Zentimeter $n = 20$ Windungen entfallen; die Stromstärke sei 10 Amp. In einem völlig geschlossenen Toroid würde dann — unabhängig vom Wert der Permeabilität μ — nach Gl. (175a) für $R \ll l$ die Feldstärke $|\mathfrak{H}^*| = 2 \cdot 10^4$ A/m = 250 Oe herrschen. In dem Eisenring werde jetzt ein Schlitz b variabler Breite angebracht; zu bestimmen ist die Feldstärke in diesem Luftschlitz. Bei 240 Oe hat die Permeabilität des Eisens größenordnungsmäßig den Wert 100. Nach (179) erhält man:

[1]) Vgl. z. B. die Tabelle auf S. 208 und die hinzugehörige Abb. 267. Man muß natürlich den μ-Wert nehmen, der der betreffenden Feldstärke entspricht.

1. für verschwindendes b: $|\mathfrak{H}^*| = \frac{2000 \cdot 10}{1/100} = 2 \cdot 10^6$ A/m = 25100 Oe,

2. für b = 0,1 cm: $|\mathfrak{H}^*| = \frac{2000 \cdot 10}{0{,}011} = 1{,}82 \cdot 10^6$ A/m = 22800 Oe,

3. für b = 0,5 cm: $|\mathfrak{H}^*| = \frac{2000 \cdot 10}{0{,}015} = 1{,}33 \cdot 10^6$ A/m = 16600 Oe,

4. für b = 1 cm: $|\mathfrak{H}^*| = \frac{2000 \cdot 10}{0{,}02} = 10^6$ A/m = 12600 Oe,

Diese Zahlen geben natürlich nur die Größenordnung des Feldes an; denn wir haben die Permeabilität μ hier als konstant behandelt, während sie in Wirklichkeit eine komplizierte Funktion von $\mathfrak{H}$ bzw. $\mathfrak{B}$, d. h. hier der Schlitzbreite b ist (vgl. hierzu die Ausführungen auf S. 206ff in Nr. 36); aber sie zeigen das, was sie zeigen sollen, daß mit wachsender Schlitzbreite $\mathfrak{H}$ abnimmt. Die Werte lassen sich übrigens durch geeignete Formgebung der Pole steigern (vgl. hierzu S. 200).

Man kann diese Verhältnisse sehr anschaulich folgendermaßen formulieren: Der magnetische Induktionsfluß Φ_m in einem vollständigen Toroid kann in leichter Umformung von (176a) geschrieben werden:

(180) $$\frac{(4\pi/c)\,N\,J}{\dfrac{l}{\mu A}},$$

Die Größe $\frac{l}{\mu A}$ bezeichnet man als „magnetischen Widerstand" W_m:

(180a) $$W_m = \frac{l}{\mu A}.$$

Der Name rechtfertigt sich durch die Analogie mit der Formel für den elektrischen Widerstand, der ja proportional der Länge l, umgekehrt proportional dem Querschnitt A und einem Materialfaktor, dem Leitvermögen σ, ist; hier tritt als Analogon zu σ die Materialkonstante μ auf. Die Größe $(4\pi/c)\,N\,J$ ferner, d. h. der Betrag $\oint |\mathfrak{H}_s|\,ds$ wird als die „magnetomotorische Kraft" bezeichnet in Analogie zur elektromotorischen Kraft. Schließlich ist Φ_m, der magnetische Fluß, in Parallele gestellt zum elektrischen Fluß, d. h. zur Stromstärke J. Mit dieser Bezeichnungsweise lautet (180):

Der Induktionsfluß ist gleich der magnetomotorischen Kraft dividiert durch den magnetischen Widerstand (sog. Ohmsches Gesetz des vollständigen magnetischen Kreises).

Diese Formulierung rührt von J. Hopkinson (1886) her[1]). Wegen der Gleichartigkeit der Struktur der Formeln für den elektrischen und magnetischen Widerstand folgt sofort, daß magnetische Widerstände sich bei Hintereinanderschaltung addieren. Betrachten wir ein geschlitztes Toroid mit engem Luftspalt oder ein gerades offenes Solenoid mit Eisenkern, so sind die magnetischen Widerstände des Innenraumes (W_{mi}) und des Außenraumes (W_{ma}) hintereinander geschaltet. Daher gilt für den Fall unter Benutzung von (180):

(181) $$\Phi_m = \frac{(4\pi/c)\,N\,J}{W_{mi} + W_{ma}} = \frac{(4\pi/c)\,N\,J}{\dfrac{l}{\mu A_i} + \dfrac{b}{A_a}}.$$

Für ein eisenfreies gestrecktes Solenoid ($\mu = 1$) gibt dies

$$\Phi_m = \frac{(4\pi/c)\,N\,J}{\dfrac{l}{A_i} + \dfrac{b}{A_a}}$$

---

[1]) Man hat aber im Auge zu behalten, daß hier nur eine äußerliche Analogie vorliegt, die einen bequemen Überblick und eine anschauliche Ausdrucksweise ermöglicht. Schon die Tatsache, daß für die Ferromagnetika μ, und damit der Widerstand, keine Konstante ist, zeigt den tiefgreifenden Unterschied zwischen elektrischem und magnetischem Widerstand.

A_i ist der Querschnitt des Solenoides, durch den Φ_m fließt; A_a dagegen ist der im Außenraum desselben dem Induktionsfluß Φ_m zur Verfügung stehende Querschnitt, und dieser ist wegen der starken Streuung der Feldlinien viel größer als A_i. Da b für das gestreckte Solenoid aber von gleicher Größenordnung wie l ist, ist der magnetische Widerstand $W_{ma} = \frac{b}{A_a}$ des Außenraumes klein gegen den des Innenraumes und kann diesem gegenüber vernachlässigt werden; also ist einfacher

$$\Phi_m = \frac{(4\pi/c)\, N J}{l/A_a} = \frac{(4\pi/c)\, N A_i}{l} J\,,$$

und nach Division durch A auf beiden Seiten gewinnt man die Feldstärke des Innenraumes

$$|\,\mathfrak{H}_i\,| = \frac{(4\pi/c)\, N J}{l}$$

natürlich in Übereinstimmung mit Gl. (174). Diese Schlußweise (Vernachlässigung von W_{ma}) ist aber weder bei einem geschlitzten Toroid mit engem Luftspalt noch bei einem gestreckten Solenoid mit Eisenkern zulässig. Denn im ersteren Fall — dem der Anordnung von Abb. 252 — ist zwar $A_a = A_i$, aber wegen der Größe von μ darf b neben $\frac{l}{\mu}$ nicht vernachlässigt werden. Ebensowenig im Fall des gestreckten eisenerfüllten Solenoids, hier ist allerdings $A_a > A_i$, aber dennoch sind — wieder wegen der Größe von μ und weil b von gleicher Größenordnung wie l ist — innerer Widerstand W_{mi} und äußerer Widerstand W_{ma} von etwa gleichem Einfluß. Deshalb ist es eben nicht zulässig, (181) durch Fortlassen von W_{ma} neben W_{mi} zu vereinfachen. Dies würde zu Werten der Feldstärke führen, die in Wirklichkeit nicht erreicht werden; man sieht anschaulich, daß die Feldstärke um so kleiner ausfällt, je größer der äußere Widerstand (d. h. b) ist.

Von diesen Überlegungen hat man bei der Konstruktion starker Elektromagneten auszugehen. In Abb. 253 ist schematisch der für wissenschaftliche Zwecke noch vielbenutzte sog. Halbringelektromagnet nach Dubois dargestellt. Auf einem massiven eisernen Grundgestell sind zwei annähernd halbkreisförmig gebogene Eisenschenkel mit ihren plangeschliffenen Endflächen aufgeschraubt; sie lassen sich mit ihren einander zugekehrten Enden, den Polen, bis auf einen kleinen Abstand nähern. Jeder Eisenschenkel ist mit vier Spulen versehen (hintereinander geschaltet).

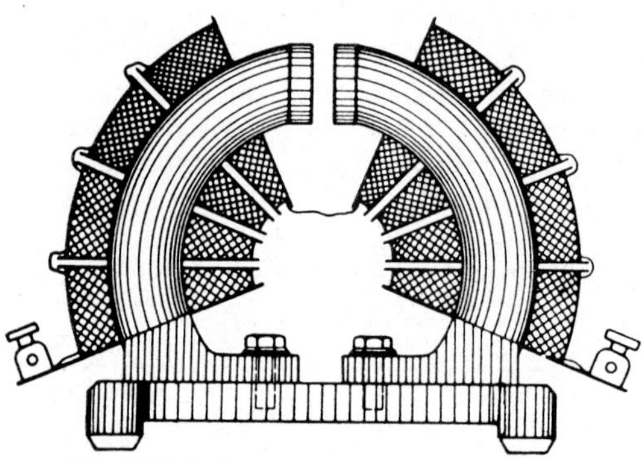

Abb. 253. Halbringelektromagnet nach Dubois

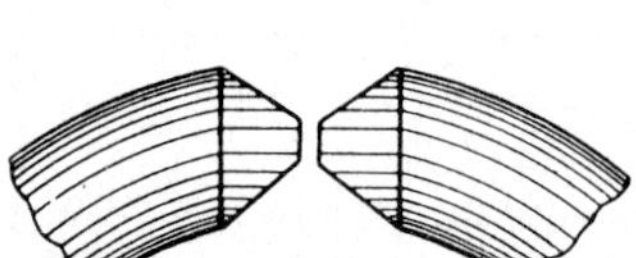

Abb. 254. Kegelförmige Polschuhe

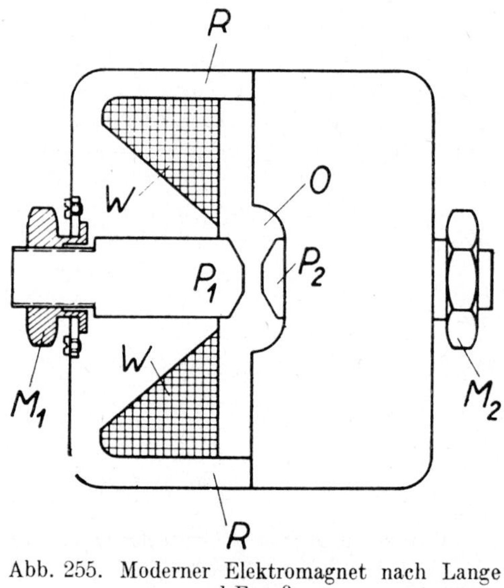

Abb. 255. Moderner Elektromagnet nach Lange und Franßen

Bei einer Spaltbreite von 1 cm lassen sich mit diesem Elektromagneten Felder bis etwa 15000 Oe erreichen. Wenn man die in Abb. 253 gezeichneten zylindrischen „Polschuhe" durch kegelförmige Polschuhe (Abb. 254) ersetzt, die den Zweck haben, den magnetischen Fluß auf die Kegelspitze zusammenzuschnüren, so kommt man bei Polabständen von etwa 1 mm bis zu Feldern von etwa 36 000 Oe, aber wohlgemerkt nur in dem kleinen Querschnitt von etwa 6 mm Durchmesser zwischen den Polspitzen; dabei beträgt die elektrische Leistungsaufnahme 2,1 kW. Von Interesse ist es, daß beim Duboisschen Magneten 85% des magnetischen Widerstandes auf den Luftspalt entfallen.

Da die Leistung eines solchen Elektromagneten bei gegebenem Gewicht um so größer wird, je besser die Kraftlinien im Eisen geführt und je geringer ihre Streuung aus dem Eisen heraus ist, hat man in neuerer Zeit sehr leistungsfähige Elektromagnete nach der in Abb. 255 skizzierten Ausführungsform gebaut. Der Magnet besteht aus zwei symmetrischen Hälften, von denen jede für sich die Gestalt eines Topfmagneten (s. S. 203) hat, der jeweils einen inneren Pol P und einen äußeren ringförmigen Pol R besitzt. W ist der Wickelraum für den stromdurchflossenen Leiter. Durch Aufeinandersetzen beider Magnethälften wird erreicht, daß der gesamte magnetische Kraftfluß in dem ringförmig geschlossenen Eisenmantel verläuft und nur zwischen den im Innern befindlichen Polen P_1 und P_2 in Luft übergeht. Der Abstand dieser Pole läßt sich mit Hilfe der Stellschrauben M_1 und M_2 verändern. Durch die Öffnung O ist der Arbeitsspalt zwischen den Polen P_1 und P_2 von außen für Versuche zugänglich. Mit einem solchen Elektromagneten konnte bei nur 1,2 kW elektrischer Leistungsaufnahme in einem Spalt von 1 mm Weite und 10 mm Durchmesser ein Feld von 56000 Oersted erzeugt werden (H. Lange und H. Franßen, 1942).

Magnetische Energie von Spulen. Wir berechnen die in einer vom Strom J durchflossenen Spule enthaltene magnetische Energie E_m. Nach Gl. (109) auf S. 120 ist die magnetische Energiedichte $\frac{\mu}{8\pi}\mathfrak{H}^2$. Damit wird für ein geschlossenes, mit einem Stoff der Permeabilität μ erfülltes Solenoid, dessen Volumen $A\,l$ ist, nach Gl. (174):

$$E_m = \frac{\mu}{8\pi}\,\frac{16\pi^2 N^2 J^2 A l}{c^2 l^2} = \frac{2\pi}{c^2}\,\frac{\mu N^2 A}{l}\,J^2 . \tag{182}$$

Die magnetische Energie ist also (wie zu erwarten, da $\mathfrak{H}$ proportional J) dem Quadrat der Stromstärke proportional. Man kann diese Gleichung in die Gestalt bringen

$$E_m = \frac{1}{2c^2}\,L\,J^2 , \tag{182a}$$

wenn L folgende Abkürzung bedeutet:

$$L = \frac{4\pi\mu N^2 A}{l} . \tag{183}$$

Diese Konstante L, die nur von den Dimensionen der Spule und der Permeabilität des sie ausfüllenden Mediums abhängt, heißt aus Gründen, die erst später ersichtlich werden, der **Selbstinduktionskoeffizient** der Spule; er hat im Gaußschen System die Dimension einer Länge, seine Einheit in diesem Maßsystem ist das Zentimeter; die Dimensionen in den anderen Systemen sind aus der Tabelle in der vorhergehenden Nummer zu entnehmen. Im internationalen (SI) System ($E_m{}^*$ in Joule statt in erg, J^* in Ampere, A in m² und l in m) erhält man:

$$E_m{}^* = \frac{1}{2}\cdot\frac{\mu\mu_0\cdot N^2 A}{l}\cdot J^{*2} \tag{182'}$$

$$E_m{}^* = \frac{1}{2}L^*\,J^{*2} \tag{182a'}$$

$$L^* = \frac{\mu\mu_0 N^2 A}{l} \tag{183'}$$

Darin ist $\mu_0 = 4\pi\cdot 10^{-7}$ Vs/Am $= 1{,}256\cdot 10^{-6}$ Vs/Am; und es folgt dim L^* = Voltsekunde/Ampere. Die Einheit 1 Vs/A wird auch als „1 Henry" bezeichnet. (Zur Umrechnung: 1 $H \triangleq 10^9$ cm).

Nun soll für einen bestimmten Fall die Größe der magnetischen Energie berechnet werden Es sei

$$l = 1\text{ m},\ A = 10\text{ cm}^2 = 10^{-3}\text{ m}^2,\ N = 2000,\ \mu = 100,\ J^* = 10\ A.$$

Damit wird nach (182′):

$$E_m{}^* = \frac{1}{2} \cdot 10^2 \cdot 1{,}256 \cdot 10^{-6} \cdot 4 \cdot 10^6 \cdot 10^{-3} \cdot 10^2\text{ Joule} \approx 25\text{ Joule}$$

Ohne Eisen ($\mu = 1$) würde die Spule nur einen Energieinhalt von einem Viertel Joule besitzen. Der Selbstinduktionskoeffizient L dieses Solenoids hat mit Eisenfüllung (bei diesem μ-Wert!) den Wert von rd. $5 \cdot 10^8$ cm, d. h. von etwa $^1/_2$ Henry: ohne Eisen würde $L = 5 \cdot 10^6$ cm $\triangleq$ 5 Millihenry sein. Zum Vergleich sei angeführt, daß der oben beschriebene Duboissche Magnet einen Selbstinduktionskoeffizienten von etwa 180 Henry besitzt. Wird der Magnet mit 10 Amp. erregt, so repräsentiert er einen magnetischen Energieinhalt von rd. 9000 Joule. Von Interesse ist ein Vergleich mit der elektrischen Energie, die in einem Kondensator C enthalten ist, der ungefähr das gleiche Volumen wie der dieser Berechnung zu Grunde gelegte Elektromagnet besitzt und auf die Potentialdifferenz V aufgeladen ist; nach Gl. (63a) auf S. 61 ist $E_{el} = {}^1/_2\, CV^2$. Nehmen wir $C = 100\mu F \triangleq 9 \cdot 10^7$ cm, $V = 1000$ Volt $\triangleq {}^{10}/_3$ el. stat. Einheiten, so ergibt sich:

$$E_{el} = \frac{1}{2} 9 \cdot 10^7 \frac{10^2}{9}\text{ Erg} = \frac{1}{2} 10^9\text{ Erg} = 50\text{ Joule.}$$

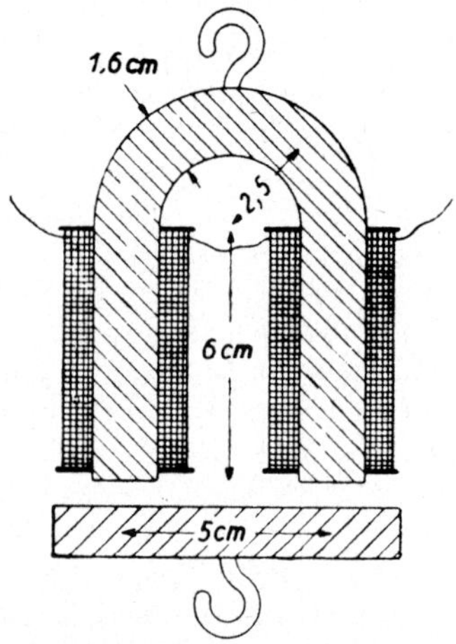

Abb. 256. Hufeisenförmiger Elektromagnet mit Anker

Anwendungen. Eine der wichtigsten Anwendungen von Elektromagneten ist ihre Benützung zur Erzeugung von Zugkräften und ihre Verwendung zum Tragen und Heben großer Lasten. Der in Abb. 256 im Längsschnitt gezeichnete Elektromagnet besteht aus einem U-förmig gebogenen Eisenstab, dessen beide Schenkel Spulen tragen, die so hintereinander geschaltet sind, daß bei Stromdurchgang das Ende des einen Schenkels zu einem Nordpol, das des anderen zu einem Südpol wird. Nähert man den Polen einen Eisenanker, so wird derselbe kräftig angezogen und haftet nach Herstellung des magnetischen Schlusses so fest, daß der Elektromagnet größere Lasten zu tragen vermag.

Um die Tragkraft eines hufeisenförmigen Elektromagneten nach Abb. 256 zu berechnen. erinnern wir uns daran, daß in einem magnetischen Feld die Zugspannung in Richtung der Kraftlinien auf eine zu den Kraftlinien senkrechte Flächeneinheit $\frac{\mathfrak{H}^2}{8\pi}$ ist. Da bei dem betrachteten Elektromagneten die wirksame Polfläche, aus der die Kraftlinien über den Zwischenraum zwischen den Polen und dem Anker übertreten, $2\,A$ ist (A = Querschnitt des Eisenkerns), so erhält man für die Kraft F, mit der der Anker angezogen wird:

$$F = \frac{\mathfrak{H}^2}{8\pi} 2\,A = \frac{\mathfrak{H}^2 A}{4\pi}. \tag{184}$$

Für den Fall, daß der Anker dicht an den Polen anliegt, daß wir also nur eine minimale Spaltbreite b haben, ist für $|\,\mathfrak{H}\,|$ der aus Gl. (179) mit $b = 0$ folgende Wert $\frac{4\pi}{c}\frac{\mu N}{l} J$ einzusetzen. Dann folgt für F:

$$F = \left(\frac{4\pi N \mu J}{c\ l}\right)^2 \frac{A}{4\pi} = \frac{4\pi N^2 \mu^2 A J^2}{c^2\ l^2}. \tag{184a}$$

Für einen Elektromagneten mit den in Abb. 256 angenommenen Maßen ($l = 6 + 6 + 5 + 2{,}5\pi = 25$ cm, $A = 2$ cm²), bei dem die Wicklung aus insgesamt 200 Windungen besteht, die von einem Strom von 10 A $\triangleq 3 \cdot 10^{10}$ cm$^{3/2}$ g$^{1/2}$ s^{-2} durchflossen werden, erhalten wir, wenn $\mu = 300$ ist:

$$F = \frac{4\pi \cdot 200^2 \cdot 300^2 \cdot 9 \cdot 2 \cdot 10^{20}}{9 \cdot 10^{20} \cdot 25^2} = 144 \cdot 10^6 \text{ dyn} \approx 144 \text{ kp}.$$

Es kann also ein Elektromagnet von verhältnismäßig kleinen Ausmaßen bereits sehr große Lasten tragen, freilich nur, wenn zwischen Anker und Polenden ein verschwindender Luftspalt vorhanden ist. Nehmen wir umgekehrt an, daß zwischen Anker und Polen ein Luftspalt von nur 1 mm besteht, so müssen wir in Gl. (184) den Wert der magnetischen Feldstärke im Luftspalt einsetzen, der nach Gl. (179) gleich — die Stromstärke in Ampere gerechnet —

$$|\mathfrak{H}_a| = \frac{(4\pi/c)\, NJ}{l/\mu + 2b}$$

ist. Damit wird:

$$F = \left(\frac{(4\pi/c)NJ}{l/\mu + 2b}\right)^2 \frac{A}{4\pi} = \left(\frac{4\pi \cdot 200}{\frac{24{,}8}{300} + 2 \cdot 0{,}1}\right)^2 \frac{2}{4\pi} \approx 12 \text{ kp}^{1)}.$$

Man sieht, daß bereits ein sehr kleiner Luftspalt die Tragkraft eines Magneten sehr stark herabsetzt, indem er den Widerstand des magnetischen Kreises erhöht. Experimentell kann man dies zeigen, indem man den Anker einmal an die Pole anlegt und ein zweites Mal unter Zwischenlegung eines Stückes Papier. Während es im ersten Fall fast unmöglich ist, den Anker abzureißen, gelingt dies im zweiten Fall bereits durch verhältnismäßig kleine Kräfte. — Hängt man an das untere Ende eines zylindrischen Elektromagneten A (Abb. 257a) als Anker eine ebene Eisenplatte B, so kann der Magnet in dieser Form nur wenige Pond tragen, da der Schluß der magnetischen Induktionslinien außen um den Magneten durch die Luft, also über einen hohen magnetischen Widerstand erfolgt. Setzt man aber über den Magneten einen Topf C aus weichem Eisen, durch dessen Wandungen sich die magnetischen Induktionslinien schließen können (Abb. 257b), so wird die Tragkraft des Elektromagneten bei gleicher Stromstärke infolge Verringerung des magnetischen Widerstandes auf mehrere hundert Kilopond erhöht. Derartige **Topfmagnete** werden in der Technik zum Heben von Eisenlasten, z. B. von Eisenschrott, verwendet.

Eine sehr wichtige Anwendung des Elektromagneten ist das **Relais;** eine andere war 100 Jahre lang der **Morsetelegraph.** Elektrische Relais dienen dazu, mit Hilfe eines meist sehr schwachen Stromes einen anderen Stromkreis zu schließen (Arbeitsschaltung) oder zu öffnen (Ruhestromschaltung). Abb. 258 zeigt das Prinzip eines solchen Relais. Vor den beiden

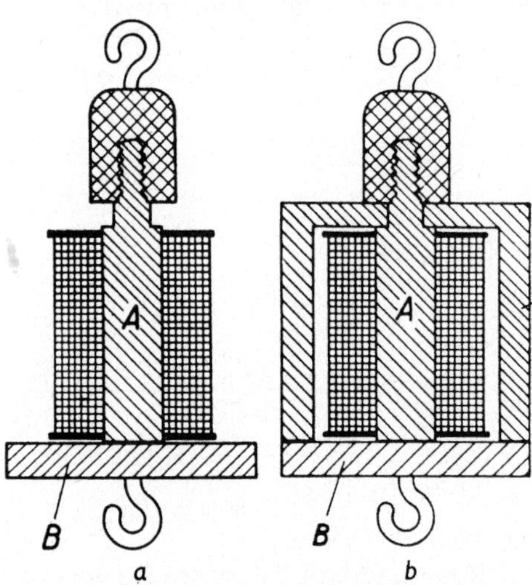

Abb. 257. Elektromagnet mit offenem (a) und geschlossenem (b) magnetischen Kreis

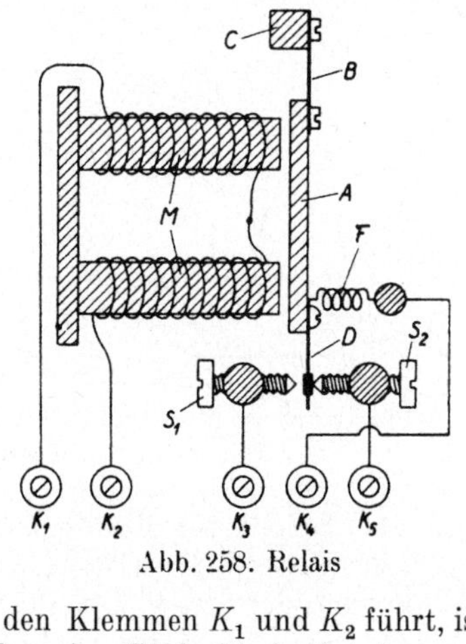

Abb. 258. Relais

Polen eines Elektromagneten M, dessen Wicklung zu den Klemmen K_1 und K_2 führt, ist ein Eisenanker A mittels einer leicht biegsamen Blattfeder B an einer Säule C befestigt. Am anderen

[1]) Wenn wir μ der Einfachheit halber als konstant betrachten!

Ende des Ankers befindet sich eine Kontaktfeder D. In der Ruhestellung wird der Anker und damit auch die Kontaktfeder D durch die Zugkraft einer Spiralfeder F gegen die Kontaktschraube S_2 gedrückt. Wird aber der Elektromagnet M erregt, so wird der Anker angezogen. Dadurch wird ein Kontakt zwischen D und der Schraube S_1, d. h. zwischen den Klemmen K_3 und K_4, geschlossen, während der Ruhekontakt zwischen D und S_2, d. h. zwischen den Klemmen K_4 und K_5, geöffnet wird.

Bei dem von dem Amerikaner S. B. Morse (1837) erfundenen Schreibtelegraphen (Abb. 259) trägt ein um eine Achse A drehbarer Hebel H an dem einen Ende einen Eisenanker B und am anderen Ende einen Schreibstift S. Wird der Anker von dem Elektromagneten E angezogen, so wird der Schreibstift S gegen einen Papierstreifen gedrückt, der durch zwei von einem Uhrwerk angetriebene Rollen R_1 und R_2 transportiert wird. Wird der Strom durch den Elektromagneten unterbrochen, so zieht eine Feder F das Hebelende mit dem Schreibstift bis zu dem Anschlag D wieder zurück. Bei längerem Stromschluß erzeugt der Schreibstift auf dem Papier einen Strich, bei kurzem Stromschluß einen Punkt. Aus solchen Punkten und Strichen läßt sich das Alphabet zusammensetzen (Morsealphabet).

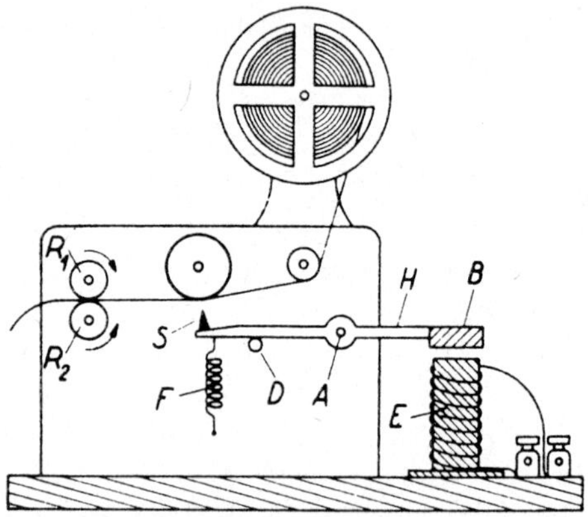

Abb. 259. Alter Morseapparat

Abb. 260 zeigt, in welcher Weise mittels zweier Morseapparate ein Wechselverkehr zwischen zwei Stationen durchgeführt werden kann. Auf jeder Station befindet sich neben dem Morseapparat eine Morsetaste T, die einen Ruhe- und Arbeitskontakt besitzt. Bei nicht gedrückter Taste T_1 verbindet der Ruhekontakt den einen Anschluß des Elektromagneten E_1 des an der-

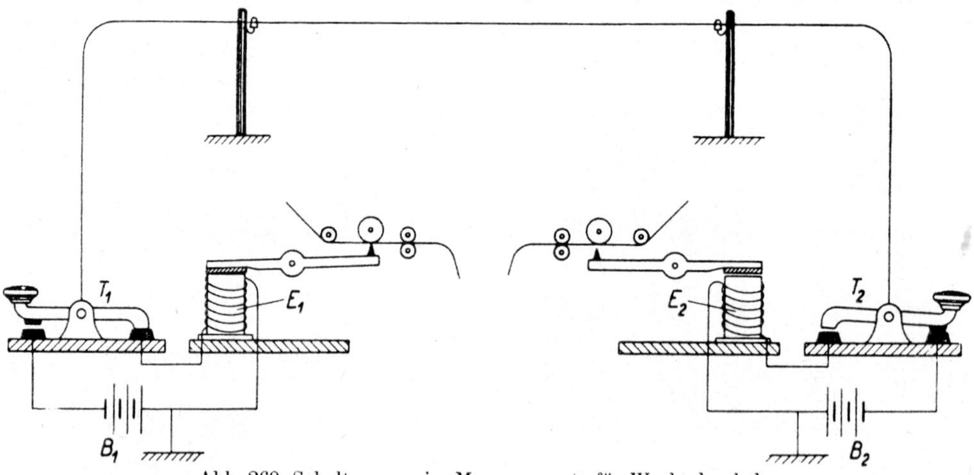

Abb. 260. Schaltung zweier Morseapparate für Wechselverkehr

selben Station befindlichen Morseapparates mit der Leitung, die nach der Gegenstation 2 führt. Wird dort die Taste T_2 gedrückt, so wird die Batterie B_2 mit der Fernleitung verbunden und der Morseapparat auf Station 1 in Tätigkeit gesetzt, wie es Abb. 260 andeutet. Die Rückleitung des Stromes kann, wie zuerst K. A. Steinheil (1838) gezeigt hat, durch die Erde erfolgen,

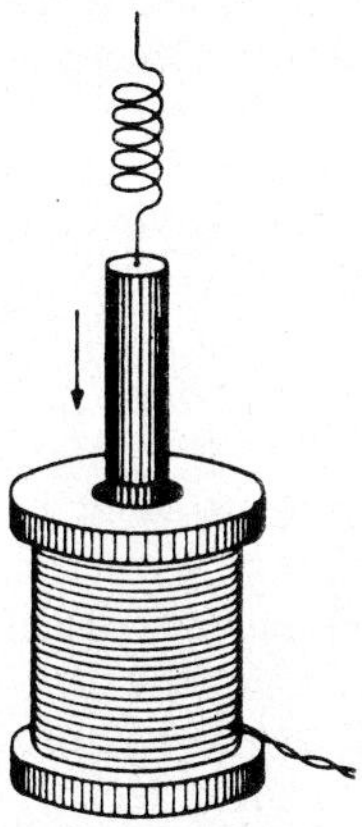

Abb. 261. Eisenstäbchen wird in eine von Strom durchflossene Spule hineingezogen

indem man an die Leitungsenden auf beiden Stationen Metallplatten anschließt und sie in das Grundwasser des Erdbodens versenkt.

Historisch ist zu bemerken, daß der Gedanke, mittels des elektrischen Stromes Zeichen zu telegraphieren, zuerst von C. F. Gauß und W. Weber (1833) verwirklicht wurde. Diese verbanden die Sternwarte und das Physikalische Institut in Göttingen durch eine zweidrähtige Leitung. Wurde von der einen Station ein Strom in die Leitung gesandt, so wurde auf der anderen Station ein in einer Spule hängender Magnetstab — er hatte ein Gewicht von 2 kg — je nach der Stromrichtung nach rechts oder links abgelenkt. Aus diesen Ablenkungen „rechts" oder „links" ließen sich dann in verabredeter Weise alle Buchstaben und Zeichen kombinieren.

Die wichtigsten Bestandteile aller elektrischen Motoren und Generatoren sind Elektromagnete (Nr. 48). Ein Teil von ihnen wird durch Wechselstrom erregt. — Die so wichtigen Transformatoren sind wechselstromerregte Elektromagnete mit vollkommen geschlossenem Eisenkern. Eine Spule, durch welche der Wechselstrom geschickt wird, baut ein Magnetfeld auf, läßt es wieder verschwinden, baut dann den Fluß in umgekehrter Richtung auf, usw. In einer zweiten Spule wird durch das wechselnde Magnetfeld eine Wechselspannung induziert. Die Spannungen auf der Primär- und Sekundärseite verhalten sich wie die Windungszahlen der beiden Spulen (Nr. 47).

Hängt man ein Weicheisenstäbchen an einer Schraubenfeder über die Öffnung einer vertikal aufgestellten Spule (Abb. 261), so wird das Stäbchen in die Spule hineingezogen, wenn durch sie ein Strom fließt. Denn in einem inhomogenen Magnetfeld bewegt sich ein Stück Weicheisen stets nach der Richtung, in der das Feld am stärksten zunimmt, so daß die Zahl der es durchsetzenden Induktionslinien möglichst groß wird. Überträgt man die Abwärtsbewegung des Eisenstäbchens auf die Drehbewegung eines Zeigers, so erhält man einen sehr einfachen Strommesser (Amperemeter nach F. Kohlrausch), dessen Anzeige unabhängig von der Stromrichtung ist, so daß ein solches Instrument auch zu Messungen von Wechselströmen verwendet werden kann.

Eine andere Form eines Weicheisen-(Dreheisen-) Instrumentes zeigt Abb. 262a. Im Innern der teilweise aufgeschnittenen Spule S befindet sich ein feststehendes (E_1) und ein an der Achse A angebrachtes bewegliches Eisenplättchen (E_2). Fließt Strom durch die Spule, so werden beide Plättchen gleichsinnig magnetisiert und stoßen einander ab. Dadurch wird der an der Achse A angebrachte Zeiger Z so lange gedreht, bis dieser Drehung die in der Spiralfeder F erzeugte Gegenkraft das Gleichgewicht hält. Durch eine Luftdämpfung L wird ein Hin- und Herpendeln des Zeigers vermieden. Auch bei diesem Instrument ist der Ausschlag unabhängig von der Stromrichtung, so daß das Instrument auch für Wechselstrommessungen geeignet ist. Abb. 262b gibt die ein Weicheiseninstrument kennzeichnende Bezeichnung wieder, die bei modernen Instrumenten auf der Skala mit angegeben ist.

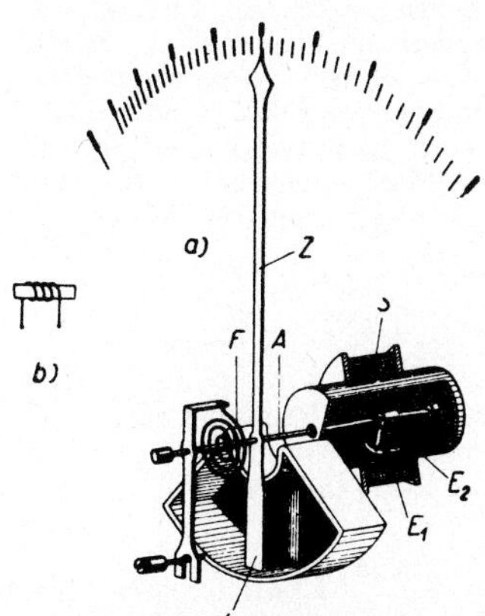

Abb. 262. Weicheiseninstrument

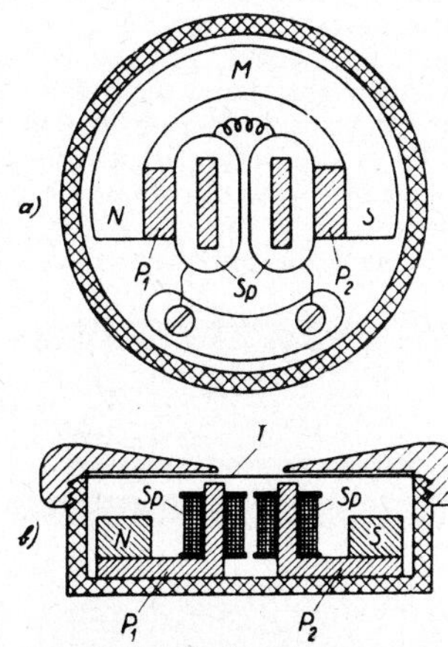

Abb. 263. Telephon im Längs- (a) und Querschnitt (b)

Auch das Telephon und manche Lautsprecher beruhen auf der Wirkung des Elektromagneten. Abb. 263 zeigt einen Längs- und Querschnitt durch einen gewöhnlichen Kopfhörer. An den Polen eines hufeisenförmigen Permanentmagneten M sind zwei rechtwinklig gebogene Polschuhe P_1 und P_2 aus Weicheisen angebracht, deren Schenkel zwei Spulen tragen. Dicht vor den Polschuhen befindet sich die Telephonmembran T, die aus dünnem Weißblech besteht und auf dem Rand des Gehäuses durch die aufgeschraubte Hörmuschel fest aufgespannt ist. Werden die Spulen von einem im Rhythmus der Sprache schwankenden Strom durchflossen, so ändert sich im gleichen Rhythmus die anziehende Wirkung der Polschuhe auf die Membran, und letztere wird im Takt der Stromschwankungen mehr oder weniger durchgebogen und gibt die Stromschwankungen als Schwingungen an die umgebende Luft ab. Die Vormagnetisierung der Polschuhe P_1 und P_2 durch den Permanentmagneten M hat zweierlei Bedeutung: Die Zugwirkung der Pole auf die Membran ist nach Gl. (184) proportional $\mathfrak{H}^2$. Treten nun durch den Sprechstrom Schwankungen der Magnetisierung und damit Schwankungen $\Delta\mathfrak{H}$ des Magnetfeldes auf, so ist die Änderung der Kraftwirkung auf die Membran proportional $(\mathfrak{H}+\Delta\mathfrak{H})^2-\mathfrak{H}^2 \approx 2\mathfrak{H}\Delta\mathfrak{H}$, mit anderen Worten: das Telephon ist um so empfindlicher, je größer $\mathfrak{H}$, d. h. je stärker die Vormagnetisierung durch den Permanentmagneten ist. Neben dieser verstärkenden Wirkung ist die Vormagnetisierung noch aus folgendem Grund erforderlich. Die in elektrische Ströme umgewandelten akustischen Schwingungen (= periodische Druckschwankungen) sind naturgemäß Wechselströme. Da die Zugkraft eines Elektromagneten nach Gl. (184a) proportional J^2 ist, ist sie unabhängig von der Stromrichtung; bei einem nicht vormagnetisierten Elektromagneten würde daher eine einzige Schwingung des Sprechstromes eine zweimalige Anziehung also eine zweifache Hin- und Herbewegung der Membran bewirken. Ein Wechselstrom der Frequenz ν würde also als Ton der doppelten Frequenz $2\,\nu$ vom Telephon wiedergegeben werden. Ist dagegen der Elektromagnet des Telephons vormagnetisiert, so wird die Membran im Ruhezustand bereits etwas vorgespannt, und eine einzelne Schwingung des Sprechstromes bewirkt eine einmalige Verstärkung und Abschwächung der Zugkraft des Magneten und somit auch nur ein einmaliges Hin- und Herbewegen der Membran, also eine frequenzgetreue Wiedergabe des Sprechstromes.

Infolge der außerordentlichen Empfindlichkeit des Ohres liegt die Grenze der Tonempfindung bei Telephonen bei Membranamplituden in der Größenordnung von etwa 10^{-10} cm — das ist etwa der hundertste Teil molekularer Abmessungen. Bei den gewöhnlichen Telephonen der Postämter mit einem Spulenwiderstand von 200 bis 300 Ohm genügt für den Sprachempfang eine mittlere Stromstärke von 0,1 Milliamp.; bei den Hörtelephonen der Rundfunkgeräte, deren Spulen eine wesentlich höhere Windungszahl und dementsprechend einen Widerstand von 1000 bis 4000 Ohm haben, genügen bereits Ströme in der Größenordnung von 0,01 Milliamp.

Auch die Datenverarbeitungstechnik kann auf Elektromagnete nicht verzichten. Das Stanzen von Lochkarten und Lochstreifen (Abb. 264) erfolgt durch Elektromagnete mit Nadeln. Dabei müssen die (sich im Mittel schnell bewegenden) Lochstreifen vollkommen stillstehen. Meist haben die Geräte für den Transport des Lochstreifens dauernd umlaufende Antriebsrollen, die ein Elektromagnet aufeinanderdrücken kann. Zwei weitere Elektromagnete besorgen den Bremsvorgang und halten den Papierstreifen straff. — Beim Magnetbandspeicher läuft der Streifen kontinuierlich und wird durch den Magnetkopf magnetisiert (Abb. 265a). Dieser Schreibkopf wird im Rhythmus der Zeichen, Sprache oder Musik erregt, damit auch das an seinem Luftspalt vorbeilaufende Magnetband. — Die winzig kleinen Magnetkernspeicherringe (0,8 mm Durchmesser) werden durch den Strom zweier Drähte magnetisiert (Abb. 265b). Jeder Draht erzeugt nur die Hälfte der Sättigungsmagnetisierung. Etwa 100000 solcher Ferritspeicherringe enthält ein Computer. Ein Ring bleibt solange in einer Richtung magnetisiert, bis durch einen Stromimpuls entgegengesetzter Richtung der magnetische Fluß umgekehrt wird. Damit wird auch die Information gelöscht, die durch den dritten Draht jederzeit abgefragt werden kann.

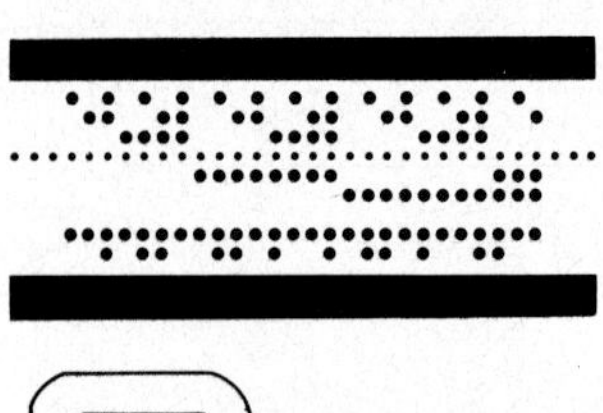

Abb. 264. 8-Kanal-Lochstreifen. Die Reihe der kleinen Löcher dient dem Transport. Von links nach rechts ist das Alphabet zu lesen. $^1/_2$ nat. Größe.

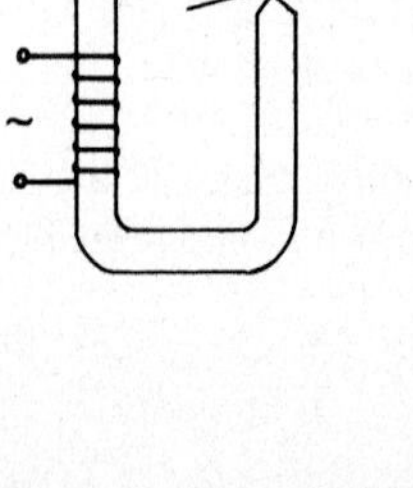

Abb. 265a. Prinzip eines Magnettonkopfes. Die vorangehende Löscheinrichtung ist auch ein Elektromagnet.

Abb. 265b. Gedächtniszelle eines Computers mit Magnetkernspeicher. Die Richtung des magnetischen Flusses im Ring bleibt erhalten, sofern sie nicht durch den elektrischen Strom in zwei Drähten umgekehrt wird.

36. Die Eigenschaften der ferromagnetischen Stoffe

Hysterese. Nachdem wir in den stromdurchflossenen Spulen ein Mittel kennengelernt haben, magnetische Felder von stetig veränderlicher Intensität zu erzeugen, können wir jetzt darangehen, die Abhängigkeit der Permeabilität ferromagnetischer Stoffe von der magnetisierenden Feldstärke zu untersuchen. Wir wiesen bereits auf S. 114 in der Magnetostatik sowie in der vorhergehenden Nummer mehrfach darauf hin, daß Permeabilität μ und Suszeptibilität $\varkappa$ ferromagnetischer Stoffe keine Konstanten sind, im Gegensatz zu den para- und diamagnetischen Substanzen. Um beide Größen in Abhängigkeit von der Feldstärke $\mathfrak{H}$ zu messen, genügt es z. B. die Magnetisierung $\mathfrak{J}$ eines Eisenstäbchens zu bestimmen. Vermittels der Gl. (99) von S. 113

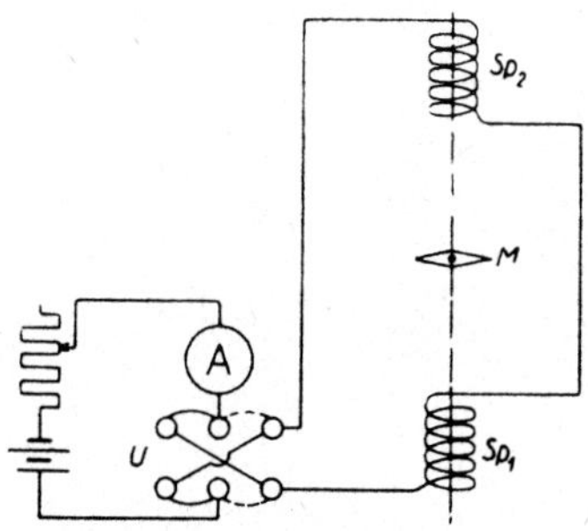

Abb. 266. Anordnung zur Messung von Magnetisierungskurven

$$\mathfrak{J} = \frac{\mu - 1}{4\pi}\,\mathfrak{H} = \varkappa\,\mathfrak{H}$$

lassen sich dann μ und $\varkappa$ berechnen. Die Magnetisierung $\mathfrak{J}$ kann man am einfachsten aus dem magnetischen Moment $\mathfrak{M}$ des betreffenden Stoffes erhalten; denn definitionsgemäß ist $\mathfrak{J}$ das magnetische Moment pro Volumeinheit, also $\mathfrak{J} = \frac{\mathfrak{M}}{V}$, wenn V das Volumen des Ferromagnetikums bedeutet. $\mathfrak{M}$ können wir nach dem auf S. 100 mitgeteilten Verfahren messen. Wir benutzen z. B. die zweite Gaußsche Hauptlage, indem wir (Abb. 266) auf eine kleine Magnetnadel M, deren Ablenkung mit Spiegelablesung beobachtet wird, zwei gleiche Spulen Sp_1 und Sp_2 aus der Ost-West-Richtung einwirken lassen. Wir justieren die beiden Spulen so, daß sich ihre Wirkungen auf die Magnetnadel gerade aufheben, wenn sie von demselben Strom in Hintereinanderschaltung durchflossen werden. Bringt man dann in eine der beiden Spulen ein stabförmiges Stück des zu untersuchenden Materials, so zeigt die Magnetnadel wieder einen Ausschlag, der vom magnetischen Moment des Stabes

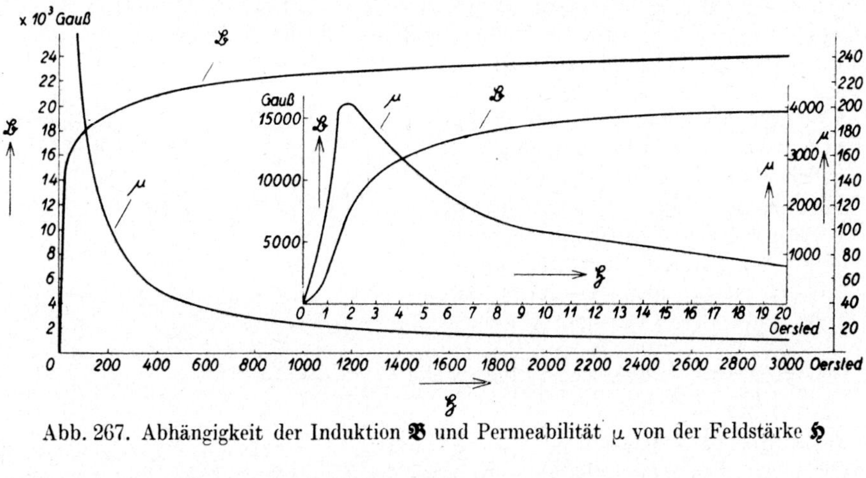

Abb. 267. Abhängigkeit der Induktion $\mathfrak{B}$ und Permeabilität μ von der Feldstärke $\mathfrak{H}$

herrührt, das wir nach Gl. (87a) bei bekannter Horizontalintensität des Erdfeldes berechnen. Die das Moment $\mathfrak{M}$ erzeugende Feldstärke $\mathfrak{H}_i$ im Innern der Spule ist aus den Daten der Spule und der Stromstärke nach Gl. (174) bekannt. Damit erhalten wir nach der oben angeführten Gleichung μ und wegen der Beziehung $\mathfrak{B} = \mu\,\mathfrak{H}$ auch die magnetische Induktion $\mathfrak{B}$ im Ferromagnetikum. Indem wir auf diese Weise μ und $\mathfrak{B}$ in Abhängigkeit von $\mathfrak{H}$ bestimmen, erhalten wir z. B. bei Dynamostahlguß den in Abb. 267 gezeichneten und in der Tabelle wiedergegebenen Verlauf[1]). — 1 Gauß $= 10^{-4}$ Vs/m²; 1 Oersted $= 79{,}577$ A/m.

$\mathfrak{H}$ in Oe	$\mathfrak{B}$ in Gauß	μ
0,25	100	400
0,50	500	1000
0,75	1 200	1600
1,0	2 500	2500
1,5	6 000	4000
2,5	9 500	3800
5,0	12 700	2540
10	14 600	1450
20	15 700	785
50	16 000	340
100	17 000	180
150	18 800	124
200	19 700	97
300	20 300	68
500	21 300	42,6
1000	22 300	22,3
2000	23 400	11,7
3000	24 400	8,1

Für sehr kleine Feldstärken bis etwa 0,02 Oe ist μ zunächst konstant (etwa 300), um dann sehr rasch bis zu einem Werte von 4280 bei $\mathfrak{H} = 2{,}0$ Oe anzusteigen und danach mit weiterwachsendem $\mathfrak{H}$ zuerst rasch und dann langsamer bis zu dem Anfangswerte von 300 bei $\mathfrak{H} = 60$ Oe wieder abzunehmen. Bei noch höheren Feldstärken nimmt μ weiter ab, um schließlich den Wert 1 anzunehmen. Dies ergibt sich aus der allgemein gültigen Gleichung

$$\mathfrak{B} = 4\pi\,\mathfrak{J} + \mathfrak{H},$$

wenn man beachtet, daß nach Eintritt der magnetischen Sättigung ($\mathfrak{J} = \mathfrak{J}_s$) die Magnetisierung $\mathfrak{J}_s$ nicht mehr wächst, also schließlich der Summand $4\pi\,|\,\mathfrak{J}_s\,|$ sehr klein gegen $|\,\mathfrak{H}\,|$ wird, so daß im Fall sehr großer $\mathfrak{H}$-Werte $\mathfrak{B} \approx \mathfrak{H}$, d. h. $\mu = 1$ wird.

Die Kurve für $\mathfrak{B}$ zeigt den schon aus Abb. 156 auf S. 114 bekannten Verlauf: $\mathfrak{B}$ steigt zunächst rasch, dann immer langsamer an und verläuft schließlich — immer weiter steigend — bei hohen Feldstärken, d. h. nach Eintritt der magnetischen Sättigung, geradlinig ($\mathfrak{B} \approx \mathfrak{H}$!).

Die in Abb. 267 wiedergegebenen Kurven gelten nur unter der Voraussetzung, daß das zum Versuch benutzte Eisen vor dem Beginn der Magnetisierung völlig unmagnetisch war. Wir wollen jetzt den Versuch wiederholen, nachdem wir das Eisenstäbchen vorher wieder unmagnetisch gemacht haben. Wir steigern allmählich die Feldstärke in den Spulen und be-

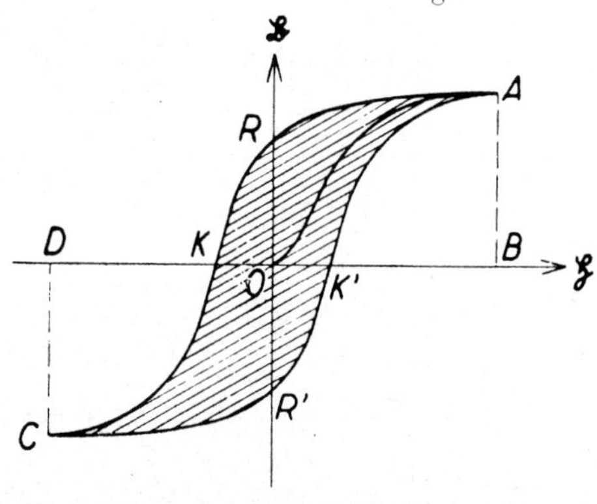

Abb. 268. Allgemeiner Verlauf einer Hysteresekurve

[1]) Diese Darstellung ist nicht ganz richtig. Denn es ist stillschweigend angenommen, daß das Feld $\mathfrak{H}_i$ im Innern der Spule identisch sei mit dem Felde $\mathfrak{H}$ im Innern des zu untersuchenden Eisenstabes; wegen der „entmagnetisierenden Wirkung der Enden“ (vgl. hierzu die Darlegungen auf S. 120) ist dies nicht der Fall. Auf die erforderliche Korrektion kommen wir auf S. 214 zurück.

stimmen aus den Ausschlägen der Magnetnadel die magnetische Induktion 𝔅, die wir in Abhängigkeit von 𝔥 auftragen. Wir erhalten wiederum den jetzt in Abb. 268 dargestellten Kurvenzug *OA*. Ohne den Strom auszuschalten, verringern wir jetzt die magnetisierende Feldstärke; die Meßwerte für 𝔅 fallen nun nicht mehr mit denen auf der Kurve *OA* zusammen, sondern liegen oberhalb derselben auf der Kurve *AR*. Bei der Feldstärke $\mathfrak{H}=0$ bleibt das Eisen magnetisch und besitzt noch eine Induktion $\mathfrak{B}_r$ von dem Betrage *OR*, die als **remanente Induktion** oder kurz als **Remanenz** bezeichnet wird. Kehren wir jetzt durch Umpolung des Stromes die Richtung der magnetisierenden Feldstärke um und steigern sie langsam bis zur erneuten magnetischen Sättigung des Eisens, so erhalten wir den Kurvenzug *RKC*. Wenn wir dann die Feldstärke wieder verringern, durch Null gehen, umpolen und erneut bis zum ersten Höchstwert erhöhen, liegen die neugewonnenen Meßwerte von 𝔅 auf dem Kurvenzug *C R′ K′ A*. In welcher Weise auch die Ummagnetisierung des Eisens vorgenommen wird, niemals gelingt es, den anfänglichen Kurvenzug *OA* nochmals zu durchlaufen. Man nennt daher dieses Kurvenstück *OA* die **jungfräuliche Kurve** oder die **Neukurve** der magnetischen Induktion. Die beschriebene Erscheinung wurde zuerst von E. Warburg (1880) entdeckt und von I. A. Ewing (1882) als **magnetische Hysterese** (Nachwirkung) bezeichnet. Die vollständig geschlossene Kurve *AKCK′A* heißt die **Hystereseschleife**.

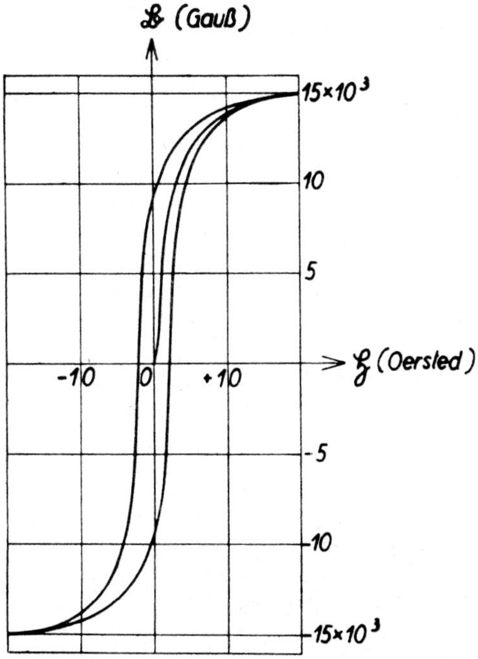

Abb. 269.
Hysteresekurve von weichem Schmiedeeisen

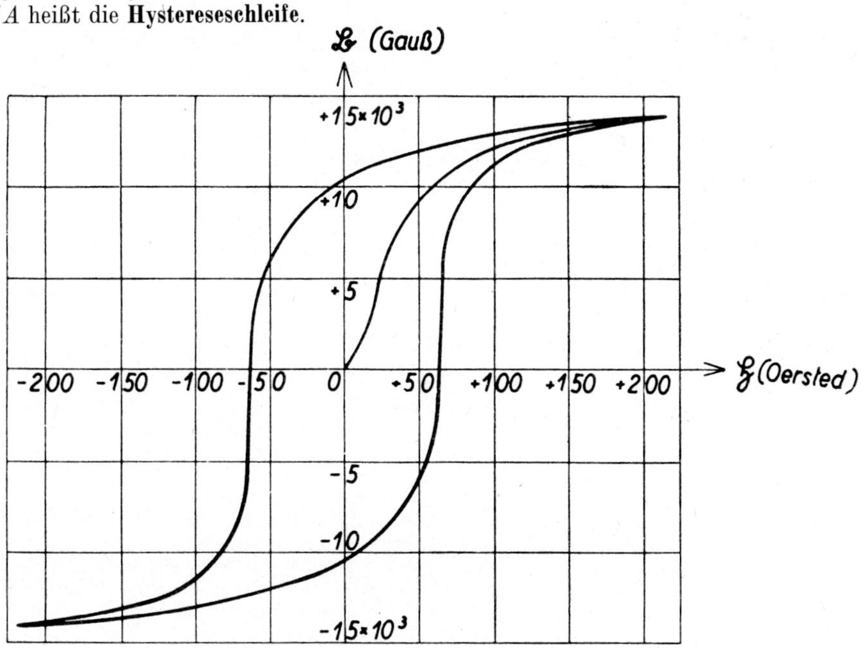

Abb. 270. Hysteresekurve von Werkzeugstahl

Wie schon erwähnt, bezeichnet man diejenige magnetische Induktion $\mathfrak{B}_r$, die im Ferromagnetikum zurückbleibt, wenn das äußere Feld nach einem aufsteigenden und wieder absteigenden Verlauf Null geworden ist, als **Remanenz.** Man erklärt die remanente Magnetisierung durch die Annahme einer im Material vorhandenen **Koerzitivfeldstärke** (auch Koerzitivkraft). Es ist die Stärke des Feldes, das man entgegengesetzt wirken lassen muß, um den Stoff vollkommen unmagnetisch zu machen. Die Strecke *OK* (bzw. *OK'*) in Abb. 268 ist also ein Maß für die Koerzitivfeldstärke. Stoffe mit großer Koerzitivfeldstärke nennt man „magnetisch hart", mit kleiner dagegen „magnetisch weich".

Die Gestalt der Hystereseschleife kann ganz verschieden sein und hängt in erster Linie von der Natur des betreffenden ferromagnetischen Stoffes ab. Abb. 269 zeigt die Hystereseschleife von weichem Schmiedeeisen. Die Kurve ist sehr schmal, entspricht einer sehr kleinen Koerzitivfeldstärke und erreicht schon bei verhältnismäßig kleinen Feldstärken von etwa 20 Oersted den Sättigungswert. In Abb. 270 ist die Hystereseschleife für Werkzeugstahl wiedergegeben; sie hat eine wesentlich breitere Gestalt und erreicht erst bei Feldstärken von 200 Oersted den Sättigungswert. Im Gegensatz zu weichem Eisen finden wir eine fast 30mal so große Koerzitivkraft. Daß ferromagnetische Legierungen unter Umständen ein sehr kompliziertes Verhalten zeigen können, beweist die in Abb. 271 wiedergegebene Hystereseschleife einer Nickel-Eisen-Kobaltlegierung (65% Ni; 5% Fe, 30% Co, „Perminvar").

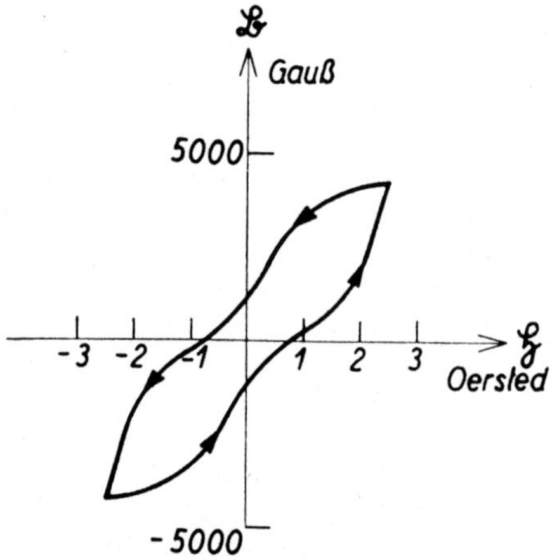

Abb. 271. Hystereseschleife einer Nickel-Eisen-Kobaltlegierung

Wie wir bereits in der Magnetostatik auf S. 92 zum Ausdruck gebracht und durch die Ampèreschen Molekularströme auf S. 186 verständlich gemacht haben, deuten wir den Vorgang der Magnetisierung eines ferromagnetischen Stoffes nicht durch die Trennung von „Magnetismusmengen", sondern durch die Ausrichtung bereits vorhandener Molekularmagnete, die in unmagnetischem Stoff mit ihren Achsen nach allen Richtungen willkürlich gelagert sind. Stellt man sich nun noch vor, daß die einmal ausgerichteten Molekularmagnete nicht alle wieder in ihre ungeordnete Lage zurückkehren, sondern infolge der zwischen ihnen vorhandenen starken Wechselwirkung zum Teil ihre neue Lage beibehalten, so kann man die Erscheinung der Remanenz sowie das Zustandekommen der Hysterese und ihre Abhängigkeit von der Art des Ferromagnetikums verstehen.

Besonders einfach liegen die Verhältnisse bei einem Einkristall; dieser zeigt bereits eine bestimmte magnetische Vorzugsrichtung (magnetische Achse), die die Richtung der Kraftlinien angibt, die er für sich allein ohne äußere Erregung erzeugt. Bringt man den Kristall so in ein magnetisches Feld, daß dieses ihn in Richtung seiner Achse zu entmagnetisieren sucht, so zeigt sich, daß beim Überschreiten einer gewissen magnetischen Feldstärke $\mathfrak{H}_e$ der Magnetismus des Kristalles plötzlich umkehrt. Die Hysteresekurve eines Einkristalles nimmt daher die in Abb. 272 dargestellte Parallelogrammgestalt an.

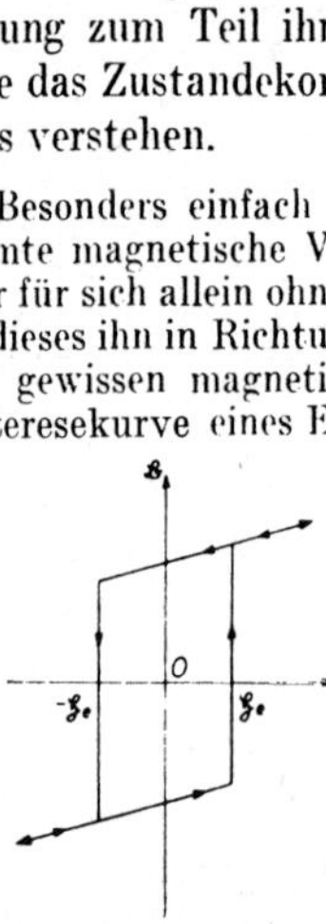

Abb. 272. Form der Hysteresekurve bei einem ferromagnetischen Einkristall

Ein gewöhnlicher ferromagnetischer Stoff setzt sich nun aus vielen Bezirken solcher Mikro-Einzelkristalle mit verschieden orientierten Magnetisierungsrichtungen, den sog. Weißschen Bezirken, zusammen, so daß deren Wirkungen sich nach außen im gewöhnlichen Zustand aufheben (P. Weiß, 1911). Bei einer äußeren magnetischen Erregung ergibt sich nun je nach dem Winkel, den diese mit der magnetischen Achse der einzelnen Bezirke bildet, eine verschieden starke Einwirkung auf diese Bezirke; infolgedessen suchen diese sich in die neue Richtung einzustellen. Nach neueren Untersuchungen erfolgt dies so, daß die bereits günstig orientierten Bezirke sich durch eine Art Wandverschiebung auf Kosten der benachbarten Bezirke ausdehnen. Eine experimentelle Bestätigung der allmählich erfolgenden sprungweisen Magnetisierung eines Ferromagnetikums bringen wir in Nr. 43 auf S. 264.

Abb. 273. Zur Ableitung der Hysteresewärme

Wie zuerst Warburg zeigte, ist die von der Hystereseschleife umgrenzte Fläche derjenigen Energie proportional, die beim Ummagnetisieren der Volumeinheit des betreffenden Stoffes, d. h. beim einmaligen Durchlaufen eines Magnetisierungszyklus, verbraucht wird. Zum Beweise denken wir uns ein kleines Stück Eisen von der Länge l und dem Querschnitt A, also dem Volumen $V = lA$, aus großer Entfernung in Richtung seiner Längsachse dem Nordpol eines permanenten Magneten genähert (Abb. 273). Nehmen wir an, daß das Eisen im Feld dieses Magneten gleichmäßig magnetisiert werde, so daß auf seinen Endflächen die magnet. Polstärken $+p$ und $-p$ entstehen, so ist der Betrag des magnetischen Moments des Eisenstückes $|\mathfrak{M}| = pl = |\mathfrak{J}|\,V$. Die Feldstärken an den Stabenden seien $\mathfrak{H}$ und $\mathfrak{H} + l\frac{d\mathfrak{H}}{dx}$, wenn l in die x-Richtung fällt. Es wirkt also auf die Polstärke $-p$ die Kraft $-p\,\mathfrak{H}$, und auf die Polstärke $+p$ am anderen Ende die Kraft $p\left(\mathfrak{H} + l\frac{d\mathfrak{H}}{dx}\right)$. Auf das ganze Eisenstück wirkt demnach die Kraft $p\,l\frac{d\mathfrak{H}}{dx} = |\mathfrak{M}|\frac{d\mathfrak{H}}{dx}$. Verschiebt sich unter ihrem Einfluß das Eisenstück um die Strecke dx an den Permanentmagneten heran, so leistet das Feld die Arbeit $\mathfrak{M}\,d\mathfrak{H}$; pro Volumeinheit ergibt dies den Arbeitsgewinn $\frac{\mathfrak{M}}{V}\,d\mathfrak{H} = \mathfrak{J}\,d\mathfrak{H}$ (der als kinetische Energie auftritt). Wenn keine Hysterese vorhanden wäre, würde der gleiche Arbeitsbetrag, d. h. die erzeugte kinetische Energie, gerade ausreichen, um das Eisenstäbchen wieder in seine Anfangslage gegen die Anziehung des Magneten zurückzubringen. Infolge der Hysterese bleibt aber das Eisen auf dem Rückweg etwas stärker magnetisch, und es ist ein größerer Arbeitsbetrag notwendig zur Rückbewegung in die alte Lage. Bezeichnen $\mathfrak{J}_1$ und $\mathfrak{J}_2$ die durch die Feldstärke $\mathfrak{H}$ hervorgerufenen Magnetisierungen auf dem aufsteigenden und dem absteigenden Aste der Hystereseschleife, so ist der erforderliche Arbeitsüberschuß pro Volumen

$$dA = (\mathfrak{J}_2 - \mathfrak{J}_1)\,d\mathfrak{H}.$$

Wie man aus Abb. 274 entnimmt, ist $(\mathfrak{J}_2 - \mathfrak{J}_1)\,d\mathfrak{H}$ gleich dem in der Abbildung schraffierten, sehr schmalen Streifen der Hysteresisschleife von der Breite $d\mathfrak{H}$ und der Höhe $(\mathfrak{J}_2 - \mathfrak{J}_1)$. Denkt man sich nun das Eisenstück aus dem Unendlichen ($\mathfrak{H} = 0$) an einen Punkt in der Nähe des Magneten mit der Feldstärke $\mathfrak{H}$ herangebracht, dann wieder zurück ins Unendliche, dort umgewendet und nun mit dem anderen Ende dem Magneten bis zum gleichen Feldpunkte wieder genähert und wieder ins Unendliche zurückgeführt, so ist dies gleichbedeutend mit dem Durchlaufen eines geschlossenen Magnetisierungszyklus, d. h. einer vollständigen Hysteresisschleife. Die dabei aufgewendete Gesamtarbeit pro Volumen ist also:

$$A = \oint \mathfrak{J}\,d\mathfrak{H},$$

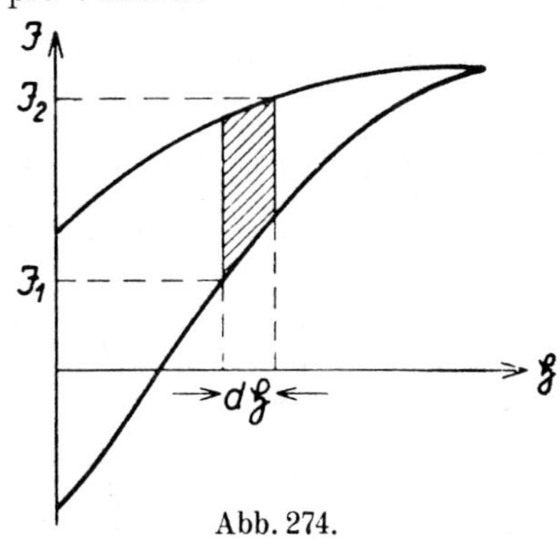

Abb. 274.
Zur Ableitung der Hysteresewärme

wobei das zwischen den Maximalwerten von $\mathfrak{H}$ zu erstreckende Integral den Flächeninhalt der im $\mathfrak{J}$—$\mathfrak{H}$-Diagramm gezeichneten Hystereseschleife darstellt. Trägt man letztere dagegen im $\mathfrak{B}-\mathfrak{H}$-Diagramm auf, verwendet also an Stelle der Ordinaten $\mathfrak{J}$ die Werte $\mathfrak{B} = \mathfrak{H} + 4\pi\mathfrak{J}$, so tritt an Stelle von $\mathfrak{J}_2 - \mathfrak{J}_1$ der Ausdruck $\frac{1}{4\pi}(\mathfrak{B}_2 - \mathfrak{B}_1)$, und der Inhalt der so gezeichneten Hystereseschleife ist gleich dem 4π-fachen der auf die Volumeinheit bei der Ummagnetisierung aufgewendeten Arbeit. Wir können also auch schreiben:

$$A = \frac{1}{4\pi} \oint \mathfrak{B}\, d\mathfrak{H}$$

und gewinnen damit den Satz von Warburg:

Der durch 4π dividierte Inhalt der Hystereseschleife, die den Zusammenhang zwischen der magnetischen Induktion $\mathfrak{B}$ und der magnetisierenden Feldstärke $\mathfrak{H}$ bei einer zyklischen Magnetisierung darstellt, ist numerisch gleich der (in erg gemessenen) Arbeit, die bei einem Magnetisierungszyklus je Volumeinheit des betreffenden Stoffes verbraucht wird.

Diese zur Ummagnetisierung erforderliche Arbeit tritt als Wärmeenergie in dem magnetischen Material wieder auf. Man kann diese Hysteresewärme leicht nachweisen, indem man einen Stahlstab in einem mit Wechselstrom von 50 Hertz beschickten Solenoid einige Minuten lang dauernd ummagnetisiert; der Stab wird bereits nach kurzer Zeit heiß. Die Hysteresewärme stellt natürlich einen unerwünschten Energieverlust dar; man verwendet daher in der Technik bei elektrischen Maschinen, bei denen eine dauernde Ummagnetisierung von Eisen stattfindet (z. B. Transformatoren, Dynamomaschinen, Elektromotoren usw.), solche Eisensorten, die eine möglichst schmale Hystereseschleife besitzen.

Die folgende Tabelle gibt für einige Blechsorten die gemessenen Hystereseverluste N_h bei Magnetisierung mit Wechselstrom von 50 Hz in Watt/kg bei verschieden starker Magnetisierung an (Blechstärke 0,35 mm).

Für die Herstellung von Dauermagneten ist dagegen ein Material besonders günstig, das neben einer hohen Remanenz eine große Koerzitivfeldstärke, mit anderen Worten eine breite Hystereseschleife besitzt. Große Koerzitivfeldstärke ist erforderlich, damit der remanente Magnetismus nicht schon durch schwache äußere Gegenfelder, denen jeder Dauermagnet bei seiner Benutzung ausgesetzt ist, verkleinert wird. Es ist daher üblich, das Produkt

Maximale Induktion B_m in Gauß	Unlegiertes Blech		Schwach legiert 1% Si		Mittellegiert 2,5% Si		Hochlegiert 4% Si	
	N_h	N_w	N_h	N_w	N_h	N_w	N_h	N_w
2 500	0,2	0,11	0,19	0,06	0,18	0,03	0,11	0,01
5 000	0,64	0,33	0,59	0,20	0,52	0,11	0,32	0,04
7 500	1,26	0,69	1,13	0,47	1,00	0,23	0,63	0,10
10 000	2,20	1,15	1,90	0,78	1,68	0,38	1,06	0,16
12 500	3,75	1,73	2,98	1,17	2,55	0,60	1,65	0,28
15 000	6,31	2,28	5,13	1,65	3,76	0,86	2,52	0,37

Auf die gleichzeitig angegebenen Werte der Wirbelstromverluste N_w kommen wir auf S. 250 zurück.

aus remanenter Induktion $\mathfrak{B}_r$ und Koerzitivfeldstärke $\mathfrak{H}_k$ als **Güteziffer** zu bezeichnen. Wie man aus der folgenden Tabelle ersieht, erreicht man bei besonderen Legierungen Werte von über 10^6 Gauß · Oersted. Der Rekord wurde 1968 bei $SmCo_5$ erreicht: $18{,}5 \cdot 10^6$ G · Oe.

Material	Zusammensetzung in Gew.-%	$\mathfrak{B}_r$ in Gauß	$\mathfrak{H}_k$ in Oersted	Güteziffer $\lvert\mathfrak{B}_r\rvert \cdot \lvert\mathfrak{H}_k\rvert$ in Gauß · Oerst.
Federstahl	Fe mit etwa 1% C	13 500	21.3	$0{,}29 \cdot 10^6$
Wolframstahl	5—6,5% W; 0,53—0,8% C; Rest Fe	10 800	68	$0{,}73 \cdot 10^6$
Co-Cr-Stahl	34% Co; 1,5—5% Cr; 0—4,5% Mo; 0,8—1,1% C; Rest Fe	9 300	243	$2{,}27 \cdot 10^6$
Oerstit	24—30% Ni; 9—13% Al; 5—10% Cu; Rest Fe	6 100	750	$4{,}57 \cdot 10^6$
Alnico V	15% Ni; 25% Co; 9% Al; 3% Cu; Rest Fe	12 250	597	$7{,}3 \cdot 10^6$

Mit den in der Tabelle zuletzt genannten Stoffen gelingt es, Dauermagnete herzustellen, die das 3500fache ihres Eigengewichtes zu tragen vermögen. Besonders schön geht die Leistung moderner Dauermagnete aus dem in Abb. 275 wiedergegebenen Schwebeversuch hervor. Über einem horizontalen Stabmagneten befindet sich zwischen sechs Glasstäben geführt ein zweiter gleich großer Stabmagnet in solcher Lage, daß die gleichnamigen Pole übereinander liegen. Die abstoßenden Kräfte zwischen diesen Polen sind so groß, daß der 170 *p* schwere Magnet in einer Entfernung von 4 cm frei über dem unteren Magneten schwebt. Um beide Magnete in eine Entfernung von 1 cm zu bringen, ist ein Zusatzgewicht von 750 *p* am oberen Magneten erforderlich. Die für diesen Versuch benutzten Magnete bestanden aus Oerstit 400, das eine remanente Induktion von 11000 Gauß, eine Koerzitivfeldstärke von etwa 600 Oersted und eine Güteziffer von $6{,}6 \cdot 10^6$ Gauß-Oersted besitzt.

Abb. 275. Durch magnetische Abstoßung in der Schwebe gehaltener Magnetstab

Die sehr hohen Güteziffern der modernen Dauermagnete beruhen darauf, daß die Koerzitivkraft mit inneren Verspannungen im Kristallgitter zusammenhängt, die besonders dann in einer Legierung auftreten, wenn ein Bestandteil derselben kurz vor seiner Ausscheidung steht.

Daß die magnetischen Eigenschaften eines Ferromagnetikums von den in ihm herrschenden elastischen Spannungen abhängen, beweist die Tatsache, daß sich die Gestalt der Hysteresekurve ganz wesentlich ändert, wenn man das Material mechanischen Beanspruchungen unterwirft. Z. B. zeigt Kurve *a* in Abb. 276 die Neukurve und den absteigenden Ast der Hysteresisschleife für einen weichen Nickeldraht in mechanisch unbeanspruchtem Zustande; Kurve *b* bezieht sich auf den Fall, daß der gleiche Draht tordiert, Kurve *c*, daß er gedehnt und Kurve *d*, daß er gleichzeitig gedehnt und tordiert wird.

Ein Nachteil dieser hochwertigen Magnetstoffe ist ihre große Härte und Sprödigkeit, die eine Bearbeitung außerordentlich erschweren. Es ist aber möglich, aus Fe-Oxyden, Zn-Oxyden und als drittem Bestandteil Cu-, Mg-, Mn- oder Ni-Oxyd durch Sintern oder Pressen mit einem Bindemittel beliebig geformte Körper herzustellen, die sich magnetisieren lassen und je nach ihrer Zusammensetzung eine große Anfangspermeabilität oder eine hohe Koerzitivkraft besitzen. Diese unter der Bezeichnung Ferrite bekannt gewordenen Stoffe dienen sowohl zur Herstellung von Kernen für Hochfrequenztransformatoren, da ihre schlechte Leitfähigkeit keine Wirbelstromverluste ergibt, als auch zur Anfertigung von hochwertigen Permanentmagneten beliebiger Form.

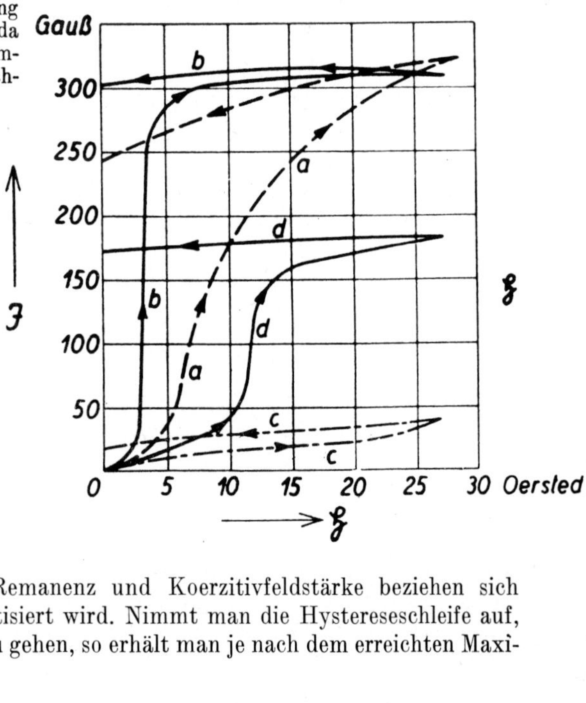

Abb. 276. Hysteresekurven von weichem Nickeldraht in mechanisch unbeanspruchtem Zustand (a), bei Torsion (b), bei Dehnung (c) und bei gleichzeitiger Torsion und Dehnung (d)

Die bisher angeführten Werte der Remanenz und Koerzitivfeldstärke beziehen sich auf den Fall, daß bis zur Sättigung magnetisiert wird. Nimmt man die Hystereseschleife auf, ohne mit der Feldstärke bis zur Sättigung zu gehen, so erhält man je nach dem erreichten Maxi-

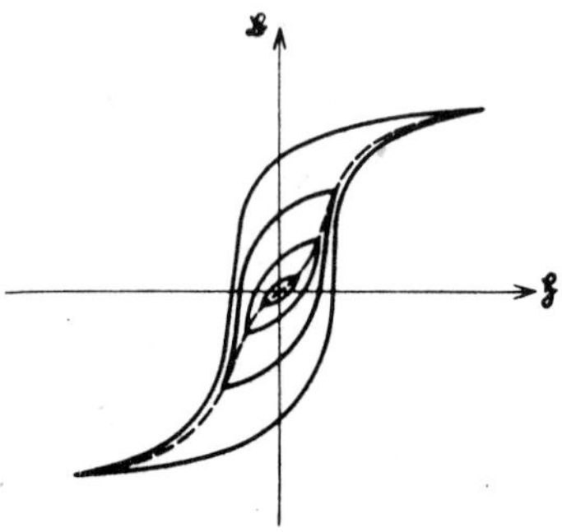

Abb. 277. **Bei verschiedenen Feldstärken** aufgenommene Hystereseschleifen

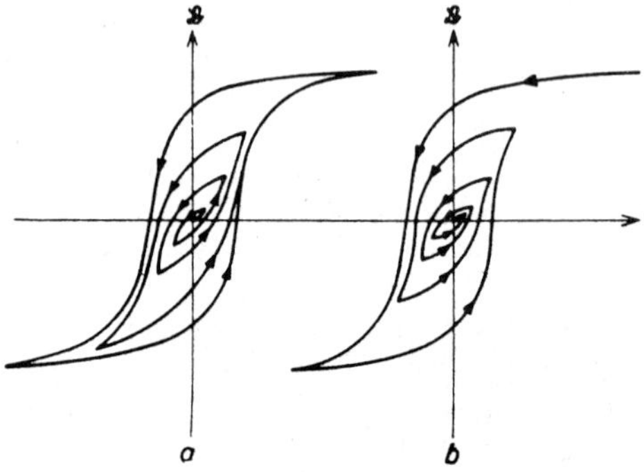

Abb. 278. Aufeinanderfolgende Magnetisierungszyklen bei **zunehmender (a) und abnehmender (b) Feldstärke**

malwert von $\mathfrak{H}$ verschiedene Schleifen, deren Spitzen nahezu auf der Neukurve liegen (Abb. 277). Verstärkt oder schwächt man allmählich beim Durchlaufen einer Reihe aufeinander folgender Magnetisierungszyklen die maximale Feldstärke, so erhält man Kurven, wie die Abb. 278a und b sie darstellen. Die Umkehrpunkte liegen auf der sog. Kommutierungskurve, die auch hier wieder nahezu mit der Neukurve zusammenfällt. Den in Abb. 278b dargestellten Magnetisierungsverlauf kann man dazu benutzen, um ein Ferromagnetikum in den unmagnetischen Anfangszustand zu bringen. Man macht dies am einfachsten, indem man es mit Wechselstrom in einer Spule dauernd ummagnetisiert und dabei die Stromstärke allmählich mittels eines Regulierwiderstandes auf Null reduziert.

Bei unseren bisherigen Überlegungen hatten wir angenommen, daß die magnetische Feldstärke im Innern des zu untersuchenden Eisenstabes denselben Wert habe, wie die aus der Stromstärke und den Spulendaten berechnete Feldstärke innerhalb der Spule. Das trifft für ein geschlossenes Toroid, d. h. einen Eisenkörper ohne Enden, auch wirklich zu. Hier aber tritt durch die an den Stabenden erzeugten Magnetpole im Stabinneren ein magnetisches Feld auf, das dem primären magnetisierenden Feld entgegengesetzt gerichtet ist und dieses schwächt. Wir haben es hier mit der „entmagnetisierenden Wirkung der Enden“ zu tun, auf die wir bereits in Kap. II auf S. 120 hinwiesen. Man muß daher, um das wirkliche Feld $\mathfrak{H}_i$ im Innern des Stabes zu erhalten, von diesem „Spulenfeld“ $\mathfrak{H}$ einen Betrag $\mathfrak{H}' = S \cdot \mathfrak{J}$ abziehen, wobei $\mathfrak{J}$ die Magnetisierung und S einen von der Gestalt des Stabes (im wesentlichen vom Verhältnis Stablänge zu Stabdicke) abhängenden Faktor bedeutet; dieser „Entmagnetisierungsfaktor“ ist für einfache Formen des Ferromagnetikums, z. B. Stäbe oder Ellipsoide, berechenbar und bekannt. Da für ferromagnetische Stoffe in erster Annäherung $\mathfrak{J} = \mathfrak{B}/4\pi$ ist, da $\mathfrak{H}$ gegen $\mathfrak{B}$ vernachlässigt werden kann, darf man statt $S \cdot \mathfrak{J}$ auch $\frac{S}{4\pi} \cdot \mathfrak{B}$ setzen. Um diesen Betrag muß man nun, um das richtige Bild der Hystereseschleife oder $\mathfrak{B}$-$\mathfrak{H}$-Kurve zu erhalten, die jedem Ordinatenwert $\mathfrak{B}$ entsprechende Abszisse $\mathfrak{H}$ verkleinern. Man nennt dies die **Scherung der Hysterese-Kurve** und bezeichnet deshalb auch $S/4\pi$ als den **Scherungsfaktor.** Praktisch verfährt man nach Lord Rayleigh dabei in folgender Weise (Abb. 279):

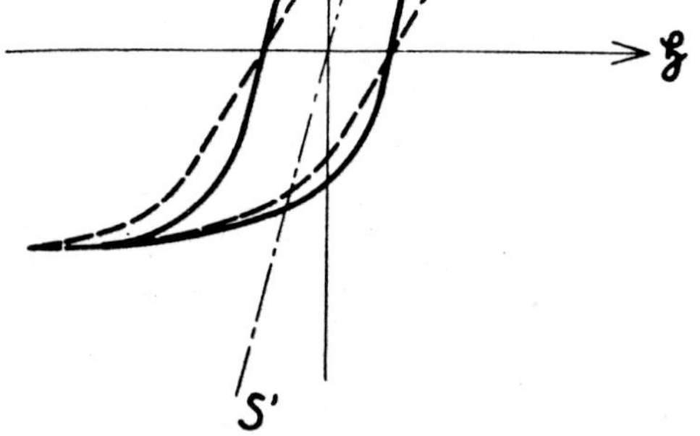

Abb. 279. Scherung einer Hystereseschleife

Man zieht durch den Nullpunkt die **„Scherungsgrade“** SS' unter einem solchen Winkel β gegen die Ordinatenachse, daß $\tan \beta = S/4\pi$ ist. Dann hat man jeden Punkt der gemessenen Kurve (in Abb. 279 gestrichelt) oberhalb der $\mathfrak{H}$-Achse um soviel nach links und unterhalb derselben um soviel nach rechts zu verschieben, wie der Abstand des zum gleichen Ordinatenwerte gehörenden Punktes auf der Scherungsgeraden von der Ordinatenachse beträgt. Dies liefert die in Abb. 279 ausgezogene Kurve.

Von der Abhängigkeit des Entmagnetisierungsfaktors von der Gestalt des Ferromagnetikums kann man sich überzeugen, wenn man mit der in Abb. 266 angegebenen Versuchsanordnung die Magnetisierungskurve z. B. mit Stäben verschiedener Abmessungen (gleichen Volumens aus dem gleichen Material) aufnimmt. Man erhält dann ganz verschieden verlaufende Kurven, die aber nach Scherung ineinander übergehen.

Zum Schluß bringen wir noch eine Tabelle zur Ergänzung der auf Seite 111 mitgeteilten Tabelle, in der für die wichtigsten magnetisch weichen Legierungen die Werte der Anfangspermeabilität μ_a, des Höchstwertes μ_{max} der Permeabilität, der Koerzitivfeldstärke $\mathfrak{H}_k$ und der Sättigungsmagnetisierung $\mathfrak{J}_s$ zusammengestellt sind.

Material	Zusammensetzung in Gewichtsprozenten	μ_a	μ_{max}	$\mathfrak{H}_k$ in Oersted	$\mathfrak{J}_s$ in Gauß
Din 6400 IV	4% Si; 96% Fe	400	8 000	0,3—0,5	
Hyperm 20	20% Cr; 5% Al; 75% Fe	650	10 000	0,5	
Permalloy	78,5%Ni; 21,5%Fe	10 000	100 000	0,05	900
Cr-Permalloy	78,5% Ni; 3,8% Cr; 17,7% Fe	12 000	62 000	0,05	640
Mo-Permalloy	78,5% Ni; 3,8% Mo; 17,7% Fe	20 000	75 000	0,03	700
Mü-Metall	76% Ni. 17% Fe; 5% Cu; 2% Cr	12 000	45 000	0,03	740
Legierung 1040	etwa 72% Ni; 11% Fe; 14% Cu; 3% Mo	37 000	100 000	0,015	480

Magnetostriktion. Die oben erwähnte Tatsache, daß das magnetische Verhalten eines ferromagnetischen Materials durch mechanische Deformation beeinflußt wird (was z. B. in der Verformung der Hysteresekurve zum Ausdruck kommt), legt die Vermutung nahe, daß umgekehrt durch den Vorgang der Magnetisierung das Ferromagnetikum deformiert wird. Bereits 1847 fand in der Tat J. P. Joule, daß ein Eisenstab bei Magnetisierung eine Längenänderung erfährt. Man nennt diese Erscheinungen **Magnetostriktion.** Die mit normalen Feldstärken erzielbare Längenänderung ist außerordentlich gering; $\Delta l/l$ liegt in der Größenordnung von 10^{-5} und läßt sich nur mit dem Mikroskop oder durch Vergrößerung mit Hilfe optischer Hebel messen. Eine einfache Anordnung zur Demonstration zeigt Abb. 280. Ein flacher Eisenstab ist mit einem Messingstab von gleichem Querschnitt zusammengelötet und befindet sich in der Achse einer Spule. An den Enden des Stabes sind zwei Spiegel S_1 und S_2 angebracht, über die ein Lichtstrahl auf eine mehrere Meter entfernte Skala fällt. Wird das Eisen durch den Spulenraum kräftig magnetisiert, so verkürzt es sich. Da das Messing diese Verkürzung nicht mitmacht, findet eine Durchbiegung des Doppelstabes (wie bei einem Bimetallstreifen, siehe Bd. I, Nr. 93) statt, und der Lichtzeiger der Skala verschiebt sich.

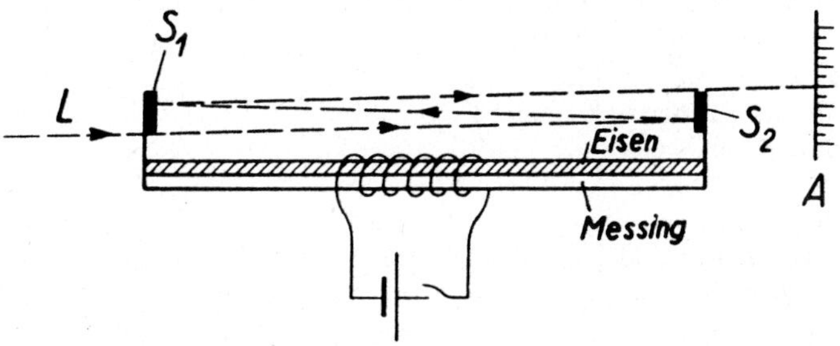

Abb. 280. Bimetallstreifen zum Nachweis der Magnetostriktion von Eisen

Wenn man etwa in dieser Weise die Magnetostriktion verschiedener Stoffe untersucht, erhält man die in Abb. 281 wiedergegebenen Kurven. Aus ihnen geht hervor, daß Eisen mit steigender Feldstärke zunächst eine Verlängerung erfährt, die bei etwa 100 Oersted ihr Maximum erreicht, dann wieder geringer wird, um bei etwa 200 Oersted Null zu werden. Mit weitersteigender Feldstärke tritt eine Verkürzung ein, die einem bestimmten Grenzwert zuzustreben scheint. — Bei Nickel und geglühtem Kobalt tritt bei allen Feldstärken Verkürzung ein. — Daß der Vorgang von der Vorbehandlung des Materials sehr abhängig ist, läßt die für gegossenes Kobalt aufgenommene Kurve erkennen; sie zeigt zunächst das Auftreten einer Verkürzung und

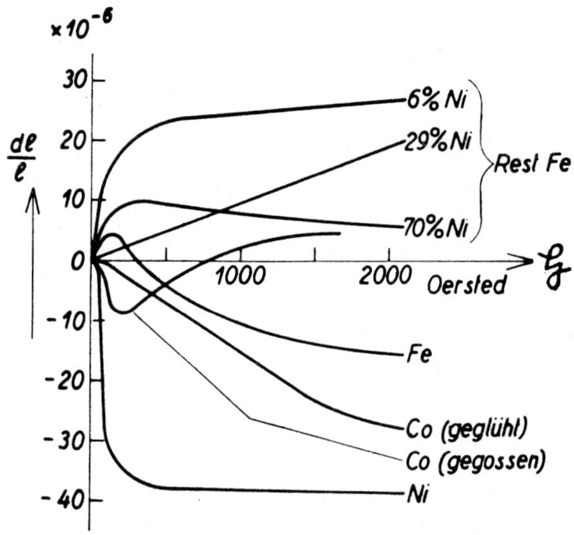

Abb. 281. Magnetostriktive Dehnungskurven verschiedener Stoffe

von etwa 750 Oe ab eine Verlängerung. — Wichtig sind ferner die Eisen-Nickel-Legierungen, die bis zu einem Nickelgehalt von 80% mit steigender Feldstärke nur Verlängerung zeigen, deren Größe, wie aus Abb. 281 hervorgeht, stark vom Nickelgehalt abhängt. Legierungen mit über 81% Nickel zeigen wieder eine Verkürzung wie reines Nickel.

Bringt man einen ferromagnetischen Stab in die Achse eines zirkularen Magnetfeldes z. B. dadurch, daß man durch den Stab selbst einen starken Strom schickt, so ruft die Magnetisierung eine Torsion hervor (Wiedemann-Effekt).

Es würde im Rahmen dieses Buches zu weit führen, auf die molekular-theoretische Deutung dieser „magneto-elastischen" Erscheinungen einzugehen. Eine wichtige Anwendung findet die Magnetostriktion bei der Erzeugung von Ultraschall. Bringt man beispielsweise einen Nickelstab in der Achse einer von Wechselstrom durchflossenen Spule an, so wird dieser Stab im doppelten Rhythmus der Wechselstromfrequenz verkürzt oder verlängert (da der Stab sowohl bei positiver Feldstärke als auch bei negativer verkürzt wird und bei verschwindendem Feld jeweils seine ursprüngliche Länge annimmt) und führt demgemäß mechanische Längsschwingungen aus. Deren Amplitude wird besonders groß, wenn die Frequenz des Wechselstromes gleich einer mechanischen Eigenfrequenz (z. B. der Grundschwingung) des Stabes ist, die durch die Abmessung des Stabes, seinen Elastizitätsmodul und seine Dichte gegeben sind (s. Bd. I, Nr. 83). Von den Enden des schwingenden Stabes wird dann Schall von der Frequenz der Stabschwingung abgestrahlt. Mit Stäben geeigneter Abmessungen gelingt es, Ultraschall bis zu Frequenzen von 250 kHz zu erzeugen.

Der Magnetostriktionseffekt ist übrigens, wie viele physikalische Vorgänge umkehrbar (P. A. Matteucci, 1847 und E. Villari 1865). Übt man auf einen schwach vormagnetisierten Eisen- oder Nickelstab eine Zug- oder Druckwirkung parallel der Stabachse aus, so erfährt der Stab eine Änderung seiner Magnetisierung. Versetzt man den Stab (z. B. durch Reiben) in Längenschwingungen, so erhält man folglich in einer um ihn gewickelten Spule durch Induktion — siehe Kap. 5, S. 235 — Wechselströme. Man verwendet daher eine solche Anordnung auch als Schallempfänger zum Nachweis von Ultraschall.

Historisch interessant ist, daß das erste von Philipp Reiß (1861) gebaute Telephon den Magnetostriktionseffekt zur Wiedergabe der Schallschwingungen benutzte. Zu diesem Zwecke war auf einem kleinen Resonanzkasten eine horizontale Spule angebracht; in ihrer Achse befand sich eine Stricknadel, die mit ihren Enden in zwei auf dem Resonanzkasten befestigten Lagerböckchen gelagert war. Wurde die Nadel durch die in der Spule fließenden Sprechströme magnetisiert, so übertrugen sich die dadurch hervorgerufenen Längenänderungen auf den Resonanzkasten und versetzten diesen in Schwingungen, die vom Ohr als Schall wahrgenommen wurden.

37. Bewegung eines Stromleiters im Magnetfeld

Die in den letzten Nummern behandelten Kraftwirkungen eines stromdurchflossenen Leiters auf Magnetpole müssen nach dem dritten Newtonschen Axiom Gegenkräfte zur Folge haben, d. h. es müssen stromdurchflossene Leiter in einem magnetischen Feld Kraftwirkungen erfahren. Bei der Betrachtung dieser Erscheinungen müssen wir zwei Fälle unterscheiden, nämlich 1. *die Bewegung starrer Stromkreise als ganzes in einem Magnetfeld* und 2. *die Bewegung einzelner gegeneinander beweglicher Teile eines Stromleiters im magnetischen Feld*.

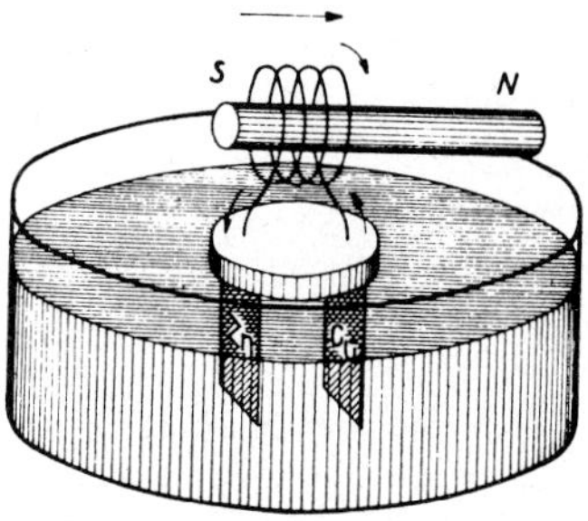

Abb. 282. Versuch von de la Rive zum Nachweis der Bewegung einer stromdurchflossenen Spule im magnetischen Feld

Den ersten Fall haben wir bereits in Nr. 33 auf S. 183 ff. erörtert. Es wurde dort gezeigt, daß sich eine stromdurchflossene Leiterschleife wie ein magnetisches Blatt verhält und je nach der Stromrichtung von einem ihrer Fläche genäherten Pole eines Magneten abgestoßen oder angezogen wird (Abbildung 245), und daß eine im Erdfeld aufgehängte Stromschleife sich mit ihrer Fläche senkrecht zum magnetischen Meridian einstellt (Abb. 246). Hält man ferner bei dem in Abbildung 261 dargestellten Versuch den Weicheisenstab fest, so wird die von einem kräftigen Strom durchflossene Spule über den Eisenstab gezogen. Auf Grund dieser und ähnlicher Versuche ergibt sich ganz allgemein die Regel:

Jeder geschlossene Stromleiter sucht sich unter dem Einfluß eines fremden Magnetfeldes so einzustellen, daß möglichst viele Kraftlinien dieses Feldes eine vom Leiter berandete (sonst beliebige) Fläche im gleichen Sinne durchsetzen, wie die Kraftlinien seines eigenen Magnetfeldes.

Sehr schön zeigt dies ein Versuch von *de la Rive* (1822). In einer mit angesäuertem Wasser gefüllten Schale schwimmen, durch ein Korkstück gehalten, eine Kupfer- und eine Zinkplatte, deren aus der Flüssigkeit herausragende obere Enden durch eine Spule S mit einigen Windungen verbunden sind (Abb. 282). Das Ganze bildet einen geschlossenen Stromkreis, in dem das galvanische Element den Strom vom Kupfer zum Zink treibt. Bringt man in horizontaler Lage in der Höhe der Spulenachse einen Stabmagneten an, so schiebt sich die Spule von selbst stets bis über die Mitte des Stabmagneten, und zwar derart, daß die positive (nordmagnetische) Seite der vom Strom umkreisten Fläche stets nach dem Nordpol des Magneten zeigt. Steckt man die Spule zunächst in umgekehrter Richtung über den Magneten, so schiebt sie sich von ihm herunter, dreht sich um 180° und schiebt sich dann wieder bis in die Mitte des Magneten. Dies ist gerade die Lage, in der der Kraftfluß des Magneten durch die Spule seinen maximalen Wert hat, und zwar im gleichen Sinne, wie der des Eigenfeldes der Spule selbst; das System Magnet-Spule ist dann im stabilen Gleichgewicht.

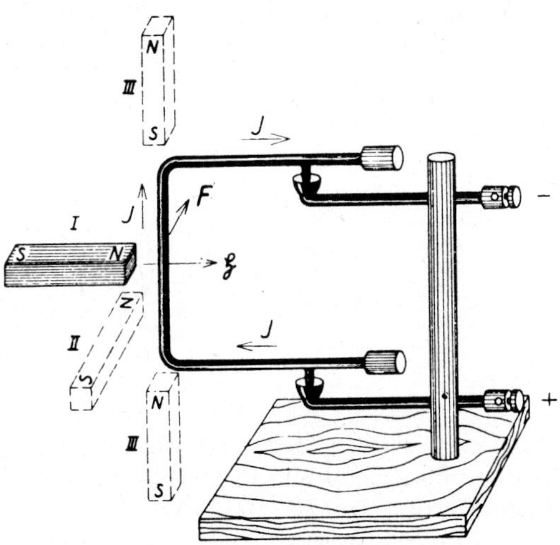

Abb. 283. Anordnung zur Untersuchung der ponderomotorischen Wirkungen eines Magnetfeldes auf einen Stromleiter

Da man die an einem vollständigen Stromkreis angreifende Kraft als die Resultante der Kräfte auffassen kann, die an den einzelnen Elementen des Leiters angreifen, wollen wir jetzt die ponderomotorischen Wirkungen eines Magnetfeldes auf ein einzelnes geradliniges Leiterstück untersuchen. Wir benutzen zu diesem Zweck die in Abb. 283 skizzierte Versuchsanordnung, bei der eine rechteckige Leiterschleife in zwei Quecksilbernäpfen drehbar so gelagert ist, daß sich der vertikale Teil des Leiters um die durch die beiden Drehpunkte gehende Achse drehen kann. Der Strom möge den vertikalen Leiterteil von unten nach oben durchfließen; bringen wir dann einen kräftigen Stabmagneten in die Stellung I, so übt sein Magnetfeld $\mathfrak{H}$ auf den Leiter eine Kraft $\mathfrak{F}$ aus, die senkrecht zum Leiter (d. h. also senkrecht zum Strom J) und auch senkrecht zu $\mathfrak{H}$ gerichtet ist und den Leiter vom Beschauer aus in die Papierebene der Abb. 283 hinein zu verschieben sucht. Bringen wir dagegen den Magneten in die Stellung II oder ordnen wir zwei gleiche Magnete in der Stellung III so an, daß das zwischen den Magneten verlaufene Feld parallel zum stromdurchflossenen Leiter verläuft, so finden keine Bewegungen des Leiters statt. Diese Versuche zeigen, daß die von einem Magnetfeld auf einen stromdurchflossenen Leiter ausgeübte Kraft eine Richtung besitzt, die senkrecht auf der durch die Strom- und Feldrichtung bestimmten Ebene steht. Die Kraft hat also keine Komponente in Richtung des Magnetfeldes (Fall II) und ist gleich Null, wenn die Richtungen von Strom und Magnetfeld parallel sind (Fall III).

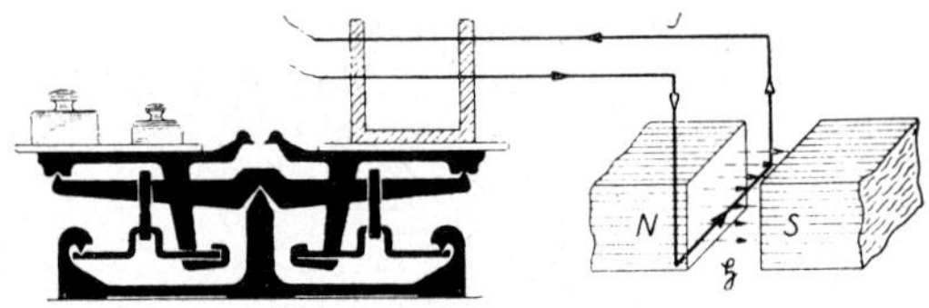

Abb. 284. Messung der auf einen Stromleiter im Magnetfeld ausgeübten Kraft

Untersucht man quantitativ die von einem Magnetfeld $\mathfrak{H}$ auf einem Leiterelement dl ausgeübte Kraft $d\mathfrak{F}$, indem man dasselbe z. B. nach Abb. 284 an einer Waage befestigt, so findet man für ihren Betrag den Wert:

$$dF = \frac{1}{c}\,\mu\,|\,\mathfrak{H}\,|\,J\,dl \sin(\mathfrak{H}\,dl) = \frac{1}{c}\,|\,\mathfrak{B}\,|\,J dl \sin(\mathfrak{B}\,dl). \tag{185}$$

Man erhält die Kraft in dyn, wenn man den Strom J in elektrostatischen Einheiten mißt. Im internationalen Einheitensystem sind $|\,\mathfrak{B}\,|$ und $|\,\mathfrak{H}\,|$ nicht dimensionsgleich; denn hier ist $|\,\mathfrak{B}^*\,| = \mu\mu_0\,|\,\mathfrak{H}^*\,|$, wobei $\mu_0 = 1{,}256 \cdot 10^{-6}$ Vs/Am ist. Gl. (185) lautet in diesem Fall (J^* in A, $|\,\mathfrak{H}^*\,|$ in A/m, F^* in Newton):

$$d\,F^* = \mu\mu_0\,|\,\mathfrak{H}^*\,|\,J^*\,d\,l \sin(\mathfrak{H}^*\,d\,l). \tag{185a}$$

Die größte Kraftwirkung tritt also auf, wenn der Winkel zwischen $\mathfrak{B}$ (bzw. $\mathfrak{H}$) und dl 90° beträgt; die Richtung von $d\mathfrak{F}$ steht nach dem Vorhergehenden senkrecht sowohl auf dem Stromelement $d\,l$, als auch auf der Richtung des Magnetfeldes $\mathfrak{B}$ (oder $\mathfrak{H}$); die drei genannten Größen bilden ein rechtwinkliges Achsenkreuz, dessen Richtungen durch Daumen, Zeigefinger und Mittelfinger der linken Hand gebildet werden, wenn man den Daumen in Richtung der Kraft $\mathfrak{F}$, den Zeigefinger in Richtung der magnetischen Feldstärke $\mathfrak{H}$ und den Mittelfinger in Richtung des Stromes J hält (Flemings Linke-Hand-Regel; Abb. 285).

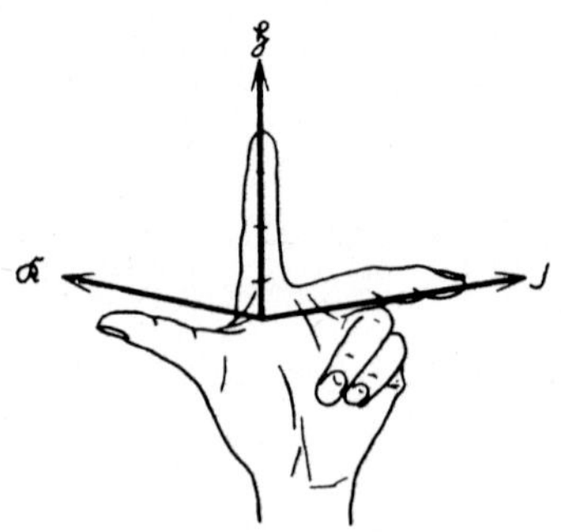

Abb. 285. Flemings Linke-Hand-Regel

Die Bewegung eines stromdurchflossenen Leiters senkrecht zu der Richtung des Magnetfeldes wird anschaulich verständlich durch Betrachtung des in Abb. 286 wiedergegebenen Kraftlinienbildes eines stromdurchflossenen geradlinigen Leiters in einem homogenen Magnetfeld. Im oberen Teil des Bildes haben beide Felder gleiche Richtung und addieren sich in ihrer Wirkung; daher verlaufen die Kraftlinien dort dichter als in dem unteren Teil, wo infolge entgegengesetzter Richtung beider Felder das resultierende Feld stark geschwächt ist. Daher entsteht an der Seite des stärkeren Feldes ein größerer Querdruck der Kraftlinien, der den Leiter nach der Seite des schwächeren Feldes, also in Abbildung 286 nach unten hintreibt. In Abb. 287 ist gezeigt, wie man zeichnerisch das Kraftlinienbild von Abb. 286 durch Überlagerung eines homogenen und eines zirkularen Feldes gewinnt.

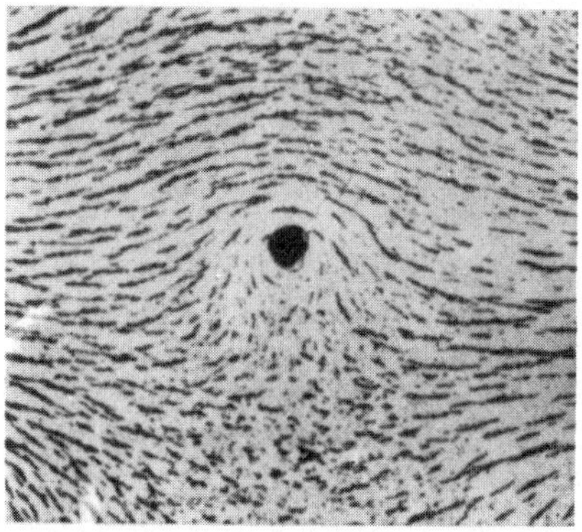

Abb. 286. Mittels Eisenfeilspäne sichtbar gemachter Kraftlinienverlauf um einen Stromleiter im homogenen Magnetfeld

Abb. 287. Entstehung des in Abb. 286 gezeigten Kraftlinienbildes durch Überlagerung eines zirkularen und eines homogenen Feldes

Wir haben es hier mit einer vollkommenen Analogie zur hydrodynamischen Stromlinienverteilung um einen rotierenden Zylinder in einer Parallelströmung zu tun, die entsteht, wenn man der letzteren eine Zirkulationsströmung überlagert (siehe Abb. VI, 78 in Bd. I, Nr. 58). Ebenso wie der Stromleiter eine Kraft quer zum äußeren Magnetfeld erleidet, erfährt auch der rotierende Zylinder einen Bewegungsantrieb quer zum Strömungsfeld (Flettnerrotor, Bd. I, Nr. 58). Für die Kraft A je Längeneinheit des umströmten Zylinders gilt die Kutta-Joukowskische Formel:

$$A = \varrho\, v\, \Gamma$$

Gl. (VI, 27), Bd. I, Nr. 58 , worin ϱ die Dichte der Flüssigkeit, v die Geschwindigkeit der ungestörten Parallelströmung und Γ der Betrag der Zirkulation ist ($\Gamma = \oint v_s ds$; vgl. Nr. 56 des I. Bd.). Genau das gleiche Gesetz, nur ins Elektromagnetische übersetzt, gilt hier: An Stelle der Dichte ϱ tritt hier die Materialkonstante μ, an Stelle von $\mathfrak{v}$ das homogene Magnetfeld $\mathfrak{H}$, an Stelle der Zirkulation Γ die magnetomotorische Kraft $\oint |\, \mathfrak{H}_s \,|\, ds$, die nach dem Grundgesetz (156′) des Elektromagnetismus gleich $\frac{4\pi}{c}$ J ist. Es ergibt sich also aus dieser Analogie für die Kraft auf ein Längenelement des Stromleiters:

$$A = F/dl = \frac{4\,\pi}{c}\,\mu\,|\,\mathfrak{H}\,|\,J = \frac{4\,\pi}{c}\,|\,\mathfrak{B}\,|\,J,$$

und das ist — abgesehen von dem irrelevanten Faktor 4π, der von der Wahl der Einheiten abhängt n der Tat Gl. (185), wenn man beachtet, daß sin $(\mathfrak{B}\, dl) = 1$ zu nehmen ist.

Zur Gl. (185) gelangt man auch über das Biot-Savartsche Gesetz, das die Kraft angibt, die ein vom Strom J durchflossenes Leiterelement $d\,l$ auf einen in der Entfernung r befindlichen Magnetpol von der Stärke p ausübt. Nach Gl. (159), S. 177, ist der Betrag dieser Kraft:

$$dF = \frac{1}{c}\,\frac{J\,d\,l\,p}{r^2}\,\sin\,(r,\,dl).$$

Am Orte des Stromes, d. h. in der Entfernung r vom Pol p, ist das von diesem erzeugte Magnetfeld $\frac{1}{\mu}\frac{p}{r^2}$; seine Richtung stimmt mit der von r überein, wenn dieses positiv in Richtung vom Magnetpol zum Element dl gezählt wird, — umgekehrt wie in Gl. (159). Damit erhalten wir für den Betrag der vom Magnetpol p auf das Stromelement dl ausgeübten Kraft:

$$dF = \frac{1}{c}\,|\,\mathfrak{B}\,|\,J\,dl\,\sin\,(\mathfrak{B},\,dl).$$

Beide Kräfte sind also dem Betrage nach gleich; daß sie entgegengesetzte Richtung haben, erkennt man, wenn man die umgekehrte Richtung von r berücksichtigt.

Dabei ist folgendes zu beachten: Weder die vom Stromelement auf den Magnetpol noch die von diesem auf das Stromelement ausgeübten Kräfte fallen in die Richtung der Verbindungslinie beider, sondern stehen auf ihr senkrecht. Beide Kräfte bilden also ein Kräftepaar, das Stromelement und Magnetpol bei festem Abstand dauernd umeinander herumführen würde, im Widerspruch zum Satz von der Erhaltung des Drehimpulses (Bd. I, Nr. 28). Der Widerspruch löst sich durch die Bemerkung,

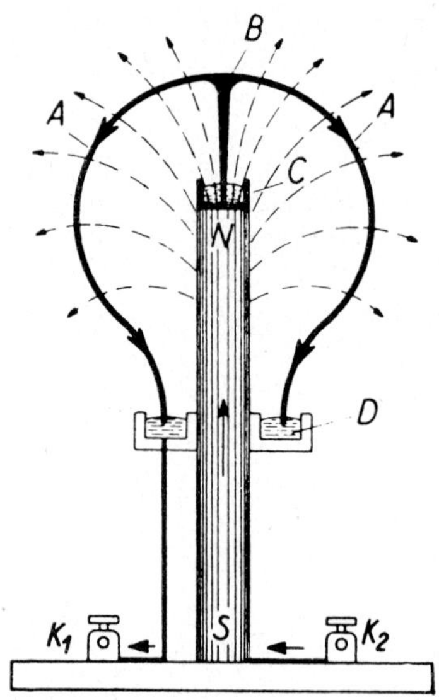

Abb. 288. Apparat zum Nachweis der Rotation eines beweglichen Stromleiters in einem Magnetfeld

daß es isolierte Stromelemente gar nicht gibt; man darf daher nicht voraussetzen, daß in diesem Fall das Reaktionsprinzip und seine Folgerungen gelten. Daher ist keine dieser Elementarkräfte aus der anderen mittels des Reaktionsprinzips ableitbar. Dieses ist vielmehr nur auf die Wechselwirkung zwischen einem vollständig geschlossenen Stromkreise und einem ganzen Magneten anwendbar. Verbindet man diese beiden starr miteinander, so heben sich sämtliche zwischen ihnen wirkende Kräfte auf, wie es nach diesem Prinzip sein muß, und es kann keinerlei Bewegung einzelner Teile zustande kommen. Dauernde Rotationen von Magneten um Stromleiter oder von Stromleitern um Magnete können daher nur auftreten, wenn Teile von Stromleitern oder Magneten beweglich gemacht werden, wie wir dies in den Versuchsanordnungen der Abb. 222 oder 225a kennengelernt haben.

Nach M. Faraday (1821) läßt sich die dauernde Rotation eines beweglichen Leiters in einem Magnetfelde mit der in Abb. 288 dargestellten Anordnung zeigen. Der U-förmig gebogene Leiter A ist mittels einer Spitze B in einem Quecksilbernapf C drehbar gelagert, der am oberen Ende eines vertikal gestellten Magnetstabes angebracht ist. Die unteren Enden des Leiters tauchen in eine mit Quecksilber gefüllte Rinne D, die in der Mitte des Magneten angebracht ist. Fließt der Strom in der Pfeilrichtung von der Klemme K_1 nach K_2, so bewegt sich in dem vom Nordpol ausgehenden Felde der rechte Teil des Leiters aus der Papierebene auf den Beschauer zu, der linke Teil in der umgekehrten Richtung, so daß eine fortlaufende Drehung um den Magneten zustande kommt. — Hängt man bei der Königschen Versuchsanordnung (Abb. 226) das Rohr drehbar auf und hält statt dessen die Magnete M fest, so beginnt das vom Strom durchflossene Rohr (das man sich aus vielen parallelen Stromfäden gebildet denken kann) um seine Achse zu rotieren. — Hierher gehört auch das Barlowsche Rad (Abb. 289). Zwischen den Polen eines waagerechtliegenden Hufeisenmagneten M ist um eine ebenfalls horizontale Achse drehbar eine Kupferscheibe S so gelagert, daß sie mit einem Teil ihres unteren Randes in eine Rinne R mit Quecksilber taucht. Leitet man einen Strom über die Achse und durch die Scheibe nach der Quecksilberrinne, so dreht sich die Scheibe bei der in Abb. 289 eingezeichneten Stromrichtung in der Pfeilrichtung; denn der in der Scheibe senkrecht zur Richtung der magnetischen Kraftlinien fließende Strom erfährt einen Bewegungsantrieb senkrecht zur Strom- und Magnetfeld-Richtung. Da zwischen der Metallscheibe und den in ihr fließenden elektrischen Ladungen eine Art Reibung besteht, die die Ursache des Ohmschen Widerstandes und der Jouleschen Wärme ist (s. S. 150), so wird die Scheibe von dem im Magnetfeld abgelenkten Strom mitgenommen.

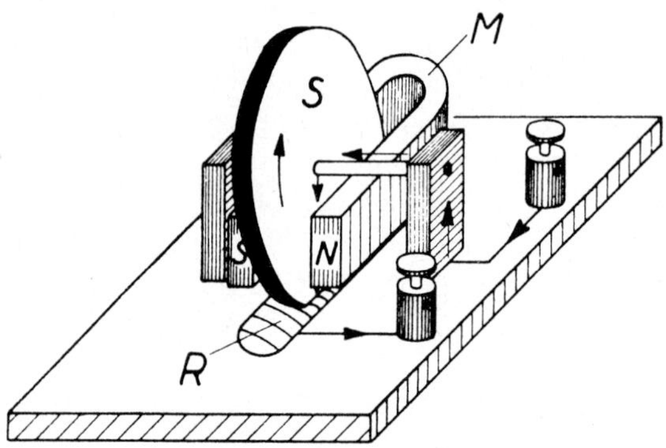

Abb. 289. Barlowsches Rad

Anwendungen. Von der Bewegung stromdurchflossener Leiter in Magnetfeldern macht man bei den Geräten zur Messung elektrischer Ströme und Spannungen vielseitigen Gebrauch. Am verbreitetsten ist das **Drehspulgalvanometer,** das von W. Thomson (1867) angegeben und von

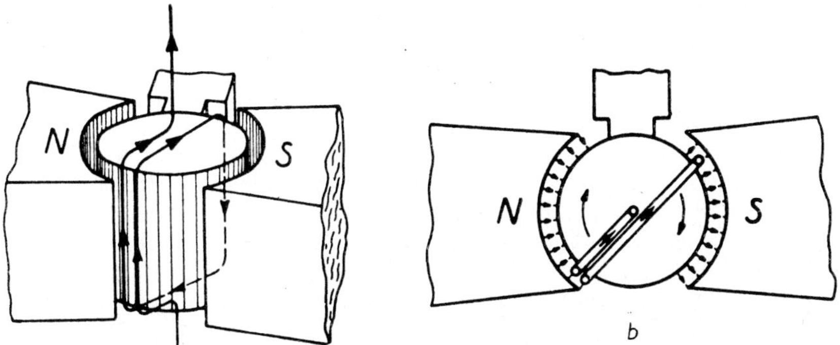

Abb. 290.
Aufbau eines Drehspulgalvanometers; a von der Seite gesehen, b in Aufsicht

J. A. d'Arsonval und M. Deprez (1889) zu einem praktisch brauchbaren Meßinstrument umgestaltet wurde. Wie aus der schematischen Abb. 290 erkennbar ist, befindet sich zwischen den halbkreisförmig ausgesparten Polen eines Permanentmagneten ein zylindrischer Weicheisenkern. Dadurch wird erreicht, daß das magnetische Feld in dem ringförmigen Luftspalt überall mit gleicher Stärke radial zum Mittelpunkt des Kerns verläuft. Um den Eisenkern ist eine auf einem leichten rechteckigen Rahmen gewickelte Spule — in Abb. 290 sind nur zwei Windungen gezeichnet — drehbar angebracht, die bei Spiegelgalvanometern an einem dünnen elastischen Draht aufgehängt (Abb. 291) oder bei Zeigerinstrumenten in Spitzen gelagert ist (Abb. 292). Die Stromzuführung geschieht im ersten Fall über den Aufhängedraht und eine am unteren Ende der Spule angebrachte sehr feine Schraubenfeder, im zweiten Fall durch zwei an der Spulenachse isoliert angebrachte Spiralfedern. Wird die Spule von einem Strom durchflossen, so wirken auf die parallel zum Luftspalt verlaufenden Drähte Kräfte, die zusammen ein Kräftepaar ergeben und auf die Spule ein Drehmoment ausüben. Dadurch erfährt die Spule so lange eine Drehung, bis die Torsion des Aufhängedrahtes oder die Biegung der Spiralfedern dem vom Strom erzeugten Drehmoment das Gleichgewicht hält. Der Winkel α, bei dem Gleichgewicht eintritt, kann entweder über einen an der Spulenachse befestigten Spiegel *Sp* mittels Fernrohr und Lichtzeiger beobachtet oder durch einen mit der Spule verbundenen Zeiger an einer Skala direkt abgelesen werden (Abb. 292). Abb. 292b zeigt das Symbol, mit dem ein Drehspulinstrument auf seiner Skala in der Technik bezeichnet wird.

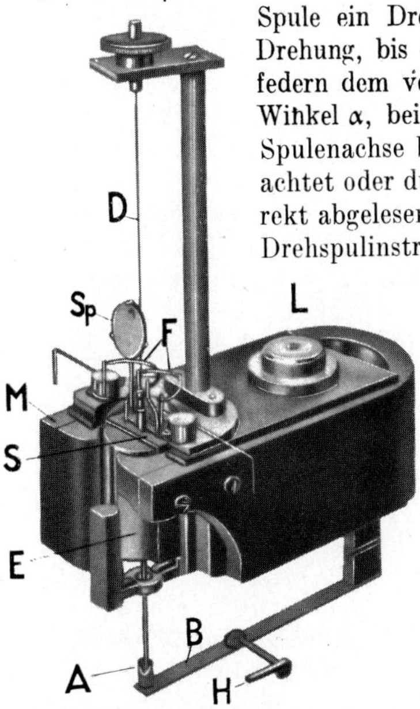

Abb. 291. Drehspulspiegelgalvanometer

Bezeichnen wir mit b die Breite der Spule und mit F den Betrag der vom Strom J auf die Spulenteile der Länge l im Magnetfeld $\mathfrak{H}$ ausgeübten Kraft, so ist das vom Strom ausgeübte Drehmoment Fb oder nach Gl. (185) mit $\mu = 1$:
$$\frac{1}{c} J \,|\, \mathfrak{H} \,|\, l\, n\, b = \frac{J}{c} \,|\, \mathfrak{H} \,|\, A n,$$
wenn n die Anzahl der Windungen und $A = lb$ die gesamte vom Strom umflossene Fläche ist. Da anderseits (nach dem Hookeschen Gesetz) das rücktreibende Drehmoment der Aufhängung proportional dem Drehwinkel α ist, haben wir die Beziehung

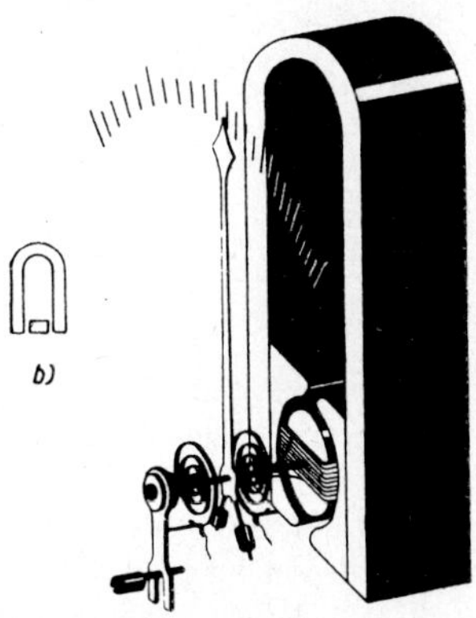

Abb. 292. Drehspulzeigergalvanometer

$$C\alpha = \frac{1}{c} J \mid \mathfrak{H} \mid An,$$

oder

(186) $$J = \frac{Cc}{\mid \mathfrak{H} \mid An} \alpha = C'\alpha.$$

C' ist der Reduktionsfaktor des Instrumentes; er gibt an, mit welchem Faktor man den Ausschlag α zu multiplizieren hat, um die Stromstärke J zu erhalten. (Bei Spiegelgalvanometern gibt man statt α den [ihm proportionalen] Ausschlag an, den ein Lichtzeiger auf einer 1 m entfernten Skala erfährt.) Mit modernen Spiegelgalvanometern kann man noch Stromstärken in der Größenordnung von 10^{-10} Ampere messen.

Da in dem ringförmigen Luftspalt des Drehspulinstrumentes $\mid \mathfrak{H} \mid$ überall konstant ist, wächst, wie man aus (186) erkennt, J proportional mit α. Drehspulinstrumente haben also — im Gegensatz zu Hitzdraht- und Weicheiseninstrumenten (s. S.205) — eine gleichmäßig geteilte Skala. Da außerdem $\mathfrak{H}$ in dem schmalen Luftspalt einige hundert Oersted beträgt, so sind das etwa 0,5 Oersted starke erdmagnetische Feld und seine Variationen sowie andere nicht zu starke äußere Magnetfelder praktisch ohne Einfluß auf das Anzeigen der Drehspulgeräte, was gegenüber Nadelgalvanometern einen sehr großen Fortschritt bedeutet. Außerdem ist die Nullage der Drehspule nicht durch das Erdfeld bestimmt, sondern durch die Torsion des Aufhängedrahtes (oder die Elastizität der Spiralfedern), und läßt sich leicht durch Verdrehen dieser einstellen oder korrigieren.

Bei dem von W. Einthoven (1903) angegebenen **Saitengalvanometer** (Abb. 293) ist zwischen den Polen eines kräftigen Hufeisenmagneten (oder eines Elektromagneten) ein meist aus einem versilberten Quarzfaden bestehender sehr dünner Leiter wie eine Saite ausgespannt. Fließt ein Strom durch dieselbe, so bewegt sie sich senkrecht zu den magnetischen Feldlinien. Die Größe ihrer — der Stromstärke proportionalen — Verschiebung kann mit einem Mikroskop mit Okularmikrometer gemessen werden. Der besondere Vorteil dieses Instrumentes liegt in der sehr geringen Trägheit der Saite, so daß auch schnell verlaufende Stromstöße durch photographische Registrierung des Saitenbildes auf einem fortlaufenden Film gemessen werden können. (z. B. beim ersten **Elektrokardiograph.**) — Bei dem von A. Blondel (1893) angegebenen und von W. Dudell (1897) verbesserten **Schleifenoszillographen** (Abb. 294) ist eine schmale, aus dünnem Draht bestehende Drahtschleife zwischen den Polen eines kräftigen Permanentmagneten ausgespannt; sie trägt in ihrer Mitte, wo sie das Magnetfeld durchsetzt, einen kleinen Spiegel. Ein durch die Schleife geleiteter Strom durchfließt die beiden Drähte in entgegengesetzter Richtung. Demzufolge erfährt die Schleife (mit dem Spiegel) ein Drehmoment, so daß ein am Spiegel reflektierter Lichtstrahl abgelenkt wird. Abb. 295 zeigt das in einer Ebene senkrecht zur Schleife mittels Eisenfeillicht gewonnene Kraftlinienbild, aus dem man erkennt, daß der linke Draht in der Papierebene nach oben, der rechte ebenso stark nach unten gezogen wird. Da man — im Gegensatz zu Drehspulgeräten — das Trägheitsmoment von Schleife mit Spiegel und damit die Schwingungsdauer des ganzen Systems sehr klein machen kann, eignet sich der Schleifenoszillograph besonders zur Beobachtung und Registrierung von schnellen Vorgängen bis zu 10000 Hertz. Zu diesem Zweck bildet man entweder eine punktförmige Lichtquelle L mittels einer Linse O über den Oszillographenspiegel auf einem vorbeilaufenden Film ab, oder läßt den Lichtstrahl über einen rotierenden Spiegel R auf eine Mattscheibe M (Abb. 296) fallen, auf der er die Stromschwankungen in einer fortlaufenden Kurve aufzeichnet. —

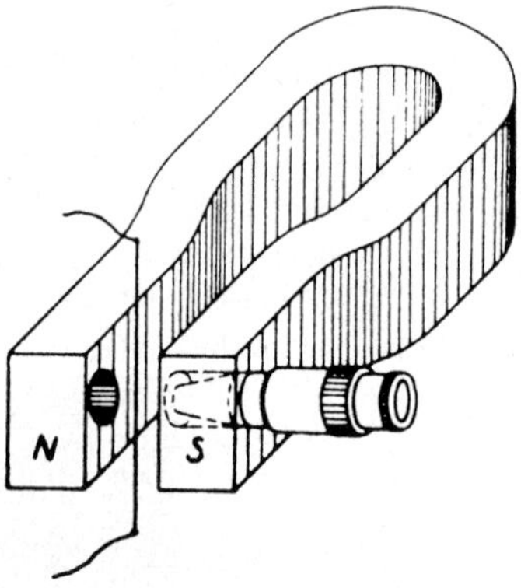

Abb. 293. Saitengalvanometer (schematisch)

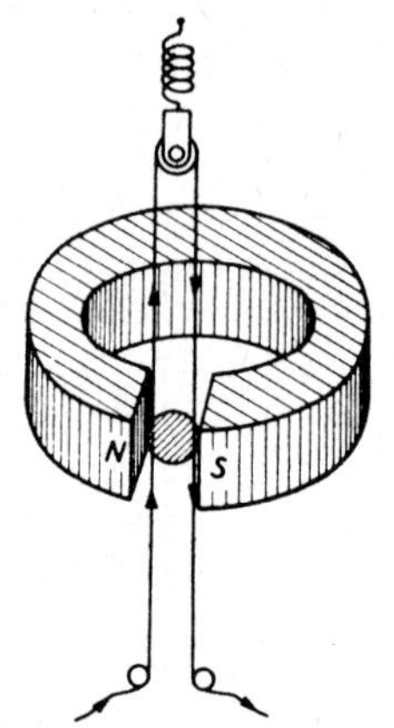

Abb. 294. Schleifenoszillograph (schematisch)

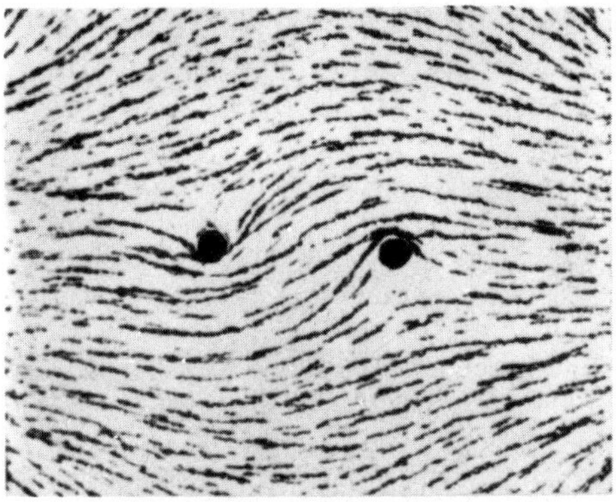

Abb. 295. Mit Eisenfeilspänen sichtbar gemachtes Kraftlinienbild einer Stromschleife in einem homogenen Magnetfeld

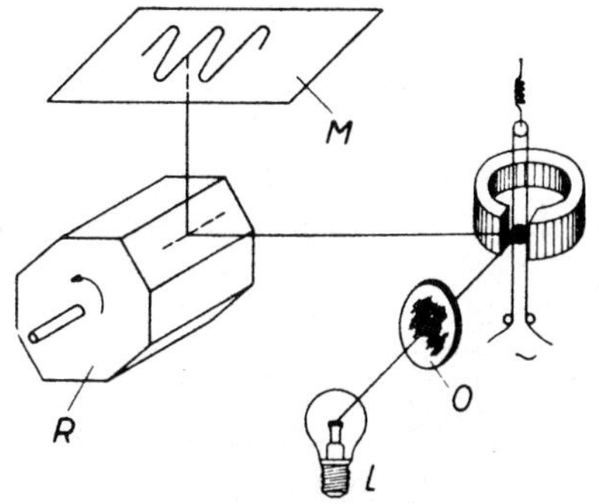

Abb. 296. Aufbau eines Schleifenoszillographen zur Registrierung schneller Stromschwankungen

Damit die Angaben des Oszillographen richtig ausfallen, ist es notwendig, daß die Eigenschwingungsdauer des Systems wesentlich kleiner, etwa der dreißigste Teil der Schwingungsdauer des zu beobachtenden Stromvorganges, und daß die Schleife genügend gedämpft ist, damit sich ihre Eigenschwingungen nicht störend bemerkbar machen; zu letzterem Zwecke setzt man Schleife und Spiegel in ein mit Öl gefülltes Rohr.

Schließlich sei noch erwähnt, daß die in der Rundfunktechnik heute fast ausschließlich benutzten **elektrodynamischen Lautsprecher** auf der Bewegung einer stromdurchflossenen Spule in einem Magnetfelde beruhen. Abb. 297 zeigt einen Querschnitt durch einen derartigen Lautsprecher. Eine konusförmige Membran K aus Hartpapier trägt an ihrer Spitze eine zylindrische Spule Sp, die in den ringförmigen Spalt eines kräftigen Permanentmagneten (oder auch Elektromagneten) M eintaucht. Wird die Spule von Sprechströmen durchflossen, so werden ihre senkrecht zu den magnetischen Kraftlinien verlaufenden Windungen mehr oder weniger stark in den Schlitz des Magneten hineingezogen; dadurch wird die Membran in der Pfeilrichtung bewegt und strahlt den Schall an die Umgebung ab.

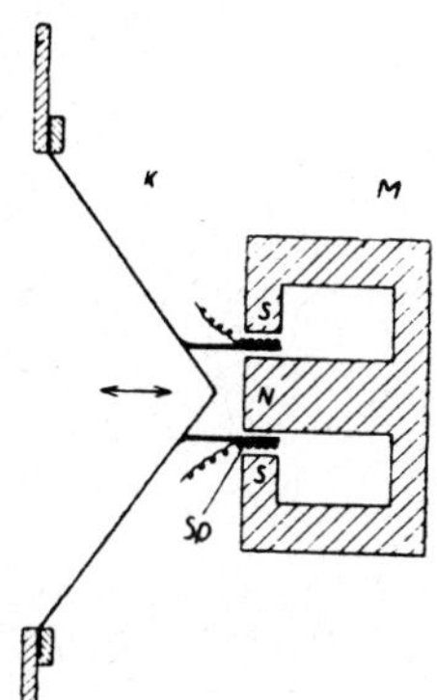

Abb. 297. Schnitt durch einen elektrodynamischen Lautsprecher

Die im Vorangehenden beschriebenen Strommeßgeräte lassen sich natürlich sämtlich auch als Spannungsmesser (Voltmeter) verwenden; hierzu sind die grundsätzlichen Ausführungen auf S. 132 zu beachten.

Ballistische Galvanometer. Macht man bei einem Drehspulgalvanometer das Trägheitsmoment des beweglichen Systems hinreichend groß, z. B. durch Anbringung zusätzlicher Massen, so kann man es erreichen, daß ein kurzzeitig durch die Spule fließender Strom, ein sog. Stromstoß, dieser ein Drehmoment $\mathfrak{T}$ während der Zeitdauer τ des Stromflusses erteilt, ohne daß die Spule infolge ihrer großen Trägheit während dieser Zeit sich merklich aus der Ruhelage herausbewegt. Erst nach Aufhören des Stromdurchganges beginnt die Spule ihre Bewegung und vollführt einen Ausschlag α, um danach zur Ruhelage zurück- und darüber hinauszuschwingen. Das Produkt aus dem Drehmoment $\mathfrak{T}$ und der Zeit τ, während der es wirkt, also der „Drehstoß", ist nach dem zweiten Impulssatz (Bd. I, Nr. 28) gleich dem Produkt aus der durch den Drehstoß erzeugten Winkelgeschwindigkeit $\boldsymbol{\omega}$ des Systems und dessen Trägheitsmoment Θ:

$$\mathfrak{T}\tau = \Theta\boldsymbol{\omega}.$$

Anderseits ist nach S. 221 das Drehmoment $\mathfrak{D}$ dem durch die Spule fließenden Strom J proportional, so daß wir mit einer Konstanten C schreiben können:

$$|\mathfrak{T}|\tau = \Theta|\boldsymbol{\omega}| = CJ\tau.$$

Definitionsgemäß ist aber $J\tau$ die in der Zeit τ durch die Spule fließende Elektrizitätsmenge q:

$$q = J\tau.$$

Damit wird schließlich

(187) $$|\,\boldsymbol{\omega}\,| = \frac{Cq}{\theta} = C' q,$$

d. h. die Winkelgeschwindigkeit, die die Drehspule durch einen Stromstoß erhält, ist proportional der durch die Spule hindurchgegangenen Elektrizitätsmenge.

Die Drehspule stellt infolge ihrer Aufhängung an einem elastischen Faden ein Schwingungssystem dar, das harmonische Schwingungen ausführen kann. Je größer der Drehwinkel α, aus dem die Spule aus ihrer Ruhelage abgelenkt wird, desto größer ist das rücktreibende Drehmoment der Aufhängung und damit die auf die Nullage hingerichtete Drehbeschleunigung. Die Winkelgeschwindigkeit $|\,\boldsymbol{\omega}\,|$, mit der die Spule durch die Nullage hindurchschwingt, ist also um so größer, je größer der Ausschlag α ist, und umgekehrt ist α um so größer, je größer $|\,\boldsymbol{\omega}\,|$ ist. Es ist also α proportional $|\,\boldsymbol{\omega}\,|$ und schließlich nach (187)

(188) $$\alpha = C'' q.$$

Wie schon zu Anfang gesagt, gilt dies nur für den Fall, daß die Trägheit der Galvanometerspule so groß und die Stromdauer so kurz ist, daß erst nach Aufhören des Stromstoßes die Spule sich aus der Ruhelage zu entfernen beginnt. Ein Galvanometer mit sehr großer Schwingungsdauer (etwa 30 sec) heißt **ballistisches Galvanometer,** weil es ein Analogon zum ballistischen Pendel darstellt (Band I, Nr. 23), welches die Geschwindigkeit eines Geschosses aus dem Pendelausschlag zu bestimmen gestattet. Der erste Ausschlag eines solchen Galvanometers, der sog. ballistische Ausschlag, ist nach Gl. (188) der durch das Galvanometer fließenden Elektrizitätsmenge (nicht der Stromstärke!) proportional.

Die Eichung eines ballistischen Galvanometers geschieht am einfachsten in der Weise, daß man einen Kondensator bekannter Kapazität C auf eine gleichfalls bekannte Spannung U auflädt; dann enthält er die Ladung $q = CU$. Entlädt man den Kondensator durch das Galvanometer, so erhält man einen ballistischen Ausschlag α, der dieser Ladung proportional ist.

Die Gl. (187) und (188) wurden oben unter der Voraussetzung abgeleitet, daß der Strom J während der Zeit τ konstant ist. In vielen Fällen, z. B. bei der angegebenen Eichung mittels Kondensator-Entladung ist dies aber nicht der Fall. Dann tritt an Stelle von $J\tau$ für den Stromstoß der Ausdruck $\int_0^\tau J\,dt$, der in diesem allgemeineren Falle nach Gl. (117) auf S. 123 die durch den Leiter fließende Elektrizitätsmenge darstellt; das Resultat bleibt dasselbe.

Genau so wie man jedes Galvanometer als Strom- und Spannungsmesser benutzen kann, läßt sich mit dem ballistischen Galvanometer auch ein „Spannungsstoß“ $\int_0^\tau U\,dt$ in „Voltsekunden“ messen. Die dazu erforderliche Eichung hat so zu erfolgen, daß man bekannte Spannungswerte, die man z. B. an einer Potentiometeranordnung abgreift, mittels einer Schaltuhr während meßbarer Zeiten an das ballistische Galvanometer anlegt.

38. Wirkung von Strömen aufeinander

Wie wir in der vorhergehenden Nummer sahen, erfährt ein stromdurchflossener Leiter in einem Magnetfeld ponderomotorische Kräfte. Dabei wurde keinerlei Voraussetzung über die Herkunft des magnetischen Feldes gemacht. Da nun jeder elektrische Strom in seiner Umgebung ein Magnetfeld erzeugt, folgt, daß auch zwischen Strömen ponderomotorische Kräfte auftreten müssen; diese wurden früher als „elektrodynamische“ Kräfte von den „elektromagneti-

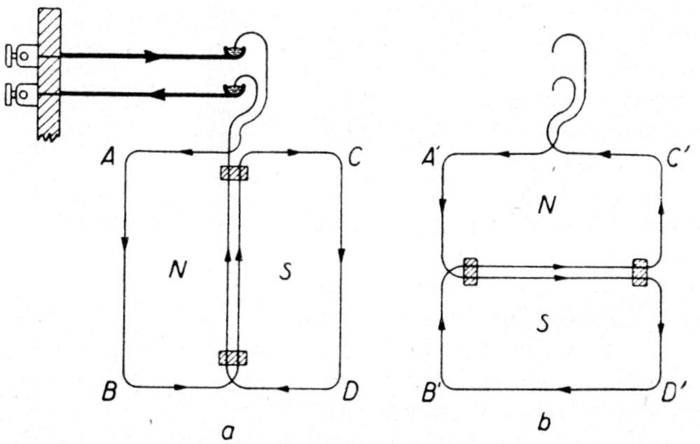

Abb. 298. Zum Nachweis der Ampèreschen Sätze über die Wirkung von Strömen aufeinander

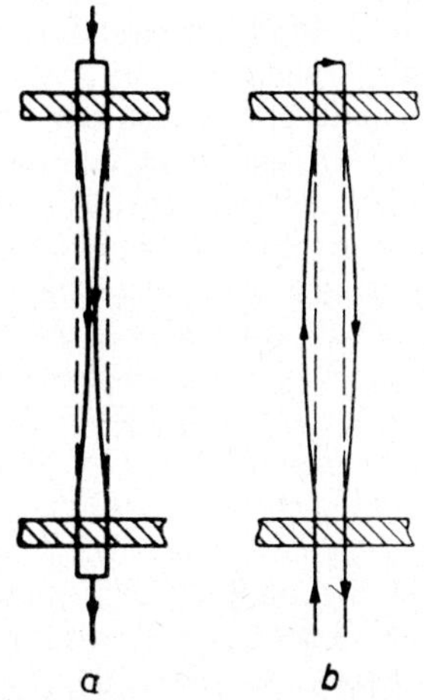

Abb. 299. Anziehung gleichgerichteter (a) und Abstoßung entgegengesetzt gerichteter (b) paralleler Ströme

schen“ und „magnetischen“ unterschieden; in Wirklichkeit handelt es sich stets nur um magnetische Wirkungen. Den Beweis für die Existenz der ponderomotorischen Kräfte zwischen Strömen hat zuerst A. M. Ampère (1821) in einer Reihe klassischer Versuche erbracht und folgende Sätze aufgestellt:

Gleichgerichtete parallele Ströme ziehen einander an; entgegengesetzt gerichtete parallele Ströme stoßen sich ab; zwei sich kreuzende Ströme suchen sich gleichsinnig parallel zu stellen.

Wir beweisen die beiden ersten Sätze mit einer nach Abb. 298a und 298b gebogenen viereckigen Drahtschleife, die mit ihren beiden Enden in zwei übereinander befindlichen Quecksilbernäpfen um eine vertikale Achse drehbar aufgehängt ist. Durch die besondere Art der Leitungs-

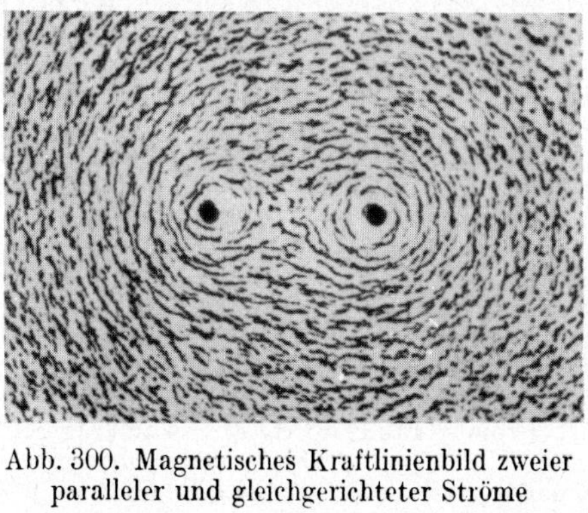

Abb. 300. Magnetisches Kraftlinienbild zweier paralleler und gleichgerichteter Ströme

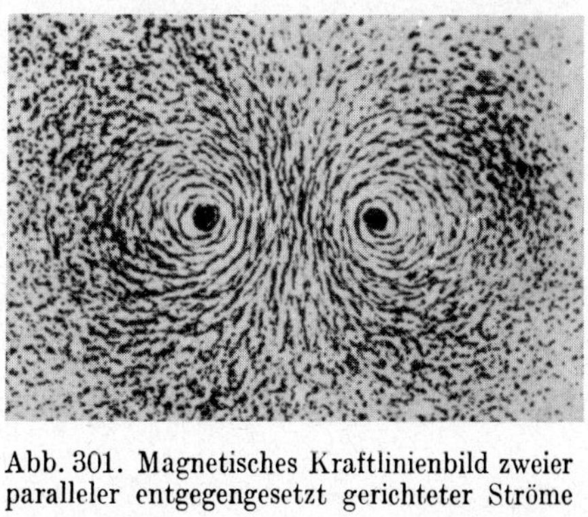

Abb. 301. Magnetisches Kraftlinienbild zweier paralleler entgegengesetzt gerichteter Ströme

führung wird die Stromschleife in zwei gleiche Teile geteilt, die in entgegengesetztem Sinne vom Strom umflossen werden, so daß ihre „Polflächen“ entgegengesetztes Vorzeichen haben. Dadurch erreicht man eine „Astasierung“ der Schleife, da das Magnetfeld der Erde nicht mehr auf sie wirken kann. Nähert man der Seite AB oder CD einen geradlinigen vertikal verlaufenden Draht, der von einem Strom durchflossen wird, so dreht sich die Schleife um die Vertikale, und zwar so, daß sich bei gleicher Stromrichtung in den beiden Leitern diese anziehen, bei entgegengesetzter Richtung aber abstoßen. Ersetzt man die drehbare Schleife durch die Ausführung 298b und hält über die Seite $A'C'$ oder unter $B'D'$ einen stromdurchflossenen Leiter, so daß er einen Winkel mit der betreffenden Schleifenseite bildet, so dreht sich die Schleife so lange, bis die betreffenden Leiterteile einander parallel stehen und von Strömen gleicher Richtung durchflossen werden. — Hängt man zwei biegsame Leiter (Lamettabänder) dicht nebeneinander auf (Abb. 299), so ziehen sie sich an, wenn man in Parallelschaltung gleichgerichtete Ströme durch sie hindurchschickt (Abb. 299a), sie stoßen sich aber ab (Abb. 299b), wenn man in Hintereinanderschaltung einen Strom durch beide Leiter in entgegengesetzter Richtung fließen läßt. — Abb. 300 zeigt das durch Eisenfeilicht sichtbar gemachte Kraftlinienbild zweier parallel und gleich gerichteter, Abb. 301 dasjenige zweier entgegengesetzt gerichteter Ströme. Im ersteren Falle umschlingt der größte Teil der Kraftlinien beide Leiter zugleich; da in Richtung der Kraftlinien eine Zugspannung herrscht, ist es verständlich, daß die beiden Leiter zueinander hin bewegt werden. Im Falle der Abb. 301 gibt es umgekehrt keine $\mathfrak{H}$-Linie, die beide Leiter zugleich umschlingt; sie drängen sich im Raum zwischen den Leitern zusammen und bewirken durch den senkrecht zu ihrer Richtung wirkenden Querdruck, daß die Leiter sich voneinander fortbewegen. — Die anziehende Wirkung gleichgerichteter Ströme in einem und demselben Leiter läßt sich nach Roget (1835) mit einer elastischen, vertikal aufgehängten Schraubenfeder zeigen (Rogetsche Spirale; Abb. 302), deren unteres mit einem kleinen Gewicht versehenes Ende in einen mit Quecksilber gefüllten Napf gerade eben eintaucht. Fließt durch die Feder ein Strom, so ziehen sich die einzelnen Windungen an, die Feder verkürzt sich, und ihr unteres Ende hebt sich aus dem Quecksilber heraus, wodurch der Strom unterbrochen wird. Infolgedessen dehnt sich die Feder wieder aus, der Kontakt stellt sich wieder her, und das Spiel beginnt von neuem. Der Effekt wird erheblich verstärkt, wenn man einen Weicheisenstab in die Spule eintaucht.

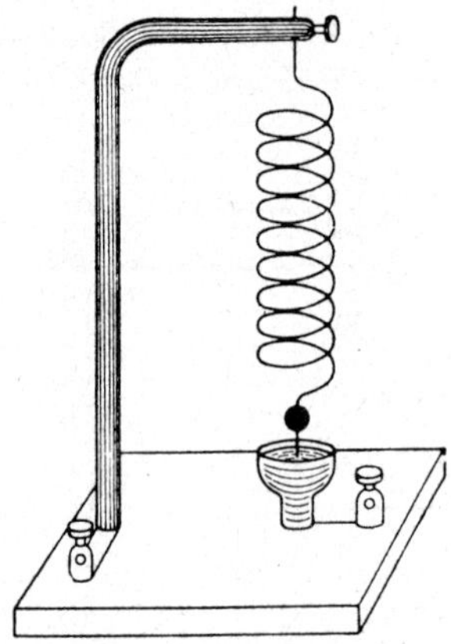

Abb. 302. Rogetsche Spirale

Die beim Stromdurchgang stattfindende Verkürzung der Schraubenfeder wird verständlich, wenn wir ihr Kraftlinienbild (Abb. 248 auf S. 192) betrachten und beachten, daß sich die Kraftlinien infolge der in ihrer Richtung herrschenden Zugspannung verkürzen wollen, was eine Zusammenziehung des spiralig gewundenen Drahtes zur Folge haben muß.

Schickt man durch ein dünnwandiges Kupferrohr einen Strom von einigen 100 000 Ampere, wie man ihn kurzzeitig durch Entladung einer größeren Kondensatorbatterie erzeugen kann, so wird das Kupferrohr infolge der zwischen den einzelnen Stromfäden wirkenden Kräfte vollkommen zusammengedrückt (R. Foitzik 1939). In Abb. 303 sind einige solche elektrodynamische Wirkungen starker Ströme dargestellt. Auch hier liegt die Ursache in der Zugwirkung der das Rohr konzentrisch umgebenden Kraftlinien, die das Bestreben haben, sich möglichst zu verkürzen. — Dieser konzentrische Druck der $\mathfrak{H}$-Linien kann bei einem flüssigen Leiter, z. B. Quecksilber in einer Rinne, dazu führen, daß sich der Leiter bei allzu hoher Strombelastung abschnürt, so daß der Strom unterbrochen wird. Die längs des Leiters verlaufenden Stromfäden (Elektronen) werden von den $\mathfrak{H}$-Linien nach innen gedrängt und ziehen die positiv gewordenen Gebiete nach.

a

b

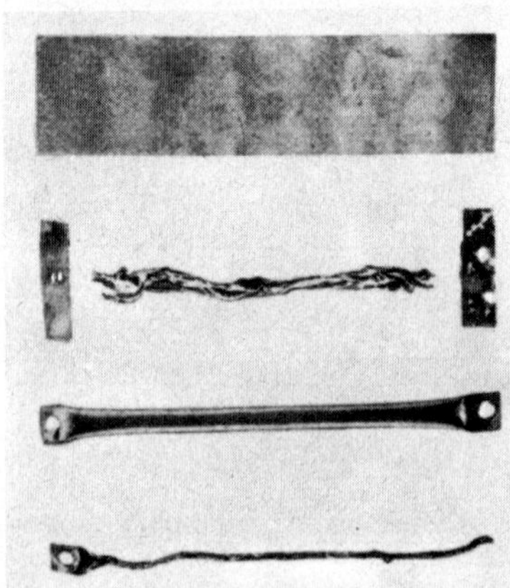

Abb. 303. Elektrodynamische Wirkungen von Stoßströmen (200000 Amp. Entladungsdauer 30 μs)
a Kupferblech 300 · 75 · 0,2 mm, b Kupferrohr 300 · 15 Dmr. · 0,3 mm, jeweils vor und nach Stromdurchgang

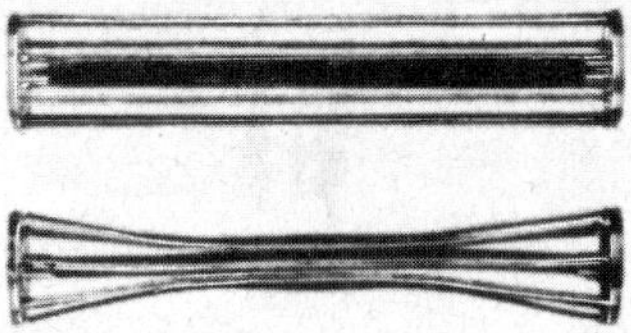

Abb. 303 c. Elektrodynamische Wirkungen von Stoßströmen (200000 Amp. Entladungsdauer 30 μs)
Reuse mit 8 Drähten von 4 mm Dmr. vor und nach Stromdurchgang

Den in der Achse eines flüssigen Leiters bei Stromdurchgang auftretenden Druck hat E. Blaich (1930) in sehr eindrucksvoller Weise mit der in Abb. 304a im Schnitt gezeichneten Anordnung nachgewiesen. In einem Zylinder Z aus Isolierstoff, der oben und unten durch starke Kupferplatten A und B abgeschlossen ist, befindet sich Quecksilber als Flüssigkeit. Die beiden Platten A und B dienen als Stromzuführungen; in der Mitte der unteren Platte ist ein zweimal U-förmig gebogenes Rohr R eingesetzt, dessen oberes Ende über der Öffnung eines Trichters T endigt. Dieser Trichter ist am Rande

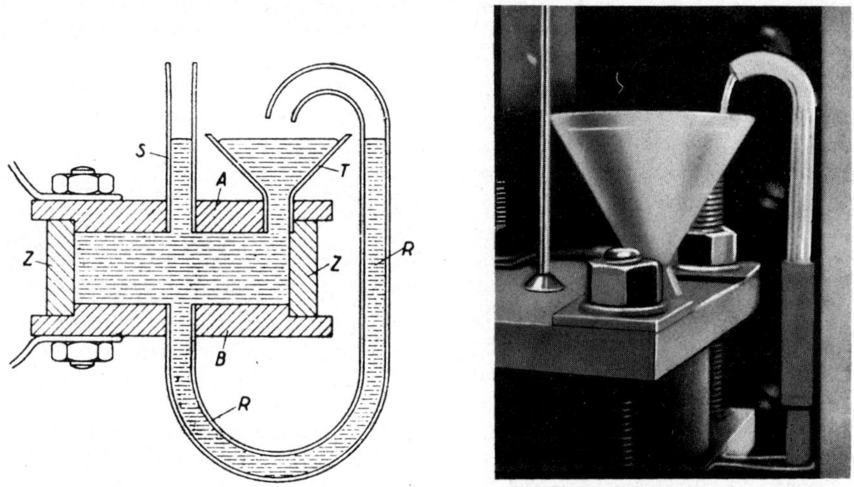

a b

Abb. 304. Anordnung zur Demonstration des in der Achse eines flüssigen Leiters bei Stromdurchgang auftretenden Druckes: a Längsschnitt; b Apparatur im Betrieb

der oberen Platte A eingebaut, während sich in der Mitte von A ein Steigrohr S befindet. Fließt nun Strom durch die zylindrische Quecksilbersäule, so entsteht in deren Mitte ein höherer Druck als an ihrem Rande. Infolgedessen steigt das Quecksilber sowohl im Rohr S als auch im Rohr R an. Bei hinreichender Stromstärke kann dieser Druckunterschied zwischen Mitte und Rand in der Quecksilbersäule so groß werden, daß ein ständiger Quecksilberstrom aus dem gebogenen Endstück des Steigrohres R in den Einfülltrichter T fließt, wie es die Abb. 304b zeigt.

Nach Gl. (185) ist der Betrag der Kraft, den ein vom Strom J durchflossenes Leiterelement der Länge dl in einem Magnetfeld $\mathfrak{H}$ erfährt,

$$dF = (1/c) \mid \mathfrak{H} \mid J\, d\, l \sin (\mathfrak{H}\, d\, l).$$

Wir dividieren beide Seiten dieser Gleichung durch dl und den Querschnitt A des Stromleiters; dann erhalten wir auf der linken Seite die Kraft pro Volumeinheit df. Beachten wir, daß J/A die Stromdichte $|\mathfrak{j}|$ ist, so können wir schreiben:

$$df = (1/c) \mid \mathfrak{H} \mid \mid \mathfrak{j} \mid \sin (\mathfrak{H}\, \mathfrak{j}).$$

Nun soll $\mathfrak{H}$ das vom Strom innerhalb des Leiters erzeugte Magnetfeld $\mathfrak{H}_i$ sein; dann ist zunächst sin $(\mathfrak{H}_i\, \mathfrak{j}) = 1$ und wie man sich an Hand der Korkzieherregel von S. 168 und der Flemingschen linken Handregel von S. 218 leicht überlegt, ist in diesem Fall df stets auf die Leiterachse zugerichtet. Nach Gl. 152′ auf S. 179 ist ferner $\mid \mathfrak{H}_i \mid = \frac{2}{c}\,\frac{J}{R^2}\,\varrho$, oder, wenn wir die Stromdichte $\mid \mathfrak{j} \mid = \frac{J}{\pi R^2}$ ein-einführen:

$$\mid \mathfrak{H}_i \mid = 2\,\pi \mid \mathfrak{j} \mid \varrho/c. \qquad (R = \text{Radius des Leiters})$$

Damit wird:

$$df = 2\,\pi\, \mathfrak{j}^2\, \varrho/c^2.$$

Den in der Achse des Leiters an der Stelle $\rho = 0$ wirkenden Gesamtdruck P erhalten wir hieraus durch Integration über den Radius ρ zwischen den Grenzen 0 und R. Dies liefert:

$$P = \int_0^R (2/c^2)\,\pi\,\mathfrak{j}^2\,\varrho\,d\,\varrho = (1/c^2)\,\pi\,\mathfrak{j}^2\,R^2.$$

Dabei ist angenommen, daß die Stromdichte über den ganzen Leiterquerschnitt konstant ist. Mißt man wie üblich P statt in dyn/cm² in pond/cm², so ist an Stelle der letzten Gleichung zu schreiben:

$$P = \frac{1}{981\,c^2}\,\pi\,\mathfrak{j}^2\,R^2.$$

Für einen Quecksilberleiter von 10 cm Durchmesser ($R = 5$ cm) ist danach zur Erzeugung eines Druckunterschiedes von 1 cm Quecksilbersäule ($P = 13{,}6\;p/\text{cm}^2$) zwischen Rand und Mitte eine Stromdichte von $\mathfrak{j}^* = 229{,}8$ Amp./cm² oder eine Stromstärke von 10000 Amp. erforderlich. Da der Druck P proportional $\mathfrak{j}^{*2}$ ist, läßt sich der Versuch sowohl mit Gleich- als auch mit Wechselstrom anstellen; letzteres ermöglicht die leichte Herstellung derartig großer Stromstärken mittels geeigneter Transformatoren (s. S. 296).

Ein horizontal an langen Fäden aufgehängter, eine beliebig gestaltete Fläche begrenzender biegsamer Leiter nimmt bei Stromdurchgang Kreisform an, da die seine Stromfläche durchsetzenden $\mathfrak{H}$-Linien (wegen des Querdruckes) so lange auseinanderdrängen, bis die vom Leiter begrenzte Fläche ein Maximum (anders ausgedrückt: der magnetische Widerstand des Kraftflusses ein Minimum) geworden ist. Diese einen Stromkreis ausweitende Wirkung der magnetischen Kraftlinien zeigt auch der in Abb. 305 dargestellte Versuch: Ein auf zwei Quecksilberrinnen Q_1 und Q_2 schwimmender Drahtbügel B bewegt sich nach rechts, wenn durch Rinnen und Bügel über die Zuleitungen A und C ein Strom geleitet wird. (Wirkung des Hörnerblitzableiters.)

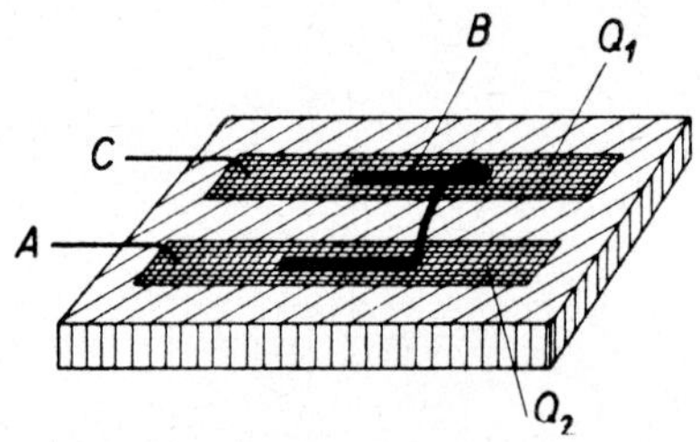

Abb. 305. Versuch zum Nachweis der einen Stromkreis ausweitenden Wirkung magnetischer Kraftlinien

Auf der Wechselwirkung stromdurchflossener Leiter beruht das in der Elektrotechnik viel benutzte, von W. Weber (1846) angegebene **Elektrodynamometer.** Es besteht aus einer festen Spule AB (Abb. 306), in der eine zweite Spule CD drehbar angebracht ist. Die Stromzuleitung zur letzteren erfolgt über zwei an der Achse angebrachte Spiralfedern, die gleichzeitig bei einer Verdrehung der Spule dieser ein rücktreibendes Drehmoment erteilen. Schaltet man entsprechend Abb. 307a beide Spulen hintereinander, so kann man ein derartiges Instrument sowohl als Amperemeter wie als Voltmeter benutzen, mit dem besonderen Vorteil, daß sein Ausschlag unabhängig von der Stromrichtung ist. Denn die zwischen beiden Spulen wirkende Kraft ist sowohl der Stromstärke in der festen Spule als auch derjenigen in der drehbaren Spule, somit dem Quadrate der durch das Gerät hindurchfließenden Stromstärke proportional; aus diesem Grunde ist das Elektrodynamometer auch zur Messung von Wechselströmen geeignet, Abb. 306b zeigt die für elektrodynamische Meßinstrumente festgelegte Bezeichnung, die auf der Instrumentenskala angebracht ist.

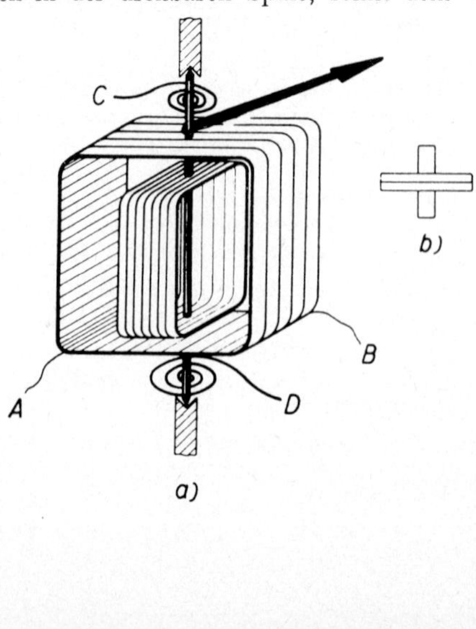

Abb. 306. Aufbau eines Elektrodynamometers

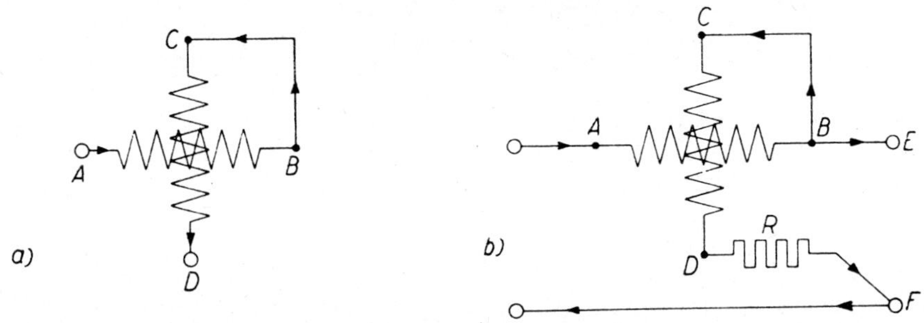

Abb. 307. Schaltung eines Elektrodynamometers als Wechselstromvolt bzw. Amperemeter (a) und als Wattmeter (b)

Legt man (Abb. 307b) die Spule AB als „Stromspule" in den einen Zweig einer zu den Anschlüssen E und F eines Verbrauchers führenden Leitung und schaltet die Spule CD (gegebenenfalls unter Vorschaltung eines Widerstandes R) als „Spannungsspule" — d. h. wie ein Voltmeter — parallel zu den Klemmen E und F, so ist der durch die Spule CD fließende Strom der Spannung U zwischen E und F proportional, der Ausschlag des Elektrodynamometers also selbst proportional dem Produkt $J\ U$, d. h. der zwischen E und F verbrauchten Leistung. Man erhält auf diese Weise ein **Wattmeter,** das für Gleich- und Wechselstrom brauchbar ist.

Ampères Elementargesetz. Die magnetischen Wirkungen, die zwei beliebig gestaltete Stromkreise aufeinander ausüben, lassen sich ebensowenig in eine geschlossene Form bringen, wie dies mit den magnetischen Kräften der Fall ist, die ein einzelner Stromkreis auf einen Magnetpol ausübt. Deshalb hat man auch hier ein „Elementargesetz" aufzustellen versucht, das die „elektrodynamischen" Wirkungen zweier Stromelemente aufeinander angibt, und aus dem man durch Summation dieser „Elementarwirkungen" über beide Stromkreise die allein beobachtbare Gesamtwirkung ableiten kann. Ein solches Gesetz hat A. M. Ampère aufgestellt; nach diesem ist der Betrag der Kraft dF zwischen zwei beliebig orientierten Stromelementen $J_1\,dl_1$ und $J_2\,dl_2$ in der Entfernung r durch folgenden Ausdruck gegeben:

$$dF = -\frac{\mu J_1\,dl_1\,J_2\,dl_2}{c^2\,r^2}\left\{\cos\alpha - \frac{3}{2}\cos(l_1\,r)\cos(l_2\,r)\right\}. \tag{189}$$ [1]

α ist der Winkel, den das Stromelement dl_2 mit der von dl_1 und r bestimmten Ebene bildet. Die Kraft ist parallel der Verbindungslinie gerichtet und ist abstoßend oder anziehend, je nachdem die rechte Seite positiv oder negativ ausfällt. Dieses Ampèresche „elektrodynamische Elementargesetz" ist wie das Biot-Savartsche ein typisches Fernwirkungsgesetz, das in seiner Form soviel wie möglich dem Newtonschen Gravitationsgesetz angeglichen ist. Die Faktoren $J_1\,dl_1$ und $J_2\,dl_2$, die sich auf Entstehungsort und Angriffspunkt der Kraft beziehen, so wie $1/r^2$ entsprechen diesem Gesetz in der Tat; doch treten hier — noch mehr als beim Biot-Savartschen Gesetz — komplizierte Winkelfunktionen hinzu. Auch hier gilt natürlich, daß es für geschlossene Ströme unendlich viele richtige (besser: zulässige) Elementargesetze gibt, die zu den gleichen Beobachtungsergebnissen führen. Historisch sei bemerkt, daß Graßmann ein anderes Elementargesetz aufgestellt hat und daß man eine Zeitlang — ehe der wahre Sachverhalt durchschaut war — eine experimentelle Entscheidung zwischen ihnen versucht hat, was unmöglich ist, wenn es nur geschlossene Ströme gibt.

Aus dem Ampèreschen Elementargesetz lassen sich in einfachen Fällen die Kräfte berechnen, die vollständige Stromkreise aufeinander ausüben; vom Feldstandpunkte hat es nur diese Bedeutung. Die zu Anfang dieser Nummer aufgestellten Ampèreschen Sätze ergeben sich aus ihm ohne weiteres. Z. B. ist bei parallel und gleichsinnig durchflossenen Leitern $\alpha = 0$, $\sphericalangle (l_1\,r)$

[1] Im ursprünglichen Ampèreschen Gesetz fehlt der Faktor μ, da Ampère den Einfluß des Mediums noch nicht kannte; wir haben es oben sinngemäß verallgemeinert.

$= \sphericalangle\,(l_2 r) = \frac{\pi}{2}$; die rechte Seite von (189) wird also:

$$dF = -\frac{\mu J_1\,dl_1\,J_2\,dl_2}{c^2\,r^2},$$

und das bedeutet eine Anziehung der Stromelemente. Werden die Stromelemente ungleichsinnig durchströmt, so ist $\alpha = \pi$, während die anderen Winkel die gleichen Werte wie vorhin haben; es folgt deshalb jetzt:

$$dF = +\frac{\mu J_1\,dl_1\,J_2\,dl_2}{c^2\,r^2}$$

d. h. Abstoßung der Stromelemente.

Mißt man in den letzten beiden Gleichungen J statt im elektrostatischen Maßsystem in Ampere, so ist die rechte Seite der Gleichungen mit $c^2/100$ zu multiplizieren.

Ein Gedankenexperiment über die kritische Geschwindigkeit. Von dem Ampèreschen Gesetz wollen wir nur eine Anwendung machen, die das Wesen der „kritischen" Geschwindigkeit c von einer anderen Seite beleuchtet. Wir denken uns zwei gleiche elektrische Ladungen q, die sich parallel zur X-Achse, mit der konstanten Geschwindigkeit v im Abstande r geradlinig bewegen (Abb. 308). Zwischen ihnen bestehen sowohl anziehende wie abstoßende Kräfte. Die letzteren sind die elektrostatischen nach dem Coulombschen Gesetz, und sie haben (im Dielektrikum ε) den Betrag:

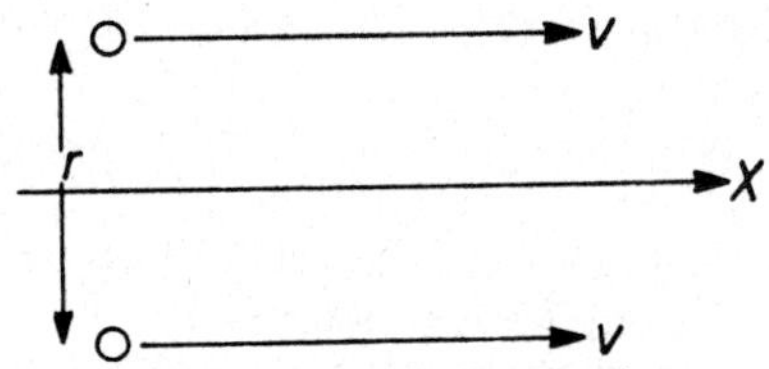

Abb. 308. Zum Gedankenexperiment über die kritische Geschwindigkeit

(190a) $$F_1 = \frac{q^2}{\varepsilon r^2}$$

Die anziehenden Kräfte sind elektrodynamischer Natur, da die bewegten Ladungen Ströme darstellen. Und zwar ist qv gleich $J\,dl$ in Gl. (189) anzunehmen, wovon man sich leicht überzeugt. Dann liefert das Ampèresche Gesetz, da $\sphericalangle\,(l_1 r) = \sphericalangle\,(l_2 r) = \frac{\pi}{2}$, $\alpha = 0$ sind (Abb. 308):

(190b) $$F_2 = -\frac{\mu\,q^2\,v^2}{c^2\,r^2}.$$

Die Gesamtkraft zwischen beiden Ladungen ist also:

(190c) $$F_1 + F_2 = \frac{q^2}{r^2}\left(\frac{1}{\varepsilon} - \frac{\mu\,v^2}{c^2}\right).$$

Daraus ergibt sich, daß für

(190d) $$v = \frac{c}{\sqrt{\varepsilon\,\mu}},$$

d. h. wenn die beiden Ladungen sich mit der Geschwindigkeit $\frac{c}{\sqrt{\varepsilon\,\mu}}$ bewegen, die elektrostatische Abstoßung durch die magnetische Anziehung gerade kompensiert wird. Im Vakuum ($\varepsilon = \mu = 1$) muß also die Geschwindigkeit der bewegten Ladungen gleich c, der Lichtgeschwindigkeit, sein, damit die Kompensation eintritt. Gl. (190d) wird uns später in der Optik begegnen.

39. Der Verschiebungsstrom; Hauptgleichung des Elektromagnetismus

Bereits mehrfach sind wir auf die Bedeutung der Frage gestoßen, ob alle elektrischen Ströme geschlossen sind. Auf den Seiten 178 und 229 wurde darauf aufmerksam gemacht, daß jedem Elementargesetze (z. B. dem von Biot-Savart und dem Ampèreschen) noch unzählig viele andere abweichender Gestalt gleichwertig sind, da sie sämtlich für geschlossene Ströme das gleiche Ergebnis liefern. Das liegt daran, daß die verschiedenen Formen der gleichwertigen Elementargesetze sich voneinander nur durch additive Glieder unterscheiden, deren Summe für einen geschlossenen Stromkreis verschwindet. Daraus ergibt sich umgekehrt, daß man zwischen den verschiedenen (für geschlossene Ströme gleichwertigen) Elementargesetzen würde unterscheiden können, d. h. das allein „richtige" würde bestimmen können, wenn es ungeschlossene Ströme gäbe. Denn für die Stromenden liefert natürlich jede Variante der Elementargesetze andere Werte. Ferner ist leicht zu sehen, daß die Gl. (156′) des Elektromagnetismus auf S. 179

$$\oint |\mathfrak{H}_s|\, ds = \frac{4\pi}{c} J \tag{156′}$$

nur dann allgemein gültig sein kann, wenn die Strombahn wirklich geschlossen ist; denn diese Gleichung enthält eine allgemeine Aussage über die Verknüpfung der Ströme mit ihrem Magnetfeld; hat aber der Strom eine Unterbrechungsstelle, so kann Gl. (156′) für deren Umgebung offenbar nicht mehr gelten.

Gibt es also ungeschlossene Ströme? Zunächst ist festzustellen, daß alle stationären Ströme sämtlich geschlossen sind, mögen sie wie auch immer erzeugt sein; aber bei nichtstationären Strömen könnte es anders sein. Für solche hat die ältere Elektrodynamik diese Frage unbedenklich bejaht, und als Beispiel etwa auf den Fall verwiesen, daß ein Kondensator durch einen die beiden Platten verbindenden Draht geladen oder entladen wird: Dann endigt oder beginnt der Leitungsstrom an den Kondensatorplatten. Es scheint kaum möglich, über diesen Fall anderer Meinung zu sein. Demgemäß hat man früher vielfach an derartig ungeschlossenen Leitungsströmen in der Hoffnung experimentiert, aus der Mannigfaltigkeit der gleichwertigen Elementargesetze eines als das „richtige" herausheben zu können. Wegen der großen experimentellen Schwierigkeiten haben diese Untersuchungen kein Ergebnis gehabt.

Auf einem radikal anderen Wege sucht J. Cl. Maxwell die Lösung dieses Problems. Er bestreitet — natürlich! — nicht, daß zwischen den Kondensatorplatten der Leitungsstrom unterbrochen ist; aber er behauptet, daß auch im Dielektrikum des Kondensators eine Art von Strömen existiere, die den Leitungsstrom zu einem geschlossenen ergänze. Wie kommt Maxwell zu dieser Behauptung? Bleiben wir beim Beispiel der Kondensator-Ladung oder -Entladung, so existiert in jedem Augenblicke im Inneren des Kondensators eine dielektrische Verschiebung $\mathfrak{D} = \varepsilon\,\mathfrak{E}$, die nach Gl. (41) auf Seite 45 der Gleichung gehorcht $|\mathfrak{D}_n| = 4\pi\eta$, wobei η die augenblickliche Flächendichte der Ladung des Kondensators ist; da die $\mathfrak{D}$-Linien senkrecht von den Leitern ausgehen und auf ihnen endigen, ist hier $\mathfrak{D}_n$ gleich dem Gesamtbetrage von $\mathfrak{D}$; also geht die letzte Gleichung über in:

$$|\mathfrak{D}| = 4\pi\eta.$$

Erweitern wir diese Gleichung mit A, der Fläche der Kondensatorplatten, so wird $\eta\, A$ gleich der Gesamtladung q:

$$|\mathfrak{D}|\, A = 4\pi q,$$

und wenn man diese Gleichung nach t differenziert und beachtet, daß gemäß der Definition der Stromstärke $\frac{dq}{dt} = J$ ist, so folgt weiter:

$$\frac{A}{4\pi}\left|\frac{d\mathfrak{D}}{dt}\right| = J. \tag{191}$$

Die linksstehende, für das Dielektrikum des Kondensators definierte Größe ist also numerisch gleich der Intensität des Leitungsstromes; wenn es nun möglich ist, den Ausdruck $\left|\frac{d\mathfrak{D}}{dt}\right|\frac{A}{4\pi}$ als Strom zu interpretieren, so kann man in der Tat behaupten, daß diese neue Stromart, die Maxwell als **„Verschiebungsstrom"** bezeichnet, den offenen Leitungsstrom schließt.

Maxwell argumentiert nun so: Der Verschiebungsvektor $\mathfrak{D}$ bedeutet, wie der Name anzeigt, eine wirkliche Verschiebung der in den Volumelementen des Dielektrikums vorhandenen positiven und negativen Ladungen: Die positiven werden in, die negativen entgegen der Richtung des Feldes auseinandergeschoben, wie in Nr. 13 ausführlich dargelegt wurde. Solange das Feld im Inneren zeitlich konstant ist, bleiben die Ladungen unverändert in ihrer (verschobenen) Ruhelage; ändert sich dagegen $\mathfrak{D}$ zeitlich — und das ist der Fall während des Ladungs- und Entladungsvorganges —, so bewegen sie sich, indem sie bei Zunahme von $\mathfrak{D}$ weiter auseinander-

rücken, bei Abnahme entsprechend sich einander nähern. Jede Bewegung elektrischer Ladungen ist aber ein echter Strom, und somit ist es in der Tat möglich, die Größe $\frac{A}{4\pi}\left|\frac{d\mathfrak{D}}{dt}\right|$ als Stromstärke zu bezeichnen. Die Stromdichte $\mathfrak{j}_v$ des Verschiebungsstromes ergibt sich nun nach Division von (191) durch A zu

(192) $$\mathfrak{j}_v = \frac{1}{4\pi}\frac{d\mathfrak{D}}{dt}.$$

Im Kondensator herrscht — mit Ausnahme an den Rändern — ein homogenes $\mathfrak{D}$-Feld; wo dies nicht der Fall ist, ist die Stromstärke J_v des Verschiebungsstromes durch den allgemeineren Ausdruck gegeben

(193) $$J_v = \int |\mathfrak{j}_{vn}|\, dA = \frac{1}{4\pi}\int \frac{d\,|\mathfrak{D}_n|}{dt}\, dA,$$

wo $\mathfrak{j}_{vn}$ die zum Flächenelement dA normale Komponente bedeutet, genau so wie

(194) $$J_l = \int |\mathfrak{j}_{ln}|\, dA$$

ist; vgl. Gl. (119) auf S. 124. Im allgemeinen ist es nun so, daß Leitungs- und Verschiebungsstrom nicht räumlich getrennt sind, sondern n e b e n e i n a n d e r bestehen, da jeder Leiter auch eine Dielektrizitätskonstante (die freilich unbekannt ist), jedes Dielektrikum auch ein Leitvermögen besitzt: In der Natur existieren nur „Halbleiter"[1], da sowohl vollkommene Leiter wie vollkommene Isolatoren nur Abstraktionen sind. Wir haben also an jeder Stelle als Gesamtstrom J die Summe $J_l + J_v$ zu betrachten, und diese ist nach (193) und (194)

$$J = J_l + J_v = \int |\mathfrak{j}_{ln}|\, dA + \int |\mathfrak{j}_{vn}|\, dA = \int |(\mathfrak{j}_l + \mathfrak{j}_v)_n|\, dA.$$

Setzt man für $\mathfrak{j}_l$ nach dem Ohmschen Gesetz [in der Differentialformulierung (132) von S. 140] den Wert $\sigma\,\mathfrak{E}$, für $\mathfrak{j}_v$ den in (192) angegebenen Betrag ein, so folgt für den Gesamtstrom:

(195) $$J = J_l + J_v = \int\left|\left(\sigma\,\mathfrak{E} + \frac{1}{4\pi}\frac{d\mathfrak{D}}{dt}\right)_n\right| dA = \int\left|\left(\sigma\,\mathfrak{E} + \frac{\varepsilon}{4\pi}\frac{d\mathfrak{E}}{dt}\right)_n\right| dA.$$

Diesen Wert haben wir in der Gl. (156) von S. 175 einzusetzen, womit sie ihre endgültige Gestalt erhält:

(196) $$\oint |\mathfrak{H}_s|\, ds = \frac{4\pi}{c}\int\left|\left(\sigma\,\mathfrak{E} + \frac{\varepsilon}{4\pi}\frac{d\mathfrak{E}}{dt}\right)_n\right| dA.$$

In dieser verallgemeinerten Form bezeichnen wir (196) als die Hauptgleichung des Elektromagnetismus und betrachten sie mit Maxwell als allgemein gültig.

Dazu ist noch eine wichtige Bemerkung zu machen: dA ist ein Element eines durch die Strombahn gelegten Querschnittes; durch jedes Element tritt die normale Komponente sowohl des Leitungsstromes wie des Verschiebungsstromes hindurch; die Anteile jedes einzelnen Elementes $|(\mathfrak{j}_l + \mathfrak{j}_v)_n|\, dA$ werden über den ganzen Querschnitt summiert und ergeben so den Gesamtstrom J. Auf der linken Seite von (196) steht der Ausdruck $\oint |\mathfrak{H}_s|\, ds$, das Linienintegral der magnetischen Feldstärke längs einer den Strom umzingelnden Kurve s. Wir wollen nun unter A eine beliebige Fläche verstehen, die durch s berandet wird; diese schneidet natürlich die Strombahn in einem Querschnitt A, und über diesen allein haben wir bisher integriert, um den Gesamtstrom J zu erhalten. Wir können aber ebenso gut über die ganze Fläche A' summieren; denn soweit sie außerhalb der Strombahn liegt, ist ja der sie durchsetzende Strom gleich Null; diese Teile liefern also keinen Beitrag zu der Summe $\int |(\mathfrak{j}_l + \mathfrak{j}_v)_n|\, dA$; es ist vielmehr $\int |(\mathfrak{j}_l + \mathfrak{j}_v)_n|\, dA = \int |(\mathfrak{j}_l + \mathfrak{j}_v)_n|\, dA'$. Wir haben aber jetzt den Vorteil, daß wir bezüglich der Gl. (196) sagen können, daß links über eine Kurve s summiert wird, die den Stromleiter umschlingt, rechts über eine beliebige Fläche A, die von s berandet wird. (Den Strich an A' können wir nunmehr wieder fortlassen.)

Es ergibt sich aus dem Vorhergehenden, daß ein Verschiebungsstrom nur dann auftritt, wenn es sich um nichtstationäre Vorgänge handelt — $\mathfrak{D}$ bzw. $\mathfrak{E}$ müssen sich ja zeitlich ändern —

[1]) Diese von Maxwell eingeführte Bezeichnung erscheint heute nicht mehr zweckmäßig, da man nach den Ausführungen von S. 491 etwas anderes darunter versteht.

für stationäre Ströme ist er nicht vorhanden. Je schneller die zeitliche Änderung stattfindet, um so mehr tritt der Verschiebungsstrom hervor.

Die Stromdichte des Verschiebungsstromes können wir etwas anders schreiben, wenn wir uns daran erinnern, daß nach Gl. (50) auf Seite 54

$$\mathfrak{D} = \mathfrak{E} + 4\pi\,\mathfrak{P} = \mathfrak{E} + (\varepsilon - 1)\,\mathfrak{E}$$

ist, wo $\mathfrak{P}$ die Polarisation des Dielektrikums bedeutet. Die Dichte $\mathfrak{j}_v$ des Verschiebungsstromes wird damit nach Gl. (192)

$$\mathfrak{j}_v = \frac{1}{4\pi}\frac{d\mathfrak{D}}{dt} = \frac{1}{4\pi}\frac{d\mathfrak{E}}{dt} + \frac{d\mathfrak{P}}{dt} = \frac{1}{4\pi}\frac{d\mathfrak{E}}{dt} + \frac{\varepsilon-1}{4\pi}\frac{d\mathfrak{E}}{dt}\,. \tag{197}$$

Der erste Summand $\frac{1}{4\pi}\frac{d\mathfrak{E}}{dt}$ ist die Verschiebungsstromdichte im Vakuum, $\frac{d\mathfrak{P}}{dt} = \frac{\varepsilon-1}{4\pi}\frac{d\mathfrak{E}}{dt}$ diejenige im Dielektrikum, die sinngemäß als **Polarisationsstromdichte** bezeichnet wird. Maxwell selbst trug kein Bedenken, das erste Glied $\frac{1}{4\pi}\frac{d\mathfrak{E}}{dt}$ als **Polarisationsstrom des Vakuums** zu betrachten, was wir heute für nicht mehr zulässig halten, da wir in den Volumelementen des reinen Vakuums keine elektrischen Ladungen annehmen können. Während für das zweite Glied $\frac{d\mathfrak{P}}{dt} = \frac{\varepsilon-1}{4\pi}\frac{d\mathfrak{E}}{dt}$ die oben gegebene anschauliche Deutung (Verschiebung von elektrischen Ladungen) zutrifft, fehlt eine solche durchaus für den Verschiebungsstrom im Vakuum. Es ist also eine neue Hypothese, eine allgemeinere Stromdefinition, die hier vorliegt. Sie besagt, daß jede zeitliche Änderung eines elektrischen Feldes $\left(\frac{d\mathfrak{E}}{dt} \neq 0\right)$ einen echten elektrischen Strom darstellt, der auch die gleichen magnetischen Wirkungen haben soll wie jeder Leitungs- und Polarisationsstrom. Diese Hypothese ist das eigentlich Neue der Maxwellschen Elektrodynamik gegenüber der alten Theorie; sie hat sich als von fundamentaler Bedeutung erwiesen. H. Hertz hat für die Richtigkeit dieser Hypothese durch seine Entdeckung der elektrischen Wellen 1888/89 den Nachweis erbracht.

Daß der Polarisationsstrom $\frac{d\mathfrak{P}}{dt}$ magnetische Wirkungen ausübt, hat u. a. A. Eichenwald durch besondere Versuche gezeigt, deren einen wir nun darlegen wollen. Eine runde Scheibe S aus einem Dielektrikum kann zwischen zwei Kondensatorplatten rotieren (Abb. 309). Diese sind in zwei voneinander isolierte halbkreisförmige Platten 1,2 und 3,4 geteilt, die in der gezeichneten Weise miteinander verbunden und aufgeladen sind. Dadurch werden die beiden Hälften des zwischen ihnen befindlichen Dielektrikums entgegengesetzt polarisiert. Rotiert das Dielektrikum zwischen den Platten, so muß es beim Übergang vom Plattenpaar 1,2 zu 3,4 seine Polarisationsrichtung umkehren. Dadurch entsteht ein Polarisationsstrom parallel der Rotationsachse, der sich durch die Ablenkung einer empfindlichen Magnetnadel M nachweisen läßt. Eichenwald hat insbesondere gezeigt, daß der so gemessene Polarisationsstrom proportional $(\varepsilon - 1)$ ist, wie es nach unserer Darlegung der Fall sein muß.

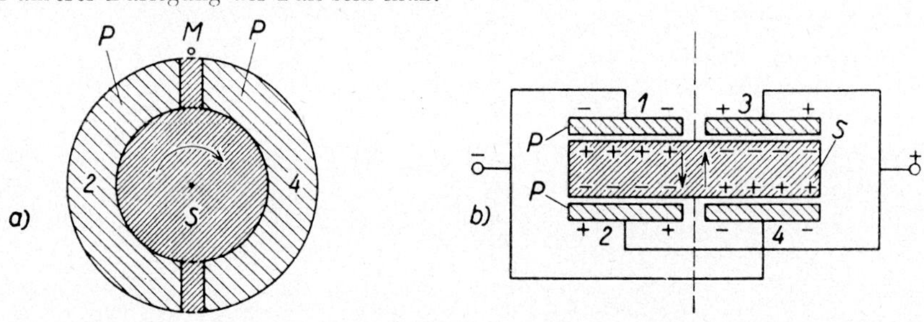

Abb. 309. Versuchsanordnung zum Nachweis der magnetischen Wirkung des Polarisationsstromes im Längs- (a) und Querschnitt (b)

Als Gesamtergebnis können wir also feststellen: **Ein sich zeitlich änderndes elektrisches Feld ist, da es einen echten Strom darstellt, von geschlossenen magnetischen Kraftlinien umgeben.** Abb. 310 soll dies zum Ausdruck bringen: Der Verschiebungsstrom $\mathfrak{j}_v = \frac{\varepsilon}{4\pi}\frac{d\mathfrak{E}}{dt}$, der von unten nach oben fließt, ist von magnetischen Kraftlinien umschlossen, deren positiver Umlaufssinn der rechten Handregel entspricht. Leider ist es nicht möglich, diese magnetischen Kraftlinien experimentell durch Eisenfeilpulver in der üblichen Weise sichtbar zu machen; dazu sind die Änderungen selbst stärkster elektrischer Felder zu schwach. Wir werden aber in Nr. 55 Versuche kennenlernen, die das Vorhandensein des durch Verschiebungsströme erzeugten Magnetfeldes zweifellos beweisen.

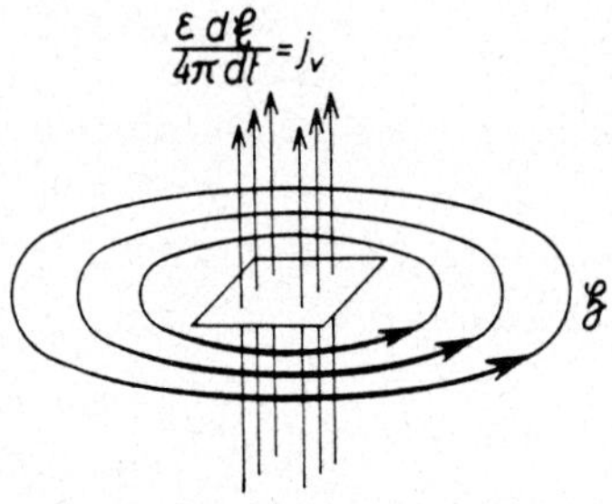

Abb. 310.
Magnetfeld eines Verschiebungsstromes

V. Kapitel

Induktion

40. Grundtatsachen

Die in dem vorhergehenden Kapitel beschriebene Erscheinung, daß ein stromdurchflossener Leiter in einem Magnetfelde einen Bewegungsantrieb erfährt, veranlaßte M. Faraday nach einer Umkehr dieses Vorganges, d. h. einem Fließen elektrischer Ladungen (oder Erzeugung eines Stromes) durch Bewegung eines Leiters in einem magnetischen Felde zu suchen. Nach neun Jahren vergeblicher Bemühungen gelang ihm im Jahre 1831 die Entdeckung der sogenannten elektromagnetischen Induktionserscheinungen, die heute — zusammen mit denen des Elektromagnetismus — die Grundlage der Elektrodynamik und damit der gesamten Elektrotechnik bilden. Im folgenden wollen wir uns mit den Grundtatsachen näher vertraut machen.

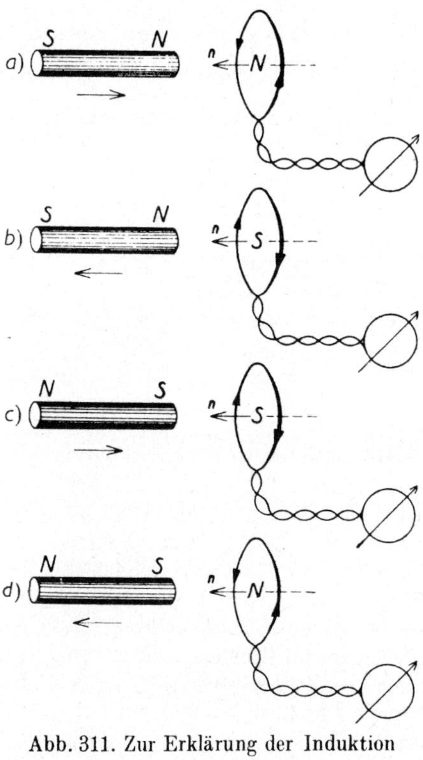

Abb. 311. Zur Erklärung der Induktion

Wir betrachten zu diesem Zwecke ein aus einem stabförmigen Magneten und einem kreisförmigen ebenen Leiter bestehendes System; in den Leiter sei ein empfindliches Galvanometer eingeschaltet (Abb. 311 a—d). Es ist für das Folgende gleichgültig, ob in dem Leiter — etwa infolge eingeprägter elektromotorischer Kräfte — bereits ein stationärer Strom fließt oder nicht; der Einfachheit halber nehmen wir an, daß der Leiter völlig homogen und stromlos sei. Die Achse des Magneten liege in der Papierebene, und die Fläche des Leiters stehe senkrecht zu ihr; die in bestimmter Richtung gezogene Normale der Leiterfläche sei mit n bezeichnet; wir wählen die positive Normalenrichtung so, daß der durch sie bezeichnete Fortschreitungssinn zusammen mit dem als positiv festgelegten Umlaufssinn des Stromes eine Rechtsschraube bildet. Als positiven Umlaufssinn wählen wir denjenigen, der die positive x-Achse auf dem kürzesten Wege in die positive y-Achse überführt; die positive Normalenrichtung weist dann parallel der positiven z-Achse. So ist die Wahl in den Abb. 311 und in allen folgenden getroffen.

Wir nähern der Leiterschleife (Abb. 311 a) von vorne den Nordpol des Permanentmagneten, indem wir diesen in Richtung seiner Achse verschieben; in einem zweiten Versuch (Abb. 311 b) entfernen wir den Nordpol wieder. Nach Umdrehung des Magneten nähern wir dann (Abb. 311 c) seinen Südpol der Leiterschleife und entfernen ihn wieder (Abb. 311 d). In allen vier Fällen beobachten wir, daß Ströme auftreten, deren Richtung und Stärke wir an dem Galvanometer feststellen.

Untersuchen wir zunächst die Stromrichtung. Im Fall *a* (Näherung eines Nordpoles) fließt der Strom entgegengesetzt dem Uhrzeigersinn, wenn wir von dem Pol auf die Schleife, d. h. entgegengesetzt der positiven Normalenrichtung blicken; im Fall *b* (Entfernung eines Nordpoles) im Uhrzeigersinn, im Falle *c* (Näherung eines Südpoles) im Uhrzeigersinn, und im Falle *d* (Entfernung eines Südpols) entgegengesetzt dem Uhrzeigersinn. In den Fällen *a* und *d* fließt der Strom in dem als positiv angenommenen Umlaufssinn, in den Fällen *b* und *c* entgegen demselben. Man erkennt also, daß Näherung eines $\left\{\begin{matrix}\text{Nordpoles}\\ \text{Südpoles}\end{matrix}\right\}$ Ströme in umgekehrter Richtung hervorruft wie die Entfernung eines $\left\{\begin{matrix}\text{Nordpoles}\\ \text{Südpoles}\end{matrix}\right\}$; andererseits hat Näherung eines $\left\{\begin{matrix}\text{Nordpoles}\\ \text{Südpoles}\end{matrix}\right\}$ die gleiche Wirkung wie Entfernung eines $\left\{\begin{matrix}\text{Südpoles}\\ \text{Nordpoles}\end{matrix}\right\}$.

Das Entscheidende bei diesen Versuchen ist die relative Bewegung zwischen Pol und Stromleiter; an den Ergebnissen ändert sich nichts, wenn man den Magneten festhält und die Drahtschleife parallel der Normalenrichtung bewegt. Sind jedoch beide relativ zueinander in Ruhe, so tritt kein Effekt auf, wie stark auch der Magnet sei. Die durch Bewegung erzeugten Ströme nennt man **„induzierte Ströme“** oder **„Induktionsströme“**, die ganze Erscheinung **„Induktion“**.

Man bemerkt sofort folgendes: Solange Magnet und Stromleiter in relativer Ruhe zueinander sind, bleibt der magnet. Fluß $\Phi = \int |\mathfrak{B}_n| \, dA$, den der Magnet durch eine von der Leiterschleife begrenzte Fläche hindurchschickt, stets derselbe; bewegen sich aber Magnet und Leiter relativ zueinander, so ändert er sich. Man erkennt dies z. B. aus Abb. 312; in der gezeichneten Lage umfaßt die Leiterschleife eine gewisse Anzahl der vom Magneten ausgehenden $\mathfrak{B}$-Linien; nähert man den Nordpol, so verringert sich der Induktionsfluß, entfernt man ihn, so vergrößert sich Φ. Man muß nämlich beachten, daß die Richtung der $\mathfrak{B}$-Linien hier der positiven Normalenrichtung entgegengesetzt, d. h. $\mathfrak{B}_n < 0$ ist. Berücksichtigt man immer die Richtung der Induktionslinien, die vom Nordpol ausgehen und in den Südpol einmünden, so sieht man, daß bei Vertauschung von Nord- und Südpol die Induktionslinien die Fläche A im umgekehrten Sinn (nämlich von „hinten“) durchsetzen; war vorher $\mathfrak{B}_n$ kleiner als Null, so ist es jetzt positiv: Eine Näherung des Nordpoles vergrößert also zwar den absoluten Betrag von Φ, bewirkt aber tatsächlich eine Verkleinerung des magnet. Flusses. Hat daher der magnet. Fluß überhaupt etwas mit der Erscheinung zu tun, so versteht man, daß Näherung eines Südpoles den umgekehrten Effekt hat wie die Näherung eines Nordpoles usw. Damit steht folgendes im Einklang: Klappt man den Stromleiter in die Zeichenebene, so ist bei jeder Entfernung des Magneten von ihm, also auch bei Nähern und Entfernen desselben, der magnet. Fluß durch A stets gleich Null, wovon man sich an Hand der Abb. 312 leicht überzeugt, — und im Zusammenhang damit tritt auch kein Strom im Leiter auf.

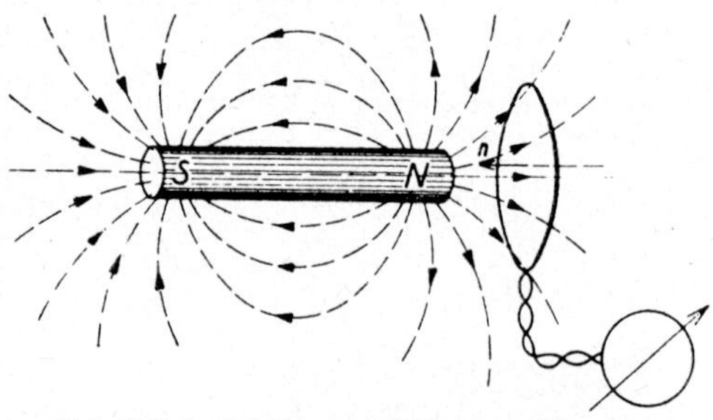

Abb. 312. Induktion im Felde eines Magneten

Dieser Parallelismus im Verhalten des magnet. Flusses $\int |\mathfrak{B}_n| \, dA$ und dem Auftreten von Induktionsströmen legt von vornherein die Vermutung nahe, daß der magnet. Fluß (genauer seine Änderung) für die Erscheinung der Induktion eine wesentliche Rolle spielen wird.

Diese Auffassung wird durch folgende Versuche bekräftigt: Ersetzt man den Magneten durch eine stromdurchflossene Leiterschleife (I) die ebenso wie die bisher benutzte stromlose Schleife

(II) auch aus mehreren Windungen bestehen kann, und nähert man dem mit dem Galvanometer verbundenen Leiterkreis (II) (Abb. 313), so treten gleichfalls Induktionsströme in letzterem auf, und zwar können wir wieder die obigen vier Fälle *a* bis *d* unterscheiden. Dies wird verständlich, wenn man bedenkt, daß der stromdurchflossene Leiter I hinsichtlich seines äußeren Magnetfeldes durch eine magnetische Doppelschicht ersetzt werden kann. In der Tat ändert sich auch in diesem Falle bei einer relativen Bewegung der beiden Leiter zueinander der magnet. Fluß, den der „induzierende" Leiter I durch eine von der anderen „induzierten" Leiterschleife II berandete Fläche *A* hindurchsendet. Statt die beiden Leiter gegeneinander zu bewegen, genügt es offenbar auch, in dem „primären" Leiter I die Stromstärke zu variieren, d. h. etwa mittels eines in den Kreis geschalteten Schiebewiderstandes *R* zu verstärken oder zu schwächen, oder auch mittels eines Schalters zu schließen oder zu unterbrechen. Überdies werden die Induktionswirkungen besonders stark, wenn man die primäre Spule mit einem Eisenkern versieht, durch den der magnet. Fluß vergrößert wird. In allen diesen Fällen tritt eine Änderung des magnet. Flusses durch die Fläche des induzierten oder „sekundären" Leiters II ein. Zusammenfassend können wir daher zunächst sagen:

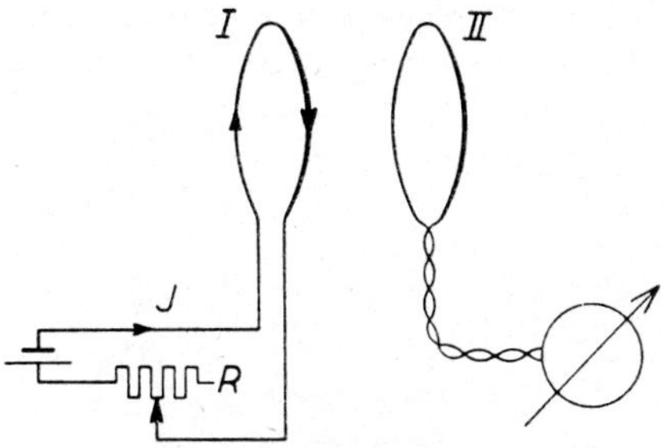

Abb. 313. Induktion im Felde einer stromdurchflossenen Schleife

Jede Änderung des magnetischen Flusses durch eine von einem Leiter begrenzte Fläche erzeugt in diesem Induktionsströme, deren Stärke und Richtung von der Art dieser Änderung abhängt. Wird ~~die Anzahl~~ der die Leiterfläche durchsetzenden magnetischen ~~Induktionslinien~~ vermindert, so bildet der induzierte Strom für einen in Richtung der Induktionslinien blickenden Beobachter einen Gegenzeigerstrom (fließt also im positiven Umlaufssinn): wird dagegen der Induktionslinienfluß vermehrt, so fließt der Strom im Sinne des Uhrzeigers (im negativen Umlaufssinn). Fluß

Historisch ist zu bemerken, daß Faraday bei seinen Versuchen zunächst die Induktion infolge Änderung benachbarter Ströme und erst später die von uns an erster Stelle beschriebenen Erscheinungen fand. Er unterschied damals zwischen Volta- oder Elektroinduktion und Magnetinduktion; infolge der Gleichartigkeit der Ursache beider Vorgänge (Änderung des Induktionsflusses) ist diese Unterscheidung heute nicht mehr angebracht.

Bevor wir diese Erscheinung quantitativ näher verfolgen, wollen wir einen naheliegenden Einwand beseitigen. Auf den ersten Blick sieht es so aus, als ob die Erscheinung der Induktionsströme einen Widerspruch gegen das Energieprinzip darstelle. Die Induktionsströme repräsentieren ja einen gewissen Energievorrat; denn sie erzeugen z. B. Joulesche Wärme, und es ist die Frage zu beantworten, woher diese Energie stammt. Die Bewegung des Magneten gegen die Leiterschleife kann nämlich in horizontaler Richtung mit konstanter Geschwindigkeit geschehen, so daß anscheinend nicht die geringste Arbeit geleistet wird, — und trotzdem treten die Induktionsströme auf. Diese Überlegung übersieht aber, daß der in der Leiterschleife erzeugte Induktionsstrom selbst ein Magnetfeld erzeugt. Sieht man sich die Stromrichtung in den vier Fällen *a* bis *d* der Abb. 311 an, so erkennt man, daß im Falle *a* die dem Leiter äquivalente Doppelschicht vorn einen Nordpol hat, im Falle *b* einen Südpol, im Falle *c* ebenfalls einen Südpol und im Falle *d* wieder einen Nordpol. Im Falle *a* geschieht also die Näherung eines Nordpoles gegen die abstoßende Kraft des „induzierten" Nordpoles, im Falle *b* die Entfernung des Nordpoles gegen die anziehende Kraft des „induzierten" Südpoles usw. In jedem Fall ist also die Bewegung des Magneten mit Arbeit, zwar nicht gegen die Schwere, wohl aber gegen die magnetischen Kräfte des induzierten Stromes verbunden. Genau so ist es, wenn statt des Magneten ein „primärer" Strom bewegt wird. Es wird also der induzierte Strom stets auf Kosten mechanischer Arbeit erzeugt. Wir formulieren diese Tatsache folgendermaßen:

Die durch Bewegung von Magneten oder Strömen erzeugten Induktionsströme haben eine solche Richtung, daß ihr Magnetfeld der Bewegung entgegenwirkt, d. h. daß positive Arbeit geleistet wird (Lenzsche Regel, H. F. E. Lenz, 1834).

Das Auftreten der Induktionsströme entspricht also durchaus dem Energieprinzip, und man kann, wie es C. F. Gauß und F. Neumann und namentlich H. v. Helmholtz getan haben, die Gesetze der Induktion aus der Lenzschen Regel, d. h. aus dem Energieprinzip ableiten.

Zur Demonstration der Lenzschen Regel dienen folgende Versuche: Führt man rasch in die Öffnung eines bifilar aufgehängten Aluminiumringes (Abb. 314) einen kräftigen Stabmagneten ein, so wird der Ring in der Bewegungsrichtung abgestoßen. Zieht man aber den Magneten aus der Öffnung des Ringes heraus, so folgt der Ring dieser Bewegung.

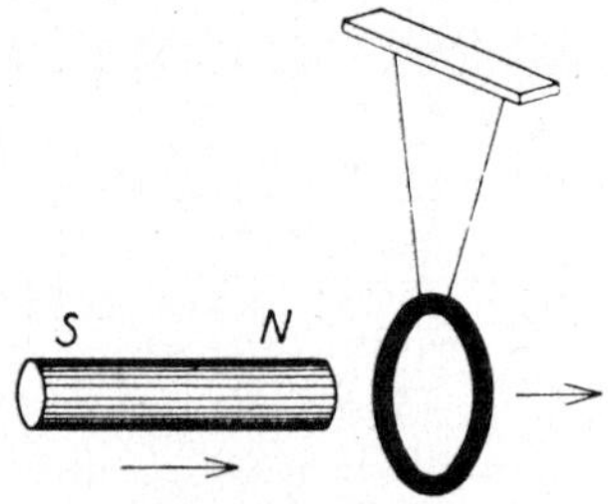

Abb. 314. Versuch zur Lenzschen Regel

Ersetzt man den Magneten durch eine dicht vor dem Ring angebrachte „primäre" Spule (mit oder ohne Eisenkern) und schickt durch diese einen Strom, so wird der Ring beim Schließen des Stromes abgestoßen und beim Öffnen angezogen. In diesem Falle, d. h. bei Induktion infolge Schließens oder Öffnens eines primären Stromkreises, ist die Herkunft der Energie zur Hervorbringung der Induktionsströme im sekundären Leiter schwieriger zu übersehen. Aber man muß bedenken, daß das Magnetfeld des im Leiter II induzierten Stromes auf den primären Leiter zurückwirkt, d. h. in diesem seinerseits einen Strom induziert, der dem Primärstrom entgegengesetzt gerichtet ist und von diesem überwunden werden muß, so daß ein größerer Energieverbrauch zum Aufbau des Magnetfeldes der primären Stromschleife erforderlich ist.

Damit sich bei der in den vorhergehenden Versuchen benutzten relativen Bewegung zwischen Magnetfeld und Leiterschleife der magnet. Fluß durch letztere ändert, ist ein inhomogenes Magnetfeld erforderlich; denn in einem homogonen, allseitig ausgedehnten Magnetfeld kann sich bei einer translatorischen Bewegung der Leiterschleife die Zahl der sie durchsetzenden Induktionslinien nicht ändern. Eine solche findet aber wieder statt, wenn man die Leiterschleife um eine zur Feldrichtung senkrechtstehende Achse dreht. Wird z. B. (Abb. 315) die Drahtschleife aus der horizontalen Lage in die senkrechte (gestrichelt gezeichnete) Lage um 90° gedreht, so ändert sich der die Leiterschleife durchsetzende magnet. Fluß von Null auf den maximalen Betrag $|\mathfrak{B}|\,A$. Dabei entsteht in der Schleife ein Induktionsstrom; dreht man die Schleife wieder in die Ausgangs-

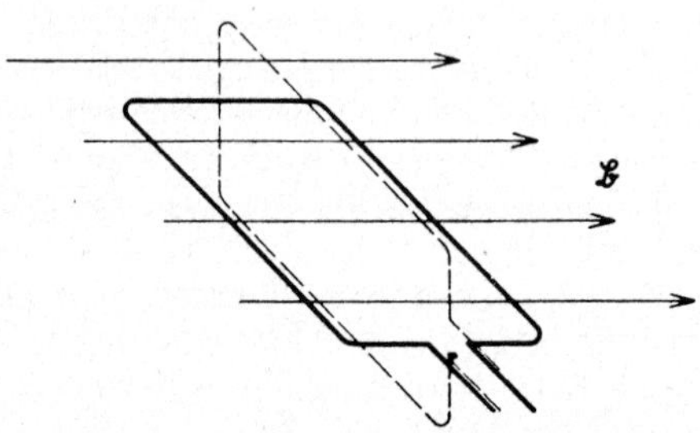

Abb. 315. Induktion durch Drehen einer Drahtschleife im magnetischen Feld

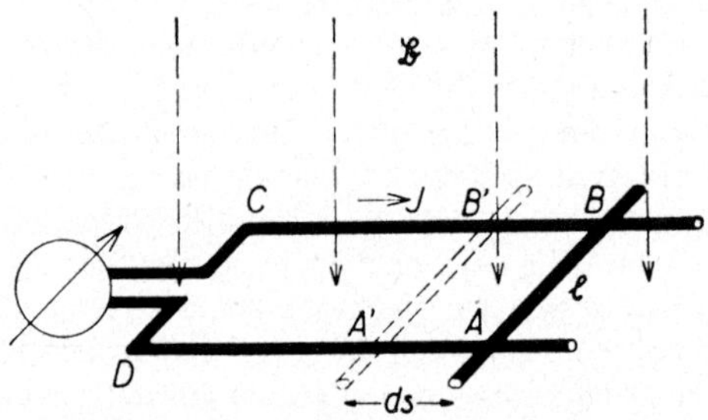

Abb. 316. Induktion durch Verlagerung des Teiles AB einer vom Induktionsfluß durchsetzten Leiterschleife

lage zurück oder, was auf dasselbe herauskommt, um 90° weiter, so entsteht ein gleich starker Induktionsstrom von umgekehrter Richtung. Man kann dies mit einer etwas größeren, aus mehreren Windungen bestehenden Drahtschleife zeigen, die man im erdmagnetischen Felde nach Abb. 315 dreht. Wir kommen hierauf in Nr. 42 noch ausführlicher zurück.

Schließlich kann man den magnet. Fluß durch eine Leiterschleife auch dadurch verändern, daß man die vom Leiter begrenzte Fläche durch Verlagerung eines Teiles der Schleife vergrößert oder verkleinert. Verschiebt man z. B. bei der in Abb. 316 gezeichneten rechteckigen Leiterschleife, die senkrecht von einem homogenen Magnetfeld durchsetzt werde, den Leiterteil AB nach links in die gestrichelt gezeichnete Lage $A'B'$, so wird der die Leiterschleife durchsetzende magnetische magnet. Fluß verkleinert, und es entsteht ein die Schleife im Gegenzeigersinne durchfließender Induktionsstrom.

Die Änderung des magnet. Flusses durch eine von einem Leiter begrenzte Fläche A bedeutet, daß 𝔅-Linien in die Fläche hinein- oder heraustreten; dabei müssen sie aber den Leiter bzw. Teile desselben schneiden. Die drei Größen: Bewegungsrichtung des Leiters, 𝔅-Linienrichtung und Richtung des induzierten Stromes bilden ein rechtwinkliges Achsenkreuz, dessen positive Achsenrichtung durch Daumen, Zeigefinger und Mittelfinger der rechten Hand gebildet werden; wenn man den Daumen in Richtung der Bewegung des Leiters, den Zeigefinger in Richtung des magnetischen Feldes (𝔅) hält, so gibt der Mittelfinger die gesuchte Richtung des induzierten Stromes an (Flemings Rechte-Hand-Regel).

Zum Schluß wollen wir den Induktionsvorgang auf Grund der „Elektronentheorie" zu verstehen suchen, d. h. auf Grund der schon gelegentlich erwähnten und in Kap. IX noch näher zu begründenden Anschauung, daß es die in jedem Metall vorhandenen — im Gegensatz zu den an

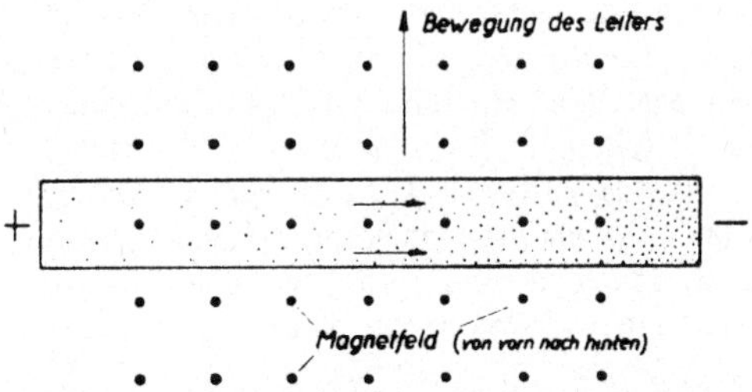

Abb. 317. Zur Entstehung der Induktionsspannung in einem Metallstück

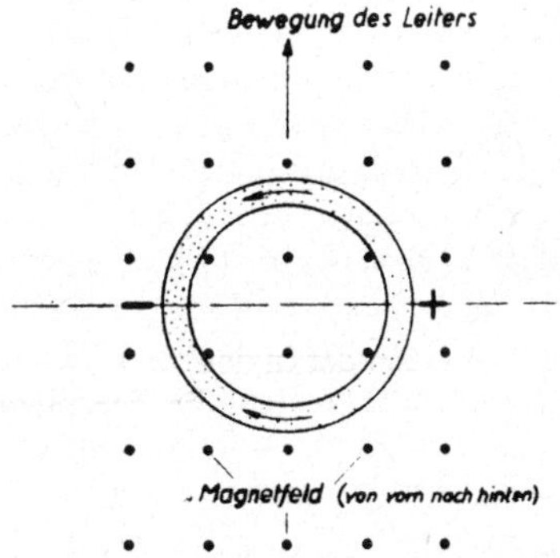

Abb. 318. Zur Entstehung der Induktionsspannung in einem kreisförmigen Leiter

den Atomen festhaftenden positiven Ladungen — frei beweglichen negativen Elektronen sind, die bei Anlegen einer Spannung an den metallischen Leiter unter der Wirkung des im Leiter erzeugten elektrischen Feldes sich längs des Leiters verschieben und den elektrischen Strom bilden. Bewegen wir einen Leiter, so stellen die in ihm vorhandenen freien Elektronen einen Konvektionsstrom in Richtung der Bewegung dar. Das Gleiche gilt auch für die ortsfesten positiven Ladungen des Leiters; d. h. die beiden Konvektionsströme kompensieren sich (vgl. Nr. 71, Versuch von Tolman). Erst wenn die Bewegung des Leiters dagegen in einem zu ihm senkrechten Magnetfeld erfolgt, so übt dies nach dem Biot-Savartschen Gesetz (Nr. 32) auf die Elektronen senkrecht zu ihrer Bewegungsrichtung und senkrecht zum Magnetfeld eine Kraft aus, der zufolge sich die Elektronen in dem Leiter gegen die an den Atomen festsitzenden positiven Ladungen verschieben. Es tritt dadurch an dem einen Leiterende eine Anhäufung, an dem anderen Ende eine Verarmung an Elektronen auf, d. h. es bildet sich längs des bewegten Leiters quer zur Bewegungsrichtung und quer zum Magnetfeld eine elektrische Spannung von solcher Größe, daß sie die Kraftwirkung des Feldes auf die Elektronen gerade kompensiert (Abb. 317). Ist der bewegte Leiter zu einem Kreise geschlossen, so findet, solange seine Bewegung andauert, ein Fließen von Elektronen statt: das ist aber nichts anderes als ein Induktionsstrom. Diese Deutung läßt es auch leicht verstehen, weshalb kein Induktionsstrom zustande kommt, wenn man den Leiter parallel zu sich im Felde oder parallel zu den magnetischen Kraftlinien verschiebt. Ferner ist verständlich, warum in einem geschlossenen Leiterkreis, der als Ganzes mit seiner Fläche senkrecht zu einem homogenen Feld bewegt wird, kein Induktionsstrom zustande kommt. Wie man aus Abb. 318 erkennt, tritt bei der dort angenommenen Bewegung des kreisförmigen Leiters sowohl im oberen als auch unteren Teil im ersten Augenblick eine Bewegung der Elektronen von rechts nach links auf, so daß sich auf der linken Seite eine Anhäufung, auf der rechten eine Verarmung an Elektronen einstellt, sobald die Geschwindigkeit der Bewegung des Leiters konstant geworden ist. Zum Fließen eines Induktionsstromes im Leiterkreis kann es also nicht kommen. Anders ist es jedoch, wenn wir den Kreis um die in Abb. 318 gestrichelte Gerade drehen; dann bewegen sich in dem Augenblick, wo die Leiterebene parallel zu den Kraftlinien steht, die gegenüberliegenden Leiterteile in entgegengesetztem Sinne gegen die Kraftlinien, so daß ein Induktionsstrom entsteht.

Da die rechte Hand das Spiegelbild der linken ist, stellt das Induktionsgesetz die Umkehr des auf Seite 216 besprochenen Kraftgesetzes von einem in einem Magnetfeld befindlichen Stromleiter dar.

41. Quantitative Fassung des Induktionsgesetzes

Wenn wir nun unser Augenmerk auf die Intensität der bei den Versuchen der vorangehenden Nummer auftretenden Induktionsströme richten, so ist zunächst zu beachten, daß diese von dem Widerstand des Leiters, d. h. von seinen Dimensionen und dem Material abhängen wird. Man kann diese Komplikation vermeiden, wenn man nicht die Stärke des induzierten Stromes, sondern die Größe der induzierten elektromotorischen Kraft betrachtet, die ihrerseits auf Grund des Ohmschen Gesetzes den Induktionsstrom in dem Leiter hervorbringt. Um zu einem gesetzmäßigen Zusammenhang zwischen der Änderung des magnet. Flusses Φ und der induzierten elektromotorischen Kraft zu kommen, betrachten wir Abb. 316; der bewegliche Leiterteil AB habe die Länge l und werde in der Zeit dt um die Strecke ds in die neue Lage $A'B'$ verschoben. Die dabei in ihm auftretende elektromotorische Kraft E_i — der Index i soll auf die Induktion hinweisen — ruft in dem über das Galvanometer G geschlossenen Drahtkreis einen Strom J hervor, der bei der in Abb. 316 angenommenen Richtung des magnetischen Feldes den Leiter in der Pfeilrichtung durchströmt. Die somit im Zeitelement dt gewonnene elektrische Arbeit ist

$$dA_{elektr.} = E_i \, J \, dt .$$

Das vom Strom J durchflossene Leiterstück l erfährt aber während seiner Bewegung in dem magnetischen Feld $\mathfrak{H}$ eine seiner Bewegungsrichtung entgegengesetzte Kraft $\mathfrak{F}$, die nach Gl. (185) auf S. 218 den Betrag

$$F = \frac{1}{c} \mid \mathfrak{H} \mid lJ \sin (\mathfrak{H} l)$$

hat ($\mu = 1$, da wir den Versuch in Luft anstellen). Bei der Verschiebung von l um die Strecke ds wird also die mechanische Arbeit

$$dA_{mech.} = \frac{1}{c} \mid \mathfrak{H} \mid J \, l \, ds \sin (\mathfrak{H} l)$$

geleistet. Da nach dem Energiesatz die gewonnene elektrische Arbeit gleich der aufgewandten mechanischen Arbeit sein muß, erhalten wir die Beziehung:

(199) $$E_i \, J \, dt = \frac{1}{c} \mid \mathfrak{H} \mid J \, l \, ds \sin (\mathfrak{H} l),$$

und da $\frac{ds}{dt}$ gleich der Geschwindigkeit v ist, mit der l bewegt wird, folgt für die induzierte elektromotorische Kraft

(200) $$E_i = \frac{1}{c} \mid \mathfrak{H} \mid l \, v \sin (\mathfrak{H} l) .$$

Je länger also ein in einem Magnetfeld bewegter linearer Leiter ist und je schneller seine Bewegung erfolgt, um so größer ist die in ihm induzierte elektromotorische Kraft, die ihren größten Wert erreicht, wenn der Leiter senkrecht zum Magnetfeld bewegt wird.

Wenn wir Gl. (200) mit c multiplizieren und $c\,E_i = E'_i$, setzen, so liefert diese Gleichung, die wir dann so schreiben können:

(200a) $$E'_i = |\mathfrak{H}|\, lv \sin(\mathfrak{H} l),$$

eine neue absolute Einheit der elektromotorischen Kraft, nämlich die von W. Weber vorgeschlagene „Elektromagnetische Einheit". Es ist dies diejenige elektromotorische Kraft, die in einem gradlinigen Leiter von der Länge 1 cm entsteht, wenn sich dieser in einem Magnetfeld von der Stärke 1 $cm^{-1/2}\, g^{1/2}\, s^{-1}$ mit der Geschwindigkeit 1 cm/s senkrecht zu den magnetischen Kraftlinien bewegt.

Der Zusammenhang dieser Einheit mit der auf Seite 20 eingeführten praktischen Einheit „Volt" ergibt sich folgendermaßen:

Es ist:

$$E_i' = c\,E_i,$$

d.h. eine in elektromagnetischem Maße gemessene Spannung hat eine $c$mal größere Maßzahl, als wenn die gleiche Spannung in elektrostatischen Einheiten gemessen wird; also ist die elektromagnetische Spannungseinheit nur $1/c$ der elektrostatisch gemessenen, und umgekehrt: Die elektrostatische Einheit der Spannung ist $c$mal größer als die elektromagnetische. Das ist das uns bereits aus Nr. 34 bekannte Ergebnis; vgl. die Tabelle auf Seite 190:

$$1 \text{ elst. Spannungseinheit} \mathrel{\hat{=}} 3\cdot 10^{10} \text{ elm. Spannungseinheiten.}$$

Da nun eine elst. Spannungseinheit 300 Volt entspricht, so folgt aus der letzten Gleichung

(200b) $$1 \text{ Volt} \mathrel{\hat{=}} \frac{3\cdot 10^{10}}{300} = 10^8 \text{ elm. Spannungseinheiten,}$$
$$1 \text{ elm. Spannungseinheit} \mathrel{\hat{=}} 10^{-8} \text{ Volt,}$$

wie schon in der Zusammenstellung auf Seite 190 angegeben. — In Übereinstimmung mit unseren Darlegungen in Nr. 34 ist aus Gl. (200a), in der nunmehr schon alle in Betracht kommenden Größen in elektromagnetischem Maße gemessen sind, die Lichtgeschwindigkeit c verschwunden.

Im internationalen System (E_i^* in V, $\mathfrak{H}^*$ in A/m) lautet Gl. (200):

(200c) $$E_i^* = \mu_0\, |\mathfrak{H}^*|\, lv \sin(\mathfrak{H}^*, l)$$

Gl. (199) können wir in einer etwas anderen Form schreiben, wenn wir beachten, daß $|\mathfrak{H}|\, l\, ds \sin(\mathfrak{H}\, l)$ gleich der Abnahme $-d\Phi$ des die Fläche $ABCD$ durchsetzenden magnet. Flusses ist; denn durch die Verschiebung des Leiterstückes l aus der Lage AB in die Lage $A'B'$ wird ja die ursprüngliche Leiterfläche $ABCD$ verkleinert. Wir können also schreiben

(201) $$E_i = -\frac{1}{c}\frac{d\Phi}{dt},$$

oder gemäß der Definition des magnetischen Flusses

(202) $$E_i = -\frac{1}{c}\frac{d}{dt}\int |\mathfrak{H}_n|\, dA\,.$$

Spielt sich der Vorgang nicht in Luft, sondern in einem Medium der Permeabilität μ ab, so tritt an Stelle von $\mathfrak{H}$ die magnetische Induktion $\mathfrak{B}$, und es gilt allgemein

(202a) $$E_i = -\frac{1}{c}\frac{d}{dt}\int |\mathfrak{B}_n|\, dA\,.$$

Die Gl. (202) oder (202a) können wir folgendermaßen aussprechen:

Die in einem geschlossenen Leiter induzierte elektromotorische Kraft ist gleich der $1/c$-fachen negativ genommenen zeitlichen Änderung des magnet. Flusses durch eine vom Leiter begrenzte Fläche.

Die zeitliche Änderung von $\Phi = \int | \mathfrak{B}_n | dA$ setzt sich im allgemeinen aus mehreren Beträgen zusammen. Denn Φ stellt ein Integral über eine Fläche dar, die von dem sekundären Leiter berandet wird. Der Wert des Integrals kann sich also einmal dadurch ändern, daß der unverändert bleibende Leiter sich im Felde zu anderen Werten von $\mathfrak{B}_n$ bewegt, oder dadurch, daß er sich an Ort und Stelle deformiert, wodurch die Größe der Integrationsfläche geändert wird, oder endlich dadurch, daß bei ruhendem und starrem Leiter $\mathfrak{B}_n$ variiert.

In einem geschlossenen homogenen Leiterkreis, dessen Fläche von einem zeitlich veränderlichen magnet. Fluß durchsetzt wird, ist jedes Element ds des Leiters Sitz einer induzierten elektromotorischen Kraft, die den Wert $\mathfrak{E}_s\, ds$ hat, wenn $\mathfrak{E}_s$ die zu ds parallele Komponente der elektrischen Feldstärke ist. Im ganzen Kreis wird daher die elektromotorische Kraft $E_i = \oint | \mathfrak{E}_s | ds$ induziert. Setzt man diesen Ausdruck für E_i in Gl. (202a) ein, so folgt:

(203) $$\oint | \mathfrak{E}_s | ds = -\frac{1}{c}\frac{d}{dt}\int | \mathfrak{B}_n | dA$$

Im internationalen System ($| \mathfrak{E}_s |$ in Volt/m, s in m, $| \mathfrak{B} |$ in Vs/m² und A in m²) gilt:

(203a) $$\oint | \mathfrak{E}_s^* | ds = \frac{d}{dt}\int | \mathfrak{B}_n^* | dA$$

Dies ist die allgemeine Form des Induktionsgesetzes.

Wie $\oint \mathfrak{H}_s\, ds$ die magnetische Randspannung eines Stromes heißt, wird $\oint \mathfrak{E}_s\, ds$ als die elektrische Randspannung eines magnetischen Feldes bezeichnet. Nach Gl. (203) ist ihr Wert gleich der 1/c-fachen sekundlichen Abnahme des Induktionsflusses, wofür sich in der Technik der plastische Ausdruck „magnetischer Schwund" eingebürgert hat.

Wir können nun mit Faraday in der Auffassung des durch Gl. (203) dargestellten Gesetzes noch einen Schritt weitergehen. Da die elektromotorische Kraft $\oint \mathfrak{E}_s\, ds$ längs des geschlossenen Leiters nur von der Änderung des magnet. Flusses, aber in keiner Weise von der spezifischen Art des Leiters abhängt, schloß Faraday, daß dieselbe elektromotorische Kraft auch dann auftritt, wenn der Leiter gar nicht vorhanden ist; der Leiter dient gewissermaßen nur dazu, die elektromotorische Kraft „abzufangen", so daß sie z. B. mit einem Voltmeter gemessen werden kann. Nach Faradays Auffassung ist aber das elektrische Feld um den sich ändernden magnetischen Fluß auch ohne Leiter vorhanden.

Dieses elektrische Feld unterscheidet sich, wie man aus Gl. (203) unmittelbar entnimmt, in äußerst charakteristischer Weise vom elektrostatischen Felde. Denn in diesem ist die Randspannung $\oint \mathfrak{E}_s\, ds$ längs einer beliebigen geschlossenen Kurve stets gleich Null, und dies ist die analytische Formulierung der Tatsache, daß es im elektrostatischen Felde keine geschlossenen elektrischen Feldlinien gibt. Hier ist dies anders, da nach Ausweis von Gl. (203) $\oint \mathfrak{E}_s\, ds \neq 0$ ist. Daraus folgt sofort, daß die Kraftlinien hier nicht in Ladungen beginnen und endigen, sondern geschlossene Kurven sind. Das hier herrschende elektrische Feld ist also kein Quellenfeld, sondern ein Wirbelfeld, ebenso wie das magnetische Feld eines Stromes kein Quellen-, sondern ein Wirbelfeld ist. Die hier auftretenden elektrischen Felder können also auch nicht aus einem eindeutigen elektrischen Potential abgeleitet werden. Wir können also sagen:

Ein veränderliches magnetisches Feld ist von einem elektrischen Wirbelfeld umgeben, dessen Richtung überall senkrecht zur Richtung des magnetischen Feldes steht, und dessen elektrische Randspannung gleich der 1/c-fachen sekundlichen Abnahme des magnetischen Flusses oder gleich dem magnetischen Schwund ist.

Läßt man durch Ein- oder Ausschalten des Stromes in einer Drahtschleife ein Magnetfeld entstehen oder verschwinden, das den Leiter wirbelförmig umgibt, so entstehen um die ringförmig verlaufenden magnetischen Kraftlinien geschlossene elektrische Feldlinien, von denen in Abb. 319 zwei gezeichnet sind: Die elektrischen Kraftlinien sind mit den magnetischen in der geschilderten Weise „verkettet".

In der Formulierung des obigen Satzes erkennt man, daß die Induktion die zum Elektromagnetismus reziproke (genauer: spiegelbildliche) Erscheinung darstellt. Dies wird besonders klar, wenn wir für einen Augenblick ein veränderliches magnetisches Feld als einen „magnetischen Strom“ bezeichnen. Jede Abweichung vom elektrostatischen Zustand (d. h. jeder elektrische Strom) erzeugt ein magnetisches Wirbelfeld, umgekehrt jede Abweichung vom magnetostatischen Zustand (d. h. jede Änderung des Induktionsflusses oder jeder magnetische Strom) ein elektrisches Wirbelfeld.

Leider ist es experimentell nicht möglich, den Verlauf der elektrischen Kraftlinien beim Induktionsvorgang in ähnlicher Weise sichtbar zu machen, wie dies in der Elektrostatik gelingt (s. S. 16), da wegen des Faktors $1/c$ die erzeugten Feldstärken zu klein sind, selbst in den günstigsten Fällen. Auf ein besonderes Verfahren zum Nachweis dieser geschlossenen elektrischen Kraftlinien kommen wir in Kap. VIII zurück.

Bei den bisher zum Nachweis der Induktion beschriebenen Versuchen waren die erzeugten Induktionsströme von verhältnismäßig kurzer Dauer; sie bestehen ja nur so lange, wie die

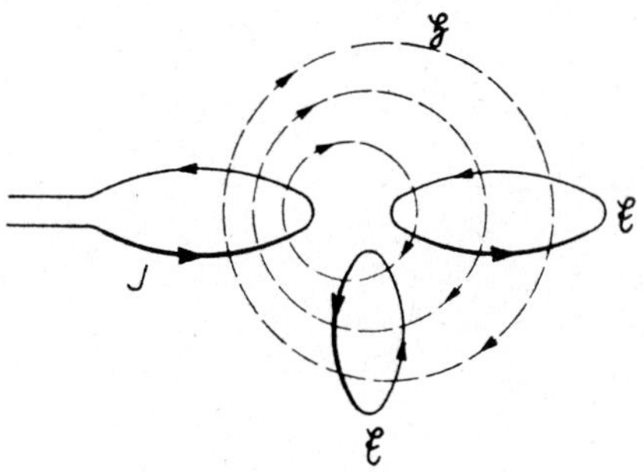

Abb. 319. Verkettung magnetischer und elektrischer Kraftlinien

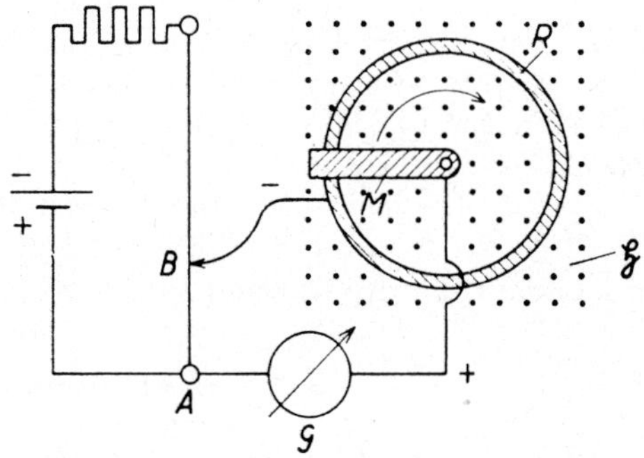

Abb. 320. Anordnung zur Erzeugung und Messung konstanter Induktionsspannungen

Änderung des Induktionsflusses dauert. Eine exakte Messung der induzierten Spannung ist daher nicht ohne weiteres möglich. Aber schon Faraday hat erkannt, wie man durch Induktion Spannungen und Ströme konstanter Stärke erhalten kann. Bei der in Abb. 320 skizzierten Anordnung schleift auf dem Rande eines Metallringes R ein in der Mitte des Ringes drehbar befestigter Metallbügel M. Die Fläche des Ringes werde senkrecht von einem homogenen Magnetfeld $\mathfrak{H}$ durchsetzt, das in Abb. 320 auf den Beschauer hin gerichtet sei. An der Achse des Ringes sowie an diesem selbst ist ein Stromkreis angeschlossen, der ein empfindliches Galvanometer G und den variablen Abgriff einer Kompensationsschaltung nach Poggendorff (s. S. 146) zur Messung elektromotorischer Kräfte enthält. Wird der Metallbügel M, dessen Länge r sei, einmal herumgedreht, so bedeutet dies eine Zunahme des den Leiterkreis durchsetzenden magnetischen Flusses um den Betrag $r^2 \pi \mu_0 \mid \mathfrak{H}^* \mid$. Bei n Umdrehungen pro Sekunde ist demnach die an den Punkten AB auftretende induzierte elektromotorische Kraft nach (200c) in Volt:

$$E_i^* = n \mu_0 \mid \mathfrak{H}^* \mid r^2 \pi$$

Wählt man $r = 5{,}64$ cm, so daß $r^2\pi$ gerade 0,01 m² wird, und beträgt die Feldstärke $\mid \mathfrak{H}^* \mid$ 100 Oersted, so erhält man bei 100 Umdrehungen in der Sekunde eine Spannung von 10^{-2} Volt die sich mittels der Kompensationsmethode ohne Schwierigkeiten messen läßt. — Denken wir uns mehrere Metallbügel wie die Speichen eines Rades gleichzeitig auf dem Metallring R schleifen, so entsteht in jedem dieser Bügel die gleiche elektromotorische Kraft. Wir können also die einzelnen Bügel durch konzentrische Ringe leitend miteinander verbinden und schließlich an ihrer Stelle auch eine Metallscheibe verwenden, bei der die Spannungsabnahme an der Achse und an einer Stelle des Umfangs durch eine aufliegende Metallfeder oder einen Quecksilbernapf erfolgt. Ein solcher Apparat ist aber das in Abb. 289 dargestellte Barlowsche Rad. Schließt man an dessen Klemmen ein empfindliches Voltmeter an und dreht die Kupferscheibe zwischen den

Polen des Magneten, so erhält man eine konstante Induktionsspannung, deren Stärke mit der Umdrehungszahl wächst und deren Richtung von dem Drehsinn abhängt. In ähnlicher Weise kann jeder der in den Abb. 222, 226 und 288 beschriebenen Magnetorotationsapparate zur Erzeugung konstanter Induktionsströme benutzt werden, indem man den beweglichen Teil in eine gleichmäßige Drehung versetzt.

Die oben abgeleiteten Gleichungen (201, 202 und 202a) beziehen sich auf den Fall, daß der Leiter, in dem die elektromotorische Kraft induziert wird, nur aus einer einzigen Drahtwindung besteht. Setzen wir an deren Stelle eine aus N Windungen bestehende Spule, so wird bei der Induktion in jeder dieser Windungen, vorausgesetzt, daß sie alle von dem gleichen Induktionsfluß durchsetzt werden, die nämliche elektromotorische Kraft induziert. Da die einzelnen Windungen hintereinandergeschaltet sind, addieren sich die N-elektromotorischen Kräfte, und für die gesamte induzierte elektromotorische Kraft gilt die Gleichung

$$E_i = -\frac{N}{c}\frac{d\Phi}{dt}. \tag{204}$$

Es lassen sich also durch die Benutzung von Spulen mit hoher Windungszahl auf diese Weise bequem hohe Spannungen erzeugen. Die Gl. (201) bzw. (204) können wir noch etwas anders schreiben, indem wir mit dt multiplizieren und über t von t_1 bis t_2 integrieren:

$$\int_{t_1}^{t_2} E_i dt = -(N/c)\cdot(\Phi_2 - \Phi_1), \tag{205}$$

oder im internationalen System (E_i in V, Φ in Vs):

$$\int_{t_1}^{t_2} E_i^* dt = -N(\Phi_2^* - \Phi_1^*), \tag{205a}$$

wenn Φ_2 und Φ_1 die Werte des magnet. Flusses zu den genannten Zeiten t_2 und t_1 sind. Die linke Seite dieser Gleichung stellt einen Spannungsstoß während der (kurzen) Zeit $t_2 - t_1$ dar (s. S. 224). Dieser ist also proportional der Gesamtänderung des magnet. Flusses; er läßt sich, wie auf S. 224 beschrieben, mit einem in Voltsekunden geeichten ballistischen Galvanometer messen.

Durch die induzierte elektromotorische Kraft E_i ist nun auch die Stärke des Induktionsstromes gegeben. Hat der Ohmsche Widerstand des gesamten Kreises die Größe R, so ist nach Gl. (204) gemäß dem Ohmschen Gesetz die Stromstärke J_i

$$J_i = \frac{E_i}{R} = -\frac{N}{cR}\frac{d\Phi}{dt}. \tag{206}$$

Diese Gleichung gilt, wenn im Gaußschen Maßsystem gemessen wird. Mißt man dagegen J in Ampere (J^*), R in Ohm (R^*), E_i in Volt (E_i^*) und Φ in Vs (Φ^*), so tritt an Stelle von (206)

$$J_i^* = \frac{E_i^*}{R^*} = -\frac{N}{R^*}\frac{d\Phi^*}{dt}. \tag{206a}$$

Da der Widerstand im gleichen Maße wie die Windungszahl N wächst, erreicht man große Stromstärken nur durch Verkleinerung von R, d. h. durch Verwendung guter Leiter.

Multiplizieren wir beide Seiten der Gl. (206) mit dem Zeitelement dt, so stellt das Produkt $J_i dt$ auf der linken Seite die während der Zeit dt fließende Elektrizitätsmenge dq_i dar. Hierfür gilt also im Gaußschen System:

$$dq_i = -\frac{N}{cR}d\Phi. \tag{207}$$

Es ist also die in einem Leiter durch Induktion in Bewegung gesetzte Elektrizitätsmenge der Änderung des magnetischen Flusses direkt proportional. Gl. (207) enthält nicht mehr die Zeit; d. h. die bei einer bestimmten Änderung von Φ bewegte Elektrizitätsmenge ist immer dieselbe, einerlei, ob diese Änderung in einem kurzen oder einem längeren Zeitabschnitt erfolgt, im Gegensatz zur induzierten elektromotorischen Kraft, die nach (201) oder (204) um so größer ist, je rascher die Änderung von Φ erfolgt. Verändern wir also einen magnet. Fluß Φ_1, der eine Leiterschleife durchsetzt, so, daß zum Schluß der Fluß Φ_2 hindurchgeht, so ist die dabei in Bewegung gesetzte Elektrizitätsmenge (in elektrostatischen Ladungseinheiten)

$$q_i = -\frac{N}{c}\frac{\Phi_2 - \Phi_1}{R} = \frac{N}{c}\frac{\Phi_1 - \Phi_2}{R} \tag{208}$$

oder im internat. System, wie man aus Gl. (206a) leicht findet (in As = Coulomb),

$$q_i^* = \frac{N(\Phi_1^* - \Phi_2^*)}{R^*}. \tag{208a}$$

Diese Elektrizitätsmenge läßt sich mit dem ballistischen Galvanometer messen.

42. Einfache Anwendungen der Induktion: Erdinduktor; Messung magnetischer Felder; Messung der Permeabilität; magnetischer Spannungsmesser; Wechselspannungen; Wirbelströme; Theorie des Diamagnetismus

Ausmessung magnetischer Felder. Eine der einfachsten Anwendungen der Induktion ist die Messung des erdmagnetischen Feldes mittels des von W. Weber (1852) angegebenen **Erdinduktors.** Dieser besteht aus einer kreisförmigen Spule, die auf einen Rahmen R aufgewickelt ist (Abb. 321). Dieser läßt sich mittels der Achse D um einen Durchmesser um 180° drehen Die ganze Spule ist in einem zweiten viereckigen Rahmen C gelagert, der sich um eine horizontale Achse BB drehen und in vertikaler und horizontaler Lage feststellen läßt. Der Apparat wird im erdmagnetischen Feld so aufgestellt, daß bei vertikaler Drehachse D die Fläche der Spule senkrecht auf dem magnetischen Meridian steht. Der die Spule durchsetzende magn. Fluß ist dann AH, wenn H die Horizontalkomponente des Erdfeldes und A die Fläche der Spule bedeuten. Dreht man die Spule um 180°, so ändert sich der magn. Fluß in $-AH$, d.h. um den Wert $2AH$. Ist der Widerstand der Spule R_s, der des angeschlossenen ballistischen Galvanometers R_g, und beträgt die Windungszahl der Spule N so ist die bei dieser Drehung in Bewegung gesetzte Elektrizitätsmenge

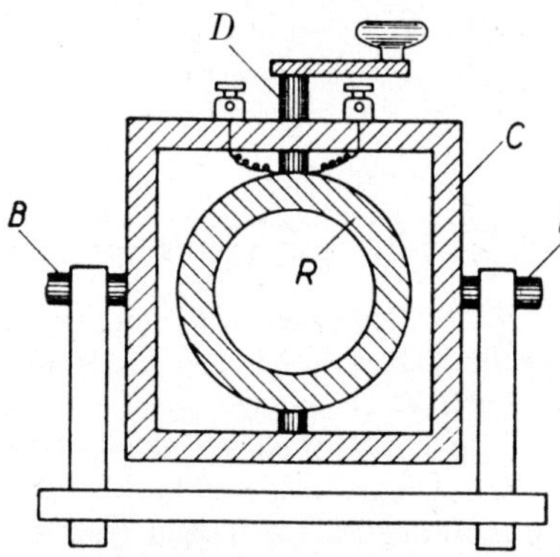

Abb. 321. Erdinduktor

$$q_H = \frac{2 \cdot NAH}{c(R_s + R_g)} \tag{209a}$$

Das Produkt NA aus geometrischer Fläche und Windungszahl heißt Windungsfläche.

Da sich q_H mit dem ballistischen Galvanometer bequem messen läßt, gelingt es, H zu bestimmen. Nunmehr wird sowohl der Rahmen C durch Drehung um die Achse BB wie auch die Spule R durch Drehung um D horizontal gelagert, so daß die Spulennormale parallel zur Vertikalkomponente V des Erdfeldes steht. Bei einer Drehung der Spule um 180° ist die bewegte Elektrizitätsmenge entsprechend:

$$q_V = \frac{2 \cdot NAV}{c(R_s + R_g)}. \tag{209b}$$

woraus sich in gleicher Weise V ergibt. Division beider Gleichungen liefert

$$\frac{q_V}{q_H} = \frac{V}{H} = \tan\vartheta$$

wobei ϑ den Inklinationswinkel bedeutet (s. Nr. 23). Für q_V/q_H können wir das Verhältnis der Ausschläge α_V und α_H des ballistischen Galvanometers setzen, so daß wir erhalten:

$$\tan\vartheta = \frac{\alpha_V}{\alpha_H}. \tag{210}$$

Die Inklination ist also bereits mit einem ungeeichten ballistischen Galvanometer meßbar.

In derselben Weise kann jedes andere magnetische Feld $\mathfrak{H}$ mittels einer Probespule bekannter Windungsfläche NA ausgemessen werden. Statt die Spule dabei um 180° im Feld zu drehen, kann man sie (besonders bei seitlich begrenzten Feldern, z. B. in schmalen Schlitzen zwischen Magnetpolen) rasch aus dem Feldbereich entfernen. In diesem Fall beträgt die Änderung des magnetischen Flusses natürlich nur $|\mathfrak{H}|\,NA$.

Messung der Permeabilität. In Nr. 35 auf S. 192 wurde dargelegt, daß die magnetischen Kraftlinien in einem ringförmig geschlossenen Solenoid vollständig im Inneren der Spule verlaufen, so daß, auch wenn der Innenraum mit Eisen gefüllt ist, das Magnetfeld auf keine Weise im Außenraume nachweisbar und wirksam ist, vorausgesetzt, daß das Solenoid von einem stationären Strom durchflossen ist. Mit Hilfe der Induktion, d. h. wenn durch das Solenoid ein veränderlicher Strom fließt — sei es, daß seine Stärke sich periodisch ändert, sei es, daß er abwechselnd geschlossen und geöffnet wird —, ist es ohne weiteres möglich, Wirkungen des nach wie vor ausschließlich im Inneren verlaufenden Feldes zu erhalten. Man wickelt zu diesem Zwecke einige Drahtwindungen um das Solenoid und verbindet sie mit einem ballistischen Galvanometer

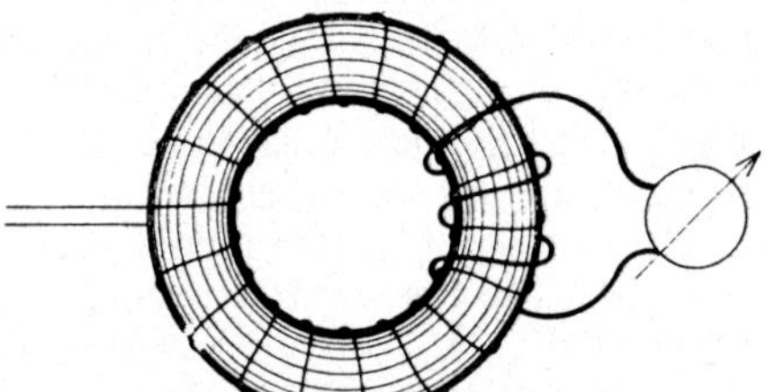

Abb. 322. Messung der Permeabilität ferromagnetischer Stoffe

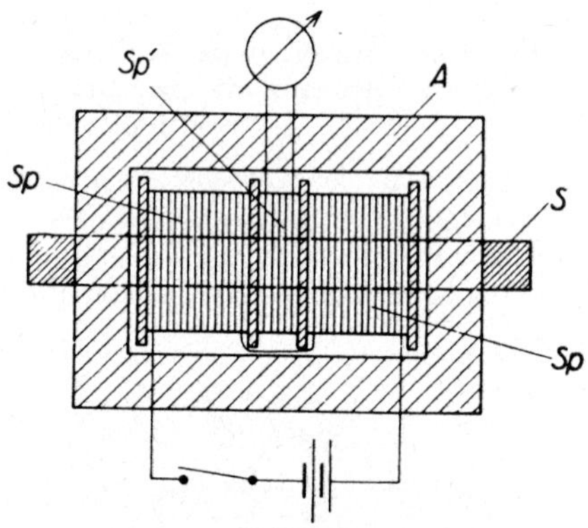

Abb. 323. Jochmethode nach Hopkinson zur Messung der Permeabilität ferromagnetischer Stoffe

(Abb. 322). Schickt man jetzt durch das Solenoid (die „primäre“ Spule) einen Strom, so geht der gesamte das Solenoidinnere durchsetzende magnetische Fluß auch durch den Querschnitt der sekundären Spule und setzt während seines Entstehens oder Verschwindens in dieser eine Elektritizitätsmenge in Bewegung, die durch den Ausschlag eines ballistischen Galvanometers gemessen wird und somit eine Wirkung des Magnetfeldes im Außenraum darstellt. Dies liefert gleichzeitig ein einfaches Verfahren zur Messung der Permeabilität μ ferromagnetischer Stoffe. Ist das Solenoid auf einen Ring aus einem solchen Material gewickelt, dessen Querschnitt A sei, so ist die in der Sekundärspule induzierte Elektrizitätsmenge bei Umkehr des Stromes:

$$(211) \qquad q_i = \frac{2\,|\mathfrak{B}|\,NA}{c \cdot R} = \frac{2\mu\,|\mathfrak{H}|\,NA}{c(R_s + R_g)}\,;$$

(N Windungszahl, R_s Widerstand der Sekundärspule, R_g Widerstand des ballistischen Galvanometers). Das den magnet. Fluß erregende Magnetfeld $\mathfrak{H}$ läßt sich aus den Daten des Solenoids nach der auf S. 193 angegebenen Gl. (174) berechnen.

Da es unbequem und auch nicht immer möglich ist, die zu untersuchenden Stoffe in Ringform herzustellen und außerdem die Bewicklung des Ringes mühsam ist, ist diese Ringmethode in verschiedener Weise abgeändert worden. Bei der von J. Hopkinson (1885) stammenden **Jochmethode** wird der zu untersuchende Körper in Form eines Stabes S in ein Joch A aus weichem Eisen eingeschoben (Abb. 323) und durch Anziehen von Klemmbacken möglichst innig mit dem Joch verbunden. Innerhalb des Joches befindet sich die Magnetisierungsspule und in dieser die Sekundärspule. Bei hinreichendem Querschnitt des Joches und großer Permeabilität seines Eisens kann man annehmen, daß die aus den Enden des Probestabes austretenden Induktionslinien durch das Joch völlig geschlossen werden. Dadurch ist die Wirkung der freien Enden des Stabes beseitigt, und das magnetische Feld im Probestab hat in erster Annäherung denselben Wert, als wenn Spule und Stab unendlich lang oder ringförmig geschlossen wären.

Magnetischer Spannungsmesser. Das Linienintegral $\int_a^b |\mathfrak{H}_s|\, ds$, d.h. die magnetomotorische Kraft oder Spannung des magnetischen Feldes zwischen den beiden Punkten a und b kann ebenfalls mit Hilfe der Induktion durch den von W. Rogowski und W. Steinhaus (1912) angegebenen magnetischen Spannungsmesser bestimmt werden. Dieser besteht aus einer langgestreckten, auf einem biegsamen Träger (Lederriemen) aufgewickelten zweilagigen Spule vom Querschnitt A und der Länge l, deren Zuführung in der Mitte des Bandes angebracht ist (Abb. 324). Der Querschnitt A ist — infolge der Aufwicklung auf den Lederriemen — so klein, daß der magnet. Fluß durch eine Windung einfach gleich $|\mathfrak{H}_n|A$ ist, da $\mathfrak{H}_n$ über den Querschnitt nicht merklich variiert. Diese Spule bringt man so in das auszumessende Feld, daß ihre Enden an den Punkten a und b liegen, zwischen denen die magnetische Spannung gemessen werden soll; dann läßt man das Feld entstehen oder verschwinden — durch Ein- oder Ausschalten des Stromes oder Wegnahme des permanenten Magneten, der das Feld erzeugt. Dabei entsteht in der Spule ein Spannungsstoß, dessen Größe wir jetzt berechnen wollen. Die Anzahl der Windungen je cm ist $n = N/l$, also die Anzahl, die auf ein unendlich kleines Stück ds der Spulenlänge entfällt, gleich $n\,ds$. In diesen $n\,ds$ Windungen wird im Zeitelement dt ein Spannungsstoß $dE_i\,dt = \frac{dE_i}{ds}\,ds\,dt$ induziert; dieser beginnt im Moment t_1 (beim Einschalten des felderzeugenden Stromes) und endigt zur Zeit t_2 (wenn der Strom seine volle konstante Stärke angenommen hat); die Differenz $t_2 - t_1$ ist natürlich ein außerordentlich kleines Zeitintervall; der gesamte Spannungsstoß ist also gleich $\int_{t_1}^{t_2} \frac{dE_i}{ds}\,ds\,dt$. Anderseits hat dieser Spannungsstoß, abgesehen vom Vorzeichen, in den betrachteten $n\,ds$ Windungen nach Gleichung (204) den Wert: $n\,ds/c$ mal der Änderung $d\Phi$ des magnetischen Flusses, und diese ist gleich $A\,|\,\mathfrak{H}_n\,|$. Denn zur Zeit t_1 ist $\Phi_1 = 0$ und hat zur Zeit t_2 den Wert $\Phi_2 = A\,|\,\mathfrak{H}_n\,|$ erreicht; also ist, wie gesagt, $d\Phi = A\,|\,\mathfrak{H}_n\,|$. Nunmehr ändern wir die Bezeichnung etwas ab. Der Index „n" bei $\mathfrak{H}_n$ bezieht sich auf die Fläche A und besagt, daß $\mathfrak{H}_n$ die zu A senkrechte Komponente von $\mathfrak{H}$ ist; $\mathfrak{H}_n$ ist aber gleichzeitig die zu ds parallele Komponente, die wir sinngemäß mit $\mathfrak{H}_s$ bezeichnen, indem wir den Index jetzt auf die Länge s beziehen. Damit wird $d\Phi = A\,|\,\mathfrak{H}_s\,|$, und es gilt für den Spannungsstoß nach Gl. (204):

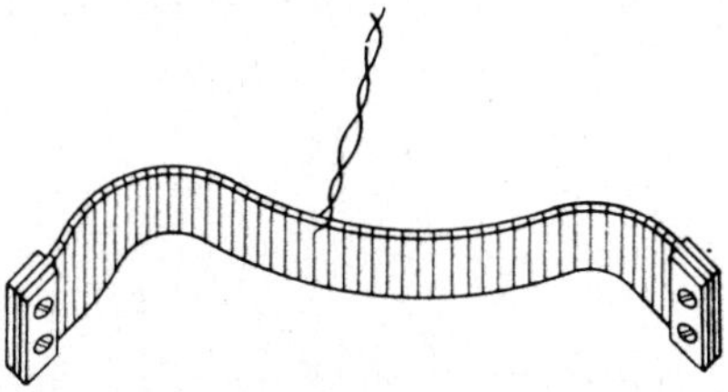

Abb. 324. Magnetischer Spannungsmesser nach Rogowsky und Steinhaus

$$\int_{t_1}^{t_2} \frac{dE_i}{ds}\,ds\,dt = \frac{n}{c}\,A\,|\,\mathfrak{H}_s\,|\,ds.$$

Für die ganze Spule erhalten wir durch Integration über s daraus:

$$\int_{t_1}^{t_2} E_i\,dt = \frac{n}{c}\,A \int_a^b |\,\mathfrak{H}_s\,|\,ds,$$

und daraus folgt für die magnetische Spannung zwischen den Punkten a und b:

$$\int_a^b |\,\mathfrak{H}_s\,|\,ds = \frac{c\int_{t_1}^{t_2} E_i\,dt}{nA} \tag{212}$$

$\int_{t_1}^{t_2} E_i\,dt$ läßt sich, wie auf Seite 223 ausgeführt, mittels des ballistischen Galvanometers messen. — Man kann den mit einem solchen Galvanometer verbundenen magnetischen Spannungsmesser z.B. in Amperewindungen eichen, indem man ihn, wie es Abb. 325 zeigt, einmal (oder mehrere Male) um einen von Strom J durchflossenen Leiter herumwindet. Dann gilt nach Gl. (156′) auf Seite 179 bei einer Umkreisung des Stromleiters:

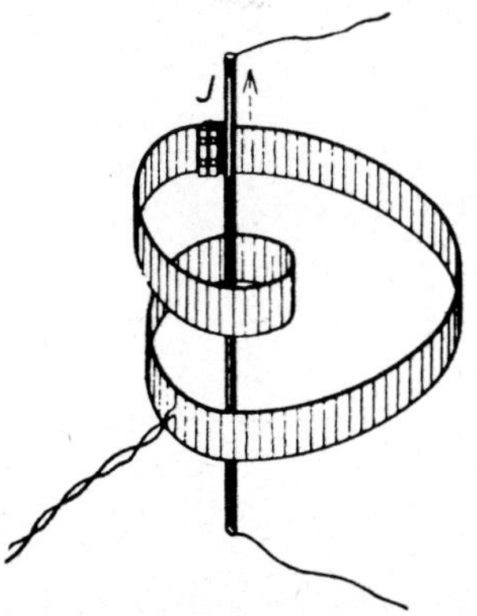

Abb. 325. Eichung eines magnetischen Spannungsmessers durch zweifache Umfassung eines bekannten Stromes

$$\oint |\,\mathfrak{H}_s\,|\,ds = (4\pi/c)\,J\,.$$

Beim Übergang zum internationalen System setzt man $\mathfrak{H}^* = (c/4\pi)\,\mathfrak{H}$ und gibt gleichzeitig die Stromstärke in Ampere und $|\,\mathfrak{H}^*\,|$ in A/m an. Dies liefert:

$$\oint |\,\mathfrak{H}_s^*\,|\, ds = J^*.$$

Erzeugung von Wechselspannungen. Wir untersuchen jetzt den zeitlichen Verlauf der Induktionsspannung, die in einer Leiterschleife oder Spule entsteht, die mit konstanter Winkelgeschwindigkeit in einem homogenen Magnetfeld um eine in der Ebene der Spule liegende zum Magnetfeld senkrechte Richtung gedreht wird (Abb. 326). Die Enden der Leiterschleife sind an

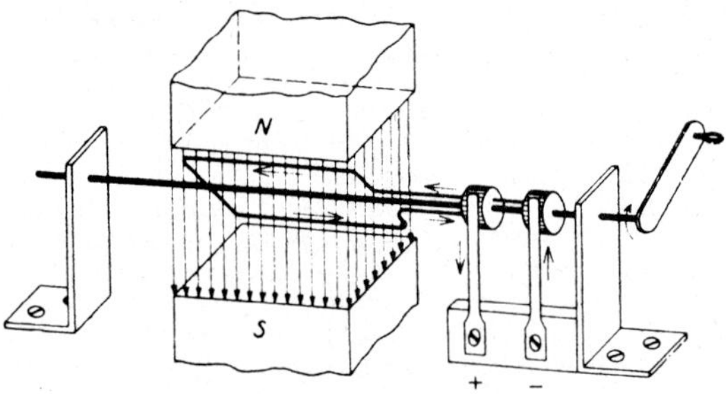

Abb. 326. Anordnung zur Erzeugung einer Wechselspannung durch Drehen einer Drahtschleife im homogenen magnetischen Feld

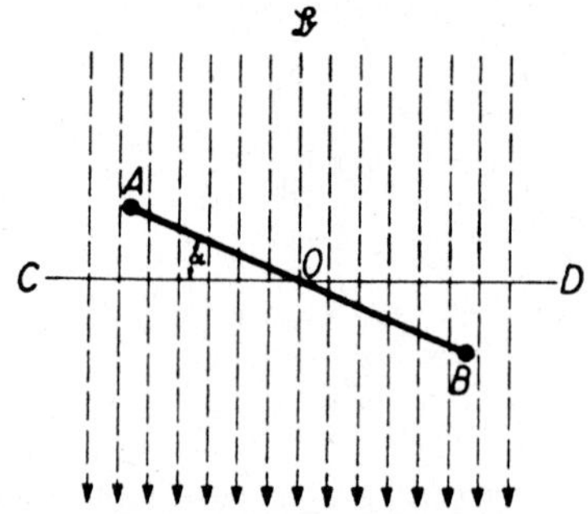

Abb. 327. Zur Drehung einer Drahtschleife im magnetischen Feld

zwei isoliert auf der Achse angebrachte Schleifringe geführt, von denen die Spannung mittels zweier Federn abgenommen werden kann. Man sieht, daß der die Fläche der Leiterschleife durchsetzende magnetische Kraftfluß bei einer Drehung der Schleife sich periodisch ändert: Er ist am größten, wenn die Ebene der Leiterschleife senkrecht zur Feldrichtung steht, und er hat den Wert Null, wenn sie parallel zu den Kraftlinien verläuft. In Abb. 327 ist ein zur Drehachse senkrechter Schnitt durch die Schleife gezeichnet, die mit der horizontalen Lage CD den Winkel α bilden möge. Nennen wir A den Querschnitt der Leiterschleife, $\mathfrak{H}$ die magnetische Feldstärke, so ist der die Leiterschleife durchsetzende magnetische Fluß:

$$\Phi = A\,|\,\mathfrak{H}\,|\,\cos\alpha.$$

Wenn sich die Schleife um die Achse O gleichförmig dreht, so daß sie zu einer vollständigen Umdrehung um den Winkel 2π die Zeit T braucht, so ist $2\pi/T = \omega$ die Winkelgeschwindigkeit. Wird der Winkel α beim Drehen der Schleife aus der Nullage CD in der Zeit t erreicht, so gilt die Proportion:

$$t : T = \alpha : 2\pi,$$

woraus folgt:

$$\alpha = \frac{2\pi}{T}\,t.$$

so daß wir schreiben können:

$$\Phi = A\,|\,\mathfrak{H}\,|\,\cos\frac{2\pi t}{T}.$$

Nach Gl. (204) ist dann die in der Leiterschleife induzierte Spannung, die wir jetzt U nennen:

$$U = -\frac{1}{c}\frac{d\Phi}{dt} = \frac{1}{c}\frac{2\pi}{T}\,A\,|\,\mathfrak{H}\,|\,\sin\frac{2\pi t}{T},$$

oder mit Einführung der Winkelgeschwindigkeit ω:

(213 a) $$U = (1/c)\,\omega\,A\,|\,\mathfrak{H}\,|\,\sin\omega\,t.$$

Den größten Wert nimmt U an, wenn $\sin\omega t = 1$, d. h. $\omega\,t = \alpha = \frac{\pi}{2}$ ist; dann liegt die Leiterschleife parallel zur Kraftlinienrichtung. Setzt man den Maximalwert $(\omega/c)\cdot A\cdot|\,\mathfrak{H}\,| = U_0$, so wird:

(213b) $$U = U_0 \sin \omega t = U_0 \sin 2\pi \nu t$$

und entsprechend im internationalen System (U^* in Volt):

(213c) $$U^* = U_0^* \sin \omega t = U_0^* \sin 2\pi \nu t;$$

dabei bedeutet $\nu = \frac{1}{T}$ die Zahl der vollständigen Umdrehungen in der Sekunde.

Aus Gl. (213c) folgt, daß die an den Enden der gleichmäßig in einem Magnetfeld rotierenden Leiterschleife auftretende Spannung sich periodisch mit der Zeit ändert. Eine solche nennt man eine **Wechselspannung,** ihren größten Wert U_0 die **Scheitelspannung** oder Amplitude derselben. ν ist die Frequenz, T die Periode der Wechselspannung, ω die Kreisfrequenz. Die Zahl der Perioden in einer Sekunde wird als „Hertz" (Hz) bezeichnet. In Abb. 328 ist der Verlauf der

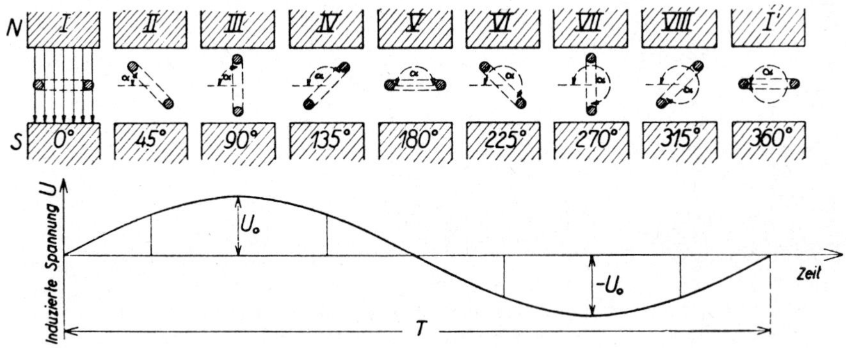

Abb. 328. Zeitlicher Verlauf der Wechselspannung bei Drehung einer Drahtschleife in einem homogenen magetischen Feld

Wechselspannung auf Grund der Gl. (213b) für die verschiedenen Stellungen der Leiterschleife im Magnetfeld während einer Periode T dargestellt; danach wiederholt sich derselbe Vorgang von neuem. (Man beachte, daß allgemein die Zahl der Polwechsel $2\,\nu$, also doppelt so groß wie die Frequenz ist.)

Verbindet man die beiden Schleiffedern in Abb. 326 durch eine Leitung mit Ohmschen Widerstand, so fließt in dieser ein Wechselstrom:

(213d) $$J^* = \frac{U^*}{R^*} = \frac{U_0^* \sin \omega t}{R^*} = J_0^* \sin \omega t,$$

wenn R^* den Widerstand des geschlossenen Leiterkreises bedeutet; J_0^* heißt entsprechend die **Scheitelstromstärke** oder Amplitude des Wechselstromes.

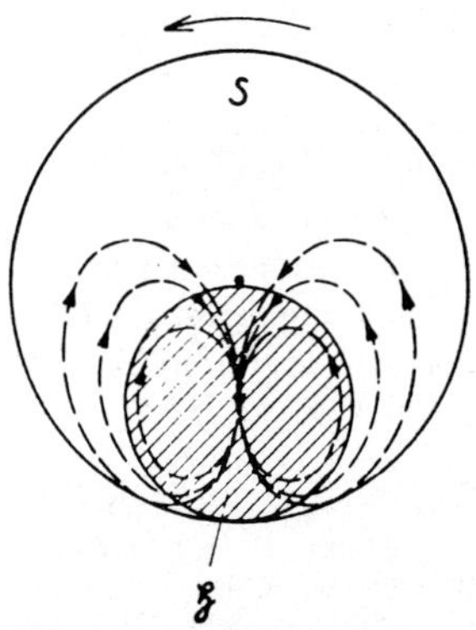

Abb. 329. Wirbelstrombahnen in einer über einem Magnetpol rotierenden Kupferscheibe

Wirbelströme. Wie auf Seite 243 dargelegt, tritt bei einer in einem Magnetfeld rotierenden Metallscheibe zwischen Achse und Umfang eine Induktionsspannung auf; dagegen kommt es zu keinem Induktionsstrom in der Scheibe, solange diese beiden Punkte nicht durch einen an der Rotation nicht beteiligten Leiter verbunden sind und solange sich die ganze Scheibe in einem homogenen Magnetfeld bewegt. Werden dagegen nur Teile der Scheibe von dem Magnetfeld durchsetzt oder bewegt sie sich in einem inhomogenen Feld, so treten in der Scheibe selbst Induktionsströme auf. In Abb. 329 sind einige Strombahnen (in einer ruhenden) Kupferplatte gezeichnet, die während der Drehung nur auf der schraffierten Fläche von einem Magnetfeld durchsetzt wird, dessen Kraftlinien in der Blickrichtung verlaufen. Man nennt diese in massiven Leitern infolge Induktion auftretenden Ströme **Wirbelströme.** Ihr Vorhandensein kann man in verschiedener Weise feststellen. Nach dem Lenzschen Gesetz hemmen sie die sie erzeugende

Bewegung. Versetzt man daher eine Kupferscheibe zwischen den Polen eines starken Elektromagneten in rasche Rotation, so kommt sie fast augenblicklich zum Stillstand, wenn man den Magneten einschaltet. Darauf beruht die in der Technik häufig benutzte **Wirbelstrombremse.** Anschaulich zeigt diese bremsende Wirkung das Waltenhofensche Pendel (Abb. 330a). Bei diesem kann der aus einer massiven Kupferscheibe bestehende Pendelkörper zwischen den Polen eines kräftigen Elektromagneten hindurchpendeln. Läßt man die Scheibe aus großer Höhe

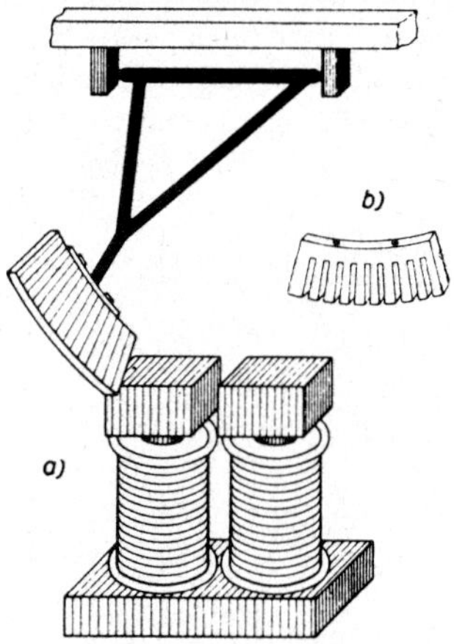

Abb. 330.
Waltenhofensches Pendel

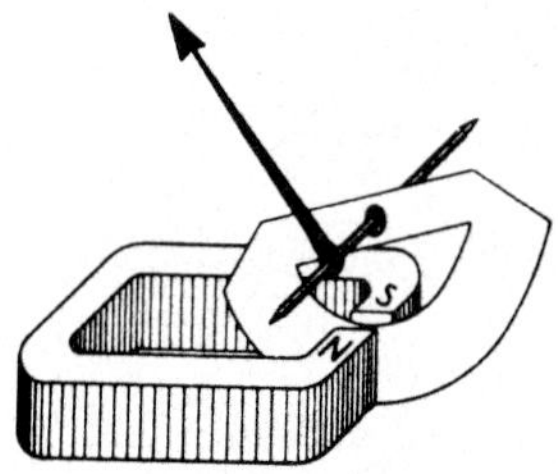

Abb. 331.
Wirbelstromdämpfung bei Zeigerinstumenten

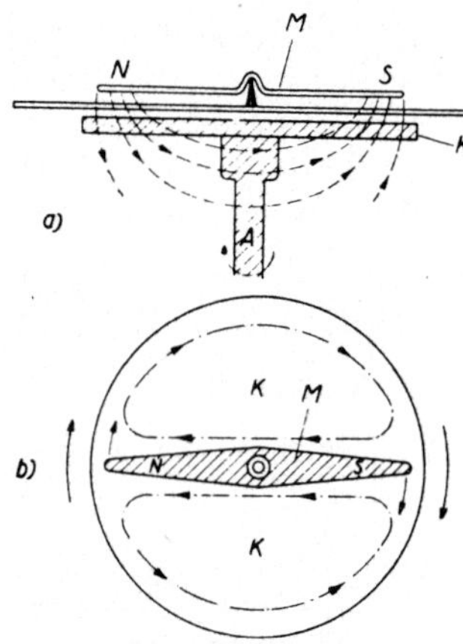

Abb. 332. Nachweis der zwischen Wirbelströmen und dem sie erzeugenden Magnetfeld auftretenden Kräften nach Arago

herabschwingen, so daß sie ohne Magnetfeld durch die Ruhelage zwischen den Polen mit großer Geschwindigkeit durchgehen würde, so kommt sie bei eingeschaltetem Magnetfeld in diesem fast momentan zur Ruhe. Bewegt man bei eingeschaltetem Felde das Pendel hin und her, so spürt man einen Widerstand, als ob es sich in einer zähen Flüssigkeit bewegte. Ersetzt man die Kupferscheibe durch eine gleich große, mit Sägeschlitzen versehene (Abb. 330b), ist die bremsende Wirkung stark reduziert. — In der Technik benutzt man die bremsende Wirkung der Wirbelströme zur Dämpfung unerwünschter Schwingungen, wie sie z. B. die Zeiger von Meßinstrumenten ausführen. Um ein rasches Einstellen des Zeigers auf den Meßwert zu erreichen, setzt man auf die Zeigerachse eine dünne Aluminiumscheibe (Abb. 331), die sich bei einer Drehung des Zeigers zwischen den Polen eines Permanentmagneten bewegt. Auch bei Drehspulgalvanometern wird diese Methode der Dämpfung angewendet. Man wickelt die Drehspule auf einen leichten Metallrahmen; dieser erfährt bei Drehung im Magnetfeld eine Bremsung durch die in ihm auftretenden Wirbelströme. Außerdem kann man die Drehspule des Instruments selbst zur Dämpfung der Schwingung ausnutzen, indem man sie über einen Widerstand geeigneter Größe schließt; man kann so stets gerade die aperiodische Zeigereinstellung erzielen.

Daß zwischen den Wirbelströmen und dem erzeugenden Magnetfeld (anziehende oder abstoßende) Kräfte auftreten, kann man durch folgenden von D. F. Arago (1825) angegebenen Versuch zeigen: Bringt man dicht über einer um eine vertikale Achse *A* rotierenden Kupferscheibe *K* etwa auf einer Glasplatte *G* (die zum Schutze gegen Luftströmungen dient) eine Magnetnadel *M* an (Abb. 332a), so folgt diese der Drehung der Kupferscheibe. Wie Abb. 332b erkennen läßt, entstehen in der rotierenden Scheibe durch das von der Magnetnadel herrührende Magnetfeld (in Abb. 332a gestrichelt) die eingezeichneten Wirbelströme, deren Richtung man nach der Flemingschen Rechte-Hand-Regel leicht finden kann. Die von ihnen erzeugten Magnetfelder wirken ihrerseits auf die Nadel zurück und verursachen eine Drehung im Rotationssinn der Scheibe. Ändert man den Versuch dahin ab, daß man an Stelle der Kupferscheibe einen Magneten in Drehung versetzt und über der Glasplatte eine Kupferscheibe drehbar auf einer Spitze anbringt, so gerät auch diese bei Drehung des Magneten in Rotation. Arago, der diese Erscheinung schon einige Jahre vor der Entdeckung der Induktion gefunden hatte, glaubte, einen besonderen „Rotationsmagnetismus" zu ihrer Erklärung annehmen zu müssen; die richtige Deutung des Versuches gab dann Faraday.

Nach Gl. (200) ist die induzierte elektromotorische Kraft und damit auch die Stärke der Wirbelströme um so größer, je größer die relative Geschwindigkeit ist. Infolgedessen wächst das bei dem letzten Versuch von dem rotierenden Magneten auf die Kupferscheibe ausgeübte Drehmoment mit der Drehgeschwindigkeit. Bringt man an der Achse der Scheibe durch eine Spiralfeder ein rücktreibendes Drehmoment an und versieht die Scheibe mit einem Zeiger, so wird die Verdrehung der Scheibe und damit der Zeigerausschlag um so größer, je schneller der Magnet rotiert. Auf diesem Prinzip beruhen die **Wirbelstromtachometer** zur Messung von Drehzahlen; die technische Ausführung eines solchen (im Längsschnitt) zeigt Abb. 333. Mit der Welle W, deren Drehzahl gemessen werden soll, rotiert ein Stahlmagnet M in Rechteckform, zwischen dessen Polen sich ein koaxialer Eisenzylinder K mitdreht. Das Magnetfeld bildet sich in dem schmalen, ringförmigen Schlitz zwischen den Polen von M und dem Zylinder K aus. In diesen Schlitz ragt eine leicht drehbare Glocke G aus Kupfer hinein; auf ihrer Achse sitzt ein Zeiger Z und eine Spiralfeder F, die die Glocke in eine bestimmte Nullage zieht. Rotiert der Magnet M, so wird G und damit der Zeiger um so mehr verdreht, je rascher die Drehung erfolgt; die Skala des Instruments wird empirisch geeicht.

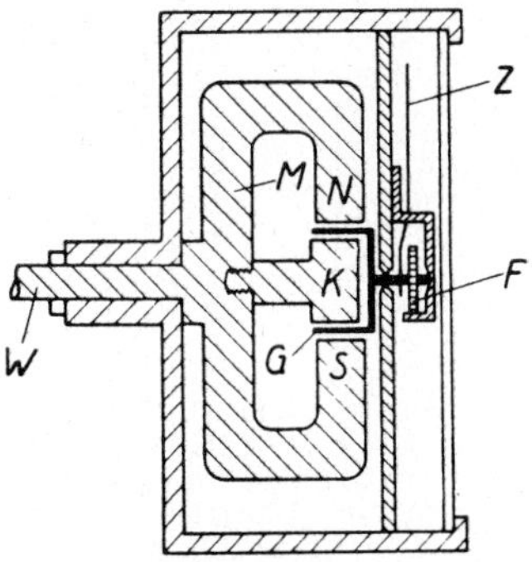

Abb. 333. Schnitt durch ein Wirbelstromtachometer

Indem man nach Gauß in Nadelgalvanometern oder Magnetometern die Magnete in einer möglichst eng anliegenden Kupferumhüllung schwingen läßt, kann man auch diese Instrumente geeignet dämpfen.

Die in den Metallmassen auftretenden Wirbelströme erzeugen natürlich Joulesche Wärme: Es setzt sich die durch die Bremsung verlorengegangene Bewegungsenergie in Wärme um. Diese Wärmewirkung hat zuerst L. Foucault (1855)[1]) nachgewiesen, indem er eine Kupferscheibe zwischen den Polen eines Elektromagneten schnell rotieren ließ. Versetzt man eine etwas mit Wasser gefüllte und durch einen Korkstopfen verschlossene Kupferröhre in einem kräftigen Magnetfeld mittels eines Motors in schnelle Rotation, so wird sie in wenigen Minuten so stark erwärmt, daß der gebildete Wasserdampf den Kork herausschleudert. (Die bremsende Wirkung des Magnetfeldes kann man bei diesem Versuch sehr gut daran erkennen, daß der antreibende Motor sofort schneller läuft, wenn das Magnetfeld ausgeschaltet ist.)

Sehr störend wirken sich Wirbelströme überall dort aus, wo sich größere Metallteile in einem magnetischen Wechselfeld befinden. Schickt man durch eine mit einem massiven Eisenkern versehene Spule einen Wechselstrom, so erwärmt sich der Eisenkern in kurzer Zeit erheblich. Um den nicht unerheblichen Energieverlust zu vermeiden, setzt man den Eisenkern — z. B. bei Transformatoren, bei Induktionsapparaten, bei den Ankern von Elektromotoren und Dynamomaschinen, in denen bei der Rotation auch eine dauernde Ummagnetisierung stattfindet — aus einzelnen Blechen oder Drähten zusammen, die man durch einen Lacküberzug, eine Oxydschicht oder durch Zwischenlage dünner Papierschichten gegeneinander isoliert, so daß das Auftreten von Wirbelströmen stark behindert ist. Daß dabei die Wirbelstromverluste von der benutzten Eisensorte abhängen, geht aus der auf Seite 212 mitgeteilten Tabelle hervor.

Das Auftreten von Wirbelströmen in einer Metallscheibe in einem magnetischen Wechselfeld kann auch zur Erzeugung einer Drehbewegung ausgenutzt werden. Befindet sich eine um eine Achse A drehbare Kupferscheibe zwischen den Polen eines Wechselstrommagneten M, dessen Polflächen zur Hälfte mit daraufgebrachten Kupferscheibchen T bedeckt sind (Abb. 334), so werden sowohl in der Scheibe S wie auch in der Scheibe T Wirbelströme induziert (in der Abb. 334a durch die gestrichelten Linien angedeutet). In dem Teil der Scheibe S, der sich zwischen den Platten T befindet, entsteht dagegen keine Induktion, da für diesen Teil das magnetische Feld durch die Wirkung der Wirbelströme in den Platten T kompensiert (gewissermaßen abgeschirmt) wird. Weil die Ströme in S und T vom gleichen Feld herrühren und daher den gleichen parallelen Verlauf haben, ziehen sie sich gegenseitig an, und die Scheibe S erfährt eine fortlaufende Drehung in Richtung des eingezeichneten Pfeiles.

[1]) Man findet daher häufig in älteren Werken für die Wirbelströme die Bezeichnung Foucault-Ströme.

Theorie des Diamagnetismus. Wir sind nunmehr in der Lage, die bisher zurückgestellte Theorie des Diamagnetismus auseinanderzusetzen (W. Weber 1852). Bereits Ampère hatte auf Grund der Äquivalenz eines Kreisstromes mit einer magnetischen Lamelle die Hypothese ausgesprochen, daß in den ferromagnetischen Substanzen statt der Molekularmagnete Kreisströme in den Molekülen anzunehmen seien, die in widerstandslosen Bahnen dauernd fließen. Auf Grund der modernen Atomtheorie muß diese Annahme — unter Beibehaltung ihres Kernes — etwas modifiziert und erweitert werden. Nach dieser sind alle Atome, auch die der diamagnetischen und paramagnetischen Substanzen, als kleine Planetensysteme zu betrachten, bei denen die negativen Elektronen um einen positiven Zentralkörper, den Atomkern, in geschlossenen Bahnen dauernd umlaufen. In diesen Elektronenbahnen erkennt man in modernem Gewande die Ampèresche Idee von den Kreisströmen wieder; denn jedes bewegte Elektron stellt ja einen Strom dar; das ist die Modifikation der Ampèreschen Hypothese, von der wir vorhin sprachen. In den diamagnetischen Substanzen sind die Elektronenbahnen, deren Anzahl gleich der Ordnungszahl des betreffenden Elementes ist, gegeneinander so orientiert, daß das Atom als Ganzes unmagnetisch ist; wie wir uns damals ausdrückten (Seite 186f.): Die diamagnetischen Atome besitzen an sich kein magnetisches Moment. Ein solches wird erst durch ein äußeres Magnetfeld induziert (sogenannte Verschiebungspolarisation). In den para- und ferromagnetischen Substanzen sind aber von vornherein magnetische Momente vorhanden, d. h. die Elektronenbahnen sind in diesen Atomen so gegeneinander gelagert, daß keine völlige Zerstörung der magnetischen Wirkungen eintritt, sondern ein magnetisches Atommoment übrigbleibt; aber die einzelnen Atome sind hier so ungeordnet gelagert, daß die Substanz im ganzen doch unmagnetisch ist; erst durch ein äußeres Magnetfeld werden die vorhandenen magnetischen Dipole gerichtet (sogenannte Orientierungspolarisation). Genau so ist es im Prinzip bei den Atomen ferromagnetischer Substanzen, die sich von den paramagnetischen ja nur dadurch unterscheiden, daß sie eine starke Wechselwirkung aufeinander ausüben. In der Tatsache, daß wir also Ampèresche Kreisströme in allen Atomen anzunehmen haben, liegt die obenerwähnte Erweiterung des Ampèreschen Gedankens. Zur Vereinfachung der Ausdrucksweise können wir die ursprüngliche Vorstellung von Kreisströmen, die in widerstandslosen Bahnen fließen, ruhig beibehalten. Bringen wir nun irgendeine Substanz in ein Magnetfeld, so werden dadurch in diesen Kreisströmen zusätzliche Induktionsströme erzeugt, deren Richtung durch die Lenzsche Regel bestimmt ist. Je nach ihrer Richtung werden einzelne Kreisströme verstärkt, andere geschwächt; im ganzen muß der Effekt der sein, daß bei den diamagnetischen Stoffen eine Abstoßung bewirkt wird, weil die Kreisströme nunmehr ein magnetisches Moment von dieser Richtung im Atom erzeugen, das so lange bestehenbleibt, wie das äußere Magnetfeld vorhanden ist: denn die Ströme fließen ja dauernd. Damit ist der Diamagnetismus als ein Induktionsvorgang erkannt. Man sieht weiter auch, daß bei allen — auch den para- und ferromagnetischen Substanzen — eine diamagnetische Wirkung auftritt, die aber von dem stärkeren Para- und Ferromagnetismus überdeckt wird. — Der auf Seite 238 beschriebene Versuch zur Lenzschen Regel kann direkt als Modellversuch zum Diamagnetismus betrachtet werden, — nur daß der benutzte Aluminiumring nicht widerstandslos ist und der anfängliche Abstoßungseffekt rasch verschwindet; in einem supraleitenden Ring würde er aber dauernd bestehenbleiben.

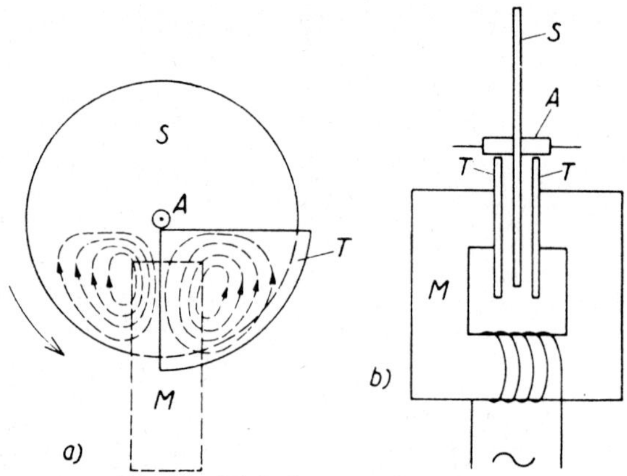

Abb. 334. Einfacher Wirbelstrommotor

43. Gegenseitige Induktion und Selbstinduktion; Anwendungen

Wir wenden uns nochmals dem auf Seite 236 besprochenen Fall zu, daß ein „primärer" Leiter, z. B. eine Spule I, in der sich die Stromstärke ändert, in einem zweiten „sekundären" Leiter, z. B. einer Spule II, eine Spannung induziert; Form und gegenseitige Lage beider Leiter sollen dabei unverändert bleiben. Der von der Spule I (Abb. 335) erzeugte magnetische Fluß ist der Stromstärke J_1 in dieser Spule proportional. Von diesem magnet. Fluß geht im allgemeinen ein bestimmter Bruchteil Φ_1' durch die Windungsfläche der Spule II hindurch, und zwar ist dieser mit beiden Leiterkreisen verkettete Teil durch die geometrische Beschaffenheit, die gegenseitige Lage der beiden Spulen und die Permeabilität μ des Mediums bestimmt. Wir können also schreiben:

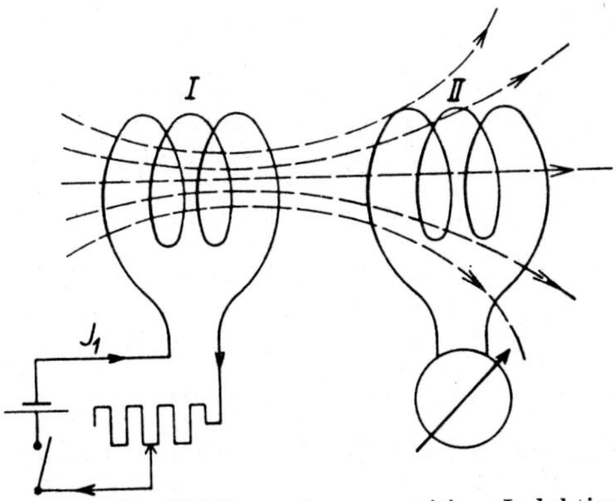

Abb. 335. Zur Erklärung der gegenseitigen Induktion

(214) $$\Phi_1' = \frac{1}{c} L_{12} J_1,$$

wobei der Proportionalitätsfaktor L_{12} von J_1 unabhängig und nur durch die Gestalt, die gegenseitige Lage beider Leiter und μ bedingt ist. Für die im Leiter II durch Änderung von Φ_1', d. h. von J_1 induzierte elektromotorische Kraft finden wir nach Gl. (201):

(215a) $$E^i_2 = -\frac{1}{c}\frac{d\Phi_1'}{dt} = -\frac{1}{c^2} L_{12} \frac{dJ_1}{dt}.$$

L_{12} nennt man den **Koeffizienten der gegenseitigen Induktion** oder kurz die **Gegeninduktivität.**

Wir können nun auch umgekehrt von dem Leiter II ausgehen, durch diesen einen zeitlich veränderlichen Strom J_2 schicken und dessen Wirkung auf den Leiter I betrachten; dann ergibt sich analog:

(215b) $$E^i_1 = -\frac{1}{c^2} L_{21} \frac{dJ_2}{dt}.$$

Es folgt schon aus Symmetriegründen, da die Leiter I und II völlig gleichberechtigt sind, daß stets $L_{12} = L_{21}$ ist.

Ferner ergibt sich aus (215a) die Bedeutung von L_{12}:

$$L_{12} = -\frac{c^2 E^i_2}{dJ_1/dt}$$

Der Koeffizient der gegenseitigen Induktion zweier Leiter gibt das Verhältnis der im zweiten Leiter erzeugten, mit c^2 multiplizierten elektromotorischen Kraft zu der zeitlichen Änderung der Stromstärke im ersten Leiter wieder.

Berechnen wir z. B. aus Gl. (215a), in der wir E^i_2 und J_1 elektrostatisch messen, die Dimension von L_{12}, so erhalten wir nach Seite 190 (Dim. der Länge ausnahmsweise l):

$$\dim L_{12} = \frac{\dim E^i \cdot T \cdot l^2\, T^{-2}}{\dim J} = \frac{l^{1/2}\, M^{1/2}\, T^{-1} \cdot T \cdot l^2\, T^{-2}}{l^{3/2}\, M^{1/2}\, T^{-2}} = l.$$

Die Gegeninduktivität hat also im Gaußschen Maßsystem die Dimension einer Länge; in diesem System ist somit 1 cm die Einheit von L_{12}. Für die Praxis ist diese Einheit zu klein; man hat daher als größere Einheit 10^9 cm eingeführt. Diese Einheit entspricht der im internationalen System gültigen Einheit V · s/A, die (nach dem amerikanischen Physiker P. Henry) den Namen „Henry" (H) erhalten hat:

(216) $$10^9 \text{ cm} \mathrel{\hat{=}} 1 \text{ V} \cdot \text{s/A} = 1 \text{ H}.$$

Wenn man in Gl. (215a) die Spannung in Volt, die Gegeninduktivität in Henry, die Stromstärke in Ampere mißt (wir geben dann allen Größen einen Stern), so ergibt sich in SI-Einheiten, also in Einheiten des internationalen Maßsystems:

(215c) $$E^i_2{}^* = -L_{12}{}^* \frac{dJ_1{}^*}{dt}.$$

Aus ihr ergibt sich, **daß bei einer Gegeninduktivität von 1 Henry im Leiter II die elektromotorische Kraft von 1 Volt induziert wird, wenn im Leiter I die Stromstärke sich in 1 Sekunde gleichmäßig um 1 Ampere ändert.**

Da die Gegeninduktivität nur von den geometrischen Abmessungen der Strombahnen, ihrer Lage zueinander und der Permeabilität abhängt, läßt sie sich in einfachen Fällen berechnen. Wir führen diese Rechnung am Beispiel der Gegeninduktivität zweier Spulen mit den Windungszahlen N_1 und N_2 aus, die mit gleichen Querschnitten A und in gleicher Länge l direkt übereinandergewickelt sind. Fließt durch die Primärspule ein Strom J_1, so entsteht in ihr nach Gl. (176a) auf Seite 196 der magnetische Fluß $\Phi_1 = \frac{4\pi\mu N_1 A J_1}{cl}$, der nun auch sämtliche Windungen N_2 der zweiten Spule durchsetzt. Die in dieser erzeugte elektromotorische Kraft ist also:

$$E^i_2 = -\frac{1}{c} N_2 \frac{d\Phi_1}{dt} = -\frac{4\pi\mu N_1 N_2 A}{c^2 l} \frac{dJ_1}{dt}.$$

Mit Benutzung von Gl. (215a) ergibt sich dann:

(217) $$L_{12} = \frac{4\pi\mu N_1 N_2 A}{l} \text{ [cm]}.$$

Zwei elektrische Kreise, deren Spulen nach Abb. 335 durch gemeinsame magnetische Kraftlinien in gegenseitiger Beziehung stehen, nennt man magnetisch oder induktiv gekoppelt. Die Kopplung ist um so enger oder fester, je mehr Kraftlinien des einen Kreises auch von dem zweiten Kreis umschlungen werden. Da wir bei unserer Berechnung angenommen haben, daß sämtliche Kraftlinien von I auch durch II gehen, haben wir im vorliegenden Falle das Maximum der Kopplung erzielt. —

Wir haben bisher nur diejenigen Induktionswirkungen betrachtet, die entstehen, wenn eine Spule oder ein Leiter II von einem fremden Magnetfeld durchsetzt wird, das von einem anderen stromdurchflossenen Leiter I herrührt. Es ist aber klar, daß das Magnetfeld, das beim Ein- oder Ausschalten des Stromes in der Umgebung eines Leiters entsteht oder verschwindet, auch in diesem Leiter selbst eine elektromotorische Kraft induzieren muß. Man nennt diese bereits von Faraday (1835) gefundene induktive Rückwirkung eines Stromes auf den eigenen Leiterkreis **Selbstinduktion.**

In Analogie zu Gl. (215a) gilt dafür:

(218) $$E^i = -\frac{1}{c^2} L \frac{dJ}{dt};$$

dabei ist unter L eine nur von den geometrischen Abmessungen des betreffenden Leiters und der Permeabilität des umgebenden Mediums abhängige Konstante zu verstehen, die wir als **Selbstinduktions-Koeffizient** oder kurz als **Selbstinduktivität** des Leiters bezeichnen.

Im Gaußschen Maßsystem ist die Einheit der Selbstinduktivität wieder das cm, im internationalen System das Henry (H). Eine Selbstinduktivität von 1 H ist vorhanden, wenn eine gleichförmige Änderung der Stromstärke um 1 Ampere je Sekunde in dem betreffenden Leiter eine elektromotorische Kraft von 1 Volt induziert.

Aus den beiden Gln. (204) und (218) folgt die Beziehung:

$$L \frac{dJ}{dt} = cN \frac{d\Phi}{dt},$$

wenn N die Windungszahl der Spule bedeutet. Durch Integration folgt:

(219) $$L = \frac{cN\Phi}{J},$$

oder im internationalen Einheitensystem

(219a) $$L^* = \frac{N\Phi^*}{J^*}.$$

Wir können also auch sagen: Die Selbstinduktivität L (in H) ist gleich dem N-fachen Wert des magnetischen Flusses Φ^*, den ein Strom in den N Windungen der betreffenden Spule erzeugt, dividiert durch die Stromstärke J^*.

Für eine auf einen Eisenkern mit der Permeabilität μ gewickelte Spule vom Querschnitt A und der Länge l, die N Windungen hat, ist die Induktivität L im Gaußschen Maßsystem:

(220) $$L = \frac{4\pi \mu N^2 A}{l};$$

dieser Wert folgt aus Gl. (217), wenn man darin $N_1 = N_2 = N$ setzt.

Da jeder beliebige stromdurchflossene Leiter um sich herum ein Magnetfeld erzeugt, besitzt auch jeder Leiter eine bestimmte Selbstinduktion. Z. B. hat, wie hier ohne Beweis angegeben sei, ein gerader Draht von der Länge l und der Dicke $2r$ ($l \gg r$) die Selbstinduktion

(221a) $$L = 2\mu l \left[ln \frac{2l}{r} - 0{,}75 \right],$$

eine aus zwei parallelen Drähten der Dicke $2r$ bestehende Doppelleitung für Hin- und Rückleitung des Stromes von der Länge l und dem Abstand d der Drahtachsen:

(221b) $$L = \mu l \left[4\, ln \frac{d}{r} + 1 \right].$$

Schließlich sei noch die Selbstinduktion eines Koaxialkabels angegeben, bei dem der axiale Leiter mit dem Radius r_i von einem zylindrischen Leiter mit dem Radius r_a umgeben ist. In diesem Falle ist:

(221c) $$L = 2\mu l \left[ln \frac{r_a}{r_i} - 0{,}25 \right].$$

(Für Wechselströme sehr hoher Frequenz kommen die additiven Zahlenwerte in den Klammern in Fortfall.)

Um einen Leiter ohne Selbstinduktion zu erhalten, muß man das Magnetfeld beseitigen. Dies kann dadurch geschehen, daß man zwei Drähte dicht nebeneinander verlegt und denselben Strom in dem einen Draht hin- und im anderen zurückleitet. Dann ist das beide Drähte umgebende Magnetfeld praktisch gleich Null. Indem man eine solche Drahtschleife auf einer Spule aufwickelt, erhält man die bifilare Wicklung, die keine Selbstinduktion besitzt und, wie schon auf Seite 139 erwähnt, bei Widerstandsspulen benutzt wird (Abb. 180b).

Wie Gegeninduktivitäten und Selbstinduktionen gemessen werden können, wird in Nr. 45 auf Seite 275 erörtert.

Da infolge der Selbstinduktion beim Einschalten (oder bei Verstärkung) eines Stromes nach der Lenzschen Regel in dem Leiter eine der primären Spannung entgegengerichtete Spannung induziert wird (daher die Bezeichnung „elektromotorische Gegenkraft"), verhindert die Selbstinduktion, daß bei Einschaltung (oder bei Verstärkung) eines Stromes die Stromstärke ihren endgültigen stationären Wert sofort annimmt. Wir zeigen dies in folgender Weise: An eine Stromquelle B werden zwei parallel geschaltete Zwei-Volt-Lämpchen G_1 und G_2 gelegt (Abb. 336).

In die Zuleitung von G_1 ist eine größere Selbstinduktionsspule L mit geschlossenem Eisenkern, in die Zuleitung zu G_2 dagegen ein Schiebewiderstand R ohne merkliche Selbstinduktion gelegt. Die Spannung der Stromquelle ist so gewählt, daß das Lämpchen G_1 bei geschlossenem Schalter S hell brennt; durch Abgleichen des Widerstandes R bringen wir das Lämpchen G_2 auf gleiche Helligkeit. Beim plötzlichen Einschalten des Stromes beobachtet man dann, daß G_2 sofort

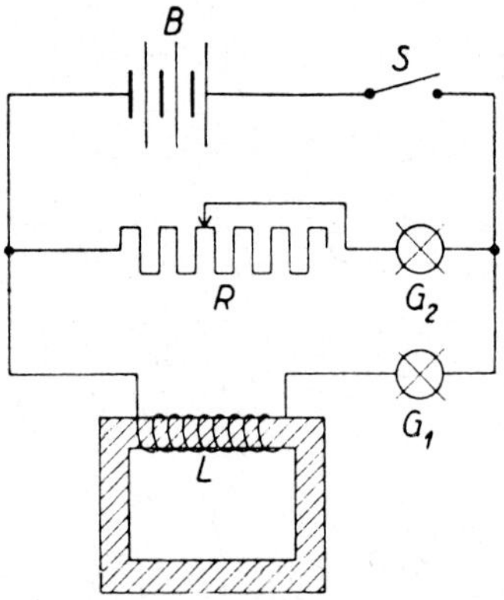

Abb. 336.
Versuchsanordnung zum Nachweis der Selbstinduktionsspannung beim Einschalten des Stromes

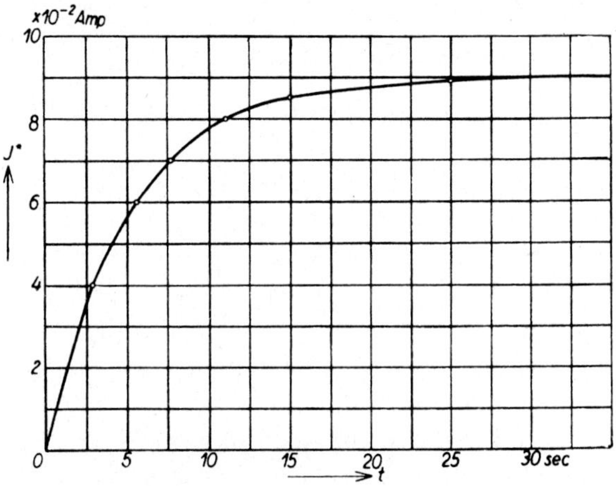

Abb. 337. Zeitlicher Anstieg des Stromes in einer Selbstinduktion nach dem Einschalten

aufleuchtet, während es eine ganze Weile dauert, bis der Strom durch L seine volle Stärke erreicht und G_1 mit voller Helligkeit brennt. Diese Verzögerung ist durch die in der Spule L induzierte Induktionsspannung bedingt, die das Entstehen des Stromes und seines Magnetfeldes zu verhindern sucht. — Schaltet man an Stelle des Glühlämpchens ein Amperemeter in den Stromkreis der Spule, so kann man das allmähliche Anwachsen des Stromes am langsamen Ansteigen des Zeigers des Instrumentes durch viele Sekunden hindurch verfolgen. In Abb. 337 sind für eine Spule von einer Selbstinduktion $L^* = 110$ H und einem Ohmschen Widerstand $R^* = 22$ Ohm die Stromstärken in Abhängigkeit von der Zeit aufgetragen; erst nach etwa 25 Sekunden ist der stationäre Wert der Stromstärke erreicht.

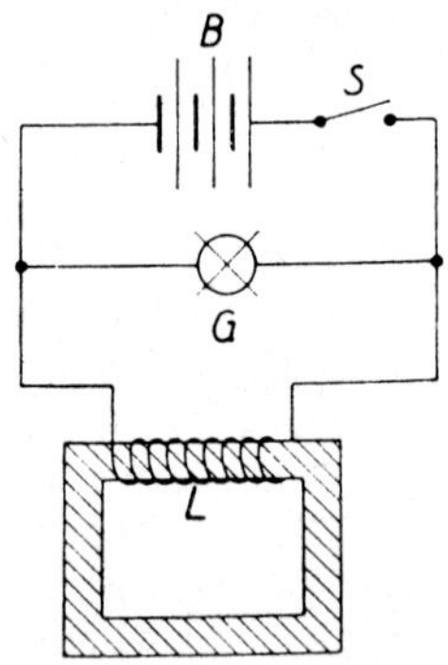

Abb. 338. Schaltung zum Nachweis der Selbstinduktionsspannung beim Ausschalten eines Stromes

Entsprechendes gilt beim Ausschalten (oder Schwächen) eines Stromes. In diesem Falle ist die induzierte elektromotorische Kraft — wieder nach der Lenzschen Regel — der primären gleichgerichtet: Sie versucht also das Verlöschen (oder die Schwächung) des Stromes zu verhindern. Wir zeigen dies durch folgenden Versuch: Parallel zu einer Spule L mit Eisenkern, d. h. großer Selbstinduktion, schalten wir eine Glühlampe G (Abb. 338). Die Spannung der Batterie B wählen wir so, daß die Lampe bei eingeschaltetem stationärem Strom nur schwach glüht. Unterbrechen wir mit dem Schalter S plötzlich den Strom, so leuchtet die Lampe hell auf infolge der beim Verschwinden des Magnetfeldes entstehenden Induktionsspannung. — Derselbe Effekt macht sich z. B. beim plötzlichen Ausschalten starker Elektromagnete bemerkbar: Die dabei entstehende induzierte elektromotorische Kraft, die hier um ein Vielfaches die primäre Spannung übertrifft, erzeugt an dem schon geöffneten Stromschlüssel eine starke lichtbogenartige Entladung (sogenannter Öffnungsfunke), durch die der Strom noch fortdauert. (Der starke Öffnungsfunke war seinerzeit — schon vor Entdeckung der Induktion durch Faraday — bereits dem amerikanischen Physiker Henry aufgefallen.) Bei sehr plötzlichem Ausschalten von Elektromagneten können die

Induktionsspannungen so hoch werden, daß sie die Isolation der Spulenwicklung und der Zuleitungen durchschlagen und Kurzschlüsse herbeiführen; man verhütet dies durch langsames Ausschalten des Stromes mit Hilfe eines Regulierwiderstandes.

Auch die folgende Erscheinung beruht auf der Wirkung der Selbstinduktion: Schaltet man an die Enden A und B des Elektromagneten einer elektrischen Klingel (Abb. 339) zwei mit Metallgriffen H versehene Drähte, so spürt man beim Anfassen der Griffe, wenn die Klingel eingeschaltet ist, kräftige elektrische Wirkungen, obwohl die Spannung der Batterie nur 2 bis 4 Volt beträgt, also so niedrig ist, daß sie beim Berühren keinerlei Wirkung auf unsere Nerven hervorruft. Ursache sind auch hier wieder die durch den Anker der Klingel an dem Unterbrecher U bewirkten Stromunterbrechungen, die das Auftreten von Selbstinduktionsspannungen in den Wicklungen des Elektromagneten zur Folge haben.

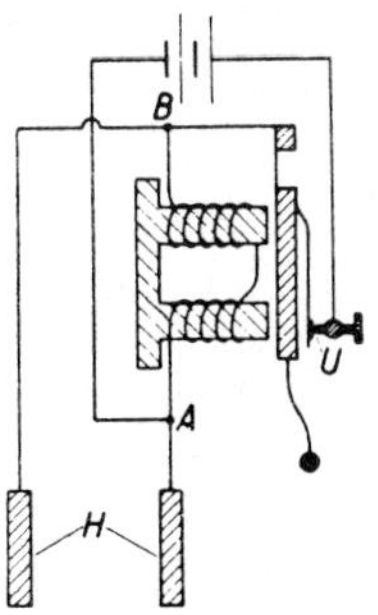

Abb. 339. Zum Nachweis der Selbstinduktionsspannung an einer elektrischen Klingel

Zusammenfassend kann man also sagen, daß sowohl beim Schließen (Verstärken) als beim Öffnen (Schwächen) eines Stromes die Selbstinduktion sich in jedem Falle der Änderung widersetzt, d. h. den stationären Zustand zu erhalten strebt. Die Selbstinduktion stellt also das elektrische Analogon zur Masse in der Mechanik dar, die infolge ihrer Trägheit jeder Bewegungsänderung einen „Widerstand" (Trägheitswiderstand) entgegensetzt (vgl. hierzu Band I, Nr. 14).

Von dieser Analogie wollen wir uns bei der folgenden Betrachtung leiten lassen: Bringt man eine Masse m aus dem Zustand der Ruhe auf die konstante Geschwindigkeit v_0, so repräsentiert sie eine kinetische Energie $\frac{1}{2} m v_0^2$. Da der Geschwindigkeit v in der Elektrizitätslehre die Stromstärke J entspricht, kann man vermuten, daß zum Aufbau des magnetischen Feldes eines Leiters von der Selbstinduktion L, die vom Strom J_0 durchflossen wird, eine Arbeit vom Betrage $\frac{1}{2c^2} L J_0^2$ nötig ist[1]), die dann als „magnetische Energie" im Felde aufgespeichert ist. Daß dies in der Tat zutrifft, zeigt folgende Überlegung: Wenn U die Spannung der Batterie und R der Ohmsche Widerstand des Leiters ist, beträgt der Endwert des Stromes im stationären Zustande $J_0 = U/R$ und die in der Zeiteinheit im Leiter entwickelte Wärme ist $J_0^2 R = J_0 U$. Solange der Strom aber noch einen kleineren Wert J besitzt, ist die in einem Zeitelement dt von ihm geleistete Arbeit $J U dt$ größer als die in derselben Zeit entwickelte Wärme $J^2 R dt$. Denn es ist:

$$J U dt - J^2 R dt = J R dt \left(\frac{U}{R} - J\right) = (J_0 - J) J R dt > 0.$$

Dieser Mehrbetrag an Energie, der also nicht in Joulesche Wärme umgewandelt wird, tritt als magnetische Energie in dem während der Zeit dt aufgebauten Magnetfeld auf. Die Größe der zum Aufbau des magnetischen Feldes vom Strom J geleistete Energie berechnet sich folgendermaßen: Beim Einschalten des Stromes entsteht in der Spule eine Selbstinduktionsspannung $U_i = -\frac{1}{c^2} L \frac{dJ}{dt}$. Dieser Spannungsbetrag und eine entsprechende Arbeit dA verschwindet also aus dem Stromkreis. Es ist:

$$dA = -J U_i dt = \frac{1}{c^2} L J \frac{dJ}{dt} dt = \frac{1}{c^2} L J dJ.$$

Integriert man diese Gleichung zwischen den Grenzen $J = 0$ und $J = J_0$, so erhalten wir die gesamte während des Stromanstieges geleistete (nicht in Joulesche Wärme umgewandelte) Arbeit:

(222) $$A = \frac{1}{c^2} \int_0^{J_0} L J \, dJ = \frac{1}{2} \frac{L}{c^2} J_0^2.$$

---

[1]) Der Faktor $1/c^2$ kommt natürlich daher, daß L im magnetischen, J_0 dagegen im elektrostatischen Maßsystem gemessen ist.

Dieser Arbeitsaufwand ist, wie schon auseinandergesetzt, als magnetische Energie im Felde aufgespeichert.

Nach Gl. (109) auf S. 120 ist die im Volumen V enthaltene magnetische Energie:

$$E_m = \frac{\mu}{8\pi} \mathfrak{H}^2 V.$$

Für eine auf einen Eisenkern von der Permeabilität μ gewickelte Spule (Länge l, Querschnitt A) ist das Volumen $V = l \cdot A$, und somit die im Feld enthaltene Energie:

$$E_m = \frac{\mu \mathfrak{H}^2 l A}{8\pi}.$$

Ferner ist nach Gl. (174) auf S. 193:

$$|\mathfrak{H}| = \frac{4\pi}{c} \frac{N}{l} J_0,$$

so daß weiter folgt:

$$E_m = \frac{16\pi^2 \mu N^2 J_0^2}{c^2 8\pi l^2} Al = \frac{2\pi \mu N^2 A}{c^2 l} J_0^2,$$

oder unter Berücksichtigung von Gl. (220):

(223) $$E_m = \frac{1}{2} \frac{L}{c^2} J_0^2,$$

in Übereinstimmung mit dem bereits in Gl. (182a) auf S. 201 erhaltenen Ergebnis.

Hier sind L und J in absoluten Einheiten, also in cm und elektrostatischen Stromeinheiten gemessen; dann erhält man die Energie in erg. Mißt man aber L in Henry (L^*) und J in Ampere (J^*), so kommt der Faktor $1/c^2$ in Fortfall, und man erhält die magnetische Energie in Joule oder Wattsekunden. Schickt man durch die schon oben benutzte Selbstinduktion von 110 H einen Strom von 10 Amp., so muß dieser zunächst eine Arbeit von $5{,}5 \cdot 10^3$ Joule leisten, ehe das Feld seine volle Stärke erreicht hat.

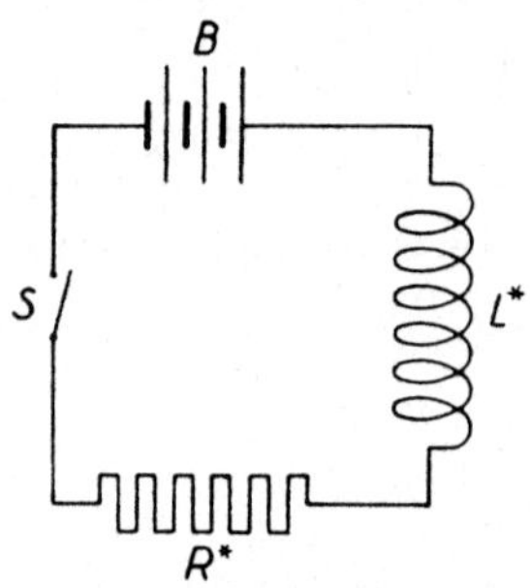

Abb. 340. Stromanstieg in einem Kreise mit Widerstand und Selbstinduktion

Um den Verlauf des allmählichen Ansteigens und Abfallens eines Stromes mit Selbstinduktion zu berechnen, betrachten wir die Schaltung der Abb. 340, in der eine Stromquelle B mit der Spannung U^* an eine Spule mit der Selbstinduktion L^* und dem Ohmschen Widerstande R^* angeschlossen ist. Der Übersichtlichkeit halber ist der Spulenwiderstand getrennt in Reihe mit der Selbstinduktion eingezeichnet. Da in einem geschlossenen Stromkreise die Summe aller Spannungen gleich Null ist, gilt die Gleichung:

$$U^* - J^* R^* - L^* \frac{dJ^*}{dt} = 0,$$

die wir in der Form schreiben:

(224) $$\frac{dJ^*}{dt} + \frac{R^*}{L^*}\left(J^* - \frac{U^*}{R^*}\right) = 0.$$

Um hieraus die Abhängigkeit des Stromes J^* von der Zeit t zu berechnen, setzen wir vorübergehend:

$$J^* - \frac{U^*}{R^*} = x;$$

hieraus folgt:

$$\frac{dx}{dt} = \frac{dJ^*}{dt},$$

so daß wir an Stelle von Gl. (224) erhalten:

$$\frac{dx}{dt} + \frac{R^*}{L^*} x = 0,$$

oder

$$\frac{dx}{x} = -\frac{R^*}{L^*} dt.$$

Hieraus folgt durch Integration sofort:

$$\ln x = -\frac{R^*}{L^*} t + \ln A ,$$

wenn $\ln A$ eine Integrationskonstante bedeutet, oder, nach Übergang zu den Numeris:

$$x = Ae^{-\frac{R^*}{L^*} t} .$$

Setzen wir jetzt für x seinen Wert ein, so folgt weiter

(225) $$J^* = \frac{U^*}{R^*} + A\, e^{-\frac{R^*}{L^*} t} .$$

Um die Konstante A zu bestimmen, beachten wir, daß beim Beginn des Anschaltens der Spannung U^* an die Spule, d.h. zur Zeit $t = 0$, auch der Strom $J^* = 0$ ist; das liefert

$$0 = \frac{U^*}{R^*} + A; \quad A = -\frac{U^*}{R^*},$$

so daß wir schließlich erhalten:

(226) $$J^* = \frac{U^*}{R^*}\left(1 - e^{-\frac{R^*}{L^*} t}\right).$$

Danach erreicht der Strom theoretisch erst nach Ablauf unendlich langer Zeit seinen stationären Wert U^*/R^*. In Abb. 337 ist durch die ausgezogene Kurve der Anstieg des Stromes J^* in einer Spule mit den Werten $L^* = 110$ H und $R^* = 22$ Ohm für den Fall wiedergegeben, daß eine Spannung $U^* = 2$ Volt zur Zeit $t = 0$ angelegt wurde.

Um umgekehrt den Abfall des Stromes beim Ausschalten der Spannung zu finden, müssen wir in Gl. (225) $U^* = 0$ setzen und zur Bestimmung der Konstanten A beachten, daß für $t = 0$ der Strom J^* den stationären Wert $J_0^* = \frac{U^*}{R^*}$ besitzt; dies liefert $A = J_0^*$, und somit folgt für den zeitlichen Abfall von J^*:

(227) $$J^* = J_0^* e^{-\frac{R^*}{L^*} t} .$$

In Abb. 341 ist der Verlauf des Stromes beim Abschalten der Spannung wiedergegeben.

Die Zeit $\tau = L^*/R^*$, nach der der Strom auf den e-ten Teil seines Anfangswertes nach Abschalten der Spannung absinkt, heißt die Zeitkonstante der Selbstinduktion; τ ist in dem oben erwähnten Beispiel ($L^* = 110$ H, $R^* = 22$ Ohm) gleich 5 Sekunden.

Der langsame Anstieg eines Stromes in einer Selbstinduktion liefert übrigens auch die eigentliche Erklärung für das Arbeiten der gewöhnlichen elektrischen Hausklingel, deren Aufbau aus Abb. 342 hervorgeht. Wenn der Strom durch den Elektromagneten geschlossen wird, erteilt die anziehende Kraft

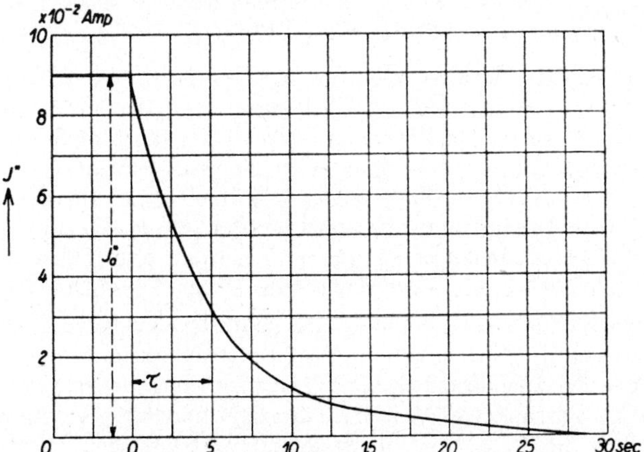

Abb. 341.
Zeitlicher Abfall des Stromes in einer Spule nach dem Ausschalten

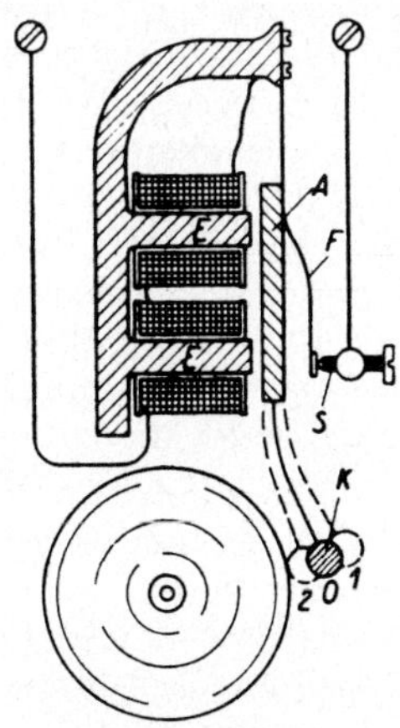

Abb. 342.
Zur Wirkungsweise der elektrischen Klingel

des Magneten E dem Anker A nebst Klöppel K eine Beschleunigung nach links. Bei dieser Bewegung öffnet der Anker den Kontakt zwischen der Feder F und der Stellschraube S, so daß die anziehende Kraft verschwindet. Der Anker schwingt zurück und schließt beim Durchgang durch die Ruhelage den Kontakt zwischen F und S von neuem. Das dadurch im Elektromagneten wieder entstehende Magnetfeld verzögert die schwingende Bewegung des Ankers über seine Ruhelage nach rechts auf dem Wege von der Lage 0 bis 1. Damit nun der ein Pendel darstellende Anker mit Klöppel ungedämpfte Schwingungen ausführt, muß der ihm auf dem Wege 1 bis 0 vom Elektromagneten mitgeteilte Energiebetrag größer sein, als der ihm auf dem Wege 0 bis 1 durch die bremsende Wirkung des Magneten entzogene Energiebetrag. Dies ist aber nur dadurch möglich, daß der Strom im Elektromagneten während der Bewegung des Klöppels von 0 bis 1 kleiner ist als während der Bewegung des Klöppels von 1 bis 0. Dies ist in der Tat durch die Wirkung der Selbstinduktion des Elektromagneten der Fall, die verhindert, daß nach dem Stromschluß beim Durchgang des Klöppels durch die Ruhelage von links nach rechts der Strom sofort seinen Höhepunkt erreicht. (Auch der in Band I in Nr. 83 beschriebene elektromagnetische Antrieb einer Stimmgabel arbeitet in der gleichen Weise.)

Funkeninduktoren. Eine wichtige Anwendung der gegenseitigen Induktion bilden die **Induktionsapparate** und **Funkeninduktoren.** Beide bestehen aus zwei übereinander gewickelten oder übereinander schiebbaren zylindrischen Spulen. Die innere, die sogenannte Primärspule besteht aus wenigen Windungen aus dickem Draht, während die Sekundärspule aus vielen Windungen dünnen Drahtes gewickelt ist. Beim Schließen und Öffnen eines durch die Primärspule fließenden Gleichstromes erzeugt das in der Spulenachse entstehende oder verschwindende Magnetfeld in jeder einzelnen Windung der Sekundärspule Induktionsspannungen, die sich addieren und somit an den Enden der (äußeren) Sekundärspule eine um so höhere Spannung liefern, je größer deren Windungszahl ist. Man kann auf diese Weise einen Gleichstrom niedriger Spannung in Wechselstrom hoher Spannung umwandeln.

Bei dem für ärztliche Zwecke von Du Bois-Reymond angegebenen **Schlitteninduktorium** (Abb. 343) kann die Sekundärspule S ganz oder teilweise mittels einer Schlittenführung über die Primärspule P geschoben werden; dadurch kann die magnetische Kopplung und damit die Größe der Induktionsspannung in weiten Grenzen verändert werden. Durch Einschieben eines aus dünnen (zur Vermeidung von Wirbelströmen voneinander isolierten) Eisendrähten bestehenden Kernes in die Höhlung der Primärspule kann der Induktionsfluß durch diese Spule vergrößert und die induzierende Wirkung auf die Sekundärspule bedeutend verstärkt werden.

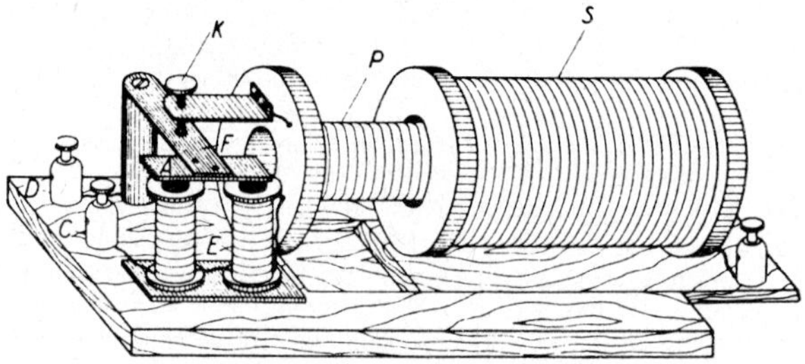

Abb. 343. Schlitteninduktorium nach Du Bois-Reymond (früher in der Medizin verwendet)

Zu selbsttätiger Unterbrechung und Schließung des Primärstromes dient der in Abb. 343 links sichtbare Wagnersche Hammer (A. Wagner, 1839). Derselbe ist im Prinzip genau so konstruiert wie die vorhin beschriebene elektrische Hausklingel (Abb. 342); die Einzelheiten sind aus Abb. 343 zu entnehmen. Natürlich gilt für die Wirkungsweise dieses Unterbrechers dasselbe, was oben über das Arbeiten der elektrischen Klingel gesagt wurde. Da das Vorzeichen der Sekundärspannung beim Schließen des Primärstromes das umgekehrte wie bei der Unterbrechung ist, treten an der Sekundärspule Wechselspannungen auf, die zur Erzeugung elektrischer Muskel- und Nervenreize in der Medizin und Physiologie Anwendung finden (sog. „faradischer Strom").

Die an den Enden der Sekundärspule eines Induktoriums auftretenden Spannungen sind um so höher, je rascher die Änderung des Magnetfeldes in der Primärspule beim Schließen und Öffnen des Stromes erfolgt. Nach den Ausführungen von S. 258 wirkt aber einem plötzlichen Entstehen des Magnetfeldes beim Einschalten des Stromes die Selbstinduktion entgegen. Es besteht also nur beim Ausschalten die Möglichkeit, hohe Induktionsspannungen zu erzielen, vorausgesetzt, daß es gelingt, die Stromunterbrechung in der Primärspule schnell genug vorzunehmen. Um dies zu erreichen, muß man vor allen Dingen vermeiden, daß es an der Unterbrechungsstelle durch das Auftreten der Selbstinduktionsspannung zur Funken- oder Lichtbogenbildung und damit zu einer leitenden Überbrückung der Unterbrechungsstelle kommt.

Bei den zuerst von H. G. Ruhmkorff (1850) nach dem gleichen Prinzip, aber in großen Abmessungen gebauten **Funkeninduktoren** geschieht die Unterdrückung des Öffnungsfunkens an dem Unterbrecher dadurch, daß der Unterbrechungsstelle ein größerer Kondensator parallel geschaltet ist. In diesen fließen die bei der Unterbrechung des Primärstromes in der Primärspule frei werdenden Ladungen ab, so daß sich an der Unterbrechungsstelle keine hohe zur Zündung eines Lichtbogens oder Funkens ausreichende Spannung ausbilden kann[1]). Abb. 344 zeigt die

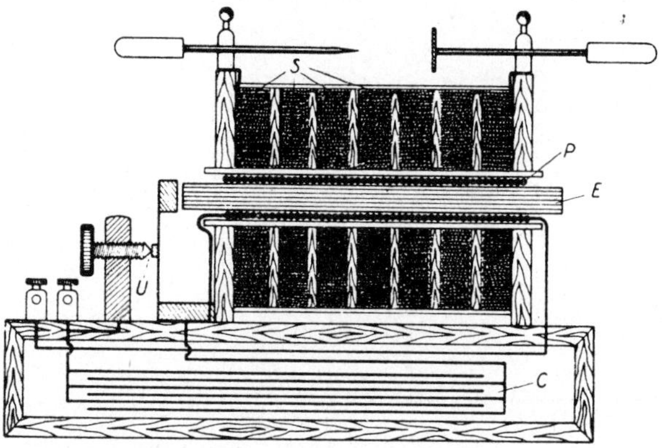

Abb. 344. Längsschnitt durch einen Funkeninduktor

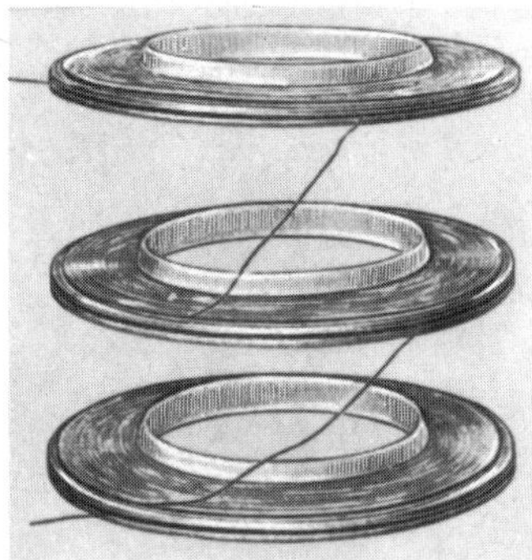

Abb. 345. Scheibenfömige Ausführung der Sekundärwicklung eines Funkinduktors

wesentlichen Teile eines Funkeninduktors im Längsschnitt. Die aus wenigen Windungen eines dicken Drahtes (zwei bis vier Lagen) bestehende Primärspule P ist auf den aus Eisendrähten bestehenden Eisenkern E gewickelt. Um die Primärspule herum, jedoch gut isoliert gegen diese, ist die Sekundärspule S angebracht, die aus sehr vielen Windungen eines dünnen Drahtes besteht.

Bei der Sekundärspule ist es unzweckmäßig (wie es Ruhmkorff tat), sie fortlaufend zu wickeln, etwa links anzufangen, dann nach Vollendung der ersten Lage von rechts nach links weiterzuwickeln, dann wieder von links nach rechts usw. Denn bei dieser Art der Wicklung liegen übereinander Windungen, die eine sehr hohe Spannung gegeneinander haben, was leicht zum Durchschlag der Isolation führt. Daher wickelt man neuerdings die Sekundärspule in einzelnen dünnen Scheiben (Abb. 345), die man hintereinander schaltet.

Der automatische Unterbrecher ist vor dem Spulenkern angebracht. Parallel zu der Unterbrechungsstelle U liegt der (meistens im Boden des Apparates untergebrachte) Kondensator C. In Abb. 346a ist der zeitliche Verlauf des Primärstromes bei geschlossenem und geöffnetem Unterbrecher wiedergegeben, in Abb. 346b sind die diesen Stromänderungen entsprechenden Sekundärspannungen (bzw. Stromstärken) dargestellt. Man erkennt hieraus im Einklang mit dem vorher Gesagten, daß hohe Spannungen an der Sekundärspule nur während der Unterbrechung auftreten. Infolgedessen erhält man an den Enden der Sekundärspule keine symmetrische Wechselspannung, vielmehr ist die „Unterbrechungsspannung" stets größer als die „Schließungsspannung". Schließt man die Sekundärspule durch Verbindung ihrer Enden, so ist die der Unterbrechung entsprechende Phase des Wechselstromes stärker als die von der Schließung herrührende. Letztere kann man ganz unterdrücken, wenn man in den Schließungskreis der Sekundärspule noch eine Funkenstrecke mit so großer Luftstrecke einschaltet, daß sie zwar von der Unterbrechungsspannung, nicht aber von der Schließungsspannung durchschlagen werden kann. Dann erhält man auch in der Sekundärspule nur Ströme einer Richtung, und eine

[1]) Diese einfache Erklärung der Wirkungsweise des Kondensators besteht nur zum Teil zu Recht; vgl. hierzu S. 320.

Umpolung der Sekundärspannung ist dann nur durch Kommutieren des Primärstromes möglich. Dagegen sind die während des Schließungs- und Öffnungsvorganges in der Sekundärspule in Bewegung gesetzten Elektrizitätsmengen gleich; es müssen also die in der Abb. 346 schraffierten Flächenteile des positiven und negativen Spannungsstoßes gleichen Flächeninhalt haben.

Unterbrecher. Funkeninduktoren stellten lange Zeit das einfachste Mittel dar, stoßweise hochgespannte Gleichspannungen bis zu 100 000 Volt bei Stromstärken bis 0,1 Amp. zu erzeugen. Mit den größten Funkeninduktoren lassen sich Funken von 120 cm Länge erzeugen. (Es ist vielfach üblich, die Funkenschlagweite als Kennzeichen für die Größe des Induktors anzugeben.) Die sekundliche Funkengabe ist durch die Anzahl der Unterbrechungen des Primärstromes gegeben. Man hat daher den einfachen Hammerunterbrecher, besonders bei größeren Induktorien, deren Primärströme 20 und mehr Amp. betragen, durch andere Unterbrecher ersetzt. Bei dem rotierenden Quecksilberstrahlunterbrecher befindet sich eine von einem rasch umlaufenden Elektromotor angetriebene hohle Achse in vertikaler Stellung in der Mitte eines geschlossenen Eisengefäßes, das z. T. mit Quecksilber gefüllt ist. Die hohle Achse enthält eine Transportschnecke, die das Quecksilber im Inneren der Achse in die Höhe hebt, so daß es unter der Wirkung der Zentrifugalkraft aus einer mit der Achse herumrotierenden horizonttalen Düse in feinem Strahl waagerecht herausspritzt. Dabei trifft der Strahl auf eine Reihe von metallischen Zylindersegmenten, die isoliert von oben in den Topf hineinragen. Diese Segmente bilden den einen, das Quecksilber den anderen Anschluß des Unterbrechers. Jedesmal, wenn der Quecksilberstrahl ein Segment trifft, wird der Strom geschlossen. Durch Verändern der Umlaufzahl und geeignete Bestimmung von Breite und Zahl der Segmente läßt sich die Unterbrechungszahl in weiten Grenzen verändern. Der Quecksilberstrahlunterbrecher hat heute nur noch geringe Bedeutung.

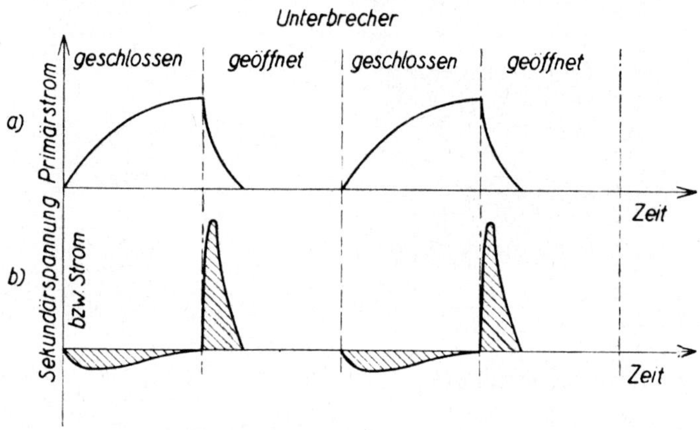

Abb. 346. Zeitlicher Verlauf von Primärstrom und Sekundärspannung bei einem Funkeninduktor

Besonders wirksam, mit Unterbrechungszahlen zwischen 200 und 2000 in der Sekunde, arbeiten die bereits auf S. 153 beschriebenen sogenannten elektrolytischen Unterbrecher. Die durch lokale Erhitzung der Flüssigkeit entstehende Dampfblase unterbricht den Primärstrom so plötzlich, daß an der Unterbrechungsstelle kein Lichtbogen entsteht; aus diesem Grunde ist bei Benutzung dieser Unterbrecher auch kein Kondensator erforderlich.

Elektroakustische Wandler. Bekanntlich benötigt man zur elektrischen Übertragung von Sprache oder Musik über Leitungen ein Mikrophon, das die Schallschwingungen in synchrone Stromschwankungen verwandelt, die dann auf der Empfangsstelle vom Telephon (s. S. 205) als akustische Schwingungen wiedergegeben werden. Bei dem von Graham Bell (1875) geschaffenen Fernsprecher dient als Mikrophon auch ein Telephon, etwa in der auf S. 205

in Abb. 263 beschriebenen Form. Spricht man gegen die Eisenmembran dieses Telephons, so wird sie in Schwingungen versetzt; dadurch ändert sich der magnetische Induktionsfluß durch die beiden Magnetspulen im Rhythmus der Schwingungen, und in den Spulen entstehen entsprechende Induktionsströme. Leitet man diese einem zweiten Telephon zu, so verstärken oder schwächen sie entsprechend ihrer Richtung in diesem das magnetische Feld, so daß die Membran des Empfangsapparates in synchrone Bewegung versetzt wird, und die Sprache wiedergibt, die in das erste Telephon hineingesprochen wird. In Abb. 347 ist die Bellsche Telephonieanordnung schematisch dargestellt. Anstatt des im Telephon der Abb. 263 angewandten Huf-

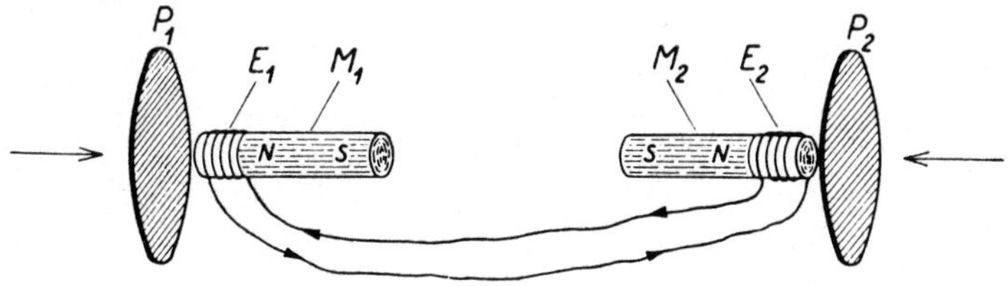

Abb. 347. Telephonieanordnung nach Graham Bell

eisenmagneten ist hier ein Stabmagnet M_1 benutzt, der an seinem vorderen Ende ein Weicheisenstück E_1 trägt, auf das die Spule aufgebracht ist. Man macht sich leicht an Hand der beiden Flemingschen Handregeln klar, daß eine Bewegung der Platte P_1 in der Pfeilrichtung, also auf den Magneten zu, einen Stromstoß in der eingezeichneten Richtung hervorruft, der eine Verstärkung des Magnetfeldes in E_2 bewirkt, so daß die Platte P_2 ebenfalls auf den Magneten hin bewegt wird.

Bei dieser ursprünglichen Anordnung von Bell wird die Arbeit von der menschlichen Stimme geleistet; die Übertragung von Sprache und Musik ist auf diese Weise nur auf kurze Strecken möglich, und die Lautstärke am Empfangsort ist stets kleiner als an der Ausgangsstelle. Dies wird vermieden, wenn man das Telephon mit einem seit rund hundert Jahren bis heute verwendeten Kohlemikrophon in folgender Weise verbindet (Abb. 348): Das Mikrophon wird mit

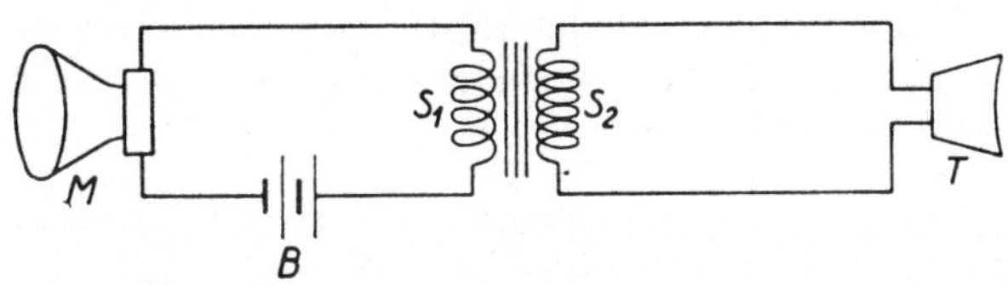

Abb. 348. Einfacher Übertragungskanal mit Mikrophon und Transformator

einer Batterie B und einer Spule S_1 hintereinander geschaltet. Wird das Mikrophon besprochen, so drückt eine Platte auf Kohlekörner; es treten infolge der im Sprachrhythmus vor sich gehenden Widerstandsänderungen des Mikrophons Stromschwankungen im gleichen Rhythmus auf, die in einer mit dem Telephon T verbundenen Spule S_2, die mit S_1 magnetisch gekoppelt ist, Induktionsströme erzeugen, die wiederum Bewegungen der Telephonmembran im gleichen Rhythmus und so schließlich Luftschwingungen hervorbringen, die mit den ins Mikrophon gesprochenen identisch sind. — Hierbei wird die ganze Arbeit von der Batterie B geleistet, der menschlichen Stimme fällt nur die Rolle der Auslösung zu. Es ist daher auch möglich, daß die Lautstärke des Telephons an der Empfangsstelle größer ist als die urspüngliche. — Ausführlicher über Mikrophone siehe Bd. I, Nr. 86.

Elektrodynamische Mikrophone. Auch in der modernen Fernsprechtechnik werden auf induktiver Wirkung beruhende sog. elektrodynamische Mikrophone benutzt, wobei man die schwachen Induktionsströme mit Transistoren bzw. Röhren verstärkt. Abb. 349 zeigt das Prinzip des zu Unrecht nur noch wenig benutzten Bändchenmikrophons. Zwischen den Polen eines sehr kräftigen Magneten ist ein schmales gefaltetes dünnes Metallbändchen befestigt. Treffen Schallwellen auf dasselbe, so wird es quer zu den magnetischen Feldlinien bewegt, so daß in ihm Induktionsströme im Rhythmus der Sprachschwingungen erzeugt werden. Die an den Enden des Bändchens auftretende Induktionsspannung ist seiner Geschwindigkeit (d. h. der Schallschnelle) proportional. Infolge seiner geringen Masse arbeitet dieses Mikrophon über einen großen Frequenzbereich (bis etwa 15 000 Hz) linear.

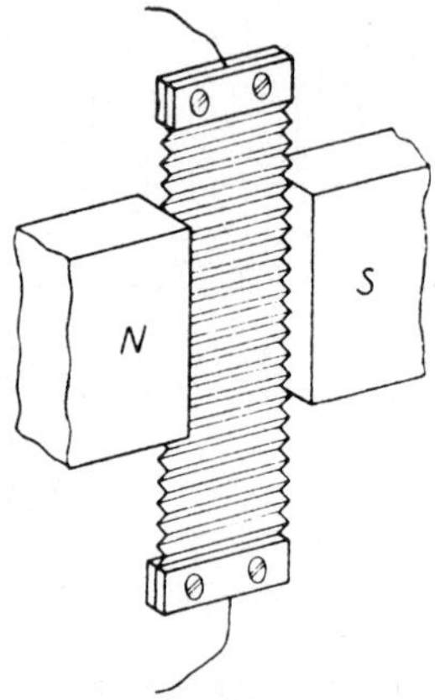

Abb. 349. Bändchenmikrophon

Barkhausensprünge. Schließlich sei noch eine von H. Barkhausen angegebene Versuchsordnung beschrieben, die es ermöglicht, mit Hilfe der Induktion das Umklappen der Molekularmagnete in einem Eisenstäbchen beim Vorgang der Magnetisierung nachzuweisen. Zu diesem Zweck bringt man das betreffende Stäbchen, z. B. einen dünnen Weicheisendraht, in die Achse einer kleinen Spule mit vielen Drahtwindungen. Die Enden der Spule werden über einen Röhrenverstärker (s. Kap. VIII) mit einem Telephon oder Lautsprecher verbunden. Magnetisiert man das Stäbchen durch Annähern eines permanenten Magneten, so hört man im Lautsprecher ein prasselndes Geräusch, das durch die Spannungsstöße hervorgerufen wird, die auf induktivem Wege durch das Umklappen der Molekularmagnete in der Spule erzeugt werden. Besonders deutlich wird die Erscheinung, wenn man das Stäbchen durch Drehen eines daneben gehaltenen Hufeisenmagneten ummagnetisiert. Die einzelnen Molekularmagnete klappen dabei nicht gleichzeitig, sondern nacheinander um. Ersetzt man das Weicheisenstäbchen durch ein Stahlstäbchen, so wird die Erscheinung schwächer.

Nr. 44. Allgemeines über Wechselströme

In Nr. 42 wurde gezeigt, daß man beim Drehen einer Drahtschleife oder Spule in einem Magnetfeld an den Enden der Spule eine Wechselspannung erhält. Findet die Drehung in einem homogenen Magnetfeld mit gleichförmiger Winkelgeschwindigkeit ω statt, so wird die **Wechselspannung** U durch die Gleichung:

$$U = U_0 \sin\left(\frac{2\pi t}{T} + \delta\right) = U_0 \sin(2\pi\nu t + \delta) = U_0 \sin(\omega t + \delta) \tag{228}$$

dargestellt. Dabei bedeutet U den Momentanwert, U_0 den Scheitelwert oder die Amplitude der Spannung, ν die Frequenz, ω die Kreisfrequenz (Winkelgeschwindigkeit) und T die Dauer einer Periode; δ stellt eine Phasenkonstante dar, die von der Wahl des Nullpunktes der Zeit t abhängt; durch geeignete Wahl desselben kann sie zum Verschwinden gebracht werden. In Abb. 350 ist der zeitliche Verlauf einer Wechselspannung nach Gl. (228) graphisch dargestellt. Zur Zeit $t = 0$ hat die Spannung den Wert $U = U_0 \sin\delta$; U wird Null zur Zeit $t = -\frac{\delta}{2\pi\nu} = -\frac{\delta T}{2\pi}$.

In Schaltbildern geben wir eine Wechselspannung durch das Zeichen ∼ an.

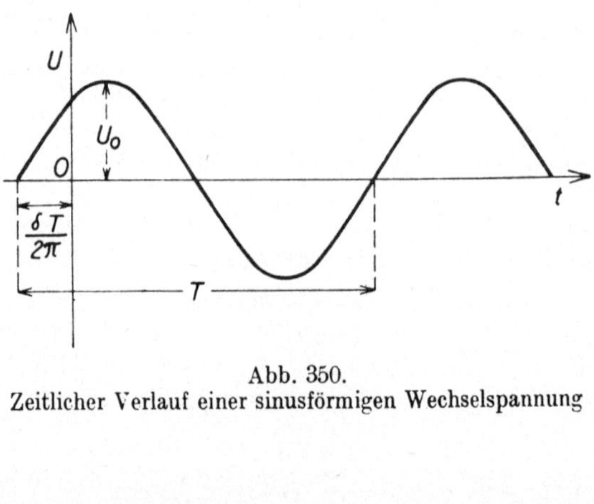

Abb. 350. Zeitlicher Verlauf einer sinusförmigen Wechselspannung

Wird die Wechselspannung durch einen Stromkreis geschlossen, so muß sich auch der entstehende Strom nach Größe und Richtung periodisch ändern: Man erhält einen **Wechselstrom.** Ein solcher gehorcht der Gleichung:

(229) $$J = J_0 \sin\left(\frac{2\pi t}{T} + \varphi\right) = J_0 \sin(2\pi\nu t + \varphi) = J_0 \sin(\omega t + \varphi);$$

J ist der Momentan-, J_0 der Scheitelwert des Stromes; die Phasenkonstante φ braucht, wie wir zeigen werden, nicht mit der Phasenkonstante δ der Spannung übereinzustimmen.

Mit den allgemeinen Eigenschaften der Wechselströme wollen wir uns im folgenden näher befassen. Zuvor noch einige allgemeine Bemerkungen: Gl. (229) entspricht vollkommen der in Band I, Nr. 37 abgeleiteten Gl. IV, 26a für die Schwingung eines Massenpunktes, und in der Tat ist ein Wechselstrom nichts anderes als eine elektrische Schwingung, bei der die frei beweglichen Elektrizitätsträger (bei den Metallen: Elektronen) mit der Frequenz ν unter der Wirkung des im Leiter bestehenden elektrischen Wechselfeldes hin und her schwingen.

Bei den Wechselströmen in den technischen Leitungsnetzen beträgt die Frequenz ν in Europa 50, in Amerika 60 Hz. Bis zu Frequenzen von 1000 Hz spricht man von Niederfrequenz, darüber bis zu 10 000 Hz von Mittelfrequenzen, während alle höheren Frequenzen als Hochfrequenz bezeichnet werden.

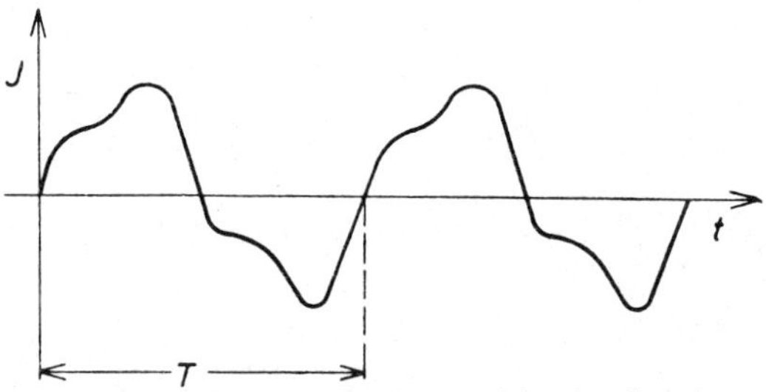

Abb. 351. Zeitlicher Verlauf eines nicht sinusförmigen Wechselstromes

Im allgemeinen wird die Änderung der Wechselspannung (oder des Wechselstromes) nicht gerade nach einer Sinus- oder Kosinusfunktion erfolgen, also keine harmonische Schwingung sein, sondern einen beliebigen periodischen Verlauf haben (Abbildung 351). Da man aber (s. Band I, Nr. 37) jede periodische Funktion nach dem Fourierschen Theorem stets durch eine Summe von Sinus- und Kosinusfunktionen darstellen kann, werden wir im folgenden nur Ströme und Spannungen mit sinusförmigem Verlauf behandeln.

Auch für die Zusammensetzung zweier Wechselströme, d. h. zweier elektrischer Schwingungen, die z. B. aus zwei getrennten Leitungen in eine gemeinsame zusammengeführt werden und sich dort überlagern, gelten dieselben Gesetze, die in Band I, Nr. 37 Gl. IV, 31 für die Zusammensetzung von mechanischen Schwingungen abgeleitet wurden. Es gilt also zunächst folgender Satz:

Wenn zwei sinusförmige Wechselströme gleicher Frequenz, die in ihrer Phase gegeneinander verschoben sind, in eine gemeinsame Leitung geführt werden, so resultiert wieder ein sinusförmiger Wechselstrom der nämlichen Frequenz, der jedoch in seiner Phase gegen die Phasen der Komponenten verschoben ist und einen anderen Scheitelwert hat.

Sind zwei Wechselströme durch die Gleichungen:

$$J_I = J_{0I} \sin(\omega t + \varphi_I), \qquad J_{II} = J_{0II} \sin(\omega t + \varphi_{II})$$

gegeben, so wird also der resultierende Strom durch die Gleichung:

$$J_r = J_{0r} \sin(\omega t + \varphi_r)$$

dargestellt, wobei

$$J_{0r}^2 = J_{0I}^2 + J_{0II}^2 + 2 J_{0I} J_{0II} \cos(\varphi_I - \varphi_{II})$$

und

$$\tan\varphi_r = \frac{J_{0I} \sin\varphi_I + J_{0II} \sin\varphi_{II}}{J_{0I} \cos\varphi_I + J_{0II} \cos\varphi_{II}}$$

ist.

Man macht in der Wechselstromtechnik mit Vorteil Gebrauch von der geometrischen Konstruktion des resultierenden Scheitelwertes und der resultierenden Phase, worauf in Band I Nr. 37 bereits kurz hingewiesen wurde; wir gehen auf diese Vektordarstellung hier etwas näher ein.

In Abb. 352 durchlaufe ein Punkt gleichförmig in der Zeit $T = \frac{2\pi}{\omega}$ den Kreis vom Radius $OP = J_0$ im Gegenzeigersinn; befindet sich der Punkt zur Zeit $t = 0$ in A, zur Zeit t in P, so ist $\sphericalangle AOP = \omega t$. Bezeichnen wir $\sphericalangle AOX$ mit φ, so stellt die Projektion von $OP = J_0$ auf die Y-Achse den Wert $J = J_0 \sin(\omega t + \varphi)$, d. h. den Momentanwert des durch diese Gleichung dargestellten Wechselstromes dar.

Wenn sich zwei Wechselströme

$$J_I = J_{0I} \sin(\omega t + \varphi_I) \quad \text{und} \quad J_{II} = J_{0II} \sin(\omega t + \varphi_{II})$$

überlagern, so können wir die Konstruktion der Abb. 352 für jeden dieser Ströme in demselben Achsenkreuz ausführen, wie dies in Abb. 353 für den Zeitpunkt $t = 0$ durchgeführt ist. Man

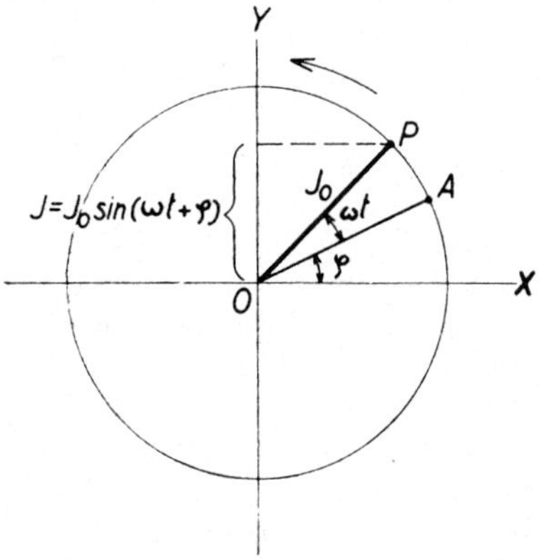

Abb. 352. Zur vektoriellen Darstellung eines sinusförmigen Wechselstromes

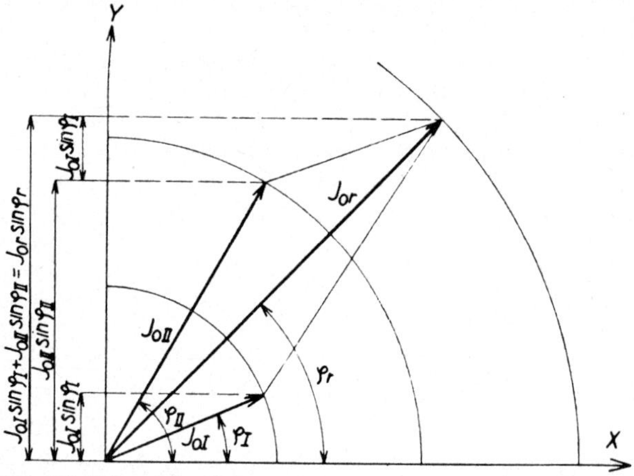

Abb. 353. Vektorielle Addition zweier sinusförmigen Wechselströme

sieht dann sofort, daß sich die Momentanwerte auf der Y-Achse algebraisch zum resultierenden Momentanwert addieren, während der resultierende Scheitelwert J_{or} durch vektorielle Addition der Scheitelwerte J_{0I} und J_{0II} der Komponenten gefunden wird. Durch die Richtung von J_{or} ist gleichzeitig auch die resultierende Phase φ_r bestimmt. Wir betrachten insbesondere noch den Fall, daß sich zwei Wechselströme überlagern, deren Phasendifferenz $\pi/2$ (90°) betrage; es sei z. B. $\varphi_I = 0$ und $\varphi_{II} = \frac{\pi}{2}$, so daß die Gleichung besteht:

$$J_{0I} \sin \omega t + J_{0II} \sin(\omega t + \pi/2) = J_{0I} \sin \omega t + J_{0II} \cos \omega t = J_{or} \sin(\omega t + \varphi_r).$$

Wie man aus dem Vektordiagramm Abb. 354 abliest, ist $\tan \varphi_r = \frac{J^*_{0II}}{J^*_{0I}}$ und $J^2_{0r} = J^2_{0I} + J^2_{0II}$. Ferner gilt $J_{0I} = J_{or} \cos \varphi_r$ und $J_{0II} = J_{or} \sin \varphi_r$. In dem speziellen Fall, daß $J^*_{0I} = J^*_{0II}$ ist, wird:

$$J_{or} = J_{0I} \sqrt{2} \quad \text{und} \quad \tan \varphi_r = 1,$$

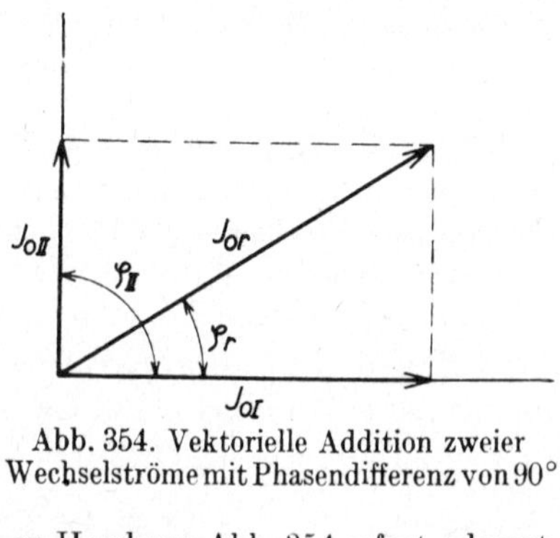

Abb. 354. Vektorielle Addition zweier Wechselströme mit Phasendifferenz von 90°

also $\varphi_r = \pi/4$ (45°); dies bedeutet, daß der resultierende Strom dem Strom J_I um 45° in der Phase voraus und dem Strom J_{II} um ebensoviel in der Phase nacheilt, wie man an Hand von Abb. 354 sofort erkennt.

Bei der induktiven Wirkung eines Stromes kommt es nach S. 253 auf die zeitliche Änderung des Stromes, nämlich auf die Änderungsgeschwindigkeit oder Schwankung $\frac{dJ}{dt}$ der Stromstärke an. Bilden wir sie für einen gegebenen Wechselstrom $J = J_0 \sin(\omega t + \varphi)$, so erhalten wir:

(230) $$\frac{dJ}{dt} = \omega J_0 \cos(\omega t + \varphi) = \omega J_0 \sin\left(\omega t + \varphi + \frac{\pi}{2}\right).$$

Die Änderungsgeschwindigkeit (Schwankung) eines sinusförmigen Wechselstromes hat also die ω-fache Amplitude des Stromes und eilt ihm um eine Viertelperiode (90°) voraus. $\frac{dJ}{dt}$ entspricht also der Geschwindigkeit eines schwingenden Massenpunktes, für die wir in Band I Nr. 37 die entsprechende Beziehung abgeleitet haben. — Abb. 355 zeigt im Vektordiagramm den Zusammenhang zwischen $\frac{dJ}{dt}$ und J.

Messung von Wechselspannungen und Wechselströmen. Die Messung von Wechselspannungen und Wechselströmen ist mit den meisten Spannungs- und Strommessern nicht möglich; denn diese haben eine viel zu große Trägheit ihres beweglichen Systems, als daß dies den schnellen Schwankungen des Wechselstromes folgen könnte; bei Drehspulinstrumenten bleibt daher der Zeiger (mit kleinen Erzitterungen) in der Nullage stehen. Wir haben aber bereits Instrumente kennengelernt, deren Ausschlag unabhängig von der Stromrichtung ist. Dies ist der Fall beim Hitzdrahtamperemeter (S. 153), beim Weicheisenamperemeter und bei den elektrodynamischen Meßinstrumenten (S. 228): Bei ihnen allen ist der Ausschlag proportional dem Quadrat der Stromstärke. In Abb. 356 ist für den gestrichelt gezeichneten Wechselstrom $J = J_0 \sin \omega t$ die Kurve $J^2 = J_0^2 \sin^2 \omega t$ eingezeichnet; diese quadratischen Werte bleiben natürlich während der ganzen Periode positiv (mit Einschluß der Null). Der schraffierte Flächeninhalt zwischen der J^2-Kurve und der Abszissenachse stellt die vom Wechselstrom J während einer Periode T im Widerstand von 1 Ohm erzeugte Wärme dar, die selbstverständlich stets positiv sein muß. Dieselbe Wärmemenge würde im gleichen Widerstand auch von einem Gleichstrom J_{eff} erzeugt werden, falls das Rechteck $J^2_{eff}\,T$ flächengleich mit dem eben benutzten schraffierten Flächeninhalt ist. Von einem Hitzdrahtamperemeter wird demnach der Wert J_{eff} gemessen, wenn durch das Instrument ein Wechselstrom $J_0 \sin \omega t$ hindurchfließt. Man nennt daher diejenige Stromstärke, die ein Gleichstrom haben müßte, um dieselbe Leistung abzugeben wie der betreffende Wechselstrom, die **effektive Stromstärke** J_{eff} des Wechselstromes. In welcher Beziehung steht nun J_{eff} zum Scheitelwert J_0? Wir berechnen zur Beantwortung dieser Frage den Flächeninhalt A zwischen der J^2-Kurve und der Abszissenachse für eine Periode T. Er ist:

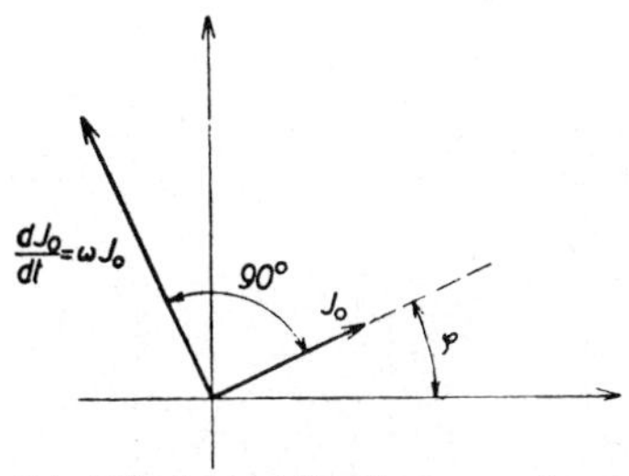

Abb. 355. Vektorieller Zusammenhang zwischen $\frac{dJ_0}{dt}$ und J_0

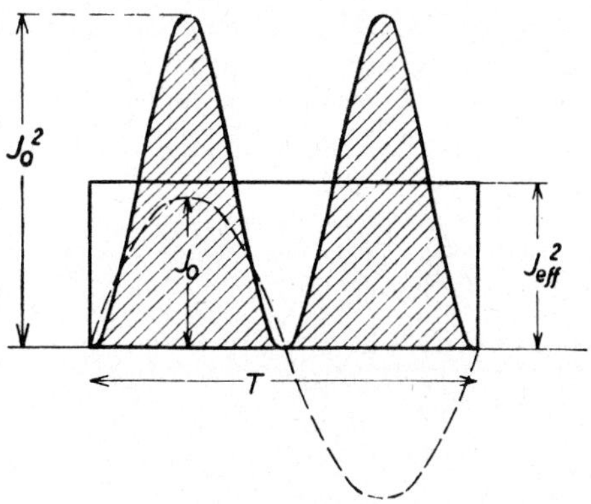

Abb. 356. Zur Ableitung der Effektivstromstärke eines Wechselstromes

$$A = \int_0^T J_0^2 \sin^2 \omega t \, dt = J_0^2 \int_0^T \frac{1}{2} (1 - \cos 2 \omega t) \, dt =$$

$$= \frac{J_0^2}{2} \int_0^T dt - \frac{J_0^2}{2} \int_0^T \cos 2 \omega t \, dt = \frac{J_0^2}{2} T.$$

Damit erhalten wir für J_{eff} die Bestimmung:

(231) $$J_{eff} = \frac{J_0}{\sqrt{2}} = 0{,}707\, J_0.$$

Entsprechend erhält man für die Effektivspannung:

(231a) $$U_{eff} = \frac{U_0}{\sqrt{2}} = 0{,}707\, U_0.$$

Der Effektivwert der Stromstärke (oder der Spannung) eines sinusförmig verlaufenden Wechselstromes ist der $\sqrt{2}$-te Teil des Scheitelwertes der Stromstärke (oder der Spannung).

Jedes von der Stromrichtung unabhängige Meßinstrument (Hitzdraht-, Weicheisen-Amperemeter oder -Voltmeter, elektrodynamische Instrumente, Elektrometer) zeigt, wenn es zuvor mit Gleichstrom- oder -spannung geeicht ist, diesen Effektivwert an. Den Scheitelwert findet man dann aus dem gemessenen Effektivwert nach den Gleichungen (231) zu:

(232) $$J_0 = J_{eff}\sqrt{2} = 1{,}41\, J_{eff}.$$

(232a) $$U_0 = U_{eff}\sqrt{2} = 1{,}41\, U_{eff}.$$

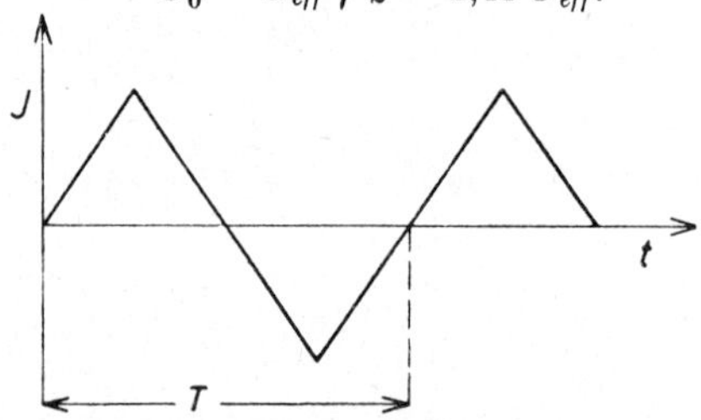

Abb. 357. Wechselstrom mit dreieckförmiger Kurvenform

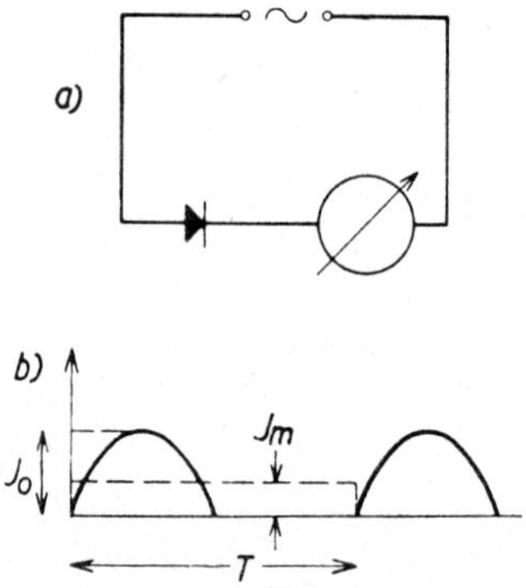

Abb. 358. Einweg-Gleichrichterschaltung

Das Verhältnis zwischen Scheitelwert und Effektivwert heißt Scheitelfaktor. Für sinusförmigen Strom ist er also $\sqrt{2} = 1{,}41$. Für einen dreieckförmigen Stromverlauf (Abb. 357) hat er den Wert $\sqrt{3} = 1{,}732$. Man muß daher zur Berechnung des Scheitelwertes aus dem Effektivwert die Wechselstromkurve kennen. Dies kann mit Hilfe des auf S. 222 beschriebenen Schleifenoszillographen oder der später zu beschreibenden Braunschen Röhre geschehen.

Schaltet man in eine Wechselstromleitung einen sog. Gleichrichter, d. h. eine Vorrichtung, die jeweils nur die positive oder negative Halbschwingung durchläßt, die andere aber sperrt (Aufbau und Wirkungsweise der Gleichrichter wird in Kap. IX besprochen), so kann man zur Strom- und Spannungsmessung auch gewöhnliche Drehspulinstrumente benutzen. Dies hat den Vorteil, daß man hochempfindliche Instrumente (z. B. Spiegelgalvanometer) verwenden und damit sehr kleine Wechselströme messen kann. — In Abbildungen wird ein Gleichrichter durch das Symbol —▶|— angedeutet, wodurch zum Ausdruck gebracht werden soll, daß er den Strom nur in der Richtung des Pfeiles hindurchläßt. Bei Verwendung eines einzelnen Gleichrichters (Einwegschaltung, Abb. 358a) fließt nur in jeder zweiten Halbperiode ein Stromstoß durch das Instrument (Abb. 358b). Dieses zeigt dann den sog. galvanometrischen Mittelwert J_m an, der mit J_0 durch die Beziehung verknüpft ist:

$$J_m\, T = \int_0^{T/2} J_0 \sin \omega t\, dt = J_0 \frac{T}{\pi}.$$

also

(233) $$J_m = \frac{J_0}{\pi} = 0{,}318\, J_0.$$

Durch Verwendung von vier Gleichrichtern in der sog. Graetzschen Vollwegschaltung

(Abb. 359a) kann man es erreichen, daß jede Halbschwingung des Wechselstromes in der gleichen Richtung durch das Instrument fließt (Abb. 359b). In diesem Fall ist der galvanometrische Mittelwert doppelt so groß:

(233a) $$J_m = \frac{2 J_0}{\pi} = 0{,}636\, J_0.$$

Im ersten Fall ist demnach der Scheitelfaktor $\pi = 3{,}141$, im zweiten aber $\pi/2 = 1{,}57$. Auch diese Werte gelten nur für sinusförmige Ströme und Spannungen. Für die dreieckförmige Stromkurve der Abb. 357 ist der Scheitelfaktor 4 bzw. 2.

Der Quotient aus dem Effektivwert und dem galvanometrischen Mittelwert wird **Formfaktor** genannt. Für den Sinusstrom beträgt er unter Zugrundelegung der Vollwegschaltung (Abb. 359) 1,11, für die Dreieckskurve dagegen 1,15. (In der Praxis sind übrigens die mit Gleichrichtern versehenen Meßinstrumente unter Voraussetzung eines sinusförmigen Wechselstromes so geeicht, daß die Ablesung den Effektivwert ergibt.)

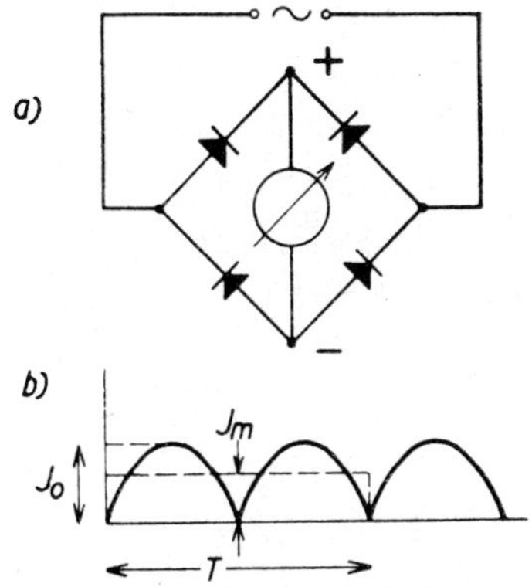

Abb. 359. Vollweg-Gleichrichterschaltung nach Graetz

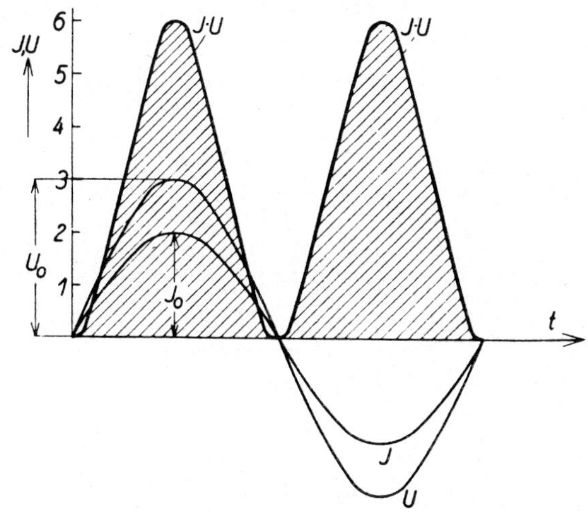

Abb. 360. Leistungskurve JU eines Wechselstromes bei der Phasenverschiebung Null zwischen Strom J und Spannung U

Wirk- und Blindleistung. Die Leistung eines Wechselstromes ist in jedem Moment durch das Produkt aus den Momentanwerten des Stromes und der Spannung gegeben, vorausgesetzt, daß zwischen beiden keine Phasenverschiebung besteht. Dieser Sonderfall ist in Abb. 360 dargestellt. Für die Leistung N können wir also unter Berücksichtigung der Effektivwerte der Reihe nach schreiben:

$$N = \frac{1}{T}\int_0^T J\,U\,dt = \frac{J_0 U_0}{T}\int_0^T \sin^2 \omega t\,dt = \frac{J_0 U_0}{2} = J_{eff}\,U_{eff}.$$

Die während einer Periode vom Strom geleistete Arbeit ist dann:

$$A_T = J_{eff} \cdot U_{eff} \cdot T = \frac{1}{2}\, J_0\, U_0\, T.$$

Sie wird in Abb. 360 durch die von der JU-Kurve und der t-Achse umrandete Fläche dargestellt und ist in jedem Augenblick positiv. Nun kann aber, wie wir schon zu Anfang dieser Nummer sagten, zwischen Strom und Spannung eines Wechselstromes eine Phasenverschiebung bestehen, und in den meisten Fällen ist dies, wie wir später sehen werden, auch tatsächlich der Fall. Die Folge ist, daß Strom und Spannung weder zu gleicher Zeit ihr Maximum erreichen, noch auch gleichzeitig durch Null gehen. Es treten also Zeitabschnitte auf, in denen Strom und Spannung entgegengesetztes Vorzeichen haben, so daß das Produkt der Momentanwerte und damit die Leistung negativ wird. Ein solcher Fall ist mit einer Phasenverschiebung von 45° oder

T/8 zwischen Strom und Spannung in Abb. 361 wiedergegeben. Während die vom Strom geleistete Arbeit in den Zeitabschnitten AB und CD positiv ist, nimmt sie während der Zeit OA und BC negative Werte an, d. h. während dieser Zeitintervalle wird elektrische Energie aus dem Stromkreis an die Stromquelle zurückgegeben. Wie dies möglich ist, erörtern wir in der nächsten Nummer. Hier berechnen wir nur die tatsächlich vom Strom während einer Periode geleistete Arbeit. Gegegeben sei die Wechselspannung $U = U_0 \sin \omega t$ und der Wechselstrom $J = J_0 \sin(\omega t - \varphi)$. Die während des Zeitelementes dt geleistete Arbeit ist:

$$dA = U_0 \sin \omega t \cdot J_0 \sin(\omega t - \varphi)\, dt.$$

Integration dieser Gleichung über die Zeit einer Periode liefert die während dieser Zeit geleistete Arbeit A_T:

$$A_T = J_0 U_0 \int_0^T \sin \omega t \sin(\omega t - \varphi)\, dt.$$

Da nach dem Additionstheorem der trigonometrischen Funktionen

$$2 \sin \omega t \cdot \sin(\omega t - \varphi) = \cos \varphi - \cos(2\omega t - \varphi)$$

ist, können wir schreiben:

$$A_T = \frac{1}{2} J_0 U_0 \int_0^T [\cos \varphi - \cos(2\omega t - \varphi)]\, dt = \frac{1}{2} U_0 \, J_0 \left[t \cos \varphi - \frac{1}{2\omega} \sin(2\omega t - \varphi) \right]_0^T.$$

Beim Einsetzen der Grenzen heben sich die Anteile des zweiten Gliedes in der Klammer auf, so daß man für die Stromarbeit während einer Periode erhält:

$$A_T = \frac{1}{2} J_0 U_0 T \cos \varphi,$$

oder auch mit Berücksichtigung von Gl. (231):

$$(234) \qquad A_T = J_{eff} \cdot U_{eff} \cdot T \cos \varphi\,.$$

Für die elektrische Leistung $N = \dfrac{A_T}{T}$ des Wechselstromes ergibt sich dann:

$$(235) \qquad N = J_{eff} \cdot U_{eff} \cos \varphi\,.$$

Im Gaußschen Maßsystem erhält man A und N in Erg bzw. Erg/sec; mißt man dagegen U in Volt, J in Ampere, so bekommt man Arbeit und Leistung in Joule bzw. Watt.

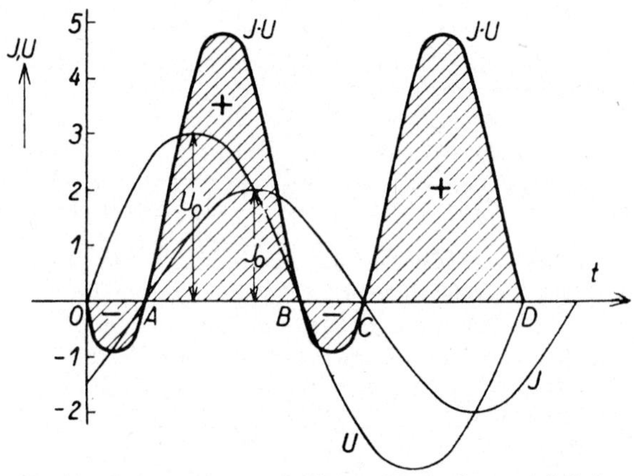

Abb. 361. Leistungskurve $J \cdot U$ eines Wechselstromes bei einer Phasenverschiebung von 45° zwischen Strom J und Spannung U

Die vom Wechselstrom tatsächlich an den Stromkreis abgegebene Leistung (Gl. 235) bezeichnet man als **Wirkleistung**, während das Produkt $J_{eff} \cdot U_{eff}$ **Scheinleistung** heißt. Wir können also sagen:

Die Wirkleistung eines Wechselstromes ist gleich dem Produkt aus effektiver Stromstärke, effektiver Spannung und dem Kosinus des Phasenwinkels.

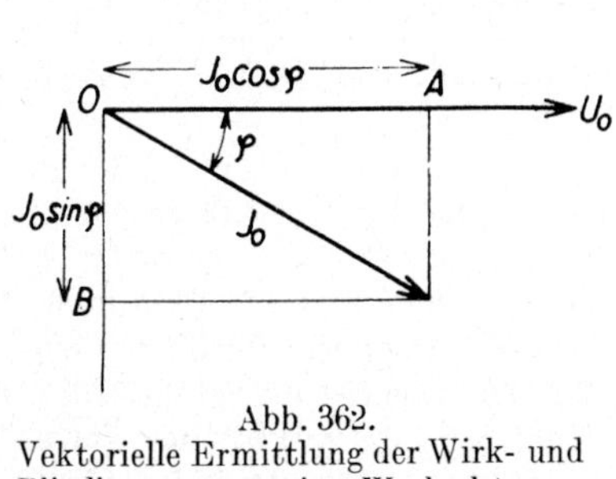

Abb. 362.
Vektorielle Ermittlung der Wirk- und Blindkomponente eines Wechselstromes

In Abb. 362 ist das Diagramm für zwei phasenverschobene Strom- und Spannungswerte gezeichnet. Projiziert man J_0 auf die Richtung von U_0, so ist die Projektion $OA = J_0 \cos \varphi$. Da diese Größe maßgebend für die Wirkleistung ist, nennt man OA die **Wirkkomponente** des Wechselstromes, im Gegensatz zu der Komponente $OB = J_0 \sin \varphi$, die man als **Blind-** (oder **wattlose**) **Komponente** bezeichnet. $\cos \varphi$ nennt man den **Leistungsfaktor**; dieser wird auf dem Leistungsschild eines Wechselstrommotors für volle Belastung angegeben.

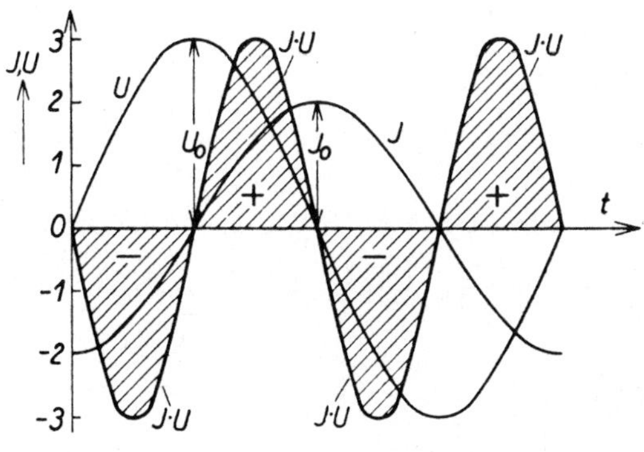

Abb. 363. Leistungskure $J \cdot U$ eines Wechselstromes bei einer Phasenverschiebung von 90° zwischen Strom J und Spannung U

Ein besonderer Fall liegt vor, wenn $\varphi = \pi/2$ (90°) ist, d. h. wenn zwischen Strom und Spannung eine Phasenverschiebung von einer Viertelperiode besteht. Dann wird die Leistung des Stromes Null, und wie man aus Abb. 363 ersieht, ist die vom Strom an die Leitung abgegebene positive Energie (+) gerade so groß, wie die von der Leitung an die Stromquelle zurückgelieferte negative (—). **Es fließt also in der Leitung ein Strom, der keine Arbeit leistet (wattloser Strom).**

Die Leistung eines Wechselstromes kann man mit dem auf S. 228 beschriebenen Elektrodynamometer messen, wenn man die Drehspule des Instrumentes unter Vorschaltung eines großen Widerstandes (wie ein Voltmeter) an die Spannungsquelle anschaltet und den Strom durch die feste Spule schickt. Der Ausschlag des Instrumentes (Wattmeter) ist dann der Wirkleistung des Wechselstromes proportional! Mißt man getrennt noch die Effektivwerte von Strom und Spannung, so kann man den Leistungsfaktor berechnen.

Zum Schluß dieser Nummer noch einige Worte zur Frage der Messung der Frequenz von Wechselströmen. Im Gebiet der Niederfrequenz benutzt man hierzu den schon in Band I Nr. 37 erwähnten Zungenfrequenzmesser (R. Hartmann-Kempf, 1901). Das Meßwerk eines solchen Gerätes (Abb. 364) besteht aus einer Anzahl abgestimmter Stahlzungen Z, die je nach dem Umfang des Meßbereiches in einer oder mehreren Reihen vor dem Pol eines Elektromagneten angeordnet sind. Fließt Wechselstrom durch die Magnetspule, so wird nur diejenige Zunge in kräftige Resonanzschwingungen versetzt, deren Eigenschwingungszahl gleich der Polwechselzahl (also gleich der doppelten Frequenz des Wechselstromes) ist. Die Zungen tragen am vorderen Ende eine quadratische weiße Platte, die beim Schwingen der Zunge verbreitert erscheint, so daß man an einer über den Zungen befindlichen Skala die Frequenz ablesen kann (Abb. 364b). Wechselstromfrequenzen zwischen 100 und 2000 Hz lassen sich akustisch bestimmen, indem man den Ton eines von Wechselstrom durchflossenen Telephons mit dem einer Stimmgabel bekannter Frequenz vergleicht. Von den Geräten zur Messung hoher Frequenzen wird später noch die Rede sein.

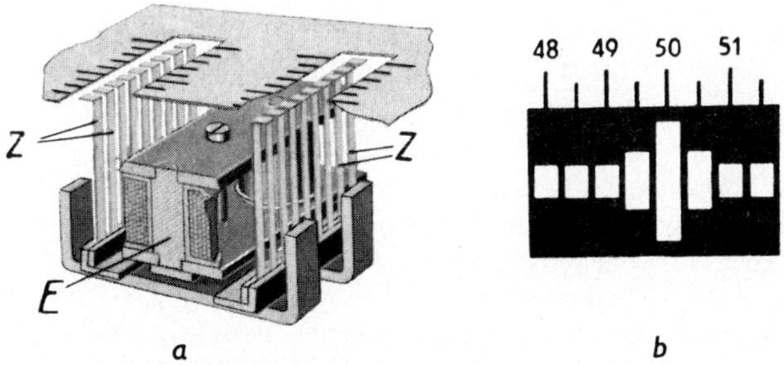

Abb. 364. Zungenfrequenzmesser nach Hartmann-Kempf
a Aufbau; b Bild der Zungen bei 50 Hz

45. Wechselstromkreis mit Ohmschem Widerstand, Selbstinduktion und Kapazität

Eine Gleichspannung U^* ruft in einem Leiter mit dem Widerstand R^* einen Strom hervor, der nach dem Ohmschen Gesetz durch die Gl. $J^* = U^*/R^*$ gegeben ist. (Wir werden im folgenden alle elektrischen Werte in SI-Einheiten messen und dies in den Gleichungen wieder durch Hinzufügen eines Sternes an die einzelnen Größen andeuten.) Solange der Widerstand des

Leiters ein rein Ohmscher, d. h. ein Widerstand ohne Selbstinduktion und Kapazität ist, gilt diese Beziehung auch für den Fall einer Wechselspannung $U^* = U^*_0 \sin \omega t$: man erhält einen Wechselstrom, dessen Stärke durch die Gl.

$$J^* = \frac{U_0^* \sin \omega t}{R^*} = J_0^* \sin \omega t$$

gegeben ist; dabei ist der Strom mit der Spannung jederzeit in Phase.

Wesentlich anders liegen aber die Verhältnisse, wenn der Stromkreis eine Induktivität oder eine Kapazität oder beide zusammen enthält.

Um dies zu zeigen, machen wir folgende Versuche (Abb. 365): Mittels eines doppelpoligen Dreifachschalters W können wir nacheinander eine Gleichspannung sowie Wechselspannungen von 50 und 500 Hz von derselben Größe (z. B. 220 Volt [1]) an einen Stromkreis schalten. Dieser enthält ein Weicheisenamperemeter A, eine Glühlampe G und einen dreifachen Umschalter S, mit dem es möglich ist, entweder einen rein Ohmschen Widerstand R^* (z. B. einen bifilar aufgewickelten Widerstandsdraht von 100 Ohm), eine Spule mit der Selbstinduktion L^* (z. B. 1 H) und einen Kondensator mit der Kapazität C^* (z. B. 4 μF) in den Stromkreis einzuschalten. Die Spule möge, mit Gleichstrom gemessen, denselben Ohmschen Widerstand wie R^* (also 100 Ohm) haben.

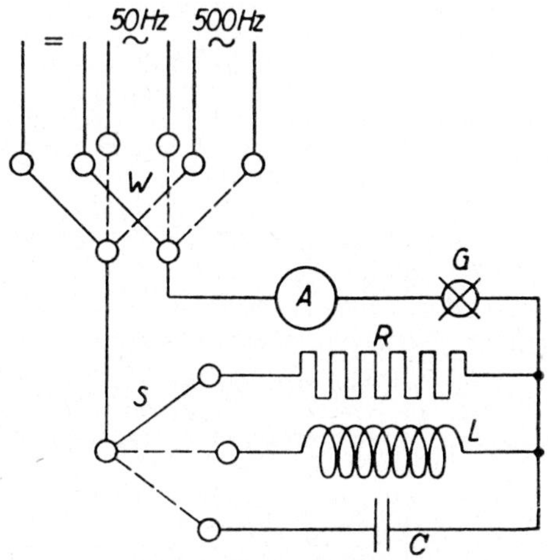

Abb. 365. Schaltung zur Untersuchung von Wechselströmen

a) Wir schalten zunächst den Widerstand R^* ein und legen nacheinander an den Stromkreis die Gleichspannung und die beiden Wechselspannungen an. Wir beobachten, daß in allen Fällen das Amperemeter A denselben Strom anzeigt und die Lampe G gleich hell brennt. Die Stromstärke ist also bei rein Ohmschem Widerstande und bei gleicher Spannung die gleiche für Gleichstrom und Wechselstrom jeder Frequenz, wie bereits oben betont.

b) Wir schalten die Selbstinduktionsspule L^* in den Stromkreis. Beim Anlegen der Gleichstromspannung messen wir dieselbe Stromstärke wie im Versuch a). Das ist selbstverständlich, da nach Voraussetzung L^* den gleichen Ohmschen Widerstand wie R^* hat und bei Gleichstrom die Induktivität keine Rolle spielt. Schalten wir aber die Wechselspannung ein, so sinkt die Stromstärke, und die Lampe G glüht dunkler, dies um so mehr, je höher die Frequenz der Wechselspannung ist. Erhöhen wir noch die Selbstinduktion der Spule durch Einschieben eines Eisenkernes, so sinkt die Stromstärke bei Wechselstrom noch stärker. Bei 500 Hz geht praktisch kein Strom mehr durch die Spule, die Lampe G erlischt. Da durch das Einschieben des Eisenkernes nur die Selbstinduktion der Spule vergrößert wird, ihr Gleichstromwiderstand aber ungeändert bleibt, müssen wir aus diesem Versuch schließen, daß eine Selbstinduktion in einem Wechselstromkreis wie eine Art Widerstand wirkt, der um so höher ist, je größer Selbstinduktion und Frequenz sind.

c) Wir schalten schließlich den Kondensator C in den Stromkreis. Beim Anlegen der Gleichspannung schlägt das Amperemeter für einen Augenblick aus, und die Lampe blitzt kurzzeitig auf: Beides rührt von dem auf den Kondensator fließenden „Ladestrom" her. Nachdem der Kondensator auf die Gleichspannung aufgeladen ist, ist der Kreis stromlos; denn der Kondensator stellt ja für Gleichstrom eine Unterbrechungsstelle dar. Legen wir aber eine Wechsel-

[1]) Für den Wechselstrom bedeutet diese Angabe natürlich die Effektivspannung.

spannung an, so zeigt sich ein dauernder Ausschlag am Amperemeter, und die Glühlampe leuchtet. Erhöhen wir die Kapazität des Kondensators durch Parallelschaltung weiterer Kondensatoren oder gehen wir zu Wechselstrom mit höherer Frequenz über, so wird der Strom stärker, das Leuchten der Lampe heller. Wir schließen daraus: Eine Kapazität, die für Gleichstrom einen unendlich großen Widerstand darstellt, bildet für Wechselstrom einen endlichen Widerstand, der um so kleiner ist, je größer Kapazität und Frequenz sind. Soweit die Versuche, die wir nun noch zu deuten haben.

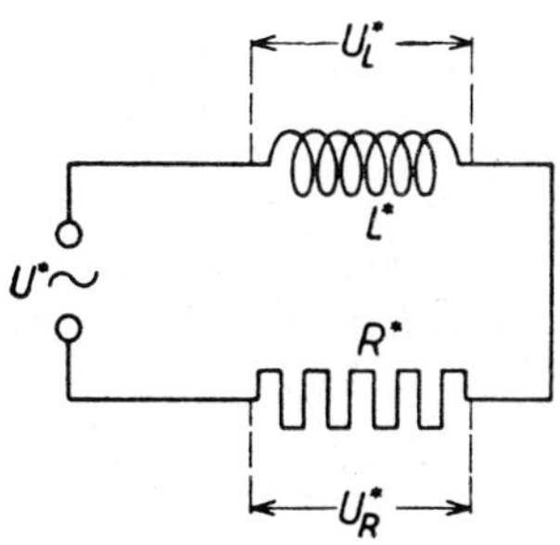

Abb. 366.
Stromkreis mit Selbstinduktion und Widerstand in Reihe

Stromkreis mit Widerstand und Selbstinduktion. Wir betrachten zunächst den Fall, daß im Wechselstromkreis eine Spule mit der Selbstinduktion L^* und ein Ohmscher Widerstand R^* in Reihenschaltung liegen (Abb. 366). In diesem Widerstand R^* möge auch der Gleichstromwiderstand der Spule mitenthalten sein, so daß wir für das Folgende die Selbstinduktion ohne eigenen Ohmschen Widerstand annehmen können. Anderseits soll selbstverständlich der Ohmsche Widerstand R^* ohne Selbstinduktion sein. Wir legen an die Klemmen des Stromkreises die Wechselspannung $U^* = U_0^* \sin \omega t$; diese möge in dem Kreis einen Wechselstrom $J^* = J_0^* \sin(\omega t - \varphi)$ erzeugen, der gegenüber der ihn erzeugenden Spannung die Phasenverschiebung φ besitzt. Dieser Strom induziert an den Enden der Selbstinduktion L^* eine Induktionsspannung U_L^*, die nach Gl. (215c) auf S. 254 den Wert

$$U_L^* = -L^* \frac{dJ^*}{dt} = -L^* \omega\, J_0^* \cos(\omega t - \varphi) \tag{236}$$

hat. Nach dem Ohmschen Gesetz muß daher für den im Kreise fließenden Strom die Beziehung:

$$J_0^* \sin(\omega t - \varphi) = \frac{U_0^* \sin \omega t - L^* \omega\, J_0^* \cos(\omega t - \varphi)}{R^*}$$

gelten, die wir folgendermaßen schreiben:

$$U_0^* \sin \omega t = J_0^* [R^* \sin(\omega t - \varphi) + L^* \omega \cos(\omega t - \varphi)]. \tag{237}$$

Diese Gleichung kann man so deuten, daß die an die Klemmen angelegte Spannung $U_0^* \sin \omega t$ sich sowohl auf den am Ohmschen Widerstand auftretenden Spannungsabfall $U_R^* = R^* J_0^* \sin(\omega t - \varphi)$, als auch auf die an der Selbstinduktion entstehende Spannung $U_L^* = L^* \omega J_0 \cos(\omega t - \varphi)$ verteilt.

In Gl. (237) sind die Größen J_0^* und φ unbekannt und müssen aus dieser für jeden Zeitpunkt t gültigen Gleichung bestimmt werden. Zu dem Zwecke schreiben wir sie, indem wir $\sin(\omega t - \varphi)$ und $\cos(\omega t - \varphi)$ entwickeln und die Glieder mit $\sin \omega t$ und $\cos \omega t$ zusammenfassen:

$$0 = \sin \omega t(-U_0^* + J_0^* R^* \cos\varphi + L^* \omega J_0^* \sin\varphi) + \cos \omega t(-J_0^* R^* \sin\varphi + L^* \omega J_0^* \cos\varphi).$$

Damit diese Gleichung für jeden Zeitpunkt gelten kann, müssen die Faktoren von $\sin \omega t$ und $\cos \omega t$ einzeln verschwinden, d. h. die Gleichungen bestehen:

$$\begin{cases} U_0^* = J_0^* R^* \cos\varphi + L^* \omega J_0^* \sin\varphi, \\ 0 = -J_0^* R^* \sin\varphi + L^* \omega J_0^* \cos\varphi. \end{cases} \tag{238}$$

Aus der letzteren folgt sofort

$$\tan\varphi = \frac{L^* \omega}{R^*}; \quad \sin\varphi = \frac{L^* \omega}{\sqrt{R^{*2} + L^{*2} \omega^2}}; \quad \cos\varphi = \frac{R^*}{\sqrt{R^{*2} + L^{*2} \omega^2}}. \tag{239}$$

Aus der ersten Gl. (238) folgt dann für J_0:

$$J_0^* = \frac{U_0^*}{\sqrt{R^{*2} + \omega^2 L^{*2}}}. \tag{240}$$

Die nämliche Beziehung besteht natürlich zwischen den Effektivwerten J^*_{eff} und U^*_{eff}. Wir haben damit den Satz gewonnen:

Wenn an eine Leitung mit dem Ohmschen Widerstand R^* und der Selbstinduktion L^* eine Wechselspannung $U^* = U_0^* \sin \omega t$ gelegt wird, so entsteht ein Wechselstrom von der Stärke $J^* = J_0^* \sin (\omega t - \varphi)$, der gegenüber der erzeugenden Spannung eine Phasenverzögerung φ hat, deren Betrag durch die Beziehung $\tan \varphi = \frac{\omega L^*}{R^*}$ gegeben ist; der Scheitelwert des Stromes ist durch die Gl. $J_0^* = \frac{U_0^*}{\sqrt{R^{*2} + \omega^2 L^{*2}}}$ bestimmt.

Gl. (240), die den Zusammenhang zwischen Stromstärke und Spannung ausdrückt, hat für den Wechselstromkreis dieselbe Form, wie das Ohmsche Gesetz für den Gleichstromkreis, nur daß an Stelle des Ohmschen Widerstandes R^* die Größe:

$$Z_L^* = \sqrt{R^{*2} + \omega^2 L^{*2}} \tag{241}$$

tritt, die man als **Wechselstromwiderstand** oder als **Impedanz** bezeichnet; die Größe ωL^* heißt **induktiver Widerstand** oder **Induktanz.** Aus Gl. (241) folgt, daß sich Ohmscher und induktiver Widerstand vektoriell addieren. In Abb. 367 ist diese Addition dargestellt; aus dem Diagramm kann man auch sofort die Beziehung (239) $\tan \varphi = \frac{\omega L^*}{R^*}$ entnehmen. Multiplizieren wir R^* und ωL^* mit J_0^*, so erhalten wir die Werte $U_{oR}^* = R^* J_o^*$ und $U_{oL}^* = \omega L^* J_o^*$, die in Abb. 367 ebenfalls mit eingetragen sind. Sie zeigen, daß zwischen U_{oL}^* und U_{oR}^*, oder, was dasselbe ist, zwischen U_{0L}^* und J_o^* eine Phasenverschiebung von 90° besteht. Außerdem erkennt man die Nacheilung von J_o^* um den Winkel φ gegen U_o^*.

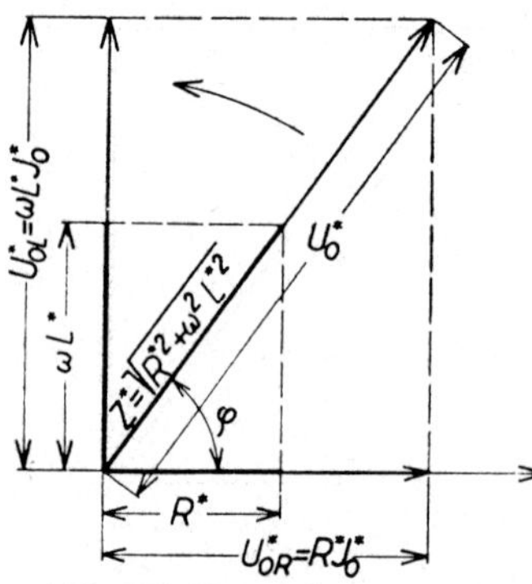

Abb. 367. Vektordiagramm eines Stromkreises mit Selbstinduktion und Widerstand in Reihe

Wir betrachten einige Spezialfälle.

a) $\boldsymbol{\omega L^* = 0}$. Wenn der Stromkreis keine Selbstinduktion enthält oder die Frequenz des Wechselstromes so klein ist, daß ωL^* gegen R^* vernachlässigt werden kann, vereinfachen sich die Gln. (239), (240) und (241) zu

$$\tan \varphi = 0, \quad J_o^* = \frac{U_0^*}{R^*}, \quad Z_L = R^*.$$

Das ist das für Gleichstrom geltende Ohmsche Gesetz.

b) $\boldsymbol{R = 0}$. Dieser Fall tritt ein, wenn entweder L^* oder ω so groß werden, daß der Ohmsche Widerstand gegen den induktiven Widerstand vernachlässigt werden kann; bei Wechselströmen sehr hoher Frequenz ist dies sogar vielfach der Fall. Wir erhalten dann $\tan \varphi = \infty$, also $\varphi = \pi/2$ (90°), und für die Stromstärke folgt:

$$J^* = \frac{U_0^*}{\omega L^*} \sin (\omega t - \pi/2).$$

Strom und Spannung haben demnach einen Phasenunterschied von 90°. Die von der Stromquelle an den Kreis abgegebene Leistung ist also, wie bereits auf S. 271 auseinandergesetzt, Null. Wir haben es mit einem reinen Blindstrom zu tun, der folgendermaßen zustande kommt: Zunächst liefert die Stromquelle Energie an den Kreis, die zur Bildung des magnetischen Feldes in der Spule dient. Wenn wir die Abb. 363 betrachten, so geschieht dies z. B. in der zweiten Viertelperiode, während der Strom von Null bis zu seinem Höchstwert J_o^* ansteigt: das Magnetfeld wird aufgebaut. In der darauffolgenden Viertelperiode nimmt der Strom wieder zu Null ab, das Magnetfeld verschwindet und liefert dadurch, daß es an den Enden der Spule eine Induktionsspannung erzeugt, Energie aus dem Kreis an die Stromquelle zurück. Voraussetzung der ganzen Betrachtung ist natürlich, daß keinerlei Verluste durch Joulesche Wärme, Wirbelströme im Eisen oder Hysterese-Verluste bei der Ummagnetisierung auftreten.

c) $\boldsymbol{R^*}$ **und** $\boldsymbol{\omega L^* \neq 0}$. Für diesen allgemeinen Fall sieht man aus Gl. (240), daß die Phasenverschiebung zwischen Strom und Spannung um so größer ist, je mehr der induktive Widerstand den Ohmschen übertrifft. Bei gegebener Selbstinduktion kann man andererseits diese Phasenverschiebung hinreichend klein machen, indem man mit der Spule einen genügend großen Widerstand in Reihe schaltet. Davon macht man z. B. bei der Spannungsspule der elektrodynamischen Wattmesser Gebrauch (s. S. 229 und 271), bei denen der in dieser Spule fließende Strom mit der angelegten Spannung in Phase sein muß.

Die Tatsache, daß eine Spule mit großer Selbstinduktion für Wechselstrom einen höheren Widerstand als für Gleichstrom besitzt, benutzt man bei den Drosselspulen, die dazu dienen, Wechselströme von Gleichstromleitungen fernzuhalten, den Gleichstrom aber ungestört durchzulassen. Die Abhängigkeit der Impedanz einer Spule von der Frequenz kann man ferner dazu benutzen, um bei nicht sinusförmigen Wechselströmen die Grundfrequenz heraussieben; denn diese wird bevorzugt durchgelassen, während die höheren Vielfachen der Grundfrequenz um so stärker geschwächt werden, je höher ihre Frequenz ist.

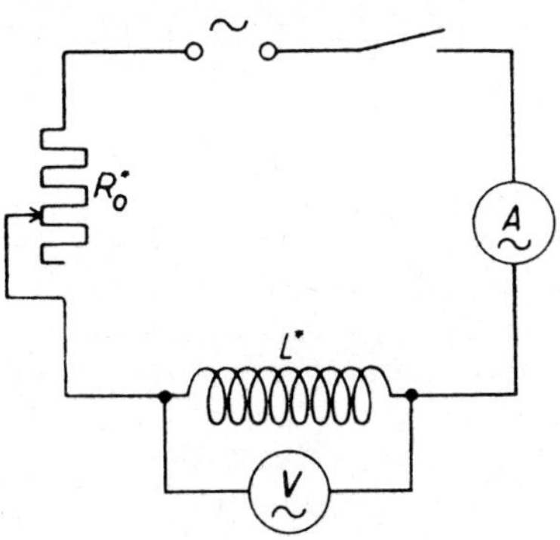

Abb. 368. Schaltung zur Messung einer Selbstinduktion

Hier ist der Ort, an dem wir wenigstens die grundsätzliche Messung einer Selbstinduktion besprechen. Kennt man bei bekannter Frequenz ν die Impedanz der Spule, sowie ihren Gleichstromwiderstand, so kann man aus Gl. (240) die unbekannte Selbstinduktion L berechnen. Zur Messung der Impedanz schaltet man die betreffende Spule in Reihe mit einem bekannten Regulierwiderstand R_0^* und einem Wechselstromamperemeter A an die Klemmen einer Wechselstromquelle (z. B. an das Wechselstrom-Lichtnetz mit $\nu = 50$ Hz, $\omega = 314\ \text{sec}^{-1}$ oder besser $\nu = 500$ Hz, $\omega = 3140\ \text{sec}^{-1}$) und legt parallel zur Spule ein Wechselstromvoltmeter V, das die Spannung $U^*_\sim$ an den Enden der Spule L^* anzeigt (Abb. 368). Den Vorschaltwiderstand R_0^* regelt man so ein, daß das Amperemeter einen nicht zu kleinen Ausschlag J^* anzeigt; dann ist:

$$J^*_\sim = \frac{U^*_\sim}{\sqrt{R^{*2} + \omega^2 L^{*2}}},$$

also:

$$L^* = \frac{1}{\omega}\sqrt{\frac{U^{*2}_\sim}{J^{*2}_\sim} - R^{*2}}.$$

Den Gleichstromwiderstand R^* der Spule L^* mißt man entweder in der Wheatstoneschen Brückenschaltung, nach der Substitutionsmethode (s. S. 134) oder auch in der Schaltung der Abb. 368, indem wir statt der Wechselstromquelle eine Gleichstromquelle anschalten; das Amperemeter gibt dann $J^*_=$, das Voltmeter $U^*_=$, woraus $R^* = \frac{U^*_=}{J^*_=}$ folgt. Man findet daher für die gesuchte Selbstinduktion:

$$L^* = \frac{1}{\omega}\sqrt{\frac{U^{*2}_\sim}{J^{*2}_\sim} - \frac{U^{*2}_=}{J^{*2}_=}}.$$

Auf zwei andere Methoden der Selbstinduktionsbestimmung kommen wir auf S. 279 und S. 340 zurück.

Stromkreis mit Widerstand und Kapazität. Wir wenden uns dem zweiten wichtigen Falle zu, daß der Wechselstromkreis einen Kondensator der Kapazität C^* und einen Ohmschen Widerstand R^* in Reihenschaltung enthält (Abb. 369). Wir nehmen wieder an, daß die an den Kreis geschaltete Wechselspannung $U^* = U_0^* \sin \omega t$ in diesem einen Strom $J^* = J_0^* \sin(\omega t - \varphi)$

mit der Phasenverschiebung φ hervorruft. Dieser durchfließt den Widerstand R^* und lädt den Kondensator C^* auf eine Spannung U_C^* auf, die sich aus der Gleichung $U_C^* = q^*/C^*$ (Gl. 21 auf Seite 25) ergibt, wenn q^* die dem Kondensator zugeführte Elektrizitätsmenge darstellt; die sekundliche Abnahme dieser Ladung, d. h. $-\frac{dq^*}{dt}$, ist gleich dem Strom J^*, d. h.

$$q^* = -\int J^* dt = -\int J_0^* \sin(\omega t - \varphi)\, dt\,.$$

Damit können wir für die Spannung am Kondensator schreiben:

$$(242)\qquad U_C^* = -\frac{J_0^*}{C^*}\int \sin(\omega t - \varphi)\, dt = \frac{J_0^*}{\omega C^*}\cos(\omega t - \varphi).$$

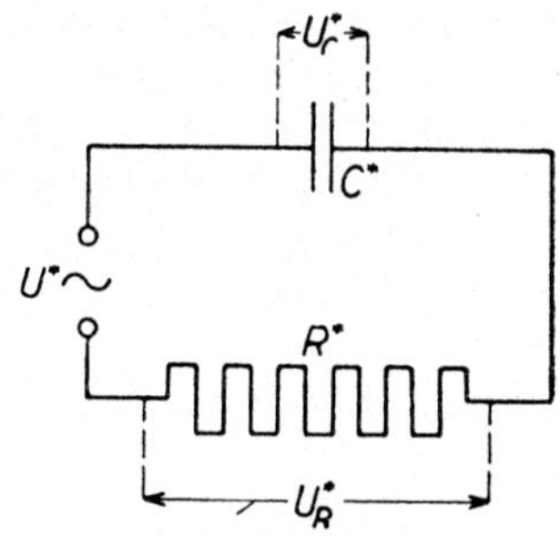

Abb. 369.
Stromkreis mit Kapazität und Widerstand in Reihe

Nach dem Ohmschen Gesetz findet man also für die Stromstärke die Beziehung:

$$J_0^* \sin(\omega t - \varphi) = \frac{U_0^* \sin \omega t + \frac{J_0^*}{\omega C^*}\cos(\omega t - \varphi)}{R^*}$$

oder

$$(243)\qquad U_0^* \sin \omega t = R^* J_0^* \sin(\omega t - \varphi) - \frac{J_0^*}{\omega C^*}\cos(\omega t - \varphi),$$

die ebenso wie Gl. (237) interpretiert werden kann. Aus dieser Gleichung haben wir wieder die beiden Unbekannten J_0^* und φ zu berechnen. Wir machen dies in der gleichen Weise wie im vorhergehenden Falle. Gl. (243) zerfällt also in die beiden Gleichungen:

$$(244)\qquad \begin{cases} U_0^* = R^* J_0^* \cos\varphi - \dfrac{J_0^*}{\omega C^*}\sin\varphi\,, \\ 0 \;= R^* \sin\varphi + \dfrac{1}{\omega C^*}\cos\varphi\,. \end{cases}$$

Die letztere liefert sofort:

$$(245)\qquad \tan\varphi = -\frac{1}{R^*\omega C^*};\quad \sin\varphi = -\frac{\frac{1}{\omega C^*}}{\sqrt{R^{*2} + \frac{1}{\omega^2 C^{*2}}}}\,;\quad \cos\varphi = \frac{R^*}{\sqrt{R^{*2} + \frac{1}{\omega^2 C^{*2}}}}\,.$$

Setzt man diese Werte von $\sin\varphi$ und $\cos\varphi$ in die erste Gleichung (244) ein, so folgt für J_0^*:

$$(246)\qquad J_0^* = \frac{U_0^*}{\sqrt{R^{*2} + \frac{1}{\omega^2 C^{*2}}}}$$

Aus (245) ergibt sich, daß die Phasenverschiebung hier negativ ausfällt, d. h. der Strom erhält durch die eingeschaltete Kapazität keine Phasenverzögerung gegenüber der Spannung, wie im vorhergehenden Falle, sondern eine Phasenvoreilung. Hieraus folgt der Satz:

Wenn an eine Leitung mit dem Ohmschen Widerstand R^* und der Kapazität C^* eine Wechselspannung $U^* = U_0^* \sin\omega t$ gelegt wird, so entsteht ein Wechselstrom von der Stärke $J^* = J_0^* \sin(\omega t - \varphi)$, der gegenüber der erzeugenden Spannung eine Phasenvoreilung hat, deren Betrag durch die Beziehung $\tan\varphi = -\frac{1}{\omega C^* R^*}$ gegeben ist; der Scheitelwert des Stromes ist durch die Gleichung

$$J_0^* = \frac{U_0^*}{\sqrt{R^{*2} + \frac{1}{\omega^2 C^{*2}}}}$$

bestimmt.

Für die Impedanz des Wechselstromkreises finden wir also jetzt

$$Z_C^* = \sqrt{R^{*2} + \frac{1}{\omega^2 C^{*2}}}. \tag{247}$$

Die Größe $\frac{1}{\omega C^*}$ wird **kapazitiver Widerstand, Reaktanz** oder **Kondensanz** genannt. Auch Ohmscher und kapazitiver Widerstand addieren sich vektoriell, wie das Diagramm Abb. 370 zeigt. Man erkennt daraus zunächst die Beziehung (245): $\tan\varphi = -\frac{1}{\omega C^* R^*}$. Multiplizieren wir die Werte R^* und $\frac{1}{\omega C^*}$ mit J_0^*, so erhalten wir die Werte $U_{0R}^* = J_0^* R^*$ und $U_{0C}^* = J_0^*/\omega C^*$, die gleichfalls in Abb. 370 eingetragen sind. Sie zeigen, daß zwischen U_{0C}^* und J_0^* eine Phasenverschiebung von 90° besteht, und zwar eilt J_0^* der Spannung voraus.

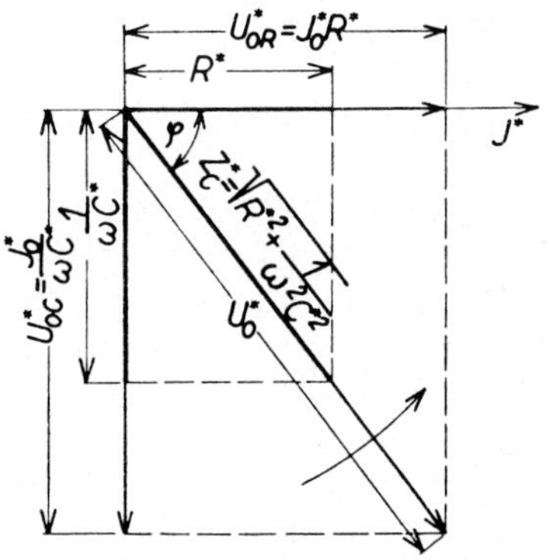

Abb. 370. Vektordiagramm für einen Stromkreis mit Kapazität und Widerstand in Reihe

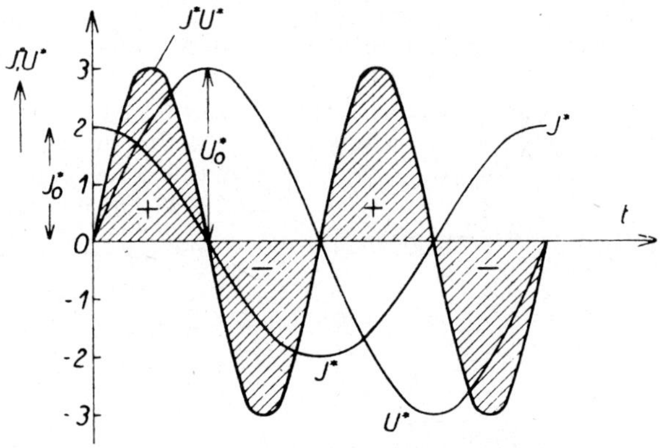

Abb. 371. Leistungskurve J^*U^* eines Wechselstromes bei einer Phasenvoreilung der Spannung U^* von 90° gegenüber dem Strom J^*

Wir betrachten folgende Spezialfälle:

a) $\boldsymbol{C^* = 0}$. Dann wird $J_0^* = 0$; ein Strom kann nicht fließen: Ein Kondensator der Kapazität Null stellt eine Unterbrechung der Leitung dar.

b) $\boldsymbol{C^* = \infty}$. In diesem Falle wird $J_0^* = U_0^*/R^*$, d. h. ein Kondensator unendlich großer Kapazität wirkt für einen Wechselstrom wie ein Kurzschluß. Ferner wird $\tan\varphi = 0$, d. h. $\varphi = 0$. Es tritt also bei unendlich großer Kapazität keine Phasenverschiebung zwischen Strom und Spannung auf, und es gilt das Ohmsche Gesetz, wie für Gleichstrom.

c) $\boldsymbol{R^* = 0}$. Dann wird $\mathrm{tg}\,\varphi = \infty$, also $\varphi = 90°$: der Strom eilt der Spannung um 90° voraus. Für den Scheitelwert von J^* erhalten wir $J_0^* = U_0^* \omega C^*$. Bei diesem Strom haben wir es wieder mit reinem Blindstrom zu tun; denn wegen $\varphi = 90°$ ist die von der Wechselstromquelle an den Kreis abgegebene Leistung gleich Null. Um dies zu verstehen, betrachten wir Abb. 371, in der eine sinusförmige Spannung U^* und ein dieser um 90° voreilender Strom J^* in Abhängigkeit von der Zeit aufgetragen sind: außerdem ist die U^*J^*-Kurve eingezeichnet. In der ersten Viertelperiode, während die Spannung ansteigt und der Strom absinkt, gibt die Stromquelle elektrische Energie an den Kreis, d. h. an den Kondensator ab, indem sich ein elektrisches Feld aufbaut. Die Ladung ist beendet, wenn der Strom durch Null geht. In der zweiten Viertelperiode kehrt der Strom seine Richtung um, der Kondensator entlädt sich wieder und gibt seine elektrische Energie an die Stromquelle zurück, worauf sich das Spiel von neuem wiederholt.

Streng genommen gelten diese Verhältnisse natürlich nur bei einem vollkommen verlustfreien Dielektrikum. Im allgemeinen findet aber in Dielektrika, besonders bei hohen Frequenzen infolge der Umpolung der in ihnen erzeugten oder der Umlagerung der in ihnen bereits vorhandenen Dipole eine Erwärmung statt, die einen Verbrauch an elektrischer Energie darstellt, so daß zu dem Blindstrom noch ein kleiner Wirkstrom kommt. Man gibt diese dielektrischen Verluste durch einen Verlustwinkel δ an, der folgendermaßen definiert ist: Die gesamte in einem Kondensator auftretende Verlustleistung ist durch

$$N_v = J^*_{eff}\, U^*_{eff} \cos\varphi$$

gegeben, oder wenn man $\varphi = 90° - \delta$ setzt, durch

$$N_v = J^*_{eff}\, U^*_{eff} \sin\delta\,.$$

Da die Verluste in einem Kondensator im allgemeinen klein sind, erreicht φ den Betrag von nahezu 90°, δ ist also ein sehr kleiner Winkel, so daß annähernd gilt

$$N_v = J^*_{eff}\, U^*_{eff}\, \delta\,.$$

Schreiben wir

$$\delta = \frac{N_v}{J^*_{eff}\, U^*_{eff}},$$

so kann man δ auch als Verhältnis der Wirkleistung im Kondensator zur Scheinleistung definieren.

Diese Darstellung der Verluste durch einen Verlustwinkel hat gegenüber der Angabe eines Verlustwiderstandes den Vorzug, daß sie unabhängig von Form und Größe des Kondensators und nur durch die Beschaffenheit des Dielektrikums und der Frequenz bedingt ist. Für gute Kondensatoren liegt δ in der Größenordnung von 10^{-4}, für die meisten technischen Isolierstoffe zwischen 10^{-3} und 10^{-2}; $\delta = 4 \cdot 10^{-3} = 4^0/_{00}$ bedeutet also einen Verlust von 4 Watt pro Kilowatt.

Von der Tatsache, daß ein Kondensator großer Kapazität für Wechselstrom einen kleinen Widerstand, für Gleichstrom jedoch eine Unterbrechung darstellt — als Beispiel sei angeführt, daß eine Kapazität von 10 μF für 50 Hz einen Widerstand von 318 Ohm und für 500 Hz sogar nur einen von 31,8 Ohm

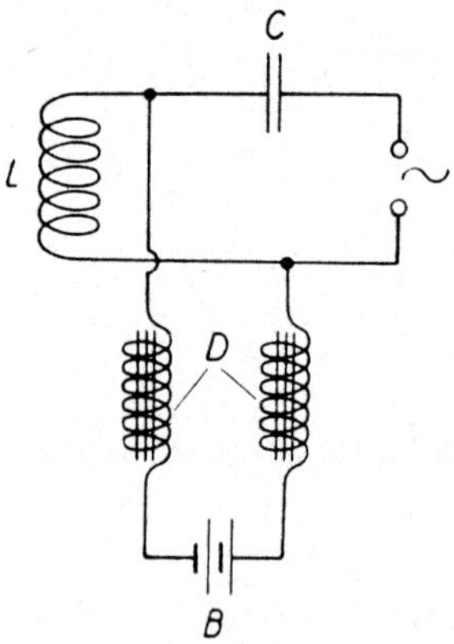

Abb. 372. Schaltung, bei der die Spule L gleichzeitig von einem Gleich- und Wechselstrom durchflossen wird

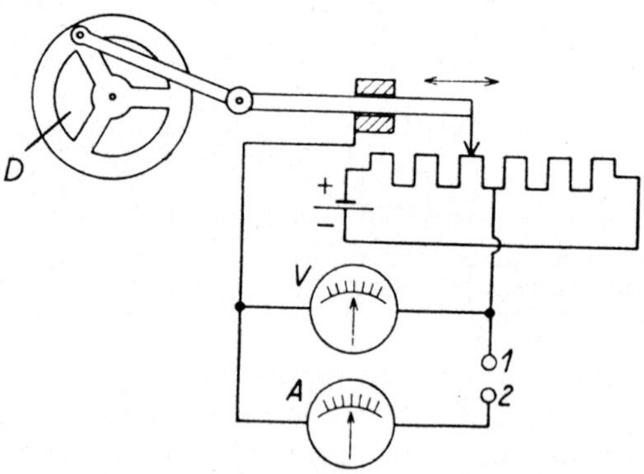

Abb. 373.
Anordnung zur Vorführung Phasenbeziehung zwischen Strom und Spannung in einem Wechselstromkreis

besitzt — macht man häufig Gebrauch, um eine Gleichspannung von einer Wechselstromleitung fernzuhalten. Abb. 372 zeigt ein Schaltbild, bei dem die Spule L gleichzeitig von Gleich- und Wechselstrom durchflossen werden soll, ohne daß der Gleichstrom die Wechselstromquelle und der Wechselstrom die Gleichstromquelle B durchfließt. Dies gelingt durch den Blockkondensator C und die Drosselspulen D (s. hierzu S. 275).

Die in den oben behandelten Fällen zwischen Strom und Spannung auftretende Phasenverschiebung kann man in verschiedener Weise sichtbar machen und messen, z. B. indem man mittels zweier Oszillographenschleifen (S. 222) die Strom- und Spannungskurve übereinander schreibt. Wir geben noch einen anschaulichen Demonstrationsversuch an, bei dem man an der Zeigerbewegung zweier Drehspulgalvanometer, von denen das eine als Amperemeter, das andere als Voltmeter geschaltet ist, die Phasenverschiebung zwischen Strom und Spannung deutlich erkennen kann. Damit die Zeiger der Instrumente den Strom- und Spannungsänderungen folgen können, muß man eine Wechselspannung von sehr geringer Frequenz ($\nu = {}^1/_2$ bis 1 Hz) verwenden. Diese läßt sich aus einer Gleichspannung durch eine Potentiometerschaltung erzeugen (Abb. 373), bei der der Gleitkontakt des Widerstandes eine sinusförmige hin- und hergehende

Bewegung ausführt. Zwischen dem Gleitkontakt und der Mitte des Widerstandes erhält man dann eine sinusförmige Spannung, deren Frequenz durch die Umdrehungszahl des Rades D gegeben ist. Die beiden Meßinstrumente sollen die Nullstellung ihrer Zeiger in der Mitte der Skala haben. Liegt in dem Stromkreis zwischen den Klemmen 1 und 2 ein rein Ohmscher Widerstand, so beobachtet man beim Drehen des den Gleitkontakt bewegenden Rades, daß die Zeiger der Instrumente sich gleichphasig bewegen, weil Strom und Spannung in Phase sind. Schaltet man aber zwischen 1 und 2 eine größere Selbstinduktion, so hinkt der Zeiger des Amperemeters nach, während bei einer zwischen 1 und 2 eingeschalteten größeren Kapazität der Zeiger des Amperemeters dem des Voltmeters deutlich vorauseilt.

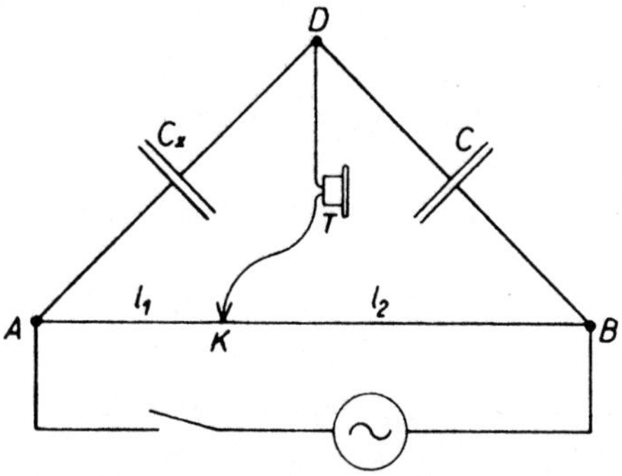

Abb. 374. Wheatstonesche Brückenschaltung zum Vergleich von Kapazitäten

Die Tatsache, daß eine Kapazität einen Wechselstromwiderstand darstellt, kann man dazu benutzen, um eine Kapazität in der Wheatstoneschen Brückenschaltung zu messen. Man vergleicht dabei die unbekannte Kapazität C_x mit einer bekannten C von veränderlicher Größe. Der Schleifkontakt K der mit Wechselstrom betriebenen Brücke AB (Abb. 374) muß so eingestellt werden, daß in dem in die Brücke eingeschalteten Telephon T kein Ton mehr hörbar, die Brücke also stromlos ist. (An Stelle des Telephons kann man auch ein hochempfindliches Wechselstromgalvanometer, z. B. Drehspulgalvanometer mit vorgeschaltetem Trockengleichrichter benutzen.) Ist diese Bedingung erfüllt, so muß sich der Wechselstromwiderstand von C_x zu dem von C verhalten, wie die Widerstände der durch den Schleifkontakt K eingestellten Meßdrahtstücke AK und KB, d. h. wie die entsprechenden Drahtlängen l_1 und l_2. Wir haben also die Gleichung:

$$\frac{1}{\omega C_x} : \frac{1}{\omega C} = l_1 : l_2 \,,$$

woraus folgt:

$$C_x : C = l_2 : l_1 \,.$$

Die Kapazitäten verhalten sich also umgekehrt wie die anliegenden Meßdrahtlängen, wenn die Brücke stromlos ist.

Man kann natürlich auch eine unbekannte Selbstinduktion in einer mit Wechselstrom betriebenen Brückenschaltung mit einer bekannten Selbstinduktion vergleichen. Dabei ist aber zu beachten, daß jede Selbstinduktion mit einem Ohmschen Widerstande behaftet ist. Damit die Brücke stromlos wird, muß nicht nur die Bedingung

$$\frac{\omega L_x}{\omega L} = \frac{L_x}{L} = \frac{l_1}{l_2} \,,$$

die die Spannung Null zwischen K und D in Abb. 374 ergibt, bestehen, sondern auch die weitere Bedingung

$$\tan \frac{\omega L_x}{R_x} = \tan \frac{\omega L}{R}$$

erfüllt sein, die aussagt, daß die Phasenverschiebung zwischen Strom und Spannung in den beiden Brückenästen AD und BD denselben Wert hat; denn nur in diesem Falle wird die Brücke in jedem Zeitmoment wirklich stromlos. Für die zweite Gleichung können wir auch schreiben

$$\frac{L_x}{L} = \frac{R_x}{R} \,,$$

woraus mit Bezug auf die erste Gleichung folgt:

$$\frac{R_x}{R} = \frac{l_1}{l_2}.$$

Diese letzte Bedingung läßt sich dadurch erfüllen, daß man in Reihe mit den Selbstinduktionen regelbare selbstinduktionsfreie Widerstände einschaltet und diese entsprechend abgleicht (Maxwellsche Methode).

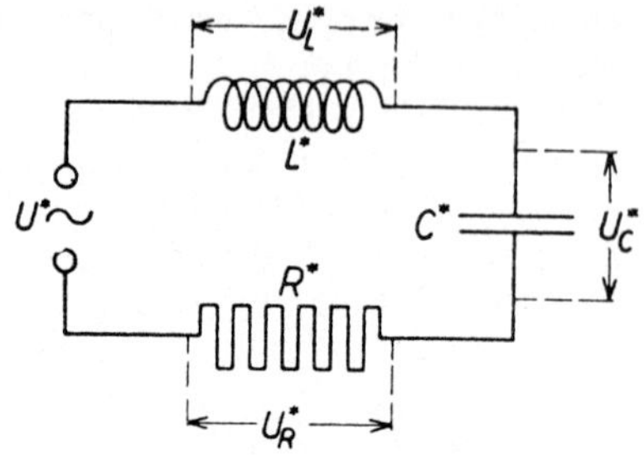

Abb. 375. Stromkreis mit Selbstinduktion, Kapazität und Widerstand in Reihe

Stromkreis mit Widerstand, Selbstinduktion und Kapazität; Spannungs- und Stromresonanz. Wir wenden uns jetzt zur Betrachtung des allgemeinen Falles, daß der Wechselstromkreis einen Ohmschen Widerstand, eine Selbstinduktion und eine Kapazität enthält, die zunächst alle hintereinander geschaltet sein mögen (Abb. 375). Nehmen wir wieder an, daß die an den Kreis gelegte Wechselspannung $U^* = U_0^* \sin \omega t$ einen Strom $J^* = J_0^* \sin(\omega t - \varphi)$ erzeugt, so können wir unter Berücksichtigung der auf S. 273 und 276 abgeleiteten Ergebnisse für den Strom die folgende Beziehung aufstellen:

$$J_0^* \sin(\omega t - \varphi) = \frac{U_0^* \sin \omega t - L^*\omega J_0^* \cos(\omega t - \varphi) + \frac{J_0^*}{\omega C^*} \cos(\omega t - \varphi)}{R^*},$$

die wir in der Form schreiben wollen:

$$U_0^* \sin \omega t = R^* J_0^* \sin(\omega t - \varphi) + L^*\omega J_0^* \cos(\omega t - \varphi) - \frac{J_0^*}{\omega C^*} \cos(\omega t - \varphi). \tag{248}$$

Sie zerfällt, wie in den bisherigen Fällen, in die beiden folgenden Gleichungen:

$$\begin{cases} U_0^* = J_0^* \cdot \left[R^* \cos \varphi + \left(\omega L^* - \frac{1}{\omega C^*} \right) \sin \varphi \right], \\ 0 = - R^* \sin \varphi + \left(\omega L^* - \frac{1}{\omega C^*} \right) \cos \varphi . \end{cases} \tag{249}$$

Aus der letzteren folgt sofort:

$$\tan \varphi = \frac{L^*\omega - \frac{1}{\omega C^*}}{R^*}; \qquad \sin \varphi = \frac{L^*\omega - \frac{1}{\omega C^*}}{\sqrt{R^{*2} + \left(\omega L^* - \frac{1}{\omega C^*}\right)^2}};$$

$$\cos \varphi = \frac{R^*}{\sqrt{R^{*2} + \left(L^*\omega - \frac{1}{\omega C^*}\right)^2}}. \tag{250}$$

Geht man mit diesen Werten von $\sin \varphi$ und $\cos \varphi$ in die erste Gleichung (249) ein, so liefert sie den folgenden Wert für J^*_0:

$$J^*_0 = \frac{U_0^*}{\sqrt{R^{*2} + \left(L^*\omega - \frac{1}{\omega C^*}\right)^2}}. \tag{251}$$

Wir haben damit den Satz:

Wenn an eine Leitung mit in Reihe geschaltetem Ohmschen Widerstand R^*, Selbstinduktion L^* und Kapazität C^* eine Wechselspannung $U^* = U_0^* \sin \omega t$ gelegt wird, so entsteht ein Wechsel-

strom von der Stärke $J^* = J_0^* \sin(\omega t - \varphi)$, der gegenüber der erzeugenden Spannung eine Phasenverzögerung φ hat, deren Größe durch

$$\tan \varphi = \frac{L^* \omega - \dfrac{1}{\omega C^*}}{R^*}$$

gegeben ist. Der Scheitelwert des Stromes ist durch die Gleichung

$$J_0^* = \frac{U_0^*}{\sqrt{R^{*2} + \left(\omega L^* - \dfrac{1}{\omega C^*}\right)^2}}$$

bestimmt.

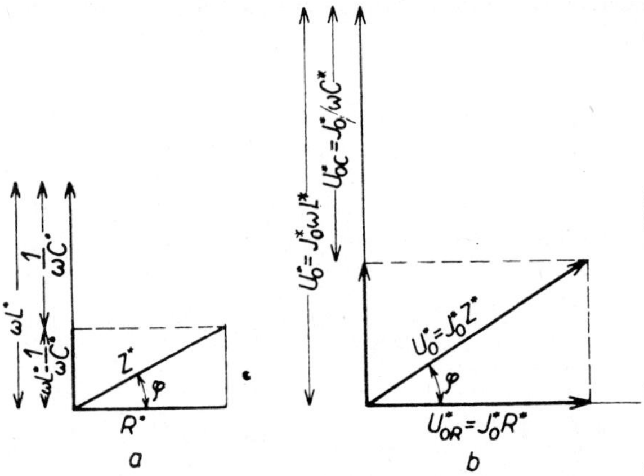

Abb. 376. Vektorielle Zusammensetzung der Einzelwiderstände (a) und der an diesen herrschenden Spannungen (b) bei der Reihenschaltung von Selbstinduktion, Kapazität und Ohmschem Widerstand

Die **Impedanz dieses Wechselstromkreises** beträgt demnach

$$Z^* = \sqrt{R^{*2} + \left(\omega L^* - \frac{1}{\omega C^*}\right)^2}. \tag{252}$$

Abb. 376a zeigt die vektorielle Zusammensetzung der einzelnen Widerstände; danach ist $R^* = Z^* \cdot \cos \varphi$ der Wirkwiderstand und

$$\omega L^* - \frac{1}{\omega C^*} = Z^* \sin \varphi$$

der Blindwiderstand. In Abb. 376b ist das Vektordiagramm für die an den Widerständen sich ausbildenden Spannungen wiedergegeben.

Aus Gl. (251) folgt, daß der Strom J_0^* ein Maximum, $J_0^* = U_0^*/R^*$ wird, wenn der Ausdruck $\omega L^* - \dfrac{1}{\omega C^*} = 0$ wird, d. h. wenn der induktive Widerstand ωL^* gleich dem kapazitiven Widerstand $\dfrac{1}{\omega C^*}$ wird. Dies ist der Fall für

$$\omega = \sqrt{\frac{1}{L^* C^*}}. \tag{253}$$

Im Gaußschen System (L und C in cm) nimmt Gl. (253) die Gestalt

$$\omega = c \sqrt{\frac{1}{LC}}$$

an.

Dann wird, wie wir aus Gl. (250) erkennen und aus den Diagrammen der Abb. 376 ablesen, $\tan \varphi = 0$, also $\varphi = 0$, d. h. der Strom ist wieder mit der Spannung in Phase.

Man nennt diese Erscheinung, daß in dem betrachteten Wechselstromkreis die Wirkung der Selbstinduktion durch diejenige der Kapazität aufgehoben wird, **Spannungsresonanz.** Es treten nämlich, wie man aus dem Diagramm Abb. 376b abliest, sowohl an der Selbstinduktion wie auch an der Kapazität Spannungen auf, die die Spannung der Stromquelle um ein Vielfaches übersteigen können. Für die Stromstärke, die durch den Kreis fließt, machen sich diese Spannungen deshalb nicht bemerkbar, weil sie in ihrer Phase um 180° gegeneinander versetzt sind und sich gerade kompensieren. In Abb. 377 ist für einen Wechselstromkreis mit $R^* = 100$ Ohm, $L^* = 1$ Henry und $C^* = 10$ Mikrofarad, an dem eine Spannung von 200 Volt liegt, der Verlauf der Spannungen U_R^*, U_L^* und U_C^*, sowie des Stromes J^* und der Phasenverschiebung φ in Abhängigkeit von der Kreisfrequenz dargestellt. Sämtliche Strom- und Spannungswerte durchlaufen Resonanzkurven.

Die Resonanzfrequenz ist nach Gl. (253):

$$\omega_r = \sqrt{\frac{1}{10^{-5}}} = \sqrt{10^5} = 316{,}2\ \mathrm{sec}^{-1}.$$

Bei dieser Frequenz erreichen der Strom J^* und die Spannung U_R^* am Widerstand ihre maximalen Werte von 2 Ampere und 200 Volt. Das Maximum der Kondensatorspannung

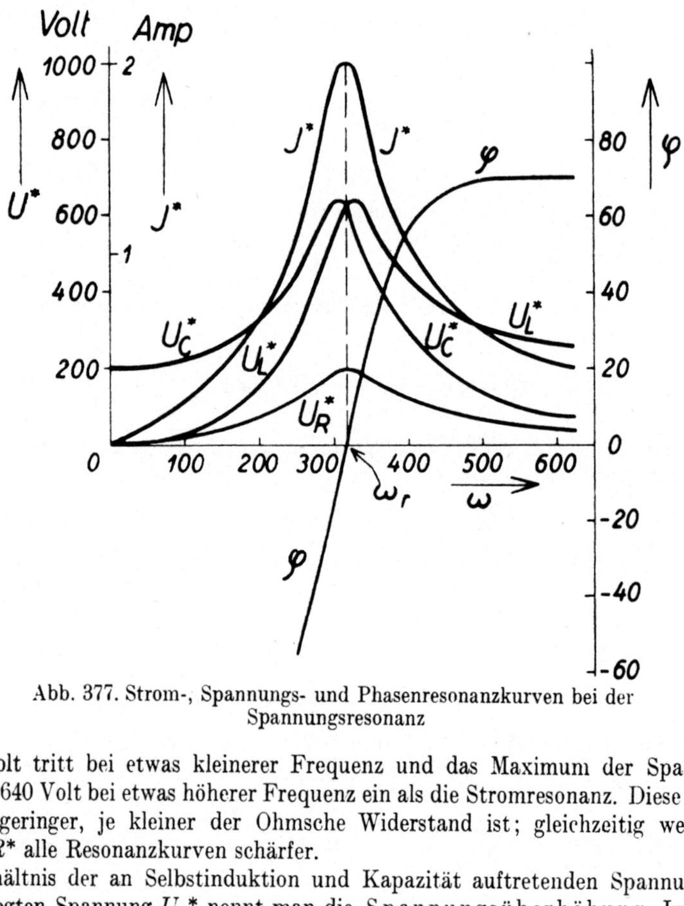

Abb. 377. Strom-, Spannungs- und Phasenresonanzkurven bei der Spannungsresonanz

$U_C^* = 640$ Volt tritt bei etwas kleinerer Frequenz und das Maximum der Spannung an der Spule $U_L^* = 640$ Volt bei etwas höherer Frequenz ein als die Stromresonanz. Diese Verschiebung wird um so geringer, je kleiner der Ohmsche Widerstand ist; gleichzeitig werden mit abnehmendem R^* alle Resonanzkurven schärfer.

Das Verhältnis der an Selbstinduktion und Kapazität auftretenden Spannung zu der an den Kreis gelegten Spannung U_0^* nennt man die Spannungsüberhöhung. Im Resonanzfall kann man dafür schreiben:

$$\frac{U_L^*}{U_0^*} = \frac{U_c^*}{U_0^*} = \frac{J_0^*\,\omega L^*}{J_0^*\,R^*} = \frac{\omega L^*}{R^*} = \frac{1}{\omega C^*\,R^*}.$$

Das Auftreten derartiger Resonanzerscheinungen ist in der Wechselstromtechnik wegen der dabei auftretenden hohen Spannungen, die zur Zerstörung von Leiterteilen (Durchschlag von Isolatoren, Kabeln usw.) führen können, sehr gefürchtet.

Folgender Versuch zeigt besonders anschaulich diese Spannungsresonanz. Ein größerer Funkeninduktor T (Abb. 378) ist primär über ein Amperemeter an eine Wechselstrommaschine M angeschlossen, deren Frequenz sich durch Regelung der Umlaufszahl stetig ändern läßt. An den Enden der Sekundärspule des Induktors liegt eine Leydener Flasche der Kapazität C^*. Die Selbstinduktion L^* der Sekundärspule, deren Ohmschen Widerstand wir uns in Reihe mit L^* geschaltet denken können, bildet mit der Kapazität den Wechselstromkreis, in dem durch den Induktor eine Wechselspannung induziert wird. Steigert man die Frequenz des Stromes, indem man die Maschine allmählich schneller laufen läßt, so treten im Resonanzfall, wenn $\nu = \frac{1}{2\pi\sqrt{L^* C^*}}$ ist, an der Kapazität C^* derartig hohe Spannungen auf, daß eine kräftige Funkenentladung zwischen den Belägen der Leydener Flasche über das Glas derselben einsetzt. Bei weiterer Erhöhung der Frequenz verschwindet das Funkenspiel wieder. Schaltet man den Antriebsmotor der Wechselstrommaschine aus, so daß deren Tourenzahl sinkt, so setzt die Resonanzerscheinung nochmals in dem Augenblicke ein, in dem die Maschine die kritische Tourenzahl durchläuft. Beobachtet man das Amperemeter im Primärkreis des Induktors, so zeigt dieses im Augenblick der Resonanz einen plötzlichen Stromanstieg, da dann die Phasenverschiebung zwischen Strom und Spannung im Sekundärkreis Null ist und infolgedessen die im Ohmschen Widerstand in Wärme umgesetzte Energie ein Maximum erreicht. (Um dies zu beobachten, muß man die primäre Spannung so weit erniedrigen, daß es zu keinem Funkenübergang an der Leydener Flasche kommt, der einen zusätzlichen Energieverbrauch darstellt.)

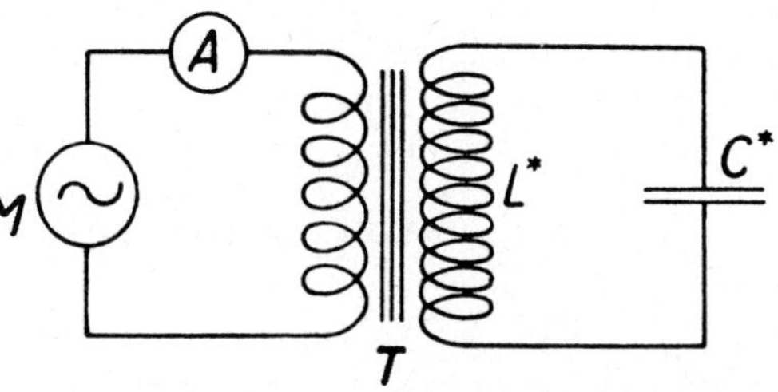

Abb. 378. Schaltung zum Nachweis der Spannungsresonanz

Neben dieser Spannungsresonanz bei der Reihenschaltung von L^*, C^* und R^* spielt in der Technik und besonders in der Hochfrequenz ein anderer Fall eine größere Rolle, bei der eine Selbstinduktion und ein Kondensator in Parallelschaltung an eine Wechselstromquelle angeschlossen sind (Abb. 379). Ist die Wechselspannung $U^* = U_0^* \sin \omega t$, so fließt durch den linken Zweig des Kreises nach unseren Überlegungen von Seite 272 ein Strom $J^*_{LR} = \frac{U^* \sin(\omega t - \varphi)}{\sqrt{R^{*2} + \omega^2 L^{*2}}}$ und durch den rechten Teil ein rein kapazitiver Strom $J_c^* = U_0^* \omega\, C^* \sin\left(\omega t + \frac{\pi}{2}\right)$. Ersterer hat eine Phasenverzögerung φ mit $\tan \varphi = \frac{\omega L^*}{R^*}$, letzterer eine Phasenvoreilung von 90° gegen die Wechselspannung U^*. Beide Ströme ergeben zusammen den resultierenden Strom $J^* = J_0^* \sin(\omega t - \psi)$ mit der Phasenverschiebung ψ gegen U^*. In Abb. 380 ist das Vektordiagramm wiedergegeben. Man kann daraus folgendes entnehmen: Da mit kleiner werdendem R^* oder, was auf dasselbe herauskommt, mit steigendem L^* die Phasenverschiebung φ sich allmählich dem Wert 90° nähert, erhalten wir im Grenzfall durch den linken Zweig einen

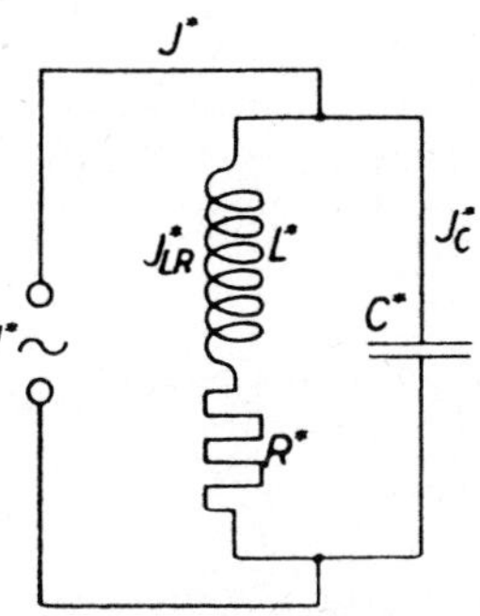

Abb. 379. Stromkreis mit Selbstinduktion und Kapazität in Parallelschaltung

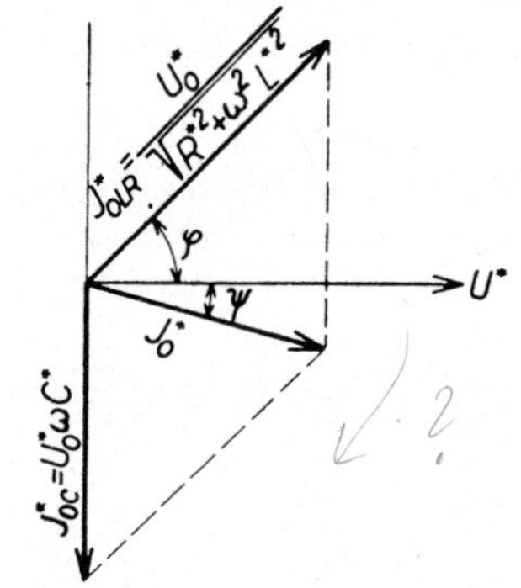

Abb. 380. Vektordiagramm für einen Stromkreis mit Selbstinduktion und Kapazität in Parallelschaltung

induktiven Strom $J_L^* = \frac{U_0^* \sin\left(\omega t - \frac{\pi}{2}\right)}{\omega L^*}$ und durch den anderen Zweig einen kapazitiven Strom $J_c^* = U_0^* \omega\, C^* \sin\left(\omega t + \frac{\pi}{2}\right)$, die also gegeneinander um 180° in der Phase verschoben sind. Wählt man dann noch die Bedingungen so, daß $\frac{1}{\omega L^*} = \omega C^*$ oder $\omega = \frac{1}{\sqrt{L^* C^*}}$. ist, so werden die beiden Ströme auch noch gleich groß und heben sich gegeneinander auf. Wir haben dann den merkwürdigen Fall, daß der Strom in der Zuleitung Null wird, während in den beiden Zweigen beträchtliche Ströme fließen können. Man spricht in diesem Falle von **Stromresonanz.** Im Resonanzfall stellt die Parallelschaltung von Selbstinduktion und Kapazität einen unendlich großen Widerstand dar. Dies gilt freilich nur für $R^* = 0$, läßt sich aber für hohe Frequenzen mit größerer Annäherung erreichen, da ωL^* dann groß gegen R^* gemacht werden kann. Es läßt sich also mit einem solchen Kreis eine bestimmte Wechselstromfrequenz sperren (Sperrkreis).

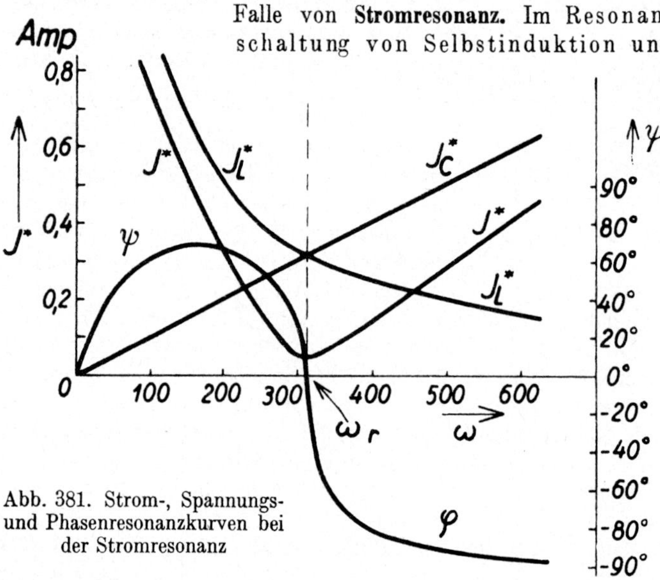

Abb. 381. Strom-, Spannungs- und Phasenresonanzkurven bei der Stromresonanz

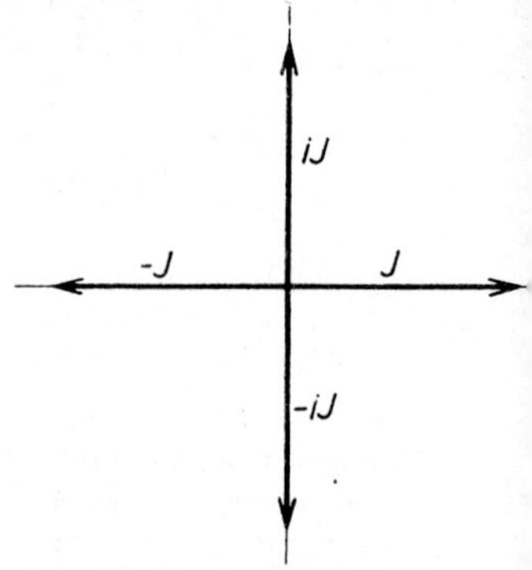

Abb. 382. Drehung eines Vektors J in der Ebene der komplexen Zahlen

Versucht man in der früher beschriebenen Weise den Widerstand dieses Kreises zu berechnen, so gelangt man bei Benutzung der trigonometrischen Funktionen zu sehr unübersichtlichen Gleichungen. Wir geben daher zunächst nur das Ergebnis an und zeigen weiter unten, wie man auf einem anderen Wege sehr einfach zu diesen Resultaten gelangen kann.

Für den Wechselstromwiderstand ergibt sich:

(254)
$$Z^* = \frac{1}{\omega C^*} \sqrt{\frac{R^{*2} + \omega^2 L^{*2}}{R^{*2} + \left(\omega L^* - \frac{1}{\omega C^*}\right)^2}}.$$

Damit wird:

$$J^* = \frac{U^*_0 \sin(\omega t - \psi)}{Z^*},$$

wobei

(255)
$$\tan\psi = \frac{\omega L^* - \omega C^* (R^{*2} + \omega^2 L^{*2})}{R^*}$$

ist.

Setzen wir $\omega L^* - \frac{1}{\omega C^*} = 0$, also $\omega = \frac{1}{\sqrt{L^* C^*}}$, so erhalten wir das für kleine R^* im Resonanzfall gültige Ergebnis:

$$Z^*_{res} = \frac{1}{\omega C^*} \sqrt{\frac{R^{*2} + \omega^2 L^{*2}}{R^{*2}}} = \frac{L^*}{C^* R^*} \sqrt{1 + \left(\frac{R^*}{\omega L^*}\right)^2} = \frac{L^*}{C^* R^*} \sqrt{1 + \frac{R^{*2} C^*}{L^*}},$$

$$\tan\varphi_{res} = -\frac{R^*}{\omega L^*} = -R^* \sqrt{\frac{C^*}{L^*}}.$$

Für ein sehr kleines R^* wirkt der Kreis im Resonanzfall wie ein Ohmscher Widerstand vom Betrage $Z^{*\prime}_{res} = \frac{L^*}{C^* R^*}$.

In Abb. 381 sind in Abhängigkeit von der Kreisfrequenz die Werte J^*, J_L^* und J_C^* sowie die Phase ψ zwischen J^* und U^* für einen Kreis mit $L^* = 1$ Henry, $C^* = 10\,\mu$F und $R^* = 50$ Ohm dargestellt, wenn die an den Kreis gelegte Spannung 100 Volt beträgt. Man erkennt deutlich, daß bei der Resonanzfrequenz $\omega_{res} = 316{,}2$ Hz der Strom J^* ein Minimum durchläuft, während die Werte von J_L^* und J_C^* gleich groß werden und ungefähr den sechsfachen Betrag von J^* erreichen.

In Analogie zu dem auf S. 282 im Falle der Spannungsresonanz eingeführten Begriff der Spannungsüberhöhung bezeichnet man das Verhältnis des durch die Selbstinduktion oder die Kapazität fließenden Stromes zu dem Gesamtstrom J_0^* als **Stromüberhöhung;** im Resonanzfall ist diese

$$\frac{J_L^*}{J_0^*} = \frac{U_0^*}{\omega L^*} \cdot \frac{Z_{res}^*}{U_0^*} = \frac{L^*}{\omega L^* C^* R^*} = \frac{\omega L^*}{R^*} = \frac{1}{\omega C^* R^*}$$

also von derselben Größe wie die Spannungsüberhöhung.

Symbolische Lösung von Wechselstromaufgaben. Wir wollen jetzt die bereits oben angekündigte Rechenmethode angeben, die bequem zur Lösung von Wechselstromaufgaben führt. Wenn ein Vektor, z.B. J in Abb. 382, um 180° gedreht wird, so ist dies gleichbedeutend mit einer Multiplikation des Vektors mit -1. Da eine Drehung um 180° durch eine zweimalige Drehung um 90° entsteht, so entspricht einer Drehung des Vektors um 90° eine Multiplikation mit $\sqrt{-1} = i$, wo i die imaginäre Einheit darstellt. Da ein induktiver Widerstand ωL^* eine Phasenvoreilung der Spannung um 90° bewirkt, bezeichnen wir ihn mit $i\omega L^*$. Entsprechend wird der kapazitive Widerstand, der eine Phasennacheilung der Spannung um 90° hervorruft, mit $-\frac{i}{\omega C^*}$ bezeichnet. Der Wirkwiderstand, der keinerlei Phasenverschiebung erzeugt, wird weiterhin mit R^* bezeichnet. Mit diesen imaginären Widerständen kann man nun genau so wie mit Ohmschen Widerständen bei Gleichstrom rechnen. Zum Schluß ist das Ergebnis ins Reelle zu übertragen. Der absolute Betrag des gesuchten Wechselstromwiderstandes ist gleich der Wurzel aus der Quadratsumme des reellen und imaginären Teiles; die Phasenverschiebung $\tan\varphi$ ist gleich dem Quotienten aus dem imaginären und dem reellen Teil. Wegen der Verwandtschaft der komplexen Größen mit den Vektoren, schreiben wir die komplexen Widerstände mit fetten Fraktur-Buchstaben.

Wir erläutern dieses Rechenverfahren zunächst durch folgende einfache Beispiele, in denen wir die Lösung bereits kennen.

1. Stromkreis mit Widerstand R^* und Selbstinduktion L^* in Hintereinanderschaltung (Abb. 366):

$$\mathfrak{Z}^* = R^* + i\omega L^*; \quad |\mathfrak{Z}^*| = Z^* = \sqrt{R^{*2} + \omega^2 L^{*2}}; \quad \tan\varphi = \frac{\omega L^*}{R^*}.$$

2. Stromkreis mit Widerstand R^* und Kapazität C^* in Reihenschaltung (Abb. 369):

$$\mathfrak{Z}^* = R^* - \frac{i}{\omega C^*}; \quad |\mathfrak{Z}^*| = Z^* = \sqrt{R^{*2} + \frac{1}{\omega^2 C^{*2}}}; \quad \tan\varphi = -\frac{1}{R^*\omega C^*}.$$

3. Stromkreis mit Widerstand R^*, Selbstinduktion L^* und Kapazität C^* in Reihenschaltung (Abb. 375):

$$\mathfrak{Z}^* = R^* + i\omega L^* - \frac{i}{\omega C^*} = R^* + i\left(\omega L^* - \frac{1}{\omega C^*}\right); \quad |\mathfrak{Z}^*| = Z^* = \sqrt{R^{*2} + \left(\omega L^* - \frac{1}{\omega C^*}\right)^2}$$

$$\tan\varphi = \frac{\omega L^* - \frac{1}{\omega C^*}}{R^*}.$$

4. Widerstand R^* und Selbstinduktion L^* in Parallelschaltung:

$$\frac{1}{\mathfrak{Z}^*} = \frac{1}{R^*} + \frac{1}{i\omega L^*}; \qquad \mathfrak{Z}^* = \frac{iR^*\omega L^*}{R^* + i\omega L^*}.$$

Um den Nenner reell zu machen, erweitern wir Zähler und Nenner mit dem konjugiert komplexen Wert des Nenners:

$$\mathfrak{Z}^* = \frac{iR^*\omega L^*(R^* - i\omega L^*)}{R^2 + \omega^2 L^{*2}} = \frac{R^*\omega^2 L^{*2} + iR^{*2}\omega L^*}{R^{*2} + \omega^2 L^{*2}}$$

$$|\mathfrak{Z}^*| = Z^* = \sqrt{\frac{R^{*2}\omega^{*4}L^{*4} + R^{*4}\omega^2 L^{*2}}{(R^{*2} + \omega^2 L^{*2})^2}} = R^*\omega L^* \sqrt{\frac{1}{R^{*2} + \omega^2 L^{*2}}} = \sqrt{\frac{R^{*2}}{1 + \left(\frac{R^{*2}}{\omega^2 L^{*2}}\right)^2}};$$

$$\tan\varphi = \frac{R^*}{\omega L^*}.$$

5. Widerstand R^* und Kapazität C^* in Parallelschaltung:

$$\frac{1}{\mathfrak{Z}^*} = \frac{1}{R^*} - \frac{\omega C^*}{i}; \quad \mathfrak{Z}^* = \frac{-R^* i}{R^*\omega C^* - i} = \frac{-iR^*(R^*\omega C^* + i)}{R^{*2}\omega^2 C^{*2} + 1} = \frac{R^* - iR^{*2}\omega C^*}{R^{*2}\omega^2 C^{*2} + 1};$$

$$|\mathfrak{Z}^*| = Z^* = \sqrt{\frac{R^{*2} + R^{*4}\omega^2 C^{*2}}{(R^{*2}\omega^2 C^{*2} + 1)^2}} = \sqrt{\frac{R^{*2}}{1 + R^{*2}\omega^2 C^{*2}}}; \quad \tan\varphi = -R^*\omega C^*.$$

6. Selbstinduktion L^* und Ohmscher Widerstand R^* in Reihe mit dazu parallelgeschalteter Kapazität C^* (Abb. 379):

$$\frac{1}{\mathfrak{Z}^*} = \frac{1}{\mathfrak{Z}^*_1} + \frac{1}{\mathfrak{Z}^*_2}; \quad \mathfrak{Z}^* = \frac{\mathfrak{Z}^*_1\mathfrak{Z}^*_2}{\mathfrak{Z}^*_1 + \mathfrak{Z}^*_2}; \quad \mathfrak{Z}^*_1 = R^* + i\omega L^*; \quad \mathfrak{Z}^*_2 = -\frac{i}{\omega C^*}.$$

$$\mathfrak{Z}^* = \frac{(R^* + i\omega L^*)\left(-\frac{i}{\omega C^*}\right)}{R^* + i\left(\omega L^* - \frac{1}{\omega C^*}\right)} = \frac{\left(\frac{L^*}{C^*} - \frac{iR^*}{\omega C^*}\right)\left[R^* - i\left(\omega L^* - \frac{1}{\omega C^*}\right)\right]}{R^{*2} + \left(\omega L^* - \frac{1}{\omega C^*}\right)^2}$$

$$= \frac{\frac{L^* R^*}{C^*} - \frac{R^*}{\omega C^*}\left(\omega L^* - \frac{1}{\omega C^*}\right) - i\left[\frac{R^{*2}}{\omega C^*} + \frac{L^*}{C^*}\left(\omega L^* - \frac{1}{\omega C^*}\right)\right]}{R^{*2} + \left(\omega L^* - \frac{1}{\omega C^*}\right)^2}$$

$$|\mathfrak{Z}^*| = Z^* = \sqrt{\frac{R^{*2} + \omega^2 L^{*2}}{\omega^2 C^{*2}\left[R^{*2} + \left(\omega L^* - \frac{1}{\omega C^*}\right)^2\right]}}; \quad \tan\varphi = \frac{\omega L^* - \omega C^*(R^{*2} + \omega^2 L^{*2})}{R^*}.$$

Die vorstehenden Beispiele vereinfachen sich noch, wenn man statt der reziproken Widerstände die Leitwerte benutzt. Der komplexe Leitwert $\mathfrak{G}$ ist gleich $G + iY$, wobei G den Wirkleitwert und Y den Blindleitwert darstellt. Dabei ist zu beachten, daß die Blindkomponente eines Widerstandes (z. B. $i\omega L$) beim Übergang zum reziproken Leitwert ($-i/\omega L$) das Vorzeichen ändert. Beispiel 4 läßt sich dann schreiben:

$$\mathfrak{G}^* = G^* - i/\omega L^*; |\mathfrak{G}^*| = \sqrt{G^{*2} + \frac{1}{\omega^2 L^2}} = \sqrt{\frac{1}{R^{*2}} + \frac{1}{\omega^2 L^2}} = R^*\omega L^* \sqrt{\frac{1}{R^{*2} + \omega^2 L^{*2}}}.$$

An diesen Beispielen kann der Leser die Einfachheit der symbolischen Rechnungsweise ersehen, wenn er damit die nach dem früheren Verfahren berechneten gleichen Aufgaben vergleicht.

Wir wollen an dieser Stelle noch ein weiteres Rechnungsverfahren erläutern, das sich überall da bewährt, wo Sinus- und Cosinusfunktionen nebeneinander auftreten. (Bereits in Gl. (248) auf S. 280 hatten wir einen solchen Fall.) Die Rechnung hätte sich wesentlich vereinfachen lassen, wenn man die trigonometrischen Funktionen hätte herausheben können. Das gelingt durch folgenden Kunstgriff: Mit den trigonometrischen Funktionen ist die imaginäre Exponentialfunktion durch die Eulersche Formel

$$e^{i\omega t} = \cos\omega t + i\sin\omega t$$

verknüpft. Es ist also

$$\cos\omega t = \text{reeller Teil von } e^{i\omega t} = \Re e(e^{i\omega t}),$$

$$\sin\omega t = \text{reeller Teil von } -ie^{i\omega t} = \Re e(-ie^{i\omega t});$$

damit haben wir für $\cos\omega t$ und $\sin\omega t$ einheitliche Zeitfunktionen gefunden, die sich in einer Gleichung herausheben lassen. Dazu tritt ein weiterer Umstand. Statt $J^* = J_0^*\cos(\omega t + \varphi)$ können wir schreiben:

$$J^* = J_0^* e^{i(\omega t + \varphi)} = J_0^* e^{i\varphi} e^{i\omega t},$$

und damit können wir auch hier wieder die Zeitfunktion $\varepsilon^{i\omega t}$ abtrennen. Die sogenannte „komplexe Amplitude" $J_0 e^{i\varphi}$ enthält jetzt sowohl die Amplitude J_0^* wie die Phase φ. Das komplexe Endresultat der ganzen Rechnung muß man natürlich wieder ins Reelle übersetzen. Als Beispiel betrachten wir nochmals die Gl. (248) auf S. 280, die wir jetzt in der Form schreiben:

$$-U_0{}^* i e^{i\omega t} = -i R^* J_0{}^* e^{-i\varphi} e^{i\omega t} + L^* \omega J_0{}^* e^{-i\varphi} e^{i\omega t} - \frac{J_0{}^*}{\omega C^*} e^{-i\varphi} e^{i\omega t};$$

daraus folgt zunächst mit Kürzung von $\varepsilon^{i\omega t}$,

$$U_0{}^* = \left[R^* + i\left(L^*\omega - \frac{1}{\omega C^*}\right) \right] J_0{}^* e^{-i\varphi},$$

also:

$$J_0{}^* e^{-i\varphi} = \frac{U_0{}^*}{R^* + i\left(L^*\omega - \frac{1}{\omega C^*}\right)}.$$

Nach den für komplexe Zahlen geltenden Umrechnungsformeln:

$$\gamma e^{i\delta} = \alpha + i\beta; \quad \gamma = \sqrt{\alpha^2 + \beta^2}; \quad \tan\delta = \frac{\beta}{\alpha}$$

folgt weiter:

$$J_0{}^* = \frac{U_0{}^*}{\sqrt{R^{*2} + \left(\omega L^* - \frac{1}{\omega C^*}\right)^2}}; \qquad \tan\varphi = \frac{L^*\omega - \frac{1}{\omega C^*}}{R^*},$$

womit wir auf kürzerem Wege zu den gleichen Resultaten wie auf S. 279 gelangen.

46. Mehrphasenströme, magnetische Drehfelder

Läßt man in einem Magnetfeld zwei gegeneinander um 90° verdrehte Drahtschleifen oder Spulen rotieren, deren Enden zu je zwei voneinander isolierten Schleifringen führen (Abb. 383), so erhält man zwei getrennte, gegeneinander um 90° phasenverschobene Wechselspannungen:

$$U_{\mathrm{I}} = U_0 \sin\omega t \qquad \text{und} \qquad U_{\mathrm{II}} = U_0 \sin\left(\omega t + \frac{\pi}{2}\right) = U_0 \cos\omega t.$$

Leitet man diese beiden Spannungen zu zwei gleichen Spulen, die rechtwinklig zueinander angeordnet sind (Abb. 384), so fließen durch beide gleich starke Wechselströme, die ebenfalls eine Phasenverschiebung von 90° haben und zwei sich kreuzende rechtwinklige Magnetfelder H_I und H_{II} mit der gleichen Phasenverschiebung erzeugen. Es ist also:

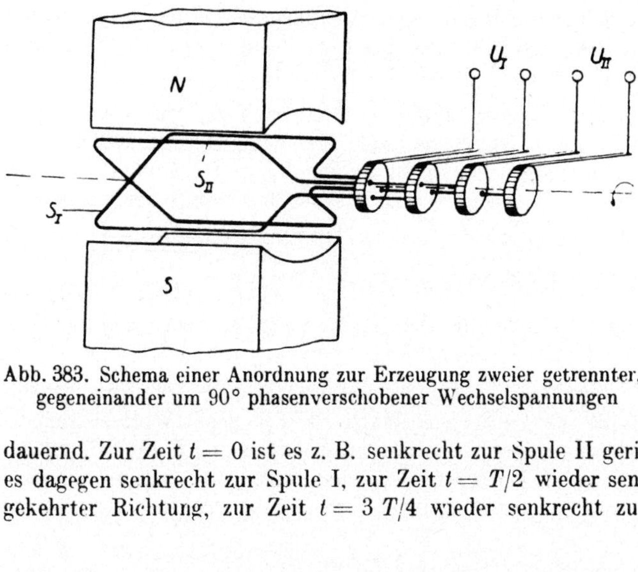

Abb. 383. Schema einer Anordnung zur Erzeugung zweier getrennter, gegeneinander um 90° phasenverschobener Wechselspannungen

$$H_{\mathrm{I}} = H_0 \sin\omega t, \quad H_{\mathrm{II}} = H_0 \cos\omega t.$$

Das resultierende Magnetfeld H_r ist demnach:

$$H_r = \sqrt{H_{\mathrm{I}}^2 + H_{\mathrm{II}}^2} = H_0.$$

Diesen Betrag hat das Magnetfeld in jedem Zeitmoment, seine Richtung aber ändert sich fortdauernd. Zur Zeit $t = 0$ ist es z. B. senkrecht zur Spule II gerichtet, zur Zeit $t = T/4$ verläuft es dagegen senkrecht zur Spule I, zur Zeit $t = T/2$ wieder senkrecht zur Spule II, aber in umgekehrter Richtung, zur Zeit $t = 3\,T/4$ wieder senkrecht zur Spule I, aber in umgekehrter

Richtung wie zur Zeit $t = T/4$ usw. Man nennt ein solches Magnetfeld ein **magnetisches Drehfeld** (G. Ferraris, 1888). Es rotiert mit der Winkelgeschwindigkeit $\omega = 2\pi\nu = 2\pi/T$ mit der sich auch das Spulensystem der Maschine (Abb. 383) dreht, die den „Zweiphasenstrom" erzeugt. Das Drehfeld läßt sich auf verschiedene Weise nachweisen. Setzt man z. B. (Abb. 384) eine Magnetnadel in das Spuleninnere, so rotiert die Nadel synchron mit dem Drehfeld. Kehrt man den Drehsinn des Wechselstrom-Generators um, oder polt eine der Spulenzuleitungen um so kehrt sich auch der Drehsinn der Nadel um. Setzt man auf die Spitze innerhalb des Spulensystems einen viereckigen Metallrahmen oder einen Hohlzylinder aus Kupferblech (Abb. 385), so rotieren diese ebenfalls im magnetischen Drehfeld. Die durch das Feld in dem Rahmen oder Zylinder induzierten Ströme versuchen nach dem Lenzschen Gesetz die Bewegung des sie hervorrufenden Magnetfeldes zu hemmen. Die Folge ist, daß sich die metallischen Leiter mit dem Magnetfeld drehen; wir haben es im Prinzip mit derselben Erscheinung zu tun, die (s. S. 250), die Rotation einer Kupferscheibe über einem rotierenden Magneten bewirkte.

Ein magnetisches Drehfeld läßt sich auch mit Hilfe eines gewöhnlichen Wechselstromes verwirklichen, indem man von den beiden sich kreuzenden Spulen die eine (I) über einen rein Ohmschen Widerstand R, die andere (II) über eine größere Selbstinduktion L an eine Wechsel-

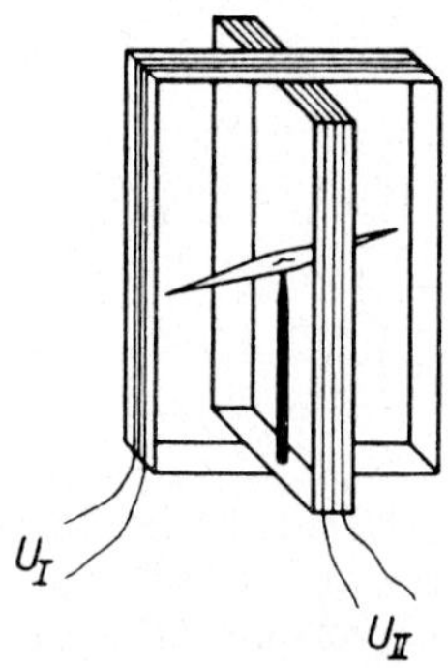

Abb. 384. Zweispulenanordnung zur Erzeugung eines magnetischen Drehfeldes

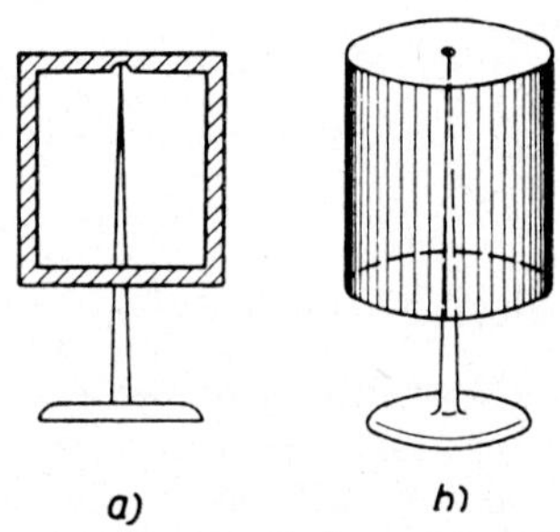

Abb. 385. Metallrahmen (a) und Metallhohlzylinder als Drehkörper eines magnetischen Drehfeldes

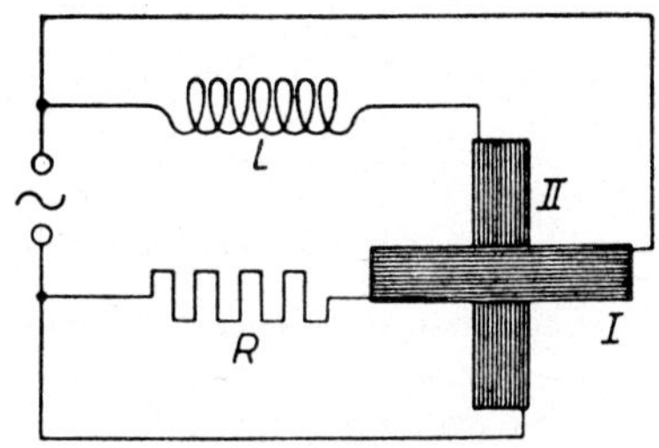

Abb. 386. Schaltung zur Erzeugung eines magnetischen Drehfeldes

spannung anschließt, so daß in beiden Spulen gleiche Ströme fließen (Abb. 386). Auf Grund der Darlegungen von S. 274 besitzt der Strom in der Spule II infolge der Wirkung der Selbstinduktion eine Phasenverschiebung von rund 90° gegenüber dem Strom in Spule I. Es kommt also im Inneren der Spulen zur Ausbildung eines magnetischen Drehfeldes.

Zur Fortleitung eines zweiphasigen Wechselstromes benötigt man an sich zwei Doppelleitungen, also vier einzelne Drahtleitungen (Abb. 383 und 384). Man kann jedoch zwei Leitungen vereinigen und dadurch eine der vier Leitungen sparen. In der gemeinsamen Leitung fließt dann der Strom zweier um 90° in der Phase verschobener Wechselströme. Der resultierende Strom J_r berechnet sich aus der Gleichung:

$$J_r = J_0 \sin \omega t + J_0 \cos \omega t = J_0 \sqrt{2} \sin\left(\omega t + \frac{\pi}{4}\right);$$

sein Scheitelwert ist also gleich dem $\sqrt{2}$-fachen des Scheitelwertes der einzelnen Ströme. Man spricht in diesem Falle von einem verketteten Zweiphasenstrom.

Eine viel größere Bedeutung in der Technik hat der **Dreiphasen-** oder **Drehstrom.** Dieser besteht aus drei in der Phase um je 120° ($= 2\pi/3$) gegeneinander verschobenen Wechselströmen, die man mit Hilfe einer der Abb. 383 ganz ähnlichen Anordnung mittels dreier um 120° gegeneinander verdrehter Spulen erzeugt. Bei unverkettetem Dreiphasenstrom hat man an sich drei unabhängige Leitungspaare, also sechs Leitungsdrähte zur Fortleitung nötig. Indem man aber von den ursprünglichen sechs Leitungen der drei Spulen I, II und III drei zu einer vereint, erhält man die in der linken Hälfte der Abb. 387 wiedergegebene **Sternschaltung** des Dreiphasengenerators; die vom Punkt 0 wegführende, für die drei Spulen gemeinsame Leitung ist gestrichelt eingetragen. Es läßt sich nun zeigen, daß der in dieser Leitung fließende Strom Null ist, falls die an die drei Hauptleitungen angeschlossenen Verbraucher (z. B. Glühlampen in Abb. 387 rechts) untereinander gleich sind. Wird der Strom in der Spule I durch die Gleichung dargestellt:

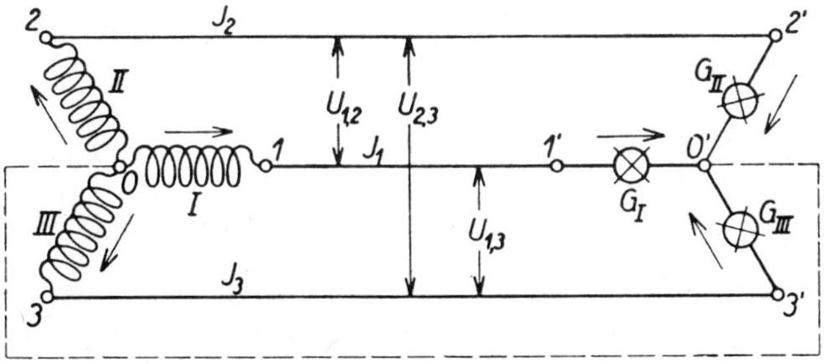

Abb. 387. Drehstrom-Sternschaltung

$$J_I = J_0 \sin \omega t,$$

so sind die Ströme in den beiden anderen Spulen:

$$J_{II} = J_0 \sin (\omega t + 2\pi/3) \text{ und } J_{III} = J_0 \sin (\omega t + 4\pi/3).$$

In Abb. 388 sind diese drei um je 120° in der Phase gegeneinander verschobenen Ströme graphisch dargestellt. Man kann dieser Darstellung sofort entnehmen, daß in jedem Augenblick die Summe der drei Ströme Null ist; dies folgt natürlich auch rechnerisch durch Addition der obigen drei Gleichungen. Für den Strom in der gemeinsamen Leitung ergibt sich ja:

$$\begin{aligned} J = J_I + J_{II} + J_{III} &= J_0 [\sin \omega t + \sin (\omega t + 2\pi/3) + \sin (\omega t + 4\pi/3) \\ &= J_0 [\sin \omega t + \sin \omega t \cos 2\pi/3 + \cos \omega t \sin 2\pi/3 + \sin \omega t \cos 4\pi/3 \\ &+ \cos \omega t \sin 4\pi/3]. \end{aligned}$$

Nun ist:

$$\sin \frac{2\pi}{3} = -\sin \frac{4\pi}{3} = \frac{1}{2}\sqrt{3},$$

und

$$\cos \frac{2\pi}{3} = \cos \frac{4\pi}{3} = -\frac{1}{2},$$

so daß in der Tat folgt:

$$J = J_I + J_{II} + J_{III} = 0.$$

Man nennt daher die gemeinsame Leitung auch die neutrale Leitung oder kurz Null-Leitung und kann sie ohne weiteres weglassen. Aus Abb. 387 folgt, daß der Strom in jeder der drei

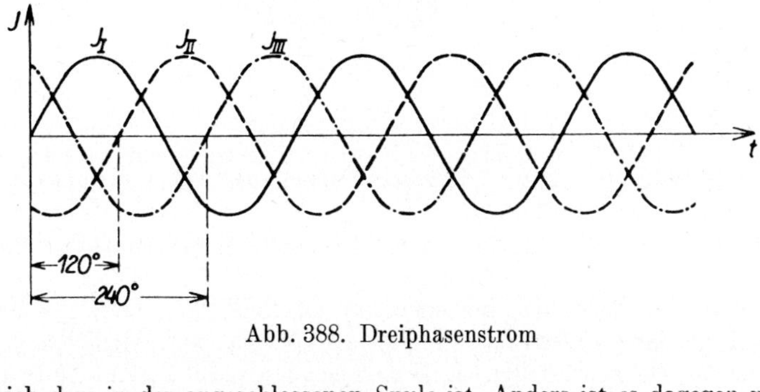

Abb. 388. Dreiphasenstrom

Leitungen gleich dem in der angeschlossenen Spule ist. Anders ist es dagegen mit den Spannungen U_{12}, U_{23} und U_{13} zwischen je zweien der drei Leitungen. Z. B. setzt sich U_{12} aus den beiden in Spule I und Spule II erzeugten Spannungen zusammen (verkettete Spannung). Wir können dafür schreiben:

$$U_{12} = U_I - U_{II} = U_0 \sin \omega t - U_0 \sin\left(\omega t + \frac{2\pi}{3}\right)$$

$$= U_0\left[\sin \omega t - \sin \omega t \cos \frac{2\pi}{3} - \cos \omega t \sin \frac{2\pi}{3}\right]$$

$$= U_0\left[\frac{3}{2} \sin \omega t - \frac{\sqrt{3}}{2} \cos \omega t\right] = U_0 \sqrt{3} \left[\frac{\sqrt{3}}{2} \sin \omega t - \frac{1}{2} \cos \omega t\right]$$

$$= U_0 \sqrt{3} \left[\cos \pi/6 \sin \omega t - \sin \pi/6 \cos \omega t\right] = U_0 \sqrt{3} \sin\left(\omega t - \frac{\pi}{6}\right).$$

Es ist demnach der Scheitelwert der verketteten Spannungen U_{12} und U_{13} gleich dem $\sqrt{3}$-fachen oder 1,73-fachen Wert der Scheitelspannung der Spule, die zwischen jedem der drei Leiter und dem Null-Leiter herrscht.

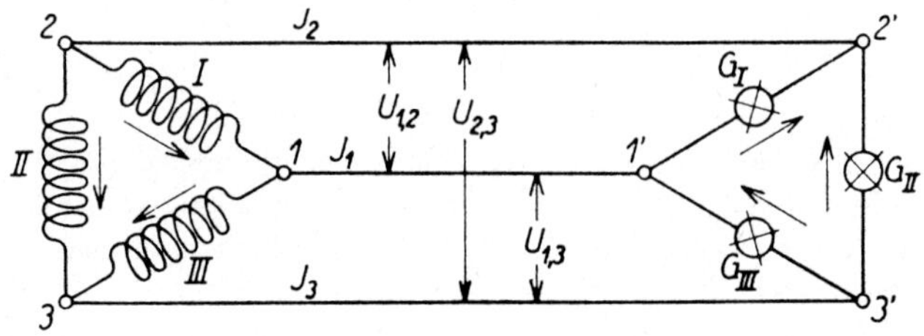

Abb. 389. Drehstrom-Dreieckschaltung

In der Phase sind die verketteten Spannungen um 30° ($\pi/6$) und um 150° ($5\,\pi/6$) gegen die sie bildenden Einzelspannungen verschoben; ähnlich ist es mit U_{23}, das gleich $U_0 \sqrt{3} \cos \omega t$ ist, also in der Phase um $3\,\pi/6 = \pi/2$ verschoben.

Außer dieser Sternschaltung ist beim Dreiphasengenerator noch eine andere Schaltung möglich, die in Abb. 389 links dargestellt ist und als **Dreieckschaltung** bezeichnet wird: Die drei Spulen sind in Reihe geschaltet und von den Verbindungspunkten führen die drei Leitungen zum Verbraucher. Diese Hintereinanderschaltung der drei Spulen ist möglich, da die Summe der drei in ihnen induzierten Spannungen Null ist. (Man kann für die Spannung dieselbe Rechnung wie oben für die drei Ströme bei der Sternschaltung durchführen.) Zwischen je zwei Leitungen bei der Dreiecksschaltung ist die Spannung dieselbe wie in einer der drei Spulen. Dagegen setzt sich der Strom in jeder Leitung aus zwei Strömen zusammen, z. B. ist $J_1 = J_I + J_{III}$, $J_2 = J_{II} + J_I$ usw. Man spricht daher von einem verketteten Strom, und es ist in Analogie zu der oben für die verkettete Spannung bei der Sternschaltung durchgeführten Rechnung der Scheitelwert des verketteten Stromes gleich den $\sqrt{3}$-fachen oder 1,73-fachen Scheitelwert der Teilströme.

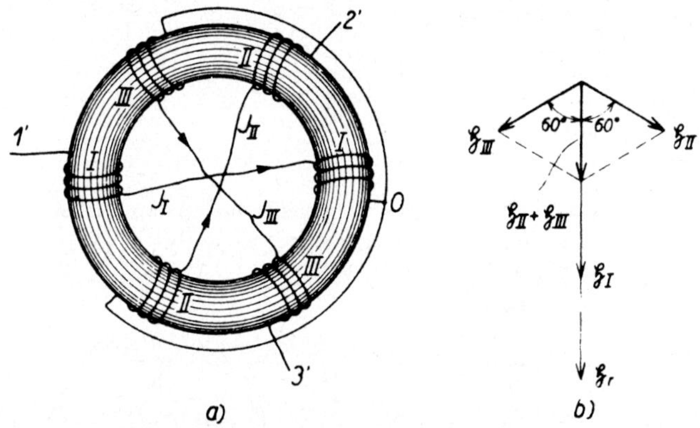

Abb. 390. Anordnung zur Erzeugung eines magnetischen Drehfeldes mittels Dreiphasenstrom (a) und Vektordiagramm (b) der Teilfelder

Der Dreiphasenstrom eignet sich besonders gut zur Herstellung eines magnetischen Drehfeldes (daher auch der Name Drehstrom). Zu diesem Zweck hat man lediglich in die drei Stromkreise drei gleiche Spulen einzuschalten, deren Achsen um je 120° gegeneinander verdreht sind. Dann erhält man ein Drehfeld, das ebenso rasch rotiert, wie das Spulensystem des Generators. Um dabei die ein Magnetfeld verstärkende Wirkung des Eisens auszunutzen, kann man die drei

Spulen entsprechend Abb. 390 auf einen aus Blechringen zusammengesetzten Eisenring aufbringen. In Abb. 390a sind die drei Spulen aus je zwei einander gegenüberliegenden Teilen zusammengesetzt und in Sternschaltung miteinander verbunden. Die angeschriebenen Zahlen stimmen mit denen in Abb. 387 überein. Denken wir uns den Zeitpunkt herausgegriffen, wo der die Spulen I durchfließende Strom J_I sein Maximum hat; dann haben die Ströme J_{II} und J_{III}, wie man aus Abb. 388 ersieht, gerade die halbe Amplitude und eine zu J_I entgegengesetzte Richtung. Dasselbe gilt für die einzelnen Magnetfelder, die sich somit nach dem Diagramm Abb. 390b zu dem resultierenden Feld H_r zusammensetzen, das mit der Richtung von H_I zusammenfällt und seinem Betrage nach gleich 3/2 H_I ist, wie man leicht aus dem Diagramm entnimmt. Nach $^1/_6$ Periode hat der Strom J_{III} sein Maximum und die Ströme J_I und J_{II} sind J_{III} entgegengesetzt gerichtet und gleich $^1/_2\, J_{III}$ (s. Abb. 388); das resultierende Feld H_r steht jetzt senkrecht auf der Ebene der Spule *III* und hat sich um 60° gedreht, und so fort. Mit anderen Worten: Es laufen in dem Eisenring zwei einander gegenüberliegende Nord- und Südpole mit der Winkelgeschwindigkeit $\omega = 2\pi\nu$ um. Bringt man daher in das Innere des Ringes einen beliebigen Metallkörper auf einer Spitze drehbar an, so kommt dieser, wie schon mehrfach beschrieben, in rasche Rotation. Ein besonders kräftiges Drehmoment erhält man mit Hilfe eines Rotors (Abbildung 391), der aus einem Eisenring besteht, der eine fortlaufende in sich geschlossene Wicklung trägt (**Kurzschlußanker,** s. auch S. 308). Die magnetischen Kraftlinien verteilen sich dann auf den Eisenring des Rotors und erzeugen in der Wicklung starke Induktionsströme, die eine Drehung des Feldes zu verhindern suchen und dadurch den ganzen Ring in Rotation versetzen. Abb. 391 zeigt gleichzeitig, wie die Spulen I—III des Drehfeldes bei Benutzung der Dreieckschaltung nach Abbildung 389 zu schalten sind.

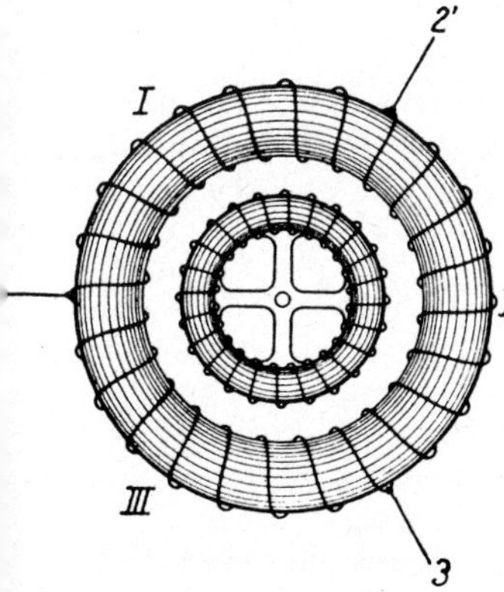

Abb. 391. Drehstrommotor mit Kurzschlußanker

47. Transformatoren

Wechselströme haben gegenüber Gleichströmen den Vorteil, daß sie sich leicht auf andere Spannungen transformieren lassen. Dies geschieht mit Hilfe der **Transformatoren,** in der Meßtechnik auch als Wandler, in der Starkstromtechnik als Umspanner bezeichnet. Ein Transformator ist im Prinzip nichts anderes als ein Induktor, der aus Primär- und Sekundärspule besteht, die zwecks Erzielung eines möglichst kräftigen gemeinsamen magnetischen Flusses auf einem in sich geschlossenen Eisenkern aufgebracht sind. Man vermeidet dadurch eine Streuung der magnetischen Kraftlinien durch die Luft, wie sie bei den auf S. 260 beschriebenen Induktionsapparaten noch auftritt, und erreicht, daß sich die magnetischen Kraftlinien im Eisen selbst schließen und der Widerstand des magnetischen Kreises (s. S. 198) ein Minimum wird. Die Abb. 392 und 393 zeigen schematisch die in der Technik gebräuchliche Ausführungsform des Mantel- und des Kerntransformators. Primär- und Sekundärspulen werden häufig auch übereinandergewickelt. Die gestrichelten Linien deuten den Verlauf des magnetischen Kraftflusses im Eisen an. Zur Unterdrückung von Wirbelströmen sind die Eisenkörper aus dünnen aufeinandergelegten Blechen gebildet, die durch Lack oder Papier gegeneinander isoliert sind.

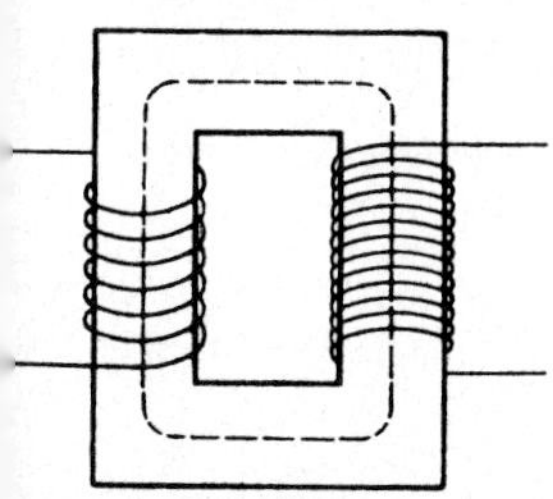
Abb. 392. Schema eines Kerntransformators

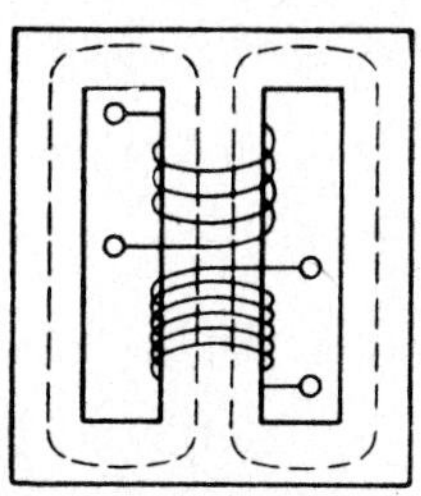
Abb. 393. Schema eines Manteltransformators

Wird an die Primärspule eines Transformators eine Wechselspannung

(256a) $$U_p^* = U_{op}^* \sin \omega t$$

gelegt, während die Sekundärspule offen ist (unbelasteter Transformator), so entsteht in der Primärspule nach Gl. (240) auf S. 273 ein Strom:

(256b) $$J_{op}^* = \frac{U_{op}^*}{\sqrt{R_p^{*2} + \omega^2 L_p^{*2}}},$$

der gegenüber der Spannung in der Phase um den Betrag φ nacheilt, wobei nach Gl. (239):

$$\tan \varphi = \frac{\omega L_p^*}{R_p^*}$$

ist. Wenn wir von den Verlusten im Eisen durch Wirbelströme oder Hysterese absehen und ferner annehmen, was in der Praxis mit großer Annäherung zutrifft, daß der Ohmsche Widerstand R_p^* klein gegen die Selbstinduktion L_p^* der Primärspule ist, so wird φ gleich 90° ($= \pi/2$), und wir können angenähert schreiben:

(256c) $$J_p^* = J_{op}^* \sin(\omega t - \pi/2) = -J_{op}^* \cos \omega t, \text{ mit}$$

$$J_{op}^* = \frac{U_{op}^*}{\omega L_p^*}.$$

Wir haben es also mit einem wattlosen Primärstrom zu tun, den man auch als Leerlaufstrom des Transformators bezeichnet; ein idealer Transformator verbraucht also bei offener Sekundärspule keinerlei Energie. Der Primärstrom J_p^* erzeugt in der Primärspule mit der Windungszahl N_p eine Selbstinduktionsspannung $U_p'^*$, die sich nach der Gleichung berechnet:

$$U_p'^* = -L_p^* \frac{dJ_p^*}{dt} = -N_p \frac{d\Phi_p^*}{dt},$$

die uns gleichzeitig auch den magnet. Fluß Φ_p^* liefert, der beide Spulen gemeinsam durchsetzt. Man erhält durch Ausführung der Differentiation bzw. Integration unter Benutzung der Gl. (256c) sofort:

(257) $$U_p'^* = -U_{op}^* \sin \omega t$$

und

(258) $$\Phi_p^* = \frac{L_p^*}{N_p} J_p^* = -\Phi_{op}^* \cos \omega t, \text{ mit}$$

$$\Phi_{op}^* = \frac{U_{op}^*}{\omega N_p}$$

Ein Vergleich von Gleichung (257) mit (256a) zeigt, daß $U_p'^* = -U_p^*$ ist, d. h. daß induzierte und angelegte Spannung sich in jedem Augenblicke aufheben; $U_p'^*$ hat zwar die gleiche Amplitude wie U_p^*, aber eine Phasenverschiebung um 180° gegen U_p^*.

Die in der Sekundärspule induzierte Spannung hat nach dem Induktionsgesetz den Wert:

$$U_s'^* = -N_s \frac{d\Phi_p^*}{dt},$$

wenn N_s die Windungszahl der Sekundärspule bedeutet, und das liefert unter Berücksichtigung von Gl. (258) und (256c):

(260) $$U_s'^* = -\frac{N_s}{N_p} L_p^* \frac{dJ_p^*}{dt} = -\frac{N_s}{N_p} U_{op}^* \sin \omega t = -\frac{N_s}{N_p} U_p^*.$$

Auch die Spannung $U_s'^*$ ist gegen die Primärspannung um 180° in der Phase verschoben. Dabei ist vorausgesetzt, daß der die Primärspule durchsetzende Induktionsfluß auch vollständig durch die Sekundärspule hindurchgeht, der Transformator also keine magnetische Streuung besitzt, was in der Praxis, streng genommen, freilich nie der Fall ist.

Aus Gl. (260) ergibt sich für das Verhältnis (mit $U'_p{}^* = -U_p^*$):

(261) $$\frac{U_p'^*}{U_s'^*} = \frac{N_p}{N_s}.$$

Man bezeichnet den Quotienten aus Primär- und Sekundärspannung als Übersetzungsverhältnis des Transformators; dieses ist also gleich dem Windungszahlverhältnis beider Spulen. In dem Diagramm der Abb. 394 ist die gegenseitige Beziehung von U_p^*, $U_s'^*$ und Φ_p^* dargestellt.

Wird die Sekundärspule des Transformators mit einem rein Ohmschen Widerstand R^*_s (z. B. Glühlampen) belastet, so entsteht in der Sekundärspule ein Wechselstrom, der mit der Sekundärspannung (260) $U_s'^* = -\frac{N_s}{N_p} U_{op}^* \sin \omega t$ in Phase ist. Es ist also:

$$J_s^* = \frac{U_s'^*}{R^*} = -\frac{N_s}{N_p R^*} U_{op}^* \sin \omega t . \tag{262}$$

Dieser Strom J_s^* erzeugt wiederum in der Primärwicklung des Transformators eine Spannung.

$$U_p''^* = -N_p \frac{d\Phi_s^*}{dt} = N_p \omega \Phi_{os}^* \cos \omega t. \tag{263}$$

Ein Vergleich von (263) und (262) zeigt, daß $U_p''^*$ gegen J_s^* eine Phasennacheilung von 90° besitzt. Nun bedingt aber $U_p''^*$ im Primärkreis des Transformators einen Strom $J_p''^*$, der wegen $R_p^* = 0$ seinerseits gegen $U_p''^*$ um 90° nacheilt, so daß also $J_p''^*$ gegen J_s^* und damit gegen U_s^* insgesamt um 180° phasenverschoben ist. Da aber die Sekundärspannung $U_s'^*$ gegen die Primärspannung U_p^* eine Phasenverschiebung von 180° hat, ist $J_p''^*$ gegen U_p^* um 180° + 180° = 360° verschoben, d. h. mit U_p^* in Phase. Es ist also $J_p''^*$ ein Wirkstrom, der einen Energieverbrauch darstellt. Dieser ist um so größer, je mehr Sekundärstrom J_s^* dem Transformator entnommen wird.

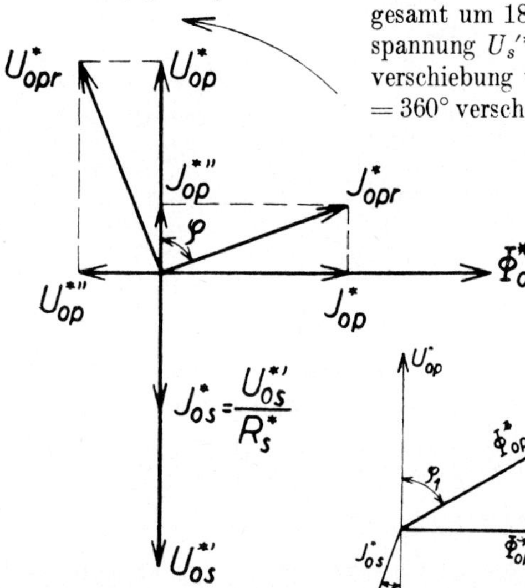

Abb. 394. Vektorielle Darstellung der Strom- und Spannungsverhältnisse bei einem Transformator

Man kann dieses Ergebnis auch noch etwas anders ausdrücken. Wie man aus dem Diagramm Abb. 394 abliest, haben die beiden Ströme J_p^* und $J_p''^*$, also der primäre und der rückwärts von dem Sekundärstrom in der Primärspule induzierte Strom, eine Phasenverschiebung von 90° und setzen sich zu einem resultierenden Strom J_{pr}^* zusammen, der gegen die an dem Transformator angelegte Primärspannung U_p^* eine um so kleinere Phasenverschiebung φ hat, je größer $J_p''^*$, also die Rückwirkung infolge sekundärseitiger Belastung des Transformators ist. Ferner liest man aus Abb. 394 ab, daß sich $U_p''^*$ und U_p^* zu einer resultierenden Spannung U_{pr}^* zusammensetzen, die gegen J_{pr}^* um 90° voreilen muß, da wir den Primärkreis ohne Ohmschen Widerstand angenommen haben.

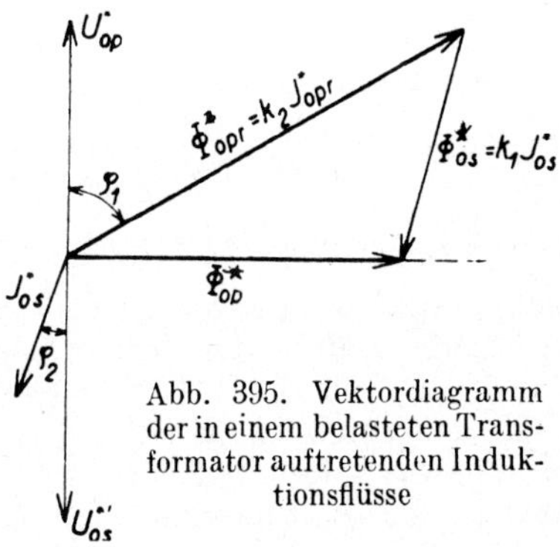

Abb. 395. Vektordiagramm der in einem belasteten Transformator auftretenden Induktionsflüsse

Es ist nützlich, sich die Verhältnisse beim belasteten Transformator noch in etwas anderer Form klarzumachen. Bei unserer obigen Betrachtung gingen wir aus von dem unbelasteten Transformator, bei dem der wattlose Primärstrom einen magnetischen Fluß Φ_p^* erzeugt, durch den die Sekundärspannung induziert wird. Wenn es nun beim belasteten Transformator zu einem Sekundärstrom kommt, erzeugt dieser den magnet. Fluß Φ_s^*, der je nach der Belastung, d. h. je nachdem, ob der Sekundärkreis nur Ohmsche Widerstände oder auch Selbstinduktionen oder Kapazitäten enthält, gegen Φ_p^* um einen Phasenwinkel φ_2 zwischen 0° und 90° verschoben ist. Φ_s^* ist durch die Beziehung, die analog zu Gl. (258) ist:

(264)
$$\Phi_s{}^* = \frac{L_s{}^*}{N_s} J_s{}^* = k_1 J_s{}^*$$

($L_s{}^*$ = Selbstinduktion der Sekundärspule), gegeben. Weiterhin wird der in der Primärspule durch die Rückwirkung der Sekundärspule sich einstellende resultierende Strom $J_{pr}{}^*$ einen magnet. Fluß $\Phi_{pr}{}^*$ erzeugen, der gleich der vektoriellen Summe von $\Phi_p{}^*$ und $\Phi_s{}^*$ sein muß. In Abb. 395 ist das Vektordiagramm gezeichnet. Es wurde angenommen, daß $J_s{}^*$ gegen $U_s{}'^*$ eine Phasennacheilung φ_2 besitzt; dadurch ist die Richtung von $\Phi_s{}^*$ gegeben, und wir haben an das Ende von $\Phi_p{}^*$ den durch Gl. (264) bestimmten Wert $\Phi_s{}^*$ parallel zu $J_s{}^*$ anzutragen. Das liefert den gesuchten Vektor $\Phi_{pr}{}^* = J_{pr}{}^* \frac{L_p{}^*}{N_p} = k_2 J_{pr}{}^*$, der mit der Primärspannung $U_p{}^*$ den Phasenwinkel φ_1 einschließt.

Wie steht es mit der in Primär- und Sekundärkreis geleisteten elektrischen Arbeit? Nach Gl. (235) auf S. 270 erhalten wir für die beiden Leistungen unter Berücksichtigung des Diagramms Abb. 395 die Beziehungen:

$$\text{Leistung}_{pr} = \frac{U_{op}{}^* J_{op}{}^*}{2} \cos\varphi_1 \quad \text{und} \quad \text{Leistung}_{sek} = \frac{U_{os}{}^* J_{os}{}^*}{2} \cos\varphi_2 .$$

Nun ist nach Gl. (261):

$$U_{op}{}^* N_s = U_{os}{}'^* N_p ,$$

und aus dem Diagramm Abb. 395 folgt ferner:

$$\frac{L_p{}^*}{N_p} J_{op}{}^* \cos\varphi_1 = \frac{L_s{}^*}{N_s} J_{os}{}^* \cos\varphi_2 .$$

Multipliziert man die beiden letzten Gleichungen miteinander, so erhält man:

$$U_{op}{}^* J_{op}{}^* \cos\varphi_1 \frac{L_p{}^* N_s}{N_p} = U_{os}{}'^* J_{os}{}^* \cos\varphi_2 \frac{L_s{}^* N_p}{N_s}$$

oder:

$$U_{op}{}^* J_{op}{}^* \cos\varphi_1 = U_{os}{}'^* J_{os}{}^* \cos\varphi_2 \frac{L_s{}^*}{L_p{}^*} \frac{N_p{}^2}{N_s{}^2} .$$

Nach Gl. (220) u. (183′) sind aber die Induktionskoeffizienten zweier Spulen proportional den Quadraten ihrer Windungszahlen, also ist $\frac{L_p{}^*}{L_s{}^*} \frac{N_s{}^2}{N_p{}^2} = 1$, sofern das Verhältnis l/A beider Spulen gleich ist. Somit folgt:

(265)
$$U_{op}{}^* J_{op}{}^* \cos\varphi_1 = U_{os}{}'^* J_{os}{}^* \cos\varphi_2 .$$

Diese **Transformator-Gleichung** besagt also, daß die vom Primärkreis des Transformators aufgenommene Leistung gleich der vom Sekundärkreis verbrauchten Leistung ist.

Wie mehrfach betont, gilt dies nur beim idealen Transformator, bei dem der Ohmsche Widerstand des Primärkreises gleich Null gesetzt ist und bei dem keinerlei zusätzliche Verluste im Eisen infolge Hysterese und Wirbelstrombildung auftreten.

Die beschriebenen Verhältnisse kann man leicht mit einem Transformator zeigen, in dessen Primärleitung man ein Amperemeter schaltet. Bei sekundärseitig offenem Transformator zeigt dieses Amperemeter praktisch keinen Strom an. Belastet man aber sekundärseitig den Transformator durch eine Reihe parallel geschalteter Glühlampen, so zeigt das Amperemeter einen mit zunehmender Belastung des Transformators ansteigenden Strom an.

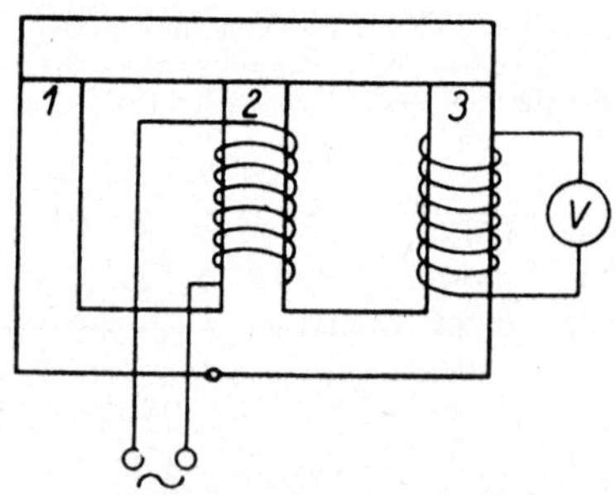

Abb. 396. Dreischenkeltransformatormodell zum Nachweis der Wirkung des magnetischen Kraftflusses

Die Wirkung des magnetischen Kraftflusses läßt sich mit dem in Abb. 396 skizzierten Transformator-Modell zeigen, dessen Eisenkern drei Schenkel hat, die durch ein verschiebbares Joch verbunden werden. Die Primärspule sei auf den mittleren Schenkel (2), die Sekundärspule mit gleicher Windungszahl (Übersetzungsverhältnis also 1 : 1) auf dem äußeren Schenkel (3) angebracht. Bei unveränderter Primärspannung von 50 Volt bringen wir das Joch in verschiedene Stellungen und messen die Sekundärspannung. Wir erhalten, wenn das Joch über allen drei Schenkeln liegt, 25 Volt; wenn nur die Schenkel (2) und (3) überbrückt werden, 50 Volt, und wenn das Joch über (1) und (2) liegt, 0 Volt. Im ersten Falle wirkt der Schenkel (1) wie ein magnetischer Nebenschluß zu Schenkel (3), so daß nur ein Teil (die Hälfte) des Kraftflusses der Primärspule durch die Sekundärspule geht. Im Fall 2 geht der gesamte Kraftfluß durch beide Spulen und im letzten Falle nur durch Schenkel (1) und (2), so daß die Spule auf Kern (3) spannungslos bleibt.

Benutzt man nach Elihu Thomson (1889) als Primärspule S eine Spule mit etwa 150 bis 200 Windungen eines Drahtes von 1 mm² Querschnitt, in der in vertikaler Stellung ein längerer Kern K aus Eisendrähten steckt (Abb. 397) und schiebt über diesen Kern ein etwa 20 cm langes Kupferrohr, das die kurzgeschlossene Wicklung der Sekundärspule darstellt, so beobachtet man im Primärkreis ein Ansteigen der Wechselstromstärke. Gleichzeitig findet eine beträchtliche Erwärmung des Kupferrohres und eine Abstoßung desselben von der Primärspule nach oben hin statt. Legt man auf die Primärspule um den Eisenkern einen Aluminiumring R, so wird dieser bei Einschaltung des Wechselstromes mehrere Meter hoch in die Luft geschleudert (Abb. 397). Diese Abstoßung kommt folgendermaßen zustande: Da der Ohmsche Widerstand und die Selbstinduktion des kurz geschlossenen Ringes sehr klein sind, erreicht der in ihm erzeugte Sekundärstrom J_s^* einen sehr hohen Wert. In dem aus J_{op}^*, Φ_{os}^* und Φ_{opr}^* gebildeten Dreieck im Diagramm Abb. 395 wird dadurch die Seite Φ_{os}^*, die ja proportional J^*_{os} ist, sehr groß, so daß der Winkel φ_1 annähernd gleich φ_2 wird. Das bedeutet aber, daß zwischen Sekundär- und Primärstrom eine Phasendifferenz von rund 180° besteht, beide Ströme also in jedem Augenblick einander entgegengesetzt gerichtet sind und sich ihre Magnetfelder daher abstoßen.

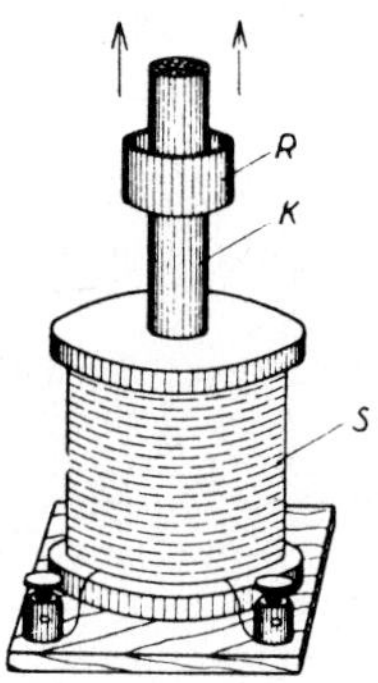

Abb. 397. Transformatorversuch nach Elihu Thomson

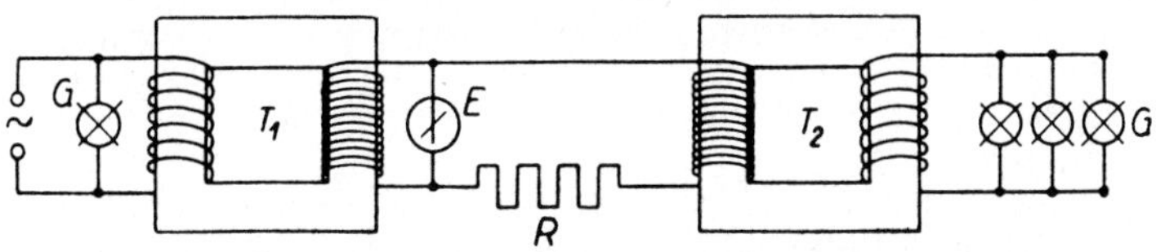

Abb. 398. Versuch zur elektrischen Energieübertragung

Die Transformation von Wechselströmen spielt eine große Rolle bei der **elektrischen Energieübertragung** auf große Entfernungen. Es sei z. B. die Aufgabe gestellt, über eine Leitung vom Widerstand 10 Ohm eine Leistung von 2 kW zu übertragen, während die Spannung der Energiequelle 200 Volt betrage. Es muß also bei der angegebenen Leistung ein Strom von 10 Ampere durch die Leitung fließen. An dem Widerstand der Leitung entsteht dadurch ein Spannungsabfall von $10 \cdot 10 = 100$ Volt, d. h. es steht am anderen Ende nur noch eine Spannung von $200 - 100 = 100$ Volt zur Verfügung: 1 kW würde im Widerstand der Leitung in Joulesche Wärme umgesetzt werden! Ganz anders sieht aber die Sache aus, wenn wir am Anfang der Leitung die gegebene Spannung auf etwa 20000 Volt herauftransformieren. Bei der zu übertragenden Leistung von 2 kW ist jetzt nur ein Strom von 0,1 Amp. durch die Leitung notwendig. Dieser geringe Strom verursacht nur einen Spannungsabfall von $0{,}1 \cdot 10 = 1$ Volt, so daß am Ende der Leitung noch 19999 Volt zur Verfügung stehen! Transformiert man diese mit einem zweiten Transformator mit dem gleichen Übersetzungsverhältnis wie am Leitungsanfang herunter, so erhält man auf der Sekundärseite eine Spannung von 199,99 Volt bei einer Belastung mit einem Strom von 10 Ampere, also bei Entnahme der gewünschten Leistung von 2 kW.

Wir zeigen das Prinzip der Fortleitung elektrischer Energie durch folgenden Versuch (Abb. 398). Der von einem Generator G erzeugte Wechselstrom von 100 bis 200 Volt Spannung wird mittels des Transformators T_1 auf eine Spannung von mehreren tausend Volt gebracht, die wir mit dem Elektrometer E messen, und an der Verbraucherstelle durch einen zweiten Transformator T_2 wieder auf die normale Spannung von 100 bis 200 Volt heruntertransformiert. Als Verbraucher sind an dem Ausgange von T_2 ein oder mehrere Glühlampen in Parallelschaltung angeschlossen. Auch an der Eingangsseite von T_1 liegt zum Nachweis der Primärspannung eine ebensolche Glühlampe. Schaltet man beim Versuch in die Hochspannungsleitung einen größeren Widerstand R ein (etwa 5000 Ohm), so ändert sich die Helligkeit der Glühlampen auf der Ver-

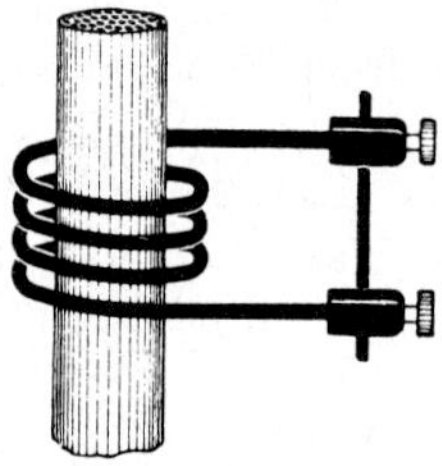

Abb. 399. Demonstrationsversuch zur Erzeugung sehr starker Wechselströme durch Heruntertransformieren der Spannung

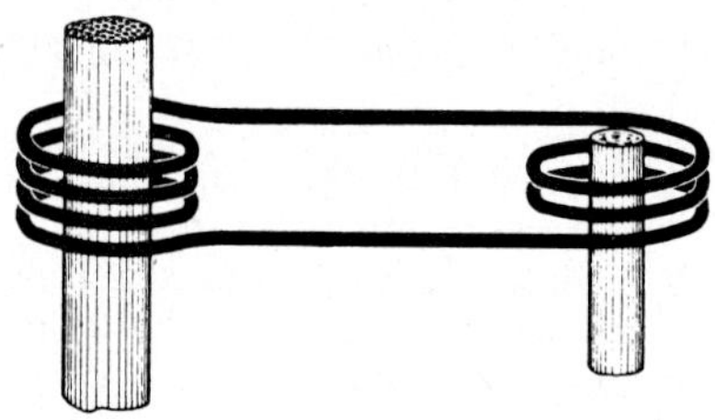

Abb. 400. Demonstrationsversuch zum Nachweis der durch Transformation erzeugten starken Wechselströme

braucherseite kaum merklich. In modernen Großkraftwerken wird die elektr. Spannung bis zu 380000 Volt herauftransformiert und durch Hochspannungsfreileitungen den Verbrauchergebieten zugeführt. Hier wird die Spannung dann wieder heruntertransformiert.

Diese Art der Energiefortleitung ist verlustarm. Die Verluste steigen aber mit der Spannung, weil die Sprühverluste längs der Leitungen zunehmen. Um das Sprühen herabzusetzen, nimmt man Hohlseile (größere Oberfläche bei gleichem Gewicht). Da man den Durchmesser nicht beliebig steigern kann, ersetzt man ein Seil auch durch mehrere zentralsymmetrisch angeordnete Seile, deren gegenseitige Lage durch leitende Kreuze oder Ringe erhalten bleibt. Eine Hochspannungsfreileitung besteht also aus drei solcher Leitungen, über denen der dünne Nulleiter liegt. Dieser dient gleichzeitig als Blitzschutz.

Da nach der Transformatorgleichung (265) die Primärleistung gleich der Sekundärleistung ist, kann man durch Heruntertransformieren einer Wechselspannung sehr starke Wechselströme erzielen. Bereits bei dem in Abb. 397 beschriebenen Versuch erhält man in dem Aluminiumring Stromstärken in der Größenordnung von 1000 Ampere, wodurch der Ring innerhalb weniger Sekunden sehr stark erhitzt wird. Hält man über den Eisenkern der Anordnung Abb. 397 eine aus 6—8 mm starkem Kupferdraht gewickelte Spule mit vier Windungen, deren Enden durch einen mehrere Zentimeter langen Eisenstift (Nagel) kurzgeschlossen sind (Abb. 399), so kommt der Eisenstift nach wenigen Sekunden in helle Weißglut und schmilzt schließlich durch. Schließt man die Enden der dickdrahtigen Spule über eine weitere Spule, so erzeugen die in der ersten Spule induzierten starken Wechselströme in der zweiten Spule ein derartig kräftiges Magnetfeld, daß ein Eisenstab von beträchtlichem Gewicht in die Spule hineingezogen und in ihr schwebend gehalten wird (Abb. 400).

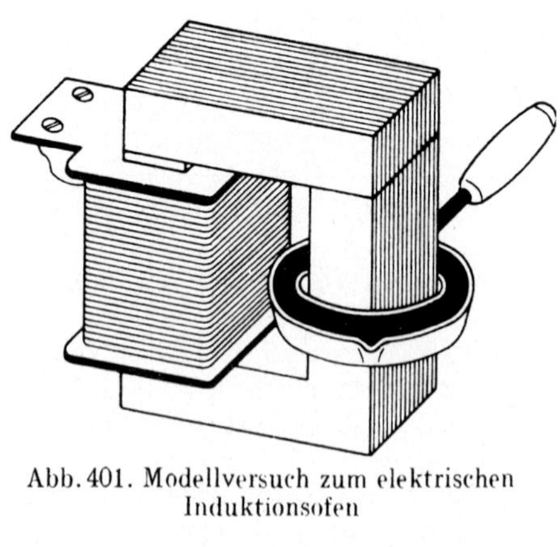

Abb. 401. Modellversuch zum elektrischen Induktionsofen

Von diesen leicht herstellbaren hohen Stromstärken macht man in der Technik mannigfache Anwendung. Bei der elektrischen **Punktschweißung** führt man die niedergespannten hohen Stromstärken zwei beweglichen Kupferkontakten zu, zwischen die man die zusammenzuschweißenden Bleche oder Drähte bringt. Drückt man die Kontakte zusammen, so kommen die dazwischen befindlichen Teile durch die in ihnen entwickelte Joulesche Wärme zur Weißglut und verschmelzen miteinander. — Bei den **Induktionsöfen** benutzt man die hohen Stromstärken zum Schmelzen von Metall. Das zu schmelzende Metall bildet dabei unmittelbar die Sekundärwicklung des Transformators. Abb. 401 zeigt einen Demonstrationsversuch. Das Metall, z. B. Zinn, befindet sich in einer geschlossenen Rinne aus Kupferblech und wird nach Einschalten des Stromes in wenigen Minuten geschmolzen. Der Vorteil derartiger Schmelzöfen besteht u. a. darin, daß die Wärme im Metall selbst erzeugt wird, und daß eine Verunreinigung durch eingeführte Elektroden oder Heizgase nicht auftritt.

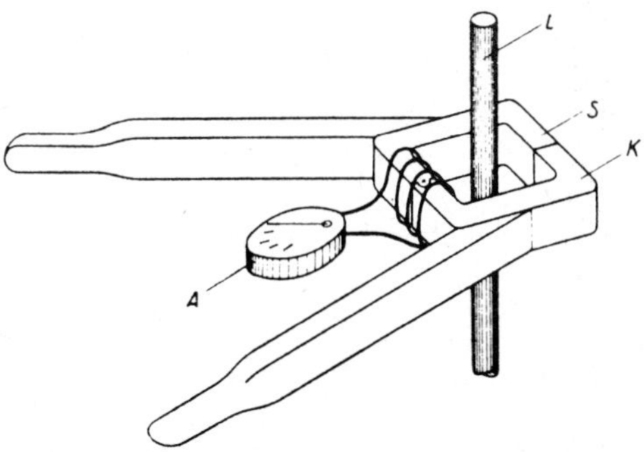

Abb. 402. Prinzip eines Anlegewandlers

Schließlich sei noch darauf hingewiesen, daß Transformatoren auch in der Meßtechnik eine große Rolle spielen, um hohe Spannungen oder große Stromstärken mit den üblichen Meßinstrumenten zu messen, die nur einen kleinen Meßbereich haben. Man schaltet dazu zwischen Meßinstrument und Meßstelle einen sogenannten Meßwandler, der die Spannung oder Stromstärke in bekanntem Verhältnis heruntertransformiert. Abb. 402 zeigt das Prinzip eines **Anlegewandlers,** mit dem man einen einzelnen Leiter *L* umfassen kann, um die in ihm fließende Wechselstromstärke zu messen. Der ringförmige Eisenkern *K* läßt sich mittels der an ihm angebrachten Handgriffe bei *S* aufklappen, so daß man ihn um den Stromleiter *L* legen kann. Das diesen umgebende ringförmige Magnetfeld durchflutet den Eisenkern *K* und induziert in der auf dem Kern angebrachten Spule einen Strom, der mit dem Amperemeter *A* gemessen wird und ein Maß für die Stromstärke im Leiter *L* ist.

48. Die elektrischen Maschinen

Eine der wichtigsten Anwendungen der Induktion besteht in der Erzeugung großer elektrischer Energien. Alle elektrischen Anlagen, bei denen elektrische Ströme aus mechanischer Energie gewonnen werden, benutzen den von Faraday entdeckten Induktionsvorgang. Je nachdem man Gleichstrom oder Wechselstrom erzeugt, teilt man die elektrischen Generatoren in Gleichstromerzeuger und Wechselstromgeneratoren ein. Wir werden im folgenden nur die physikalischen Prinzipien betrachten, ohne auf technische Einzelheiten näher einzugehen, die in das Fach der Elektrotechnik gehören.

Gleichstrommaschinen. Indem wir der historischen Entwicklung folgen, beginnen wir mit der Gleichstrommaschine. Wir haben auf S. 248 an Hand der Abb. 326 dargelegt, wie man durch Drehung einer Drahtschleife in einem homogenen magnetischen Felde eine Wechselspannung erzeugen kann. Führt man die Enden der Drahtschleife nicht an zwei getrennte Schleifringe, sondern entsprechend Abb. 403 an zwei gegeneinander isolierte Halbringe (Kollektor), gegen die zwei die Spannung abnehmende Federn oder Bürsten schleifen, so erreicht man, daß nach jeder halben Umdrehung die Enden der Schleife in dem Augenblick umgepolt werden, in dem sich die Bewegungsrichtung der Leiterdrähte im Magnetfeld umkehrt. Man erhält auf diese Weise an den Abnahmefedern eine Spannung, deren zeitlicher Verlauf durch die Kurve Abb. 404a wiedergegeben ist; die Spannung ändert zwar noch periodisch ihre Stärke, doch ist ihre Richtung stets die gleiche. Dasselbe gilt natürlich auch von dem Strom, den eine solche Maschine in einem äußeren Stromkreis liefert. Die drei Hauptteile eines derartigen Generators sind die bewegliche Spule oder Anker

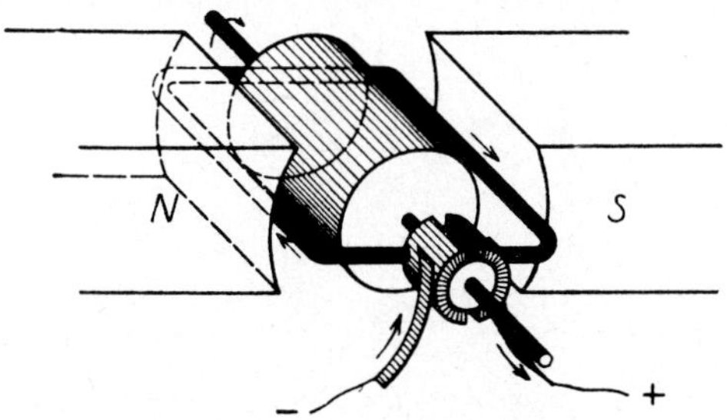

Abb. 403. Prinzip einer Gleichstrommaschine mit zweiteiligem Kollektor

(Rotor), der das Magnetfeld erzeugende Feldmagnet oder Stator und der Kollektor oder Kommutator mit den darauf schleifenden, aus Kohle oder Metallbändern bestehenden Bürsten.

Um die von der Maschine gelieferte Spannung zu erhöhen, ersetzt man die einzelne Drahtwindung in Abb. 403 durch eine Spule mit vielen Windungen und macht ferner das Magnetfeld, in dem die Windungen die Kraftlinien schneiden, möglichst kräftig. Zu diesem Zwecke kann man, wie es Abb. 403 andeutet, die Spule über einen Eisenzylinder wickeln, der auf der Achse angebracht ist; damit erreicht man, daß der Weg der magnetischen Kraftlinien in der Luft nur auf die schmalen Luftspalte zwischen Stator und Anker zusammengedrängt wird und der magnetische Widerstand, der maßgebend für den magnetischen Kraftfluß ist, so klein wie möglich wird. Um die Drähte bequem auf den Eisenanker aufwickeln zu können, hat Werner von Siemens (1856) diesem einen I-förmigen Querschnitt gegeben. In Abb. 405 ist ein Querschnitt durch diesen Siemensschen **Doppel-T-Anker** gezeichnet, wie er heute noch bei Zündmaschinen der Explosionsmotoren und bei den sogenannten Kurbelinduktoren zur Erzeugung der Zündspannung für Sprengsätze benutzt wird.

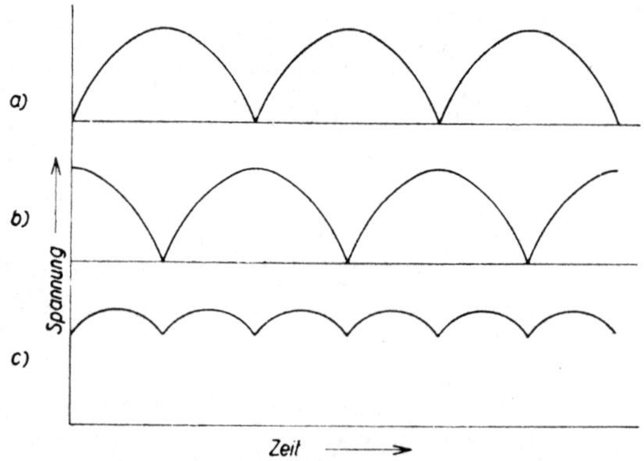

Abb. 404. Spannungskurve eines zweispuligen Trommelankers (c) und ihre Entstehung aus den Einzelspannungen (a, b)

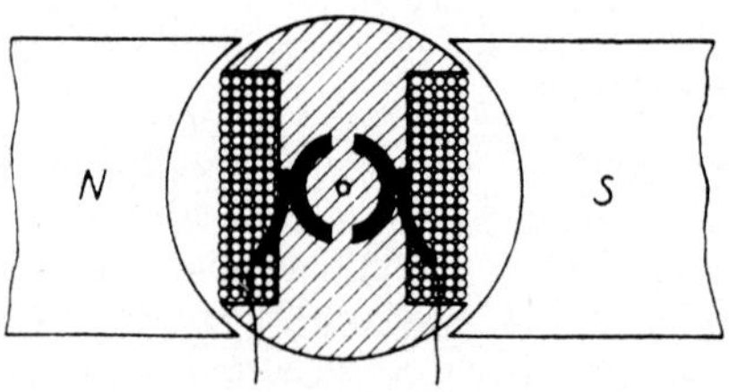

Abb. 405. Querschnitt durch einen Siemens-Doppel-T-Anker

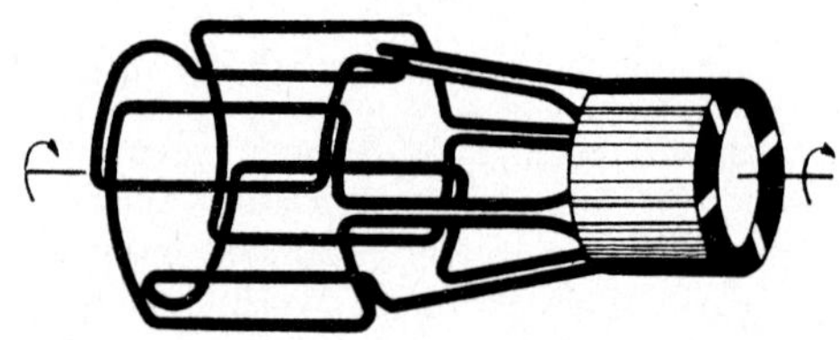

Abb. 406. Trommelanker mit zwei Spulenpaaren

Ein wesentlicher Fortschritt im Bau der Gleichstrommaschinen wurde von Friedrich von Hefner-Alteneck (1872) durch den **Trommelanker** erreicht. Abb. 406 zeigt das Schema eines solchen, der aus zwei Spulenpaaren und einem vierteiligen Kollektor besteht. Jedes Spulenpaar erzeugt bei der Drehung des Ankers in einem magnetischen Felde eine Gleichspannungskurve nach Abb. 404a und b. Beide Kurven sind aber um eine halbe Periode gegeneinander verschoben und ergeben durch ihre Überlagerung die in Abb. 404c dargestellte Kurve, die schon eine wesentlich konstantere Gleichspannung liefert. Die Glättung der Spannungskurve wird um so besser, je mehr Spulen man auf dem Anker anbringt. Abb. 407 zeigt im Querschnitt einen Trommelanker, bei dem die einzelnen Drahtwindungen in achsenparallelen Nuten eines Eisenzylinders

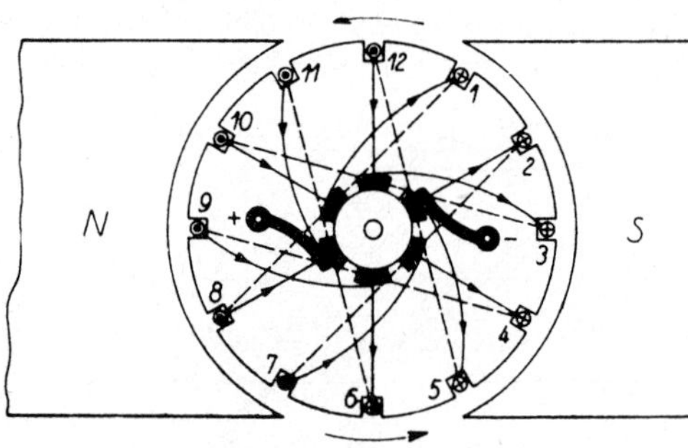

Abb. 407. Querschnitt durch einen Trommelanker mit 12 Wicklungsnuten

untergebracht sind; die auf der dem Beschauer abgewandten Seite verlaufenden Drähte sind gestrichelt gezeichnet. Der Kollektor besitzt halb soviel Lamellen wie der Anker Nuten. Man überzeugt sich leicht, daß zwischen zwei gegenüberliegenden Lamellen des Kollektors sämtliche Spulen in zwei parallel geschalteten Hälften in Hintereinanderschaltungen liegen, so daß sich die in ihnen erzeugten Induktionsströme addieren. Der Trommelanker hat den Vorteil, daß bei ihm fast die ganze Drahtlänge mit Ausnahme des kleinen Teiles auf der Stirn- und Rückseite des Ankers zur Stromerzeugung ausgenutzt wird. Denkt man sich den Anker längs einer Mantellinie zwischen den beiden Magnetpolen aufgeschnitten und die Zylinderoberfläche in eine ebene Fläche aufgebogen, so erhält man für die Leitungsführung des Trommelankers das in Abb. 408 wiedergegebene Schema. Die Lage der beiden Magnetpole ist darin ebenfalls angedeutet, die magnetischen Kraftlinien sind senkrecht zur Papierebene zu denken. Die sechs Segmente des Kollektors erscheinen als nebeneinanderliegende Rechtecke. Eine Rotation des Trommelankers in Abb. 407 entspricht einer Verschiebung der Drähte in Abb. 408 in der Papierebene in der eingezeichneten Pfeilrichtung. Mit Hilfe der Flemingschen Rechte-Hand-Regel macht man sich leicht ein Bild über den Verlauf der Ströme, die in den einzelnen (senkrecht zu den magnetischen Kraftlinien sich bewegenden Leitern) entstehen.

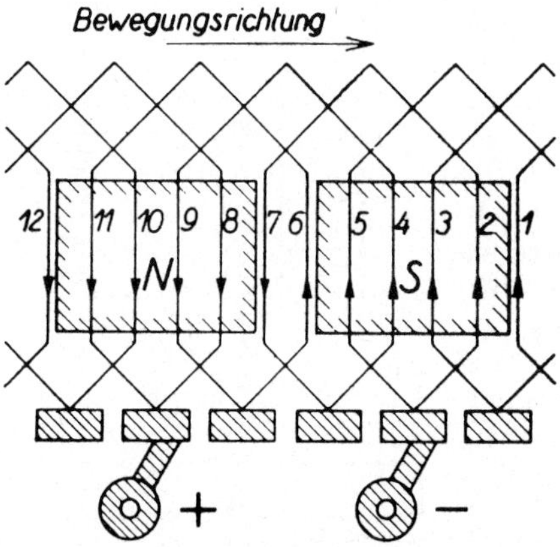

Abb. 408. Zur Wirkungsweise des Trommelankers

Bereits vor der Erfindung des heute allgemein benutzten Trommelankers wurde das Problem der Erzeugung eines Gleichstromes mit möglichst geringer ,,Welligkeit" von dem Franzosen Z. T. Gramme (1871) durch die Verwendung eines **Ringankers** gelöst, wie er bereits 1850 von dem Italiener Pacinotti zum Bau eines Elektromotors benutzt worden war. Der Ringanker besteht aus einem Weicheisenring, der zur Vermeidung von Wirbelstrombildung aus einzelnen Blechen zusammengesetzt ist. Er ist (Abb. 409) auf seinem Umfang mit einer fortlaufenden in sich geschlossenen Wicklung versehen, von der in gleichmäßigen Abständen Leitungen zu den einzelnen Segmenten des Kollektors führen. Befindet sich der Ringanker zwischen den halbkreisförmig ausgesparten Polen des Feldmagneten, so verlaufen fast alle magnetischen Kraftlinien durch das Eisen des Ringes (Abb. 409), und es entsteht in den schmalen Schlitzen zwischen den Polschuhen und dem Ring ein sehr kräftiges Magnetfeld. Senkrecht durch dieses Feld hindurch bewegen sich die auf der Außenseite des Ringes verlaufenden Teile der Wicklung. In den beiden durch die Linie ZZ in Abb. 409 getrennten Hälften des Ringankers werden dadurch beständig elektrische Spannungen von gleichem Betrage, aber entgegengesetztem Vorzeichen induziert. Infolgedessen kommt es in der in sich geschlossenen Wicklung auch während der Rotation des Ankers nicht zur Ausbildung eines Stromes. Erst wenn man zwei in der neutralen Zone ZZ gegenüberliegende Punkte der Ringwicklung miteinander verbindet, liefern beide Ringhälften in dieser Verbindung einen Strom entsprechend dem in Abb. 409 eingezeichneten Pfeil. Man muß daher die beiden auf dem Kollektor schleifenden Bürsten in der neutralen Zone anbringen. Gegenüber dem Trommelanker hat der Ringanker den Nachteil, daß nur die auf der Außenseite des Ringes befindlichen Teile der Wicklung für den Induktionsvorgang maßgebend sind, und daß ferner der Widerstand des magnetischen Kreises größer ist, da sich infolge der Anbringung der Wicklung auf dem Ring der Luftspalt zwischen Anker und Magnetpolen nicht so eng wie beim Trommelanker gestalten läßt.

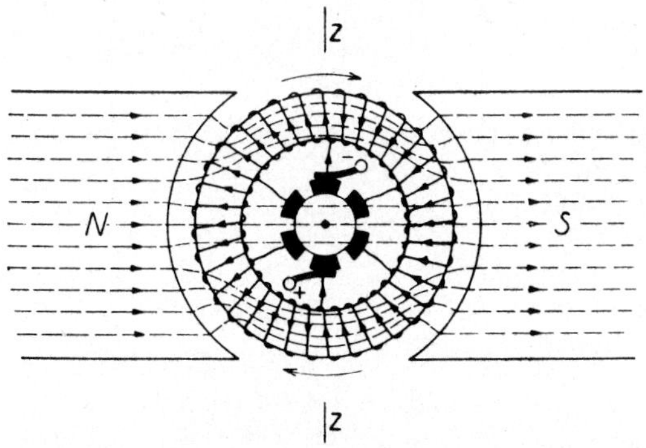

Abb. 409. Prinzip des Grammeschen Ringankers

Ring- und Trommelanker sind zuerst bei den sog. magnetelektrischen Maschinen benutzt worden, bei denen das Magnetfeld durch kräftige Stahlmagnete erzeugt wurde. Wesentlich stärkere Wirkungen lassen sich erzielen, wenn man die Permanentmagnete durch Elektromagnete ersetzt. Allerdings braucht man dann, wie es scheinen könnte, zum Betrieb dieser Magnete eine Gleichstromquelle. Es war das große Verdienst von Werner von Siemens (1867), erkannt zu haben, daß diese Gleichstromquelle entbehrlich ist, wenn man die Erregung der Feldmagnete von der Maschine selbst vornehmen läßt. Eisen behält ja nach einer einmaligen Magnetisierung remanenten Magnetismus bei und dieser genügt, um beim Drehen des Ankers in diesem eine zunächst schwache Induktionsspannung zu erregen, die dann durch die Wicklung der Feldmagnete einen zwar schwachen Strom liefert, der bei richtiger Polung das Magnetfeld und damit die Spannung im Anker verstärkt usw., bis eine durch die magnetische Sättigung des Eisens gegebene Grenze erreicht ist.

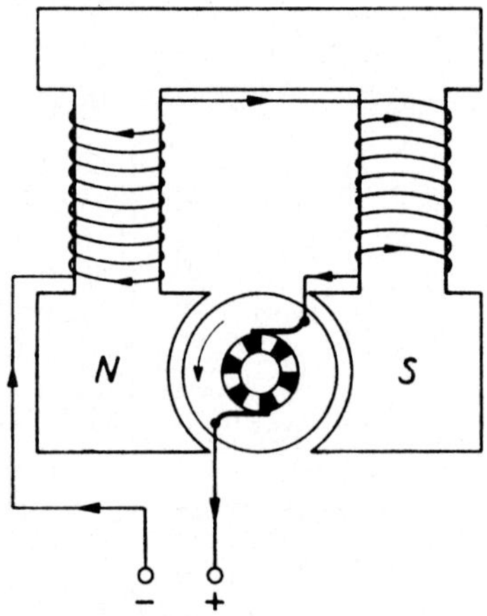

Abb. 410. Schaltung einer Hauptschlußmaschine

Dieses **dynamo-elektrische Prinzip** der Selbsterregung von Siemens bildet heute die Grundlage für den Bau sämtlicher dynamo-elektrischer Maschinen, die man auch kurz **Dynamomaschinen** nennt. Für die Verwirklichung der Selbsterregung sind drei Schaltungen möglich.

1. Bei der **Hauptschluß-** oder **Serienmaschine** wird der gesamte aus dem Anker kommende Strom zunächst durch die Wicklungen der Feldmagnete und dann in die Verbraucherleitung geschickt. Magnetwicklungen und Verbraucherleitung sind also in Serie geschaltet (Abb. 410). Eine solche Maschine erregt sich also nur dann, wenn der Verbraucherstromkreis geschlossen ist. Da der gesamte Strom durch die Wicklung der Feldmagnete fließt, muß diese aus dickem Draht bestehen und darf nur einen kleinen Widerstand haben. Bezeichnet E die bei konstanter Tourenzahl im Anker induzierte elektromotorische Kraft, U die Klemmenspannung der Maschine und R_m den Widerstand von Anker und Magnetwicklung, so bestehen zwischen diesen Größen und dem aus der Maschine entnommenen Strom J die Gleichungen:

$$U = E - J \cdot R_m \quad \text{oder} \quad E = U + J \cdot R_m \,.$$

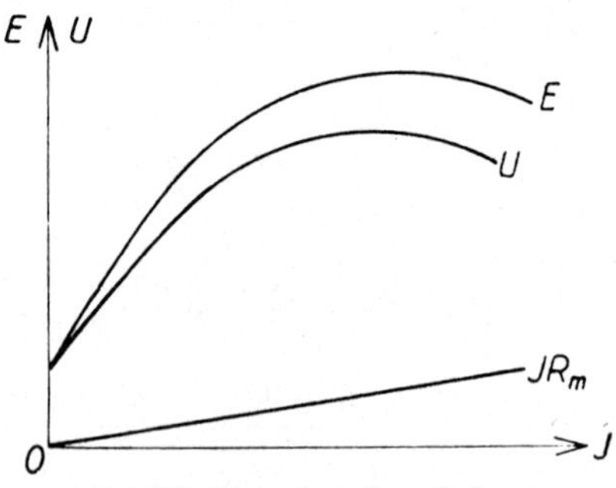

Abb. 411. Belastungskennlinien der Hauptschlußmaschine

Trägt man U oder E als Funktion von J auf, so erhält man die Belastungskennlinie der Hauptschlußmaschine (Abb. 411). Mit steigendem J wächst U bzw. E infolge der zunehmenden Erregung zunächst proportional, dann, wenn sich das Eisen der magnetischen Sättigung nähert, langsamer an, um nach Erreichung der Sättigung konstant zu bleiben und schließlich infolge einer Rückwirkung des Ankerfeldes (siehe weiter unten) wieder etwas abzusinken. Diese Kennlinien — es ist üblich, die EJ-Kurve als „innere" und die UJ-Kurve als „äußere" Kennlinie zu bezeichnen — schneiden auf der Ordinatenachse eine Strecke ab, deren Größe durch die Stärke des remanenten Magnetismus in den Feldmagneten bestimmt ist. In Abb. 411 ist noch der an dem Maschinenwiderstand auftretende Spannungsabfall JR_m eingetragen. Seine Größe bestimmt den Unterschied zwischen äußerer und innerer Kennlinie. Wie man aus dem Kennliniendiagramm ersieht, liefert eine Hauptschlußmaschine keine konstante Spannung; diese ändert sich vielmehr mit der Belastung. (Eine gewisse Regelung der Spannung ist möglich durch Parallelschaltung eines Regulierwiderstandes zur Wicklung der Feldmagnete.) Die gesamte elektrische Leistung der Maschine ist:

$$EJ = J^2 (R_m + R_l) \,,$$

während die in die äußere Leitung abgegebene Nutzleistung

$$UJ = J^2 R_l$$

ist, wenn R_l den Widerstand des Außenkreises bedeutet. Das Verhältnis von Nutzleistung zur Gesamtleistung bezeichnet man als Wirkungsgrad oder elektrisches Güteverhältnis η der Maschine. Für die Hauptschlußmaschine ist also:

$$\eta = \frac{U}{E} = \frac{R_l}{R_m + R_l};$$

η wird demnach um so größer, je kleiner der Maschinenwiderstand R_m im Verhältnis zum äußeren Widerstand R_l ist.

2. Bei der **Nebenschlußmaschine** liegen der äußere Stromkreis und die Wicklung des Feldmagneten parallel zum Anker (Abb. 412). Im Gegensatz zur Hauptschlußmaschine erregt sich diese Maschine auch im Leerlauf, d. h. bei offenem Außenkreis. Um die Stromwärmeverluste in den Magnetwicklungen möglichst gering zu halten, führt man diese mit hohem Widerstand und vielen Windungen aus. Der im Anker erzeugte Strom J_a teilt sich in den Feldmagnetstrom J_f und den in den Außenkreis fließenden Leitungs- und Nutzstrom J_l so daß die Beziehung $J_a = J_l + J_f$ besteht. Bezeichnen wir wieder mit E die im Anker induzierte elektromotorische Kraft, mit U die Klemmenspannung der Maschine und mit R_a, R_f und R_l die Widerstände in Anker, Feldmagnet und Außenleitung, so gelten die Gleichungen:

$$J_l = \frac{U}{R_l} \quad \text{und} \quad J_f = \frac{U}{R_f}$$

und somit:

$$\frac{J_f}{J_l} = \frac{R_l}{R_f}.$$

Unter Berücksichtigung der Beziehung $J_a = J_l + J_f$ folgt hieraus weiter:

$$J_l = J_a \frac{R_f}{R_l + R_f} \quad \text{und} \quad J_f = J_a \frac{R_l}{R_l + R_f},$$

so daß wir für die von der Maschine an Anker, Feldmagnet und Außenkreis abgegebenen elektrischen Leistungen erhalten:

$$N_a = J_a^2 R_a,$$

$$N_f = J_f^2 R_f = J_a^2 \frac{R_l^2 R_f}{(R_l + R_f)^2},$$

$$N_l = J_l^2 R_l = J_a^2 \frac{R_f^2 R_l}{(R_l + R_f)^2}.$$

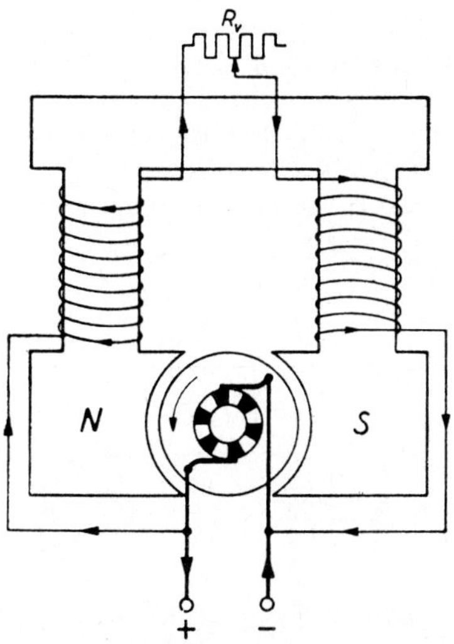

Abb. 412. Schaltung einer Nebenschlußmaschine

Somit finden wir für den Wirkungsgrad der Nebenschlußmaschine:

$$\eta = \frac{N_l}{N_a + N_f + N_l} = \frac{1}{1 + \frac{R_l}{R_f} + \frac{R_a (R_l + R_f)^2}{R_f^2 R_l}}.$$

Hieraus ersieht man, daß der Wirkungsgrad am größten wird, wenn R_f groß und R_a klein gegen R_l sind.

Abb. 413 zeigt die Belastungskennlinie der selbsterregten Nebenschlußmaschine. Für $J_l = 0$ haben E und U ihren höchsten Wert; der Ankerstrom J_a ist dann gleich dem Magnetstrom J_f. Schaltet man nun an die Klemmen der Maschine einen Belastungswiderstand R_l an, so daß J_l und damit J_a zunehmen, so sinkt U infolge des am Anker auftretenden Spannungsabfalles $J_a R_a$. Da nun der Magnetstrom J_f proportional U ist, läßt die Erregung ebenfalls nach und bei weiterer Belastung der Maschine sinkt U immer stärker ab. Schließlich tritt der Augenblick ein, daß trotz zunehmender Verkleinerung des Belastungswiderstandes R_l die Stromstärke J_l im äußeren Kreise sinkt, da in dem Bruch U/R_l, der ja gleich J_l ist, der Zähler rascher abnimmt als der Nenner. Die Kennlinie von U biegt daher um und erreicht schließlich einen Punkt, bei dem $U = 0$ und J_l einen sehr kleinen Wert annimmt, der vom remanenten Magnetismus der Feldmagnete herrührt. Man kann also eine Nebenschlußmaschine ohne Gefahr kurz schließen, ihre Klemmenspannung geht dabei automatisch auf Null, im Gegensatz zur Hauptschlußmaschine, bei der mit abnehmendem Belastungswiderstand der Strom dauernd steigt. Für den praktischen Betrieb der Nebenschlußmaschine kommt es nur auf den oberen Teil der Kennlinie an, längs deren die Spannung annähernd konstant bleibt. (Durch Einbau eines Regulierwiderstandes R_v in den Nebenschlußkreis der Magnetwicklung (Abb. 412) ist es möglich, auch bei steigender Belastung die Klemmenspannung konstant zu halten.)

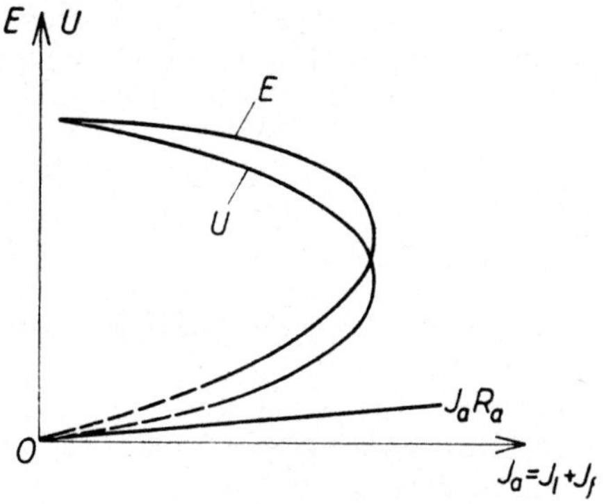

Abb. 413. Belastungskennlinien der Nebenschlußmaschine

3. Bei der **Doppelschluß-** oder **Verbundmaschine** (**Compound-Generator**) ist es schließlich durch Kombination einer Hauptschluß- und Nebenschluß-Schaltung gelungen, einen Gleichstrom-Generator zu bauen, dessen Spannung sich mit der Belastung fast gar nicht ändert. Bei einer solchen Maschine, deren Schaltschema Abb. 414 zeigt, tragen die Feldmagnete zwei übereinanderliegende Wicklungen, von denen die eine mit wenigen Windungen eines dicken Drahtes im Hauptschluß, die andere mit vielen Windungen dünnen Drahtes im Nebenschluß liegt. —

Wir haben bereits gelegentlich von der **Ankerrückwirkung** auf das Feld des Stators der Maschine gesprochen. Hierbei handelt es sich um folgenden Vorgang: Die zur Abnahme des Stromes auf dem Kollektor schleifenden Bürsten müssen denselben in der neutralen Zone ZZ berühren, die senkrecht zu dem den Anker durchflutenden Magnetfeld steht (z. B. Linie ZZ in Abb. 409). Da bei der Drehung des Ankers die Bürsten kurzzeitig immer zwei aufeinanderfolgende Kollektorsegmente berühren und dabei die an die Segmente angeschlossene Teilwicklung des Ankers überbrücken, kommt es zu einem Kurzschluß der in dieser Wicklung induzierten Ströme und zu einer den Kollektor schädigenden Funkenbildung (Feuern der Kollektorbürsten), falls nicht die Stromentnahme an einer solchen Stelle erfolgt, bei der in den kurzgeschlossenen Windungen eine möglichst geringe Spannung induziert wird. Wie man an Hand der Abb. 409 erkennt, ist letzteres aber gerade dann der Fall, wenn die Bürsten in der neutralen Zone stehen; denn nur dann ändert sich der magnetische Induktionsfluß in den durch Überbrückung zweier benachbarter Kollektorsegmente kurzgeschlossenen Windungen so gut wie gar nicht. Bei einer belasteten Maschine findet aber mit steigender Stromentnahme eine Verdrehung der neutralen Zone statt. Wir erläutern dies für den Fall des Ringankers. In Abb. 415a ist der von den Feldmagneten erzeugte magnetische Induktionsfluß durch den stromlosen Anker gezeichnet. Abb. 415b zeigt den im Anker bei Stromentnahme entstehenden Induktionsfluß. Beide Felder überlagern sich und ergeben den in Abb. 415c dargestellten resultierenden Induktionsfluß. Hieraus ersieht man, daß die neutrale Zone ZZ eine Drehung im Sinne der Ankerrotation erfahren hat. Zur Vermeidung der Funkenbildung am Kollektor muß also die Bürstenlage entsprechend verstellt werden. Abb. 416 gibt noch eine vektorielle Darstellung der Felder im Anker. H stellt nach Größe und Richtung das Feld im ruhenden Anker dar, während A das von den Ankerwindungen bei belastetem Anker erzeugte Feld wiedergibt, dessen Richtung mit der neutralen Zone ZZ zusammenfällt. A und H setzen sich zu dem resultierenden Feld F zusammen. Man kann A in die beiden Komponenten G und Q parallel und senkrecht zum ursprünglichen Statorfeld H zerlegen. Das dem Hauptfeld H entgegengesetzt gerichtete

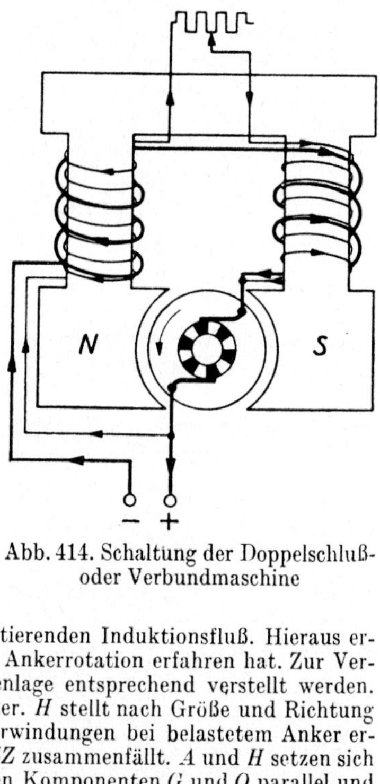

Abb. 414. Schaltung der Doppelschluß- oder Verbundmaschine

Gegenfeld G des Ankers schwächt das Feld des Stators und bewirkt dadurch ein Absinken der Spannung bei belasteter Maschine. Querfeld Q und Gegenfeld G faßt man unter dem Namen der Ankerrückwirkung zusammen.

Die Verdrehung der Bürstenlage hängt von der Stromstärke im Anker, d.h. von der Belastung der Maschine ab. Man muß also, um ein Feuern der Bürsten zu vermeiden, diese je nach der Belastung der Maschine verstellen. Durch die Unsymmetrie des resultierenden Feldes (Abb. 415c) wird ferner die induzierte Stromform ebenfalls unsymmetrisch. Beides, sowie die unerwünschte Ankerrückwirkung auf das Statorfeld, läßt sich durch den Einbau von Wendepolen zwischen die Pole der Feldmagnete vermeiden, deren Wicklung vom Hauptstrom der Maschine durchflossen wird. In Abb. 415d ist der von den Wendepolen im Anker erzeugte magnetische Induktionsfluß dargestellt; wie man sieht, wirkt er dem vom Anker bei Stromentnahme erzeugten Induktionsfluß (Abb. 415b) gerade entgegen. Durch richtige Dimensionierung und Schaltung dieser Wendepole kann man eine automatische Kompensation des Ankerfeldes erreichen, so daß eine Bürstenverschiebung auch bei Veränderung des Belastungsstromes nicht notwendig ist.

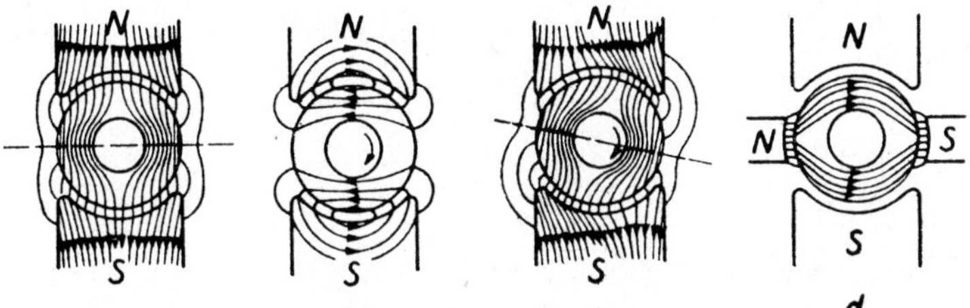

a b c d

Abb. 415. Zur Ankerrückwirkung
a) Feld bei stromlosem Anker; b) Eigenfeld des Ankers; c) Feld bei belastetem Anker; d) Feld der Wendepole

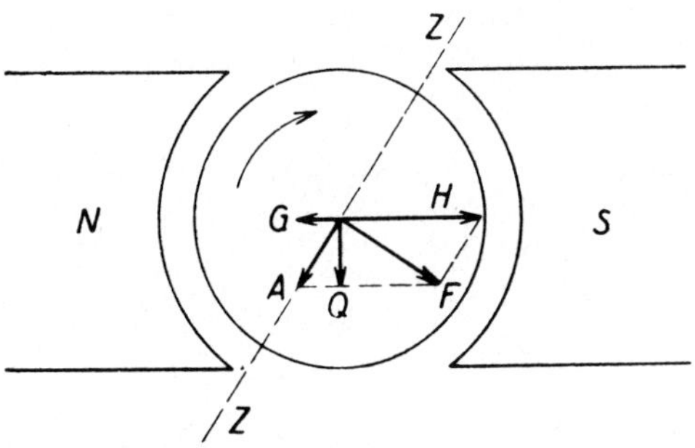

Abb. 416. Vektorielle Darstellung der im Anker einer Gleichstrommaschine entstehenden Magnetfelder

Bei den im Vorangehenden besprochenen Gleichstrommaschinen haben wir als Statormagnete der Übersichtlichkeit halber nur zwei sich gegenüberstehende entgegengesetzte Magnetpole angenommen. Um die Leistung zu erhöhen, ist man in der Technik dazu übergegangen, vier, sechs oder mehr Nord- und Südpole abwechselnd innerhalb eines Ringgestelles anzubringen; jedem Polpaar entspricht dann ein Bürstenpaar. Die einzelnen Bürstenpaare werden parallel an die Verbraucherleitung angeschlossen.

Wechselstrommaschinen. Einfacher als die Gleichstrom-Generatoren sind die **Wechselstrommaschinen** gebaut. Wie wir auf S. 248 an Hand der Abb. 326 erläutert hatten, entsteht an den Enden einer Leiterschleife oder Spule, die in einem Magnetfeld gedreht wird, eine Wechselspannung, deren Frequenz gleich der Umdrehungszahl in der Sekunde ist. Auch mit dem in Abb. 405 skizzierten Doppel-T-Anker läßt sich eine Wechselspannung erzeugen, wenn man die Enden der Ankerwicklungen an zwei getrennte Schleifringe führt, von denen man die Spannung abnimmt. Da es nur auf die relative Bewegung zwischen Anker und Magnetfeld ankommt, ist man bei der praktischen Ausführung dazu übergegangen, das Magnetfeld rotieren und die Ankerwicklung stehen zu lassen. Eine solche Innenpol-Maschine hat den Vorteil, daß die erzeugten Spannungen und Ströme nicht über Schleifringe abgenommen werden müssen. Dadurch ist man in der Lage, Maschinen großer Leistung zu bauen (bis zu 60000 KW bei 20000 Volt), ohne daß man ein Verschmoren der Bürsten und Schleifringe durch Funkenbildung zu befürchten hat. Letztere sind lediglich noch dazu notwendig, dem rotierenden Anker die zur Erzeugung des Magnetfeldes notwendige Gleichstromleistung zuzuführen.

Abb. 417 zeigt den Querschnitt durch einen Wechselstrom-Generator mit Innenpolen. Der rotierende Feldmagnet, Läufer oder Rotor genannt, besitzt 4 Pole, die abwechselnd nord- und südmagnetisch sind. Im Inneren des Stators oder Ständers sind vier Ankerspulen angebracht. Zwei aufeinanderfolgende Spulen besitzen entgegengesetzten Wicklungssinn, damit die in ihnen durch die vorbeilaufenden Pole induzierten Spannungen in jedem Augenblick gleichgerichtet sind. Bei einer vollständigen Umdrehung des Rotors entstehen vier Polwechsel, also zwei Perioden des Wechselstromes. Um einen Wechselstrom von 50 Hz, wie er in der Technik fast ausschließlich

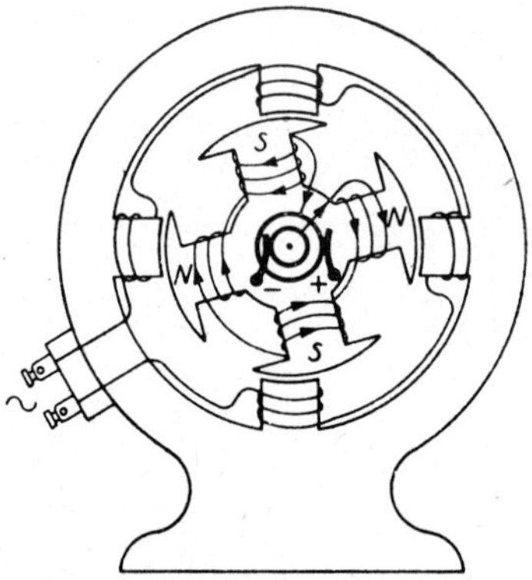

Abb. 417. Querschnitt durch einen vierpoligen Wechselstromgenerator

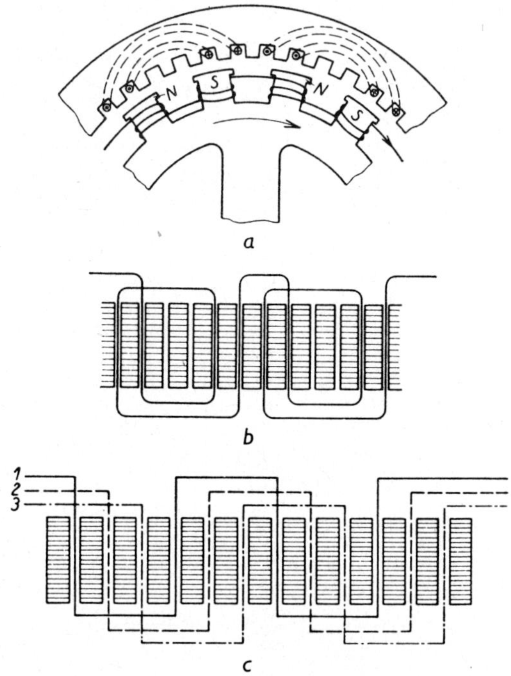

Abb. 418. Zum Wechselstromgenerator

a) Anordnung der Pole am Stator und Rotor; b) Wicklungsführung im Stator eines einfachen Wechselstromgenerators; c) Wicklungsführung im Stator eines Drehstromgenerators

benutzt wird, zu erhalten, muß also die vierpolige Maschine $\frac{50 \cdot 60}{2} = 1500$ Umdrehungen in der Minute machen. Durch Vermehrung der Polzahl der Maschine kann man ihre Umdrehungszahl heruntersetzen. Abb. 418a zeigt schematisch die Anordnung der Pole am Stator und Rotor eines vielpoligen Wechselstromgenerators und (Abb. 418b) die Unterbringung der Wicklung in den zur Maschinenachse parallelen Nuten des Stators. Durch Hintereinanderschaltung der einzelnen Ständerspulen kann man gleichzeitig eine hohe Wechselspannung erzielen.

Bringt man auf dem Ständer der Maschine nicht eine einzige, sondern drei voneinander getrennte gegeneinander um 120° verschobene Wicklungen 1, 2, 3 entsprechend Abb. 418c an, so erhält man den **Dreiphasenwechselstrom-** oder **Drehstromgenerator**. Da jeder Pol des Rotors nacheinander an den nebeneinanderliegenden Polen des Ständers vorbeiläuft, so erhält man in den drei Wicklungen drei in der Phase um 120° verschobene Spannungen und Ströme, wie sie die Abb. 388 auf S. 289 wiedergibt. Je nachdem, ob man die drei Wicklungen der Maschine nach Abb. 419a oder 419b zusammenschaltet, erhält man die Stern- oder Dreieckschaltung, die bereits in Nr. 46 ausführlich behandelt wurde. Bei der Sternschaltung hat die Spannung

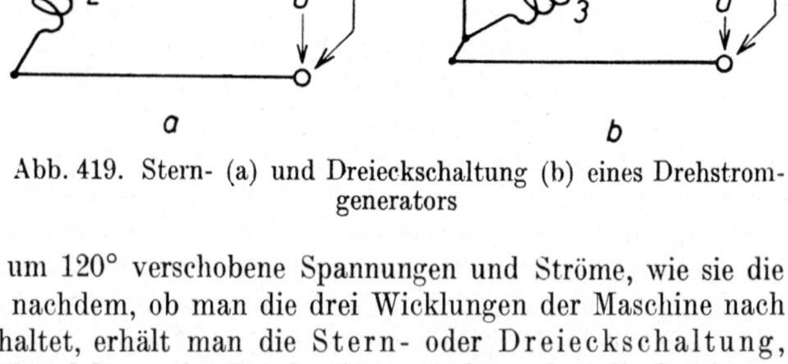

Abb. 419. Stern- (a) und Dreieckschaltung (b) eines Drehstromgenerators

U zwischen je zwei Leitern den $\sqrt{3}$-fachen Betrag der in einer Phasenwicklung induzierten Spannung. Zwischen einem Außenleiter und dem vom Verkettungspunkt 0 ausgehenden Null-Leiter besteht also eine $\sqrt{3}$-mal kleinere Spannung wie zwischen je zwei Außenleitern. Besitzen z. B. die Außenleiter gegeneinander eine Spannung von 380 Volt oder 220 Volt, so beträgt die Spannung zwischen ihnen und dem Null-Leiter 220 oder 127 Volt. Bei der Dreieckschaltung (Abb. 419b) ist die Spannung zwischen je zwei Außenleitern gleich der Phasenspannung in einer Wicklung.

Bei den bisher besprochenen Wechselstrom-Generatoren geschah die zur Erzeugung der Induktionsspannung notwendige periodische Veränderung des magnetischen Flusses in den Spulen durch die relative Bewegung zwischen den Spulen und einem konstanten Magnetfeld. Es läßt sich jedoch auch bei ruhendem Magnetfeld und feststehenden Spulen eine solche periodische Änderung des magnet. Flusses erreichen, wenn man periodisch den magnetischen Widerstand des magnetischen Kreises ändert. Nach diesem Prinzip arbeitet z. B. der von F. Dolezalek (1905) angegebene Wechselstromerzeuger, dessen Hauptteil in Abb. 420 schematisch wiedergegeben ist. Vor den schneidenförmig ausgebildeten Polen aus Weicheisen, die durch die Wicklung S magnetisiert werden, rotiert ein eisernes Zahnrad Z. Jedesmal, wenn zwei Zähne dieses Rades vor den beiden Polen stehen, hat der magnetische Widerstand des aus den Polen heraustretenden Induktionsflusses ein Minimum, um in ein Maximum überzugehen, wenn die Pole auf zwei Zahnlücken zeigen. Entsprechend dem sich periodisch ändernden magnetischen Widerstand variiert im gleichen Rhythmus der Induktionsfluß und induziert in den beiden auf den Polen angebrachten Spulen S_1 und S_2 Wechselspannungen, die sich bei richtiger Schaltung der Wicklungen addieren. Durch Verwendung sehr rasch umlaufender Zahnräder mit einer Zahnzahl bis zu 300 ist es gelungen, Generatoren zu bauen, die Wechselströme mit einer Frequenz bis 100000 Hz bei einer Leistung von ungefähr 2 kW erzeugen. (Hochfrequenz-Maschine von E. F. W. Alexanderson, 1910.) Bis zu Frequenzen von 6000 Hz lassen sich sogar Leistungen von 600 kW mit dieser Induktormaschine erreichen (M. Osnos. 1917).

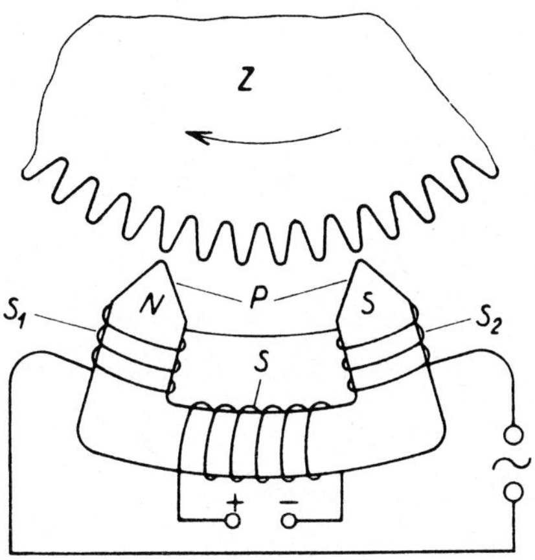

Abb. 420. Prinzip des Wechselstromgenerators nach Dolezalek

Elektromotoren. Wir haben in den vorangehenden Nummern bereits mehrfach Vorrichtungen besprochen, bei denen durch den elektrischen Strom Magnetpole oder stromdurchflossene Leiter in dauernde Rotation versetzt wurden (s. S. 169). Wir haben es bei diesen Anordnungen mit Apparaten zu tun, die es ermöglichen, elektrische Energie in mechanische Arbeit zu verwandeln und die man als **Elektromotoren** bezeichnet. Je nachdem ob der Elektromotor mit Gleichstrom oder Wechselstrom betrieben wird, unterscheidet man Gleichstrom- und Wechselstrommotoren.

Als Gleichstrommotor kann jeder Gleichstrom-Generator benutzt werden, wenn man ihn an eine Gleichstromquelle anschließt. Denken wir uns z. B. durch die Leiterschleife der in Abb. 403 gezeichneten Maschine einen Strom in der Pfeilrichtung geleitet, so kann man sich leicht mit Hilfe der Flemingschen Linke-Handregel davon überzeugen, daß die senkrecht zu den magnetischen Kraftlinien verlaufenden Leiterteile eine Bewegung senkrecht zur Feldrichtung erfahren, wodurch eine Drehung der Schleife gegen die eingezeichnete Pfeilrichtung zustande kommt. Die Drehung erfolgt also entgegengesetzt der Richtung, in der man die Schleife drehen muß, um einen Strom der gleichen Richtung zu erzeugen. (Dies folgt übrigens auch aus der Lenzschen Regel, wonach die Bewegung einer geschlossenen Strombahn in einem magnetischen Feld einen Strom erzeugt, der eine entgegengesetzte Bewegung hervorzubringen versucht.) An Hand der Abb. 403 sieht man ferner, daß durch den Kollektor (Kommutator) im richtigen Augenblick eine Umpolung der Stromrichtung erfolgt, so daß es zu einer fortlaufenden Rotation der Schleife kommt.

Das, was wir hier für den einfachsten Fall einer Drahtschleife in einem Magnetfeld gesagt haben, gilt natürlich auch für den Trommel- und Ringanker (Abb. 407 und 409). Äußerlich unterscheiden sich Gleichstrom-Generator und Gleichstrom-Motor nur dadurch, daß beim letzteren (beim Fehlen von Wendepolen) die Schleifbürsten am Kollektor nach rückwärts, also gegen die Drehrichtung verstellt sind, damit sie zur Vermeidung der Funkenbildung den Kollektor in einer neutralen Zone berühren, während sie beim Generator in der Drehrichtung verschoben waren.

Genau wie bei der Dynamomaschine unterscheidet man Hauptschluß- und Nebenschluß-Motoren, je nachdem, ob die Wicklung des Feldmagneten in Reihe oder parallel zur Ankerwicklung geschaltet ist. Wir können daher die Abb. 410 und 412 als Wiedergabe eines Hauptschluß- bzw. eines Nebenschlußmotors betrachten, wenn wir lediglich den Drehsinn des Ankers umkehren.

Um die Wirkungsweise eines Elektromotors zu verstehen, schalten wir einen Motor mit dem Ohmschen Innenwiderstand R über ein Amperemeter an eine Gleichstromquelle mit der Spannung U. Halten wir zunächst den Anker fest, so daß er sich nicht drehen kann, so fließt durch den Anker ein Strom $J_s = U/R$. Die elektrische Leistung beträgt dabei:

$$N_s = U J_s = \frac{U^2}{R} = R J_s^2, \tag{266}$$

die sich als Joulesche Wärme in den Wicklungen des Motors wiederfindet (der Widerstand der Zuleitungen ist dabei vernachlässigt); die vom Motor geleistete Arbeit ist Null. Lassen wir jetzt den Motor laufen, so beobachten wir mit zunehmender Drehzahl eine Abnahme der Stromstärke. Es wird nämlich bei der Rotation in der Ankerwicklung eine Spannung U' induziert, die U entgegengesetzt gerichtet ist, so daß der Motorstrom jetzt den Wert:

$$J_l = \frac{U - U'}{R} \tag{267}$$

annimmt und um so kleiner wird, je größer U' wird, d. h. je schneller der Motor läuft. Aus dieser Gleichung folgt:

$$U = U' + R J_l, \tag{268}$$

so daß wir für die Leistung der Stromquelle bei laufendem Motor finden:

$$N_l = U J_l = U' J_l + R J_l^2. \tag{269}$$

Das erste Glied $(U' J_l)$ auf der rechten Seite stellt die für die Motorleistung erforderliche elektrische Leistung dar, während das zweite Glied wieder den in Joulesche Wärme umgesetzten Anteil $(J_l^2 R)$ wiedergibt. Bei unbelastetem Motor wird $U' J_l$ nur zur Überwindung der Lagerreibung verbraucht; J_l ist also sehr klein. Der Motor läuft so schnell, daß U' fast gleich U wird. Wird aber der Motor durch Belastung gebremst, so läuft er langsamer, U' wird kleiner, dadurch steigt J_l und $U'J_l$ sowie RJ_l^2 nehmen entsprechend zu. Mit anderen Worten: Ein Elektromotor verbraucht stets nur soviel Strom, wie für die zu leistende Arbeit und zur Entwicklung der Jouleschen Wärme in seinen Wicklungen gerade nötig ist. Aus Gl. (269) folgt, daß der Wirkungsgrad eines Motors um so besser ist, je kleiner die Wärmeverluste RJ_l^2 sind, d. h. je kleiner der Ohmsche Widerstand ist. Ein kleiner Widerstand hat aber zur Folge, daß nach Gl. (266) beim Einschalten des (noch stillstehenden) Motors ein sehr großer Strom durch die Wicklung fließen würde, da dann $U' = 0$ ist; damit durch einen zu hohen Strom die Wicklung nicht beschädigt wird, muß man daher in den Stromkreis eines jeden Elektromotors größerer Leistung — beim Nebenschlußmotor nur in den Außenkreis — einen Anlaßwiderstand legen, der allmählich bei schneller laufendem Motor ausgeschaltet wird. Abb. 421 zeigt die allgemein gebräuchliche Schaltung eines solchen Motor-Anlassers. Wird der Schalthebel H nach rechts gedreht, so daß er die Gleitschiene S_1 und den Kontakt 1 berührt, so

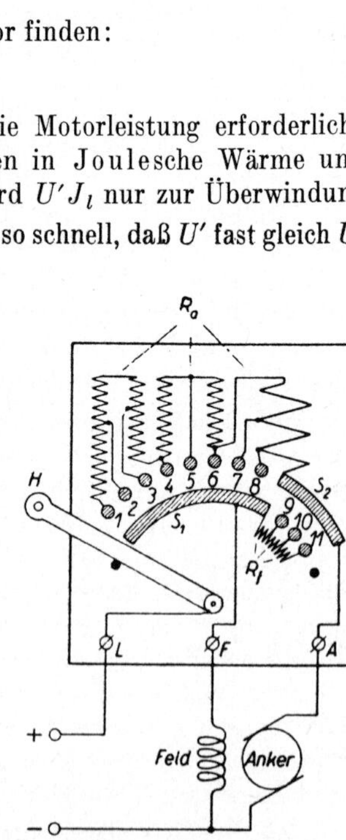

Abb. 421. Schaltung eines Anlaßwiderstandes für einen Elektromotor

erhält die Feldwicklung des Motors über die Schiene S_1 und die Klemme F Verbindung mit dem an Klemme L angeschlossenen positiven Pol der Leitung. Gleichzeitig wird die Ankerwicklung mit dieser Leitung über den Kontakt 1, den Vorschaltwiderstand R_a, die Schiene S_2 und die Klemme A verbunden, so daß der Motor anläuft. Beim Weiterdrehen des Hebels H wird allmählich der Vorschaltwiderstand R_a aus dem Ankerstromkreis ausgeschaltet, bis der Hebel die Gleitschiene S_2 erreicht hat. Wird dann der Hebel noch weiter gedreht, so wird über die Kontakte 9—11 ein Vorschaltwiderstand R_f in die Feldwicklung des Motors eingeschaltet; dadurch wird das Feld geschwächt und die Drehzahl des Motors weiter gesteigert.

Wir wollen noch die vom Motor abgegebene mechanische Leistung in Beziehung zu der aufgewandten elektrischen Leistung setzen. Nehmen wir an, daß auf der Motorachse eine Riemenscheibe vom Durchmesser $2r$ angebracht sei, an deren Umfang die Kraft F angreife, die der Motor zu überwinden hat, so ist die in der Sekunde geleistete mechanische Arbeit gleich $\frac{2r\pi\nu}{60}F$, wenn ν die Umdrehungszahl des Motors pro Minute bedeutet; $r \cdot F$ ist aber nichts anderes als das vom Motor entwickelte Drehmoment D. Messen wir F in kp, r in m, also das Drehmoment in kpm, so haben wir die Gleichung:

(270) $$U'^* J_l^* = 0{,}102 \frac{2\pi\nu}{60} D;$$

(0,102 ist der Faktor zur Umrechnung von kpm in Ws; s. Band I, Nr. 20). Für die im Anker induzierte Spannung finden wir unter Bezug auf Gl. (205a) auf S. 244:

(270 a) $$U^{*\prime} = \frac{N\nu 2\Phi^*}{60},$$

wobei N die Zahl der Ankerwindungen ist, in denen sich bei einer halben Umdrehung der magnet. Fluß Φ^* um $2\Phi^*$ ändert. Setzen wir diesen Wert in Gl. (270) ein, so erhalten wir für das vom Motor erzeugte Drehmoment:

(271) $$D = \frac{N\Phi^* J_l^*}{0{,}102\pi}.$$

Aus dieser Gleichung folgt, daß D dem wirksamen magnet. Fluß Φ^* und der Stärke des im Anker fließenden Stromes proportional ist. Da beim Hauptschlußmotor Anker- und Magnetstrom gleich sind und bei zunehmender Belastung des Motors gleichzeitig ansteigen, eignet sich der Hauptschlußmotor für alle die Zwecke, wo der Übergang von der Ruhe zum Dauerbetrieb zeitweilig große Kraftleistungen beansprucht, wie z. B. bei elektrisch angetriebenen Fahrzeugen. Ein Nachteil des Hauptschlußmotors ist, daß er in unbelastetem Zustand „durchgeht", d. h. seine Drehzahl erhöht sich so lange, bis die Achsen- und Bürstenreibung die Stromarbeit gerade verbrauchen. Man erkennt dies folgendermaßen: Nach Gl. (270a) ist die im Anker induzierte Spannung U' proportional der Drehzahl und dem magnet. Fluß Φ^* des Feldmagneten. Da aber Φ^* vom Motorstrom J_l abhängt, solange die Magneten noch nicht gesättigt sind, ist:

$$U' = k\nu J_l,$$

wenn k einen Proportionalitätsfaktor darstellt. Nun ist andererseits nach Gl. (268):

$$U' = U - RJ_l,$$

so daß wir für die Drehzahl ν die Beziehung

(272) $$\nu = \frac{1}{k}\frac{U - RJ_l}{J_l}$$

erhalten. Da nun nach Gl. (269) für den unbelasteten Motor ($N_l \approx 0$) J_l sehr klein ist, wird ν nach Gl. (272) sehr groß.

Im Gegensatz dazu ist beim Nebenschlußmotor die Drehzahl fast unabhängig von der Belastung, da die Wicklung des Feldmagneten parallel zur Ankerwicklung liegt und der durch sie fließende Strom J_m sich nicht ändert, wenn der Ankerstrom J_a infolge zunehmender Belastung des Motors ansteigt. Wird der Motor an eine Spannung U angeschlossen, so gilt während des Laufens für den Ankerstrom wieder die Gl. (267):

$$J_a = \frac{U - U'}{R_a}. \tag{273}$$

Die im Anker induzierte Spannung U' ist aber jetzt nur von der Drehzahl ν und dem Strom J_m in dem Feldmagneten abhängig; es ist also:

$$U' = k \nu J_m; \tag{274}$$

für ν folgt aus den Gln. (273) und (274):

$$\nu = \frac{U - R_a J_a}{k J_m}. \tag{275}$$

Wenn also bei unbelasteten Motor $J_a \approx 0$ wird, so nimmt die Drehzahl den maximalen Wert:

$$\nu_{max} = \frac{U}{k J_m} \tag{276}$$

an. Gl. (275) läßt gleichzeitig erkennen, daß man die Drehzahl des Nebenschlußmotors sehr einfach durch Verändern der Erregung des Feldmagneten regulieren kann: Eine Schwächung der Magnetisierung ergibt eine Erhöhung der Drehzahl. Aus den beiden Gln. (274) und (275) folgt ferner:

$$\frac{\nu}{\nu_{max}} = \frac{U'}{U}. \tag{276a}$$

Bei hinreichend kleinem Ankerwiderstand ist aber $U' \approx U$, wie aus Gl. (273) hervorgeht, so daß auch $\nu/\nu_{max} \approx 1$ und damit die Drehzahl des Nebenschlußmotors fast unabhängig von der Belastung ist. Das ist einer der Hauptvorteile dieser Motorenart.

Wechselstrommotoren. Die im Vorangehenden beschriebenen Motoren können im Prinzip auch mit Wechselstrom betrieben werden, wenn man die Feldmagnete zur Vermeidung von Wirbelströmen aus Eisenblechen zusammensetzt. (Das Eisen der Anker muß auch bei den Gleichstrommotoren aus Blechen zusammengesetzt sein, da der Anker bei jeder Umdrehung zweimal ummagnetisiert wird.) Da der Wechselstrom in Anker und Feldmagnet gleichzeitig seine Richtung ändert, bleibt die Richtung der Kraftlinienwirkung erhalten. Bei der im technischen Wechselstromnetz üblichen Frequenz von 50 Hz macht sich jedoch bei größeren Motoren die Selbstinduktion insofern störend bemerkbar, als es nicht gelingt, die nötige Amperewindungszahl auf dem Anker bzw. dem Feldmagneten unterzubringen. Man ist deshalb bei den elektrischen Bahnen, die solche Motoren zum Antrieb benutzen, zu Wechselströmen von 15 bis 17 Hz übergegangen.

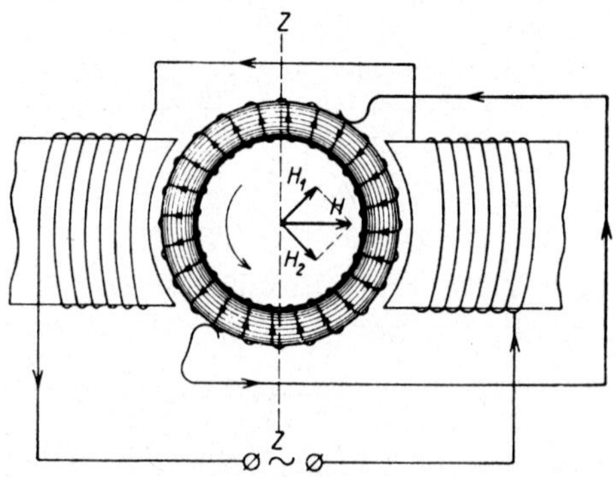

Abb. 422. Prinzip des Repulsionsmotors

Man kann aber einen Gleichstrommotor noch in folgender Schaltung als Wechselstrommotor benutzen, wie es Abb. 422 für den Fall des Gramme schen Ringankers zeigt. Die Feldmagnete werden direkt an die Wechselspannung angeschlossen; die Bürsten werden unter 45° gegen die Richtung des Statorfeldes gebracht und durch eine Leitung verbunden. Zerlegt man das Magnetfeld H in die beiden Komponenten H_1 und H_2 parallel und senkrecht zur Verbindungslinie der Bürsten, so induziert H_1 in den beiden Wicklungshälften des Ankers Ströme, die über die Bürstenverbindung abfließen, wie es die in Abb. 422 eingezeichneten Pfeile für einen bestimmten Augenblick angeben. Auf diese Ströme übt nun die Feldkomponente H_2 eine Kraftwirkung aus, die den Anker in Pfeilrichtung dreht. Dieser von E. Thomson (1887) angegebene Repulsionsmotor findet in neuerer Zeit vielfache Anwendungen, da er fast verlustlose Regelung seiner Tourenzahl ermöglicht und seine Drehrichtung sich ohne Schaltungsänderung umstellen läßt. Dreht man nämlich die beiden Schleifbürsten in die neutrale Zone ZZ, so wird das Drehmoment Null, da an diesen Punkten die im Rotor erzeugte Spannung Null ist. Dreht man die Bürsten über diese Zone hinaus, so ändert sich der Drehsinn des Rotors und die Tourenzahl steigt wieder, bis die Bürsten in die zu H_2 parallele Lage gekommen sind.

Ebenso wie ein Gleichstromdynamo als Elektromotor dienen kann, läßt sich auch jeder Einphasenwechselstromgenerator als Motor benutzen; man muß zu diesem Zweck die Feldmagnete (Rotor in Abb. 417) mit Gleichstrom magnetisieren und den Wechselstrom durch die Wicklung des Stators schicken. In Abb. 423 ist ein Ausschnitt aus Ständer und Rotor einer mehrpoligen Wechselstrommaschine für drei um je eine Viertelperiode auseinanderliegende Phasen gezeichnet. In Abb. 423a hat der die Pole des Ständers umfließende Wechselstrom gerade ein Maximum. Durch die anziehende bzw. abstoßende Wirkung dieser Pole erfahren die mit Gleichstrom magnetisierten Pole $N_1, \ldots.. S_2$ des Rotors eine Drehung nach rechts und gelangen in die durch Abb. 423b dargestellte Lage. Inzwischen hat der Wechselstrom im Ständer abgenommen und geht durch Null, um dann in der umgekehrten Richtung zu fließen. Die Pole des Ständers erfahren dadurch die in Abb. 423c angegebene Magnetisierung, und der Rotor, der sich infolge seiner Trägheit ein wenig weitergedreht hat, erfährt eine erneute Kraftwirkung im ursprünglichen Drehsinn. Man erkennt, daß während einer halben Periode der Rotor sich um eine Polbreite dreht: nennen wir die Polzahl p, so ist die Drehzahl N des Motors pro Sekunde durch die Beziehung

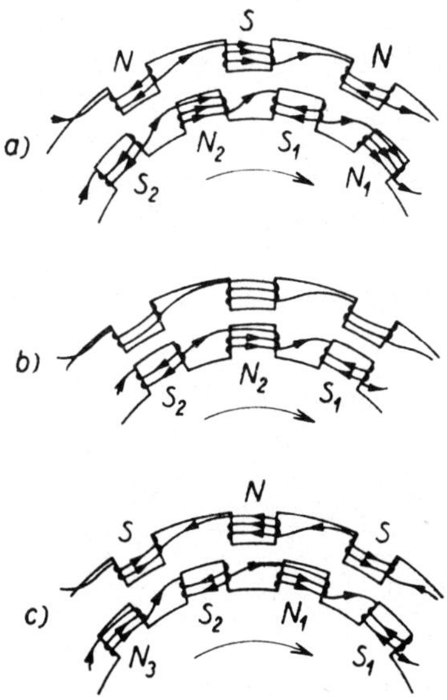

Abb. 423. Wirkungsweise eines Synchronmotors

$$N = \frac{2\nu}{p}$$

gegeben. Nur mit dieser durch die Wechselstromfrequenz ν vorgegebenen Drehzahl kann der Motor laufen. Er dreht sich also synchron mit dem Wechselstrom-Generator und wird als **Synchronmotor** bezeichnet. Ein Nachteil ist, daß er nicht von selbst anläuft, sondern durch Anwerfen auf die richtige Tourenzahl gebracht werden muß. Diese behält er dann auch bei verschiedener Belastung bei, so daß er mit Erfolg dort verwendet wird, wo es auf Einhaltung einer bestimmten Drehzahl ankommt (z. B. bei elektrisch betriebenen Uhren, Laufwerken von Grammophonen usw.). Auch der in Abb. 420 dargestellte Wechselstrom-Generator kann als Synchronmotor benutzt werden, wenn man durch die Spulen S_1 und S_2 den Wechselstrom leitet.

Die Mehrzahl der in der Technik benutzten Wechselstrommotoren beruht auf der Wirkung des in Nr. 46 behandelten magnetischen Drehfeldes; sie sind daher meistens zum Anschluß an Dreiphasenstrom als **Drehstrommotoren** gebaut. Leitet man Drehstrom in die Ständerwicklung eines Drehstromgenerators, so entsteht im Inneren des Ständers ein magnetisches Drehfeld. Jeder in dieses Feld gebrachte metallische Körper erfährt darin, wie auf S. 288 auseinandergesetzt wurde, eine Drehung. Um ein möglichst kräftiges Drehmoment zu erhalten, benutzt man als Rotor einen Kurzschlußanker. Dieser besteht (Abbildung 424) aus einer Anzahl von Kupferstäben K, die in die Längsnuten eines aus Eisenblechscheiben S zusammengesetzten zylindrischen Eisenkörpers eingelassen und auf den Stirnseiten

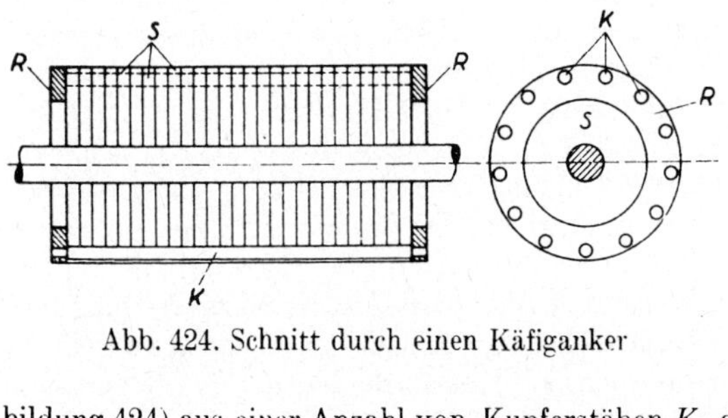

Abb. 424. Schnitt durch einen Käfiganker

durch Kupferringe R untereinander kurz geschlossen sind (Käfiganker). Das magnetische Drehfeld erzeugt in den Kurzschlußwindungen des Ankers Induktionsströme, die eine Kraftwirkung vom Magnetfeld erfahren und den Anker im Sinne des Drehfeldes mitnehmen. Die Drehzahl N des Ankers ist dabei stets geringer als die des Drehfeldes; denn würde der Anker synchron mit der Drehzahl N_0 des Drehfeldes umlaufen, so würden seine Leiter von den Induktionslinien des Feldes nicht mehr geschnitten werden, so daß weder Induktionsströme noch Drehmomente auftreten würden. Man nennt daher diese Art von Motoren auch **Asynchronmotore**. Das Zurückbleiben des Ankers hinter der Umlaufsgeschwindigkeit des Drehfeldes heißt **Schlüpfung** oder **Schlupf.** Man definiert die Größe des Schlupfes S durch die Beziehung

$$S = \frac{N_0 - N}{N}$$

und zwar meist in Prozenten der Drehzahl N_0. Die Differenz $N_0 - N$ zwischen Drehzahl des Feldes und Rotors heißt **Schlüpfdrehzahl.** Bei Leerlauf ist die Schlüpfung gering, während sie bei Belastung des Motors einige Prozent beträgt.

Beträgt U_r die im Motor durch den magnet. Fluß Φ_r induzierte Spannung, so gilt die Beziehung:

$$U_r = k\Phi_r(N_o - N),$$

und für den Strom J_r im Rotor ergibt sich, wenn R_r dessen Widerstand darstellt:

$$J_r = \frac{k\Phi_r(N_o - N)}{R_r}.$$

Nun ist nach Gl. (271) das Drehmoment des Rotors proportional dem Rotorstrom und dem magnetischen Fluß Φ_r durch den Rotor, so daß wir schreiben können:

$$D = k'\Phi_r J_r = \frac{k' k\Phi_r^2(N_o - N)}{R_r}, \tag{277}$$

d. h. das Drehmoment des Rotors ist der Schlupfdrehzahl und dem Quadrate des magnet. Flusses proportional. Gl. (277) sagt weiter aus, daß bei konstantem Drehmoment, d. h. bei konstanter Belastung und bei konstantem Φ_r, d. h. bei konstanter Primärspannung, die Schlüpfung dem Ankerwiderstand proportional ist. Es ist daher möglich, durch Einschalten von Widerstand in die Rotorwicklung die Schlüpfung bei konstantem Drehmoment bis zum Stillstandswert zu vergrößern. — Noch aus einem andern Grunde ist die Einschaltung von Widerstand in die Ankerwicklung von Vorteil. Wenn größere Drehstrommotoren mit Kurzschlußläufer unter Last anlaufen sollen, entstehen in den Ankerdrähten und auch in der Ständerwicklung, wie bei einem kurzgeschlossenen Transformator, sehr starke Ströme. Trotzdem ist die Zugkraft auf den Rotor sehr klein; denn der in der geschlossenen Ankerwicklung mit vernachlässigbarem Ohmschen Widerstand induzierte Strom hat gegen die induzierte Spannung eine Phasennacheilung von 90°. Da das Maximum der Spannung aber auftritt, wenn das Magnetfeld parallel zur Windungsfläche verläuft (s. z. B. Abb. 328 auf S. 249), tritt das Maximum der Stromstärke erst ein, wenn das Feld sich um 90° weitergedreht hat, also senkrecht zur Windungsebene steht und keinerlei Kraftwirkung auf die Leiterteile des Ankers ausübt. Aus diesem Grunde läuft der Motor mit Kurzschlußläufer trotz großer Stromstärke im Anker nur sehr schwer an. Man schaltet daher die Ankerwicklung in Sternschaltung und führt die drei Leitungen über drei Schleifringe zu einem dreiteiligen Anlaßwiderstand (Abb. 425). Dadurch wird zwar die Ankerstromstärke kleiner, sie entsteht aber in einem Zeitmoment, wo das Drehfeld auf den stromdurchflossenen Leiter noch bewegend einwirken kann.

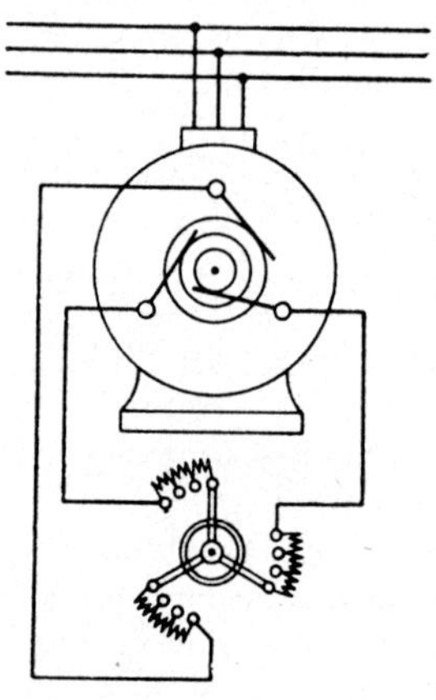

Abb. 425. Schaltung eines Drehstrommotors mit Anlaßwiderstand im Ankerkreis

Schließlich sei erwähnt, daß man einen Motor mit Kurzschlußanker auch mit Einphasenstrom betreiben kann. In Band I, Nr. 37 ist dargelegt, daß eine geradlinige Schwingung kinematisch zwei entgegengesetzt zirkularen Schwingungen gleicher Frequenz mit halber Amplitude gleichwertig ist. Nun stellt aber das Magnetfeld eines Einphasenstromes eine magnetische Schwingung dar, und wir können es durch zwei entgegengesetzt umlaufende Drehfelder ersetzen. Diese üben auf einen Kurzschlußanker gleiche Drehmomente von entgegengesetzter Richtung aus, deren Resultierende daher Null ist. Sobald man aber den Anker etwas andreht, wird das Drehfeld mit dem gleichen Umlaufssinn ein größeres Drehmoment als das andere ausüben, so daß der Anker eine Drehbeschleunigung erhält. Man kann jedoch den Anlauf des Motors auch durch eine Hilfswicklung W' erreichen, deren Magnetfeld gegen das der Hauptwicklung W um 90° versetzt ist (Abb. 426). Indem man diese Hilfswicklung über eine größere Selbstinduktion oder eine Kapazität an das Netz anschaltet, erreicht man, daß das Magnetfeld dieser Wicklung gegen das Feld der Hauptwicklung eine Phasenverschiebung erhält. Auf diese Weise entsteht ein Hilfsdrehfeld, das stark genug ist, um den Rotor in Drehung zu versetzen. Nach Erreichung des Betriebszustandes kann die Hilfswicklung wieder ausgeschaltet werden (gestrichelte Stellung des Schalters in Abb. 426). Der Nachteil dieses asynchronen Einphasenmotors mit Kurzschlußanker ist, daß er infolge des schwachen Hilfsdrehfeldes nur unbelastet anlaufen kann und daß auch im Betriebszustand mit zunehmender Belastung ein Punkt erreicht wird, von dem an das Drehmoment wieder abnimmt und der Motor zum Stillstand kommt.

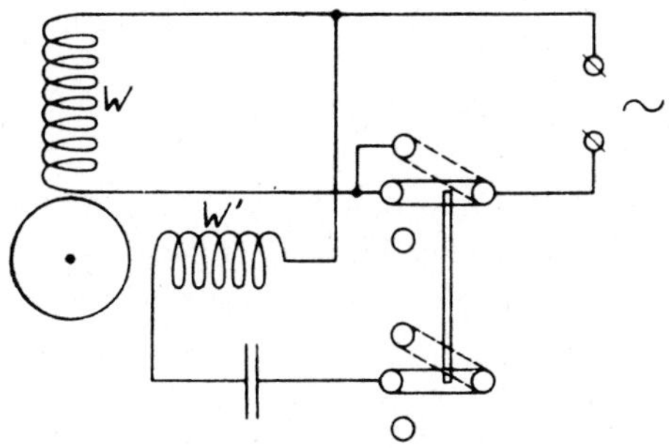

Abb. 426. Prinzip eines asynchronen Einphasenmotors mit Anlaßwicklung

Noch ein sehr einfacher **Wechselstrom-Synchronmotor** sei erwähnt, der besonders zum Antrieb von elektrischen Uhren, sowie zum Vorschub des Registrierpapiers bei schreibenden Meßinstrumenten viel benutzt wird. Abb. 427 zeigt schematisch den Aufbau dieses Motors. Die beiden Pole des Stators S sind in der Feldrichtung durch Schlitze in je zwei Hälften P_1 und P_2 und P'_1 und P'_2 geteilt. Über die beiden Polhälften P_2 und P'_2 sind Kupferringe K geschoben. Durch diese Kurzschlußwindungen wird der in den Polhälften P_2 und P'_2 fließende magnetische Fluß um annähernd 90° gegen den in den beiden anderen (unbelasteten) Polhälften P_1 und P'_1 vorhandenen magnetischen Fluß veschoben, so daß damit die

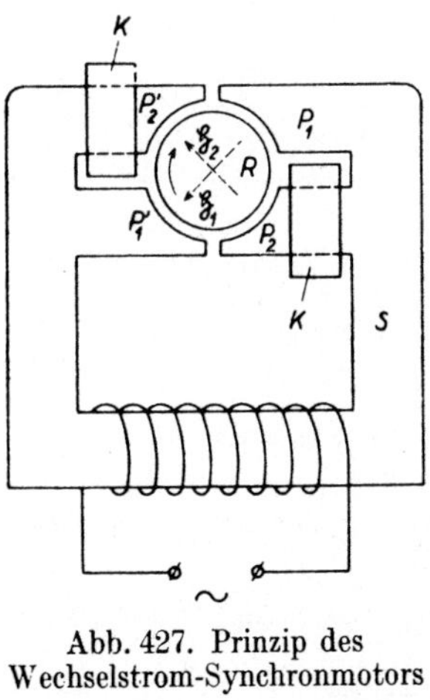

Abb. 427. Prinzip des Wechselstrom-Synchronmotors

Abb. 428. Ansicht eines kleinen Wechselstrom-Synchronmotors

beiden Magnetfelder $\mathfrak{H}_1$ und $\mathfrak{H}_2$ ein magnetisches Drehfeld ergeben. Als Rotor dient ein kleines Stahlscheibchen R, das unter der Wirkung des Drehfeldes wie ein Kurzschlußanker asynchron anläuft. Bei Erreichung des Synchronismus setzt sich die im Stahlscheibchen entstehende Magnetachse fest, da sie in Stahl sehr wenig gleiten kann. Infolgedessen läuft der Rotor synchron weiter und macht bei einem Wechselstrom von 50 Hz in der Minute $60 \times 50 = 3000$ Umdrehungen. Bei einer Leistungsaufnahme von nur 1,5 Watt liefert ein solcher Motor, wie ihn Abb. 428 zeigt, über ein Untersetzungsgetriebe, das die Drehzahl von 3000 auf 1 Umdrehung/Minute heruntersetzt, im Anlauf ein Drehmoment von 350 pcm und im synchronen Lauf ein solches von 600 pcm.

Häufig liegt die Aufgabe vor, Gleichstrom in Wechselstrom umzuformen. Dies kann man mit rotierenden Umformern erreichen, indem man mit einem Gleichstrommotor einen Wechselstrom-Generator kuppelt. Beide Maschinen lassen sich aber auch in einer einzigen vereinigen man erhält dann den sog. **Einankerumformer**. Seine Wirkungsweise läßt sich an Hand der Abb. 429 leicht verstehen. Von dem Kollektor eines Gleichstrommotors — in Abb. 429 ist der Übersichtlichkeit halber ein Grammescher Ringanker gezeichnet — führen von zwei einander gegenüberliegenden Kollektorstellen Verbindungen zu zwei auf der Achse des Motors befindlichen Schleifringen. Bei Rotation des Ankers entsteht zwischen diesen Anschlußstellen eine Wechselspannung, deren Scheitelwert gleich der am Anker liegenden Gleichspannung $U_=$ ist. Die an den Schleifringen abnehmbare effektive Wechselspannung beträgt also:

$$U_{eff} = \frac{U_=}{\sqrt{2}} = \frac{1}{2}\sqrt{2}\,U_= = 0{,}7\,U_= .$$

Bei 220 Volt Gleichspannung liefert daher ein solcher Einankerumformer eine Wechselspannung von 156 Volt. Er wurde früher vielfach zum Betrieb von Röntgen- und Diathermie-Anlagen benutzt, die wegen des eingebauten Transformators nur für Wechselstrombetrieb verwendbar

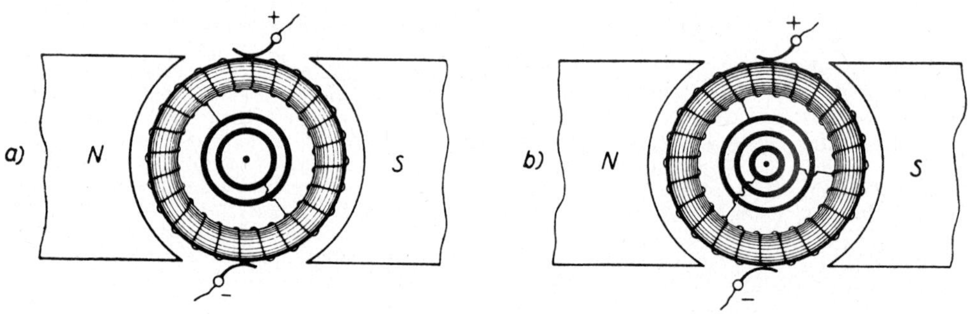

Abb. 429. Einanker-Umformer zum Erzeugen von Wechselstrom (a) bzw. Drehstrom (b) aus Gleichstrom

sind. Führt man von drei um 120° versetzten Stellen des Gleichstrom-Kollektors Anschlüsse zu drei auf der Achse befindlichen Schleifringen (Abb. 429b), so erhält man einen Gleichstrom-Drehstrom-Einankerumformer; bei diesem ist die Wechselspannung zwischen zwei Phasen durch die Beziehung:

$$U_{eff} = \frac{U_= \sin 120^0}{\sqrt{2}} = \frac{1}{2}\sqrt{\frac{3}{2}}U_= = 0{,}6\,U_=$$

gegeben; bei 220 Volt Gleichspannung erhält man also 132 Volt Wechselstrom.

Auch die Umformung von Wechsel- und Drehstrom in Gleichstrom geschah früher viel mit rotierenden Umformern. Später wurden überwiegend Quecksilberdampfgleichrichter benutzt. Heute verwendet man Silizium- und Selengleichrichter.

49. Die Maxwellschen Gleichungen.

Die Gl. (196) auf S. 232, die wir als die allgemein gültige Formulierung des Elektromagnetismus bezeichnet hatten, sowie die Gl. (203), die das gleiche für die Induktion bedeutet, sind die Grundlagen der Maxwellschen Theorie; man könnte sie beide direkt als Maxwellsche Gleichungen bezeichnen. Im allgemeinen benutzt man aber nicht diese Integralbeziehungen, sondern ihnen äquivalente Differentialgleichungen, die man meint, wenn man von den Maxwellschen Gleichungen schlechthin spricht.

Man gewinnt diese, indem man Gl. (196) und (203) auf passend gewählte unendlich kleine Flächenelemente anwendet. Wählen wir z. B. als solches ein Flächenelement $dy\,dz$ (Abb. 430), so haben wir in (196) links die Liniensumme $\int |\mathfrak{H}_s|\,ds$ längs der Kontur dieses Elementes zu bilden, die aus vier Stücken besteht.

deren je zwei die Länge dy und dz haben. Zwei von ihnen (AB und BC) werden im Sinne wachsender y- und z-Werte durchlaufen, d. h. dy und dz sind auf ihnen positiv zu nehmen; zwei dagegen (CD und DA) im Sinne abnehmender y- und z-Werte, dy und dz sind also hier negativ gemeint. Längs AB ist die Tangentialkomponente $\mathfrak{H}_s$ gleich $\mathfrak{H}_y$, deshalb beträgt hier beim Entlangführen eines Poles der Stärke p auf der Strecke AB der Quotient Arbeit/Polstärke, d. h. das magnet. Potential:

$$V_1 = + \mid \mathfrak{H}_y \mid dy\,;$$

längs BC ist die tangentiale Komponente $\mathfrak{H}_z$, wobei aber zu beachten ist, daß $\mathfrak{H}_z$ an der Stelle $y + dy$ zu bilden ist. $(\mathfrak{H}_z)_{y+dy}$ ist aber nach dem Taylorschen Lehrsatz zu entwickeln und liefert:

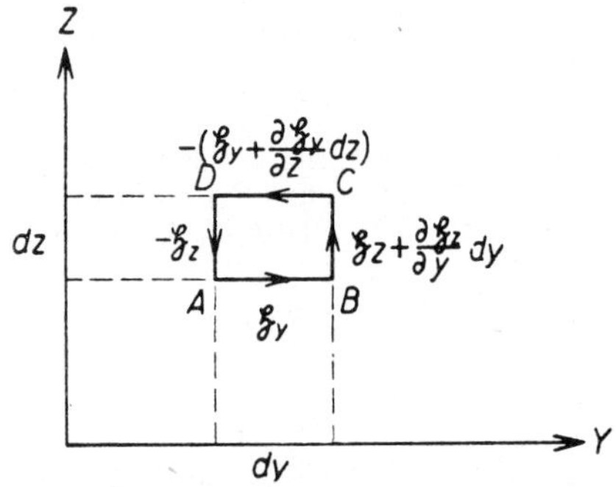

Abb. 430. Zur Ableitung des 1. Maxwellschen Gleichungstripel

$$(\mathfrak{H}_z)_{y+dy} = (\mathfrak{H}_z)_y + \frac{\partial\, \mathfrak{H}_z}{\partial y}\, dy\,,$$

und für den Betrag des Potentials längs BC folgt:

$$V_2 = \left| \mathfrak{H}_z\, dz + \frac{\partial \mathfrak{H}_z}{\partial y}\, dy\, dz \right|.$$

Genau die gleichen Überlegungen sind auf die Strecken CD und DA anzuwenden, nur daß hier überall nach dem Gesagten die negativen Vorzeichen zu nehmen sind. So erhält man für das Potential längs CD:

$$V_3 = -\left| \mathfrak{H}_y\, dy + \frac{\partial \mathfrak{H}_y}{\partial z}\, dz\, dy \right|$$

und schließlich längs DA:

$$V_4 = - \mid \mathfrak{H}_z \mid dz.$$

Insgesamt finden wir also für das Potential längs der geschlossenen Linie $ABCD$:

$$\oint \mid \mathfrak{H}_s \mid ds = V_1 + V_2 + V_3 + V_4 = \mid \mathfrak{H}_y \mid dy + \left| \mathfrak{H}_z + \frac{\partial \mathfrak{H}_z}{\partial y}\, dy \right| dz - \left| \mathfrak{H}_y + \frac{\partial \mathfrak{H}_y}{\partial z}\, dz \right| dy - \mid \mathfrak{H}_z \mid dz\,;$$

Kürzung ergibt:

(278) $$\oint \mid \mathfrak{H}_s \mid ds = \left| \frac{\partial\, \mathfrak{H}_z}{\partial y} - \frac{\partial\, \mathfrak{H}_y}{\partial z} \right| dy\, dz\,;$$

alle vier übrigen Glieder heben sich fort.

Bei Anwendung von (196) auf ein Flächenelement dA ist zu bilden:

$\left| \left(\sigma\, \mathfrak{E} + \frac{\varepsilon}{4\pi} \frac{\partial\, \mathfrak{E}}{\partial t} \right)_n \right| dA$; dA ist hier gleich $dy\, dz$ und der Index n ist hier durch den Index x zu ersetzen. Folglich wird die rechte Seite:

(279) $$\frac{4\pi}{c} \left| \left(\sigma\, \mathfrak{E} + \frac{\varepsilon}{4\pi} \frac{\partial\, \mathfrak{E}}{\partial t} \right)_n \right| dA = \frac{4\pi}{c} \left| \left(\sigma\, \mathfrak{E} + \frac{\varepsilon}{4\pi} \frac{\partial\, \mathfrak{E}}{\partial t} \right)_x \right| dy\, dz.$$

Setzen wir die linke und rechte Seite von Gl. (196) einander gleich, so folgt aus Gl. (178) und 279):

(280) $$\left| \frac{\partial\, \mathfrak{H}_z}{\partial y} - \frac{\partial\, \mathfrak{H}_y}{\partial z} \right| = \left| \left(\frac{4\pi\sigma}{c}\, \mathfrak{E} + \frac{\varepsilon}{c} \frac{\partial\, \mathfrak{E}}{\partial t} \right)_x \right|.$$

Indem man in der gleichen Weise Flächenelemente $dz \cdot dx$ und $dx \cdot dy$ der Rechnung zugrunde legt, erhält man zwei weitere Gleichungen, die aus der vorstehenden durch zyklische Vertauschung von x, y, z hervorgehen, insgesamt also die folgenden:

(281) $$\begin{cases} \dfrac{\varepsilon}{c} \dfrac{\partial\, \mathfrak{E}_x}{\partial\, t} + \dfrac{4\pi\sigma}{c}\, \mathfrak{E}_x = \dfrac{\partial\, \mathfrak{H}_z}{\partial\, y} - \dfrac{\partial\, \mathfrak{H}_y}{\partial\, z}, \\ \dfrac{\varepsilon}{c} \dfrac{\partial\, \mathfrak{E}_y}{\partial\, t} + \dfrac{4\pi\sigma}{c}\, \mathfrak{E}_y = \dfrac{\partial\, \mathfrak{H}_x}{\partial\, z} - \dfrac{\partial\, \mathfrak{H}_z}{\partial\, x}, \\ \dfrac{\varepsilon}{c} \dfrac{\partial\, \mathfrak{E}_z}{\partial\, t} + \dfrac{4\pi\sigma}{c}\, \mathfrak{E}_z = \dfrac{\partial\, \mathfrak{H}_y}{\partial\, x} - \dfrac{\partial\, \mathfrak{H}_x}{\partial\, y}, \end{cases}$$

Hier sind der Einfachheit halber die Betrag-Striche fortgelassen. Die drei Gleichungen sind als Komponentenschreibweise einer Vektorgleichung zu verstehen.

die als das **I. Tripel der Maxwellschen Gleichungen** (in kartesischen Koordinaten) bezeichnet werden; sie enthalten, wie gesagt, die Gesetzmäßigkeiten des Elektromagnetismus. Ihnen stellen wir ein zweites Tripel zur Seite, das aus dem Induktionsgesetz Gl. (203) folgt und ihm gleichwertig ist. Die Rechnung ist die gleiche wie oben, so daß wir uns auf die Angabe des Resultates beschränken können:

$$(282)\qquad \begin{cases} -\dfrac{\mu}{c}\dfrac{\partial \mathfrak{H}_x}{\partial t} = \dfrac{\partial \mathfrak{E}_z}{\partial y} - \dfrac{\partial \mathfrak{E}_y}{\partial z}, \\[2ex] -\dfrac{\mu}{c}\dfrac{\partial \mathfrak{H}_y}{\partial t} = \dfrac{\partial \mathfrak{E}_x}{\partial z} - \dfrac{\partial \mathfrak{E}_z}{\partial x}, \\[2ex] -\dfrac{\mu}{c}\dfrac{\partial \mathfrak{H}_z}{\partial t} = \dfrac{\partial \mathfrak{E}_y}{\partial x} - \dfrac{\partial \mathfrak{E}_x}{\partial y}. \end{cases}$$

Man erkennt durch Vergleich von (281) und (282) die weitgehende Symmetrie zwischen den elektrischen und magnetischen Feldern, die nur dadurch gestört ist, daß es zwar elektrische, aber keine magnetischen Leiter gibt. Spezialisieren wir daher (281) für Nichtleiter, indem wir $\sigma = 0$ nehmen, so erhalten wir:

$$(281\,\text{a})\qquad \begin{aligned} \frac{\varepsilon}{c}\frac{\partial \mathfrak{E}_x}{\partial t} &= \frac{\partial \mathfrak{H}_z}{\partial y} - \frac{\partial \mathfrak{H}_y}{\partial z}, \\ \frac{\varepsilon}{c}\frac{\partial \mathfrak{E}_y}{\partial t} &= \frac{\partial \mathfrak{H}_x}{\partial z} - \frac{\partial \mathfrak{H}_z}{\partial x}, \\ \frac{\varepsilon}{c}\frac{\partial \mathfrak{E}_z}{\partial t} &= \frac{\partial \mathfrak{H}_y}{\partial x} - \frac{\partial \mathfrak{H}_x}{\partial y}, \end{aligned}$$

in denen nun die Symmetrie der Feldgleichungen bzw. die Spiegelbildlichkeit zwischen Elektromagnetismus und Induktion — (282) hat auf der linken Seite ein Minuszeichen! — deutlich hervortritt.

Ebenso wie Gl. (281a) zum Ausdruck bringt, **daß jedes sich zeitlich ändernde elektrische Feld von geschlossenen magnetischen Kraftlinien umschlungen ist, d. h. ein magnetisches Wirbelfeld erzeugt,** was durch die Abb. 310 auf S. 234 verdeutlicht werden sollte, besagt (282): **Ein veränderliches magnetisches Feld erzeugt um sich herum ein Feld geschlossener elektrischer Kraftlinien (elektrisches Wirbelfeld).** Dies zeigt die zu Abb. 310 analoge Abb. 431; der „magnetische Verschiebungsstrom" — so kann man ja die Größe $\dfrac{\mu}{4\pi}\dfrac{\partial \mathfrak{H}}{\partial t}$ in Analogie zum elektrischen Verschiebungsstrom $\dfrac{\varepsilon}{4\pi}\dfrac{\partial \mathfrak{E}}{\partial t}$ nennen — ist von unten nach oben gerichtet und wird von $\mathfrak{E}$-Linien umgeben, deren Umlaufssinn aber entgegengesetzt dem der magnetischen Feldlinien in Abb. 310 ist — eine Folge der schon oft erwähnten Spiegelbildlichkeit von Elektromagnetismus und Induktion.

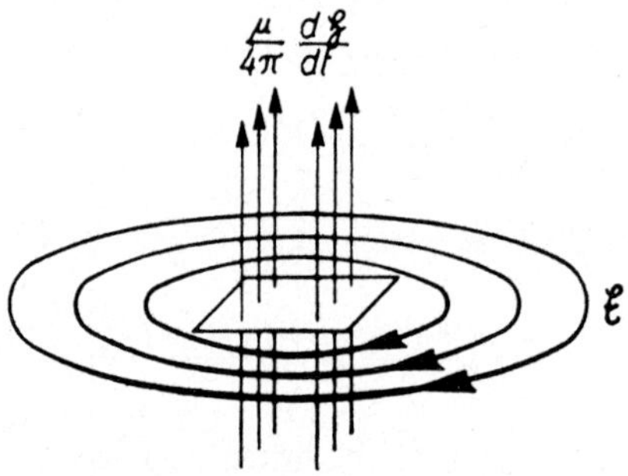

Abb. 431. Entstehung eines elektrischen Wirbelfeldes durch ein sich veränderndes Magnetfeld

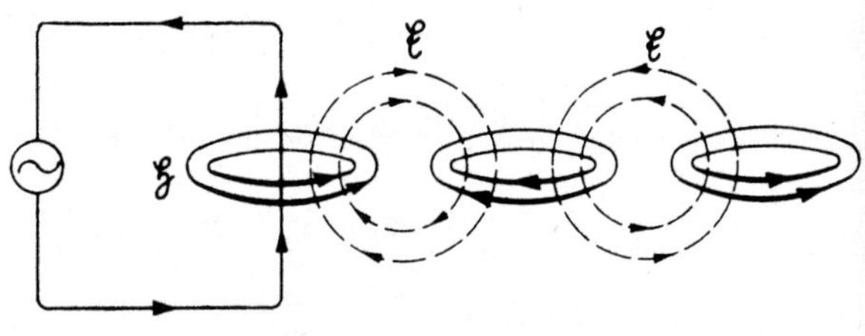

Abb. 432. Verkettung elektrischer und magnetischer Wechselfelder

Die „kettenartige" Verknüpfung der elektrischen und magnetischen Wechselfelder kommt in Abb. 432 zum Ausdruck. Links befindet sich ein geschlossener Stromkreis, durch den Wechselstrom fließt; die Abbildung stellt einen bestimmten Zeitpunkt dar, in dem der Strom die Richtung der eingezeichneten Pfeile hat. Er ist an jeder Stelle von geschlossenen magnetischen Kraftlinien umgeben, deren Zahl sich proportional zur Stromstärke ändert. Demgemäß sind diese magnetischen Kraftlinien wieder von geschlossenen elektrischen Kraftlinien umzingelt, und so fort. Man beachte in der Abb. 432, wie der Umlaufssinn aufeinander folgender magnetischer und elektrischer „Ringe" sich ändert. —

VI. Kapitel

Elektrische Schwingungen und Wellen

50. Freie elektrische Schwingungen

In Nr. 45 auf Seite 281 sahen wir, daß in einem aus einer Selbstinduktion L und einer Kapazität C gebildeten Kreise durch eine angelegte Wechselspannung besonders hohe Spannungen und Ströme auftreten können, wenn die Frequenz ν der erregenden Wechselspannung der Thomson-Kirchhoffschen Gleichung $\nu = \frac{c}{2\pi\sqrt{CL}}$ genügt. Es zeigte sich eine ausgesprochene elektrische Resonanz. Das bedeutet aber, daß ein aus Selbstinduktion und Kapazität gebildeter Kreis ein schwingungsfähiges System mit einer Eigenfrequenz darstellt, das von der angelegten Wechselspannung zu erzwungenen Schwingungen angeregt wird. Bei dieser Erscheinung haben wir es also mit dem elektrischen Analogon zu dem in Band I, Nr. 38, Abb. IV, 95 beschriebenen Versuch zu tun, bei dem eine an einer Schraubenfeder aufgehängte Masse durch periodische Bewegung zu elastischen Schwingungen angeregt wird.

Wir wollen jetzt in der Tat zeigen, daß ein aus L und C gebildeter Kreis ebenso elektrische Schwingungen ausführen kann wie eine an einer Feder aufgehängte Masse mechanische Schwingungen, wenn sie einmal dazu angestoßen wird.

Wir schalten zu diesem Zwecke eine Spule mit großer Selbstinduktion, z. B. die Wicklung des Duboisschen Elektromagneten (Seite 200) — $L^* = 180$ H — nach Abb. 433 in Reihe mit einem großen Kondensator ($C^* = 140\,\mu\text{F} = 140 \cdot 10^{-6}$F) und einem Drehspulmilliamperemeter A, dessen Nullpunkt in der Mitte der Skala liegt. S ist ein Umschalter, der es gestattet, in Stellung 1 den Kondensator C mit einer Spannungsquelle B (z. B. 220 Volt) zu verbinden und auf die Spannung U aufzuladen, während Stellung 2 den Kondensator über die Spule L und das Amperemeter A entlädt. Bei dieser Entladung beobachtet man, daß das Amperemeter (mit abnehmender Amplitude) nach links und rechts ausschlägt. Es muß daher in dem Kreise ein Wechselstrom (mit abnehmender Amplitude) fließen: seine Frequenz können wir an den Ausschlägen des Meßinstrumentes mit einer Stoppuhr feststellen. Bei den angegebenen Werten von $L^* = 180$ H und $C^* = 140 \cdot 10^{-6}$F findet man $\nu_0 = 1\,\text{sec}^{-1}$. Verkleineren wir L^* oder C^* auf den vierten Teil, so steigt ν_0 auf den doppelten Wert.

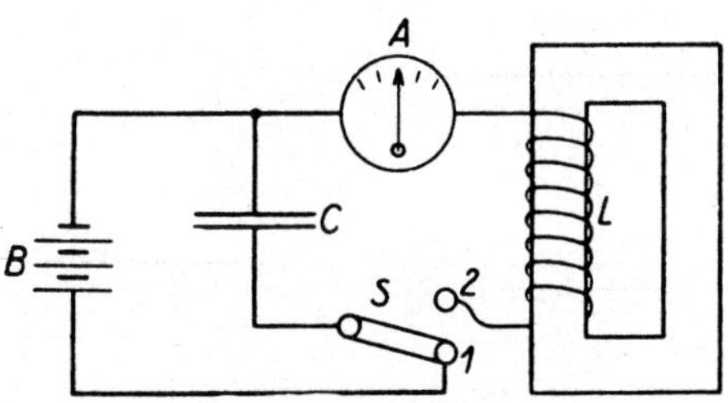

Abb. 433. Schaltung zur Erzeugung langsamer elektrischer Schwingungen

Wie kommen diese Wechselströme in dem Kreise zustande? Wird der geladene Kondensator an die Spule angeschaltet, so fließt der Entladestrom durch diese und erzeugt in ihr ein magnetisches Feld. Die im Kondensator mit der Kapazität C^* aufgespeicherte elektrische (potentielle) Energie $\frac{1}{2} C^* U^{*2} = \frac{1}{2} \frac{q^{*2}}{C^*}$ (U^* Spannung, q^* Ladung des Kondensators) setzt sich dabei in magnetische (kinetische) Energie $\frac{1}{2} L^* J^{*2}$ um (J^* Stromstärke in der Spule). Wenn sich der Kondensator vollständig entladen hat ($U^* = q^* = 0$), fließt infolge der Selbstinduktion, die ja, wie wir wissen, eine Art Trägheit der Elektrizität bewirkt, der Strom noch in der ursprünglichen Richtung weiter und lädt den Kondensator mit umgekehrten Vorzeichen so lange wieder auf, bis infolge seiner zunehmenden Spannung der Strom $J^* = 0$ wird; es setzt sich das Spiel so lange fort, bis in den Ohmschen Widerständen der Spule und der Leitungen die gesamte Energie in Joulesche Wärme umgewandelt ist. In Abbildung 434 sind die einzelnen Phasen dieser elektrischen Schwingung für eine ganze Periode aufgezeichnet: zum Vergleich sind daneben die mechanischen Schwingungsphasen einer zwischen zwei Schraubenfedern aufgehängten Masse dargestellt. Dem geladenen Kondensator entspricht die gespannte Feder, dem elektrischen Strom durch die Spule die sich bewegende Masse, die infolge ihrer Trägheit über die Ruhelage hinausschwingt und die Feder in entgegengesetzter Richtung erneut spannt: auch die schwingende Masse kommt infolge der Reibungsverluste nach einigen Schwingungen zur Ruhe: in beiden Fällen sind die Schwingungen gedämpft. Ersetzt man das Amperemeter in Abb. 433 durch einen Schleifenoszillographen, so kann man den Verlauf der gedämpften elektrischen Schwingung graphisch aufzeichnen: man erhält die Kurve der Abb. 435. Denselben Verlauf (gestrichelt) zeigt übrigens auch die Spannung am Kondensator, die man z. B. mit einem Einfadenelektrometer (Seite 5) nachweisen kann; wie aus Abb. 435 hervorgeht, ist

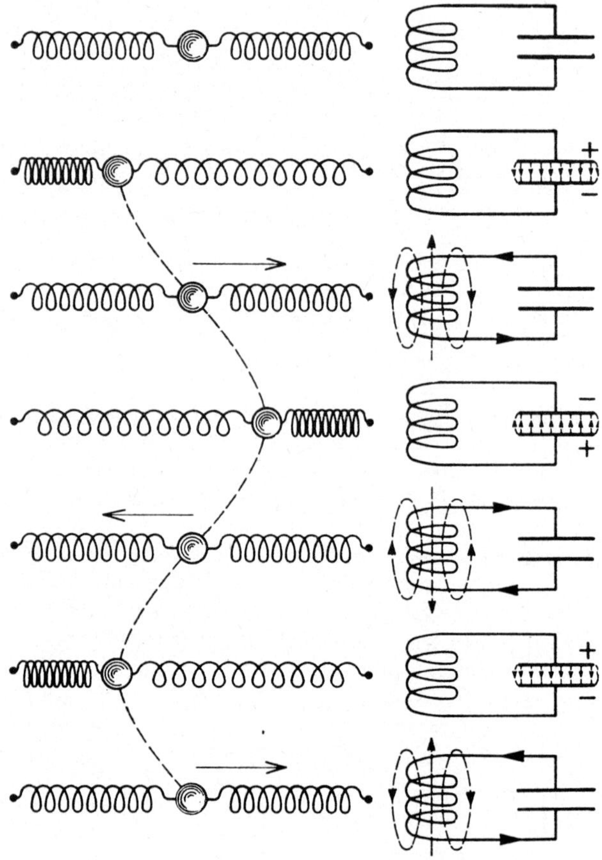

Abb. 434. Zustandekommen mechanischer und elektrischer Schwingungen

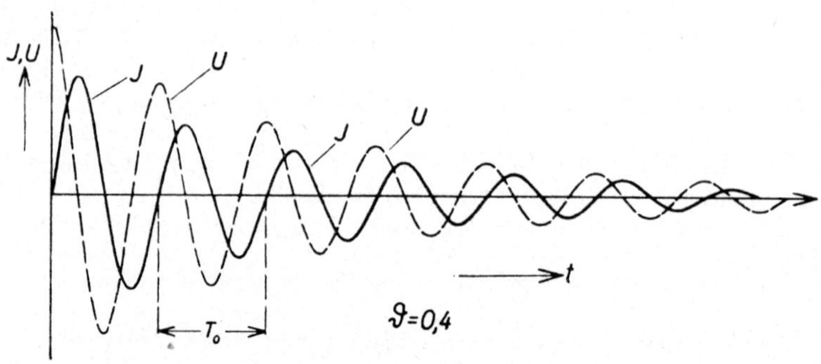

Abb. 435. Zeitlicher Ablauf einer elektrischen Schwingung

die Schwingungskurve der Spannung gegen die des Stromes um ¼ Periode (90°) in der Phase verschoben[1]).

Da sich bei dem betrachteten Schwingungsvorgang fortlaufend die elektrische Energie des Kondensators $\frac{1}{2}\frac{q^2}{C}$ in magnetische Energie $\frac{1}{2}\frac{L}{c^2}J^2$ umsetzt, können wir, wenn wir von den Jouleschen Verlusten zunächst absehen, die Energiegleichung aufstellen:

(283) $$\frac{1}{2}\frac{L}{c^2}J^2 + \frac{1}{2}\frac{q^2}{C} = \text{Const.}$$

Differenziert man diese Gleichung nach t, so folgt, da $\frac{dq}{dt} = J$ ist;

(283a) $$\frac{L}{c^2}J\frac{dJ}{dt} + \frac{1}{C}q\frac{dq}{dt} = \frac{L}{c^2}J\frac{dJ}{dt} + \frac{1}{C}qJ = 0 .$$

Kürzung mit J und nochmalige Differentiation nach t ergibt:

$$\frac{L}{c^2}\frac{d^2J}{dt^2} + \frac{1}{C}\frac{dq}{dt} = 0 ,$$

oder

(284) $$\frac{d^2J}{dt^2} + \frac{c^2}{LC}J = 0 .$$

Die nämliche Differentialgleichung (284) erhält man auch für q, die Ladung, und die ihr proportionale Spannung $U = q/C$ des Kondensators; man hat nur in (283a) für $\frac{dJ}{dt}$ den Wert $\frac{d^2q}{dt^2}$ einzusetzen, was sofort liefert:

(284a) $$\frac{d^2q}{dt^2} + \frac{c^2}{LC}q = 0 \text{ bzw. } \frac{d^2U}{dt^2} + \frac{c^2}{LC}U = 0 .$$

Gleichung (284) ist genau so gebaut wie die in Band I, Nr. 36 abgeleitete Schwingungsgleichung (IV, 21) für das mathematische Pendel: in Analogie dazu finden wir für die Schwingungsdauer T_0, die Frequenz ν_0 und die Kreisfrequenz ω_0 des elektrischen „Schwingungskreises" — im Hinblick auf Gleichung (IV, 20) in Band I, Nr. 36:

(285) $$T_0 = \frac{2\pi}{c}\sqrt{LC}; \quad \nu_0 = \frac{c}{2\pi\sqrt{LC}}; \quad \omega_0 = \frac{c}{\sqrt{LC}}$$

Diese uns bereits bekannte Thomson-Kirchhoffsche Schwingungsgleichung folgt selbstverständlich auch direkt durch Integration von Gleichung (284), wenn man für J den Ansatz $J = J_0 \sin 2\pi\nu_0 t$ macht: dabei ist der Zeitanfang so gewählt, daß für $t = 0$ auch $J = 0$ wird. In Gleichung (285) sind die Werte von L und C entsprechend dem Gaußschen Maßsystem in cm angegeben, ebenso wie in den Gleichungen (283) und (284). Mißt man beide Größen im internation. Maßsystem, d. h. L in Henry (L^*) und C in Farad (C^*), so lautet die Gleichung (285) einfacher:

(285a) $$T_0 = 2\pi\sqrt{L^* C^*}; \quad \nu_0 = \frac{1}{2\pi\sqrt{L^* C^*}}; \quad \omega_0 = \frac{1}{\sqrt{L^* C^*}} .$$

Entsprechend fällt auch in Gl. (283) und (284) der Faktor c^2 fort. Um diesen im folgenden nicht mitschleppen zu müssen, werden wir in diesem Kapitel L und C immer in Henry bzw. Farad angeben.

In Wirklichkeit hat der aus Selbstinduktion und Kapazität gebildete Kreis immer einen Ohmschen Widerstand R, der schon allein in der Spule L vorhanden ist. Dann gilt die folgende Gleichung;

$$-\frac{d}{dt}\left(\frac{1}{2}L^* J^{*2} + \frac{1}{2}\frac{q^{*2}}{C^*}\right) = R^* J^{*2},$$

---

[1]) Streng gilt dies nur für ungedämpfte Schwingungen, d. h. wenn der Ohmsche Widerstand gleich Null ist, wie aus den Darlegungen der Nr. 45 auf S. 274 hervorgeht; angenähert, wenn $R^* \ll \omega L^*$ ist, was in Abb. 435 der Fall ist.

die ausdrückt, daß die linksstehende sekundliche Abnahme der gesamten Energie gleich der auf der rechten Seite stehenden in der Sekunde erzeugten Jouleschen Wärme ist. Die Ausführung der Differentation auf der linken Seite liefert bei gleichzeitiger Kürzung durch J^*:

$$L^* \frac{dJ^*}{dt} + \frac{1}{C^*} q^* + R^* J^* = 0,$$

und Differentiation nach t ergibt dann die Differentialgleichung der gedämpften Schwingungen:

(286) $$\frac{d^2 J^*}{dt^2} + \frac{R^*}{L^*}\frac{dJ^*}{dt} + \frac{1}{L^* C^*} J^* = 0,$$

die an Stelle von Gl. (284) tritt, und in die sie für $R^* = 0$ übergeht (wenn man gleichzeitig in (284) wegen Änderung des Maßsystems den Faktor c^2 streicht), wie es sein muß.

Die Integration dieser Gleichung, die wir hier nicht durchführen, liefert für den Strom J^*, überstimmend mit dem Versuch, eine gedämpfte Schwingung:

(287) $$J^* = J_0^* e^{-\delta t} \sin 2\pi \nu_0 t = J_0^* e^{-\delta t} \sin \omega_0 t,$$

mit

(288) $$\delta = \frac{R^*}{2L^*};$$

von der Richtigkeit der Lösung kann man sich durch Rückwärtsdifferenzieren leicht überzeugen. Gleichung (287) ist analog der in Band I, Nr. 38 für eine gedämpfte mechanische Schwingung aufgestellten Gleichung (IV, 34). Die im Exponenten auftretende Größe δ nennt man auch hier den Dämpfungsfaktor. Die Schwingungszahl ν_0 bzw. Kreisfrequenz ω_0 ist ganz genau nicht identisch mit der ebenso bezeichneten Eigenfrequenz der ungedämpften Schwingung, sondern etwas kleiner (s. weiter unten); für hinreichend kleine Werte von δ, d. h. für $R^* \ll L^*$, was wir hier voraussetzen wollen, ist der Unterschied aber unmerklich, so daß wir ihn vernachlässigen können.

Für die elektrische Ladung q^* des Kondensators und seine Spannung U^* gilt die nämliche Differentialgleichung (286) wie für die Stromstärke, wie man leicht in der gleichen Weise wie oben zeigt. Angenähert gilt bei kleinem Dämpfungsfaktor δ, den wir ja hier voraussetzen, für q^* und U^* eine Gl. (287) analoge Lösung:

(287a) $$q^* = q_0^* e^{-\delta t} \cos 2\pi \nu_0 t = q_0^* e^{-\delta t} \cos \omega_0 t, \quad U^* = U_0^* e^{-\delta t} \cos 2\pi \nu_0 t = U_0^* e^{-\delta t} \cos \omega_0 t,$$

angenähert, weil eine Phasendifferenz von 90° zwischen Strom und Spannung in Strenge nur bei fehlenden Ohmschen Widerständen R^*, d. h. verschwindendem δ, vorhanden ist. In derselben Näherung gilt, daß die maximale elektrische Energie $\frac{q_0^{*2}}{2C^*} = \frac{1}{2} C^* U^{*2}$ gleich der maximalen magnetischen $\frac{1}{2} L^* J_0^{*2}$ ist; d. h.

$$L^* J_0^{*2} = C^* U_0^{*2},$$

oder

(289) $$J_0^* = U_0^* \sqrt{\frac{C^*}{L^*}}.$$

Für die gesamte Energie $W = \frac{1}{2} L^* J^{*2} + \frac{1}{2} C^* U^{*2}$ folgt durch Quadrieren und Addieren der Gleichungen (287) und (287a) der Ausdruck;

(290) $$W = \frac{1}{2} C^* U_0^{*2} e^{-2\delta t} = \frac{1}{2} L^* J_0^{*2} e^{-2\delta t},$$

der besagt, daß (angenähert) auch W exponentiell mit der Zeit abklingt, d. h. in Joulesche Wärme umgewandelt wird. Dies ist in Abb. 435a wiedergegeben: gleichzeitig ist der zeitliche Verlauf der magnetischen (W_m) und der der elektrischen Energie (W_e) eingetragen. Man erkennt so besonders schön das Hin- und Herpendeln der Energie zwischen diesen beiden Energieformen. Zum Vergleich ist nochmals der zeitliche Verlauf von J angegeben.

Gleichung (287) gibt den Verlauf der bereits in Abb. 435 dargestellten Kurve einer gedämpften Schwingung analytisch wieder; gestrichelt ist auch der Verlauf der Spannung U am Kondensator entsprechend Gl. (287a) eingetragen. Wie bereits erwähnt, stellt Gl. (287) das elektrische Analogon zu einer gedämpften elastischen Schwingung eines Massenpunktes dar, für die Gl. (IV, 34) von Band I, Nr. 38 gilt, die ganz entsprechend unserer Gleichung (287) gebaut ist. Je größer der Dämpfungsfaktor δ, d. h. je größer der Ohmsche Widerstand R^* und je kleiner die Selbstinduktion L^* ist, desto schneller nähern sich die Amplituden der Schwingung dem Wert Null. Jedes Mal nach Ablauf einer Zeit $1/\delta$ sinkt der Amplitudenfaktor $e^{-\delta t}$ auf $1/e = 0{,}37$ seiner ursprünglichen Größe. Wie schon in Band I, Nr. 38 dargelegt, nennt man die Zeit, in der die Amplitude auf die Hälfte herabsinkt, die Halbwertzeit der Schwingung. Da $e^{-0{,}7} = \frac{1}{2}$ ist, beträgt die Halbwertzeit $0{,}7/\delta$.

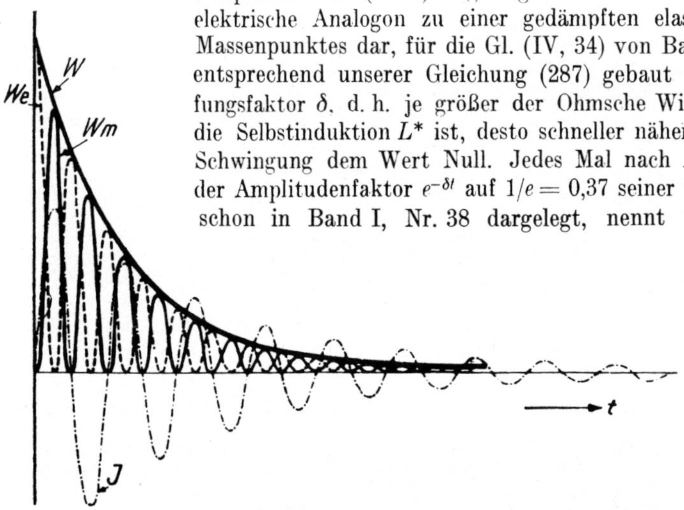

Abb. 435a. Zum Abklingen von magnetischer und elektrischer Energie in einem Schwingungskreis

Das Verhältnis zweier aufeinanderfolgender Amplituden J_1 und J_2, die um die Zeit T_0 einer Periode auseinanderliegen, ist

$$(291) \qquad \frac{J_2^*}{J_1^*} = \frac{J_0^*\, e^{-\delta(t+T_0)}}{J_0^*\, e^{-\delta t}} = e^{-\delta T_0} = e^{-\vartheta}\,.$$

ϑ wird als **logarithmisches Dekrement** bezeichnet: es ist:

$$(292) \qquad \vartheta = \ln \frac{J_1^*}{J_2^*} = \delta\, T_0 = \frac{R^*}{2L^*}\, T_0\,.$$

In der Hochfrequenztechnik gibt man die Dämpfung eines Schwingungskreises meist durch ϑ an; für gut gebaute Kreise liegt ϑ i. a. unter 0,01: das bedeutet nach Gl. (292), daß sich die Amplituden zweier aufeinanderfolgender Schwingungen nur um etwa 1% unterscheiden. (Für die in Abb. 435a dargestellte Schwingung ist $\vartheta = 0{,}4$.) Mit Hilfe von ϑ läßt sich auch die Zahl z der Schwingungen berechnen, die bis zum Abklingen der Amplitude auf den Bruchteil $1/x$ des Anfangswertes erfolgen. Denn nach Gl. (291) ist dann:

$$\frac{1/x}{1} = \frac{1}{x} = e^{-z\vartheta}$$

also

$$(292\,\mathrm{a}) \qquad z = \frac{\ln x}{\vartheta}\,;$$

z. B. wird bei einem Dekrement $\vartheta = 0{,}01$ und $x = 0{,}1$ (10%): $z = 230$.

Das logarithmische Dekrement ϑ läßt sich noch in einer anderen Form ausdrücken, die wir später benutzen werden. Multipliziert man in Gl. (292) Zähler und Nenner mit dem Quadrat der Stromamplitude im Schwingungskreis J_0^{*2}, so erhält man:

$$\vartheta = \delta\, T_0 = \frac{R^* J_0^{*2}\, T_0}{2\, L^* J_0^{*2}}\,.$$

Ersetzt man im Zähler J_0^* durch $J_{eff}^* \sqrt{2}$, so folgt weiter

$$(292\,\mathrm{b}) \qquad \vartheta = \frac{\frac{1}{2}\, R^* J_{eff}^{*2}\, T_0}{\frac{1}{2}\, L^* J_0^{*2}}\,.$$

Der Zähler stellt die im Widerstand R^* während einer Halbperiode verbrauchte Energie, der Nenner die zu Beginn der Schwingung vorhandene Gesamtenergie dar. *Das logarithmische Dekrement ist also gleich dem Quotienten aus der in einer Halbperiode verbrauchten zu der im Anfang vorhandenen Energie.*

Wie bereits im Vorhergehenden erwähnt, ist die Frequenz einer gedämpften Schwingung gegenüber der einer gleichen ungedämpften ($R^* = 0$) etwas verlangsamt. Bezeichnet man erstere Kreisfrequenz mit ω_{0d}, so ergibt die Theorie die strenge Formel:

(293)
$$\omega_{0d} = \sqrt{\omega_0^2 - \delta^2} = \sqrt{\frac{1}{L^* C^*} - \frac{R^{*2}}{4 L^{*2}}}\,.$$

Daraus folgt für die Schwingungsdauer T_{0d}:

(293a)
$$T_{0d} = \frac{2\pi\sqrt{L^* C^*}}{\sqrt{1 - \frac{R^{*2} C^*}{4 L^*}}} = \frac{T_0}{\sqrt{1 - \frac{C^* R^{*2}}{4 L^*}}}\,.$$

Für $R^* = 0$ geht Gl. (293a) in Gl. (285a), d. h. in die Thomson-Kirchhoffsche Formel über; für kleine Werte von δ kann, wie gesagt, der Unterschied zwischen ω_{0d} und ω_0 bzw. T_{0d} und T_0 vernachlässigt werden.

Ein besonderer Fall liegt vor, wenn $\frac{R^{*2} C^*}{4 L^*} \geqq 1$ wird; dann wird $T_{0d} = \infty$ bzw. imaginär, d. h. es treten keine Schwingungen mehr auf. Die Entladung des Kondensators vollzieht sich dann so, daß zunächst ein Stromanstieg bis zu einem Maximum erfolgt, von dem dann die Stromstärke allmählich abklingt (Abb. 436). In diesem Falle ist die Entladung **aperiodisch**.

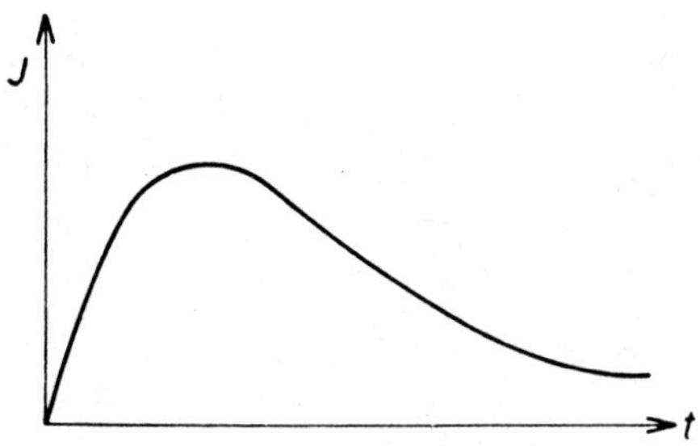

Abb. 436.
Verlauf einer aperiodischen Schwingung

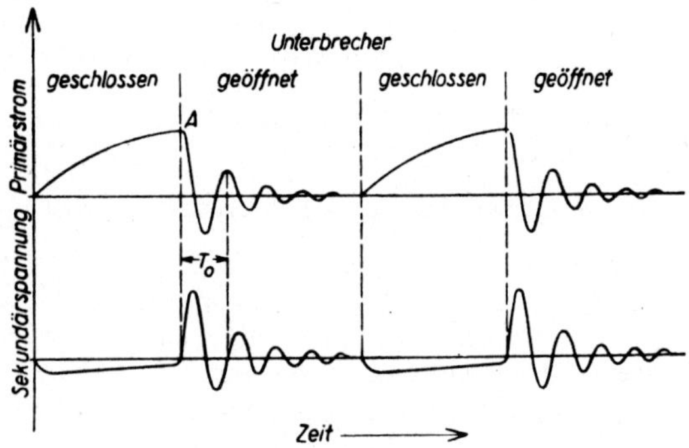

Abb. 437. Zeitlicher Verlauf von Primärstrom und Sekundärspannung bei einem Funkeninduktor

Nachdem wir im vorhergehenden gesehen haben, daß in einem aus Selbstinduktion und Kapazität gebildeten Kreise elektrische Schwingungen auftreten können, kommen wir auf eine Bemerkung zurück, die wir auf S. 261 bei der Besprechung der Funkeninduktoren hinsichtlich der Wirkungsweise des parallel zum Unterbrecher liegenden Kondensators machten. Dieser Kondensator bewirkt nicht nur eine rasche Unterbrechung des Primärstromes durch Unterdrückung des an der Unterbrechungsstelle auftretenden Funkens, sondern bildet in Verbindung mit der Primärspule des Induktors einen elektrischen Schwingungskreis, in dem nach Öffnen des Unterbrechers elektrische Schwingungen auftreten, die eine entsprechende Spannung auch in der Sekundärspule erzeugen. An Stelle des in Abb. 346 gezeichneten Verlaufes von Primärstrom und Sekundärspannung tritt dann der in Abb. 437 wiedergegebene Verlauf. Hieraus erkennt man folgendes: Der gewünschte rasche Abfall des Primärstromes bei in A eintretender Stromunterbrechung ist in seinem Verlauf auch durch die Schwingungsdauer T_0 bedingt, die sich in dem aus Primärspule und Kondensator gebildeten Schwingungskreise einstellt. Da T_0 proportional $\sqrt{C^*}$ ist, ergibt eine zu große Kapazität des Kondensators eine zu große Schwingungsdauer und damit einen nicht erwünschten langsamen Abfall des Primärstromes, infolgedessen eine kleinere Sekundärspannung. Es existiert daher für jeden Funkeninduktor eine bestimmte, von der Wirkungsweise des Unterbrechers abhängige günstigste Kapazität des Kondensators.

Bereits mehrfach wurde die Analogie erwähnt, die zwischen den mechanischen Schwingungen eines Feder-Masse-Systems und elektrischen Schwingungen besteht. Die folgende Tabelle gibt eine systematische Zusammenstellung der entsprechenden Größen. An Stelle der trägen Masse m tritt die Selbstinduktion L^*, die die Trägheit des Magnetfeldes erzeugt; der Richtgröße k entspricht der reziproke Wert der Kapazität $1/C^*$, dem Reibungskoeffizienten f der Ohmsche Widerstand R^*. Der Elongation x ist die Ladung q^* äquivalent, so daß an Stelle der Geschwindigkeit $v = \frac{dx}{dt}$ die Stromstärke $J^* = \frac{dq^*}{dt}$ tritt. Die übrigen Größen der Tabelle ergeben sich dann zwangsläufig. (Die Richtgröße k wird oft auch Federkonstante genannt).

Mechanische Schwingungen	Elektrische Schwingungen
Masse m	Selbstinduktion L^*
Richtgröße k	reziproke Kapazität $1/C^*$
Reibungskoeffizient f	Ohmscher Widerstand R^*
Elongation x	elektrische Ladung q^*
Geschwindigkeit $v = \frac{dx}{dt}$	Stromstärke $J^* = \frac{dq^*}{dt}$
potentielle Energie $\frac{1}{2} kx^2$	elektrostatische Energie $\frac{1}{2} q^{*2}/C^*$
kinetische Energie $\frac{m}{2} v^2$	magnetische Energie $\frac{1}{2} L^* J^{*2}$
Dämpfungsfaktor $\delta = \frac{f}{2m}$	Dämpfungsfaktor $\delta = \frac{R^*}{2L^*}$
Schwingungsgleichung: $m \frac{d^2x}{dt^2} + f \frac{dx}{dt} + kx = 0$	Schwingungsgleichung: $L^* \frac{d^2q^*}{dt^2} + R^* \frac{dq^*}{dt} + \frac{1}{C^*} q^* = 0$
Lösung derselben: $x = x_0 e^{-\delta t} \left\{ \begin{matrix} \sin \omega_0 t \\ \cos \omega_0 t \end{matrix} \right\}$ je nach den Anfangsbedingungen	Lösung derselben: $q^* = q_0^* e^{-\delta t} \left\{ \begin{matrix} \sin \omega_0 t \\ \cos \omega_0 t \end{matrix} \right\}$ je nach den Anfangsbedingungen
Eigenfrequenz der gedämpften Schwingung: $\omega_{0\mathrm{d}} = \sqrt{\frac{k}{m} - \frac{f^2}{4m^2}}$	Eigenfrequenz der gedämpften Schwingung: $\omega_{0d} = \sqrt{\frac{1}{L^* C^*} - \frac{R^{*2}}{4 L^{*2}}}$
für $f = 0$: $\omega_0 = \sqrt{\frac{k}{m}}$	für $R^* = 0$: $\omega_0 = \sqrt{\frac{1}{L^* C^*}}$

51. Erzeugung gedämpfter Schwingungen mittels der Funkenmethode

Da jede Spule einen Ohmschen Widerstand besitzt, klingen die in einem Schwingungskreise nach Abb. 433 durch Kondensatorentladung erzeugten Schwingungen stets nach einer durch den Dämpfungsfaktor bestimmten Zeit ab. Um den Kreis erneut zu Schwingungen anzustoßen, muß man in der Schaltung Abb. 433 fortlaufend den Schalter S nach Stellung 1 (Ladung des Kondensators) und dann nach Stellung 2 (Entladung des Kondensators) umlegen. Die Tätigkeit des Schalters läßt sich durch den elektrischen Funken ersetzen. Man schaltet zu diesem Zwecke in den Schwingungskreis eine aus zwei Metallkugeln gebildete Funkenstrecke F (Abb. 438) und führt den Belegungen des Kondensators C eine Hochspannung etwa von einer Influenzmaschine oder, wie in Abb. 438, von einem Funkeninduktor J oder Transformator zu. Erreicht die Spannung am Kondensator die Durchschlagsspannung der Funkenstrecke, so durchbricht ein Funke den Raum zwischen den Kugeln. Dadurch entsteht zwischen ihnen eine leitende Verbindung, über die sich die auf dem Kondensator aufgespeicherte elektrische Energie durch die Spule L entladen kann. Betrachtet man das Bild eines solchen „oszillierenden" Funkens in einem rotierenden Spiegel, so erhält man das in Abb. 439 wiedergegebene Bild. Besonders zu Anfang, wo das Bild noch nicht durch Wolken glühenden Metalldampfes verwaschen ist, kann man gut die wechselnde Richtung des Stromes während der einzelnen Maxima erkennen, da das helle Ende des Funkens stets den negativen Pol anzeigt. In dieser Weise hat B. W. Feddersen (1862) zum erstenmal die oszillatorische Entladung einer Leydener Flasche nachgewiesen.

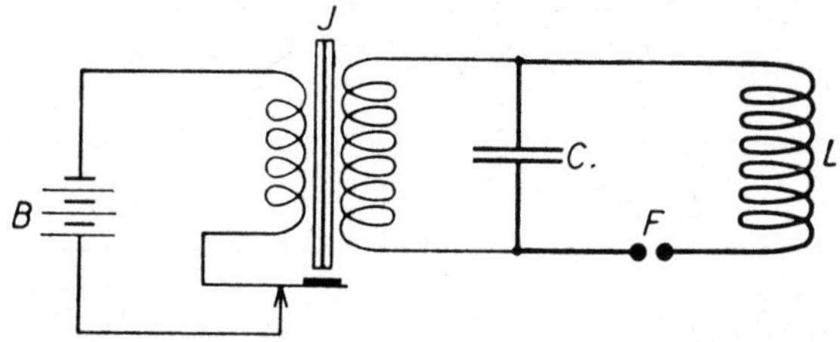

Abb. 438. Elektrischer Schwingungskreis mit Funkenstrecke

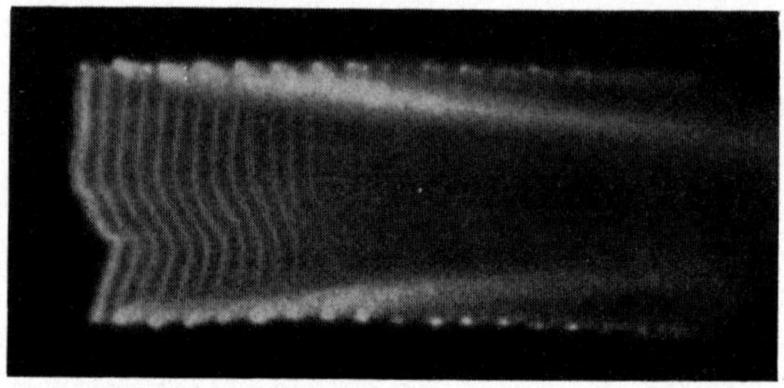
Abb. 439. Oszillatorische Funkenentladung nach Feddersen

Mittels der Funkenerregung kann man elektrische Schwingungen bis zu Frequenzen von 10^9 Hz durch entsprechende Bemessung der Schaltelemente Spule und Kondensator herstellen; man erhält in dem betreffenden Schwingungskreis eine rasch aufeinanderfolgende Reihe gedämpfter Schwingungszüge, deren Anzahl durch die Funkenfolge bedingt ist. Leider sind infolge des verhältnismäßig hohen Widerstandes der Funkenstrecke die Schwingungen stark gedämpft, so daß jeder einzelne Schwingungszug nur aus wenigen Schwingungen besteht. Wir werden erst später (Seite 326ff.) besondere Verfahren kennenlernen, mit denen ungedämpfte Schwingungen erzeugt werden können.

Historisch sei bemerkt, daß bei den Feddersenschen Versuchen die Schwingungszahl etwa 10^6 Hz betrug; durch systematische Verkleinerung von Kapazität und Selbstinduktion hat erst H. Hertz Frequenzen bis zu etwa 10^9 Hz erzielt. Sein Schwingungskreis — der sog. lineare Oszillator — bestand schließlich nur noch aus einem geraden Draht, der in der Mitte eine Funkenstrecke besaß; Kapazität und Selbstinduktion sind dabei gleichmäßig über die ganze Drahtlänge verteilt. Freilich war es von vornherein keineswegs sicher, daß dieses Gebilde überhaupt noch Schwingungen ausführen würde; denn der Funkenwiderstand ist um so größer, je kleiner die Elektrizitätsmengen sind, die durch sie entladen werden; wegen der Kleinheit der Kapazität sind diese aber sehr gering. Es war also nicht sicher, ob unter diesen Umständen noch die aus Gl. (293a) folgende Bedingung für periodische Entladung $\frac{R^{*2}C^*}{4L^*} < 1$ erfüllt, oder ob nicht vielmehr die Entladung aperiodisch sein würde. Es war das erste große Verdienst von H. Hertz, gezeigt zu haben, daß wirklich noch — freilich sehr stark gedämpfte — Schwingungen entstehen. — Der Hertzsche Oszillator ist in Abb. 487, S. 357, dargestellt.

Für die folgenden Versuche benutzen wir einen Schwingungskreis mit einer Eigenfrequenz von etwa $2{,}4 \cdot 10^6$ Hz. Ein solcher Kreis besteht z. B. aus einer zylindrischen Spule S von 20 cm Durchmesser und 8 cm Länge mit insgesamt 25 Windungen ($L^* = 3{,}87 \cdot 10^{-3}$ H) und einer Kapazität C^* von $1{,}1 \cdot 10^{-9}$ F. Die in dem Kreis bei Erregung nach der Funkenmethode auftretenden schnellen Schwingungen weisen wir durch einen Induktionsversuch nach, indem wir an die Spule S des Schwingungskreises eine zweite Spule S' (mit etwa 5 Windungen) in der Stellung 1 heranbringen, deren Enden an eine Glühlampe angeschlossen sind (Abb. 440), (sogenannter Indikatorkreis). Die Glühlampe leuchtet dann hell auf; daß die Ursache hierfür die hochfrequenten Schwingungen sind, kann man zeigen, wenn man durch die Spule S einen gleichstarken Wechselstrom mit der niedrigen Frequenz 50 Hz schickt. Die Lampe bleibt dann dunkel. Denn die in S' induzierte elektromotorische Kraft berechnet sich nach Gl. (215c) zu:

$$E_{i2}^* = -L_{12}^* \frac{dJ_1^*}{dt} = -L_{12}^* \omega J_{01}^* \cos \omega t\,;$$

sie ist bekanntlich proportional der Kreisfrequenz ω. Im vorliegenden Fall ist L_{12}^* von der Größenordnung $5 \cdot 10^{-6}$ H: daher ergibt sich für die Effektivspannung im Indikatorkreis bei einer Stromstärke von $J_{eff}^* = 1$ Amp. im Schwingungskreis für $\nu_0 = 2{,}4 \cdot 10^6$ Hz:

$$U_{eff}^* = 5 \cdot 10^{-6} \cdot 2\pi \cdot 2{,}4 \cdot 10^6 \cdot 1 \approx 75 \text{ Volt},$$

während sich bei $\nu_0 = 50$ Hz nur eine Spannung von

$$U_{eff}^* = 5 \cdot 10^{-6} \cdot 2\pi \cdot 50 \cdot 1 \approx 1{,}57 \cdot 10^{-3} \text{ Volt}$$

ausbildet.

Mit der in Abb. 440 skizzierten Anordnung lassen sich übrigens die Induktionsgesetze, insbesondere die Abhängigkeit der gegenseitigen Induktion von der Lage der beiden Spulen sehr anschaulich demonstrieren. Die Lampe im Indikatorkreis leuchtet am hellsten, wenn die Windungsflächen beider Spulen parallel und koaxial dicht nebeneinander stehen (Stellung 1), so daß praktisch der gesamte, die Windungsfläche von S verlassende magnetische Induktionsfluß auch die Spule S' durchsetzt. Bringt man dagegen die Spule S' in die Lage 2 oder 3, so erlischt die Lampe, da nun der Induktionsfluß durch S' Null ist; S und S' sind in diesen beiden letzteren Fällen „entkoppelt".

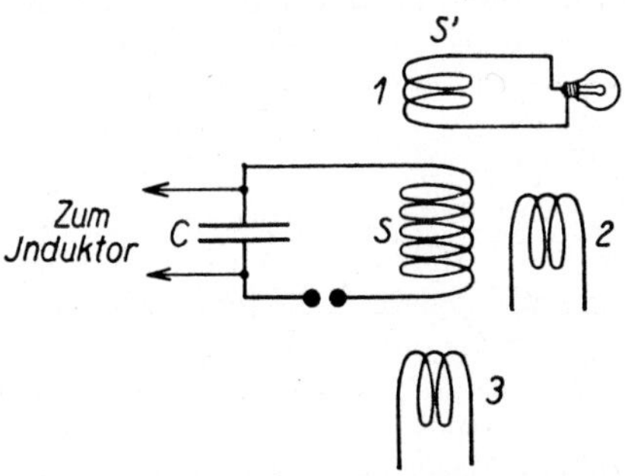

Abb. 440. Zum Nachweis elektrischer Schwingungen durch Induktion

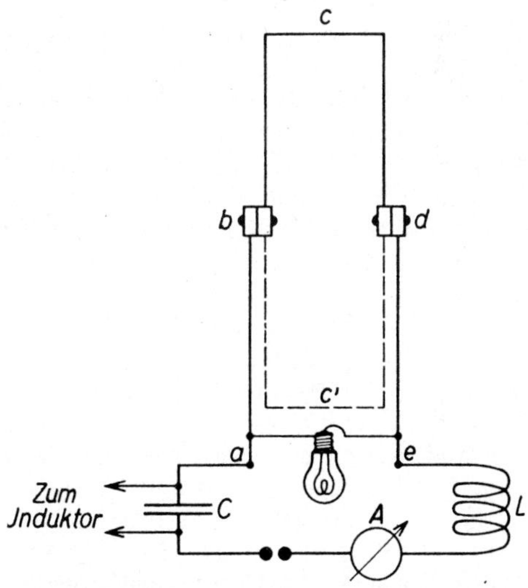

Abb. 441. Nachweis des induktiven Widerstandes eines Leiters bei Hochfrequenz

Wirkung des induktiven Widerstandes bei Hochfrequenz. Der induktive Widerstand eines Leiters ist (in Ohm) nach Seite 273 gleich $2\pi\nu L^*$: er ist also proportional der Selbstinduktion des Leiters sowie der Frequenz des durch den Leiter fließenden Wechselstromes. Bei hinreichend hohen Frequenzen kann also auch ein einfacher Leiter (z. B. ein gerader Draht) trotz seiner kleinen Selbstinduktion einen induktiven Widerstand annehmen, der wesentlich größer als sein Ohmscher Widerstand ist. Wir zeigen dies mit der in Abb. 441 skizzierten Anordnung. In den aus Selbstinduktion und Kapazität bestehenden Schwingungskreis ($\nu = 2{,}4 \cdot 10^6$ Hz) ist ein zweimal rechtwinklig gebogener Drahtbügel abcde aus einem mehrere Millimeter starken Kupferdraht eingeschaltet und an seinem unteren Ende durch eine Glühlampe überbrückt. Wird der Kreis in der dargelegten Weise zu Schwingungen angeregt, so leuchtet die Glühlampe hell auf, da infolge des induktiven Widerstandes des Drahtbügels an seinen Enden eine hinreichende Spannung auftritt. Um ein Zahlenbeispiel zu bringen, wählen wir einen Drahtbügel aus 5 mm starkem Kupferdraht von 60 cm Länge und 20 cm Breite; seine Selbstinduktion beträgt rund $4 \cdot 10^{-7}$ H. Fließt durch ihn ein Wechselstrom von 5 Amp. der Frequenz $2{,}4 \cdot 10^6$ Hz, so ist der induktive Widerstand

$2\pi\nu L^*$ ungefähr 6 Ohm, also der an den Enden auftretende Spannungsabfall ungefähr 30 Volt. Der Gleichstromwiderstand des Drahtbügels liegt dagegen in der Größenordnung von 1/1000 Ohm. Legt man daher an das untere Ende des Drahtbügels eine Gleichspannung über einen Regulierwiderstand und regelt die Stromstärke wieder auf 5 Amp. ein, so bleibt die Lampe dunkel, da sich jetzt nur ein Spannungsabfall von 5/1000 Volt einstellt. Daß im Falle der hochfrequenten schnellen Schwingungen die Selbstinduktion die entscheidende Rolle spielt, läßt sich noch dadurch zeigen, daß man den Drahtbügel in der Mitte mit zwei Gelenken b und d versieht. Klappt man die obere Hälfte des Bügels in die gestrichelte Lage nach unten, so erlischt die Lampe; da in den nebeneinanderliegenden Leitern der Strom in entgegengesetzter Richtung fließt, ist das Magnetfeld dieser Leiterteile, damit auch ihre Selbstinduktion und ihr induktiver Widerstand annähernd Null.

Auch der sogenannte **Hauteffekt (Skineffekt)** beruht auf der Wirkung des induktiven Widerstandes. Während in einem von Gleichstrom durchflossenen linearen Leiter die Stromdichte an allen Stellen des Querschnitts denselben Wert hat, ist dies nicht mehr der Fall, wenn der Leiter von Wechselströmen durchflossen wird. Es findet vielmehr eine Verdrängung des Stromes nach der Oberfläche des Leiters hin statt, und bei sehr schnellen Wechselströmen ist der Strom praktisch auf eine dünne Haut an der Oberfläche des Leiters beschränkt, und das Innere des Leiters ist stromlos. Diese Erscheinung, die deshalb den Namen **Skin-** oder **Haut-Effekt** bekommen hat, wurde theoretisch schon von J. C. Maxwell (1873) behandelt und zuerst von D. E. Hughes (1885) beobachtet. Jeder Leiter läßt sich als Bündel unendlich dünner Fäden mit Ohmschem Widerstand und mit Selbstinduktion auffassen. Fließt durch den Leiter ein Wechselstrom, so besteht eine bestimmte gegenseitige Induktion zwischen den einzelnen Leiterfäden. Die Summe der Selbstinduktionen und gegenseitigen Induktion aller Stromfäden ergibt die Gesamtselbstinduktion des ganzen Leiters. Nun ist aber die gegenseitige Induktion aller Stromfäden auf einen Stromfaden in der Mitte des Leiters größer als auf einen Faden an der Leiteroberfläche, da im ersten Falle der Faden in der Mitte ringsum von induzierenden Stromfäden umgeben ist, der Stromfaden an der Oberfläche aber nur auf einer Seite. Infolgedessen sind die wirksamen Selbstinduktionen und damit auch die Scheinwiderstände der Stromfäden auf der Leiteroberfläche kleiner als in der Leitermitte. Ein den Leiter durchfließender Wechselstrom wird daher nach der Oberfläche, der Stelle kleineren Wechselstromwiderstandes, verdrängt, so daß die Stromdichte im Leiterquerschnitt nicht mehr gleichförmig ist. Die Folge ist, daß der Widerstand des Leiters vergrößert wird, da dem Wechselstrom nur mehr der geringe Querschnitt in unmittelbarer Nähe der Oberfläche zur Verfügung steht. Anderseits wird die wirksame Selbstinduktion des Leiters mit wachsender Frequenz kleiner, da nach dem vorher Gesagten die Stromfäden an der Oberfläche eine kleinere Selbstinduktion als in der Leitermitte haben. Die Theorie liefert bei hohen Frequenzen für den wirksamen Widerstand R_w und die wirksame Selbstinduktion L_w die Ausdrücke:

$$\left.\begin{aligned} &(294) & R_w &= \frac{l}{cr}\sqrt{\frac{\mu\omega}{2\pi\sigma}} = \frac{l}{2\pi c r}\sqrt{\frac{2\pi\mu\omega}{\sigma}}, \\ &(294\text{a}) & L_w &= l\left(2\ln\frac{2l}{r} + \frac{c}{r}\sqrt{\frac{\mu}{2\pi\sigma\omega}}\right) = l\left(2\ln\frac{2l}{r} + \frac{c}{2\pi r}\sqrt{\frac{2\pi\mu}{\sigma\omega}}\right). \end{aligned}\right\} \; l \gg r$$

Hierin bedeuten l die Länge, r den Radius des frei ausgespannten Drahtes aus einem Material der Leitfähigkeit σ und der Permeabilität μ. Aus diesen Gleichungen, die zuerst von Lord Rayleigh (1883) angegeben wurden, erkennt man, daß der Wechselstromwiderstand und die Selbstinduktion nicht mehr dem Querschnitt, sondern dem Umfang des Leiters proportional sind, ein Zeichen dafür, daß der Strom nur in einer dünnen Haut an der Oberfläche des Drahtes fließt. Schreibt man Gl. (294) im internat. Einheitensystem (l und r in m; σ^* in $\Omega^{-1}\text{m}^{-1}$; $\mu_0 = 1{,}256 \cdot 10^{-6}$ Vs/Am) so erhält man:

$$R^*_\omega = \frac{l}{2\pi r}\sqrt{\frac{\mu\mu_0 \cdot \omega}{2\sigma^*}} = \frac{l}{r}\sqrt{\frac{\mu\mu_0 \cdot \nu}{4\pi\sigma^*}}$$

Ein 2 mm starker Kupferdraht ($r = 10^{-3}$ m) hat bei 1 km Länge für $\omega = 10^6\ s^{-1}$, d. h. $\nu \approx 16 \cdot 10^4$ Hz, einen Wechselstrom-Widerstand von 16,3 Ohm gegenüber einem Gleichstrom-Widerstand von 5,5 Ohm. (Die spez. Leitfähigkeit σ^* beträgt für sehr reines Kupfer etwa $60 \cdot 10^6\ \text{Ohm}^{-1}\text{m}^{-1}$ bei 0° C).

Die Schichtdicke d, innerhalb der die Stromamplitude in einem Leiter auf den e-ten Teil absinkt, wird als Eindringtiefe bezeichnet. Dafür liefert die Theorie den Wert (d^* in m):

$$d = \frac{c}{2\pi\sqrt{\mu\sigma\nu}}\,; \quad \text{bzw. } d^* = \sqrt{\frac{1}{\pi\mu\mu_0\sigma^*\nu}}\,. \tag{294b}$$

Die Eindringtiefe hängt also unter übrigens gleichen Umständen vom Leitvermögen und der Permeabilität des Materials ab. Für Kupfer mit $\mu = 1$ und $\sigma^* = 60 \cdot 10^6\ \text{Ohm}^{-1}\ \text{m}^{-1}$ (dieser abgerundete Wert gilt für sehr reines Kupfer bei 0° C) sind in folgender Tabelle die Eindringtiefen für verschiedene Frequenzen angegeben

ν (Hz) =	16	50	100	500	10^3	10^4	10^5	10^6	10^7
d (cm) =	1,6	0,94	0,66	0,29	0,22	0,066	0,022	0,0066	0,0022

In der Hochfrequenztechnik benutzt man daher statt massiver Drähte dünnwandige Rohre, deren Oberfläche man häufig noch mit einer besonders gut leitenden Schicht (z. B. Silber) überzieht. Der Skineffekt läßt sich unterdrücken oder wenigstens stark herabsetzen, indem man an Stelle eines massiven Drahtes ein Bündel feiner durch Emaillelack gegeneinander isolierter Drähte benutzt, die man miteinander verdrillt oder verflicht. Dadurch erreicht man, daß jeder Draht streckenweise ebensooft in der Achse wie in der Oberfläche des Bündels verläuft.

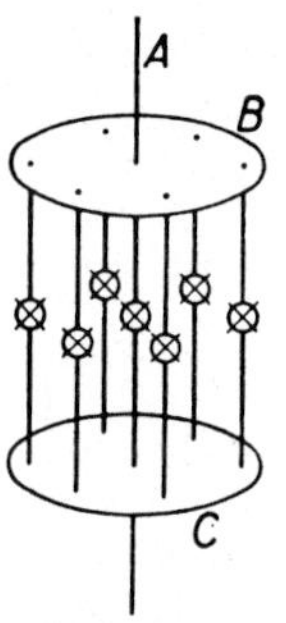

Abb. 442. Zum Nachweis des Skineffektes

Der experimentelle Nachweis des Skineffektes gelingt mit der in Abb. 442 dargestellten Versuchsanordnung. Ein Leiter A trägt im Abstand von etwa 10 cm zwei Blechscheiben B und C, an deren Umfang sechs weitere Drähte parallel zum Mittelleiter angebracht sind. Sämtliche sieben Drähte tragen in ihrer Mitte kleine Glühlampen als Stromanzeiger. Schaltet man das System in einen elektrischen Schwingungskreis ein, so leuchten nur die Lampen in den Außenleitern, während der Mittelleiter stromlos bleibt; der Wechselstrom verteilt sich nur auf die Außenleiter; schickt man dagegen einen Gleichstrom durch die Anordnung, so leuchten sämtliche Lampen gleich stark auf und zeigen so die gleichmäßige Stromverteilung an.

Die verschiedene Eindringtiefe und den damit verbundenen verschiedenen Wechselstromwiderstand bei Leitern gleichen Leitvermögens, aber verschiedener Permeabilität zeigt folgender Versuch (Abb. 443): In zwei gleiche aus Glas bestehende Thermoskope T_1 und T_2 sind ein Heizdraht aus Platin und aus Eisen von der gleichen Stärke (etwa 0,3 mm) eingeführt. Die Heizdrahtlängen sind so bemessen, daß beide Drähte den nämlichen Gleichstromwiderstand besitzen. (Der Längenunterschied ist übrigens nur sehr gering, da Platin und Eisen ungefähr gleiches Leitvermögen haben.) Leitet man hochfrequenten Wechselstrom durch beide Drähte in Hintereinanderschaltung, so steigt das Manometer des Thermoskops mit Eisendraht wesentlich stärker

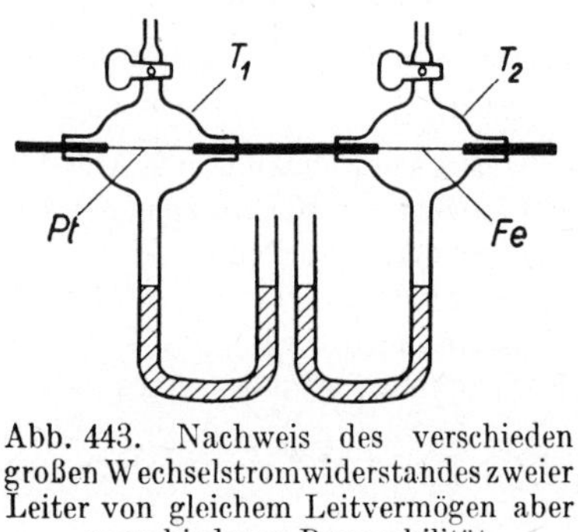

Abb. 443. Nachweis des verschieden großen Wechselstromwiderstandes zweier Leiter von gleichem Leitvermögen aber verschiedener Permeabilität

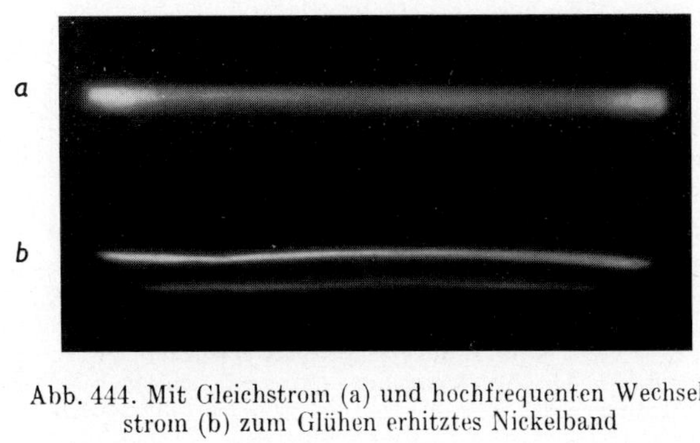

Abb. 444. Mit Gleichstrom (a) und hochfrequenten Wechselstrom (b) zum Glühen erhitztes Nickelband

an als das mit dem Platindraht. Leitet man Gleichstrom hindurch, so steigen beide Manometer ganz gleichmäßig. Schließlich sei noch ein Versuch angeführt, der die Stromverdrängung direkt sichtbar macht. Heizt man ein Nickelband von 6 mm Breite und 0,02 mm Stärke mit einem hochfrequenten Wechselstrom von etwa 10^7 Hz, so glühen die Ränder des Bandes bereits sehr stark, während die Bandmitte noch nicht Rotglut erreicht hat. Bei der photographischen Aufnahme in Abb. 444 ist die stärkere Glut des oberen Randes auf Konvektion zurückzuführen. Zum Vergleich ist noch die Photographie desselben mit Gleichstrom geheizten Bandes wiedergegeben.

52. Erzeugung ungedämpfter elektrischer Schwingungen

Zur Erzeugung ungedämpfter elektrischer Schwingungen muß man andere Methoden anwenden, bei denen dem Schwingungskreis in jeder Periode die im Ohmschen Widerstand verbrauchte Energie wieder zugeführt wird. Als Beispiele werden der historische **Lichtbogen-Schwingungsgenerator** und der technisch wichtige **Elektronenröhren-Generator** behandelt.

Wie in Kap. VIII noch näher auseinandergesetzt wird, entsteht ein elektrischer Lichtbogen, wenn man z. B. an zwei Kohleelektroden eine Gleichspannung über einen Vorschaltwiderstand legt, die Elektroden kurzzeitig zur Berührung bringt und wieder voneinander entfernt. Der Strom geht dann zwischen den Kohlestäben in Form eines Flammenbogens über; der Stromtransport wird durch Elektronen, die von der glühenden Kathode ausgehen, sowie durch geladene Kohleteilchen besorgt, die zwischen den Elektroden hin und her fliegen. Dabei entstehen durch Stoßionisation weitere Ionen, die ebenfalls am Stromtransport teilnehmen. Die Folge davon ist, daß der elektrische „Widerstand“[1]) eines Lichtbogens nicht mehr wie bei einem metallischen Leiter von der Stromstärke unabhängig ist, sondern mit zunehmender Stromstärke absinkt,

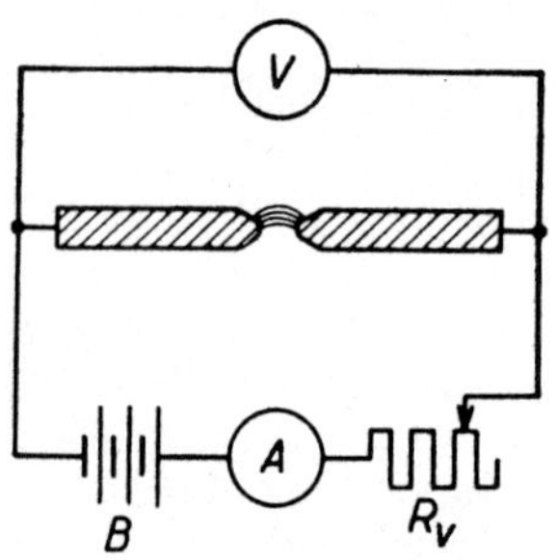

Abb. 445. Schaltung zur Aufnahme der Strom-Spannungscharakteristik eines Lichtbogens

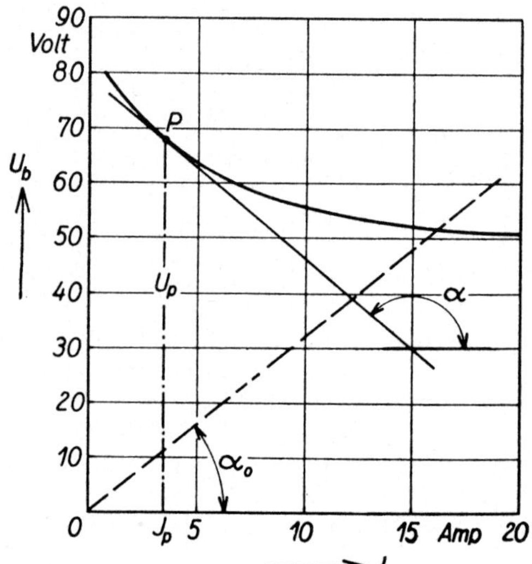

Abb. 446. Fallende Kennlinie eines Lichtbogens

so daß auch die Spannung an dem Ende des Bogens mit steigender Stromstärke abnimmt. Abb. 446 zeigt die an einem Lichtbogen mittels der Schaltung Abb. 445 aufgenommene „Strom-Spannungscharakteristik“. In der Abbildung ist V ein Voltmeter, das die Spannung U_b des Bogens (an den Enden der Kohlenstäbe) mißt, während das Amperemeter A die Stromstärke J_b angibt; in Abb. 446 ist als Ordinate U_b gegen J_b als Abszisse aufgetragen. Diese Charakteristik stellt im Gegensatz zu der gestrichelt gezeichneten Strom-Spannungs-Geraden eines reinen

[1]) Von „Widerstand“ sollte man eigentlich nur sprechen, wenn das Ohmsche Gesetz gilt, d. h. wenn U/J eine Konstante des Leiters ist. Um einen kurzen Ausdruck zu haben, werden wir bei Gasentladungen das Wort Widerstand in Anführungszeichen wie oben schreiben.

Ohmschen Widerstandes eine fallende Kennlinie dar. Da der elektrische „Widerstand" durch die Neigung der betreffenden Strom-Spannungskurve (d. h. durch den Tangens des Neigungswinkels α, den die Tangente an die Kennlinie mit der Abszissenachse bildet) dargestellt wird, hat es beim Lichtbogen nur Sinn, für ganz bestimmte Betriebsbedingungen, also für eine bestimmte Bogenlänge und für einen bestimmten Bogenstrom von einem „Bogenwiderstand" zu sprechen, der z. B. in Abb. 446 für die Stromstärke J_p durch die Neigung der Kennlinie, also durch den Ausdruck $\tan\alpha = \frac{dU_p}{dJ_p}$ im Punkt P gegeben ist. Infolge der fallenden Kennlinie ist $a > 90°$, d. h. $\tan\alpha$ negativ, so daß man von einem scheinbar negativen „Widerstand" des Bogens sprechen kann, im Gegensatze zu dem immer positiven Widerstand eines metallischen Leiters, dessen Kennlinie eine mit steigendem Strom ansteigende Gerade darstellt (in der Tat ist nach Abb. 446 $\tan\alpha_0 = \frac{U}{J} = \text{const.}$, wie es nach dem Ohmschen Gesetze sein muß). Darin ist folgendes Verhalten begründet: Wenn wir eine feste Spannung an den Lichtbogen anlegen, dessen Zustand durch den Punkt P in Abb. 446 charakterisiert sein möge, so würde der (festen) Spannung U_p die Stromstärke J_p entsprechen. Aber dieser Zustand ist nicht stabil. Denn wenn eine kleine zufällige Vermehrung der Stromstärke J_p auf den Wert $J_p + dJ$ (etwa durch einen Induktionsstoß) eintreten würde, so entspricht dieser Stromstärke ein kleinerer „Widerstand" $\left(\frac{dU}{dJ}\right)_{J_p + dJ}$ als an der Stelle P selbst. Demgemäß geht die Stromstärke nicht mehr auf ihren alten Wert J_p zurück, wächst vielmehr — wegen des negativen „Widerstandes" — über alle Grenzen, wenn nicht dies durch besondere Vorkehrungen verhindert wird. Das bedeutet aber, daß die Bogenentladung an sich nicht stabil ist, da einer festen Spannung kein fester Stromwert entspricht. (Nur dadurch, daß man einen hinreichend großen Widerstand mit steigender Kennlinie vor den Bogen schaltet [z. B. einen Ohmschen Widerstand], so daß die Gesamtkennlinie von Ohmschem Widerstand und Bogen steigend ist, läßt sich die Bogenentladung stabilisieren. Eben deshalb bedurften wir der Anordnung 445, in der dies geschehen ist, um überhaupt die Kennlinie aufnehmen zu können.) Auf der Labilität der Bogenentladung beruht es, daß ganz allgemein nach H. Barkhausen (1907) elektrische Gebilde mit fallender Kennlinie in der Lage sind, elektrische Schwingungen zu erzeugen, wenn sie mit einem elektrischen Schwingungskreis in geeigneter Weise zusammengeschaltet werden.

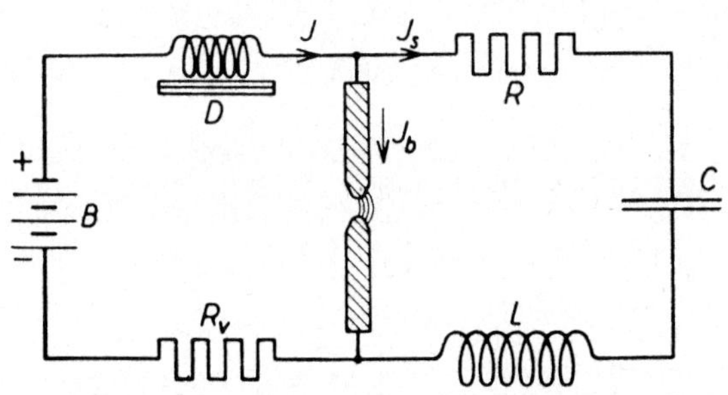

Abb. 447. Schaltung eines Lichtbogen-Generators

Beim **Lichtbogengenerator** wird zu diesem Zweck der Lichtbogen nach Abb. 447 in den aus Selbstinduktion L, Kapazität C und Widerstand R gebildeten Schwingungskreis eingeschaltet. Der Bogen wird aus einer Spannungsquelle B (220—440 Volt) über einen Vorschaltwiderstand R_v und eine Drosselspule D gespeist. Letztere hat den Zweck, den Speisestrom J auch bei Änderung der Stromstärke im Schwingungskreis konstant zu halten und zu verhüten, daß die am Bogen auftretenden hochfrequenten Wechselspannungen über die Zuleitungen und die Spannungsquelle abfließen. Bezeichnen wir den Strom durch den Bogen mit J_b, den im Schwingungskreis mit J_s, so gilt die Beziehung

$$J_b + J_s = J = \text{const.} \tag{295}$$

Schaltet man den Schwingungskreis an den Lichtbogen an, so steigt der Strom J_s, da der Kondensator aufgeladen wird. Am Widerstand R tritt ein Spannungsabfall $U_R = J_s R$ auf, der die im Widerstand verzehrte Leistung $U_R\, J_s$ bestimmt. Nach Gl. (295) sinkt mit steigendem J_s der Bogenstrom J_b; dies bedeutet infolge der fallenden Kennlinie des Bogens ein Ansteigen der

Bogenspannung, wodurch bei geeigneter Bogeneinstellung die am Verbraucherwiderstand R auftretende Spannung U_R gerade kompensiert, mit anderen Worten die Wirkung des Widerstandes R aufgehoben wird. Entlädt sich in der nächsten Phase der Kondensator über den Bogen, so ändert sich das Vorzeichen des Spannungsabfalles längst R, gleichzeitig nimmt aber J_b zu und die Spannung am Bogen sinkt entsprechend ab, so daß die am Bogen auftretende Spannungsänderung gerade wieder den Spannungsabfall am Widerstand R kompensiert. Auf diese Weise kommt es zu einer Ausbildung ungedämpfter Schwingungen im Schwingungskreise, dessen Dämpfungsfaktor durch die Wirkung des Lichtbogens gleich (oder sogar kleiner als) Null gemacht wird.

Wir wollen das im vorangehenden Gesagte noch formelmäßig fassen. Die fallende Kennlinie des Lichtbogens kann in roher Annäherung durch die Gleichung

$$U_b^* = a + \frac{b}{J_b^*} \tag{296}$$

wiedergegeben werden, wobei a und b Konstanten (d. h. für einen bestimmten Bogen unabhängig von U_b^* und J_b^*) sind. Durch Summierung aller Spannungen im Schwingungskreise erhält man dann die folgende Differentialgleichung;

$$L^* \frac{dJ_s^*}{dt} + R^* J_s^* + \frac{q^*}{C^*} = U_b^* = a + \frac{b}{J_b^*}.$$

Differentiation nach t und Beachtung von Gl. (295) liefert;

$$L^* \frac{d^2 J_s^*}{dt^2} + R^* \frac{dJ_s^*}{dt} + \frac{1}{C^*} J_s^* = -\frac{b}{(J^* - J_s^*)^2} \frac{dJ_b^*}{dt} = + \frac{b}{(J^* - J_s^*)^2} \frac{dJ_s^*}{dt},$$

oder

$$\frac{d^2 J_s^*}{dt^2} + \frac{1}{L^*} \left[R^* - \frac{b}{(J^* - J_s^*)^2} \right] \frac{dJ_s^*}{dt} + \frac{J_s^*}{L^* C^*} = 0. \tag{297}$$

$R^* - \frac{b}{(J^* - J_s^*)^2}$ stellt den wirksamen „Widerstand" des Kreises dar, der sich durch geeignete Wahl von J^* und b gleich Null oder sogar negativ machen läßt. Für den Dämpfungsfaktor des Schwingungskreises kann man also schreiben;

$$\delta = \frac{R^* - b/(J^* - J_s^*)^2}{2L^*}. \tag{297a}$$

Wählt man daher die Betriebsbedingungen des Lichtbogens so, daß $b/(J^* - J_s^*)^2 = R^*$ wird, so entstehen im Schwingungskreise ungedämpfte Schwingungen.

Da der Wechselstrom des Schwingungskreises sich dem Lichtbogenstrom überlagert, geht die statische Kennlinie von Abb. 446 in die **dynamische Kennlinie** über, deren typische Form Abb. 448 zeigt. Daß der mit abnehmendem Strom durchlaufene Teil der Kennlinie unterhalb desjenigen mit zunehmendem Strom liegt, hat seine Ursache darin, daß bei abnehmendem Strom die Abkühlung der Gasstrecke nicht sofort erfolgt, sondern etwas nachhinkt; infolgedessen ist die Leitfähigkeit des Bogens bei fallender Stromstärke etwas größer als bei steigendem Strom bei derselben Stromstärke und dementsprechend die Bogenspannung etwas geringer **(Lichtbogenhysterese).**

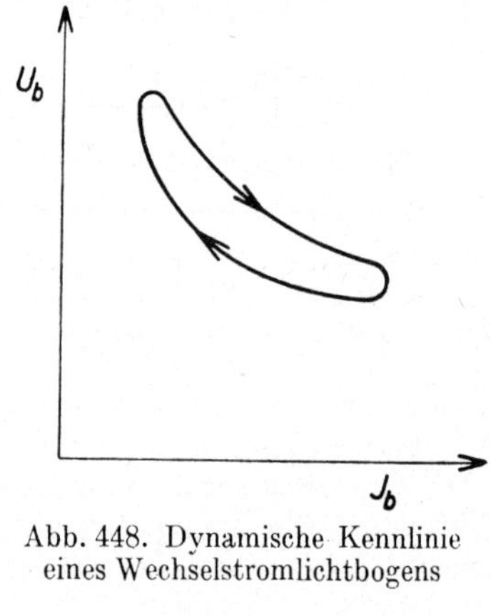

Abb. 448. Dynamische Kennlinie eines Wechselstromlichtbogens

Das Auftreten von Schwingungen in der Schaltung von Abb. 447 läßt sich z. B. mittels eines in den Schwingungskreis eingeschalteten Hitzdrahtamperemeters oder durch einen an den Kreis angekoppelten Indikatorkreis oder Frequenzmesser (s. Seite 338) nachweisen. Wählt man die Abmessungen der Selbstinduktion und der Kapazität des Schwingungskreises so, daß die Frequenz des Kreises im Hörbereich liegt, so lassen sich die Schwingungen mit dem Ohr wahrnehmen, da der von dem Wechselstrom durchflossene Lichtbogen infolge der periodischen Erwärmung die umgebende Luft in derselben Frequenz zu Schallschwingungen erregt (singende oder pfeifende Bogenlampe) A. Duddell (1900); H. Th. Simon (1906). Vgl. Bd. I, Nr. 83, „tönender Lichtbogen".

Da, wie schon erwähnt, die elektrische Leitfähigkeit des Lichtbogens eine gewisse Trägheit zeigt, sind zur Erzeugung hochfrequenter Schwingungen (über hunderttausend Hz) besondere Vorkehrungen zu treffen, die zuerst W. Poulsen (1906) angegeben hat (Poulsen-Generator). Zur raschen Entionisierung muß der Lichtbogen in einer Wasserstoffatmosphäre brennen, da Wasserstoff eine große Wärmeleitfähigkeit und hohe Ionenbeweglichkeit hat. Man läßt zu diesem Zwecke den Lichtbogen in einer Kammer brennen, durch die Wasserstoff oder Leuchtgas hindurchgeleitet wird. Ferner benutzt man als Anode eine durch Wasser gekühlte Kupferelektrode. Die Kathode wird von einer Kohleelektrode gebildet. Damit diese gleichmäßig abbrennt, läßt man sie rotieren oder bringt ein Magnetfeld an, das den Bogen quer zu seiner Richtung ablenkt (magnetisches Gebläse). Den Einfluß einer guten Kühlung bei der Erzeugung hochfrequenter Schwingungen kann man zeigen, indem man an einen waagerecht brennenden Lichtbogen einen Hochfrequenzkreis anschließt, der als Indikator eine Glühlampe enthält. Diese leuchtet zunächst nicht auf, da die Schwingungen nicht einsetzen. Läßt man aber von unten gegen den Lichtbogen Leuchtgas strömen, so setzen die Schwingungen sofort ein.

Um den **Elektronenröhren-Schwingungsgenerator** zu verstehen, muß kurz das Prinzip einer Dreielektrodenröhre (= Triode) erklärt werden (s. auch VIII. Kap.). Diese besteht aus einem hochevakuierten Glasgefäß, das drei Elektroden enthält: 1. Die Glühkathode K, die durch einen Heizstrom auf Glühtemperatur erhitzt wird, so daß aus ihr Elektronen austreten; 2. die Anode A, ein Zylinder oder Kasten aus Nickelblech, in dessen Mitte die Kathode steht; 3. das die Kathode umgebende Gitter G, meist eine Drahtwendel, die in sehr kleinem Abstand von der Kathode zwischen Kathode und Anode liegt. Legt man zwischen Anode und Kathode die Spannung der Batterie B_a (Abb. 449), so fließt durch die Röhre ein Elektronenstrom, der sog. Anodenstrom. Wird an das Gitter ein gegenüber der Kathode negatives Potential gelegt, so werden die Elektronen gebremst, und der Anodenstrom sinkt mehr oder weniger, je nach der Potentialdifferenz zwischen Gitter und Kathode. Würde man dem Gitter also eine Wechselspannung zuführen, die es mehr oder weniger negativ gegenüber der Kathode macht, so würde sich dem Anodenstrom J_a ein Wechselstrom überlagern, und dieser könnte (z. B. durch Induktion) in einem benachbarten Schwingungskreis Wechselströme, d. h. Schwingungen gleicher Frequenz erzeugen: das ist im Prinzip derselbe Vorgang, wie wir ihn in Nr. 50 auf Seite 315 besprochen haben. Am günstigsten ist es natürlich, wenn die Eigenfrequenz des Schwingungskreises mit der Frequenz der angelegten Wechselspannung übereinstimmt, weil dann Resonanz eintritt. Man kann dieses Ziel in folgender Weise — ohne Benutzung einer fremden Wechselspannung — erzielen: Schaltet man nach Abb. 449 in den Anodenstromkreis der Röhre einen Schwingungskreis und koppelt induktiv mit der Selbstinduktion L dieses Kreises eine Spule L_R, die an Gitter und Kathode der Röhre angeschlossen ist, so kann man es bei richtiger Kopplung erreichen, daß die im Schwingungskreis durch einen Schaltvorgang einmal angeregten Schwingungen über die Spule L_R am Gitter der Röhre eine Wechselspannung induzieren, die ihrerseits den Anodenstrom der Röhre so steuert, daß dieser dem Schwingungskreis fortlaufend im richtigen Takte die Energie wieder zuführt, die in den Verlustwiderständen des Kreises verbraucht wird. Da bei einer solchen Anordnung ein gewisser Energiebetrag aus dem Schwingungskreis über die Röhre dem Kreis verstärkt wieder zugeführt wird, spricht man von einer **elektrischen Rückkopplung** oder einem **rückgekoppelten Röhrengenerator.** Dieser wurde in der Schaltung von Abb. 449 zuerst von A. Meißner (1913) verwirklicht.

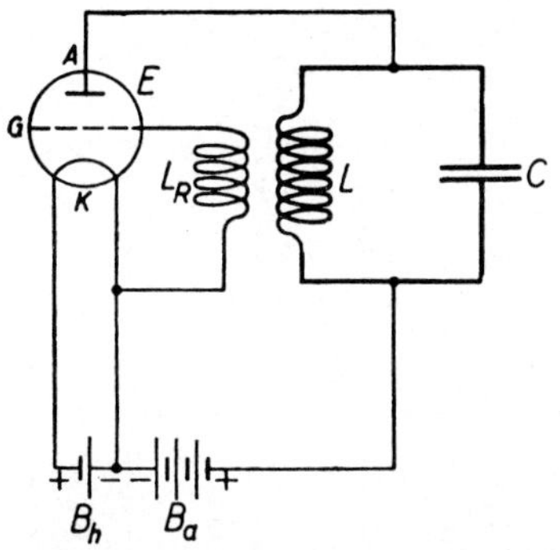

Abb. 449. Röhrengenerator mit induktiver Rückkopplung und Schwingungskreis im Anodenkreis

Ohne Rückkopplung arbeitet die Röhre als Verstärker. Man denke sich in Abb. 449 an Stelle des Schwingungskreises einen Lautsprecher. Die dem Gitter zugeführten schwachen Wechselspannungen, die beispielsweise von einem Mikrophon über einen Transformator mit der Sekundärspule L_R kommen, steuern ohne Leistungsverbrauch den Anodenstrom, der Arbeit in dem Lautsprecher leisten kann. Diese **leistungslose Steuerung** bleibt allerdings nur erhalten, solange das Steuergitter negativ gegenüber der

Kathode geladen ist, damit es keine Elektronen annimmt. Denn ohne Strom kann die Spannung allein keine Leistung abgeben, da Leistung $U \cdot J$ ist.

Durch eine schwache Rückkopplung, z. B. bei größerem Abstand der Spulen in Abb. 449, ist die Verstärkung größer als ohne Rückkopplung. Es scheint so, als habe der Anodenkreis infolge der Rückkopplung einen kleineren Widerstand bekommen, was einer **Entdämpfung** des Schwingungskreises entspricht. Bei stärkerer Rückkopplung können vollkommen ungedämpfte Schwingungen entstehen, auch ohne „Anfachung" von außen. Eine zufällige einseitige Elektronenbewegung im Schwingungskreis wird durch die Rückkopplung verstärkt und leitet das Aufschaukeln der Schwingung ein.

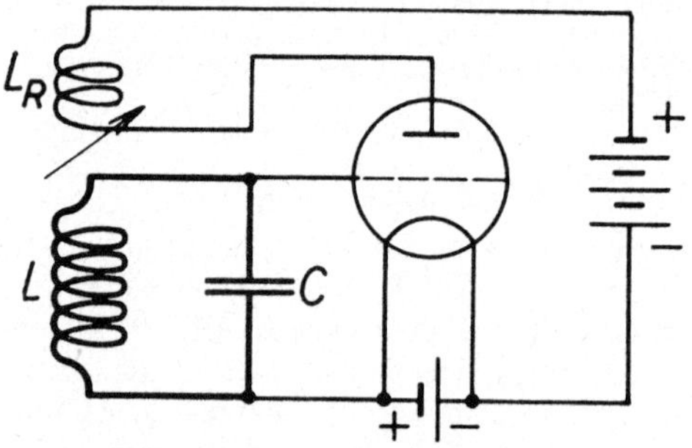

Abb. 450. Röhrengenerator mit induktiver Rückkoppelung und Schwingungskreis im Gitterkreis

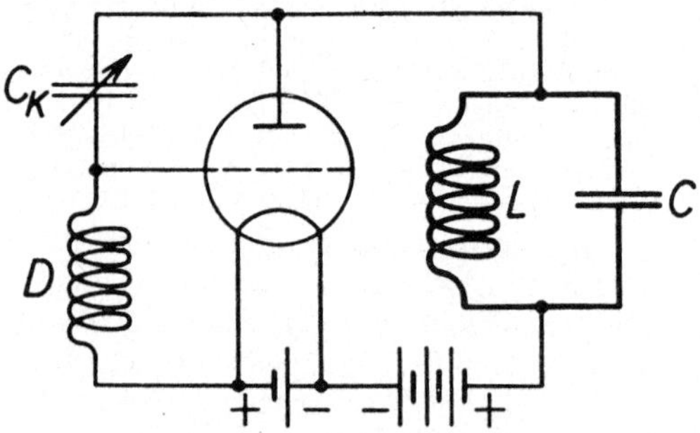

Abb. 451. Röhrengenerator mit kapazitiver Rückkoppelung

Neben der in Abb. 449 dargestellten Schaltung gibt es noch andere Rückkoppelungsarten. Abb. 450 stellt eine induktive Rückkoppelung dar, bei der der Schwingungskreis zwischen Gitter und Kathode liegt, während die Rückkoppelungsspule dem Anodenkreis der Röhre angehört; diese Schaltung wurde früher in Rundfunkempfängern zur Entdämpfung von Schwingungskreisen benutzt. Abb. 451 zeigt eine weitere Schaltung, bei der die Rückkoppelung vom Anoden- zum Gitterkreis auf kapazitivem Wege durch einen zwischen Anode und Gitter eingeschalteten Drehkondensator C_k geschieht. Ersetzt man in der induktiven Rückkoppelungsschaltung von Abb. 449 die beiden Spulen L und L_R durch einen sogenannten Spartransformator, so kommt man zu der vielbenutzten Schaltung von Abb. 452. Bei dieser wird ein Teil der Selbstinduktion des Schwingungskreises als Rückkoppelungsspule benutzt. Die Schaltung führt den Namen Dreipunktschaltung, da die Spule des Schwingungskreises an drei Punkten angezapft ist. Es ist daher bei dieser Schaltung besonders einfach durch auswechselbare, mit Steckanschlüssen versehene Spulen den Frequenzbereich des Generators beliebig zu erweitern. Die für die Röhre erforderliche Anodenspannung wird über zwei Drosselspulen D zugeführt, die verhindern sollen, daß zur Anode fließende Hochfrequenzströme ihren Weg über die Gleichspannungsquelle nehmen. Sie können vielmehr direkt über den Kondensator C' fließen.

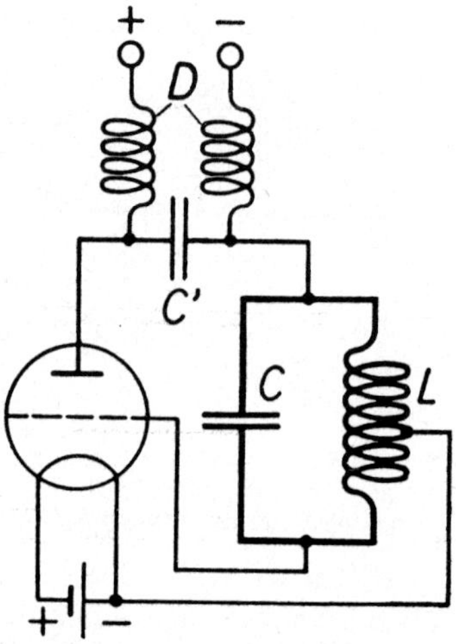

Abb. 452. Röhrengenerator in Dreipunktschaltung

Mit solchen Röhrengeneratoren lassen sich ungedämpfte Schwingungen mit Frequenzen von wenigen Hz bis zu 10^9 Hz ohne Schwierigkeiten erzeugen. Die obere Grenze der erreichbaren Frequenzen ist in der Hauptsache durch die Abmessungen der Röhre bedingt. Verkleinert man z. B. in der Schaltung Abb. 452 die Selbstinduktion und Kapazität, so kommt man schließlich zu dem in Abb. 453a dargestellten Aufbau, bei dem die Selbstinduktion nur aus dem die Anode mit dem Gitter der Röhre verbindenden Drahtbügel besteht, während die Kapazität des Kreises von der Eigenkapazität der Röhre zwischen Anode und Gitter gebildet wird. (Der Kondensator C' ist erforderlich, um die Anodenspannung an Anode und Kathode zu führen und gleichzeitig das Gitter mit der Kathode zu verbinden; C' wirkt für die schnellen Schwingungen als Kurzschluß.) Abb. 453b zeigt die praktische Ausführung eines solchen Röhrengenerators; bei der benutzten Röhre sind Anode und Gitter oben und unten aus der Röhre herausgeführt, so daß der Schwingungskreis von einem Drahtrechteck gebildet wird. Durch Verschieben des senkrechten Teiles läßt sich die Frequenz des Senders innerhalb bestimmter Grenzen (0,75 bis $1{,}2 \cdot 10^8$ Hz) verändern.

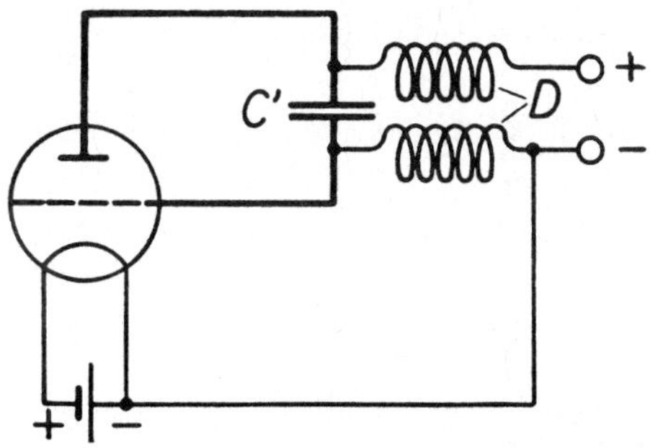

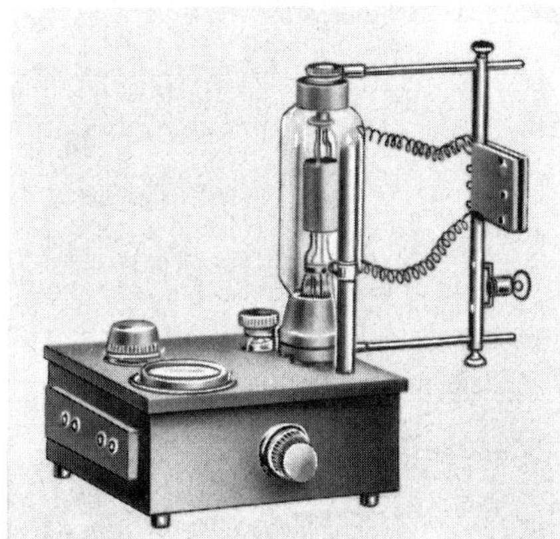

Abb. 453 und 454. Kleiner Röhrengenerator für Versuchszwecke
Schaltung und Ansicht

Bei der Erzeugung von Schwingungen sehr hoher Frequenz stört die Laufzeit der Elektronen in der Röhre. Deshalb wurden andere Verfahren ersonnen. In der von H. Barkhausen und K. Kurtz (1920) angegebenen Schaltung erhält das Gitter eine hohe positive Spannung. Die Elektronen pendeln durch das Gitter bis zum Auftreffen im Rhythmus der Schwingung hin und her und beeinflussen den Schwingungskreis durch Influenz. — Das **Magnetron** ist eine Elektronenröhre ohne Gitter; die Elektronen werden durch ein Magnetfeld zu kreis- oder rosettenförmigen Bahnen um die Kathode gezwungen. Dabei fliegen sie an Schlitzen der Anode vorbei und fachen durch Influenz die angeschlossenen Schwingungskreise, meist Hohlraumresonatoren, an. — Im **Klystron** und in der **Wanderfeldröhre** fliegen alle Elektronen von einer punktförmigen Kathode in einer Richtung auf eine Anode. Unterwegs werden sie durch die zu verstärkende Schwingung verzögert oder beschleunigt, so daß sie als gebündelte Haufen durch einen Hohlraumresonator fliegen und diesen periodisch zu Schwingungen anstoßen.

Mit Transistoren können — im Vergleich zu Röhren — nur niedrige Schwingungsleistungen erzeugt werden. Hier ist aber der Vorteil des Transistors groß: Keine Heizung der Kathode, niedrige Betriebsspannungen, Stoßsicherheit, Kleinheit und geringes Gewicht. Die geringere Frequenzkonstanz kann durch Stabilisierung mit Schwingquarzen behoben werden. Der Transistor hat daher bei niedrigen Schwingungsleistungen die Hochvakuumröhre verdrängt. Die große Mannigfaltigkeit der Röhrenoszillatorschaltungen findet man analog auch bei den Transistorschaltungen. Im IX. Kapitel wird das physikalische Prinzip der Transistoren kurz behandelt.

53. Erzwungene Schwingungen; Koppelungsschwingungen

Bisher haben wir uns nur mit freien elektrischen Schwingungen beschäftigt, d. h. mit solchen, bei denen der Schwingungskreis mit seiner Eigenfrequenz $\nu_0 = \frac{1}{2\pi\sqrt{L^* C^*}}$ (und gegebenenfalls mit seinem Dekrement) schwingt. Aber wie in der Mechanik gibt es auch hier die Erscheinung der erzwungenen Schwingung und der Resonanz. Wir brauchen zu diesem Zwecke in einem Schwingungskreise nur auf irgendeine Weise eine äußere Wechselspannung $U_0 \sin \omega t$ zu erzeugen, z. B. indem wir in den Kreis eine Wechselstrommaschine einschalten. Damit haben wir die Anordnung, die wir schon in Nr. 45 auf Seite 279ff. betrachtet haben, damals unter dem Gesichtspunkte, den sogenannten Wechselstromwiderstand dieser Anordnung festzustellen. Ohne zunächst auf die frühere Darlegung einzugehen, können wir die Gleichung der erzwungenen Schwingungen mit Hilfe des Energieprinzips leicht aufstellen. Denn die äußere Spannung $U_0^* \sin \omega t$ erzeugt einen Strom, dessen Momentanwert zur Zeit t mit J^* bezeichnet werde: dann ist die elektrische Arbeit im Zeitelement dt offenbar $U_0^* J^* \sin \omega t \, dt$, und diese wird dazu benutzt, die elektrische und magnetische Energie des Kreises $\frac{1}{2} L^* J^{*2} + \frac{1}{2} \frac{q^{*2}}{C^*}$ zu vermehren und Joulesche Wärme zu erzeugen. Daher haben wir die Energiebilanz

$$d\left[\frac{1}{2} L^* J^{*2} + \frac{1}{2} \frac{q^{*2}}{C^*}\right] + R^* J^{*2} dt = U_0^* J^* \sin \omega t \, dt .$$

Die Ausführung der Differentiation links ergibt:

$$L^* J^* \frac{dJ^*}{dt} + \frac{1}{C^*} q^* \frac{dq^*}{dt} + R^* J^{*2} = U_0^* J^* \sin \omega t ;$$

ersetzt man hier $\frac{dq^*}{dt}$ durch J^*, so kann man durch J^* kürzen, und eine Differentiation nach t liefert dann die Gleichung:

$$L^* \frac{d^2 J^*}{dt^2} + \frac{J^*}{C^*} + R^* \frac{dJ^*}{dt} = U_0^* \omega \cos \omega t$$

oder

(298)
$$\frac{d^2 J^*}{dt^2} + \frac{R^*}{L^*} \frac{dJ^*}{dt} + \omega_0^2 J^* = \frac{U_0^* \omega}{L^*} \cos \omega t .$$

Die Lösung dieser Gleichung muß sich in die Form bringen lassen:

$$J^* = J_0^* \sin (\omega t - \varphi) = J_0^* [\sin \omega t \cos \varphi - \cos \omega t \sin \varphi] ,$$

wo J_0^* und φ natürlich ganz bestimmte Werte haben: wir erhalten sie, indem wir $\frac{dJ^*}{dt}$ und $\frac{d^2 J^*}{dt^2}$ bilden und in die Gl. (298) einsetzen. Es ist:

$$\frac{dJ^*}{dt} = \omega J_0^* \cos (\omega t - \varphi) = \omega J_0^* [\cos \omega t \cos \varphi + \sin \omega t \sin \varphi] ,$$

$$\frac{d^2 J^*}{dt^2} = - \omega^2 J_0^* \sin (\omega t - \varphi) = - \omega^2 J_0^* [\sin \omega t \cos \varphi - \cos \omega t \sin \varphi] .$$

Einsetzen in Gl. (298) liefert damit:

$$J_0^* [- \omega^2 \sin \omega t \cos \varphi + \omega^2 \cos \omega t \sin \varphi] + \frac{R^*}{L^*} J_0^* [\omega \cos \omega t \cos \varphi + \omega \sin \omega t \sin \varphi]$$
$$+ \omega_0^2 J_0^* [\sin \omega t \cos \varphi - \cos \omega t \sin \varphi] = \frac{U_0^* \omega}{L^*} \cos \omega t .$$

Da diese Beziehung für alle Zeiten gelten soll, müssen die Faktoren von $\sin \omega t$ und $\cos \omega t$ auf beiden Seiten der Gleichung identisch sein, d. h. sie zerfällt in die beiden folgenden:

(299)
$$\begin{cases} J_0^* \left[- \omega^2 \cos \varphi + \frac{R^*}{L^*} \omega \sin \varphi + \omega_0^2 \cos \varphi\right] = 0 , \\ J_0^* \left[\omega^2 \sin \varphi + \frac{R^*}{L^*} \omega \cos \varphi - \omega_0^2 \sin \varphi\right] = \frac{U_0 \omega}{L^*} . \end{cases}$$

Die erstere liefert für die Phasendifferenz φ:

(300)
$$\tan \varphi = \frac{\omega^2 - \omega_0^2}{R^* \omega / L^*} ; \qquad \sin \varphi = \frac{\omega^2 - \omega_0^2}{\sqrt{(\omega^2 - \omega_0^2)^2 + R^* \omega^2 / L^{*2}}} :$$
$$\cos \varphi = \frac{R^* \omega / L^*}{\sqrt{(\omega^2 - \omega_0^2)^2 + R^{*2} \omega^2 / L^{*2}}}$$

Mit diesen Werten liefert die zweite Gleichung (299) den folgenden Ausdruck von J_0^*:

(301)
$$J_0^* = \frac{U_0^* \omega / L^*}{\sqrt{(\omega^2 - \omega_0^2)^2 + R^{*2} \omega^2 / L^{*2}}}$$

Damit ist bewiesen, daß die im Kreis erzeugte Stromstärke der Gleichung

$$(302)\qquad J^* = J_0^* \sin(\omega t - \varphi) = \frac{U_0^* \omega / L^*}{\sqrt{(\omega^2 - \omega_0^2)^2 + R^{*2}\omega^2/L^{*2}}} \sin(\omega t - \varphi)$$

genügt, wenn J^*_0 und φ die durch Gl. (300) und (301) bestimmten Werte haben: Wir haben es mit einer erzwungenen Schwingung zu tun, die dadurch charakterisiert ist, daß einerseits die Dämpfung aufgehoben und andererseits an Stelle der Eigenfrequenz ω_0 die Frequenz ω der erzwingenden Schwingung getreten ist. Das entspricht der beim obigen Ansatz der Energiebilanz benutzten Tatsache, daß durch die Arbeit der äußeren Spannung einerseits die Verluste durch Joulesche Wärme aufgehoben werden und anderseits die elektromagnetische Energie verändert ist.

Natürlich ist die Formel (301) identisch mit Gl. (251) auf S. 279; man erkennt dies, wenn man sie folgendermaßen schreibt:

$$(301\,a)\qquad J_0^* = \frac{U_0^*}{\frac{L^*}{\omega}\sqrt{(\omega^2 - \omega_0^2)^2 + \frac{R^{*2}\omega^2}{L^{*2}}}} = \frac{U_0^*}{\sqrt{\frac{L^{*2}}{\omega^2}\cdot(\omega^2 - \omega_0^2)^2 + \frac{R^{*2}\omega^2 L^{*2}}{L^{*2}\omega^2}}} = \frac{U_0^*}{\sqrt{R^{*2} + \left(\omega L^* - \frac{1}{\omega C^*}\right)^2}};$$

man erkennt jetzt im Nenner den Wechselstromwiderstand eines Kreises mit Selbstinduktion, Kapazität und Ohmschem Widerstand.

Andererseits ist Gl. (301) auch identisch mit der allgemeinen Formel für das Mitschwingen bei einer erzwungenen Schwingung. Um dies zu zeigen, beachten wir, daß $R^*/L^* = 2\,\delta$ ist; damit läßt sich Gl. (301) schreiben:

$$(301\,b)\qquad J_0^* = \frac{U_0^* \omega / L^*}{\sqrt{(\omega^2 - \omega_0^2)^2 + 4\,\delta^2\omega^2}},$$

und dies entspricht Gl. (IV, 36) in Bd. I, Nr. 38, die das Mitschwingen eines Massenpunktes unter dem Einfluß der äußeren Kraft $F_0 \sin(\omega t - \varphi)$ darstellt; es entsprechen sich F_0 und $U_0^*\omega$ sowie m und L^*.

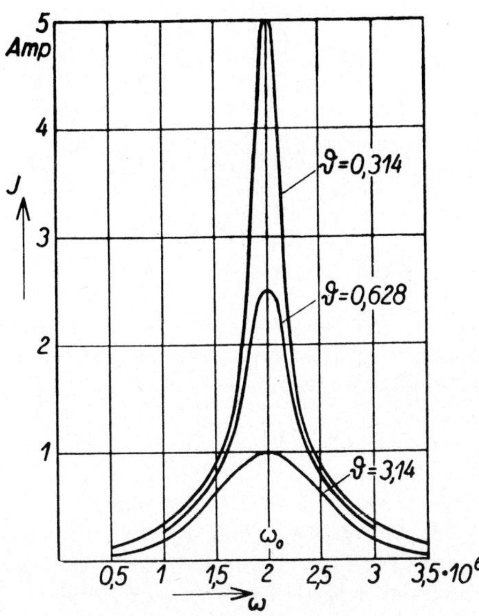

Abb. 455. Elektrische Resonanzkurven verschiedener Dämpfung

Die Amplitude des Mitschwingens ist gemäß Gl. (301) oder (301a) sehr verschieden: sie hängt vor allem davon ab, wie stark sich ω und ω_0 unterscheiden; bei dem gleichen Schwingungskreis wird die Amplitude ein Maximum, wenn $\omega = \omega_0$ ist, da in diesem Fall der Nenner ein Maximum wird: Wir haben dann den Fall der Resonanz des schwingenden Systems mit der erzwingenden Spannung vor uns. Erregt man den Schwingungskreis mit verschiedenen Frequenzen ω und trägt J_0 gegen ω auf (Abb. 455), so erhält man die sogenannte Resonanzkurve, deren in der Abbildung drei mit verschiedenen Werten von δ (bzw. ϑ) gezeichnet sind: sie zeigen deutlich das Maximum für $\omega = \omega_0$. (Tatsächlich tritt eine geringe Verschiebung des Maximums mit veränderlicher Dämpfung auf, die aber in Abb. 455 nicht zum Ausdruck gebracht worden ist.) Abb. 455 stellt das Analogon zur Abb. IV, 98 in Bd. I, Nr. 38, dar. (Man kann natürlich auch die Eigenfrequenz ω_0 des Kreises durch Variation seiner Kapazität oder Selbstinduktion ändern und dafür die erzwingende Frequenz ω konstant halten.) Man ersieht ferner aus der Abb. 455 und der Gl. (301 b), daß die Resonanz um so ausgeprägter, d. h. die Resonanzkurve um so höher und schmäler ist, je kleiner δ (oder ϑ) ist. D. h. durch das Dämpfungsdekrement ϑ ist die sogenannte **Abstimmschärfe** eines Schwingungskreises bestimmt. Da mit zunehmender Dämpfung die Resonanzkurven immer flacher und breiter werden, kann ein stark gedämpfter Schwingungskreis auch von solchen Frequenzen ω merklich angeregt werden, die von seiner Eigenfrequenz ω_0 stark abweichen; dann ist seine Abstimmschärfe klein.

Da die Gestalt der Resonanzkurve also durch das Dekrement ϑ wesentlich beeinflußt wird, kann man umgekehrt durch Aufnahme derselben das Dekrement selbst bestimmen. Bezeichnet bei ungedämpfter Erregung des Kreises J_r die in ihm auftretende Resonanzstromstärke und bedeutet J diejenige Stromstärke, die man zu beiden Seiten der Resonanzlage durch Verstimmen des Kreises erhält (Abb. 456), so ist, wie hier ohne Beweis angegeben sei:

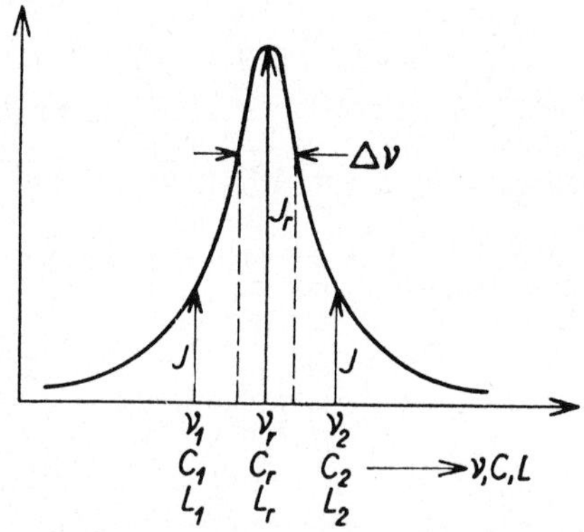

Abb. 456. Zur Bestimmung des Dämpfungsdekrementes aus der Resonanzkurve

(303) $$\vartheta = \pi \sqrt{\frac{J^2}{J_r^2 - J^2}} \, \frac{\sqrt{C_2} - \sqrt{C_1}}{\sqrt{C_r}} = \pi \sqrt{\frac{J^2}{J_r^2 - J^2}} \, \frac{\sqrt{L_2} - \sqrt{L_1}}{\sqrt{L_r}},$$

wobei C_r und L_r die zu J_r, C_1 und C_2 bzw. L_1, L_2 die zu J gehörenden Werte der Kapazität und Selbstinduktion des Kreises bedeuten. Diese Gleichung ist so zu verstehen, daß man einmal die Änderung der Stromstärke durch Variation der Kapazität bei festem L_r, einmal durch Verändern der Selbstinduktion bei festem C_r vornimmt. Wählt man insbesondere $J = \frac{J_r}{\sqrt{2}}$, so wird $\sqrt{\frac{J^2}{J_r^2 - J^2}} = 1$ und Gl. (303) vereinfacht sich zu:

(303 a) $$\vartheta = \pi \frac{\sqrt{C_2} - \sqrt{C_1}}{\sqrt{C_r}} = \pi \frac{\sqrt{L_2} - \sqrt{L_1}}{\sqrt{L_r}}.$$

Unter der meist gültigen Annahme, daß $\frac{\sqrt{C_2} + \sqrt{C_1}}{2} = \sqrt{C_r}$ bzw. $\frac{\sqrt{L_2} + \sqrt{L_1}}{2} = \sqrt{L_r}$ ist, kann man hierfür in erster Annäherung schreiben:

$$\vartheta = \frac{\pi}{2} \frac{C_2 - C_1}{C_r} = \frac{\pi}{2} \frac{L_2 - L_1}{L_r}.$$

Der zwischen den Werten $J = J_r/\sqrt{2} = 0{,}707\, J_r$ liegende Frequenzbereich $\Delta\nu$ heißt die **Halbwertsbreite** der Resonanzkurve, die man zweckmäßig zur Charakterisierung der Abstimmschärfe eines Schwingungskreises benutzt; für sie gilt die einfache Beziehung:

(303 b) $$\Delta\nu = \frac{\delta}{\pi} = \frac{\nu_0 \vartheta}{\pi}.$$

Die Erscheinung des Mitschwingens und der Resonanz kann man mit einem eindrucksvollen Demonstrationsversuch von O. Lodge (1890) zeigen: sein Apparat ist in Abb. 457 wiedergegeben. Er besteht aus zwei identischen Schwingungskreisen, deren jeder eine Leydener Flasche als Kapazität und einen rechteckigen Drahtbügel als Selbstinduktion besitzt: ferner enthält der Kreis I, der nach der Funkenmethode zu ungedämpften Schwingungen angeregt wird, noch eine Funkenstrecke, der parallel ein Induktor angelegt wird. Läßt man die Funken überschlagen, so entstehen im Kreis I gedämpfte Schwingungen, wie wir in Nr. 51 dargelegt haben. Diese erzeugen ein magnetisches Wechselfeld, das induzierend auf den Kreis II einwirkt und in ihm die äußere Wechselspannung erzeugt, die nunmehr diesen Kreis zum Mitschwingen bringt. Der Kreis II hat die Besonderheit, daß die Länge des Drahtbügels, der die Selbstinduktion darstellt, verändert werden kann, indem der vertikale Teil des Bügels beweglich ist und hin- und hergeschoben werden kann; auf diese Weise kann die Selbstinduktion des Kreises II größer, gleich oder kleiner als die feste des Kreises I gemacht werden. Die in II induzierte Wechselspannung erzeugt nun in diesem Kreise eine Schwingung, deren Amplitude durch die Gl. (301) bestimmt ist; man kann dies nachweisen, indem man parallel zu den Belegungen der Leydener Flasche eine kleine Funkenstrecke schaltet. Indem man nun allmählich den beweglichen Teil des Bügels in die Lage bringt, in der die Selbstinduktion beider Kreise gleich sind, bildet sich ein immer lebhafterer Funkenstrom an dieser Funkenstrecke aus; verschiebt man den Bügel nach links oder rechts, so erlischt der Funkenstrom allmählich.

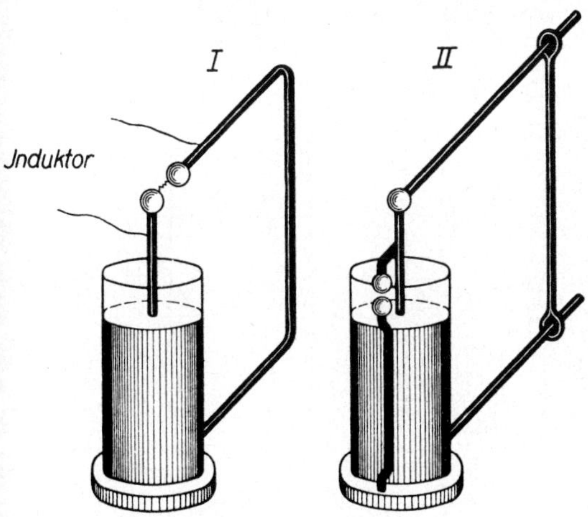

Abb. 457. Resonanzversuch nach Lodge

Eine Variante dieses Versuches ist die folgende: Ein mittels der Funkenmethode zu Schwingungen angeregter Kreis I induziere eine Wechselspannung in einem zweiten Schwingungskreise II, dessen Kapazität von einem Drehkondensator gebildet wird; durch dessen Verstellen haben wir die Möglichkeit, die Eigenfrequenz dieses zweiten Kreises kontinuierlich zu verändern. Parallel dem Drehkondensator liegt eine Glimmlampe, die erst bei einer bestimmten „Zündspannung" aufleuchtet. Variiert man mit dem Drehkondensator die Frequenz des Kreises II, so beobachtet man, daß die Glimmlampe bei e i n e r ganz bestimmten Stellung des Drehkondensators aufleuchtet, nämlich dann, wenn die Eigenfrequenz dieses Kreises mit der des Erregerkreises übereinstimmt. (Bei dieser Anordnung wurde die Frequenzänderung durch Variation der Kapazität vorgenommen; man kann aber ebensogut die Selbstinduktion durch Zu- oder Abschalten von Windungen ändern.) Wenn der Kreis II geeicht ist, hat man also die Möglichkeit, die Frequenz des Kreises I zu bestimmen; die obige Anordnung stellt also das Prinzip eines **Frequenzmessers** dar, auf den wir weiter unten noch einmal zurückkommen.

Auf weitere Resonanzversuche kommen wir jetzt in etwas anderem Zusammenhang zurück. Zu diesem Zweck betrachten wir die im Anfang dieser Nummer erwähnte Anordnung zur Erzeugung erzwungener Schwingungen (Wechselstrommaschine im Schwingungskreis) noch einmal genauer. Bisher nahmen wir die Wechselspannung der Maschine einfach als gegeben an — in unserer Darstellung war U_0, die Scheitelspannung, als bekannt und konstant vorausgesetzt. Aber die im Schwingungskreis von ihr erzeugte erzwungene Schwingung wirkt natürlich — u n d z w a r i m P r i n z i p i m m e r — auf die Maschine selbst zurück, und das bedeutet, daß wir, streng genommen, die äußere Wechselspannung nicht als von vornherein gegeben und konstant betrachten dürfen, sondern daß wir dieser Rückwirkung Rechnung tragen müssen. Wir haben also grundsätzlich folgendermaßen zu verfahren: Man setzt eine noch unbekannte Wechselspannung in dem Schwingungskreis an, die in ihm erzwungene Schwingungen erzeugt, wie vorhin erörtert. Dann aber muß man eine zweite Gleichung aufstellen, die zum Ausdruck bringt, daß die im Schwingungskreis entstandenen Schwingungen nunmehr in der Maschine auch erzwungene Schwingungen erzeugen. Diese beiden Gleichungen zusammen genügen, um das allgemeine Problem zu lösen. In vielen Fällen ist es freilich zulässig, von dieser Rückwirkung abzusehen, und dann ist die bisherige einfachere Darstellung erlaubt. Wenn dies aber nicht gestattet ist, so muß man in der obigen allgemeineren Weise verfahren. Wir können also etwa sagen: Wir betrachten zwei Schwingungskreise I und II; Kreis I erzeugt erzwungene Schwingungen im Kreise II, dieser rückwärts erzwungene Schwingungen im Kreise I. Bei dem oben erwähnten Resonanzversuch von Lodge haben wir nur die von I in II erzwungene Schwingung betrachtet; streng genommen hätten wir aber auch noch die Rückwirkung von II auf I berücksichtigen müssen.

Zwei Systeme, die in irgendeiner Weise so verbunden sind, daß sie eine Rückwirkung aufeinander ausüben, nennt man **gekoppelte Systeme:** In unserem ersten Beispiel war die Wechselstrommaschine mit dem Schwingungskreis gekoppelt, und bei dem Lodgeschen Resonanzversuch waren die beiden Schwingungskreise durch wechselseitige Induktion, d. h. durch das gemeinsame Magnetfeld ebenfalls miteinander gekoppelt. Die verschiedenen Möglichkeiten der Koppelung untersuchen wir im folgenden systematisch (Abb. 458). Abb. 458a zeigt zwei induktiv gekoppelte

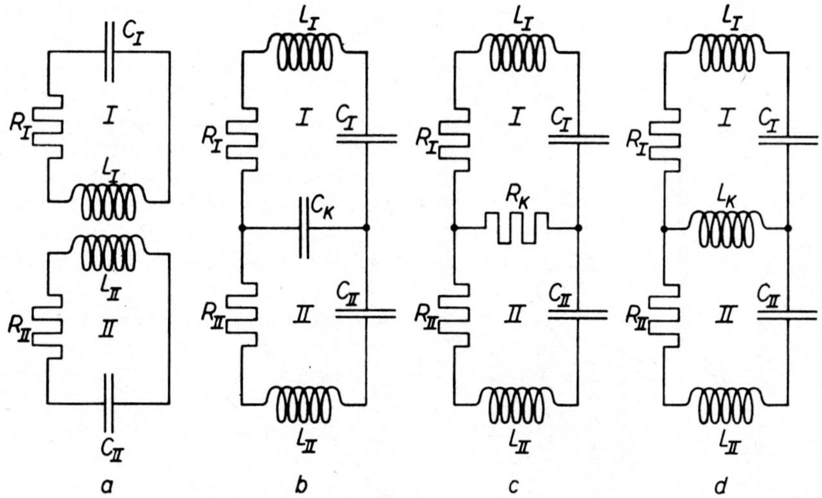

Abb. 458. Die verschiedenen Koppelungsarten

Kreise; beide sind durch die gegenseitige Induktion zwischen den Spulen L_I und L_{II} miteinander verbunden: die Koppelung erfolgt durch das diesen beiden Spulen gemeinsame magnetische Feld (unter diese Kategorie fällt, wie schon erwähnt, der Resonanzversuch von Lodge). Abb. 458b gibt den Fall der kapazitiven Koppelung wieder; die beiden Kreise haben hier den Koppelungskondensator C_k und dadurch das in diesem herrschende elektrische Feld gemeinsam. Abb. 458c zeigt die Ohmsche Koppelung, bei der die beiden Kreise durch den Ohmschen Widerstand R_k verbunden sind: die Koppelung erfolgt durch den im Widerstand R_k fließenden Strom bzw. den an seinen Enden auftretenden Spannungsabfall. Schließlich ist in Abb. 458d die gemischte oder konduktive Koppelung dargestellt, bei der beide Kreise durch die Selbstinduktion L_k verbunden und durch den an den Enden dieser Spule auftretenden Spannungsabfall gekoppelt sind. Als zweckmäßiges Maß für die Stärke der Koppelung dient der sogenannte Koppelungsfaktor k, der als

$$k = \frac{X_k}{\sqrt{X_I X_{II}}} \tag{304}$$

definiert ist. Dabei bedeutet X_k den die Koppelung bewirkenden Wechselstromwiderstand (z. B. induktiven, kapazitiven, Ohmschen Widerstand), X_I und X_{II} die diesen gleichartigen Widerstände der Kreise I und II. Die folgende Tabelle gibt eine Zusammenstellung der X- und k-Werte für die verschiedenen Koppelungsarten.

Bei der induktiven Koppelung wächst der Koppelungsfaktor mit der gegenseitigen Induktion $L_{I,II}$, d. h. die Koppelung wird um so fester, je mehr die beiden Spulen L_I und L_{II} einander ge-

	Koppelungsart			
	induktive	kapazitive	Ohmsche	gemischte
X_k	$\omega L_{I,II}$	$\frac{1}{\omega C_k}$	R_k	ωL_k
X_I	ωL_I	$\frac{1}{\omega}\left(\frac{1}{C_I}+\frac{1}{C_k}\right)$	$R_I + R_k$	$\omega (L_I + L_k)$
X_{II}	ωL_{II}	$\frac{1}{\omega}\left(\frac{1}{C_{II}}+\frac{1}{C_k}\right)$	$R_{II} + R_k$	$\omega (L_{II} + L_k)$
k	$\frac{L_{I,II}}{\sqrt{L_I L_{II}}}$	$\sqrt{\frac{C_I \cdot C_{II}}{(C_I + C_k)(C_{II} + C_k)}}$	$\sqrt{\frac{R_k^2}{(R_I + R_k)(R_{II} + R_k)}}$	$\sqrt{\frac{L_k^2}{(L_I + L_k)(L_{II} + L_k)}}$

nähert werden; die kapazitive Koppelung wird dagegen um so fester, je kleiner der Koppelungskondensator C_k im Verhältnis zu den beiden Kondensatoren C_I und C_{II} wird; bei gegebenem Strom J_I wird die an C_k auftretende, den Kreis II zu Schwingungen anregende Spannung um so höher, je größer der kapazitive Widerstand von C_k, d. h. je kleiner C_k ist. Bei der Ohmschen und der gemischten Koppelung steigt k mit dem Koppelungswiderstand R_k bzw. L_k.

Wir betrachten speziell den Fall, daß die beiden gekoppelten Kreise aufeinander abgestimmt sind, d. h. gleiche Eigenfrequenz besitzen. Dann beobachtet man etwas auf den ersten Blick sehr Merkwürdiges. Die elektromagnetische Energie wandert nämlich zuerst aus dem Kreis I nach Kreis II hinüber. Während die Schwingungen in I abnehmen, schaukeln sie sich in II auf und erreichen dort ein Maximum, wenn der Strom in I Null geworden ist. Dann kehrt sich der Vorgang um, und die jetzt in II enthaltene Energie (die natürlich infolge der Jouleschen Verluste etwas abgenommen hat) überträgt sich wieder rückwärts auf I und so fort. Trägt man die Stromstärke in beiden Kreisen in Abhängigkeit von der Zeit auf, so erhält man den in Abb. 459 wiedergegebenen Verlauf. Ein Vergleich mit Abb. IV, 105 in Band I, Nr. 38 läßt sofort erkennen, daß wir es hier mit dem elektrischen Analogon zu den in der Mechanik behandelten gekoppelten Pendelschwingungen zu tun haben. Wir können also die dort gezogenen Schlüsse auf den hier vorliegenden Fall der elektrischen Koppelung übertragen. Jede der beiden Schwingungen in Abb. 459 stellt eine Schwebungskurve dar; das bedeutet aber, daß das ganze System zwei verschiedene Eigenfrequenzen besitzt, deren Überlagerung die beobachtete Schwebung erzeugt. Am einfachsten läßt sich das Zustandekommen dieser beiden Eigenschwingungen bei der kapazitiven Koppelung (Abb. 458b) überblicken, die im übrigen auch dem in Band I behandelten Fall der ge-

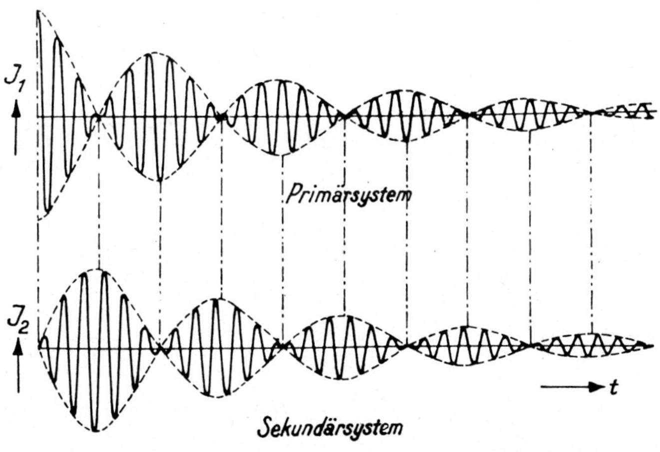

Abb. 459. Elektrische Koppelungsschwingungen

koppelten Pendel genau entspricht. Der Einfachheit halber nehmen wir noch an, daß die beiden durch den Kondensator C_k miteinander gekoppelten Kreise nicht nur gleiche Eigenfrequenz be sitzen, sondern vollkommen identisch sind; es sei also $L_I = L_{II} = L$ und $C_I = C_{II} = C$ (Abb. 458 b) Dann sind folgende beiden Schwingungsformen möglich: Beide Kreise schwingen im Gleichtakt, d. h. in jedem Augenblicke hat der Strom in beiden Kreisen dieselbe Richtung (Abb. 460 a). In diesem Fall, der auch in der Mechanik dem Schwingen der Pendel im Gleichtakt entspricht, haben die beiden Punkte a und b, zwischen denen C_k eingeschaltet ist, das gleiche Potential, d. h. es ist einerlei, was zwischen a und b eingeschaltet ist, der Koppelungskondensator ist ohne Einfluß (ebenso wie bei den im Gleichtakt schwingenden Pendeln die sie verbindende Koppelungsvorrichtung wirkungslos ist). Für die Frequenz dieser Schwingung findet man, wenn man beachtet, daß die beiden Spulen und die beiden Kondensatoren hintereinandergeschaltet sind:

(305 a) $$\nu_I = \frac{1}{2\pi\sqrt{2L^* \frac{1}{2} C^*}} = \frac{1}{2\pi\sqrt{L^* C^*}}\,.$$

Die zweite Schwingungsmöglichkeit ist in Abb. 460 b dargestellt. Beide Kreise schwingen im Gegentakt, d. h. in jedem Augenblick fließen die Ströme in beiden Kreisen in entgegengesetzter Richtung. Jetzt haben die Punkte c und d sowie e und f gleiches Potential und können miteinander verbunden werden, so daß sich das Ersatzschaltbild (Abb. 460 c) ergibt. Für die darin auftretende Frequenz findet man, da jetzt die beiden Spulen und die beiden Kondensatoren parallel geschaltet sind:

(305 b) $$\nu_{II} = \frac{1}{2\pi\sqrt{\frac{1}{2} L^* \frac{2C^* C^*_k}{2C^* + C^*_k}}} = \frac{1}{2\pi\sqrt{L^* \frac{C^* C^*_k}{2C^* + C^*_k}}}\,.$$

Je kleiner C_k, d. h. je fester die Koppelung ist, desto weiter liegen die beiden Frequenzen ν_I und ν_{II} auseinander; sie liegen ober- und unterhalb der Eigenfrequenz ν_0 des einzelnen Kreises. Diese findet man, wenn man einen der Kreise abschaltet, zu:

(305 c) $$\nu_0 = \frac{1}{2\pi\sqrt{L^* \frac{C^* C^*_k}{C^* + C^*_k}}}\,.$$

Die Theorie liefert allgemein für die Koppelungsfrequenzen zweier kapazitiv gekoppelter Kreise gleicher Eigenfrequenz die beiden Frequenzen:

(306 a) $\nu_I = \nu_0\sqrt{1-k}$ und $\nu_{II} = \nu_0\sqrt{1+k}$

(k der Koppelungsfaktor). Man überzeugt sich leicht, daß man durch Einsetzen des in der Tabelle auf Seite 337 aufgeführten Koppelungsfaktors, der im Falle identischer Kreise den Wert $k = \frac{C}{C + C_k}$ annimmt, die oben abgeleiteten Werte für ν_I und ν_{II} erhält. Das Auftreten zweier Eigenfrequenzen ν_I und ν_{II} kann man folgendermaßen nachweisen: Wenn man — etwa mit Hilfe des Drehkondensators — die Frequenz des Kreises I variabel macht und die Stromstärke in Kreis II mißt, so zeigt die Resonanzkurve bei enger Koppelung zwei Maxima, die um so weiter auseinander liegen, je fester die Kopplung zwischen beiden Kreisen ist. (Man kann natürlich auch die Frequenz des Kreises I konstant halten und die des Kreises II auf die geschilderte Weise variieren.) In Abb. 461 sind

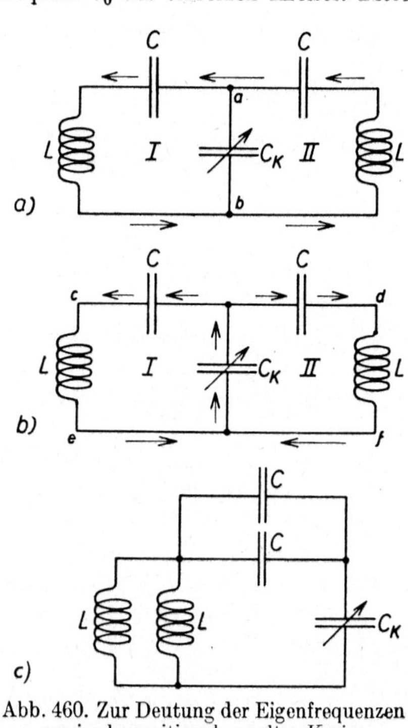

Abb. 460. Zur Deutung der Eigenfrequenzen zweier kapazitivgekoppelter Kreise

mehrere derartige Resonanzkurven für verschiedene Koppelungswerte wiedergegeben. Man erkennt deutlich die Aufspaltung der Resonanzkurve in zwei Maxima, die mit zunehmendem Kopplungsfaktor auseinanderrücken; gleichzeitig werden die Resonanzamplituden kleiner, da mit zunehmender Kopplung mehr Energie von I nach II wandert (und umgekehrt).

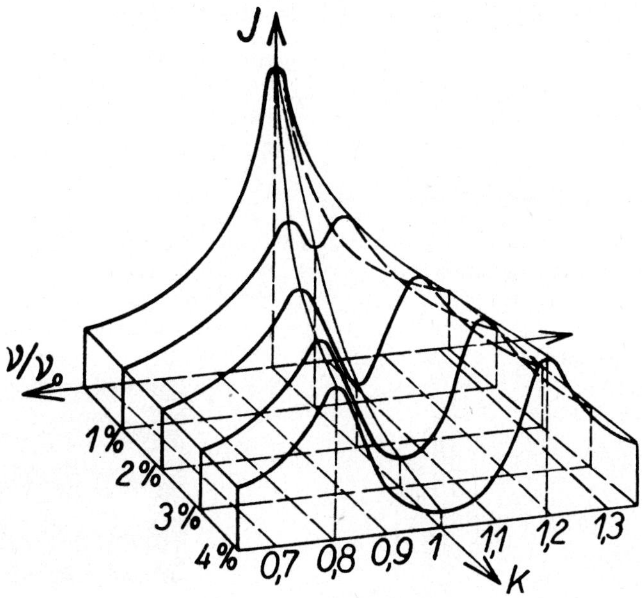

Abb. 461. Resonanzkurven bei verschieden großem Koppelungsgrad k

Ganz ähnlich liegen die Verhältnisse bei der induktiven Koppelung; die Theorie liefert für die beiden Koppelungsfrequenzen die Werte:

$$\nu_I = \frac{\nu_0}{\sqrt{1+k}} \quad \text{und} \quad \nu_{II} = \frac{\nu_0}{\sqrt{1-k}}, \tag{306b}$$

wobei $k = \frac{L^*_{I,II}}{\sqrt{L^*_I L^*_{II}}}$ ist.

Zu den Anwendungen induktiv gekoppelter Kreise gehört auch der bereits oben erwähnte elektrische **Frequenzmesser.** Dieser besteht, wie schon gesagt, aus einem (schwach gedämpften) Schwingungskreis, dessen Kapazität aus einem Drehkondensator gebildet wird, so daß sich die Frequenz des Kreises stetig verändern läßt. Die Frequenzwerte sind entweder auf der Skala des Drehkondensators eingetragen oder werden einer Eichkurve entnommen. Durch Auswechseln der Selbstinduktion oder durch stufenweises Zuschalten von Spulen (wie in Abb. 462 angedeutet) kann man den Meßbereich beliebig erweitern. Um die Frequenz eines zu Schwingungen angeregten Kreises zu messen, koppelt man an diesen Kreis induktiv den Frequenzmesser an und verändert seine Abstimmung so lange, bis er in Resonanz mit dem zu untersuchenden Kreise ist. Zur Feststellung der Resonanz schaltet man in den Kreis des Frequenzmessers entweder ein Hitzdrahtamperemeter oder eine kleine Glühlampe, die durch ihr Aufleuchten das Strommaximum erkennen läßt; häufig legt man auch parallel zum Drehkondensator eine spannungsempfindliche Leuchtröhre H mit Neon-

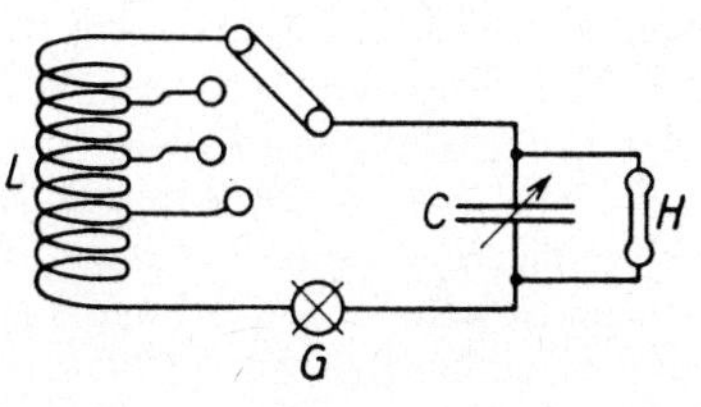

Abb. 462. Schaltung eines elektrischen Frequenzmessers

oder Heliumfüllung, die durch ihr Aufleuchten die Resonanzspannung am Kondensator anzeigt. Sind die zu untersuchenden Schwingungen sehr schwach, so daß die Lampen nicht mehr zum Leuchten gebracht werden, so muß man empfindlichere Indikatoren benutzen; als solche kommen Thermokreuze (s. S. 161) oder Halbleiterdioden (Ge, Si) mit angeschaltetem empfindlichen Galvanometer in Frage. (Es ist aber wichtig, darauf zu achten, daß die Ankoppelung des Frequenzmessers an dem zu untersuchenden Kreis so lose ist, daß nicht zwei Frequenzen auftreten!)

Hat man die Eigenfrequenz eines Kreises mit dem Frequenzmesser festgestellt und kennt man die Kapazität des Schwingungskreises, so liefert Gl. (285a) ein einfaches Verfahren, um die Selbstinduktion zu bestimmen; denn es ist:

$$L^* = \frac{1}{4\pi^2 \dot{\nu}_0^2 C^*},$$

wenn L^* in Henry und C^* in Farad gemessen wird.

Das in Abb. 459 dargestellte Hin- und Herpendeln der elektromagnetischen Energie zwischen zwei gekoppelten Schwingungskreisen ist unerwünscht, wenn man die in einem Primärkreis erzeugten elektrischen Schwingungen auf einen Sekundärkreis übertragen will, in dem sie als Nutzleistung verbraucht werden sollen. Um die Rückwanderung der Energie in den Primärkreis zu verhüten, muß man entweder — auf Kosten der übertragenen Energie — die Koppelung zwischen den Kreisen sehr lose machen oder zu erreichen suchen, daß der Primärkreis bei fester Koppelung in dem Augenblicke unterbrochen wird, in dem er zum ersten Male seine gesamte Energie auf den Sekundärkreis übertragen hat. Dann ist ein Zurückfluten der Energie aus dem Sekundärkreis unmöglich, und dieser schwingt gemäß seiner Eigendämpfung aus. Eine solche automatische Abschaltung des Primärkreises im richtigen Augenblicke gelingt mit der von Max Wien (1908) erfundenen **Löschfunkenstrecke.** Diese besteht (Abb. 463) aus mehreren hintereinandergeschalteten Funkenstrecken mit sehr geringem Elektrodenabstand (etwa 0,2 mm); dadurch wird der Einzelfunke in eine große Zahl kleiner Fünkchen zerlegt. Indem man die Elektroden E der Funkenstrecke in Platten- oder Ringform aus einem die Wärme gut leitenden Material herstellt, wird eine rasche Kühlung der Funkenstrecke erzwungen. Da die schnell gekühlte Luft ihr Leitvermögen verloren hat, wird auf diese Weise erreicht, daß die Funken in dem Primärkreis, nachdem sie beim ersten Schwebungsminimum abgerissen sind, durch rückwirkende Induktion vom Sekundärkreis aus nicht mehr zünden, auch wenn der Koppelungsgrad bis zu 30% beträgt. Da der Sekundärkreis daher nur stoßweise angeregt wird, spricht man von **Stoßerregung** durch die Löschfunkenstrecke. Abb. 464 zeigt den dabei im Primär- und Sekundärkreis auftretenden Schwingungsverlauf. Nachdem der Primärkreis bereits nach $3\frac{1}{2}$ Schwingungen unterbrochen wurde, schwingt die in den Sekundärkreis übergegangene Energie mit der diesem Kreise eigenen schwachen Dämpfung aus. Da es nicht mehr zur Ausbildung einer Schwebungskurve kommt, fällt auch die Aufspaltung der Eigenfrequenz der Kreise in die beiden Koppelungsfrequenzen fort.

Abb. 463. Schema einer Löschfunkenstrecke
G = Glimmerisolation E = Elektroden

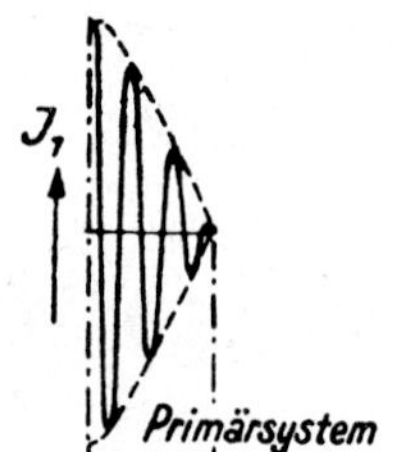

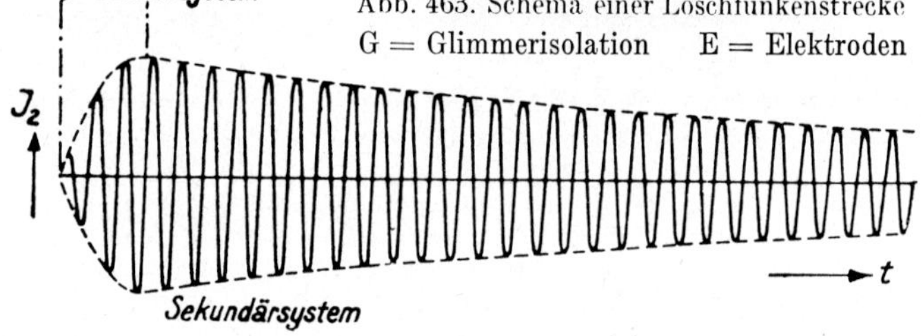

Abb. 464. Stoßerregung eines Schwingungskreises

Das Prinzip der Löschfunkenstrecke läßt sich an folgendem Versuch erkennen: Man koppelt mit einem nach der gewöhnlichen Funkenmethode erregten Schwingungskreis einen Sekundärkreis, der als Stromindikator eine Glühlampe enthält, die unter diesen Umständen nur schwach aufleuchtet. Kühlt man aber durch einen kräftigen Luftstrom die Funkenstrecke, so erhöht man ihre Löschwirkung, und sofort leuchtet die Lampe heller auf, ein Zeichen dafür, daß die Energie im Sekundärkreis zugenommen hat (siehe auch S. 355).

54. Ausbreitung elektrischer Wellen längs Leitungen; Lecher-System; Telegraphen- und Wellengleichung.

Bei den bisherigen Betrachtungen hatten wir stets angenommen, daß die Stromstärke im Leiter an allen Punkten den nämlichen Wert habe; bei Gleichströmen ist das eine selbstverständliche Folgerung des Ohmschen Gesetzes: Der konstanten Gleichspannung entspricht die zeitlich und räumlich konstante Stromstärke, da der Zustand stationär ist. (Von den Ein- und Ausschaltvorgängen ist dabei natürlich zunächst abgesehen.) Anders liegt die Sache bei Wechselströmen und bei den bisher außer acht gelassenen Ein- und Ausschaltvorgängen: Die Spannung ist in diesem Falle zeitlich veränderlich, und dem entspricht natürlich auch ein zeitlich veränderlicher Strom, eben der Wechselstrom bzw. der allmähliche Stromanstieg oder -abfall (infolge der Selbstinduktion). Aber hier tritt nun eine entscheidende Fragestellung auf: Wenn an einen Punkt des Leiters eine zeitlich veränderliche Spannung angelegt wird, können ja zwei Fälle eintreten: Entweder braucht der elektrische Strom zu seiner Ausbreitung Zeit, d. h. die *Ausbreitung geschieht mit endlicher Geschwindigkeit*, oder der Strom bildet sich momentan aus, d. h. die *Geschwindigkeit der Fortpflanzung ist unendlich*. Im letzteren Falle würden wir auch bei beliebig langer Leitung in jedem Querschnitt im gleichen Zeitpunkt die gleiche Stromstärke haben, im ersteren dagegen würde es eine gewisse Zeit dauern, bis in den von der Quelle entfernten Querschnitten des Leiters sich der volle Stromwert ausbildet; je weiter der Querschnitt entfernt ist, um so später würde der endgültige Zustand eintreten. Wenn also der elektrische Strom Zeit braucht, so haben wir grundsätzlich im gleichen Augenblick in den verschiedenen Leiterteilen verschiedene Stromstärken. Trotzdem kann bei sehr großer, wenn auch endlicher Ausbreitungsgeschwindigkeit der Fall eintreten, daß bei nicht zu langen Leitern und nicht zu schnellen Wechselzahlen der Strom *praktisch* noch in allen Leiterquerschnitten der gleiche ist — und dies hatten wir in der Tat bisher immer angenommen. Obwohl der Strom nicht mehr stationär war, hatten wir doch so gerechnet — und die Erfahrung gab uns recht darin —, als ob noch in jedem Querschnitt die (zeitlich variable) Stromstärke die gleiche wäre. Wir haben es zwar dann nicht mehr mit stationären, sondern mit sogenannten *quasistationären Zuständen* zu tun. Unsere bisherigen Feststellungen lassen also einen sicheren Schluß, ob eine Störung des elektrischen Gleichgewichtes Zeit zu ihrer Ausbreitung braucht oder nicht, noch nicht zu, denn mit unsereren bisherigen Erfahrungen ist sowohl der Fall unendlich großer, wie auch sehr großer endlicher Fortpflanzungsgeschwindigkeit verträglich. Man muß offenbar hochfrequente Wechselströme und relativ lange Leitungen benutzen, um eine Entscheidung herbeizuführen.

Alle Theorien der Elektrodynamik — sowohl die vor Faraday und Maxwell herrschende Fernwirkungstheorie wie auch die von diesen begründete Feldtheorie — führen zu dem Resultat, daß in Leitern jede elektrische Störung sich mit einer sehr großen Geschwindigkeit (die der des Lichtes vergleichbar ist) ausbreitet, was wir nachher beweisen werden. In Isolatoren dagegen führen die beiden Theorien zu total verschiedenen Ergebnissen. Nach der alten Fernwirkungstheorie nämlich breitet sich eine Störung des Gleichgewichtes mit unendlicher Geschwindigkeit aus, d. h. in jedem Augenblick soll sich im ganzen Raume der Gleichgewichtszustand herstellen; dies entspricht dem Umstande, daß diese Theorie in Isolatoren nur elektrostatische Zustände und keine Ströme kennt. Die Maxwellsche Theorie dagegen kennt Ströme im Dielektrikum, die sogenannten *Verschiebungsströme*, die wir in Nr. 39 auf S. 230 ausführlich behandelt haben; sie führt infolgedessen zu dem Ergebnis, daß auch in Isolatoren eine endliche Ausbreitungsgeschwindigkeit vorhanden ist; im

Vakuum soll diese gleich der der Lichtgeschwindigkeit ($3 \cdot 10^{10}$ cm/sec) sein, in anderen Isolatoren in bestimmter Weise vom Material abhängen. Dies war die Fragestellung, die H. Hertz vorfand und die er zugunsten der Maxwellschen Theorie entschied. Er stellte zu diesem Zwecke, wie in Nr. 51 geschildert, durch systematische Verkleinerung von Selbstinduktion und Kapazität des Schwingungskreises Schwingungen von etwa 10^9 Hz dar, und mit diesen gelang ihm der gesuchte Nachweis einer endlichen Ausbreitungsgeschwindigkeit, sowohl in Leitern wie in Isolatoren.

Im folgenden besprechen wir zunächst die Erscheinung in Leitern, die also nach dem Gesagten für die Maxwellsche Theorie nicht charakteristisch sind.

Wir betrachten eine unendlich lange, aus zwei parallelen Drähten bestehende Leitung, an deren Anfang wir, etwa zur Zeit $t = 0$, eine Gleichspannung plötzlich anlegen. Wäre die Geschwindigkeit der Ausbreitung unendlich, so würde im gleichen Zeitmoment diese Spannung an allen Punkten der Doppelleitung liegen. In Wirklichkeit spielt sich der Vorgang aber so ab, wie es

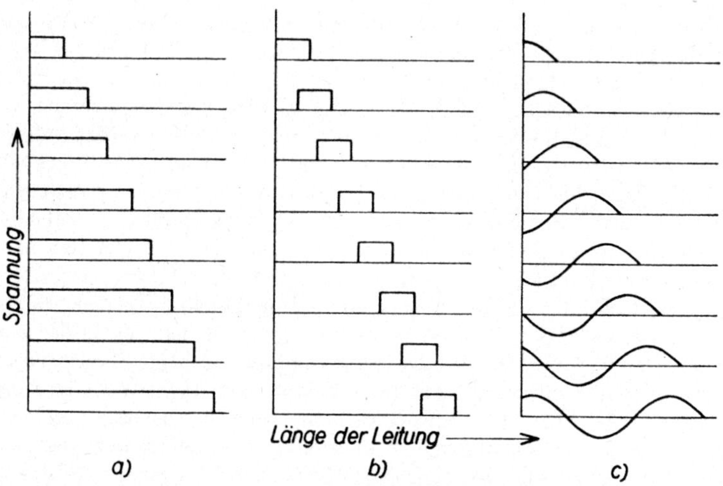

Abb. 465. Ausbreitung einer Gleichspannung (a), eines Spannungsstoßes (b) und einer Wechselspannung (c) längs einer Leitung

Abb. 465a angibt; man sieht, wie die Spannung erst allmählich die entfernteren Teile des Leiters erreicht. Zur Zeit von Hertz war man nicht imstande, dies direkt nachzuweisen, heute besitzen wir im Kathodenstrahl-Oszillographen (siehe Kap. VIII) momentan anzeigende Spannungsmesser, die diesen Nachweis erlauben. Legt man die Spannungsquelle nur für einen kurzen Augenblick an die Leitung, gibt man mit anderen Worten auf diese einen „Spannungsstoß", so gehen die Momentbilder der Spannungsverteilung in die der Abb. 465b über. Der Spannungsstoß läuft also mit endlicher, freilich sehr großer Geschwindigkeit an der Leitung entlang, genau so, wie an einem gespannten Seil eine durch einen Schlag hervorgebrachte Ausbuchtung an diesem entlangläuft (siehe Band I, Abb. VIII, 16).

In der Praxis treten bei Freileitungen gelegentlich solche Spannungsstöße auf; wird z. B. ein Apparat mit großer Selbstinduktion (etwa ein Elektromagnet) plötzlich abgeschaltet, so daß die Öffnungsspannung auf die Leitung kommt, oder wird bei einer Blitzentladung eine auf der Leitung von der geladenen Wolke influenzierte größere Ladung plötzlich frei, so läuft ein Spannungsstoß nach beiden Seiten (als sogenannte **Wanderwelle**) in die Leitung.

Gibt man schließlich auf den Anfang der Leitung eine sinusförmige Wechselspannung, so erhält man die in Abb. 465c wiedergegebenen Momentbilder der sich auf der Leitung einstellenden Spannungsverteilung. In diesem Falle bildet sich aus der Schwingung (d. h. dem zeitlich periodischen Vorgang) ein zeitlich **und** räumlich periodischer Vorgang aus, den man bekanntlich als **Welle** bezeichnet. Wellen können sich aber nur dann aus Schwingungen ausbilden, wenn die Fortpflanzungsgeschwindigkeit endlich ist; der Nachweis also, daß elektrische Wellen existieren, ist gleichzeitig der Nachweis der endlichen Ausbreitungsgeschwindigkeit, — und das ist der Gedankengang der Hertzschen Versuche. Das wesentliche Ergebnis dieser Versuche ist, daß sich elektrische Störungen an Leitungen mit einer endlichen Geschwindigkeit ausbreiten.

Unter Benutzung sehr schneller Wechselströme ($\nu \approx 10^8$ Hz) kann man nach Heinrich Hertz die Endlichkeit der Ausbreitungsgeschwindigkeit elektrischer Schwingungen an Drähten mit der in Abb. 466 dargestellten Anordnung zeigen. Ein viereckiger Drahtkreis ist in der Mitte einer Seite unterbrochen; die Unterbrechungsstelle U ist durch eine Neonröhre überbrückt, in die die Drahtenden hineinragen. Mittels einer flexiblen Leitung wird das Drahtviereck mit dem Schwingungskreis des auf Seite 331 beschriebenen Röhrengenerators zur Erzeugung hochfrequenter Schwingungen verbunden. Liegt die Anschlußstelle bei a genau symmetrisch zur Unterbrechungsstelle U, so daß die beiden Wege von a nach U gleich lang sind, so kommt die Spannung der bei a zugeführten Schwingung auf beiden Wegen gleichzeitig in U an, und zwischen den Drahtenden herrscht stets die Spannung Null, so daß die Indikatorröhre nicht leuchtet. Wird aber der Anschlußpunkt nach b oder c verschoben, so leuchtet die Röhre sofort auf. Jetzt sind die beiden Wege nach U verschieden, und wenn sich die Schwingungen mit einer endlichen Geschwindigkeit längs des Drahtes fortpflanzen, müssen sie in U mit einer Phasendifferenz eintreffen, die um so größer ist, je verschiedener die beiden Wegstrecken sind. Infolgedessen tritt an der Unterbrechungsstelle jetzt eine Spannung auf, die die Röhre zum Leuchten bringt. Der Indifferenzpunkt bei a läßt sich mit einer Genauigkeit von wenigen Millimetern einstellen. (Dieser Versuch stellt das elektrische Analogon zu dem Quinckeschen Interferenzversuch der Akustik dar; vgl. Band I Abb. IX, 71).

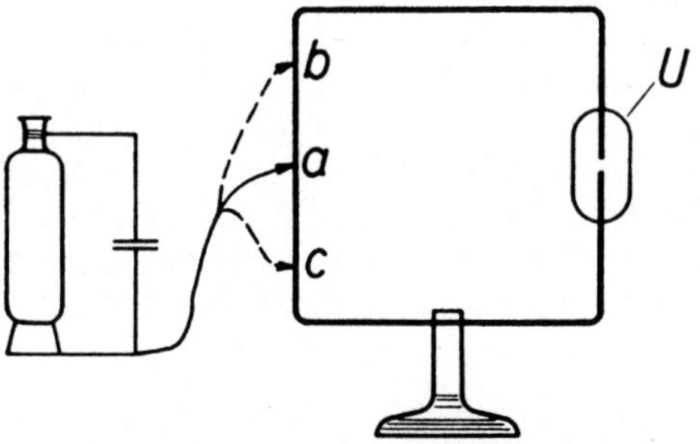

Abb. 466. Hertzscher Versuch zum Nachweis der endlichen Ausbreitungsgeschwindigkeit elektrischer Schwingungen

Das Lechersystem. Unsere nächste Aufgabe wird es sein, die Größe der Ausbreitungsgeschwindigkeit der elektrischen Schwingungen zu bestimmen. Wir schlagen dabei denselben Weg ein, wie in Band I, Abb. IX, 26 bei der Bestimmung der Ausbreitungsgeschwindigkeit von Schallschwingungen. Wir denken uns auf zwei in der X-Richtung ausgespannte parallele Drähte von kreisrundem Querschnitt an ihrem Anfang eine Wechselspannung $U = U_0 \sin \omega t$ gegeben, indem wir diese Spannung entweder kapazitiv von den Platten eines in einem Schwingungskreis S befindlichen Kondensators auf die Drähte übertragen oder direkt mittels einer Koppelungsschleife K von dem Schwingungskreis des Röhrengenerators abnehmen (Abb. 467a und b). Diese Anordnung wurde zuerst von E. Lecher (1890) — also nach den Hertzschen Versuchen — angegeben: sie wird daher kurz als **Lechersystem** bezeichnet. Die Spannung pflanzt sich längs der Drähte von links nach rechts mit einer Geschwindigkeit v fort; an der Stelle x herrscht zwischen den Drähten die Spannung

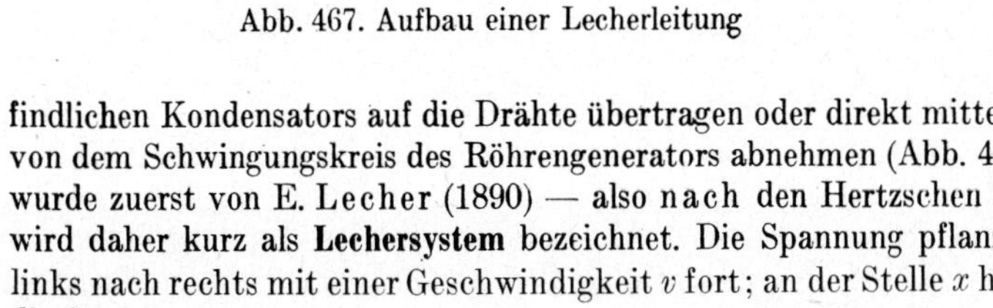

Abb. 467. Aufbau einer Lecherleitung

(306) $$U = U_0 \sin \omega \left(t - \frac{x}{v}\right).$$

Diese Gleichung bringt die für eine Welle charakteristische Eigenschaft zum Ausdruck, sowohl zeitlich wie räumlich periodisch zu sein. Wir bezeichnen daher wieder die Strecke, um die sich der Spannungszustand während einer zeitlichen Periode $T = \frac{1}{\nu}$ fortpflanzt, als die räumliche Periode oder die Wellenlänge λ. Aus der für Wellen aller Art gültigen Beziehung

(307) $$v = \nu \lambda$$

kann man die Fortpflanzungsgeschwindigkeit v bestimmen, wenn es gelingt, die Wellenlänge λ zu messen: die Frequenz ν ergibt sich aus den Daten (Selbstinduktion und Kapazität) des Schwingungskreises.

Die Ausbreitung der fortschreitenden Spannungswelle an den Paralleldrähten erleidet eine Störung, wenn die Welle an eine Unstetigkeitsstelle kommt; diese kann z. B. durch eine über die Drähte gelegte Drahtbrücke oder durch das freie Ende der Drähte gebildet werden. Im ersteren Falle wird an der Stelle der Brücke, falls diese einen verschwindend kleinen Widerstand hat, die Spannung zwischen den Drähten auf den Wert Null gebracht. Damit dies der Fall sein kann, muß sich an der Brücke eine reflektierte Welle bilden, deren Spannung eine Phasenverschiebung von 180° gegen die anlaufende Welle besitzt; da die reflektierte Welle U_r von rechts nach links fortschreitet, hat sie somit die Form

(308) $$U_r = -U_0 \sin \omega \left(t + \frac{x}{v}\right).$$

Die einfallende Welle (306), der wir jetzt den Index „e" geben wollen, U_e, und die reflektierte Welle (308), U_r, überlagern sich nun, so daß man hat:

(309) $$U = U_e + U_r = U_0 \sin \omega \left(t - \frac{x}{v}\right) - U_0 \sin \omega \left(t + \frac{x}{v}\right).$$

Legt man das Koordinatensystem so, daß der Anfangspunkt $x = 0$ an die Stelle der Brücke kommt, so ist an dieser:

(309a) $$U_{x=0} = U_0 \sin \omega t - U_0 \sin \omega t = 0\,,$$

d. h. an der Brücke ist die Spannung gleich Null, wie es sein muß. Statt Gl. (309) können wir unter Anwendung des Additionstheorems der trigonometrischen Funktionen auch schreiben:

(310) $$U = U_e + U_r = -2\, U_0 \sin \frac{\omega x}{v} \cos \omega t\,.$$

Gleichung (310) stellt eine stehende Welle dar, da es infolge des Faktors $\sin \frac{\omega x}{v}$ Stellen auf den Drähten und an der Brücke gibt, an denen U dauernd gleich Null ist. Es sind dies die Stellen, an denen $\sin \frac{\omega x}{v} = 0$ wird: das ist zunächst der Fall für $x = 0$, d. h. an der Brücke selbst, und allgemein an allen Stellen, für die $\frac{\omega x}{v} = k\pi$ $(k = 0, 1, 2, \ldots, \infty)$ ist. Da $\omega = 2\pi\nu$ also nach Gl. (307) $\frac{\omega}{v} = \frac{2\pi}{\lambda}$ ist, so herrscht die Spannung $U = 0$ dauernd an allen Stellen $x = \frac{k\lambda}{2}$, d. h. an allen Punkten, die um ein Vielfaches der halben Wellenlänge vor der Brücke liegen, sowie an der Brücke selbst. Dies sind also Knoten der Spannung, während umgekehrt an den Stellen, die um ein ungerades Vielfaches von $\frac{\lambda}{4}$ vor der Brücke liegen, der Absolutwert der Spannung seinen Maximalwert $2\,U_0$ erreicht; dort liegen also die Spannungsbäuche.

Wie sieht die Stromverteilung längs der Drähte aus? Da zwischen den Drähten eine Spannung herrscht, müssen längs der Drähte Ladungen verteilt sein, deren Verschiebung einen Strom im Draht liefert. Wir müssen also folgern, daß längs der Drähte eine Stromwelle mit derselben Geschwindigkeit v läuft, und dementsprechend analog Gl. (306) den Ansatz machen (der Index „e" deutet wieder auf einfallende Welle):

(311) $$J_e = J_0 \sin \omega \left(t - \frac{x}{v}\right).$$

Am Ende der durch die Kurzschlußbrücke geschlossenen Leitung muß dauernd ein Strom fließen; dies wird erreicht, wenn die Stromwelle ohne Phasensprung reflektiert wird. Wir können also entsprechend Gl. (308) für die an der Brücke reflektierte Stromwelle schreiben:

(312) $$J_r = J_0 \sin \omega \left(t + \frac{x}{v}\right).$$

Damit erhalten wir vor der Brücke durch Überlagerung von J_e und J_r die Stromverteilung

$$J = J_e + J_r = J_0 \sin \omega \left(t - \frac{x}{v}\right) + J_0 \sin \omega \left(t + \frac{x}{v}\right),$$

oder

(313) $$J = 2\,J_0 \cos \frac{\omega x}{v} \sin \omega t.$$

Wir erhalten also wieder eine **stehende Welle**, die jedoch gegenüber der stehenden Spannungswelle um $\lambda/4$ verschoben ist. Das bedeutet, daß der Strom an der Brücke und an den Stellen, die um ein Vielfaches von $\lambda/2$ vor der Brücke liegen, d. h. an den Spannungsknoten, sein Maximum $2\,J_0$ erreicht (**Strombäuche**), während sich dazwischen an den Stellen der Spannungsbäuche die **Stromknoten** befinden. Außerdem ersieht man aus den Gleichungen (310) und (313), daß auch zeitlich Spannung und Strom in der stehenden Welle um eine Viertelperiode gegeneinander verschoben sind. Die Spannung erreicht ihr Maximum, wenn der Strom Null ist und umgekehrt.

Diese Verhältnisse ändern sich, wenn die Drähte am Ende offen sind. Dann wird am Drahtende die Spannungswelle ohne Phasensprung, die Stromwelle dagegen mit einem Phasensprung von 180° reflektiert, denn nur so ist die Bedingung erfüllbar, daß der Strom am offenen Ende immer Null ist, die Spannung dagegen einen endlichen Wert besitzt. Für die sich jetzt auf den Drähten ausbildenden stehenden Wellen erhält man die beiden Gleichungen:

(314) $$U = 2\,U_0 \cos \frac{\omega x}{v} \sin \omega t,$$

(315) $$J = -2\,J_0 \sin \frac{\omega x}{v} \cos \omega t,$$

die aus den früheren für das am Ende geschlossene Drahtsystem geltenden Gleichungen (310) und (313) hervorgehen, wenn man darin U und J vertauscht.

Der Vorgang der Reflexion einer Spannungswelle an dem offenen oder geschlossenen Ende einer Paralleldrahtleitung stellt das elektrische Analogon zur Reflexion einer transversalen Seilwelle an dem freien oder festen Ende des Seiles dar (siehe Band I, Nr. 75, Abb. VIII, 16).

Bevor wir die obigen Darlegungen durch das Experiment prüfen, ist folgendes zu beachten: Da die Paralleldrahtleitung eine endliche Länge hat, trifft die reflektierte Welle nach ihrer Reflexion am (offenen oder geschlossenen) Ende am Anfang der Leitung wieder auf eine Unstetigkeitsstelle, nämlich einen (offenen oder geschlossenen) Anfang, wo sie erneut reflektiert wird. Damit diese reflektierte Welle an dieser Stelle die auf die Leitung gegebene Welle in der richtigen Phase unterstützt, muß, wie man sich leicht überzeugt, die gesamte Länge eines beiderseitig geschlossenen oder beiderseitig offenen Systems gleich einem vielfachen von $\lambda/2$ sein; dagegen muß die Gesamtlänge einer am einen Ende offenen, am anderen Ende geschlossenen Leitung gleich einem ungeraden Vielfachen von $\lambda/4$ sein. In den Abbildungen 468a bis c sind Strom und Spannungsverteilung auf diesen drei Arten von Leitungssystemen eingezeichnet.

Zur **experimentellen Untersuchung** übertragen wir auf ein mehrere Meter langes Paralleldrahtsystem mittels einer den Anfang desselben überbrückenden Koppelungsschleife hochfrequente Schwingungen, etwa von dem in Abb. 453 dargestellten Röhrengenerator. Verschieben wir sodann auf den Drähten eine Drahtbrücke G, die als Stromanzeiger eine kleine Glühlampe enthält (Abb. 469a), so leuchtet diese nur an bestimmten Stellen, a, b, c, d, auf, die gleichweit voneinander entfernt sind und die Orte der Strombäuche darstellen. Ihre Entfernung, die gut meßbar ist, ist gleich der halben Wellenlänge λ der sich auf den Drähten ausbildenden stehenden Stromwelle. Ersetzen wir an der Stelle d die Glühlampenbrücke durch eine über die Drähte gehängte Metallplatte B (Abb. 469b), die infolge ihres verschwindenden Ohmschen Widerstandes die Welle noch besser reflektiert, so läßt sich die Stromverteilung in den Drähten durch kleine Glühlampen nachweisen, die im Nebenschluß zu den Drähten an den Stellen a, b, c, d an diese nach Abb. 469b

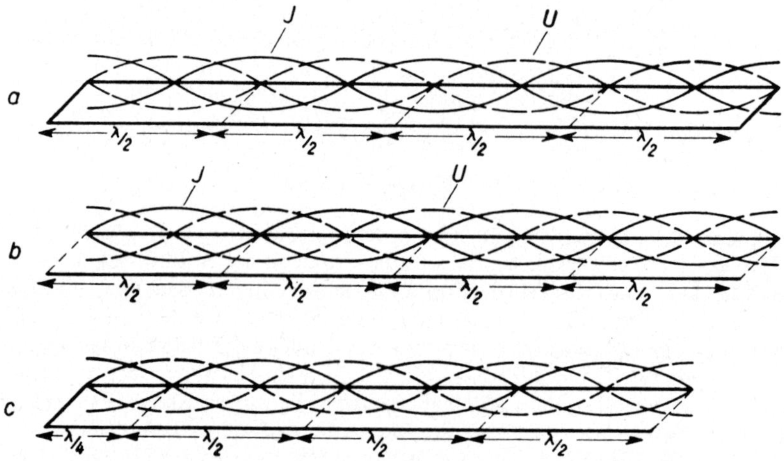

Abb. 468. Strom und Spannungsverteilung auf einem beiderseitig geschlossenen (a), beiderseitig offenen (b) und einseitig geschlossenen (c) Lechersystem

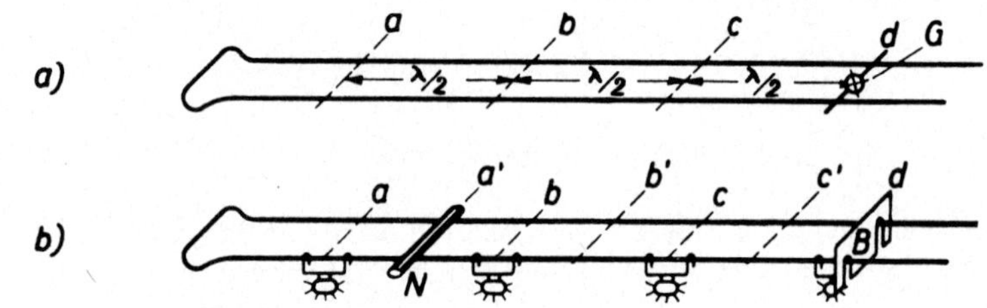

Abb. 469. Nachweis der Strom- und Spannungsbäuche auf einem Lechersystem

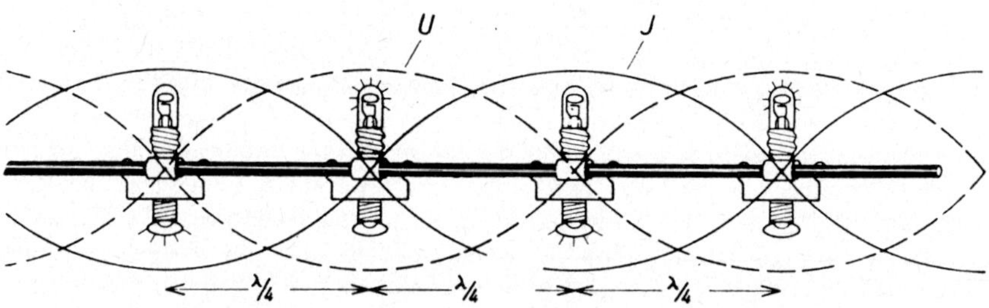

Abb. 470. Nachweis der Strom- und Spannungsbäuche auf einem Lechersystem durch angehängte Glüh- und aufgesteckte Glimmlampen

aufgehängt werden. Bei den benutzten hohen Frequenzen von der Größenordnung 10^8 Hz ist nämlich die Impedanz eines Drahtstückes von 3 bis 4 cm Länge bereits so groß, daß an seinen Enden die Spannung von einigen Volt auftritt, die das angehängte Lämpchen zum Leuchten bringt. Die in der Mitte der so markierten Strombäuche an den Stellen der Stromknoten liegenden Spannungsbäuche können wir durch ein Neonrohr nachweisen, das wir quer über die Drähte halten und längs dieser verschieben. Die Röhre leuchtet dann nur an den Spannungsbäuchen, also den Stellen a', b', c' maximal auf. Besonders anschaulich läßt sich die Strom- und Spannungsverteilung auf einem abgestimmten Paralleldrahtsystem zeigen, in dem man im Abstand $\lambda/4$ Glühlämpchen als Stromindikatoren an die Drähte hängt und gleichzeitig kleine Glimmlampen auf die Drähte aufsetzt. Während erstere nur an den Strombäuchen leuchten, glimmen letztere nur an den Spannungsbäuchen, wie es Abb. 470 anzudeuten versucht. Spannt man die Paralleldrähte in einer Glasröhre aus, die mit einem verdünnten Gas gefüllt ist, so leuchtet diese an den Spannungsbäuchen auf und bleibt an den Knotenstellen der Spannung dunkel (Aronssche Röhre, Abb. 471).

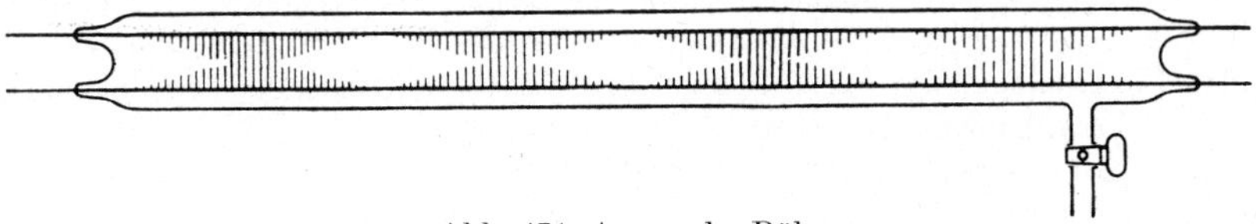

Abb. 471. Aronssche Röhre

Bei den hier verwendeten hochfrequenten Schwingungen tritt ein sehr starker Skineffekt auf, so daß der Strom auf eine sehr dünne Haut an der Drahtoberfläche beschränkt ist. Machen wir noch die sehr angenähert zutreffende Voraussetzung, daß das Leitvermögen der Metalle sehr groß ist, daß wir es endlich mit unendlich gut leitendem Material zu tun haben, so wird diese Stromhaut unendlich dünn und das ganze Innere der Drähte ist stromlos.

Wir haben bisher nur von der Strom- und Spannungswelle gesprochen, die sich auf der Paralleldrahtleitung fortpflanzen. Mit der elektrischen Spannung ist aber ein elektrisches Feld verknüpft, das in dem hier vorausgesetzten Falle unendlich großer Leitfähigkeit senkrecht zu den Drähten zwischen diesen verläuft, wie es die gestrichelten Linien in Abb. 472 (Schnitt senkrecht zu den Drähten) andeuten. Der in den Drähten fließende Strom erzeugt dagegen ein magnetisches Feld, dessen Kraftlinien die Drähte in geschlossenem Kreise umgeben (ausgezogene Linien in Abb. 472). Dabei stehen in jedem Punkte elektrische und magnetische Kraftlinien aufeinander senkrecht; letztere bilden also gleichzeitig die Niveaulinien des elektrischen Feldes. Bei der Abb. 472 ist angenommen, daß in dem betrachteten Zeitmoment im linken Draht eine positive Ladung und im rechten eine negative Ladung vom Beschauer aus in die Papierebene hineinfließt. Dann ergeben sich die durch Pfeile angedeuteten Richtungen der beiden Felder. Da stets beide Felder vorhanden sind, können wir auch sagen, daß um die Drähte herum ein elektro-

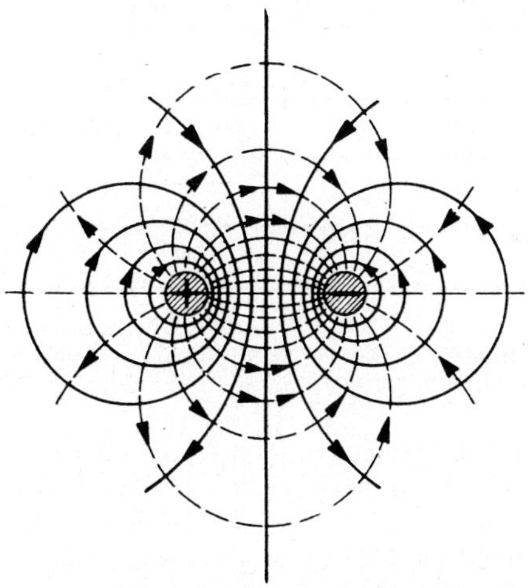

Abb. 472. Verlauf der elektrischen (— — —) und magnetischen (———) Kraftlinien um eine Paralleldrahtleitung

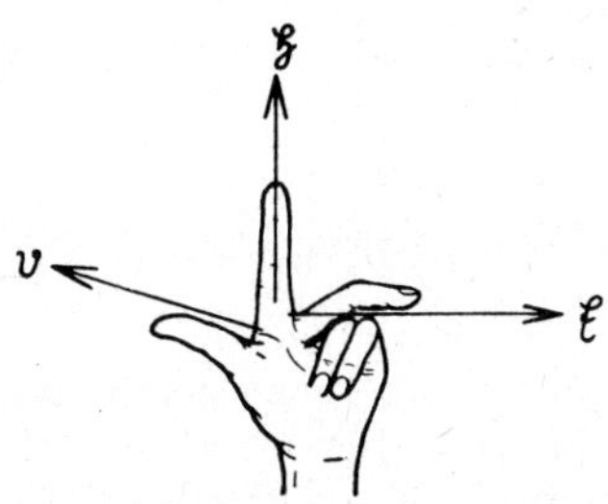

Abb. 473. Zusammenhang zwischen elektrischer und magnetischer Feldrichtung und Ausbreitungsgeschwindigkeit elektrischer Drahtwellen

magnetisches Feld besteht, das sich mit einer Geschwindigkeit v längs der Drähte fortbewegt. Dabei dienen die Drähte lediglich als Führung der Welle, die gesamte Energie der Welle steckt in dem die Drähte umgebenden Feldraum. Die Richtung von v steht senkrecht sowohl auf der elektrischen als auch auf der magnetischen Feldrichtung. Die drei Größen: elektrische Feldstärke $\mathfrak{E}$, magnetische Feldstärke $\mathfrak{H}$ und Fortpflanzungsrichtung v bilden ein rechtwinkliges Koordinatensystem, dessen positive Richtungen durch Daumen, Zeigefinger und Mittelfinger der linken Hand angegeben werden, wenn die Richtung von $\mathfrak{E}$ durch den Mittelfinger, die von $\mathfrak{H}$ durch den Zeigefinger und die Richtung von v durch den Daumen dargestellt werden (Abb. 473).[1])

Bei den stehenden Wellen hat das elektrische Feld nur an den Spannungsbäuchen, das magnetische Feld nur an den Strombäuchen seinen maximalen Wert. Dies kann man sehr schön in folgender Weise zeigen: Führt man einen kleinen (Abb. 474) auf die Frequenz der benutzten Schwingungen abgestimmten Schwingungskreis mit seiner Fläche parallel zu der durch die Drähte gehenden Ebene über die Drähte hinweg, so leuchtet das im Schwingungskreis befindliche Lämpchen nur auf, wenn der Kreis sich an der Stelle eines Strombauches befindet, wo das aus der Drahtebene heraustretende magnetische Feld auf den Kreis induzierend einwirken kann. Führt man aber den Kreis so über die Drähte, daß seine Fläche senkrecht zu den Drähten steht, so leuchtet seine Lampe nur an den Stellen, wo sich ein Spannungsmaximum befindet und die parallel zur Kreisfläche verlaufenden elektrischen Kraftlinien in diesem eine elektrische Spannung influenzieren.

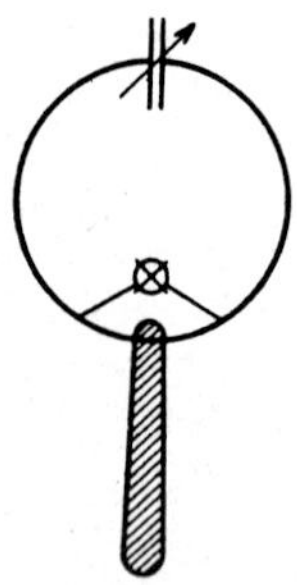

Abb. 474. Schwingungskreis zum Nachweis des elektrischen bzw. magnetischen Feldes bei stehenden elektrischen Drahtwellen

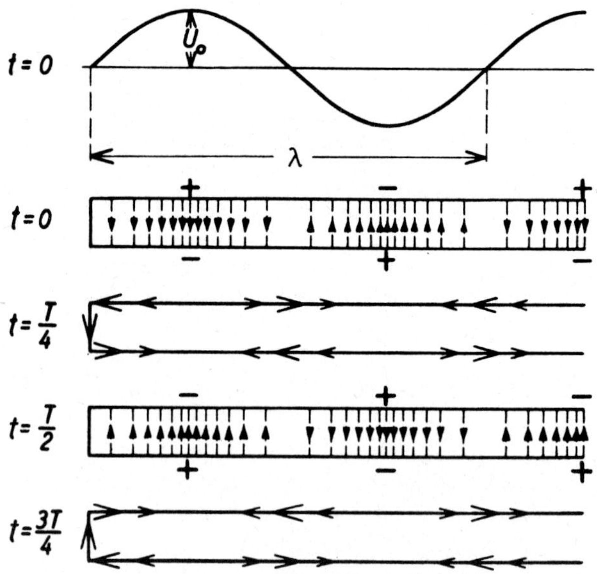

Abb. 475. Verteilung von Spannung und Strom auf einem einseitig geschlossenen Lechersystem zu vier um eine Viertelperiode auseinanderliegenden Zeiten

In Abb. 475 ist oben die Verteilung der Spannung einer stehenden elektrischen Welle auf einem einseitig geschlossenen Paralleldrahtsystem von der Länge $5/4\,\lambda$ für den Zeitpunkt $t = 0$ aufgezeichnet, in dem der Strom J gerade Null ist. Die sich dabei ergebende elektrische Feldverteilung zwischen den Drähten ist darunter eingetragen. Zwischen je zwei aufeinanderfolgenden

[1]) Daß die elektrische Feldstärke exakt in einer zu der Drahtrichtung senkrechten Ebene liegt, gilt nur unter der bisher gemachten vereinfachenden Annahme, daß der Ohmsche Widerstand der Leitungen Null oder mindestens sehr klein ist. Hat der Widerstand einen endlichen Wert, so tritt auch eine Komponente der elektrischen Feldstärke parallel der Drahtachse auf. Die Folge ist, daß die Energieströmung nicht mehr parallel der Drahtachse vor sich geht, sondern eine zu dieser senkrechte Komponente erhält: Ein Teil der Energie strömt also von außen in den Draht herein und wird im Ohmschen Widerstand in Joulesche Wärme umgewandelt. (Siehe auch Seite 367.)

Spannungsknoten verlaufen die elektrischen Kraftlinien in der gleichen Richtung; dementsprechend ist auch die Verteilung der elektrischen Ladungen auf den Drähten. Diese ist nicht im Gleichgewicht, sondern erzeugt längs der Drähte ein Potentialgefälle, das die Ladungen zum Ausgleich bringt. So entsteht ein Strom, der sein Maximum zur Zeit $t = T/4$ erreicht, wenn die Ladungen vollständig verschwunden sind. Dieser Zustand ist in Abb. 475 in der dritten Zeile eingezeichnet; um die mit Pfeilen versehenen Stellen auf den Drähten muß man sich das magnetische Feld vorstellen. Dieses kann nicht plötzlich verschwinden, sondern bewirkt ein Weiterfließen des Stromes in der angedeuteten Richtung und eine Anhäufung von Ladungen, die im Zeitpunkt $t = T/2$ ihr Maximum erreichen und die in der vierten Zeile von Abb. 475 dargestellte Feldverteilung hervorrufen, die der von Zeile 2 im Zeitpunkt $t = 0$ gerade entgegengesetzt ist. In dieser Weise setzt sich das Spiel fort und man sieht, wie die Energie in der stehenden Welle zwischen elektrischer und magnetischer Energie hin und her schwankt.

Mißt man mit einem der oben beschriebenen Verfahren an stehenden elektrischen Drahtwellen die Wellenlänge λ und kennt man die Frequenz ν der auf das Drahtsystem gegebenen elektrischen Schwingungen, so kann man nach Gl. (307) die Fortpflanzungsgeschwindigkeit der Welle berechnen. Der Versuch ergibt bei in Luft ausgespannten Drähten den Wert

$$v = 3 \cdot 10^{10}\ \text{cm/sec},$$

d. h. die Lichtgeschwindigkeit. Wie wir weiter unten sehen werden, liefert die Maxwellsche Theorie für die Geschwindigkeit v allgemein den Ausdruck:

(316) $$v = \frac{c}{\sqrt{\varepsilon\mu}},$$

wobei μ und ε Permeabilität und Dielektrizitätskonstante des den Draht umgebenden Mediums bedeuten. Für Luft ist $\mu = \varepsilon = 1$, so daß das experimentelle Ergebnis in diesem Falle die Theorie bestätigt.

Die Abhängigkeit der Fortpflanzungsgeschwindigkeit v von der Dielektrizitätskonstante ε kann man in folgender Weise prüfen und zeigen. (Die Abhängigkeit von der Permeabilität μ spielt im allgemeinen keine Rolle, da μ für die meisten Isolatoren praktisch gleich 1 ist.) Man läßt das Paralleldrahtsystem aus der Luft in einen Trog übergehen, der eine Flüssigkeit mit der Dielektrizitätskonstanten ε enthält. Wir wählen als solches z. B. Wasser mit $\varepsilon = 81$ ($\mu = 1$). Mißt man dann mit einer Glühlampenbrücke die Abstände der Strombäuche in der Flüssigkeit und in der Luft, so findet man, daß die Wellenlänge λ_{Fl} in der Flüssigkeit kleiner ausfällt als die Wellenlänge λ_L in der Luft, und zwar gilt nach Gl. (307):

$$\frac{v}{c} = \frac{\lambda_{Fl}\,\nu}{\lambda_L\,\nu} = \frac{\lambda_{Fl}}{\lambda_L},$$

also:

(317) $$v = c\,\frac{\lambda_{Fl}}{\lambda_L}.$$

Hieraus ergibt sich weiter nach Gl. (316)

$$\varepsilon = \frac{\lambda^2{}_L}{\lambda^2{}_{Fl}}.$$

Tatsächlich findet man im Wasser $\lambda_{Fl} = \frac{1}{9}\,\lambda_L$.

Dieses Verfahren liefert daher eine sehr bequeme Methode zur Bestimmung von Dielektrizitätskonstanten, die auch bei solchen Flüssigkeiten brauchbar ist, deren Leitvermögen eine Messung mittels elektrostatischer Methoden unmöglich macht. Eine zu diesem Zwecke geeignete Apparatur ist von P. Drude (1896) angegeben worden (Drudesche Methode).

Theorie der Drahtwellen. Paralleldrahtleitungen werden in der Praxis zur Fortleitung elektrischer Schwingungen vom Generator zum Verbraucher benutzt. Auch jedes Kabel zur Übertragung von Fernsprech- oder Telegraphierströmen stellt im Prinzip eine solche Leitung dar. Um die dabei zu beachtenden

Gesichtspunkte kennenzulernen, wollen wir die Ausbreitung einer elektrischen Störung an einer homogenen Doppelleitung nach Kirchhoff theoretisch untersuchen. Wir bezeichnen jetzt mit L', C', R' und q' Selbstinduktion, Kapazität, Ohmschen Widerstand und elektrische Ladung, alles im Gaußschen Maßsystem pro Längeneinheit der Leitung (in der Technik werden diese Werte meist pro Kilometer angegeben). Wir betrachten an der Stelle x ein kurzes Stück der Doppelleitung von der Länge dx (Abb. 476). An der Stelle AD herrsche zwischen den Drähten die Spannung U; dann ist die Spannung an der Stelle $BC = U + \frac{\partial U}{\partial x} dx$. Bilden wir für einen Rechtsumlauf in dem Rechteck $ABCD$ die Summe dieser Spannungen, die in dem geschlossenen Kreise gleich Null sein muß, so erhalten wir die Gleichung:

$$U + \frac{\partial U}{\partial x} dx + \frac{R'}{2} dx\, J - U + \frac{R'}{2} dx\, J + \frac{L'}{c^2} dx \frac{\partial J}{\partial t} = 0$$

oder

$$-\frac{\partial U}{\partial x} = R' J + \frac{L'}{c^2} \frac{\partial J}{\partial t}\,; \tag{318}$$

(dabei ist L', wie schon oben gesagt, in cm gemessen, daher das Auftreten des Faktors c^2).

Eine zweite Gleichung bringt zum Ausdruck, daß die sekundliche Änderung der Ladung je Zentimeter verantwortlich ist für die örtliche Änderung der Stromstärke je Zentimeter. Die Ladung $q' = C' U$, also ist

$$\frac{\partial q'}{\partial t} = C' \frac{\partial U}{\partial t}$$

die sekundliche Zunahme der Ladung pro Längeneinheit, und diese ist nach dem Gesagten gleich der Abnahme der Stromstärke $-\partial J/\partial x$ pro Zentimeter. Also folgt:

$$-\frac{\partial J}{\partial x} = C' \frac{\partial U}{\partial t}. \tag{319}$$

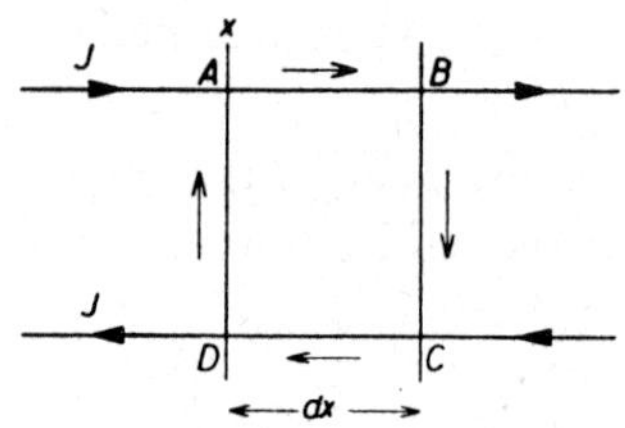

Abb. 476. Zur Ableitung der Telegraphengleichung

Eliminiert man aus den Gln. (318) und (319) eine der beiden Größen J oder U, so erhält man die vollkommen gleichgebauten Gleichungen:

$$\frac{\partial^2 U}{\partial x^2} = \frac{L' C'}{c^2} \frac{\partial^2 U}{\partial t^2} + C' R' \frac{\partial U}{\partial t}, \tag{320}$$

und

$$\frac{\partial^2 J}{\partial x^2} = \frac{L' C'}{c^2} \frac{\partial^2 J}{\partial t^2} + C' R' \frac{\partial J}{\partial t}, \tag{320a}$$

die wegen ihrer Bedeutung für die Telegraphie den Namen **Telegraphengleichungen** führen.

Eine exakte Lösung dieser Differentialgleichungen würde den Rahmen dieses Buches überschreiten. Wir beschränken uns auf den Spezialfall, daß $R' = 0$ ist, daß wir es also mit einer verlustlosen Leitung zu tun haben. Dann vereinfacht sich z. B. Gl. (320) zu:

$$\frac{\partial^2 U}{\partial x^2} = \frac{L' C'}{c^2} \frac{\partial^2 U}{\partial t^2}. \tag{321}$$

Aus dem Bau dieser Differentialgleichung, die als **Wellengleichung** bezeichnet wird, ersieht man, daß die Spannung U sowohl von der Zeit t als auch von der Raumkoordinate x abhängt. Wir versuchen daher als Lösung den Ansatz der auf Seite 342 benutzten Spannungswelle:

$$U = U_0 \sin \omega \left(t - \frac{x}{v}\right). \tag{322}$$

Bilden wir hiermit $\frac{\partial^2 U}{\partial x^2}$ und $\frac{\partial^2 U}{\partial t^2}$ und setzen diese Werte in Gl. (321) ein, so erhalten wir die Beziehung:

$$v = \frac{c}{\sqrt{L' C'}}, \tag{323}$$

die erfüllt sein muß, wenn Gl. (322) eine Lösung von Gl. (321) sein soll. (Wie diese Ergebnisse sich ändern, wenn ein Ohmscher Widerstand der Leitung vorhanden ist, werden wir später erörtern.)

Für eine Paralleldrahtleitung ist nach Gl. (40) auf Seite 44 $C' = \dfrac{\varepsilon}{4 \ln \dfrac{d}{r}}$, und nach Gl. (221b) auf Seite 254 $L' = 4\,\mu \ln d/r$ (die letzte Gleichung gilt nur für schnelle Wechselströme, wenn infolge des Skineffektes der Anteil der inneren Selbstinduktion des Leiters vernachlässigt werden kann). Setzen wir diese Werte in Gl. (323) ein, so erhalten wir für die Geschwindigkeit der Wellen an den Drähten die bereits auf Seite 348 angegebene Beziehung (316)

$$v = \frac{c}{\sqrt{\varepsilon\mu}}.$$

Diese gilt aber wohlgemerkt nur für Paralleldrahtleitungen, die in einem vollkommen homogenen Medium mit der Dielektrizitätskonstante ε und der Permeabilität μ ausgespannt sind. Für isolierte Kabel und für unterirdisch verlegte bleiarmierte Leitungen ist C' größer und infolgedessen nach Gl. (323) v kleiner als $3 \cdot 10^{10}$ cm/sec. Für ein älteres Fernsprechkabel (Berlin-Hannover) ist z. B. $v = 15000$ km/sec.

Die obige Herleitung der Wellengleichung in Drähten benutzt nur Begriffe, die schon in der Theorie der Fernkräfte entwickelt wurden, nämlich Kapazität und Selbstinduktion; die Tatsache also, daß sich Wellen in Leitern ausbilden, ist für die Feldtheorie Maxwells **nicht** charakteristisch, wie zu Beginn dieser Nummer schon gesagt wurde. Von dem für die Maxwellsche Theorie charakteristischen Begriff des Verschiebungsstromes wurde keinerlei Gebrauch gemacht. (Nur indem man für L' und C' auch die durch Permeabilität und Dielektrizitätskonstante des umgebenden Mediums relativ zu den Vakuumwerten abgeänderten Ausdrücke benutzt, gelangt man zu dem Ergebnis Gl. (316), das von der Fernkrafttheorie nicht geliefert wird.)

Setzen wir den längs der Leitung fließenden Strom $J = \dfrac{U}{Z}$, wobei Z die Dimension eines Widerstandes hat, so folgt für eine verlustlose Leitung aus den beiden Gl. (318) und (319):

$$Z = \frac{1}{c}\sqrt{\frac{L'}{C'}}; \tag{324}$$

werden J und U in Ampere und Volt gemessen, so ergibt sich der Wert Z in Ohm (Z^*) zu

$$Z^* = \sqrt{\frac{L^{*\prime}}{C^{*\prime}}}. \tag{324a}$$

Diese für eine Leitung kennzeichnende Größe wurde früher die Charakteristik der Leitung genannt; sie wird heute treffender als **Wellenwiderstand der Leitung** bezeichnet. Z gibt an jeder Stelle der Leitung für eine fortschreitende Welle das Verhältnis der vorhandenen Spannung zu der an der gleichen Stelle herrschenden Stromstärke an. Wir können also statt Gl. (311) auf Seite 343 jetzt schreiben:

$$J = \frac{U_0}{Z}\sin\omega\left(t - \frac{x}{v}\right) = U_0 c\sqrt{\frac{C'}{L'}}\sin\omega\left(t - \frac{x}{v}\right),$$

und mit Bezug auf Gl. (323):

$$J = v\, C'\, U_0 \sin\omega\left(t - \frac{x}{v}\right).$$

Überbrückt man das Ende einer Leitung durch einen Widerstand von der Größe des Wellenwiderstandes, so ist die Leitung reflexionsfrei abgeschlossen, so daß es nicht mehr zur Bildung stehender Wellen kommt. Will man daher die an einer Leitung sich ausbreitende Energie vollständig dem Verbraucher zuführen, so muß man dessen Widerstand gleich dem Wellenwiderstand der Gl. (324) machen (Anpassung des Verbrauchers).

Da

$$Z = \frac{1}{c}\sqrt{\frac{L'}{C'}} = \frac{v L'}{c^2}$$

ist, so erhält man für den Wellenwiderstand eines Paralleldrahtsystems mit dem Drahtradius r und dem Drahtabstand d unter der Vorraussetzung, daß $r \ll d$:

$$Z = \frac{v}{c^2} \cdot 4\mu \ln\frac{d}{r} = \frac{4}{c}\sqrt{\frac{\mu}{\varepsilon}}\ln\frac{d}{r}; \quad \text{bzw.} \quad Z^* = vL'^* = c\sqrt{\frac{\mu}{\varepsilon}} \cdot \frac{\mu_0}{\pi}\ln\frac{d}{r}.$$

Der Wellenwiderstand einer verlustlosen Leitung ist also nur von der Querschnittsgestaltung derselben, jedoch nicht von der Frequenz abhängig. Er liegt für die verschiedenen Paralleldrahtleitungen in Luft ($\mu = 1$, $\varepsilon = 1$) zwischen 100 und 800 Ohm; für eine Leitung mit $d = 6$ cm und $r = 0{,}3$ cm ist z. B. $Z = 359$ Ohm.

Eine in der Hochfrequenztechnik zur Fortleitung hochfrequenter Energie vielbenutzte Leitungsform ist das Koaxialkabel, das aus einem dünnwandigen Metallrohr und einem darin befindlichen achsialen Draht besteht. Das elektromagnetische Feld nimmt dann eine besonders einfache Form an (Abb. 477); die elektrischen Kraftlinien verlaufen radial, die magnetischen in Kreisen im Innenraum des Kabels. Der Außenraum ist vollkommen feldfrei, so daß man ein solches Kabel beliebig im Boden usw. verlegen kann, ohne die Ausbreitung der Wellen im Innern des Kabels zu stören. Die Größe der Ausbreitungsgeschwindigkeit ergibt sich auch hier wieder zu

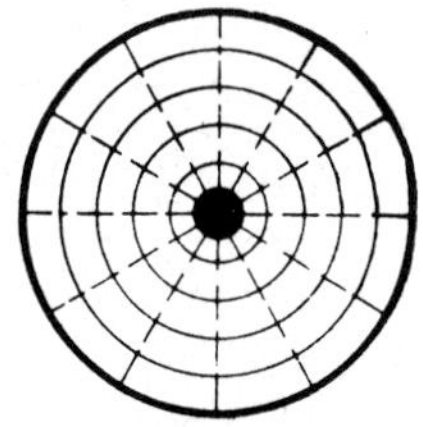

Abb. 477. Elektrische (— — —) und magnetische (———) Kraftlinien in einem konzentrischen Kabel

$$v = \frac{c}{\sqrt{\varepsilon \mu}}$$

was sofort aus Gl. (323) folgt, wenn man darin

$$C' = \frac{\varepsilon}{2 \ln(r_a/r_i)}, \quad L' = 2\mu \ln(r_a/r_i)$$

gemäß den früher mitgeteilten Gln. (39) auf Seite 44 und (221c) auf Seite 254 setzt (r_i Radius des achsialen Drahtes, r_a Radius des Rohres). Der Wellenwiderstand dieser konzentrischen Leitung ergibt sich zu

$$Z = \frac{v}{c^2} \cdot 2\mu \cdot \ln\left(\frac{r_a}{r_i}\right) = \frac{2}{c} \sqrt{\frac{\mu}{\varepsilon}} \cdot \ln\left(\frac{r_a}{r_i}\right); \quad \text{bzw.} \quad Z^* = c \sqrt{\frac{\mu}{\varepsilon}} \cdot \frac{\mu_0}{2\pi} \cdot \ln\left(\frac{r_a}{r_i}\right).$$

Beispiel: $r_i = 0{,}3$ cm und $r_a = 3$ cm, mit Luft als Innenmedium: $Z^* = 138$ Ohm.

Bisher wurden verlustfreie Leitungen betrachtet, d. h. Ohmscher Widerstand pro Länge l gleich Null. In Wirklichkeit hat aber R' einen endlichen Wert, und das bewirkt, daß eine längs der Leitung sich ausbreitende Welle eine räumliche Dämpfung erfährt. Die Gln. (306) und (311) sind daher noch mit einem Dämpfungsfaktor $e^{-\beta x}$ auf der rechten Seite zu multiplizieren. Die Größe $b = \beta x$ nennt man das Dämpfungsmaß der betreffenden Leitung von der Länge x. Es ist

$$b = \ln \frac{U_0}{U_x},$$

wobei U_0 die Spannung am Anfang und U_x die Spannung am Ende der Leitung bedeuten. Als Einheit des Dämpfungsmaßes b ist das **Neper** (N) gebräuchlich. 0,69 N bedeuten ein Absinken der Spannung auf der betreffenden Leitung im Verhältnis 2 : 1; 2,3 N ein Absinken im Verhältnis 10 : 1. Bei den praktisch in Betracht kommenden Leitungen liegt b zwischen 0,001 und 0,07 N/km.

Für die Dämpfungskonstante β (bzw. β^* im SI) liefert die Theorie den Ausdruck

(325a)

$$\beta = \sqrt{\frac{\omega^2 L' C'}{2c^2} \left\{ \sqrt{1 + \frac{R'^2 c^4}{\omega^2 L'^2}} - 1 \right\}}; \quad \text{bzw.} \quad \beta^* = \sqrt{\frac{\omega^2 L'^* C'^*}{2} \left\{ \sqrt{1 + \frac{R'^{*2}}{\omega^2 L'^{*2}}} - 1 \right\}}$$

Da die Kapazität C' einer Leitung oder eines Kabels vorgegeben ist, muß man zur Erzielung einer möglichst geringen Dämpfung L' groß gegen R' machen. Hierauf hat zuerst O. Heaviside hingewiesen. Praktisch wurde dieses Problem von M. J. Pupin (1900) in der Weise gelöst, daß er in geeignet gewählten Abständen passend bemessene Selbstinduktionsspulen in die Leitung einschaltete (Pupinleitung). Ein zweiter Weg zur Verkleinerung von β durch Erhöhung von L' wurde von C. E. Krarup (1902) angegeben: Durch Umwickeln der Kupferdrahtleitungen mit einer Lage dünnen Eisendrahtes oder Bandes läßt sich die Selbstinduktion der Leitung vergrößern (Krarup-Kabel). Der Einfluß von β spielt besonders bei der Leitungstelephonie eine große Rolle. Da die Leitungsgrößen L', C', R' frequenzabhängig sind, werden höhere Frequenzen stärker geschwächt, und es erfährt dadurch die zu übertragende Sprache, die sich ja aus einem breiten Frequenzband zusammensetzt, eine Amplitudenverzerrung. Hinzu kommt noch eine Phasenverzerrung, da auch die Ausbreitungsgeschwindigkeit v von der Kreisfrequenz ω abhängt; es ist nämlich

$$\text{(325b)}\quad \frac{1}{v} = \sqrt{\frac{L' C'}{2 c^2}\left\{\sqrt{1 + \frac{R'^2 c^4}{\omega^2 L'^2}} + 1\right\}} \text{ bzw. } \frac{1}{v^*} = \sqrt{\frac{L'^* C'^*}{2}\left\{\sqrt{1 + \frac{R'^{*2}}{\omega^2 L'^{*2}}} + 1\right\}}.$$

Dazu kommt noch der Umstand, daß infolge des Skineffektes L' eine Verkleinerung mit wachsender Frequenz erfährt.

In der Praxis liegen die Verhältnisse insofern noch komplizierter, als zu den Verlusten durch Ohmschen Widerstand R' noch solche durch sogenannte „Ableitung" hinzukommen, die z. B. durch schlechte Isolation der Drähte hervorgebracht werden: die Ableitung wird durch eine Größe G' (pro Längeneinheit) gemessen. Die Telegraphengleichung (320) verallgemeinert sich dann folgendermaßen

$$\text{(326)}\quad \begin{aligned} \frac{\partial^2 U}{\partial x^2} &= \frac{L' C'}{c^2} \frac{\partial^2 U}{\partial t^2} + (C' R' + L' G') \frac{\partial U}{\partial t} + R' G' U\,, \\ \frac{\partial^2 J}{\partial x^2} &= \frac{L' C'}{c^2} \frac{\partial^2 J}{\partial t^2} + (C' R' + L' G') \frac{\partial J}{\partial t} + R' G' J\,; \end{aligned}$$

auf die dadurch bedingten Komplikationen gehen wir hier nicht mehr ein.

55. Elektromagnetische Raumwellen im Dielektrikum; offener Schwingungskreis; elektrischer Dipol und sein Strahlungsfeld; Hertzsche Versuche

Offene Schwingungskreise; elektrischer Dipol. Auf Seite 344 hatten wir gezeigt, daß sich auf einer einseitig offenen Lecherleitung stehende elektrische Wellen nur dann ausbilden können, wenn die Länge l der Paralleldrahtleitung ein ungerades Vielfaches einer Viertelwellenlänge beträgt (s. Abb. 468c). Zwischen l und λ muß also die Beziehung $l = (2k + 1)\frac{\lambda}{4}$; $(k = 0, 1, 2 \ldots)$ bestehen. In Abb. 478 ist die auf einem Paralleldrahtsystem herrschende Strom- und Spannungsverteilung für den Fall $k = 0$, also $l = \frac{\lambda}{4}$, nochmals gezeichnet. Ein in dem geschlossenen Ende eingeschaltetes Glühlämpchen zeigt den dort herrschenden Strombauch an, wenn wir das System von einem Hochfrequenzgenerator in der früher beschriebenen Weise erregen. Die Spannungsverteilung läßt sich mit einer Glimmlampe durch Entlangfahren an den Drähten zeigen. Wir wollen nun dieses Paralleldrahtsystem entsprechend Abb. 479 allmählich zu einem geraden Leiter von der Gesamtlänge $l = \frac{\lambda}{2}$ aufbiegen und dabei die Erregung durch den Hochfrequenzgenerator unverändert lassen. Wir beobachten dann, daß die Glühlampe in der Drahtmitte weiterleuchtet; sie zeigt an, daß nach wie vor ein Wechselstrom in dem Draht fließt. Mit einer Glimmlampe stellt man an den beiden Enden des Drahtes Spannungsbäuche fest, während in der Drahtmitte die Spannung Null ist (Spannungsknoten). Verändern wir bei konstant gehaltener Drahtlänge die Frequenz der elektrischen Erregung oder verändern wir bei konstanter Erregungsfrequenz die Drahtlänge, so nimmt die Helligkeit des Lämpchens und damit die Stromstärke im Leiter allmählich ab.

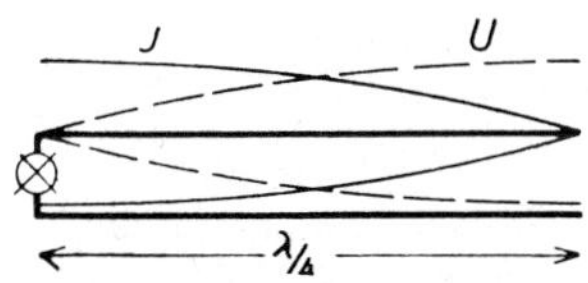

Abb. 478. Strom- und Spannungsverteilung auf einem einseitig geschlossenen Lechersystem von ¼ Länge

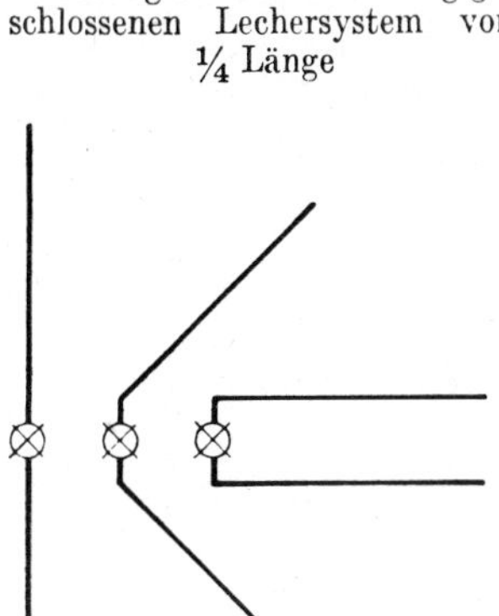

Abb. 479. Entstehung des offenen Schwingungskreises aus der Paralleldrahtleitung

Diese Versuche zeigen, daß in einem einfachen geraden Leiter elektrische Schwingungen auftreten können, wenn seine Länge mit der Frequenz oder der Wellenlänge in der Beziehung

(327) $$l = \frac{\lambda}{2} = \frac{c}{2\nu}$$

steht. Hier haben wir den **Hertzschen linearen Oszillator** vor uns, auf den bereits auf Seite 321 verwiesen wurde; Abb. 480a zeigt die auf ihm herrschende Strom- und Spannungsverteilung, sie entspricht der Grundschwingung des Hertzschen Oszillators und folgt sofort aus derjenigen des Paralleldrahtsystems der Abb. 478. Bezeichnet $\pm x$ den Abstand eines Punktes auf dem Oszillator der Länge l von seiner Mitte, so sind (zu bestimmten Zeitpunkten) die in x herrschende Stromstärke und Spannung durch die Gleichungen

$$J_x = J_0 \cos\frac{\pi x}{l} \quad \text{und} \quad U_x = U_0 \sin\frac{\pi x}{l}$$

gegeben, wenn J_0 die Stromstärke in der Stabmitte und U_0 die Spannung an den Drahtenden bedeuten. Selbstverständlich kann man in diesen Gleichungen $\frac{\pi}{l}$ ersetzen durch $\frac{2\pi}{\lambda} = \frac{\omega}{v}$.

Die angegebene Stromverteilung läßt sich mit einem stabförmigen Leiter zeigen, der als Stromindikatoren etwa 7 Taschenlampenbirnen besitzt, die in gleichen Abständen in den Leiter eingeschaltet sind (Abb. 480b); aus der Leuchtstärke der Lämpchen ist deutlich die Abnahme der Stromstärke nach den Enden des Leiters zu erkennen. Die Spannungsverteilung läßt sich durch Einbau eines stabförmigen Leiters in ein mit verdünntem Neongas gefülltes Glasrohr besonders schön zeigen (Abb. 480c). Wird der Stab zu Schwingungen angeregt, so bildet sich auf beiden Enden eine Glimmentladung aus, die nach der Mitte zu abnimmt.

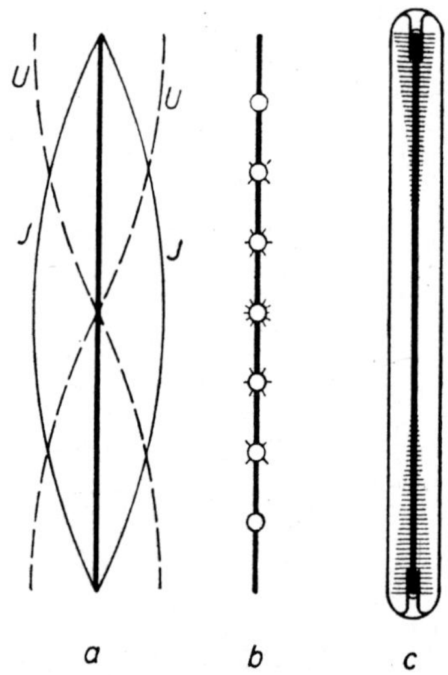

Abb. 480. Hertzscher linearer Oszillator. a) Strom- und Spannungsverteilung; b) Nachweis der Stromverteilung; c) Nachweis der Spannungsverteilung

Wir sind hier zu dem stabförmigen Oszillator durch Aufbiegen einer einseitig offenen Paralleldrahtleitung gekommen. In derselben Weise, wie bei dieser das Zustandekommen einer stehenden elektrischen Welle erklärt wurde, kann man auch hier das Zustandekommen der elektrischen Eigenschwingung des Leiters verstehen. Von der Mitte des Leiters, wo die Ankoppelung des Generators erfolgen soll, läuft nach beiden Seiten eine Stromwelle, die an den freien Enden mit einer Phasenumkehr von 180° reflektiert wird und zurückläuft. Wenn sie in der Stabmitte wieder ankommt, hat sie die Wegstrecke $l = \frac{\lambda}{2}$ durchlaufen, zu der sie gerade eine halbe Schwingungsperiode braucht. Rechnet man den einer halben Periode entsprechenden Phasensprung von 180° hinzu, so trifft die Stromwelle in der Stabmitte mit einer Phasenverschiebung von 360°, also einer ganzen Periode, ein und unterstützt mit Phasengleichheit die Erregung durch den Sender.

Voraussetzung bei dieser Überlegung ist, daß die Fortpflanzungsgeschwindigkeit der Welle längs des einfachen Drahtes gleich derjenigen längs eines Paralleldrahtsystems ist. Letztere war durch die allgemeine Beziehung (323) $v = 1/\sqrt{L'C'}$ gegeben. Durch das Auseinanderbiegen der Paralleldrahtleitung wird aber C' kleiner und L' größer. Man sieht aber sofort aus den Gln. (25a) und (221b), die sich leicht auf C' und L' umrechnen lassen, daß diese Veränderung infolge Vergrößerung des Drahtabstandes d so erfolgt, daß das Produkt $C'L'$ und damit auch v erhalten bleibt.

Die in Abb. 480 dargestellte Strom- und Spannungsverteilung bezieht sich auf die Grundschwingung eines stabförmigen Oszillators. Geht man allgemein von einer Paralleldrahtleitung der Länge $l = (2k+1)\frac{\lambda}{4}$ aus, so kommt man für $k = 1, 2, 3, \ldots$ zu den in Abb. 481 dargestellten

Oberschwingungen eines stabförmigen Leiters; an Stelle von Gl. (327) tritt die allgemeine Beziehung

$$l = (k+1)\frac{\lambda}{2} = \frac{(k+1)}{2}\frac{c}{\nu}; \quad (k = 0, 1, 2 \ldots). \tag{328}$$

Die Oberschwingungen eines stabförmigen Leiters sind also Harmonische der Grundschwingung; k gibt dabei die Ordnung der Oberschwingungen und gleichzeitig die Anzahl der Stromknoten auf dem schwingenden Oszillator an (wobei wie üblich die beiden Knoten an den Enden des Stabes nicht mitgezählt sind). Wir haben hier das elektrische Analogon zur transversal schwingenden Saite in der Mechanik. Wie ein Blick auf die Abb. IX, 19 in Band I, Nr. 83 zeigt, entsprechen die mechanischen Schwingungsamplituden der Saite den Stromamplituden

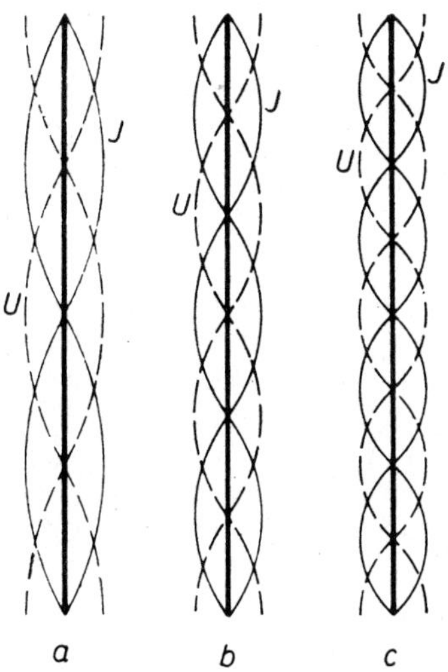

Abb 481. Strom- und Spannungsverteilung auf einem in Oberschwingungen erregten stabförmigen Oszillator a) erste, b) zweite, c) dritte Oberschwingung

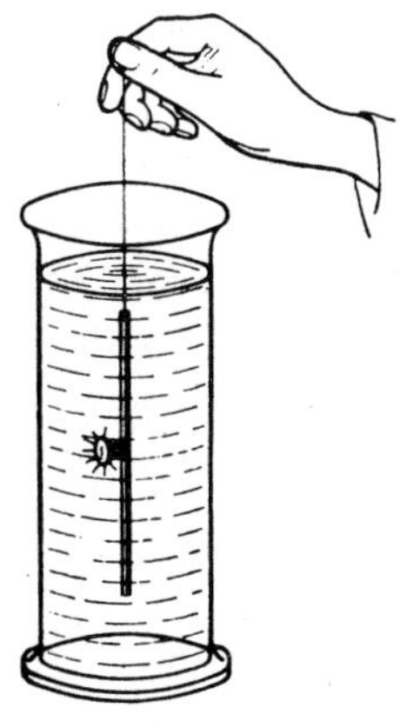
Abb. 482. Stabförmiger Oszillator in Wasser

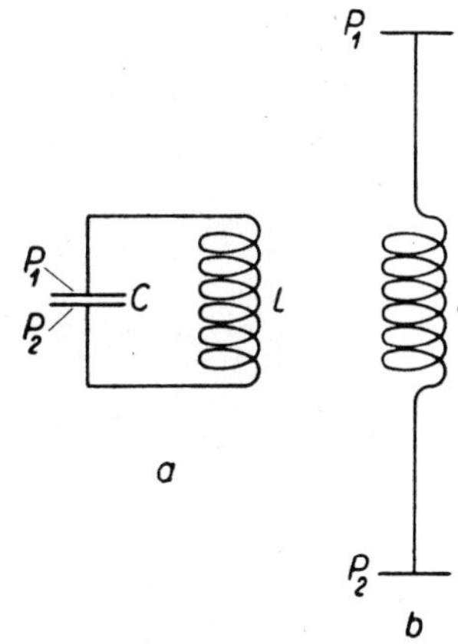

Abb. 483. Entstehung eines offenen (b) Schwingungskreises aus einem geschlossenen (a)

des stabförmigen Oszillators. Die Eigenfrequenz einer Saite ist proportional der Wurzel aus dem Quotienten: Elastische Spannung durch Dichte. Dies entspricht dem Quotienten k/m, der bei der Eigenfrequenz eines Feder-Masse-Systems auftritt. Nach S. 321 dieses Bandes entspricht aber der Richtgröße k in der Mechanik bei der elektrischen Schwingung der reziproke Wert der Kapazität C. Vergrößert man also die Kapazität C' der Längeneinheit des stabförmigen Leiters durch Eintauchen in ein Medium höherer Dielektrizitätskonstante, so muß man zur Erzielung derselben Eigenfrequenz die Länge des Leiters auf den $\sqrt{\varepsilon}$-ten Teil gegenüber seiner Länge in Luft verkürzen, da ja $C' \sim \varepsilon$ ist. Wir zeigen dies, indem wir einen kleinen stabförmigen Oszillator mit einer Glühlampe in der Mitte in ein Standglas mit destilliertem Wasser tauchen und von außen mit einem Hochfrequenzgenerator erregen (Abb. 482).

Genau so, wie wir den stabförmigen Oszillator durch Aufbiegen eines einseitig offenen Lechersystems gewonnen haben, können wir jeden anderen geschlossenen elektrischen Schwingungskreis durch Auseinanderführung der Kondensatorplatten zu einem offenen Schwingungskreis machen, wie es Abb. 483 zeigt. Schließlich kann man die Platten des Kondensators auch ganz fortlassen, z. B. läßt sich jede Drahtspule zu elektrischen Eigenschwingungen anregen. Die hierbei über die ganze Spule verteilte Kapazität bilden dabei die einzelnen Drahtwindungen gegeneinander. Da diese Kapazität verhältnismäßig klein ist, werden die Spannungen in den Spannungsbäuchen sehr hoch, so daß im Dunkeln lange Lichtblitze aus den Spannungsbäuchen, bei der Grundschwingung also aus den Spulenenden, herausschießen. Spannt man neben einer mehrere

Meter langen, aus dünnem Draht auf Glas gewickelten Spule einen geerdeten Draht aus, so gehen die Entladungen von den Spannungsbäuchen nach diesem Draht über, so daß man im Dunkeln die Lagen der Spannungsbäuche erkennen kann (Abb. 484). Die Anregung der Spule, die in dieser Form zuerst von G. Seibt (1902) angegeben wurde, kann in der Weise geschehen, daß man ihr unteres Ende mit einem elektrischen Schwingungskreis verbindet, der in bekannter Weise nach der Funkenmethode zu Schwingungen angestoßen wird und dessen Frequenz sich durch eine variable Selbstinduktionsspule kontinuierlich verändern läßt. Auf diese Weise kann man nacheinander die Spule in der Grund- und den höheren Oberschwingungen anregen.

Bringt man entsprechend Abb. 485 eine einlagige, aus vielen Windungen bestehende Spule als Sekundärspule in der Achse der Primärspule eines durch Funken erregten Schwingungskreises an und stimmt letzteren auf die Grundfrequenz der Sekundärspule ab, so erhält man an den Enden der Sekundärspule außerordentlich hohe Spannungen, die lange Funkenentladungen in die Umgebung ausstrahlen. Ein derartiger Hochfrequenztransformator wurde zuerst von N. Tesla (1892) gebaut und wird allgemein als **Teslatransformator** bezeichnet. Da Primärkreis und Sekundärspule zwei induktiv miteinander gekoppelte Schwingungskreise darstellen, wird der Wirkungsgrad, d. h. die Spannung an den Enden der Sekundärspule

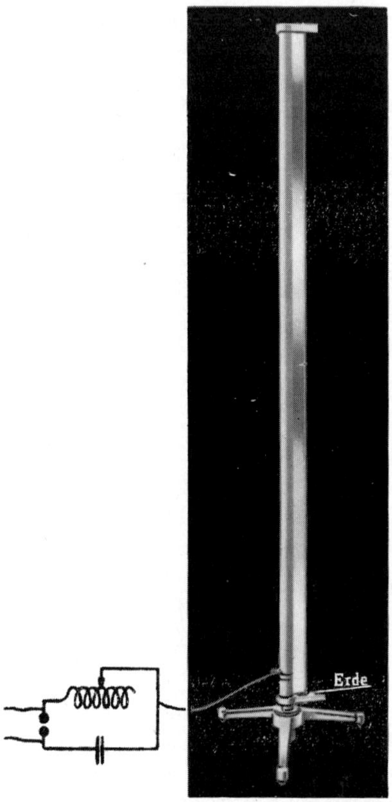

Abb. 484. Seibtsche Spule

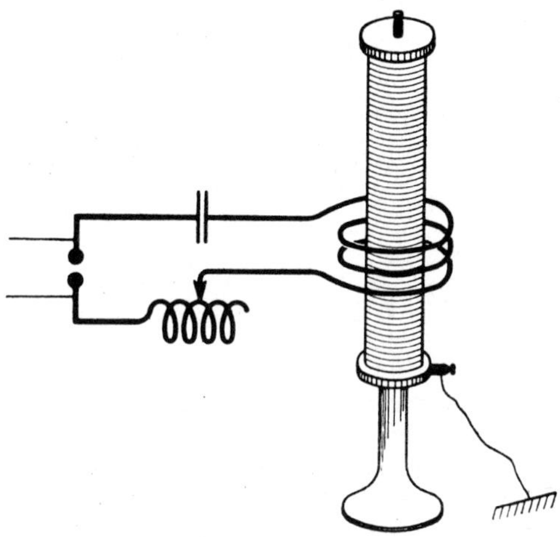

Abb. 485. Teslatransformator

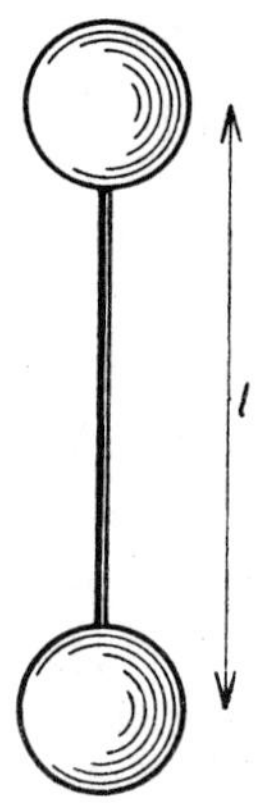

Abb. 486. Hertzscher Dipol

besonders hoch, wenn man durch Benutzung einer Löschfunkenstrecke das Zurückwandern der Energie von der Sekundärspule in den Primärkreis verhindert (siehe hierzu S. 340).

Ersetzt man bei dem offenen Schwingungskreis von Abb. 483 die Platten P_1 und P_2 durch Kugeln und die Spule L durch einen geraden Draht, so kommt man zu dem in Abb. 486 gezeichneten Gebilde, das gleichfalls auf Hertz zurückgeht und auch als Hertzscher Oszillator bezeichnet wird. Eigenfrequenz und Eigenwellenlänge lassen sich nach Hertz aus den geometrischen Abmessungen berechnen. Bezeichnet r den Radius des Drahtes von der Länge l, R den Radius der Kugel, so ist

$$\nu = \frac{c}{2\pi\sqrt{lR\ln(l/r)}} \; ; \quad \lambda = 2\pi\sqrt{l\,R\ln(l/r)} \, .$$

Bei gleicher Frequenz oder Wellenlänge wird die Länge dieses Oszillators um so kleiner, je größer der Radius der Kugeln gewählt wird. Da im schwingenden Zustande die beiden Kugeln stets entgegengesetzte Ladungen führen, bezeichnet man einen derartigen Oszillator auch als **elektrischen Dipol.**[1])

Abb. 487 zeigt, wie man die verschiedenen Formen des Hertzschen Oszillators mit der Funkenmethode zu gedämpften Schwingungen anregen kann. Die Leitermitte erhält eine kleine Funkenstrecke, die über zwei kleine Drosselspulen von einer Hochspannungsquelle (Funkeninduktor oder Influenzmaschine) gespeist wird. Erreicht die Spannung das der Größe der Funkenstrecke entsprechende Funkenpotential, so folgt durch die Funkenstrecke eine Entladung der entgegengesetzt aufgeladenen Hälften, die sich als oszillatorisch erweist.

Strahlungsfeld offener Schwingungskreise. Die im Vorangehenden besprochenen offenen Schwingungskreise haben eine wichtige Eigenschaft, die sie von den geschlossenen scharf unterscheidet. Bei einem geschlossenen Schwingungskreis, etwa dem der Abb. 481 a, pendelt die Energie zwischen der elektrostatischen Energie des Kondensators und der magnetischen Energie der Spule im Schwingungskreis hin und her, ohne denselben zu verlassen. Anders ist es bei einem offenen Schwingungskreis. Hier treten aus seinen Enden die elektrischen Kraftlinien weit in den umgebenden Raum hinaus, wie es z. B. Abb. 488 für einen Hertzschen Oszillator zeigt. Dieses

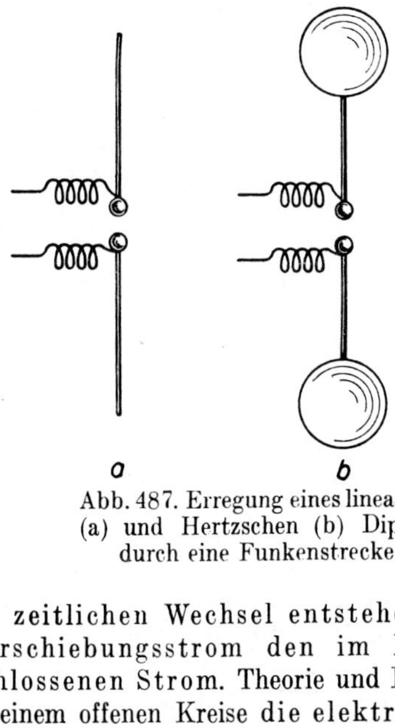

Abb. 487. Erregung eines linearen (a) und Hertzschen (b) Dipols durch eine Funkenstrecke

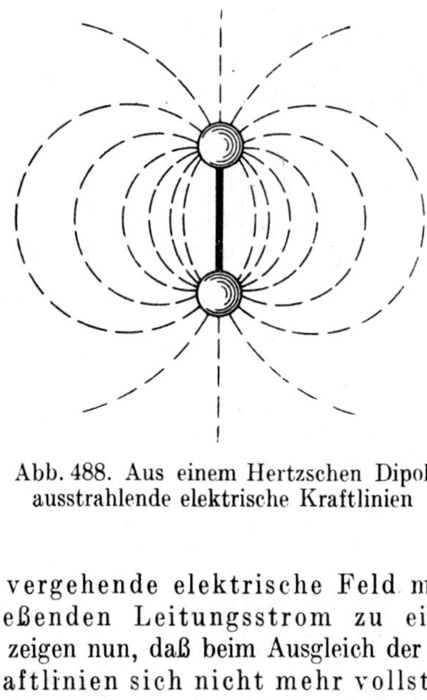

Abb. 488. Aus einem Hertzschen Dipol ausstrahlende elektrische Kraftlinien

im zeitlichen Wechsel entstehende und vergehende elektrische Feld macht als Verschiebungsstrom den im Leiter fließenden Leitungsstrom zu einem geschlossenen Strom. Theorie und Experiment zeigen nun, daß beim Ausgleich der Ladungen in einem offenen Kreise die elektrischen Kraftlinien sich nicht mehr vollständig in den Leiter zurückziehen, sondern zum Teil als selbständige (geschlossene!) Kraftlinien mit Lichtgeschwindigkeit in den Raum hinauswandern. **Ein offener Oszillator strahlt also Energie nach außen ab** und hat gerade deshalb seinen Namen bekommen.

Die Wellenstrahlung eines linearen Senders (Dipols). Wie erfolgt nun die Abstrahlung der Energie von einem offenen Schwingungskreise, den wir im folgenden auch einfach als Strahler. oder, dem Gebrauch der Technik folgend, als Sender oder Senderantenne bezeichnen werden? Wir betrachten die in Abb. 489 bis 496 wiedergegebenen, zuerst von H. Hertz gezeichneten, elektrischen Kraftlinienbilder um einen schwingenden Dipol. Diese Darstellung gilt erst in einer gewissen Entfernung vom Dipol, die in den Bildern durch einen ausgezogenen kleinen Kreis um den Sender angedeutet ist; zur Beurteilung des Maßstabes ist in den Abbildungen auf der Achse des Dipols die Wellenlänge angegeben. Zur Zeit $t = 0$ sei die Ladung der beiden Kugeln Null. Mit wachsender Zeit lade sich die obere Kugel des Dipols positiv, die untere negativ auf.

[1]) In der Technik wird häufig auch der stabförmige Oszillator als elektrischer Dipol bezeichnet.

Dann treten in zunehmender Zahl elektrische Kraftlinien aus der oberen Kugel heraus und ziehen sich nach der unteren herunter, wie es Abb. 489 für $t = T/8$ andeutet. Zur Zeit $t = T/4$ hat diese Erfüllung des umgebenden Raumes mit elektrischen Kraftlinien ihr Maximum erreicht (Abb. 490). Da von nun an die Ladungen auf den Kugeln wieder zurückfließen, ziehen sich dementsprechend die Kraftlinien wieder in den Sender zurück. Wie aber Abb. 491 für $t = \frac{3}{8}\,T$ zeigt, schnürt sich dabei ein Teil der Kraftlinien ab und bleibt, nachdem zur Zeit $t = T/2$ der Dipol wieder ungeladen ist, als selbständiges Gebilde von ringförmiger Gestalt zurück (Abb. 492). In der nächsten halben Schwingungsperiode wiederholt sich dieser Vorgang bei entgegengesetzter Ladung des Dipols (Abb. 493—496); die Kraftlinien treten jetzt aus der unteren Kugel aus und erfüllen den Raum, in dem sie sich nach der oberen Kugel hinziehen. Während sie sich ausbreiten und den Raum in gleicher Weise wie die zuerst gebildeten erfüllen, wandern die vorher abgeschnürten Teile vor ihnen her in den Raum hinaus. Während der letzten Hälfte der zweiten Halbschwingung schnürt sich abermals ein ringförmiger Wulst geschlossener Kraftlinien von entgegengesetztem Richtungssinn wie die ersteren vom Erreger ab (Abb. 495) und wandert hinter dem ersten Ring her in den Raum hinaus (Abb. 496). Dann beginnt das Spiel von neuem. Die abgetrennten und „selbständig" gewordenen Kraftlinien stellen die vom Erreger ausgesandte Strahlung dar. In den Abb. 497a und 497b ist nochmals ein Momentbild der Verteilung des elektrischen Feldes bis in größere Entfernungen um einen Dipol gezeichnet. Man beachte, daß die elektrischen Kraftlinien geschlossene Kurven darstellen, wir haben es also mit einem elektrischen (quellenfreien) Wirbelfeld zu tun, das sich mit Lichtgeschwindigkeit vom Sender aus ausbreitet.

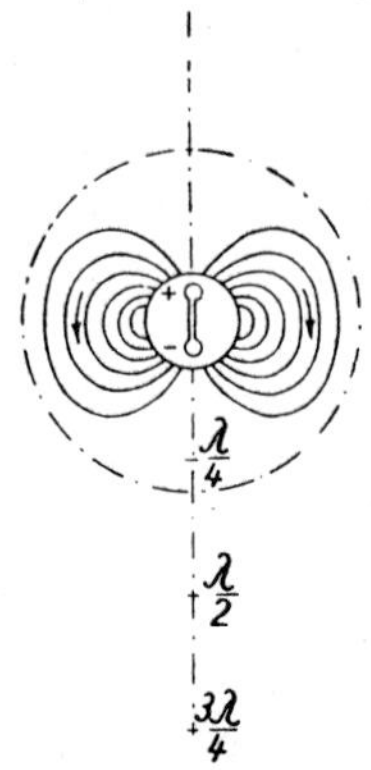

Abb. 489. Elektrische Kraftlinien um einen Hertzschen Dipol zur Zeit t = ⅛ T

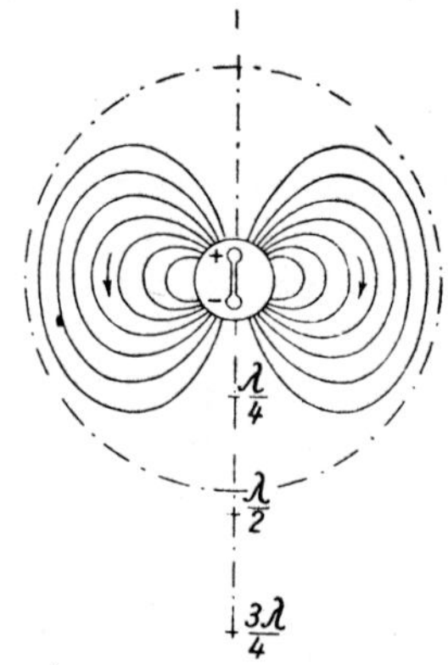

Abb. 490. Elektrische Kraftlinien um einen Hertzschen Dipol zur Zeit t = ¼ T

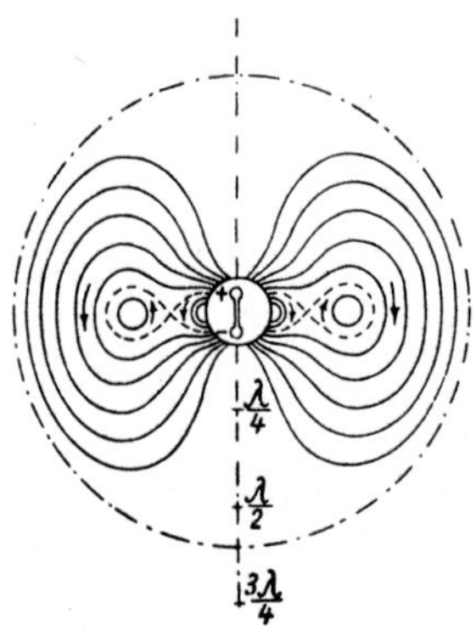

Abb. 491. Elektrische Kraftlinien um einen Hertzschen Dipol zur Zeit t = ⅜ T

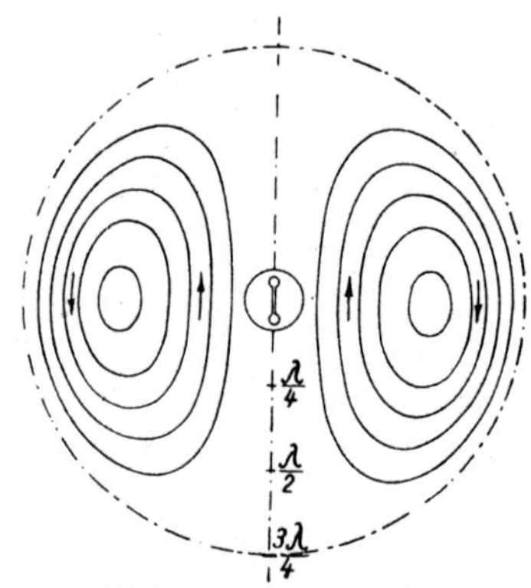

Abb. 492. Elektrische Kraftlinien um einen Hertzschen Dipol zur Zeit t = ½ T

Wie sieht das magnetische Feld des Dipols aus? Der in dem Dipol fließende Wechselstrom erzeugt um dessen Achse konzentrische magnetische Kraftlinien, die in abwechselnder Folge entgegengesetzten Richtungssinn haben und in der Ebene senkrecht zur Dipolachse verlaufen.

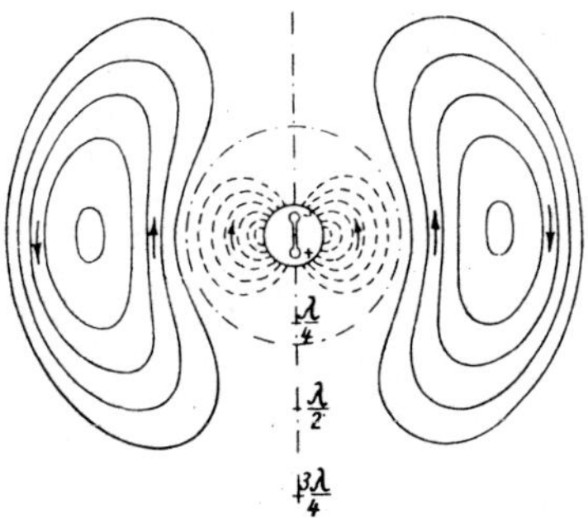

Abb. 493. Elektrische Kraftlinien um einen Hertzschen Dipol zur Zeit $t = \frac{5}{8}T$

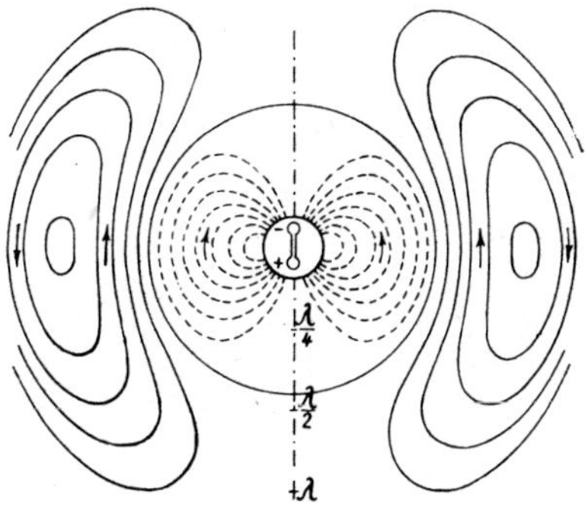

Abb. 494. Elektrische Kraftlinien um einen Hertzschen Dipol zur Zeit $t = \frac{3}{4}T$

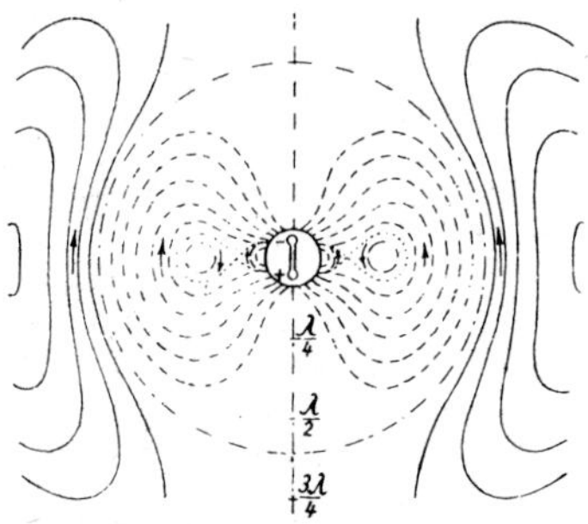

Abb. 495. Elektrische Kraftlinien um einen Hertzschen Dipol zur Zeit $t = \frac{7}{8}T$

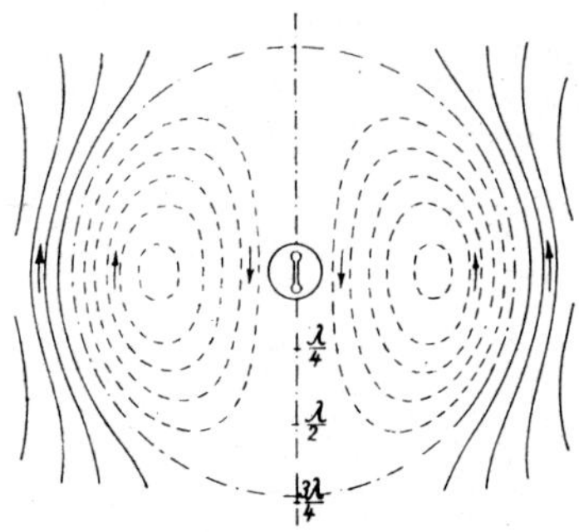

Abb. 496. Elektrische Kraftlinien um einen elektrischen Dipol zur Zeit $t = T$

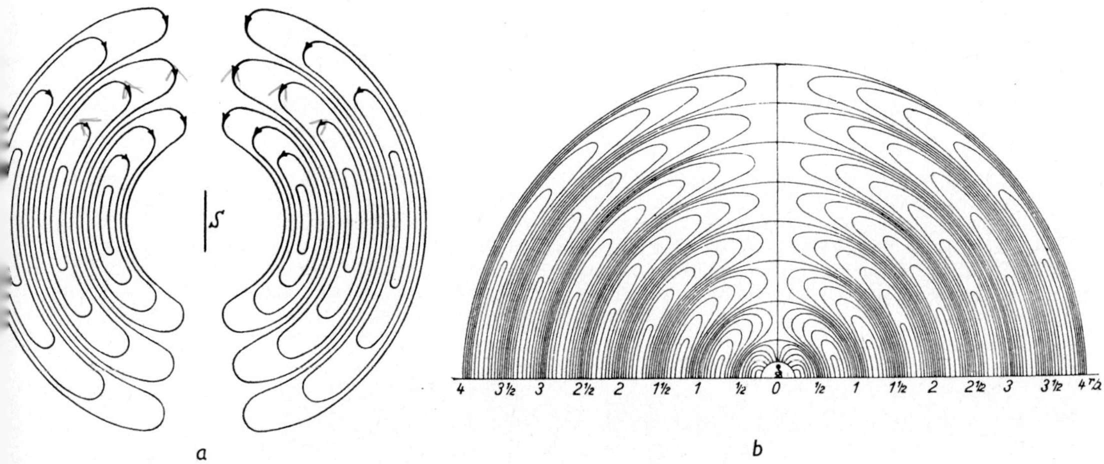

Abb. 497. Elektrische Kraftlinienverteilung um einen Dipol a) im Gesamtraum, b) im Raum oberhalb der Äquatorebene

Abb. 498 deutet dieses magnetische Kraftlinienfeld für die Äquatorebene des Dipols an. Magnetische und elektrische Feldlinien stehen demnach im Raume überall senkrecht aufeinander.

In nächster Nähe des Dipols, d. h. innerhalb des in den Abb. 489—496 eingezeichneten Kreises haben elektrisches und magnetisches Feld eine Phasenverschiebung von 90° gegeneinander, in großer Entfernung vom Dipol sind dagegen elektrisches und magnetisches Feld gleichphasig. Nach den Ausführungen in Nr. 39 auf Seite 230 ist jedes zeitlich veränderliche elektrische Feld als Verschiebungsstrom aufzufassen, der die Ursache eines magnetischen Feldes ist, und umgekehrt erzeugt jedes zeitlich veränderliche variable magnetische Feld wieder ein elektrisches Wirbelfeld. Auf dieser Verkettung elektrischer und magnetischer Kraftlinien beruht die Ausbreitung der von einem offenen Schwingungskreis ausgehenden elektromagnetischen Welle.

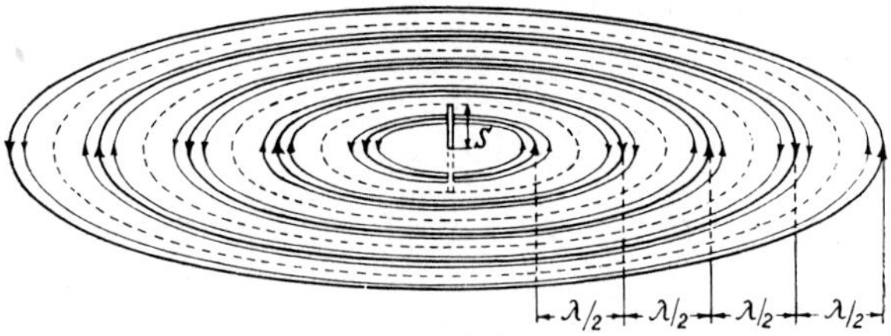

Abb. 498. Magnetisches Kraftlinienbild um einen Dipol

Theoretisches über die Fortpflanzung ebener Wellen in einem Dielektrikum. Wir wollen nun, soweit es der Rahmen dieses Buches gestattet, kurz darlegen, was die Maxwellsche Theorie über die Ausbreitung von Wellen in einem Isolator aussagt. Es genügt, wenn wir einen möglichst einfachen Fall betrachten, daß die Feldvektoren $\mathfrak{E}$ und $\mathfrak{H}$ nur von einer Koordinate, etwa x, und von der Zeit t abhängen. Die allgemeinen Maxwellschen Gleichungen lauten nach Gl. (282) und (281a):

$$\frac{\varepsilon}{c}\frac{\partial|\mathfrak{E}_x|}{\partial t}=\frac{\partial|\mathfrak{H}_z|}{\partial y}-\frac{\partial|\mathfrak{H}_y|}{\partial z}, \qquad -\frac{\mu}{c}\frac{\partial|\mathfrak{H}_x|}{\partial t}=\frac{\partial|\mathfrak{E}_z|}{\partial y}-\frac{\partial|\mathfrak{E}_y|}{\partial z},$$

$$\frac{\varepsilon}{c}\frac{\partial|\mathfrak{E}_y|}{\partial t}=\frac{\partial|\mathfrak{H}_x|}{\partial z}-\frac{\partial|\mathfrak{H}_z|}{\partial x}, \qquad -\frac{\mu}{c}\frac{\partial|\mathfrak{H}_y|}{\partial t}=\frac{\partial|\mathfrak{E}_x|}{\partial z}-\frac{\partial|\mathfrak{E}_z|}{\partial x},$$

$$\frac{\varepsilon}{c}\frac{\partial|\mathfrak{E}_z|}{\partial t}=\frac{\partial|\mathfrak{H}_y|}{\partial x}-\frac{\partial|\mathfrak{H}_x|}{\partial y}; \qquad -\frac{\mu}{c}\frac{\partial|\mathfrak{H}_z|}{\partial t}=\frac{\partial|\mathfrak{E}_y|}{\partial x}-\frac{\partial|\mathfrak{E}_x|}{\partial y}.$$

Darin sind zunächst nach unserer Voraussetzung alle Ableitungen nach y und z gleich Null. Das gibt dann das spezielle Gleichungssystem:

$$(328)\qquad \frac{\varepsilon}{c}\frac{\partial|\mathfrak{E}_x|}{\partial t}=0, \quad \frac{\varepsilon}{c}\frac{\partial|\mathfrak{E}_y|}{\partial t}=-\frac{\partial|\mathfrak{H}_z|}{\partial x}, \quad \frac{\varepsilon}{c}\frac{\partial|\mathfrak{E}_z|}{\partial t}=\frac{\partial|\mathfrak{H}_y|}{\partial x};$$

$$-\frac{\mu}{c}\frac{\partial|\mathfrak{H}_x|}{\partial t}=0, \quad -\frac{\mu}{c}\frac{\partial|\mathfrak{H}_y|}{\partial t}=-\frac{\partial|\mathfrak{E}_z|}{\partial x}, \quad -\frac{\mu}{c}\frac{\partial|\mathfrak{H}_z|}{\partial t}=\frac{\partial|\mathfrak{E}_y|}{\partial x}. \qquad (329)$$

Aus den beiden ersten Gleichungen (328) und (329) folgt, da wir nur zeitlich periodische Störungen betrachten, daß $|\mathfrak{E}_x|=|\mathfrak{H}_x|=0$ gesetzt werden kann. Ferner wollen wir das Koordinatensystem so legen, daß die resultierende elektrische Feldstärke parallel der y-Richtung liegt; dann ist $|\mathfrak{E}_z|=0$ und nur $|\mathfrak{E}_y|$ bleibt übrig; das Gleichungssystem (328) reduziert sich auf die zweite Gleichung. Analoges gilt auch von (329), da wir ganz allgemein nunmehr auch $|\mathfrak{H}_y|=0$ setzen müssen. Von der magnetischen Feldstärke bleibt also nur die z-Komponente $|\mathfrak{H}_z|$ übrig. Somit erhalten wir also einfach statt Gl. (328) und (329):

$$(330)\qquad \frac{\varepsilon}{c}\frac{\partial|\mathfrak{E}_y|}{\partial t}=-\frac{\partial|\mathfrak{H}_z|}{\partial x}, \quad \Big|\ \frac{\partial}{\partial t} \qquad\qquad -\frac{\mu}{c}\frac{\partial|\mathfrak{H}_z|}{\partial t}=\frac{\partial|\mathfrak{E}_y|}{\partial x}. \quad \Big|\ \frac{\partial}{\partial x}$$

Diese beiden Gleichungen sind miteinander gekoppelt, da in jeder von ihnen $|\mathfrak{E}_y|$ und $|\mathfrak{H}_z|$ gleichzeitig auftreten. Wir müssen also aus ihnen zwei andere Gleichungen gewinnen, die $|\mathfrak{E}_y|$ und $|\mathfrak{H}_z|$ einzeln enthalten. Dies kann z. B. dadurch geschehen, daß wir, wie in Gl. (330) angedeutet, die erste Gleichung nach t, die zweite nach x differenzieren. Das liefert:

$$(331)\qquad \begin{aligned} \frac{\varepsilon}{c}\,\frac{\partial^2 |\mathfrak{E}_y|}{\partial t^2} &= -\frac{\partial^2 |\mathfrak{H}_z|}{\partial x\,\partial t}\,, \\ -\frac{\mu}{c}\,\frac{\partial^2 |\mathfrak{H}_z|}{\partial x\,\partial t} &= \frac{\partial^2 |\mathfrak{E}_y|}{\partial x^2}\,. \end{aligned}$$

Setzen wir den aus der zweiten Gl. (331) folgenden Wert von $\frac{\partial^2 |\mathfrak{H}_z|}{\partial x\,\partial t}$ in die erste Gl. (331) ein, so ergibt sich

$$(332\,\text{a})\qquad \frac{\varepsilon\mu}{c^2}\,\frac{\partial^2 |\mathfrak{E}_y|}{\partial t^2} = \frac{\partial^2 |\mathfrak{E}_y|}{\partial x^2}\,,$$

und die nämliche Gleichung folgt für $|\mathfrak{H}_z|$:

$$(332\,\text{b})\qquad \frac{\varepsilon\mu}{c^2}\,\frac{\partial^2 |\mathfrak{H}_z|}{\partial t^2} = \frac{\partial^2 |\mathfrak{H}_z|}{\partial x^2}\,.$$

Diese Gleichungen haben aber eine uns bekannte Gestalt, wie ein Blick auf die ganz ebenso gebaute Gl. (321) auf Seite 349 zeigt: Sowohl $|\mathfrak{E}_y|$ wie $|\mathfrak{H}_z|$ gehorchen der Wellengleichung. Wir können jetzt daher die Lösung genau so annehmen wie früher, indem wir setzen:

$$(333)\qquad \begin{aligned} |\mathfrak{E}_y| &= |\mathfrak{E}_0| \sin\omega\left(t - \frac{x}{v}\right), \\ |\mathfrak{H}_z| &= |\mathfrak{H}_0| \sin\omega\left(t - \frac{x}{v}\right), \end{aligned}$$

wobei v die (noch unbekannte) Fortpflanzungsgeschwindigkeit der beiden Wellen bedeutet. Durch Einsetzen findet man aus beiden Gleichungen als Bedingung dafür, daß die Ansätze (333) Lösungen der Wellengleichung sind:

$$(334)\qquad v = \frac{c}{\sqrt{\varepsilon\mu}}\,.$$

Diese Beziehung kennen wir aber ebenfalls bereits: es ist die Gl. (316) auf Seite 348 und Seite 351.

Das Resultat ist also folgendes: Nach der Maxwellschen Theorie existieren auch im Dielektrikum elektromagnetische Wellen, die sich mit der Geschwindigkeit $c/\sqrt{\varepsilon\mu}$ fortpflanzen; die Konstanten ε und μ bringen im Sinn der Feldtheorie den Einfluß des Mediums zum Ausdruck. Diese Wellen sind Transversalwellen, da $\mathfrak{E}_y$ und $\mathfrak{H}_z$ senkrecht zur Fortpflanzungsrichtung x stehen; überdies sind $\mathfrak{E}_y$ und $\mathfrak{H}_z$ selbst noch senkrecht aufeinander. Man erkennt ferner folgendes: Diese Wellen sind nur möglich, weil in den Maxwellschen Gleichungen (330) links der Verschiebungsstrom $\varepsilon\,\partial|\mathfrak{E}_y|/\partial t$ auftritt; daher ist die Existenz elektrischer Wellen im Isolator ein strenger Beweis für die Existenz dieser Ströme, die für die Maxwellsche Theorie gerade das unterscheidende Merkmal gegenüber der Fernwirkungstheorie sind. Mit dem Nachweis elektrischer Wellen in Luft hatte daher H. Hertz die Richtigkeit der Faraday-Maxwellschen Auffassung bewiesen.

Die Amplituden $|\mathfrak{E}_0|$ und $|\mathfrak{H}_0|$ sind nicht willkürlich, sondern voneinander abhängig, da $|\mathfrak{E}_y|$ und $|\mathfrak{H}_z|$ ja auch noch den Maxwellschen Gln. (330) genügen müssen. Um den Zusammenhang zu finden, setzen wir die in Gl. (333) enthaltenen Werte von $|\mathfrak{E}_y|$ und $|\mathfrak{H}_z|$ in die Maxwellsche Gl. (330) ein. Die elementaren Ausführungen der Differentiationen liefern die beiden Beziehungen:

$$\frac{\varepsilon}{c}\,|\mathfrak{E}_0| = \frac{1}{v}\,|\mathfrak{H}_0|\,, \qquad \frac{\mu}{c}\,|\mathfrak{H}_0| = \frac{1}{v}\,|\mathfrak{E}_0|\,,$$

oder

$$(335)\qquad \left\{ \begin{aligned} \frac{\varepsilon v}{c}\,|\mathfrak{E}_0| &= |\mathfrak{H}_0|\,, \\ \frac{\mu v}{c}\,|\mathfrak{H}_0| &= |\mathfrak{E}_0|\,, \end{aligned} \right.$$

deren Division liefert:

$$\frac{\varepsilon}{\mu}\,\frac{|\mathfrak{E}_0|}{|\mathfrak{H}_0|} = \frac{|\mathfrak{H}_0|}{|\mathfrak{E}_0|}\,,$$

d. h.

$$|\mathfrak{H}_0| = |\mathfrak{E}_0|\,\sqrt{\frac{\varepsilon}{\mu}}\,.$$

Damit werden die Gln. (333) endgültig:

$$(336)\qquad |\mathfrak{E}_y| = |\mathfrak{E}_0| \sin\omega\left(t - \frac{x}{v}\right),$$
$$|\mathfrak{H}_z| = |\mathfrak{E}_0| \sqrt{\frac{\varepsilon}{\mu}} \sin\omega\left(t - \frac{x}{v}\right),$$

Man kann diese Betrachtung noch etwas anders anstellen, was vielleicht zur Anschaulichkeit beiträgt. Man schreibe die Maxwellschen Gln. (330) in folgender Weise:

$$\frac{\varepsilon}{c}\, d|\mathfrak{E}_y|\, \frac{dx}{dt} = -d|\mathfrak{H}_z|,$$

$$\frac{\mu}{c}\, d|\mathfrak{H}_z|\, \frac{dx}{dt} = -d|\mathfrak{E}_y|.$$

Darin ist $\frac{dx}{dt} = v$ zu setzen, und so folgt:

$$(337)\qquad \frac{\varepsilon v}{c}\, d|\mathfrak{E}_y| = -d|\mathfrak{H}_z|; \qquad \frac{\mu v}{c}\, d|\mathfrak{H}_z| = -d|\mathfrak{E}_y|,$$

die im wesentlichen mit Gl. (335) identisch sind. Sie lassen sich folgendermaßen deuten: Einer Änderung der elektrischen (magnetischen) Feldstärke $\mathfrak{E}_y$ ($\mathfrak{H}_z$) entspricht eine dazu senkrechte Änderung der magnetischen (elektrischen) Feldstärke $\mathfrak{H}_z$ ($\mathfrak{E}_y$). Die Gln. (335) und (337) drücken in spezieller Form die schon wiederholt erwähnte innige Verkettung der elektrischen und magnetischen Felder in einer elektromagnetischen Welle aus.

Bildet man mit den Gln. (336) den Ausdruck

$$(338)\qquad Z = \frac{1}{c}\frac{|\mathfrak{E}|}{|\mathfrak{H}|} = \frac{1}{c}\sqrt{\frac{\mu}{\varepsilon}},$$

so hat er die Dimension einer reziproken Geschwindigkeit, d. h. die Dimension des Widerstandes im Gaußschen Maßsystem. Im SI hat der Quotient $|\mathfrak{E}^*| / |\mathfrak{H}^*|$ selbst die Dimension eines Widerstandes:

$$\dim \frac{|\mathfrak{E}^*|}{|\mathfrak{H}^*|} = \frac{\mathrm{V/m}}{\mathrm{A/m}} = \frac{\mathrm{V}}{\mathrm{A}} = \Omega.$$

Es gilt hier

$$(338\mathrm{a})\qquad Z^* = \sqrt{\frac{\mu_0}{\varepsilon_0}} \cdot \sqrt{\frac{\mu}{\varepsilon}} = Z_0^* \sqrt{\frac{\mu}{\varepsilon}}.$$

Z bzw. Z^* ist der **Wellenwiderstand des Mediums**, in dem sich die elektromagnetischen Wellen ausbreiten. Er entspricht dem Wellenwiderstand einer Leitung, vgl. Gl. (324). $Z_0^* = \sqrt{\mu_0/\varepsilon_0}$ ist der Wellenwiderstand im Vakuum. Setzt man die Werte von μ_0 und ε_0 ein, so ergibt sich $Z_0^* = 377\ \Omega$.

Experimenteller Nachweis der Wellenstrahlung eines Dipols. Wir wenden uns nun dem experimentellen Nachweis der von einem schwingenden Dipol ausgehenden elektromagnetischen Strahlung zu. Er gelang zum ersten Male H. Hertz im Jahre 1887 durch seine klassischen Experimente, die wir im folgenden mit modernen Mitteln wiederholen. Wir benutzen als Strahler den in Abb. 480 gezeichneten „Dipol", den wir induktiv mittels eines hochfrequenten Röhrengenerators zu ungedämpften Schwingungen erregen. Zum Nachweis seines Feldes benutzen wir einen geschlossenen Resonatorkreis, der aus einem Drahtviereck besteht, dessen eine Seite in der Mitte unterbrochen und durch eine Glimmlampe überbrückt ist (Abb. 499). Durch Auseinander ziehen läßt sich der Drahtkreis auf die Frequenz des Strahlers abstimmen: da der Umfang des Viereckes in der Größenordnung einer halben Wellenlänge liegt, nimmt die Spannung im Resonanzfalle die durch die punktierte Linie angedeutete Verteilung an, wobei gerade gegenüber der Glimmlampe der Spannungsknoten liegt.

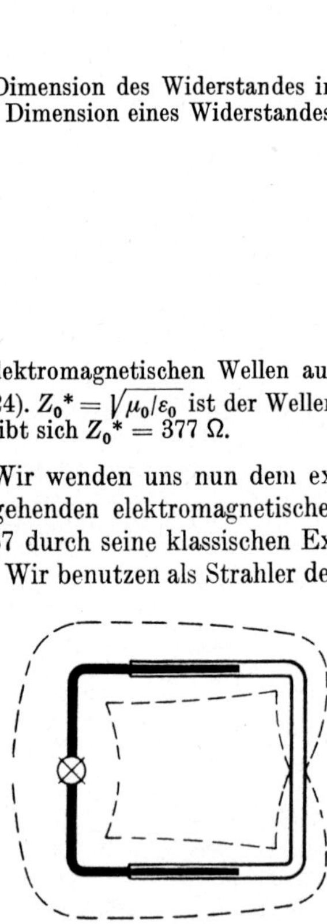

Abb. 499. Veränderlicher geschlossener Resonatorkreis

Wir untersuchen zunächst das Feld in der Äquatorebene des Strahlers: in Abb. 500 sind die elektrischen Kraftlinien in einem Schnitt durch die Strahlerachse angedeutet, die magnetischen Kraftlinien müssen wir uns als Kreise um die Dipolachse parallel zur Äquatorebene denken. Für den Resonator sind drei ausgezeichnete Lagen möglich, die in Abb. 500 durch I, II und III angedeutet sind. In jeder dieser Stellen kann der Resonator noch in seiner Ebene gedreht werden, so daß die Glimmlampe die Stellungen 1 bis 4 annimmt. In der Lage I liegt die Resonatorebene in der Äquatorebene. Dreht man den Resonator in seiner Ebene, so leuchtet die Glimmlampe in keiner der Stellungen 1 bis 4 auf. Der Kreis wird weder von magnetischen Kraftlinien durchsetzt, noch verlaufen elektrische Kraftlinien parallel zu einem Leiterelement. In der Lage II steht die Resonatorebene senkrecht zur Äquatorebene und senkrecht zur Verbindungslinie Resonatormitte — Dipolmitte; auch jetzt wird die Resonatorebene nicht von magnetischen Kraftlinien geschnitten. aber bestimmte Leiterteile, z. B. 1 und 3 in Abb. 500 laufen parallel zu den elektrischen Kraftlinien. Diese erzeugen in den betreffenden Leiterteilen Spannungen, die sich wegen der in Abb. 499 skizzierten Spannungsverteilung nur dann gegeneinander aufheben, wenn die betreffenden Leiterteile symmetrisch zur Unterbrechungsstelle des Kreises (Ort der Glimmlampe) liegen. Dreht man also den Resonator am Orte II in seiner Ebene, so leuchtet die Glimmlampe in den Stellungen 1 und 3 auf. In der letzten Lage III steht das Resonatorviereck senkrecht zur Äquatorebene und die Fortsetzung seiner Fläche geht durch die Dipolachse. Der Resonator wird jetzt dauernd von magnetischen Kraftlinien durchsetzt, und die Glimmlampe leuchtet in allen Stellungen 1 bis 4 bei einer Drehung des Kreises in seiner Ebene. Bei genauerer Beobachtung findet man aber, daß die Lampe in der Stelle 3 am hellsten und in 1 am wenigsten hell leuchtet. Dies hat seinen Grund darin, daß in der Lage III auch noch das elektrische Feld des Dipols auf die zur Dipolachse parallelen Leiterteile einwirkt. Da diese Leiterteile, z. B. 1 und 3 in Abb. 500, verschieden weit vom Strahler entfernt sind, sind auch die induzierten Spannungen verschieden und heben sich nicht vollständig auf; hinzu kommt noch die in Abb. 499 gezeichnete Spannungsverteilung. Geht man in der Lage II oder III mit der Resonatorebene aus der Äquatorebene heraus, so nimmt das Leuchten der Glimmlampe allmählich ab, um vollkommen zu verschwinden, wenn sich der Kreis in Richtung der Dipolachse befindet.

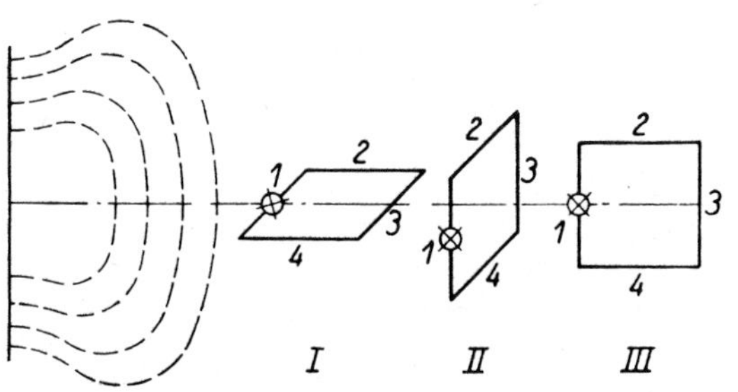

Abb. 500. Nachweis der Feldverteilung um einen strahlenden Dipol

Ein zweites Verfahren zur Ausmessung des Strahlungsfeldes bildet die Verwendung eines **offenen Resonators**, einer sogenannten **Empfangsantenne**, die aus einem stabförmigen Leiter besteht, der in seiner Mitte als Stromindikator ein Thermoelement oder einen Detektor (s. Kap. IX) besitzt: der betreffende Indikator wird mit einem Galvanometer verbunden, dessen Ausschläge dem zeitlichen Mittelwert $\mathfrak{E}^2$ proportional sind, wenn $\mathfrak{E}$ die elektrische Feldstärke am Orte des Resonators in dessen Richtung bedeutet. (Infolge der recht hohen Empfindlichkeit dieser Indikatoren braucht übrigens die Länge des Empfängers nur einen Bruchteil von $\frac{\lambda}{2}$ zu betragen, dieser also nicht auf die betreffende Wellenlänge abgestimmt zu sein, wodurch Störungen des auszumessenden Feldes durch Rückwirkung des Resonators vermieden werden.) Indem man den Empfänger im Strahlungsfelde so lange dreht, bis der Ausschlag des Galvanometers ein Maximum wird, findet man gleichzeitig die Richtung des elektrischen Feldvektors an dieser Stelle. Mißt man in dieser Weise das Strahlungsfeld eines Dipols in nicht zu großer Entfernung um diesen herum aus, so erhält man den bereits in Abb. 497 dargestellten Verlauf.

Wir müssen noch durch das Experiment beweisen, daß die vom schwingenden Dipol ausgehende Strahlung eine fortschreitende Welle ist. Dieser Nachweis läßt sich dadurch erbringen, daß man durch Reflexion der vom Sender ausgehenden Welle eine zweite in umgekehrter Richtung fortschreitende Welle erzeugt, die sich mit der ersteren zu einer stehenden Welle überlagert. Wir stellen zu diesem Zwecke in einer Entfernung von mehreren Wellenlängen eine Metallwand parallel zur Dipolachse auf, so daß die vom Dipol ausgehende Strahlung senkrecht auf diese Wand trifft. Zwischen Dipol und Wand verschieben wir den oben beschriebenen stabförmigen Resonator und beobachten die Ausschläge des Galvanometers. Wir finden dann, daß die vom Empfänger angezeigte Größe $\mathfrak{E}^2$ an der Metallwand den Wert Null besitzt, nach dem Sender hin zu einem Maximum ansteigt, dann wieder auf Null absinkt, zu einem neuen Maximum ansteigt usw. Abb. 501

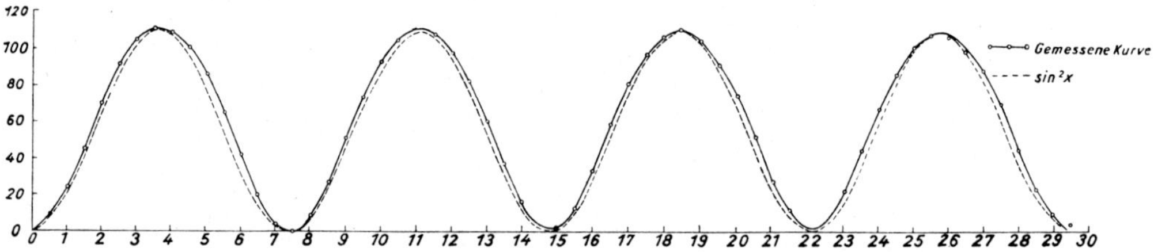

Abb. 501. Verlauf der elektrischen Feldstärke in einer stehenden elektrischen Welle

zeigt die graphische Darstellung einer Meßreihe, aus der die Lage mehrerer Knoten der elektrischen Feldstärke deutlich hervorgeht. Die Länge der vom ungedämpft erregten Strahler ausgehenden Welle betrug etwa 15 cm: In Abb. 501 sind die gemessenen Werte durch Kreise bezeichnet, während die gestrichelte Kurve den theoretischen Verlauf angibt. Man sieht, wie ausgezeichnet Theorie und Experiment übereinstimmen.

Denken wir uns den Strahler mit seiner Achse parallel zur Y-Achse im Anfang eines Koordinatensystems aufgestellt und betrachten die Ausbreitung der Welle in der positiven X-Richtung, so können wir nach Gl. (336) den elektrischen Vektor einer fortschreitenden ebenen Welle durch die Gleichung

$$(339)\qquad |\mathfrak{E}_y| = |\mathfrak{E}_0| \sin \omega\left(t - \frac{x}{v}\right) = |\mathfrak{E}_0| \sin 2\pi\left(\frac{t}{T} - \frac{x}{\lambda}\right)$$

darstellen. Für den magnetischen Vektor, der parallel der Z-Achse orientiert ist, gilt dann

$$(340)\qquad |\mathfrak{H}_z| = |\mathfrak{E}_0| \sqrt{\frac{\varepsilon}{\mu}} \sin \omega\left(t - \frac{x}{v}\right) = |\mathfrak{E}_0| \sqrt{\frac{\varepsilon}{\mu}} \sin 2\pi\left(\frac{t}{T} - \frac{x}{\lambda}\right).$$

Diese elektromagnetische Welle ist offenbar eine **Transversalwelle;** denn **elektrische und magnetische Feldstärke schwingen stets senkrecht zur Fortpflanzungsrichtung.** Ferner behält sowohl der Vektor $\mathfrak{E}_y$ wie auch der Vektor $\mathfrak{H}_z$ seine Lage im Raum ungeändert bei, anders ausgedrückt: Jeder der beiden Vektoren besitzt eine raumfeste Schwingungsebene. Solche Wellen nennt man **linearpolarisierte Wellen** (s. Band I, Nr. 76). Sie unterscheiden sich von den linear polarisierten Lichtwellen, die E. L. Malus 1808 entdeckte, nur durch die Wellenlänge.

Die von einem Dipol oder von einer stabförmigen Antenne ausgehende elektromagnetische Welle ist linear polarisiert. Der elektrische Vektor $\mathfrak{E}$ schwingt stets parallel zu den Stäben des Dipols bzw. der Antenne.

Mit Hilfe eines stabförmigen Resonators läßt sich die Polarisation leicht nachweisen; indem man den Empfänger um eine zur Sendeachse senkrechte Richtung im Strahlungsfelde dreht. Der Empfang wird ein Maximum, wenn Empfänger und Sender parallel stehen, und verschwindet, wenn beide zueinander gekreuzt sind.

Die Polarisation, d. h. die Transversalität der elektromagnetischen Wellen, hat Hertz noch auf eine andere Weise nachgewiesen. Zwischen die parallel zueinander orientierten Sender und Empfänger brachte er ein — später nach ihm benanntes — Gitter, das aus dünnen, in kleinem Abstande voneinander gespannten Metalldrähten besteht. Wird das Gitter so in den Strahlengang gebracht, daß seine Ebene senkrecht zur Verbindungslinie Sendermitte — Empfängermitte ist, und so orientiert, daß die Drahtachsen parallel dem Sender (und Empfänger) sind, so erweist es sich als undurchlässig, genau wie eine massive Metallwand; wird dagegen das Gitter in seiner Ebene gedreht, daß die Drahtachsen senkrecht zur Richtung von Sender (und Empfänger) stehen, so ist es vollkommen durchlässig für die vom Sender ausgehende Strahlung. Der Versuch zeigt also in der Tat die „Seitlichkeit" der elektrischen Wellen, d. h. die Tatsache ihrer Linearpolarisation und damit ihre Transversalität. Auf den Mechanismus der Wirkungsweise des Hertzschen Gitters gehen wir weiter unten etwas genauer ein.

Das Zustandekommen **stehender** elektromagnetischer Raumwellen vor einer Metallwand erklärt sich folgendermaßen: Unter der Annahme unendlich guten Leitvermögens der Reflexionswand muß die elektrische Feldstärke in der Wand jedenfalls Null werden, da sonst bei endlicher Feldstärke auf Grund der Differentialformulierung des Ohmschen Gesetzes $\mathfrak{j} = \sigma \mathfrak{E}$ — s. Gl. (132) auf Seite 140 — in der Wand unendlich große Stromdichten auftreten würden. Es muß also die elektrische Feldstärke der einfallenden Welle durch die einer reflektierten Welle zu Null kompensiert werden, d. h. die elektrische Feldstärke der einfallenden Welle muß bei der Reflexion eine Phasenumkehr von 180° erfahren; die elektrische Feldstärke besitzt also in der Wand einen Knoten. Da sich bei der Reflexion die Fortpflanzungsrichtung ebenfalls um 180° ändert, bleibt infolge des in Abb. 473 dargestellten Zusammenhanges zwischen $\mathfrak{E}$, $\mathfrak{H}$ und v bei der Reflexion die Richtung von $\mathfrak{H}$ erhalten. Die magnetische Feldstärke wird daher ohne Phasensprung reflektiert und hat an der Wand selbst einen Bauch.

Für die Welle in der Entfernung x von der Wand gelten also die beiden Gleichungen:

$$\mathfrak{E}_y = \mathfrak{E}_{ye} + \mathfrak{E}_{yr} = \mathfrak{E}_0 \sin 2\pi \left(\frac{t}{T} - \frac{x}{\lambda}\right) - \mathfrak{E}_0 \sin 2\pi \left(\frac{t}{T} + \frac{x}{\lambda}\right),$$

$$\mathfrak{H}_z = \mathfrak{H}_{ze} + \mathfrak{H}_{zr} = \mathfrak{E}_0 \sqrt{\frac{\varepsilon}{\mu}} \sin 2\pi \left(\frac{t}{T} - \frac{x}{\lambda}\right) + \mathfrak{E}_0 \sqrt{\frac{\varepsilon}{\mu}} \sin 2\pi \left(\frac{t}{T} + \frac{x}{\lambda}\right),$$

wobei die Indizes „e" und „r" auf „einfallende" und „reflektierte" Welle hindeuten. Durch einfache trigonometrische Umrechnung kann man diese Gleichungen folgendermaßen schreiben:

(341) $$\mathfrak{E}_y = -2\,\mathfrak{E}_0 \sin \frac{2\pi x}{\lambda} \cos \frac{2\pi t}{T},$$

(342) $$\mathfrak{H}_z = 2\,\mathfrak{E}_0 \sqrt{\frac{\varepsilon}{\mu}} \cos \frac{2\pi x}{\lambda} \sin \frac{2\pi t}{T},$$

woraus man erkennt, daß wir es mit **stehenden** Wellen zu tun haben. Aus Gl. (341) folgt, daß die elektrische Feldstärke in den Entfernungen $x = 0, \frac{\lambda}{2}, \frac{2\lambda}{2}, \ldots$ vor der Wand den Wert Null besitzt; dort befinden sich also die **Knotenstellen der elektr. Feldstärke**; in der Mitte dazwischen liegen die Bäuche derselben. Umgekehrt ist es mit der magnetischen Feldstärke: wie aus Gl. (342) hervorgeht, **fallen deren Knoten mit den Bäuchen der elektr. Feldstärke zusammen und umgekehrt.** In Abb. 502 sind die Verhältnisse schematisch dargestellt, die gestrichelten Linien geben die elektrischen, die ausgezogenen die magnetischen Kraftlinien längs einer Geraden in der Äquatorebene des Strahlers vor der Wand W wieder. Mittels des in Abb. 499 beschriebenen Resonators lassen sich der elektrische und der magnetische Anteil gesondert und insbesondere ihre gegenseitige Verschiebung um $\frac{\lambda}{4}$ nachweisen. Verschiebt man den Resonator mit seiner Ebene parallel zur Wand (Stellung I in Abb. 502), so spricht er nur auf die elektrische Feldstärke an, da

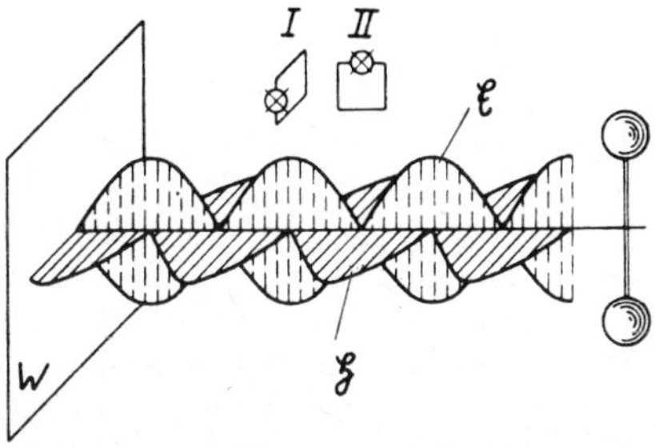

Abb. 502. Verlauf der elektrischen und magnetischen Feldstärke in einer stehenden elektrischen Welle vor einer Metallwand

seine Fläche nicht von magnetischen Kraftlinien durchsetzt wird. Wird dagegen der Kreis mit seiner Ebene senkrecht zur Wand zwischen Sender und Wand verschoben (Stellung II in Abb. 502), so spricht die nach oben und unten zeigende Glimmlampe nur im Bereiche der magnetischen Feldstärke an, da sich die in den vertikalen Teilen vom elektrischen Feld hervorgerufenen Spannungen aufheben.

Wir wollen uns noch auf eine andere Weise das Zustandekommen der stehenden Welle vor einer Metallwand anschaulich klarmachen. Trifft eine elektrische Welle senkrecht auf eine Metallwand auf, so werden durch das elektrische Wechselfeld in der Wand Wechselströme hervorgerufen. Infolge dieser parallel zum ankommenden elektrischen Vektor fließenden Ströme kann jeder Teil der Wand nach dem Huyghensschen Prinzip (s. Band I, Nr. 78) wieder als Ausgangspunkt neuer Elementarwellen aufgefaßt werden, die sich nach beiden Seiten senkrecht zur Wand zu einer ebenen Welle zusammensetzen und ausbreiten. Bei unendlich großer Leitfähigkeit der Wand haben die in ihr induzierten Ströme eine Phasendifferenz von 180° gegenüber dem Wechselfeld der ankommenden Welle, so daß sich die von der Wand ausgehenden Wellen mit einer Phasendifferenz von $\frac{\lambda}{2}$ gegenüber der ankommenden Welle ausbreiten. Wir erhalten also das in Abb. 503 gezeichnete Bild, das zeigt, wie sich vor der Wand die beiden Wellen zu einer stehenden überlagern, während sie sich hinter der Wand gerade aufheben. Selbst dünne Metallwände schirmen also elektrische Wellen ab, und zwar um so besser, je größer das elektrische Leitvermögen des Metalles ist; praktisch ist jeder einigermaßen dicke Schirm völlig undurchlässig.

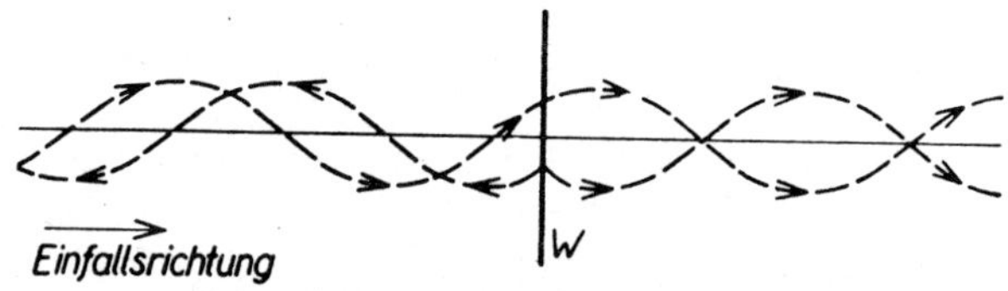

Abb. 503. Entstehung einer stehenden elektrischen Welle vor einer Metallwand

Die hier dargelegte Auffassung gibt uns nun auch einen Einblick in den Mechanismus der oben beschriebenen Wirkung des Hertzschen Gitters. Sind die Drahtachsen parallel dem Sender (und Empfänger) gerichtet, so entstehen in ihnen Wechselströme, d. h. elektrische Schwingungen, die zur Aussendung von Wellen nach vorne und hinten führen, die sich der primären Strahlung überlagern. Nach hinten heben sich die überlagerten Wellen vollkommen auf: Das Gitter ist daher in dieser Stellung ganz undurchlässig, wie es der Versuch ergibt. Nach vorne bildet sich eine stehende Welle aus; denn die auffallende Strahlung wird vom Gitter reflektiert, wie von einer massiven Metallwand, was man leicht nachweist, indem man statt dieser ein Gitter benutzt. Die Wechselströme kommen im Gitter aber nicht zustande, wenn die Drahtachsen senkrecht zur Längsrichtung von Sender (und Empfänger) stehen; dann ist das Gitter wirkungslos: Es reflektiert nichts, sondern läßt alles durch.

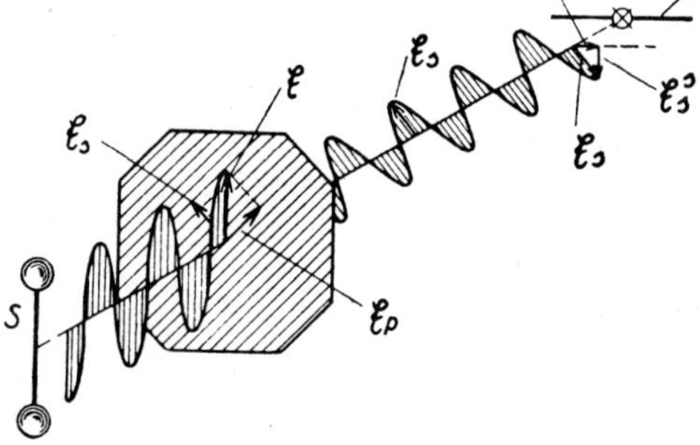

Abb. 504. Drehung der Polarisationsebene einer elektrischen Welle durch ein Metalldrahtgitter

Eine lehrreiche Variante des Gitterversuches ist die folgende: Wenn Sender und Empfänger gekreuzt sind (Abb. 504), so spricht letzterer auf die vom Sender ausgehende linearpolarisierte Strahlung nicht an; auch das Einschieben eines Gitters in den Strahlengang ändert daran nichts, wenn die Drahtachsen entweder der Längsrichtung des Senders oder der dazu senkrechten des Empfängers parallel sind. Bilden dagegen die Drahtachsen mit der Richtung des Empfängers einen von 0° oder 90° verschiedenen Winkel α, z. B. 45°, so leuchtet das Indikatorlämpchen des Empfängers wieder auf. Dies erklärt sich folgendermaßen: Wie Abb. 504 zeigt, kann man den Vektor $\mathfrak{E}$ der elektrischen Feldstärke in zwei Komponenten $\mathfrak{E}_p$ und $\mathfrak{E}_s$ parallel und senkrecht zu den Gitterdrähten zerlegen. Während $\mathfrak{E}_p$ reflektiert wird, geht $\mathfrak{E}_s$ ungeschwächt durch das Gitter hindurch. Eine nochmalige Zerlegung von $\mathfrak{E}_s$ am Empfänger in $\mathfrak{E}_s{}^p$ und $\mathfrak{E}_s{}^s$ parallel und senkrecht zur Längsrichtung des Empfängers liefert die vom letzteren aufgenommene Feldstärke $\mathfrak{E}_s{}^p$. Man erkennt leicht, daß bei der doppelten Zerlegung

$$| \mathfrak{E}_s{}^p | = | \mathfrak{E}_s | \cos\alpha = | \mathfrak{E} | \sin\alpha \cos\alpha$$

wird: $| \mathfrak{E}_s{}^p |$ wird ein Maximum für $\alpha = 45°$; der besprochene Versuch gelingt also am besten, wenn dieser Winkel gewählt wird.

Dieser Versuch hat ein optisches Analogon: bringt man zwischen gekreuzte Nicols, die also kein Licht hindurchlassen, eine doppelbrechende Platte, z. B. ein Spaltungsblättchen von Glimmer oder Gips, so tritt eine Aufhellung des Gesichtsfeldes ein. Die Erklärung ist die nämliche wie hier. Der Lichtvektor, den wir wieder mit $\mathfrak{E}$ bezeichnen wollen, zerlegt sich im doppelbrechenden Medium in zwei Komponenten $\mathfrak{E}_p$ und $\mathfrak{E}_s$, und eine nochmalige Zerlegung liefert dann eine Komponente, die vom zweiten Nicol hindurchgelassen wird. Genauer können wir hierauf erst in der Optik eingehen. Das Gitter verhält sich also wie ein doppelbrechender Kristall; in der Tat ist ja auch das Gitter anisotrop, da es sich in Richtung der Drahtachsen anders verhält als senkrecht dazu.

Eine Bemerkung zum Gitterversuch soll noch hinzugefügt werden. Nach dem Obigen beruht das Funktionieren des Gitters darauf, daß in den Drähten bei entsprechender Stellung Wechselströme, d. h. Leitungsströme erzeugt werden. Nun kann man anstatt der Metalldrähte auch isolierendes Material nehmen, indem man z. B. die Drähte durch mit Wasser oder Nitrobenzol gefüllte dünne Glasröhren ersetzt; auch dieses dielektrische Gitter funktioniert genau so wie das gewöhnliche Hertzsche Drahtgitter. Es müssen also auch in den dielektrischen „Drähten" Ströme fließen, und zwar können dies nur Verschiebungsströme sein, die das Charakteristikum der Maxwellschen Theorie sind. In dieser modifizierten Form stellt also der Gitterversuch einen direkten experimentellen Beweis für die Existenz der Verschiebungsströme dar.

Energetische Betrachtungen: der Poyntingsche Satz. Wir ergänzen die bisherigen Darlegungen durch eine Untersuchung der Energieverhältnisse in einer Welle und die Energiestrahlung von Sendern.

Wenn wir an den einfachsten Fall einer ebenen elektromagnetischen Welle anknüpfen, die durch die Gl. (339) und (340) bestimmt ist, so ist die Energiedichte, d. h. die Energie in der Volumeneinheit, teils elektrischer, teils magnetischer Natur. Für die elektrische Energiedichte hat man

$$\frac{E_e}{Vol} = \frac{\varepsilon}{8\pi}\mathfrak{E}^2 = \frac{\varepsilon}{8\pi}\mathfrak{E}_0{}^2 \sin^2\omega\left(t - \frac{x}{v}\right), \tag{343}$$

für die magnetische ebenso:

$$\frac{E_m}{Vol} = \frac{\mu}{8\pi}\mathfrak{H}^2 = \frac{\mu}{8\pi}\mathfrak{H}_0{}^2 \sin^2\omega\left(t - \frac{x}{v}\right) = \frac{\varepsilon}{8\pi}\mathfrak{E}_0{}^2 \sin^2\omega\left(t - \frac{x}{v}\right), \tag{344}$$

die sich beide in jedem Augenblicke als gleich erweisen. Die gesamte Energiedichte ist demnach

$$\frac{E}{Vol} = \frac{\varepsilon}{4\pi}\mathfrak{E}_0{}^2 \sin^2\omega\left(t - \frac{x}{v}\right) = \frac{\varepsilon}{4\pi}\mathfrak{E}^2.$$

Im Zeitelement dt erfüllt die Strahlungsenergie einen Zylinder von der Grundfläche A und der Höhe vdt. Es gilt also:

$$dE = \frac{\varepsilon}{4\pi}\mathfrak{E}^2 \cdot A \cdot vdt.$$

Bezeichnet man die Energie, die in der Zeit dt durch die Fläche A hindurchtritt, mit S, so erhält man:

$$\frac{1}{A}\frac{dE}{dt} = \mathrm{S} = \frac{\varepsilon v}{4\pi}\mathfrak{E}^2. \tag{345}$$

Man kann diesen Betrag etwas anders schreiben, indem man für v seinen Wert $\frac{c}{\sqrt{\varepsilon\mu}}$ einführt; man erhält dann für S:

$$S = \sqrt{\frac{\varepsilon}{\mu}} \frac{c}{4\pi} \mathfrak{E}^2 ,$$

und wenn man beachtet, daß $|\mathfrak{H}| = \sqrt{\frac{\varepsilon}{\mu}} |\mathfrak{E}|$ ist, ergibt sich schließlich der Ausdruck:

$$S = \frac{c}{4\pi} |\mathfrak{E}| |\mathfrak{H}| = \frac{c}{4\pi} |\mathfrak{E}_0| |\mathfrak{H}_0| \sin^2 \omega \left(t - \frac{x}{v}\right). \tag{346}$$

S ist die Strahlungsenergie pro Zeitelement und Fläche. Diese Bezeichnung ist deshalb nicht ganz exakt, weil S zeitlich veränderlich ist; was man mißt, ist immer nur der Mittelwert während der Beobachtungsdauer. Um den Mittelwert $\bar{S}$ zu finden, hat man den Ausdruck Sdt über eine ganze Periode T zu integrieren und dann durch T zu dividieren:

$$\bar{S} = \frac{1}{T} \int_0^T S dt .$$

$\bar{S}$ ist im eigentlichen Sinne die Strahlungsmenge pro Zeit. Im obigen Falle gibt das, da der Mittelwert des Sinusquadrates gleich $\frac{1}{2}$ ist, genau die Hälfte des Wertes von S; $\bar{S}$ ist dann also:

$$\bar{S} = \frac{c}{8\pi} |\mathfrak{E}_0| |\mathfrak{H}_0| .$$

Man erkennt ferner folgendes: Die Strahlung hat nicht nur einen bestimmten Betrag, sondern auch eine Richtung, nämlich die Fortpflanzungsrichtung der Wellen. Man kann daher S als den Betrag eines Vektors $\mathfrak{S}$, des sogenannten **Strömungsvektors (Strahlvektors, Vektors der Energieströmung)** betrachten. Der „Fluß" dieses Vektors durch ein Flächenelement dA, d. h. die Größe $|\mathfrak{S}_n| \, dA$, gibt dann die pro sec durch dA hindurchströmende Energiemenge an: Der Ausdruck ist ganz analog gebildet, wie z. B. der magnetische Fluß $|\mathfrak{B}_n| \, dA$ usw. Der Gesamtfluß durch eine endliche Fläche ergibt sich dann durch Summation zu $\int |\mathfrak{S}_n| \, dA$. In der Vorstellung der Feldtheorie ist die Energiedichte nicht nur in den Volumenelementen des Raumes lokalisiert, sondern sie strömt auch in bestimmten Bahnen, wie eine inkompressible Flüssigkeit. Der Ausdruck $v_n dA$ gibt ja ebenso die Flüssigkeitsmenge an, die in der Zeit durch dA hindurchtritt, wenn v die Geschwindigkeit der Flüssigkeitsströmung ist. Diese Vorstellung ist von O. Heaviside und J. H. Poynting (1884) ausgebildet worden, weswegen man $\mathfrak{S}$ auch den **Poyntingschen Vektor** nennt.

In dem obigen Beispiel der ebenen Welle stehen $\mathfrak{E}$ und $\mathfrak{H}$ senkrecht aufeinander; ist dies nicht der Fall, so ist der Betrag des Poyntingschen Vektors, wie die Theorie zeigt, in Verallgemeinerung des Ausdrucks (346), gegeben durch:

$$\mathfrak{S} = \frac{c}{4\pi} \mathfrak{E} \times \mathfrak{H} . \tag{347}$$

Die Richtung von $\mathfrak{S}$ steht dabei senkrecht auf der durch $\mathfrak{E}$ und $\mathfrak{H}$ gebildeten Ebene, und zwar so, daß die Richtungen $\mathfrak{E}$, $\mathfrak{H}$, $\mathfrak{S}$ sich verhalten wie die x-, y-, z-Richtungen eines rechtshändigen Koordinatensystems, wie wir es immer zugrunde gelegt haben.

Denken wir uns jetzt irgendein elektromagnetisches System (z. B. einen oder mehrere Sender, Antennen, Generatoren o. dgl.) von einer geschlossenen Hülle A umgeben; tritt durch diese Hülle nach außen Energie in Form von Strahlung heraus, so muß natürlich die innerhalb der Hülle befindliche Energie um den Betrag der Strahlung abnehmen; das Umgekehrte, nämlich Zunahme der Energie, findet statt, wenn Strahlung von außen her in die Hülle eindringt. Diese von außen einströmende Strahlung wird allerdings im allgemeinen nur zum Teil in elektrische und magnetische Energie umgewandelt, da auch Joulesche Wärme Q erzeugt werden kann. Das Energieprinzip verlangt also, daß die sekundliche Zunahme der elektrischen und magnetischen Energie, d. h.

$\frac{\partial}{\partial t}(E_e + E_m)$, vermehrt um die sekundlich erzeugte Joulesche Wärme $\partial Q/\partial t$ gleich ist dem Fluß des Vektors $\mathfrak{S}$ durch die Hülle nach innen:

(348) $$\frac{\partial}{\partial t}(E_e + E_m + Q) = \int |\mathfrak{S}_n| \, dA \,.$$

Dieser Satz, der als das **Poyntingsche Theorem** bezeichnet wird, ist, wie man sieht, nichts anderes als die Anwendung des Energieprinzips auf ein elektromagnetisches System.

Wir betrachten im folgenden das Beispiel der Strahlung eines Hertzschen Senders (Dipols), den wir etwa mit einer großen Kugelfläche A umhüllen wollen, in deren Zentrum er sich befindet. Hat der Sender die Länge l und die Grundwelle λ, so wird, wie wir hier ohne Beweis angeben, in der Zeit einer Periode T die Strahlungsenergie

(349) $$E = SAT = \frac{16\pi^4 l^2 q_0^2}{3\lambda^3}$$

nach allen Richtungen radial ausgestrahlt: q_0 ist dabei die Ladungsamplitude auf den Kugeln des Dipols: statt q_0 kann man nach der Gl. $q_0 = CU_0$ auch die Spannungsamplitude U_0 einführen; C ist die Kapazität einer Kugel, für die man — wenigstens angenähert — ihren Radius R einsetzen kann. So erhält man:

(349a) $$E = \frac{16\pi^4 l^2 R^2 U_0^2}{3\lambda^3}.$$

In einem konkreten, von Hertz durchgerechneten Fall waren die Daten des benutzten Dipols folgende:

Länge des Dipols $l = 100$ cm,
Radius der Endkugeln $R = 15$ cm,
Spannungsamplitude U_0 gleich dem halben Funkenpotential der in der Dipolmitte angebrachten Funkenstrecke, gleich 15000 Volt = 50 elektrostatische Einheiten,
Wellenlänge $\lambda = 480$ cm.

Setzt man diese Werte in die letzte Gleichung ein, so erhält man für die Strahlungsenergie in der Zeit einer Periode:

$$E = \frac{16}{3}\,\frac{\pi^4 \cdot 10^4 \cdot 15^2 \cdot 50^2}{480^3} = 26\,400 \text{ erg.}$$

Die zu Beginn der Schwingung im Erreger vorhandene Energie, nämlich die elektrostatische Energie der beiden Kugeln beträgt:

$$E_0 = 2\,\frac{1}{2}\,CU_0^2 = 15 \cdot 50^2 = 37\,500 \text{ erg.}$$

Man sieht hieraus, daß die Schwingungen des Strahlers sehr stark gedämpft sein müssen, wenn ihm nicht pro Schwingungsdauer 26400 erg zugeführt werden. Nach Gl. (292b) auf Seite 319 erhalten wir für das durch die Abstrahlung bedingte Dekrement

$$\vartheta = \frac{1}{2}\,\frac{26\,400}{37\,500} = 0{,}35.$$

Es ist interessant, den pro Zeit T ausgestrahlten Energiebetrag, d. h. die Leistung N festzustellen unter der Voraussetzung, daß dem Dipol kontinuierlich Energie zugeführt wird. Bei einer Wellenlänge $\lambda = 480$ cm ist $T = 1{,}6 \cdot 10^{-8}$ sec; das ergibt:

$$N = \frac{1}{T}E = \frac{26\,400}{1{,}6 \cdot 10^{-8}} = 1{,}65 \cdot 10^{12} \text{ erg/sec} = 1{,}65 \cdot 10^5 \text{ Watt} = 165 \text{ kW.}$$

Ein unter den angeführten Bedingungen kontinuierlich mit ungedämpften Schwingungen arbeitender Sender würde also pro Sekunde die ungeheure Energie von 165000 Joule ausstrahlen. Dies entspricht tatsächlich der Leistung moderner Ultrakurzwellensender.

Wenn wir eine sinusförmig sich ändernde Ladung auf dem Dipol annehmen: $q = q_0 \sin \omega t$, finden wir für den Strom im Dipol:

$$(350) \qquad J = \frac{dq}{dt} = q_0 \, \omega \cos \omega t = J_0 \cos \omega t \, .$$

Die maximale Stromstärke beträgt also:

$$J_0 = \omega \, q_0 \, ;$$

da $q_0 = CU_0 \approx rU_0$ in unserem Falle gleich $15 \cdot 50$ elektrostatischen Einheiten ist, erhalten wir mit den oben angegebenen Daten:

$$J_0 = \frac{2 \pi r U_0}{T} = \frac{2 \pi \cdot 15 \cdot 50}{1{,}6 \cdot 10^{-8}} \, \mathrm{cm}^{3/2} \, \mathrm{g}^{1/2} \, \mathrm{s}^{-2} \triangleq 98 \, \mathrm{A}.$$

Auch dies entspricht etwa den Verhältnissen eines modernen Ultrakurzwellensenders.

Völlig anders liegen die Verhältnisse, wenn man den Strahler mit einem Funkeninduktor betreibt, wie es zu Hertz' Zeiten allein möglich war. Der Strahler erhält dann bei jedem Stromschluß und jeder Öffnung im Primärkreis einmal den Energiebetrag $E_0 = 37\,500$ erg zugeführt, der dann ausgestrahlt wird, und zwar innerhalb weniger Schwingungen, entsprechend dem Dämpfungsdekrement von etwa 0,35; in rund 7 Schwingungen (siehe hierzu Gl. (292a) auf Seite 319) von der Periode $T = 1{,}6 \cdot 10^{-8}$ sec, also in einer Gesamtemissionszeit von $1{,}1 \cdot 10^{-7}$ sec, sinkt die Amplitude der elektrischen Feldstärke auf den 10ten, die Energie des Strahlers also auf den 100ten Teil. Bei einer Erregung durch einen Induktor 500mal in der Sekunde, wird 500mal der Energiebetrag 37500 erg = 18750000 erg = 1,875 Watt dem Strahler zugeführt, also auch nicht mehr als dieser Betrag ausgestrahlt. Man sieht, welch ungeheurer Unterschied zwischen den beiden Fällen kontinuierlicher Erregung und Erregung durch ein Induktorium besteht. Bei Betrieb mit dem letzteren kommt in Abständen von $^1/_{500}$ sec eine Emission vor, deren jede sich auf die Zeit von $7\,T = 1{,}1 \cdot 10^{-7}$ sec zusammendrängt, natürlich gedämpft. Das Bild der dann ausgestrahlten Wellen, als Funktion der Zeit aufgetragen, würde etwa der Abb. 505 entsprechen; nur sind in der Abbildung die Abstände zwischen den einzelnen Emissionen etwa 10 000 mal zu klein gehalten, da sonst das Verhalten nicht in einer einzigen Figur hätte dargestellt werden können.

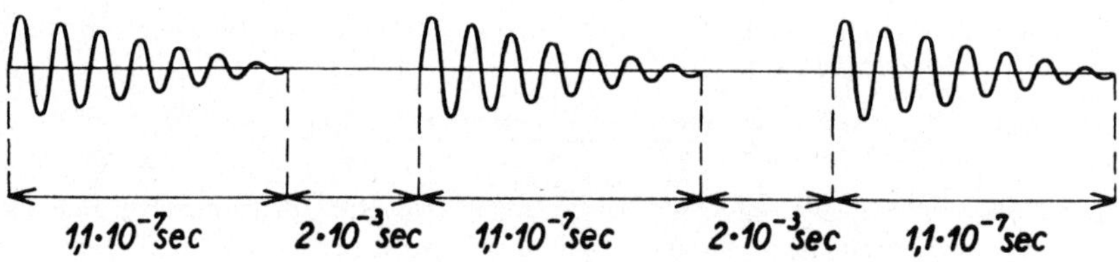

Abb. 505. Von einem funkenerregten Strahler ausgesandte gedämpfte Wellenzüge

Wie bereits erwähnt, werden durch die Strahlung die Schwingungen des Senders gedämpft, wenn keine Energiezufuhr stattfindet. In Analogie zu der durch den Ohmschen Widerstand bedingten „Verlustdämpfung" spricht man bei einem Strahler von einer „**Strahlungsdämpfung**". Für diese kann man formal einen **Strahlungswiderstand** R_{St} verantwortlich machen, den man sich im Strombauch des Strahlers eingeschaltet denkt und durch die Gleichung definiert:

$$(351) \qquad N = R_{St} J^2_{eff} ,$$

wobei J_{eff} die an dieser Stelle im Sender fließende Effektivstromstärke unter Annahme quasistationärer Stromverteilung bedeutet. Ist letzteres, wie bei dem stabförmigen Erreger, nicht der Fall, so muß man die Stromstärke mit einem von der Stromverteilung abhängigen Formfaktor

$\alpha\,(<1)$ reduzieren. Für den Hertzschen Dipol findet man den Strahlungswiderstand, wenn man aus Gl. (349) nach Division durch $T = \lambda/c$ die Strahlungsleistung ermittelt und beachtet, daß $q_0 = J_0/\omega = J_{eff}\sqrt{2}/\omega$ ist:

$$R_{St} = \frac{8\,\pi^2}{3\,c}\left(\frac{l}{\lambda}\right)^2 \text{ bzw. } R^*{}_{St} = \frac{2\,\pi}{3}\cdot\mu_0\,c\left(\frac{l}{\lambda}\right)^2. \tag{351a}$$

Für einen in der Grundschwingung erregten stabförmigen Oszillator, für den stets $l = \frac{1}{2}\lambda$ ist und bei dem man J_0 infolge nichtquasistationärer Stromverteilung mit dem Formfaktor $\frac{2}{\pi}$ multiplizieren muß, findet man

$$R^*{}_{St} = 80 \text{ Ohm}. \tag{351b}$$

Strahlungscharakteristik. Die in Gl. (349) angegebene Strahlung eines Dipols wird keineswegs gleichmäßig durch jede Flächeneinheit einer den Sender konzentrisch umgebenden Kugelfläche ausgesendet, sondern ist stark richtungsabhängig. Dies geht deutlich aus den Feldlinienbildern der Abb. 497a und b sowie 498 hervor, von denen die beiden ersteren ein Momentbild der elektrischen, die letztere eines der magnetischen Feldlinien darstellt. Diese sind Kreise in Ebenen parallel der Äquatorebene, jene dagegen verlaufen in den Meridianebenen einer den Sender umgebenden konzentrischen Kugel vom Radius r. In Richtung der Sendeachse sind gar keine elektrischen Feldlinien vorhanden ($\mathfrak{E} = 0$), folglich kann nach dem Poyntingschen Satze (347) in dieser Richtung gar keine Strahlung vorhanden sein. Die Theorie bestätigt dies, indem sie für die beiden Feldstärken in großer Entfernung vom Sender die Ausdrücke liefert:

$$\begin{aligned} |\mathfrak{E}| &= \frac{\omega^2\,q_0\,l}{c^2\,r}\sin\omega\left(t - \frac{x}{v}\right)\sin\vartheta\,, \\ |\mathfrak{H}| &= \frac{\omega^2\,q_0\,l}{c^2\,r}\sin\omega\left(t - \frac{x}{v}\right)\sin\vartheta\,, \end{aligned} \tag{352}$$

aus denen zunächst hervorgeht, daß elektrische und magnetische Energie auch hier gleich groß sind. Wie Abb. 506 zeigt, stehen $\mathfrak{E}$ und $\mathfrak{H}$ auch senkrecht aufeinander in den vorhin erklärten Richtungen; ϑ ist der Winkel, den der Radiusvektor r mit der Senderachse bildet. Die abgestrahlte Energie ist also proportional $\overline{|\mathfrak{E}||\mathfrak{H}|}$ oder $\overline{\mathfrak{E}^2}$, d. h. proportional $\sin^2\vartheta$. Trägt man also $|\mathfrak{E}||\mathfrak{H}|$ oder $\mathfrak{E}^2$ in Abhängigkeit von dem Winkel ϑ in einem Polardiagramm von der Dipolmitte aus auf, so erhält man die sogenannte **Strahlungscharakteristik** des Strahlers. In Abbildung 507 ist diese für einen in der Grundschwingung erregten Hertzschen Dipol wiedergegeben. Die gesamte Strahlung erfolgt innerhalb eines den Strahler ringförmig umgebenden Wulstes mit dem Maximum in der Äquatorebene. Die Form der Strahlungscharakteristik ändert sich stark mit der Art der Erregung des Strahlers. Z. B. zeigt Abb. 508 die Charakteristik eines stabförmigen Senders bei Erregung in der dritten Oberschwingung; die Hauptstrahlung erfolgt jetzt unter einem Winkel von $\pm\,46°$ zur Senderachse, während in der Äquatorebene nur ein kleiner Teil ausgestrahlt wird.

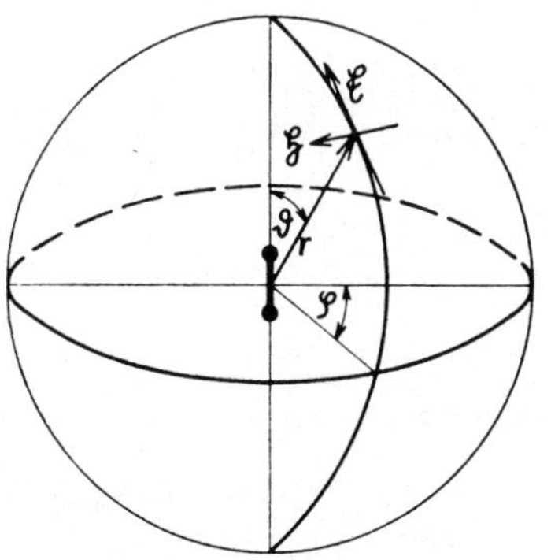

Abb. 506. Polarkoordinaten um einen Dipol

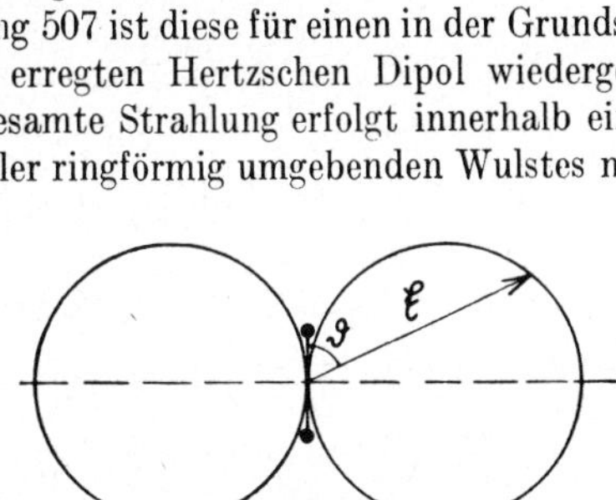

Abb. 507. Strahlungscharakteristik eines Hertzschen Dipols

In Abb. 509 ist schließlich noch die Charakteristik für den gleichen Sender bei Erregung in der fünften Oberschwingung wiedergegeben (vgl. Richtcharakteristik von Schallsendern, Bd. I, Nr. 83).

Man kann sich das Zustandekommen der Charakteristik anschaulich erklären, wenn man sich den ganzen Sender aus einer großen Anzahl unendlich kleiner Dipole von der Länge dl zusammengesetzt denkt, die entsprechend der auf dem Strahler herrschenden Stromverteilung schwingen und Elementarwellen aussenden. Deren Überlagerung ergibt an dem betreffenden Feldpunkt durch Interferenz entweder eine Verstärkung oder Abschwächung, je nach der zwischen ihnen bestehenden Phasendifferenz.

Strahlungsdruck. Zum Schluß dieser Nummer müssen wir noch eine Besonderheit der elektromagnetischen Wellen besprechen. Beim Auftreffen auf ein Hindernis üben sie nämlich auf dieses einen Druck, den sogenannten **Strahlungsdruck**, aus. Die Größe desselben ergibt sich folgendermaßen: Wir betrachten den einfachsten Fall, daß die Welle senkrecht auf eine unendlich gut leitende Metallwand auftrifft, von der sie vollständig reflektiert wird. Wir haben also die Bedingungen der Gl. (341) und (342) vor uns, wonach

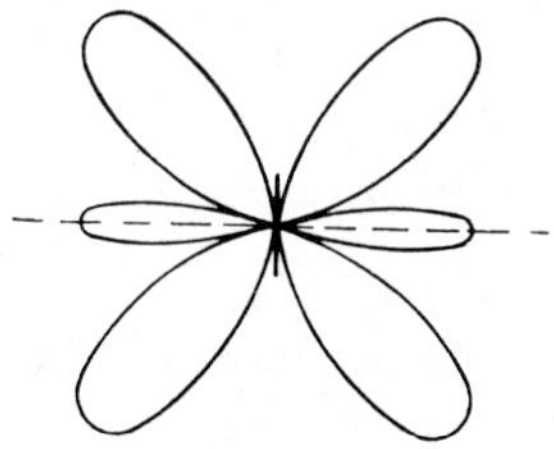

Abb. 508. Strahlungscharakteristik eines linearen Oszillators bei Erregung in der dritten Oberschwingung

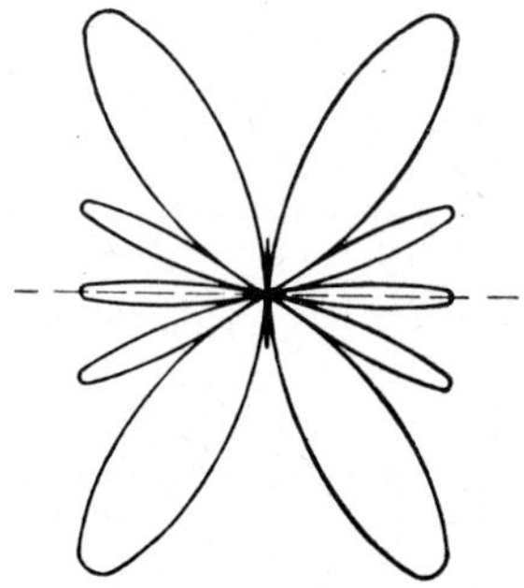

Abb. 509. Strahlungscharakteristik eines stabförmigen Oszillators bei Erregung in der fünften Oberschwingung

$$|\mathfrak{E}| = -2\,|\mathfrak{E}_0|\sin\frac{2\pi x}{\lambda}\cos\frac{2\pi t}{T},$$

$$|\mathfrak{H}| = 2\sqrt{\frac{\varepsilon}{\mu}}\,|\mathfrak{E}_0|\cos\frac{2\pi x}{\lambda}\sin\frac{2\pi t}{T}$$

ist. In der Vorderseite der Metallwand, d. h. für $x = 0$, liegt ein Knoten der elektrischen und ein Bauch der magnetischen Feldstärke, die dort den Wert

$$|\mathfrak{H}_{x=0}| = 2\sqrt{\frac{\varepsilon}{\mu}}\,|\mathfrak{E}_0|\sin\frac{2\pi t}{T}$$

annimmt; der magnetische Feldvektor $\mathfrak{H}$ liegt tangential zur Wand. In Richtung der magnetischen Kraftlinien besteht ein Zug, senkrecht zu ihrer Richtung ein Druck von der Größe $\frac{\mu}{8\pi}\mathfrak{H}^2$, wie auf Seite 121 dargelegt. In unserem Falle herrscht also an der Wand ein (zeitlich variabler) Druck

$$p = \frac{\mu}{8\pi}\mathfrak{H}^2 = \frac{\mu}{8\pi}\,4\,\frac{\varepsilon}{\mu}\,\mathfrak{E}_0^2\sin^2\frac{2\pi t}{T} = \frac{\varepsilon}{2\pi}\,\mathfrak{E}_0^2\sin^2\frac{2\pi t}{T},$$

dessen (allein beobachtbarer) Mittelwert genau die Hälfte beträgt:

$$\bar{p} = \frac{\varepsilon}{4\pi}\mathfrak{E}_0^2 = \frac{\varepsilon}{8\pi}\mathfrak{E}_0^2 + \frac{\mu}{8\pi}\mathfrak{H}_0^2\,. \tag{353}$$

Dieser Wert ist aber gleich der Energiedichte an der Wand, wie aus der obigen Herleitung hervorgeht. Das gilt nicht nur im Falle einer unendlich gut leitenden Wand, sondern ganz allgemein. Wenn die Wand ein endliches Leitvermögen hat, wird die einfallende Welle nicht vollständig, sondern nur zum Teil reflektiert, so daß die elektrische Feldstärke an der Wand nicht vollständig verschwindet; daher trägt in diesem Falle auch die elektrische Feldstärke zum Druck bei, aber entsprechend ist die magnetische Feldstärke kleiner als vorher. Wenn die Welle zum Teil noch durch die Wand hindurchdringt, so tritt auch auf der Rückseite ein Druck auf, der von dem auf die Vorderseite wirkenden abzuziehen ist. Bezeichnet man in diesem allgemeinen Falle die Amplitude der reflektierten elektrischen Welle mit $\mathfrak{E}_r$, die der durchgelassenen mit $\mathfrak{E}_d$, so ist allgemein

$$\bar{p} = \frac{\varepsilon}{8\pi} (\mathfrak{E}_0^2 + \mathfrak{E}_r^2 - \mathfrak{E}_d^2). \tag{353a}$$

Der Strahlungsdruck ist um so größer, je mehr die Wand reflektiert und je weniger sie durchläßt; Gl. (353a) enthält alle denkbaren Spezialfälle in sich. Ist die Wand unendlich gut leitend, so ist $\mathfrak{E}_r = \mathfrak{E}_0$, $\mathfrak{E}_d = 0$, und wir haben den Fall, der der Ableitung der Gl. (353) zugrunde gelegt war. Ist die Wand vollkommen absorbierend (vollkommen „schwarz"), so ist $\mathfrak{E}_r = \mathfrak{E}_d = 0$, und der Druck wird dann

$$\bar{p} = \frac{\varepsilon}{8\pi} \mathfrak{E}_0^2,$$

d. h. halb so groß wie im Falle der Gl. (353); da die reflektierte Welle jetzt fehlt, ist aber auch die Energiedichte nur halb so groß wie vorher.

Die in der Literatur sich noch häufig vorfindende Behauptung, daß die Ausübung eines Druckes eine allgemeine Eigenschaft aller Wellenarten sei, ist unrichtig; der Strahlungsdruck ist vielmehr ein Charakteristikum der elektromagnetischen Welle. Allerdings übt eine Schallwelle unter Umständen (siehe Band I, Nr. 85) **auch einen Druck auf ein Hindernis aus, der ebenfalls gleich der Energiedichte** ist. Aber hier liegen besondere Verhältnisse vor, da ein Schallstrahlungsdruck bei kleinen Amplituden, wenn man die Gleichungen als linear betrachten kann, nicht auftritt; er verdankt seine Entstehung quadratischen Gliedern. Nun sind freilich die Maxwellschen Gleichungen linear, aber die Maxwellschen Spannungen sind quadratisch in den Feldstärken. In der gewöhnlichen Elastizitätstheorie sind zwar auch elastische Spannungen vorhanden, aber diese sind linear in den Verrückungen, weil (und solange) das Hookesche Gesetz gilt. Daher zeigen elastische Wellen keinen Strahlungsdruck unter den normalen Bedingungen, solange eben das Hookesche Gesetz gültig ist. Die elektromagnetischen Wellen aber zeigen den Strahlungsdruck, wie klein auch ihre Amplitude sei, da die Maxwellschen Spannungen immer quadratisch in den Feldstärken sind.

Der Betrag des Strahlungsdruckes ist im allgemeinen sehr klein, und es bedurfte schwieriger experimenteller Untersuchungen, um Existenz und Größe desselben nachzuweisen. Dies gelang zuerst P. Lebedew (1900) und dann E. F. Nichols und G. F. Hull (1903); später sind sorgfältige Messungen von W. Gerlach und A. Golsen (1923) angestellt worden, die innerhalb der Fehlergrenzen der Versuchsanordnung (2%) vollkommene Übereinstimmung mit dem theoretischen Wert ergaben. In der Optik werden wir auf den Strahlungsdruck (**Lichtdruck**) nochmals zurückkommen und dann auch indirekte Verfahren zu seinem Nachweis kennenlernen.

56. Wesensgleichheit der elektromagnetischen Wellen mit den Lichtwellen; das elektromagnetische Spektrum.

Durch die in der vorhergehenden Nummer beschriebenen Versuche hat H. Hertz zuerst den Nachweis von der Existenz elektrischer und magnetischer Wellen erbracht und damit gleichzeitig auch den Nachweis der Existenz der Verschiebungsströme geführt. Auf diese Versuche wiesen wir bereits in Nr. 39 hin, als wir den Verschiebungsstrom einführten. Das Vorkommen elektromagnetischer Transversalwellen in Isolatoren ist, wie wir bei Ableitung der Wellengleichung auf Seite 360 betonten, ein direkter Beweis für die Existenz des Verschiebungsstromes. Die Versuche von H. Hertz bedeuten somit den Sieg der Maxwellschen Theorie über die ältere Elektrodynamik, d. h. den Sieg der Feldauffassung über die Anschauung der Fernwirkung.

Zu der Zeit, als Maxwell seine Theorie schuf, waren elektrische Wellen in Isolatoren unbekannt, die Einführung der Verschiebungsströme war eine reine Hypothese, die durch keinerlei experimentelle Ergebnisse gestützt werden konnte. Aber Maxwell besaß wissenschaftliche Kühnheit genug, um sich dadurch nicht zurückschrecken zu lassen: ja, er behauptete sogar zuversichtlich, daß es solche elektrische Transversalwellen wirklich gäbe, daß nämlich die Lichtwellen solche elektromagnetischen Wellen seien, wie seine Theorie sie fordere. Zu dieser Annahme wurde Maxwell durch die Tatsache geführt, daß die Geschwindigkeit der elektrischen Wellen im Vakuum durch die Konstante c bestimmt ist; für diese Größe, die die quantitativen Beziehungen zwischen dem elektromagnetischen und elektrostatischen Maßsystem regelt (s. Seite 189), war bereits 1857 von W. Weber und R. Kohlrausch der Wert $c = 3 \cdot 10^{10}$ cm/sec, also gerade der Wert der Lichtgeschwindigkeit gefunden worden (s. Seite 190). Die Versuche von Hertz lieferten zuerst den experimentellen Beweis, daß sich die von einem Strahler ausgehenden elektrischen Wellen mit Lichtgeschwindigkeit im Raum ausbreiten und von einer Metallwand ebenso reflektiert werden wie die Lichtwellen von einem Spiegel.

Diese Reflexionswirkung von Metallschirmen veranlaßte bereits Hertz zum Bau parabolischer Zylinderspiegel, um die von einem Dipol ausgehenden Wellen zu bündeln, oder umgekehrt, ankommende Wellen in einer Brennlinie zu konzentrieren. Zu diesem Zweck müssen Sender und Empfänger in der Brennlinie je eines Parabolspiegels angebracht werden, wie es Abb. 510 schematisch zeigt; die von der Brennlinie des Senderspiegels S ausgehenden Wellen werden durch den Parabolspiegel zu ebenen Wellen (also parallelen Strahlen) gemacht, die dann in der Brennlinie des Empfangsspiegels E wieder konzentriert werden. Stellt man die beiden Spiegel nach Abb. 511 mit ihrer Strahlrichtung schräg zu einer ebenen Metallwand, so kann man die reguläre Reflexion der Wellen an der Wand und die Gültigkeit des Reflexionsgesetzes (Einfallswinkel = Reflexionswinkel, s. Band I, Nr. 79) zeigen. Schließlich gelang es Hertz noch zu beweisen, daß elektrische Wellen beim schrägen Auftreffen auf einen Isolator von anderer Dielektrizitätskonstante nach dem Snelliusschen Brechungsgesetz (s. Band I, Nr. 79) eine Brechung erfahren. Er ließ zu diesem Zwecke ein paralleles Wellenbündel auf ein Prisma aus Pech fallen (Abb. 512); aus der Ablenkung des Strahles läßt sich die Geschwindigkeit der Welle im Prismenmaterial bestimmen. Sie ergab sich zu $c/\sqrt{\varepsilon}$ ($\mu = 1$ für Pech). Die Brechung von Flüssigkeiten höherer Dielektrizitätskonstante (Petroleum, Benzol, Rizinusöl usw.) läßt sich einfach zeigen, indem man in ein paralleles Wellenbündel in geeigneter Entfernung vor einem linearen Empfänger E (Abb. 513) eine Flasche F mit der betreffenden Flüssigkeit

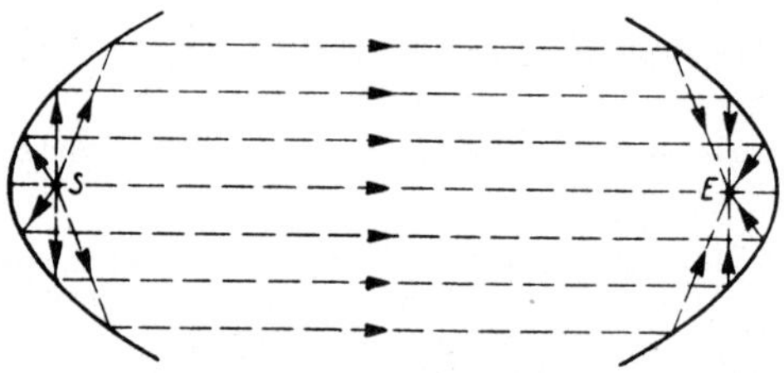

Abb. 510. Parabolspiegelversuch nach Hertz

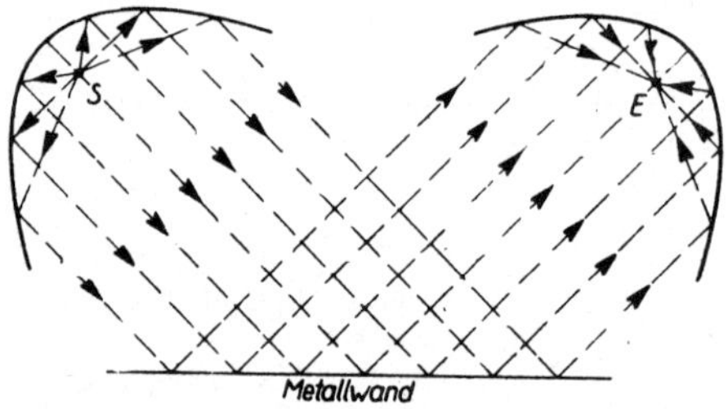

Abb. 511. Reflexion elektrischer Wellen an einer Metallwand

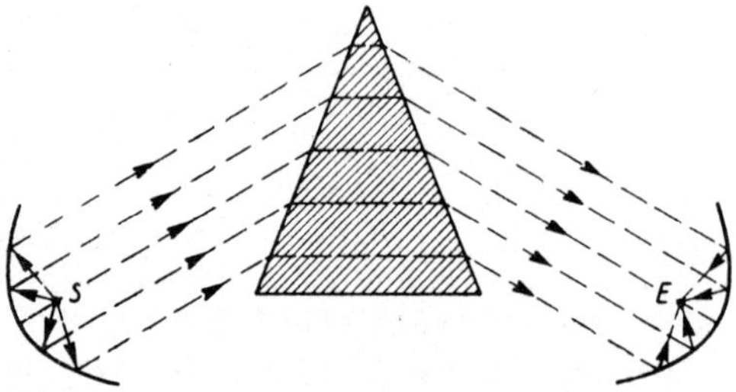

Abb. 512. Brechung elektrischer Wellen in einem Pechprisma

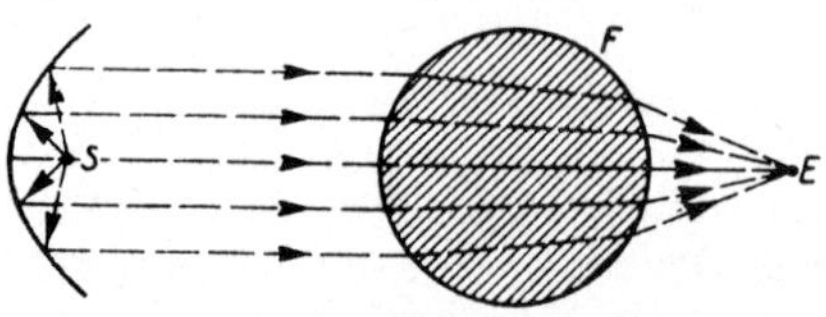

Abb. 513. Brechung elektrischer Wellen durch eine mit Petroleum gefüllte Flasche zu einer Brennlinie

bringt. Diese wirkt dann als Zylinderlinse und vereinigt die Wellen in ihrer Brennlinie am Orte des Empfängers, was sich am Ansteigen des Ausschlages des mit dem Empfänger verbundenen Galvanometers erkennen läßt.

Nach dem für alle Wellenarten gültigen Brechungsgesetz — Gl. (XIII, 27) in Band I, Nr. 79 — ist $\frac{\sin\alpha}{\sin\beta} = \frac{v_I}{v_{II}} = n$, wenn α den Einfallwinkel im Medium I, β den Brechungswinkel im Medium II bedeutet, in denen die Fortpflanzungsgeschwindigkeiten v_I und v_{II} sind: n nennt man die Brechungszahl oder den Brechungsquotienten des ersten Mediums gegen das zweite. Für elektrische Wellen ist die Fortpflanzungsgeschwindigkeit in einem Isolator von der D. K. ε:

$$v = \frac{c}{\sqrt{\varepsilon}},$$

wenn die Permeabilität $\mu = 1$ gesetzt wird. Für den Brechungsquotienten dieses Mediums gegen Luft (Vakuum) soll also nach der Maxwellschen Theorie die Beziehung gelten:

$$n = \frac{c}{v} = \sqrt{\varepsilon}, \tag{354}$$

in Worten: **Der Brechungsquotient eines Dielektrikums ist gleich der Wurzel aus seiner Dielektrizitätskonstante.** Diese fundamentale Gleichung, die elektrische und optische Größen verknüpft, trägt den Namen „**Maxwellsche Relation**". Wie steht es mit ihrer Gültigkeit? Maxwell selbst war kaum imstande, die Beziehung zwischen dem Brechungsquotienten und der Dielektrizitätskonstante zu prüfen, da zu seiner Zeit über Dielektrizitätskonstanten nur ein äußerst dürftiges Beobachtungsmaterial vorlag, das heute jedoch in ausreichendem Maße zur Verfügung steht. Danach finden sich neben manchen Übereinstimmungen (z. B. bei Schwefel) für die meisten Substanzen so eklatante Abweichungen, daß man von einer Bestätigung der Gl. (354) in dem Sinne, daß der optische Brechungsquotient gleich der Wurzel aus der Dielektrizitätskonstante ist, nicht reden kann. Ein typisches Beispiel ist das Wasser: Sein Brechungsquotient für Lichtstrahlen ist ungefähr $n = 1{,}3$, seine Dielektrizitätskonstante $\varepsilon = 81$, so daß der Brechungsquotient 9 sein müßte, um der Maxwellschen Relation zu genügen. So scheint auf den ersten Blick die elektromagnetische Theorie des Lichtes widerlegt zu sein. Ebensowenig scheint eine andere Behauptung der Maxwellschen Theorie zuzutreffen; betrachtet man nämlich die Gl. (339) und (340) auf Seite 363, die eine fortschreitende elektromagnetische Welle im Dielektrikum darstellen, so sieht man, daß die Wellen der elektrischen und magnetischen Feldstärke konstante Amplituden während des Fortschreitens beibehalten. Da die Intensität der Welle proportional dem Quadrat der Amplitude ist (siehe die Ausdrücke (343) und (344) für die elektrische und magnetische Energie auf Seite 367), so besagt dies, daß die Intensität der Wellen beim Durchgang durch einen Isolator ungeändert bleibt. In die Sprache der Optik übersetzt, heißt das: **Alle Isolatoren müssen nach der Maxwellschen Theorie durchsichtig sein; es soll in ihnen keine Absorption geben.** Vielfach trifft diese Behauptung auch zu: Gläser, Quarz, Flußspat, Paraffinöl, Alkohol usw. sind gute Isolatoren und gleichzeitig durchsichtig, andere vorzügliche Isolatoren dagegen, z. B. Hartgummi, festes Paraffin, Porzellan sind optisch undurchsichtig.

Es ist erklärlich, daß unter diesen Umständen die Maxwellsche Theorie zunächst nicht viele Anhänger gefunden hat. Dennoch darf man aus der Nichtbestätigung der Maxwellschen Relation nicht schließen, daß Maxwells Anschauungen über die elektromagnetische Natur des Lichtes falsch oder widerlegt seien. Denn es können die Lichtwellen sehr wohl elektromagnetische Wellen sein, ohne daß die speziellen Ansätze der Maxwellschen Theorie, die zu den Wellengleichungen (332) führten, exakt richtig sind. Dementsprechend erinnern wir uns daran, was wir bei Einführung des Begriffes der Dielektrizitätskonstante auf Seite 41 gesagt haben: Wir mußten dort konstatieren, daß durch Einführung dieser Körperkonstanten implicite gefordert wird, daß alle Körper homogen in den kleinsten Teilchen seien, eine Forderung, die wir bereits damals als bedenklich und als nicht streng richtig bezeichnen mußten, weil sie der über jeden Zweifel erhabenen Tatsache der atomistischen Struktur der Materie nicht Rechnung trägt. Eine exakte Theorie muß aber diese Tatsache berücksichtigen. Es liegt daher nahe, die Nichterfüllung der Maxwellschen Relation auf die Inhomogenität der Materie zu schieben, die sich bei den optischen Phänomenen möglicherweise bemerkbar macht. Dies ist auch von vornherein nicht unwahrscheinlich; denn die Lichtwellenlängen sind so klein (400—800 nm), daß bei Anlegung dieses Maßstabes an die Materie wohl ein Einfluß der Inhomogenität derselben erwartet werden kann. Wenn diese Vermutung zutrifft — die weitere Entwicklung hat sie vollkommen bestätigt —, so sollte man erwarten, daß die Maxwellsche Theorie besser zuträfe, wenn man einen größeren Maßstab anlegt, d. h. Versuche mit größeren Wellen macht. Für elektromagnetische Wellen der Größenordnung von Metern und Zentimetern ist tatsächlich der Brechungsquotient eines Isolators gleich der Wurzel aus der Dielektrizitätskonstante, d. h. die Maxwellsche Relation (354) ist streng erfüllt. In der Tat macht bei Anlegung eines so großen Maßstabes, also gewissermaßen „makroskopisch" gesehen, die Materie den Eindruck der Homogenität. Ein schlagendes Beispiel bildet wieder das Wasser, dessen Brechungsquotient für elektrische Wellen wirklich gleich $9 = \sqrt{81}$ ist.

Eine Analogie mag diesen Sachverhalt näher erläutern: Denken wir uns auf einer Wasserfläche einen Baumstamm schwimmend. Erregen wir kleine Wasserwellen, etwa durch Hineinwerfen eines Steines, so bildet der Baumstamm, der ja viel größer oder doch von derselben Größenordnung ist wie die Wellen, für dieselben ein erhebliches Hindernis. Sie werden von demselben reflektiert, als ob er ein vollkommen festes Hindernis wäre, kurz, sie werden in ihrer freien Ausbreitung empfindlich gestört. Dagegen würde eben derselbe Baumstamm für Meereswogen von 20 bis 50 m Länge in keiner Weise hinderlich sein. Er würde von den Wogen einfach mitgehoben und mitgesenkt werden. Die Wellen gehen jetzt im wesentlichen ungestört weiter. So ist es auch mit den elektromagnetischen Wellen. Für kleine Wellen von der Größenordnung der Lichtwellen bilden die Atome oder Moleküle, die die Inhomogenität der Materie hervorrufen, erhebliche Hindernisse; wir dürfen uns daher nicht wundern, daß für Lichtwellen gewisse Folgerungen der Maxwellschen Theorie nicht bestätigt werden. Diese Nichtbestätigung ist aber keineswegs ein Gegenbeweis gegen die elektromagnetische Natur der Lichtwellen. Richtigkeit oder Unrichtigkeit dieser letzteren kann im allgemeinen nur erwiesen werden durch Versuche mit langen Wellen, wie sie oben erwähnt wurden. Nur in einem einzigen Falle kann man auch mit Lichtwellen daran denken, die Maxwellsche Relation $n = \sqrt{\varepsilon}$ zu prüfen, nämlich bei Stoffen, bei denen der Brechungsquotient nur sehr wenig mit der Wellenlänge variiert. Solche finden wir aber unter den Gasen; bei ihnen darf man im Falle der Richtigkeit der elektromagnetischen Theorie die Erfüllung der Maxwellschen Relation erwarten. L. Boltzmann (1874) hat diese Untersuchung durchgeführt. Seine Resultate sind in der folgenden Tabelle enthalten; als Brechungsquotient ist derjenige für gelbes Licht (D-Linie) genommen. Die vorzügliche Übereinstimmung zwischen n und $\sqrt{\varepsilon}$ ist als ein erster Beweis für die Richtigkeit der elektromagnetischen Lichttheorie und der aus ihr abgeleiteten Maxwellschen Relation zu betrachten, namentlich, da diese Gase auch sämtlich durchsichtig sind.

Stoff	n	$\sqrt{\varepsilon}$
Luft	1.000294	1.000295
Kohlendioxyd	1.000449	1.000473
Kohlenmonoxyd	1.000346	1.000345
Wasserstoff	1.000138	1.000132
Stickoxydul	1.000503	1.000497
Sumpfgas (Methan)	1.000443	1.000472

Die vorangehenden Darlegungen sollten nochmals zeigen, welche große Bedeutung der Herstellung elektrischer Wellen in der Größenordnung von 1 m Wellenlänge durch H. Hertz für die Theorie der Elektrodynamik zukam. Seine Versuche ergaben, daß solche Wellen reflektiert, gebrochen und polarisiert werden können wie Lichtwellen und daß für sie auch die Maxwellsche Relation in aller Strenge erfüllt ist. Es folgt daraus, daß für solche Wellen der Brechungsquotient konstant und unabhängig von der Wellenlänge ist, und daß ferner alle Isolatoren durchsichtig sind; d. h. für elektromagn. Wellen der Wellenlänge größer als 1 mm. Für elektromagnetische Wellen zeigen also die Isolatoren weder Dispersion noch Absorption. Für die Optik der sichtbaren Wellen und noch mehr für die sich daran anschließenden kürzeren Wellen gilt die Maxwellsche Relation nicht mehr, und ihre Ansätze bedürfen einer Erweiterung, die der atomistischen Struktur der Materie Rechnung trägt. Diese Erweiterung liefert die sogenannte Dispersionstheorie, die in der Optik behandelt wird (Bd. III).

Zum Abschluß folgt eine Übersicht der elektromagnetischen Wellen (Abb. 514). Das **elektromagnetische Spektrum** umfaßt einen Frequenzbereich von etwa 10 bis 10^{23} Hz. Die Fortpflanzungsgeschwindigkeit im Vakuum ist für alle diese Wellen gleich ($c = 3 \cdot 10^8$ m/s). Wellen der Frequenz von 10 bis 10^{12} Hz werden mit Röhrensendern erzeugt. Die **Mikrowellen** (10^8 bis 10^{12} Hz — mit diesem Sammelbegriff werden die UKW-, dm-, cm- und mm-Wellen bezeichnet)

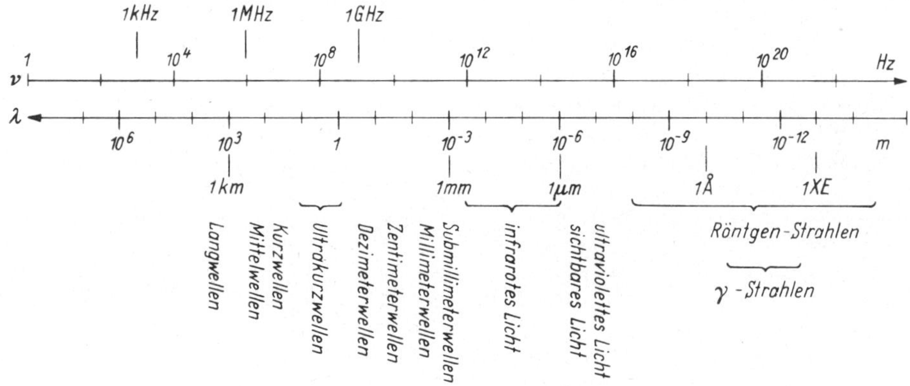

Abb. 514. Elektromagnetisches Spektrum

haben ihre Bedeutung erst erhalten, nachdem Elektronenröhren entwickelt worden sind, in denen die Laufzeit der Elektronen berücksichtigt bzw. ausgenutzt wird. Die Mikrowellen tragen die Fernsehprogramme, den UKW-Rundfunk, den Gegensprech-Nahverkehr und die Radar-Impulse zur Navigation. Auf der Empfangsseite ist die Röhre durch den Transistor ganz oder teilweise verdrängt worden. Auf der Sendeseite ist die Röhre jedoch bei größeren Leistungen unentbehrlich. Die Mikrowellen breiten sich etwa wie sichtbares Licht aus und werden auch wie dieses durch Parabolspiegel gebündelt. Die Fortleitung, z. B. von der Röhre zum Parabolspiegel, geschieht in runden oder rechteckigen **Hohlleitern.** Dadurch werden sie gegen Abstrahlung vollständig geschützt. Die Millimeter- und Submillimeter-Wellen (10^{11} bis 10^{12} Hz), die mit Röhren äußerst schwer herzustellen sind, lassen sich auch durch Temperaturstrahler erzeugen. Sie gehören also zu den längsten Wellen des infraroten Lichtes. **Infrarotes Licht** ist immer in der Temperaturstrahlung (z. B. der Sonne und der Glühlampe) vorhanden. **Sichtbares und ultraviolettes Licht** wird bekanntlich auch durch Temperaturstrahler (Sonne, Glühlampe) oder durch leuchtende Atome einer Gasentladung (Hg-Dampf) erzeugt. **Röntgenstrahlen** entstehen durch Aufprall von schnellen Elektronen auf Materie. Die Elektronen treten aus einer Glühkathode aus, werden durch Hochspannung beschleunigt und beim Aufprall auf Materie gebremst. Es entsteht die sogenannte Röntgen-Bremsstrahlung. Reicht die Energie der Elektronen aus, aus den getroffenen Atomen innere, fest gebundene Elektronen herauszuwerfen, so entsteht durch Nachrücken anderer Elektronen des Atoms auch eine monochromatische Eigenstrahlung der getroffenen Atome (charakteristische Röntgenstrahlung). Langwellige („weiche") Röntgenstrahlen entstehen schon bei einer Elektronenenergie von 20 keV, kurzwellige („harte") bei Elektronenenergien von 100 bis 200 keV. Die Durchdringungsfähigkeit von harten Röntgenstrahlen durch Materie ist viel größer als die von weichen Röntgenstrahlen. — In das Gebiet der harten Röntgenstrahlen fällt auch die **Gammastrahlung,** die von den Atomkernen bei Umwandlungsprozessen, z. B. beim radioaktiven Zerfall, ausgesandt wird. Während ultraviolettes Licht von Materie stark absorbiert wird, werden Röntgenstrahlen von Materie bekanntlich nur wenig beeinflußt. Deshalb gelingt es auch kaum, Linsen für Röntgenstrahlen herzustellen.

57. Anwendung der elektrischen Wellen in der drahtlosen Nachrichtenübermittlung; Ausbreitung der Wellen um die Erde

Die elektrischen Wellen haben eine sehr weitgehende Anwendung in der drahtlosen Nachrichtentechnik gefunden. Als Erster hat G. Marconi (1897) Versuche angestellt, mit elektrischen Wellen Morsezeichen über größere Entfernungen zu übertragen. Er benutzte zu diesem Zweck als Strahler einen vertikalen ausgespannten Draht, den sogen. Luftleiter oder die Antenne, deren unteres Ende über eine Funkenstrecke F mit der Erde verbunden war (Abb. 515a). Die Funkenstrecke wurde von der Sekundärwicklung eines Funkeninduktors J gespeist. In dem offenen Schwingungskreis der Sendeantenne A_s entstehen dann beim Funkenübergang Schwingungen, deren Frequenz durch die Selbstinduktion des Antennendrahtes und seine Kapazität gegen Erde gegeben ist. Man kann einen derartigen senkrecht zur Erde ausgespannten Leiter als obere Hälfte eines in der Grundschwingung erregten stabförmigen Erregers auffassen. Wie man aus dem in Abb. 497 wiedergegebenen elektrischen Feldlinienbild eines Dipols erkennt, stehen die elektrischen Kraftlinien senkrecht auf der durch die Dipolmitte gelegten Äquatorebene. Man kann daher die Äquatorebene durch eine dünne leitende Fläche ersetzen, ohne den Vorgang der Wellenausbreitung zu stören, da die für elektrische Kraftlinien notwendige Bedingung des Senkrechtstehens auf der leitenden Fläche erfüllt bleibt. Dasselbe gilt auch, wenn man die untere Hälfte des Strahlungsfeldes mit einem Leiter vollkommen ausfüllt. Dann bleibt nur noch das über der leitenden Schicht verlaufende Strahlungsfeld übrig. Dieser Fall liegt bei einer auf der Erdoberfläche errichteten Antenne vor, deren unteres Ende geerdet ist. Man kann sich diese jederzeit durch ihr Spiegelbild unter der Erde zu einem Dipol ergänzt denken. Die von einer solchen Antenne der Höhe h abgestrahlte Wellenlänge ist also gleich $4\,h$[1]). Wichtig ist dabei eine gute Erdung der Antenne, damit die im Übergangswiderstand auftretenden Energieverluste klein bleiben. (Man erreicht eine gute Erdverbindung durch ein in das Grundwasser eingesenktes Metallblech oder durch Verlegen eines ausgedehnten Drahtnetzes im Erdboden um den Antennenfußpunkt herum.) Durch Einschalten einer Spule in das untere Ende der Antenne läßt sich die ausgestrahlte Wellenlänge vergrößern, durch Einschalten einer Kapazität dagegen, die dann in Reihe mit der Antennenkapazität liegt, verkleinern.

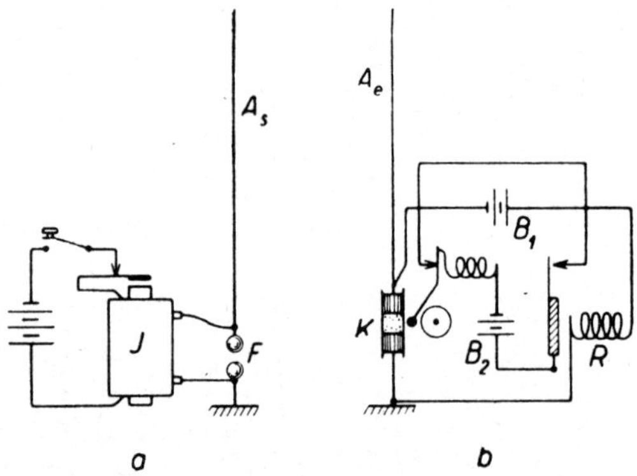

Abb. 515. Drahtlose Sende- und Empfangsanlage nach Marconi

Auf der Empfangsseite benutzte Marconi eine ebensolche Antenne A_e, in deren unteres Ende an Stelle der Funkenstrecke der von E. Branly (1890) erfundene **Kohärer** oder **Fritter** K als Wellenindikator eingeschaltet war (Abb. 515b). Der Kohärer besteht aus zwei in einer Glasröhre

[1]) Für die Strahlungsleistung einer geerdeten Antenne erhält man natürlich nur die Hälfte des für eine Dipolantenne angegebenen Wertes. An Stelle der Gl. (351) und (351a) tritt daher hier der Ausdruck:

$$N = \frac{16}{3c}\,\pi^2 \left(\frac{h}{\lambda}\right)^2 J_{eff}^2 .$$

befindlichen Metallelektroden, zwischen denen sich feine Metallspäne befinden. In normalem Zustand ist der Übergangswiderstand zwischen den Elektroden so groß, daß die Batterie B_1 das Relais R nicht betätigen kann. Treffen jedoch elektrische Wellen auf die Antenne, so werden in ihr elektrische Schwingungen erzeugt, die zwischen den lose aufeinanderliegenden Metallspänen winzig kleine Fünkchen erzeugen, die die Späne zusammenbacken, so daß der Übergangswiderstand auf wenige Ohm heruntergeht und das Relais betätigt wird. Dieser niedrige Widerstand bleibt so lange bestehen, bis durch eine Erschütterung des Kohärers die Metallteilchen wieder getrennt werden. Die Erschütterung geschieht automatisch, da das Relais einen zweiten Stromkreis schließt; dadurch betätigt die Batterie B_2 eine elektrische Klingel, deren Klöppel den Kohärer erschüttert. Mit einer solchen Anlage konnte Marconi zum ersten Male Morsezeichen über den Atlantischen Ozean senden.

Da bei der Marconischen Anlage die Funkenstrecke in der Antenne liegt, sind die ausgesandten Wellen sehr stark gedämpft, so daß sie bereits nach wenigen Schwingungen abgeklungen sind. Hinzu kommt, daß die in der Antenne verfügbare Energie, die $\frac{1}{2}\,CU^2$ beträgt, wobei C die Antennenkapazität und U die Zündspannung der Funkenstrecke sind, sich nicht beliebig erhöhen läßt, da C verhältnismäßig klein ist und einer Erhöhung von U durch Isolationsschwierigkeiten bald eine Grenze gesetzt ist. Diese Nachteile des Marconischen Systems wurden von F. Braun (1900) dadurch wesentlich behoben, daß er die elektrischen Schwingungen in einem wohldefinierten geschlossenen Schwingungskreis (sog. Stoßkreis) erzeugte und dann induktiv auf den eigentlichen Antennenkreis übertrug (Abb. 516a). Durch Vergrößerung der Kapazität C ist zunächst eine erhebliche Steigerung der Energie $\frac{1}{2}\,CU^2$ möglich. Da der Antennenkreis keine Funkenstrecke mehr enthält, sind die in ihm erregten Schwingungen viel weniger gedämpft als beim Marconisender; dadurch wird eine Vergrößerung der Nutzschwingungszeit erreicht, d. h. der Zeit, in der der Antennenkreis nach der Erregung durch den Stoßkreis Energie abstrahlen kann (s. hierzu auch Abb. 505 auf Seite 369). Da der Antennenkreis auf den Stoßkreis abgestimmt sein muß, ergeben sich allerdings bei zu fester Kopplung zwei Kopplungswellen in der Antenne (s. Seite 337). Um Einwelligkeit zu erzielen, muß man daher auf Kosten der Energie die Kopplung genügend lose wählen.

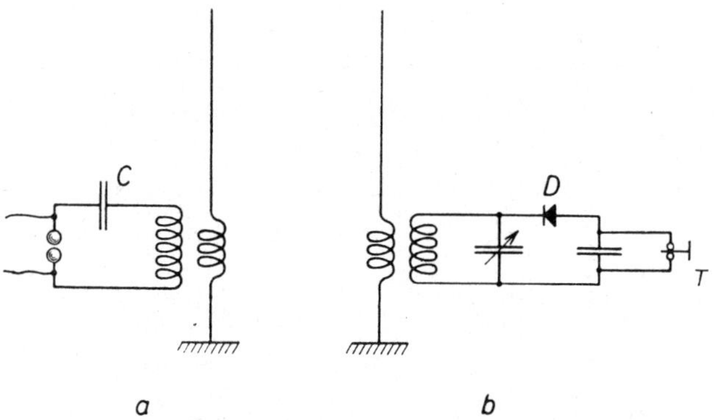

Abb. 516. Drahtlose Sende- und Empfangsanlage nach Braun

Der Nachteil der Zweiwelligkeit wurde schließlich durch Einführung der Löschfunkenstrecke (s. Seite 339) beseitigt, die außerdem eine Erhöhung der sekundlichen Funkenzahl zuließ. Letzteres ergab auf der Empfangsseite neben einer Leistungssteigerung einen definierbaren Ton, der im Gegensatz zum gewöhnlichen Knallfunkensender auch noch bei atmosphärischen Störungen gut herausgehört werden konnte. Diese von der Fa. Telefunken gebauten tönenden Löschfunkensender waren bis zur Einführung der Elektronenröhre als Schwingungserzeuger ausschließlich in Gebrauch.

F. Braun gebührt ferner das Verdienst, deren Empfang durch Einführung des von ihm erfundenen **Kristalldetektors** wesentlich verbessert zu haben. Der Detektor D, dessen Schaltung Abb. 516b zeigt, stellt einen kleinen Gleichrichter dar, der die im Empfänger von den ankommenden Wellen erzeugten hochfrequenten Schwingungen gleichrichtet. Jeder durch einen Funken erzeugte Wellenzug ergibt einen Gleichstromstoß, so daß man im Empfangstelephon T einen Ton hört, dessen Höhe durch die sekundliche Funkenzahl im Sender bedingt ist.

Weitere Marksteine auf dem Gebiete der drahtlosen Telegraphie sind die Einführung des Lichtbogengenerators zur Erzeugung ungedämpfter Wellen (s. Seite 326) und die Benutzung von Hochfrequenzmaschinen (s. Seite 304) bei Langwellenstationen (Wellenlänge 6 bis 24 km). Abb. 517 zeigt die Schaltung eines Lichtbogensenders, der zum ersten Male die Möglichkeit einer drahtlosen Telephonie gab. Zu diesem Zwecke muß die Amplitude der vom Sender erzeugten Wellen im Rhythmus der Sprache oder Musik beeinflußt, d. h. moduliert werden. Dies kann z. B. dadurch geschehen, daß man in die Antenne ein Starkstrommikrophon, oder wie es Abb. 517 zeigt, eine „Steuerdrossel" S nach F. Pungs einbaut. Der zur Vermeidung von Wirbelstrombildung fein unterteilte Eisenkern der Drossel trägt zwei Wickelungen, die eine liegt im Antennenkreis, während die andere von einem Gleichstrom durchflossen wird, dessen Stärke durch ein Mikrophon M beeinflußt werden kann. Die dadurch hervorgerufene Änderung der Magnetisierung des Eisens beeinflußt die Selbstinduktion und damit den Wechselstromwiderstand der Hochfrequenzwicklung.

Moduliert man eine Hochfrequenzschwingung $J = J_0 \sin \omega t$ der Kreisfrequenz ω im Takte einer niederfrequenten Schwingung mit der Amplitude J'_0 und der Kreisfrequenz ω', so nimmt die modulierte Schwingung das Aussehen nach Abb. 518 an und kann durch die Gleichung:

$$J = (J_0 + J'_0 \sin \omega' t) \sin \omega t$$

wiedergegeben werden. Dafür schreibt man häufig auch:

$$J = J_0 (1 + m \sin \omega' t) \sin \omega t,$$

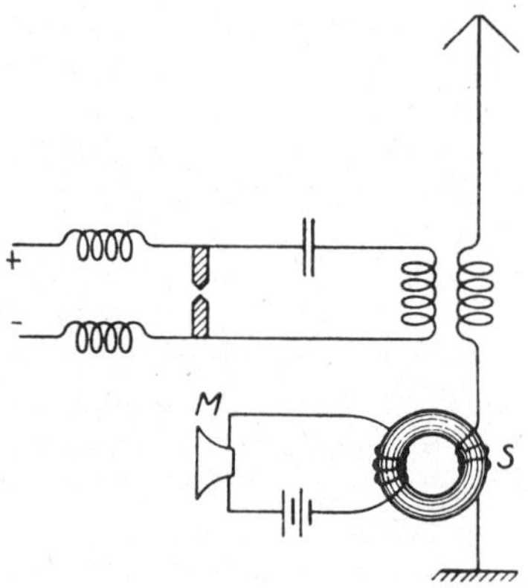

Abb. 517. Drahtloser Telephoniesender mit Lichtbogengenerator

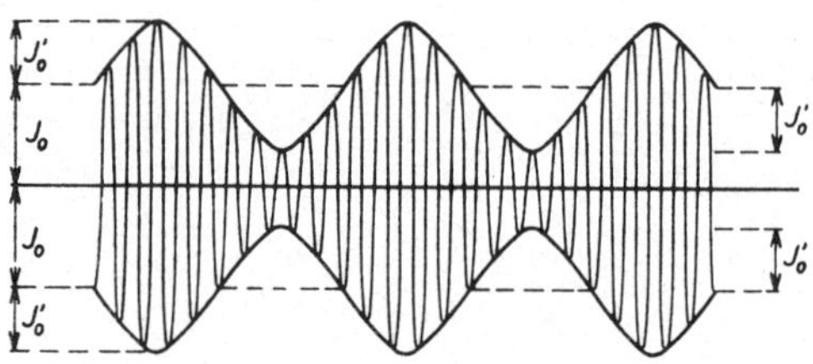

Abb. 518. Modulation einer Hochfrequenzschwingung

indem man unter $m = \frac{J'_0}{J_0}$ den Modulationsgrad versteht, der maximal den Wert 1 annehmen kann. Trigonometrische Umformung der letzten Gleichung liefert:

$$J = J_0 \sin \omega t + \frac{m}{2} J_0 \cos (\omega - \omega') t - \frac{m}{2} J_0 \cos (\omega + \omega') t .$$

Diese Gleichung sagt aus, daß außer der Trägerkreisfrequenz ω (bzw. der Trägerfrequenz ν) noch zwei Seitenkreisfrequenzen $\omega + \omega'$ und $\omega - \omega'$ (bzw. Seitenfrequenzen $\nu + \nu'$ und $\nu - \nu'$) auftreten. Diese drei Frequenzen strahlt ein modulierter Sender aus. Um eine modulierte Welle unverzerrt zu empfangen, muß der Empfänger die Trägerfrequenz und mindestens eine Seitenfrequenz aufnehmen, d. h. er muß eine hinreichend große Dämpfung, also eine hinreichend breite Resonanzkurve besitzen. Bei der Übertragung von Sprache und Musik kommen Modulationsfrequenzen von 100 bis 10000 Hz vor, so daß ein damit modulierter Sender zwei „Seitenbänder" von 10000 Hz, also ein Gesamtfrequenzband von 20000 Hz ausstrahlt. Damit sich zwei Telephoniesender gegenseitig durch Interferenz nicht stören, müssen ihre Trägerfrequenzen einen Abstand von 20000 Hz haben. Das bedingt, daß sich in dem zur Verfügung stehenden Frequenzspektrum der elektrischen Wellen nur eine endliche Anzahl von Sendestationen unterbringen läßt, die um so dichter beieinanderliegen dürfen, je höher ihre Frequenz, d. h. je kürzer ihre Betriebswellenlänge ist.

Man kann das Auftreten zweier Seitenfrequenzen bei der Modulation einer Trägerfrequenz mit einem technischen Frequenzmesser (s. S. 270) zeigen. Führt man diesem z. B. eine Frequenz 50 Hz zu und moduliert man diese mit der Frequenz 2 Hz, indem man die Stromzuführung zweimal pro Sekunde in regelmäßiger Folge unterbricht, so treten neben der Frequenz 50 Hz die beiden Nebenfrequenzen 48 und 52 Hz als Seitenfrequenzen auf, wie dies die Abb. 519 zeigt.

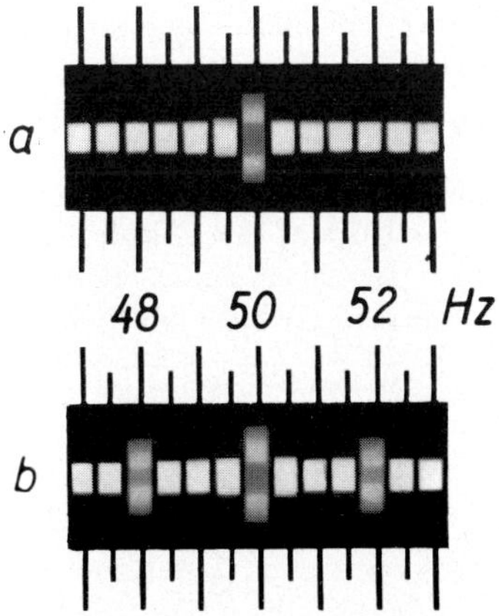

Abb. 519. Modulation eines Wechselstromes von 50 Hz (a) mit 2 Hz; Aufnahme b zeigt das Auftreten der Seitenfrequenzen bei 48 und 52 Hz

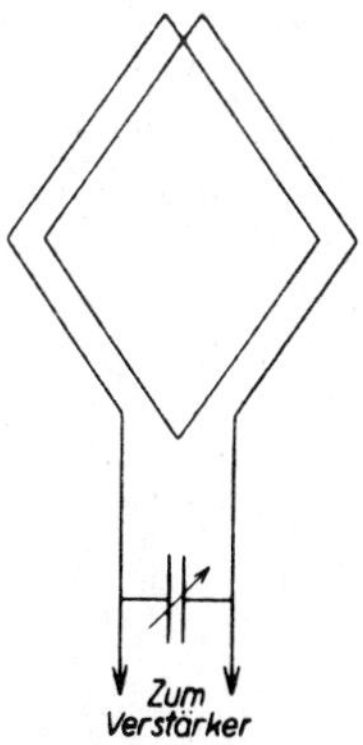

Abb. 520. Rahmenantenne

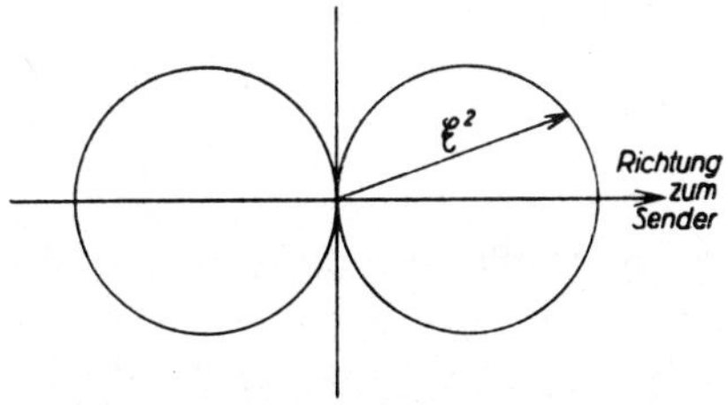

Abb. 521. Empfangscharakteristik einer Rahmenantenne

Den entscheidenden Fortschritt brachte 1916 die Einführung der Elektronenröhre, sowohl als Generatorröhre auf der Sendeseite, wie auch als Gleichrichter- und Verstärkerröhre auf der Empfangsseite. Da es dadurch möglich wurde, die in der Empfangsantenne von den ankommenden Wellen hervorgerufenen Schwingungen sowohl hochfrequenzmäßig als auch nach der Gleichrichtung noch niederfrequenzmäßig fast beliebig zu verstärken, konnte die Reichweite einer drahtlosen Sendestation außerordentlich vergrößert bzw. bei gegebener Reichweite die Größe der Sendeanlage wesentlich verkleinert werden. Es macht heute keinerlei Schwierigkeiten mehr, jede irdische Entfernung mit elektrischen Wellen zu überbrücken, und es gelingt sogar, elektrische Wellen am Mond reflektieren zu lassen.

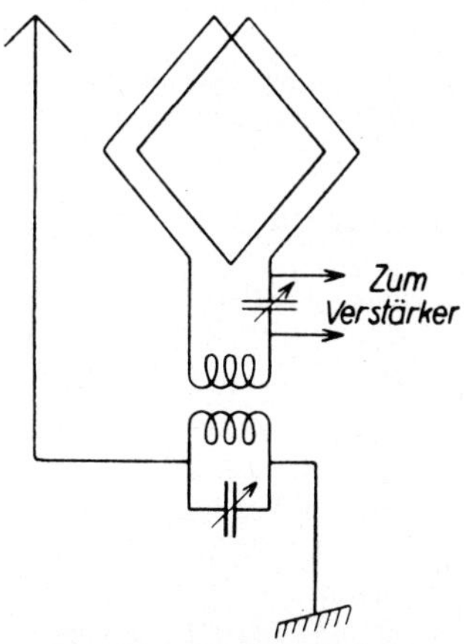

Abb. 522. Kombination einer Rahmenantenne mit einer offenen Antenne

Durch die Verwendung der Elektronenröhre als Verstärker konnte auf der Empfangsseite die bereits 1914 von F. Braun vorgeschlagene **Rahmenantenne** Anwendung finden, deren besonderer Vorteil neben ihrer Handlichkeit in ihrer Richtwirkung besteht. Die Rahmenantenne (Abb. 520) ist nichts weiter als eine Flachspule großen Querschnittes ($\frac{1}{2}$ bis 2 m²), die mit einem Drehkondensator einen geschlossenen Schwingungskreis bildet. Steht die Windungsebene dieser Rahmenantenne in Richtung der ankommenden Wellen, so induziert deren magnetisches Feld in den Windungen maximale Empfangsströme. Bei einer Drehung um 90°, so daß die Rahmenfläche senkrecht auf der Richtung nach der Sendestation steht, verschwindet der Empfang. Abbildung 521 zeigt das bei Drehung einer Rahmenantenne erhaltene Empfangsdiagramm. Man benutzt daher die Rahmenantenne mit Vorteil zu Peilzwecken in der Navigation. Kombiniert man eine Rahmenantenne mit einer offenen Antenne, deren Empfangsdiagramm ein Kreis ist (Abb. 522), und macht durch entsprechende Kopplung zwischen Antennen- und Rahmenkreis die Amplitude der im letzteren induzierten Empfangsströme der offenen Antenne gleich der Amplitude der vom Rahmen aufgenommenen Ströme, so erhält man als Empfangsdiagramm die in Abb. 523 wiedergegebene Kardioide, die einen einseitigen Richtungsempfang liefert (vgl. Bd. I, Nr. 86).

Es bleibt noch die Frage zu erörtern, wie sich die elektrischen Wellen über die gekrümmte Erdoberfläche fortpflanzen. Dabei sind mehrere Wellengebiete zu unterscheiden, nämlich die Langwellen (1 bis 100 km), die Mittelwellen (100 bis 1000 m), die Kurzwellen (10 bis 100 m), die Ultrakurzwellen (1 bis 10 m), die Dezimeterwellen (0,1 bis 1 m), die Zentimeterwellen (1 bis 10 cm) und die Millimeterwellen. Die langen Wellen pflanzen sich vom Sender aus hauptsächlich als Oberflächenwellen fort, indem sie an der leitenden Erdoberfläche in ähnlicher Weise geführt werden wie die früher besprochenen Drahtwellen an einem Draht. Besäße die Erde unendlich große elektrische Leitfähigkeit, so würde eine Abnahme der Feldstärke nur infolge der Verteilung der Energie auf immer größere Flächen stattfinden, und die elektrischen Kraftlinien ständen genau senkrecht zur Erdoberfläche. Das endliche Leitvermögen des Erdbodens und Seewassers bedingt aber eine schwache Neigung der elektrischen Kraftlinien schräg zur Erdoberfläche und damit infolge des Auftretens einer zur Oberfläche parallelen Feldkomponente wegen ihrer Stetigkeit ein geringes Eindringen der Wellen in die Erde und infolgedessen eine Absorption. Zu der auf Seite 370 mitgeteilten Gl. (352) für die Feldstärke in der Entfernung r von einem Sender treten auf der rechten Seite noch zwei Faktoren hinzu, von denen der eine der Erdkrümmung und der zweite der Absorption Rechnung trägt. Infolge des exponent. Absorptionsgliedes der Form $\exp(-\alpha\, r/\sqrt{\lambda})$ (α eine Konstante) ist der Empfang um so besser (oder die Reichweite einer Sendestation um so größer), je länger die Wellenlänge ist; aus diesem Grunde wählte man früher für den Überseeverkehr große Wellenlängen (z. B. Nauen—Buenos Aires 18 km). Eine Grenze in der Erhöhung der Wellenlänge ist jedoch durch die immer kleiner werdende Strahlung der Sendeantenne gegeben, deren wirksame Höhe sich nicht in gleichem Maße vergrößern läßt. Die Technik baute nach diesen Gesichtspunkten die drahtlosen Stationen für den Überseeverkehr und steigerte die Sendeleistung auf einige 100 Kilowatt, um am Empfangsort die für einen sicheren Empfang notwendige Feldstärke in der Größenordnung von 10^{-5} Volt/m zu erzielen.

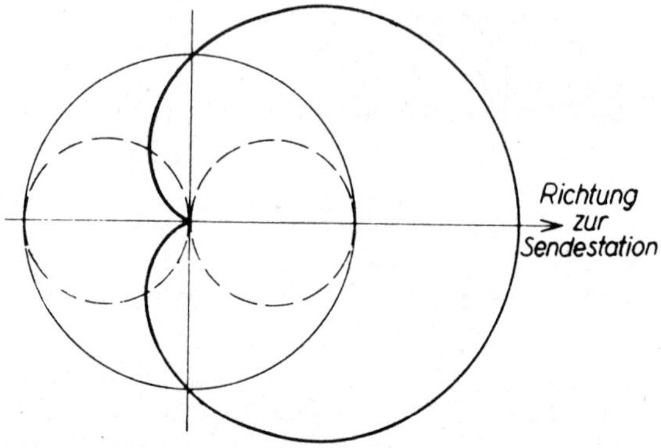

Abb. 523. Empfangscharakteristik der in Abb. 522 wiedergegebenen Antennenkombination

Es erregte daher beträchtliches Aufsehen, als im Jahre 1924 amerikanische Amateure zeigten, daß man die gleichen Entfernungen auch mit elektrischen Wellen unter 100 m Wellenlänge und einer vielfach kleineren Leistung (unter günstigen Verhältnissen genügen 10 bis 100 Watt) überbrücken kann. Daß sich dabei diese kurzen Wellen wesentlich anders ausbreiten als die langen Wellen, ergibt sich aus folgenden Beobachtungen: Um den Sender bildet sich eine tote Zone aus, in der kein Empfang möglich ist; zwischen den bei Tag und bei Nacht überbrückbaren Entfernungen ergeben sich beträchtliche Unterschiede, und es gibt für eine Verkehrslinie besonders günstige Wellenlängen, in deren unmittelbarer Nachbarschaft sehr ungünstige Wellen liegen können, wobei die günstige Wellenlänge noch mit der Tages- und Jahreszeit sich ändert. Eingehende Untersuchungen haben ergeben, daß sich diese kurzen Wellen vorwiegend als Raumstrahlung ausbreiten, da die Bodenwelle infolge Absorption bereits nach wenigen Kilometern je nach der Wellenlänge vollkommen verschwunden ist. Von entscheidendem Einfluß auf die Ausbreitung der Raumwellen ist dabei der Zustand der die Erdkugel umgebenden Atmosphäre, aus deren höheren Schichten ein Teil der vom Sender frei in den Raum hinausgestrahlten Energie wieder zur Erde zurückreflektiert bzw. gebrochen wird. Als Erste haben 1902 E. Kennelly und O. Heaviside unabhängig voneinander darauf hingewiesen, daß in etwa 100 km Höhe über dem Erdboden sich eine Schicht befindet, in der sich unter dem Einfluß der Sonnenstrahlung (ultraviolettes Licht,

Korpuskularstrahlung) eine starke Ionisation, d. h. ein Auftreten elektrischer Ladungsträger ausbildet, so daß diese Schicht, die man allgemein als **Kennelly-Heaviside-Schicht** bezeichnet, eine verhältnismäßig gute elektrische Leitfähigkeit besitzt. Da durch das Vorhandensein von Ionen und Elektronen die Dielektrizitätskonstante der Atmosphäre abnimmt und somit nach der Maxwellschen Relation der Brechungsexponent kleiner wird, findet bei schrägem Einfall elektrischer Wellen in diese Kennelly-Heaviside-Schicht eine allmähliche Brechung und Krümmung der Wellen zur Erde zurück statt, wie es Abb. 524 schematisch für eine Reihe von Wellenstrahlen angibt. Man erkennt, daß die Reichweite von einem relativ großen Wert bei horizontaler Ausstrahlung (Strahl 1) mit wachsendem Ausstrahlungswinkel zunächst bis zu einem Minimum (Strahl 6) abnimmt, um dann wieder auf höhere Werte anzuwachsen (Strahl 7—9). Noch steiler von der Antenne abgestrahlte Wellen durchdringen die Kennelly-Heaviside-Schicht und kehren nicht mehr zur Erde zurück. Der Strahl 6 in Abb. 524 bildet die äußere Grenze der um den Sender liegenden toten Zone. Da die Bildung der Heaviside-Schicht vorwiegend durch die Sonneneinstrahlung bedingt ist, reicht die Schicht am Tage tiefer herunter als in der Nacht. Dadurch erklärt sich die obenerwähnte Abhängigkeit der Reichweite der kurzen Wellen von der Tageszeit sowie das Auftreten günstigerer Wellenlängen. Wie man aus Abb. 524 ersieht, gibt es jenseits der toten Zone Gebiete, in die mehrere Wellen einfallen, die auf verschiedenen Wegen vom Sender kommen, z. B. Strahl 4 und 8. Dies führt zu Interferenzerscheinungen, die unter dem Namen **Schwundeffekt** oder **Fading** bekannt sind und sich in Schwankungen der Empfangslautstärke bemerkbar machen. Bei Entfernungen zwischen 50 und 150 km kann es vorkommen, daß die tote Zone verschwindet, indem sich das Boden- und Raumwellengebiet überschneiden. Hier kommt es zu besonders unangenehmen Schwundeffekten. In den letzten Jahren ist es gelungen, durch Echoversuche mit elektrischen Wellen die wirksame Höhe der Kennelly-Heaviside-Schicht zu messen sowie ihre Struktur und dauernde Veränderung näher zu studieren.

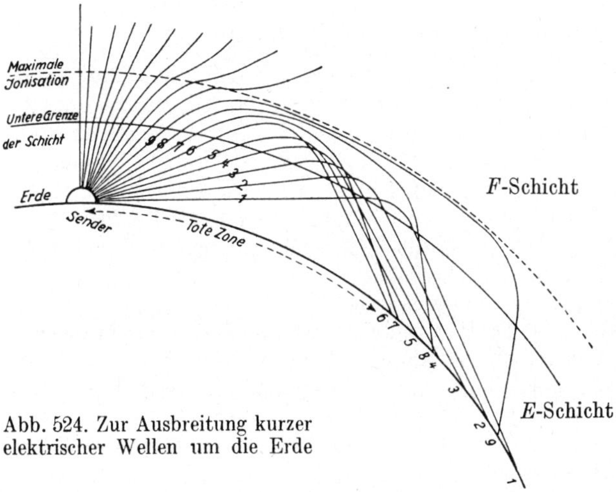

Abb. 524. Zur Ausbreitung kurzer elektrischer Wellen um die Erde

Diese Erforschung der **Ionosphäre** mit Hilfe der Ausbreitung elektromagnetischer Wellen ist nicht nur für den Nachrichtenverkehr, sondern auch für die Geophysik und die Raumfahrt von Bedeutung. Man kennt jetzt die Ionenkonzentration der sogen. E-Schicht (100 km Höhe) und der sogen. F-Schicht (250 km Höhe). Die Beobachtungen des täglichen und des jahreszeitlichen Ganges der Ionenkonzentration, der Zusammenhang mit dem Magnetfeld der Erde und den Sonnenflecken ergeben wichtige Informationen über die Korpuskularstrahlung der Sonne und über das Magnetfeld der Erde. — Wie schon erwähnt, breiten sich die elektromagnetischen Wellen unterhalb von 1 m Wellenlänge wie Lichtstrahlen aus und lassen sich durch Parabolspiegel bündeln. Man sieht oft die Stationen der „Richtfunkstrecken" auf Bergen als Türme mit den ausgerichteten Parabolspiegeln oder die sich drehenden Radarantennen auf Flugplätzen und auf Schiffen.

VII. Kapitel

Elektrolyse

58. Grundtatsachen; Mechanismus der Elektrolyse

Bereits in Nr. 26 wurde von der Tatsache Gebrauch gemacht, daß einige Leiter (die Leiter zweiter Art) während des Stromdurchganges eine chemische Zersetzung erleiden. Diese Leiter — es sind in der Hauptsache Lösungen von Salzen, Säuren und Laugen sowie geschmolzene Salze — nennt man nach Faraday **„Elektrolyte"**, den Vorgang selbst **„Elektrolyse"**. Die quantitativen Gesetzmäßigkeiten der Elektrolyse hat ebenfalls Faraday festgestellt; von ihm rühren auch die allgemein angenommenen Bezeichnungen her, die noch heute benutzt werden.

Es ist zweckmäßig, kurz die Begriffe der Chemie „Säure, Salz, Lauge" sowie den der „Wertigkeit" oder „Valenz" ins Gedächtnis zurückzurufen.

Die Säuren sind Wasserstoffverbindungen, in denen der Wasserstoff ganz oder teilweise durch ein Metall ersetzt werden kann. Geschieht dies, dann entsteht ein Salz. Hier ein Beispiel: In H_2SO_4 (Schwefelsäure) kann der Wasserstoff z. B. durch Cu oder Na oder K ersetzt werden; es entstehen dann die Salze $CuSO_4$ (Kupfersulfat), Na_2SO_4 (Natriumsulfat) oder K_2SO_4 (Kaliumsulfat).

Laugen enthalten die Hydroxylgruppe OH, z. B. Natronlauge NaOH, Kalilauge KOH usw. Bringt man Säuren und Laugen in geeigneten Mengen zusammen, so bildet sich neben Wasser ein Salz. Beispiel: Schwefelsäure und Kalilauge reagieren nach folgendem Schema miteinander:

$$H_2SO_4 + 2\,KOH \rightarrow K_2SO_4 + 2\,H_2O.$$

Diese Reaktion wird allgemein als Neutralisationsreaktion bezeichnet und ist in der analytischen Chemie von großer Bedeutung.

In den eben angeführten Beispielen wurden die zwei Wasserstoffatome der Schwefelsäure einerseits ersetzt durch 2 Na- oder 2 K-Atome, anderseits durch 1 Cu-Atom. Es kann demnach *ein* Atom Na oder K *ein* Atom H ersetzen: Na und K sind daher chemisch „*gleichwertig*" mit H. Anderseits ersetzt 1 Atom Cu 2 Atome H; Cu ist daher gleichwertig mit 2 H. Da man Wasserstoff als „*einwertig*" bezeichnet, weil es kein Element gibt, im Vergleich zu dem H höherwertig ist, so sind demgemäß auch Na und K einwertig (ebenso wie Cl, Ag ... usw.): dagegen ist Cu in dem genannten Beispiel als *zweiwertig* zu bezeichnen. Zu beachten ist aber, daß manche Elemente, z. B. Cu und Fe, in mehreren Wertigkeiten auftreten können. Z. B. ist in der Verbindung $CuSO_4$, wie schon gesagt, Cu zweiwertig, dagegen in CuCl einwertig, weil auf 1 Atom des einwertigen Cl 1 Atom Cu kommt. Ähnlich ist in $FeCl_2$ (Eisen(II)chlorid) Fe zweiwertig, in $FeCl_3$ (Eisen(III)chlorid) dagegen dreiwertig usw.

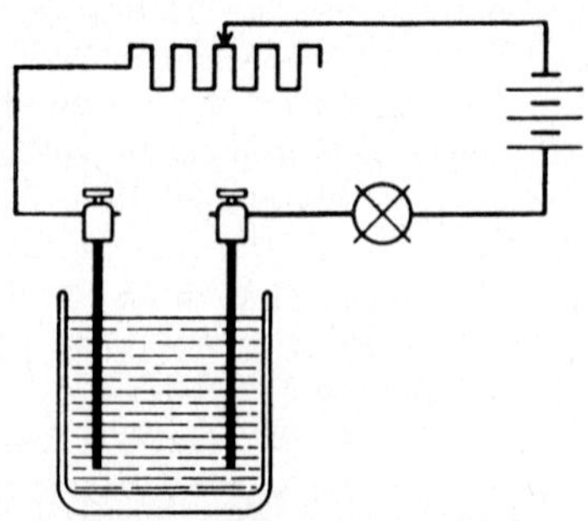
Abb. 525. Nachweis der Leitfähigkeit von angesäuertem Wasser

Nach diesen Vorbemerkungen erläutern wir die Erscheinung der Elektrolyse an einem der ältesten Beispiele, der sogenannten „Wasserzersetzung". Wenn man in ein mit reinstem, zweimal destilliertem Wasser gefülltes Glasgefäß 2 Metallplatten, am besten saubere Platinbleche, eintaucht und an diese eine Spannung (110—220 Volt) anlegt (Abb. 525), so findet praktisch kein Stromdurchgang statt;

eine in den Kreis eingeschaltete Glühlampe bleibt dunkel, ein Amperemeter gibt keinen Ausschlag: reines Wasser leitet den Strom also praktisch nicht. Fügt man dem Wasser jedoch einige Tropfen Schwefelsäure hinzu, so fließt sofort ein erheblicher Strom durch die Leitung; die Lampe leuchtet hell auf, der Strommesser gibt einen Ausschlag: die hier benutzte wässerige Lösung der Schwefelsäure ist also ein Leiter. Gleichzeitig beobachtet man, daß an den beiden Platinblechen, die man allgemein als Elektroden bezeichnet, Gasblasen auftreten, während dies im Innern des Elektrolyten nicht der Fall ist. Diejenige Elektrode, die mit dem negativen Pol der Spannungsquelle verbunden ist, heißt nach Faraday die **Kathode** (vom griechischen *κατά* hinab und *ὁδός* Weg, d. h. wörtlich „Hinabweg des Stromes"), die mit dem positiven Pol verbundene die **Anode** (*ἀνά* hinauf, also „Hinaufweg"). Man glaubte früher, daß die Ladungsträger an der Anode in den Elektrolyten eintreten, an der Kathode austreten.

Die genauere Beobachtung zeigt jedoch, daß an der Kathode die positiven Ionen von der Kathode Elektronen erhalten, an der Anode die negativen Ionen Elektronen an die Anode abgeben. Dabei entladen sich die Ionen, und es entsteht an der Kathode Wasserstoff, an der Anode Sauerstoff. Beide Gase können getrennt mit Hilfe des Zersetzungsapparates nach A. W. v. Hofmann (Abb. 526) aufgefangen werden. Die beiden Pt-Elektroden befinden sich getrennt in je einem Schenkel eines U-förmigen Glasrohres, in das an der unteren Krümmung ein drittes Rohr einmündet, das oben eine Erweiterung besitzt. Die beiden Schenkel des U-Rohres sind oben mit Hähnen versehen und werden mit verdünnter Schwefelsäure angefüllt. Wird an die Elektroden eine Spannung gelegt, so sammelt sich das infolge eines elektrischen Stroms an den Elektroden abgeschiedene Gas in den beiden Schenkeln an. Nach einiger Zeit kann man feststellen, daß sich an der Kathode das doppelte Gasvolumen angesammelt hat wie an der Anode; d. h. der entstehende Wasserstoff steht zum entstehenden Sauerstoff im Verhältnis 2:1, wie es nach der chemischen Formel für Wasser (H_2O) zu erwarten ist. Daher hat die Erscheinung auch die Bezeichnung „Wasserzersetzung" erhalten, obwohl der Vorgang in Wirklichkeit viel komplizierter ist, wie später gezeigt wird. Beide Gase zusammen, also die Mischung aus Wasserstoff und Sauerstoff bilden das als „Knallgas" bekannte explosible Gemisch, dessen Entzündung wieder Wasser liefert.

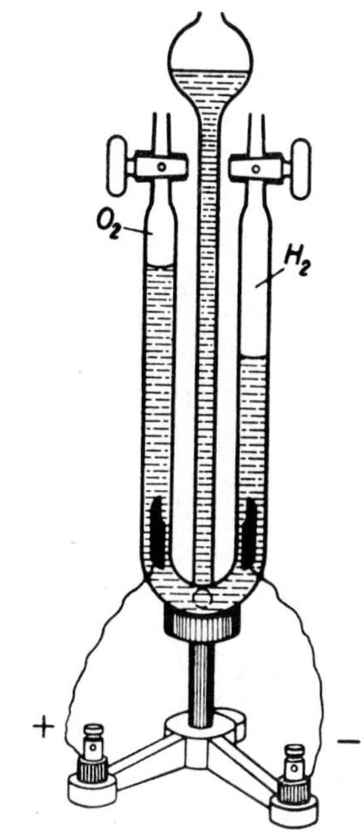

Abb. 526. Wasserzersetzungsapparat nach Hofmann

Noch ein weiteres Beispiel wollen wir besprechen, um die Mannigfaltigkeit der Erscheinungen zu zeigen. Wir elektrolysieren eine wässerige Lösung von $CuSO_4$, und zwar zunächst wieder zwischen Pt-Elektroden. Das Resultat ist an der Kathode ein Kupferniederschlag, während sich an der Anode wieder Sauerstoff abscheidet. Bestehen dagegen die Elektroden statt aus Platin aus Kupfer, so wird zwar wieder an der Kathode metallisches Kupfer niederschlagen, aber an der Anode scheidet sich nicht mehr Sauerstoff ab, vielmehr geht Kupfer der Anode in Lösung, und zwar verliert die Anode die gleiche Kupfermenge, die an der Kathode abgeschieden wird. Auch die Elektrolyse der verdünnten Schwefelsäure verläuft anders, wenn man nicht Platin (oder ein anderes edles Metall) als Elektrodenmaterial verwendet, sondern Kupfer; auch dann scheidet sich an der Anode nicht mehr Sauerstoff ab, vielmehr geht das Kupfer in Lösung unter Bildung von Kupfersulfat. Man sieht also, daß sehr mannigfaltige Erscheinungen vorliegen.

Die erste Frage, die wir beantworten müssen, ist die nach der Entstehung der Leitfähigkeit der Salz- und Säurelösungen, wobei im Auge zu behalten ist, daß das Lösungsmittel, z. B. Wasser, praktisch ein Nicht-Leiter ist. Es gibt einen einfachen Versuch aus der Elektrostatik, der uns einen Hinweis liefern kann (Abb. 527). Eine Batterie B ist über ein Galvanometer G an die Platten P_1 und P_2 eines Plattenkondensators angeschlossen; zwischen den Platten befindet sich Luft, d. h.

ein Nichtleiter, es fließt also kein Strom. Wir bringen nun ein Pendel, bestehend aus einer leichten Metallkugel an isolierendem Seidenfaden, ins Innere des Kondensators und berühren mit der Metallkugel etwa die positiv geladene Platte P_1. Die Kugel übernimmt dann eine ganz bestimmte positive Ladung, wird von P_1 abgestoßen und von P_2 angezogen. Dort gibt sie bei der Berührung ihre positive Ladung ab, übernimmt von P_2 eine gleich große negative Ladung, die sie nunmehr nach P_1 transportiert. So geht das Spiel weiter, das Pendel geht dauernd zwischen P_1 und P_2 hin und her, positive Ladung von P_1 nach P_2 und negative Ladung in umgekehrter Richtung befördernd. Mit anderen Worten: Es fließt jetzt ein elektrischer Strom. Es war dazu notwendig, daß bewegliche positive oder negative (bzw. positive und negative) Ladungen in den Nichtleiter Luft eingebettet wurden. Diese Ladungen werden durch das elektrische Feld in Bewegung gesetzt, stellen also einen Strom dar. Wir können sagen, daß durch die beschriebene Anordnung die Luft ein „Leitvermögen" erhalten hat. Übertragen wir diese Erkenntnis auf Elektrolyte, so werden wir zu der Schlußfolgerung geführt, daß in diesem bewegliche positive und negative Ladungen vorhanden sein müssen, wobei wir die Frage zunächst offenlassen, wodurch diese Ladungen entstehen.

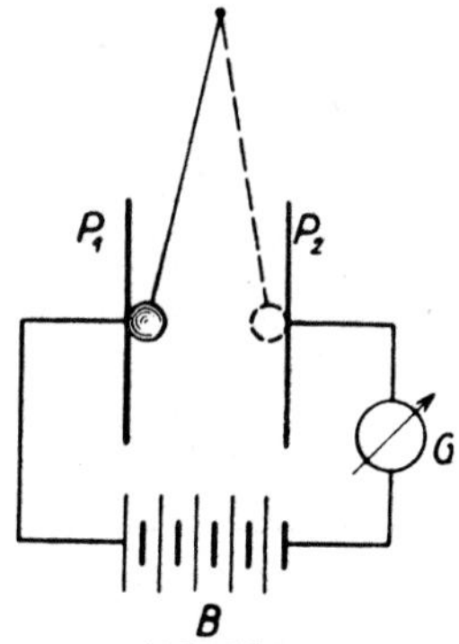

Abb. 527.
Versuch zur Stromleitung durch Ladungsträger

Die hier gegebene Deutung stimmt überein mit allem, was wir von der chemischen Bindung der Atome zu Molekülen wissen: ohne hier genauer darauf einzugehen, sei nur betont, daß die chemischen Kräfte im Grunde elektrischen Ursprungs sind. Heute weiß man genau, daß in den Elektrolyten die Moleküle des gelösten Stoffes in zwei oder mehrere Bestandteile gespalten sind, die teils positive, teils negative Ladungen tragen derart, daß die Gesamtladung des Moleküls Null ergibt, wie es sein muß. Nimmt man dies vorläufig einmal an, so folgt weiter, daß die positiven Bestandteile zur Kathode, die negativen zur Anode wandern; an den Elektroden geben sie ihre Ladungen ab, womit die Leitfähigkeit der Elektrolyte erklärt werden kann. Die Aufspaltung der gelösten Moleküle nennt man **„elektrolytische Dissoziation"**, die geladenen Bestandteile nach Faraday **Ionen** (d. h. die „Wandernden" nach dem griechischen ἰέναι); die positiven Ionen, die zur Kathode wandern, heißen deshalb **Kationen**, die negativen entsprechend **Anionen.**

Wie stimmt die Vorstellung der elektrolytischen Dissoziation mit anderen gesicherten Tatsachen zusammen? Man weiß, daß in Lösungen ein osmotischer Druck herrscht, und im Zusammenhange damit zeigen sie gegenüber dem reinen Lösungsmittel Dampfdruckerniedrigung, Gefrierpunkterniedrigung und Siedepunkterhöhung. Alle diese Effekte sind nach dem thermodynamisch streng bewiesenen und experimentell bestätigten Gesetze von Raoult der Konzentration direkt proportional, wie in Band I Nr. 110 und 111 für die Dampfdruckerniedrigung, für die Siedepunkterhöhung und für die Gefrierpunkterniedrigung ausführlich dargelegt ist. Es wird aber dort auch schon darauf aufmerksam gemacht, daß die Raoultschen Gesetze gerade für wässerige Lösungen nicht zu stimmen scheinen, weil alle die genannten Effekte zu groß gefunden werden. Wenn aber der gelöste Stoff wirklich dissoziiert ist, ist dies ohne weiteres verständlich. Denn man darf dann nicht einfach die Konzentration des undissoziierten Stoffes einsetzen, sondern muß berücksichtigen, daß der gelöste Stoff in mehrere Bruchstücke aufgespalten ist; das bedeutet ja offenbar eine Vergrößerung der Konzentration, und dies wirkt im Sinne einer Vergrößerung aller obenerwähnten Effekte. In der Tat stimmen bei Berücksichtigung der Aufspaltung in Ionen auch bei den wässerigen Lösungen die Raoultschen Gesetze vollkommen. Man hätte also schon aus den scheinbaren Abweichungen von diesen Gesetzen auf eine Spaltung der Moleküle des gelösten Stoffes schließen können. Dieser Zusammenhang wurde in voller Klarheit von S. Arrhenius (1887) erkannt, der als der eigentliche Begründer der elektrolytischen Dissoziationstheorie angesehen werden muß, obwohl schon vorher R. Clausius (1857) und H. v. Helmholtz (1880) nahe verwandte Anschauungen ausgesprochen haben.

Wir wollen schließlich die bisher zurückgestellte Frage erörtern, wie die Ionen in der Lösung entstehen. Ursprünglich hatte T. A. Grotthus (1805) die Vermutung ausgesprochen, daß die Moleküle des gelösten Stoffes (z. B. NaCl-Moleküle) durch das zwischen den Elektroden herrschende Feld zerrissen würden, daß also die Ionen erst bei Anlegung des Feldes entständen. Diese Auffassung führt aber zu der Folgerung, daß die chemische Zersetzung erst von einer bestimmten Spannung an eintreten kann, da die äußere elektrische Kraft ja doch die chemische Bindungskraft überwinden muß. Die Erfahrung zeigt jedoch, daß bereits bei den kleinsten elektrischen Feldern die Zersetzung beginnt. Man muß daraus folgern, daß die Ionen im Elektrolyten bereits vorhanden sind, auch wenn gar kein Feld an die Elektroden angelegt wird. Dann ist der Grund für die Entstehung der Ionen aber nur im Lösungsvorgang selbst zu erblicken, d. h. in den molekularen Kräften des Lösungsmittels, die auf die gelösten Stoffe einwirken. Wenn man also z. B. NaCl in Wasser bringt, so wird es zum Teil in positive Natriumionen (Na^+) und in negative Cl^--Ionen dissoziiert; das Feld hat dann nur die Aufgabe, diese Ionen in Bewegung zu setzen.

Es scheint allerdings der allerprimitivsten Erfahrung der Chemiker zu widersprechen, daß z. B. Na-Ionen im Wasser vorhanden sein könnten, ohne daß die bekannte sehr heftige Reaktion vor sich geht:

$$2\,Na + 2\,H_2O \rightarrow 2\,NaOH + H_2\uparrow,$$

die zur Entstehung von Natronlauge und Wasserstoff führt. In der Tat ist seinerzeit dieser Einwand gegen die Arrheniussche Dissoziationstheorie gerade von den Vertretern der anorganischen Chemie gemacht worden. Aber dabei wurde die Tatsache übersehen, daß im letzteren Falle atomares Natrium mit Wasser reagiert, im Falle der Dissoziation von NaCl aber kein atomares, d. h. ungeladenes Na, sondern positiv geladene Na^+-Ionen. Wegen der Identität der chemischen Kräfte mit den elektrischen ist aber klar, daß das chemische Verhalten eines Ions etwas total anderes sein muß als das eines Atoms. Die moderne Atomtheorie gestattet es, diesen hier nur allgemein angedeuteten Gedanken in allen Einzelheiten zu begründen und zu verstehen; wir werden später darauf einzugehen haben.

Schließlich sei darauf aufmerksam gemacht, daß nicht nur Wasser als Lösungsmittel für die Elektrolyse geeignet ist, sondern eine ganze Anzahl von Flüssigkeiten, allerdings hat Wasser mit die stärkste dissoziierende Wirkung. W. Nernst hat bemerkt, daß diese Hand in Hand geht mit der Größe der Dielektrizitätskonstante, die ja für das Wasser besonders groß ist ($\varepsilon = 81$) (Nernstsche Regel). Wir belegen sie durch folgende Tabelle:

Lösungsmittel	D.K. ε	elektrol. Dissoziation
Benzol	2,3	spurenweise Dissoziation
Äther	4,1	merkliches Leitvermögen gelöster Elektrolyte
Alkohol.........	25	ziemlich starke Dissoziation
Ameisensäure ...	62	starke Dissoziation
Wasser	81	sehr starke Dissoziation
Blausäure	96	sehr starke Dissoziation

Dieser Zusammenhang ist leicht verständlich, wenn man sich auf den Standpunkt stellt, daß die elektrostatische Anziehung der entstandenen Ionen die chemische Bindungskraft darstellt, die sie im ungelösten Zustande zum Molekül vereinigt. Da nach dem Coulombschen Gesetz die Anziehung zwischen zwei Ladungen um so kleiner ist, je größer ε ist, ist also eine um so größere dissoziierende Wirkung zu erwarten, je größer die Dielektrizitätskonstante des Lösungsmittels ist.

Bei den geschmolzenen Salzen tritt die Dissoziation in Ionen infolge der Temperaturerhöhung auf. Z. B. zerfällt Bleichlorid (PbCl) in einwertiges Blei-Kation (Pb^+) und einwertiges Cl^--Anion.

Übrigens sind die Elektrolyte keineswegs immer flüssige Lösungen und geschmolzene Salze, es gibt vielmehr auch feste Elektrolyte, z. B. Glas läßt sich schon bei Zimmertemperatur und erst recht bei höherer Temperatur, bevor es geschmolzen ist, elektrolytisch zersetzen: auch der in der Nernst-Lampe verwendete Nernst-Stift, der in der Hauptsache aus Magnesiumoxyd besteht, ist ein fester Elektrolyt. Daher ist die Bezeichnung der Elektrolyte als „flüssige Leiter", die sich häufig findet, durchaus unsachgemäß, ganz abgesehen davon, daß die flüssigen Metalle, z. B. Quecksilber, keine Elektrolyte sind.

Nunmehr können wir dazu übergehen, die vorhin besprochenen elektrolytischen Zersetzungen, die Dissoziation und die Elektrolyse, an Beispielen genauer zu erörtern. Schwefelsäure bildet in wäßriger Lösung die Ionen $2H^+$ und SO_4^{2-}. Dabei dissoziiert die gelöste Schwefelsäure nicht vollständig, sondern nur zu einem bestimmten Prozentsatz, der von der Konzentration abhängig ist. Die beiden H^+-Ionen tragen zusammen natürlich die gleiche Ladung, nur umgekehrten Vorzeichens, wie das Säureradikal SO_4^{2-}, da sonst das Gesamtmolekül nicht elektrisch neutral wäre: dagegen kann an dieser Stelle noch nicht geschlossen werden, daß auf allen einwertigen Ionen die gleiche Ladung und auf allen 2-, 3-, ... n-wertigen das 2-, 3-, ... n-fache dieser Ladung sitze; um diese Behauptung begründen zu können, bedarf es weiterer quantitativer Untersuchungen, auf die wir in der nächsten Nummer eingehen. Die H^+-Ionen wandern zur Kathode, geben dort ihre positive Ladung durch Aufnahme von Elektronen ab und steigen dann nach der Molekülbildung zu H_2 als Gas auf. An der Anode wird das negative SO_4^{2-}-Ion entladen, und es bildet sich der aktive Zwischenzustand SO_4, der sofort mit dem wäßrigen Lösungsmittel reagiert nach der Gl.

$$SO_4 + H_2O \rightarrow H_2SO_4 + \tfrac{1}{2}\, O_2 \uparrow .$$

Daher bildet sich erstens die Schwefelsäure wieder zurück, so daß die H_2SO_4-Menge unverändert bleibt, zweitens wird an der Anode Sauerstoff abgeschieden; da also die Wassermenge abnimmt, wird die Konzentration der Lösung größer. Es macht also in der Tat den Eindruck, als ob eine Elektrolyse des Wassers vorläge, aber das ist, wie die obige Darlegung zeigt, nur eine Folge der sekundären Reaktion der SO_4-Gruppe mit dem Lösungsmittel. Diese sekundären Reaktionen bewirken allgemein, daß nicht die ursprünglichen Dissoziationsprodukte sich an den Elektroden abscheiden, sondern andere sekundäre Produkte. Man sieht an diesem Beispiel, wie die sekundären Reaktionen die Erscheinung komplizieren.

Bei der Elektrolyse des Kupfersulfats besteht die primäre Dissoziation in der Bildung eines Cu^{2+}-Kations und des ebenfalls zweiwertigen SO_4^{2-}-Anions. Wenn die Elektroden aus Platin, d.h. einem chemisch unangreifbaren Material, bestehen, spielt sich weiter folgendes ab: An der Kathode werden die Cu^{2+}-Ionen entladen und die entstehenden Cu-Atome als metallischer Niederschlag abgeschieden. An der Anode bildet sich wie vorher, nach Abgabe der Ladung, die aktive Zwischenstufe SO_4, die sofort mit Wasser reagiert, wodurch H_2SO_4 gebildet und $\tfrac{1}{2}\, O_2$ frei wird. Gesamtergebnis: Anode und Kathode empfangen wieder entgegengesetzt gleiche Elektrizitätsmengen, an der Kathode wird metallisches Kupfer abgeschieden, an der Anode Sauerstoff frei, gleichzeitig wird Schwefelsäure neu gebildet. — Anders verläuft — wieder infolge sekundärer Reaktion — die Zersetzung, wenn wir Cu-Elektroden benutzen. An der Kathode bleibt alles beim alten. Auch jetzt schlägt sich metallisches Cu nieder, und positive Ladung wird an sie abgegeben. An der Anode gibt SO_4^{2-} zunächst seine negative Ladung ab, reagiert aber dann mit dem Kupfer der Anode:

$$SO_4 + Cu \rightarrow CuSO_4.$$

Die Kupferanode wird aufgelöst, und zwar im gleichen Betrage, wie sich auf der Kathode ein Cu-Niederschlag bildet; die Kupfersulfatlösung bleibt daher im ganzen unverändert.

Noch einige weitere Beispiele mögen angeführt werden. Bringt man in einen mit Kohleelektroden versehenen Hofmannschen Zersetzungsapparat verdünnte Salzsäure (HCl), so stellt man an der Kathode die Abscheidung von Wasserstoff fest, während sich an der Anode das gleiche Volumen[1]) Chlor entwickelt, entsprechend der Bildung von H^+- und Cl^--Ionen. Hier liegt ein besonders einfacher Fall vor, indem die primär entstandenen Dissoziationsprodukte ohne sekundäre Reaktion an den Elektroden frei werden.

Füllt man dagegen den Apparat mit NaCl-Lösung, so wird zwar an der Anode wieder Chlorgas ausgeschieden, während an der Kathode nicht Natrium, sondern Wasserstoff, und zwar volumgleich[1]) mit dem entwickelten Chlorgas, frei wird. Hier ist klar, daß der Wasser-

[1]) Da Chlor sich leicht in Wasser löst, muß man, bevor man die Volumenmessung beginnt, den Versuch so lange gehen lassen, bis das Wasser mit Chlor gesättigt ist; erst von diesem Moment an erweisen sich die abgeschiedenen Mengen von H und Cl als volumgleich.

stoff kein primäres Reaktionsprodukt sein kann. Vielmehr reagiert das primär abgeschiedene Natrium nach Abgabe seiner Ladung mit dem Lösungswasser nach der Gleichung:

$$Na + H_2O \rightarrow NaOH + \frac{1}{2} H_2 \uparrow ,$$

d. h. es entsteht an der Kathode sekundär Natronlauge, und Wasserstoff wird frei. Das Auftreten der Natronlauge kann man nachweisen, indem man Phenolphthalein (als Indikator für Laugen) zusetzt; es färbt die Lösung an der Kathode blutrot. Übrigens kann man direkt nachweisen, daß primär Natrium an der Kathode abgeschieden wird, indem man Quecksilber als Kathodenmaterial verwendet (Abb. 528). Die freiwerdenden Na-Atome diffundieren sofort in das flüssige Quecksilber hinein und werden so dem Angriff des Wassers entzogen: durch Abdestillieren des Quecksilbers kann man das Natrium wiedergewinnen.

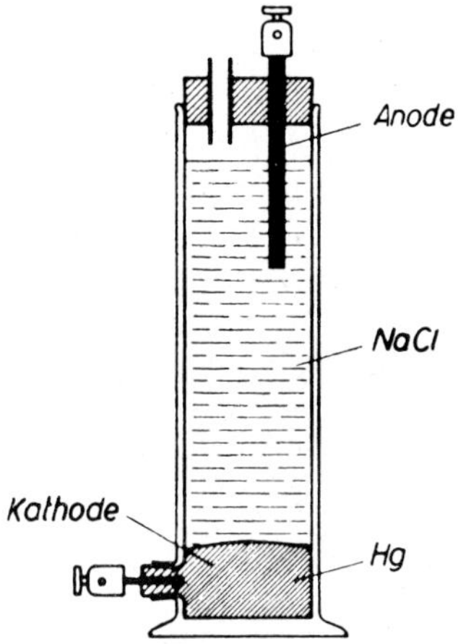

Abb. 528. Versuchsanordnung zum Nachweis der Natriumionen bei der Elektrolyse von NaCl

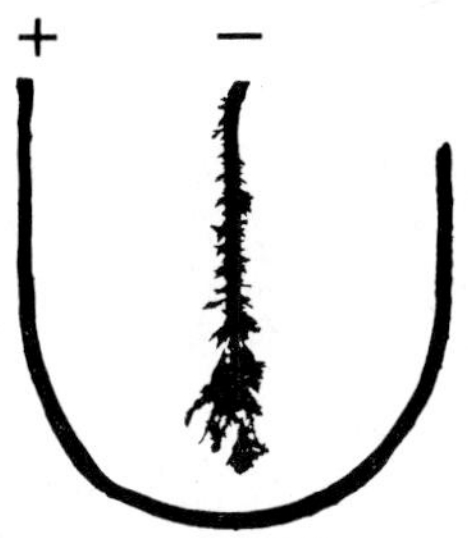

Abb. 529. Bleibaum

Als nächstes Beispiel betrachten wir die Zersetzung einer wäßrigen Lösung von Bleiazetat $[Pb(CH_3COO)_2 . 3\,H_2O]$. Wir füllen dasselbe in eine flache Glasküvette, in die zwei aus Bleidraht gebildete Elektroden eintauchen, deren Gestalt und Polung der Abb. 529 zu entnehmen sind. Bei Stromdurchgang beobachtet man, daß sich an der stabförmigen Kathode Blei in blattförmigen Kriställchen abscheidet, wodurch diese ein baumähnliches Aussehen bekommt (sogenannter Bleibaum); an der Anode ist äußerlich nichts zu bemerken. Durch Wägung derselben vor und nach dem Versuch kann man aber feststellen, daß Blei in Lösung gegangen ist: die Anode ist um ebensoviel leichter geworden wie die Kathode durch den Niederschlag schwerer. Die Auflösung des Bleis der Anode läßt sich auch direkt beobachten, wenn man nach Bildung des Bleibaumes die Stromrichtung umkehrt: dann verschwindet allmählich das vorher abgeschiedene Blei und geht in Lösung. Die primäre Dissoziation liefert die Ionen Pb^{2+} und zweimal CH_3COO^-, von denen das Blei sich an der Kathode abscheidet, während die beiden CH_3COO^--Ionen mit dem Blei der Anode reagieren:

$$Pb + 2\,(CH_3COO)^- \rightarrow Pb\,(CH_3COO)_2,$$

d. h. das Blei der Anode wird aufgelöst und neues Bleiazetat gebildet. (Man erkennt also, daß der Vorgang im Prinzip genau so verläuft wie bei der oben besprochenen Elektrolyse von $CuSO_4$ zwischen Cu-Elektroden.)

Schließlich betrachten wir noch die Elektrolyse einer Lösung von Kaliumnitrat (KNO_3) in Wasser. Als Elektroden verwenden wir Platinbleche, die in die beiden Schenkel eines U-Rohres eintauchen. Bei Stromdurchgang beobachtet man an beiden Elektroden eine Gasentwicklung, deren Analyse ergibt, daß sich an der Kathode wieder Wasserstoff, an der Anode Sauerstoff bildet, und zwar im Volumverhältnis 2:1. Beide Gase können offensichtlich nur durch sekundäre Prozesse entstanden sein. Fügt man der Lösung etwas Lackmustinktur zu, so tritt an der Kathode eine Blau- und an der Anode eine Rotfärbung auf. Daraus folgt, daß an der Kathode eine Lauge, an der Anode eine Säure entstanden ist. Der Prozeß verläuft nach dem folgenden Schema: Die primäre Dissoziation liefert die Ionen K^+ und NO_3^-. Der sekundäre Prozeß an der Kathode verläuft nach Abgabe der Ladungen folgendermaßen:

$$2\,K + 2\,H_2O \rightarrow 2\,KOH + H_2 \uparrow ,$$

und an der Anode:

$$2\,NO_3 + H_2O \rightarrow 2\,HNO_3 + \tfrac{1}{2}\,O_2 \uparrow .$$

Das an der Kathode freiwerdende Kalium bildet unter Wasserstoffentwicklung mit dem Wasser der Lösung Kalilauge, während die NO_3^--Ionen bei gleichzeitiger Abgabe ihrer Ladungen an der Anode mit dem Wasser unter Sauerstoffentwicklung zu Salpetersäure reagieren. Setzt man der Lösung etwas Phenolphthalein zu, so tritt intensive Rotfärbung an der Kathode auf. Daß dabei chemisch äquivalente Mengen von Säure und Lauge entstehen, folgt daraus, daß nach Abschalten des Stromes und Umrühren die Verfärbung an der Kathode wieder verschwindet, da Kalilauge mit der äquivalenten Menge Salpetersäure nach der Formel:

$$KOH + HNO_3 \rightarrow KNO_3 + H_2O$$

wieder das neutrale Salz und Wasser bildet.

Die Rotfärbung an der Kathode benutzt man zur Herstellung von Polreagenzpapier. Es besteht aus Fließpapier, das mit einer mit Phenolphthalein versetzten Salpeterlösung getränkt und dann getrocknet ist. Zum Gebrauch feuchtet man das Papier mit Wasser an und legt auf dasselbe die Leitungsdrähte der zu prüfenden Spannungsquelle: Am negativen Pol färbt sich das Papier sofort rot. — Ein anderes Polreagenzpapier erhält man folgendermaßen: Tränkt man Fließpapier mit Kaliumjodidlösung (Ionen: K^+, J^-), der etwas Stärke zugesetzt ist, so entsteht beim Auflegen der unter Spannung stehenden Drähte am positiven Pol eine Blaufärbung, da das abgeschiedene Jod die Stärke blau-schwarz färbt.

Ganz analog verläuft auch die Elektrolyse von Na_2SO_4 und K_2SO_4 zwischen Platinelektroden, deren genauere Analyse dem Leser überlassen bleibe; als Resultat ergibt sich: An der Kathode Abscheidung von Wasserstoff und Bildung von Natron- bzw. Kalilauge, an der Anode Freiwerden von Sauerstoff und Bildung von Schwefelsäure.

Die obengenannten Beispiele lassen sich beliebig vermehren; in allen Fällen ergibt sich, **daß die Metalle und Wasserstoff stets als Kationen auftreten, d. h. zum negativen Pol wandern.**

Dieser Satz erleidet bezüglich des Wasserstoffes allerdings eine Ausnahme bei der Elektrolyse der Alkalihydride (LiH, NaH usw.). Hier tritt der Wasserstoff als Anion auf und scheidet sich an der Anode ab.

59. Die Faradayschen Gesetze der Elektrolyse

Faraday hat sich (1831) die Frage vorgelegt, die eigentlich am Anfang aller Untersuchungen über Elektrolyse hätte stehen sollen: wie die Masse m der an den Elektroden abgeschiedenen Produkte von der Stromstärke J und der Zeit t des Stromdurchganges, d. h. von der durch den Elektrolyten hindurchgeschickten Elektrizitätsmenge q abhängt. Er hat experimentell folgendes gefunden:

Die an einer Elektrode abgeschiedene Stoffmenge ist der durch den Elektrolyten hindurchgegangenen Elektrizitätsmenge, d. h. dem Produkt aus Stromstärke und Zeit, proportional (erstes Faradaysches Gesetz).

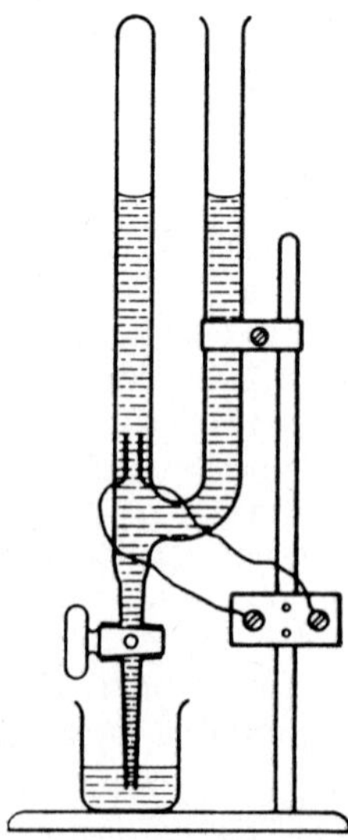

Abb. 530. Wasserzersetzungsapparat

Dies Gesetz läßt sich z. B. folgendermaßen beweisen: Wir schalten in Reihe mit einem Regulierwiderstand und einem Amperemeter an eine Batterie einen etwa mit verdünnter Schwefelsäure gefüllten Zersetzungsapparat (Abb. 530) von solcher Beschaffenheit, daß sich die beiden Pt-Elektroden gemeinsam in einem vertikalen, oben geschlossenen Rohr befinden; dieses trägt eine Graduierung, um die abgeschiedene Knallgasmenge zu bestimmen. Lassen wir nunmehr die Stromstärken J, $2J$, $3J$ ... während der Zeit t oder den gleichen Strom J während der Zeiten t, $2t$, $3t$ ... fließen, so verhalten sich die abgeschiedenen Knallgasmengen wie 1:2:3...; so wie hier ist es in allen Fällen: Stets zeigt sich das erste Faradaysche Gesetz auf das genaueste erfüllt. Es gilt also:

$$m = Cq = CJt, \tag{355}$$

wenn mit C die Proportionalitätskonstante bezeichnet wird. Sie bedeutet also Masse pro Ladung und wird das **elektrochemische Äquivalent** des betreffenden Stoffes genannt.

Elektrochemische Abscheidungen ($J = 1$ A)

Zeit	Silber	Kupfer (zweiwertig)	Nickel	Quecksilber	Wasser
1 Sekunde	1,118 mg	0,3294 mg	0,3058 mg	1,040 mg	0,0933 mg
1 Minute	67,08 mg	19,76 mg	18,30 mg	61,40 mg	5,6 mg
1 Stunde	4025 mg	1186 mg	1098 mg	3744 mg	335,9 mg

Wie das elektrochemische Äquivalent C von der Masse m_0 des Atoms (bzw. der Atomgruppe) und seiner elektrischen Ladung abhängt, zeigt die folgende Betrachtung: Ist n die Zahl der in 1 s an einer Elektrode abgeschiedenen Atome, so ist offenbar in (355) $m = n m_0 t$ zu setzen: ebenso ist $J = n q_z$, wenn q_z die auf einem Ion der Wertigkeit $|z|$ befindliche Ladung bezeichnet; durch Einsetzen beider Ausdrücke in (355) folgt für das elektrochemische Äquivalent C;

(356a) $$C = \frac{m_0}{q_z},$$

d.h. C ist der Masse des Atoms (bzw. der Atomgruppe) direkt, der auf ihm sitzenden Ladung umgekehrt proportional. Erweitert man die rechte Seite dieser Gleichung mit der Loschmidt- oder Avogadro-Konstante N_A (= Zahl der Atome pro Mol), so ist $N_A m_0 = M$ die molare Masse (numerisch gleich der rel. Atommasse), und $N_A q_z$ ist die Gesamtladung der betreffenden molaren Masse. Daher ist das elektrochemische Äquivalent auch:

(356b) $$C = \frac{M}{N_A q_z}$$

Faraday hat noch ein weiteres Gesetz aufgestellt, das folgendermaßen lautet:

Die durch die gleiche Elektrizitätsmenge in verschiedenen Elektrolyten abgeschiedenen Stoffmengen sind den äquivalenten molaren Massen dieser Stoffe proportional (zweites Faradaysches Gesetz).

Unter äquivalenter molarer Masse[1]) versteht man den Quotienten: Molare Masse dividiert durch die Wertigkeit, also den Ausdruck $M/|z|$. Das ist gerade die Masse, die sich z. B. genau mit 1,008 g H oder 8 g O verbindet. Aus den chemischen Formeln HCl, NaCl, H_2O, Na_2O, H_2SO_4, $CuSO_4$, $FeCl_3$ usw. geht hervor, daß die folgenden Stoffmengen einander elektrochemisch äquivalent sind: 1 mol H, 1 mol Cl, 1 mol Na, $\frac{1}{2}$ mol O, $\frac{1}{2}$ mol Cu, $\frac{1}{2}$ mol SO_4, $\frac{1}{3}$ mol Fe. Dabei ist zu beachten, daß die Gase (nicht die Edelgase und Metalldämpfe) als mehratomige Moleküle existieren, also H_2, O_2, Cl_2 usw. Die Stoffmenge 1 mol H entspricht also $\frac{1}{2}$ mol H_2 (Wasserstoff); die Stoffmenge 1 mol O entspricht $\frac{1}{2}$ mol O_2 (Sauerstoff). Ferner ist zu beachten, daß einige Elemente verschiedene Wertigkeit haben: Im Kupfer(I)chlorid (CuCl) ist das Kupfer einwertig, im Kupfersulfat ($CuSO_4$) dagegen zweiwertig. Das Eisen ist zwei- oder dreiwertig, z. B. Eisen(II)chlorid bzw. Eisen(III)chlorid.

Nach dem zweiten Faradayschen Gesetz ist also:

(357) $$C = k \frac{M}{|z|},$$

[1]) Oft findet man dafür auch den Ausdruck „Grammäquivalent“, eine Abkürzung für „äquivalentes Grammatom“. Ein Grammatom (= relative Atommasse in Gramm) ist ein älterer Ausdruck für die molare Masse. — Häufig wird für die äquivalente molare Masse auch der Ausdruck Val benutzt.

wo k ein universeller Proportionalitätsfaktor ist; nach (356b) ist also weiter:

(357a) $$C = \frac{M}{N_A q_z} = \frac{kM}{|z|},$$

d. h.

(358) $$k = \frac{|z|}{N_A q_z}.$$

Dies kann aber nur dann universell, d. h. von spezifischen Stoffeigenschaften unabhängig sein, wenn

(359) $$q_z = e\,|z|$$

ist, wo e eine universelle Ladung bedeutet: denn dann hebt sich $|z|$ aus (358) fort, und im Nenner bleibt die universelle Größe $N_A e$ stehen. Damit wird also der Proportionalitätsfaktor k in (357):

(360) $$k = \frac{1}{N_A e}.$$

Setzt man dies in (357a) ein, so ergibt sich weiter für die Gesamtladung eines Mols:

(361) $$N_A q_z = N_A e\,|z|.$$

Die vorhin in (359) eingeführte universelle Ladung e ist offenbar diejenige, die sich auf einem einwertigen Ion befindet, wie aus (359) sofort folgt. Alle einwertigen Ionen tragen also nach den Faradayschen Gesetzen die gleiche Ladung e, und 1 Ion der Wertigkeit $|z|$ die Ladung $e\,|z|$. Die Stoffmenge ein Mol trägt nach (361) die Ladung $N_A e\,|z|$. Elektrochemisch äquivalent, also gleichwertig, sind solche Stoffmengen bzw. Massen, deren Ionenzahl gleich ist und deren Ionen die gleiche Ladung tragen, d. h. die gleiche Wertigkeit $|z|$ haben. Denn nur dann ist die gesamte transportierte Ladung gleich. Bezieht man die Stoffmenge ein Mol auf gleiche Wertigkeit, und zwar vereinbarungsgemäß auf die Wertigkeit eins, indem man durch $|z|$ dividiert, so erhält man jeweils ein äquivalentes Mol bzw. dessen äquivalente molare Masse $M/|z|$. Ihre elektrische Ladung ist immer

(362) $$F = N_A \cdot e.$$

Die Gültigkeit des zweiten Faradayschen Gesetzes läßt sich durch folgende Versuche zeigen: In einen Stromkreis schaltet man hintereinander 3 Hofmannsche Zersetzungsapparate (Abb. 526), von denen der erste Kohleelektroden und eine verdünnte wässerige Lösung von HCl, die beiden anderen Platinelektroden und wässerige Lösungen von H_2SO_4 bzw. Ammoniumhydroxyd (NH_4OH) enthalten. Nach Anlegen einer Spannung fließt durch alle 3 Apparate der gleiche Strom. Nach einiger Zeit stellt man fest, daß an allen 3 Kathoden das gleiche Wasserstoffvolumen abgeschieden ist, während sich die an den Anoden abgeschiedenen Gasvolumina von Chlor, Sauerstoff und Stickstoff wie $1:\frac{1}{2}:\frac{1}{3}$ verhalten. Da Chlor einwertig, Sauerstoff zweiwertig, Stickstoff dreiwertig ist, verlangt das zweite Faradaysche Gesetz, daß sich die abgeschiedenen Stoffmengen wie $1:\frac{1}{2}:\frac{1}{3}$ verhalten. Da nun nach dem Avogadroschen Gesetz gleiche Volumina bei gleichem Druck und bei gleicher Temperatur die gleiche Anzahl von Molekülen enthalten, so werden also in diesem Versuch mit 1 Mol H_2 gleichzeitig abgeschieden 1 Mol Cl_2, $\frac{1}{2}$ Mol O_2 und $\frac{1}{3}$ Mol N_2, was zu beweisen war.

Ein anderer Versuch ist der folgende: Beschickt man zwei elektrolytische Zellen mit Cu-Elektroden je mit einer Lösung von $CuSO_4$ (zweiwertiges Kupfer) und CuCl (einwertiges Kupfer), wobei wir die beiden Kathoden an die Hebel von zwei Briefwaagen anhängen, so scheidet sich natürlich an beiden Kathoden Cu ab, aber an der Kathode in der CuCl-Lösung die doppelte Menge Cu wie an der Kathode der $CuSO_4$-Lösung.

Ein weiterer Beweis ergibt sich aus der Betrachtung der in der vorhergehenden Nummer besprochenen Elektrolyse von Na_2SO_4-Lösung in einem U-Rohr: diese Lösung ist neutral, d. h. sie reagiert weder sauer noch alkalisch. Das Resultat der Elektrolyse ist an der Kathode Abscheidung von H_2, an der Anode von $\frac{1}{2}\,O_2$, und das sind offenbar chemisch äquivalente Mengen. Außerdem aber bildet sich an der Kathode 2NaOH, an der Anode H_2SO_4; Zusatz von Phenolphthalein färbt daher die die Kathode umgebende Lösung blutrot. Gießt man die Flüssigkeit in ein Becherglas und rührt um, so reagiert die Natronlauge mit der Schwefelsäure nach der Gleichung:

$$2\,NaOH + H_2SO_4 \rightleftharpoons Na_2SO_4 + 2\,H_2O,$$

d. h. es bildet sich wieder die neutrale Salzlösung und Wasser. In Übereinstimmung damit verschwindet die Rotfärbung vollständig, d. h. die Natronlauge wird durch die Schwefelsäure vollkommen neutralisiert, 2 NaOH und H_2SO_4 sind also chemisch äquivalent.

Die folgende Tabelle enthält die elektrochemischen Äquivalente C einiger Stoffe, die molaren Massen M, die Wertigkeit $|z|$, die Gesamtladung der molaren Massen $N_A e |z|$ und schließlich die Ladung F pro äquivalente molare Masse, die nach der obigen Darlegung eine universelle Größe sein soll.

Stoff	$C \cdot 10^3$	M	$\|z\|$	$N_A e \|z\|$ (Ladung pro Mol)	$F = N_A e$ (Ladung pro äquivalentes Mol)
		Gramm		Coulomb	Coulomb
H	0,01045	1,008	1	96 459	96 459
Cl	0,3672	35,457	1	96 507	96 507
Ag	1,118	107,68	1	96 494	96 494
O	0,0829	16,00	2	193 004	96 502
Cu[1])	0,3294	73,57	2	192 987	96 494
Hg	1,040	200,61	2	192 894	96 447
N	0,0484	14,00	3	289 258	96 419
Al	0,0936	26,97	3	289 530	96 510
Fe[2])	0,1929	55,88	3	289 582	96 527
Sn	0,3083	11 870	4	386 000	96 500
Mn	0,1423	54,93	4	386 015	96 504
V	0,1057	50,95	5	482 498	96 500
U	0,4119	238,07	6	578 784	96 464

[1]) Zweiwertiges Kupfer.
[2]) Dreiwertiges Eisen.

Man erkennt aus der letzten Spalte der Tabelle, daß die Elektrizitätsmenge, die ein äquivalentes Mol und damit eine äquivalente molare Masse trägt, eine universelle Größe ist; der genaueste Wert ist:

$$F = 96487{,}0 \pm 1{,}6 \text{ As} \cdot \text{mol}^{-1} \quad (z = 1)\,. \tag{363}$$

Diese Tatsache hat Faraday so formuliert:

Zur Abscheidung der Stoffmenge ein äquivalentes Mol bzw. der äquivalenten molaren Masse ist eine Elektrizitätsmenge von 96487 Coulomb erforderlich (drittes Faradaysches Gesetz). Diese Elektrizitätsmenge pro äquivalentes Mol wird als **Faraday-Konstante** und mit dem Buchstaben F bezeichnet.

Es ist wichtig, sich klarzumachen, daß die Feststellung der Universalität der zur Abscheidung einer äquivalenten molaren Masse erforderlichen Elektrizitätsmenge ein rein experimentelles Ergebnis ist. Es liegt aber nahe, darüber hinaus anzunehmen, daß diese Gesamtladung F sich gleichmäßig auf alle einzelnen Ionen verteilt; diese Hypothese hat zuerst H. v. Helmholtz (1881) in seiner Faraday-Lecture gemacht. Damit ist ausgesprochen, **daß ebenso wie die Materie auch die Elektrizität atomistische Struktur hat; die Ladung eines einwertigen (Ions $e = F/N_A$ wäre danach die kleinste existierende elektrische Ladung.** Der numerische Wert ergibt sich, indem man den Wert der Faraday-Konstante F durch die Avogadro-(Loschmidt-) Konstante N_A dividiert. Es ergibt sich der Wert:

$$e = F/N_A = 96487 \text{ As} \cdot \text{mol}^{-1}/6{,}0225 \text{ mol}^{-1} = 1{,}602 \cdot 10^{-19} \text{ As} \quad (|z| = 1)\,. \tag{364}$$

Man hat niemals eine kleinere Elektrizitätsmenge beobachtet; e wird daher auch das **elektrische Elementarquantum** genannt.

Man kann aus der 6. Spalte der Tabelle noch eine wichtige Größe berechnen. Dividiert man die in ihr angegebene Ladung pro Mol durch die äquivalente molare Masse $M/|z|$, so erhält man die Ladung pro Masse, die als **spezifische Ladung** bezeichnet wird:

$$\text{(365)} \qquad \text{spez. Ladung} = \frac{F\,|z|}{M} = \frac{N_A e\,|z|}{M} = \frac{N_A e\,|z|}{N_A m_0}.$$

Damit haben die Faradayschen Gesetze eine allgemeine Bedeutung erlangt. Der aus den Faradayschen Gesetzen folgende Wert für die Elementarladung wird auch aus ganz andersartigen Messungen erhalten. So ergibt z. B. der sog. Millikan-Versuch (Bewegung geladener kolloidaler Öltröpfchen im elektrischen Feld) in guter Übereinstimmung $e = 1{,}602 \cdot 10^{-19}$ As. Daraus ist zu schließen, daß jedes Ion eine seiner Wertigkeit entsprechende Anzahl von Elementarladungen trägt.

Im einzelnen Fall ist jedoch die experimentelle Prüfung der Faradayschen Gesetze durch Auftreten von Nebenreaktionen mit Schwierigkeiten verbunden. Insbesondere bei der Elektrolyse von Schmelzelektrolyten sind die Elektrodenvorgänge wegen der auftretenden hohen Temperaturen nicht ganz einfach zu übersehen. Trotzdem haben sich die Faradayschen Gesetze bei Berücksichtigung der jeweils vorliegenden besonderen Umstände stets als gültig erwiesen.

Coulombmeter. Eine praktische Anwendung der Faradayschen Gesetze der Elektrolyse macht man in der Meßtechnik zur Messung von Elektrizitätsmengen und Strömen. Wie bereits auf S. 131 erwähnt, galt lange Zeit das als Einheit der Stromstärke gesetzlich festgelegte Ampere wie folgt:

Ein Strom hat die Stärke von 1 Ampere, wenn er, in gleichmäßiger Stärke fließend, in der Sekunde 1,118 mg Silber abzuscheiden vermag. Dabei fließt also die Elektrizitätsmenge von 1 Amperesekunde oder Coulomb in der Sekunde durch den Leiterquerschnitt.

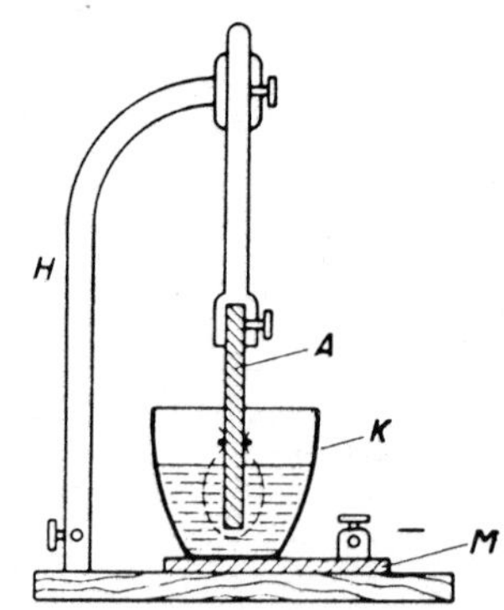

Abb. 531
Silbercoulombmeter

Die zu dieser Messung benutzten Apparate heißen **Coulombmeter**[1]). Abb. 531 zeigt das zur internationalen Festlegung des Coulomb bzw. Ampere benutzte Silbercoulombmeter. Als Anode *A* dient ein Stab aus reinem Silber, der in einem Halter *H* eingeklemmt ist. Er ist an seinem unteren Ende mit einem Säckchen aus reinem Leinen umhüllt, damit mechanisch sich lösende Teile nicht herunterfallen können, und taucht in eine Silbernitratlösung, die sich in einer Platinschale *K* befindet; diese dient als Kathode und steht auf der Metallunterlage *M*. Nachdem die Platinschale sorgfältig gereinigt ist, wird sie mit der Lösung gefüllt, die Anode eingetaucht und der zu messende Strom während einer genau gemessenen Zeit hindurchgeschickt. Darauf wird die Schale entleert, gespült und getrocknet. Aus der Gewichtszunahme und dem elektrochemischen Äquivalent des Silbers läßt sich die Stromstärke oder Elektrizitätsmenge nach (355) berechnen. — Bei dem Kupfercoulombmeter steht eine dünne, sorgfältig gewogene Kupferplatte als Kathode einer ebenso großen Platte aus chemisch reinem Kupfer in einer gesättigten Lösung von Kupfersulfat gegenüber (die zur Herabsetzung von Nebenreaktionen etwas angesäuert und mit Alkohol versetzt ist). Aus der abgeschiedenen Kupfermenge kann wieder die hindurchgegangene Elektrizitätsmenge oder die Stromstärke ermittelt werden. Das Kupfercoulombmeter wird hauptsächlich bei starken Strömen benutzt, da man leicht große Kupferplatten verwenden kann. Schließlich sei noch das Knallgascoulometer erwähnt (Abb. 532). Die an den dicht nebeneinander befindlichen Platinelektroden entwickelten Mengen Sauerstoff und Wasserstoff werden gemeinsam als Knallgas aufgefangen, wobei die abgeschiedene Menge an einer Graduierung abgelesen wird. Die so ermittelte Gasmenge ist auf die Temperatur 0° C und den Normaldruck 760 Torr umzurechnen. Die Gastemperatur kann an einem Thermometer *Th* abgelesen werden. Die Angaben des Knallgasvolta-

[1]) Der besseren Aussprache wegen auch Coulometer genannt.

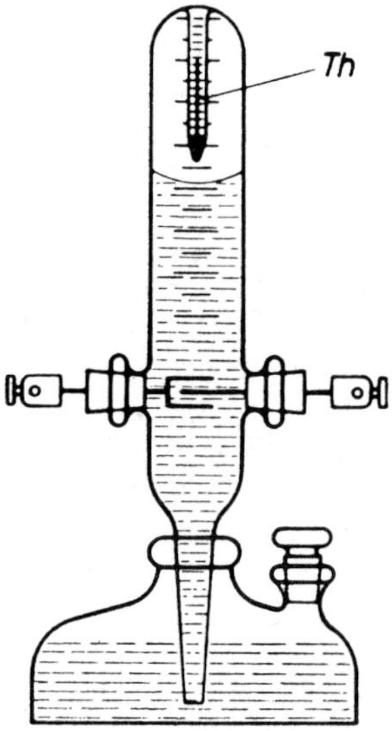

Abb. 532. Knallgascoulombmeter

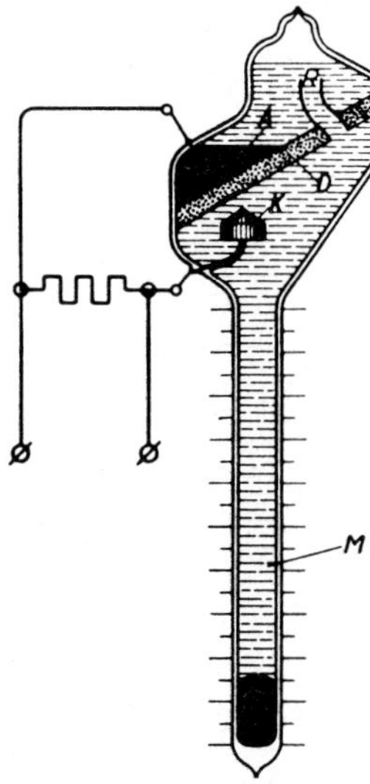

Abb. 533. Stiazähler

meters sind weniger genau, da sich Sauerstoff etwas im Wasser löst und außerdem bei der Elektrolyse eine geringe Menge Sauerstoff in Ozon (O_3) verwandelt wird. Durch Umkehren des ganzen Apparates kann das Auffanggefäß wieder gefüllt und der Apparat für eine neue Messung wieder hergerichtet werden.

Lange Zeit hindurch wurden in der Technik erfolgreich Quecksilbercoulombmeter benutzt. Durch Multiplikation der gemessenen Elektrizitätsmenge Jt mit der (konstanten) Netzspannung U wurde die vom Elektrizitätswerk gelieferte elektrische Energie bestimmt. Bei dem sogenannten Stiazähler (Abb. 533) dient als Elektrolyt eine wässerige Lösung von Jodkali und Jodquecksilber. Die Anode A besteht aus Quecksilber, die Kathode K aus einem kegelförmigen Stück Kohle. Anoden- und Kathodenraum sind durch ein Diaphragma D getrennt, das aus zusammengefrittetem Glaspulver besteht. Dieses läßt den Elektrolyten hindurch, verhindert aber ein direktes Durchdringen des Quecksilbers. Bei Stromdurchgang scheidet sich an der Kathode Quecksilber in feinen Tröpfchen ab, die in das Meßrohr M absinken, dessen Skala direkt in Kilowattstunden geeicht ist. Ist das Meßrohr vollkommen gefüllt, so kann man durch Kippen des Zählers das Quecksilber durch das Rohr R wieder in den Anodenraum zurückbefördern.

Neben den Coulometern, bei denen die Elektrolyseprodukte gravimetrisch oder volumetrisch bestimmt werden, haben sich auch Coulometer bewährt, die auf der maßanalytischen Bestimmung der Elektrolyseprodukte beruhen. Eine der genauesten Methoden beruht auf der Abscheidung von Jod aus einer Kaliumjodidlösung an einer Platinelektrode. Die abgeschiedene Jodmenge wird durch Titration mit Thiosulfat quantitativ bestimmt. Ein anderes Titrationscoulometer beruht auf Titration von Eisen(II)Ionen, die an einer Platinkathode durch Reduktion von Eisen(III)Ionen entstehen. Zur Unterdrückung von Hydrolyseerscheinungen wird als Elektrolyt eine schwach angesäuerte Lösung von Ammoniumeisenalaun ($NH_4Fe(SO_4)_2 \cdot 12\, H_2O$) benutzt. Zur Vermeidung einer Diffusion der reduzierten Eisen(II)Ionen von der *Pt*-Kathode zur Anode, wird der Kathodenraum vom Anodenraum mit Hilfe eines Diaphragmas getrennt. Zur Verhinderung der Rückoxydation der reduzierten Eisen(II)Ionen durch den Luftsauerstoff wird die *Pt*-Kathode mit Kohlendioxid umspült. Die Eisen(II)Ionenkonzentration wird manganometrisch bestimmt. (Reduktion des 7-wertigen Mangans im Kaliummanganat (VII) zum 2-wertigen Mn.)

60. Die Leitfähigkeit der Elektrolyte; Überführungszahlen und Beweglichkeiten von Ionen

Die Elektrolyte besitzen in jedem konkreten Fall einen elektrischen Widerstand R, der gleich ist dem Quotienten aus der Spannungsänderung ΔU und der Stromstärkeänderung ΔJ, d. h. $R = \Delta U/\Delta J$. Ist der Elektrolyt flüssig, so hängt R natürlich (bei einer gegebenen Menge Flüssigkeit) von der Form des Gefäßes ab, das den Elektrolyten enthält; in einer langen, engen Röhre hat der Elektrolyt einen größeren Widerstand als in einer weiten kurzen. Es hat also nur dann einen Sinn, von einem bestimmten Widerstand des Elektrolyten zu sprechen, wenn er in ein Gefäß bestimmter Form gefüllt ist. Dagegen ist der spezifische Widerstand ϱ charakteristisch für den inneren Zustand des Elektrolyten; unter ϱ versteht man, wie auch bei metallischen Leitern, den Widerstand eines Würfels von 1 cm Kantenlänge (vorausgesetzt, daß er gleichmäßig durchströmt wird!). Es ist üblich, statt ϱ seinen Kehrwert, die **spezifische Leitfähigkeit** oder den **Leitwert** σ anzugeben. Für eine Flüssigkeitssäule der Länge l und des konstanten Querschnitts A, die den Widerstand R besitzt, ist demnach

$$\sigma = \frac{l}{A}\frac{1}{R}\,\mathrm{Ohm}^{-1}\,\mathrm{cm}^{-1}.$$

Die Leitfähigkeit von Elektrolyten weist recht verschiedene Beträge auf. Bei gewöhnlicher Temperatur besitzen die bestleitenden etwa 1 Millionstel der Leitfähigkeit der bestleitenden Metalle; im übrigen finden sich alle Abstufungen bis herab zur Größenordnung der Leitfähigkeit von Gasen (s. Kap. VIII).

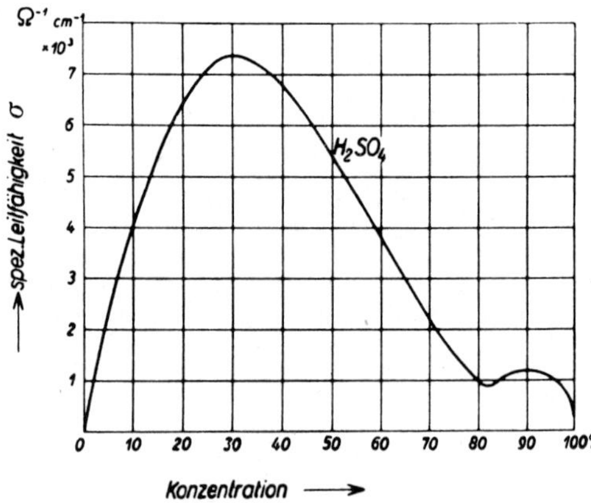

Abb. 534. Spezifische Leitfähigkeit von in Wasser gelöster Schwefelsäure

Aus dem auf S. 386 über den Vorgang der Dissoziation Gesagten folgt, daß die Leitfähigkeit der Elektrolyte von der Konzentration der Lösung abhängt. In Abb. 534 ist die spezifische Leitfähigkeit von in Wasser gelöster Schwefelsäure in Abhängigkeit von der Konzentration aufgetragen. Zunächst steigt die Leitfähigkeit bei schwacher Konzentration fast proportional mit dieser an: dann krümmt sich die Kurve nach der Abszissenachse und erreicht bei 30% ein Maximum, um bei höherer Konzentration wieder abzufallen. Bei 84% erreicht die Leitfähigkeit ein Minimum; die Lösung entspricht dann der Zusammensetzung $H_2SO_4 \cdot H_2O$[1]). Schwefelsäure von 100% ist schließlich ein Nichtleiter, da sie nicht dissoziiert ist. In Abb. 535 ist für eine Reihe weiterer wässriger Lösungen die Leitfähigkeit in Abhängigkeit von der sogenannten Äquivalentkonzentration c_A wiedergegeben. Darunter versteht man die im Volumen V (cm³) der Lösung enthaltene äquivalente molare Masse[2]) des gelösten Stoffes, also $M/|z| \cdot V$. Eine Lösung, die ein Grammäquivalent des gelösten Stoffes im Liter enthält, bezeichnet man bekanntlich als Normal- (n-) Lösung; entsprechend enthält eine 0,1 n-Lösung $^1/_{10}$ Grammäquivalent im Liter. Das Verhalten der in Abb. 535 wiedergegebenen Stoffe ist qualitativ das gleiche. Man erkennt überall Ansteigen der Leitfähigkeit mit wachsender Konzentration, die

[1]) Das kleine Maximum bei etwa 90% wird durch sekundäre Umstände verursacht.
[2]) Dafür ist in der Elektrochemie auch der Ausdruck „Grammäquivalent" üblich.

bei den Substanzen, die sich in genügender Menge lösen lassen, durch ein Maximum geht, um schließlich wieder auf kleinere Werte abzufallen.

Im Hinblick auf die enge Verknüpfung von Elektrizitäts- und Massentransport bei der elektrolytischen Leitung ist es üblich, nach einem Vorschlag von F. Kohlrausch (1876) eine auf die Masseneinheit zurückgreifende Einheit des Leitvermögens, die sogenannte **Äquivalentleitfähigkeit,** zu benutzen. Darunter versteht man den Quotienten aus spezifischer Leitfähigkeit σ und der eben definierten Äquivalentkonzentration c_A. Bezeichnen wir die Äquivalentleitfähigkeit mit Λ, so gilt also:

(367)
$$\Lambda = \frac{\sigma}{c_A}.$$

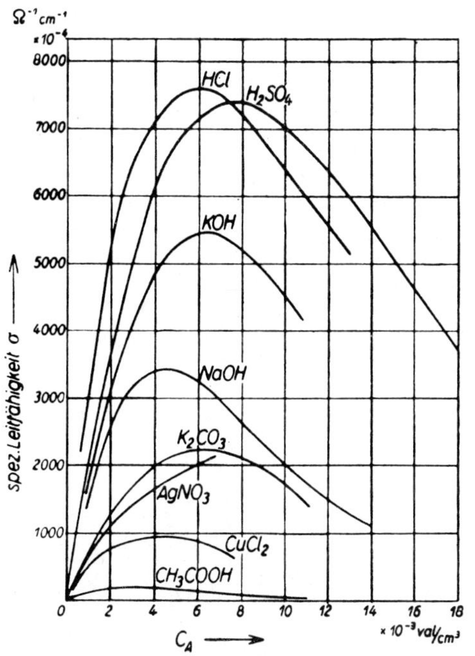

Abb. 535. Spezifische Leitfähigkeit verschiedener wäßriger Lösungen in Abhängigkeit von der Äquivalentkonzentration

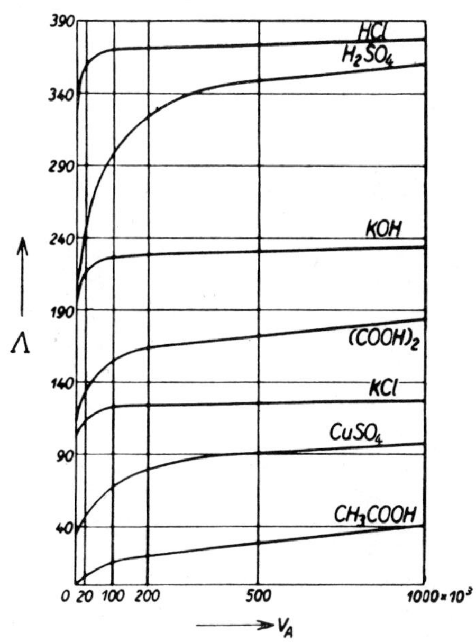

Abb. 536. Äquivalentleitfähigkeit verschiedener wäßriger Lösungen in Abhängigkeit von der Verdünnung

Die übliche Einheit von Λ ist cm^2 mol g^{-1} Ohm^{-1}.

Kohlrausch fand als erster, daß die Äquivalentleitfähigkeit mit steigender Verdünnung einem Grenzwert Λ_∞ zustrebt. Dies zeigt für eine Reihe von Elektrolyten Abb. 536; als Abszisse ist der reziproke Wert der Äquivalentkonzentration c_A, d. h. die Äquivalentverdünnung v_A, aufgetragen. Die Grenzwerte Λ_∞ haben offenbar für jeden Elektrolyten einen typischen Wert, der um so früher, d. h. bei um so größerer Konzentration, erreicht wird, je besser die Flüssigkeit leitet (vgl. dazu Abb. 535).

In der Tabelle sind die Werte von ϱ, σ, Λ und Λ_∞ für verschiedene Elektrolyte nochmals zusammengestellt; zum Vergleich sind die Werte von ϱ und σ für Kupfer am Schluß mit aufgeführt.

Nach den Darlegungen in Nr. 58 geht der Elektrizitätstransport in einem Elektrolyten so vor sich, daß die Ionen unter dem Einfluß des elektrischen Feldes auf die Elektroden zuwandern, und zwar die positiven Kationen zur Kathode, die negativen Anionen zur Anode, wobei sie an die Elektroden ihre Ladungen abgeben. Dabei bewegen sich die Ionen infolge der Reibung, die sie in der Flüssigkeit erfahren, mit gleichförmiger Geschwindigkeit[1]), die offensichtlich von der Ionenmasse abhängt.

Spezifischer Widerstand, spezifische Leitfähigkeit und Äquivalentleitfähigkeit verschiedener Elektrolyte

Stoff	Konzentration Gew. %	Konzentration g-Äquival. im Liter $1000\,c_A$	Spezifischer Widerstand ρ in Ohm cm	Spezifische Leitfähigkeit σ in $Ohm^{-1}\,cm^{-1}$	Äquivalent-Leitfähigkeit $\Lambda = \frac{\sigma}{c_A}$ in $cm^2\,mol\,g^{-1}\,Ohm^{-1}$	Λ_∞ in $cm^2\,mol\,g^{-1}\,Ohm^{-1}$ bei 18° C
Salzsäure (HCl) bei 18° C	5	1,405	2,53	0,395	281	380
	10	2,877	1,59	0,630	219	
	20	6,034	1,31	0,762	126	
	30	9,482	1,51	0,662	70	
	40	13,182	1,94	0,515	39	
Schwefelsäure (H_2SO_4) bei 18° C	5	1,053	4,78	0,209	198	383
	10	2,176	2,81	0,391	180	
	20	4,655	1,53	0,653	140	
	40	10,649	1,41	0,680	64	
	60	18,375	2,69	0,373	20	
	80	20,25	9,01	0,111	4	
Kalilauge (KOH) bei 15° C	4,2	0,777	6,85	0,146	188	234
	8,4	1,612	3,68	0,272	169	
	16,8	2,467	2,19	0,456	131	
	21,4	6,744	1,87	0,543	81	
	42,0	10,695	2,37	0,421	39	
Natronlauge ($NaOH$) bei 15° C	5	1,319	5,08	0,197	149	208
	10	2,771	3,21	0,312	112	
	20	6,122	3,09	0,327	53	
	30	10,015	4,95	0,202	20	
	40	14,4	8,62	0,116	8	
Kochsalz ($NaCl$) bei 18° C	5	0,884	14,89	0,0672	76	109
	10	1,830	8,26	0,121	66	
	20	3,924	5,10	0,196	50	
	25	5,805	4,67	0,214	43	
Silber-Nitrat ($AgNO_3$) bei 18° C	5	0,307	3962	0,026	83	116
	10	0,641	2100	0,048	74	
	20	1,467	11,44	0,087	62	
	40	2,477	6,37	0,157	45	
	60	6,764	4,76	0,210	31	
Kupfer-Sulfat ($CuSO_4$) bei 18° C	5	0,658	52,63	0,019	29	115
	10	1,387	2125	0,032	23	
	15	2,194	2381	0,042	19	
Kupfer	—	—	$1{,}8 \cdot 10^{-6}$	$5{,}5 \cdot 10^{+4}$	—	—

[1]) Natürlich abgesehen von einer sehr kurzen Beschleunigungsperiode unmittelbar nach Anlegen der Spannung.

Man kann die Reibung zwischen den Ionen und der Flüssigkeit in folgender Weise einfach zeigen (Abb. 537). Auf dem Pol eines kräftigen Magneten befindet sich ein ringförmiger Trog mit isolierendem Boden; die beiden metallischen zylindrischen Trogberandungen bilden die Elektroden A und K; der Trog ist mit einer Salzlösung gefüllt. Schickt man einen Strom durch den Elektrolyten, so wandern die Ionen radial durch die Flüssigkeit, solange kein Magnetfeld wirkt; sie werden aber von dem durch die Flüssigkeit hindurchtretenden magnetischen Felde seitlich (und zwar für beide Ionenarten nach der gleichen Richtung) abgelenkt. Wegen der Reibung überträgt sich diese seitliche Bewegung auf die Flüssigkeit, die infolgedessen lebhaft in der Rinne zu kreisen beginnt; durch kleine Korkschwimmer mit einem Fähnchen läßt sich dies weithin sichtbar machen. Bei Umpolung der Stromrichtung kehrt sich der Bewegungssinn der Flüssigkeit um.

Der Strom könnte in einem Elektrolyten dadurch zustande kommen, daß nur das Anion oder nur das Kation allein die Stromleitung übernimmt, oder auch dadurch, wie es im allgemeinen der Fall ist, daß beide Ionen am Elektrizitätstransport beteiligt sind; in diesem Falle setzt sich die gesamte Stromstärke aus beiden Ionenströmen additiv zusammen. Wir wollen den Vorgang der Ionenwanderung an Hand der Abb. 538 genauer betrachten. In dem durch die Elektroden

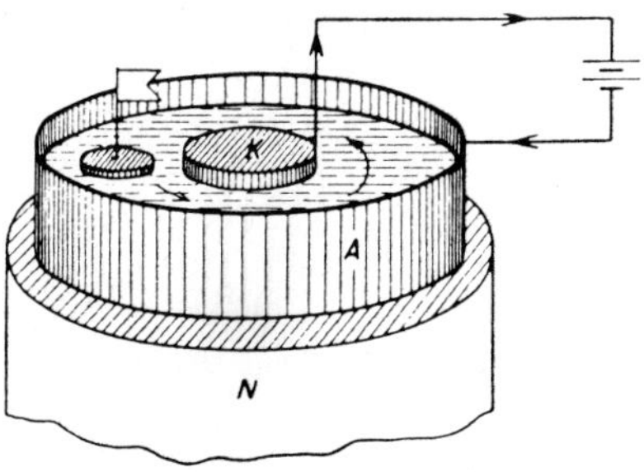

Abb. 537. Nachweis der Reibung zwischen Ionen und Flüssigkeit

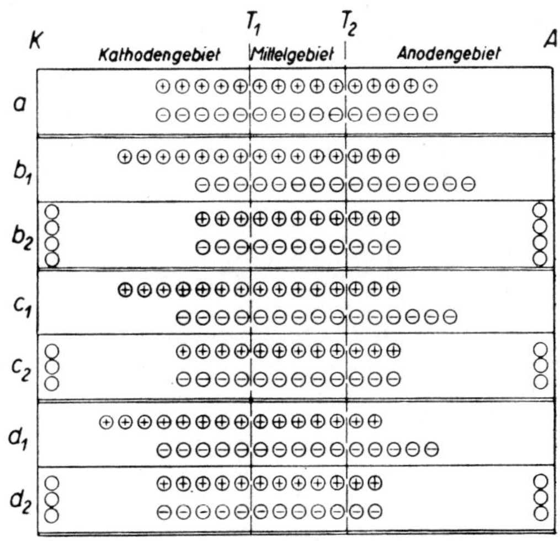

Abb. 538. Zur Erklärung der Ionenwanderung bei der Elektrolyse

A und K begrenzten Gefäß mögen sich z. B. 15 dissoziierte Salzsäure-Moleküle befinden. Wir stellen die Anionen durch $\ominus$ und die Kationen durch $\oplus$ dar. (Wir können uns natürlich ebenso gut 15 Millionen Moleküle denken, dann würde jedes Zeichen 1 Million der betreffenden Ionenart repräsentieren.) Der Fall a in Abb. 538 gibt den Zustand vor Einschaltung des Feldes wieder. In den drei durch die gestrichelten Linien T_1 und T_2 abgeteilten Räumen 1 bis 3 des Gefäßes sind die Ionen gleichmäßig verteilt. Der Fall b zeigt, welche Ionenverschiebung eintritt, wenn sich nach Anlegen des Feldes beide Ionenarten gleich schnell nach beiden Seiten bewegen. Wir wollen einen Zeitmoment ins Auge fassen, in dem 2 Anionen von links nach rechts und 2 Kationen von rechts nach links die beiden gedachten Trennungswände T_1 und T_2 passiert haben. Dann gibt b_1 die nun herrschende Ionenverteilung wieder. Im Kathodenraum sind jetzt statt 5 Kationen deren $5 + 2 = 7$, statt der 5 Anionen $5 - 2 = 3$ vorhanden; im Anodenraum sind statt 5 Kationen nur noch $5 - 2 = 3$, statt 5 Anionen $5 + 2 = 7$ vorhanden. Im Kathodenraum sind also $7 - 3$ Kationen im Überschuß, an der Anode dagegen $7 - 3 = 4$ Anionen im Überschuß vorhanden: es werden demgemäß, wie b_2 zeigt, an der Kathode 4 Kationen, an der Anode 4 Anionen abgeschieden, die dort ihre Ladung abgeben (die neutralen Atome werden durch ○ angedeutet). Während also die Ionenkonzentration im Mittelraum ungeändert geblieben ist, hat sie sowohl im Kathodenraum wie im Anodengebiet abgenommen, und zwar um den gleichen Betrag — eine Folge der vorausgesetzten Gleichheit der beiden Ionengeschwindigkeiten.

In Fall c ist angenommen, daß die Geschwindigkeit der Kationen sich zu der der Anionen wie 2: 1 verhält. Wir betrachten etwa einen Moment nach Anlegen des Feldes, in dem durch die beiden Wände T_1 und T_2 2 Kationen und 1 Anion hindurchgegangen sind. Im Kathodenraum befinden sich dann $5 + 2 = 7$ Kationen und $5 - 1 = 4$ Anionen; im Anodenraum $5 - 2 = 3$ Kationen, $5 + 1 = 6$ Anionen, wie das Teilbild c_1 zeigt; im Kathodenraum sind also $7 - 4 = 3$ Kationen im Überschuß, an der Anode entsprechend $6 - 3 = 3$ Anionen; an den Elektroden werden daher je 3 Kationen und Anionen unter Ladungsabgabe abgeschieden (Teilbild c_2). Trotz der verschiedenen Geschwindigkeit der Ionen werden, was im ersten Augenblicke überrascht, an beiden Elektroden gleiche Elektrizitätsmengen und folglich chemisch äquivalente Massen abgeschieden, wie es nach dem zweiten Faradayschen Gesetze sein muß. Die Konzentration ist im Mittelgebiet wieder unverändert, in den beiden Elektrodengebieten hat sie abgenommen, aber nunmehr ungleich abgenommen: denn im Kathodengebiet sind nur noch 4 Ionenpaare, im Anodenraum 3 Ionenpaare vorhanden, eine Folge der verschiedenen Ionengeschwindigkeit.

Schließlich zeigt Abb. 538 d_1 und 538 d_2 die Verhältnisse, wenn nur die Kationen sich bewegen, während die Anionen in Ruhe bleiben; betrachten wir den Durchgang von 3 Kationen durch T_1 und T_2, so befinden sich schließlich im Kathodenraum $5 + 3 = 8$ Kationen und 5 Anionen, im Anodenraum $5 - 3 = 2$ Kationen und 5 Anionen. An der Kathode werden die 3 überschüssigen Kationen, an der Anode die 3 überzähligen Anionen unter Ladungsabgabe abgeschieden (Abb. 538 d_2). Die Konzentration an der Kathode ist unverändert, an der Anode ist sie kleiner geworden, — ein Unterfall des in Abb. 538 c geschilderten Verhaltens.

Die Konzentrationsverluste D_A und D_K an Anode und Kathode verhalten sich im Falle b bei gleicher Wanderungsgeschwindigkeit wie 1: 1, im Falle c wie 2: 1, also umgekehrt wie die Wanderungsgeschwindigkeiten $v_A : v_K$, die im Verhältnis 1: 2 stehen. Im besonderen ist das Verhältnis der Konzentrationsverluste $D_A : D_K$ im Falle d gleich $3 : 0 = \infty$, das der Wanderungsgeschwindigkeit $v_A : v_K$ wie $0 : 3 = 0$.

Aus dieser Darlegung ersieht man, daß die Konzentrationsänderungen, die in einem Elektrolyten vor den Elektroden auftreten, durch die Wanderungsgeschwindigkeiten der Ionen bedingt sind. Es gilt, wie die obigen Beispiele zeigen, allgemein die Beziehung:

$$\frac{D_A}{D_K} = \frac{v_K}{v_A}. \tag{368}$$

Man kann die Konzentrationsänderung in einem Elektrolyten, die zuerst von W. Hittorf (1853) gefunden wurde, in verschiedener Weise demonstrieren. Projiziert man z. B. einen kleinen planparallelen Trog, der mit verdünnter und mit etwas Schwefelsäure angesäuerter Kupfersulfatlösung gefüllt ist, in den 2 Kupferdrähte als Elektroden tauchen, so beobachtet man bei Stromdurchgang an der Kathode das Aufsteigen einer verdünnten und an der Anode das Heruntersinken einer konzentrierten Lösung, was an den Schlieren erkennbar ist. Denn an der Kathode bildet sich ein Kupferniederschlag, die Konzentration der Lösung wird also dort vermindert, und an der Anode ist es gerade umgekehrt. — Ferner war bereits auf S. 387 bei der Elektrolyse der Schwefelsäure (zwischen Pt-Elektroden) darauf hingewiesen worden, daß an der Anode eine Anreicherung der Schwefelsäure auftritt. Läßt man durch ein mit 0,5 prozentiger Schwefelsäure gefülltes etwa 20 cm langes Glasrohr von etwa 6 mm lichter Weite, dessen Enden nach oben gebogen und etwas erweitert sind, einen Strom längere Zeit fließen, so sinkt die Stromstärke immer mehr, um schließlich nach 24 Stunden praktisch auf Null zu gehen. Nimmt man dann mit einer Pipette etwas Flüssigkeit aus dem Kathodenansatz, so färbt diese blaues Lackmuspapier nicht mehr rot, d. h. die Schwefelsäure ist vollständig zur Anode hingewandert. Mit der Anordnung Abb. 539 kann man schon nach wenigen Minuten die Anreicherung von Schwefelsäure an der Anodenseite zeigen. Das zweimal U-förmig gebogene Elektrolytgefäß enthält 3 Platinelektroden A, K und C. An die beiden äußeren A und K wird eine Spannung von 50 bis 100 Volt gelegt. Parallel zu AK liegt ein Schiebewiderstand R von etwa 1000 Ohm, dessen Schiebekontakt S über ein Galvanometer G mit der Mittelelektrode C verbunden ist. Das Ganze stellt also eine

Wheatstonesche Brücke dar, in deren beiden Zweigen die beiden Hälften des Elektrolytgefäßes liegen. Der Kontakt S wird bei Beginn des Versuches so eingestellt, daß das Galvanometer stromlos ist. Bereits wenige Minuten nach Einschalten des Stromes zeigt das Galvanometer einen Ausschlag; um ihn auf Null zu bringen, muß man S verschieben. Die Richtung der Verschiebung ergibt, daß der Widerstand der Flüssigkeitsschicht zwischen C und A durch Erhöhung der Säurekonzentration gesunken ist. — Für quantitative Messungen eignet sich schließlich das in Abb. 540 dargestellte Zersetzungsgefäß. Es besteht aus einem mehrfach U-förmig gebogenen Glasrohr, das an den oberen und unteren Biegungen Rohransätze hat. Während die oberen Ansätze offen sind, befinden sich an den unteren Gummischläuche, die zunächst durch Quetschhähne geschlossen

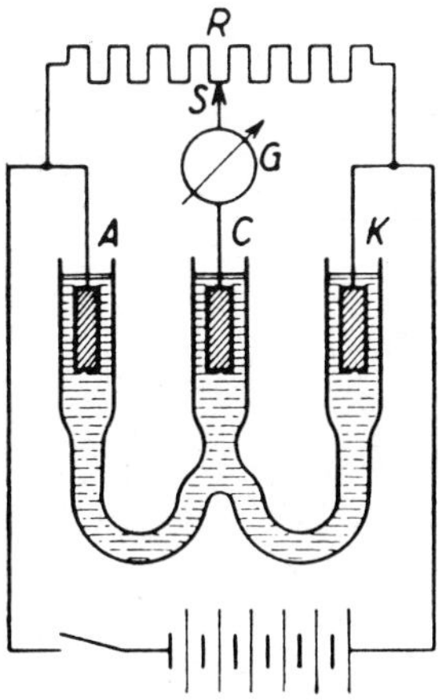

Abb. 539. Anordnung zum Nachweis der Konzentrationsänderung in einem Elektrolyten bei Stromdurchgang

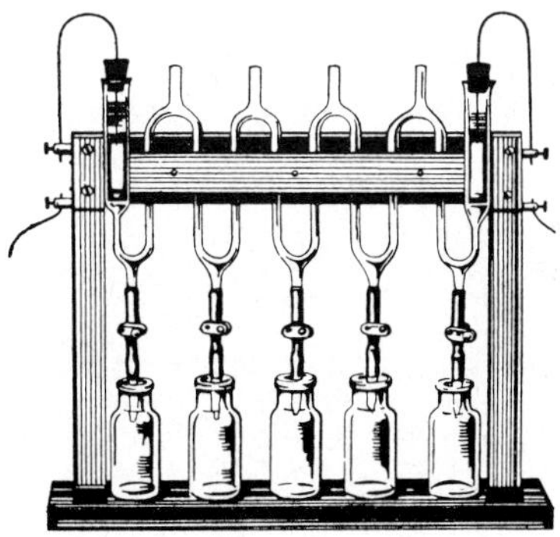

Abb. 540. Anordnung zum quantitativen Nachweis der Konzentrationsänderung in einem stromdurchflossenen Elektrolyten

sind und in besondere Gefäße münden. Nachdem eine bestimmte Elektrizitätsmenge durch den Apparat hindurchgegangen ist, wird zunächst das mittlere Rohrstück geleert, um eine vollständige Trennung von Anoden- und Kathodenflüssigkeit zu sichern. Dann wird die Flüssigkeit aus den übrigen Teilen abgefüllt und durch Titrieren die Konzentration gemessen. Aus den so bestimmten Konzentrationsverlusten an beiden Elektroden läßt sich nach Gl. (368) das Verhältnis der Ionengeschwindigkeiten ermitteln.

Bei verschiedener Ionengeschwindigkeit ist die Beteiligung der Anionen und Kationen am Elektrizitätstransport verschieden. Fließt z. B. die Elektrizitätsmenge q durch den Elektrolyten, so muß die von den positiven Ionen in der einen Richtung transportierte positive Ladung vermehrt um die von den negativen Ionen in der entgegengesetzten Richtung mitgeführte negative Ladung zusammen stets gleich q sein. Bezeichnen also v_A und v_K die Ionengeschwindigkeiten, so müssen $q\frac{v_K}{v_A+v_K}$ positive Ionen zur Kathode und $q\frac{v_A}{v_A+v_K}$ negative Ionen zur Anode gehen, deren Summe die gesamte Elektrizitätsmenge q ergibt. Nun scheidet sich an der Kathode eine der Elektrizitätsmenge q entsprechende Zahl positiver Ionen ab, es wandern aber nur $q\frac{v_K}{v_A+v_K}$ Ionen zur Kathode, so daß aus der Lösung vor derselben eine Entziehung von $q\frac{v_A}{v_A+v_K}$ Kationen und eine dementsprechende Konzentrationsabnahme stattfindet. Analog findet vor der Anode eine Entziehung von $q\frac{v_K}{v_A+v_K}$ Ionen und eine dementsprechende Konzentrationsabnahme statt.

J. W. Hittorf (1853), der diese Vorgänge zuerst eingehend untersucht hat, nennt die Größen $\frac{v_A}{v_A + v_K}$ und $\frac{v_K}{v_A + v_K}$ die Überführungszahlen von Anion und Kation; bezeichnen wir sie mit t_A und t_K, so gilt:

(369) $$t_A = \frac{v_A}{v_A + v_K}, \quad t_K = \frac{v_K}{v_A + v_K}, \quad t_K + t_A = 1.$$

Hieraus folgt sofort

(369a) $$\frac{v_K}{v_A} = \frac{t_K}{t_A},$$

d. h. das Verhältnis der Ionengeschwindigkeiten ist gleich dem der Überführungszahlen.

Die Überführungszahlen sind von der Stromstärke unabhängig, ändern sich aber merklich mit der Konzentration der Lösung. In der folgenden Tabelle sind Überführungszahlen der Anionen in verschiedenen Elektrolyten für eine 0,1 n-Lösung angegeben.

Elektrolyt	Überführungszahlen $t_A = \frac{v_A}{v_A + v_K}$
HCl	0,164
KCl	0,506
NaCl	0,607
LiCl	0,687
KNO_3	0,497
KOH	0,735
NaOH	0,82
H_2SO_4	0,185

Es fällt auf, daß die Überführungszahl t_A für Elektrolyte, die OH^-- und H^+-Ionen enthalten, besonders stark von 0,5 abweicht. Es müssen also z. B. die OH^--Ionen schneller als die Na^+- und K^+-Ionen, und die H^+-Ionen schneller als die Cl^--Ionen wandern.

Wir sahen auf S. 397, daß die Äquivalentleitfähigkeit eines Elektrolyten bei unendlicher Verdünnung dem Grenzwert Λ_∞ zustrebt, der dann erreicht wird, wenn sämtliche Moleküle in Ionen zerfallen sind. Wenn sich nun die Λ_∞-Werte, wie aus Abb. 536 hervorgeht, bei verschiedenen Elektrolyten unterscheiden, so kann dies seinen Grund nur in der verschiedenen Wanderungsgeschwindigkeit der Ionen haben, da nach dem dritten Faradayschen Gesetz die verschiedenen Ionenäquivalente stets die gleiche Elektrizitätsmenge 96487 Coulomb transportieren. In verdünnter Lösung kommt nun jedem Ion eine durch seine Wanderungsgeschwindigkeit bedingte Äquivalentleitfähigkeit zu, wobei es gleichgültig ist, welcher Verbindung das betreffende Ion angehört. Dies erkennt man aus den Λ_∞-Werten der folgenden Salze:

Salz	Λ_∞
KCl	130,10
NaCl	108,99
KNO_3	126,50
$NaNO_3$	105,33
LiCl	98,88
$LiNO_3$	95,18

Diese können in folgender Weise paarweise kombiniert und die Differenz ihrer Λ_∞-Werte ($\Delta\Lambda_\infty$) festgestellt werden:

KCl	$= 130{,}10$	KNO_3	$= 126{,}50$
$NaCl$	$= 108{,}99$	$NaNO_3$	$= 105{,}33$
$\Delta\Lambda_\infty$	$= 21{,}11$	$\Delta\Lambda_\infty$	$= 21{,}17$
$NaCl$	$= 108{,}99$	$LiCl$	$= 98{,}88$
$NaNO_3$	$= 105{,}33$	$LiNO_3$	$= 95{,}18$
$\Delta\Lambda_\infty$	$= 3{,}66$	$\Delta\Lambda_\infty$	$= 3{,}70$
KCl	$= 130{,}10$	$NaCl$	$= 108{,}99$
KNO_3	$= 126{,}50$	$NaNO_3$	$= 105{,}33$
$\Delta\Lambda_\infty$	$= 3{,}60$	$\Delta\Lambda_\infty$	$= 3{,}66$
$NaNO_3$	$= 105{,}33$	$NaCl$	$= 108{,}99$
$LiNO_3$	$= 95{,}18$	$LiCl$	$= 98{,}88$
$\Delta\Lambda_\infty$	$= 10{,}15$	$\Delta\Lambda_\infty$	$= 10{,}11$
KCl	$= 130{,}10$	KNO	$= 126{,}50$
$LiCl$	$= 98{,}88$	$LiNO_3$	$= 95{,}18$
$\Delta\Lambda_\infty$	$= 31{,}32$	$\Delta\Lambda_\infty$	$= 31{,}32$

Diese Tabelle besagt, daß die Differenz der Λ_∞-Werte zweier Salze mit gemeinsamem Ion (z. B. K^+ und Na^+ oder Cl^- und NO_3^-) unabhängig ist von dem anderen Ion Cl oder NO_3 usw. F. Kohlrausch drückte diese Tatsache in folgendem Satz aus:

Bei sehr großer Verdünnung transportieren die Ionen in einem Elektrolyten den Strom unabhängig voneinander mit einer für jedes Ion charakteristischen Geschwindigkeit **(Gesetz von der unabhängigen Wanderung der Ionen).**

Man kann also setzen (C eine Konstante);

(371) $$\Lambda_\infty = C\,(v_A + v_K).$$

Falls nun das Ohmsche Gesetz für Elektrolyte gilt, was erfahrungsgemäß in den normalen Fällen der Fall ist, so sind die Ionengeschwindigkeiten v_A und v_K proportional dem Betrage der elektrischen Feldstärke $|\mathfrak{E}|$:

(372) $$v_A = \mu_A |\mathfrak{E}|; \qquad v_K = \mu_K |\mathfrak{E}|;$$

die Größen μ_A und μ_K, d. h. die Geschwindigkeiten pro Feldstärke, heißen die „Beweglichkeiten" der Ionen. Um die Gl. (372) zu beweisen, berechnen wir den Widerstand eines Rohres vom Querschnitt A, in dem durch zwei plattenförmige Elektroden gleichen Querschnitts eine Elektrolytsäule der Länge b abgegrenzt sei. In einem Kubikzentimeter des Elektrolyten mögen sich n dissoziierte Moleküle, also n Anionen und n Kationen befinden, von denen jedes die Ladung $q = |z|e$ tragen soll. Wird an die Elektroden eine Spannung U angelegt, so fließt durch den Querschnitt in der Sekunde die Elektrizitätsmenge $nqAv_K$ zur Kathode und $-nqAv_A$ zur Anode. Der Gesamtstrom ist also:

$$J = nqA\,(v_A + v_K) = \frac{U}{R},$$

wenn R den elektrischen Widerstand der Flüssigkeitssäule bedeutet. Daraus folgt für R, wenn wir gleichzeitig die elektrische Feldstärke $|\mathfrak{E}| = \frac{U}{b}$ einführen:

(373) $$R = \frac{b}{Anq} \cdot \frac{|\mathfrak{E}|}{v_A + v_K}.$$

Damit nun, wie es das Ohmsche Gesetz verlangt, R unabhängig von der Feldstärke, d. h. der an das Elektrolytgefäß angelegten Spannung U ist, muß sich aus dem Ausdruck $\frac{|\mathfrak{E}|}{v_A + v_K}$

die Feldstärke $|\mathfrak{E}|$ herausheben, d. h. es muß $v_A + v_K$ den Faktor $|\mathfrak{E}|$ enthalten, d. h. die Gl. (372) gelten. Damit folgt aus Gl. (373) für die spezifische Leitfähigkeit σ die Beziehung:

(374) $$\sigma = \frac{b}{RA} = nq(\mu_A + \mu_K).$$

Bezeichnen wir mit m_K die Masse eines Kations, so stellt nm_K die Masse pro Kubikzentimeter der an der elektrolytischen Leitung beteiligten Kationen dar; ist ferner m' die Gesamtmasse pro Kubikzentimeter des als Kation dissoziierbaren Teils der gelösten Substanz, so ist $nm_K = \alpha m'$, wenn α den Dissoziationsgrad bezeichnet. Schließlich ist nach Gl. (365) auf **S. 394** die spezifische Ladung $\frac{q}{m_K} = \frac{F\,|z|}{M} = \frac{N_A e\,|z|}{N_A \cdot m_K} = 96487\,\frac{|z|\,\mathrm{As}}{\mathrm{mol}}$. Damit können wir Gl. (374) in folgender Form schreiben:

$$\sigma = n(\mu_A + \mu_K)\, m_K \frac{96487\,|z|}{M} = \alpha(\mu_A + \mu_K)\, m' \frac{96487\,|z|}{M}.$$

$\frac{m'\,|z|}{M}$ ist aber, da $\frac{M}{|z|}$ die äquivalente molare Masse ist, die Zahl der gelösten Grammäquivalente pro Volumen, die wir früher mit c_A bezeichnet hatten. Damit erhalten wir für die Äquivalentleitfähigkeit $\Lambda = \frac{\sigma}{c_A}$ den Ausdruck:

(375) $$\Lambda = 96487\,\alpha(\mu_A + \mu_K).$$

Bei unendlicher Verdünnung ist der Dissoziationsgrad $\alpha = 1$, folglich:

(376) $$\Lambda_\infty = 96487\,(\mu_A + \mu_K).$$

Dies ist die endgültige Gestalt des Gesetzes von der unabhängigen Wanderung der Ionen. Man kann sich also die Äquivalentfähigkeit eines Elektrolyten bei unendlicher Verdünnung additiv zusammengesetzt denken aus den beiden Teilleitfähigkeiten

$$\Lambda_{A\infty} = 96487\,\mu_A \text{ und } \Lambda_{K\infty} = 96487\,\mu_K,$$

die die Anteile der betreffenden Ionen darstellen. (Man hat daher die Größen $\Lambda_{A\infty}$ und $\Lambda_{K\infty}$ auch als die „äquivalenten Beweglichkeiten" der Ionen im Leitfähigkeitsmaß bezeichnet.)

Aus den beiden Gl. (375) und (376) folgt übrigens durch Division die Beziehung:

(377) $$\alpha = \frac{\Lambda}{\Lambda_\infty},$$

die es gestattet, den Dissoziationsgrad aus dem Verhältnis zweier Leitfähigkeitswerte zu bestimmen.

Gl. (376) erlaubt uns, die Summe der Ionenbeweglichkeiten aus dem experimentell zu bestimmenden Wert der Leitfähigkeit bei sehr großer Verdünnung zu ermitteln. Da weiter aus der Gl. (369a) für das Verhältnis $\frac{v_K}{v_A} = \frac{\mu_K}{\mu_A}$ die Beziehung $\frac{\mu_A}{\mu_K} = \frac{t_K}{t_A}$ folgt, können wir nach Kenntnis der Überführungszahlen auch die Ionenbeweglichkeiten selbst bestimmen. Eine einfache Rechnung ergibt:

$$\mu_K = \frac{\Lambda_\infty}{96487}\, t_{K\infty} = 1{,}036 \cdot 10^{-5}\, \Lambda_\infty\, t_{K\infty},$$

$$\mu_A = \frac{\Lambda_\infty}{96487}\, t_{A\infty} = 1{,}036 \cdot 10^{-5}\, \Lambda_\infty\, t_{A\infty}.$$

Als Beispiel betrachten wir die Salzsäure, für die Λ_∞ nach der Tabelle auf S. 398 bei 18° den Wert 380 hat. Für sehr stark verdünnte Säuren ergeben sich die Überführungszahlen zu:

$$t_{A\infty} = 0{,}168 \quad \text{und} \quad t_{K\infty} = 0{,}832,$$

so daß wir erhalten:

$$\mu_{H^+} = 380 \cdot 1{,}036 \cdot 10^{-5} \cdot 0{,}832 = 0{,}00327\ \frac{\mathrm{cm/s}}{\mathrm{V/cm}}$$

$$\mu_{Cl^-} = 380 \cdot 1{,}036 \cdot 10^{-5} \cdot 0{,}168 = 0{,}000661\ \frac{\mathrm{cm/s}}{\mathrm{V/cm}}$$

In der folgenden Tabelle sind für die häufig vorkommenden Ionen ihre Beweglichkeiten bei 18° C zusammengestellt:

Ionenbeweglichkeit in $\frac{\text{cm/s}}{\text{V/cm}}$ bei 18° C

Kationen		Anionen	
H^+	0,00315	J^-	0,00066
K^+	0,00064	Cl^-	0,00065
Na^+	0,00043	NO_3^- ...	0,00062
Li^+	0,00033	SO_4^{2-} ...	0,00068
Ag^+	0,00054	ClO_3^{2-} ...	0,00055
Mg^+	0,00046	OH^-	0,00174

Bemerkenswert sind die schon früher hervorgehobenen großen Beweglichkeiten der H^+- und OH^--Ionen. μ_{H^+} ist etwa doppelt so groß wie μ_{OH^-}, und etwa sechsmal größer als die Beweglichkeit der Halogenionen. Erstaunlich ist ferner, daß die Beweglichkeit aller übrigen Ionen von derselben Größenordnung ist, obwohl die Ionenradien sicher sehr verschieden sind. Die Ursache dafür ist, daß die Ionen einige Wassermoleküle an sich anlagern (Hydratation der Ionen), die ihr Volumen vergrößern und den Größenunterschied zwischen den verschiedenen Ionen mehr oder weniger verwischen.

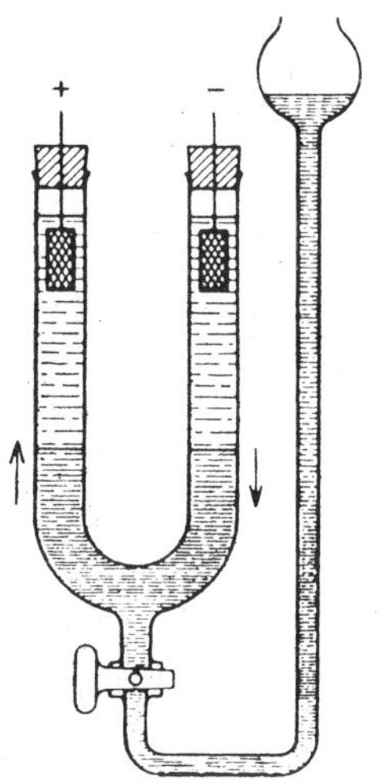

Abb. 541.
Versuch zum Nachweis der Ionenwanderung bei der Elektrolyse

Man kann die Wanderung der Ionen nach W. Nernst in folgender Weise sichtbar machen: Man füllt in das Trichterrohr des in Abb. 541 skizzierten Zersetzungsgefäßes eine wässerige Lösung von Kaliumpermanganat ($KMnO_4$), etwa 0,5 Gramm pro Liter, deren spezifisches Gewicht man durch Zusatz von Harnstoff (5 Gramm auf 100 cm³ Lösung) etwas erhöht hat. Hierauf öffnet man langsam den Hahn und läßt die Lösung bis an die untere Biegung des U-Rohres steigen. Dann füllt man das U-Rohr mit einer wässerigen Lösung von Kaliumnitrat (KNO_3), etwa 0,3 Gramm pro Liter und läßt die Kaliumpermanganatlösung langsam in den beiden Schenkeln in die Höhe steigen, so daß in beiden eine scharfe Trennungsgrenze zwischen beiden Flüssigkeiten erhalten bleibt. Leitet man dann mittels Platinelektroden einen Strom von 0,3—0,4 Ampere durch das Gefäß, so steigt die Permanganatlösung im Anodenschenkel allmählich in die Höhe und sinkt entsprechend im Kathodenschenkel, da die violett gefärbten MnO_4-Ionen zur Anode wandern. — Füllt man die untere Hälfte des U-Rohres in der beschriebenen Weise mit einer Mischung gleicher Raumteile von ½ n-Kupfersulfatlösung ($CuSO_4$) und ½ n-Lösung von Kaliumdichromat ($K_2Cr_2O_7$), die man wieder durch Zusatz von Harnstoff spezifisch schwerer gemacht hat, und schichtet darüber in beiden Schenkeln eine verdünnte Lösung von Schwefelsäure oder Kaliumsulfat, so sieht man beim Durchleiten eines Stromes nach einiger Zeit im Kathodenschenkel die blauen Kupfer-Ionen und im Anodenschenkel die gelb-roten Dichromat-Ionen emporsteigen.

Die Arrheniussche Dissoziationstheorie, die wir bisher unseren Überlegungen zugrunde gelegt hatten, erklärt die Vorgänge der Elektrolyse einwandfrei, solange es sich um schwache Elektrolyte, also um schwache Säuren und Laugen handelt. Dagegen ergeben sich bei starken Elektrolyten gewisse Abweichungen zwischen Theorie und Experiment. Schwache Elektrolyte sind durch die Einstellung eines Gleichgewichtes zwischen den undissoziierten Molekülen und den Ionen gekennzeichnet. Diese Dissoziationsgleichgewichte gehorchen ebenso wie die anderen chemischen Gleichgewichte dem Massenwirkungsgesetz (MWG). Durch Einführung des Dissoziationsgrades α konnte W. Ostwald aus dem MWG das sogenannte Verdünnungsgesetz $c\alpha^2/(1 - \alpha) =$ konst aufstellen, in dem c die Konzentration eines Elektrolyten vom Dissoziationsgrad α bedeutet und das sich für schwache Elektrolyte vorzüglich bewährt hat. Im Gegensatz dazu zeigen starke Elektrolyte erhebliche Abweichungen.

Die Ursache liegt darin, daß die Arrheniussche Theorie die elektrostatischen Anziehungskräfte zwischen den entgegengesetzt geladenen Ionen vollkommen vernachlässigt. Trägt man aber, wie es zuerst

P. Debye (1923) getan hat, solchen interionischen Kräften Rechnung, die die bisher angenommene freie Beweglichkeit der Ionen behindern, und nimmt an, worauf zuerst W. Sutherland (1902) und später ausführlicher N. Bjerrum (1916) hingewiesen haben, daß die starken Elektrolyte immer vollständig in Ionen gespalten sind, so läßt sich ihr Verhalten wenigstens in verdünnter Lösung weitgehend erklären. Nach den Überlegungen von P. Debye, E. Hückel und H. Falkenhagen bildet sich außerdem um jedes Ion eine Wolke entgegengesetzter Ionen, deren wirksamer Durchmesser um so größer ist, je kleiner die Konzentration der Lösung ist, und die zu ihrem Aufbau eine gewisse Zeit, die sog. Relaxationszeit, braucht, die bei Konzentrationen von $c_A = 0{,}001$ in der Größenordnung von 10^{-8} s liegt. Im Gleichgewicht wird die das Zentralion (hier: positiv) umgebene Ionenwolke (hier: negativ) einen zentralsymmetrischen Aufbau haben (Abb. 542a). Bei einer Bewegung des Ions dagegen bewirkt die Relaxationszeit, daß die Ionenwolke vor dem Zentralion nicht sofort aufgebaut und hinter ihm nicht sogleich wieder abgebaut wird; dadurch entsteht eine unsymmetrische Ladungsverteilung (Abb. 542b), die auf die Bewegung des Zentralions hemmend einwirkt. Darüber hinaus verursacht ein an die einzelnen Raumelemente der negativen Ionenwolke angreifende elektrische Feldstärke bis zu einem gewissen Grade die Mitnahme des umgebenden Lösungsmittels. Dies hat zur Folge, daß sich das betrachtete positive Zentralion nicht relativ zu einem ruhenden, sondern relativ zu einem im entgegengesetzten Sinne bewegten Lösungsmittel bewegt. Dies setzt die Ionenbeweglichkeit weiter herab (elektrophoretischer Effekt). Beide Effekte bedingen also eine Verlangsamung der Ionenbewegung im elektrischen Feld und damit die bei starkem Elektrolyten zuerst von Kohlrausch beobachtete Abnahme der Leitfähigkeit proportional der Wurzel aus der Konzentration, die sich nicht durch Änderung des Dissoziationsgrades erklären läßt.

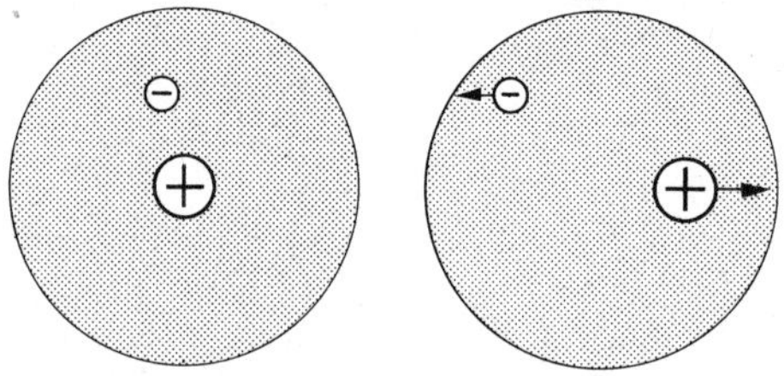

Abb. 542. Symmetrische und asymmetrische Ionenwolke

Eine Bestätigung der von Debye und Falkenhagen geforderten Relaxationszeit findet man in der Abhängigkeit der Leitfähigkeit von der Frequenz des zur Messung benutzten Wechselstromes. Wird die Frequenz des Wechselfeldes so hoch, daß sich bei der dadurch bedingten Hinundherbewegung des Ions die Unsymmetrie der Ionenwolke nicht mehr ausbilden kann, so muß dies eine Änderung der Leitfähigkeit, und zwar auf Grund der vorangehenden Überlegungen ein Anwachsen ergeben. So erhält man z. B. bei $CdSO_4$ in einer Konzentration $c = 0{,}001$ bei Anwendung einer Wechselstromfrequenz von $5 \cdot 10^7$ Hz eine Leitfähigkeitszunahme von 2,8%.

Schließlich muß noch auf eine Abweichung vom Ohmschen Gesetz bei starken Elektrolyten hingewiesen werden, die M. Wien (1927) entdeckte. Er fand, daß bei sehr hohen Feldstärken in der Größenordnung von 10^4—10^5 Volt/cm der Strom durch den Elektrolyten stärker zunimmt, als durch die Steigerung der Feldstärke bedingt ist, so daß sich bei hohen Feldstärken die Leitfähigkeit der Lösung von der bei unendlicher Verdünnung nicht mehr unterscheidet. Der Grund liegt darin, daß bei derartig hohen Feldstärken die Ionen so große Geschwindigkeiten erreichen, daß sie innerhalb der Relaxationszeit Wege zurücklegen, die mehrfach größer als der Durchmesser ihrer Ionenwolke sind, so daß letztere sich nicht mehr ausbilden und daher auch nicht mehr bremsend einwirken kann. Bei schwachen Elektrolyten können derartig hohe elektrische Felder, wie ebenfalls M. Wien gezeigt hat, die Dissoziation vergrößern und damit ebenfalls die Leitfähigkeit erhöhen.

Wir haben bisher lediglich wässerige Lösungen betrachtet; eine Elektrizitätsleitung kommt aber auch für andere Lösungsmittel, z. B. Alkohol, Äther, Benzol usw. in Frage; nur ist hier der elektrolytische Dissoziationsgrad und damit das Leitvermögen wesentlich geringer.

Bei den bisherigen Überlegungen war übrigens angenommen, daß reinstes Wasser den elektrischen Strom nicht leitet. Dies ist jedoch nicht streng richtig. Sorgfältige Messungen, insbesondere von F. Kohlrausch und A. Heydweiler (1894), haben gezeigt, daß auch chemisch reinstes Wasser eine allerdings sehr kleine elektrische Leifähigkeit zeigt. d. h. daß auch Wasser zu einem kleinen Teil in H^+- und OH^--Ionen zerfällt nach der Gleichung: $$H_2O \rightleftarrows H^+ + OH^-.$$

Diese Erscheinung ist u. a. der Grund für das Auftreten von Hydrolyse; hierunter versteht man den Vorgang, daß sich die Ionen des Wassers bei der Lösung eines Stoffes in Wasser beteiligen, indem sie sich mit dessen Ionen verbinden. Z. B. geht Borchlorid (BCl_3) beim Lösen in Wasser in Borsäure (H_3BO_3)

und Chlorwasserstoff (HCl) über nach der Gleichung:

$$B^{+++} + 3\,Cl^- + 3\,H^+ + 3\,OH^- \rightarrow H_3BO_3 + 3\,HCl.$$

Die **Leitfähigkeit des reinen Wassers** beträgt bei Zimmertemperatur:

$$\sigma_{18^\circ} = 4{,}4 \cdot 10^{-8}\ \text{Ohm}^{-1}\ \text{cm}^{-1}.$$

Da bei 18° im cm³ 0,9986 g = 0,05543 Mol Wasser enthalten sind, ergibt sich die Äquivalentleitfähigkeit zu:

$$\Lambda_{18^\circ} = \frac{4{,}4 \cdot 10^{-8}}{0{,}05543} = 0{,}798 \cdot 10^{-6}\ \text{Ohm cm}^2.$$

Nach (376) und (377) folgt dann für den Dissoziationsgrad α, wenn wir für die Beweglichkeit der Ionen die Werte aus der Tabelle auf S. 405 einsetzen:

$$\alpha = \frac{\Lambda}{\Lambda_\infty} = \frac{0{,}798 \cdot 10^{-6}}{96\,490\,(0{,}00377 - 0{,}0018)} = 1{,}47 \cdot 10^{-9},$$

mit anderen Worten: Es ist von 676 Mill. **Wassermolekülen nur eines in seine Ionen zerspalten!**

Ein sehr erhebliches Leitvermögen zeigen aber geschmolzene Salze infolge thermischer Dissoziation, worauf wir bereits auf S. 387 kurz hinwiesen. Leitet man z. B. in einem U-Rohr aus schwer schmelzbarem Glas mittels Kohleelektroden durch geschmolzenes Bleichlorid ($PbCl_2$) einen Strom, so scheidet sich an der Kathode metallisches Blei ab und sinkt zu Boden, während an der Anode Chlor frei wird. — In diesem Zusammenhang ist auch die elektrolytische Leitung der Gläser zu erwähnen. Glas ist vom physikalischen Standpunkt nicht eigentlich als fester Körper, sondern als unterkühlte Flüssigkeit von großer Zähigkeit zu betrachten. So leitet Glas den elektrischen Strom wie eine Flüssigkeit mit steigender Temperatur besser. Ein Glasstab wird zwischen Metallelektroden eingeklemmt und über einen Vorschaltwiderstand und ein Amperemeter an eine Spannung von 220 V gelegt. Erhitzt man den Glasstab mit einem Bunsenbrenner, so beginnt bereits vor Erreichen der Rotglut ein Strom durch das Glas zu fließen, der dann mit steigener Temperatur immer stärker wird. Auch nach Entfernung des Bunsenbrenners steigt der Strom weiter, da das Glas durch Joulesche Wärme weiter aufgeheizt wird, bis es schließlich durchschmilzt.

Im Gegensatz zu den Metallen **besitzen die Elektrolyte einen negativen Temperaturkoeffizienten** des elektrischen Widerstandes; dieser nimmt mit steigender Temperatur ab, die Leitfähigkeit nimmt also zu. Da es üblich ist, die Leitfähigkeit für 18° C anzugeben, gilt für eine andere Temperatur t die Gleichung:

$$\sigma_t = \sigma_{18}\,[1 + \beta\,(t - 18)].$$

Der Temperaturkoeffizient β liegt in der Größenordnung von 0,02 grd⁻¹ und nimmt mit steigender Konzentration ab. Die Ursache für die Zunahme der Leitfähigkeit mit der Temperatur liegt in erster Linie darin, daß mit steigender Temperatur sich die Ionenbeweglichkeit erhöht, was zum Teil durch die Abnahme der Zähigkeit des Lösungsmittels erklärlich ist. Für einige Ionen ist in der folgenden Tabelle die Zunahme der Beweglichkeit mit der Temperatur wiedergegeben. Außer der Ionenbeweglichkeit ändert sich auch der Dissoziationsgrad mit der Temperatur, der bei einigen Elektrolyten größer wird, bei den meisten jedoch abnimmt. So ist es zu erklären, daß bei bestimmten Lösungen die Leitfähigkeit mit der Temperatur ansteigt, um nach Erreichung eines Maximums bei weiterer Temperaturerhöhung wieder abzunehmen. Z. B. zeigt eine wässerige Lösung von Phosphorsäure maximale Leitfähigkeit bei 65° C und eine Kupfersulfatlösung bei 75° C.

Abhängigkeit der Ionenbeweglichkeit μ in cm²/Vs von der Temperatur

	0°	18°	25°	100°
H^+	0,00233	0,00315	0,00363	0,00660
K^+	0,00042	0,00064	0,00076	0,00210
Na^+	0,00027	0,00043	0,00052	0,00155
Li^+	0,00020	0,00033	0,00041	0,00124
Cl^-	0,00042	0,00065	0,00080	0,00214
NO_3^-	0,00042	0,00062	0,00074	0,00196
SO_4^{--}	0,00042	0,00068	0,00083	0,00265
OH^-	0,00109	0,00174	0,00210	0,00463

61. Umwandlung chemischer Energie in elektrische; Theorie der galvanischen Elemente.

Taucht man zwei Metallelektroden in eine Elektrolytlösung ein, und verbindet sie leitend miteinander, so laufen an den Elektroden elektrochemische Reaktionen ab, die an der Kathode mit einer Abgabe von positiven Ionen an den Elektrolyten, an der Anode mit einer Entladung von positiven Ionen aus dem Elektrolyten verbunden sind. Dabei erfolgt der Elektronenaustausch an den Elektroden jeweils zwischen dem Elektrodenmetall und den Ionen der Elektrolytlösung. So erfolgt dieser Ladungsaustausch in dem Daniell-Element an den beiden Elektroden nach folgendem Schema:

$$Zn + Cu^{2+} \rightarrow Zn^{2+} + Cu$$

Welches der Elektrodenmetalle als Anode wirkt, welches als Kathode bzw. in welche Richtung die Reaktion abläuft, läßt sich ohne Kenntnis der Elektrolyteigenschaften (Konzentration, Temperatur usw.) nicht angeben. Die genaue Berechnung der EMK aus thermodynamischen Werten in Abhängigkeit von den Elektroden- und Elektrolyteigenschaften wird ausführlich weiter unten dargestellt. Anschaulich kann die Entstehung einer EMK mit Hilfe der Vorstellungen von Nernst (1889) erklärt werden: Ähnlich wie jede Flüssigkeit einen bestimmten Dampfdruck besitzt, der den Austritt der Flüssigkeitsmoleküle in den Dampfraum regelt, soll jedes Metall einen **elektrolytischen Lösungsdruck** (auch **Lösungstension** genannt) besitzen, der beim Eintauchen des Metalls in eine Flüssigkeit die Metallionen in diese hineintreibt. Diesem elektrolytischen Lösungsdruck wirkt der osmotische Druck der bereits in Lösung befindlichen Ionen entgegen in genau derselben Weise, wie der Auflösung eines im Wasser löslichen Stoffes der osmotische Druck des bereits gelösten Stoffes entgegenwirkt und zu einem Gleichgewichtszustand führt. Die Besonderheit des vorliegenden Falles liegt aber darin, daß es hier positive Ionen, nicht ungeladene Moleküle sind, die aus dem Metall in die Flüssigkeit eintreten. Was dies bedeutet, tritt schon im einfachsten Fall hervor, wenn ein Metall, z. B. Zink, in reines Wasser taucht. Von der Elektrolyse her wissen wir, daß die Metalle dadurch ausgezeichnet sind, daß sie stets nur als positive Ionen in Lösung gehen. Das in Wasser getauchte Zink wird also positive Zinkionen in das Wasser hineinsenden und dieses positiv aufladen, während es selbst durch den Verlust dieser Ionen eine negative Ladung annimmt. Durch die entgegengesetzte Aufladung von Metall und Flüssigkeit entsteht zwischen beiden ein elektrisches Feld, das den weiteren Austritt von Ionen aus dem Metall behindert. So kommt es sehr bald zu einem Gleichgewichtszustand, der den uns bereits bekannten Potentialsprung zwischen Metall und Flüssigkeit bedingt, für den man auch die Bezeichnung Galvani-Potential gebraucht. Wir tauchen nun das Metall in einem zweiten Versuch nicht in reines Wasser, sondern in eine Lösung, die bereits Ionen des betreffenden Metalles enthält, z. B. Zink in eine Lösung von Zinksulfat. Haben wir es mit einer sehr verdünnten Lösung zu tun, die nur wenige Ionen enthält, also einen kleinen osmotischen Druck hat, so wird das Metall infolge seines Lösungsdruckes noch imstande sein, Ionen in die Lösung hineinzusenden und sich wieder gegen die Lösung negativ aufzuladen; der Potentialsprung ist aber geringer als im ersten Falle, da hier osmotischer Druck den Ionenaustritt behindert. Steigern wir aber die Konzentration der Lösung, so wird schließlich der Zustand erreicht, bei dem der Lösungsdruck des Metalles durch den osmotischen Druck der gelösten Ionen gerade kompensiert wird, so daß sich überhaupt kein Potentialsprung ausbilden kann. Schließlich kann sogar der Fall eintreten, daß bei sehr starker Konzentration der Lösung das Elektrodenpotential sein Vorzeichen gegenüber der Flüssigkeit umdreht, indem jetzt umgekehrt die Lösung vermittels des osmotischen Druckes Ionen in das Metall hineintreibt. Dies ist z. B. bei Kupfer und in noch stärkerem Maße bei Silber und Gold der Fall, wenn diese Metalle in Lösungen ihrer Salze tauchen, z. B. in Kupfersulfat-, Silbernitrat- oder Goldchloridlösungen. Die genannten Metalle haben also positives Potential gegenüber ihren Lösungen. Auch hier tritt natürlich infolge des (in diesem Falle umgekehrten) Potentialsprunges sehr bald ein Gleichgewichtszustand ein, ehe noch wägbare Mengen von Ionen von dem Metall aufgenommen sind.

Eine absolute Messung des Galvani-Potentials ist deshalb nicht möglich, weil man dazu eine zweite Elektrode in die Flüssigkeit eintauchen müßte und somit stets nur den Potentialunterschied zwischen beiden konstatieren kann. Zur Bestimmung relativer Werte benutzt man nach Nernst z. B. die sogenannte Normalwasserstoffelektrode[1]). Diese besteht aus einer mit Platinmohr überzogenen (platinierten) Platinelektrode, über die ein Wasserstoffstrom perlt und die in eine Säure von der Wasserstoffionenkonzentration von 1 Gramm im Liter eintaucht, wie sie z. B. 2 *n*-Schwefelsäure bei Zimmertemperatur aufweist. Die auf diese Elektrode als Nullpunkt bezogenen elektrolytischen Potentiale verschiedener Metalle in Lösungen, deren Ionenkonzentrationen 1 Grammäquivalent im Liter betragen, werden als Normalpotentiale E_h bezeichnet: sie sind in folgender Tabelle zusammengestellt.

Normalpotentiale E_h

Vorgang	E_h in Volt	Vorgang	E_h in Volt
$Li \rightleftarrows Li^+$	— 3,02	$Pb \rightleftarrows Pb^{++}$	— 0,13
$K \rightleftarrows K^+$	— 2,92	$H_2 \rightleftarrows 2\,H^+$	0,000
$Mg \rightleftarrows Mg^+$	— 1,55	$Sb \rightleftarrows Sb^{+++}$	+ 0,2
$Mn \rightleftarrows Mn^+$	— 1,01	$Cu \rightleftarrows Cu^{++}$	+ 0,345
$Zn \rightleftarrows Zn^{++}$	— 0,76	$Cu \rightleftarrows Cu^+$	+ 0,51
$Fe \rightleftarrows Fe^{++}$	— 0,44	$Ag \rightleftarrows Ag^+$	+ 0,81
$Ni \rightleftarrows Ni^{++}$	— 0,25	$Hg \rightleftarrows Hg^+$	+ 0,86
$Fe \rightleftarrows Fe^{+++}$	— 0,04	$Au \rightleftarrows Au^{++}$	+ 1,5

Zur Berechnung der EMK galvanischer Elemente genügt die Kenntnis dieser Normalpotentiale, da der willkürliche Nullpunkt sich heraushebt. Denn die EMK der Elemente setzt sich subtraktiv aus zweien der so gemessenen Normalpotentiale zusammen. Z. B. ist die EMK des Daniell-Elementes nach dieser Tabelle gleich dem Normalpotential von Cu gegen $CuSO_4$ gleich 0,345 Volt, vermindert um das von Zn in $ZnSO_4$ gleich — 0,76 Volt, d. h. gleich 0,345 — (— 0,76) Volt = 1,105 Volt; natürlich ist dabei abgesehen von der minimalen Potentialdifferenz zwischen $ZnSO_4$ und $CuSO_4$. Man kann auch ein Element bilden, in dem die beiden Elektroden aus Cu bestehen, wenn man die eine Cu-Platte in CuCl-Lösung, die andere in $CuSO_4$-Lösung eintauchen läßt. Denn im ersten Falle ist die in Betracht kommende Spannung $Cu \rightleftarrows Cu^+$, weil in CuCl-Lösung Kupfer einwertig ist, sie hat den Wert + 0,51 Volt; im zweiten Falle dagegen ist die Spannung $Cu \rightleftarrows Cu^{++}$ zu nehmen, d. h. 0,345 Volt. Die EMK des so gebildeten Elements beträgt 0,510 — 0,345 Volt = 0,165 Volt, was mit der Erfahrung übereinstimmt; ähnlich auch mit zwei- und dreiwertigem Eisen.

In der oben angegebenen Spannungsreihe, die, wie gezeigt, die Berechnung der EMK galvanischer Elemente ermöglicht, ist die Reihenfolge der Metalle die gleiche, die man erhalten würde, wenn man feststellt, welches Element ein anderes aus seiner Lösung verdrängt. Taucht man z. B. einen Zinkstab in eine Kupfersulfatlösung, so geht das Zink in Lösung, und es scheidet sich Kupfer am Zinkstab ab. Das Kupfer ist „edler", d. h. weniger reaktionsfähig als das Zink und wird deshalb aus seiner Lösung nach der Gleichung $Zn + CuSO_4 = Cu + ZnSO_4$ verdrängt. Die als „edel" bekannten Metalle stehen an dem einen Ende der Spannungsreihe, die als reaktionsfähig bekannten Elemente am anderen Ende.

Solche als Metallfällungen bekannten Erscheinungen beruhen also auf elektrolytischen Vorgängen. Man kann z. B. blankes Eisen durch Eintauchen in eine Kupfersulfatlösung mit einem Kupferüberzug versehen. Da die Oberfläche des Eisens nie ganz homogen ist, wird sich stets eine Stelle *A* finden, die in der Lösung eine EMK zum Eisen liefert. Durch den von einer Stelle reinen Eisens zur Stelle *A* durch die Lösung fließenden Strom wird an dieser Stelle Kupfer aus der Lösung niedergeschlagen. Auch die bekannte Tatsache, daß sich chemisch unreine Metalle, z. B. Zink oder Eisen, in Säuren leichter lösen als sehr reine Metalle, beruht auf der Bildung solcher „Lokalströme" an den Stellen, wo Verunreinigungen sich in der Metalloberfläche befinden. Bringt man z. B. käufliches Zink, das meist Spuren von Kohlenstoff enthält, in verdünnte

[1]) Jede andere „Normalelektrode" würde natürlich im Prinzip dasselbe leisten.

Schwefelsäure, so gehen, da sich das Zink und der Kohlenstoff in leitender Verbindung befinden, Zn^{++}-Ionen in Lösung, während am edleren Kohlenstoff H^{+}-Ionen entladen werden. Dies führt in einem Daniell-Element zur Korrosion der Zn-Elektrode auch ohne die Verwendung eines äußeren Stromkreises. — Um bei galvanischen Elementen die Zinkelektrode vor der Einwirkung der Säure bei nicht geschlossenem Element zu schützen, überzieht man sie mit einer Amalgamschicht, die die Inhomogenitätsstellen zudeckt und damit die Bildung von Lokalströmen und Auflösung des Zinks verhindert. — Um die Wasserstoffentwicklung aus reinem Zink in verdünnter Schwefelsäure einzuleiten oder zu beschleunigen, genügt es, eine sehr geringe Menge von Kupfersulfatlösung oder Platinchloridlösung hinzuzufügen. Dadurch scheiden sich Spuren von Kupfer oder Platin auf dem Zink ab, und durch die dann einsetzenden Lokalströme kommt es sofort zu einer lebhaften Wasserstoffentwicklung. Solche Lokalströme treten auch überall da auf, wo sich verschiedene einander berührende Metalle in einer Säure- oder Salzlösung befinden. Man muß daher z. B. an Schiffen im Meerwasser das Vorhandensein verschiedener blanker Metalle an der Schiffsaußenseite vermeiden, da es sonst zu einer Zerstörung des weniger edlen Metalles durch Elektrolyse kommt.

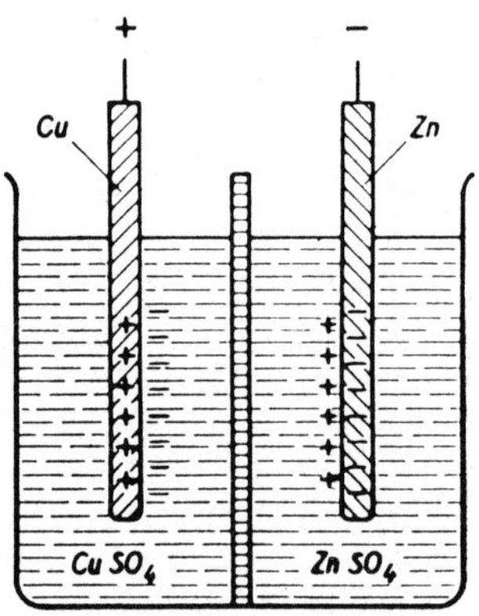

Abb. 543. Schnitt durch ein Daniell-Element

Es soll nun die Entstehung der EMK beim Daniell-Element genau erörtert werden (Abb. 543). Die Zelle wird symbolisiert durch

$$Zn \mid Zn^{2+} \parallel Cu^{2+} \mid Cu$$

Eine poröse Scheidewand trennt die $CuSO_4$-Lösung von der $ZnSO_4$-Lösung. Die Zinkelektrode sendet positive Ionen in die Zinksulfatlösung und lädt sich dadurch negativ auf das Potential $E_1 = 0{,}76$ Volt (bezogen auf die Normalwasserstoffelektrode); bei der Kupferelektrode ist der Lösungsdruck so klein, daß positive Ionen aus der Kupfersulfatlösung auf die Elektrode übergehen und diese positiv auf das Normalpotential $E_2 = +\,0{,}345$ Volt aufladen. Die EMK des Elementes ist, wie schon ausgeführt, gleich der Differenz der Elektrodenpotentiale $E_2 - E_1 = 1{,}05$ Volt.

Bei dieser Überlegung haben wir unberücksichtigt gelassen, daß sich auch zwischen den beiden Lösungen ein kleiner Potentialsprung einstellt. Diesen kann man ebenfalls in Rechnung stellen, worauf wir hier nicht näher eingehen.

Nach dem Gesagten muß eine Erhöhung der Konzentration der Zinksulfatlösung die Fähigkeit der Zinkelektrode, positive Ionen in die Lösung zu schicken, verkleinern, wodurch das Potential dieser Elektrode und damit auch die EMK des Elementes sinkt. Anderseits ergibt eine Vergrößerung der Konzentration der Kupfersulfatlösung erhöhte Abscheidung von positiven Kupferionen auf der Kupferelektrode und dadurch Erhöhung des positiven Potentials derselben und damit der EMK des Elementes; beides stimmt mit der Erfahrung überein. Schließt man das Element durch eine die Elektroden verbindende Leitung, so gleichen sich die auf ihnen befindlichen Ladungen aus, und es fließt außen ein Elektronenstrom vom Zink zum Kupfer. Die Folge ist, daß nunmehr neue Ionen vom Zink in seine Lösung und aus der Kupfersulfatlösung auf das Kupfer übertreten, d. h. es verläuft die Reaktion

$$Zn + Cu^{2+} \rightarrow Zn^{2+} + Cu$$

(Die vorhandenen Anionen nehmen an der Reaktion nicht teil und können deshalb in der Darstellung fehlen.) Dieser Vorgang spielt sich so lange ab, bis sich alles Zink aufgelöst und eine äquivalente Menge Kupfer auf der Kupferelektrode niedergeschlagen hat. Die von dem Daniell-Element in Form elektrischer Energie gelieferte Arbeit stammt also aus der chemischen Energie, die bei der Auflösung des Zinks und dem Niederschlag von Kupfer frei wird. Es wäre aber unrichtig, aus diesem Satz zu schließen, daß in jedem galvanischen Element der Gewinn an elektrischer Arbeit ausschließlich durch die

Abnahme der chemischen Energie geliefert würde, d. h. daß die elektrische Arbeit stets gleich der Wärmetönung des chemischen Vorganges wäre.

Es kann, worauf schon auf S. 155 hingewiesen, einerseits ein Teil der elektrischen Energie auch aus der Wärmeenergie des Elementes bestritten werden; dann kühlt sich das Element während des Prozesses ab, und die gewonnene elektrische Arbeit ist größer als die Wärmetönung. Oder umgekehrt: Es kann die gelieferte elektrische Arbeit kleiner sein als die Wärmetönung, und dann erwärmt sich das Element. Nur in Ausnahmefällen, wozu allerdings gerade das Daniell-Element gehört, ist die elektrische Arbeit praktisch gleich der Wärmetönung. In diesem singulären Falle, den wir zunächst einmal voraussetzen wollen, kann man die elektromotorische Kraft E direkt aus der Wärmetönung bestimmen, indem man sie gleich der elektrischen Arbeit setzt.

Wir berechnen zunächst die elektrische Arbeit. Wenn das Element durch einen äußeren Widerstand R_a geschlossen ist, so ist seine Klemmenspannung E_g nach dem Ohmschen Gesetz gleich $I\,R_a$; es tritt also Joulesche Wärme vom Betrage $J^2 R_a t = J E_g t$ auf, die die äußere elektrische Arbeit darstellt. Jt ist aber die gesamte Elektrizitätsmenge, die während der Zeit t durch den Leiter fließt. Neben der Arbeit $J E_g t$ tritt im allgemeinen auch im Innern des Elementes Joulesche Wärme auf, wegen des inneren Widerstandes R_i. Um möglichst einfache Verhältnisse zu haben, wollen wir annehmen, daß $R_i \ll R_a$ sei, was wir z. B. dadurch erreichen können, daß wir R_a gegen ∞ gehen lassen; dann wird die gesamte elektrische Arbeit im Außenraum des Elementes geleistet. Wenn R_a immer größer wird, nähert E_g sich unbegrenzt dem Wert E der EMK des offenen Elementes, und die maximal zu gewinnende elektrische Arbeit ΔA wird also

$$\Delta A = \Delta E J t.$$

Wir haben bei dieser Art von Betrachtung den Vorteil, daß die irreversible Joulesche Wärme immer mehr zurücktritt. Dies ist von Bedeutung für den gleich zu erörternden allgemeinen Fall, bei dem ausdrücklich vorausgesetzt werden muß, daß das Element reversibel arbeitet. Freilich ist die Bedingung, daß R_a gegen ∞ geht, nicht hinreichend, um vollständige Reversibilität des Elementes zu gewährleisten; dazu müssen vielmehr auch die chemischen Prozesse rückgängig gemacht werden können, wenn man einen Strom im umgekehrten Sinne durch das Element hindurchsendet; auch dies ist beim Daniell-Element sehr angenähert der Fall.

Es kommt nun darauf an, die Elektrizitätsmenge Jt zu bestimmen, die erforderlich ist, um etwa 1 Gramm-Atom des zweiwertigen Zinks in Lösung überzuführen und 1 Gramm-Atom zweiwertigen Kupfers abzuscheiden. Diese Bestimmung ist möglich mit Hilfe des zweiten Faradayschen Gesetzes der Elektrolyse (s. S. 391), nach dem in gleichen Zeiten durch den gleichen Strom chemisch äquivalente Mengen abgeschieden werden, und zwar werden zur Abscheidung eines äquivalenten Mols 96487 C benötigt. Um also je 1 Gramm-Atom Zink und Kupfer umzusetzen, sind $2 \cdot 96487$ C notwendig, allgemein bei $|z|$-wertigen Stoffen $|z| \cdot 96487$ C. Es ist also:

$$Jt = |z|\, 96487 \text{ Coulomb}$$

und folglich die elektrische maximale Arbeit:

$$\Delta A = \Delta E J t = \Delta E\, |z|\, 96487\ [\text{Coulomb} \cdot \text{Volt}].$$

Dieser Wert muß gleich der Wärmetönung des stromliefernden Prozesses sein; natürlich muß die Wärmetönung, die in Kalorien gemessen den Wert Q habe, auch auf Coulomb · Volt umgerechnet werden. Da 1 Coulomb · Volt = 1 Joule = 1/4,19 cal ist, so ist:

$$\Delta A = \Delta E\, |z|\, 96487 \text{ C} = 4{,}19\, Q,$$

also schließlich:

$$\Delta E = \frac{4{,}19\, Q}{|z|\, 96487 \text{ C}} = \frac{Q}{|z|\, 23028 \text{ C}}\ [\text{Volt}].$$

Für das Daniell-Element ist die Wärmetönung $Q = 50110$ cal und $|z| = 2$; daher wird für das Daniell-Element:

$$E_{Dan.} = \frac{50110}{2 \cdot 23028} = 1{,}087 \text{ Volt},$$

was tatsächlich sehr angenähert mit dem experimentellen Befund (1,09 bis 1,10 Volt) übereinstimmt; immerhin ist der experimentell gefundene Wert etwas (etwa um $^1/_{100}$ Volt) größer.

Aber: Wie eingangs betont, ist die obige Berechnung, die übrigens zum ersten Male von Helmholtz in seiner berühmten Schrift über die Erhaltung der Energie angegeben wurde, im allgemeinen nicht richtig. Denn wie später zuerst Helmholtz und Gibbs (1882) erkannten, ist die maximale Arbeit nicht gleich der Wärmetönung, sondern — vollkommene Reversibilität des Prozesses vorausgesetzt — gleich der Abnahme der freien Enthalpie ΔG (Bd. I, Nr. 108). Für die maximale Arbeit gilt daher (vgl. Bd. I, Nr. 109, Gl. (XI, 57)) die Helmholtz-Gibbssche Gleichung, hier analog für ΔG geschrieben:

$$\Delta G = \Delta H + T \frac{\partial \Delta G}{\partial T}$$

Daraus ergibt sich mit der Wärmetönung $\Delta H = 4{,}19 Q$ und der freien Enthalpie $\Delta G = 96487\ \mathrm{C}\cdot|z|\Delta E$ für die betrachtete Stoffmenge ein Mol:

$$\Delta E\,|z|\,96487\,\mathrm{C} = 4{,}19\,Q + T\,|z|\,96487\,\mathrm{C}\cdot\frac{\partial \Delta E}{\partial T},$$

und für die EMK gilt allgemein

$$\Delta E = \frac{Q}{|z|\,23028\,\mathrm{C}} + T\frac{\partial \Delta E}{\partial T}.$$

ΔE weicht also um die Größe $\frac{T\cdot\partial\Delta E}{\partial T}$ von der Wärmetönung ab, die positiv oder negativ sein kann. Nach Versuchen von Jahn ist für $T = 273°$ K beim Daniell-Element $\frac{\partial \Delta E}{\partial T} = +\,0{,}000033$ Volt/grad, also ist das Korrektionsglied

$$T\left(\frac{\partial \Delta E}{\partial T}\right)_{273°} = 273\cdot 0{,}000033 = 0{,}009 \text{ Volt}.$$

Demnach ergibt sich theoretisch für das Daniell-Element $E = 1{,}095$ Volt, nunmehr vollkommen mit dem Experiment übereinstimmend.

Allgemein sei noch folgendes bemerkt: Die maximale Arbeit ist, wie in Band I, Nr. 108 ausführlich dargelegt wurde, ein Maß für die chemische Affinität des im Element sich abspielenden chemischen Vorganges. Diese ist nicht gleich der Wärmetönung, wie es das Prinzip von Berthelot-Thomsen behauptet, sondern ist durch die Helmholtz-Gibbssche Gleichung bestimmt. Unsere erste Annahme $\Delta H = 4{,}19\,Q$ würde also das (unrichtige) Berthelotsche Prinzip benutzen; beim Daniell-Element stimmt dies allerdings zufällig recht gut. Die Thermodynamik kann auf Grund ihrer Prinzipien die EMK eines Elementes im allgemeinen nicht vollständig bestimmen, sondern liefert nur eine Differential-Gleichung, der sie zu gehorchen hat, die Helmholtz-Gibbssche. —

Dagegen gelingt es durch Heranziehung der Vorstellungen der kinetischen Theorie, wie W. Nernst gezeigt hat, wenigstens grundsätzlich den Wert der EMK zu bestimmen. Nach Nernst ist das Elektrodenpotential einer in einem wässerigen Elektrolyten befindlichen Metallelektrode:

(379) $$\Delta E = -\frac{R\,T}{|z|F}\ln\frac{P}{p}.$$

Hierin ist ΔE der Potentialsprung Metall/Lösung, R die molare Gaskonstante, T die abs. Temperatur, z die Wertigkeit der Ionen, F die Faradaysche Konstante, p der osmotische Druck der Lösung von der Konzentration c und P den elektrolytischen Lösungsdruck des Metalles. Statt der Drucke P und p kann man auch die Konzentrationen C der Ionen in Metallen und c in der Lösung einführen, da diese den Drucken proportional sind. Für Zimmertemperatur von 18° C, also $T = 291°$ K, und Einsetzen der Werte für R und F erhält man, wenn man gleichzeitig zum dekadischen Logarithmus übergeht, die folgende Form der Nernstschen Gleichung:

(379a) $$\Delta E = \frac{0{,}058}{|z|}\log\frac{p}{P} = \frac{0{,}058}{|z|}\log\frac{c}{C}.$$

Nernst gelangte zur Gleichung (379) mit Hilfe der in Band I, Nr. 102 angeführten Gleichung (XI, 31a), die aussagt, daß die bei der reversiblen Ausdehnung eines Mols eines idealen Gases vom Druck p_1 auf einen Druck p_2 gewinnbare maximale Arbeit $\Delta H = R\cdot T\ln(p_1/p_2)$ ist. Indem er für p_1 und p_2 den elektrolytischen Lösungsdruck P und den osmotischen Druck p der Ionen in der Lösung setzte und beachtete, daß die beim Übergang eines Gramm-Äquivalents des Metalles in den Ionenzustand gewinnbare Arbeit gleich $|z|F\,\Delta E$ ist, erhielt er:

$$|z|F\,\Delta E = -\,R\,T\ln\frac{P}{p},$$

woraus sofort Gleichung (379) folgt. Es darf jedoch nicht unerwähnt bleiben, daß die Gültigkeit von (379) an die Voraussetzung geknüpft ist, daß die betrachtete Metallelektrode reversibel ist; denn die eben benutzte thermodynamische Gleichung gilt nur für einen solchen Prozeß. Die Reversibilität einer Elektrode läßt sich dadurch prüfen, daß man einen Strom durch die Kombination Metall-Flüssigkeit sendet, wobei man zuerst eine bestimmte Elektrizitätsmenge in der einen und sodann in der umgekehrten Richtung schickt. Bei einer reversiblen Elektrode muß sich nach diesem Prozeß alles wieder im Anfangszustand befinden und keine sonstige Änderung in der Natur aufgetreten sein. Z. B. stellen Zink in Zinksulfat und Kupfer in Kupfersulfat reversible Elektroden dar, während Zink in verdünnter Schwefelsäure eine irreversible Elektrode bildet, wie man leicht feststellt.

Wenn wir in Gleichung (379) unter p den in at angegebenen osmotischen Druck der in der Lösung befindlichen Ionen verstehen und diese für eine n-Lösung, deren Konzentration $c = 1$ ist, berechnen, so können wir unter Benutzung der auf S. 408 mitgeteilten Normalpotentiale E_h den Lösungsdruck P der betreffenden Elektrode berechnen. Man findet z. B. die Werte:

Elektrode	Lösungsdruck
K	$2 \cdot 10^{50}$ at
Zn	$4 \cdot 10^{26}$ at
Fe	$2 \cdot 10^{15}$ at
Pb	$3 \cdot 10^{4}$ at
Cu	$1{,}2 \cdot 10^{-12}$ at
Ag	$1 \cdot 10^{-14}$ at

Wie aus Gleichung (379a) folgt, hängt die Größe von E bei einem bestimmten Metall von der Konzentration des Elektrolyten ab. Schichtet man daher z. B. eine konzentrierte und eine stark verdünnte Kupfersulfatlösung übereinander und führt in beide Lösungen Kupferelektroden ein, so hat man zwischen diesen Elektroden eine Potentialdifferenz zu erwarten von der Größe ($|z| = 2$):

(380)
$$\Delta E = \frac{0{,}058}{2}\left[\log\frac{p_1}{P} - \log\frac{p_2}{P}\right] = 0{,}029 \log\frac{p_1}{p_2} = 0{,}029 \log\frac{c_1}{c_2},$$

die also nur von dem Konzentrationsunterschied in den beiden Lösungen herrührt; der unbekannte Lösungsdruck P hebt sich dabei heraus. Bei einem Konzentrationsverhältnis $c_1 : c_2 = 100:1$ wird bei zweiwertigen Ionen $E = 0{,}058$ Volt, was gut mit dem Versuch übereinstimmt. Verbindet man die Elektroden durch einen Draht, so fließt durch diesen ein Strom von der Kupferelektrode in der konzentrierten Lösung zu derjenigen in der verdünnten Lösung. Da der Strom auch im Innern des Elementes fließt, findet eine Elektrolyse statt, wobei sich an der in der konzentrierten Lösung befindlichen Elektrode Kupferionen abscheiden, während an der anderen Elektrode sich SO_4-Ionen mit dem Kupfer zu Kupfersulfat verbinden. So findet allmählich eine Zunahme der Konzentration der verdünnten und eine Abnahme der Konzentration der dichteren Lösung statt, und der Strom fließt so lange, bis der Konzentrationsunterschied ausgeglichen ist. Da die Ursache für die Potentialdifferenz ausschließlich in dem Konzentrationsunterschied der beiden Lösungen besteht, nennt man ein derartiges Element ein **Konzentrationselement**. (Die Berechnung der EMK eines Konzentrationselementes gelang übrigens zum ersten Male Helmholtz 1877.) Die von ihm gelieferte Energie ist nicht wie bei den anderen galvanischen Elementen chemischer Natur, sondern entstammt derjenigen Wärmeenergie, die zum Ausgleich der Konzentration beider Lösungen verbraucht wird.

Bei der Ableitung der EMK des Konzentrationselementes ist außer acht gelassen, daß sich an der Grenze zwischen den beiden Lösungen ein sogenanntes **Diffusionspotential** ausbildet. Dieses ist bedingt durch die verschiedene Beweglichkeit der Cu- und SO_4-Ionen, es entsteht nämlich dadurch, daß sich in der Zeiteinheit mehr SO_4^{2-}-Ionen durch die Grenzfläche bewegen als Cu-Ionen. Bezeichnen μ_K und μ_A die Beweglichkeiten der Kationen und Anionen, so ist nach Nernst das Diffusionspotential durch

(381)
$$E_{Diff.} = \frac{RT}{|z|F}\,\frac{\mu_K - \mu_A}{\mu_K + \mu_A}\,\ln\frac{c_2}{c_1}$$

gegeben. Für zwei Kupfersulfatlösungen mit dem Konzentrationsverhältnis 100:1 ergibt sich ein Diffusionspotential von 0,0117 Volt. Da das Diffusionspotential nur von der Verschiedenheit der beiden Lösungen herrührt, ist es möglich, einen nur aus Elektrolyten bestehenden Kreis zu bilden, in dem bis zum Ausgleich der Konzentrationen ein Strom fließt. In Abb. 544a ist das Schema eines solchen Kreises angegeben. Die zwischen den Lösungen A und B bzw. C und D herrschenden Diffusionspotentiale sind gleich, da es nur auf das Verhältnis der Konzentrationen ankommt, und heben sich gegenseitig auf. Für die zwischen B und C bzw. D und A auftretenden EMK ergeben sich nach Gleichung (381) die angeschriebenen Werte, so daß in dem Ring eine resultierende EMK von 0,0398 Volt herrscht, die einen Strom in der Pfeilrichtung hervorbringt. Man sieht hier den tieferen Grund dafür ein, daß für Elektrolyte nicht das Voltasche Spannungsgesetz gilt, wie auf S. 81ff. bereits ausführlich dargelegt.

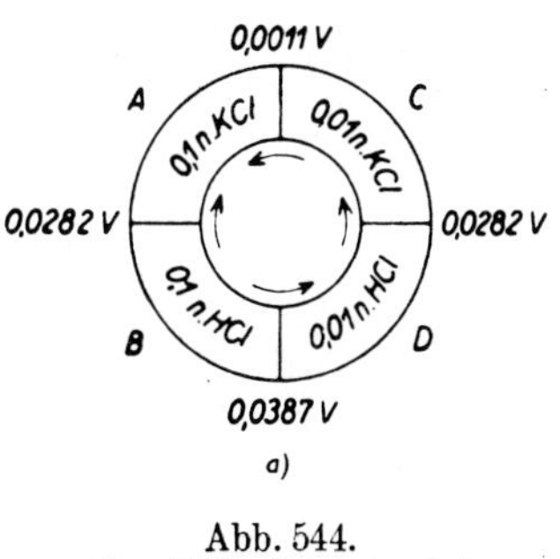

Abb. 544.
Zum Diffusionspotential
a) Schema eines Kreises mit vier Lösungen. — b) Anordnung zum Nachweis des Stromes in einem Konzentrationselement

Zum Nachweis eines Stromes, der in einem nur aus Leitern zweiter Art

bestehenden Kreis fließt, eignet sich die in Abb. 544b von F. Dolezalek und F. Krüger angegebene Anordnung. Das ringförmige etwa 6 cm weite Glasgefäß wird zur Hälfte mit 35%iger Schwefelsäure gefüllt, darauf wird einerseits etwa 2 cm hoch eine 30%ige Natriumazetatlösung und anderseits bis zum Schließen des Ringes eine 20%ige Lithiumchloridlösung aufgefüllt. Die EMK dieser Kette berechnet sich nach Gleichung (381) zu 0,065 Volt. Der in dem Flüssigkeitsring fließende Strom läßt sich durch die Ablenkung eines kleinen Magneten nachweisen, der an einem kurzen Kokonfaden aufgehängt ist und einen Spiegel trägt, der einen Lichtzeiger auf eine Skala wirft. Stellt man den Flüssigkeitsring über das Magnetsystem, so erhält man einen Ausschlag, der sich umkehrt, wenn man den Ring umdreht, und der sofort verschwindet, wenn man die Flüssigkeiten durch Umschütteln vermischt.

62. Elektrolytische Polarisation; sekundäre Elemente (Akkumulatoren)

Die vorangehenden Darlegungen machen es klar, daß zur Bildung eines galvanischen Elementes entweder zwei verschiedene Leiter erster Art (z. B. Metalle) in einem oder mehreren aneinandergrenzenden Elektrolyten oder zwei gleiche Leiter erster Art in zwei verschieden konzentrierten Teilen desselben Elektrolyten (Konzentrationselement) oder endlich mindestens drei verschiedene Elektrolyte erforderlich sind. Diese Kombinationen heißen primäre Elemente, da sie ohne weiteres Spannung und Strom liefern; hierher gehören außer dem Daniell-Element das Volta-Element, das Grove-Bunsen-Element, das Leclanché-Element und das Weston- und Clark-Normalelement, deren Zusammensetzung bereits in Nr. 17 angegeben wurde. Dagegen bilden natürlich zwei gleiche Metalle in einem und demselben Elektrolyten kein galvanisches Element, denn die beiden Potentialsprünge an der Grenze Metall-Elektrolyt sind einander entgegengesetzt gleich und heben sich infolgedessen auf. Ein an die Elektroden angeschlossenes Voltmeter zeigt keine Spannung.

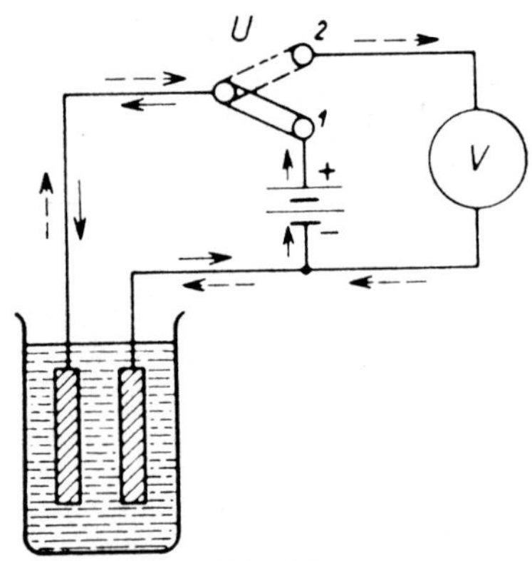

Abb. 545.
Nachweis der Polarisationsspannung

Die Symmetrie der Anordnung wird aber gestört, **wenn man durch sie einen elektrischen Strom schickt,** der die Elektroden oder die in ihrer Nachbarschaft befindlichen Partien des Elektrolyten durch den Prozeß der Elektrolyse verändert, so daß nunmehr ein galvanisches Element entsteht. Wir zeigen dies mit zwei in verdünnte Schwefelsäure eintauchenden Platinelektroden (Abb. 545); die eine Elektrode ist mit dem einen Pol einer Batterie (4 Volt) und mit dem Pol eines statischen Voltmeters (z. B. eines Einfadenelektrometers) verbunden, während die andere Elektrode wahlweise über einen Umschalter U an den anderen Pol der Batterie oder des Voltmeters gelegt werden kann. Ist die Zelle zunächst in Stellung 1 des Umschalters mit der Batterie verbunden, so fließt ein Strom in Richtung der ausgezogenen Pfeile, der an der Anode Sauerstoff und an der Kathode Wasserstoff entwickelt. Diese Gase entweichen nur zum Teil in Blasenform, zum Teil lösen sie sich im Material der Elektroden, die sie mit einer unsichtbaren Haut überziehen, zum Teil werden sich die Gase auch in den die Elektroden umgebenden Partien des Elektrolyten lösen. Jetzt haben wir gewissermaßen eine Wasserstoff- und Sauerstoffelektrode, die mit dem Elektrolyten zusammen ein galvanisches Element bilden. Durch Umlegen des Schalters in Stellung 2 können wir mit dem Voltmeter die Spannung U_p dieses Elementes messen, die als **Polarisationsspannung** bezeichnet wird; bei der benutzten Anordnung hat sie die Größe von 1,9 Volt. Die Erscheinung wurde von I. W. Ritter (1803) entdeckt. Verbindet man die beiden Elektroden, nachdem sie durch einen Strom „polarisiert" sind, über ein Amperemeter, so zeigt dieses einen Strom (Polarisationsstrom) an, der dem ursprünglichen entgegengesetzt gerichtet ist (gestrichelte Pfeile in Abb. 545). Dieser Strom dauert nur so lange, wie die Elektroden eine Gasbeladung tragen. Es gehen nämlich bei der mit Wasserstoff beladenen Elektrode die Wasserstoffmoleküle wieder als Wasserstoffkationen in die Lösung und lassen die Elektrode negativ geladen zurück, während an der anderen Elektrode die Sauerstoffmoleküle als negative Sauerstoffanionen ebenfalls in Lösung gehen und die Elektrode positiv aufladen.

Daß in der Tat die Gasbeladung die Ursache für die Polarisationsspannung ist, kann man z. B. dadurch nachweisen, daß man zwei mit Platinmohr überzogene Platinbleche in eine Wasserstoff- bzw. Sauerstoffatmosphäre bringt und in verdünnte Schwefelsäure taucht: sie zeigen dann gegeneinander eine elektrische Spannung. Bei dem von W. R. Grove (1839) angegebenen Gaselement (Abb. 546) befinden sich in den beiden Hälsen einer mit verdünnter Schwefelsäure gefüllten Woulfschen Flasche zwei am oberen Ende geschlossene Glasröhren, die im Innern zwei längliche, mit Platinmohr überzogene Platinelektroden tragen. Werden die beiden Röhren durch den mittleren Hals der Flasche mit Sauerstoff bzw. Wasserstoff gefüllt, so zeigt ein angeschlossenes

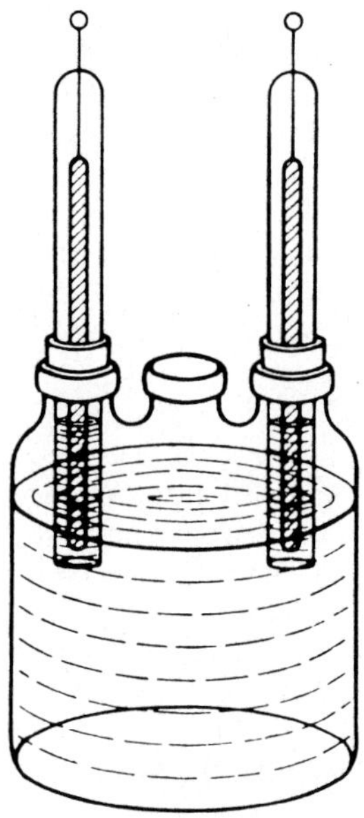

Abb. 546.
Gaselement nach Grove

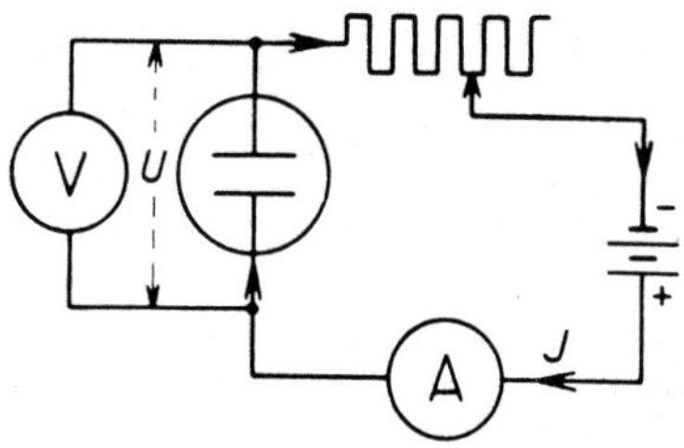

Abb. 547. Schaltung zur Messung der Polarisationsspannung

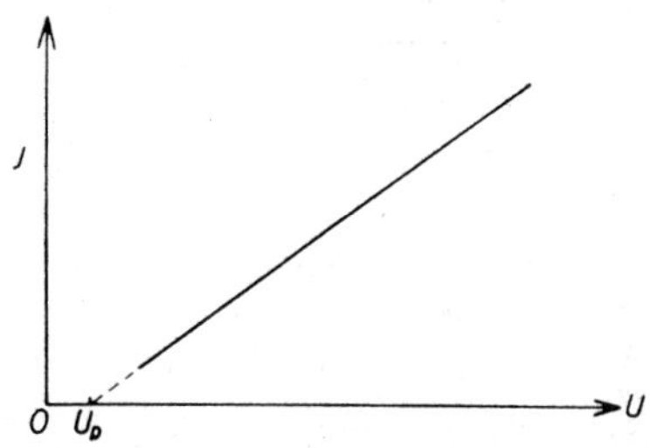

Abb. 548.
Abhängigkeit des Stromes durch einen Elektrolyten von der Spannung

Galvanometer einen Strom an, der von der Sauerstoffelektrode zur Wasserstoffelektrode fließt und so lange andauert, wie die Elektroden mit Gas umgeben sind. Polarisationsspannungen müssen stets dann auftreten, wenn sogenannte „unangreifbare" Elektroden bei dem Versuch verwendet werden, da entweder Gasbeladung oder Metallniederschlag auftritt. Die Polarisationsspannung einer elektrolytischen Zelle ist der sie erzeugenden Spannung stets entgegengesetzt gerichtet; daher muß man, um z. B. eine Elektrolyse der verdünnten Schwefelsäure in Gang zu bringen, an die Elektroden des Zersetzungsgefäßes eine Spannung U legen, die größer als die Polarisationsspannung U_p, in unserem Beispiel also größer als 1,9 Volt, ist. Bedeutet R_i den inneren Widerstand des Elektrolyten, so ist nach dem Ohmschen Gesetze der durch ihn fließende Strom J durch die Gl. $J = \frac{U - U_p}{R_i}$ bestimmt. Nimmt man also mit der in Abb. 547 skizzierten Schaltung den durch das Zersetzungsgefäß fließenden Strom J in Abhängigkeit von der an den Elektroden gemessenen Spannung U auf, so erhält man eine Gerade, die nicht durch den Nullpunkt geht, sondern die Abszisse in einem Punkt U_p schneidet, der die Polarisationsspannung angibt (Abb. 548).

Durch das Auftreten einer Polarisationsspannung wird beim Stromdurchgang der Widerstand des Elektrolyten scheinbar vergrößert, da die sekundäre Polarisationsspannung die primäre

Spannung vermindert und den Strom herabsetzt. Man kann dies vermeiden, wenn man zur Messung Wechselstrom verwendet. Dann kommt durch den fortwährenden Polwechsel, wie Kohlrausch gezeigt hat, keine dauernde Abscheidung an den Elektroden zustande. Für praktische Messungen erzeugt man den Wechselstrom mit Hilfe eines kleinen RC-Generators; in der Schaltung der Wheatstoneschen Brücke wird das Galvanometer durch einen Kopfhörer ersetzt, der für Wechselstrom sehr empfindlich ist.

Im Gegensatz zu den primären Elementen stellt das Grovesche Gaselement ein sekundäres Element dar; damit es nämlich eine Spannung liefert, muß man an beiden Elektroden Wasserstoff bzw. Sauerstoff erzeugen, was z. B. durch einen durch das Element hindurchgeleiteten Strom möglich ist. Auf diese Weise entsteht zunächst aus elektrischer Energie chemische Energie, die sich im Element aufspeichert und dann bei Stromentnahme wieder in elektrische Energie umgewandelt wird, daher der Name „sekundäres" Element.

Bekanntlich haben die **Akkumulatoren (Sammler)** als sekundäre Elemente eine bedeutende Anwendung gefunden. Wir besprechen die beiden wichtigsten Typen, den Blei-Akkumulator, dessen Entwicklung an die Namen von R. G. Planté (1860) und C. Faure (1889) geknüpft ist, und den von Th. A. Edison erfundenen Eisen-Nickel-Akkumulator.

Stellt man zwei Bleiplatten in verdünnte Schwefelsäure, so überziehen sie sich mit einer Schicht Bleisulfat ($PbSO_4$). Schickt man einen Strom durch die Zelle („Ladung"), so treten folgende Reaktionen auf;

$$\text{Ladevorgang} \begin{cases} \text{an der Anode:} & PbSO_4 + 6\,H_2O \rightarrow PbO_2 + SO_4^{2-} + 4\,H_3O^+ + 2e^- \\ \text{an der Kathode:} & PbSO_4 + 2e^- \rightarrow Pb + SO_4^{2-}, \end{cases}$$

d. h. an der Anode wird das Bleisulfat zu braunem Bleidioxid oxydiert, während es sich an der Kathode zu metallischem Blei reduziert; gleichzeitig gibt das SO_4^{2-}-Ion seine zwei negativen Ladungen an die Anode ab, während die Kathode zwei positive Ladungen empfängt. Nach dem Stromdurchgang befindet sich also in verdünnter Schwefelsäure eine reine Bleiplatte einer Bleidioxidplatte gegenüber; wir haben jetzt ein galvanisches Element, das eine EMK von etwa 2 Volt liefert. Wird das Element durch eine leitende Verbindung geschlossen, so spielen sich in dem Element, in dem der Strom jetzt in umgekehrter Richtung fließt wie bei der Ladung,folgende Reaktionen ab: die in der Lösung befindlichen SO_4^{2-}-Ionen gehen an die Blei-Kathode ,während die H-Ionen an die Bleidioxid-Anode wandern und dort ihre Ladung abgeben). Es gelten also folgende Reaktionsgleichungen:

$$\text{Entladung} \begin{cases} \text{an der Anode:} & PbO_2 + SO_4^{2-} + 4\,H_3O^+ + 2e^- \rightarrow PbSO_4 + 6\,H_2O \\ \text{an der Kathode:} & Pb + SO_4^{2-} \rightarrow PbSO_4 + 2e^-. \end{cases}$$

Die beiden Elektroden verwandeln sich wieder in Bleisulfat und gehen damit in ihren ursprünglichen Zustand zurück; die Anode empfängt zwei positive Ladungen, die Kathode zwei negative Ladungen.

Die in einem Akkumulator aufgespeicherte elektrische Energie ist um so größer, je größer der chemische Umsatz bei der Ladung ist. Bei den technisch ausgeführten Akkumulatoren verwendet man daher an Stelle massiver, sich nur an der Oberfläche chemisch verändernder Bleiplatten netzförmige aus Blei gegossene Gitter, in die eine mit konzentrierter Schwefelsäure angeriebene Paste aus Mennige (Pb_3O_4), Bleiglätte (PbO) und Bleistaub eingepreßt wird. Nach der ersten Ladung haben die positiven Platten ein braunes und die negativen ein graues Aussehen. In eine Akkumulatorenzelle baut man meist eine größere Anzahl solcher Platten ein, indem man abwechselnd eine positive und eine negative Platte in kleinem Abstand nebeneinander stellt; alle positiven Platten werden mit einer, alle negativen mit einer zweiten Bleileiste verlötet, die die Anschlüsse bilden. Der Wirkungsgrad des Bleiakkumulators, d. h. Entladeenergie dividiert durch Aufladeenergie, beträgt 70 bis 75%. Der sog. Amperestunden-Wirkungsgrad, d. h. Zahl der Amperestunden bei der Entladung dividiert durch die Zahl der Amperestunden bei der Aufladung, beträgt etwa 90%. Interessant ist auch die Angabe des Gewichtes bezogen auf eine gespeicherte Kilowattstunde. Sie beträgt heute beim Bleiakkumulator 60 kp/kWh. Zum Vergleich sei erwähnt, daß ein moderner Elektrolytkondensator etwa das 10^4-fache Gewicht pro gespeicherte Kilowattstunde besitzt.

In Abb. 549 ist die Lade- und Entladespannung in Abhängigkeit von der Zeit aufgetragen. Die Ladung ist beendet, wenn die Spannung auf 2,6 Volt gestiegen ist; die Entladung soll nicht weiter fortgesetzt werden, wenn die Spannung auf 1,8 Volt gesunken ist. Die Unterschiede der Spannung bei Ladung und Entladung sind durch das Auftreten von Konzentrationsänderungen in der Zelle und durch eine zusätzliche Polarisationsspannung gegen Ende der Aufladung infolge lebhafter Wasserstoff- und Sauerstoffentwicklung an den Elektroden bedingt. Im Durchschnitt beträgt also die Ladespannung 2,3 Volt, die Entladespannung 1,9 Volt. Im offenen Zustand hat der Akkumulator eine konstante EMK von 2 Volt.

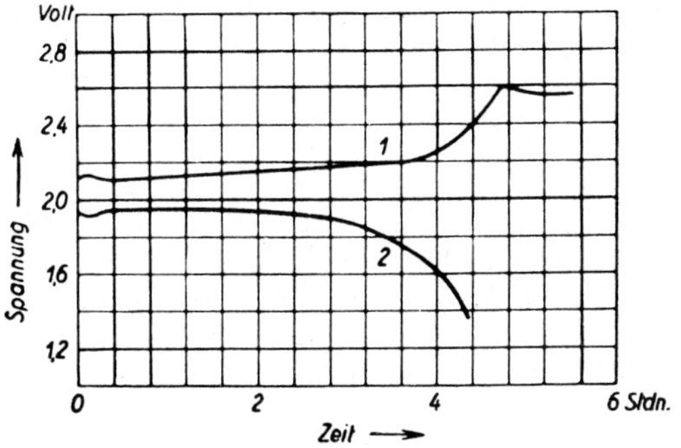

Abb. 549. Verlauf der Lade- (1) und Entladespannung (2) eines Bleiakkumulators mit der Zeit

Bei dem Edison-Akkumulator befindet sich in ungeladenem Zustand eine Elektrode aus Eisenhydroxyd ($Fe(OH)_2$) als Kathode und eine Anode aus Nickelhydroxyd ($Ni(OH_2)$) in 20%iger Kalilauge (KOH). Beim Laden geht die Kathode in reines Eisen, die Anode in Nickeltrioxyd (Ni_2O_3), das 1,2% Wasser enthält, über. Es gelten die Reaktionsgleichungen:

$$\text{Ladevorgang}\begin{cases}\text{an der Kathode:} & Fe(OH)_2 + 2e^- \to Fe + 2\,OH^-\\ \text{an der Anode:} & 2\,Ni(OH)_2 + 2\,OH^- \to 2\,Ni(OH)_3 + 2e^-.\end{cases}$$

$$\text{Entladung}\begin{cases}\text{an der Kathode:} & Fe + 2\,OH^- \to Fe(OH)_2 + 2e^-\\ \text{an der Anode:} & 2\,Ni(OH)_3 + 2e^- \to 2\,Ni(OH)_2 + 2\,OH^-.\end{cases}$$

Die negativen Platten enthalten oft neben Eisen auch Cadmium. Das Gehäuse besteht aus Stahlblech. Die Spannung des Edison-Akkumulators beträgt im Mittel 1,2 Volt und steigt bei der Ladung auf 1,4 Volt. Sein Wirkungsgrad beträgt etwa 60%. Der Vorteil des Edison-Akkumulators gegenüber dem Bleiakkumulator ist sein geringeres Gewicht und seine Unempfindlichkeit. Er kann z. B. längere Zeit im geladenen und im ungeladenen Zustand sein; der letztere führt beim Bleiakkumulator zur Zerstörung der Platten.

Der für die sekundären Elemente entscheidende Vorgang des Auftretens einer Polarisationsspannung macht sich bei den primären Elementen in einer Veränderung der Klemmenspannung bei Stromentnahme störend bemerkbar. Wenn z. B. aus dem Volta-Element (Kupfer und Zink in verdünnter Schwefelsäure) Strom entnommen wird, der im Innern des Elementes vom Zink zum Kupfer fließt, so geht Zink in Lösung und an der Kupferplatte setzt eine Wasserstoffentwicklung ein, die diese Elektrode mit einer Wasserstoffhaut bedeckt und polarisiert. Durch die dabei auftretende Polarisationsspannung wird die ursprüngliche EMK des Elementes herabgesetzt. Man kann dies leicht zeigen, indem man an zwei in Reihe geschaltete Volta-Elemente ein kleines Glühlämpchen anschließt; dieses leuchtet im ersten Augenblick hell auf, um dann nur noch schwach zu glühen, sobald die Wasserstoffentwicklung an der Kupferelektrode einsetzt. War dagegen die Kupferplatte durch Glühen etwas oxydiert, so bleibt die Spannung des Elementes längere Zeit konstant, da sich jetzt der Wasserstoff mit dem Sauerstoff auf der Kupferplatte sofort zu Wasser verbindet, wodurch die Polarisation verhindert wird. Beim Daniell-Element, bei dem sich die Kupferanode in einer Kupfersulfatlösung befindet, tritt bei Stromentnahme keinerlei Gasentwicklung und somit auch keine Polarisation auf, so daß wir es hier mit einem „konstanten" Element zu tun haben; das Daniell-Element besitzt also „unpolarisierbare" Elektroden.

Durch besondere Oxydationsmittel (**Depolarisatoren**), die den Wasserstoff binden, kann man die Polarisation unschädlich machen. Z. B. wirkt bei dem Grove- oder Bunsen-Element (S. 83) die konzentrierte Salpetersäure, in der die positive Elektrode sich befindet, als Depolarisator, indem sie den Wasserstoff zu Wasser oxydiert nach der Gl.:

$$HNO_3 + H \rightarrow NO_2 + H_2O$$

Das dabei auftretende Stickstoff-Dioxid verbindet sich mit dem gebildeten Wasser zu Salpetersäure und salpetriger Säure nach der Reaktionsgleichung:

$$2\,NO_2 + H_2O \rightarrow HNO_3 + HNO_2$$

Bei dem Leclanché-Element dient als positive Elektrode entweder ein aus einem Gemisch von Kohle und Braunstein gepreßter Zylinder oder ein Kohlestab, der von einem mit gepulvertem Braunstein gefüllten Leinenbeutel umgeben ist; hier wirkt der Braunstein (MnO_2) als Depolarisator, indem er den Wasserstoff zu Wasser oxydiert. — Beim Weston-Element (S. 84) würde eine Polarisation bei schwacher Stromentnahme dadurch eintreten, daß sich an der Quecksilberanode Cadmium ausscheidet und die Elektrode in Amalgam verwandelt. Man verhindert dies durch das vor der Quecksilberelektrode befindliche Quecksilbersulfat, aus dem das abgeschiedene Cadmium Quecksilber ausscheidet, um selbst in Lösung zu gehen.

Brennstoffzellen. Brennstoffzellen sind elektrochemische Elemente, in denen die Oxydation der benutzten Brennstoffe weitgehend reversibel, d. h. unter möglichst vollständiger Ausnutzung der freien Enthalpieänderung ΔG (S. 411/412) stattfinden kann. Dafür eignet sich prinzipiell jede freiwillig ablaufende Reaktion, in der Elektronen von einem Reduktionsmittel (Brennstoff) auf ein Oxydationsmittel übertragen werden. Dabei gibt das Reduktionsmittel Elektronen an das Material der Anode ab, die dann unter Arbeitsleistung durch den äußeren Stromkreis zur Kathode fließen und dort vom Oxydationsmittel aufgenommen werden. Für die Knallgas-Zelle ergibt sich daraus:

$$H_2 + 2\,OH^- \rightarrow 2\,H_2O + 2e^- \text{ (Anode)}$$
$$\tfrac{1}{2}\,O_2 + H_2O \rightarrow 2\,OH^- - 2e^- \text{ (Kathode)}$$

Als Anodenmaterial dient reines Ni; für die Kathode wird Ni verwendet, das zur Erreichung einer befriedigenden Reduktionsgeschwindigkeit für den Sauerstoff mit einer Schicht aus halbleitendem, Li-dotiertem NiO bedeckt ist.

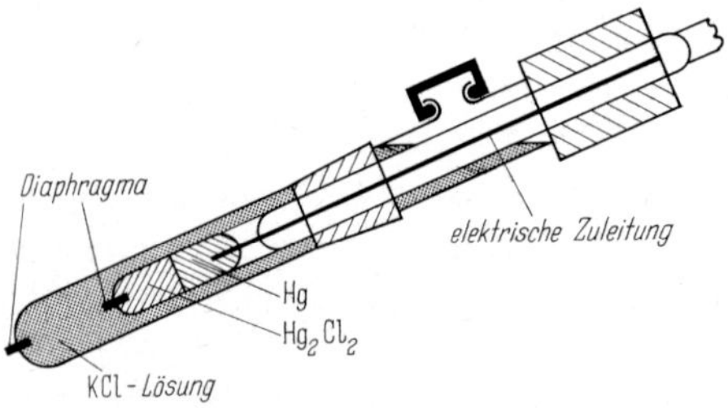

Abb. 550. Kalomelelektrode

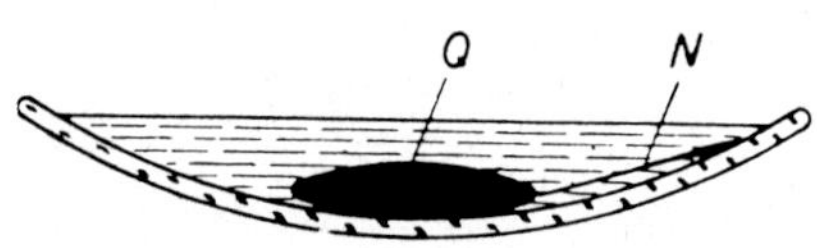

Abb. 551. Pulsierender Quecksilbertropfen

Bezugselektroden. In der elektrochemischen Meßtechnik sind unpolarisierbare Elektroden von besonderer Bedeutung. Wegen der unbequemen Handhabung der Wasserstoffelektrode verwendet man zur Bestimmung von Elektrodenpotentialen meist andere Elektroden, sogenannte Bezugselektroden, deren Potential gut reproduzierbar und genau bekannt ist. Die häufigste Anwendung findet dabei die Kalomelelektrode. Sie besteht (Abb. 550) aus Quecksilber im Kontakt mit einer gesättigten Kalomellösung (Hg_2Cl_2 + Hg-Bodensatz). An dieser Elektrode stellt sich ein Gleichgewicht zwischen dem metallischen Quecksilber und den Quecksilberionen der Kalomellösung ein. Die Quecksilberionenkonzentration hängt jedoch (über das Löslichkeitsprodukt des Kalomels) von der Konzentration der Chloridionen in der Lösung ab, so daß das Elektrodenpotential von dieser bestimmt wird. Zu praktischen Zwecken werden Kalomelelektroden mit 0,1 n, 1 n oder gesättigter Kaliumchloridlösung verwendet. Die Potentiale dieser drei Kalomelelektroden können bei verschiedenen Temperaturen durch folgende Formel ausgedrückt werden:

$$Hg\;Hg_2Cl_2(s),\;KCl\;(0{,}1\,n)\colon E = 0{,}3337\,V - 7{,}0 \cdot 10^{-5}\,V/grd\,(\vartheta - 298\,K)$$
$$(1\,n)\colon E = 0{,}2801\,V - 2{,}4 \cdot 10^{-4}\,V/grd\,(\vartheta - 298\,K)$$
$$(ges)\colon E = 0{,}2412\,V - 7{,}6 \cdot 10^{-4}\,V/grd\,(\vartheta - 298\,K)$$

Zum Schluß dieses Abschnittes sei noch eine Erscheinung beschrieben, die mit dem Auftreten einer Polarisationsspannung zusammenhängt. Zwischen Quecksilber und einem Elektrolyten besteht, wie zwischen jedem Metall und einem Leiter II. Art, eine Potentialdifferenz, die ein elektrisches Feld in einer sehr dünnen Grenzschicht (elektrische Doppelschicht) hervorruft. Durch dieses Feld wird die Oberflächenspannung des Quecksilbers verkleinert. Die Folge ist, daß ein Quecksilbertropfen in einer Flüssigkeit eine flachere Gestalt als in Luft hat. Beim Durchleiten eines Stromes durch diese Grenzschicht wird durch die dabei auftretende elektrolytische Polarisation die Größe des elektrischen Feldes in der Grenzschicht und damit die Oberflächenspannung geändert. Man kann dies sehr schön durch folgenden Versuch zeigen (Abb. 551): In einem flachen Uhrglasschälchen liegen ein Quecksilbertropfen Q und eine Nähnadel N in verdünnter Schwefelsäure, mit etwas Kaliumbichromatzusatz, ohne sich zu berühren. Berührt man nun den Quecksilbertropfen mit der Nadelspitze, so wird das Element geschlossen. Der entstehende Strom erzeugt eine Polarisationsspannung, die das elektrische Feld der Quecksilberoberfläche verändert, so daß die Oberflächenspannung des Quecksilbers steigt. Der Tropfen zieht sich infolgedessen zusammen und unterbricht die Verbindung mit der Nadelspitze und damit auch den Strom. Da das Kaliumbichromat den am Quecksilber abgeschiedenen Wasserstoff oxydiert, bleibt die Polarisationsspannung nicht lange bestehen, so daß der Tropfen wieder flacher wird und die Nadel berührt. Auf diese Weise kommt der Tropfen in eine pulsierende Bewegung.

In dem von G. Lippmann (1873) angegebenen **Kapillarelektrometer**[1]) findet die Änderung der Oberflächenspannung durch Polarisation eine meßtechnische Anwendung (Abb. 552). Das Instrument besteht aus den beiden Glasrohren A und B, die durch die Kapillare K miteinander in Verbindung stehen. A enthält im unteren Teil etwas Quecksilber, darüber verdünnte Schwefelsäure, die auch die Kapillare bis M füllt. Das Rohr B und der untere Teil der Kapillare sind mit Quecksilber gefüllt. Die zweite Verbindung C zwischen A und B dient lediglich dazu, durch Kippen des Gerätes mehr oder weniger Flüssigkeit aus dem einen in das andere Rohr zu bringen. Legt man an die Elektroden eine kleine Spannung, so bildet sich an dem Quecksilbermeniskus eine elektrolytische Polarisation, die die Oberflächenspannung verändert und eine Verschiebung des Meniskus bewirkt, und zwar sinkt der Meniskus infolge zunehmender Oberflächenspannung, wenn E_1 Kathode und E_2 Anode ist, während er bei umgekehrter Polung infolge Verringerung der Oberflächenspannung steigt. Mit optischer Vergrößerung lassen sich Spannungen der Größenordnung von 10^{-4} Volt feststellen. Das Instrument ist aber nur für Spannungen unter 1 Volt brauchbar, da bei höheren Spannungen Gasentwicklung an der Quecksilberoberfläche eintritt.

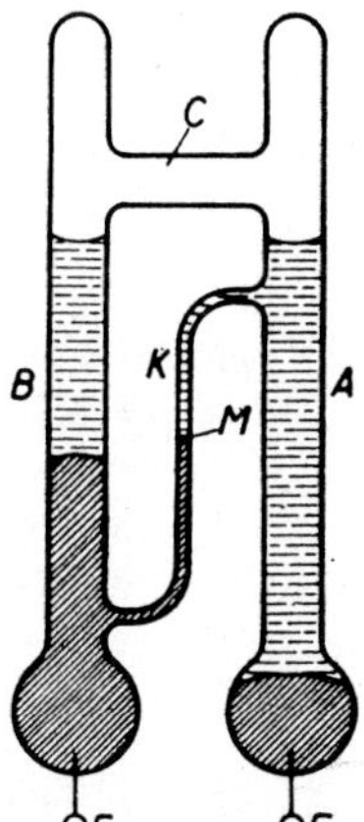

Abb. 552. Kapillarelektrometer

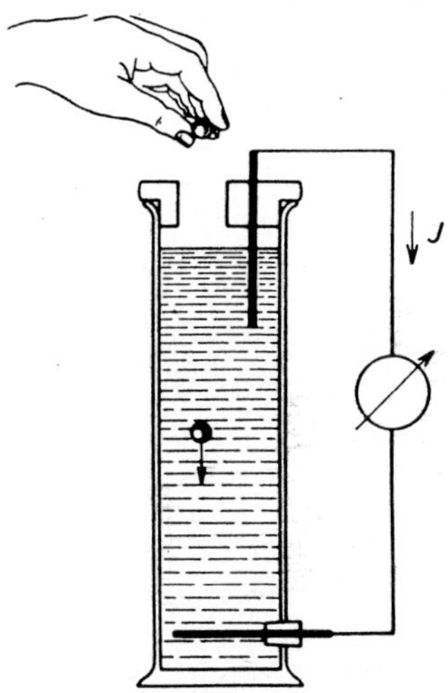

Abb. 553. Durch fallende Glaskugeln in Wasser erzeugter elektrischer Strom

Elektrokinetische Erscheinungen. Bei den beiden letzten Versuchen spielt die elektrische Doppelschicht zwischen verschiedenen Körpern eine entscheidende Rolle. Wir erwähnen hier einige **elektrokinetische Erscheinungen**, die ebenfalls auf der Existenz dieser Doppelschicht beruhen, ohne im übrigen etwas mit Elektrolyse zu tun zu haben.

[1]) Besser wäre die Bezeichnung „Kapillarvoltmeter", da durch das Instrument immer ein wenn auch sehr kleiner Strom fließt.

Läßt man in einem mit Wasser gefüllten Gefäß (Abb. 553), das oben und unten eine Elektrode trägt, kleine Glaskugeln herabfallen, so zeigt ein an die Elektroden angeschlossenes hochempfindliches Galvanometer einen elektrischen Strom an. Die Kugeln laden sich im Wasser negativ auf, das sie umgebende Wasser wird positiv elektrisch. Die Abwärtsbewegung der Elektrizitätsträger stellt also einen elektrischen Strom dar.

Eine Umkehrung dieses Versuches haben wir bei der sogenannten **Elektrophorese** (auch **Kataphorese** genannt). Befindet sich ein Körper in feinverteilter Form in einer Flüssigkeit, so wandern die kleinen Schwebeteilchen bei Anlegen einer elektrischen Spannung an die Flüssigkeit auf die Anode zu. Man kann dies in der Weise zeigen, daß man feingepulverten Ton oder zerfaserten ausgewaschenen Torf in destilliertem Wasser aufschwemmt und diese Suspension in ein U-Rohr füllt, in das zwei Platinelektroden tauchen. Legt man an diese eine Spannung von einigen tausend Volt, so wandern die Teilchen zur Anode.

Während sich bei der Elektrophorese Teilchen in einer Flüssigkeit bewegen, zeigt die sogenannte **Elektroosmose** (auch **Elektro-Endosmose** genannt) die Bewegung einer Flüssigkeit relativ zu einem festen porösen Körper. Verstopft man z. B. die Biegung eines U-Rohrs mit Watte und füllt das Rohr bis zur halben Höhe mit destilliertem Wasser, in das zwei Platinelektroden tauchen, so wird bei Anlegen einer Spannung von etwa 220 Volt das Wasser, das gegenüber der Watte positiv geladen ist, durch die Watte hindurch zur Kathode hin verschoben und steigt in dem betreffenden Schenkel deutlich sichtbar in die Höhe. — Füllt man einen Zylinder aus gebranntem Ton mit destilliertem Wasser und läßt eine Elektrode in die Flüssigkeit tauchen, während man die zweite in Drahtform in mehreren Windungen außen um den Zylinder wickelt, so tropft das Wasser aus dem Zylinder heraus, wenn man an die beiden Elektroden eine Spannung von 220 Volt so anlegt, daß die äußere Elektrode Kathode ist. Das Tropfen hört sofort auf, wenn man die Spannung abschaltet oder umpolt. Vom Grafen Schwerin (1903) ist die Elektroosmose zur Entwässerung von Torf benutzt worden, indem er die Torfplatten zwischen zwei gitterförmige Elektroden legte. Dieses Verfahren arbeitet nur dann ökonomisch, wenn das im Torf enthaltene Wasser keine zu große Leitfähigkeit infolge gelöster Humussäuren zeigt, wodurch elektrische Verluste infolge Joulescher Wärme auftreten. In der Medizin bringt man mit Hilfe der Elektroosmose flüssige Medikamente (z. B. Adrenalin) in die Haut hinein.

Die Umkehrung dieses Phänomens stellt die von G. Quincke (1859) entdeckte **Strömungsspannung** dar. Preßt man eine Flüssigkeit durch eine feinporige Substanz, so lädt sich die Flüssigkeit mit umgekehrtem Vorzeichen wie der poröse Körper auf. Bringt man in der Flüssigkeit vor und hinter dem Diaphragma zwei Elektroden an, die mit einem empfindlichen Galvanometer verbunden sind, so zeigt dieses einen **„Strömungsstrom“** an, wenn die Flüssigkeit durch das Diaphragma gepreßt wird.

63. Die praktischen Anwendungen der Elektrolyse

Die Vorgänge der Elektrolyse haben in der Technik weitgehende Anwendung gefunden, wobei man die folgenden Hauptanwendungsmöglichkeiten unterscheiden kann: 1. Erzeugung chemischer Produkte, 2. Reinigung chemischer Stoffe, 3. Herstellung von metallischen Überzügen. Hinzu kommt die Anwendung der Elektrolyse in der quantitativen Analyse.

Erzeugung chemischer Produkte. Hier ist als wichtigster Prozeß die Gewinnung des Aluminiums durch Schmelzelektrolyse zu nennen, die zum ersten Mal von R. W. Bunsen und St. Claire Deville (1854) aus Na_3AlCl_6 durchgeführt wurde. Als Ausgangsprodukt dient Aluminiumoxid (Al_2O_3), sogenannte Tonerde, die zwecks Erniedrigung ihres bei 2040° C liegenden Schmelzpunktes in geschmolzenem Kryolith ($AlF_3 \cdot 3\,NaF$) bei 900 bis 950° C aufgelöst wird. Die Schmelze wird in flachen Eisenwannen (Abb. 554), die innen mit Graphit ausgekleidet sind, elektrolysiert. Die Wandbekleidung dient als Kathode, während als Anode dicke Kohleelektroden benutzt werden, die von oben in die Schmelze hereinragen. Um zunächst das in gepulverter Form in diesen „Ofen“ eingebrachte Gemisch aus Tonerde und Kryolith zu schmelzen, bringt man zwischen Anode und Kathode dünne Kohlestäbe, die sich beim Stromdurchgang zur Rotglut erhitzen und dadurch die Substanz zum Schmelzen bringen. Ist dies erfolgt, so werden die Kohlestäbe entfernt, und die Elektrolyse beginnt. Die Joulesche Wärme verhindert die Abkühlung. Das Aluminium scheidet sich in flüssiger Form auf dem Boden der Wanne ab, von wo es von Zeit zu Zeit abgelassen wird,

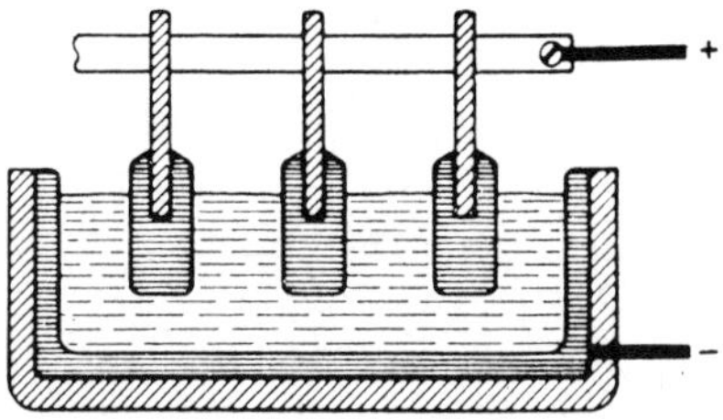

Abb. 554. Schema eines Aluminiumofens

während sich der Sauerstoff mit dem Kohlenstoff der Anode zu Kohlendioxid (bzw. Kohlenoxid) verbindet. Die bis zu 1 m dicken Kohleelektroden werden dem Verbrauch entsprechend gesenkt und oben durch Nachfüllen und Anpressen von Kohlepulver ergänzt. Man arbeitet mit Stromstärken bis zu 10^5 A, bei einer Spannung von 4 bis 5 V. Da Aluminium ($A_r = 26{,}97$) dreiwertig ist, scheidet in 1 s ein Strom von 1 A ab:

$$\frac{26{,}79}{3 \cdot 96487} = 0{,}00001035 \cdot \frac{26{,}79}{3} = 0{,}0932 \cdot 10^{-3} \text{ g Aluminium}$$

Zur Gewinnung von 1 kg Aluminium sind also 3000 Amperestunden, d. h. bei einer Spannung von 4 bis 5 Volt etwa 15 Kilowattstunden erforderlich. 1967 betrug die Welterzeugung von Aluminium rund 8 Mio t, was einem elektrischen Energieverbrauch von rund 10^{11} kWh entspricht.

Von gleicher Bedeutung ist die Gewinnung von Magnesium durch Elektrolyse des geschmolzenen Karnallits ($KCl \cdot MgCl_2 \cdot 6\,H_2O$). Der technische Aufbau ist im Prinzip derselbe wie bei der Aluminiumgewinnung. Bei der Elektrolyse wird das $MgCl_2$ in Magnesium und Chlor getrennt. Das sich an der Kathode abscheidende Magnesium sammelt sich infolge seines geringen spezifischen Gewichtes oben auf der Schmelze, wo es abgeschöpft wird. Um eine Oxydation des Metalles durch den Luftsauerstoff zu vermeiden, leitet man über die Schmelze ein reduzierendes Gas. Damit das an der Anode freiwerdende Chlor mit dem Magnesium keine Verbindung eingeht, wird es durch besondere um die Anoden angebrachte Hauben von der Magnesiumschmelze ferngehalten. Indem man Chlor auf Magnesiumoxid (MgO) in Anwesenheit von Kohlenoxid (CO) einwirken läßt, bildet sich wieder Magnesiumchlorid und Kohlendioxid, wobei ersteres zum Ersatz des bei der Elektrolyse verbrauchten $MgCl_2$ dient. Zur Gewinnung von 1 kg Magnesium sind etwa 20 kWh erforderlich. 1967 betrug die Weltproduktion etwa 160000 t.

Auch die Alkalimetalle Natrium, Kalium sowie Kalzium werden in größerem Maßstabe auf elektrolytischem Wege aus geschmolzenem Natriumhydroxyd (NaOH), Kaliumhydroxyd (KOH) und Kalziumchlorid ($CaCl_2$) gewonnen. Nach dem Verfahren von Castner (1890) dient bei der Natriumgewinnung ein Kohlestab als Kathode, der von unten in den eisernen Schmelztiegel eingeführt wird; die Anode wird von einem Nickelrohr gebildet, das die Kathode umgibt. Die Zersetzung erfolgt nach der Gleichung:

$$4\,NaOH \rightarrow 4\,Na^+ + 4\,OH^- \rightarrow 4\,Na + 2\,H_2O + O_2.$$

An der Anode bildet sich also aus den freiwerdenden Hydroxylgruppen Sauerstoff und Wasser. Damit das an der Kathode abgeschiedene Natrium nicht damit reagiert, sind die beiden Elektroden durch eine poröse Scheidewand voneinander getrennt. Die Weltproduktion von Natrium beträgt etwa 140000 t pro Jahr. In ähnlicher Weise gewinnt man auch Kalium und Kalzium.

Von erheblicher praktischer Bedeutung ist ferner die Gewinnung von Natronlauge und Kalilauge aus den wässerigen Lösungen von Kochsalz und Kaliumchlorid. Hierbei wird der Elektrolyt in das Metall und Chlor zerlegt, und ersteres verbindet sich an der Kathode mit Wasser unter Wasserstoffentwicklung zu Natronlauge oder Kalilauge. Obwohl dieses Verfahren zunächst sehr einfach erscheint, stehen seiner Verwirklichung im großen nicht unbeträchtliche Schwierigkeiten entgegen. Man muß vor allem verhüten, daß sich die beiden Reaktionsprodukte wieder miteinander verbinden. Dies kann z. B. dadurch geschehen, daß man als Kathode Quecksilber benutzt, mit dem das betreffende Alkalimetall eine Amalgamverbindung eingeht, die man dann mit Wasser zu einer Lauge zersetzen kann (s. auch den Versuch Abb. 528), oder daß man durch Diaphragmen oder sehr große Entfernung der Elektrode voneinander die Vermischung der Abscheidungsprodukte verhindert. —

Auch die Gewinnung von Wasserstoff und Sauerstoff geschieht dort, wo elektrische Energie billig zur Verfügung steht, durch elektrolytische Zersetzung von Wasser; benutzt wird eine Lösung von Natronlauge. Die Elektroden bestehen aus Eisen oder Nickel. Die gebräuchlichen Elektrolysezellen zeigen bei einer Stromdichte von 1000 A/m² eine Zellenspannung von 1,65 V. Bei einer thermodynamisch errechneten Zersetzungsspannung von 1,18 V ergibt sich ein Wirkungsgrad von 70%. Eine Erhöhung des Wirkungsgrades durch Herabsetzen der Überspannung z. B. durch Verwendung von Elektroden aus Raney-Nickel oder aus Platin scheidet aus Kostengründen aus.

Überspannung. Beim Durchgang eines durch eine äußere Spannung E erzwungenen elektrischen Stroms durch eine Elektrode werden infolge der begrenzten Geschwindigkeit der ablaufenden elektrolytischen Vorgänge die Bedingungen, die das Elektrodenpotential im stromlosen Zustand bestimmten, verändert. Die dabei entstehende Potentialabweichung vom Gleichgewichtswert E_0 wird als Überspannung η bezeichnet ($\eta = E - E_0$). Man unterscheidet Diffusionsüberspannung (An- oder Abtransport der an der Elektrode gebildeten oder verbrauchten Stoffe ist gehemmt), Durchtrittsüberspannung (der Durchtritt der Ladungsträger durch die Elektrodenoberfläche ist gehemmt), Reaktionsüberspannung (eine der der Durchtrittsreaktion vor- oder nachgelagerte chemische Reaktion ist gehemmt) und Kristallisationsüberspannung (Einbau oder Lösung von Atomen aus dem Kristallgitter ist gehemmt). Die bei der Elektrolyse auftretenden Überspannungen bewirken einen irreversiblen Energieverbrauch.

Elektrolytische Reinigung von Metallen. Bei diesem im großen in der Metallurgie angewandten Verfahren benutzt man die Tatsache, daß die Polarisationsspannungen für die Ionen verschiedener Metalle verschieden groß sind. Man kann daher durch geeignete Wahl der an eine elektrolytische Zelle gelegten äußeren Spannung erreichen, daß nur das gewünschte Metall aus der Lösung ausgeschieden wird, aber nicht diejenigen Verunreinigungen, deren Abscheidungspotentiale höher sind. Die wichtigste Anwendung findet dieses Verfahren bei der elektrischen Kupferraffination. Als Anode verwendet man Platten, die aus dem zu reinigenden Kupfer gegossen sind; als Kathode dienen dünne Kupferbleche aus reinstem Kupfer. Diese Elektroden stehen in wässerigen Lösungen, die 12—16% Kupfersulfat und 5—10% Schwefelsäure enthalten. Auf der Kathode scheidet sich dann das Kupfer mit einem Reinheitsgrade bis zu 99,99% Kupfergehalt ab. Ein solcher Reinheitsgrad des Kupfers ist für seine Verwendung in der Elektrotechnik erforderlich, da schon minimale Verunreinigungen die elektrische Leitfähigkeit sehr stark herabsetzen. Bei diesem Reinigungsverfahren gehen ebenso wie Kupfer auch Eisen, Nickel und Zink in Lösung, während die edleren Metalle als Anodenschlamm ausfallen, aus dem sie durch weitere Elektrolyse wieder gewonnen werden können. Man schätzt den Wert der bei der Kupferraffination aus dem Anodenschlamm gewonnenen Edelmetalle auf mehr als 200 Millionen Mark im Jahr. Außer Kupfer werden auch Silber, Nickel und Eisen in größerem Maßstabe auf elektrolytischem Wege gereinigt; das so gewonnene Elektrolyteisen hat eine große magnetische Permeabilität und eine sehr geringe Hysteresis.

Elektrolytische Herstellung von (metallischen) Überzügen. Diese Technik, auch „galvanische Oberflächenveredlung" genannt, ist sehr verbreitet und wichtig. Die zu überziehenden Stoffe werden nach gründlicher Entfettung und Reinigung als Kathoden in einen Elektrolyten spezieller Zusammensetzung eingehängt, der die Ionen des abzuscheidenden Metalls enthält. Als Anodenmaterial wird meist das Überzugsmetall verwendet. Technisch wichtig sind z. B. Verzinkung, Verkupferung und Verchromung. Es lassen sich auch Überzüge aus anderen Metallen und Metallegierungen (Eisen, Blei-Messing usw.) erzielen. — Ein anderes wichtiges Verfahren besteht darin, Aluminium mit einer seine Oberfläche schützenden Oxidschicht zu versehen (Eloxalverfahren — **el**ektrisch **ox**ydiertes **Al**uminium).

Aber auch nichtleitende Materialien lassen sich galvanisch mit einem Metallüberzug versehen. Hier sind besonders Mehrkomponentenkunststoffe (Acrylnitril-Butadien-Styrol, abgek. ABS) zu erwähnen, die in der Automobilindustrie Verwendung finden. Dabei wird das Material mit einer Chrom-Schwefelsäure-Beizlösung durch Herauslösen des Butadiens aufgerauht, in einem Palladiumbad mit Pa-Keimen versehen und anschließend stromlos mit Hilfe eines Redoxsystems mit einer dünnen Nickel- oder Kupferschicht überzogen. Die so vorbereiteten Schichten können dann galvanisch mit weiteren Metallschichten überzogen werden. Infolge der mechanischen Verzahnung der Metallschicht im Kunststoff haben diese eine ausgezeichnete Haftung.

Galvanoplastik oder Elektroformung. In industriellem Umfang wird die Galvanoplastik oder Elektroformung (neuerer Ausdruck) zur Herstellung von Preß- und Gußformen für die Kunststoffindustrie (Schallplatten), für die Luft- und Raumfahrtindustrie (Scheinwerferreflektoren) sowie für die elektronische Industrie (Kupferfolien für gedruckte Schaltungen) verwendet. Die Herstellung der erforderlichen Formen erfolgt je nach geforderter Maßgenauigkeit aus Metall oder Kunststoffen. Metallmodelle müssen vor dem Aufbringen der metallischen Schicht zuerst mit einer Trennschicht versehen werden, wozu auf der Oberfläche mit Hilfe spezieller Lösungen nahezu monomolekulare Metallsalzschichten (z. B. Chromatschichten) erzeugt werden, während Kunststoffmodelle z. B. durch Graphitschichten leitend gemacht werden müssen. Als Material zur Herstellung der Elektroformung wird heute ganz überwiegend Nickel verwendet, da seine physikalisch-chemischen Eigenschaften durch Veränderung der Parameter bei der galvanischen Abscheidung in weiten Grenzen variiert und somit gut den geforderten Bedürfnissen angepaßt werden können.

Polarographie. Die Polarographie ermöglicht den Nachweis von Ionen nach Art und Konzentration. Dazu wird in Abhängigkeit vom Elektrodenpotential an einer Hg-Tropfelektrode oder einer rotierenden Pt-Scheibenelektrode die Stromdichte gemessen. Jeder an der Elektrode ablaufende Oxydations- oder Reduktionsprozeß macht sich bei kontinuierlicher Spannungsvergrößerung durch einen charakteristischen Anstieg der Stromstärke bemerkbar, der in der Strom-Spannungskurve eine sogenannte polarographische Stufe ergibt (Abb. 555). Die momentane Stromstärke ist der an der Elektrodenoberfläche in der Zeiteinheit reduzierten oder oxydierten Strommenge proportional und durch die Geschwindigkeit begrenzt, mit der der reduzierbare bzw. oxydierbare Stoff aus der Lösung an die Elektrodenoberfläche gelangt (Grenzstrom). Bei der Beurteilung eines Polarogramms sind die Stufenhöhe als Maß für die Konzentration und das Halbstufenpotential (Potential gegen n-Kalomel, bei dem der Strom gleich dem halben Grenzstrom ist) für die Art des oxydierbaren bzw. reduzierbaren Stoffes von besonderer Bedeutung.

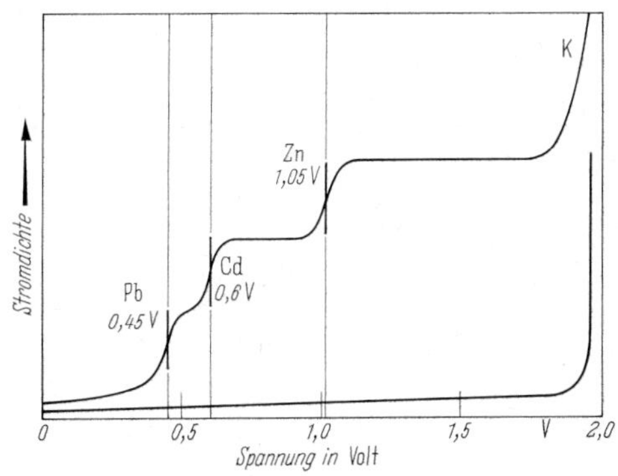

Abb. 555. Polarogramm einer 1 n KCl-Lösung mit bzw. ohne Schwermetalle

Elektrolytische Gleichrichter und Kondensatoren. Schließlich dient die Elektrolyse auch noch zur Herstellung isolierender Oberflächenschichten. Stellt man z. B. in einer Lösung von Natriumkarbonat eine Aluminiumplatte einer Blei- oder Eisenplatte gegenüber, so überzieht sich die Aluminiumelektrode, wenn sie als Anode geschaltet ist, mit einer unsichtbaren isolierenden Schicht aus Aluminiumhydroxyd, die den Stromdurchgang bis zu Spannungen von 40 Volt sperrt. Legt man an eine solche „elektrolytische Gleichrichterzelle" eine Wechselspannung, so wird nur eine Halbwelle des Wechselstromes durchgelassen, dieser also gleichgerichtet. Um höhere Spannungen gleichzurichten, muß man mehrere Zellen hintereinanderschalten. Indem man vier solcher Zellen nach der in Abb. 359 auf S. 268 bereits angegebenen Schaltung kombiniert, kann man auch eine Gleichrichtung beider Wechselstromphasen erreichen

(L. Graetz 1897). Statt Aluminium kann man auch Platten aus Tantal oder Niobium verwenden. — Da die auf einer formierten Aluminiumplatte gebildete Isolierschicht ein Dielektrikum von sehr geringer Dicke (ungefähr 0,1 μ) darstellt, bilden das Aluminium und der Elektrolyt einen Kondensator von großer Kapazität. Man erzielt mit diesen Elektrolytkondensatoren Kapazitäten von ½—6 Mikrofarad pro dm^2 Fläche und kann, wie bereits auf S. 45 erwähnt, Kapazitäten von vielen tausend Mikrofarad auf kleinstem Raum unterbringen. Solche Kondensatoren sind freilich nur für Gleichspannungen verwendbar, wobei das formierte Aluminium den positiven Pol bilden muß.

Korrosion durch Elektrolyse. Den nützlichen technischen Anwendungen der Elektrolyse stehen auch einige schädliche Einflüsse gegenüber. Jeder Autofahrer kennt die Zerstörung der Metalle auf nassen, salzbestreuten Straßen. Ebenso fürchtet der Seefahrer die zerstörende Wirkung des Salzwassers auf die Metalle. Zwei verschiedene Metalle oder, wie am Beispiel der „Lokalströme" auf S. 409 unten gesagt, ein Metall mit Spuren von Verunreinigungen, sind bei Gegenwart eines Elektrolyten in Gefahr, zerstört zu werden. Bei größeren Metallstücken kann man die Korrosion durch Anlegen einer Gegenspannung z. B. zwischen Schiffskörper aus Stahl und Propeller aus Bronze, verringern.

Zum Schluß sei noch auf einen schädlichen elektrolytischen Vorgang hingewiesen, der bei Erdströmen auftritt und zu einer Zerstörung der im Boden verlegten Rohrleitungen führen kann. Wir betrachten die durch die Erdströme einer elektrischen Bahn hervorgerufene elektrolytische Zersetzung einer unterirdisch verlegten Wasser- oder Gasleitung (Abb. 556). Der zum Betrieb des Triebwagens erforderliche Strom wird dem Wagen über die Oberleitung zugeführt und fließt längs der Schienen zur Kraftzentrale

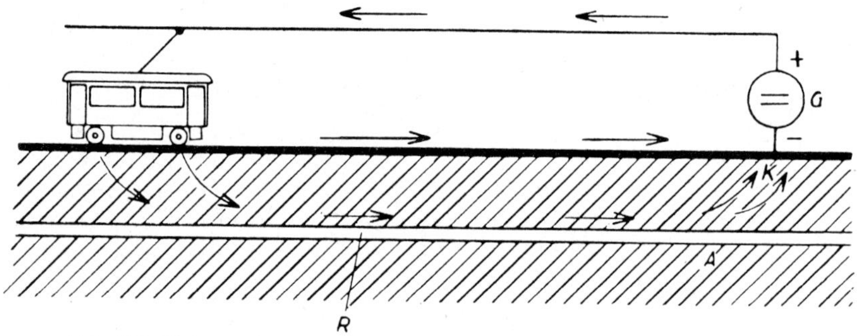

Abb. 556. Elektrolytische Korrosion von in der Erde verlegten Rohrleitungen

zurück. Da die Schienen vielfach in Kurven verlaufen, wird ein Teil des Stromes durch die Erde zurückfließen und dabei als Leiter die in der Erde verlegten Rohrleitungen benutzen. Bei dem in Abb. 556 gezeichneten Fall bildet die Stelle A der Rohrleitung R die Anode und die Erdungsstelle K des Generators G die Kathode einer elektrolytischen Zelle, wobei das feuchte Erdreich als Elektrolyt fungiert. Infolgedessen geht von dem Metall der Rohrleitung bei Stromdurchgang dauernd ein Teil in Lösung, so daß das Rohr auf diese Weise allmählich zerstört wird. Man kann diese elektrolytische Korrosion nur dadurch vermeiden, daß man die Stellen A und K durch einen metallischen Leiter miteinander verbindet. In anderen Fällen werden im Erdreich liegende Leitungen „kathodisch geschützt", indem in ihrer Umgebung unedlere Elektroden, z. B. Graphit, mit Hilfe einer äußeren Spannungsquelle als Anode geschaltet werden.

VIII. Kapitel

Gasentladungen

64. Die Leitfähigkeit der Gase; allgemeine Erörterungen

Im normalen Zustand sind die Gase sehr gute Nichtleiter, wie schon aus der Tatsache hervorgeht, daß man in gewöhnlicher Luft elektrische Erscheinungen überhaupt wahrnehmen kann. Immerhin zeigt eine genauere Untersuchung, daß jeder elektrisch geladene Leiter, trotz bester Isolation z. B. durch Bernstein, in Luft (oder anderen Gasen) seine Ladung allmählich verliert, und zwar mit größerer Geschwindigkeit, als durch die sehr geringe Leitfähigkeit des Bernsteins erklärt werden könnte. Man muß aus derartigen Versuchen, die zuerst von Coulomb (1788) angestellt wurden, auf eine schwache Leitfähigkeit der Gase schließen, die in der Größenordnung von $3 \cdot 10^{-16}$ Ohm^{-1} cm^{-1} liegt und somit immerhin mehrere hundertmal größer ist als die von Bernstein. Im übrigen ist sie nicht konstant, sondern von den äußeren Bedingungen stark abhängig.

Im Gegensatz zu häufig geäußerter Meinung hat auch Wasserdampf nur eine sehr kleine Leitfähigkeit, wie E. Warburg in besonderen Versuchen gezeigt hat. Daß elektrostatische Versuche in Luft mit großem Wasserdampfgehalt häufig nicht gelingen, liegt nur daran, daß sich auf den Apparatteilen eine dünne Wasserhaut infolge Kondensation des Dampfes niederschlägt, die elektrolytisch leitet.

Es fragt sich, wie die Leitfähigkeit der Gase zu erklären ist. Die Erfahrungen der Elektrolyse legen die Auffassung nahe, daß auch hier positive und negative, bewegliche Elektrizitätsträger vorhanden sind, die beim Anlegen eines Feldes den Transport der Ladungen vermitteln, also einen elektrischen Strom bilden; auch hier kann daher als Modell der Versuch der Abb. 527 S. 386 betrachtet werden. Eine Variante des Versuchs besteht in folgendem: Zwischen die Platten eines horizontal liegenden Kondensators bringt man Aluminiumpulver; werden die Platten geladen, so tanzen die Aluminiumteilchen zwischen den Platten hin und her und führen schließlich den Ausgleich der Ladungen herbei, und zwar um so schneller, je größer die Zahl der Al-Teilchen ist. Daraus kann man schließen, daß die Leitfähigkeit der Gase um so größer sein wird, je größer die Zahl der Elektrizitätsträger ist. Natürlich sind bei Gasen die Träger keine Metallpartikel, ebensowenig wie dies bei der Elektrolyse der Fall zu sein braucht — man denke z. B. an die Elektrolyse der Schwefelsäure —, und man kann den eben genannten Modellversuch auch leicht in diesem Sinn abändern. Wie bereits früher (S. 3) erwähnt, wird bei einem Gemisch von Mennige und Schwefelpulver, das man tüchtig durcheinanderwirbelt und dann durch eine Düse bläst, die Mennige positiv, der Schwefel negativ elektrisch. Bläst man ein solches Gemisch durch einen Zylinderkondensator, an dessen Elektroden eine Spannung von etwa 200 Volt über ein Galvanometer liegt, so zeigt dieses einen Strom an (Abb. 557). Die Anordnung trifft man zweckmäßig folgendermaßen: Die aus einem in der Mitte auseinandernehmbaren Metallrohr bestehende Außenelektrode A verjüngt sich an beiden Enden zu Schlauchansätzen; die Innen-

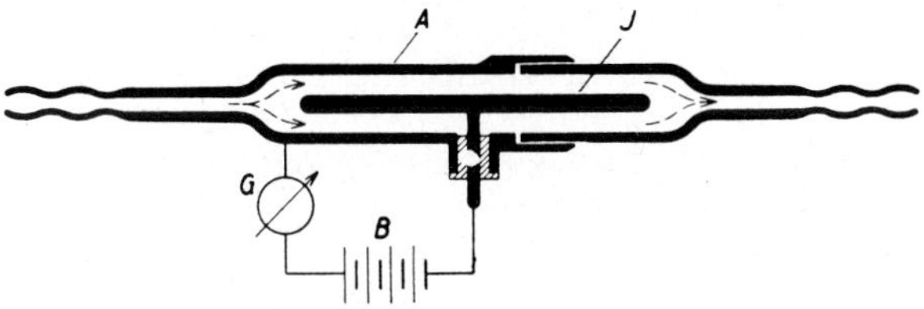

Abb. 557. Zylinderkondensator zum Nachweis der Elektrizitätsleitung durch staubförmige Träger

elektrode *I* besteht aus einem isoliert eingeführten Metallstift (mit abgerundeten Ecken). Nimmt man nach dem Durchblasen den Kondensator auseinander, so findet man die mit dem negativen Pol verbundene Elektrode mit einer Schicht von Mennige, die positive dagegen mit einer Schwefelschicht überzogen.

Dieser Modellversuch wird in der Technik in großem Maßstab zur Entstaubung von Abgasen in Mühlen, Zementwerken, Bergwerken usw. benutzt. Zu diesem Zwecke leitet man die Gase durch einen vertikal stehenden großen Zylinderkondensator (Abb. 558), an dessen Elektroden eine Spannung von 50000 Volt (und höher) liegt. Wenn die in den Gasen enthaltenen Staubteilchen nicht von vornherein geladen sind, so wählt man die Spannung der drahtförmigen Innenelektrode so hoch, daß eine **Spitzenentladung** (s. S. 473) auftritt, die die Teilchen auflädt; diese schlagen sich dann an der Wandung nieder. Bezüglich der Leistungsfähigkeit solcher Anlagen sei als Beispiel angeführt, daß aus dem Flugstaub eines Bleibergwerkes auf diese Weise täglich 3 Tonnen Staub mit einem Bleigehalt von 90% abgeschieden wurden; der erforderliche elektrische Energiebedarf belief sich auf 190 Kilowattstunden.

Auch bei elektrischem Stromdurchgang in Gasen werden die schon in der Elektrolyse eingeführten Bezeichnungen Anode, Kathode und Ionen benutzt. Allerdings sind hier die Ionen überwiegend nur ein- oder mehrfach elektrisch geladene Gasmoleküle oder -atome, während bei der Elektrolyse die Ionen auch aus geladenen größeren Atomgruppen, wie z. B. SO_4^{2-}, bestehen. Außer den Ionen treten auch noch freie negative Ladungen von der Größe eines elektrischen Elementarquantums auf, ohne Bindung an Materie. Es sind die Elektronen. Diese lagern sich allerdings meistens an unelektrische Atome oder Moleküle an, mit denen zusammen sie dann negative Ionen bilden; es gibt aber auch Fälle, namentlich bei sehr geringen Gasdrucken, in denen die Elektronen selbst an dem Entladungsvorgang, teilweise sogar ausschließlich, teilnehmen. Dies ist z. B. in den Elektronenröhren der Fall.

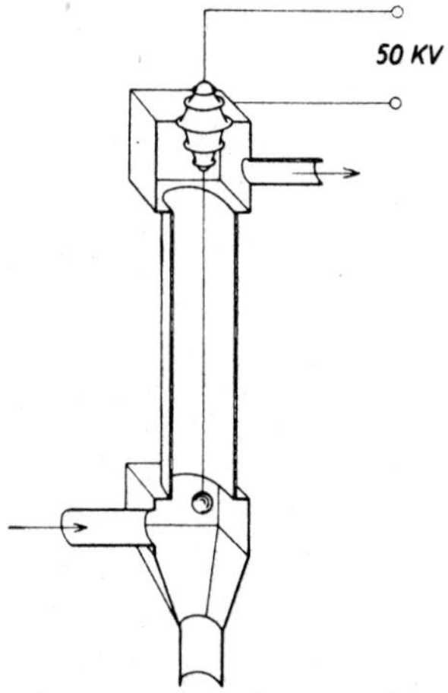

Abb. 558. Anordnung zur elektrischen Entstaubung

Daß, wie oben erwähnt, die bei den Gasentladungen auftretenden Ionen mit denen der Elektrolyse im allgemeinen nicht identisch sein können, folgt z. B. aus der Tatsache, daß auch in chemisch einheitlichen Gasen (O_2, H_2, N_2, Hg, den Edelgasen) eine Ionisation auftritt, d. h. daß z. B. O^+- wie auch O^--Ionen vorhanden sind, während bei der Elektrolyse nur O^--Ionen usw. bekannt sind. Schon daraus ergibt sich, daß die Entstehung der Ionen hier eine ganz andere sein muß wie bei der Elektrolyse, bei der sie durch den Lösungsvorgang erzeugt werden.

Je nachdem, ob die Ladungsträger — Ionen oder Elektronen — in den Entladungsraum hineingebracht werden oder durch den Entladungsvorgang selbst entstehen, unterscheidet man **unselbständige** oder **selbständige Entladung**; eine unselbständige Entladung kann freilich unter Umständen in eine selbständige übergehen, wenn der einmal in Gang gesetzte Entladungsvorgang sich weiterhin selbst Ionen schafft.

Ionisatoren. Die Mittel, durch die Ionen bei der unselbständigen Entladung in Gasen erzeugt werden können, nennt man allgemein Ionisatoren; je nach ihrer Wirkungsweise erzeugen sie Ionen im ganzen Volumen — sog. Volum-Ionisation — oder aber nur an den das Gasvolumen begrenzenden Flächen — sog. Oberflächen-Ionisation. Unter Ionisierungsstärke versteht man die Zahl der pro Volumen und Zeit erzeugten Ionenpaare. Eine Einheit der Ionisierungsstärke ist also diejenige, bei der ein Ionenpaar je cm^3 und sec entsteht. Wir geben im folgenden die wichtigsten Ionisatoren an, und zwar besprechen wir zunächst die Methoden zur Erzeugung von Volumionisation, denen sich die für Oberflächenionisation anschließen sollen.

1. Volumionisation durch Röntgenstrahlen und durch Strahlung radioaktiver Substanzen. Läßt man durch ein Gas zwischen zwei Kondensatorplatten, an die

eine elektrische Spannung über ein Galvanometer angeschlossen ist, ein Bündel Röntgenstrahlen hindurchgehen, das durch eine Blende begrenzt ist (damit die Kondensatorplatten selbst nicht getroffen werden), so entstehen positive Ionen und Elektronen. Ein Strom läßt sich durch den Ausschlag des Galvanometers nachweisen (Abb. 559). Ebenso erzeugen die von radioaktiven Substanzen ausgehenden energiereichen Strahlen durch Abtrennung von Elektronen eine Volumionisation. Man kann dies z. B. zeigen, indem man ein radioaktives Präparat in die Nähe eines geladenen Elektroskops bringt, das dann sofort seine Ladung verliert, weil es von den gebildeten Paaren die entgegengesetzt geladene Ladungsträgerart an sich heranzieht. Dabei ist es gleichgültig, ob das Elektroskop positiv oder negativ geladen ist. Dies beweist, daß in der Luft Ladungsträger beiderlei Vorzeichens vorhanden sind. Es sind zunächst positive Ionen und negative Elektronen. Nach einiger Zeit lagern sich die Elektronen an Gasmoleküle an und bilden negative Ionen, so daß dann Ionen beiderlei Vorzeichens vorhanden sind.

Durch Messung der Zeit, innerhalb der ein auf ein bestimmtes Potential aufgeladenes Elektrometer bekannter Kapazität einen anderen Potentialwert annimmt, ist es möglich, die im Gasvolumen befindliche Ionenmenge zu bestimmen. Man setzt zu diesem Zweck auf die Elektrode des Elektrometers einen sogenannten Zerstreuungskörper Z (Abb. 560), der von einem geerdeten Gehäuse umgeben ist. Das zu untersuchende Gas wird entweder in das Gefäß eingefüllt

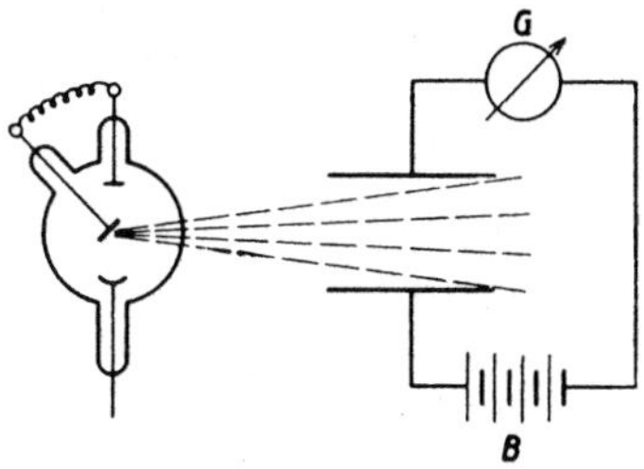

Abb. 559. Volumionisation durch Röntgenstrahlen

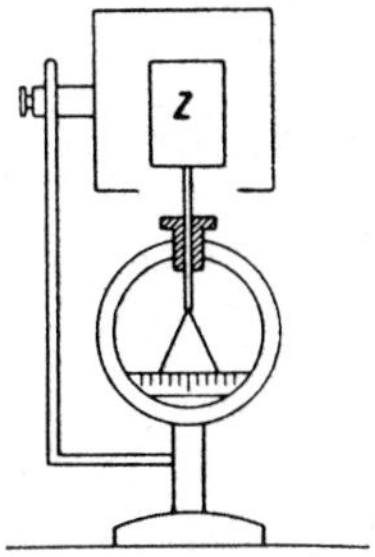

Abb. 560. Elektrometer mit Zerstreuungskörper

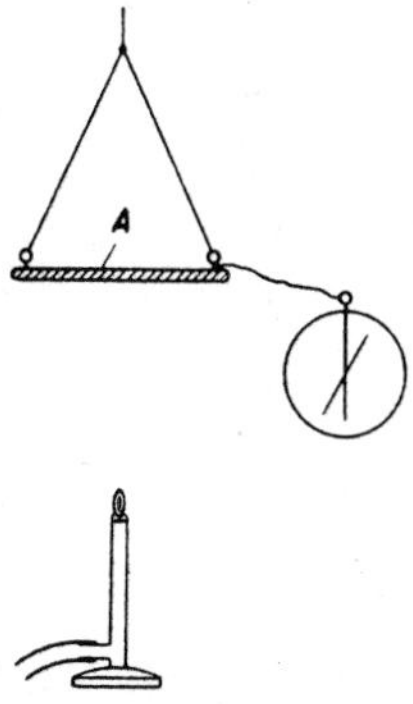

Abb. 561. Volumionisation durch Flammengase

oder mit bekannter Strömungsgeschwindigkeit durch dieses hindurchgesaugt (Ebertscher Ionenaspirator). — Zieht man eine mit einem Funkeninduktor verbundene Funkenstrecke so weit auseinander, daß gerade keine Funken mehr übergehen, so setzt sofort ein lebhafter Funkenstrom ein, wenn man die Luft der Funkenstrecke mit Röntgenstrahlen oder mittels einer radioaktiven Substanz bestrahlt.

2. Volumionisation durch Temperaturerhöhung. Eine Spaltung von Gasmolekülen in Ladungsträgerpaare findet auch durch Erhitzen von Gasen statt. Infolge der hohen Temperatur wird die thermische Bewegung der Moleküle so groß, daß sie bei Zusammenstößen Elektronen abspalten. Bringt man z. B. unter eine isoliert aufgehängte geladene Metallplatte A, die mit einem Elektrometer verbunden ist (Abb. 561), etwa ein glimmendes Streichholz, eine rotglühende elektrisch geheizte Drahtspirale oder die Lockflamme eines Bunsenbrenners, so verschwindet in kurzer Zeit die Ladung des Elektrometers. Die Entladung hört aber auf, wenn man die ionisierte Luft mit einem Ventilator (Fön), bevor sie die Platte A erreicht, zur Seite bläst. Daß sich in der erhitzten Luft tatsächlich Ionen befinden, läßt sich dadurch zeigen, daß man (Abb. 562) die erhitzte Luft zwischen den Platten eines Kondensators aufsteigen läßt. Legt man mittels des Schalters in Stellung 1 eine Spannung von etwa 200 Volt an,

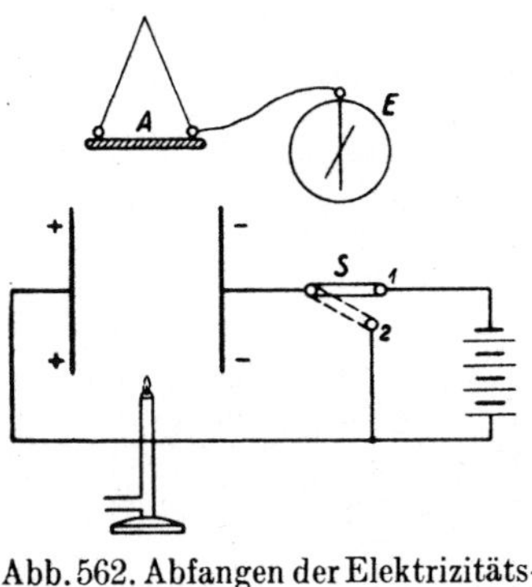

Abb. 562. Abfangen der Elektrizitätsträger durch ein elektrisches Feld

so bleibt der Elektrometerausschlag konstant, da alle Ionen an die Platten abgeführt werden. Schaltet man dagegen (durch Umschalten auf Stellung 2) die Spannung der Batterie B ab, wodurch gleichzeitig der Kondensator kurzgeschlossen wird, so beginnt sofort wieder die Entladung des Elektrometers. Das gleichzeitige Vorhandensein positiver und negativer Ladungen zeigt folgender Versuch (Abb. 563): Bläst man unmittelbar vor der negativ geladenen Kondensatorplatte mittels einer Düse D die ionisierte Luft aus dem Kondensator in eine Metallhülse A, die ein Drahtsieb als Deckel trägt, so zeigt ein damit verbundenes Elektrometer E eine negative Ladung; wiederholt man den Versuch vor der positiv geladenen Platte, so erhält man positive Elektrometerladung.

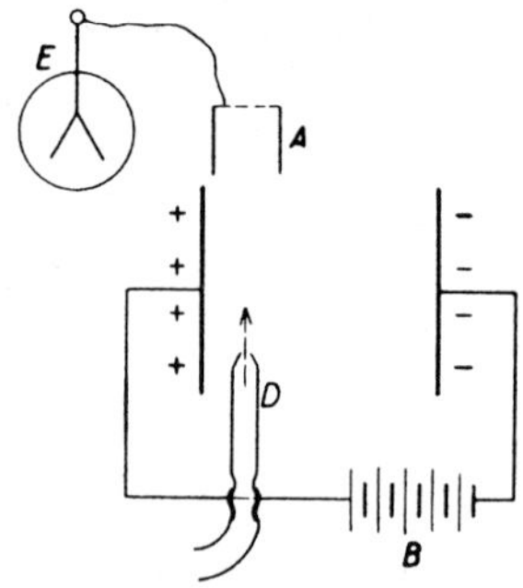

Abb. 563. Nachweis positiver und negativer Ladungen

Auf der Temperaturionisation beruht das Leitvermögen von Flammen. Bringt man z. B. in eine nichtleuchtende Bunsenflamme zwei Platinelektroden im Abstand von einigen Millimetern an und legt an diese über ein Spiegelgalvanometer eine Spannung von etwa 100 Volt (unter Vorschaltung eines geeigneten Schutzwiderstandes), so erhält man einen schwachen Strom durch die Flamme hindurch. Dieser wächst erheblich an, wenn man eine Natrium- oder Kalium-Salzperle so in die Flamme einführt, daß der leuchtende Metalldampf die Elektroden umspült; die Leitfähigkeit der Flamme wird durch die entstehenden Metallionen erheblich vergrößert.

Ein hochionisiertes Gas, das also eine hohe Konzentration von Ladungsträgerpaaren enthält und das wegen der gleichen Anzahl positiver und negativer Ladungen nach außen neutral ist, wird **Plasma** genannt. Es besitzt eine sehr große elektrische Leitfähigkeit. Wegen der hohen Temperatur der Sterne, also auch unserer Sonne, befinden sich diese im Plasmazustand. Im Laboratorium erzeugt man ein Plasma z. B. in einem elektrischen Lichtbogen. In der Technik wird das Plasma in magneto-hydrodynamischen (MHD-)Generatoren zur Stromerzeugung benutzt. Hierbei strömt ein Plasma durch ein Magnetfeld, das die positiven und negativen Ladungen zu verschiedenen Seiten ablenkt. Die Ladungen strömen gegen Elektroden, von wo sie als elektrischer Gleichstrom weitergeleitet werden können.

3. Oberflächenionisation durch lichtelektrischen Effekt. Diese Erscheinung wurde von H. Hertz (1887) als Nebenresultat bei seinen Untersuchungen über elektrische Wellen beobachtet: Bei einer an einen Induktor angeschlossenen Funkenstrecke, die so weit auseinandergezogen ist, daß gerade kein Funken mehr übergeht, setzt sofort ein lebhaftes Funkenspiel ein, wenn die negative Elektrode von ultraviolettem Licht getroffen wird. Äußerlich ähnelt dieser Versuch dem vorhin beschriebenen, bei dem man der Funkenstrecke eine radioaktive Substanz nähert; aber während bei diesem Versuch eine Wirkung auf die Luft stattfindet, d. h. die Bestrahlung der Pole gleichgültig ist, handelt es sich hier um eine Einwirkung auf das Metall der Kathode. Dies geht deutlich aus einer Variante des Hertzschen Versuches hervor, die von W. Hallwachs (1888) angegeben wurde. Wenn man eine negativ geladene isolierte Metallplatte mit ultraviolettem Licht bestrahlt, so verliert sie ihre negative Ladung, indem durch die Strahlung negative Elektronen aus dem Metall herausgelöst werden, die mit großer Geschwindigkeit fortfliegen. Diese auf das Metall ausgeübte Wirkung tritt auch im höchsten Vakuum auf, was beweist, daß man es hier mit einer Wirkung auf das Metall, nicht auf ein Gas zu tun hat. Macht man aber den Versuch in einem mit Gas erfüllten Raum, so können die frei gewordenen Elektronen, die auf die Gasmoleküle auftreffen, unmittelbar an der Metalloberfläche sekundäre Ionen bilden; daher entsteht eine Oberflächenionisation.

Dieser Hallwachssche Versuch geht auch vor sich, wenn die bestrahlte Metallplatte ungeladen ist; auch dann verlassen Elektronen das Metall, das sich deshalb positiv auflädt. Daher kommt der Effekt zum Stillstand, wenn das positive Plattenpotential so hoch geworden ist, daß die ausgeschleuderten negativen Elektronen wieder zur Platte zurückgezogen werden (sogenanntes Haltepotential).

Der lichtelektrische Effekt besteht also in der Abtrennung von Elektronen durch elektromagnetische Strahlung. Er tritt bei Gasen, Flüssigkeiten und festen Körpern (bei Metallen und Isolatoren) auf, sofern die Energie der auffallenden Strahlung ausreicht, Elektronen abzutrennen. Es muß somit die Bindungsenergie des Elektrons von der Strahlung aufgebracht werden. Die Energie jeder elektromagnetischen Strahlung ist $E = h\nu$, d. h. gleich dem Produkt aus der Planck-Konstante $h = 6{,}6 \cdot 10^{-34}$ Js mal der Frequenz. Wenn die auffallende Strahlung für die Abtrennung eines Elektrons nicht ausreicht, kann sie nicht etwa durch Erhöhung der Strahlungsstärke bei gleicher Frequenz ersetzt werden. Eine Erhöhung der Strahlungsstärke bewirkt eine Vergrößerung der Zahl der emittierten Elektronen. Eine Erhöhung der Strahlungsenergie über die Abtrennarbeit (Austrittsarbeit) hinaus bewirkt eine Zunahme der kinetischen Energie, mit der die Elektronen das Molekül oder das Metall verlassen. Infrarotes Licht von etwa 1 μm Wellenlänge ist gerade eben noch ausreichend, um Elektronen von Substanzen mit der kleinsten Austrittsarbeit (Ag-O-Cs) abzutrennen.

4. Ionisation an Glühelektroden. Bringt man einen Draht auf Rotglut, so sendet er positiv geladene (im Metall okkludierte) Gasatome aus, die eine negativ geladene Elektrode, die mit einem Elektrometer verbunden ist, entladen. Bei Erhitzen auf Weißglut treten in der Hauptsache langsame negative Elektronen aus, die nach Anlagerung an neutrale Gasmoleküle negative Ionen bilden, so daß nun umgekehrt eine positiv geladene Elektrode entladen wird. Im Hochvakuum, in dem keine nennenswerte Zahl von Molekülen in der Volumeinheit mehr vorhanden ist, fällt natürlich die Ionisierung durch Anlagerung fort; aber die Glühelektrode bietet gerade dann eine ausgezeichnete Möglichkeit, um freie Elektronen zu erzeugen (Glühemission). — Beschleunigt man die aus einer Glühkathode tretenden Elektronen durch ein elektr. Feld ausreichender Stärke, dann reicht deren kinetische Energie aus, um Elektronen (Sekundärelektronen) von Gasmolekülen oder auch von festen Oberflächen abzutrennen. Diese Art der Ionisation von Gasen mittels Elektronenstoß hat große theoretische und praktische Bedeutung.

5. Sonstiges. — In Funken entsteht ebenfalls eine starke Ionisation. Ionisatoren zur Vernichtung elektrostatischer Aufladungen bestehen meist aus zahlreichen Funkenstrecken, durch welche Luft geblasen wird. Der aus dem Gerät kommende Luftstrom enthält neben Ionen auch Verbindungen von Stickstoff mit Sauerstoff, ferner Ozon. — Die stille elektrische Entladung entsteht in einem elektrisch ganz oder halb isolierten Raum, der einem elektr. Wechselfeld ausgesetzt ist. Eine Wechselspannung von etwa 10 bis 50 kV liegt an zwei Kondensatorplatten außerhalb des Entladungsraumes. Strömt Luft hindurch, so enthält sie nach Verlassen Ozon und Ionen. Nach diesem Verfahren wird Ozon zur Entkeimung von Wasser hergestellt. Auf jedem Bananendampfer befinden sich solche Apparate zur Herstellung von Ozon, damit die Bananen nicht faulen. (s. auch S. 473)

65. Unselbständige Entladung bei höheren Drucken

Wiedervereinigung von Ionen (Rekombination). Eine einmal erzeugte Ionisation bleibt nicht dauernd bestehen, sondern nimmt im Laufe der Zeit gesetzmäßig ab. Denn infolge der thermischen Bewegung müssen Zusammenstöße zwischen positiven und negativen Ionen erfolgen, worauf Neutralisation eintritt. Dieser Vorgang wird noch unterstützt durch die elektrische Anziehung der entgegengesetzt geladenen Ionen. Man nennt diesen Vorgang, der merklich nur in Gasen von normalen Drucken stattfinden kann, Wiedervereinigung oder Rekombination. Man überzeugt sich durch folgenden Versuch (Abb. 564): In einem vertikalen, geerdeten Messingrohr R befinden sich in gleichen Abständen übereinander isoliert eingeführte Innenelektroden J, die einzeln mit einem Elektrometer E verbunden werden können. Lädt man dieses und die gerade mit ihm verbundene Innenelektrode auf ein bestimmtes Potential auf und läßt dann von unten in das Rohr ionisierte Luft mit mäßiger Geschwindigkeit einströmen (z. B. Flammengase), so beobachtet man, daß die Ladung der untersten Elektrode sehr rasch (etwa in einer Sekunde), die der mittleren nach einigen Sekunden und die der oberen Elektrode erst

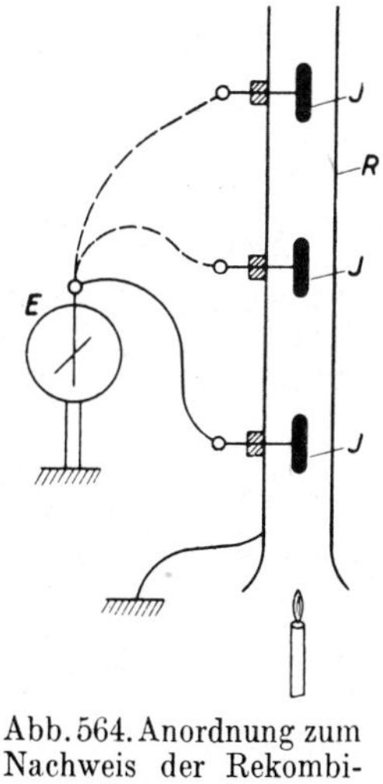

Abb. 564. Anordnung zum Nachweis der Rekombination von Ionen

nach längerer Zeit verschwindet. Dies zeigt, daß ein erheblicher Teil der Ionen auf dem Wege durch das Rohr verschwunden ist.

Die Wiedervereinigung kommt übrigens fast ausschließlich durch die thermischen Zusammenstöße zustande, während die elektrische Anziehung nur eine relativ untergeordnete Rolle spielt. Denn der mittlere Abstand zweier entgegengesetzt geladener Ionen ist relativ groß, etwa 0,0015 cm, da maximal nur etwa der 10^{-11}te Teil der Moleküle dissoziiert ist. Nach dem Coulombschen Gesetz bedeutet das, daß die Anziehungskraft zweier einwertiger Ionen nur $\frac{4.806^2 \cdot 10^{-20}}{0{,}0015^2} = 10^{-13}$ dyn beträgt.

Da die Wiedervereinigung der Ionen praktisch nur durch die Zusammenstöße bewirkt wird und die Zahl der sekundlichen Zusammenstöße proportional sowohl der Zahl n_+ der positiven Ionen im cm^3 als auch der Zahl n_- der negativen Ionen ist, so kann man die Zahl der pro sec und cm^3 verschwindenden Ionen gleich $\alpha\, n_+ n_-$ setzen; die Konstante α wird als Wiedervereinigungs-Koeffizient bezeichnet; α hat, wie aus der weiter unten folgenden Gleichung (382) sich ergibt, die Dimension [$cm^3\, sec^{-1}$]. Nennt man die Zahl der zur Zeit t im cm^3 vorhandenen Ionenpaare n, die Zahl der pro sec und cm^3 vom jeweiligen Ionisator neu erzeugten Ionenpaare (d. h. die Ionisierungsstärke) N, so beträgt die zeitliche Zunahme der Ionenpaare:

$$\frac{dn}{dt} = N - \alpha\, n_+ n_- . \tag{382}$$

Schließlich bildet sich ein stationärer Zustand heraus, in dem die Zahl N der neu erzeugten Ionen gerade gleich ist der durch Wiedervereinigung verschwindenden; dann ist $\frac{dn}{dt} = 0$, und aus (382) folgt:

$$N = \alpha\, n_+ n_- . \tag{383}$$

Nehmen wir der Einfachheit halber an, daß $n_+ = n_- = n$ ist, so gewinnt man zwischen der Zahl n der vorhandenen Ionenpaare, der Größe N der Ionisierungsstärke und dem Wiedervereinigungskoeffizienten α die Beziehung:

$$n = \sqrt{\frac{N}{\alpha}} . \tag{384}$$

Man erkennt daraus — was im Grunde selbstverständlich ist —, daß auch bei kleiner Ionisierungsstärke N große Zahlen n von Ionenpaaren in der Volumeinheit vorhanden sein können, wenn nur α hinreichend klein ist. In trockener Luft von Atmosphärendruck ist $\alpha = 1{,}6 \cdot 10^{-6}\, cm^3\, sec^{-1}$, in Wasserstoff $\alpha = 1{,}4 \cdot 10^{-4}\, cm^3\, sec^{-1}$. Damit also z. B. in Luft dauernd 10^5 Ionenpaare je cm^3 vorhanden sein können, muß die Ionisierungsstärke N den Wert $1{,}6 \cdot 10^4\, cm^{-3}\, sec^{-1}$ haben, d. h. der Ionisator muß rund 10^4 Ionenpaare im cm^3 pro sec erzeugen.

Die obigen Betrachtungen gelten nur, solange kein elektrisches Feld vorhanden ist; ein solches erteilt den Ionen eine gerichtete Bewegung, die sich der ungeordneten thermischen Bewegung überlagert; die Ionenverluste durch Rekombination werden dadurch geringer. —

Man kann die obigen Betrachtungen in folgender Weise ergänzen, wobei auf die physikalische Bedeutung der Konstante α neues Licht fällt. Wenn man nämlich nach der Wahrscheinlichkeit dW dafür fragt, daß (im stationären Zustande) ein bestimmtes Ion innerhalb der Zeit dt sich mit einem entgegengesetzt geladenen vereinigt, so kann man diese proportional n und dt setzen:

$$dW = \alpha\, n\, dt,$$

oder, nach Gl. (384):

$$dW = \sqrt{N\alpha}\, dt. \tag{385}$$

Nach einer gewissen Zeit τ, die man als die mittlere Lebensdauer eines Ions bezeichnen kann, verschwindet das Ion sicher durch Rekombination. Integriert man daher Gl. (385)

von $t = 0$ bis $t = \tau$, so ist die Wahrscheinlichkeit, daß innerhalb dieser Zeit τ das Ion rekombiniert, gleich 1, d. h. Gewißheit; also folgt: $1 = \sqrt{N\alpha}\,\tau$, das heißt

(385a) $$\tau = \frac{1}{\sqrt{N\alpha}},$$

woraus man direkt erkennt, daß $\frac{1}{\sqrt{N\alpha}}$ die Dimension einer Zeit hat; Gl. (385) kann damit geschrieben werden:

(385b) $$dW = \frac{dt}{\tau}.$$

Die mittlere Lebensdauer ist nach (385a) umgekehrt proportional der Wurzel aus der Ionisierungsstärke N und der Wiedervereinigungskonstante α.

Neben (385a) kann man aus (384) noch die folgenden Darstellungen für τ erhalten:

(385c) $$\tau = \frac{1}{\sqrt{N\alpha}} = \frac{1}{\alpha n} = \frac{n}{N}.$$

Damit berechnet man für Luft mit $\alpha = 1{,}6 \cdot 10^{-6}$ cm³ sec⁻¹ folgende Tabelle für die mittlere Lebensdauer τ:

τ in sec	6250	1250	625	125	62,5	0,62	0,0062
bei $n =$	100	500	1000	5000	10^4	10^6	10^8
dabei ist $N =$	$1{,}6 \cdot 10^{-2}$	$0{,}4 \cdot 10^{-1}$	1,6	40	$1{,}6 \cdot 10^2$	$1{,}6 \cdot 10^6$	$1{,}6 \cdot 10^{10}$

Schreibt man bestimmte Werte der Ionisierungsstärke N vor, so kann man diese Tabelle folgendermaßen umschreiben:

τ in sec	790	250	125	79	25	7,9	0,079	0,0079
bei $N =$	1	10	40	100	10^3	10^4	10^8	10^{10}
dabei ist $n =$	$7{,}9 \cdot 10^2$	2500	5000	$7{,}9 \cdot 10^3$	2500	$7{,}9 \cdot 10^4$	$7{,}9 \cdot 10^6$	$7{,}9 \cdot 10^7$

Strom-Spannungscharakteristik; Gültigkeitsgrenzen des Ohmschen Gesetzes; Sättigungsstrom. Um die Eigenschaften der leitenden Gasstrecke zu untersuchen, werden wir jetzt die Stromspannungskurve aufnehmen. Wir legen zu diesem Zweck (Abb. 565) an die Platten eines Kondensators eine (mittels Potentiometer) variable Spannung U, die durch das Voltmeter V gemessen wird; als Ionisator für den Raum zwischen den Platten dient ein konstanter Röntgenstrahl. Der durch den Kondensator fließende Strom J wird durch das Amperemeter A angezeigt. Trägt man die zusammengehörigen Werte von U und J auf, so erhält man die in Abb. 566 wiedergegebene Kurve. Sie steigt zunächst geradlinig an; das bedeutet, daß das Verhältnis von Stromstärke J und Spannung U konstant ist, d. h. es gilt in diesem Teil der Kurve das Ohmsche Gesetz. Der Widerstand $R = U/J$ ist konstant. Steigert man die Spannung aber über einen gewissen Wert U', so wächst der Strom weniger an. Das Ohmsche Gesetz gilt nicht mehr. Schließlich wird eine Spannung U_s erreicht, oberhalb der der Strom trotz wachsender Spannung überhaupt nicht mehr ansteigt, sondern konstant bleibt; diese maximale Stromstärke wird als Sättigungsstrom J_s bezeichnet. Das Verhältnis $U/J_s = R$ steigt im Sättigungsstromgebiet. Der Widerstand ist nicht mehr konstant. Die Zunahme des Widerstandes mit wachsender Spannung kann man nur dadurch erklären, daß die Zahl der Ladungsträger im Sättigungsstromgebiet mit zunehmender Spannung sinkt. Man spricht von einer **Erschöpfung der Ladungsträger.** Es werden mehr von den Kondensatorplatten abgesaugt als neue durch Ionisation gebildet werden. Die größte Stromstärke J_s wird nicht mehr von der Spannung, sondern nur noch von der Ionisationsstärke des Röntgenstrahls bestimmt. Die pro Zeit t im Sättigungsstrom fließende Elektrizitätsmenge ist gleich der Summe aller Ionenladungen, die pro Zeit t (unter Berücksichtigung der Wiedervereinigung) durch den Ionisator im stromdurchflossenen Volumen erzeugt werden.

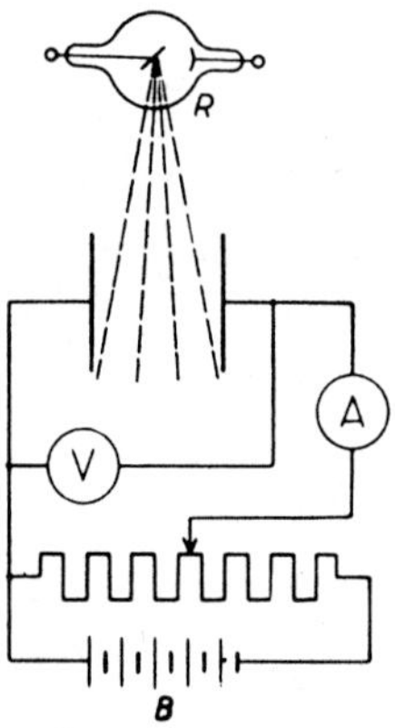

Abb. 565. Anordnung zur Aufnahme der Strom-Spannungs-charakteristik einer ionisierten Gasstrecke

Bedeutet A die Oberfläche und d den Abstand der Kondensatorplatten in Abb. 565, sei ferner N die Gesamtzahl aller je Volumeinheit und Sekunde mit der Ladung q erzeugten (positiven und negativen) Ionen, so ist die im Sättigungsstrom in der Sekunde transportierte Elektrizitätsmenge

$$J_s \cdot t = A\, d\, N\, q .$$

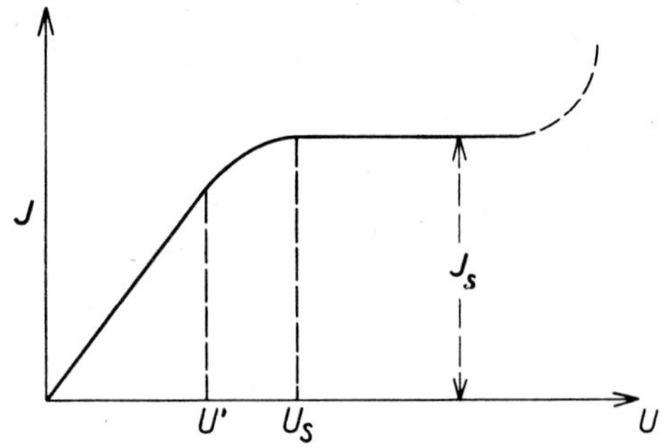

Abb. 566. Strom-Spannungscharakteristik einer ionisierten Gasstrecke

Es geht daraus nicht nur das selbstverständliche Resultat hervor, daß J_s proportional der Zahl der pro Zeit t erzeugten Ionen ist, sondern auch das zunächst überraschende Ergebnis, daß J_s proportional dem Abstand d der Kondensatorplatten ist, während man — im Gedanken an das Ohmsche Gesetz — erwarten möchte, J_s umgekehrt proportional mit d zu finden, weil d die Länge des Leiters ist. Diese Erscheinung erklärt sich aber leicht, wenn man beachtet, daß mit Vergrößerung der Gasstrecke d das durchstrahlte Volumen $A \cdot d$ wächst, also auch die Zahl der pro Zeit t erzeugten Ionen $A \cdot d \cdot N$. (Natürlich ist dabei vorausgesetzt, daß der Ionisator auch nach Vergrößerung von d noch das ganze Volumen gleichmäßig durchstrahlt.)

Da der Sättigungsstrom alle pro Sekunde gebildeten Ionen auf ihrer Bahn erfaßt, spielt die Messung des Sättigungsstromes meßtechnisch eine große Rolle; sie wird z. B. in der Röntgentechnik als relatives Maß für die Strahlungsstärke der Röntgenröhre und zur Dosierung der Strahlung benutzt.

In der die Stromspannungskurve darstellenden Abb. 566 ist ein Teil punktiert gezeichnet, der bei noch höheren Spannungen, als der Sättigungsspannung entsprechen, auftritt; die Abbildung zeigt, daß der Strom wieder erheblich ansteigt. Dies ist dadurch hervorgerufen, daß bei sehr hohen Spannungen die Ionen so große Geschwindigkeiten, d. h. so große kinetische Energien erhalten, daß sie nunmehr befähigt werden, durch Zusammenstöße mit neutralen Molekülen diese zu ionisieren und so selbst als Ionisatoren zu wirken (sog. Stoßionisation). Wir kommen auf diese Erscheinung später eingehend zurück.

Wir wollen für das Folgende annehmen, daß in jeder Volumeinheit n Ionenpaare vorhanden sind; jedes Ion trage die Elementarladung $\pm e = 1{,}6 \cdot 10^{-19}$ As; die positiven Ionen mögen sich mit der Geschwindigkeit v_+, die negativen dagegen mit v_- bewegen. Durch jeden Querschnitt A des Kondensators treten dann in der Sekunde $n\, A\, v_+$ positive Ionen (in Richtung auf die Kathode) und $n\, A\, v_-$ (in Richtung auf die Anode) hindurch, d. h. es fließt ein Strom

$$J = n\, e\, A\, (v_+ + v_-). \qquad (386)$$

Bildet man den Quotienten U/J, der im Falle der Gültigkeit des Ohmschen Gesetzes den Widerstand R bedeuten würde, so folgt:

$$\frac{U}{J} = \frac{U}{n\, e\, A\, (v_+ + v_-)},$$

oder unter Einführung der Feldstärke $|\mathfrak{E}| = \frac{U}{d}$:

$$\frac{U}{J} = \frac{d}{n\, e\, A} \cdot \frac{|\mathfrak{E}|}{v_+ + v_-}. \qquad (386\text{a})$$

In dieser noch allgemein geltenden Gleichung sind nun v_+ und v_- Funktionen von $|\mathfrak{E}|$, die wir durch Betrachtung des Grenzfalles der Gültigkeit des Ohmschen Gesetzes bestimmen wollen. In diesem Falle ($U < U'$ in Abb. 566) ist ja der „Ohmsche Widerstand" der Gasstrecke nach (386a)

(387) $$R = \frac{d}{A\,n\,e} \cdot \frac{|\mathfrak{E}|}{v_+ + v_-} = \text{const},$$

unabhängig von der Feldstärke $|\mathfrak{E}|$, und das kann nur der Fall sein, wenn die im Nenner stehenden Größen v_+ und v_- direkt proportional zu $|\mathfrak{E}|$ sind, so daß $|\mathfrak{E}|$ sich im Ausdruck für den Widerstand R heraushebt. Wir finden damit:

(388) $$v_+ = \mu_+ |\mathfrak{E}|\,; \quad v_- = \mu_- |\mathfrak{E}|,$$

womit die Bestimmung der funktionalen Abhängigkeit der Geschwindigkeiten von der Feldstärke — wenigstens für nicht zu große Feldstärken — gelungen ist. Die Größen μ_+ und μ_-, d. h. die Geschwindigkeiten pro Feldstärke $|\mathfrak{E}|$ heißen die Beweglichkeiten der Ionen. In Luft von Normaldruck und Zimmertemperatur ist z. B.

$$\mu_+ = 1{,}37, \qquad \mu_- = 1{,}89 \,\frac{\text{cm/s}}{\text{Volt/cm}}, \quad \text{ihr Verhältnis } \frac{\mu_-}{\mu_+} = 1{,}38.$$

In Wasserstoff ist unter den gleichen Bedingungen $\mu_+ = 6$, $\mu_- = 8 \,\frac{\text{cm/s}}{\text{Volt/cm}}$, $\frac{\mu_-}{\mu_+} = 1{,}33$; in CO_2 dagegen $\mu_+ = 0{,}8$, $\mu_- = 0{,}9 \,\frac{\text{cm/s}}{\text{Volt/cm}}$, $\frac{\mu_-}{\mu_+} = 1{,}1$. Bei einer Feldstärke von 100 Volt/cm erreichen daher die Ionen in Luft Geschwindigkeiten in der Größenordnung von 150 cm/s, entsprechend größere in H_2, kleinere in CO_2.

Man erkennt übrigens, daß die Gleichungen (387) und (388) sowie die daran geknüpften Überlegungen vollkommen den Gleichungen (373) und (372) bei der Elektrolyse entsprechen, was selbstverständlich ist, solange wir uns im Gültigkeitsbereich des Ohmschen Gesetzes befinden.

Daß trotz der konstant einwirkenden elektrischen Feldstärke die Ionen keine beschleunigte Bewegung annehmen, sondern sich mit konstanter Geschwindigkeit bewegen, hat seinen Grund in der Zähigkeit der Gase: Infolge der Reibung stellt sich ein stationärer Bewegungszustand ein, bei dem die Reibungskraft der treibenden Kraft das Gleichgewicht hält (s. auch Band I, Nr. 59, Stokessches Gesetz).

Für die Beweglichkeit der Ionen ist ihr Durchmesser maßgebend. Theorie und Versuch ergeben, daß der Ionendurchmesser etwa gleich dem 3- bis 5fachen Moleküldurchmesser ist. Dies zeigt, daß die Ionen aus Molekülhaufen bestehen; an das ursprünglich aus einem einzelnen Atom oder Molekül bestehende Ion lagern sich bald neutrale Gasmolekeln an. Besonders leicht findet die Anlagerung von Wassermolekülen statt. Diese kondensationsfördernde Eigenschaft der Ionen zeigt folgender Versuch (Abb. 567): Ein Glasballon mit zwei Hähnen, von denen der eine mit einer Saugpumpe, der andere über einen vorgelagerten Wattepfropfen mit der Zimmerluft in Verbindung steht, enthält eine Platinspirale, die elektrisch geglüht werden kann. Der Ballon enthält etwas Wasser, so daß die darin enthaltene Luft mit Wasserdampf gesättigt ist. Öffnet man für kurze Zeit den Hahn nach der Saugpumpe, so daß die Luft im Ballon rasch, d. h. adiabatisch ausgedehnt wird, so tritt eine Abkühlung ein, und es findet eine Kondensation des Wasserdampfes an vorhandenen Trägern (Staubteilchen, Rauch usw.) statt, die als Nebelbildung deutlich erkennbar ist. Läßt man den Nebel sich absetzen, so daß dadurch die Träger aus dem Gasvolumen verschwinden, und

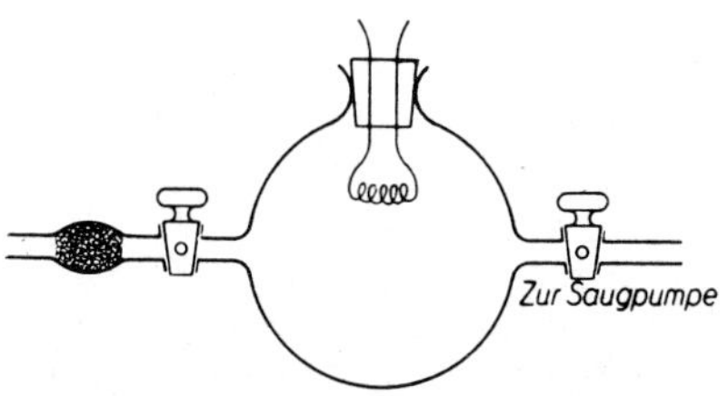

Abb. 567. Versuch zum Nachweis der kondensationsbildenden Eigenschaft von Ionen

wiederholt den Versuch mehrere Male, so tritt schließlich infolge Fehlens von „Kondensations kernen“ keine Nebelbildung mehr ein; denn der Wattepfropf in dem zweiten Rohransatz verhindert, daß mit der einströmenden Luft neue Träger in das Innere des Glasballons einströmen. Läßt man aber durch kurzzeitiges Aufglühen der Drahtspirale Ionen entstehen, so erhält man nach erneuter Expansion wieder eine dichte Nebelbildung, da jetzt die Ionen die Kondensationskerne zur Anlagerung der Wassermoleküle bilden.

Hinter Flugzeugen in großer Höhe sieht man oft weiße Streifen, die sich nach einiger Zeit wieder auflösen. Die Flugzeuge hinterlassen Kondensationskerne, an denen übersättigter Wasserdampf kondensiert.

Eine sehr wichtige Anwendung hat diese Methode des Ionennachweises durch Nebelbildung in der Wilsonschen Nebelkammer (H. A. Wilson, 1911) gefunden. Abb. 568 zeigt einen Schnitt durch eine der möglichen Ausführungsformen. In einem Metallzylinder Z, dessen obere Öffnung durch eine Glasplatte G verschlossen ist, befindet sich ein Kolben K, der mit Hilfe des Hebels H um einen einstellbaren Hub bestimmter Größe nach unten bewegt werden kann, so daß das über dem Kolben befindliche mit Wasserdampf gesättigte Luftvolumen auf etwa das 1,25fache ausgedehnt wird. Werden nun in dem Luftraum, etwa durch Strahlen eines radioaktiven Präparates oder durch Röntgenstrahlen, Ionen (oder Elektronen) erzeugt, so tritt an diesen Kondensationskernen Nebelbildung ein; dadurch wird die Bahn des ionisierenden Strahles als Nebelspur sichtbar. Damit nach jedem Versuch die Ionen wieder verschwinden, befindet sich unterhalb der Glasplatte G ein Metallnetz M, das gegen das Metallgehäuse des Apparates eine elektrische Spannung besitzt. —

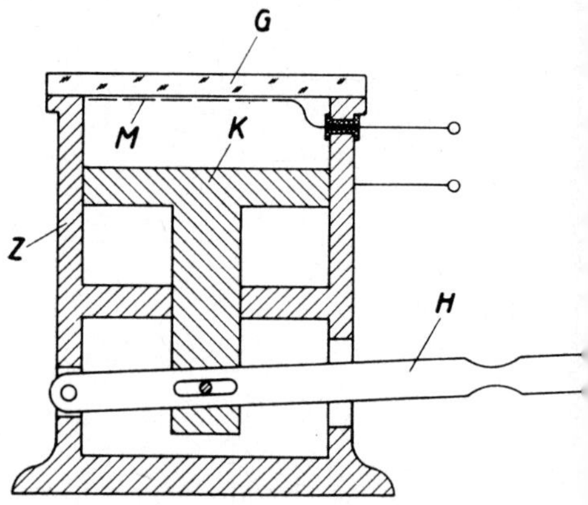

Abb. 568a. Wilsonsche Nebelkammer

Abb. 568b zeigt eine Wilsonkammeraufnahme. Ein sehr schnelles Elektron hat eine geradlinige Spur hinterlassen. Daneben sieht man die Bahnen langsamer Elektronen, die durch Röntgenstrahlung von Gasmolekülen abgetrennt worden sind. Für jedes Ionenpaar, das gebildet wird, entsteht ein Energieverlust von etwa 32,5 eV.

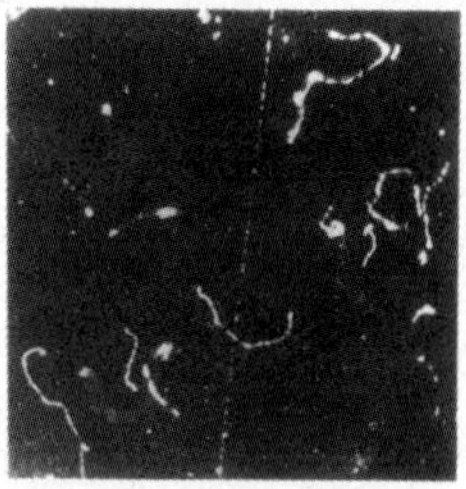
Abb. 568b. Nebelkammeraufnahme von C. T. R. Wilson (Proc. Roy. Soc. London (A) 104, 192 (1923)

Die Wilsonsche Nebelkammer hat nach großartiger Perfektionierung (z. B. automatische Auslösung durch Zählrohre nur dann, wenn Teilchen durch die Wilsonkammer gegangen sind) ganz wesentlich zur Erforschung der Atomkerne und der Elementarteilchen beigetragen. Ein Nachteil ist, daß sie für sehr schnelle Teilchen zu klein ist. Diese durchsetzen die Wilsonkammer oft ohne Zusammenstoß mit einem Atomkern. Deshalb muß man die Dichte erhöhen, um die Wahrscheinlichkeit für ein solches Ereignis zu vergrößern. Bei der von D. A. Glaser (1952) entwickelten „Blasenkammer“ wird eine Flüssigkeit, meist flüssiger Wasserstoff, verwendet. Dieser siedet bei einem Druck von 1 atm bei —253° C; bei Erwärmung auf —246° C steigt der Dampfdruck auf 5 atm. Wenn man nun bei dieser Temperatur den Druck schnell auf 1 atm erniedrigt, so bleibt der Wasserstoff einige Hundertstel Sekunden lang im Zustand der Überhitzung (Siedeverzug!). Während dieser Zeit tritt beim Durchgang schneller Teilchen Blasenbildung auf. Die Bahnspur des Teilchens ist an der dichten Folge der Bläschen sehr kurze Zeit sichtbar und wird automatisch, mit der Druckerniedrigung gekoppelt, photographiert. — Eine andere Vorrichtung, die Bahn hochenergetischer Teilchen sichtbar zu machen, verwendet den Funkenüberschlag. In der Funkenkammer, die viele plattenförmige Elektroden enthält, tritt nur dort ein Funkenüberschlag auf, wo eine Ionisation durch ein schnelles Teilchen stattgefunden hat.

66. Unselbständige Elektrizitätsleitung im Hochvakuum

Mit modernen Hochvakuumpumpen lassen sich leicht Drucke von 10^{-6} Torr erreichen. Das bedeutet, daß von $2{,}7 \cdot 10^{19}$ Molekülen pro cm^3 alle bis auf etwa 10^{13} Moleküle entfernt sind. Die freie Weglänge ist dann von der Größenordnung 100 m, so daß es im Gefäß praktisch zu keinen Molekülzusammenstößen mehr kommt. Bei dieser „geringen" (relativ zum Normalzustand!) Molekülzahl können im Hochvakuum kaum noch Ionen durch Einflüsse von außen entstehen; die bisher benutzten Methoden zur Ionisation versagen hier. Es fehlen daher fast alle Elektrizitätsträger und das Hochvakuum stellt einen fast vollkommenen Isolator dar.

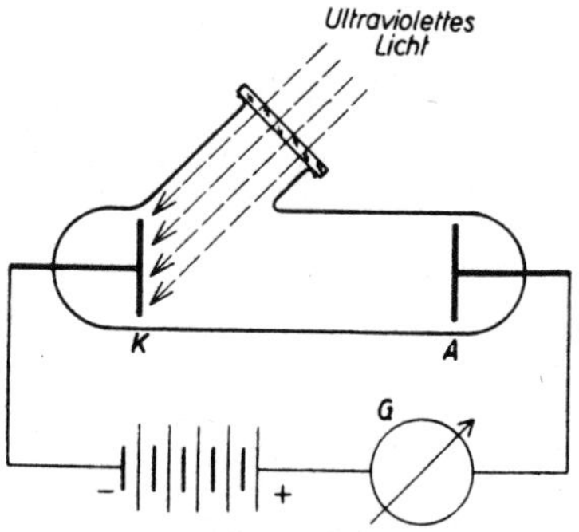

Abb. 569. Röhre zur Untersuchung des lichtelektrischen Effektes im Vakuum

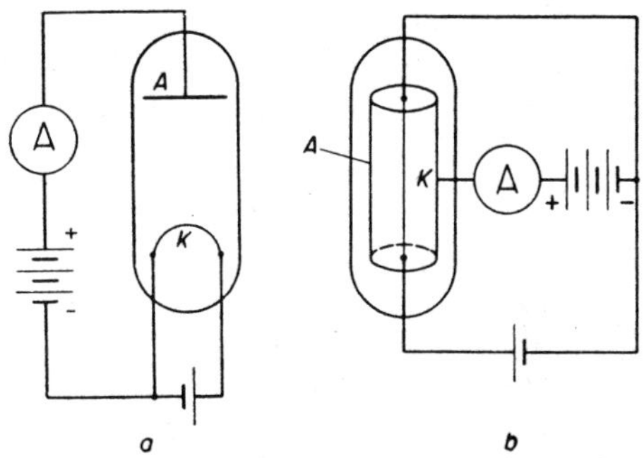

Abb. 570. Erzeugung von Ladungsträgern im Vakuum mittels Glühelektrode

Um im Hochvakuum dennoch eine Entladung zu erzielen, muß man Ladungsträger hineinbringen. Dazu verwendet man einmal den Photoeffekt an Oberflächen fester Stoffe. Abb. 569 zeigt eine Versuchsröhre zur Untersuchung des **lichtelektrischen Effekts** im Vakuum. Bei Belichtung der Kathode K werden aus dieser Elektronen befreit, die unter der Wirkung des elektrischen Feldes zur Anode gezogen werden, so daß das im Außenkreis liegende Galvanometer G einen Strom anzeigt. Anwendung: Elektrische Messung der Lichtstärke mit der Photozelle; Umwandlung von Helligkeitswerten in elektrische Ströme (z. B. beim Fernsehen).

Ein zweiter Weg, Elektronen ins Vakuum zu bringen besteht in der Erhitzung der Kathode **(Glühemission).** Dazu benutzt man z. B. einen elektrisch geheizten Platin- oder Wolframdraht (*K* in Abb. 570). Dieser Glühkathode stellt man entweder eine Platte *A* als Anode gegenüber (Abb. 570a) oder man umgibt den Glühdraht mit einem Anodenzylinder (Abb. 570b). Der Versuch zeigt, daß nur dann ein Strom durch das evakuierte Rohr hindurchfließt, wenn die Glühelektrode Kathode ist.

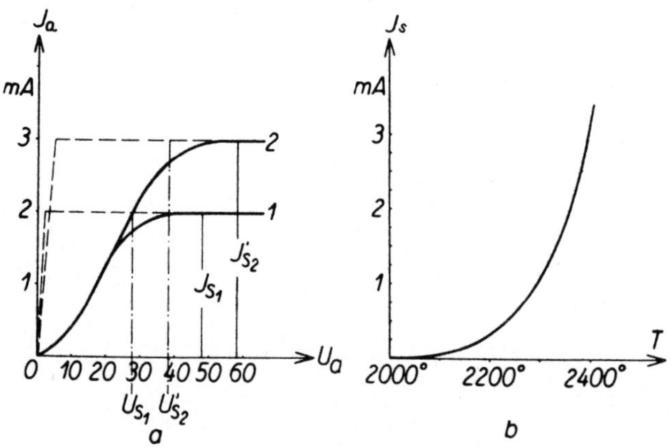

Abb. 571. Zum Austritt von Elektronen aus einer Glühkathode
a) Raumladungskurven bei verschiedenen Temperaturen
b) Abhängigkeit des Sättigungsstromes von der Temperatur der Glühkathode

Man kann den Elektronenaustritt mit dem Verdampfen von Wasser vergleichen; man kann annehmen, daß sich die Elektronen im Metall wie Gasatome verhalten, die in einem Gefäß eingeschlossen sind Im kalten Zustand können die **Elektronen aus der Oberfläche nicht heraustreten, da sie durch rücktrei**bende Kräfte daran gehindert wer**den, die in der Metalloberfläche in ähnlicher Weise auf sie wirken wie die Oberflächenspannung auf die Moleküle einer Flüssigkeit. Erhitzt man aber das Metall, so steigt die thermische Geschwindigkeit der Elektronen, ihre kinetische Energie erreicht schließlich einen Wert, mit dem sie die zum Austritt aus der Oberfläche notwendige Arbeit ebenso leisten können wie die Moleküle einer Flüssigkeit beim Verdampfen aus der Flüssigkeitsoberfläche.**

Nach ihrem Austritt aus der Glühkathode werden die Elektronen vom elektrischen Feld zur Anode herübergezogen. Bereits bei verhältnismäßig kleinen elektrischen Spannungen werden alle Elektronen erfaßt und es tritt ein **Sättigungsstrom** J_s auf (Abb. 571 a). Dieser kann nur gesteigert werden, wenn die Temperatur der Glühkathode erhöht wird und damit mehr Elektronen freigemacht werden (Kurve 2 in Abb. 571 a). Beim Betrachten der Strom-Spannungskurve in Abb. 571a fällt auf, daß der Anodenstrom J_a nicht, wie es die gestrichelte Kurve andeutet, sofort nach Anlegen der Anodenspannung U_a auf den Wert des Sättigungsstromes ansteigt, sondern zunächst nur langsam anwächst, um dann schneller zu steigen und nach Durchlaufen eines fast geradlinigen Kurvenstückes allmählich den Wert des Sättigungsstromes zu erreichen. Das liegt daran, daß die aus der Glühkathode austretenden Elektronen die Kathode wie eine Wolke umgeben und somit eine negative **Raumladung** erzeugen, die die mit ihrer thermischen Geschwindigkeit aus der Kathode austretenden Elektronen abbremst. Sie schirmt das von der Anode herrührende elektrische Feld von der Kathode ab, weil bei kleinen Spannungen die von der Anode ausgehenden Kraftlinien auf den Elektronen der Raumladung enden und nicht bis zur Kathodenoberfläche hinreichen. Wie man aus Abb. 572 ersieht, die den Verlauf der Dichte ϱ der Raumladung, der Elektronengeschwindigkeit v, der Spannung U und der Feldstärke $\mathfrak{E}$ im Raum zwischen Kathode und Anode darstellt, gibt es zwischen den beiden Elektroden eine Zone (Punkt P), in der die elektrische Feldstärke den Wert Null annimmt. Hier haben die Elektronen die kleinste Geschwindigkeit, während die Raumladung ϱ ihre größte Dichte hat, so daß das Potential U gegen Kathode einen negativen Wert annimmt. Da mit steigender Anodenspannung immer mehr Elektronen von den Feldlinien erfaßt und zur Anode hintransportiert werden, wird der Einfluß der Raumladung allmählich geringer und der Sättigungsstrom wird schließlich erreicht, wenn alle Elektronen, die bei der betreffenden Temperatur der Glühkathode aus dieser frei werden, zur Anode herübergezogen werden. Die Theorie liefert für den ansteigenden Teil der J_a—U_a = Kurve die Beziehung:

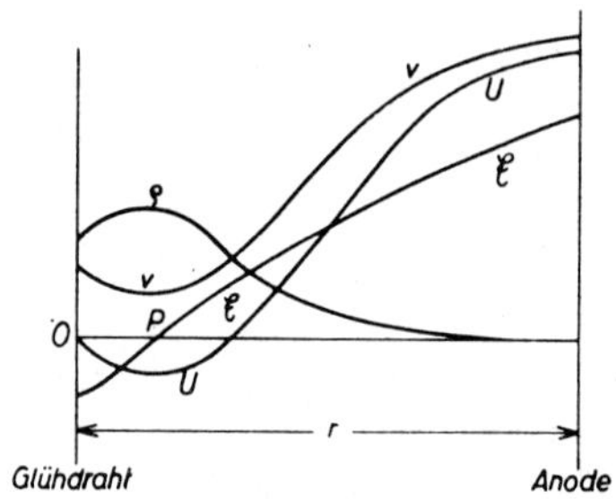

Abb. 572. Qualitativer Verlauf der Raumladung ϱ, der Elektronengeschwindigkeit v, der Feldstärke $\mathfrak{E}$ und der Spannung U in einem Glühkathodenrohr als Funktion des Ortes zwischen Glühkathode und Anode

(390) $$J_a = K U_a^{3/2},$$

(**Langmuir-Schottkysches Raumladungsgesetz**), wobei K eine von der Form der Röhre abhängige Konstante bedeutet. Für eine zylindrische Anode mit dem Radius r und einem in ihrer Achse ausgespannten Glühdraht der Länge l wird

(390a) $$K = 1{,}47 \cdot 10^{-2} \frac{l}{r},$$

wenn J_a und U_a in Gl. (390) in Ampere und Volt gemessen werden. Daß in Gl. (390) die Temperatur der Glühkathode nicht vorkommt, entspricht der Tatsache (Abb. 571a), daß die J_a—U_a-Kurven bei verschiedenen Kathodentemperaturen zunächst denselben Verlauf zeigen. Erst wenn J_a nahezu den Wert des Sättigungsstromes erreicht, biegt die Kurve um und verläuft horizontal. Von diesem Punkte an gilt das Langmuir-Schottkysche Gesetz nicht mehr; das Umbiegen erfolgt bei um so höheren Anodenspannungen, je größer die Kathodentemperatur ist. Man bezeichnet den Wert der Anodenspannung, bei dem ohne Abbiegen der Kurve (d. h. unter Extrapolation der Langmuir-Schottkyschen Gleichung) der Sättigungswert des Anodenstromes erreicht werden würde, als **Sättigungsspannung** U_s. Es ist also nach (390):

(391) $$U_s = \left(\frac{J_s}{K}\right)^{2/3},$$

und für eine Röhre mit zylindrischer Anode gilt dann mit dem obigen Wert von K:

$$U_s = 16{,}7 \left(\frac{r J_s}{l}\right)^{2/3} \tag{391a}$$

Die Abhängigkeit des Sättigungsstromes J_s von der absoluten Temperatur T der Glühkathode ist in Abb. 571b wiedergegeben. Der Verlauf der J_s—T-Kurve erfolgt bei hohen Temperaturen nahezu nach einer Exponentialfunktion derart, daß der Strom annähernd doppelt so groß wird, wenn die Temperatur um 70° steigt. Von O. W. Richardson (1901) und später von S. Dushmann (1923) wurde für die **Temperaturabhängigkeit** des Sättigungsstromes die Gleichung

$$J_s = A S T^2 e^{-W/kT} \tag{392}$$

abgeleitet, in der A und W Materialkonstanten, k die Boltzmann-Konstante und S die Oberfläche der Glühkathode bedeuten. A hat nach der Theorie für reine Metalle den Wert 60,2 Amp/cm² Grad²; W stellt die Austrittsarbeit der Elektronen aus dem Metall der Kathode dar. Da ein Elektron mit der Ladung e beim Durchlaufen einer Spannung U entgegen der Richtung des elektrischen Feldes die Arbeit eU leistet, gibt man an Stelle der Austrittsarbeit auch das sogenannte Austrittspotential V_0 an, gegen das das Elektron mit der ihm zukommenden Geschwindigkeit gerade noch anlaufen kann. Es ist also $W = eV_0$. Wie die folgende Tabelle zeigt, liegt V_0 für reine Metalle zwischen 1,38 (Cs) und 5,4 Volt (Pt). Pro Watt Heizleistung lassen sich aus glühenden Wolframdrähten Elektronenströme bis 5 Milliampere pro cm² Kathodenoberfläche erhalten. Durch Aufdampfen von metallischem Barium auf einen oberflächlich oxydierten Wolframdraht läßt sich die Elektronenaustrittsarbeit wesentlich herabsetzen, so daß bei gleicher Emission die Temperatur niedriger sein kann (Bariumaufdampfkathoden). Technisch große Bedeutung haben die Erdalkalioxidkathoden (A. Wehnelt, 1904) für Elektronenröhren erhalten (brauchbar bis zu etwa 25 kV Anodenspannung). Auf einer Nickelhülse, die innen mit einem Wolframdraht geheizt wird, befindet sich eine Mischung von etwa 50% BaO, 40% SrO und 10% CaO. Durch einen „Formierprozeß" in der Röhre (Erhitzen unter Spannung) wird diese Mischung von Barium-Atomen durchsetzt, die an der Oberfläche schon bei einer Temperatur von 700° C ein sehr gutes Emissionsvermögen besitzen (1 A/cm²).

Metalle	Austritts-potential V_0 in Volt	$b = \frac{W}{k} = \frac{V_0 e}{k}$
Platin	5,36	62 200
Silber	4,70	54 500
Wolfram	4,53	52 500
Molybdän	4,24	49 200
Tantal	4,13	47 900
Zirkon	3,93	45 600
Thorium	3,47	40 300
Uran	3,45	40 000
Kalzium	3,20	37 200
Strontium	2,74	31 800
Thoriertes Wolfram	2,62	30 400
Barium	2,52	29 200
Cäsium	1,94	22 500

Da die aus der Kathode austretenden Elektronen („Kathodenstrahlen") im Hochvakuum keine Bremsung durch Zusammenstöße mit Gasmolekülen erleiden, werden sie in dem zwischen Kathode und Anode herrschenden Feld zur Anode beschleunigt, wie ein im luftleeren Raum freifallender Körper. Nach Durchlaufen einer Spannung U zwischen den Elektroden erhält demnach ein Elektron die kinetische Energie

$$E_{\text{kin}} = \frac{1}{2} m v^2 = eU, \tag{393}$$

wenn m die Masse und v die Geschwindigkeit des Elektrons beim Auftreffen auf die Anode bedeuten.

Wählt man für e und U die elektrostatischen Einheiten, für v die Einheit cm/s und für die Masse m die Einheit g, so erhält man die Energie in erg. — Mißt man e in As, U in V, v in m/s und m in kg, so erhält man die Energie in Joule = Wattsekunden.

Zwischen v und U besteht also die Beziehung: $$v = \sqrt{2 \frac{e}{m} U}. \tag{394}$$

Für den praktischen Gebrauch ist die „Faustformel" nützlich:
$v = 600 \sqrt{U}$, wobei U in Volt und v in km/s zu setzen ist.

Ein dritter Weg, Elektronen in das Hochvakuum zu bringen, besteht in der **Feldemission.** Ein hohes elektrisches Feld kann die Austrittsarbeit soweit herabsetzen, daß die Elektronen den Rest des Potentialberges „durchtunneln" können. Anwendung beim Feldelektronenmikroskop (am Schluß von Nr. 68).

Beim Auftreffen auf die Anode geben die Elektronen ihre kinetische Energie ab; dabei wird sie zum größten Teil in Wärme verwandelt. Bei Spannungen von 800 bis 1000 Volt gerät die Anode nach kurzer Zeit unter dem Aufprall der Elektronen ins Glühen. Außerdem sendet die Anode Sekundärelektronen aus, die von einer zweiten Anode mit etwas höherem Potential aufgefangen und gemessen werden können. Mit Ausnahme von Kohle senden die meisten Stoffe mehr Sekundärelektronen aus als Primärelektronen auftreffen. Dieser Sekundäremissionsfaktor δ hängt von der Geschwindigkeit der Primärelektronen ab; er beträgt etwa 0,5 (Kohle) bis 15 (Ag-O-Cs).

Bei verschiedenen Stoffen, besonders bei ZnS u. a., die Spuren von Cu oder Ag enthalten, ruft die Bestrahlung mit Elektronen ein helles Leuchten hervor. In der Fernseh-Bildröhre entsteht dadurch das Bild.

Im Jahre 1895 entdeckte W. C. Röntgen, daß schnelle Elektronen, die auf Materie treffen, eine „unbekannte Art von Strahlen" auslösen. Er nannte sie **X-Strahlen.** In dem deutschen Sprachgebiet heißen sie **Röntgenstrahlen.** Die Wellenlänge dieser elektromagnetischen Strahlung hängt von der Geschwindigkeit der auftreffenden Elektronen ab; die Strahlungsstärke (Intensität) ist abhängig von der Zahl der auftreffenden Elektronen.

67. Die Natur der Elektrizitätsträger im Hochvakuum

In diesem Abschnitt soll untersucht werden, welche Ladung und welche Masse die Elektronen besitzen und wie die Elektronen durch äußere Felder in ihrer Bewegung beeinflußt werden können.

Um das Vorzeichen der Ladung festzustellen, benutzen wir das in Abb. 573 im Längsschnitt gezeichnete Rohr. Der am linken Ende befindlichen Glühkathode K steht in etwa 8 cm Entfernung eine in ihrer Mitte durchbohrte Anode A gegenüber. Diese Anordnung ist getroffen, damit die Teilchen hinter der Anode in einen feldfreien Bezirk gelangen, d. h. sie treten durch die Öffnung in der Anode mit der Geschwindigkeit hindurch, die sie im Felde zwischen Kathode und Anode erlangt haben, und behalten diese unverändert bei. Sie treffen dann auf die als Hohlzylinder, d. h. als Faradaykäfig ausgebildete Elektrode E_1. Verbindet man E_1 mit einem Elektrometer, so lädt sich dieses negativ auf. Damit ist die erste Frage beantwortet: Die Teilchen tragen negative Ladung. Das folgt auch aus der Bestimmung der Richtung des Stromes, der zwischen E_1 und A entsteht, wenn man diese beiden Elektroden über ein empfindliches Drehspulgalvanometer G_1 verbindet: Die Stromrichtung entspricht einer Bewegung negativer Teilchen von der Kathode zur Anode.

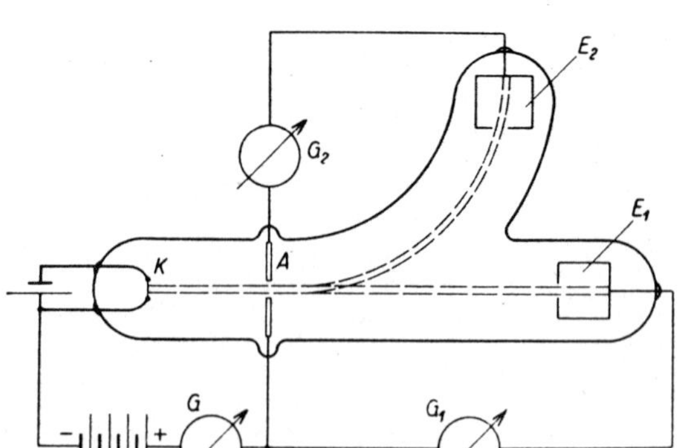

Abb. 573. Versuch zum Nachweis des Vorzeichens der Ladung der von einer Glühkathode ausgehenden Ladungsträger

Auch die in der Röhre von A nach E_1 fliegenden Teilchen stellen einen Strom dar, der, wie jeder elektrische Strom, um sich herum ein Magnetfeld erzeugt und durch ein äußeres Magnetfeld wie ein beweglicher Leiter abgelenkt werden kann. Um dies nachzuweisen, besitzt die Versuchsröhre noch eine zweite Elektrode E_2 in einem seitlichen Ansatz. Lassen wir senkrecht zur Röhre und senkrecht zur Zeichenebene in Richtung auf den Beschauer der Abb. 573 ein Magnetfeld auf die durch die Anode hindurchtretenden Teilchen einwirken, so werden sie senkrecht zum Magnetfeld abgelenkt und treffen statt auf E_1 auf die Elektrode E_2, so daß nun ein zwischen E_2 und A eingeschaltetes Galvanometer G_2 einen Elektronenstrom von A nach E_2 anzeigt.

Daß bei diesem Versuch an Stelle einer flachen Elektrode eine hohlzylindrische E_1 oder E_2 benutzt wird, hat folgenden Grund: Es muß vermieden werden, daß Sekundärelektronen zur Anode zurückfliegen. Weil ihre Zahl die der primären Elektronen übertreffen kann, kann es dadurch zu einer Umkehr des Ladungsvorzeichens von E_1 oder E_2 kommen. Dies läßt sich nur durch Einfangen der Elektronen in einem Hohlzylinder verhindern. Um zu erkennen, ob die von A kommenden Elektronen gerade in die Zylinderöffnung eintreten, überstreicht man die Stirnplatten der Zylinder mit einem Leuchtstoff, der an der Auftreffstelle des Elektronenstrahles aufleuchtet.

Nunmehr soll die Bewegung der Elektronen in elektrischen und magnetischen Feldern untersucht werden. Je nach der Orientierung der Feldrichtung zu der Bewegungsrichtung der Teilchen sind vier verschiedene Fälle möglich.

1. Longitudinales elektrisches Feld. Nach Gl. (394) auf S. 437 besitzt ein Teilchen von der Masse m und der Ladung e nach Durchlaufen der Spannung U eines parallel zur Bewegungsrichtung gerichteten elektrischen Feldes die Geschwindigkeit

$$v = \sqrt{2\frac{e}{m}U}\,;^{1)} \tag{394}$$

die Beschleunigung $\mathfrak{a}$, die das Teilchen in Richtung des elektrischen Feldes erfährt, ergibt sich nach der Newtonschen Bewegungsgleichung zu

$$\mathfrak{a} = \frac{e}{m}\mathfrak{E}, \text{ bzw. } |\mathfrak{a}| = a = \frac{e}{m}\,|\mathfrak{E}|\,. \tag{395}$$

Die in den Gleichungen (394) und (395) vorkommende Größe e/m heißt auch hier (vgl. S. 394) die **spezifische Ladung** des Teilchens; ihre Kenntnis liefert eine wichtige Aussage über die Natur des Teilchens.

Da in Gl. (394) außer e/m auch v unbekannt ist, müssen wir zur Bestimmung von e/m noch weitere Zusammenhänge zwischen e/m und anderen meßbaren Größen suchen.

2. Transversales elektrisches Feld. Zur Untersuchung des Einflusses eines senkrecht zur Bewegungsrichtung der Teilchen orientierten Feldes benutzen wir die in Abb. 574 im Längsschnitt gezeichnete Röhre. Bei dieser gelangen die von der Kathode K kommenden Elektronen, nachdem sie die Öffnung in der Anode A durchflogen haben, in das elektrische Feld eines Plattenkondensators P_1P_2. Im Querfeld desselben beschreibt jedes Teilchen eine Parabel, genau wie ein waagerecht geworfener Stein im Schwerefeld der Erde. Nach Verlassen des Kondensatorfeldes fliegt das Teilchen geradlinig in Richtung der Tangente an die Parabel weiter, bis es auf den Fluoreszenzschirm S trifft, wo die Strahlablenkung

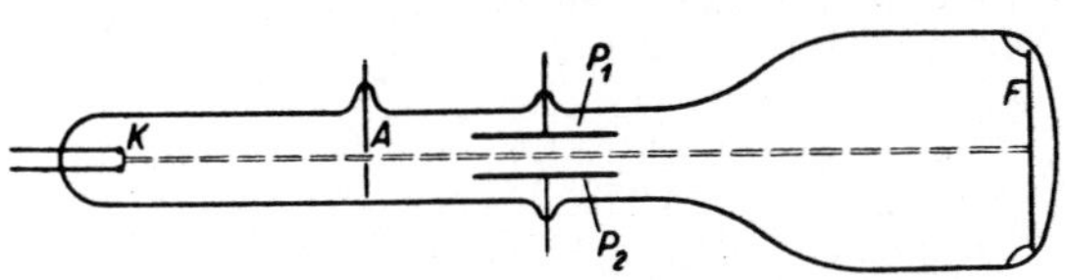

Abb. 574. Röhre zur elektrostatischen Ablenkung der Elektronen

[1]) Diese Gleichung geht aus der Energiegleichung (393) hervor. Auf der linken Seite steht dort die kinetische Energie $\frac{m}{2}v^2$, nach der gewöhnlichen Mechanik berechnet. Hier wird also zunächst vorausgesetzt, daß die zu untersuchenden Teilchen eine Masse besitzen, da sonst Gleichung (393) und ihre Folgerungen sinnlos würden. Es muß sich eben zeigen, ob dieser Ansatz möglich ist; wir werden später finden, daß dies (in beschränktem) Umfange in der Tat zulässig ist, daß aber die Gleichung für den allgemeinen Fall einer Modifikation bedarf.

gegen die unveränderte Flugbahn (ohne Kondensatorfeld) gemessen werden kann. Unter Benutzung des in Abb. 575 angegebenen Koordinatensystems beschreibt das Teilchen in der x-Richtung eine gleichförmige und in der y-Richtung eine beschleunigte Bewegung:

$$x = vt, \; y = \frac{1}{2} a t^2 = \frac{1}{2} \frac{e}{m} \, | \mathfrak{E}_k | \, t^2 = \frac{1}{2} \frac{e}{m} \frac{U_k}{d} t^2.$$ [1])

Dabei bedeutet $\mathfrak{E}_k$ die Feldstärke im Kondensator, an dessen Platten (Abstand d) die Spannung U_k liegt. Durch Elimination der Zeit t folgt als Bahngleichung des Teilchens im Kondensatorinnern:

(396) $$x^2 = \frac{2md \cdot v^2}{e U_k} \, y \, .$$

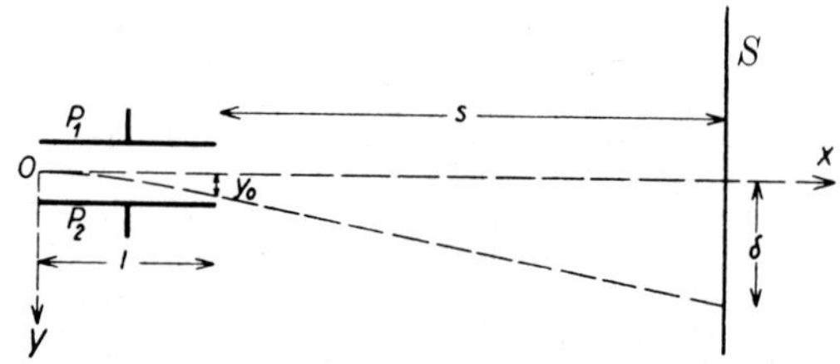

Abb. 575. Zur Ablenkung der Elektronen im Felde eines Plattenkondensators

Dies ist eine Parabel mit dem Parameter $p = \frac{m d v^2}{e U_k}$. Die Gleichung der Tangente im Punkte $x = l$, $y = y_0$, in dem das Teilchen aus dem Kondensator austritt, lautet daher:

$$x l = p (y + y_0),$$

und, da aus Gl. (396) $y_0 = \frac{e U_k l^2}{2 m d v^2}$ folgt, erhalten wir für den Punkt $x = s + l$, $y = \delta$, in dem die abgelenkten Teilchen auf den Schirm auftreffen, die Gleichung:

$$(s + l) \, l = \frac{m d \cdot v^2}{e U_k} \left(\delta + \frac{e U_k}{2 m d v^2} l^2 \right),$$

woraus für die Ablenkung δ auf dem Schirm

(397) $$\delta = \frac{(e/m) U_k}{2 d v^2} \, l (2s + l)$$ [1])

folgt.

Die Ablenkung δ des Strahles durch das Kondensatorfeld ist also der Kondensatorspannung (anders ausgedrückt: der Feldstärke) direkt und dem Quadrat der Geschwindigkeit des Strahles (also der von den Teilchen durchlaufenen Spannung zwischen Kathode und Anode) umgekehrt proportional.

Für v liefert die Gl. (397) die Beziehung:

(398) $$v = \sqrt{\frac{e}{m} \, \frac{l(2s + l)}{2 \delta d} \, U_k} = \sqrt{\frac{e}{m} \, k \, U_k} \, ,$$

wobei $k = \frac{l(2s + l)}{2 \delta d}$ ist. Wir gewinnen insofern gegenüber Gl. (394) nichts Neues, als wieder e/m und v als Unbekannte gemeinsam auftreten.

3. Transversales magnetisches Feld. Da die „Kathodenstrahlen" einen elektrischen Strom darstellen, erfahren sie durch ein Magnetfeld Kräfte. Wie wir schon auf S. 438 feststellten, werden sie durch ein transversales Magnetfeld senkrecht zur Feldrichtung und senkrecht zu ihrer Geschwindigkeitsrichtung abgelenkt. Es handelt sich jetzt um die Bestimmung der Bahnkurve der Teilchen. Der Betrag der Kraft dF, mit der ein transversales Magnetfeld der Feldstärke

---

[1]) Auch diese Gleichungen würden sinnlos, wenn $m = 0$ würde; vgl. Anmerkung auf S. 439.

$|\mathfrak{H}| = H$ auf ein Stromelement $J\,dl$ wirkt, ist nach dem Biot-Savartschen Gesetz (Gl. 185a auf S. 218):

$$dF = \frac{1}{c} J\,dl\,H$$

Wenn nun die Strahlen einen Querschnitt dA ausfüllen und n Partikel im cm³ sich befinden, so treten in der Zeit t durch den Querschnitt $nv\,dA$ Teilchen, die den Strom $J = nev\,dA$ repräsentieren; $J \cdot dl$ ist also gleich

$$J\,dl = nev\,dA\,dl = nev\,d\tau,$$

wenn man zur Abkürzung das Volumelement $dA\,dl = d\tau$ setzt. Trägt man diesen Wert für $J\,dl$ in die obige Kraftgleichung ein, so folgt

$$dF = \frac{1}{c} nevH\,d\tau;$$

darin ist nun $n d\tau$ die Zahl der Elektronen, die sich im Volumelement $d\tau$ befinden. Folglich ist die Kraft auf ein Teilchen, das das Magnetfeld durchläuft (sog. Lorentz-Kraft):

(399) $$\frac{dF}{n\,d\tau} = F = \frac{1}{c} evH,$$

bzw. bei beliebigem Winkel zwischen v und H in Vektorschreibweise:

$$\mathfrak{F} = \frac{1}{c} e \cdot \mathfrak{v} \times \mathfrak{H}$$

Wenn sie senkrecht zur Bewegungsrichtung gerichtet ist, also den Betrag der Geschwindigkeit v nicht ändert, so folgt nach den Grundsätzen der Mechanik, daß das Teilchen eine Kreisbahn beschreibt. Der Kraft (399) wird dabei durch die Zentrifugalkraft $\frac{mv^2}{r}$ das Gleichgewicht gehalten, wenn r der Radius der Bahn ist. Also folgt die Beziehung:

(400) $$\frac{mv}{r} = \frac{1}{c} eH.$$

Wir benutzen zu dem Versuch wieder die in Abb. 574 dargestellte Röhre, nur daß jetzt an Stelle des transversalen elektrischen Feldes ein transversales Magnetfeld benutzt wird, das senkrecht zur Zeichenebene und (daher auch senkrecht zur Bewegungsrichtung) auf einer Strecke l' auf das Teilchen einwirkt. Im Feld beschreibt es einen Teil eines Kreisbogens und verläßt das Feld in Richtung der Tangente. Schließlich trifft es auf den Fluoreszenzschirm S im Abstand s' auf, wo seine Ablenkung δ' gegenüber der geradlinigen Ausbreitung (ohne Feld) gemessen werden kann. Die Ausrechnung folgt denselben Prinzipien wie beim transversalen elektrischen Feld, und liefert das Ergebnis:

(401) $$\delta' = \frac{(e/m)H}{2\,cv} l'(2\,s' + l');$$

dabei ist noch angenommen, daß δ' klein gegen r ist.

Aus den Gleichungen (397) und (401) lassen sich die Größen v und e/m bestimmen. Wählt man $l = l'$ und $s = s'$, so erhält man

(402) $$v = \frac{\delta'}{\delta} \frac{U_k}{d} \frac{c}{H},$$

(403) $$\frac{e}{m} = \frac{2\,\delta'^2}{\delta} \frac{U_k}{d} \frac{c^2}{H^2} \frac{1}{l\,(2\,s + l)}.$$ [1]

Da U_k, d, δ', δ, l, s und H leicht zu messen sind, kann man auf diese Weise die Geschwindigkeit v der Teilchen und ihre spezifische Ladung e/m getrennt bestimmen.

Bei Benutzung eines starken Magnetfeldes von hinreichendem Querschnitt kann der Kathodenstrahl zu einem vollständigen Kreis zusammengebogen werden. Dieser Fall ist in der

---

[1] Vgl. Anmerkung auf S. 439.

photographischen Aufnahme Abb. 576 wiedergegeben. Um den Weg des Kathodenstrahles sichtbar zu machen, enthält die Röhre etwas Gas; dann leuchten die von den Elektronen getroffenen Gasmoleküle.

4. Longitudinales Magnetfeld. In einem homogenen Magnetfeld erfahren geladene Teilchen, die parallel zur Feldrichtung verlaufen, keinerlei Ablenkung. Haben aber die Strahlen bei ihrem Eintritt ins Feld einen zur Feldrichtung schiefen Verlauf, so werden sie zu einer die magnetischen Kraftlinien spiralförmig umschlingenden Bahn abgelenkt (Abb. 577a). Zerlegt man nämlich die Strahlrichtung in zwei Komponenten parallel und senkrecht zur Feldrichtung, so erfährt erstere keine Ablenkung, während letztere zu einer Kreisbahn verformt wird. Aus der Überlagerung der gleichförmigen Geschwindigkeit in Richtung der Kraftlinien und der Drehung senkrecht zu ihnen ergibt sich die **schraubenförmige Bahn der** Teilchen. Je schiefer der Strahl in das Feld eintritt, um so kleiner ist seine Geschwindigkeitskomponente in der Feldrichtung, und um so größer ist der Kreis, der senkrecht zum Felde durchlaufen wird. Bezeichnen wir mit α den Neigungswinkel des Strahles gegen die Feldrichtung und mit v seine Geschwindigkeit, so ist $v \sin\alpha$ die Geschwindigkeitskomponente senkrecht zur Feldrichtung. Der Radius der Kreisbahn ist also nach Gleichung (400):

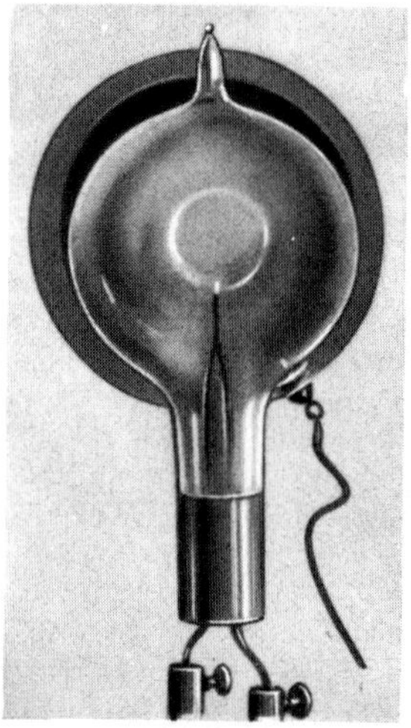

Abb. 576. Wehneltrohr mit zu einem Kreis durch ein Magnetfeld zusammengebogenem Kathodenstrahl

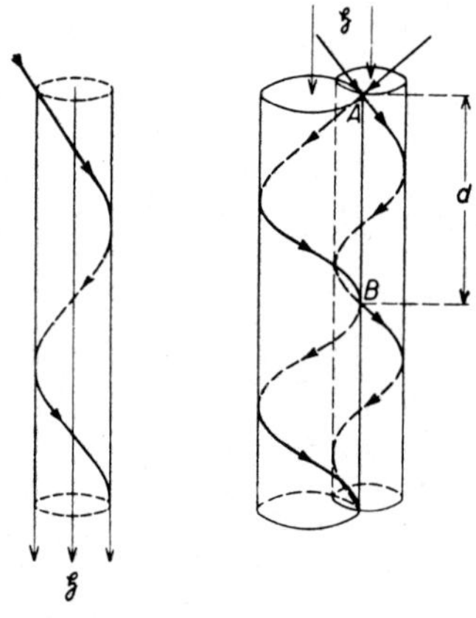

Abb. 577. Elektronenbahnen in einem longitudinalem Magnetfeld

$$r = \frac{c v \sin\alpha}{(e/m) H}.$$

Die Zeit für einen vollständigen Umlauf ist daher:

$$\tau = \frac{2\pi c v \sin\alpha}{(e/m) H v \sin\alpha} = \frac{2\pi c}{(e/m) H},$$

also unabhängig vom Kreisradius. D. h. aber, daß alle unter den verschiedenen Winkeln schief gegen die Achse des Feldes eintretenden Teilchen nach Ablauf der gleichen Zeit wieder die Achse schneiden. Alle Teilchen, die mit gleicher Geschwindigkeit in einem Punkt A des Feldes unter verschiedenen Winkeln eintreten, müssen also auch wieder (allerdings nicht gleichzeitig) durch einen Punkt B hindurchgehen, der in der Feldrichtung um eine Strecke d von A entfernt ist (Abb. 577b). Für d ergibt sich die Beziehung (H. Busch 1922):

(404) $$d = \frac{2\pi c}{(e/m) H} v \cos\alpha;$$

ist die Neigung α des Strahles klein, so kann $\cos\alpha = 1$ gesetzt werden, und Gleichung (404) vereinfacht sich zu:

(404a) $$d = \frac{2\pi c v}{(e/m) H}.$$

Kombiniert man (404) z. B. mit Gleichung (394), so gewinnt man wieder eine vorzügliche Methode zur Bestimmung von v und e/m; man erhält nämlich:

$$\frac{e}{m} = \frac{8\,\pi^2\,c^2\,U\cos^2\alpha}{H^2\,d^2} \tag{405a}$$

$$v = \frac{4\,\pi\,c\,U\cos\alpha}{d\,H}. \tag{405b}$$

Treten schließlich die Teilchen in ein magnetisches Feld mit steigender Feldstärke, z. B. in Richtung auf einen Magnetpol ein, so verläuft ihre Bahn spiralförmig auf einem Kegelmantel. Dabei kehrt sich die Bewegungsrichtung schließlich um, so daß der Teilchenstrahl scheinbar reflektiert wird (Abb. 578).

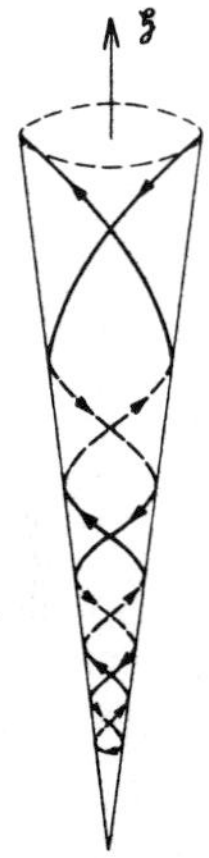

Abb. 578. Elektronenbahn in einem inhomogenen Magnetfeld

In der Natur treten solche spiralförmigen Elektronenstrahlen in den Polarlichtern auf. Wenn nämlich die von der Sonne ausgesandten Elektronen in das inhomogene Magnetfeld der Erde gelangen, werden sie längs spiralförmiger Bahnen nach den magnetischen Polen der Erde abgelenkt. Dabei bringen sie beim Eintreten in die oberen sehr verdünnten Schichten der Atmosphäre die dort vorhandenen Gase zum Leuchten und erzeugen so das Polarlicht. K. Störmer (1904) hat als erster solche Elektronenbahnen im erdmagnetischen Feld berechnet, nachdem es bereits 1900 Kr. Birkeland gelungen war, in einem Modellversuch diese Erscheinung zu zeigen.

Die im vorangehenden beschriebenen Ablenkungen der „Kathodenstrahlen" lassen sich nach E. Brüche (1930) mittels sogenannter Fadenstrahlen sichtbar machen. Setzt man vor eine möglichst punktförmige Glühkathode ein kurzes Zylinderröhrchen als Anode, so gelingt es, bei passender Anodenspannung und Heizung das sonst kegelförmig auseinanderstrebende Strahlbündel zu einem Faden von etwa $\frac{1}{4}\,\text{mm}^2$ Querschnitt zusammenzuhalten. Die Bahn dieses Strahles läßt sich in der Röhre bis auf mehrere Meter Länge dadurch sichtbar machen, daß man etwas Gas in die Röhre bringt; dann wird der Weg des Strahles durch das Aufleuchten der von den Teilchen getroffenen Gasmoleküle deutlich sichtbar. (Das Zusammenhalten der Teilchen in dem Strahl wird wahrscheinlich durch die Rückwirkung der beim Zusammentreffen mit den Gasmolekülen entstehenden Raumladungen bedingt.) Die Abb. 579a und 579b zeigen einige Beispiele derartiger Fadenstrahlen in verschiedenen Magnetfeldern.

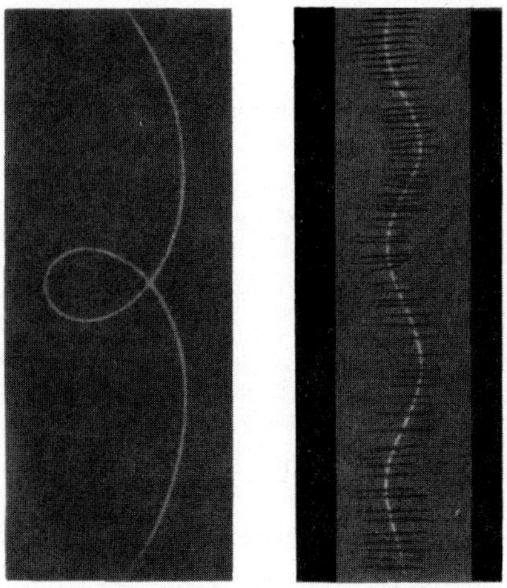
a b

Abb. 579. Fadenstrahlen im Magnetfeld (nach Brüche)
a) Ebene Ablenkung im Feld eines links von der Schleife zu denkenden Stabmagneten
b) Räumliche Ablenkung im Innenfeld einer Spule

Ergebnisse. Die Gleichung (394) gestattet eine Bestimmung der spezifischen Ladung e/m der zu untersuchenden Teilchen, wenn man die Geschwindigkeit v derselben direkt bestimmen kann. Dies ist zuerst E. Wiechert (1899) gelungen, indem er die Zeit, die die Teilchen zum Durchlaufen einer bestimmten Strecke benötigen, mit der Schwingungsdauer eines Hertzschen Oszillators verglich. Trotz den damals sehr großen Schwierigkeiten der Messung — es gab weder eine Methode zur Erzeugung ungedämpfter elektrischer Schwingungen noch zur Erzeugung hinreichend hoher Vakua in den Röhren — hatte Wiechert vollen Erfolg; je nach der angelegten Spannung fand er für v Werte zwischen $^1/_{10}$ und $^1/_3$ der Lichtgeschwindigkeit, also für irdische Verhältnisse enorm groß. Daraus folgte ein ungefährer Wert von $e/m = 2\cdot 10^8\,\frac{\text{As}}{\text{g}}$. Vergleicht man diesen Wert mit dem größten Wert von e/m, der bei der Elektrolyse auftritt, nämlich für Wasserstoff $= \frac{96487 \text{ As}}{1{,}008 \text{ g}}$, so erkennt man, daß während 1 Gramm H^+ eine Ladung von rund 10^5 As mit sich führt, die hier auftretenden Teilchen pro Gramm rund die zweitausendfache Ladung tragen. D. h. also: Entweder muß jedes Teilchen eine viel größere Ladung als ein Elementarquantum tragen, oder aber — die Masse dieses Teilchens muß rund zweitausendmal kleiner sein als die des Wasserstoffatoms, d. h. als die kleinste Atommasse, die die Chemie kennt. Diesen Schluß zog als erster in voller Klarheit bereits Wiechert. In der Folgezeit ist die Wiechertsche Methode von F. Kirchner (1932) mit den modernen Möglichkeiten zu einer Präzisionsmethode ausgebildet worden, die mit die genauesten Werte von v und e/m für die Kathodenstrahlteilchen liefert. Auch die Methode von H. Busch — Gleichung (405) — und die Ausmessungen der Ablenkungen in elektrischen und magnetischen Feldern — Gleichungen (402) und (403) — liefern die gleichen Ergebnisse. Die genauesten heute geltenden Werte sind für Teilchen, die eine Spannung U von nicht mehr als 1000 Volt durchlaufen haben, die folgenden:

$$(406) \qquad \begin{cases} \dfrac{e}{m} = (5{,}273 \pm 0{,}0012) \cdot 10^{17} \, \dfrac{\text{es Einheiten}}{\text{g}}, \quad \text{oder} \\[2ex] \dfrac{e}{m} = (1{,}759 \pm 0{,}0004) \cdot 10^{8} \, \dfrac{\text{Coulomb}}{\text{g}}. \end{cases}$$

Setzt man für e den heute geltenden Wert für die Größe des Elementarquantums ein, der sich z. B. mit der Millikanschen Schwebemethode (s. S. 66) experimentell genau bestimmen läßt:

$$e = 1{,}602 \cdot 10^{-19} \text{ Coulomb},$$

so findet man für die Masse der Kathodenstrahlteilchen, die wir nunmehr mit den Elektronen identifizieren dürfen, den Wert:

$$(407) \qquad m = 9{,}109 \cdot 10^{-28} \text{ Gramm}.$$

Da die Masse eines Wasserstoffatoms $1{,}67 \cdot 10^{-24}$g beträgt, haben die Elektronen nur eine solche von 1/1836 eines H-Atoms. Die Elektronen sind also mit keinem bekannten Atom oder Molekül identisch.

Die Überraschung, die dieses zuerst von Wiechert ausgesprochene Ergebnis auslöste, beruhte nicht darauf, daß die Kathodenstrahlteilchen überhaupt eine Masse haben. Das hatte man erwartet, weil man damals glaubte, es handele sich bei ihnen um geladene Atome oder Moleküle. Überraschend war die Erkenntnis, daß es eine so viel kleinere Masse gibt, als die Chemie uns lehrt. Wenn also die ganze Auffassung überhaupt richtig ist, daß es sich bei Gasentladungen um Bewegung von Korpuskeln handelt — und daran kann angesichts der großen Erfolge dieser Auffassung nicht gezweifelt werden —, so wird man gezwungen anzunehmen, daß eine elektrische Ladung eine winzige Masse haben muß. Gilt dies nämlich für die Elektronen, so natürlich auch für jede Elektrizitätsmenge, die ja aus Elektronen besteht. Heute weiß man, daß dies ein spezieller Fall eines ganz allgemeinen Gesetzes ist, wonach jedem Energiebetrag eine freilich außerordentlich kleine Masse äquivalent ist.

Voraussetzung für die obigen Schlußfolgerungen ist natürlich, daß alle Elektronen gleiche Masse und Ladung besitzen und daß jedes Teilchen eine Elementarladung trägt. Daß die erste Bedingung erfüllt ist, folgt z. B. daraus, daß bei den Ablenkungsversuchen die auf dem Fluoreszenzschirm erhaltenen Auftreffpunkte ebenso scharf wie die des unabgelenkten Strahles sind. Das ist nur möglich, wenn v und e/m für alle bei dem Versuch beteiligten Partikel den gleichen Wert besitzen. Daß schließlich jedes Teilchen eine Elementarladung trägt, wird außer durch die direkten Messungen u. a. auch durch die Tatsache gestützt, daß Elektronen, die aus dem Vakuum in ein Gas übertreten, stets nur einwertige Ionen bilden.

Die im vorhergehenden mitgeteilten Resultate gelten ganz allgemein, wie auch immer die Elektronen erzeugt werden: Die Zahlen sind unabhängig sowohl vom Elektrodenmaterial wie von dem Füllgas der Röhre. Das beweist auf jeden Fall, daß in jedem Atom Elektronen vorhanden sind, daß also das chemische Atom keineswegs unteilbar ist, wie sein Name behauptet. Heute ist diese Auffassung allgemein bekannt; damals war diese Erkenntnis eine Sensation.

Aber die Überraschungen sind noch nicht zu Ende. Denn bei genaueren Messungen, die zuerst W. Kaufmann (1901—1906) anstellte, ergab sich, daß bei immer größeren Geschwindigkeiten der Elektronen die spezifische Ladung e/m kleiner wurde. Da man nicht gut annehmen kann, daß die Ladung der Elektronen sich ändert, bedeutet das, daß ihre Masse mit wachsender Geschwindigkeit zunimmt. Die folgende Tabelle zeigt dies; die erste Spalte enthält die beschleunigende Spannung U in Volt, die zweite die gemessene Geschwindigkeit v in km/s und in Bruchteilen der Lichtgeschwindigkeit ($\beta = v/c$), die dritte die gemessene spezifische Ladung e/m in Coulomb/g, die vierte die Masse der Elektronen. (Die beiden letzten Zeilen der Tabelle bei sehr hohen Spannungen sind nicht gemessen, sondern nach der weiter unten folgenden Gleichung (408) berechnet.)

Durchlaufene Spannung U in Volt	Geschwindigkeit v in km/s	Geschwindigkeit v in Bruchteilen der Lichtgeschwindigkeit	e/m in C/g	Elektronenmasse in g
0,01	59,3	0,0002	$1{,}76 \cdot 10^8$	$9{,}11 \cdot 10^{-28}$
0,1	$18{,}7 \cdot 10^1$	0,0006	1,76	9,11
1	$59{,}3 \cdot 10^1$	0,0019	1,76	9,11
10	$18{,}7 \cdot 10^2$	0,0062	1,76	9,11
100	$59{,}3 \cdot 10^2$	0,0198	1,76	9,11
1 000	$18{,}7 \cdot 10^3$	0,0623	1,76	9,12
10 000	$58{,}4 \cdot 10^3$	0,195	1,72	9,29
10^5	$16{,}4 \cdot 10^4$	0,547	1,44	10,9
10^6	$28{,}2 \cdot 10^4$	0,941	0,59	26,9
$3{,}1 \cdot 10^6$	$29{,}7 \cdot 10^4$	0,990	0,25	64,2

Man erkennt aus der Tabelle, daß bis zu einer Spannung von 1000 Volt alles so verläuft, wie bisher geschildert; insbesondere erkennt man durch Prüfung der Spalten 1 und 2 die Gültigkeit der Gleichungen (393) und (394). Sobald man mit der Spannung höher geht, bleibt die Geschwindigkeit v hinter dem durch (394) zu berechnenden Wert zurück, entsprechend nimmt e/m ab. Man bezeichnet die Elektronenmasse unterhalb der Spannung 1000 Volt, d. h. in einem Bereich, in dem sie sich als konstant erweist, als „Ruhmasse" m_0; die veränderliche Masse m läßt sich dann in Abhängigkeit von der Geschwindigkeit v durch die Formel darstellen:

$$m = \frac{m_0}{\sqrt{1 - v^2/c^2}}, \tag{408}$$

worin c die Lichtgeschwindigkeit bedeutet. Die Gleichung ist eine Folgerung der Relativitätstheorie, auf die wir später eingehen werden; sie ist durch Messungen von A. H. Bucherer (1908) G. Neumann und Cl. Schaefer (1914), von Guye und Lavanchy (1916) bis zu Geschwindigkeiten von $\beta = v/c = 0{,}85$ mit einer Genauigkeit von $1^0/_{00}$ bestätigt. Nach dieser Formel ist in Übereinstimmung mit der Erfahrung die Elektronenmasse bis zu Geschwindigkeiten von rund 10^4 km/s praktisch konstant, um bei einer höheren, experimentell erreichten Geschwindigkeit von $\beta = 0{,}85$ ($25{,}5 \cdot 10^4$ km/s) auf das rund 2,8fache anzuwachsen. Die ausgezogene Kurve in Abb. 580 gibt eine graphische Darstellung des Verlaufes von m/m_0 in Abhängigkeit von v/c auf Grund der von der Theorie geforderten Gleichung (408). Gleichzeitig sind die von den oben genannten Forschern gefundenen Meßwerte eingetragen: sie zeigen die vorzügliche Übereinstimmung zwischen Theorie und Experiment.

Besonders hervorzuheben ist, daß die Massenveränderlichkeit nach unserer heutigen Auffassung nicht auf die Elektronenmassen beschränkt ist, sondern allgemein für Massen jeder Art und Größe gilt. Nur kommen in der gewöhnlichen Mechanik keine Geschwindigkeiten vor, bei denen die Veränderlichkeit bemerkbar wäre. Aber grundsätzlich muß die ganze Mechanik so revidiert werden, daß der Massenveränderlichkeit Rechnung getragen wird.

Man erhält z. B. für den Impuls nicht mehr $m_0\mathfrak{v}$, sondern $\frac{m_0\,\mathfrak{v}}{\sqrt{1-v^2/c^2}}$, entsprechend für die Newtonsche Bewegungsgleichung:

$$\mathfrak{F} = \frac{d}{dt}\left(\frac{m_0\,\mathfrak{v}}{\sqrt{1-v^2/c^2}}\right).$$

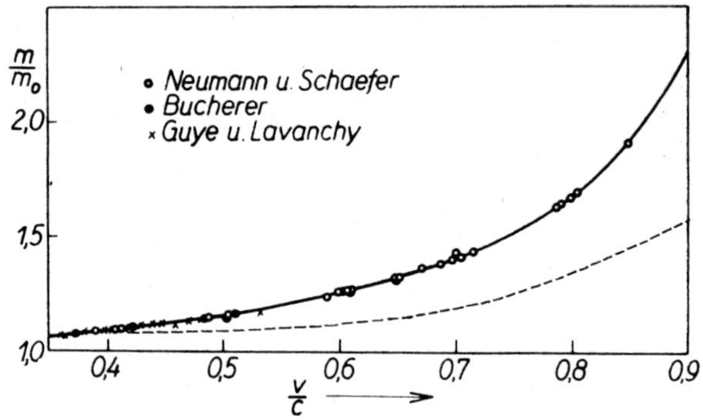

Abb. 580. Zunahme der Elektronenmasse mit der Geschwindigkeit

Daraus ergibt sich auch, daß **Gleichung (393) exakt nicht mehr richtig** sein kann, was sich bei Elektronengeschwindigkeiten oberhalb 10^4 km/sec auch bemerkbar macht, wie die nebenstehende Tabelle zeigt. Die kinetische Energie ist nicht mehr $1/2\, m_0\, v^2$, sondern

$$E_{\text{kin}} = m_0\, c^2 \left[\frac{1}{\sqrt{1-v^2/c^2}} - 1\right],$$

was nur für kleine Werte von v/c mit $1/2\, m_0\, v^2$ übereinstimmt.

Unterhalb von 1000 Volt durchlaufener Spannung kann die Gleichung (393) benutzt werden, die nun mit dem Symbol der Ruhmasse m_0 geschrieben wird:

$$E_{\text{kin}} = \frac{1}{2}\, m_0 v^2 = e\,U.$$

Nach Kenntnis des Wertes von e/m_0 kann der Leser nun auch die nach Gleichung (394) schon vorweggenommene „Faustformel" selbst nachrechnen:

(409) $$v = 600\,\sqrt{U}$$

(v in km/s; U in Volt)

Man gibt häufig die Geschwindigkeit von Elektronen als Voltgeschwindigkeit an, indem man statt ihrer wirklichen Geschwindigkeit die Spannung in Volt angibt, die die Elektronen zum Erreichen ihrer Geschwindigkeit hätten durchlaufen müssen. In diesem Sinne spricht man z. B. von Elektronen von 10000 Volt „Geschwindigkeit". Ferner benutzt man die Gleichung (393) $\frac{m_0}{2}\,v^2 = e\,U$, die die Energie eines Elektrons angibt, das die Spannung U durchlaufen hat, um ein besonders in der Atomphysik gebräuchliches Energiemaß einzuführen, indem man als Einheit diejenige Energie wählt, die ein Elektron besitzt, das eine Spannung von 1 Volt durchlaufen hat. Diese Einheit heißt Elektronenvolt (eV). Zur Umrechnung in die gebräuchlichen Maßsysteme gilt die Beziehung:

$$1\ \text{eV} = 1{,}60 \cdot 10^{-12}\ \text{erg} = 3{,}83 \cdot 10^{-20}\ \text{cal}.$$

Zur Geschichte der Massenveränderlichkeit des Elektrons sei noch folgendes bemerkt: Die Geschwindigkeitsabhängigkeit der Elektronenmasse nach Gleichung (408) hatte bereits H. A. Lorentz (1904) vor der Relativitätstheorie abgeleitet. Er faßte das Elektron in ruhendem Zustande als eine Kugel auf; es sollte sich mit zunehmender Geschwindigkeit immer stärker zu einem Ellipsoid abplatten. Dieser Theorie des „deformierbaren Elektrons", auf die auch die Relativitätstheorie führt, hatte M. Abraham (1902) die Theorie des „starren Elektrons" gegenübergestellt. Danach sollte das Elektron auch bei beliebiger Geschwindigkeit Kugelgestalt behalten. Auch daraus ergibt sich eine (kompliziertere) Abhängigkeit der Masse von der Geschwindigkeit, die in Abb. 580 durch die gestrichelte Kurve dargestellt ist, jedoch nicht im Einklang mit den Versuchen steht. Man sieht, daß die wirkliche Entscheidung zwischen beiden Theorien erst im Gebiet $v/c \geqq 0{,}5$ möglich ist, d. h. erst durch die Versuche von Bucherer, Neumann und Schaefer erbracht wurde.

68. Anwendungen der unselbständigen Elektrizitätsleitung im Hochvakuum

1. Die Gleichrichterröhre. Da in einer mit einer Glühkathode versehenen Hochvakuumröhre ein Elektronenstrom nur dann zustande kommt, wenn die Glühelektrode Kathode ist, läßt sich eine solche Röhre vorteilhaft zur Gleichrichtung von Wechselströmen benutzen. Abb. 581 zeigt im Längsschnitt die technische Ausführung eines Glühventilrohres für hohe Spannungen. Der zwischen den Haltedrähten *H* ausgespannte Glühdraht *G* der Kathode befindet sich in der Achse eines die Anode bildenden Metallzylinders *A*. Abb. 582 zeigt die Schaltung eines solchen Glühventils bei der *Einphasengleichrichtung*. Die gleichzurichtende Spannung und die zur Heizung der Glühkathode erforderliche Spannung werden einem Transformator *T* entnommen. Bei dieser Schaltung wird nur die eine Phase des Wechselstromes ausgenutzt, während die andere Phase vom Gleichrichter nicht durchgelassen wird; auf der Gleichstromseite ergibt sich der in Abb. 583b gezeichnete Kurvenverlauf. Diesen Nachteil kann man durch die in Abb. 582b wiedergegebene *Doppelweggleichrichtung* beheben. Der gleichzurichtende Wechselstrom wird der Sekundärseite eines Transformators *T* entnommen, die in der Mitte angezapft ist. An die beiden Enden der Sekundärseite werden die Anoden der beiden Gleichrichterröhren angeschlossen. Die beiden Glühkathoden sind miteinander verbunden und bilden den + Pol der Gleichstromseite, dessen — Pol die Spulenmitte ist. In der einen Halbperiode fließt der Strom durch den einen Gleichrichter, in der darauffolgenden durch den anderen. Der gleichgerichtete Strom hat somit den in Abb. 583c gezeichneten Verlauf; er hat zwar jetzt stets gleiche Richtung, schwankt aber noch zwischen einem Maximum und Null. Um diese Schwankungen zu vermeiden, muß man den Gleichstrom noch glätten. Dies gelingt durch einen parallel zur Gleichstromseite geschalteten Kondensator *C*. Während des Strommaximums lädt er sich auf und gibt diese Ladung nach der Gleichstromseite wieder ab, wenn kein Strom fließt. Durch die so erzielte Glättung, die um so wirksamer ist, je größer die Kapazität von *C* ist, ergibt sich auf der Gleichstromseite ein Stromverlauf entsprechend Abb. 583d.

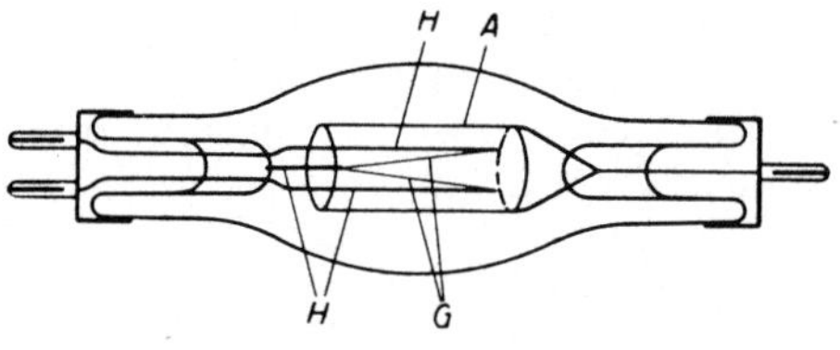

Abb. 581. Glühventilrohr

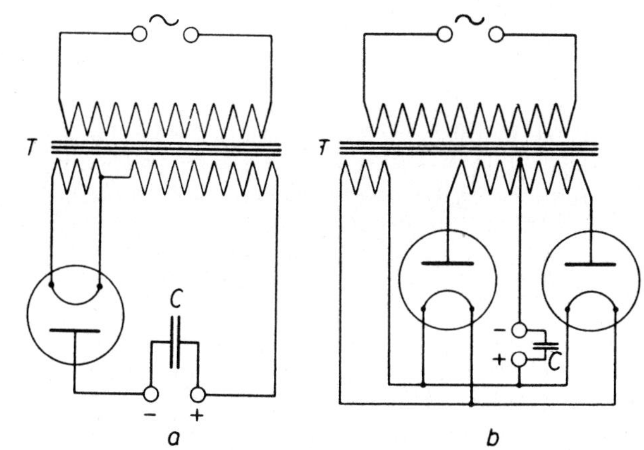

Abb. 582. Gleichrichterschaltungen
a) Einphasengleichrichtung
b) Doppelweggleichrichtung

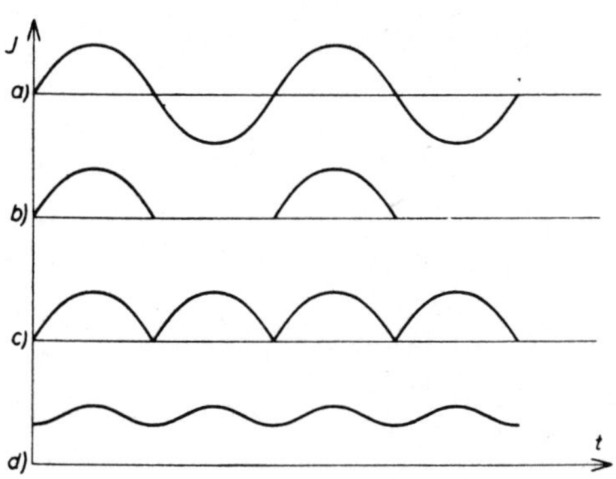

Abb. 583. Zur Gleichrichtung von Wechselströmen

2. Verstärkerröhren. Die schnelle Entwicklung der Nachrichtentechnik in diesem Jahrhundert beruht ganz wesentlich auf der Entwicklung der Verstärkerröhre. Die ersten Versuche wurden schon 1906 fast gleichzeitig von R. von Lieben und Lee de Forest gemacht. Heute ist die Elektronenröhre bei kleinen Leistungen (1 Watt) durch den Transistor verdrängt worden, während sie bei größeren Leistungen (z. B. bei allen Sendern) der wichtigste Bestandteil der Anlage geblieben ist. Das Prinzip der einfachen **„Triode"** zeigt Abb. 584. Die Glühkathode K ist bei Senderöhren hoher Leistung ein Wolframdraht, sonst meist eine Nickelhülse, die außen mit einer Erdalkalioxidschicht bedeckt ist und innen einen Wo-Draht zum Heizen hat. Zwischen der Glühkathode K und dem Anodenzylinder A befindet sich das „Gitter" G. Es ist die Steuerelektrode, die aus einer Drahtspirale, selten aus einem wirklichen Gitter, besteht. Abb. 584b zeigt das Schema einer solchen Triode, wie es etwa in Schaltungsplänen benutzt wird. — Beim Glühen der Kathode wird diese von einer negativen Raumladung, d. h. von einer Elektronenwolke umgeben, weil das negativ geladene Gitter das vollständige Absaugen der Elektronen zur Anode verhindert. Von dieser Wolke werden die äußersten Elektronen dann zur Anode fliegen, wenn die Steuerspannung an ihrem Ort ausreichend positiv geworden ist. Die Steuerspannung U_{st} setzt sich zusammen aus der Gitterspannung U_g und dem durch das Gitter hindurchgreifenden Anteil D = **Durchgriff** (in %) der Anodenspannung U_a.

$$U_{st} = U_g + D \cdot U_a. \tag{410}$$

So kann das Gitter immer ein negatives Potential haben, wodurch vermieden wird, daß Elektronen zum Gitter gelangen. Im Gitterkreis fließt dann kein Strom; die **Steuerung ist leistungslos.** Dies ist der große Vorteil der Elektronenröhre. Bei großem Durchgriff ist die Steuerfähigkeit klein und umgekehrt. Daher ist der Verstärkungsfaktor der reziproke Wert des Durchgriffs. (Beispiel: $D = 4\%$; Verstärkungsfaktor = 25).

Die Abhängigkeit des Anodenstroms J_a von der Gitterspannung U_g, also die J_a-U_g-Kennlinie, zeigt Abb. 585. Nur bei stärker positiven Gitterspannungen sinkt der Anodenstrom J_a unter den Emissionsstrom J_e der Kathode, weil dann ein Teil der Elektronen zum Gitter fließt. — Im mittleren Bereich der Gitterspannung U_g steigt der Anodenstrom J_a linear. an Die Steigung der Kennlinie in diesem Teil, also $\partial J_a/\partial U_g$, nennt man die **Steilheit** S der Röhre. Sie beträgt gewöhnlich 2 bis 3 mA/V. Es ist also bei konstant gehaltener Anodenspannung U_a:

$$S = \frac{\partial J_a}{\partial U_g}. \tag{411}$$

Die Steilheit mißt man dadurch, daß man im linearen Bereich zwischen zwei Punkten A und C der Kennlinie (Abb. 585) die Differenz des Anodenstroms U_a durch die Differenz der dazugehörenden Gitterspannung U_g dividiert. Die Bedeutung der Steilheit erläutert die Abb. 586;

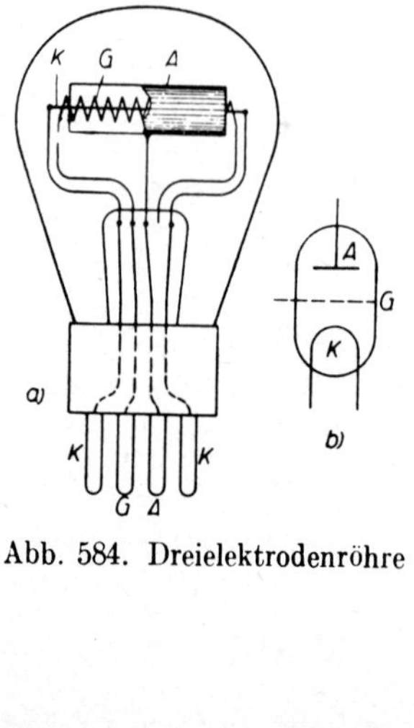

Abb. 584. Dreielektrodenröhre

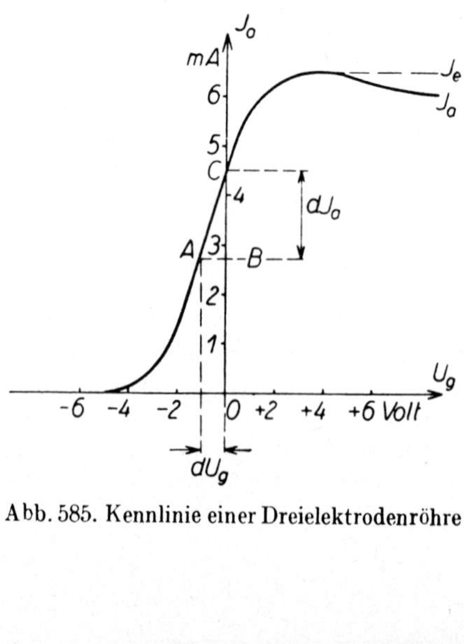

Abb. 585. Kennlinie einer Dreielektrodenröhre

für eine gegebene am Gitter der Röhre liegende Wechselspannung U_g ist die Schwankung des Anodenstromes, d. h. der sich dem Anodengleichstrom überlagernde Wechselstrom J_a, um so größer, je größer die Steilheit S ist.

Bei konstant gehaltener Gitterspannung U_g fließt ein bestimmter Anodenstrom J_a, der von der Anodenspannung U_a und vom Widerstand des Stromkreises abhängig ist. Läßt man den Außenwiderstand des Anodenkreises unverändert, und ändert man den Anodenstrom, z. B. durch Änderung des Emissionsstroms J_e, so stellt man auch eine Änderung der Anodenspannung U_a fest. Dies kommt daher, weil der **Innenwiderstand** R_i der Röhre sich geändert hat. Dieser ist definiert als das Verhältnis $R_i = \partial U_a / \partial J_a$ bei konstanter Gitterspannung U_g. Die drei wichtigen Kenngrößen einer Röhre stehen in der **Röhrenformel** von H. Barkhausen in Beziehung zueinander:

$$S \cdot D \cdot R_i = 1$$

$$S = \frac{\partial J_a}{\partial U_g} \text{ [in mA/V, für } U_a = \text{const]};$$

$$D = -\frac{\partial U_g}{\partial U_a} \text{ [für } J_a = \text{const]};$$

$$R_i = \frac{\partial U_a}{\partial J_a} \text{ [in k}\Omega\text{, für } U_g = \text{const]}.$$

Die Rückwirkung der Ausgangswechselspannung auf den Eingangskreis infolge der Kapazität zwischen Anode und Steuergitter ist bei Hochfrequenzverstärkung besonders schädlich. Sie wird durch ein zweites Gitter, das Schirmgitter, weitgehend behoben. Diese Röhre **(Tetrode)** hat aber den Nachteil, daß das positive Schirmgitter von vielen Elektronen getroffen wird, wodurch Sekundärelektronen ausgelöst werden, die zur Anode gelangen können. Auch treten von der Anode Sekundärelektronen aus, die nun zum Schirmgitter wandern können. Man baut daher zwischen Schirmgitter und Anode ein drittes Gitter (Fanggitter) ein, das das Potential der Kathode erhält. Dadurch gehen die Sekundärelektronen dorthin zurück, wo sie ausgelöst werden. Die Röhre hat also fünf Elektroden und heißt **Pentode.**

Für die Verstärkung und Erzeugung sehr hochfrequenter Schwingungen sind die Laufzeiten der Elektronen in diesen Röhren zu lang. Es wurden deshalb andere Arten von Elektronenröhren entwickelt, in denen diese Laufzeit ausgenutzt wird (Magnetron, Klystron, Reflexklystron, Wanderfeldröhre). Einige arbeiten bis zu Frequenzen von 100 GHz ($\lambda = 0{,}3$ cm). Vgl. auch Nr. 51 dieses Buches.

Um eine Verzerrung der Kurvenform der Wechselspannung zu vermeiden, muß man durch geeignete Wahl der Anoden- und Gitterruhespannung den Arbeitspunkt auf die Mitte des geradlinigen Teiles der J_a-U_g-Kennlinie legen; damit außerdem der am Gitter der Röhre erforderliche Leistungsaufwand praktisch Null bleibt, muß man das Auftreten von Gitterströmen vermeiden. Dies gelingt dadurch, daß man dem Gitter eine so große negative Spannung gibt, daß die Gitterspannung auch bei Überlagerung der zu verstärkenden Wechselspannung stets kleiner als —1 Volt bleibt. Ferner darf umgekehrt auch keine Gitteremission erfolgen, die dadurch eintreten kann, daß Barium von der Kathode verdampft und auf das Gitter gelangt. Infolge der Wärmestrahlung der Kathode kann die Temperatur des Gitters so hoch sein, daß die Bariumatome Elektronen emittieren.

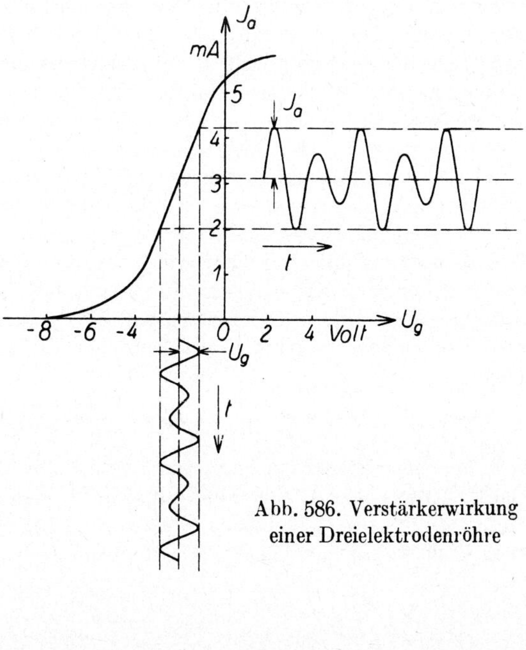

Abb. 586. Verstärkerwirkung einer Dreielektrodenröhre

Ein Beispiel für eine einfache Verstärkerschaltung zeigt Abb. 587. Durch Hintereinanderschalten mehrerer Röhren kann man sehr hohe Verstärkungsgrade erreichen. Dabei kann die Kopplung der einzelnen Röhren auf verschiedenartige Weise geschehen, z. B. auch durch Widerstandskopplung. Die Grenze der erreichbaren Verstärkungsgrade wird in erster Linie dadurch gebildet, daß bei zu hoher Verstärkung eine Reihe elektrischer Störspannungen mitverstärkt werden, so daß dadurch die zu verstärkenden Zeichen nicht mehr deutlich genug hervortreten. So entstehen zwischen den Enden jedes Leiters infolge der Bewegungen der im Leiterinnern vorhandenen freien Elektronen kleine Spannungsänderungen, deren Stärke von der Temperatur abhängt und mit dieser steigt. Die Elektronen führen eine Brownsche Molekularbewegung (Bd. I, Nr. 72) aus. Hierher gehört auch das durch den Schrot- und Funkeleffekt bedingte Röhrenrauschen; der aus Elektronen gebildete Emissionsstrom in einer Röhre ist nicht völlig konstant, sondern die Zahl der etwa sekundlich aus der Kathode austretenden Elektronen schwankt um einen mittleren Wert. Infolgedessen überlagern sich dem mittleren Gleichstrom Wechselspannungen verschiedener Frequenzen, die sich bei hinreichender Verstärkung in einem Kopfhörer als Geräusch, das wie auffallendes Schrot klingt, bemerkbar machen (W. Schottky, 1918). Besonders im Gebiete niedriger Frequenzen unter 100 Hz macht sich auch der sog. Funkeleffekt bemerkbar; er entsteht durch das Auftreten veränderlicher Emissionsstellen auf der Glühkathode.

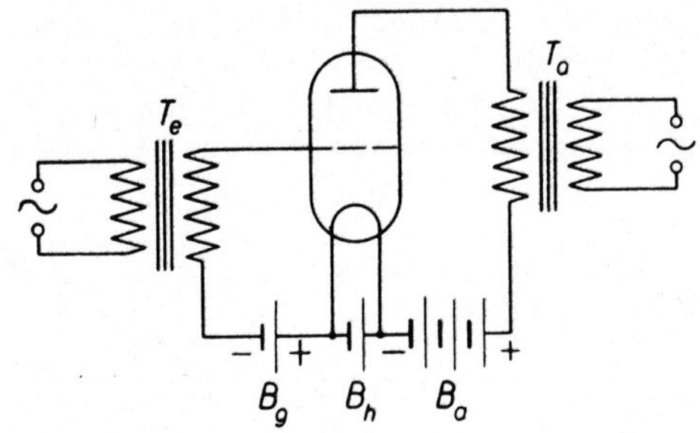

Abb. 587.
Verstärkerschaltung einer Dreielektrodenröhre

3. Röntgenröhren. Diese enthalten eine Glühkathode und eine Anode. Deshalb wirkt eine Röntgenröhre wie ein Gleichrichter und man kann sie einfach mit Wechselstrom betreiben. Will man aber die sich dann ergebenden (50) Pausen der Röntgenstrahlung vermeiden (Abb. 583b), so wählt man besser gleichgerichteten Wechselstrom mit oder ohne Glättung (Abb. 583c und d). — Die Kathode der Röntgenröhre besteht aus einem Wolfram-Draht. Eine Erdalkalioxidkathode würde infolge der hohen Spannung und des Bombardements durch schnelle, positive Ionen bald zerstört sein. Die Kathode ist von einem Wehnelt-Zylinder umgeben, der infolge seines negativen Potentials die Elektronen zu einem kleinen Brennfleck auf der Anode konzentriert. Hierzu werden aber auch noch bessere, elektronenoptische Vorrichtungen benutzt. Der kleine Brennfleck ist notwendig, da mangels Linsen für Röntgenstrahlen eine Abbildung nur durch Schatten erfolgen kann. Das Schattenbild ist aber um so schärfer, je kleiner die Röntgenlichtquelle ist. — Die Anodenspannung liegt etwa zwischen 10 und 400 kV. Bei einem Strom von nur wenigen mA ergeben sich auf dem kleinen Brennfleck der Anode (bis herab zu 10^{-3} mm!) außerordentlich hohe Belastungen pro Fläche. Deshalb besteht die Anode aus einem (oft wassergekühlten) Kupferblock, der mit einer Wolfram- oder Tantalplatte belegt ist. Die Wellenlänge der maximalen elektromagnetischen Strahlung und auch die kurzwellige Grenze wandert mit steigender Anodenspannung zu kürzeren Wellenlängen. Die kurzwellige Grenze entspricht dem höchsten Energieumsatz. Die Energie der Elektronen ist $e \cdot U$, die der Strahlung $h \cdot \nu$. Durch Gleichsetzen von $e\,U = h\nu$ kann man die höchste Frequenz, bzw. kürzeste Wellenlänge errechnen. Das Einsetzen der Konstanten führt zu einer viel gebrauchten Formel:

$$\lambda_0 = \frac{12345}{U}\,[\text{Å}]\,,\ (U \text{ in V}),$$

d. h. bei einer Anodenspannung von 12345 Volt ergibt sich eine kurzwellige Grenze der Röntgenstrahlung von 1 Å. Das Kontinuum hat in der Nähe dieser kurzwelligen Grenze ein Maximum, woran sich nach langen Wellen ein allmählicher Abfall anschließt. Das Kontinuum, auch Bremskontinuum genannt, entsteht durch die Ablenkung, also Bremsung der Elektronen an den Atomkernen der Anodenoberfläche. Weniger als 1% der Energie der auftreffenden Elektronen wird in Röntgenstrahlung verwandelt; der übrige Teil geht als Wärme verloren. Außer dieser kontinuierlichen **Bremsstrahlung** wird eine ebenfalls elektromagnetische **Eigenstrahlung** emittiert, die aus wenigen monochromatischen Linien besteht. Ihre Wellenlänge ist für das Element charakteristisch, das von den Elektronen getroffen wird. Im Spektrum überlagern sich die Linien der charakteristischen Eigenstrahlung und die Bremsstrahlung. Die spektrale Zerlegung der Röntgenstrahlung erfolgt durch Kristallgitter, d. h. durch die regelmäßige Anordnung der Atome in Kristallen.

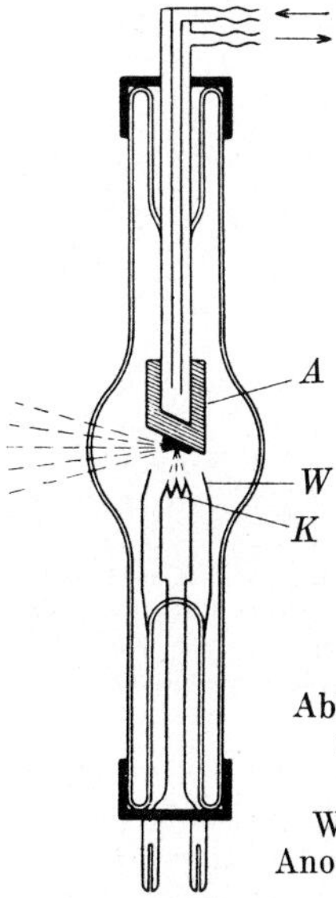

Abb. 588. Röntgenröhre mit Glühkathode mit Kathode K Wehneltzylinder W, Anode A (wassergekühlt)

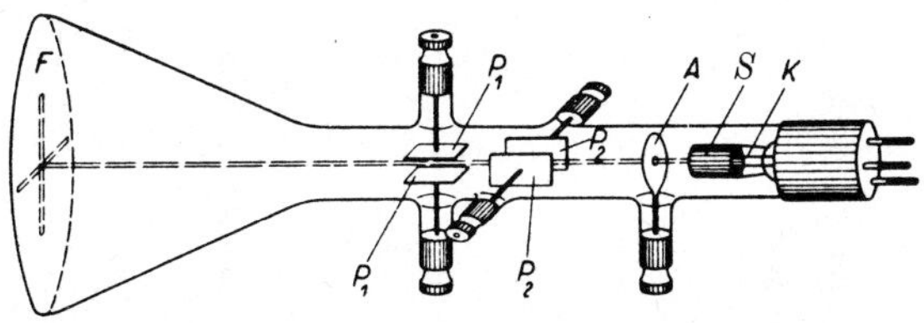

Abb. 589. Gaskonzentrierte Oszillographenröhre (Braunsche Röhre) mit Glühkathode K, Wehneltzylinder W, Anode A, Ablenkplatten P und Leuchtschirm S

4. Elektronenstrahlröhren. Bei den folgenden Röhrenarten ist die elektronenoptische Abbildung eines sehr feinen Kreuzungspunktes der Elektronen vor der Kathode (cross-over) auf einem Leuchtschirm und die seitliche Ablenkung des Elektronenstrahls charakteristisch. Die Ausführungen in Nr. 67 haben gezeigt, daß sich Elektronenstrahlen in einem Kondensator von ihrer Richtung ablenken lassen wie Lichtstrahlen in einem Prisma, daß sie durch ein longitudinales Magnetfeld so geführt werden, daß man eine Abbildung, z. B. der Emissionsebene, in einer anderen Ebene erhalten kann. Man spricht deshalb von Elektronenlinsen, wozu sich kurze und lange Magnetfelder ebenso eignen wie rotationssymmetrische elektrische Felder. Eine magnetische Linse wird durch eine Spule realisiert. Sie befindet sich außerhalb der Vakuumröhre, wie z. B. bei allen Fernseh-Bildröhren. Eine elektrostatische Linse besteht aus 2 bis 3 Metallröhren oder -scheiben, die sich auf verschiedenem Potential innerhalb der Vakuumröhre befinden. Das Gebiet der **Elektronenoptik** hat eine großartige Entwicklung erfahren, seit H. Busch (1922/1926) die ersten grundsätzlichen Überlegungen ausführte (vgl. Seite 441).

Zwar hat F. Braun schon im Jahre 1897 die nach ihm genannte **Braunsche Röhre** ohne Kenntnis der Elektronenoptik gebaut. Hierbei half aber der glückliche Umstand, daß ein Elektronenstrahl auch durch ein Gas konzentriert werden kann, indem die vom Elektronenstrahl gebildeten positiven Ionen anziehend auf die Elektronen wirken und so die Verbreiterung des Strahls verhindern. Die gasfokussierten Elektronenstrahlröhren haben den Nachteil, daß die Ionen einer allzu schnellen Seitwärtsbewegung nicht folgen können, daß also die Ablenkfrequenz nicht groß sein kann. Sie liegt bei maximal 10 kHz (Abb. 589).

Die geringe Masse der Elektronen ermöglicht nun aber eine wesentlich schnellere, trägheitslose Ablenkung durch elektrische und magnetische Felder. Außerdem kann man durch eine elektronenoptische Fokussierung einen kleinen Elektronen- bzw. Lichtpunkt auf dem

Leuchtschirm erreichen. Die beiden wichtigsten Anwendungen der Elektronenstrahlröhre sind der **Oszillograph** für Meßzwecke und die **Bildröhre** im Fernsehapparat. Beide haben die Erdalkalioxidkathode, Steuerscheibe, elektronenoptische Konzentration und Ablenksysteme sowie den Leuchtschirm als wesentliche Bestandteile. Bei der Fernsehröhre befinden sich die magnetische Konzentrationslinse und die magnetischen Ablenkspulen außerhalb des Glaskolbens. Bei der Oszillographenröhre dagegen erfolgt, von Sonderfällen abgesehen, die Ablenkung und die Strahlkonzentration elektrostatisch, und zwar innerhalb der Vakuumröhre.

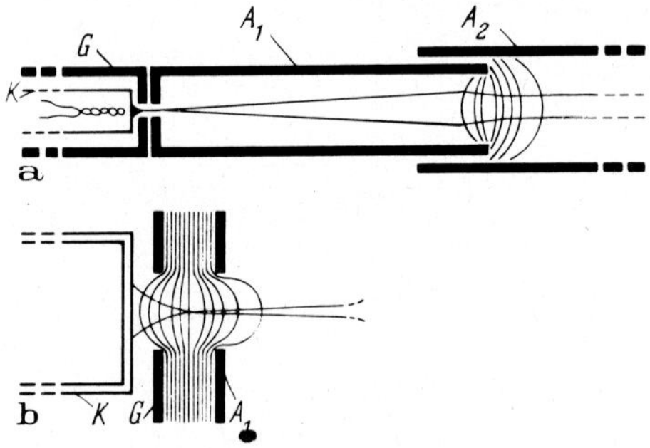

Abb. 590. Elektronenoptisches System in einer Elektronenstrahlröhre. Die elektrostatische Linse, gebildet durch den Potentialunterschied des ersten und zweiten Anodenzylinders, bildet den Kreuzungspunkt (cross-over) der Elektronen auf dem Leuchtschirm ab. Die Entstehung des sehr feinen Kreuzungspunktes vor der Kathode zeigt vergrößert Teilbild b. Die Kathode K, das negative Gitter G, auch Steuerscheibe genannt, und die Anode A_1 bilden zusammen ein Immersionsobjektiv. — Die Elektronen folgen immer den Feldlinien, die senkrecht zu den gezeichneten Potentiallinien verlaufen.

Die Entstehung des wichtigen Kreuzungspunktes der Elektronen vor der Kathode zeigt Abb. 590. Die Krümmung der Potentiallinien vor der Kathode bewirkt, daß die von der Raumladung vor der Kathode abgesaugten Elektronen durch den feinen Kreuzungspunkt (crossover) gehen. Dieser wird durch die Hauptabbildungslinse, etwa 100fach vergrößert, auf dem Leuchtschirm abgebildet. Die negative Steuerscheibe ermöglicht, ebenso wie das negative Steuergitter bei der Verstärkerröhre, die Intensitätsregelung des Elektronenstrahls, also die Hell-Dunkelsteuerung. Diese ist ja bei der Fernsehbildröhre besonders wichtig.

Die **Farbbildröhre** enthält drei Elektronenstrahlerzeugungssysteme, d. h. eins für jede der drei Grundfarben rot, grün, blau. Die magnetische Konzentration erfolgt gemeinsam für die drei Strahlen durch eine Spule außerhalb der Röhre; das Entsprechende gilt für die Ablenkung, wobei allerdings eine zusätzliche Korrektur erfolgen kann. Jeder Strahl soll auf dem Leuchtschirm nur „seine“ Farbe treffen. Dies wird dadurch erreicht, daß die drei Elektronenstrahlen sich auf einem Blechschirm mit etwa $\frac{1}{2}$ Million kleiner Löcher (0,6 mm Durchmesser) treffen und sich nach Durchgang durch ein Loch wieder aufteilen. So erhält man eine Trennung der drei Elektronenstrahlen auf dem Leuchtschirm, wo die drei Leuchtfarben hinter jedem Loch dreieckförmig angeordnet sind. Die Anodenspannung beträgt 25 kV. Bis zu dieser Spannung wird die entstehende Röntgenstrahlung nahezu vollständig in der Glaswand absorbiert.

5. Bildwandler. Die Möglichkeit der elektronenoptischen Abbildung einer flächenhaften Kathode auf einem Leuchtschirm erlaubt die Umwandlung von unsichtbarem infraroten Licht in sichtbares. Infrarotes Licht der Wellenlänge 0,8 bis 1,2 μm hat gerade noch ausreichend Energie, Elektronen aus einer Ag—O—Cs-Photokathode auszulösen. Die Elektronen werden durch eine Spannung von 6 bis 20 kV beschleunigt und durch eine elektrostatische oder magnetische Linse auf dem Leuchtschirm abgebildet. Zur Vermeidung einer „optischen Rückkopplung“, d. h. einer Belichtung der Photokathode durch den hellen Leuchtschirm, wird dieser mit einer dünnen Aluminiumfolie bedeckt, die Anodenpotential erhält. Ohne die Folie würde der Leuchtschirm ein Potential annehmen, das durch den Sekundäremissionsfaktor bestimmt wird und auf jeden Fall niedriger ist. Infolge der Reflexion des Lichtes an der Al-

Folie erscheint der Leuchtschirm heller. Die Umwandlung des weniger energiereichen, infraroten Lichtes in das energiereichere, sichtbare Licht widerspricht nicht dem Prinzip von der Erhaltung der Energie; denn die fehlende Energie wird dem Netzgerät entnommen, das die Elektronen auf die hohe Geschwindigkeit bringt. Bildwandler werden auch zur Verstärkung des schwachen Lichtes der Röntgenleuchtschirme verwendet. In diesem Fall liegt derRöntgenleuchtschirm unmittelbar an der Photokathode.

6. Sekundärelektronenvervielfacher (Multiplier). Trifft ein Elektron auf einen festen Körper (Metall, Halbleiter oder Isolator), so löst es Sekundärelektronen aus. Der Sekundäremissionsfaktor δ, d. h. das Verhältnis der Zahl der Sekundärelektronen pro auftreffendes Primärelektron, hängt sowohl vom getroffenen Stoff als auch von der Geschwindigkeit der Primärelektronen ab. Der Faktor δ erreicht Werte bis zu 15 (Ag—O—Cs) bei einer Geschwindigkeit der Primärelektronen von etwa 800 V. Den niedrigsten Wert hat Kohle ($\delta = 0{,}5$). Oberhalb einer „Geschwindigkeit" von etwa 25 kV und unterhalb von etwa 10 V sinkt bei fast allen Stoffen der Sekundäremissionsfaktor unter 1. (Leuchtschirme laden sich dann negativ auf und nehmen keine Elektronen mehr an, wenn man nicht für eine Ableitung sorgt.)

Ordnet man nun mehrere Platten aus einem Material mit hohem Sekundäremissionsfaktor in einer Hochvakuumröhre so an, daß jeweils die herausgeschlagenen Sekundärelektronen als Primärelektronen auf der folgenden Platte wirken, so kann man wenige Elektronen (z. B. einer Photokathode) leicht um den Faktor 10^6 vervielfachen. Photozellen mit Sekundärelektronenvervielfacher heißen auch Multiplier. Die erforderlichen Spannungen werden einem Netzgerät entnommen. Aus Furcht vor Überschlägen meidet man die günstigste Spannung unter Verzicht auf den höchsten Sekundäremissionsfaktor. Dieser Verlust wird durch eine höhere Plattenzahl ausgeglichen. Störendes Rauschen kann durch Kühlung in flüssigem Stickstoff vermieden werden.

7. Fernsehaufnahmeröhren. In der Fernsehtechnik muß das Bild zeilenweise — auf Sender- und Empfängerseite synchron — abgetastet und geschrieben werden. Dies geschieht durch einen feinen Elektronenstrahl. Man unterscheidet zwei grundsätzlich verschiedene Arten von Röhren. Bei der einen fällt das Bild auf eine Bildwandlerkathode. Das Bild auf der Photokathode wird in ein Elektronenbild umgewandelt und auf einer Isolatorplatte (statt Leuchtschirm) abgebildet. Die Aufladung ist also je nach der Bildhelligkeit an verschiedenen Stellen unterschiedlich stark. Diese Platte wird mit dem Elektronenstrahl abgetastet. Das Signal wird entweder kapazitiv auf der Rückseite der Isolatorplatte abgenommen (Superikonoskop), oder die ausgelösten Sekundärelektronen werden bei der Abtastung — je nach Bildinhalt verschieden in der Anzahl — nacheinander einem Sekundärelektronenvervielfacher zugeführt (image orthicon). — Bei der anderen Art (Vidicon) fällt das Lichtbild auf eine Halbleiterschicht (z. B. Selen oder Antimontrisulfidoxysulfid oder Bleioxid), die auf der Rückseite von einem feinen Elektronenstrahl sehr geringer Geschwindigkeit abgetastet wird. Die Elektronen werden wenige Millimeter vor der Halbleiterschicht zwischen einem feinen Drahtnetz, das Anodenpotential hat, und der Schicht selbst, die etwa auf Kathodenpotential liegt, gebremst. Zwischen der tragenden Glasplatte und der Halbleiterschicht befindet sich eine durchsichtige, elektrisch leitende SnO_2-Schicht mit leitender Verbindung nach außen. Sie hat ein Potential von etwa 20 V. Hier werden die Signale der Bildhelligkeit abgenommen. Befindet sich z. B. ein heller Punkt im dunklen Bild, so wird die Halbleiterschicht an dieser Stelle durch inneren Photoeffekt leitfähig. Der abtastende Elektronenstrahl verursacht hier einen elektrischen Impuls, im Gegensatz zur dunklen Umgebung, wo die Schicht ein Isolator ist. — Beim Farbfernsehen wird das Lichtbild auf drei Vidicons (PbO-Schicht) mit Farbfiltern verteilt.

8. Elektronenmikroskope. In diesen werden Elektronen (statt Licht) zur Abbildung benutzt. Nach der Beziehung von de Broglie $\lambda = h/m \cdot v$, der Grundgleichung der Wellenmechanik, kommt einem fliegenden Teilchen eine bestimmte Wellenlänge zu. Z. B. entspricht einem Elektron, das eine Spannung von 150 V durchlaufen hat, eine Wellenlänge von 1 Å. Um kleinere Gegenstände erkennen zu können, muß man in der Mikroskopie auch kleinere Wellenlängen verwenden. Das geht zwar, wenn auch schwer, mit ultraviolettem Licht (Quarzoptik!), nicht aber mit Röntgenstrahlen, weil es dafür keine Linsen gibt. — Im Elektronenmikroskop wird der dünne Gegenstand oder ein Abdruck der Oberfläche (Kollodiumhaut) mit Elektronen von einer Glühkathode bestrahlt. Die durchgehenden Elektronen werden dann vom Objektiv — einer magnetischen oder elektrostatischen Linse — auf einen Leuchtschirm oder auf eine Photoplatte projiziert. Man kann auch die erste Bildebene nochmals durch ein zweites Elektronen-Objektiv abbilden. — Beim Elektronenrastermikroskop wird das Objekt mit einem feinen Elektronenstrahl abgetastet, zeilenweise wie beim Fernsehbild. Dadurch ist die Strahlenbelastung des Objekts geringer. Pioniere auf dem Gebiet der Elektronenmikroskopie waren vor allem die Forscher E. Ruska, E. Brüche und M. v. Ardenne.

9. Feldelektronenmikroskop von E. W. Müller. Als eine Möglichkeit, Elektronen ins Hochvakuum zu bringen, war schon die Feldemission genannt worden. Legt man an eine sehr feine Wolframspitze eine negative Spannung von 2 bis 6 kV gegenüber einer ringförmigen Anode, die die Kathode umgibt, so treten aus der Spitze Elektronen aus (Abb. 606). Durch das hohe elektrische Feld vor der Spitze ($4 \cdot 10^7$ V/cm) wird der Potentialberg der Austrittsarbeit erniedrigt; den Rest des Potentialberges können die Elektronen durch wellenmechanischen Tunneleffekt durchqueren. Durch Ätzen erhält der Wolframdraht am Ende einen so kleinen Durchmesser, daß er unter dem Lichtmikroskop nicht mehr zu sehen ist. Die Elektronen verlassen die Spitze und folgen den Feldlinien, die von der Spitze strahlenförmig ausgehen. Auf einem Leuchtschirm erzeugen die Elektronen ein stark vergrößertes Bild von der runden Spitze. Man sieht z. B. die verschieden starke Elektronenemission einzelner Kristalloberflächen und die Oberflächenwanderung aufgedampfter Atome. Allerdings reicht das Auflösungsvermögen noch nicht, um einzelne Moleküle oder Atome zu erkennen. Dies ist jedoch beim Feldionenmikroskop gerade eben der Fall (Abb. 607).

Die Auflösungsgrenze der besten Elektronenmikroskope liegt heute etwa bei einigen Ångströmeinheiten.

69. Die selbständige Stromleitung in Gasen bei niedrigem Druck

Während die in den Nummern 65 bis 68 behandelten Vorgänge des Stromdurchganges durch Gase bei hohem Drucke und durch das Vakuum dadurch gekennzeichnet waren, daß die Entladung nicht von selbst einsetzte, sondern durch besondere Eingriffe eingeleitet werden mußte, wenden wir uns im folgenden der selbständig einsetzenden Stromleitung in Gasen von niedrigem und hohem Drucke zu. Geschichtlich gesehen wurden diese Erscheinungen bereits schon früher als die in den genannten Nummern besprochenen beobachtet. Z. B. stellt der Blitz eine Funkenentladung, das St.-Elms-Feuer eine Büschelentladung dar; der elektrische Lichtbogen wurde 1812 von S. H. Davy und die Leuchterscheinungen in verdünnten Gasen bereits 1706 durch F. Hauksbee beobachtet.

Wir behandeln zunächst die selbständige Stromleitung in Gasen und Dämpfen von niedrigem Druck. Zur experimentellen Untersuchung benutzt man eine an den Enden geschlossene Glasröhre von etwa 40 cm Länge und 4 bis 5 cm Durchmesser, in der man mittels einer Luftpumpe die Luft verdünnen kann. An beiden Enden der Röhre sind in die Wandung Elektroden luftdicht eingeschmolzen, die im Rohrinnern plattenförmig sind; häufig gibt man auch (Abb. 591) der Kathode plattenförmige und der Anode stiftförmige Gestalt. An die Elektroden der Röhre wird eine Gleichspannung von mehreren tausend Volt angelegt. Solange sich noch Luft von Atmosphärendruck in der Röhre befindet, geht durch diese keine Entladung hindurch. Bei einem Druck von etwa 40 Torr schlängelt sich durch die Röhre ein dünner Leuchtfaden, der in seiner Form einem Funken ähnelt, aber viel lichtschwächer ist (Abb. 591a). Bei weiterer Evakuierung wird der in seiner ganzen Länge rotgefärbte Leuchtfaden immer dicker („positive Säule"); gleichzeitig zeigt sich an beiden Elektroden ein verschiedenartiges Aussehen der Entladung, indem der Lichtfaden direkt an der Anode ansetzt, während vor der

Kathode ein dunkler Raum auftritt und auf der Kathode selbst sich ein kleiner blaugefärbter Lichtfleck ausbildet (Abb. 591b). Bei weiterer Luftverdünnung wird dieser Lichtfleck auf der Kathode immer größer und bedeckt sie bei einem Drucke von 4 Torr zum größten Teil mit einer blauen Haut. Auch der dunkle Raum zwischen der Kathode und der positiven Säule, die jetzt den ganzen Röhrenquerschnitt erfüllt, hat sich vergrößert. Bei einem Druck von etwa 1 Torr verliert die positive Säule an Farbe und wird fahl. Außerdem tritt, wie es Abb. 491c andeutet, vielfach eine eigentümliche Schichtung derselben in dunkle und helle Zonen auf. Der dunkle Zwischenraum zwischen der letzten leuchtenden Schicht, dem sogenannten Scheitel der positiven Säule, hat sich weiter ausgedehnt und die blaue Lichthaut auf der Kathode hat diese vollständig überzogen. Bei genauer Betrachtung erkennt man, daß dieses negative Glimmlicht nicht direkt auf der Kathode aufsitzt, sondern durch einen weiteren scharfbegrenzten dunklen Zwischenraum von dieser getrennt ist. Erniedrigen wir den Gasdruck in der Röhre noch weiter, etwa bis auf 0,5 Torr, so breitet sich das blaue Kathodenlicht ziemlich diffus in den vor ihm nach der Anode zu liegenden Dunkelraum aus, während sich die vor der Anode liegende Lichtsäule weiter verkürzt unter gleichzeitiger Auseinanderziehung der einzelnen Schichten. Auf der Kathode entsteht außerdem noch eine sehr dünne schwach rötlich leuchtende Glimmschicht, die im allgemeinen eng auf der Elektrode anliegt und nur in einzelnen Gasen, wie z. B. Wasserstoff und Helium, durch einen schwer zu beobachtenden Dunkelraum (Astonscher Dunkelraum) von der Elektrode getrennt ist. Auch auf der Anode ist eine allerdings wenig ausgeprägte Glimmhaut zu beobachten (Abb. 591d).

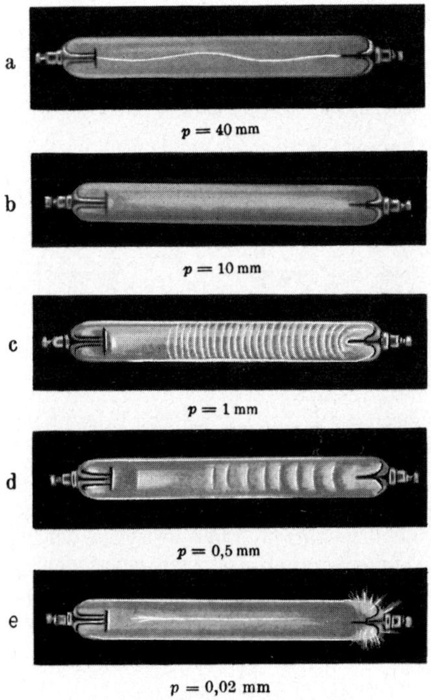

Abb. 591. Entladung in Luft bei vermindertem Druck

Bei weiterer Verdünnung verschwindet die geschichtete positive Säule vollständig, während sich das Glimmlicht von der Kathode weiter in das Rohrinnere ausbreitet. **Bei einem Druck von etwa 0,02 Torr ver**schwindet aber auch letzteres vollständig; das Innere der Röhre ist bis auf einen von der Kathode ausgehenden Lichtpinsel fast dunkel. Als neue Erscheinung beobachtet man aber ein grünliches Aufleuchten der Glaswand um die Kathode und besonders auf der der Kathode gegenüberliegenden Röhrenseite (Abb. 591e).

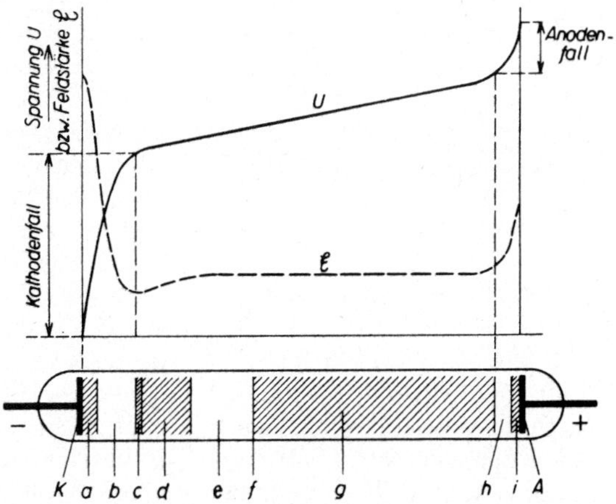

Abb. 592. Verlauf von Spannung U und Feldstärke $\mathfrak{E}$ in einer Glimmentladung

Im unteren Teil der Abb. 592 ist die besonders charakteristische Entladungsform bei etwa 0,5 Torr nochmals schematisch wiedergegeben. Dicht auf der Kathode K sitzt die rötliche Glimmhaut a, dann folgt der erste Kathoden-Dunkelraum b, der häufig auch als Hittorfscher oder

Crookesscher Dunkelraum[1]) bezeichnet wird. Hieran schließt sich das gegen den Kathodendunkelraum durch einen Glimmsaum *c* scharf abgesetzte negative Glimmlicht *d*, das unscharf in den zweiten sogenannten Faradayschen Dunkelraum *e* übergeht; dann kommt die positive (mitunter geschichtete) Säule *g* mit ihrem der Kathode zugewandten Scheitel *f*, und schließlich sitzt dicht auf der Anode *A* das anodische Glimmlicht *i*, von der positiven Säule durch einen schmalen, meist schwer beobachtbaren Dunkelraum *h* getrennt. Um zu verstehen, wie die beschriebenen Entladungserscheinungen zustande kommen, müssen wir den Spannungsverlauf längs der ganzen Entladungsröhre näher betrachten, d. h. wir müssen den Entladungsraum mit Hilfe einer Sonde abtasten. Dies läßt sich experimentell z. B. so durchführen, daß man, wie es Abb. 593 andeutet, die ganze Entladungsstrecke in einer Röhre an einer festen Sonde *S* vorbeiführt, was mit Hilfe eines Magneten von außen her zu verwirklichen ist. Ein zwischen Sonde *S* und Kathode *K* geschaltetes Elektrometer *E* mißt dann die Spannung *U* längs der Strecke Kathode—Sonde. Im oberen Teile der Abb. 592 ist das Ergebnis einer solchen Messung in der ausgezogenen Kurve aufgetragen. Man ersieht hieraus, daß der größte Teil des Spannungsanstieges auf dem kurzen Stück zwischen der Kathode und dem negativen Glimmlicht, also im ersten Dunkelraum, erfolgt; man nennt den Spannungsabfall zwischen Glimmlicht und Kathode sinngemäß den **Kathodenfall.** Im weiteren Raum der Röhre nimmt die Spannung nur wenig zu, um erst unmittelbar vor der Anode nochmals anzusteigen; dieser letztere Spannungsanstieg, negativ genommen, heißt **Anodenfall**; seine Größe beträgt aber nur einen Bruchteil des Kathodenfalles. Aus dem Verlauf der Spannung ergibt sich der in der gestrichelten Kurve in Abb. 592 wiedergegebene Feldstärkenverlauf zwischen Kathode und Anode: Die größte Feldstärke herrscht im Kathodenfall, während im übrigen Rohr nur niedrige Feldstärken auftreten.

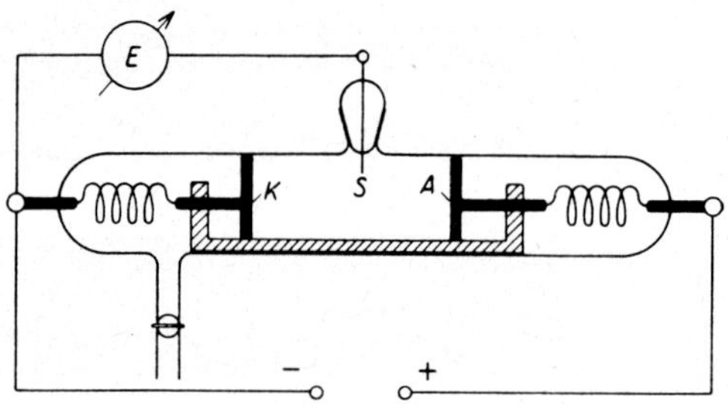

Abb. 593. Anordnung zur Messung des Feldverlaufes in einer Glimmentladung

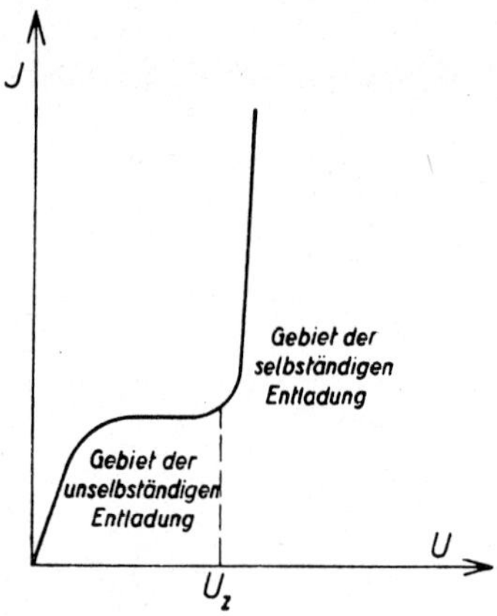

Abb. 594. Stromspannungskurve einer Gasentladung

Auf Grund dieser Spannungs- oder Feldverteilung kann man sich vom Mechanismus der selbständigen Entladung folgendes Bild machen: Zunächst befinden sich in dem Gasinhalt der Röhre neben normalen Molekülen einige wenige positive und negative Ionen, die durch äußere Einflüsse (z. B. radioaktive Strahlen usw.) erzeugt werden. Beim Anlegen eines Feldes wandern diese Ionen entsprechend ihrem Vorzeichen zur Kathode und Anode, und es kommt zu der in Nr. 65 beschriebenen unselbständigen Entladung, die in Luft von Atmosphärendruck mit steigender Spannung bald einen Sättigungswert erreicht (Abb. 594). Erniedrigt man aber den Gasdruck, d. h. vergrößert die freie Weglänge der Moleküle und Ionen, so erreichen letztere sehr bald bei hinreichender Feldstärke so hohe Geschwindigkeiten, daß die auf die Kathode aufprallenden positiven Ionen aus dieser Elektronen herausschlagen. Diese

[1]) Historisch ist zu bemerken, daß dieser Dunkelraum bereits 1858 von P. A. Plücker und 1869 von I. W. Hittorf beobachtet und beschrieben wurde, während W. Crookes 1879 in einer Veröffentlichung über elektrische Entladung in gasverdünnten Räumen erneut auf diese Erscheinung hinwies. Im übrigen ist der Ausdruck „Dunkelraum" insofern nicht wörtlich zu nehmen, als in ihm tatsächlich keine vollkommene Dunkelheit herrscht. Mit der Bezeichnung „dunkel" ist nur die Kontrastwirkung gemeint, die gegenüber den anderen Stellen in der Röhre auffällt. Das gilt auch für die anderen Dunkelräume.

bewegen sich in Richtung Anode und erreichen infolge ihrer sehr geringen Masse sehr bald eine solche Geschwindigkeit, daß sie auf ihrem Wege neutrale Moleküle durch Zerschlagen ionisieren und so neue positive Ionen und Elektronen schaffen. Man nennt diesen Vorgang **Stoßionisation** (s. S. 432). Sie bildet den Kernpunkt der selbständigen Entladung.

Damit nun die von der Kathode kommenden Elektronen die zur Stoßionisation erforderliche kinetische Energie erlangen, müssen sie eine gewisse Strecke im elektrischen Feld frei durchlaufen. Dies geschieht im ersten Dunkelraum, an dessen nach der Anode zu liegenden Grenze die Stoßionisation einsetzt. Da letztere mit einem Aufleuchten der getroffenen Moleküle verbunden ist, erklärt sich damit auch die Existenz des negativen Glimmlichtes mit seiner scharfen Abgrenzung nach der Kathode. Dagegen ist das Leuchten der auf der Kathode sitzenden Glimmhaut durch den Aufprall der positiven Ionen bedingt. Daß das negative Glimmlicht durch die von der Kathode kommenden Elektronen verursacht wird, kann man daraus ersehen, daß ein dicht vor die Kathode gebrachtes Stäbchen einen deutlich sichtbaren Schatten in das negative Glimmlicht wirft.

Im negativen Glimmlicht entstehen durch Stoßionisation dauernd positive Ionen und Elektronen. Da erstere infolge ihrer relativ großen Masse sich langsamer als die Elektronen bewegen, kommt es im negativen Glimmlicht und besonders im Glimmsaum zur Anhäufung positiver Ladungen und damit zur Ausbildung eines starken elektrischen Feldes nach der Kathode hin, dem Kathodenfall. Er bedingt sowohl, daß die von der Kathode kommenden Elektronen die zur Stoßionisation erforderliche kinetische Energie bekommen, als auch, daß die dadurch erzeugten positiven Ionen gegen die Kathode zu hinreichend beschleunigt werden, um bei ihrem Auftreffen auf die Kathode wieder neue Elektronen aus dieser frei zu machen. Damit wird die grundlegende Rolle des Kathodenfalles deutlicher. Auf diese Weise entsteht bald nach Anlegung der Spannung an die Röhre ein lawinenartiges Anwachsen des Stromes, wie es schematisch die Kurve in Abb. 594 andeutet. Bei gegebener Röhrenspannung stellt sich ein stationärer Zustand ein, wenn die Zahl der in der Zeiteinheit von den positiven Ionen an der Kathode freigemachten Elektronen gerade ausreicht, die hierzu notwendige Anzahl positiver Ionen durch Stoßionisation wieder neu zu schaffen. Der Stromdurchgang durch das verdünnte Gas ist dann von jedem äußeren ionisierenden Einflusse unabhängig geworden; wir haben es mit einer selbständigen Entladung zu tun. Wie man aus der Abb. 594 ersieht, ist aber zur Zündung der Entladung eine bestimmte Zündspannung U_z notwendig.

In der positiven Säule bewegen sich sowohl positive als auch negative Ionen und Elektronen mit nicht sehr hoher Geschwindigkeit in verschiedener Richtung. Dabei kommt es durch Zusammenstöße sowohl zu Wiedervereinigungen als auch zu neuen Anregungen. Im einzelnen sind die Verhältnisse außerordentlich kompliziert und dann noch durch die äußere Form der Entladungsröhre bedingt. In Entladungsgefäßen, deren Querschnitt groß gegen den Durchmesser der Elektroden ist, verschwindet die positive Säule vollkommen, und der zweite (Faradaysche) Dunkelraum erstreckt sich bis zur Anode. In den jedoch gewöhnlich zur Vorführung benutzten länglichen Entladungsröhren, (z. B. Abb. 591) nimmt die positive Säule fast die ganze Rohrlänge ein: Bei einem 1 m langen Rohr z. B. erstreckt sie sich über die ganze Länge bis 2—3 cm vor die Kathode.

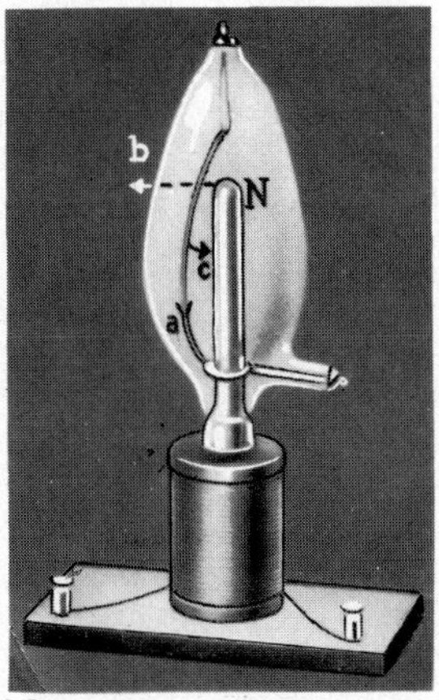

Abb. 594a. Drehung der positiven Lichtsäule um einen Magneten

In einem Magnetfeld verhält sich die positive Lichtsäule wie ein beweglicher Stromleiter. Man kann dies mit der in Abb. 594a dargestellten Entladungsröhre zeigen, die sich über einen stabförmigen Elektromagneten schieben läßt. Die zwischen der Elektrode am oberen Ende der Röhre und einer unteren ringförmigen Elektrode verlaufende Entladung rotiert nach Einschaltung des Elektromagneten um diesen herum. Die Richtung *a* der positiven Ionen und die Magnetfeldrichtung *b* stehen nach der Flemingschen Linken-Hand-Regel senkrecht auf der Bewegungsrichtung *c* der Entladung. Man sieht diese Erscheinung viel in Schaufenstern und an Personenwaagen.

Wie kommt die positive Säule zustande? Bei ihrem Weg durch das Rohr diffundiert ein Teil der leicht beweglichen Elektronen auf die Glaswand, wo sie hängenbleiben. Sie ziehen positive Ionen an und neutralisieren sie. Dadurch gehen Elektrizitätsträger verloren, und die noch im Rohr vorhandenen Elektronen müssen eine größere Geschwindigkeit erlangen, um durch Stoßionisation neue Ionen und Elektronen zu schaffen. Bei diesen Ionisierungsvorgängen kommt es dann wieder zu Leuchterscheinungen, die unter gewissen Bedingungen in periodischen Abständen erfolgen können, was zum Auftreten einer geschichteten Entladung führt. Sehen wir vom Sonderfall der geschichteten positiven Säule ab, so werden durchschnittlich in jedes Volum-Element der Entladungsbahn ebensoviele Träger eines Vorzeichens eintreten, wie austreten, denn nur so ist das Fehlen von Raumladungen eines Vorzeichens unter gleichmäßigem Spannungsanstieg längs der positiven Säule verständlich. Damit nun aber vor der Anode durch die ständige Abwanderung positiver Ionen keine Verarmung an diesen eintritt, bildet sich hier der Anodenfall aus und sorgt durch die in ihm vorhandene höhere Feldstärke, daß es nochmals zu einer kräftigen Stoßionisation und damit zur Schaffung positiver Ionen kommt. Die dabei gegen die Anode prallenden Elektronen lösen aus der auf der Anode sitzenden Gashaut viele positive Ionen aus und rufen dabei die die Anode überziehende Glimmhaut hervor, die ebenso wie die Farbe der positiven Säule von der Art des Füllgases und von seinen Verunreinigungen in starkem Maße abhängt.

Soweit die Beschreibung des Mechanismus' der selbständigen Gasentladung bei einem Druck von etwa 5 Torr. Daß dabei der Kathodenfall eine ganz entscheidende Rolle spielt, zeigen die folgenden Versuche: Verändert man den Abstand zwischen Kathode und Anode, indem man eine dieser Elektroden stetig auf die andere hinbewegt, so verringert sich entsprechend die Länge der positiven Säule, die schließlich ganz verschwindet. Bei weiterer Annäherung verschwindet auch der zweite (Faradaysche) Dunkelraum, während die Vorgänge an der Kathode unverändert bleiben. Rückt schließlich die Anode in das negative Glimmlicht hinein, so steigt der Kathodenfall stark an (anomaler Kathodenfall). Wird der Abstand zwischen den beiden Elektroden kleiner als der erste Dunkelraum, so daß sich der Kathodenfall nicht mehr ausbilden kann, so erlischt die Entladung, da auf der jetzt noch zur Verfügung stehenden Gasstrecke zu wenig Moleküle vorhanden sind, die durch Stoßionisation ionisiert werden können. Dies zeigt sehr schön die Hittorfsche Umwegröhre (Abb. 595). Bei dieser sind durch zwei größere Glaskugeln zwei Aluminiumdrähte als Elektroden hindurchgeführt, so daß sie in dem kurzen Verbindungsstück zwischen den Kugeln bis auf 1 bis 2 mm einander gegenüberstehen. Die beiden Glaskugeln sind außerdem noch durch ein längeres Umwegrohr miteinander verbunden. Die ganze Röhre ist auf einen Druck von etwa 0,5 Torr evakuiert. Legt man an die beiden Elektroden eine Spannung von mehreren tausend Volt, so geht die Entladung nicht zwischen den sich direkt gegenüberstehenden Elektroden über, sondern nimmt ihren Weg durch das lange Umwegrohr, da der enge Abstand zwischen den Elektroden nicht zur Ausbildung des Kathodenfalles und zu den Vorgängen der Stoßionisation ausreicht. Nähert man aber dem Raum zwischen den Elektroden einen kräftigen Magneten, so setzt die Entladung auch direkt zwischen den Elektroden wieder ein, da infolge der Krümmung der Bahn der Elektrizitätsträger im Magnetfeld deren Weg länger wird und es dadurch zur Stoßionisation kommt.

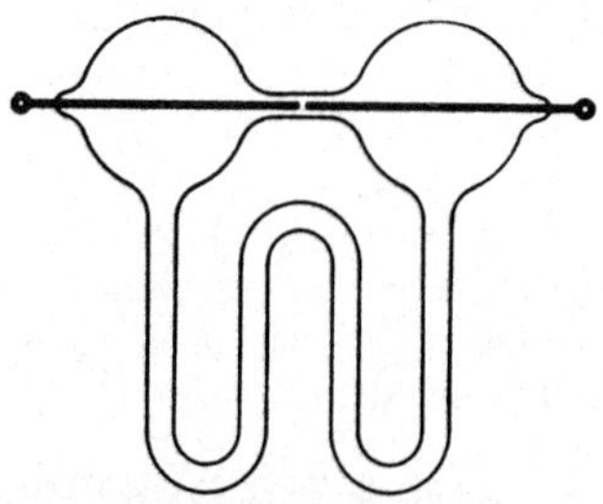

Abb. 595. Hittorfsche Umwegröhre

Wie bereits Hittorf (1883) feststellte, ist, solange die Kathode noch nicht völlig von dem negativen Glimmlicht bedeckt ist, der Kathodenfall unabhängig von der Stromstärke und vom Gasdruck **(normaler Kathodenfall).** Wie die folgende Tabelle zeigt, hängt seine Größe stark von der Art des Gases und dem Kathodenmetall ab. Er ist um so kleiner, je leichter das Metall Elektronen abgibt und je elektropositiver das Gas ist. Man kann daher den Kathodenfall verkleinern und ganz zum Verschwinden bringen, wenn man die Kathode erhitzt (A. Wehnelt, 1904). Durch die aus der Kathode austretenden Elektronen wird die positive Raumladung im Raum vor der Kathode, die, wie oben gezeigt, die Ursache für das Entstehen des Kathodenfalles ist, teilweise oder ganz zerstört.

Mit steigender Stromstärke breitet sich das negative Glimmlicht immer mehr über die Kathode aus und bedeckt schließlich ebenso wie die Glimmhaut auch die Rückseite der Elektrode, indem es diese wie ein leuchtender Pelz umhüllt. Sobald die Kathode ganz bedeckt ist, steigt

Normaler Kathodenfall in Volt von verschiedenen Kathodenmaterialien in verschiedenen Gasen und Dämpfen sowie Farbe des negativen Glimmlichtes.

Metall \ Gas	Luft	Wasserstoff	Helium	Neon	Argon	Quecksilber	Stickstoff
Natrium		185	80	75			178
Kalium		94	59	68	64		170
Kupfer	252	214	177	220	130	447	208
Silber	279	216	162	150	130	318	233
Gold	285	247	165	158	130		232
Kalzium			86	86	93		157
Barium			86		93		157
Wolfram				125		305	
Platin	277	276	165	152	131	340	216
Eisen	269	198	153	153	131	389	215
Aluminium	229	171	141	120	100		179
Farbe d. negativen Glimmlichtes	blau	bläulich rosa	blaß-grün	orange	bläulich	gelblich weiß	blau

der Kathodenfall an und ist nun nicht mehr unabhängig von Stromstärke und Gasdruck. Man hat es jetzt mit dem anomalen Kathodenfall zu tun, in dem eine sehr viel größere Feldstärke wie früher herrscht, so daß nunmehr zur Aufrechterhaltung der Entladung eine höhere Spannung an der Röhre erforderlich ist.

Von dem Unterschied zwischen normalem und anomalem Kathodenfall macht die Technik bei den sog. Glimmlichtgleichrichtern Gebrauch, von denen Abb. 596 ein Ausführungsbeispiel zeigt. Das Gleichrichterrohr enthält eine große zylinderförmige (E_2) und eine kleine aus einem kurzen Drahtstück bestehende Elektrode (E_1). Ist die große Elektrode Kathode, so bildet sich der normale Kathodenfall aus, der „Widerstand" der Röhre ist bei einer bestimmten Spannung klein; im umgekehrten Fall, wenn die kleine Elektrode Kathode ist, also vollständig mit Glimmlicht bedeckt wird, tritt der anomale Kathodenfall ein, und die Röhre hat einen sehr großen „Widerstand". Legt man also eine Wechselspannung an die Röhre, so geht der Strom vorwiegend in der einen Richtung hindurch, es tritt Gleichrichtung ein.

Die oben erwähnte Erscheinung, daß das negative Glimmlicht die Kathode mit steigender Strom-

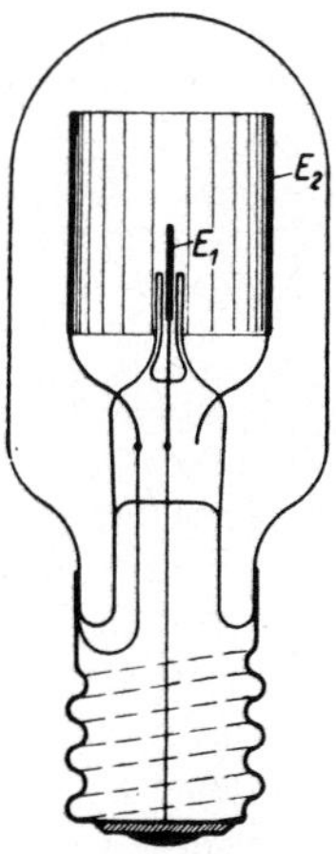

Abb. 596. Glimmlicht-gleichrichter

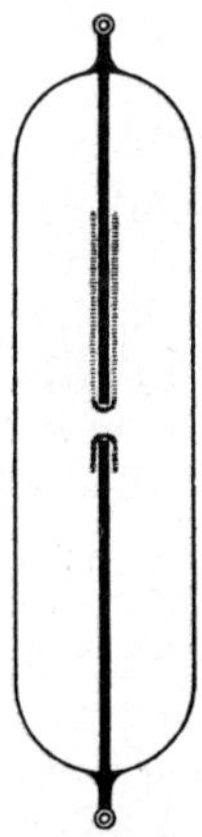
Abb. 597 Glimmlicht-oszillograph nach Gehrcke

Abb. 598. Aufnahme einer Wechselspannung mit Glimmlicht-oszillograph und Drehspiegel

stärke immer mehr bedeckt, wurde von E. Gehrcke (1904) zum Bau eines Glimmlichtoszillographen benutzt. Dieser besteht aus einer Entladungsröhre mit zwei langen Drahtelektroden (Abb. 597). Legt man an die Röhre eine Wechselspannung, so überzieht sich die jeweils negative Elektrode mit dem blauen Glimmlicht, und zwar längs einer Strecke, die der Stromstärke proportional ist. In einem rotierenden Spiegel sieht man dann ein Bild von der Form der Abb. 598, das es ermöglicht, rasch veränderliche Wechselstromvorgänge bequem zu untersuchen.

Das negative Glimmlicht findet auch zu Beleuchtungszwecken in den sogenannten **Glimmlampen** eine praktische Anwendung. Wie man aus der vorstehenden Tabelle ersieht, gelingt es, in Edelgasen bei Elektroden aus Aluminium oder Eisen mit einem Überzug von metallischem Barium den Kathodenfall auf Spannungen von 100 Volt und weniger herabzudrücken, so daß derartige Entladungsröhren bereits bei den normalen Netzspannungen von 110 oder 220 Volt gezündet und betrieben werden können. In der Abb. 599 sind zwei Ausführungsformen solcher Glimmlampen wiedergegeben; bei der kleinen bestehen die Elektroden aus einem Ring und einer Platte, während die größere Type zwei nebeneinanderlaufende Drähte in Gestalt einer bienenkorbartigen Wendel besitzt. Bei Wechselstrom überziehen sich beide Elektroden abwechselnd mit dem leuchtenden Glimmlicht, während bei Gleichstrom nur die als Kathode geschaltete Elektrode leuchtet. Man kann daher eine solche Glimmlampe auch als Polsucher benutzen, wobei man die beiden Elektroden zweckmäßig in der Form eines +- und —-Zeichens ausbildet. Da die Glimmlampen an ein Lichtnetz, also an eine beliebig ergiebige Stromquelle angeschaltet werden, ist die Vorschaltung eines Widerstandes (etwa 5000 Ohm) erforderlich, um zu verhüten, daß die Glimmentladung in eine Bogenentladung umschlägt, wodurch die Lampe zerstört würde. Der Betriebsstrom normaler Glimmlampen beträgt 15 bis 20 mA, ihr Leistungsverbrauch 1,6 bis 4,5 Watt bei Netzspannungen von 110 bis 220 Volt; der von ihnen ausgestrahlte Lichtstrom beträgt etwa 1 Lumen.

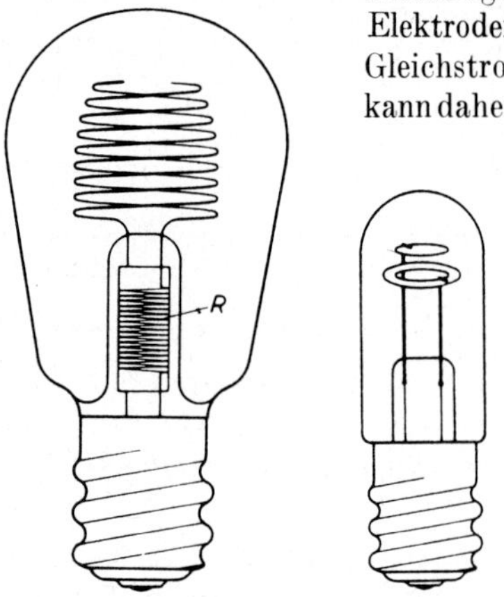

Abb. 599. Ausführungsformen von Glimmlampen

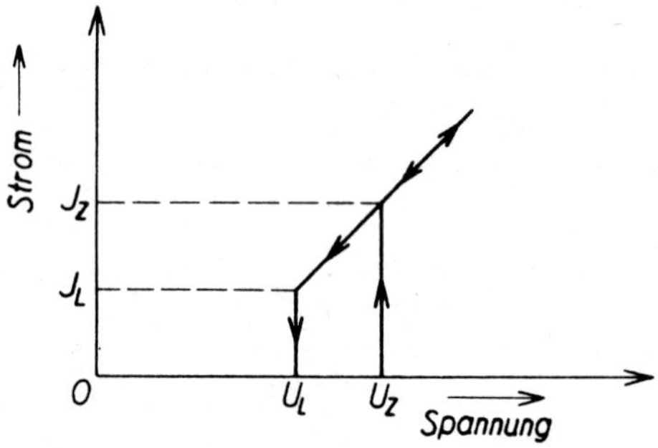

Abb. 600. Stromspannungsverlauf bei einer Glimmlampe

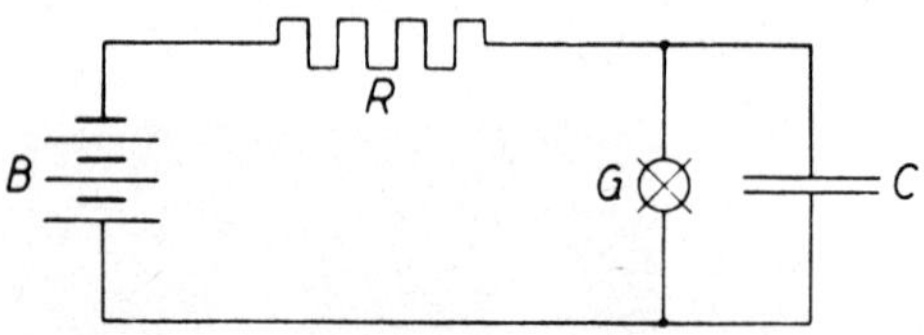

Abb. 601. Schaltung zur Erzeugung von Kippschwingungen mittels Glimmlampe

Nimmt man die Strom-Spannungs-Charakteristik einer Glimmlampe auf, so erhält man den in Abb. 600 schematisch dargestellten Verlauf: Die Lampe zündet ohne vorherigen Stromdurchgang erst bei einer Zündspannung U_Z, und der Strom steigt sofort auf den Wert J_Z, um mit zunehmender Spannung weiter zu steigen. Verkleinert man aber die Spannung, so erlischt die Entladung erst bei einer Löschspannung U_L, die bei den handelsüblichen Lampen 20 bis 30 Volt unter der Zündspannung liegt. Grund: Ist die Entladung einmal gezündet, so sind genügend Ionen vorhanden, so daß die Entladung auch noch bei kleineren Spannungen bestehen kann. Infolge des Unterschiedes zwischen Zünd- und Löschspannung lassen sich durch Glimmlampen elektrische Schwingungen erzeugen. Schaltet man (Abb. 601) parallel zur Glimmlampe G einen Kondensator von der Kapazität C und legt vor die Glimmlampe einen hohen Widerstand R (einige Megohm), so steigt die Spannung U_C am Kondensator nach der Gleichung

$$U_C = U_B\left(1 - e^{-\frac{t}{RC}}\right)$$

allmählich mit der Zeit t auf den Wert der Spannung U_B der Gleichstromquelle an, und zwar um so langsamer, je größer C und R sind (gestrichelte Kurve in Abb. 602). Sobald die Spannung am Kondensator den Wert der Zündspannung U_Z der Glimmlampe erreicht, zündet diese, und die auf dem Kondensator aufgespeicherte Ladung entlädt sich über den gegenüber R kleinen Glimmlampenwiderstand fast momentan, und zwar so lange, bis die Spannung auf den Wert der Löschspannung U_L abgesunken ist. Dann beginnt der Kondensator sich erneut aufzuladen, bis die Zündspannung erreicht ist und sich alles wiederholt. Die Spannung am Kondensator hat also den in Abb. 602 dargestellten sägezahnartigen Verlauf. Man nennt eine derartige elektrische Schwingung eine **Kippschwingung** (vgl. auch das mechanische Analogon in Band I, Nr. 37).

Aus der obigen Gleichung berechnet sich die Zeit t_0 bis zum erstmaligen Erreichen der Zündspannung zu:

$$t_0 = RC \ln \frac{1}{1-(U_Z/U_B)}$$

Entsprechend findet man für die Zeit t_1 bis zum Erreichen der Löschspannung:

$$t_1 = RC \ln \frac{1}{1-(U_L/U_B)}$$

Die Differenz $t_0 - t_1$ ist die bei der Kippschwingung auftretende Kippzeit T. Für sie erhält man:

$$T = RC \ln \frac{U_B - U_L}{U_B - U_Z}.$$

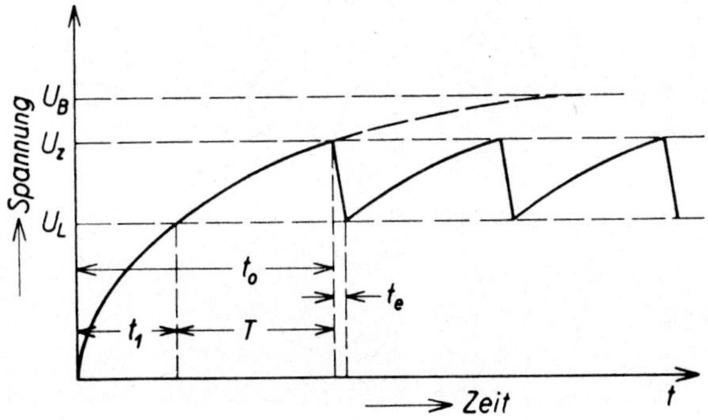

Abb. 602. Spannungsverlauf bei einer mittels Glimmlampe erzeugten Kippschwingung

Da man die Entladezeit t_e, während der der Strom durch die Glimmlampe fließt, gegen T vernachlässigen kann, ist T auch die Schwingungsdauer der Kippschwingung. Sie ist bei gegebener Röhre und gegebener Betriebsspannung U_B proportional dem Widerstand R und der Kapazität C. Auf diese Weise lassen sich sowohl Schwingungen von sehr großer Schwingungsdauer (einige Minuten) wie auch solche mit Frequenzen von einigen zehntausend Hz erzeugen.

Auch das Licht der positiven Säule wird zu Beleuchtungszwecken ausgenutzt. Die für Reklamezwecke, für Außen- und für Innenbeleuchtung von Räumen benutzten Entladungsröhren haben oft eine Länge von vielen Metern bei einem Durchmesser von 1 bis 3 cm. Je nach der Gasfüllung leuchten sie in verschiedener Farbe; Neon liefert ein leuchtendes Rot, Helium ein Gelb, Quecksilberdampf bläulich-weißes Licht. Die im Quecksilberlicht vorhandenen ultravioletten Strahlen werden oft durch Anwendung von Leuchtstoffen in sichtbares Licht umgewandelt, die man zu diesem Zwecke auf der Innenseite der Leuchtröhre in dünner Schicht anbringt. Auf diese Weise gelingt es, die Lichtausbeute erheblich zu steigern und dabei fast jede Farbe, insbesondere auch ein weißes, tagesähnliches Licht, zu erzeugen. Ein besonderer Vorteil derartiger Leuchtröhren ist größere Wirtschaftlichkeit und Lebensdauer gegenüber den Glühlampen mit Wolframfäden, weil diese überwiegend unsichtbares ultrarotes Licht aussenden und weil der Wolframfaden mit der Zeit verdampft.

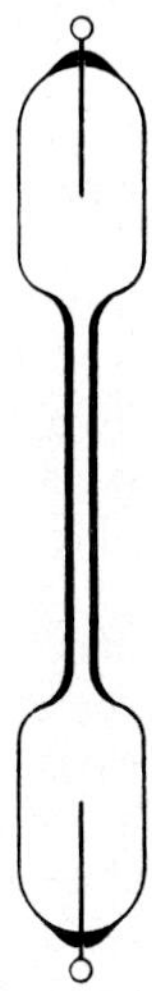

Abb. 603. Entladungsröhre für Spektraluntersuchungen

Als Lichtquellen für spektroskopische Zwecke dienen Entladungsröhren von der Form der Abb. 603. In dem engen Querschnitt der Kapillare wird wegen der dort herrschenden großen Stromdichte die positive Säule besonders intensiv zum Leuchten angeregt.

In jeder Glimmladung findet durch den Aufprall der positiven Ionen auf die Kathode eine allmähliche Zerstäubung dieser Elektrode statt. Dabei hängt der Grad der Kathodenzerstäubung in erster Linie von dem Kathodenmetall ab; nach W. Crookes ergibt sich folgende nach wachsender Zerstäubung geordnete

Reihe: Aluminium[1]), Eisen, Iridium, Nickel, Kadmium, Kupfer, Platin, Zinn, Blei, Silber, Gold, Palladium. Ferner ist die Zerstäubung noch abhängig von der Betriebsspannung sowie der Art und dem Druck des Gases. Das zerstäubte Metall schlägt sich als metallischer Spiegel auf der inneren Glaswand der Entladungsröhre nieder. Technisch wird die Kathodenzerstäubung dazu benutzt, um Gegenstände, insbesondere Glasplatten, mit einem spiegelnden dünnen Überzug aus Silber, Gold oder Platin zu überziehen. Auch Hochohmwiderstände werden vielfach durch Kathodenzerstäubung hergestellt, indem man auf ein gut isolierendes Stäbchen (Bernstein, keramische Masse usw.) ein schlecht leitendes Metall in sehr dünner Schicht aufstäubt.

Wir wenden uns nun zu den Erscheinungen, die bei hohem Vakuum in einer Gasentladung auftreten. Erwähnt wurde bereits auf S. 455, daß bei Drucken von 0,02 Torr und weniger die Leuchtphänomene im Innern der Entladungsröhre fast vollkommen verschwinden, dafür aber ein Fluoreszieren der Glaswand an bestimmten Stellen auftritt. Wir untersuchen diese Erscheinung etwas näher in einer Entladungsröhre, bei der die Anode in einem seitlichen Ansatz untergebracht ist (Abb. 604). Bei Drucken bis zu 0,5 Torr beobachten wir, daß die auf **S. 455 beschriebenen und** in den Abb. 591a—d wiedergegebenen Entladungserscheinungen dieselben bleiben und dabei ihren Verlauf von der Kathode nach der Anode im seitlichen Ansatzrohr auf dem kürzesten Wege nehmen (Abb. 604a). Bei weiterem Evakuieren ändert sich aber die Erscheinung gegenüber dem früher Gesagten. Sobald nämlich die positive Säule verschwindet (Abb. 604 b), erstreckt sich das negative Glimmlicht nicht mehr in das seitliche Anodenrohr, sondern verläuft geradlinig im zylindrischen Hauptrohr weiter. Bei noch geringeren Drucken erstreckt sich auch der erste Dunkelraum vor der Kathode in dieselbe geradlinige Richtung, und es beginnt die Glaswand gegenüber der Kathode eine starke grünliche Fluoreszenz zu zeigen, die eine scharfe Begrenzung durch die etwas engere Rohrwandung des zylindrischen Teiles aufweist (Abb. 604c). Bringt man in der Röhre senkrecht zum Strahl, also parallel zur Kathodenplatte ein Kreuz an, das sich durch den Beschuß nicht aufladen kann, so erhält man einen scharf begrenzten Schatten auf der grünlich fluoreszierenden Glaswand. Diese beiden letzten Versuche zeigen, daß von der Kathode geradlinige Strahlen ausgehen, die man deshalb **Kathodenstrahlen** genannt hat. Insbesondere sieht man auch, daß die Strahlen die Kathodenoberfläche in senkrechter Richtung verlassen. Würde nämlich die Kathode wie ein lichtaussendender Körper strahlen, so müßte der Schatten des Kreuzes von einem Halbschatten umgeben sein. Gibt man der Kathode die Form eines Hohlspiegels und bringt in dessen Mittelpunkt ein dünnes Platinblech an, so bringen die die Kathodenoberfläche senkrecht verlassenden Strahlen das Platinblech in ihrem Auftreffpunkt zur hellen Rotglut. — Bringt man vor der Kathode eine schlitzförmige Metallblende an und vor dieser einen länglichen Fluoreszenzschirm, so zeichnen die von der Kathode kommenden Strahlen ihre Bahn als leuchtenden Strich auf dem Fluoreszenzschirm ab. Nähert man dem Entladungsrohr einen Magneten, so daß dessen Feldlinien den Kathodenstrahl senkrecht schneiden, so wird der Strahl je nach der Feldrichtung nach unten

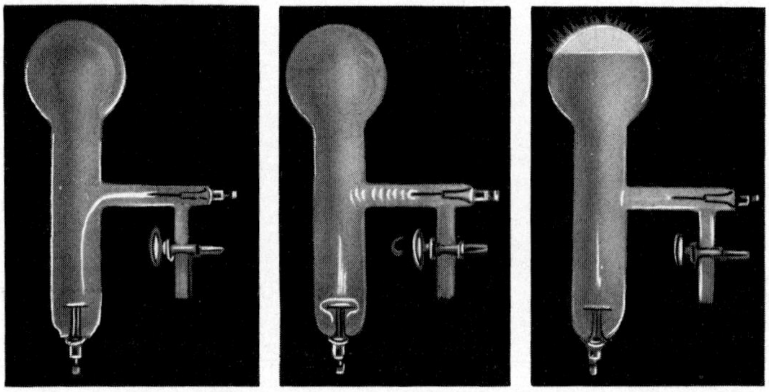

a b c

Abb. 604. Entladung in Luft bei vermindertem Druck
a) p = 40 Torr; b) p = 0,5 Torr; c) p = 0,02 Torr

[1]) Da Aluminium praktisch kaum zerstäubt, macht man in den Entladungsröhren die Elektroden meistens aus diesem Metall.

oder oben abgelenkt. Mittels der Flemingschen Linke-Hand-Regel ergibt sich aus Feldrichtung und Strahlablenkung, daß sich im Kathodenstrahl negative Elektrizitätsträger von der Kathode aus durch die Röhre hindurchbewegen.

Zur Messung der spezifischen Ladung e/m der Kathodenstrahlen verwendet man eine Röhre nach Abb. 574 mit einer kalten plattenförmigen Kathode an Stelle der früher benutzten Glühkathode und einem Gasdruck von etwa 0,001 Torr[1]). Man erhält aus elektrischer und magnetischer Ablenkung für e/m denselben Wert, wie wir ihn auf **S. 444** für Glühelektronen gefunden haben. Damit ist erwiesen, daß die Kathodenstrahlen in gashaltigen Röhren gleichfalls aus bewegten Elektronen bestehen. Diese durchlaufen nach ihrem Austritt aus der Kathode den vor dieser herrschenden Kathodenfall, an dem praktisch die gesamte Röhrenspannung liegt, und erreichen so auf einer Strecke von wenigen Millimetern bereits solche Geschwindigkeiten, daß ihre Bahn nach Verlassen des Kathodenfalles nicht mehr durch das im übrigen Röhrenteil herrschende Spannungsgefälle beeinflußt wird und somit die Lage der Anode für die Entladung bedeutungslos wird. Da die elektrischen Feldlinien vor der Kathode auf dieser senkrecht stehen, erklärt sich auch die in den vorausgehenden Versuchen gezeigte Erscheinung des senkrechten Austrittes der Kathodenstrahlen von der Kathode.

Nachdem 1892 H. Hertz festgestellt hatte, daß Kathodenstrahlen dünne Metallfolien durchdringen können, gelang es 1894 P. Lenard, eine Entladungsröhre, wie sie Abb. 605 zeigt, zu bauen, bei der die Kathodenstrahlen aus der Röhre in das umgebende Medium austreten können. Zu diesem Zweck trägt das der Kathode K gegenüberliegende Röhrenende eine geerdete Metallplatte M, die eine Anzahl kleiner Löcher besitzt, die mit einer Aluminiumfolie Al von etwa 0,002 mm Dicke luftdicht abgeschlossen sind. Die Kathodenstrahlen treten dann durch die Aluminiumfenster in die umgebende Luft hinaus. Die dabei durch Stoßionisation ionisierten Luftmoleküle leuchten in rötlich violettem Schimmer. Mittels eines Fluoreszenzschirmes läßt sich die Spur der Strahlen in Luft einige Zentimeter weit verfolgen; photographische Schichten werden von den Kathodenstrahlen geschwärzt. Die Lenardröhre hat eine große Bedeutung für die Untersuchung der Kathodenstrahlen außerhalb ihres Entstehungsortes erlangt. Z. B. fand Lenard, daß die Absorption der Strahlen in der Materie in erster Annäherung proportional der Dichte des betreffenden Stoffes zunimmt. Doch gilt diese Beziehung nur für schnelle Kathodenstrahlen ($v \geqq {}^1/_3\, c$), auch zeigen einige Gase gewisse Abweichungen. In Luft von Atmosphärendruck beträgt die Reichweite von Kathodenstrahlen von ${}^1/_3$ Lichtgeschwindigkeit etwa 6 bis 8 cm.

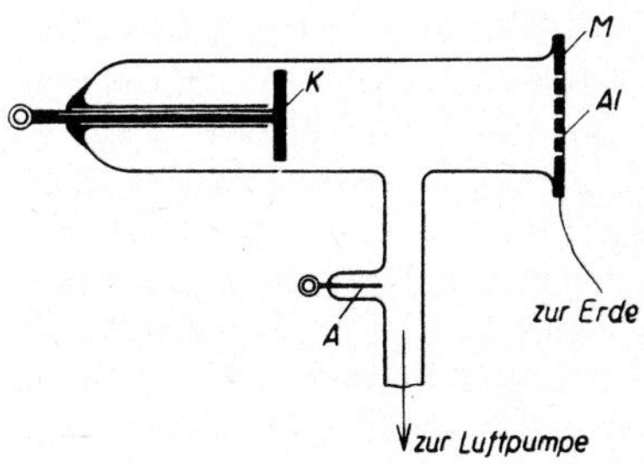

Abb. 605.
Kathodenstrahlröhre mit **Lenardfenster**

Nachdem E. W. Müller mit seinem Feldelektronenmikroskop etwa die Grenze des Auflösungsvermögens erreicht hatte, wandte er sich einer Weiterentwicklung mit großem Erfolg zu. Das Feldelektronenmikroskop besitzt in einem sehr gut evakuierten Glasgefäß (Abb. 606) einen Leuchtschirm und auf der gegenüberliegenden Seite eine feine Metallspitze als Kathode, umgeben von einem Ring als Anode. Von der Spitze fliegen die Elektronen wegen der hohen Feldstärke ($4 \cdot 10^7$ V/cm) durch Feldemission radial ab und geben auf dem Leuchtschirm ein Bild von der kugelförmigen Spitze. Nach der de Broglie-Beziehung $\lambda = h/mv$ ist die Wellenlänge kleiner, wenn die Masse eines Teilchens größer ist. Werden also die Elektronen durch Ionen ersetzt, dann muß das Auflösungsvermögen wegen der kleineren Wellenlänge größer sein. Dies wird im **Feldionenmikroskop** verwirklicht. Die Spitze wird als Anode, der umgebende Ring als Kathode gepolt. Selbst bei der zehnfach höheren Spannung, die angelegt wird, können aus der ringförmigen Kathode keine Elektronen durch Feldemission austreten, weil die Feld-

[1]) Eine Röhre dieser Form wurde zuerst von F. Braun (1897) angegeben und als Oszillographenröhre benutzt; diese Braunsche Röhre ist das Vorbild für die modernen Elektronenstrahlröhren gewesen.

stärke am Ring nicht groß genug ist. Es fließt somit kein Strom, solange ein sehr gutes Hochvakuum vorhanden ist. Nun wird in das Innere Helium eingefüllt, und zwar nur so wenig (10^{-3} Torr), daß die mittlere freie Weglänge groß ist verglichen mit dem Abstand Spitze — Leuchtschirm. Kommen jetzt Heliumatome in die Nähe der Spitze, wo eine sehr hohe Feldstärke herrscht — etwa $4 \cdot 10^8$ V/cm —, dann werden sie polarisiert, von der Spitze angezogen, geben ein Elektron an die positive Elektrode ab und fliegen sofort als positive Ionen radial von der Spitze zum Leuchtschirm. Dort erzeugen sie ein stark vergrößertes Bild der Spitze. Es ist E. W. Müller gelungen, auf diese Weise einzelne Atome des Kristallgitters der Spitze bzw. Fehlstellen von Atomen zu zeigen (Abb. 607).

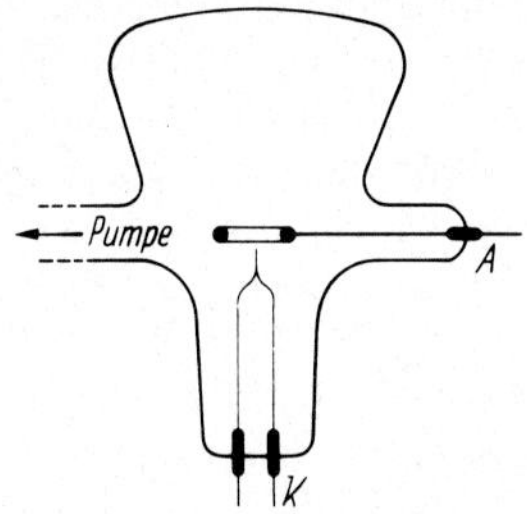

Abb. 606. Feldelektronenmikroskop

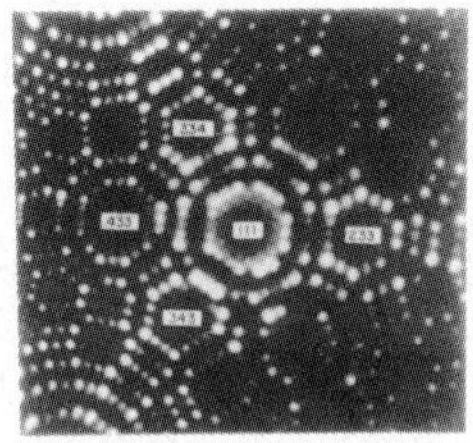

Abb. 607. Aufnahme mit dem Feldionenmikroskop. Abbildung eines sehr kleinen Gebietes einer Wolfram-Spitze mit Helium-Ionen. Beschleunigungsspannung 9,2 kV

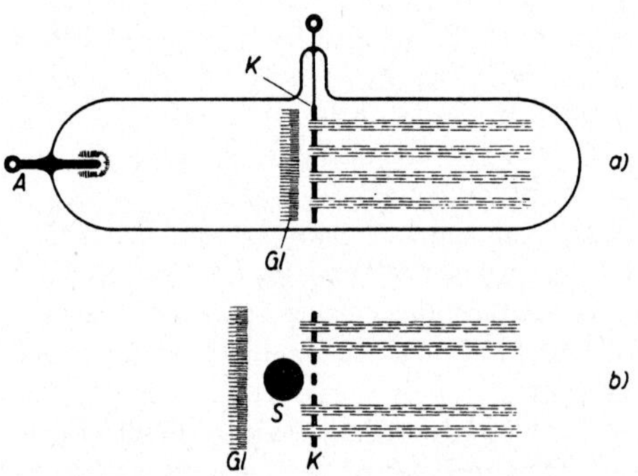

Abb. 608. Entstehung von Kanalstrahlen

Versieht man die Kathode einer Entladungsröhre mit einer Anzahl von Löchern (Kanälen), so beobachtet man, daß aus diesen Öffnungen leuchtende Strahlen in den hinter der Kathode liegenden Raum eintreten (Abb. 608a). Diese Strahlen wurden 1886 von E. Goldstein entdeckt und als **Kanalstrahlen** bezeichnet. Die Farbe der Strahlen hängt von der Art des in der Röhre befindlichen Gases ab. Der Entstehungsort der Strahlen liegt vor der Kathode im negativen Glimmlicht. Man kann dies durch direkte Beobachtung feststellen und durch den bereits oben auf **S. 455** beschriebenen Versuch nachweisen, indem man vor die Kathode in den Dunkelraum ein Metallstäbchen S bringt. Dort wo der vom negativen Glimmlicht Gl erzeugte Schatten des Stäbchens auf Löcher in der Kathode K fällt, fehlen hinter dieser die Kanalstrahlen (Abb. 608b). Da demnach die in den Kanalstrahlen sich bewegenden Teilchen den Kathodenfall auf die Kathode zu durchfliegen, müssen sie eine positive Ladung tragen, also positive Teilchen sein, die im Kathodenfall eine genügend große Geschwindigkeit erlangen, so daß sie vermöge ihrer Trägheit durch die Löcher in der Kathode geradlinig weiterfliegen. Um die spezifische Ladung e/m und die Geschwindigkeit der Kanalstrahlteilchen zu bestimmen, muß man wieder ihr Verhalten im elektrischen und magnetischen Feld studieren. Diese zuerst von W. Wien (1889) ausgeführten Versuche zeigen, daß die Kanalstrahlen in einem transversalen elektrischen Feld in entgegengesetzter Richtung wie Kathodenstrahlen abgelenkt werden. Die Größe der Ablenkung ist von derselben Größenordnung wie bei Kathodenstrahlen, falls dieselbe beschleunigende Spannung an der Röhre liegt. Dies beweist zunächst, daß beide Strahlungsarten dasselbe Spannungsgefälle, nämlich den Kathodenfall durchlaufen haben. Nach Gl. (397) auf **S. 440** ist ja die Ablenkung im elektrischen Feld proportional

$\frac{e/m}{v^2}$, und da ferner nach Gl. (394) auf S. 439 $v^2 \sim \frac{e}{m} U$ ist, ist die Ablenkung nur von der durchlaufenen Spannung U, nicht aber von der spezifischen Ladung abhängig.

In einem transversalen magnetischen Feld ist aber die Ablenkung der Kanalstrahlen ganz wesentlich geringer als die der Kathodenstrahlen. Auf Grund der Gl. (400) von S. 441 kann die Ursache nur darin bestehen, daß die Masse der Kanalstrahlteilchen wesentlich größer als die der Elektronen ist. Die von Wien durchgeführten Ablenkungsversuche ergaben, daß die Kanalstrahlen aus Masseteilchen bestehen, deren Massen niemals kleiner als die der chemischen Atome oder Moleküle sind; die Kanalstrahlen sind also Atom- oder Molekül-Strahlen. Im Gegensatz zu den Kathodenstrahlen, die stets als Ladung nur ein negatives elektrisches Elementarquantum haben, tragen die Kanalstrahlteilchen verschiedene Vielfache der Elementarladung; wir haben es sowohl mit einfach als auch mit mehrfach positiv geladenen Ionen zu tun. Dazu kommt noch, daß auf ihrem Wege häufig Umladungen durch Zusammenstöße mit anderen Gasmolekülen eintreten, so daß im Kanalstrahl auch neutrale und sogar negative Teilchen vorkommen. Um einigermaßen klare Verhältnisse zu erhalten, muß man die Kanalstrahlen im Hochvakuum untersuchen. Dies gelingt mit der in Abb. 609 skizzierten Röhre. Die eigentliche Entladung erfolgt in dem Entladungsgefäß E zwischen der Anode A und der Kathode K. Letztere erhält eine zentrale Bohrung, durch die die Kanalstrahlen in den Untersuchungsraum übertreten, und außerdem noch eine Öffnung O, die den Kanal mit einer Hochvakuumpumpe verbindet. Diese Pumpe hat die Aufgabe, das durch den Kanal in den Untersuchungsraum eintretende Gas wegzupumpen, damit in dem Untersuchungsraum ein möglichst vollkommenes Hochvakuum herrscht und die dorthin gelangenden Kanalstrahlen keinerlei Störung durch Absorption und Zusammenstöße mit Gasmolekülen erleiden. Die regulierbare Kapillare Kp dient dazu, das aus dem Entladungsgefäß E weggepumpte Gas dauernd nachzuliefern. —

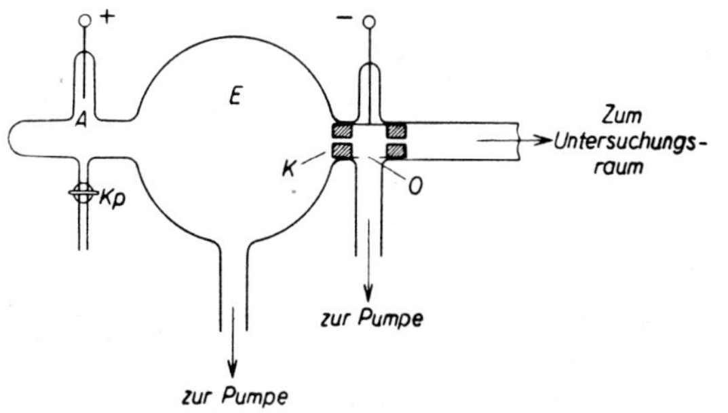

Abb. 609. Entladungsrohr zur Erzeugung von Kanalstrahlen

Massenspektrographen. Die Ablenkung der Kanalstrahlen im elektrischen und magnetischen Feld liefert ein sehr wichtiges Verfahren zur Bestimmung der Atom- bzw. Molekülmassen bei sehr kleinen Stoffmengen; die Messung ergibt zwar nur die Masse des positiven Atom- oder Molekülions, doch unterscheidet sich diese von der wirklichen Masse nur um den außerordentlich kleinen und zudem bekannten Betrag der fehlenden Elektronenmasse. Die drei wichtigsten Methoden sollen nun behandelt werden.

Massenspektrograph nach J. J. Thomson (1913). Der aus dem Kanal in der Kathode K (Abb. 610) austretende Kanalstrahl durchläuft ein elektrisches und ein magnetisches Feld, die beide parallel zueinander verlaufen und längs derselben Strecke transversal zum Strahl gerichtet sind. Das elektrische Feld allein würde auf der in der Entfernung s befindlichen photographischen Platte P eine Ablenkung des Strahles in der Vertikalen z. B. nach oben ergeben, deren Betrag nach Gl. (397) S. 440 den Wert

$$y = \frac{(e/m)\,|\mathfrak{E}|}{2\,v^2}\, l\,(2s + l)$$

hat, während das magnetische Feld allein eine Ablenkung senkrecht dazu um den Betrag

$$x = \frac{(e/m) H}{2 c v} l (2s + l)$$

nach Gl. (401) auf **S. 441** hervorrufen würde. Dabei bedeuten $|\mathfrak{E}|$ und H die elektrische und magnetische Feldstärke, v die Geschwindigkeit der Teilchen und l die Länge des durchlaufenen Feldraumes. Um nun auf der Platte P die Spur solcher Teilchen zu ermitteln, die zwar die gleiche spezifische Ladung e/m, aber verschiedene Geschwindigkeiten v haben, muß man aus den beiden letzten Gleichungen v eliminieren; man erhält dann

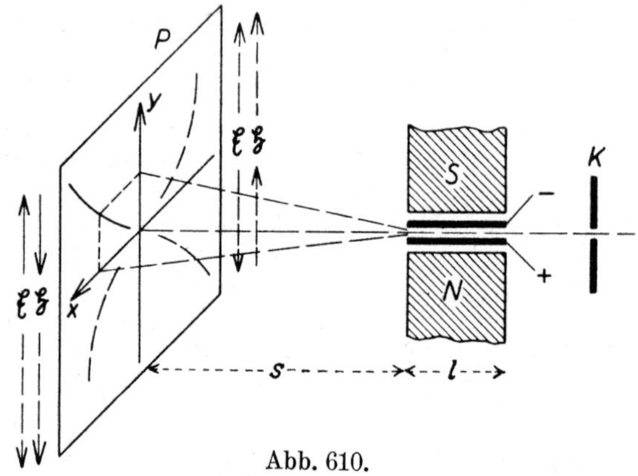

Abb. 610.
Ablenkung der Kanalstrahlen in einem elektrischen und einem magnetischen Feld, deren Richtungen parallel verlaufen

$$y = \frac{2 m c^2 |\mathfrak{E}|}{e H^2} \cdot \frac{x^2}{l (2s + l)}.$$

Dies ist aber die Gleichung einer Parabel durch den Koordinatenanfang. Die Photoplatte P in Abb. 610 wird also von Kanalstrahlteilchen gleicher spezifischer Ladung längs eines Parabelbogens geschwärzt, anders ausgedrückt: Verschiedene Parabelstücke auf P unterscheiden sich bei gleichen magnetischen und elektrischen Feldwerten nur durch verschiedene Werte von e/m der auftreffenden Teilchen. Für denselben y-Wert z. B. ergibt sich:

$$\frac{m_1}{e_1} x_1^2 = \frac{m_2}{e_2} x_2^2,$$

$$\text{oder}: \frac{e_1}{m_1} : \frac{e_2}{m_2} = x_1^2 : x_2^2,$$

und für $e_1 = e_2$:

$$m_1 : m_2 = x_2^2 : x_1^2.$$

Die Massen zweier verschiedener Atome mit gleicher Ladung verhalten sich also umgekehrt wie die Quadrate der zu einem Ordinatenwert der elektrischen Ablenkung gehörenden Abszissenwerte der magnetischen Ablenkung.

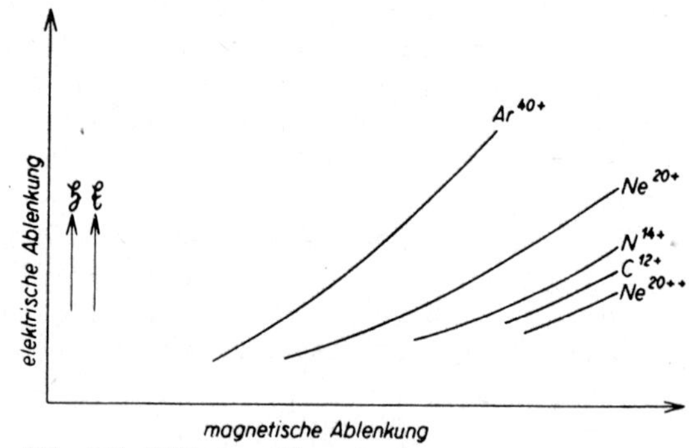

Abb. 611. Bild eines Massenspektrogrammes nach der Parabelmethode von J. J. Thomson

Abb. 611 gibt eine Zeichnung nach einer mit der Thomsonschen Parabelmethode erhaltenen photographischen Aufnahme wieder. Die an die einzelnen Parabeln angefügten Bezeichnungen geben das in der Röhre befindliche Gas und sein Atomgewicht nebst Ladung an. Polt man bei der Anordnung von Abb. 610 das elektrische oder magnetische oder beide Felder gleichzeitig um, so erhält man entsprechende Parabelbögen in den anderen drei Quadranten der Platte P, wie dies die gestrichelten Kurven in Abb. 610 andeuten.

Massenspektrograph nach F. W. Aston (1919). Mit Hilfe gekreuzter elektrischer und magnetischer Felder gelang es Aston, Kanalstrahlteilchen verschiedener Geschwindigkeit bei gleicher spezifischer Ladung in einem Punkt zu vereinigen. Abb. 612 zeigt das Prinzip seiner Anordnung. Der Kanalstrahl wird zunächst beim Durchlaufen des elektrischen Feldes in dem Plattenkondensator $P_1 P_2$ nach unten abgelenkt und erfährt darauf in dem senkrecht zum elektrischen Feld, also in Abb. 612 senkrecht zur Zeichenebene gerichteten Magnetfeld $\mathfrak{H}$ eine Ablenkung nach oben. Dabei bezieht sich Kurve 1 auf einen Strahl mit großer und Kurve 2 auf einen Strahl mit kleiner Geschwindigkeit. Bei richtiger Anordnung der Felder und der photographischen Platte P treffen beide Strahlen auf dieser in einem Punkt zusammen. Die verschiedenen Werten von e/m zugehörigen Bildpunkte liegen somit auf einer Geraden und liefern durch ihre Lage den gesuchten Wert der spezifischen Ladung. Der Vorteil dieser Anordnung gegenüber der Parabelmethode liegt darin, daß die einzelnen Bildpunkte wesentlich lichtstärker sind, weil eben alle Strahlen mit demselben e/m zusammenwirken und nicht auf einem Parabelbogen auseinandergezogen werden.

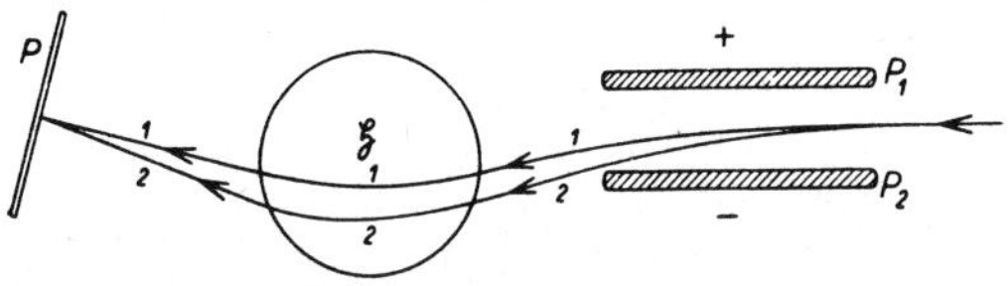

Abb. 612. Strahlengang im Massenspektrograph nach F. W. Aston

Massenspektrograph nach J. Mattauch (1934). Eine wesentliche Steigerung des Auflösungsvermögens ($= m/\Delta m$, d. h. Masse eines Ions dividiert durch die noch gerade erkennbare Massendifferenz zweier Ionen) erzielten J. Mattauch und R. Herzog (1934). Verschiedene Verbesserungen wurden vorgenommen, so daß heute im Max Planck-Institut in Mainz einer der empfindlichsten Massenspektrographen der Welt steht. Hintenberger und Mitarbeiter haben damit ein Auflösungsvermögen bis zu 400000 erreicht. Die Abb. 613 zeigt den prinzipiellen Aufbau. Der Ionenstrahl kommt von rechts durch die Kathode K und durch den Spalt S. Die Ionen haben verschiedene Masse, Geschwindigkeit und Richtung. Der Strahl durchläuft einen gekrümmten Kondensator, dessen Öffnungswinkel 31°50′ die Bedingungen für die Richtungs- und Geschwindigkeitsfokussierung erfüllt. Nach der Blende B tritt der Ionenstrahl in das Magnetfeld ein, dessen Feldlinien senkrecht zur Papierebene stehen. Auch die Lage der photographischen Platte hat sich durch genaue Rechnung ergeben. Der Massenspektrograph hat keine anderen elektronenoptischen Bauteile als den gekrümmten Ablenkkondensator und die Magnetfeldspulen.

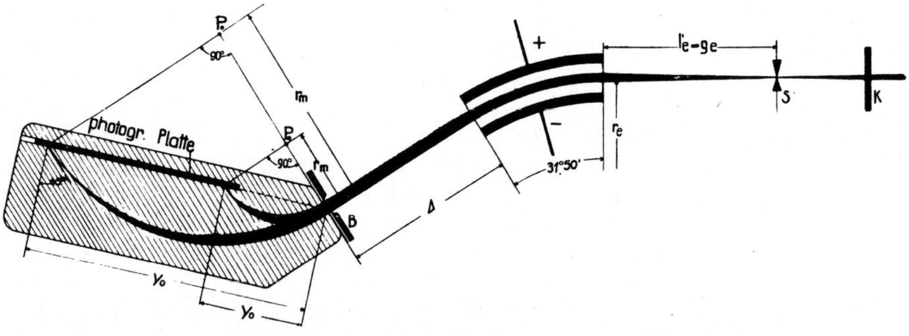

Abb. 613. Massenspektrograph von J. Mattauch

Durch Massenspektrographen wurde schon frühzeitig die Existenz der **Isotope** nachgewiesen. Fast alle Elemente bestehen aus Kernen mit unterschiedlicher Massenzahl, weil ihre Neutronenzahl verschieden ist. Später haben die Massenspektrographen höherer Auflösung den sog. **Massendefekt** zeigen können: Die **Bindungsenergie** des Kerns geht auf Kosten der Masse, da gemäß $E = mc^2$ die Energie und Masse äquivalent sind. Die genaue Kenntnis der Bindungsenergie der Atomkerne ist von größter Bedeutung. Die Abb. 614 zeigt die große Leistungsfähigkeit des Massenspektrographen von Mattauch.

Auch in der Chemie werden für analytische Zwecke Massenspektrographen benutzt, deren Auflösungsvermögen gering sein kann. Dafür tritt aber folgende Schwierigkeit auf: Die Moleküle, deren Masse bestimmt werden soll, um die Zusammensetzung zu ermitteln, zerfallen leicht bei der Ionisation. Man umgeht diese Zerstörung, indem man die neutralen Moleküle verdampft und den Dampfstrahl an einer sehr feinen, elektrisch geladenen Metallspitze vorbeiströmen läßt. Die hohe Feldstärke vor der Spitze entreißt den Molekülen ein Elektron, ohne sie zu zerstören.

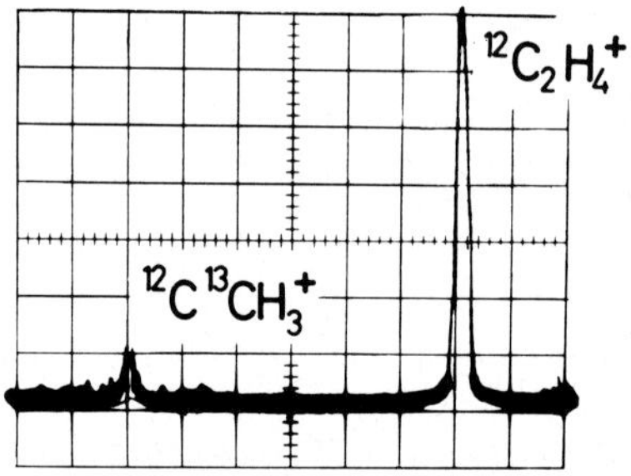

Abb. 614. Massenspektrogramm. Dublett bei der Masse 28, aufgenommen mit dem großen Massenspektrographen im Max Planck-Institut in Mainz. Der Abstand der beiden Linien beträgt $4{,}471 \cdot 10^{-3}$ Masseneinheiten ($^{12}C = 12{,}000000$), das Auflösungsvermögen bei der Halbwertsbreite beträgt etwa 190000 (mit freundlicher Genehmigung von J. Mattauch)

Teilchenbeschleuniger. Für die Erforschung der Atomkerne ist deren Zerlegung von großer Bedeutung. Man braucht dazu Teilchen von sehr hoher Energie. Die ersten Erfolge wurden mit Alpha-Teilchen, also Helium-Kernen erzielt, die beim natürlichen radioaktiven Zerfall aus den Atomkernen geschleudert werden. Dann gab auch die Höhenstrahlung mit ihren sehr energiereichen Partikeln infolge Zusammenstoß mit Atomkernen in der Erdatmosphäre Informationen über Elementarteilchen und Kernbestandteile. Die ersten Ergebnisse veranlaßten und rechtfertigten die Suche nach Möglichkeiten, Elektronen und Atomkerne, vor allem Protonen, Deuteronen und zweifach geladene Heliumionen auf hohe Geschwindigkeit zu bringen. Dies geschieht durch Beschleunigung der Elektronen oder Ionen, und zwar einerseits in hohen elektrischen Feldern, die durch Spannungen der Größenordnung 1 bis 10 MV gebildet werden. Ein Teilchen der Elementarladung $e = 1{,}6 \cdot 10^{-19}$ As, das eine Spannung von 1 MV durchlaufen hat, besitzt dann eine Energie von 1 MeV $= 1{,}6 \cdot 10^{-13}$ Ws. Der elektrostatische van de Graaff-Generator (s. Nr. 15), heute in einem verschlossenen Gehäuse unter erhöhtem Druck, dient als Spannungsquelle. Die erreichbare elektrische Spannung legt die Grenze der Energie der Teilchen fest, die für viele kernphysikalische Versuche aber noch zu niedrig ist. Deshalb wurden geistreiche Anordnungen erfunden, um durch wiederholtes Einwirken des gleichen elektrischen Feldes eine größere Geschwindigkeit der Ionen zu erhalten.

Man denke sich ein langes, evakuiertes Keramikrohr, das in der Mitte eine Elektrode und an beiden Enden ebenfalls je eine Elektrode hat. Die mittlere Elektrode ist mit dem positiven, die beiden äußeren Elektroden sind mit dem negativen Pol eines van de Graaff-Generators, der 1 MV Spannung liefert, verbunden. Schießt man auf einer Seite negative Ionen, z. B. Li^-, hinein, so werden sie bis zur Mitte des Rohres beschleunigt und haben bis dahin eine Spannung von 1 MV durchlaufen. In der Mitte treffen die schnellen Ionen auf eine dünne Folie oder auf ein Gas. Dabei geben sie ihre negative Ladung ab und verlieren noch ein weiteres Elektron, so daß sie nun als positive Ionen von der Mitte des Rohres bis zum anderen Ende nochmals von der gleichen Spannung beschleunigt werden.

Der Gedanke, bei fliegenden Teilchen durch mehrfache Beschleunigung Energie anzusammeln, wurde zuerst von Wideröe 1928 in Aachen verwirklicht. Er baute den ersten Linearbeschleuniger (und später das erste Betatron). Der **Linearbeschleuniger** kann sowohl Elektronen als auch Ionen auf eine sehr hohe Geschwindigkeit beschleunigen, was in vielen Stufen geschieht. Der Name deutet schon darauf hin, daß die Teilchen in einer Richtung fliegen, wodurch sich bei sehr hoher Endgeschwindigkeit eine große Länge (mehrere hundert Meter) ergibt. Der Beschleuniger einfachster Art besteht aus zahlreichen Metallröhren gleichen Durchmessers, die auf einer Achse mit kurzen Zwischenräumen voneinander liegen und abwechselnd mit dem einen oder dem anderen Pol eines Hochfrequenzsenders verbunden sind. Die Teilchen werden jeweils zwischen den Röhren beschleunigt, wo sich das elektrische Feld ausbildet, das gleichzeitig auch als elektrostatische Linse wirkt. Man muß die Länge der Röhren so wählen, daß die Teilchen im Zwischenraum immer beschleunigt werden. Während ihres Fluges durch den feldfreien Innenraum der Röhren werden sie nicht beeinflußt; in dieser Zeit erfolgt die Phasenumkehr. Falls während dieser Zeit sich Teilchen im Feld befinden, werden sie rückwärts beschleunigt. Aus diesem Grunde unterbricht man den Strahl durch Gittersteuerung am Eingang. Die Teilchen fliegen nicht in einem kontinuierlichen Strom, sondern in Gruppen. Wegen der steigenden Geschwindigkeit werden die Röhren immer länger. Durch die Gesamtlänge des Beschleunigers ist also die Endgeschwindigkeit gegeben. Man kann die Länge herabsetzen, wenn die Frequenz des Senders erhöht wird. Aber diese ist ja auch begrenzt, zumal die Senderleistung sehr hoch sein muß.

Günstigere Verhältnisse ergeben sich, wenn man das Prinzip der Wanderfeldröhre auf den Linearbeschleuniger überträgt. In den Wanderfeldröhren, das sind Sende- und Verstärkerröhren für cm-Wellen, werden Elektronen von einer Welle „getragen", etwa so wie ein Wellenreiter auf einer Wasserwelle. Ersetzt man die langen Röhren des Linearbeschleunigers durch viele schwingende Hohlraumresonatoren oder auch durch einen Hohlleiter, so kann die darin laufende Welle die geladenen Teilchen als „Wellenreiter" mitnehmen. Elektronen, die zwischen den „Wellenbergen" liegen, fliegen langsamer und werden von der nächsten Welle erfaßt. So entsteht eine Bündelung zu Paketen, auch Phasenfokussierung genannt. Linearbeschleuniger sind für Elektronen bis zu einer Energie von 1 GeV gebaut worden. Bei der linearen Bewegung treten keine Strahlungsverluste auf, die normalerweise bei einer Kreisbewegung (Betatron) die Energie begrenzen.

F. O. Lawrence (1932) hatte zuerst den Gedanken, den langen Weg der Ladungsträger durch ein Magnetfeld „aufzuwickeln" (Abb. 615). Dieses Gerät wird **Zyklotron** genannt und ist von sehr großer Bedeutung gewesen. Die Ionen (für Elektronen ist das Zyklotron nicht

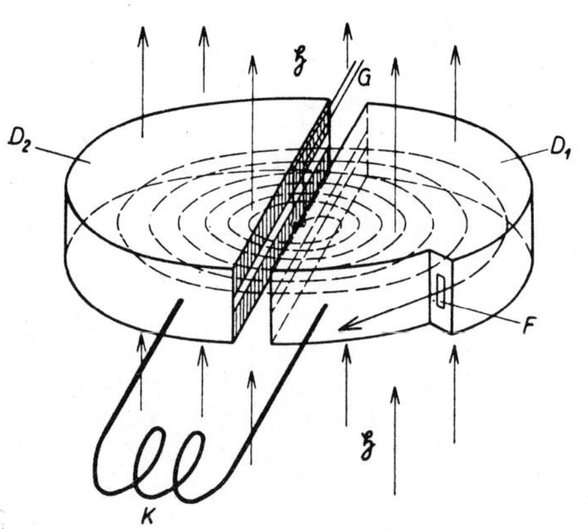

Abb. 615. Aufbau eines Zyklotrons (schematisch)

geeignet) treten im Zentrum ein. Sie werden dadurch gebildet, daß ein feiner Strahl des betreffenden Gases mit Elektronen der Glühkathode G konzentriert beschossen wird. Die Ionen werden im elektrischen Feld zwischen zwei halbkreisförmigen Metalldosen D_1 und D_2 beschleunigt. Das Magnetfeld zwingt sie in eine Kreisbahn. An den Elektroden D_1 und D_2 liegt über K eine Wechselspannung solcher Frequenz, daß die Ionen jedesmal beim Eintritt in den Raum zwischen den Elektroden erneut beschleunigt werden. Während des Flugs im feldfreien Innern der Metalldosen kehrt das Wechselfeld seine Phase um und beeinflußt die Ionen nicht. Die Geschwindigkeit der Ionen steigt mit der Zahl der Beschleunigungen. Da die Magnetfeldstärke $\mathfrak{H}$ auf dem ganzen Weg gleich bleibt, muß der Kreisdurchmesser wegen der größeren Geschwindigkeit zunehmen. So entsteht die Spirale. Am Ende lenkt man den Strahl durch einen Ablenkkondensator ab und läßt ihn durch ein Fenster F austreten.

Bezeichnet τ die Zeit, die ein Teilchen mit der spezifischen Ladung e/m und der Geschwindigkeit v zum Durchlaufen eines Halbkreises vom Radius r benötigt, so gilt die Gleichung:

$$\tau = \frac{r\pi}{v},$$

oder, da mit Bezug auf die S. 441 mitgeteilte Gl. (400) $e/m = \frac{c v}{r H}$ ist: $\tau = \frac{\pi c m}{e H}$.

Diese Zeit ist also unabhängig vom Bahnradius und der Teilchengeschwindigkeit und hängt nur von der spezifischen Ladung und der Magnetfeldstärke H ab. Damit nun das elektrische Feld das Teilchen immer wieder im richtigen Augenblicke beim Übertritt von einer zur anderen Dose im richtigen Sinn beschleunigt, muß die Frequenz des elektrischen Feldes der Beziehung

$$\nu = \frac{1}{2\tau} = \frac{e H}{2\pi m c}$$

genügen. Angenommen, man arbeitet mit einer Frequenz von $\nu = 10^7$ Hz. Die Stärke des erforderlichen Magnetfeldes richtet sich dann nur nach den benutzten Ionen. Für Ionen des schweren Wasserstoffisotops (Deuteron) mit der relativen Atommasse 2 und der spezifischen Ladung $e/m = \frac{1}{2} \cdot 10^5$ C/g ergibt sich z. B.:

$$H = \frac{2\pi c \nu}{e/m} \approx 12600 \text{ Oersted.}$$

Bei einem Durchmesser der Dosen von $2r = 100$ cm ist die am Schluß beim Durchlaufen der letzten Bahn ($r = 50$ cm) erreichte Geschwindigkeit nach Gl. (400) auf S. 441

$$v = \frac{r H e/m}{c} \approx 3 \cdot 10^9 \text{ cm/sec.},$$

d. h. gleich einem Zehntel der Lichtgeschwindigkeit. Dabei beträgt die gesamte Strecke, die das Teilchen innerhalb des Zyklotrons durchlaufen muß, rund 1 km! Wollte man diese Geschwindigkeit durch eine einfache Spannungsbeschleunigung erreichen, so wäre dazu eine Gleichspannung von rund 10 Millionen Volt erforderlich. Das Zyklotron benötigt ein sehr gutes Vakuum. Mit großen Zyklotrons wird eine Endenergie von 10 bis 20 MeV für Deuteronen erzielt. Diese Energie ist aber für viele kernphysikalische Versuche nicht ausreichend. Eine Vergrößerung der Teilchenenergie durch das Zyklotron wurde zunächst dadurch erreicht, daß die Frequenz des elektrischen Feldes nicht konstant blieb, sondern moduliert wurde (Synchrozyklotron). Hierbei mußte allerdings der Strahl unterbrochen werden, so daß immer nur ein „Teilchenpaket" beschleunigt wurde. Dadurch wurde natürlich die Zahl der Teilchen im Mittel sehr gering.

Die Weiterentwicklung führte zum **Synchrotron.** Das Prinzip dieses Beschleunigers wird heute in den großen Laboratorien überwiegend angewandt. Die Teilchen werden (meist nach Verlassen eines Linearbeschleunigers) bereits mit ziemlich hoher Energie (50 MeV) tangential in eine Kreisbahn eingeschossen, auf welcher sie dann aufgrund besonderer Stabilisierungsmaßnahmen bleiben. Die Vakuumröhre (Querschnitt etwa 0,3 m^2) ist daher ein Kreisring, der bei den großen Beschleunigern einen beträchtlichen Durchmesser hat (z. B. beim CERN-

Beschleuniger in Genf 200 m). Viele Magneten, wesentlich kleiner als der eine große Magnet eines Zyklotrons, sind auf dem Kreis angeordnet. Die Feldstärke $\mathfrak{H}$ steigt mit der Zunahme der Teilchengeschwindigkeit, wodurch die Kreisbahn eingehalten wird. An einer oder an mehreren Stellen des Kreises erfolgt die Beschleunigung durch ein elektrisches Feld, dessen Frequenz mit der Geschwindigkeit der Teilchen steigt.

Das Synchroton des Europäischen Zentrums für Kernforschung (CERN) bei Genf gehört zu den wenigen sehr großen Beschleunigern. Einige Daten mögen eine Vorstellung von der Arbeitsweise und der Größe geben:

Maximale Energie der Protonen:	28 GeV
Magnetfeld:	von 140 bis 14000 G ansteigend
Zahl der Magnete:	100
Magnetpolabstand:	10 cm
Zahl der Beschleunigungsstrecken:	16
Frequenz des Beschleunigungsfeldes:	von 2,9 bis 9,5 MHz ansteigend
Umlaufzahl der Protonen:	480000
Energieaufnahme pro Umlauf:	54 keV
Maximale Protonengeschwindigkeit:	0,9994 c
Anzahl der Beschleunigungsimpulse:	1 in 5 Sekunden
Zahl der Protonen:	$7 \cdot 10^{11}$

An dieser Stelle sei erwähnt, daß bei CERN z. Zt. der Bau eines Synchrotrons geplant wird, das Protonen bis auf eine Energie von 300 GeV beschleunigen soll.

In einigen großen Laboratorien sollen die das Synchrotron verlassenden schnellen Protonen in einem **Speicherring** angesammelt werden, wo sie in einem extrem guten Vakuum (10^{-12} Torr) auf verschiedenen Bahnen in gegenläufiger Richtung kreisen (Durchmesser der Bahn etwa 100 m). Läßt man sie dann nach geringer Ablenkung frontal zusammenstoßen, so wird die Relativgeschwindigkeit der Protonen verdoppelt.

Das Synchrotron kann auch Elektronen beschleunigen. Eine der größten Anlagen der Welt ist das Deutsche Elektronen-Synchroton (Desy) in Hamburg, das Elektronen auf eine maximale Energie von 6 GeV bringen kann.

Ein vollkommen anders gearteter Kreisbeschleuniger ist das **Betatron.** Das Prinzip wurde von Slepian (1922) zum Patent angemeldet, das Gerät von Wideröe (1928) und Kerst (1940) technisch entwickelt. Es ist ein Transformator, dessen Sekundärwicklung der Elektronenstrahl ist. Die Elektronen werden nach Beschleunigung zwischen Glühkathode und Anode in die Hochvakuumröhre gebracht. Diese besteht aus Keramik und hat etwa die Form eines Kreisringes von ½ m Durchmesser und 50 cm² Querschnitt. Wird das Magnetfeld des Transformators aufgebaut, so entsteht um den Eisenkern ein elektrisches Wirbelfeld mit kreisförmigen geschlossenen Feldlinien, durch welche die Elektronen beschleunigt werden. Wichtig ist, daß die Elektronen auf ihrer Kreisbahn bleiben, was durch ein besonderes magnetisches Führungsfeld erreicht wird. Die Elektronen werden also in einer Viertelperiode des Wechselstroms auf ihre Höchstgeschwindigkeit gebracht. Dann läßt man sie austreten oder auf eine Metallplatte treffen, was durch Änderung des magnetischen Führungsfeldes geschieht. Erfolgt dies nicht, dann werden die Elektronen gebremst und in entgegengesetzter Richtung (während der folgenden Viertelperiode) beschleunigt. — Die schnellen Elektronen und die harten Röntgenstrahlen werden hauptsächlich für medizinische Zwecke verwendet. Die Grenze der erreichbaren Energie liegt etwa bei 300 MeV, weil dann die „Strahlungsdämpfung“ zu groß wird. Denn die Kreisbewegung ist eine beschleunigte Bewegung; ein geladenes Teilchen in einer beschleunigten Bewegung gibt eine elektromagnetische Strahlung ab, deren Energie ebenso groß werden kann wie die Energieaufnahme im Feld. Somit kann keine weitere Beschleunigung erfolgen.

70. Die selbständige Elektrizitätsleitung in Gasen von hohem Druck; Spitzen- und Büschelentladung, Funken, Lichtbogen

Stellt man in Luft von Atmosphärendruck zwei Elektroden, z. B. eine Spitze und eine Platte, in einer Entfernung von einigen Zentimetern einander gegenüber und legt eine Spannung an, die man allmählich steigert, so beobachtet man an einem in die Zuleitung zu der Spitzenelektrode geschalteten Galvanometer, daß von einer bestimmten Anfangsspannung an ein meßbarer Strom fließt, der von einer Lichterscheinung an der Spitze begleitet ist. Man erkennt bereits mit bloßem Auge, daß bei negativer Polung der Spitze an ihr ein leuchtender Punkt sitzt, während bei positiver Polung fein verästelte, schwach leuchtende Büschel von der Spitze ausgehen. Die Ursache für diese **Spitzenentladung** ist wieder die Stoßionisation. Durch die Zusammendrängung der elektrischen Kraftlinien an der Spitze (s. z. B. die Abb. 22 auf S. 16) herrscht unmittelbar vor der Spitze eine hohe elektrische Feldstärke, durch die bereits vorhandene Elektrizitätsträger eine solche Geschwindigkeit erlangen, daß sie durch Stoß weitere Luftmoleküle ionisieren können. Betrachtet man die als Kathode geschaltete Spitze unter dem Mikroskop, so erkennt man dieselben Leuchterscheinungen (Abb. 616) wie in der Glimmentladung vor der Kathode einer Entladungsröhre nach Abb. 591 b. Unmittelbar vor der Spitze sitzt das negative Glimmlicht, dann kommt der Faradaysche Dunkelraum und daran anschließend die positive Säule. Die Größe der Anfangsspannung, bei der die Spitzenentladung einsetzt, hängt von der Feinheit und Form der Spitze, dem sie umgebenden Gas und vor allem von der Polung ab, während der Abstand der zweiten Elektrode von untergeordneter Bedeutung ist, da der Hauptspannungabfall eben vor der Spitze liegt. Bei einer Nähnadel als Spitze tritt bei positiver Ladung ein Ausströmen der Elektrizität bei etwa 2700 Volt auf, während bei negativer Ladung der Spitzenstrom bereits bei 2000 Volt einsetzt. Die genannten Werte sind also die Maximalspannungen, auf die sich z. B. ein mit der Spitze verbundenes Elektrometer aufladen läßt. Der tiefere Grund für diese Verschiedenheit des Anfangspotentials bei verschiedener Polung liegt darin, daß bei negativer Polung der Spitze sich die für die Entladung wichtigen Kathodenvorgänge an der Spitze ohne weiteres ausbilden können, während sie im umgekehrten Fall im Gasraum vor der der Spitze gegenüberstehenden Elektrode liegen. Daher verläuft im letzteren Fall die Entladung mehr in Form einzelner abwechselnd auftretender Äste von der Spitze aus.

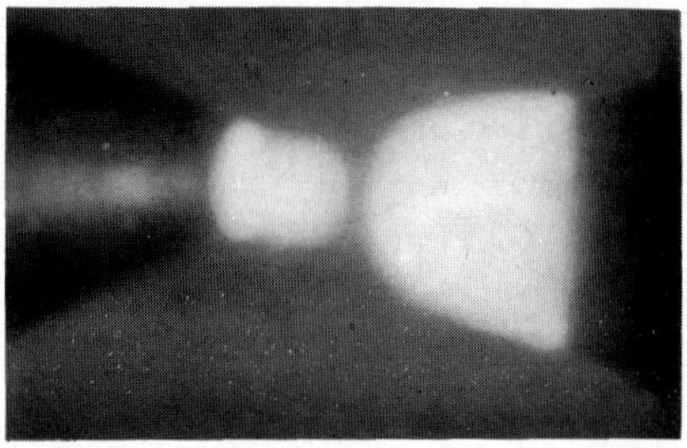

Abb. 616. Glimmentladung zwischen Spitzen in Luft (Vergrößerung 10fach; Kathode rechts)

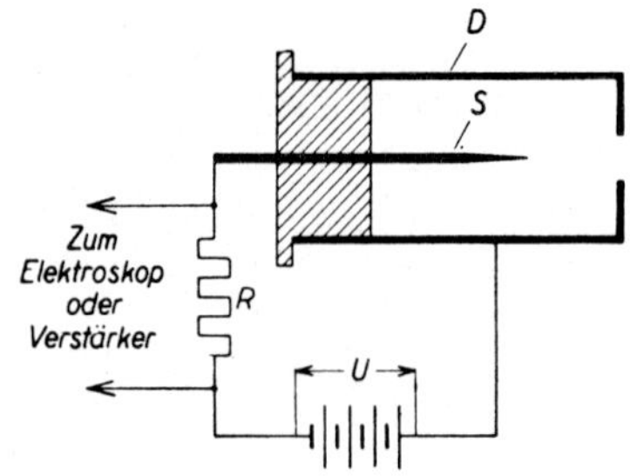

Abb. 617. Geigerscher Spitzenzähler

Von der Tatsache, daß die Spitzenentladung erst oberhalb einer bestimmten Anfangsspannung einsetzt, macht man bei dem **Spitzenzähler** (H. Geiger, 1913) Gebrauch, der zum Nachweis ionisierender Strahlen dient. In eine Metalldose D (Abb. 617), die an der Vorderwand eine kleine Öffnung hat, ist eine Spitze S isoliert eingeführt. An Dose und Spitze wird die Spannung U über einen Hochohmwiderstand R gelegt, zu dem parallel entweder ein Wulfsches Einfadenelektrometer oder ein Röhrenverstärker mit Lautsprecher liegt. Wählt man die Höhe der Spannung U so, daß der Spitzenstrom gerade noch nicht einsetzt, so erhält man erst dann eineEntladung an der Spitze, wenn es in ihrer Nähe etwa durch einen α-Strahl zu einer Ionenbildung kommt. Das Elektrometer zeigt dann einen ruckartigen Ausschlag, und im Lautsprecher hört man ein scharfes Knacken. Auf diese Weise lassen sich z. B. die in die Dose gelangenden α-Teilchen eines radioaktiven Strahles zählen. An Stelle der Spitze verwendet das dem gleichen Zweck dienende **Zählrohr** (H. Geiger u. W. Müller,

1928) einen in der Achse eines Metallrohres ausgespannten dünnen Draht (Durchm. etwa 0,2 mm). Die Wirkungsweise ist ähnlich wie beim Spitzenzähler. Das Zählvolumen ist größer.

Bei der auf S. 425 beschriebenen elektrischen Gasreinigung werden durch die Spitzenentladung eines negativ geladenen Drahtes die in dem Gas befindlichen Staubteilchen elektrisch geladen, so daß sie zur Gegenelektrode wandern und sich dort abscheiden.

Bei nur schwacher Temperaturerhöhung ist die Spitzenentladung mit einer kräftigen chemischen Wirkung verbunden, die sich durch Bildung von Ozon (O_3) aus Sauerstoff oder atmosphärischer Luft bemerkbar macht. Bei der von E. Warburg (1909) modifizierten Siemensschen Ozonröhre (Abb. 618) streicht die zu ozonisierende Luft zwischen zwei koaxialen Glasrohren A und B hindurch, von denen das eine (A) auf der Innenseite, das andere (B) auf der Außenseite eine metallische Belegung trägt. An diese Belege wird eine hohe Wechselspannung gelegt; dann entsteht in dem Raum zwischen den beiden Röhren eine sog. stille Entladung, durch die ein Teil der hindurchströmenden Luft in Ozon verwandelt wird. Der Versuch geht nur mit Wechselspannung, da bei einer Gleichspannung durch Anlagerung positiver Ionen auf der Innenseite der außen negativ geladenen Glaswand die Entladung durch den Gasraum aufgehoben wird. Bei Wechselspannung unterstützt aber diese Ionenladung die in der darauffolgenden Phase einsetzende Entladung umgekehrter Richtung.

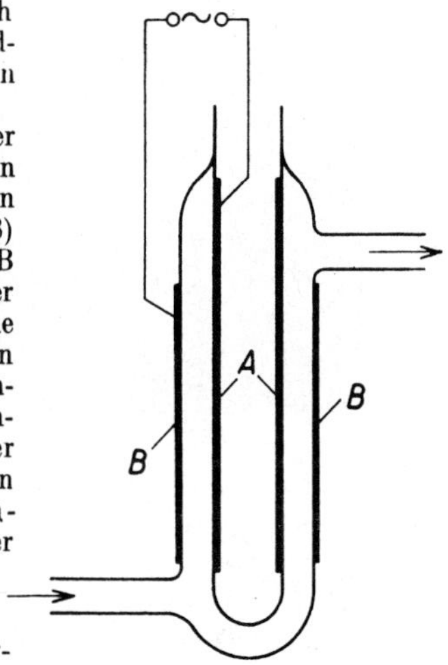

Abb. 618. Röhre zur Erzeugung von Ozon

Steigert man die Spannung an zwei in Luft einander gegenüberstehenden Elektroden weiter oder erhöht man das Potential eines geladenen Konduktors immer mehr, so treten aus einer Spitzenelektrode sowie aus den abgerundeten Kanten eines Konduktors verästelte, leuchtende **Büschelentladungen** heraus. Dabei sind die von der positiven Elektrode (Abb. 619a) ausgehenden Büschel wesentlich länger und besitzen einen ausgeprägten Stiel von dessen Ende erst die Verästelung ausgeht, während das negative Büschellicht (Abb. 619b) nur aus kleinen Lichtpünktchen mit sehr kurzen davon ausgehenden einfachen Strahlen besteht. Man kann daher diese mit dem bloßen Auge im Dunkeln gut sichtbare Entladungsform zur Bestimmung der Pole einer Influenzmaschine oder eines Funkeninduktors benutzen.

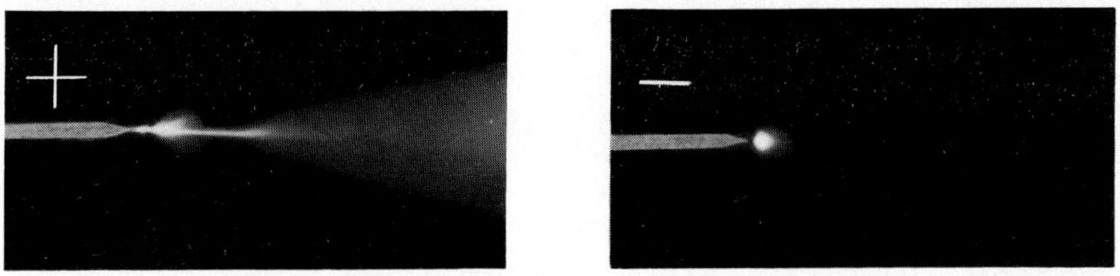

a b

Abb. 619. Aus Spitzen austretende Büschelentladungen

Nach G. Ch. Lichtenberg (1777) kann man die verschiedenartige Form des positiven und negativen Büschellichtes sichtbar machen und fixieren, wenn man eine Spitzenelektrode auf eine isolierende Platte (z. B. Hartgummi), die auf einer geerdeten Metallplatte liegt, aufsetzt und kurzzeitig auf eine hohe Spannung bringt (z. B. durch Berühren mit dem Knopf einer geladenen Leydener Flasche). Bestäubt man hierauf die Platte mit Lycopodiumpulver oder einem Gemenge aus Schwefelblüte und Mennige, so erhält man die sogenannten **Lichtenbergschen Figuren,** die deutlich das verschiedenartige Aussehen der positiven und negativen Büschelentladung erkennen lassen. Solche Figuren lassen sich auch in der Weise erzeugen, daß man die Entladung im Dunkeln auf der Schichtseite einer photographischen Platte entstehen läßt. Auf diesem Wege wurden die in Abb. 620 wiedergegebenen Lichtenbergschen Figuren erhalten.

Im Gegensatz zur Spitzenentladung, bei der die Stromstärke sehr konstant ist, ergeben sich bei der Büschelentladung sehr starke Stromschwankungen, was man an einem eingeschalteten Galvanometer leicht beobachten kann.

a

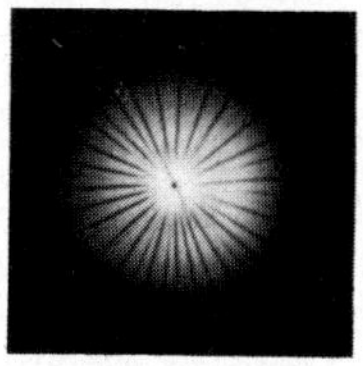

b

Abb. 620. Auf photographischer Platte erzeugte positive (a) und negative (b) Lichtenbergsche Figuren

Sowohl mit der Spitzen- als auch der Büschelentladung ist als sekundäre Erscheinung das Auftreten einer Luftströmung von der Spitze fort verbunden. Dieser sogenannte „elektrische Wind" entsteht dadurch, daß die von der Spitze wegfliegenden Ionen infolge innerer Reibung Luftmoleküle mitreißen. Über Versuche zum Nachweis des elektrischen Windes siehe S. 10. Er macht sich im übrigen auch durch ein summendes oder sausendes Geräusch bemerkbar.

Spitzen- oder Büschelentladung tritt gelegentlich in der freien Natur als sogenanntes St.-Elms-Feuer auf, wenn sich infolge elektrisch geladener Wolken ein genügend starkes elektrisches Feld ausbildet. An Dachfirsten, Kirchturmspitzen, Blitzableitern, Spitzen von Schiffmasten, ja selbst an den Fingern der hochgestreckten Hand (besonders im Hochgebirge) treten infolge Ausströmens der Elektrizität die besprochenen Leuchterscheinungen auf. In der Technik ist die Büschelentladung als Koronaentladung bekannt, die an Hochspannungsleitungen gelegentlich auftritt und einen sehr unerwünschten Energieverlust darstellt. Um sie zu vermeiden, benutzt man als Hochspannungsleiter keine gewöhnlichen Drähte, sondern Hohlleitungen oder Mehrfachleitungen (2 oder 4).

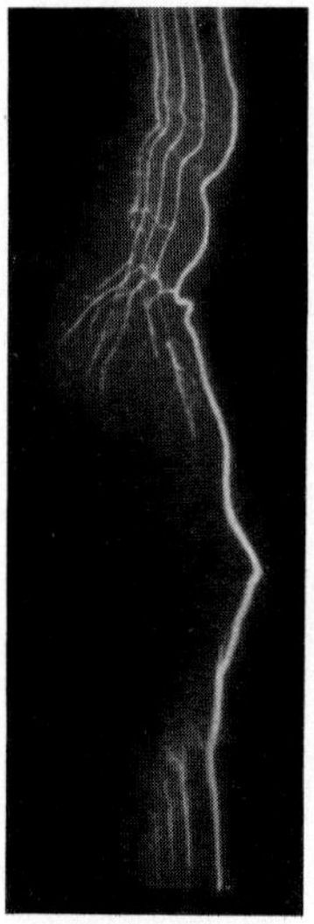

Abb. 621. Ausbildung eines elektrischen Funkens

Sowohl die Spitzen- als auch Büschelentladung sind in ihrer Form wesentlich durch die Gestalt der Elektroden (Spitzen oder stark gekrümmte Elektroden) bedingt und durch sehr kleine Entladungsströme und das Fehlen jeder ausgeprägten Raumladung, wie wir sie bei der Glimmentladung kennengelernt haben, charakterisiert. Man bezeichnet häufig diese Entladungsformen auch als stille Entladungen oder zu Ehren von J. S. Townsend, der zuerst 1901 eine brauchbare Theorie dieser Entladungen gegeben hat, als Townsend-Entladungen.

Erhöht man die Spannung zwischen zwei Elektroden über den zur Erzeugung der Büschelentladung erforderlichen Wert, so findet bei einer bestimmten Spannung eine schlagartige Entladung der Spannungsquelle durch die Luft zwischen den Elektroden hindurch statt. Besteht die Spannungsquelle aus einer Influenzmaschine, einem Funkeninduktor oder einer geladenen Leydener Flasche, d. h. ist ihre Ergiebigkeit begrenzt, so kommt es infolge Zusammenbrechens der Spannung nur zur Bildung eines kurzdauernden elektrischen Funkens; kann dagegen die Spannungsquelle genügend große Elektrizitätsmengen nachliefern (Transformator, Gleichstromnetz), so entsteht ein elektrischer Lichtbogen. Wir betrachten zunächst den **Funken.** Abb. 621 zeigt die photographische Aufnahme eines elektrischen Funkens auf einer schnell bewegten Platte. Man kann deutlich erkennen, daß der Funke erst allmählich aus einer Büschelentladung entsteht, die sich in einzelnen Phasen durch Stoßionisationsvorgänge immer weiter ausbildet, bis es schließlich zu einer Überbrückung des Zwischenraumes zwischen den Elektroden kommt.

Der Funke ist von einem lauten Knall begleitet; dieser hat seine Ursache darin, daß durch die Joulesche Wärme des momentan sehr starken Funkenstromes eine heftige Erhitzung und dadurch eine Ausdehnung der Luft längs der Funkenbahn stattfindet, die sich in Form einer als Knall wahrnehmbaren Druckwelle ausgleicht. In dieser Weise entsteht auch der Donner bei den größten uns bekannten Funken, den Blitzen, die durch Entladung von Spannungen von vielen Millionen Volt zwischen zwei Wolken oder einer Wolke und der Erde zustande kommen. Die Größenordnung der in Blitzen zur Entladung kommenden Spannungen beträgt 10^9 Volt; die dabei auftretenden Stromstärken lassen sich aus den magnetischen und thermischen Wirkungen auf etwa 20000 Amp. schätzen. Bei einer Blitzdauer von 10^{-3} sec entladen sich also in einem Blitz $2 \cdot 10^4 \cdot 10^{-3} = 20$ Coulomb; die dabei umgesetzte Energie beträgt also $2 \cdot 10^4 \cdot 10^9 \cdot 10^{-3} = 2 \cdot 10^{10}$ Joule oder rund 5000 kWh!

Zum Durchschlagen einer bestimmten Strecke ist eine bestimmte Spannung erforderlich, die in erster Linie von der Form der Elektroden abhängt und um so kleiner ist, je kleiner der Krümmungsradius der Elektrodenenden ist. Die untenstehende Tafel gibt einige Werte für den Zusammenhang zwischen Funkenschlagweite und Spannung bei verschiedenen Elektroden in Luft von 760 Torr und 20° C. Man benutzt daher in der Technik häufig die Funkenschlagweite zur Messung hoher Spannungen. Bestehen die Elektroden einer Funkenstrecke aus einer Spitze und einer Platte, so erfolgt der Funkendurchschlag bei kleineren Spannungen, wenn die Spitze den positiven Pol darstellt; dies ist nach dem über die Büschelentladung Gesagten verständlich. Man kann diese Erscheinung sehr schön an einer Doppelfunkenstrecke nach Abb. 622 zeigen; der Funkenüberschlag erfolgt bei Gleichspannung stets nur an der Funkenstrecke, deren Spitze Anode ist.

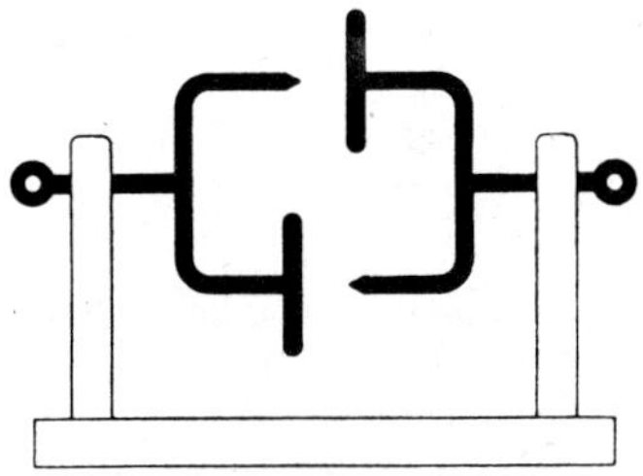

Abb. 622. Doppelfunkenstrecke

Die Funkenschlagweite ist innerhalb der vorkommenden Barometerstände proportional dem Luftdruck. Bei weiterer Verringerung des Druckes nimmt die Durchschlagsspannung für eine bestimmte Elektrodenanordnung zunächst ab, erreicht ein Minimum und steigt schließlich wieder stark an. Bei festgehaltener Schlagweite gibt es also einen „kritischen Druck", bei dem die Durchschlagspannung am kleinsten ist.

Funkenschlagweiten in Luft beim Druck von 760 Torr und 20° C

bei einer Spannung von Volt	zwischen Spitzen mm	zwischen Kugeln von 5 cm ⌀ mm	zwischen Kugeln von 30 cm ⌀ mm	zwischen Ebenen mm
20 000	15,5	5,8	6,0	6,0
40 000	45,5	13	13,3	13,7
100 000	220	45	35,7	36,7
200 000	410	262	75,3	75,3
300 000	600	530	126	114

Legt man die Spannung plötzlich an die Elektroden einer Funkenstrecke, so vergeht eine gewisse Zeit, bis der Funke einsetzt. Diese Verzögerungszeit, die in der Größenordnung von $^1/_{100}$ sec liegt, ist zur Bildung einer genügenden Zahl von Ionen durch Stoßionisation der wenigen in der Funkenstrecke zunächst zufällig vorhandenen Ionen erforderlich. Bei einem kurzzeitigen Anlegen der Spannung kann daher der Funkenüberschlag ausbleiben. Man beseitigt diese Verzögerung dadurch, daß man die Funkenstrecke mit Röntgenlicht oder einem radioaktiven Präparat bestrahlt, oder die negative Elektrode mit ultraviolettem Licht beleuchtet und auf diese Weise zusätzliche Ionen schafft.

Auch beim Funkenüberschlag in Luft treten chemische Wirkungen auf. Neben einer Bildung von Ozon (O_3) aus dem Luftsauerstoff kommt es zur Bildung von Stickoxyden aus Sauerstoff und Stickstoff.

Bei Fernsprechleitungen kann es durch atmosphärische Entladungen oder direkte Blitzeinschläge zu Überspannungen auf den Leitungen und zu einer Zerstörung der angeschlossenen elektrischen Geräte kommen. Da man die Leitungen nicht dauernd erden kann, bringt man zum Schutze der Anlagen zwischen Freileitung und Erde eine meist aus zwei Spitzenkämmen gebildete kleine Funkenstrecke an, über die der Ausgleich der auf den Leitungen auftretenden Überspannungen erfolgt. Will man dasselbe Verfahren auch bei Starkstromanlagen anwenden, so tritt die Schwierigkeit auf, daß der gezündete Funke infolge der aus der Leitung nachgelieferten Energie in einen Lichtbogen übergeht, durch den nicht nur ein großer Teil der elektrischen Energie zur Erde abfließt, sondern der auch infolge seiner Wärmeentwicklung eine Brandgefahr bilden kann. Durch Benutzung des in Abb. 623a und b dargestellten **Hörnerblitzableiters** läßt sich die Bildung eines dauernd brennenden Lichtbogens vermeiden. Dieser Blitzableiter besteht aus zwei hörnerartig geformten Kupferbügeln, von denen der eine mit der Starkstromleitung, der andere mit der Erde verbunden ist. Wenn nun an dem unteren Ende der Bügel auf der geringsten Entfernung ein Lichtbogen infolge Überschlagens zündet, so wird er durch die von ihm erhitzte Luft und den Querdruck des magnetischen Feldes (s. S. 227 und den Versuch von Abb. 305) in die Höhe getrieben; dadurch wird er immer länger und reißt schließlich ab.

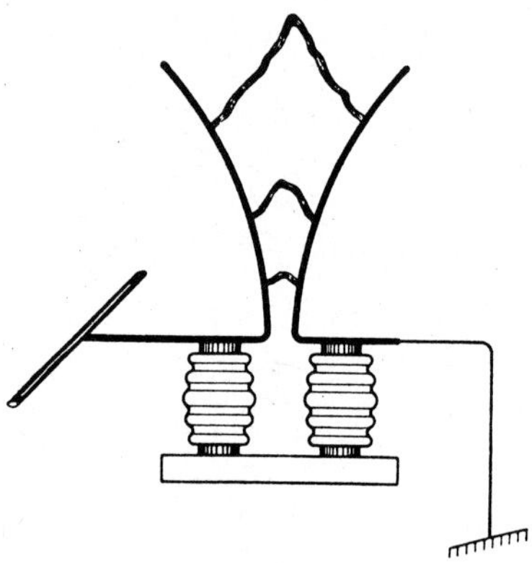

a

b

Abb. 623. Hörnerblitzableiter: a) Schaltung; b) Wirkungsweise

Während der elektrische Funke eine schlagartige kurzdauernde elektrische Entladung zwischen zwei Elektroden darstellt, bildet der **elektrische Lichtbogen** einen kontinuierlich fließenden Strom durch die Gasstrecke zwischen den Elektroden. Bereits 1812 fand S. H. Davy, daß zwischen zwei Kohlenstäben, an denen eine Spannung von etwa 100 Volt liegt, ein elektrischer Lichtbogen entsteht, wenn man die beiden Stäbe kurzzeitig zur Berührung bringt und dann auf eine Entfernung von 1 bis 2 cm auseinanderzieht. Zur Vermeidung eines Kurzschlusses bei Berührung der Kohlen ist die Vorschaltung eines Ohmschen Widerstandes R zur Strombegrenzung erforderlich (Abb. 624). Wie die photographische Aufnahme eines Kohlelichtbogens (Abb. 625a) zeigt, geraten die Enden der beiden Kohlen in helle Weißglut, während der Bogen selbst verhältnismäßig wenig Licht aussendet. Wie man besonders nach dem Ausschalten des Bogens beobachten kann, wird die positive Kohle wesentlich heißer als die negative. Man kann weiter erkennen, daß sich an der positiven Kohle ein Krater ausbildet, während die negative Kohle ihre zugespitzte Form behält (Abb. 625b). Die Ursache hierfür ist, daß von der Anode glühende Teilchen abfliegen, die im Bogen verbrennen. Man muß daher bei längerem Betrieb des Bogens den Kohlenabstand nachregulieren, damit der Bogen nicht abreißt.

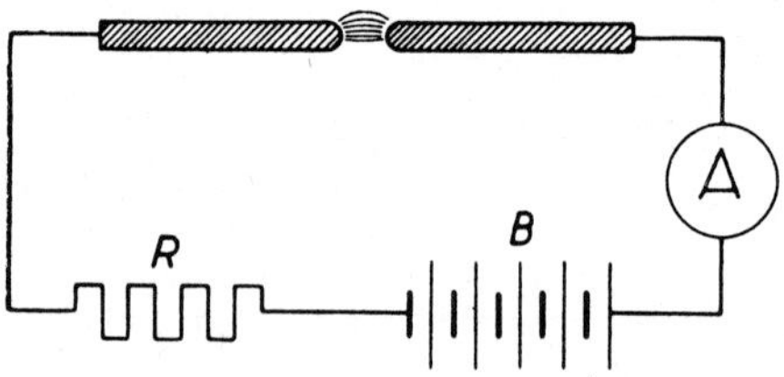

Abb. 624. Lichtbogenschaltung

Die Entladung im Lichtbogen stellt ihrer Natur nach eine Glimmentladung mit sehr großer Stromstärke dar, bei der die Ionenbildung durch Stoßionisation in der Hauptsache von Elektronen hervorgerufen wird, die die heiße Kathode liefert. Infolge dieser Glühemission der Kathode ist der Kathodenfall sehr klein ($<$ 40 Volt), so daß man einen Bogen bereits mit einer

Spannung von 40 Volt betreiben kann. Daß zur Aufrechterhaltung der Bogenentladung eine heiße Kathode erforderlich ist, zeigen folgende Versuche: Versucht man zwischen einem wässerigen Elektrolyten und einer Kohleelektrode einen Lichtbogen zu zünden, so gelingt dies nicht, wenn der Elektrolyt Kathode ist. – Zündet man zwischen einer Kupferplatte und einer Kohleelektrode einen Lichtbogen und führt die Kohle in geringem Abstand über die Platte, so folgt der Lichtbogen jeder Bewegung, wenn die Kohle Kathode ist, also dauernd heiß bleibt. Ist dagegen die Platte Kathode, so kann man den Lichtbogen nicht auf derselben herumziehen; er brennt vielmehr nur an der Stelle, wo er gezündet wurde und wo sich lokal eine genügend hohe Temperatur ausbilden kann. — Schaltet man bei einem Elektrodenabstand von wenigen Millimetern einen Lichtbogen zwischen Kohleelektroden aus, so erfolgt nach Wiedereinschalten der Spannung eine Neuzündung des Bogens ohne Berührung der Kohlen, solange die Kathode noch heiß ist. Besonders schön kann man dies zeigen, wenn man als Elektroden einen Kohlenstab und einen die Wärme gut leitenden Kupferstab nimmt; nur wenn letzterer Anode ist, gelingt eine Wiederentzündung des Bogens ohne Elektrodenberührung.

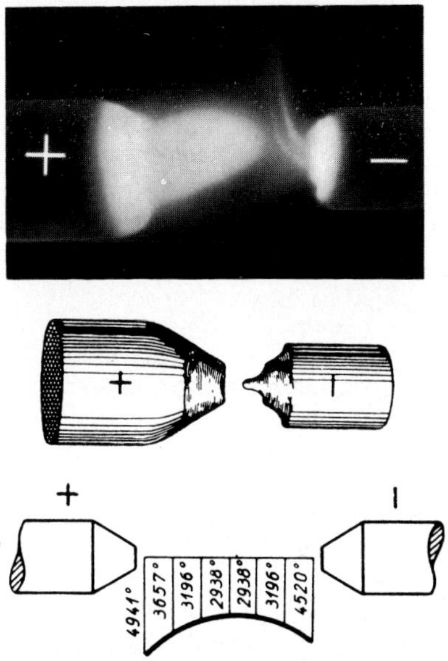

Abb. 625. Elektrischer Lichtbogen
a) Photographische Aufnahme
b) Form der Elektroden nach dem Einbrennen
c) Temperaturverteilung im Bogen

Wie bereits erwähnt, erhitzt sich die positive Kohle wesentlich stärker als die negative; der Grund hierfür liegt in dem Aufprall der Elektronen auf die Anode, wodurch auch die Ausbildung des Kraters hervorgerufen wird. Die Temperatur des positiven Kraters beträgt etwa 4000° C; aber die Temperaturen im Lichtbogen dicht vor den Elektroden sind noch höher (Abb. 625c). Man benutzt daher den elektrischen Lichtbogen sowohl im Laboratorium als auch in der Technik zur Erzeugung hoher Temperaturen. Abb. 626 zeigt einen Längsschnitt durch den Aufbau eines Kohlebogenofens. Die zu erhitzenden bzw. zu schmelzenden Stoffe werden unmittelbar der Hitze eines Lichtbogens ausgesetzt, der mit einem Strom von mehreren hundert Ampere betrieben wird. In solchen Öfen wird z. B. Kalziumkarbid aus Kohle und Kalk in größerem Maßstab erzeugt; im Jahre 1935 betrug die jährliche Karbidgewinnung auf elektrischem Wege zwei Millionen Tonnen.

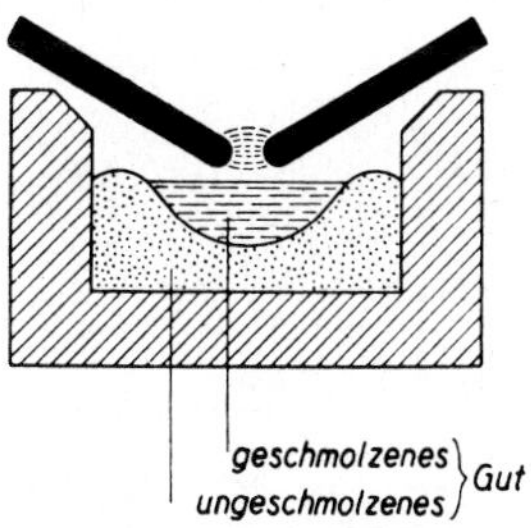

Abb. 626. Kohlebogenofen

Die hohe Temperatur des Lichtbogens wird ferner zur Gewinnung von Salpetersäure aus der Luft benutzt. Beim Hindurchblasen von Luft durch einen Lichtbogen verbrennt diese nach der Gleichung $N_2 + O_2 \rightleftharpoons 2\,NO$ zu Stickoxid. Dieses wird weiter zu Stickstoffoxid (NO_2) oxydiert und mit Wasser zu Salpetersäure (HNO_3) nach der Gleichung: $3\,NO_2 + H_2O = 2\,HNO_3 + NO$ umgesetzt. Bei dem von der Badischen Anilin- und Sodafabrik benutzten Verfahren von Schönherr (1905) läßt man einen mehrere Meter langen Lichtbogen in der Achse einer Röhre brennen, während bei dem Verfahren von Birkeland und Eyde (1903) der Lichtbogen in einer Kammer durch ein senkrecht zum Bogen gerichtetes Magnetfeld zu einer flachen Scheibe auseinandergeblasen wird.

Die hohe Temperatur des elektrischen Lichtbogens, verbunden mit der Tatsache, daß er auch zwischen Metallelektroden brennen kann, wird in der Schweißtechnik zum Zusammenschweißen von Metallen mit großem Erfolg benutzt.

Die bekannteste Anwendung des Lichtbogens ist seine Verwendung in der Beleuchtungstechnik. Bei Bogenlampen mit reinen Kohlen liefert die hocherhitzte Anode etwa 85% des ausgestrahlten Lichtes, die Kathode nur etwa 10%. Man gibt daher für Projektionsbogenlampen den Kohlen eine zueinander senkrechte Stellung, mit horizontal liegender positiver Kohle (Abb. 627). Da letztere infolge der hohen Temperatur schneller abbrennt als die negative, gibt man ihr zwecks Erzielung eines gleichmäßigen Abbrandes, und damit der Lichtbogen stets an derselben Stelle bleibt, einen etwas größeren Querschnitt. Der spezifische Verbrauch einer Reinkohlenbogenlampe beträgt etwa 1 Watt pro Candela (= 1,1 Hefnerkerze). Die Betriebsstromstärken liegen zwischen 5 und 100 Ampere.

Abb. 627. Stellung der Kohlen in einer Projektionsbogenlampe

Versieht man die positive Kohle mit einer Längsbohrung, in die man als sogenannte Leuchtzusätze CaF_2 oder MgF_2 bringt (Effektkohlen), so wird der Lichtbogen durch das Leuchten der Metalldämpfe gefärbt, so daß zu dem Leuchten der Anode noch das Leuchten des Bogens hinzukommt. Der spezifische Verbrauch dieser Flammenbogenlampen beträgt nur 0,2 bis 0,3 Watt pro Candela.

Eine noch günstigere Ausbeute erzielt man bei den in Kinoprojektoren und Scheinwerfern benutzten Beckbogenlampen dadurch, daß man die mit einem starken Docht versehene positive Kohle sehr stark überlastet. Um dabei ein Glühendwerden des ganzen Kohlestiftes zu vermeiden, versieht man die Kohlen zur Erhöhung der Leitfähigkeit mit einem Kupferüberzug. Dadurch erreicht man, daß der Krater sehr tief ausbrennt, die Leuchtzusätze sehr intensiv verdampfen und es zu einer erhöhten Temperatur in der Metalldampfwolke vor der Anode kommt. (Auf diese Weise läßt sich die Leuchtdichte bis 150000 Stilb [Sonne etwa 100000 bis 200000 Stilb] steigern gegenüber 18000 Stilb beim Reinkohlebogen. 1 Stilb = 1 Candela/cm^2).

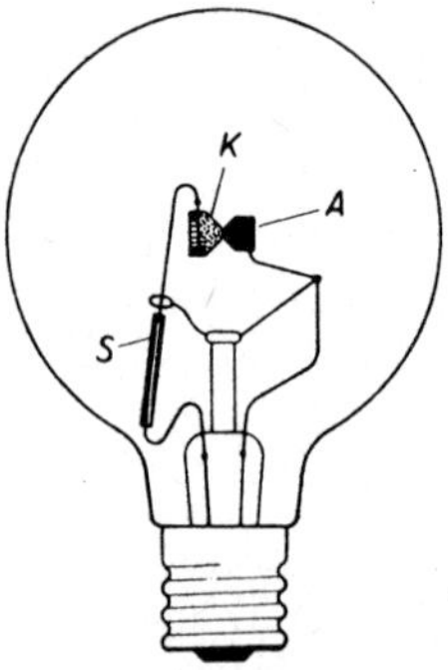

Abb. 628. Wolframpunktlichtlampe

Eine besondere Art von Bogenlampe stellt die Wolframpunktlichtlampe dar (Abb. 628). Bei dieser dient als Lichtquelle bei Gleichstrombetrieb die aus Wolfram bestehende Anode A; zum Zünden hebt sich die oxidaktivierte Kohlekathode K von der Anode ab, indem sich der aus einem Bimetallstreifen gebildete Stiel S der Kathode durch Erwärmung krümmt. Der Glaskolben der Lampe ist mit reinem Stickstoff gefüllt, wodurch jeglicher Abbrand der Elektroden vermieden wird. Diese Lampen werden für Stromstärken von 2, 4 und 7,5 Amp. bei einer Lampenspannung von 55 Volt hergestellt. (Die maximale Lichtstärke der Anode beträgt 150, 350 und 1000 Candela, was bei den kleineren Typen einer Leuchtdichte von 1650 und bei der großen Type von 2100 Stilb entspricht.)

Auch zwischen Quecksilberelektroden in einer Quecksilberdampfatmosphäre kann sich ein Lichtbogen bilden; Abb. 629 zeigt einen Längsschnitt durch die 1896 von L. Arons angegebene und von Cooper Hewitt 1903 für Beleuchtungszwecke verbesserte **Quecksilberdampflampe.** In einem evakuierten Quarzrohr befinden sich die beiden aus Quecksilber bestehenden Elektroden, denen durch eingekittete Stifte aus Invarstahl der Strom zugeführt wird. Die Zündung des Lichtbogens geschieht durch Kippen der Lampe; dabei fließt das Quecksilber zusammen und erzeugt beim Auseinanderreißen den Lichtbogen. Beim Brennen entsteht durch Verdampfen des Quecksilbers ein Druck von etwa 10 Torr. Der Lichtbogen ist von blaugrüner Farbe und enthält in der Hauptsache eine intensive ultraviolette Strahlung, deren physiologische und chemische Wirkung in der Medizin zu Bestrahlungszwecken ausgenutzt wird (künstliche Höhensonne). Da ultraviolettes Licht für das menschliche Auge sehr schädlich ist, muß man sich beim Arbeiten mit derartigen Lampen durch eine Glasbrille schützen, die die ultravioletten Strahlen nicht durchläßt.

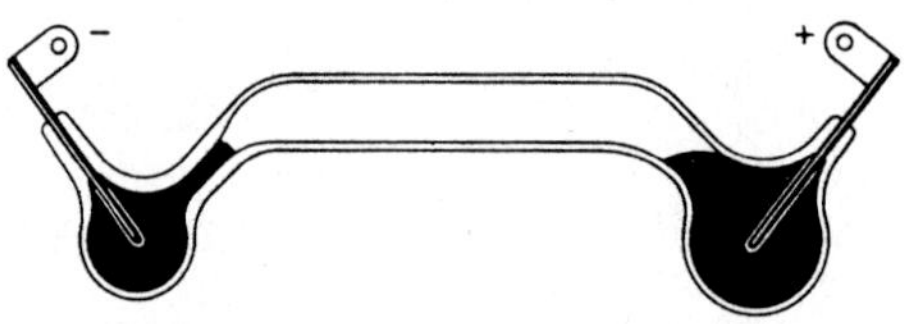

Abb. 629. Quecksilberdampflampe

Zur Beleuchtung in Fabriken und Geschäftsräumen werden heute fast ausschließlich **Leuchtröhren** verwendet. Es sind **Quecksilber-Niederdrucklampen.** Die Temperatur in den Leuchtröhren ist nicht sehr hoch, so daß die Gase keine Temperaturstrahler sind. Die Hg-Atome werden durch Stoß zum Leuchten angeregt bzw. ionisiert und senden danach — die Ionen nach Rekombination mit Elektronen — die für sie charakteristischen Spektrallinien aus. Deshalb sieht das Licht der Na-Dampf-Lampen gelb und das der Hg-Dampf-Lampen bläulich aus. Das der letzteren enthält viel Ultraviolett. Die Glasröhren tragen auf der Innenseite fast immer eine Leuchtstoffschicht, die durch das ultraviolette Licht der Quecksilberatome rot fluoresziert. Dadurch wird das bläuliche Quecksilberlicht in eine gelblich-weiße Farbe umgewandelt. — Da vor der Zündung das Quecksilber sich noch nicht im Dampfzustand befindet, sondern als flüssige Tröpfchen an der Glaswand hängt, enthalten die Lampen zur Einleitung der Zündung etwas Argon. Auch werden die Elektroden meist etwas angeheizt. Gleichzeitig brennt parallel zur Lampe (im sog. Starter) eine kleine Glimmentladung, die durch einen erwärmten Bimetallstreifen unterbrochen wird. Bei diesem Öffnen des Stromkreises entsteht infolge der Selbstinduktion der vorgeschalteten Drossel ein Spannungsstoß, der die Lampe zündet. Der ganze Vorgang der Zündung dauert insgesamt etwa 1 Sekunde.

Neben diesen Quecksilberdampf-Niederdrucklampen sind von der Industrie auch Natriumdampf-Niederdrucklampen, Natriumdampf-Hochdrucklampen, **Quecksilberdampf-Hochdrucklampen** sowie **Xenon-Bogenlampen** entwickelt worden. Sie dienen zur Beleuchtung von Straßen und Innenräumen, senden viel Licht aus, sind wirtschaftlicher als Glühlampen und Kohlebogenlampen und haben eine höhere Lebensdauer. Der größte Lichtstrom wird von Xenon-Langbogenlampen erreicht und hat bei einer Leistungsaufnahme von 130 kW den Wert von 4,5 Millionen Lumen. Das Edelgas Xenon hat in der Lampe eine Temperatur von 7500° K und sendet daher als Temperaturstrahler ein Spektrum aus, das kontinuierlich und dem der Sonne ähnlich ist.

Bei der zu allgemeinen Beleuchtungszwecken dienenden Lampe (Abb. 630a) bestehen die Elektroden aus kleinen Wolframwendeln, die mit Erdalkalioxiden gefüllt sind. Bei der für Projektions- und Laboratoriumszwecke gebauten Höchstdrucklampe (Abb. 630b) werden die Elektroden aus zwei kleinen Wolframkegeln gebildet. Der aus Quarz bestehende Lampenkörper enthält eine so abgewogene Quecksilbermenge, daß nach ihrer vollständigen Verdampfung die Dampfdichte einen bestimmten Höchstwert nicht überschreitet, und außerdem zur Zündung etwas Argon von einigen Torr Druck. Da der Dampfdruck des Quecksilbers in der kalten Lampe nur etwa 10^{-3} Torr beträgt, findet beim Anlegen der Spannung die Zündung in Form einer Glimmentladung durch das Edelgas statt, die dann nach allmählicher Verdampfung des Quecksilbers in eine Bogenentladung übergeht. Bei der Hochdrucklampe (Abb. 630 a) wird die Glimmentladung über eine Hilfselektrode H mit vorgeschaltetem Widerstand R automatisch eingeleitet, während bei der anderen Lampe (Abb. 630 b) die Entladung durch einen besonderen Hochspannungsstoß über eine in die Hauptentladungsstrecke reichende, drahtförmige Hilfselektrode gezündet werden muß. Bei dem sich in der

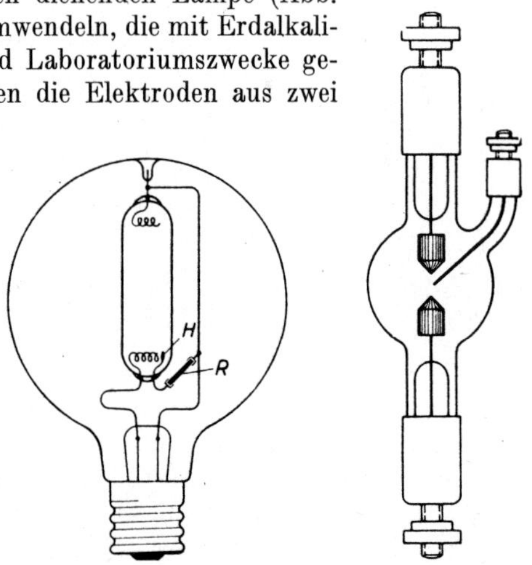

Abb. 630. Hochdruckquecksilberlampen für 140 (a) und 500 (b) Watt Belastung.

Lampe einstellenden Druck von 35 bis 70 at erfüllt der Lichtbogen nicht mehr den ganzen Rohrquerschnitt, sondern zieht sich auf einen dünnen Faden hoher Leuchtdichte zusammen. Der Quarzbrenner der Lampe nach Abb. 630a ist von einem Glaskolben umgeben, einerseits als Schutz vor der Ultraviolettstrahlung und andererseits als Träger des fluoreszierenden Leuchtstoffes, der sich auf der Innenseite dieses Glaskolbens befindet.

Durch Verwendung einer zunächst fremd geheizten Kathode und Einleitung einer unselbständigen Entladung gelingt es auch, eine Bogenentladung im Dampf schwer verdampfender Metalle zu erzielen. Abb. 631 zeigt den Längsschnitt durch eine moderne **Spektrallampe,** die je nach ihrer Füllung (Na, Ne, K, Rb, Cs, Zn, Cd, Tl) ganz bestimmte für spektroskopische Zwecke wichtige Spektrallinien emittiert. Der in einem Schutzrohr A befindliche eigentliche Lampenkörper B enthält zwei mit Erdalkalioxid gefüllte Glühelektroden E_1 und E_2, die zunächst bei Inbetriebnahme der Lampe entsprechend der in Abb. 631b wiedergegebenen Schaltung hintereinander über einen Schalter S und eine Vorschaltdrosselspule an eine Wechselspannung von 220 Volt gelegt sind. Sobald die Elektroden aufgeheizt sind, wird der Schalter S geöffnet, worauf die Bogenentladung zwischen E_1 und E_2 einsetzt, dabei die Elektroden weiter heizend. Der Betriebsstrom liegt zwischen 1 und 3 Amp., die Bogenspannung zwischen 10 und 35 Volt.

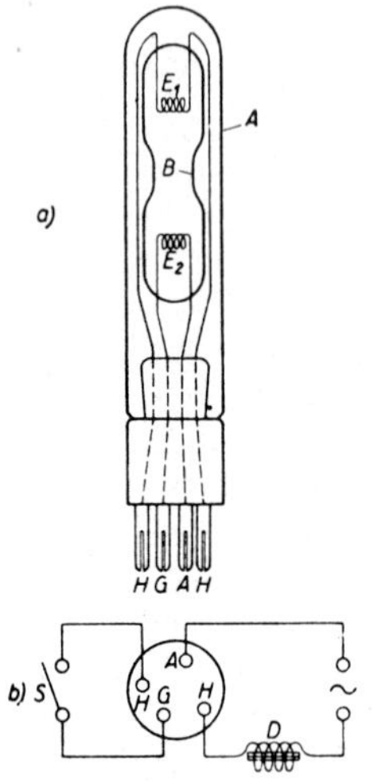

Abb. 631. Aufbau (a) und Schaltschema (b) einer Spektrallampe

Nimmt man an einer Bogenentladung die Spannung U_b am Lichtbogen bei konstanter Länge in Abhängigkeit von der Stromstärke J_b auf, indem man letztere mit Hilfe eines Vorschaltwiderstandes variiert, so findet man das zunächst überraschende Ergebnis, daß die Spannung am Bogen (entgegen dem Ohmschen Gesetz!) mit steigender Stromstärke sinkt. Man erhält als Strom-Spannungskurve die in Abb. 632 für einen Kohlelichtbogen wiedergegebene **fallende Charakteristik.** Da das Verhältnis U/J den „Widerstand" der Meßstrecke gibt, muß also der Widerstand des Lichtbogens mit zunehmender Stromstärke abnehmen, oder die Leitfähigkeit, d. h. die Zahl der im Bogen befindlichen Elektrizitätsträger zunehmen. Daß das letztere in der Tat der Fall ist, kann man leicht verstehen, wenn man bedenkt, daß mit steigender Stromstärke eine Aufheizung der Kathode und damit auch eine erhöhte Stoßionisation eintritt.

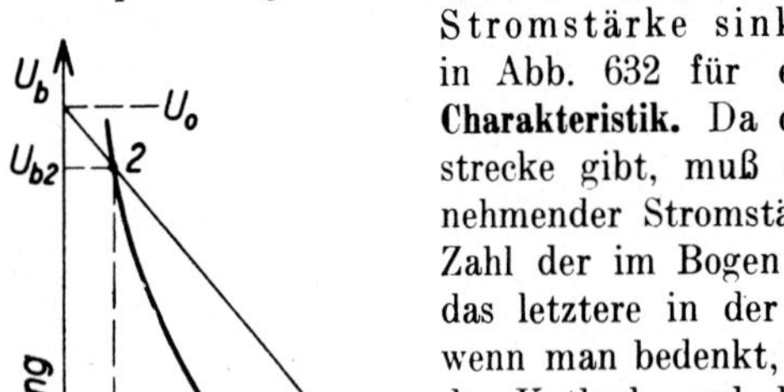

Abb. 632. Strom-Spannungs-Charakteristik eines Kohlelichtbogens

Infolge der fallenden Charakteristik kann man einen Lichtbogen nur unter Vorschaltung eines Ohmschen Widerstandes brennen, der die Stromstärke durch den Bogen auf einen festen Endwert begrenzt. Wegen des am Widerstand auftretenden Spannungsabfalles muß die Betriebsspannung stets größer als die erforderliche Bogenspannung sein. Dies ist auch für ein stabiles Brennen des Bogens erforderlich, denn wenn aus irgendeinem Grund (etwa durch Abkühlen der Gasstrecke infolge Wind) die Stromstärke sinkt, muß die Spannung steigen können, falls der Bogen nicht erlöschen soll.

Der für eine Betriebsstromstärke J_b erforderliche Vorschaltwiderstand R berechnet sich aus der Gleichung $J_b R + U_b = U_0$, wenn U_0 die Netzspannung bedeutet, zu $R = \frac{U_0 - U_b}{J_b}$. Wie man aus Abb. 632 sieht, ist $R = -tg(\pi - \varphi)$, wenn φ den Neigungswinkel der von dem Betriebspunkt 1 der Kennlinie nach der Netzspannung bei $J = 0$ gezogenen Geraden gegen die Abszisse angibt. Auf die Bedeutung der fallenden Charakteristik zur Schwingungserzeugung wurde bereits auf S. 326 hingewiesen.

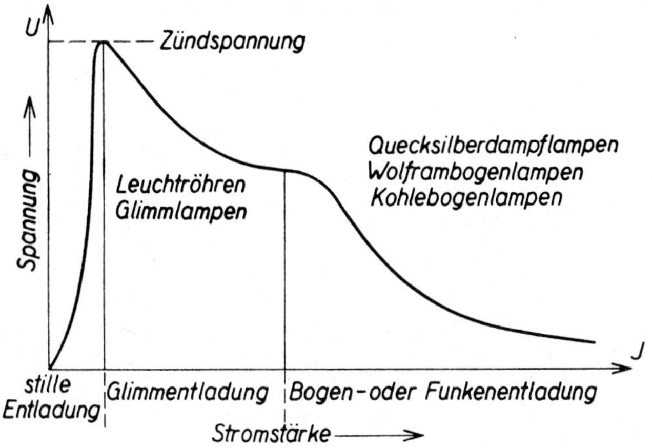

Abb. 633. Strom-Spannungs-Charakteristik einer Gasentladung

Wie man aus Abb. 632 erkennt, schneidet die durch den Punkt 1 der Lichtbogenkennlinie gezogene Widerstandsgerade die Kennlinie auch noch im Punkt 2. Es läßt sich aber zeigen, daß nur der Punkt 1 einem stabilen Zustand entspricht, während Punkt 2 labil ist. Wird z. B. im Punkt 1 der Strom J_{b_1} etwa durch einen Induktionsstoß ein wenig vergrößert, dann sinkt infolge des dem Bogen vorgeschalteten Widerstandes R die am Bogen zur Verfügung stehende Spannung $U_0 - J_b R$ längs der Widerstandsgeraden auf einen kleineren Wert als der Kennlinie des Bogens entspricht. Infolgedessen geht der Bogenstrom wieder auf den Ausgangswert J_{b_1} zurück. Umgekehrt steigt bei einer kleinen Abnahme von J_{b_1} die am Bogen zur Verfügung stehende Spannung über die Bedarfsspannung, so daß der Strom wieder zunimmt, bis er den alten Wert wieder erreicht. Anders liegen die Verhältnisse im Punkt 2. Bei einer geringfügigen Zunahme des Stromes über J_{b_2} hinaus wächst sofort die am Bogen zur Verfügung stehende Spannung über die durch die Kennlinie gegebene Bedarfsspannung, so daß der Strom weiter zunimmt, bis er den stabilen Wert J_{b_1} erreicht. Eine kleine Abnahme von J_{b_2} bewirkt dagegen ein Absinken der erforderlichen Bogenspannung und damit ein weiteres Absinken des Stromes. Ganz allgemein gilt, daß sich bei einem Lichtbogen labile Zustände einstellen, wenn die Widerstandslinie in dem betreffenden Arbeitspunkt weniger steil verläuft als die Bogencharakteristik; stabile Zustände bestehen dagegen, wenn die Widerstandsgerade steiler ist als die Bogenkennlinie, d. h. wenn der Vorwiderstand einen genügend großen Wert hat.

In Abb. 633 ist nochmals die Charakteristik einer Gasentladung über einen weiten Strombereich aufgenommen. Sie zeigt im Gebiet sehr kleiner Stromstärken (stille oder Townsendentladung) ein Ansteigen des Stromes mit der Spannung und das Auftreten eines Sättigungsstromes. Sobald mit weiter steigender Spannung die Stoßionisation einsetzt, wird nach Überschreiten der Zündspannung das Gebiet der Glimmentladung erreicht, die dann von einer bestimmten Stromstärke an in eine Bogen- bzw. Funkenentladung übergeht. Glimm- und Bogenentladung zeigen beide fallende Charakteristik. In Abhängigkeit von Stromdichte und Gasdruck zeigt das Schema Abb. 634 die Abgrenzung der Existenzbereiche für die drei wichtigsten Entladungsformen. Bei einem gegebenen Gasdruck kommt man sowohl zu Glimm- als auch Bogenentladung nur über die stille Entladung durch Erhöhung der Stromdichte, während man bei gegebener Stromdichte von der Glimmentladung zur Bogenentladung durch Erhöhung des Gasdruckes kommt.

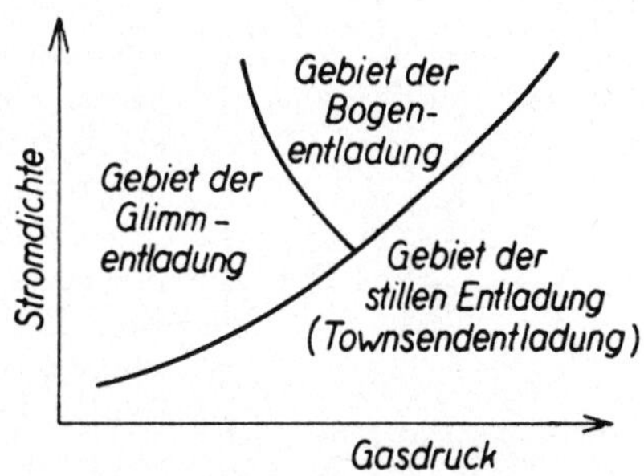

Abb. 634. Existenzbereiche der verschiedenen Entladungsformen

Zwischen Kohleelektroden läßt sich auch bei Wechselstrom ein Lichtbogen unterhalten, da die negative Elektrode infolge der schlechten Wärmeleitfähigkeit der Kohle während des Stromdurchganges durch Null genügend heiß bleibt, so daß eine Neuzündung des Bogens in der nächsten

Phase einsetzen kann. Abb. 635 zeigt die oszillographische Aufnahme des Strom- und Spannungsverlaufes an einem Wechselstrombogen. Konstruiert man daraus die Strom-Spannungs-Kurve, so erhält man daraus die in Abb. 636 wiedergegebene dynamische Charakteristik eines

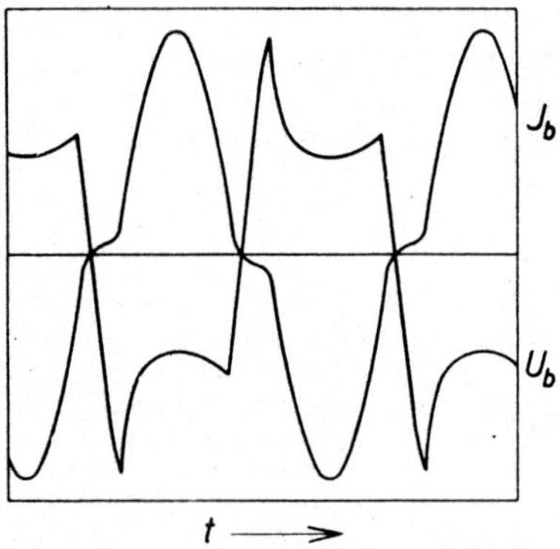

Abb. 635. Zeitlicher Verlauf von Spannung und Stromstärke in einem Wechselstromlichtbogen

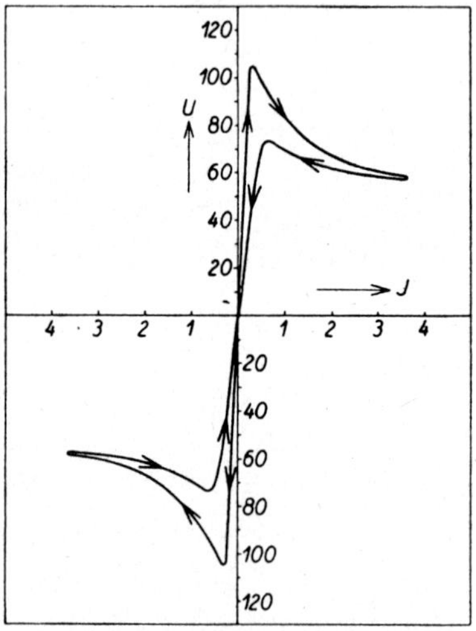

Abb. 636. Dynamische Charakteristik eines Wechselstromlichtbogens

Wechselstrombogens mit einer ausgeprägten Hystereseschleife. Diese kommt dadurch zustande, daß bei abnehmendem Strom die noch heiße Kathode eine größere Leitfähigkeit im Bogen und damit eine kleinere Spannung am Bogen bewirkt als im Falle des Stromanstieges **(s. auch S. 328).**

Überlagert man dem Strom eines Gleichstrombogens durch induktive oder kapazitive Koppelung die Wechselströme einer Mikrophonleitung, die man vorher noch mittels eines Röhrenverstärkers verstärkt hat, so werden die in das Mikrophon gesprochenen Worte von dem Lichtbogen wiedergegeben (sprechender Lichtbogen, H.Th. Simon, 1898); spricht man umgekehrt gegen den Lichtbogen, so gibt ein an den Lichtbogenkreis über einen Verstärker angekoppeltes Telephon die Sprache wieder (lauschender Lichtbogen). Dabei erfolgt die Übertragung der Schallwellen zwischen Lichtbogen und umgebender Luft durch die Bogensäule, deren hocherhitztes Gas Temperaturschwankungen erleidet, wodurch das Volumen der Gassäule und der Spannungsabfall in ihr geändert werden. Eine größere praktische Bedeutung hat weder der sprechende noch der lauschende Lichtbogen erlangt.

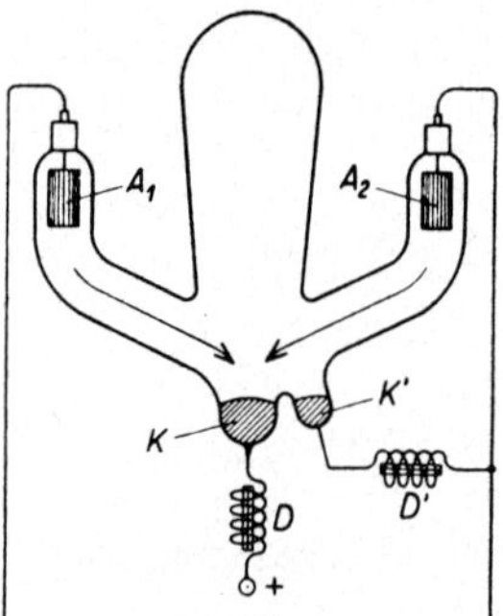

Abb. 637. Quecksilberdampfgleichrichter

Die Erscheinung, daß ein Lichtbogen nur bei heißer Kathode brennen kann, wird in der Technik zur Gleichrichtung von Wechselströmen bei dem von Cooper Hewitt angegebenen **Quecksilberdampfgleichrichter** benutzt. Dieser besteht aus einem großen Glasgefäß (Abb. 637), das unten die Quecksilberkathode K und in zwei seitlichen Ansätzen die beiden aus Graphit oder Eisen hergestellten Anoden A_1 und A_2 trägt, deren Abmessungen so groß sind, daß sie sich nicht zu stark erhitzen. Der Lichtbogen, der zunächst zwischen K und einer Hilfsanode K' durch Kippen des Gefäßes gezündet wird, kann nur weiterbestehen, solange die heiße Quecksilberoberfläche von K Kathode ist; er brennt daher abwechselnd nach A_1 oder A_2, je nachdem, welche von diesen Elektroden gerade positive Spannung gegenüber K führt. Die Drosselspule D dient dazu, mit ihrem Öffnungsstrom den zwischen zwei Wechselstromphasen auftretenden Augenblick der Stromlosigkeit zu überbrücken und dadurch eine Abkühlung des Ansatzfleckes des Lichtbogens auf der Kathode zu verhindern. Derartige Quecksilberdampfgleichrichter werden für Leistungen bis 1000 kW und mehr gebaut. Sie werden jetzt aber zunehmend durch Halbleitergleichrichter aus Silizium ersetzt, die wesentlich kleiner sind.

IX. Kapitel

Die Stromleitung in festen Körpern

71. Die metallische Leitung

In den beiden vorhergehenden Kapiteln wurde der Mechanismus der Elektrizitätsleitung in Elektrolyten und Gasen besprochen; da die meisten Elektrolyte Flüssigkeiten sind, können wir etwas ungenau sagen, daß wir die Leitung in Flüssigkeiten und Gasen erörtert haben. Es bleibt also übrig, den Mechanismus der Leitung in festen Körpern zu untersuchen; auch diese Charakterisierung ist nicht zu wörtlich zu verstehen, da natürlich Metalle auch in flüssigem Zustande existieren, also hier miteinzuschließen sind; anderseits bleibt die Erörterung fester Elektrolyte ausgeschlossen.

Bei den Elektrolyten besteht der elektrische Strom ausschließlich in der Bewegung von Ionen, d. h. materiellen Elektrizitätsträgern; daher ist hier der Elektrizitätstransport stets mit einem Massentransport verbunden. Bei den Gasentladungen haben wir teils Elektronenleitung, also ohne (merklichen) Massentransport, aber auch, z. B. in den Kanalstrahlen, Ionenbewegung, die wieder mit Massentransport verbunden ist. Die Leitung in Metallen aber ist niemals mit einem nachweisbaren Massentransport verbunden, wie sorgfältige und umfangreiche Untersuchungen immer wieder gezeigt haben. Man hat z. B. Kupfer- und Silberstäbe mit Silber aneinandergelötet und nach tagelangem Hindurchgang stärkster Ströme mit den empfindlichsten Methoden untersucht, ob etwa im Kupfer Spuren von Silber sich fänden oder umgekehrt; die Ergebnisse waren aber stets negativ. So bildet sich von selbst die Vermutung, daß die metallische Leitung ausschließlich Elektronenleitung sei.

Da die Elektronen allerdings nicht ganz masselos sind, sondern eine kleine Masse gleich 1/1836 der Masse der Wasserstoffatome besitzen, könnte man daran denken, diesen minimalen Massentransport dadurch nachzuweisen, daß man z. B. eine Kugel so hoch wie möglich auflädt und dann den Massenzuwachs auf der Waage bestimmt. Die folgende kleine Rechnung (E. Grüneisen) wird zeigen, daß dies unmöglich ist. Nehmen wir z. B. eine Metallkugel von 1 cm Radius, die wir auf eine Spannung von 10^6 Volt aufladen; dazu ist eine Elektrizitätsmenge von $1 \cdot 10^6/300$ elektrostatischen Einheiten erforderlich; da nach S. 13 die Ladung eines Elektrons $4{,}803 \cdot 10^{-10}$ elektrostatische Einheiten beträgt, besteht die genannte Ladung aus rund $7 \cdot 10^{12}$ Elektronen. Jedes Elektron hat nach S. 444 eine Ruhemasse von $9{,}10 \cdot 10^{-28}$ g; folglich besitzen $7 \cdot 10^{12}$ Elektronen $6{,}3 \cdot 10^{-15}$ g Masse. Dies wäre also die Massenzunahme der geladenen Kugel, aber sie ist absolut unwahrnehmbar, da mit der Waage allerhöchstens 10^{-6} g nachgewiesen werden können. Selbst das Millionenfache der obigen Ladung hätte erst eine Masse von $6{,}3 \cdot 10^{-9}$ g, bliebe also immer noch weit unterhalb der Möglichkeit eines Nachweises.

Dennoch ist der sichere experimentelle Nachweis, daß es sich bei den Metallen um Elektronenleitung handelt, C. R. Tolman und T. D. Stewart im Jahre 1916 gelungen. Sie gingen von dem Gedanken aus, daß die Elektronen, die im Metall doch frei[1]) beweglich sein müssen, sich bei einer beschleunigten Bewegung (z. B. eines Metallstabes in seiner Längsrichtung) relativ zur äußeren Begrenzung desselben infolge ihrer Trägheit — die Elektronen haben ja doch eine Masse, wenn sie auch sehr klein ist — verschieben müssen. Ist dies der Fall, so muß es an dem in der Bewegungsrichtung vorn befindlichen Ende des Metallstabes zu einer Verarmung, am hinteren Ende zu

[1]) Wie wir später sehen werden, schließt die freie Beweglichkeit der Elektronen die Existenz eines Widerstandes nicht aus.

einer Anreicherung von Elektronen kommen, d. h. die Enden des Metallstabes laden sich mit entgegengesetzten Vorzeichen auf. Dieser Prozeß dauert so lange, bis das entstehende elektrische Feld eine weitere Verschiebung der Elektronen im Leiter verhindert. Umgekehrte Aufladung des Metalles erfolgt natürlich, wenn ein gleichförmig bewegter Metallstab plötzlich gebremst wird, d. h. eine negative Beschleunigung erfährt.

Die praktische Ausführung des Versuches erfolgte in der Weise, daß eine flache Drahtspule mit vielen Windungen eines dünnen Drahtes um die auf der Spulenebene senkrechte Achse in rasche Umdrehungen versetzt und dann plötzlich angehalten wurde; die Enden der Spule führten über zwei Schleifringe zu einem ballistischen Galvanometer. Während des Abbremsens der Spule wirkt auf jedes Elektron mit der Ruhmasse m_0 im Draht die Führungskraft $F_f = m_0 a = m_0 \frac{v}{t}$, wobei v die Umlaufsgeschwindigkeit der Spule und t die Zeit bedeutet, innerhalb der die Abbremsung auf die Geschwindigkeit Null erfolgt; denn v/t ist die (negative) Beschleunigung a des Stabes. In der Längsrichtung des Drahtes entsteht dadurch ein elektrisches Feld vom Betrage $|\mathfrak{E}| = U/l$, das auf jedes Elektron mit der Kraft $F_e = eU/l$ einwirkt, wenn e die Ladung des Elektrons und U die an den Enden der Spule von der Länge l auftretende Spannung bedeuten. Da beide Kräfte sich das Gleichgewicht halten, besteht die Gleichung:

$$\frac{eU}{l} = m_0 \frac{v}{t};$$

das liefert für die spezifische Ladung der im Metall befindlichen frei beweglichen Elektrizitätsträger den Wert:

$$\frac{e}{m_0} = \frac{vl}{Ut}.$$

Man kann also die spezifische Ladung der Elektrizitätsträger im Metall aus den Daten der Spule, ihrer Umfangsgeschwindigkeit und dem mit dem ballistischen Galvanometer gemessenen Spannungsstoß Ut ermitteln. Barnett und Stewart fanden auf diese Weise für e/m_0 der in Kupfer, Silber, Aluminium frei beweglichen Elektrizitätsträger im Mittel den Wert $1{,}5 \cdot 10^8$ C/g, was mit dem für Elektronen gültigen Wert von $1{,}76 \cdot 10^8$ C/g befriedigend übereinstimmt, während für Ionen sich ein Wert $\leqq 10^5$ C/g hätte ergeben müssen. Tolman und seine Mitarbeiter haben 1923 noch eine ähnliche verbesserte Methode angegeben. Sie versetzten im Innern einer Spule einen hohlen Kupferzylinder um seine Längsachse in oszillierende Bewegung. Dadurch werden im Kupfer die Elektronen infolge ihrer Trägheit gegen das Kupfer hin und her bewegt und erzeugen ein im gleichen Tempo schwankendes Magnetfeld; dieses ruft durch Induktion in der Spule eine Wechselspannung hervor, die sich nach hinreichender Verstärkung durch einen Röhrenverstärker mit einem Vibrationsgalvanometer messen läßt. Für e/m_0 fanden sie den Wert $1{,}93 \cdot 10^8$ C/g, der ebenfalls die richtige Größenordnung für Elektronen als bewegliche Elektrizitätsträger im Metall ergibt.

Weitere Stützen hierfür sind ferner der auf S. 43 erwähnte lichtelektrische Effekt, die Glühelektronen-Emission (s. S. 43) und die Tatsache, daß es gelingt, mit extrem hohen elektrischen Feldstärken Elektronen aus kalten Metallen herauszuziehen.

Kinetische Theorie der Elektronenleitung. Die Metalle gehören zu den Elementen, deren Atome dazu neigen, ein oder mehrere Elektronen abzuspalten. Man kann sich also ein Metall als ein Gitter aus positiven Metall-Ionen vorstellen, zwischen dessen Maschen sich Elektronen frei bewegen. Nach der zuerst von E. Riecke (1898) und P. Drude (1900) aufgestellten kinetischen Elektronentheorie der metallischen Leitung behandelte man die im Metall frei beweglichen Elektronen wie die Atome eines Gases, das den idealen Gasgesetzen gehorcht und sich in thermischem Gleichgewicht mit den Metallatomen befindet (was nicht exakt zutrifft). Das bedeutet, daß man den Elektronen eine ungeordnete Bewegung zuschreibt, derart, daß ihre mittlere kinetische Energie $\frac{1}{2} m_0 v_{th}^2$ dem mittleren Energiewert von Gasmolekülen bei gleicher absoluter

Temperatur T, also dem Wert $\frac{3}{2} kT$ gleich ist. Daher erhält man für die thermische Geschwindigkeit der Elektronen die Beziehung

$$v_{th} = \sqrt{\frac{3\,k\,T}{m_0}}\,,\tag{412}$$ [1]

in der $k = R/N_A$ die Boltzmann-Konstante, R die molare Gaskonstante und N_A die Loschmidt-Avogadro-Konstante bedeuten. Diese wegen der Kleinheit der Elektronenmasse in der Größenordnung von 100 km/sec liegende Geschwindigkeit ist gleichmäßig auf alle Richtungen verteilt, so daß sich im Mittel nach allen Richtungen gleich viele Elektronen bewegen. Wird aber an den Leiter eine Spannung gelegt, in diesem also ein elektrisches Feld erzeugt, so bekommen die Elektronen zusätzlich eine gleichgerichtete Geschwindigkeitskomponente, auf Grund derer sie sich im Feld bewegen. Dabei müssen sie sich durch das im Raum festliegende Gitter der positiven Metall-Ionen hindurchbewegen, wobei sie durch die Feldkräfte der Ionen von ihrer Richtung mehr oder weniger stark abgelenkt werden. Auch kann ein Elektron von einem positiven Metall-Ion eingefangen werden, während an seiner Stelle ein anderes Elektron den Weg fortsetzt. Daher befinden sich im Mittel in der Volumeinheit immer gleich viel Elektronen in Bewegung, die die Dichte des Leitungsstromes bestimmen. Man kann nun ähnlich wie in der kinetischen Gastheorie jedem Elektron eine gewisse mittlere freie Weglänge $\bar{l}$ zuordnen. Diese ist mit der freien Flugzeit τ des Elektrons (zwischen zwei Zusammenstößen) durch die Beziehung

$$\tau = \frac{\bar{l}}{v_{th}} = \frac{\bar{l}\sqrt{m_0}}{\sqrt{3\,k\,T}}\tag{413}$$

verknüpft. Anderseits findet man τ aus der Gleichung (a = die konstante Beschleunigung zwischen zwei Zusammenstößen):

$$\bar{v}_{el} = \frac{1}{2}\,a\,\tau = \frac{1}{2}\,\frac{e}{m_0}\,|\mathfrak{E}|\,\tau\,,\tag{414}$$

die die mittlere Geschwindigkeit $\bar{v}_{el}$ angibt, die die Elektronen im Felde $|\mathfrak{E}|$ während der Zeit τ erreichen, bis sie von einem Metall-Ion abgebremst werden. Bezeichnen wir mit μ die Elektronenbeweglichkeit, also die Größe $\frac{\bar{v}_{el}}{|\mathfrak{E}|}$, so ist:

$$\mu = \frac{1}{2}\,\frac{e}{m_0}\,\tau\,.$$

Damit ergibt sich für die mittlere freie Weglänge der Elektronen im Metall die Beziehung:

$$\bar{l} = \frac{2\sqrt{3\,k\,T\,m_0}}{e}\,\mu;\tag{415}$$

für Zimmertemperatur ($T = 293°$K) ergibt sich, wenn $\bar{l}$ in cm, μ in cm²/Vs:

$$\bar{l} = 1{,}3 \cdot 10^{-6}\,\mu.$$

Wie aus Messungen des weiter unten beschriebenen Hall-Effektes folgt, beträgt für Silber bei 20°C die Beweglichkeit $\mu = 64\,\frac{\text{cm/sec}}{\text{Volt/cm}}$, so daß für die mittlere freie Weglänge $\bar{l}$ bei der angegebenen Temperatur der Wert $8{,}3 \cdot 10^{-7}$ cm folgt, der in der Größenordnung von 30 Atomdurchmessern liegt. Trotz ihrer hohen thermischen Geschwindigkeit legen also die Elektronen in einem elektrischen Feld nur sehr kleine Strecken frei zurück. Durch die immer wieder erfolgende Abbremsung bzw. Ablenkung der durch ein elektrisches Feld bewegten Elektronen durch die ruhenden Metall-Ionen wird die ihnen vom Feld erteilte kinetische Energie hier in ungeordnete Bewegung, d. h. in Wärme verwandelt. Mit anderen Worten: Es erfahren die durch das Feld

[1] Angenähert; es ist hier der Einfachheit halber angenommen, daß die Elektronen sämtlich die gleiche Geschwindigkeit v_{th} besitzen, d. h. es ist vom Maxwellschen Geschwindigkeitsverteilungsgesetz abgesehen; vgl. Band I, Nr. 103.

beschleunigten Elektronen im Metall einen mechanischen Reibungswiderstand[1]), d. h. der elektrische Strom hat den Ohmschen Widerstand des Leiters zu überwinden, der elektrische Energie in Wärme verwandelt.

Einen direkten Beweis für die mechanische Reibung der in einem Metall bewegten Elektronen stellt z. B. das auf S. 220 beschriebene Barlowsche Rad dar. Die von der Mitte der drehbaren Scheibe nach der Stromableitung am Rande fließenden Elektronen erfahren in einem Magnetfeld eine Querablenkung; dabei nehmen sie infolge der Reibung die Metallscheibe mit, so daß diese in drehende Bewegung kommt. Auch die auf S. 226 beschriebene Deformation metallischer Leiter bei sehr hoher Strombelastung ist durch die Reibung zwischen den Elektronen und dem Metall zu erklären.

Infolge der Reibung erhalten also die Elektronen unter der Wirkung eines elektrischen Feldes im Leiter eine gewisse mittlere, gleichmäßige Geschwindigkeit, die der Feldstärke oder der an den Leiter angelegten Spannung proportional ist. Je größer die mittlere Geschwindigkeit der Elektronen wird, desto größer ist die im Leiter in der Zeiteinheit bewegte Elektrizitätsmenge, d. h. die Stromstärke. Außer von der angelegten Spannung ist die Stromstärke noch von der Anzahl der in der Volumeinheit befindlichen Elektronen und ihrer mittleren freien Wellenlänge, also von zwei Größen abhängig, die durch das Leitungsmaterial gegeben sind und dessen spezifische Leitfähigkeit bestimmen.

Nach S. 403 ist das Ohmsche Gesetz für einen Leiter vom Querschnitt A, der in der Volumeinheit n Elektrizitätsträger mit der Ladung q und den Geschwindigkeiten v_+ und v_- enthält, durch die Gleichung

$$nqA(v_+ + v_-) = \frac{U}{R}$$

dargestellt, wobei U die an den Leiter gelegte Spannung und R seinen Ohmschen Widerstand bedeuten. Da für die metallische Leitung $v_+ = 0$ ist und v_- die Geschwindigkeit $\bar{v}_{el}$ der Elektronen ist, vereinfacht sich diese Gleichung zu:

(416) $$neA\bar{v}_{el} = \frac{U}{R},$$

d. h.:

(417) $$\bar{v}_{el} = \frac{U}{RneA}.$$

Diese Gleichung bestimmt die mittlere elektrische Geschwindigkeit v_{el} der Elektronen im Leiter, wenn die Anzahl n der Elektronen pro Volumeinheit bekannt ist. Man kann in erster Annäherung annehmen, daß auf jedes Metallatom ein frei bewegliches Elektron kommt. Für Kupfer ergibt sich dann folgende Rechnung: 1 cm^3 Cu besitzt eine Masse von 8,9 g, die rel. Atommasse von Cu ist 63,6, so daß 1 cm^3 Cu rd. 0,14 Mol Cu enthält. Ein Mol enthält $6{,}02 \cdot 10^{23}$ Atome, also 1 cm^3 Cu rund $n = 8{,}4 \cdot 10^{22}$ Atome. Legen wir nun an einen Kupferdraht von 1 mm^2 Querschnitt und 10 m Länge eine Spannung von 1 Volt, so fließt in ihm ein Strom (5,7 A). Der Widerstand beträgt 0,17 Ohm. Mit diesen Werten folgt für die Geschwindigkeit $\bar{v}_{el}$ der Elektronen im Kupfer aus Gl. (417) mit $e = 1{,}6 \cdot 10^{-19}$ Coulomb:

$$\bar{v}_{el} = \frac{1}{0{,}17 \cdot 8{,}4 \cdot 10^{22} \cdot 1{,}6 \cdot 10^{-19} \cdot 0{,}01} = \frac{1}{22}\ \text{cm/s} = 0{,}043\ \text{cm/s}.$$

Eine so kleine Geschwindigkeit von nur ½ mm/s erhalten die Elektronen in Richtung des Feldes. Die Ursache liegt vor allem in der sehr kleinen wirkenden Feldstärke; im vorliegenden Falle, wo der Draht bereits so stark belastet wurde, daß gerade noch keine unzulässige Erwärmung auftritt, beträgt die elektrische Feldstärke nur 0,001 Volt/cm. Die Beweglichkeit der Elektronen wird damit:

$$\mu = \frac{\bar{v}_{el}}{|\mathfrak{E}|} = 43\ \frac{\text{cm/s}}{\text{Volt/cm}}.$$

[1]) Vgl. die Anmerkung auf S. 483.

Ersetzen wir in Gl. (417) die am Leiter liegende Spannung U durch das Produkt aus Feldstärke $\mathfrak{E}$ und Leiterlänge l und führen die Elektronenbeweglichkeit μ ein, so wird:

(418) $$R = \frac{l}{n e A \mu}$$

Nun wissen wir, daß mit sinkender Temperatur der Ohmsche Widerstand abnimmt und bei 20° K ungefähr den hundertsten Teil des bei Zimmertemperatur gemessenen Wertes annimmt. Nach Gl. (418) bedeutet dies aber, daß die Elektronenbeweglichkeit (und damit die freie Weglänge der Elektronen im Metall) entsprechend zugenommen haben muß; letztere erreicht für Silber die Größenordnung von $7 \cdot 10^{-4}$ mm und ist dann nicht mehr klein gegen den Durchmesser der dünnsten herstellbaren Silberdrähte von etwa 10^{-3} mm. Da nun die Drahtwände die freie Beweglichkeit der Elektronen behindern, müssen solche dünnen Drähte eine kleinere elektrische Leitfähigkeit als dicke aus demselben Material besitzen; dies wurde wirklich experimentell von A. Eucken und Förster gefunden.

Nach Gl. (416) ist die Stromdichte in einem Leiter durch die Beziehung:

(419) $$|\mathfrak{j}| = \frac{J}{A} = n e \bar{v}_{el}$$

gegeben. Da nach dem Ohmschen Gesetz $\mathfrak{j} = \sigma \mathfrak{E}$ ist, finden wir für die elektrische Leitfähigkeit:

$$\sigma = n e \mu = \frac{n e v_{el}}{|\mathfrak{E}|},$$

wofür man unter Benutzung von (412) und (414) schreiben kann:

(420) $$\sigma = \frac{n e^2 \bar{l}}{2 m_0 v_{th}} = \frac{n e^2 \bar{l}}{6 k T} \cdot v_{th}.$$

Unter der Annahme, daß der Zähler in dem Ausdruck auf der rechten Seite von der Temperatur unabhängig ist, spricht Gl. (420) die Tatsache aus, daß die Leitfähigkeit reiner Metalle bei nicht zu tiefen Temperaturen der absoluten Temperatur umgekehrt proportional ist, der elektrische Widerstand eines Metalles also einen positiven Temperatur-Koeffizienten besitzt (s. S. 136).

Die Frage ist nur, ob wirklich der Zähler temperaturunabhängig ist. Daß die Zahl n der Elektronen pro Volumen nicht von der Temperatur abhängt, ist bei Metallen sicher richtig. Ferner wirkt auf die Größen $\bar{l}$ und $\bar{v}_{th}$ die Temperatur im entgegengesetzten Sinne. Eine Temperaturerhöhung vergrößert z. B. die Amplitude der Gitterschwingungen und damit die Zahl der Zusammenstöße zwischen Elektronen und Atom-Ionen, was einer Verkleinerung der freien Weglänge gleichkommt; die mittlere Geschwindigkeit $\bar{v}_{th}$ wächst dagegen gemäß Gl. (412) mit $\sqrt{T}$.

Die Abhängigkeit des Widerstandes R von der Temperatur hatten wir in Abb. 173 auf S. 136 für verschiedene Metalle graphisch wiedergegeben. Bei den reinen Metallen zeigen die einzelnen Kurven qualitativ zwar den gleichen Verlauf, nämlich ein Ansteigen mit wachsender Temperatur, doch weichen sie quantitativ stark voneinander ab. Letzteres ist, wie Abb. 638 zeigt, nicht mehr der Fall, wenn man nach E. Grüneisen (1918) statt des Widerstandes R den „reduzierten" Widerstand R/R_Θ in Abhängigkeit von der „reduzierten" Temperatur T/Θ aufträgt. Θ ist dabei eine für das betreffende Metall „charakteristische" Temperatur, die die Quantentheorie zu berechnen gestattet; R_Θ ist der Widerstand des Metalles bei dieser Temperatur. Man mißt also den Widerstand R in Vielfachen von R_Θ, die Temperatur in Vielfachen von Θ. In der folgenden Tabelle sind einige charakteristische Temperaturen Θ angegeben.

Metall	Θ	Metall	Θ
Magnesium	357 K	Palladium	270 K
Aluminium	395 K	Iridium	316 K
Titan	342 K	Platin	240 K
Tantal	228 K	Kupfer	333 K
Chrom	495 K	Silber	223 K
Eisen	519 K	Gold	175 K
Kobalt	401 K	Blei	86 K
Nickel	472 K	Wismut	62 K

Diese charakteristische Temperatur θ heißt auch **Debye-Temperatur.** Sie wird aus den elastischen Eigenschaften (Gitterschwingungen) eines Kristalls berechnet, wozu die Schallgeschwindigkeit gemessen wird (Bd. I, Nr. 103).

Die Angaben über den Einfluß der Temperatur gelten in gleicher Weise für feste wie für flüssige Metalle. Der Übergang in einen anderen Aggregatzustand bedingt nur einen Sprung in der Leitfähigkeit, und zwar gilt als Faustregel, daß sich der spezifische Widerstand beim Erstarren des Metalles halbiert.

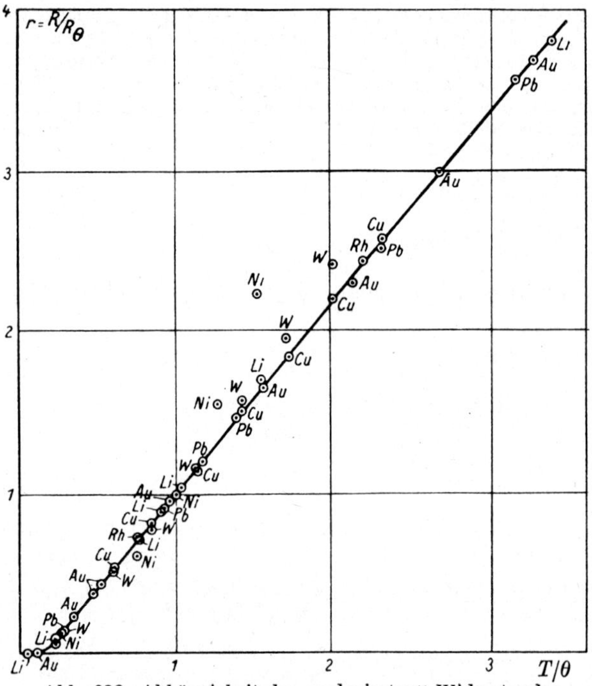

Abb. 638. Abhängigkeit des „reduzierten" Widerstandes der Metalle von der „reduzierten" Temperatur

Es ist leicht zu beobachten und wurde schon (Bd. I, Nr. 98; Bd. II, Nr. 26) erwähnt, daß zwischen dem Mechanismus der Wärmeleitung und dem der elektrischen Leitung ein enger Zusammenhang besteht, der dadurch zum Ausdruck kommt, daß das Verhältnis von Wärmeleitfähigkeit λ zur elektrischen Leitfähigkeit σ konstant und der absoluten Temperatur proportional ist (Wiedemann-Franzsches Gesetz). Man kann daher annehmen, daß die hohe Wärmeleitfähigkeit der Metalle, die die der festen Isolatoren um mehrere Zehnerpotenzen übertrifft (s. Bd. I, Nr. 98, Abb. X, 37), ebenfalls durch die freien Elektronen bedingt ist, indem diese die Übertragung der kinetischen Energie der Molekularbewegung von den wärmeren zu den kalten Stellen besorgen. In der Tat läßt sich auf Grund der Vorstellung eines Elektronengases die Wärmeleitfähigkeit berechnen, und zwar in genau der gleichen Weise, wie λ für ein Gas berechnet wird. Entsprechend Gl. (XI, 28a) in Bd. I, Nr. 103 gilt für die Wärmeleitfähigkeit eines „Elektronengases":

$$\lambda = \frac{3\,k\,v_{th}}{24\sqrt{2}\,\pi\,r^2},$$

wo r der Radius des als kugelförmig betrachteten Atoms und k die Boltzmann-Konstante ist. Kombiniert man diese Gleichung mit Gl. (XI, 27b) in Bd. I, Nr. 103 für die freie Weglänge $\bar{l}$:

$$\bar{l} = \frac{1}{4\sqrt{2}\,\pi\,r^2\,n},$$

so erhält man schließlich für die Wärmeleitfähigkeit:

$$\lambda = \frac{1}{2}\,k\,\bar{l}\,n\,v_{th}\,. \tag{421}$$

Bildet man nun das Verhältnis zur elektrischen Leitfähigkeit nach Gl. (420), so ergibt sich die einfache Beziehung:

$$\frac{\lambda}{\sigma} = \frac{1}{2}\,\frac{k\,n\,\bar{l}\,v_{th}\,6\,k\,T}{e^2\,n\,\bar{l}\,v_{th}} = 3\left(\frac{k}{e}\right)^2 T. \tag{422}$$

Dividiert man beiderseits durch T, so erhält man das Wiedemann-Franzsche Gesetz in der von L. Lorenz (1872) angegebenen Form:

$$\frac{\lambda}{\sigma T} = 3\left(\frac{k}{e}\right)^2 = 2{,}22 \cdot 10^6 \frac{\mathrm{erg}^2\,\mathrm{grad}^{-2}}{\mathrm{Coul}^2} = 2{,}22 \cdot 10^{-8}\,\mathrm{Watt\;Ohm\;grad}^{-2}. \tag{423}$$

Die Größe $\frac{\lambda}{\sigma T}$ ergibt für alle Metalle fast gleiche Werte. Wie man aus (423) erkennt, ist sie gleich einem aus universellen Konstanten gebildeten Wert, der quantitativ recht gut mit den Versuchen übereinstimmt.

Die hier in großen Zügen skizzierte kinetische Theorie der metallischen Leitung ist also unzweifelhaft sehr leistungsfähig. Dennoch bestehen in manchen Punkten ernstliche Schwierigkeiten und erhebliche Widersprüche mit der Erfahrung. In dieser Hinsicht ist z. B. folgendes charakteristisch: Wir bemerkten im Anschluß an Gl. (412), daß bei ihrer Ableitung die thermische Geschwindigkeit als einheitlich betrachtet, d. h. vom Maxwellschen Geschwindigkeits-Verteilungsgesetz abgesehen wurde. Man sollte aber natürlich erwarten, daß die Übereinstimmung mit der Erfahrung besser würde, wenn die Rechnung unter Berücksichtigung desselben durchgeführt würde. Dies hat H. A. Lorentz (1905) getan. Er stellte fest, daß z. B. die numerischen Angaben der Gl. (423) des Wiedemann-Franzschen Gesetzes dann schlechter mit der Erfahrung übereinstimmen, als bei der nur angenäherten Rechnung Drudes. Viel wesentlicher und entscheidender ist aber folgendes: Wenn sich die Elektronen im thermodynamischen Gleichgewicht mit den Atomen des Metalles befinden sollen, so sollten sie nach dem Äquipartitions-Theorem der kinetischen Theorie (s. Band I, Nr. 103) entsprechend ihren drei Freiheitsgraden den Energiebetrag eines Mols der Metalle um $\frac{3}{2}RT$ vergrößern (R = Gaskonstante). Dies würde aber bedeuten, daß die molare Wärmekapazität C_v nicht den durch das Dulong-Petitsche Gesetz (Bd. I Nr. 96 und 103) geforderten und experimentell bestätigten Wert $\frac{6}{2}R = 6$ cal/mol · grd, sondern den Wert $\frac{9}{2}R = 9$ cal/mol · grd haben müßte, in vollem Widerspruch zu der Erfahrung! Bei dieser Sachlage muß man sich daran erinnern, daß die klassische Theorie der spezifischen Wärmekapazitäten von Festkörpern und Gasen ja auch nicht ausreicht, um die Erscheinungen völlig zu erklären; vgl. Band I, Nr. 103. Wir mußten hier darauf hinweisen, daß das von der klassischen Theorie (Mechanik) geforderte Äquipartitions-Theorem die Quelle des Widerspruches ist. Eine Lösung hier wie dort liefert erst die moderne Quantentheorie, die an Stelle des Äquipartitions-Theorems andere Gesetze bringt. A. Sommerfeld (1928) hat die für Metalle nach der Quantentheorie notwendige Modifikation (die sog. Fermiverteilung) auf die metallische Leitfähigkeit angewendet und den obigen Widerspruch in den spezifischen Wärmekapazitäten beseitigt. Die Aufklärung des Mechanismus der Elektrizitätsleitung in Metallen war damals ein großer Fortschritt, dem einige Jahrzehnte später das Verstehen der Halbleitung und der Supraleitung folgte.

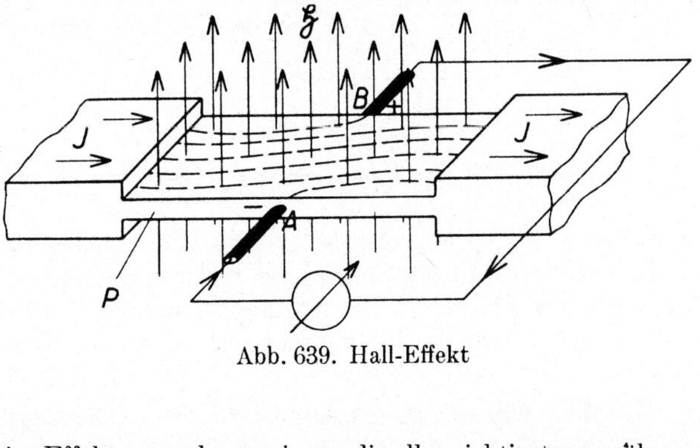

Abb. 639. Hall-Effekt

Galvanomagnetische und thermomagnetische Effekte. So bezeichnet man eine Reihe von Erscheinungen, bei denen durch ein Magnetfeld Änderungen der elektrischen oder thermischen Durchströmung eines metallischen Leiters auftreten. Es gibt im ganzen zwölf derartige Effekte, von denen wir nur die allerwichtigsten erwähnen.

1. **Hall-Effekt** (E. H. Hall 1879). Dieser Effekt ist sehr wichtig in der Halbleiterphysik. Wird entsprechend Abb. 639 eine dünne Metallplatte P von einem gleichmäßig über ihren Querschnitt verteilten Strom J durchflossen, so ist zwischen zwei Punkten A und B, die am

Rande der Platte zu beiden Seiten gleich weit von der Stromzuleitung entfernt liegen, natürlich keine Potentialdifferenz vorhanden. Wirkt aber senkrecht zur Platte ein Magnetfeld vom Betrag H, so tritt zwischen A und B eine Spannung auf, und es fließt durch ein an diese Punkte angeschlossenes Galvanometer ein Strom. Die Ursache hierfür liegt in einer Verbiegung der ursprünglich parallelen Elektronenbahnen in der Platte P durch das Magnetfeld: Die Äquipotentiallinien erfahren dadurch eine Drehung gegen ihre ursprüngliche Lage. Für die Hall-Spannung ΔU zwischen den Punkten A und B, die ursprünglich gleiches Potential U hatten, ergibt sich experimentell die Gleichung:

$$\Delta U = R_H H j b = \frac{R_H H J}{d}. \tag{424}$$

Hierin bedeutet R_H einen Proportionalitätsfaktor, die sog. Hall-Konstante, j den Betrag der Stromdichte, J die Stromstärke in der Platte P, deren Breite b und deren Dicke d ist, so daß $J = jbd$ ist, wie in Gl. (424) bereits benutzt. Es ist üblich, alle Größen der Gl. (424) statt in Gaußschen in elektromagnetischen Einheiten zu messen; die Hall-Konstante hat dann die Dimension (man vergleiche die Dimensions-Tabelle auf S. 190):

$$\dim R_H = L^{5/2} M^{-1/2}.$$

Die Bedeutung der Hallkonstanten wird anschaulicher, wenn man zum internationalen Einheitensystem (SI) übergeht, wobei als Längeneinheit hier ausnahmsweise das cm dienen soll. Das heißt also: U^* in V, $\mathfrak{H}^*$ in A/cm, J^* in A, j^* in A/cm² sowie b und d in cm. Die Hallkonstante erhält dann die Dimension einer reziproken Raumladungsdichte. Gl. (424) lautet im SI:

$$\Delta U^* = R_H^* \mu_0 \mathfrak{H}^* j^* b = \frac{R_H^* \mu_0 \mathfrak{H}^* J^*}{d}. \tag{424a}$$

Diese Gleichung soll nunmehr verwendet werden. Die Hall-Konstante R_H^* kann nach Ausweis des Experimentes positiv oder negativ sein; danach unterscheidet man positiven und negativen Hall-Effekt. Die weiter unten darzulegende klassische Theorie, die auf der Verbiegung der Bahnen der negativen Elektronen durch das Feld H beruht, kann freilich nur negative Werte von R_H^* erklären, während der positive Hall-Effekt sich einer klassischen Deutung überhaupt entzieht. Experimentell wird das Vorzeichen des Hall-Effektes folgendermaßen bestimmt: Man denke sich das Magnetfeld H durch einen Ampèreschen Kreisstrom mit

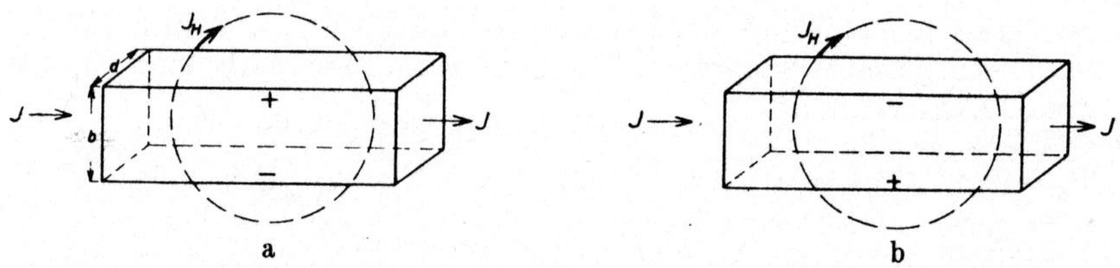

Abb. 640. Zur Kennzeichnung des positiven (a) und negativen (b) Hall-Effektes

der Stromstärke J_H erzeugt, der in Abb. 640 angedeutet ist, wobei J_H so gerichtet ist, daß das Feld H senkrecht zur Zeichenebene von vorne nach hinten weist. Ist J die Richtung des Stromes in der Platte, J_H die des Magnetisierungsstromes, so heißt der Hall-Effekt positiv, wenn das obere Ende der Platte den positiven Pol der Hall-Spannung bildet, negativ, wenn das obere Ende der Platte negativ wird (Abb. 640a und 640b) s. auch S. 491.

Gl. (424a) läßt sich in etwas anderer Form darstellen. Dividiert man beide Seiten durch die Plattenbreite b, so entsteht auf der linken Seite der Ausdruck $\frac{\Delta U^*}{b}$, der die durch den Hall-Effekt quer zur Platte erzeugte transversale Feldstärke $|\mathfrak{E}^*_{tr}|$ in Volt/cm angibt; auf der rechten Seite kann man für j^* seinen Wert nach dem Ohmschen Gesetz $\sigma^* \,|\mathfrak{E}_l^*|$ schreiben, wobei σ^* die in $\mathrm{Ohm}^{-1}\,\mathrm{cm}^{-1}$ gemessene Leitfähigkeit und $|\mathfrak{E}_l^*|$ das den elektrischen Strom J^* erzeugende Längsfeld in Volt/cm bedeuten. Dann erhalten wir aus (424a) die dimensionslose Größe

(425) $$\frac{|\mathfrak{E}_{tr}^*|}{|\mathfrak{E}_l^*|} = R_H^* \mu_0 H^* \sigma^* = \tan\alpha ,$$

wobei α den Winkel darstellt, um den die ursprünglich quer zur Platte verlaufenden Äquipotentiallinien durch den Hall-Effekt verdreht werden. Abb. 641 zeigt diese Verdrehung der Äquipotentiallinien für negativen (also normalen)[1]) Hall-Effekt.

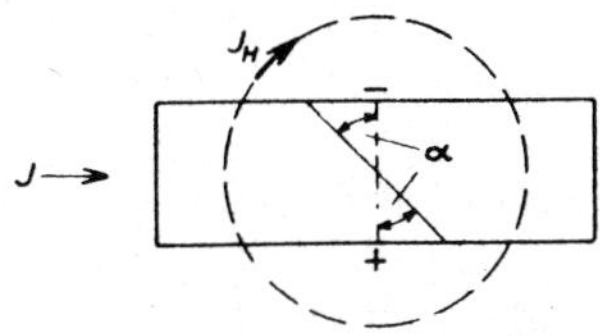

Abb. 641. Verdrehung der Äquipotentiallinie beim negativen Hall-Effekt

Die Bestimmungen der Hall-Konstante R_H^* weichen sehr stark bei den einzelnen Beobachtern ab; Unsicherheiten bis 100% sind keine Seltenheit; wir geben in der folgenden Tabelle einige als zuverlässig angesehene Werte wieder. Sehr groß ist die Hall-Konstante bei Wismut, nämlich $R_H^* = -0{,}908\ \mathrm{cm^3/As}$. Damit wollen wir folgendes Beispiel für ΔU^* ausrechnen, welches die Größenordnung des Effektes deutlich macht: Die Wismutplatte habe eine Dicke $d = 0{,}1$ cm; sie werde von einem Strom J^* von 10 Amp durchflossen; das Magnetfeld H sei $= 10^4$ Oe $= 10^5/4\pi$ A/cm. Damit ergibt sich mit $\mu_0 = 4\pi \cdot 10^{-9}$ Vs/Acm:

$$\Delta U^* = \frac{-0{,}908 \cdot 4\pi \cdot 10^{-9} \cdot 10^5 \cdot 10}{4\pi \cdot 0{,}1} = -0{,}908 \cdot 10^{-2}\ \mathrm{Volt} \approx -10^{-2}\ \mathrm{Volt}.$$

Der in Gl. (425) definierte, in Abb. 641 eingezeichnete Drehungswinkel α der Äquipotentiallinien nimmt den Wert von ungefähr 36° an, da mit $\sigma^* = 0{,}8 \cdot 10^4\ \mathrm{Ohm^{-1}\,cm^{-1}}$ der $\tan\alpha = 7{,}3 \cdot 10^{-1}$ wird.

Bei den übrigen Stoffen ist der Winkel mindestens um zwei Zehnerpotenzen kleiner, nur bei Silicium und Tellur sind die Effekte — allerdings im umgekehrten Sinne — noch erheblich größer. — Zu der empirischen Gl. (424a) führt folgende theoretische Erwägung: Die Stromdichte in der Längsrichtung der Platte ist

$$j^* = n e^* v_{el} ,$$

wenn n die Anzahl der Elektronen in cm^3, e^* die Ladung in Coul und v_{el} die (gerichtete) Geschwindigkeit eines Elektrons bedeuten; d. h. es ist:

(426) $$v_{el} = \frac{j^*}{n e^*} .$$

Das Magnetfeld H übt auf die Elektronen quer zu ihrer Bewegungsrichtung, also quer zur Platte, eine ablenkende Kraft von der Größe $e^* v_{el} \mu_0 H^*$ aus, die so lange eine Querverschiebung von Elektronen bewirkt, bis ihr die Kraft $\frac{e^* \Delta U^*}{b}$, die von der quer zur Platte wirkenden Feldstärke $|\mathfrak{E}_{tr}^*|$ herrührt, das Gleichgewicht hält. Dann gilt also:

$$e^* \frac{\Delta U^*}{b} = e^* v_{el} \mu_0 H^* ,$$

woraus unter Benutzung von (426) die gesuchte Gleichung für den Hall-Effekt

$$\Delta U^* = (1/ne^*) \mu_0 H^* j^* b = \frac{R_H^* \mu_0 H^* J^*}{d} ,$$

folgt, wobei die Hall-Konstante selbst durch die Beziehung:

(427) $$R_H^* = \frac{1}{n e^*}$$

[1]) Daraus erkennt man die Unzweckmäßigkeit der üblichen Normierung des Hall-Effektes, die den normalen Effekt als „negativ" bezeichnet.

gegeben ist. Hier erkennt man deutlich die Richtigkeit der oben für R^* angegebenen Einheit cm^3/As; denn dim $[ne^*]$ = Ladung/Volumen, d. h. gleich der Anzahl der frei beweglichen Ladungen je cm^3, und R_H^* ist gleich dem Kehrwert dieser Größe. Übrigens zeigt diese Gleichung auch deutlich, daß wegen des negativen Vorzeichens vor e^* auch $R^* < 0$ sein muß, d. h. daß die ganze hier gegebene Theorie nur den negativen, nicht den positiven Hall-Effekt erklären kann.

Führen wir an Stelle von v_{el} in (426) die Elektronenbeweglichkeit $\mu = \frac{v_{el}}{|\mathfrak{E}|}$ ein und beachten, daß allgemein $\mathfrak{j}^* = \sigma^* \mathfrak{E}^*$ ist, so folgt weiter mit Rücksicht auf das Vorzeichen von e^*:

(428) $$-\frac{1}{ne^*} = \frac{\mu}{\sigma^*} = \varrho^* \mu,$$

wobei ϱ^* den spezifischen Widerstand des Metalles bedeutet. Damit haben wir für die Hall-Konstante die weitere Beziehung:

(429) $$R_H^* = -\varrho^* \mu = -\frac{\mu}{\sigma^*}.$$

Aus Messungen des Hall-Effektes kann man daher sowohl n, die Zahl der Elektronen im cm^3 des Metalles als auch ihre Beweglichkeit μ bestimmen. Die folgende Tabelle gibt in der zweiten Spalte für einige Metalle die beobachteten Werte von R_H^*, in der dritten den spezifischen Widerstand ϱ^*, in Spalte 4 die daraus berechnete Elektronenbeweglichkeit μ und in Spalte 5 die ebenfalls aus R_H^* berechnete Elektronenzahl n je cm^3 an. Zum Vergleich ist in der sechsten Spalte die Atomzahl je cm^3 angeführt.

Metall	R_H^* in cm^3/As	ϱ^* in Ohm cm	μ in $\frac{cm/sec}{Volt/cm}$	n	Atomzahl/cm^3
Cu	$-6{,}09 \cdot 10^{-5}$	$1{,}55 \cdot 10^{-6}$	39	$10{,}3 \cdot 10^{22}$	$8{,}4 \cdot 10^{22}$
Ag	$-9{,}44 \cdot 10^{-5}$	$1{,}49 \cdot 10^{-6}$	64	$6{,}6 \cdot 10^{22}$	$5{,}8 \cdot 10^{22}$
Au	$-7{,}36 \cdot 10^{-5}$	$2{,}04 \cdot 10^{-6}$	36	$8{,}5 \cdot 10^{22}$	$5{,}9 \cdot 10^{22}$
Bi	$-9{,}08 \cdot 10^{-1}$	$1{,}2 \cdot 10^{-4}$	$76 \cdot 10^{+2}$	$6{,}9 \cdot 10^{18}$	$2{,}8 \cdot 10^{22}$
Zn	$+10{,}4 \cdot 10^{-5}$	$5{,}9 \cdot 10^{-6}$	-18	$6{,}0 \cdot 10^{22}$	$6{,}5 \cdot 10^{22}$
Cd	$+5{,}9 \cdot 10^{-5}$	$7{,}3 \cdot 10^{-6}$	-8	$10{,}4 \cdot 10^{22}$	$4{,}5 \cdot 10^{22}$

Aus dieser Tabelle ersieht man, daß in der Tat die Zahl der in einem Metall frei beweglichen Elektronen von der Größenordnung der Metallatome ist. Man erkennt ferner, daß die Beweglichkeiten der Elektronen (Wismut bildet eine Ausnahme) außerordentlich klein sind. Bei Feldern in der Größenordnung von 0,001 Volt/cm, die bereits, wie auf S. 486 gezeigt, bei Kupfer die technisch im Höchstfalle zulässige Strombelastung von 6 Amp/mm^2 darstellen, erreichen die Elektronen nur Geschwindigkeiten von einigen Zehntelmillimetern pro Sekunde. Bei den in obiger Tabelle zuletzt genannten Metallen Zn und Cd handelt es sich um den positiven Halleffekt; dies geht aus dem +-Zeichen in der zweiten Spalte bzw. dem —-Zeichen in der vierten Spalte hervor. Wie auf S. 496 näher auseinandergesetzt wird, übernehmen in diesem Fall Elektronenfehlstellen (Defektelektronen) die Rolle der beweglichen Ladungen.

2. **Der Ettingshausen-Effekt** (v. Ettingshausen, 1886). Gleichzeitig mit dem Hall-Effekt tritt quer zu der vom elektrischen Strom durchflossenen Platte eine transversale Temperatur-Differenz ΔT auf (Abb. 642b), deren Größe sich in Analogie zu den Gl. (424) und (425) folgendermaßen darstellen läßt:

(430) $$\Delta T = P H j b = \frac{P H J}{d} \quad \text{und} \quad \frac{\Delta T/b}{|\mathfrak{E}|} = P \sigma H.$$

P ist der sogenannte Ettingshausen-Koeffizient. Mißt man alle Größen in absoluten elektromagnetischen Einheiten, so hat P die Dimension

$$\dim P = L M^{-1} T^2 \,\text{grd}.$$

Im internationalen System erhält man die Gleichung:

(430a) $$\Delta T = \frac{P^* \mu_0 H^* J^*}{d} \quad \text{und} \quad \frac{\Delta T/b}{|\mathfrak{E}^*|} = P^* \mu_0 H^* \sigma^*, \text{ und als Einheit von } P^*: \quad \frac{\text{grd} \cdot \text{cm}^3}{\text{V} \cdot \text{As}}$$

wobei $\mathfrak{E}^*$ in Volt/cm und σ^* in $Ohm^{-1}\, cm^{-1}$ zu messen sind. Die Zahlenwerte für P^* liegen für Kupfer, Silber, Gold in der Größenordnung von 10^{-10} grd · cm^3/VAs, während auch hier Wismut eine besonders große Konstante, nämlich $7{,}3 \cdot 10^{-6}$ grd · cm^3/VAs, aufweist. Auch beim Ettingshausen-Effekt ändert sich die Richtung des Temperaturgefälles, wenn man die Richtungen von H und J umkehrt; ferner hat man auch hier positiven und negativen Effekt zu unterscheiden. Um einen Begriff von der Größenordnung der Temperaturdifferenz zu haben (die am besten mit Thermoelementen an den Stellen A und B der Versuchsplatte gemessen wird), sei angeführt, daß man für eine Wismutplatte von $d = 0{,}1$ cm Dicke, die in einem Magnetfeld von 10^4 Oe von einem Strom von 10 Ampere durchflossen wird, eine Temperaturdifferenz von 7,3° C auftritt; für die oben angegebenen Metalle Cu, Ag, Au würde $\Delta T \approx 10^{-4}$ °C sein.

Diesen zwei transversalen galvanomagnetischen Effekten stehen zwei analoge transversale thermomagnetische gegenüber:

3. **Der Righi-Leduc-Effekt** (A. Righi und A. Leduc, 1887). Dieser ist das genaue Analogon zum Hall-Effekt, nur daß statt des elektrischen Stromes ein Wärmestrom J_w durch die Platte geschickt wird (Abb. 642c); dies geschieht, indem man ihre Enden zwischen zwei Wärmebehälter von verschiedenen Temperaturen T_1 und T_2 bringt; dann entsteht bei Einschaltung des Magnetfeldes H außer dem primären (longitudinalen Temperaturgefälle) $(T_2 - T_1)/l = -\frac{\Delta T_l}{l}$ (l = Länge der Platte) eine transversale Temperaturdifferenz ΔT_t — statt wie beim Hall-Effekt eine Potentialdifferenz ΔU —. die durch die zu (424) ganz analoge Gleichung dargestellt wird:

$$\Delta T_t = \frac{S' H J_w}{d} = S' H j_w b , \tag{431}$$

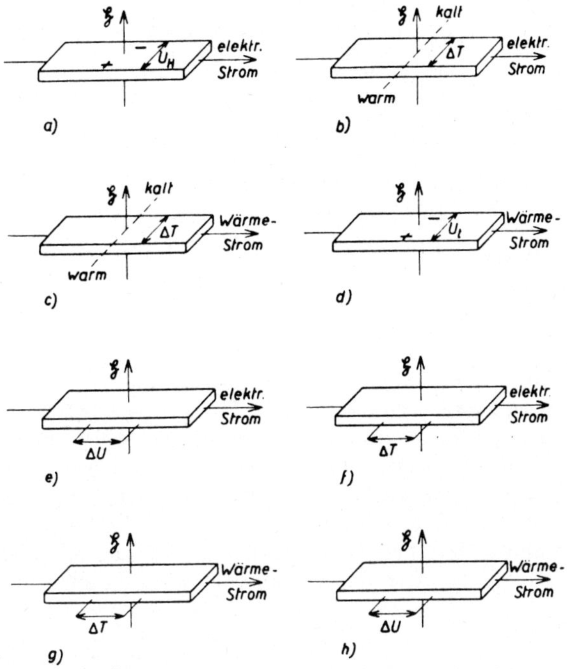

Abb. 642. Übersicht über die verschiedenen galvanomagnetischen und thermomagnetischen Effekte; a—d transversale, e—h longitudinale Effekte

wenn j_w hier die Wärmeströmumg bedeutet. Nun ist aber

$$j_w = \lambda \frac{T_2 - T_1}{l} = -\lambda \frac{\Delta T_l}{l}$$

(λ = Wärmeleitfähigkeit), so daß man schreiben kann:

$$\Delta T_t = -(S'\lambda) H \frac{\Delta T_l}{l} b ,$$

oder wenn $S'\lambda = S$, dem sogenannten Righi-Leduc-Koeffizienten gesetzt wird:

$$\frac{\Delta T_t/b}{\Delta T_l/l} = -SH = \tan\beta . \tag{431a}$$

β ist dabei der Winkel, um den die ursprünglich quer zur Platte verlaufenden Isothermen gedreht werden; S hat offenbar die Dimension (Oe^{-1}), da SH dimensionslos ist. Für Wismut ist $S = 2{,}3 \cdot 10^{-6}$ Ce^{-1}; nehmen wir in der Platte das primäre longitudinale Temperaturgefälle zu 30°/cm an, so tritt bei $H = 10^4$ Oe ein transversales Gefälle von —0,69°/cm auf; der Winkel β ist ungefähr = 1°20′. Für Kupfer, Silber, Gold ist S rund zehnmal kleiner als bei Wismut.

4. Der **Nernst-Effekt** (W. Nernst 1887). Gleichzeitig mit dem durch den Righi-Leduc-Effekt bestimmten transversalen Temperaturgefälle tritt bei der gleichen Anordnung quer zur Platte eine elektrische Spannung auf (Abb. 642d), deren Größe durch die Beziehung

$$\Delta U = -Q \frac{\Delta T_l}{l} H b \tag{432}$$

gegeben ist; Q ist der Nernst-Koeffizient von der Einheit ($\text{Grad}^{-1}\,\text{cm}^2\,\text{sec}^{-1}$). Man erhält bei einer Wismutplatte bei einem primären Temperaturgefälle von 30°/cm in einem Magnetfeld von 10^4 Oe ein elektrisches Querfeld von rund $8{,}1 \cdot 10^{-4}$ Volt/cm. Für Silber, Kupfer, Gold hat der Effekt umgekehrtes Vorzeichen wie bei Wismut und ist mehr als tausendmal kleiner; nur Tellur und Silizium haben ähnliche Größenordnung wie Wismut. —

Außer diesen vier transversalen Effekten ergeben sich, wie die Übersicht in Abb. 642e bis 642h zeigt, noch vier analoge longitudinale Effekte (bei transversalem Magnetfeld), wenn man nicht quer zur Platte, sondern in Richtung des elektrischen oder Wärmestromes mißt. Aus Symmetriegründen sind diese Effekte von der Richtung des magnetischen Feldes unabhängig und somit dem Quadrat von H proportional. Bei dem **Thomson**-Effekt (W. Thomson, 1856) (Abb. 642e), tritt durch die Einwirkung des Magnetfeldes ebenfalls eine Verbiegung der Elektronenbahnen auf, die gleichbedeutend mit einer Widerstandszunahme des Leiters im Magnetfeld ist. Besonders groß ist dieser Effekt wieder beim Wismut; bei 10^4 Oe erhöht sich der elektrische Widerstand eines Wismutdrahtes um das 1,5fache. Wie bereits auf S. 138 mitgeteilt, kann man diese Erscheinung zur Ausmessung magnetischer Fehler benutzen (Wismut-Spirale). Die übrigen Effekte sind von untergeordneter Bedeutung, so daß wir hier nicht näher darauf eingehen.

72. Die elektrische Leitung in Kristallen und Halbleitern

Wie in Bd. I, Nr. 67 ausgeführt wurde, besitzen die Kristalle ein regelmäßig aufgebautes Raumgitter, dessen Bausteine Ionen, Moleküle oder auch Atome sein können. Für das elektrische (und auch das optische Verhalten) solcher Kristalle ist die Bindungsart zwischen den einzelnen Bausteinen von entscheidender Bedeutung.

Reine Elektronenleitung tritt zunächst nur in Kristallen mit metallischer Bindung auf; in diese Gruppe gehören in erster Linie die im vorangehenden Abschnitt besprochenen reinen Metalle und Metallegierungen. Auch Kristalle mit homöopolarer Bindung wie z. B. Germanium, Silizium, Kupferoxydul usw. zeigen in erster Linie nur Elektronenleitung, während Kristalle mit heteropolarer Bindung wie z. B. alle Alkalihalogenide eine Ionenleitung besitzen; nur unter besonderen Bedingungen kann in ihnen auch eine Elektronenleitung erzeugt werden. Kristalle mit Molekülgittern wie z. B. alle organischen Kristalle zeigen keinerlei elektrische Leitfähigkeit und stellen Isolatoren dar.

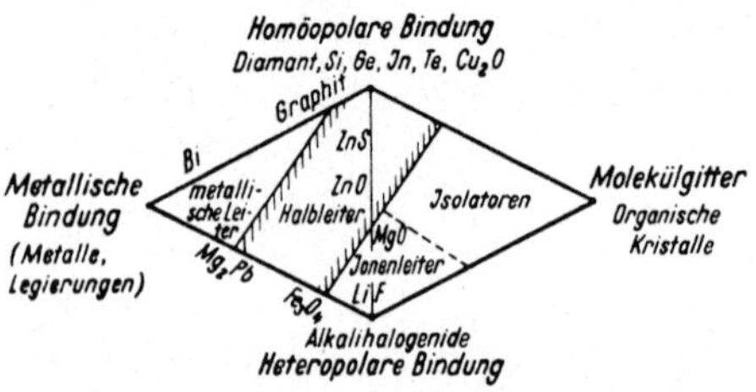

Abb. 643. Schema der Leitfähigkeitstypen von Festkörpern nach Art der Bindungskräfte im Kristallgitter

Zwischen den erwähnten Kristalltypen gibt es alle möglichen Übergänge. Dies zeigt das in Abb. 643 gezeichnete Schema, aus dem vor allem hervorgeht, daß die sogenannten Halbleiter, von denen weiter unten noch die Rede sein wird, aus Kristallgittern mit vorwiegend homöopolarer Bindung bestehen.

Wir betrachten zunächst die elektrische Leitung in Alkalihalogenidkristallen. Diese bilden ein kubisches Gitter, dessen Gitterpunkte abwechselnd mit einem positiven Metall-Ion und einem negativen Halogen-Ion besetzt sind (s. z. B. Abb. VII, 11 in Bd. I, Nr. 67). Derartige Kristalle sind bei Zimmertemperatur verhältnismäßig gute Isolatoren. Sie zeigen aber, wie aus Abb. 644 hervorgeht, bei steigender Temperatur eine gut meßbare elektrische Leitfähigkeit, die zuerst langsam und dann stärker mit der Temperatur anwächst. Während die bei höherer Temperatur gemessene Leitfähigkeit eine für den betreffenden Kristall charakteristische Größe darstellt, ist die bei tieferer Temperatur festgestellte Leitfähigkeit von irgendwelchen Eigenschaften des Kristall-Individuums (Verunreinigungen, Vorhandensein von sogenannten Störstellen, Vorbehandlung usw.) abhängig. Man unterscheidet daher zwischen Eigenleitung und Störleitung. Beide Arten stellen aber eine Ionenleitung dar, und besonders im Falle der Eigenleitung sind die Faradayschen Gesetze der Elektrolyse gut erfüllt; es wandern aber im Gegensatz zu den bisher besprochenen elektrolytischen Vorgängen nicht gleichzeitig beide Ionenarten. Bei den Alkalihalogeniden sowie bei Chlor-, Brom-, Jodsilber z. B. sind es die positiven Metall-Ionen, die auf die Kathode zuwandern, während die negativen

Halogen-Ionen im Raumgitter an ihren Plätzen verweilen: Man spricht in diesem Falle von Kationenleitern. Bei anderen Kristallen, z. B. dem Bleichlorid ($PbCl_2$), ist es aber gerade umgekehrt; hier wandern die negativen Chlorionen, während die positiven Bleiionen an ihrem Platze verharren. Wir haben es mit einem Anionenleiter zu tun. Diese Erscheinungen der Kristalleitfähigkeit wurden hauptsächlich von R. W. Pohl und seinen Schülern systematisch untersucht.

Diese Forscher stellten auch fest, daß unter gewissen Versuchsbedingungen in Salzkristallen neben der Ionenleitung auch eine Elektronenleitung auftreten und erstere sogar übertreffen kann. Erhitzt man z. B. einen Kaliumbromidkristall in einer Atmosphäre von Kalium- oder Natriumdampf auf etwa 650°C, so entstehen Bromlücken, weil Bromatome oder -ionen aus dem Kristall diffundieren und sich an der Oberfläche mit Alkaliatomen des Dampfes verbinden. Die Bromlücken werden mit Elektronen besetzt, die entweder von den abgewanderten Bromatomen zurückgelassen wurden oder die, außen von den Alkaliatomen abgespalten, in den Kristall hineindiffundiert sind. Die positive Raumladung in den Bromlücken wird somit durch Elektronen kompensiert.

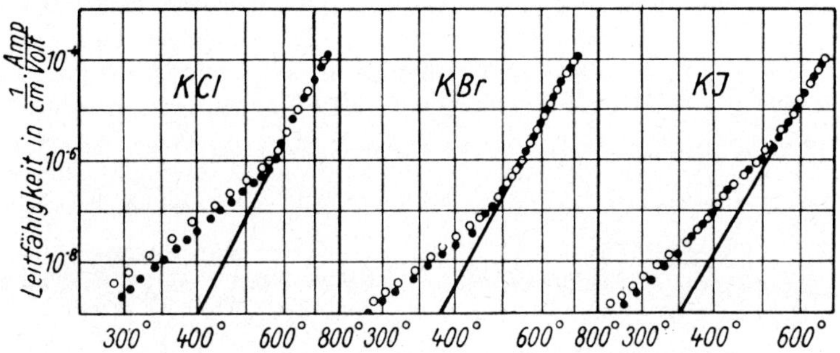

Abb. 644
Leitfähigkeit von Kaliumhalogeniden bei verschiedener Temperatur nach Pohl

Nach schneller Abkühlung auf Raumtemperatur bleibt ein großer Teil (bis $10^{19}/cm^3$) der Bromlücken mit den darin befindlichen Elektronen bestehen. Eine solche Anionlücke mit einem an diese Leerstelle gebundenen Elektron heißt F-Zentrum, als Abkürzung für Farbzentrum. Denn der Kristall erhält durch sie eine intensive Farbe (KBr: tiefblau; NaCl: gelb). Bei Auflösung des Kristalls in Wasser verschwindet die Farbe vollständig, was beweist, daß die Farbzentren im Kristallgitter, nicht aber in Lösung existieren. Die Lösung reagiert außerdem alkalisch, was auf einen stöchiometrischen Überschuß der Alkaliatome hinweist.

Bei höherer Temperatur wandern die Elektronen im Kristall herum und werden bald von dieser und bald von jener Anionlücke eingefangen. Legt man ein elektrisches Feld an den Kristall, dann erhalten die Elektronen bei ihrer Wanderung eine Vorzugsrichtung und bewegen sich auf die Anode zu. Im Kristall fließt also ein Elektronenstrom; man spricht von einer **Elektronenüberschußleitung** oder von einer **n-Leitung**. Die Elektronen verlassen den Kristall über die Anode und damit verschwindet auch die Farbe (Abb. 645). Der Kristall lädt sich aber durch das Verlassen der Elektronen nicht positiv auf. Also müssen entweder von der Kathode her wieder Bromionen folgen oder positive Kaliumionen wandern zur Kathode oder beide Prozesse erfolgen gleichzeitig. Wenn die Kathode kein Blech, sondern eine feine (Pt-) Spitze ist, dann können wegen der hohen Feldstärke auch Elektronen von der Spitze in den Kristall übertreten. Man sieht dann im ungefärbten Kristall vor der Spitze sich eine blaue Wolke ausbreiten.

Ihre Geschwindigkeit läßt sich ohne Schwierigkeiten mit der Stoppuhr messen. Für die Temperaturabhängigkeit des Verhältnisses $\frac{\text{Geschwindigkeit}}{\text{elektr. Feldstärke}}$ = Beweglichkeit μ gilt die

Beziehung: $$\mu_T = \mu' e^{-\frac{b}{kT}}$$
wobei μ' und b für den Kristall typische Konstanten und k die Boltzmann-Konstante bedeuten; für KCl ist z. B. $\mu' = 140 \frac{\text{cm/sec}}{\text{Volt/cm}}$ und $b = 1{,}59 \cdot 10^{-12}$ erg $\approx$ 1 eV. Wie ein Vergleich mit Gl. (392) auf S. 437 zeigt, stellt b die Ablösearbeit für ein Elektron dar.

Im Gegensatz zu dieser Elektronenüberschußleitung (oder n-Leitung) kann es in Kristallen auch eine **Elektronenmangelleitung** (oder **Defektelektronen-, Löcher-** oder **p-Leitung**) geben. Diese besteht darin, daß eine Elektronenlücke (oder Defektelektron oder Loch) dadurch wandert, daß ein Elektron in diese Lücke geht, wodurch die Lücke selbst in entgegengesetzter Richtung weiter rückt. Falls in einer Reihe nur eine Lücke vorhanden ist, wandert jedes Elektron dieser Reihe nur um einen Platz in Richtung zur Anode weiter, während die Lücke durch den ganzen Kristall wandert bis zur Kathode. Die Lücke oder das Defektelektron verhält sich also wie ein freies, positives Teilchen. Deshalb wird die Defektelektronenleitung auch p-Leitung genannt.

Zur Veranschaulichung dieser „Löcherleitung" stelle man sich eine lange Autoschlange vor, in der nahe dem Anfang ein Auto ausschert, also eine Lücke entsteht. Dann rückt jedes folgende Auto um einen Platz nach vorn, während die Lücke durch die ganze Reihe an das hintere Ende wandert. Verkleinert man nun die Autoabstände in Gedanken zu Atomabständen

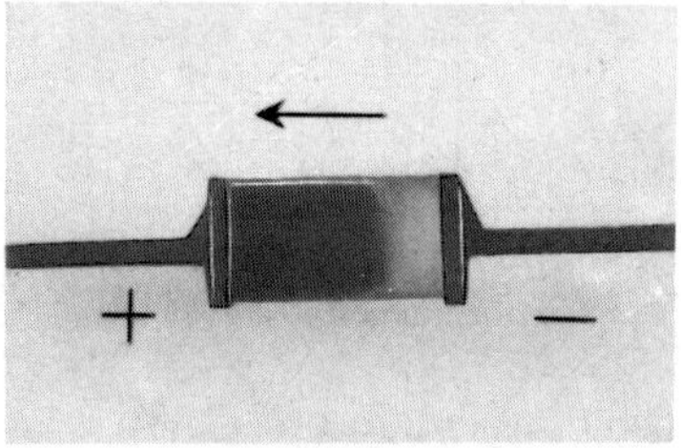

Abb. 645
Sichtbare Elektronenüberschußleitung in einem KBr-Kristall nach Pohl

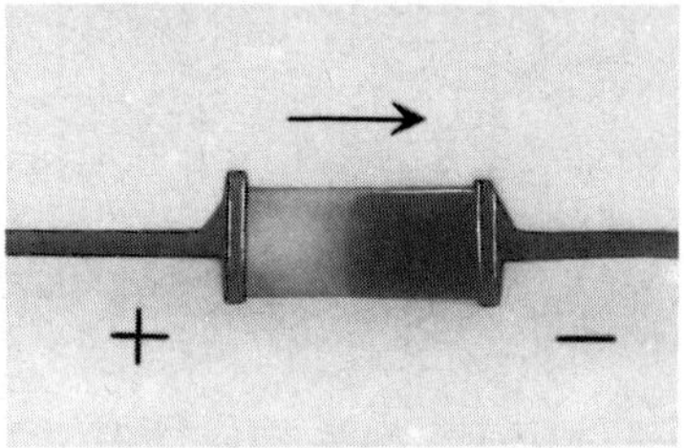

Abb. 646
Sichtbare Defektelektronenleitung in einem KJ-Kristall nach Pohl

im Kristall, dann beobachtet man bei Messungen am Kristall (z. B. Halleffekt) nicht die kleinen Einzelschritte, wohl aber die Bewegung der Lücke durch einen größeren Kristallbereich.

Die p-Leitung ist in der Halbleiterphysik und -technik von sehr großer Bedeutung. Man kann auch sie in einem klaren Kristall, z. B. Kaliumjodid, sichtbar machen. Der Kristall wird vorher auf etwa 600° C in Joddampf erhitzt (etwa eine Stunde lang) und dann schnell abgekühlt. Bei der hohen Temperatur hat ein negatives Jodion am Rande des Kristalls sein Elektron an ein neutrales Jodatom abgegeben; und dieser Prozeß setzt sich bis ins Innere des Kristalls fort. Es wandern also Elektronen aus dem Kristall heraus. Da dieser sich nicht auflädt, müssen gleichzeitig auch positive Kaliumionen hinauswandern. Der Kristall hat sich durch diesen Prozeß braun gefärbt; es sind also auch Farbzentren entstanden, die aber von anderer Natur sind als die F-Zentren. Sie werden V-Zentren genannt. Ein neutrales Jodatom neigt dazu, sich mit einem Jodion zusammenzuschließen; beide besitzen dann das Elektron gemeinsam und bilden ein einfach negatives Molekülion. Diesem fehlt aber noch das zweite Elektron. Ein solches Zentrum heißt V_K-Zentrum.

Man sieht, daß ein V-Zentrum nicht das Gegenstück zum F-Zentrum darstellt. — In einem elektrischen Feld fließt in einem solchen KJ-Kristall ein Strom: Die Elektronen können jeweils nur um einen Platz weiterrücken und die freie Lücke ausfüllen, während die Lücken bis zur Kathode wandern können. Man sieht die V-Zentren als braune Wolke in Richtung zur Kathode wandern (Abb. 646).

Eine Entscheidung darüber, ob man es mit einer Elektronenüberschußleitung (n-Leitung) oder mit einer Defektelektronenleitung (p-Leitung) zu tun hat, liefert der bereits beschriebene Halleffekt. Elektronenüberschußleitung ergibt stets einen negativen, Defektelektronenleitung einen positiven Halleffekt.

Halbleiter. Die eben behandelte elektrische Leitung in Kristallen hat gezeigt, daß sehr geringe Veränderungen in der Zusammensetzung eines Kristalls schon beträchtliche Änderungen der elektronischen Leitfähigkeit hervorrufen können. Dies ist bei Metallen kaum der Fall, jedoch typisch für Halbleiter. Der Name selbst drückt aus, daß die Leitfähigkeit geringer als die der Metalle und besser als die der Isolatoren ist. In Wirklichkeit aber überstreicht sie den großen Bereich von der guten Leitfähigkeit der Metalle bis zur geringen Leitfähigkeit idealer Isolatoren. Das wesentliche Kennzeichen der Halbleiter ist aber nicht die Größe ihrer Leitfähigkeit, sondern die erwähnte starke Beeinflußbarkeit ihrer Leitfähigkeit durch Störungen im Kristallaufbau, durch Licht, durch Temperaturänderung und durch elektrische und magnetische Felder. Dazu kann bei vielen Halbleitern auch der Typ der elektrischen Leitung (*n*- oder *p*-Leitung) durch Wahl der Art der Störatome bestimmt werden. Diese Eigenschaften der Halbleiter haben ab 1950 zu einer stürmischen Entwicklung von technischen Anwendungen geführt (Gleichrichter, Transistoren). Grundlagenforschungen in der Festkörperphysik, bereits um 1920 von R. W. Pohl und seiner Schule in Göttingen begonnen, hatten die Voraussetzungen zu diesen Entwicklungen geliefert.

Bekannte Halbleiter sind: Germanium, Silizium, Selen, Tellur; ferner auch Verbindungen der Gruppen III/V des Periodensystems der Elemente wie GaAs, InAs, InSb und der Gruppen II/VI wie CdS, CdSe; auch andere Verbindungen wie Cu_2O und PbS oder PbSe haben größere Bedeutung erlangt.

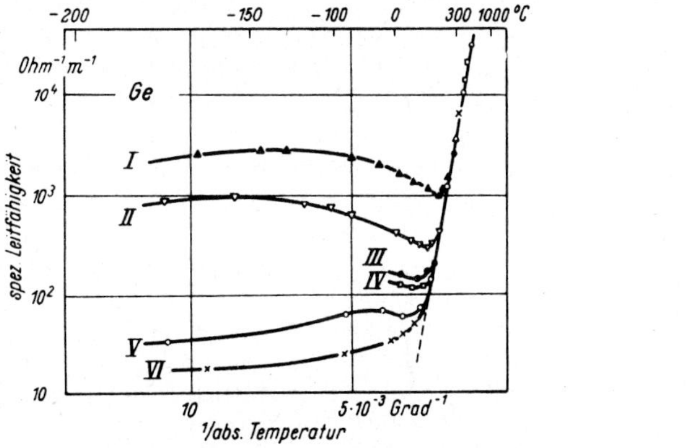

Abb. 647. Temperaturabhängigkeit der spezifischen elektrischen Leitfähigkeit verschiedener Proben von reinem Germanium

Die Abb. 647 zeigt den für Halbleiter typischen Verlauf der spez. Leitfähigkeit in Abhängigkeit von der Temperatur, wie er von J. Stuke (1947) an sehr reinen Germanium-Proben gemessen wurde. Man sieht rechts im Bild bei Temperaturen oberhalb von etwa 200° C, daß die spez. Leitfähigkeit aller Proben auf einer Geraden liegt, daß also die Leitfähigkeit einheitlich für alle Proben exponentiell von der Temperatur abhängt. Sie nimmt mit steigender Temperatur zu. (Bei Metallen nimmt sie mit steigender Temperatur ab.) In diesem Bereich der **Eigenleitung** ist die Neigung und Lage der Geraden nur vom Grundmaterial, hier vom Germanium, abhängig. Dagegen haben im Bereich der **Störleitung**, das ist im Bild links von der Eigenleitungsgeraden, die verschiedenen Ge-Proben ganz verschiedene spez. Leitfähigkeiten, die nur wenig von der Temperatur, aber sehr stark von der Konzentration und von der Art der Störungen abhängen.

Solches Verhalten wird verständlicher, wenn man die Energie der Valenzelektronen in Abhängigkeit vom Ort im vereinfachten **Bändermodell** darstellt (Abb. 648). Die Elektronen nehmen in jedem Atom bestimmte, scharfe Energieniveaus ein, wie man an den Linienspektren der Gase erkennen kann. In festen Körpern sind die Energieniveaus der inneren Elektronen der Atome zwar auch scharf, wie man an den Röntgenlinien sehen kann; aber die Niveaus der äußeren Elektronen sind infolge der schwankenden elektrischen Felder der Umgebung verwaschen, d. h. zu Bändern verbreitert. Für die Betrachtung der Leitungsvorgänge genügt es, nur das oberste mit Elektronen besetzte **Valenzband** und das darüber in einem bestimmten

Energieabstand liegende, leere **Leitfähigkeitsband** zu zeichnen. Beide Bänder erstrecken sich im festen Körper nicht nur auf den Bereich eines Atoms, sondern auf den ganzen Kristall (im Gegensatz zu tiefer liegenden Niveaus). Ist das Valenzband nur halb besetzt, wie dies z. B. bei den Alkalimetallen und bei Cu, Ag, und Au der Fall ist, dann können sich die Elektronen in dem Energieband frei bewegen, d. h. der Kristall hat eine gute Leitfähigkeit. Ist es aber voll besetzt, dann ist eine Bewegung nicht möglich, d. h. eine elektrische Leitfähigkeit könnte nur dadurch auftreten, daß Elektronen in das darüber liegende Leitfähigkeitsband ausweichen. Hierzu ist

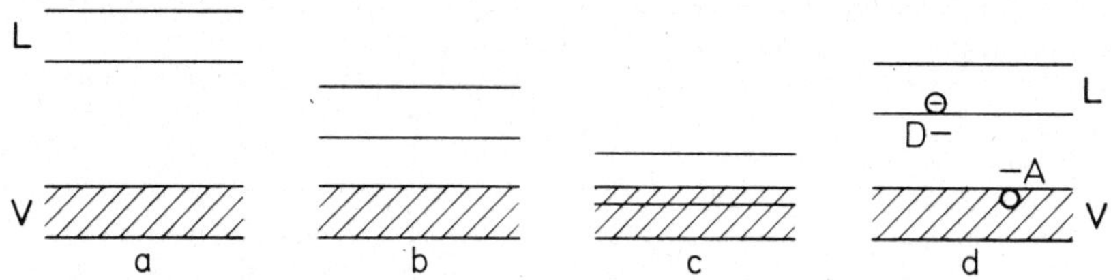

Abb. 648. Bändermodell (V = Valenzband, L = Leitungsband)
a) eines isolierenden Kristalls (großer Bandabstand)
b) eines Halbleiters ohne Störstellen mit Eigenleitung (kleiner Bandabstand)
c) eines Erdalkalimetalls (überlappende Bänder)
d) eines Halbleiters mit zwei verschiedenen Störstellen (A = Akzeptor, D = Donator)
Dieses Bändermodell ist stark vereinfacht. In Wirklichkeit ist die Breite der verbotenen Zone nicht konstant, sondern wird von der Gitterstruktur beeinflußt. Deshalb wird bei genauerer Betrachtung die Energie in Abhängigkeit vom Wellenvektor $\mathfrak{k}$ aufgetragen. Die Richtung des Wellenvektors ist die Richtung der Wellenfortpflanzung des Elektrons.

aber Energie erforderlich. Diese ist bei den Kristallen verschieden und hängt vom **Bandabstand** ab, der ja überwunden werden muß. Man nennt das Energiegebiet zwischen den Bändern auch oft die **„verbotene Zone“**. Die Größe der Energie, die zur Überwindung der verbotenen Zone erforderlich ist, also der Bandabstand, kann z. B. durch Lichtabsorption in durchsichtigen Kristallen gemessen werden. Man erhöht die Lichtenergie, d. h. man verkleinert die Wellenlänge des eingestrahlten Lichtes soweit, bis eine starke Lichtabsorption einsetzt. Auch Temperaturerhöhung bewirkt, daß ein Teil der Elektronen soviel Energie erhält, daß er in das Leitungsband gehoben wird. Dieser Anteil steigt exponentiell mit der Temperatur. Mißt man die Leitfähigkeit in Abhängigkeit von der Temperatur, dann erhält man in der logarithmischen Darstellung (Abb. 647) die Gerade der Eigenleitung, aus der ebenfalls der Bandabstand berechnet werden kann.

Der Bandabstand ist eine charakteristische Eigenschaft des Grundgitters. Bei einem Isolator ist er groß, so daß bei Raumtemperatur kein nennenswerter Anteil der Elektronen aus dem Valenzband in das Leitungsband gelangen kann. Im allgemeinen beträgt er bei Isolatoren mehr als etwa 3 eV, während er bei Halbleitern darunter liegt. Hier einige Beispiele: Diamant 5,3 eV, Germanium 0,72 eV; Silizium 1,12 eV; InSb 0,26 eV; GaAs 1,38 eV. Es gibt auch Kristalle, bei denen der Bandabstand sogar kleiner als Null ist, bei denen sich die beiden Bänder also überlappen. Dann braucht natürlich keine Energie aufgewendet zu werden, damit Elektronen aus dem vollbesetzten Valenzband in das leere Leitfähigkeitsband gelangen. Dies ist bei den Erdalkalimetallen der Fall. Sie haben eine gute elektrische Leitfähigkeit.

Kristalle ohne Baufehler gibt es praktisch nicht. Die Messungen an sehr reinem Germanium (Abb. 647) haben gezeigt, daß im Temperaturgebiet unterhalb der Eigenleitung die einzelnen Proben eine sehr unterschiedliche Leitfähigkeit aufweisen. Dem Kristallwachstum und den Kristallbaufehlern ist in Band I, Nr. 68, ein besonderer Abschnitt gewidmet. Es ist praktisch nicht möglich, in einem gut gewachsenen Einkristall durch äußere Einflüsse (Zug oder Druck, Verformung, Temperatur) eine genaue Anzahl und bestimmte Art von Kristallbaufehlern zu erzeugen. Deshalb kann man leichter den Einfluß solcher Störstellen ermitteln, die durch Verunreinigungen entstehen. Es liegt nahe, den Einfluß von Störatomen auf die Leitfähigkeit eines Halbleiters dadurch zu untersuchen, daß sehr reine Proben absichtlich verunreinigt werden. Wieder möge Ge als Beispiel dienen. Germanium steht in der 4. Gruppe des Periodensystems der Elemente. Es hat also 4 Valenzelektronen, die im Kristallgitter des Germaniums zur gegenseitigen Bindung mit einem anderen Ge-Atom verbraucht werden. Verunreinigt man nun das Germanium vor der Kristallisation mit etwas Phosphor oder Arsen, also einem fünfwertigen Element, dann nimmt ein solches Element im Kristall den Platz eines Ge-Atoms ein; es kann aber nur 4 Elektronen für die Bindung zur Verfügung stellen. So bleibt ein Elektron übrig, das vom Phosphor- oder Arsen-Atom nun mit sehr wenig Energie abgespalten werden kann. Ein solches Atom heißt daher **Donator.** Es nimmt im Bändermodell einen Sonderplatz ein, und zwar innerhalb der verbotenen Zone, dicht unterhalb des Leitungsbandes (Abb. 648d). Wegen der geringen energetischen Tiefe der Donator-Störstelle ist bei Raumtemperatur ein sehr großer Teil dieser Störstellen ionisiert. Die Störleitung ist deshalb kaum temperaturabhängig, wie Abb. 647 auch zeigt. Der Donator selbst ist fest an den Ort gebunden. Zur Leitfähigkeit kann nur das abgegebene Elektron beitragen, das sich solange im Leitfähigkeitsband bewegen kann, bis es mit einem ionisierten Donator wieder rekombiniert. Der Donator verursacht somit n-Leitung. Die Leitfähigkeit ist um so größer, je mehr Donatoren pro Volumen vorhanden sind. — Verunreinigt man andererseits Germanium mit einem Element der 3. Gruppe des Periodensystems, das also dreiwertig ist, z. B. Gallium, dann nimmt das Ga-Atom auch den Platz eines Ge-Atoms ein. Es hat aber nur 3 statt 4 Elektronen; es ist eine Elektronenlücke entstanden, ein Defektelektron, das im Valenzband einen freien Platz geschaffen hat. Ein solches Atom, das ein Defektelektron schafft, wird **Akzeptor** genannt, weil es gern ein Elektron annimmt. Ein Akzeptor-Atom ist ebenfalls fest an den Ort gebunden; im Bändermodell liegt seine Energiestufe auch innerhalb der verbotenen Zone, und zwar oberhalb des Valenzbandes (Abb. 648d). Akzeptoren verursachen p-Leitung. Versieht man nun einen Kristall mit einer gleichen Anzahl von Donator- und Akzeptor-Atomen, so daß er die gleiche Anzahl von Elektronen im Leitungsband und Löchern im Valenzband enthält, dann erhebt sich die Frage, welcher Leitungstyp überwiegt. Die **Leitfähigkeit** ist **proportional der Zahl der Ladungsträger** und der **Beweglichkeit.** Entscheidend für die Beantwortung dieser Frage ist somit die Beweglichkeit, die für Löcher und Elektronen verschieden ist. Sowohl die Trägerzahl als auch die Beweglichkeit kann aus dem Hall-Effekt bestimmt werden. Hat man die eine Größe, ergibt sich mit der Leitfähigkeit die andere. Denn die spez. Leitfähigkeit ist

$$\sigma = n_- \cdot e \cdot \mu_- + n_+ \cdot e \cdot \mu_+ ,$$

wobei n_- die Anzahl der Elektronen, n_+ die der Defektelektronen pro Volumen mit der Ladung e und μ_- bzw. μ_+ ihre Beweglichkeiten bedeuten. (Zur Erinnerung: Unter Beweglichkeit versteht man den Quotienten Geschwindigkeit durch elektrische Feldstärke). Die Beweglichkeiten der Elektronen und Löcher in einer Substanz sind nicht gleich; sind aber vor allem von Substanz zu Substanz sehr verschieden und hängen stark von der Temperatur, vom Reinheitsgrad und von den Kristallbaufehlern ab. Im allgemeinen wird bei einem Kristall mit zwei Störstellenarten, also Donatoren und Akzeptoren, eine Ladungsträgerart den Typ der Leitfähigkeit bestimmen, und zwar nicht nur wegen der größeren Beweglichkeit. Es ist unwahrscheinlich, daß die energetische Tiefe eines Donators unter dem Leitungsband die gleiche ist wie die energetische Höhe des Akzeptors über dem Valenzband. Deshalb wird eine Ladungsträgersorte immer überwiegen, nämlich die, die durch die geringere Ionisierungsarbeit entstanden ist. Bei der Dotierung mit Fremdatomen kann man außerdem ja bestimmen, welche Ladungsträgerart in der Mehrzahl vorhanden sein soll. Man unterscheidet so zwischen Majoritätsträgern, also denen, die im Überschuß vorhanden sind, und den Minoritätsträgern, die in der Minderheit sind. Es besteht die wichtige Beziehung

$$n_- \cdot n_+ = n_i^2 ,$$

wobei n_- die Elektronenkonzentration bei n-Leitung, n_+ die Löcherkonzentration bei p-Leitung und n_i die Konzentration der Elektronen bedeutet, die bei Eigenleitung (engl. intrinsic conduction) aus dem Valenz- in das Leitungsband gelangt.

Man kann leicht einsehen, daß die **Lebensdauer** der Ladungsträger begrenzt ist. Wenn auch nur eine sehr geringe Arbeit erforderlich ist, um ein Elektron vom Donator zu lösen, so wird ein Donator sicher ein Elektron einfangen, wenn es in seine Nähe kommt. Entsprechendes gilt für ein Defektelektron, wenn es in die Nähe eines Akzeptors kommt. In einem Eigenhalbleiter kann ein Elektron nur mit einem Defektelektron rekombinieren. Beide Ladungsträger vernichten sich also durch **Rekombination**, die sowohl unter Aussendung von Strahlung als auch strahlungslos erfolgen kann. Im letzteren Fall wird die freiwerdende Energie an das Kristallgitter abgegeben. Die Rekombination ist in der Halbleitertechnik unerwünscht, weil man die Ladungsträger besonders dann nicht verlieren möchte, wenn sie eine Aufgabe erfüllen sollen.

73. Technische Anwendungen von Halbleitern

Gleichrichter. Während die Atome im Kristall an ihren Platz gebunden sind, diffundieren die frei beweglichen Ladungsträger ähnlich wie die Moleküle eines Gases. Läßt man einen p-Halbleiter und einen n-Halbleiter sich innig berühren, so diffundieren die beiden verschiedenartigen Ladungsträgerarten ineinander, bis die entstehende Diffusionsspannung (= Kontaktpotentialdifferenz) einen weiteren Austausch bremst. Ein Teil der Ladungsträger geht hierbei durch Rekombination verloren. Die Grenzschicht verarmt an Ladungsträgern und ist somit ein Gebiet höheren Widerstandes (Abb. 649a). Beim Anlegen eines elektrischen Feldes erhält die Diffusion eine Vorzugsrichtung; und zwar: Im Fall der Abb. 649b werden von beiden Seiten Ladungsträger in die Grenzschicht nachgeliefert; die Grenzschicht wird, je nach der Größe der Spannung, mehr oder weniger mit Ladungsträgern überschwemmt. Der Widerstand der Grenzschicht ist nicht mehr größer als der des Halbleitermaterials. Im Fall der Abb. 649c wandern die Ladungsträger in beiden Richtungen von der Grenzschicht weg. Der Widerstand der Grenzschicht wird noch größer und macht die Grenzschicht zum Isolator.

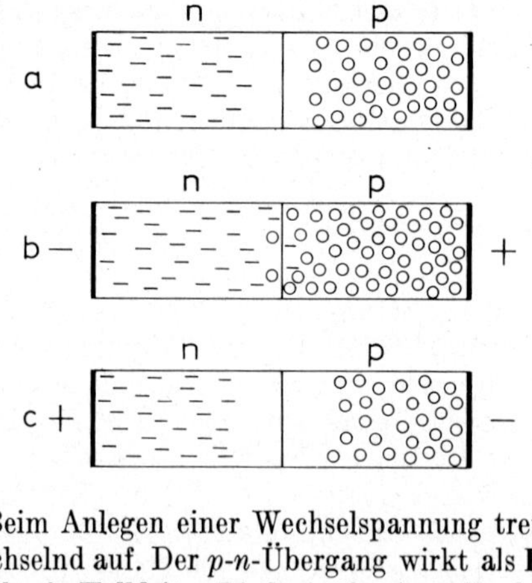

Abb. 649. p-n-Übergang
a) ohne elektrisches Feld
b) in Flußrichtung
c) in Sperrichtung

Beim Anlegen einer Wechselspannung treten je nach Phasenlage die beschriebenen Fälle abwechselnd auf. Der p-n-Übergang wirkt als **Halbleiter-Gleichrichter**, der in der Nachrichtentechnik oft **Halbleiter-Diode** heißt. Anstelle des n-Halbleiters kann auch ein Metall genommen werden. Wegen der großen Zahl freier Elektronen kann im Metall jedoch keine Verarmungszone entstehen, so daß die Sperrwirkung nur durch die Verarmungszone im Halbleiter verursacht wird. In der ersten Zeit des Rundfunks wurden mit großem Erfolg, wenn auch ohne Kenntnis der Wirkungsweise, **Detektoren** verwendet, bei denen eine Metallspitze federnd auf einem natürlichen Kristall (PbS, PbSe) saß. Heute haben diese **Spitzen-Dioden** in verbesserter Ausführung wegen ihrer sehr geringen Kapazität in der Höchstfrequenztechnik wieder eine große Bedeutung erhalten. Man setzt eine Metalldrahtspitze auf einen kleinen n-Germaniumkristall und schickt kurzzeitig einen elektrischen Strom hindurch. Bei diesem „Formierprozeß“ lösen sich Metallatome im Germanium, so daß das Ende des nun eingeschmolzenen Metalldrahtes von einer winzigen Zone p-Germaniums umgeben ist. Damit ist ein p-n-Übergang und eine Diode sehr geringer Kapazität entstanden.

Jeder Gleichrichter hat eine Kennlinie, die im wesentlichen der Abb. 650 ähnlich ist. In Flußrichtung soll der Strom möglichst schon bei geringer Spannung stark ansteigen; in Sperrichtung soll auch bei sehr großer Spannung kein Strom fließen. Diese ideale Kennlinie läßt sich aber nicht erreichen. Man sieht, daß eine Mindestspannung in Flußrichtung erforderlich ist und daß in Sperrichtung auch ein Strom fließt. Ferner sieht man, daß in Sperrichtung bei einer bestimmten oberen Grenze der Spannung plötzlich der Strom sehr stark steigt. Die elektrische Feldstärke am dünnen *pn*-Übergang ist so groß geworden, daß eine Ionisierung der Atome durch das elektrische Feld und damit ein Lawinendurchbruch erfolgt. Dieser Stromanstieg kann zwar zu höheren Sperrspannungen verschoben werden, wenn man den *pn*-Übergang nicht so schroff verlaufen läßt, indem zwischen dem *p*- und dem *n*-leitenden Teil ein Gebiet mit geringer Ladungsträgerkonzentration eingefügt wird. In Flußrichtung wird dieses Gebiet dann gerade noch von Ladungsträgern ausgefüllt, so daß der Flußwiderstand nicht wesentlich größer ist. In Sperrichtung aber ist die Feldstärke kleiner.

Andererseits kann der Lawinendurchbruch der Diode in Sperrichtung nach C. Zener ausgenutzt werden. Man verwendet **Zener-Dioden** in solchen Schaltungskreisen, in denen eine bestimmte Spannung nicht überschritten werden darf. Der Zusammenbruch einer Höchstspannung verhindert die Zerstörung eines Gerätes oder eines Bauteils. —

Die **Tunneldiode** (L. Esaki, 1958), auch **Esaki-Diode** genannt, ist eine Halbleiterflächendiode, z. B. aus Ge oder GaAs, deren *pn*-Übergang sehr schmal (100 Å) ist und die auf beiden Seiten des *pn*-Übergangs extrem hoch dotiert ist (10^{18} bis 10^{20} Donatoren bzw. Akzeptoren pro cm^3). In Sperrichtung (*p*-Gebiet negativ) steigt der Strom mit der Spannung sehr bald, so daß die Tunneldiode praktisch kein Sperrverhalten zeigt. In Flußrichtung (*p*-Gebiet positiv) steigt der Strom schon bei kleiner Spannung schnell an, da viele Ladungsträger in der Nähe des schmalen *pn*-Übergangs zur Verfügung stehen. Dann aber fällt der Strom mit steigender Spannung wieder und mündet nach einem Minimum schließlich in eine normale Diodenkennlinie ein. Der fallende Teil der Kennlinie ist, wie jede fallende Kennlinie, zur Schwingungserregung geeignet. Die Tunneldiode wird zur Erzeugung höchstfrequenter Schwingungen (500 MHz) verwendet und ist sehr rauscharm.

Das Bändermodell der Abb. 648d muß man sich zweimal dicht nebeneinander vorstellen: Einmal mit einer hohen Konzentration an Elektronen im Leitungsband und daneben das Modell für den *p*-leitenden Teil mit einer hohen Löcherkonzentration. Durch ein elektrisches Feld tritt eine starke Vertikalverschiebung der beiden Teile ein, und zwar derart, daß das Valenzband des *p*-leitenden Teils etwa auf gleicher Höhe liegt wie das Leitungsband des *n*-leitenden Teils. Beide Bänder sind getrennt durch die verbotene Zone, die infolge der Bandverbiegung am *pn*-Übergang fast vertikal verläuft und schmal ist. Die Ladungsträger können als Teilchen den Potentialberg nicht überwinden, wohl aber als Wellen „durchtunneln". Daher der Ausdruck Tunneldiode. Die Durchdringungswahrscheinlichkeit hängt beim wellenmechanischen **„Tunneleffekt"** von der Energie, der Konzentration der als Wellen laufenden Teilchen und von der Breite des Potentialberges ab. Das Strommaximum bei der Esaki-Diode, schon bei sehr niedriger Spannung von 0,1 bis 0,2 Volt, deutet auf einen starken Tunneleffekt hin. Da die „Wellen" der Ladungsträger sich fast mit Lichtgeschwindigkeit bewegen, können hohe Frequenzen erzeugt werden. — Auch bei der Zener-Diode wird der Lawinendurchbruch durch den Tunneleffekt eingeleitet. —

Von wachsender technischer Bedeutung sind auch die **Kapazitäts-Dioden**. Die Kapazität im Sperrbereich ist spannungsabhängig, weil die Verarmungszone beim Anlegen einer Sperrspannung verbreitert wird. Ebenso wie beim Auseinanderziehen der Platten eines Plattenkondensators die Kapazität verkleinert wird, nimmt bei der Diode die Kapazität durch die Vergrößerung des Abstandes der Ladungsträger ab. Solche Kapazitäts-Dioden werden mit großem Erfolg bei der **parametrischen Verstärkung** verwendet, bei der ein Parameter eines Schwingungskreises, hier also die Kapazität, im Rhythmus der Schwingung verändert und dabei dem Kondensator Energie zugeführt wird.

In der Starkstromtechnik haben die Halbleiter-Gleichrichter die Quecksilberdampf-Gleichrichter zum Teil sehr verdrängt. Zwei Typen setzten sich durch:

A) Der ältere und preiswertere **Selengleichrichter** mit geringerer Sperrspannung (etwa 30 V) und einer Strombelastbarkeit von etwa 0,5 A/cm² (Abb. 650). Er ist leicht herzustellen und unempfindlich gegen Überlastung. Die Herstellung erfolgt, indem Selen auf vernickelte, aufgerauhte Eisenplatten und anschließend eine Zinn-Cadmiumlegierung auf die Selenschicht gedampft wird. Danach werden die Platten einige Zeit in einem Ofen erwärmt, wobei das nicht leitende, amorphe Selen in den gut leitenden, mikrokristallinen Zustand umgewandelt wird. In einem folgenden „Formierprozeß" (Erwärmung bei Stromdurchgang) bildet sich zwischen dem mikrokristallinen Selen, das immer p-leitend ist, und der Zinn-Cadmiumlegierung eine dünne Schicht von Cadmiumselenid, das immer n-leitend ist. Die Wirkung des Selengleichrichters beruht auf diesem p-n-Übergang an der Grenze Se-CdSe. Die größeren Plätten werden in kleinere zerschnitten (Flächen von etwa 1 bis 800 cm²) und werden je nach Bedarf parallel- oder hintereinandergeschaltet, d. h. aufeinandergeschichtet. Im Handel gibt es z. B. Selen-Stabgleichrichter (Länge 12 cm, Durchmesser 0,7 cm) für eine Betriebsspannung von 6000 V und einen Gleichstrom von 3 mA, andererseits blockförmige, parallelgeschaltete Se-Gleichrichter für eine Betriebsspannung von 30 V und einen Gleichstrom von 1,5 A. Sie sind sehr robust und haben eine große Lebensdauer. Ladegeräte für Akkumulatoren mit Selengleichrichtern sind nicht selten 40 Jahre alt. Wichtige Anwendungsgebiete sind auch Galvanik- und Elektrolyseanlagen, Lastmagnete, Lichtbogenschweißgeräte und Hochspannungsanlagen.

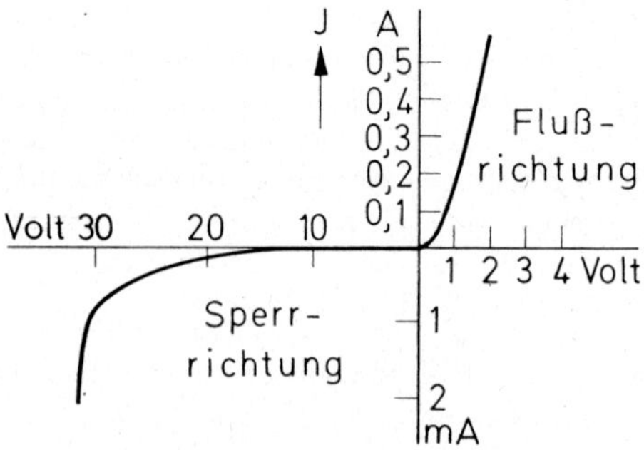

Abb. 650. Kennlinie eines Selen-Gleichrichters

B) **Der Siliziumgleichrichter** entstand in dem Jahrzehnt zwischen 1960 und 1970, nachdem es gelungen war, extrem reines Silizium durch tiegelfreies Zonenschmelzen herzustellen und fehlerfreie Kristalle ebenso zu züchten. Das Silizium ist chemisch sehr aggressiv; deshalb kann es nicht im Tiegel geschmolzen werden. Der Si-Stab steht vertikal und rotiert in einer Schutzgasatmosphäre. Die geschmolzene Zone wandert mit dem Hochfrequenzofen vertikal einem Ende zu, wodurch nach mehrfacher Wiederholung der Kristall sehr rein wird und die Verunreinigungen in der Schmelze dem einen Ende des Stabes zugeführt werden. Die Einkristalle haben einen Durchmesser von 2 bis 4 cm und eine Länge bis zu 40 cm. Sie werden mit Diamantsägen in dünne Scheiben zerlegt und dann durch Diffusion mit den Donator- bzw. Akzeptoratomen versehen. Die Si-Scheiben werden zum Schutz gegen äußere Einflüsse entweder in ein hermetisch abgeschlossenes Metallgehäuse mit Druckglasdurchführung oder in ein Kunststoffgehäuse eingebaut.

Die Silizium-Gleichrichter sind sehr leistungsfähig. Eine Scheibe von der Größe einer Münze kann eine Sperrspannung bis zu 2000 Volt und Durchlaßströme von mehreren hundert Ampere ertragen. Es ist deshalb nicht verwunderlich, daß der Silizium-Gleichrichter in die Starkstromtechnik schnell Eingang gefunden hat. Die elektrischen Bahnen z. B. können mit Wechselspannung versorgt werden, da die stoßfesten, kleinen Silizium-Gleichrichter in der Nähe der Motoren sitzen können.

Eine technisch außerordentlich wichtige Variante ist der *steuerbare Silizium-Gleichrichter* oder **Thyristor** (das Wort ist zusammengesetzt aus *Thyr*-atron und Trans-*istor*). Der Einsatz des Stromes in Flußrichtung kann durch einen Hilfsspannungsimpuls an der Steuerelektrode zu einem beliebigen, wählbaren Zeitpunkt erfolgen. Dies war auch schon beim Quecksilberdampfgleichrichter und beim Thyraton möglich und wurde technisch sehr viel verwendet. Einmal gezündet, bleiben solche Gleichrichter auch nach Abklingen des Zündimpulses stromdurchlässig, bis die zwischen Anode und Kathode anliegende Spannung durch Null geht und den Strom durchbricht. Die Phasenlage des Zündimpulses bestimmt die Dauer der gleichgerichteten Stromkuppen. Durch Verschieben des Zündimpulses läßt sich also der Mittelwert des Stromes steuern. Der Thyristor hat gegenüber den mit Quecksilberdampf gefüllten „Stromtoren", wie die Thyratrons auch genannt werden, mehrere Vorteile: Er ist viel kleiner, unempfindlich gegen mechanische Stöße, braucht keinen Heizstrom und schaltet schneller. Die wichtigsten Anwendungsgebiete sind die Steuer- und Regeltechnik.

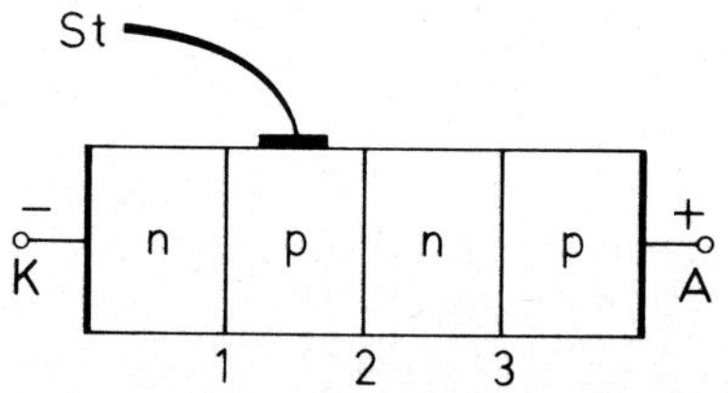

Abb. 651. Prinzip des Thyristors

Der Thyristor besteht aus einer Siliziumscheibe mit zwei *p*- und zwei *n*-leitenden Zonen. Die Scheibe enthält also drei *pn*-Übergänge, die in Abb. 651 mit 1, 2 und 3 gekennzeichnet sind. In Sperrichtung (in Abb. 651 sind dann Anode und Kathode zu vertauschen) sind die *pn*-Übergänge 1 und 3 an Ladungsträgern verarmt; es kann somit kein Strom fließen. In Flußrichtung sperrt dagegen der *pn*-Übergang 2, während die beiden anderen den Strom durchlassen. Wird in diesem Zustand ein kurzer positiver Zündimpuls (z. B. von 100 μs Dauer) an die *p*-leitende Steuerzone gegeben, so werden Elektronen aus der *n*-leitenden Kathodenzone gesaugt und erreichen wegen des Spannungsgefälles die mittlere Sperrschicht, die nun durchlässig wird. Um dies zu erleichtern, ist die Steuerzone sehr dünn. Die *n*-leitende Zone zwischen den *pn*-Übergängen 2 und 3 erhält auch noch Elektronen, und dies führt nun zu einer Injektion von

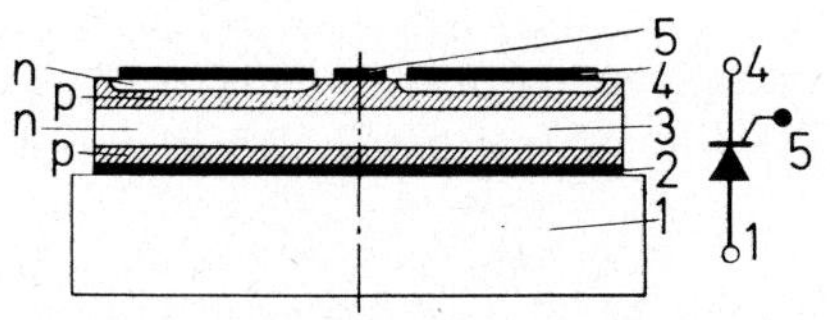

Abb. 652. a) Aufbau und Schaltungssymbol eines Thyristors
1 = metallische Trägerplatte (Molybd.)
2 = Anode (Al)
3 = p-n-p-n-Siliziumscheibe
4 = Kathodenring (AuSb)
5 = Steuerelektrode (AuSb)

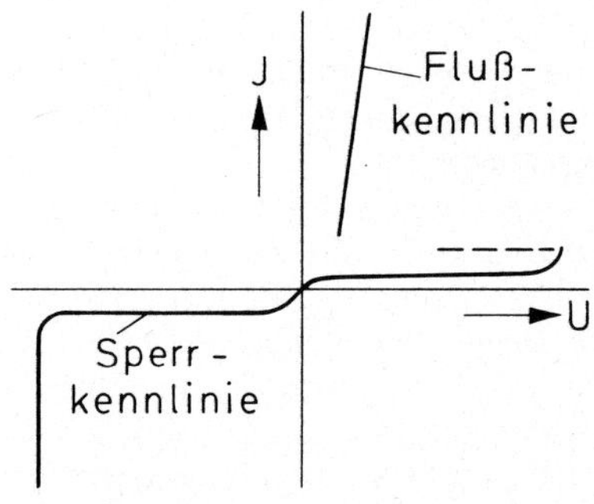

b) Kennlinie eines Thyristors. Zum Zünden, d. h. zum Erreichen der Durchlaßkennlinie (Flußkennlinie) ist eine Zündspannung von einigen Volt (Leistung etwa 10 W) erforderlich. Nach der Zündung kann die Stromstärke in Flußrichtung dauernd mehrere 100 A betragen. Die Sperrspannung liegt in der Größenordnung von 1000 V.

Defektelektronen aus der anodennahen p-Zone. Die injizierten Löcher wiederum gelangen über die mittlere Sperrschicht in die Steuerzone und verstärken den ursprünglichen Impuls. Durch diesen Rückkopplungsmechanismus steigt der Anodenstrom lawinenartig an, bis er durch den Außenwiderstand begrenzt wird. Der mittlere pn-Übergang wird mit Ladungsträgern zugeschwemmt. Nach Abschalten der Zündspannung bleibt der Thyristor weiter im durchlässigen Zustand. Erst dann, wenn von außen die Spannung für 10 bis 100 μs abgeschaltet wird und der mittlere pn-Übergang wieder frei von Trägern wird, sperrt der Thyristor wieder.

Abb. 652a zeigt den Aufbau eines Thyristors, Abb. 652b eine typische Kennlinie und Abb. 653 eine technische Ausführung. Wichtigste Anwendungsgebiete sind die Haupt- und Hilfsantriebe in Walzwerken, bei Werkzeugmaschinen und elektrischen Bahnmotoren. Der Thyristor wird also überall dort mit großem Erfolg eingesetzt, wo eine geregelte Gleichspannung erforderlich ist. Thyristorgeräte wurden schon für Gleichstrom-Leistungen von 1 MW und darüber gebaut.

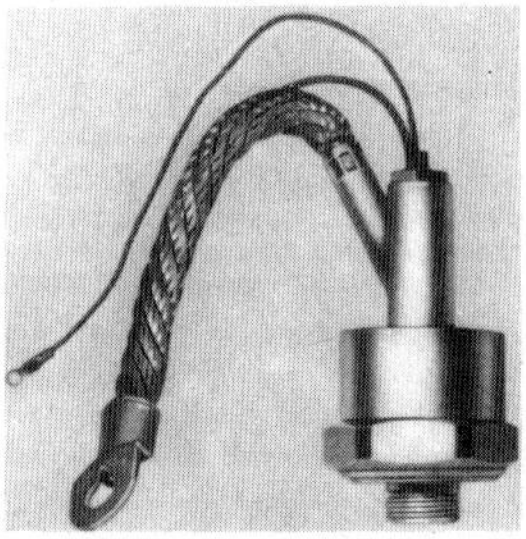

Abb. 653. Ansicht eines Thyristors für einen Dauerstrom von 180 A und eine Sperrspannung bis zu 1650 V. Die Kühlplatten sind entfernt. Der Durchmesser des Kupfergehäuses beträgt 5 cm.

Transistoren. Der Wunsch, den elektrischen Strom möglichst ohne Leistungsaufwand zu steuern und somit eine Verstärkung zu erzielen, wurde in der ersten Hälfte dieses Jahrhunderts durch die Elektronenröhre verwirklicht. Schon zehn Jahre vor der Erfindung des Transistors hatten die Göttinger Physiker R. Hilsch und R. W. Pohl den Gedanken, den elektrischen Strom im Kristall zu beeinflussen. Im Jahre 1938 arbeitete ihr Alkalihalogenid-Verstärker (KBr-Kristall mit n-Leitung) erfolgreich, allerdings nur bei niedrigen Frequenzen. Sie haben aber prinzipiell gezeigt, daß elektrische Ströme im Kristall gesteuert werden können. Der erste Transistor, der Spitzentransistor, wurde im Jahre 1948 von J. Bardeen und W. H. Brattain in den USA erfunden. Kurz danach hat W. Shockley die Eigenschaften der für die Funktion wesentlichen Grenzschichten (p-n-Übergänge) quantitativ erfaßt und beschrieben. Diese drei Physiker erhielten im Jahre 1956 den Nobelpreis für ihre grundlegenden Arbeiten über den Transistoreffekt.

In der vergangenen Zeit von rund 20 Jahren war die Entwicklung stürmisch und sehr erfolgreich. Auf dem Gebiet kleiner Leistungen hat der Transistor die Vakuumröhre fast vollständig verdrängt. Nicht bessere elektrische Eigenschaften, sondern Robustheit, Kleinheit und die fehlende Heizleistung haben den Erfolg des Transistors bestimmt. In den letzten Jahren hat der Feldeffekttransistor auch die Elektronenröhre mit hohem Eingangswiderstand ersetzt. Bis dahin war bei vielen Schaltungen der kleine Eingangswiderstand des normalen Transistors und die zum Steuern erforderliche Leistung noch von Nachteil. Die allerneueste Entwicklung ist von größter Tragweite. Hier werden die sog. aktiven Bauelemente (Transistoren) und die sog. passiven Bauelemente (Widerstände, Kondensatoren) zu „integrierten Schaltkreisen" zusammengefaßt. Dabei werden die Bauelemente nicht mehr in den Apparat eingebaut und durch angelötete Drähte verbunden, sondern sie werden auf einer Siliziumscheibe durch Aufdampfen und Diffusionsprozesse hergestellt und durch aufgedampfte Aluminium- oder Goldstreifen miteinander verbunden. Zum Abdecken werden Masken verwendet, die durch photographische Verkleinerung hergestellt werden. Auf diese Weise gelingt es, auf einer Siliziumscheibe von 3 cm Durchmesser (und etwa 0,2 mm Dicke) viele integrierte Schaltungen mit z. B.

je 50 Schaltungselementen unterzubringen. Jede integrierte Schaltung ist ein mehrstufiger Verstärker und hat eine Größe von etwa einem Quadratmillimeter (!). Der Vorteil dieser außerordentlichen Kleinheit ist offensichtlich. Sie ist aber auch deshalb wichtig, weil die Wege für die Ladungsträger extrem kurz sind. Ein elektrisches Signal legt eine Strecke von etwa 15 cm in 10^{-9} s zurück. Je kleiner also die Entfernungen in den Schaltkreisen sind, in desto kürzerer Zeit können die Signale laufen.

Das Wort „Transistor" ist aus „transfer resistor" entstanden. Von verschiedenen Typen haben sich der **Flächentransistor** und der **Feldeffekttransistor** durchgesetzt. Ihre Funktionsweise soll nun behandelt werden.

Beim Flächentransistor befinden sich zwei pn-Übergänge in einem Einkristall, bestehend aus Ge oder Si. Zwischen beiden pn-Übergängen liegt eine dünne Schicht geringer Dotierung, die etwa nur 0,01 mm dick ist, so daß die beiden pn-Übergänge sehr eng benachbart sind. Diese schmale Schicht, **Basis** genannt, kann entweder p- oder n-leitend sein. Es gibt somit zwei mögliche Arten: den pnp-Flächentransistor und den npn-Flächentransistor; beide werden verwendet. In der Abb. 654a ist schematisch der Aufbau des pnp-Transistors, jedoch mit einer viel zu dicken Basis B, gezeichnet. Man sieht, daß bei der angegebenen Polung der linke pn-Übergang in Flußrichtung, der rechte in Sperrichtung geschaltet ist. Zwischen der linken Elektrode E, genannt **„Emitter"**, und der Basis liegt eine Spannung von 0,1 bis 0,5 V; zwischen der rechten Elektrode C, genannt **„Kollektor"**, und der Basis etwa die zehnfache Spannung.

Die Namen „Emitter" und „Kollektor" lassen sich aus der Funktionsweise des Transistors erklären. Der Emitter entspricht der Kathode, der Kollektor der Anode einer Verstärkerröhre. Die Bezeichnung „Basis" ist dagegen historisch begründet. Die ersten Transistoren waren sog. „Spitzentransistoren", bei denen zwei feine Metallspitzen auf einen Kristall, eben auf die Basis, gedrückt waren. An diese Spitzentransistoren erinnert auch noch das Schaltungssymbol für einen Transistor (Abb. 654b).

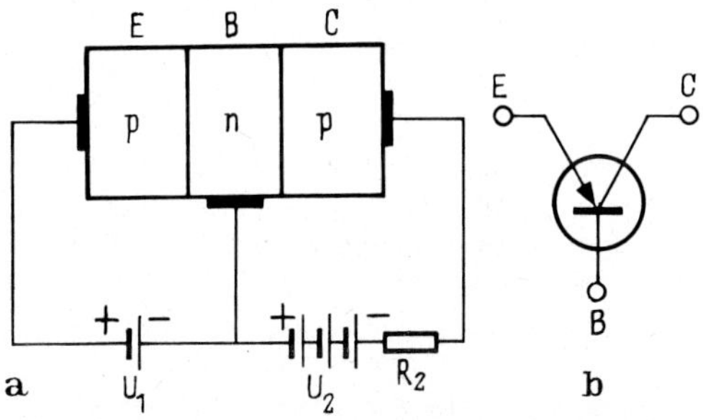

Abb. 654a. Schema eines pnp-Flächentransistors. E = Emitter, B = Basis, C = Kollektor. b. Schaltungssymbol eines pnp-Transistors. Beim npn-Transistor zeigt der Pfeil des Emitters E in die entgegengesetzte Richtung

Die Wirkungsweise des Transistors besteht nun darin, den gesperrten pn-Übergang (zwischen Basis und Kollektor) durch „Injektion" von Ladungsträgern leitfähig zu machen. In dem Beispiel eines pnp-Transistors sind es Defektelektronen, die vom Emitter her in die dünne Basisschicht gelangen, von hier durch Diffusion in das Gebiet des gesperrten pn-Übergangs kommen und dort durch das elektrische Feld zum Kollektor abgesaugt werden. Ein Teil von ihnen geht durch Rekombination mit den Elektronen verloren, vor allem in der Basis, die ja (im Beispiel des pnp-Transistors) n-leitend ist, wo also die Elektronen Majoritätsträger sind. Um den Verlust möglichst klein zu machen, ist die Basis sehr dünn und ferner schwach dotiert, d. h. mit einer kleinen Menge von solchen Fremdatomen versehen, die als Donatoren Elektronen abgeben. Dadurch enthält die Basis wenig freie Elektronen und die Rekombinationsrate ist verhältnismäßig klein. Die Basisschicht ist auch deshalb dünn, damit die Defektelektronen leicht von einer Seite zur anderen diffundieren können. Man erreicht so, daß der Kollektorstrom 90 bis 99% des Emitterstroms beträgt. Es erfolgt eine geringe Schwächung des Stroms, d. h. die Stromverstärkung beim Transistor in der beschriebenen Schaltungsart ist kleiner als eins. Man nennt diese Schaltung, in welcher die Basis die gemeinsame Elektrode für Eingang und Ausgang ist, die Basisschaltung (Abb. 655a). Die Spannungsverstärkung ist aber erheblich: Der innere Widerstand des Stromkreises Emitter-Basis ist sehr klein, weil der pn-

Übergang in Flußrichtung gepolt ist. Der Widerstand des Basis-Kollektor-Kreises ist groß. Eine Erhöhung des Kollektorstroms durch Injektion von Ladungsträgern verursacht am Arbeitswiderstand dieses Stromkreises eine viel größere Spannung, als sie am Eingang des Emitter-Basis-Kreises für den gleichen Strom erforderlich ist. Da die Ströme im Emitterkreis und im Kollektorkreis nahezu gleich sind, ist die Spannungsverstärkung ungefähr gleich dem Verhältnis der Widerstände beider Kreise. Beträgt z. B. der Strom 5 mA, so ist die Spannung am Eingangswiderstand von 10 Ohm gleich $U_1 = R_1 \cdot J = 50$ mV. Am Ausgangswiderstand R_2 von z. B. 10 kOhm beträgt dagegen die Spannung $U_2 = R_2 \cdot J = 50$ Volt. Eine Erhöhung der Spannung zwischen Basis und Kollektor bringt keine Erhöhung des Kollektorstroms. Die Kennlinien $J_c = f(U_{CB})$ zeigen nach steilem Anstieg bei $U_{CB} = 0$ (infolge der Diffusion der Ladungsträger schon bei Null!) einen horizontalen Verlauf. Wählt man den Emitterstrom J_E als Parameter, so ergeben sich übereinander liegende, parallele Geraden.

Weil der Emitter- und der Kollektorstrom fast gleich sind, ist es möglich, die Steuerung statt am Emitter auch an der Basis vorzunehmen. Der Emitter ist dann gemeinsame Elektrode für Eingangs- und Ausgangskreis (Emitterschaltung Abb. 655b). Die Eingangsspannung liegt zwischen Basis und Emitter. Der Eingangswiderstand ist größer als bei der Basisschaltung und beträgt etwa 1 kOhm. Die Emitterschaltung wird sehr viel verwendet. Die Stromverstärkung beträgt hier etwa 10 bis 100, im Gegensatz zur fehlenden Stromverstärkung bei der Basisschaltung. — Eine dritte Möglichkeit ist die Kollektor-Schaltung, bei welcher der Kollektor gemeinsame Elektrode für Eingangs- und Ausgangskreis ist (Abb. 655c). Der Eingangswiderstand ist groß, der Ausgangswiderstand klein. Die Stromverstärkung ist groß, die Spannungsverstärkung klein.

Die Herstellerfirmen zeigen in ihren Datenblättern auch die Kennlinien der Transistoren und geben an, welche der drei Schaltungsarten für den jeweiligen Verwendungszweck günstig ist.

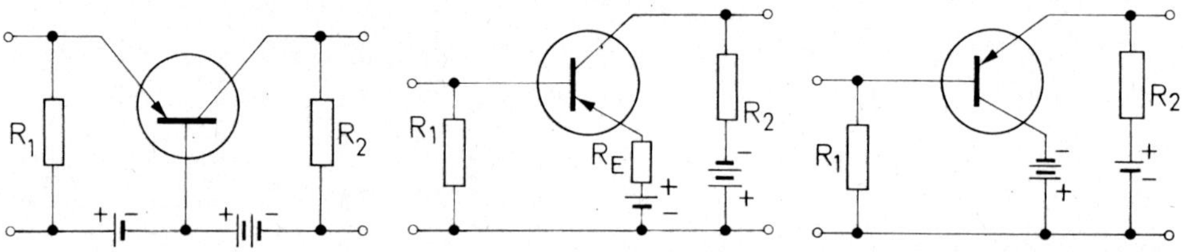

Abb. 655. pnp-Transistor; a. in Basisschaltung; b. in Emitterschaltung; c. in Kollektorschaltung. R_1 = Eingangswiderstand, R_2 = Ausgangswiderstand, R_E = Emitter-Vorwiderstand

Feldeffekt-Transistoren. Die Injektions-Transistoren haben trotz ihrer Vorzüge einen großen Nachteil: Die Steuerung ist nicht leistungslos. Der Eingangswiderstand ist klein; er ist noch am größten bei der Kollektorschaltung (bis zu 1 MOhm). Es kommt aber häufig vor, daß nur sehr wenige Ladungsträger vorhanden sind, z. B. in einer Vakuum-Photozelle, wo Elektronen durch Licht aus der Kathode emittiert werden und der kleine Strom verstärkt werden muß. Dies geschah bis jetzt in Verstärkerröhren mit sehr hohem Eingangswiderstand, die nicht durch einen Transistor ersetzt werden konnten. Die wenigen Elektronen dürfen nicht verlorengehen, sondern müssen alle für eine leistungslose Verstärkung zur Verfügung stehen. Dies ist im Feldeffekt-Transistor möglich.

Es ist naheliegend zu versuchen, den elektrischen Strom in einem flachen Kristall durch kapazitive Einwirkung zu steuern. Dann braucht man nur eine geringe Zahl von Ladungsträgern auf einer Kondensatorplatte zu haben, die isoliert vom Kristall dessen Leitfähigkeit beeinflußt. Aber die Verwirklichung dieses alten Gedankens scheiterte an der unzureichenden technischen Beherrschung der Halbleiter- und Isolatoroberflächen. Wenige Störatome und vor allem Ionen (z. B. Na^+, Cl^-, ...) beeinflussen den Effekt ebenso stark wie die Ladungen, die gemessen werden sollen. So entsteht eine Verschiebung der Kennlinien, die nicht kontrollierbar ist. In den letzten Jahren hat man aber gelernt, diese Technik zu beherrschen.

Das Prinzip des Feldeffekt-Transistors soll an einer speziellen, sehr erfolgreichen Bauart erklärt werden, und zwar am **MOS-Transistor.** MOS sind die ersten Buchstaben der Wörter: Metall-Oxid-Semiconductor. Als Halbleiter dient n- oder p-leitendes Silizium, auf dem sich eine sehr dünne, aufgewachsene Isolator-Schicht von SiO_2 (= Quarz) befindet. Diese ist mit der metallischen Steuerelektrode bedeckt. Abb. 656a zeigt schematisch den Aufbau. Als Unterlage (engl. substrate) dient z. B. p-leitendes Silizium, das an zwei Stellen durch Eindiffusion von Fremdatomen stark n-leitende Bereiche hat. Diese sind mit den sperrfreien Elektroden eines Stromkreises verbunden und werden als Quelle S (engl. source) und Senke D (engl. drain) bezeichnet. Der Stromfluß zwischen beiden wird durch die Steuerelektrode G (eng. gate = Tor) dadurch beeinflußt, daß die Defektelektronen im p-Silizium bei positiver Aufladung der Steuerelektrode mehr oder weniger in die tiefere Si-Schicht gedrängt werden, bzw. daß die Minoritätsträger, also die freien Elektronen im p-leitenden Silizium aus tieferen Schichten angezogen werden. So enthält der Kanal unter der Steuerelektrode mehr oder weniger Ladungsträger, d. h. die Leitfähigkeit wird durch die Elektrode G gesteuert. Bei positiv vorgespannter Steuerelektrode G erfolgt eine Verbiegung der Energiebänder im p-Si derart, daß eine Inversion der Ladungsträger auftritt: Der Kanal ist n-leitend. Dies hat aber zur Folge, daß zwischen dem p-leitenden Silizium und dem n-leitenden Kanal ein pn-Übergang vorhanden ist, der bei entsprechender Polung verhindert, daß die Elektronen in das p-leitende Silizium übertreten. Dadurch bleibt der Strom auf den engen Kanal begrenzt. Bei Verwendung von n-leitendem Silizium als Unterlagematerial (als „Substrat“) ist der Kanal entsprechend p-leitend. Abb. 656b zeigt einige Kennlinien. Der Eingangswiderstand zwischen Steuerelektrode und Quelle liegt zwischen 10^{13} und 10^{15} Ohm.

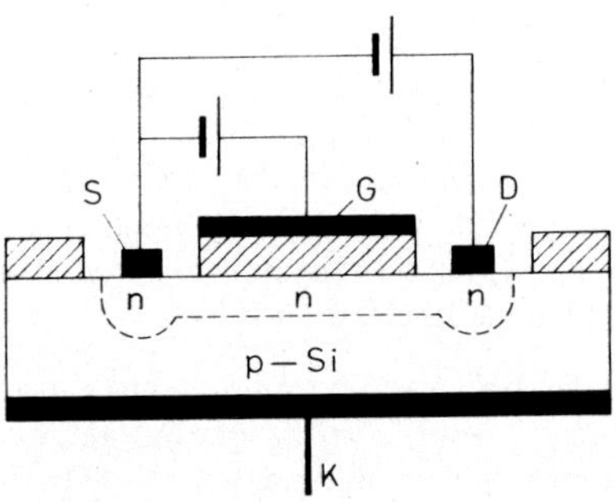

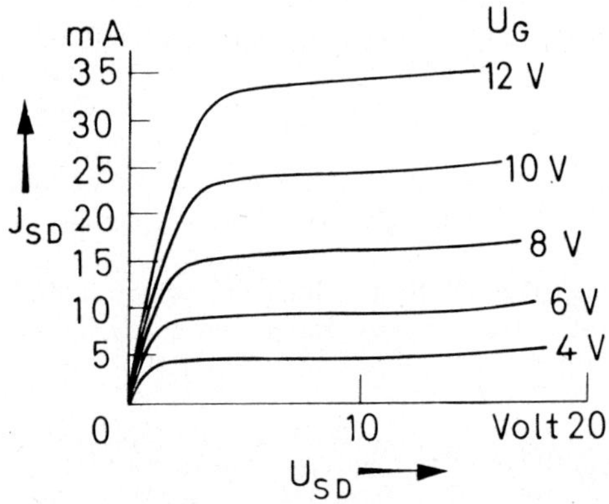

Abb. 656. MOS-Feldeffekt-Transistor. a. Schematischer Aufbau; schraffiert = SiO_2-Schicht; schwarz = aufgedampfte Metallelektroden; S = Quelle oder Source; D = Senke, Ausgang oder Drain; G = Steuerelektrode oder Gate; K = metall. Grundplatte (wird entweder an S angeschlossen oder zusätzlich als Steuerelektrode verwendet); b. Kennlinien; Strom zwischen S und D in Abhängigkeit von der Spannung U_{SD}; Steuerspannung U_G als Parameter

Wie für Röhren, so ist auch für Halbleiter-Bauelemente eine Vereinbarung getroffen worden, einheitliche Kurzbezeichnungen zu verwenden, um die Type leicht zu erkennen. Es gibt im allgemeinen drei große Buchstaben und zwei oder drei Ziffern für eine Type. Der erste Buchstabe kennzeichnet das Grundmaterial: A bedeutet Germanium, B Silizium, der zweite Buchstabe die Anwendungsmöglichkeit: A bedeutet Eignung für Hochfrequenz bis 100 MHz, Y die Eignung für Netzgleichrichtung, C sind Niederfrequenz-Transistoren geringer Leistung, D sind Niederfrequenz-Leistungs-Transistoren. Der dritte Buchstabe und die Ziffern sind firmeneigene Bezeichnungen.

In diesem Abschnitt Nr. 73 werden als technische Anwendungen der Halbleiter wegen der besonders großen Bedeutung nur die Gleichrichter und die Transistoren ausführlicher behandelt. Die Darstellung anderer Anwendungen muß aus Platzmangel entfallen.

Einige wichtige sollen aber wenigstens noch kurz erwähnt werden.

Da die meisten Halbleiter einen negativen Temperatur-Koeffizienten haben, werden einige als sog. **Heißleiter,** auch NTC-Widerstände (**n**egative **t**emperature **c**oefficient) oder Thermistoren genannt, verwendet. Ihr Widerstand ist im kalten Zustand groß, im heißen klein. Der Temperatur-Koeffizient beträgt bei den Handelstypen —3 bis —5% pro Grad Temperaturerhöhung. Sie werden häufig angewendet, z. B. bei der Zündung von Gasentladungslampen (Leuchtstoffröhren).

Der **Hallgenerator** ist ein weiteres wichtiges Halbleiterbauelement. Beim Hall-Effekt (Nr. 71) wird gezeigt, daß die Hallspannung auch von der Hallkonstanten R_H abhängig ist, die selbst nach Gl. (429) proportional der Beweglichkeit μ ist. Es sind nun von H. Welker (1952) neue halbleitende Verbindungen vom Typ $A^{III}B^{V}$ gefunden worden, in deren Einkristallen die Elektronen eine sehr hohe Beweglichkeit besitzen. Sie beträgt beim InSb 65000 $cm^2\ V^{-1}\ s^{-1}$, beim InAs 23000 $cm^2\ V^{-1}\ s^{-1}$ gegenüber 27 $cm^2\ V^{-1}\ s^{-1}$ beim Kupfer (beide Werte gelten für Raumtemperatur). Bei Verwendung dieser Stoffe erhält man viel größere Hallspannungen, die nun leicht meßbar sind. Es ergibt sich z. B. bei einem Plättchen InAs der Dicke 100 μm, durch das ein Strom von 1 A fließt, bei einer magnetischen Flußdichte B = 1 Vsm^{-2} ($\triangleq$ 10 kG) eine Hallspannung von 1 V. Der innere Widerstand des rechteckigen Plättchens von einer langen Kante zur anderen beträgt etwa 1 Ohm. Die Plättchen werden zum Schutz in Kunststoff eingebettet und sind mit den Anschlüssen versehen. Sie haben wirksame Flächen von 1×2 mm^2 bis 6×12 mm^2 und dienen zur Ausmessung von magnetischen Feldern, besonders auch in engen Luftspalten.

Dehnungsmeßstreifen aus Silizium. In Abb. 648 ist ein sehr vereinfachtes Bändermodell gezeichnet. Wenn mehrere Bindungszustände der Elektronen (wegen des Gitteraufbaus) zusammenwirken, dann setzen sich das Valenz- und das Leitungsband aus mehreren Teilbändern zusammen. Dies ist z. B. beim Diamant- oder Zinkblendegitter und somit auch beim Silizium der Fall. Durch Druck verschieben sich die Teilbänder und damit auch ihre Elektronenbesetzungen. Nun sind aber die Beweglichkeiten der Elektronen in den Teilbändern verschieden. Dies führt zu einer starken Leitfähigkeitsänderung durch Druck (Piezowiderstand). — Bisher wurden Dehnungsmeßstreifen aus Metall verwendet. Dabei wurde die Widerstandserhöhung infolge der Verlängerung und Querschnittsverminderung gemessen. Dehnungsmeßstreifen aus Silizium, die allerdings aus nahezu fehlerfreien Kristallen bestehen müssen, ergeben bei gleichen Abmessungen etwa die hundertfache relative Widerstandsänderung.

Der Gunn-Oszillator. Im Jahre 1963 wurden von J. B. Gunn beim Stromdurchgang durch GaAs sehr hochfrequente Schwingungen beobachtet. Dieser **„Gunn-Effekt"** beruht auf der besonderen Struktur des Leitungsbandes beim GaAs. Hier gibt es zwei Minima, ein energetisch tiefer liegendes bei $k = 0$, ein um 0,3 eV höher liegendes bei $k \neq 0$. In starken elektrischen Feldern wächst die Energie der Elektronen, so daß sie in das höher gelegene Teilband gelangen. Hier ist die effektive Masse der Elektronen größer, ihre Beweglichkeit damit kleiner. Dies bedeutet, daß mit wachsender elektrischer Feldstärke der Strom kleiner wird, daß also ein negativer Widerstand vorliegt. Die Folge ist, daß Schwingungen auftreten. Ihre Frequenz ist sehr hoch: 1 bis 100 GHz. An die Homogenität und Fehlerfreiheit der GaAs-Einkristalle werden allerdings besondere Anforderungen gestellt, weshalb die Einführung des Gunn-Effektes in die Technik vorerst erschwert ist.

Integrierte Schaltkreise. Am Ende dieses Abschnittes über technische Anwendungen von Halbleitern sollen noch einmal die integrierten Schaltkreise hervorgehoben und kurz das Wesentliche bei der Herstellung geschildert werden. Sie haben in den letzten Jahren so sehr an Bedeutung gewonnen, daß man schon jetzt von einer revolutionierenden Entwicklung sprechen kann. Die großen Vorteile der Verkleinerung und des geringen Gewichts sind sofort überzeugend; hinzu kommt die Verkürzung der Laufzeiten der Signale infolge der stark verminderten Abstände: Wenn ein Rechengerät für eine Auswertung 10^9 Operationen durchführen muß und für jede nur eine Millisekunde gebrauchen würde, dann würde das Resultat erst nach elf Tagen verfügbar sein. Man sieht sofort die Notwendigkeit einer Verkürzung der Zeit für jede Operation. Es wird heute eine Signalverzögerung von wenigen Nanosekunden erreicht, und zwar nur durch die Abstandsverkleinerung bei Verwendung integrierter Schaltkreise. — Schließlich sei noch ein Vorteil der Miniaturisierung erwähnt, der oft weniger beachtet wird. Bei der Steuerung und Regelung von Maschinen treten oft starke magnetische und elektrische Felder auf, die abgeschirmt werden müssen. Bei voluminösen Steuerungsanlagen erfordern allein diese Abschirmungen wegen ihrer Größe erhebliche Kosten, die bei kleinen Anlagen vernachlässigbar sind.

Die ersten integrierten Schaltkreise erschienen im Jahre 1960 auf dem amerikanischen Markt und kosteten etwa 1000 Dollar pro Stück. Infolge der Massenherstellung sank der Preis im Jahre 1968 auf etwa einen Dollar und 1971 auf 0,17 Dollar. Man muß bedenken, daß ein einzelner integrierter Schaltkreis von etwa 1 mm^2 Fläche z. B. einen mehrstufigen Verstärker mit Transistoren, Dioden, Widerständen und Kondensatoren darstellt. Auf einer dünnen Silizium-Scheibe von 0,2 mm Dicke befinden sich über 500 solcher Schaltkreise! Die Entwicksung ist noch im Fluß. Schwierigkeiten bereitet, wie man sich leicht vorstellen kann, die Einbeziehung von Induktivitäten, also von Spulen. Die wesentlichen Schritte der Herstellung integrierter Schaltkreise sollen kurz geschildert werden.

Als Ausgangsmaterial dient Silizium, das durch chemische Prozesse und durch das Zonenschmelzverfahren zu äußerster Reinheit gebracht worden ist. Ein einkristalliner Stab von etwa 3 cm Durchmesser und 25 cm Länge ist im Vakuum vertikal, frei stehend, gewachsen. Die Achse des Stabes steht senkrecht auf der (111)-Ebene. Der Stab wird mit Diamant-Sägen in viele dünne Scheiben in (111)-Ebenen zerlegt. Sie werden geschliffen, poliert, geätzt, gespült und getrocknet. Diese Scheiben dienen als Unterlage für die vielen integrierten Schaltkreise, die auf einer Scheibe durch verschiedene Prozesse entstehen. Im allgemeinen ist das Silizium bereits p-leitend. Die Scheiben erhalten zunächst eine Oxidschicht im Wasserdampfstrom bei ca. 1100° C. Dann werden sie mit einer lichtempfindlichen Lackschicht bedeckt.

Zur Vorbereitung werden sehr genaue Zeichnungen angefertigt und von diesen verkleinerte Diapositive hergestellt. Das Diapositiv wird mit ultraviolettem Licht verkleinert auf die lichtempfindliche Lackschicht projiziert. Dies geschieht unter dem Mikroskop auf einem Schlitten derart, daß nacheinander in einer Zeile im Abstand von z. B. einem Millimeter eine Belichtung nach der anderen erfolgt. So erzeugt man mit einem Diapositiv, also mit einer Zeichnung, etwa 500 gleiche Bilder auf der Lackschicht. Dort, wo die Lackschicht vom Licht nicht getroffen worden ist, kann sie abgeätzt werden. An diesen Stellen kann das Siliziumdioxid durch eine Mischung von Flußsäure mit Ammoniumfluorid entfernt werden, so daß hier das p-Silizium wieder freigelegt wird, z. B. für eine Diffusion von Störstellenatomen, die n-Leitung hervorrufen. Jede Veränderung des Schaltkreises beginnt also mit der Oxydation der Siliziumscheibe und anschließender Beschichtung mit dem Photoätzlack; danach erfolgt die Herstellung der Maske durch Belichtung und Ätzung. Das Dielektrikum eines Kondensators kann eine SiO_2-Schicht oder ein pn-Übergang sein, der in Sperrichtung geschaltet ist. Die Verbindungsleitungen sind Aluminiumstreifen, die auf die Kontaktstellen und auf die isolierende SiO_2-Schicht im Hochvakuum aufgedampft werden. Vor dem Zerteilen der Scheiben werden die einzelnen Schaltkreise durch Aufsetzen von Meßspitzen geprüft. Danach werden die Scheiben rasterförmig angeritzt und gebrochen. Die einzelnen Plättchen werden in ein kleines Gehäuse gelötet und mit dünnen Golddrähten (Kontaktanschlüssen) versehen.

Integrierte Schaltkreise haben naturgemäß andere Eigenschaften als Schaltkreise mit einzelnen, konventionellen Bauelementen und Schaltdrähten. Die „monolithische“ Bauweise zwingt zu Schaltungen, die in elektrischer Hinsicht oft nicht besonders günstig sind. Widerstände und Kondensatoren nehmen viel Kristallfläche in Anspruch. Sie werden, soweit irgend möglich, durch Transistoren und Dioden ersetzt. Andererseits lassen sich aber auch Schaltungselemente in monolithischer Bauweise verwirklichen, die früher nicht herstellbar waren, z. B. Transistoren mit mehreren Emittern oder Widerstände, deren Größe durch Ausdehnung einer Sperrschicht gesteuert wird.

74. Optoelektronische Effekte und Bauelemente

Photoleitung. Ein vollkommen isolierender und sehr reiner Kristall kann dadurch gute Leitfähigkeit erhalten, daß Elektronen aus dem Valenzband in das Leitfähigkeitsband gebracht werden. Dazu ist Energie erforderlich, deren Größe dem Bandabstand entspricht (Abb. 648a und b). Ist der Bandabstand nicht zu groß, so kann durch Wärme die erforderliche Energie aufgebracht werden (Eigenhalbleitung). Bei größerem Bandabstand kann auch durch Einstrahlung von Licht solcher Energie, die wenigstens dem Bandabstand entspricht, eine elektrische Leitfähigkeit erzeugt werden. Man nennt dies **lichtelektrische Leitung** oder **Photoleitung.** Sie beruht auf dem „inneren lichtelektrischen Effekt" im Gegensatz zur Elektronenemission in der Vakuumphotozelle, die durch den „äußeren lichtelektrischen Effekt" verursacht wird.

Strahlt man auf einen sehr reinen Kristall Licht von einer Energie, die geringer ist als der Bandabstand, dann geht das Licht ungehindert durch den Kristall hindurch, und es entsteht keine Leitfähigkeit. Entspricht die Lichtenergie gerade dem Bandabstand oder ist sie etwas größer, dann ist die Lichtabsorption so stark, daß das Licht nur in eine dünne Oberflächenschicht des Kristalls eindringt und hier eine große Leitfähigkeit hervorruft. Durch Anlegen einer Spannung an eine besondere Elektrodenanordnung (die etwa wie zwei ineinander gesteckte Kämme aussieht, Abb. 657) kann ein elektrischer Strom gemessen werden, der der Strahlungsstärke des Lichts proportional ist. Wünscht man dagegen das Eindringen des Lichts in den ganzen Kristall, dann muß die Absorptionskonstante kleiner sein, aber andererseits nicht zu klein, damit Licht im Innern des Kristalls absorbiert wird. Man erreicht dies bei synthetischen Kristallen leicht durch Dotierung mit Fremdatomen, die Donatoren und Akzeptoren bilden, deren energetische Lage sich innerhalb der verbotenen Zone befindet (Abb. 648d). Dann kann die Lichtenergie Elektronen aus dem Valenzband heben und sie zu den Akzeptoren bringen, und sie kann Elektronen von den Donatoren befreien und in das Leitungsband befördern. Die Löcher im Valenzband und die Elektronen im Leitungsband verursachen die Leitfähigkeit. Die erforderliche Lichtenergie ist nun über einen weiten Spektralbereich verteilt.

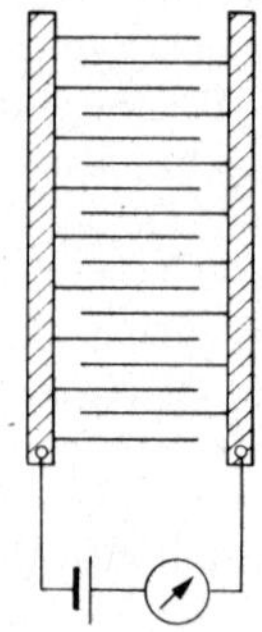

Abb. 657. Elektroden eines Photowiderstandes. Für einen sperrschichtfreien („ohmschen") Kontakt muß das Elektrodenmaterial dem Halbleiter angepaßt sein

Selbstverständlich ist die Lebensdauer der freien Elektronen und Löcher begrenzt, weil beide nach kurzer Zeit rekombinieren. Deshalb muß die Lichteinstrahlung aufrechterhalten werden, solange eine elektrische Leitfähigkeit gewünscht wird. Nach plötzlicher Lichtabschaltung klingt der lichtelektrische Strom nicht sofort, sondern allmählich ab, was oft unerwünscht ist. Ebenso steigt der Strom nach Einschalten der Beleuchtung allmählich an. Ein empfindlicher Photoleiter hat naturgemäß solche Ladungsträger, die eine große Lebensdauer haben und deshalb nach Abschaltung des Lichts noch eine gewisse Zeit vorhanden sind. Diese langsame Reaktion ergibt eine Frequenzgrenze, oberhalb derer die Widerstandsänderung bei Belichtung mit Wechsellicht sehr klein wird. (Bei kleinen Strahlungsstärken wird das Licht periodisch unterbrochen, damit der elektrische Strom im Kreis des Photowiderstandes leichter verstärkt werden kann.) Die Grenzfrequenz liegt bei dem sehr empfindlichen Cadmiumsulfid sehr niedrig (ca. 10 Hz). Solche Photowiderstände werden dort benutzt, wo die große Zeitkonstante nicht stört, z. B. bei Photoapparaten mit Belichtungsautomatik. Die Grenzfrequenzen anderer Photowiderstände liegen, da sie weniger empfindlich sind, auch wesentlich höher.

Für den Einsatz von Photowiderständen ist die spektrale Verteilung der Empfindlichkeit maßgebend. Das erwähnte CdS ist für Wellenlängen von 480 bis 700 nm empfindlich, sofern es mit Fremdatomen dotiert ist. (Der Bandabstand entspricht einer Wellenlänge von 480 nm.) Man kann sowohl Einkristalle als auch feinkörniges Kristallpulver verwenden. Für den ultravioletten Spektralbereich gibt es keine empfindlichen Photoleiter. In diesem Gebiet wird ja mit großem Erfolg die Vakuum-Photozelle mit oder ohne Sekundärelektronenvervielfachung oder auch die gasgefüllte Photozelle, in jedem Fall also die Elektronenemission, verwendet. Dagegen wird die Photoleitung im sichtbaren und im infraroten Spektralgebiet mit Erfolg angewendet. Im Röntgengebiet eignen sich CdS-Einkristalle auch als Photowiderstände für die Dosismessung.

CdS eignet sich für Belichtungsmesser und wurde gerade erwähnt. Selen ist der am längsten bekannte Photoleiter (W. Smith, 1873). Amorphes Selen, das man leicht durch Schmelzen und rasches Abkühlen erhält, ist im Dunkeln ein guter Isolator. Einzelne, belichtete Stellen einer dünnen aufgedampften Selenschicht erhalten gute Leitfähigkeit, um Potentialunterschiede zwischen Vorder- und Rückseite der Selenschicht auszugleichen. Wegen der geringen Dunkelleitfähigkeit sind belichtete Punkte, die dicht nebeneinander liegen, ausreichend gegeneinander isoliert. Man verwendet solche amorphen Selenschichten in der Elektrophotographie zur Herstellung von Photokopien (Xeroxverfahren). Hierbei wird eine Seite einer dünnen Selenschicht elektrostatisch aufgeladen. An den belichteten Stellen verschwindet die Ladung, da sie wegen der vergrößerten Leitfähigkeit abfließen kann. Ein elektrostatisch aufgeladenes Farbpulver wird dann auf die Selenschicht gestreut und bleibt an den Stellen hängen, wo die Ladungen noch auf der Selenschicht sitzen, also an den unbelichteten Stellen. Schließlich wird ein Blatt Papier an die Selenschicht gedrückt und übernimmt einen Teil des Farbpulvers, das in einer Flüssigkeit etwas gelöst und damit auf dem Papier fixiert wird. In einem anderen Verfahren (Electrofax) wird ZnO als Photoleiter benutzt, das sich gleich auf dem Papier befindet, auf dem die Photokopie entsteht.

Auch beim Vidicon, der einfachen und wichtigen Fernsehaufnahmeröhre, wird eine Photoleiterschicht verwendet. Sie wird von einer Seite belichtet und von der anderen Seite mit einem langsamen Elektronenstrahl abgetastet. Es werden Schichten aus Se, Sb_2S_3 oder PbO benutzt. Auf der dem Licht zugewandten Seite befindet sich zwischen Glas und Photoleiterschicht als Elektrode eine lichtdurchlässige, leitfähige Halbleiterschicht (z. B. SnO).

Im infraroten Spektralgebiet für Wellenlängen größer als 1,2 μm haben Photoleiter deshalb große Bedeutung, weil in diesem Spektralgebiet das Auge, die photographische Platte und die Photozelle mit Elektronenemission (und anschließender Sekundärelektronenvervielfachung) vollkommen unempfindlich sind. Für einen Strahlungsnachweis bleibt einerseits nur die Erwärmung einer schwarzen, also einer alle Wellenlängen stark absorbierenden Fläche geringer Wärmekapazität. Die Erwärmung wird mit dem Thermoelement oder durch die elektrische Leitfähigkeit der Folie (Bolometer) oder durch die Ausdehnung eines Gases (Goley-Zelle) gemessen. Andererseits stehen Photoleiter zur Verfügung, die in verschiedenen, begrenzten Spektralgebieten wesentlich empfindlicher sind, zumal wenn sie gekühlt werden:

PbS (2,8 μm), PbSe (4,8 μm), InSb (5,3 μm), Ge (mit Cu dotiert 20 μm, mit In dotiert 80 μm). Die angegebenen Wellenlängen geben die Gebiete maximaler Empfindlichkeit an. Man darf nicht vergessen, daß mit zunehmender Wellenlänge die Energie des Lichtes schließlich vergleichbar mit der Energie der Raumstrahlung wird, die dann ebenso Ladungsträger im Kristall befreien kann. Deshalb müssen Photoleiter abgeschirmt und für Strahlung, die längerwellig als 8 μm ist, mit flüssiger Luft (Siedetemperatur 77 K), und wenn sie längerwellig als 20 μm ist mit flüssigem Helium gekühlt werden (Siedetemperatur 4, 2 K). Auf diese Weise wird das Rauschen so weit herabgedrückt, daß die Signale sich ausreichend abheben.

Photoelemente. Alle Photoleiter oder Photowiderstände, wie sie ebenso häufig genannt werden, erfordern zur Messung eine Spannungsquelle, damit ein Strom fließen kann. Obgleich die erste Beobachtung von W. Smith am Selen schon früh (1873) erfolgte und Werner v. Siemens die technische Bedeutung bald (1875) erkannte und praktische Lösungen vorschlug, erfolgten systematische, wissenschaftliche Untersuchungen erst seit 1920 von B. Gudden und R. W. Pohl an Diamant, Zinksulfid, Cadmiumsulfid, Selen und an anderen Stoffen. Allmählich wuchs das Interesse auch an der praktischen Verwendung, und es setzten sich drei Substanzen als beste Photoleiter bis etwa 1940 durch: Selen (Se), Kupferoxydul (Cu_2O) und Thalliumsulfid (Tl_2S). Die Beschäftigung mit dem interessanten Effekt führte zu zwei wichtigen Beobachtungen und technischen Ausführungen, in Amerika von L. O. Grondahl und P. H. Geiger (1927) an der Kombination Kupfer-Kupferoxydul, und in Deutschland von B. Lange (1929) an der Kombination Selen-Eisen. Beide Systeme haben gleichrichtende Eigenschaften. (Der Selen-Gleichrichter wurde schon 1925 von E. Presser angegeben.) Bei den Gleichrichtern in Nr. 73 wird auf die Bedeutung des pn-Übergangs und der Sperrschicht hingewiesen. Es wurde nun gefunden, daß bei Bestrahlung der Grenzfläche der genannten Gleichrichter eine elektrische Spannung erzeugt wird. Man spricht deshalb von einem **Photoelement**, weil das Licht eine EMK erzeugt. Im Gegensatz zu den Photowiderständen ist bei den Photoelementen also keine Spannungsquelle erforderlich. Je nach der Bestrahlungsstärke zeigt ein empfindliches Instrument einen unterschiedlich großen, elektrischen Strom an. Die Abb. 658a zeigt eine historisch interessante, heute nicht mehr verwendete Ausführung eines Cu_2O-Photoelementes, das „Hinterwand“-Photoelement genannt wurde. Das Licht erzeugt in der Cu_2O-Schicht überwiegend Defektelektronen als Ladungsträger. Diese diffundieren am stärksten in Richtung des Konzentrationsgefälles, also in die Verarmungszone nahe der Grenze Cu_2O/Cu, wo sie einen Elektronenstrom aus dem Kupfer verursachen. Es entsteht also ein positiver Strom in Richtung

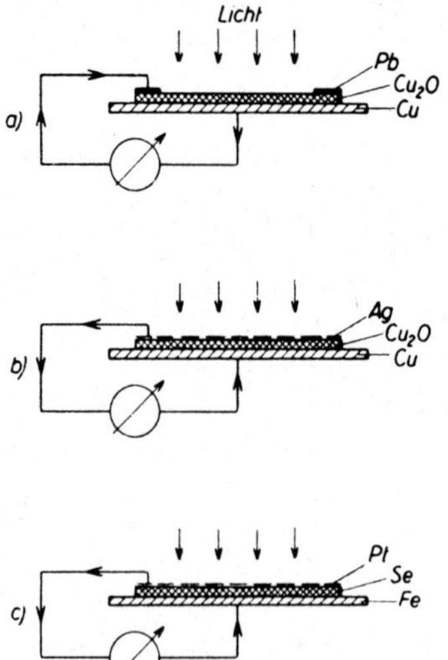

Abb. 658
Aufbau verschiedener Photoelemente
a) Kupferoxydul-Photoelement mit Hinterwandeffekt
b) Kupferoxydul-Photoelement mit Vorderwandeffekt
c) Selen-Photoelement

Die Pfeile in den Stromleitungen deuten die Richtung eines positiven Stroms an.

Metall, bzw. ein Elektronenstrom vom Metall zum Halbleiter. Da der beschriebene Effekt an der Hinterwand des Halbleiters auftritt, nannte man ihn Hinterwandeffekt. W. Schottky und E. Duhme dampften (1930) vorn auf der dem Licht zugewandten Seite des Cu_2O eine dünne Metallschicht auf, z. B. Silber (Abb. 658b). Nun bildete sich auch an dieser Grenze eine Verarmungsrandschicht aus, und der Diffusionsstrom der Defektelektronen geht nun überwiegend in Richtung der Silberelektrode. Die Stromrichtung ist also umgekehrt („Vorderwandeffekt“). Da Cu_2O einen großen Teil sichtbaren Lichtes absorbiert (es sieht in der Durchsicht rot aus), liefert die zweite Art etwa einen zehnfachen Strom bei gleicher Strahlungsstärke weißen Lichtes (ca. 10^{-8} A/cm^2).

Abb. 658c zeigt das Prinzip des heute als Belichtungsmesser noch hauptsächlich verwendeten **Selen-Photoelements.** Es wird trigonales, also kristallines Selen verwendet, ebenso wie beim Selen-Gleichrichter. Das kristalline Selen hat im Gegensatz zum amorphen eine gute Leitfähigkeit. Es ist p-leitend. Eine dünne Schicht befindet sich auf einer Eisen- oder vernickelten Eisenplatte. Früher wurde auf das Selen eine dünne, wenig Licht absorbierende Metallschicht (im Bild Pt) aufgedampft. Heute verwendet man eine dünne Schicht eines gut lichtdurchlässigen n-Halbleiters, z. B. CdO, mit Spuren bestimmter Verunreinigungen. Die vom Licht erzeugten Defektelektronen diffundieren im Selen überwiegend zur Verarmungsrandschicht des pn-Übergangs. Bei einer Beleuchtungsstärke von 1 Lux liefert ein Selenphotoelement eine Stromdichte von $4 \cdot 10^{-8}$ A/cm². Die maximale Photo-EMK beträgt etwa 0,6 V. Das Se-Element ist bei kleinen Beleuchtungsstärken günstiger als das bei großen Beleuchtungsstärken so erfolgreiche Siliziumphotoelement. Deshalb auch die Verwendung als Belichtungsmesser, zumal die spektrale Empfindlichkeitsverteilung des Selens weitgehend der des Auges entspricht. Bei großen Beleuchtungsstärken, z. B. bei Sonnenbestrahlung, eignen sich für die Umwandlung von Sonnenlicht in elektrische Energie am besten **Silizium-Photoelemente.** Ein solches besteht aus einer p-Silizium-Scheibe, die auf der dem Licht zugewandten Seite eine dünne Schicht starker n-Dotierung hat. Die vom Licht befreiten Löcher diffundieren entsprechend dem Konzentrationsgefälle überwiegend in Richtung auf den pn-Übergang. Sie bilden also einen Strom positiver Ladungsträger in Richtung auf den pn-Übergang; die Elektronen der n-Schicht werden von ihnen angezogen, erzeugen also einen Elektronenstrom in umgekehrter Richtung. Es wird ein Wirkungsgrad von 11% erzielt, allerdings nur bei hohen Beleuchtungsstärken. Solche **Solarzellen** haben ja große Bedeutung für die Energieversorgung der Satelliten im Weltraum erlangt.

Photodioden und Phototransistoren. Zum Schluß sollen noch drei wichtige optoelektronische Bauelemente erwähnt werden: Die **Photodiode** ist eine Halbleiterdiode. An sie wird in Sperrrichtung eine Spannung gelegt; der pn-Übergang ist also an Ladungsträgern stark verarmt. In diesen pn-Übergang wird Licht eingestrahlt, wodurch Ladungsträger entstehen und ein Strom einsetzt. Dieser fließt nur solange, wie Licht einwirkt. Man verwendet solche Dioden auch gern zum Nachweis und zum Zählen sehr energiereicher Quanten. Eine solche **Zähldiode** besteht aus einem dickeren Kristallstück mit pn-Übergang. Die energiereiche Strahlung spaltet im Kristall zunächst Elektronen ab, die eine große Geschwindigkeit haben und viele schnelle Sekundärelektronen erzeugen. Schließlich werden Ladungsträgerpaare gebildet. Es entstehen z. B. im Silizium durch Einstrahlung von einem 3 MeV Photon etwa 10^6 Ladungsträgerpaare. Sie werden in der Sperrschicht schnell getrennt, da ja die Diode in Sperrichtung geschaltet ist. Der Stromimpuls wird gezählt und gemessen. Ebenso können auch schnelle Partikel (Protonen und Elektronen) gezählt werden, da auch sie schließlich Ladungsträgerpaare im Kristall bilden.

Die **Phototransistoren** sind Photodioden mit angeschlossenem Transistor. Man denke sich einen Transistor, bei welchem der pn-Übergang zwischen Emitter und Basis nicht in Flußrichtung, sondern in Sperrichtung geschaltet ist. (Die Basis hat also auf beiden Seiten einen gesperrten pn-Übergang.) Dann wird auf den pn-Übergang zwischen Emitter und Basis Licht eingestrahlt. Die entstehenden Ladungsträger verhalten sich nun ebenso wie solche, die beim normalen Transistor durch Injektion in die Basis gebracht werden; sie werden vom Kollektor abgesaugt und erhalten eine größere Energie. Der Phototransistor ist also empfindlicher als die Photodiode. — Wegen der ungünstigen Beeinflussung der Halbleiteroberflächen durch Feuchtigkeit und andere Fremdstoffe werden die Photoelemente, -dioden und -transistoren mit einem durchsichtigen Kunststoff überzogen.

Lichtemission in Kristallen. Wenn ein Elektron-Loch-Paar durch Lichtabsorption in einem Kristall gebildet worden ist, dann wird die gleiche Energie bei der Rekombination wieder frei, die zur Trennung geführt hatte. Die Energie kann entweder als Licht ausgesandt werden, oder sie kann als strahlungsloser Übergang dem Kristallgitter als Schwingungsenergie übertragen werden. Selbstverständlich kann nur Licht solcher Wellenlänge aus dem Inneren eines Kristalls kommen, das nicht absorbiert wird. Deshalb kann Licht eines Band-Band-Übergangs, das sehr stark absorbiert wird, allenfalls nur von der Oberfläche eines Kristalls emittiert werden. Der Bandabstand beträgt beim Ge 0,7 eV, beim Si 1,1 eV. Daraus folgt, daß diese Kristalle nur für infrarotes Licht durchlässig sind, dessen Energie kleiner ist als dem Bandabstand entspricht. Für das Auge sichtbares Licht kann also nur aus dem Innern eines Kristalls kommen, dessen Bandabstand wenigstens etwa 3 eV, entsprechend der Energie blauen Lichtes, beträgt. Dieser Bandabstand ist aber zu groß für das Auftreten einer Eigenleitung bei Raumtemperatur. Deshalb sind Kristalle, die sichtbares Licht aussenden können, Isolatoren (Beispiele ZnS, Diamant).

Fluoreszierende Kristalle, die durch ultraviolettes Licht, Röntgenstrahlen, schnelle Elektronen oder Ionen zum Leuchten angeregt werden, sind seit langem bekannt. Durch die Anregung werden Elektron-Loch-Paare gebildet. Die Rekombination erfolgt an eingebauten Fremdatomen (Aktivatoratomen), die im Kristallgitter sog. **Leuchtzentren** bilden und die Lichtemission übernehmen. Zu den bekannten Leuchtstoffen gehören: Cu-aktiviertes ZnS (grün); Ag-aktiviertes ZnS (blau); Ag-aktiviertes CdS (rot); Mn-aktiviertes $ZnSiO_4$ (grün). Die ersten drei werden u. a. für Farbfernseh-Leuchtschirme verwendet. Dem ersten werden oft Spuren radioaktiver Elemente beigemischt; die α-Teilchen erregen den Leuchtstoff ständig und verursachen ein schwaches Leuchten (Leuchtziffern von Uhren). Unter einem Mikroskop sieht man die Lichtblitze (Szintillationen), die von einzelnen α-Teilchen hervorgerufen werden, sehr eindrucksvoll. Bekannt ist auch, daß einige fluoreszierende Kristalle das eingestrahlte Licht speichern können und deshalb nach der Bestrahlung noch einige Zeit lang nachleuchten. Der Grund für diese Eigenschaft ist folgender: Die in das Leitfähigkeitsband gehobenen Elektronen diffundieren zu bestimmten Fremdatomen, die dem Stoff als Verunreinigung zugesetzt, im Kristall eingebaut werden und die gern ein Elektron aufnehmen (z. B. Chloratome). Energetisch sitzen sie dicht unterhalb des Leitungsbandes in der verbotenen Zone. Es genügt wenig Energie, z. B. Wärme oder Infrarotlicht, um die Elektronen aus diesen Haftstellen (engl. traps) wieder zu befreien und die Rekombination zu ermöglichen. Erregt man einen solchen Leuchtstoff bei tiefer Temperatur (flüss. Luft) mit ultraviolettem Licht, dann kann man das absorbierte Licht solange speichern, bis der Leuchtstoff wieder erwärmt wird. Anstatt der Wärme kann der Kristall oder das Kristallpulver auch einem elektrischen Feld ausgesetzt werden. Man erhält dann einen hellen Lichtblitz, weil ein großer Teil der in den Haftstellen befindlichen Elektronen plötzlich befreit wird und unter Lichtemission rekombinieren kann **(Gudden-Pohl-Effekt).** Dieser Versuch zeigt also, daß elektrische Energie in der Lage ist, eine Lichtemission in Kristallen auszulösen. Man beachte: Die Energie des ausgesandten Lichtes stammt nicht aus der elektrischen, sondern aus der gespeicherten Energie des ultravioletten Lichtes.

An dieser Stelle muß auf ein wichtiges, aktuelles Forschungsgebiet hingewiesen werden. Es handelt sich um die Erzeugung von Licht in Kristallen durch den elektrischen Strom. Zur Zeit wird künstliches Licht entweder dadurch erzeugt, daß Wolframdrähte durch elektrischen Strom erhitzt werden. Der größte Teil (90%) der hineingesteckten Energie wird nicht in sichtbares Licht, sondern in Wärme verwandelt. Oder es werden Gasatome (Hg) in Entladungsröhren durch Stoß zum Leuchten angeregt. Auch hierbei ist ein Teil des ausgesandten Lichtes für das Auge unsichtbar. Zwar wird das Ultraviolett durch Leuchtstoffe in sichtbares Licht umgewandelt, aber der infrarote Anteil geht verloren. — Man ist deshalb bestrebt, unmittelbar sichtbares Licht durch einen elektrischen Strom in einem flachen Kristall bzw. in einer Kristallfläche zu erzeugen, um die elektrische Energie ohne Umwege in sichtbares Licht zu verwandeln. Man denke z. B. an einen durchsichtigen Kristall mit pn-Übergang, der in Flußrichtung geschaltet ist. Elektronen und Defektelektronen bewegen sich gegeneinander, rekombinieren und geben ihre Bindungsenergie als sichtbares Licht ab. Eine solche Lichterzeugung wurde schon an verschiedenen Kristallen gefunden, zuerst (1923) von O. W. Lossew am SiC. — Im Jahre 1936 fand G. Destriau an mit viel Kupfer dotiertem ZnS eine Lumineszenz unter der Einwirkung eines elektrischen Wechselfeldes. Dieser Mechanismus muß aber verschieden sein von dem der Lumineszenz durch Gleichstrom. Die Lichtemission tritt nämlich bei Wechselspannung auch auf, wenn der Kristall gegen die Elektroden (z. B. durch Glimmer) vollkommen isoliert ist, so daß keine Injektion von Ladungsträgern auftreten kann. Im Kristall werden offenbar Elektronen an Stellen besonders hoher Feldstärke befreit und im Wechselfeld hin- und herbewegt.

Dabei nehmen sie Energie auf, können durch Stoß weitere Elektronen befreien und regen Leuchtzentren zur Lichtemission an. Abb. 659 zeigt eine Aufnahme eines kleinen ZnS Kristalls. Man sieht innerhalb der Umrisse des Kristalls einige leuchtende Bahnen, die wie Kometen aussehen. Sie liegen in bestimmten Kristallrichtungen des nahezu rein kubischen ZnS-Kristalls. Die Bahnen sind an Versetzungslinien gebunden, in denen sich Kupfer angereichert hat. Die Lichtemission unter der ausschließlichen Einwirkung eines elektrischen Gleich- oder Wechselfeldes nennt man **Elektrolumineszenz.** Beide Arten haben schon Anwendungen gefunden. Die durch Gleichstrom angeregte Elektrolumineszenz läßt sich vorwiegend an III-V-Verbindungen erzeugen, z. B. an Kristallen des GaAs oder GaP. Besonders interessant ist hier die Tatsache, daß sich eine **Laser-Strahlung** erzielen läßt. Die Wechselstrom-Elektrolumineszenz wird fast

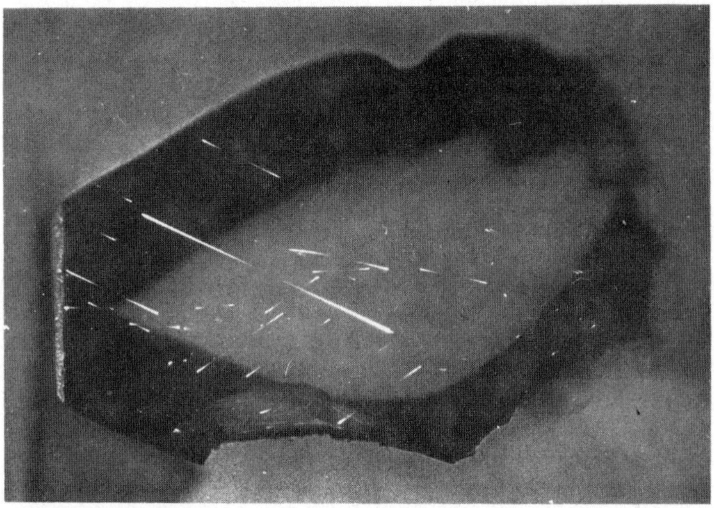

Abb. 659. Elektrolumineszenz eines ZnS-Einkristalls, stark mit Cu dotiert. Man sieht die Umrisse des Kristalls ($5 \times 3 \times 2$ mm^3) und im Kristall einige leuchtende Bahnen, die in Versetzungslinien liegen. Anregung: Wechselspannung 300 V, 10 kHz. Elektroden oben und unten im Bild

ausschließlich an stark mit Cu versetztem ZnS gefunden. Man kann leicht jeden ZnS-Leuchtstoff dazu bringen, indem man ihn stark mit Cu dotiert. Das Leuchtstoffpulver wird am besten in einen Kunststoff eingebettet. Um ausreichend hohe Feldstärken zu erzielen, wählt man die Schichtdicke möglichst gering. Man benötigt Feldstärken von etwa 10000 V/cm. Eine der beiden großflächigen Elektroden muß natürlich lichtdurchlässig sein. Deshalb wählt man eine Halbleiterschicht. Die Lichtausbeute, bezogen auf die hineingesteckte elektrische Leistung, ist sehr groß. Die gesamte Helligkeit ist aber noch zu schwach. Man kann sie nur durch Erhöhung der Feldstärke oder der Frequenz steigern. Aber beide sind naturgemäß begrenzt. Wenn es gelingt, die Zahl der leuchtenden Bahnen, wie sie in Abb. 659 zu sehen sind, um zwei Zehnerpotenzen zu erhöhen, dann würde diese Art der Elektrolumineszenz von großer technischer Bedeutung werden. Das Problem erscheint durchaus lösbar. Es ist notwendig, genau zu wissen, warum die kometenartigen Leuchtbahnen gerade an diesen Stellen des Kristalls auftreten. Da man schon weiß, daß es sich um Versetzungslinien handelt, liegt es nahe, für mehr Versetzungslinien zu sorgen. Die Arbeiten sind noch im Fluß. Es ist außerordentlich reizvoll, die Natur zu erforschen, sei es im Weltall oder, wie hier, in einer winzigen Fehlstelle eines kleinen Kristalls.

Für die Anwendung der gleichmäßig leuchtenden Flächen gibt es viele Vorschläge. Einer soll kurz beschrieben werden; es ist der **Lichtverstärker.** Eine elektrolumineszierende Schicht und eine Photoleiter-Schicht werden aufeinandergelegt. Die äußeren Flächen sind mit durchsichtigen Elektroden bedeckt, an denen eine Wechselspannung liegt, so daß die elektrolumineszierende Schicht ganz schwach leuchtet. Läßt man nun Röntgenstrahlen auf die Photoleiterschicht fallen, dann wird der Photoleiter an den belichteten Stellen kurzgeschlossen, und der Leuchtschirm erhält hier eine höhere Feldstärke, d. h. die Elektrolumineszenz ist heller (W. Stürmer). Man braucht allerdings eine beträchtliche Widerstandsänderung von $1:10^4$, was nicht ganz leicht zu erreichen ist. Andererseits darf die Photoleiterschicht nicht zu dick werden, damit das verstärkte Bild nicht unscharf wird.

75. Supraleitung

Im Jahre 1908 gelang es H. Kamerlingh Onnes, dem Begründer des Kältelaboratoriums in Leiden/Holland, das Edelgas Helium zum ersten Mal zu verflüssigen. Hierdurch war ihm die Möglichkeit gegeben, die elektrische Leitfähigkeit von Metallen bis herab zu etwa 4 Grad über dem absoluten Nullpunkt (flüssiges Helium siedet bei 4,2 K) zu untersuchen. Im Jahre 1911 machte er die überraschende Entdeckung, daß der elektrische Widerstand von Quecksilber bei einer Temperatur unterhalb von 4,1 K einen unmeßbar kleinen Wert annimmt. Diese Erscheinung, die von Kamerlingh Onnes auch an anderen Metallen (Sn, Pb) gefunden wurde, nannte er **Supraleitung.** Die Temperatur, bei der sich der Widerstand sprunghaft ändert, heißt die **Sprungtemperatur** T_c. Man kennt heute etwa 30 Metalle, die supraleitend werden können. Die höchste Sprungtemperatur hat Nb mit $T_c = 9{,}46$ K, die tiefste bisher beobachtete hat W mit $T_c = 0{,}0154$ K. Auch Legierungen und Verbindungen können supraleitend werden; darunter gibt es Verbindungen zwischen Elementen, die selbst nicht supraleitend werden (CuS mit $T_c = 1{,}62$ K). Ferner gibt es Elemente, die bei tiefer Temperatur nur unter hohem Druck (z. B. Se), und solche, die nur als (auf kalter Unterlage) kondensierte Filme Supraleitung zeigen. In den Tabellen sind Metalle, Legierungen und Verbindungen mit ihren Sprungtemperaturen aufgeführt. Die höchste bisher beobachtete Sprungtemperatur liegt bei 20 K. Das Studium der Supraleiter und ihrer Anwendungen ist also ohne flüssiges Helium (oder ohne flüssigen Wasserstoff) nicht möglich.

Der Widerstand aller Metalle sinkt mit abnehmender Temperatur; er liegt bei den besten Leitern (Cu, Ag) in der Größenordnung von 10^{-11} Ohm · cm bei tiefer Temperatur. Demgegenüber hat ein Supraleiter einen Widerstand, der noch um etwa 12 Zehnerpotenzen darunter liegt. Ein so kleiner Widerstand ist schwer zu messen. Es gibt aber ein schönes Experiment, das den praktisch unendlich kleinen Widerstand zeigt: Es ist der Dauerstrom, den schon Kamerlingh Onnes vorgeführt hat. In einem Kryostaten (Vakuummantelgefäß) befindet sich ein Metallring, der durch Abkühlung supraleitend wird. Vor der Abkühlung läßt man ein Magnetfeld den Ring durchsetzen. Nach Eintritt in den supraleitenden Zustand wird das Magnetfeld wieder

Element	T_c in K	Krit. Magnetfeld für $T \to 0$ K in A/cm
Al	1,18	79
Cd	0,54	24
Ga	1,09	40
Hg (α)	4,15	328
Hg (β)	3,95	270
In	3,40	233
Ir	0,14	15
Mo	0,92	78
Nb	9,46	1575
Pb	7,19	639
Sn	3,72	246
Ta	4,48	660
Ti	0,39	16
Tl	2,39	136
V	5,30	1050
W	0,0154	0,92

abgeschaltet oder fortgenommen. Dadurch wird in dem supraleitenden Ring ein Strom induziert, der Monate, sogar Jahre hindurch fast unverändert fließt. Dieser Dauerstrom ist ein Kriterium für die echte Supraleitung mit dem Widerstand Null. Es gibt aber noch ein zweites.

Verbindung oder Legierung	T_c in K
Nb Al_x Ge_y	20,1
Nb_4 Sn	18,5
Nb_3 Sn_2	16,6
Al Nb_3	17,5—18
Si V_3	17,0
Ga V_3	16,8
Nb N	15,6
Nb C	14
Mo N	12,0
Mo C	9,2
Au Nb_3	11,5
Nb Zr	11
Nb Ti	10,5

Ein zu starker Strom oder ein zu hohes Magnetfeld zerstören die Supraleitung. Wie zu jedem Supraleiter eine kritische Temperatur gehört, gibt es auch eine kritische Stromdichte $|\mathfrak{j}_c|$ und eine kritische Feldstärke H_c. Beide sind temperaturabhängig. Sie sind gleich Null bei T_c und haben einen maximalen Wert bei 0 K (Abb. 660). Unterhalb des kritischen Magnet-

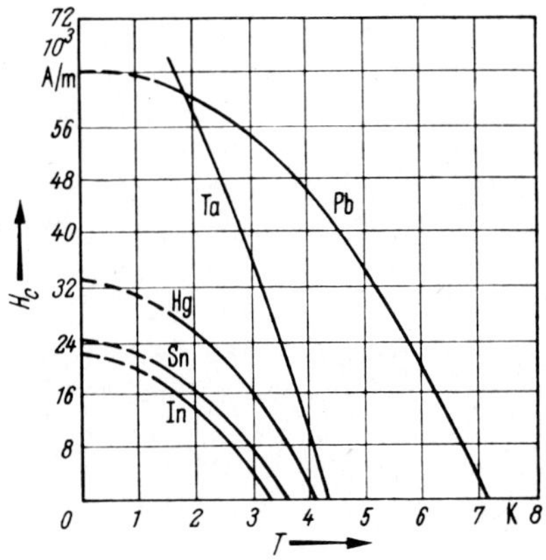

Abb. 660. Abhängigkeit der kritischen Feldstärke H_c von der Kelvin-Temperatur für einige Supraleiter I. Art

feldes ist das Innere des Supraleiters feldfrei, also frei von jedem magnetischen Feld. Die Feldlinien laufen um den Supraleiter herum, wie dies in Abb. 661 gezeigt wird. Wenn das Magnetfeld einen Supraleiter in dessen normalleitendem Zustand vorher durchsetzt, wird es beim Übergang in den supraleitenden Zustand herausgedrängt. Dieses Verhalten heißt nach seinen Entdeckern Meissner-Ochsenfeld-Effekt (1933).

Das völlige Fehlen des magnetischen Flusses im Supraleiter hängt offenbar nicht direkt mit dem unendlich kleinen Widerstand zusammen. Die zweite Maxwell'sche Gleichung

$$\operatorname{rot} \mathfrak{E} = -\frac{\partial \mathfrak{B}}{\partial t}$$

und das Ohm'sche Gesetz $\mathfrak{j} = \sigma \cdot \mathfrak{E}$ ergeben für den Supraleiter $\dot{\mathfrak{B}} = 0$, da bei endlicher Stromdichte $\mathfrak{j}$ und $\sigma \to \infty$ (Supraleitung) $\mathfrak{E} = 0$ sein muß. $\dot{\mathfrak{B}} = 0$ bedeutet, daß sich der magnetische Fluß beim Abkühlen unter die Sprungtemperatur zeitlich nicht ändern sollte, was aber dem Meissner-Ochselfeld-Effekt widerspricht. Das magnetische Verhalten, das dem des idealdiamagnetischen Stoffes entspricht, ist eine neue, besondere Eigenschaft des supraleitenden Zustandes und kann nicht aus der anderen, zuerst gefundenen Eigenschaft des Supraleiters ($R = 0$) abgeleitet werden.

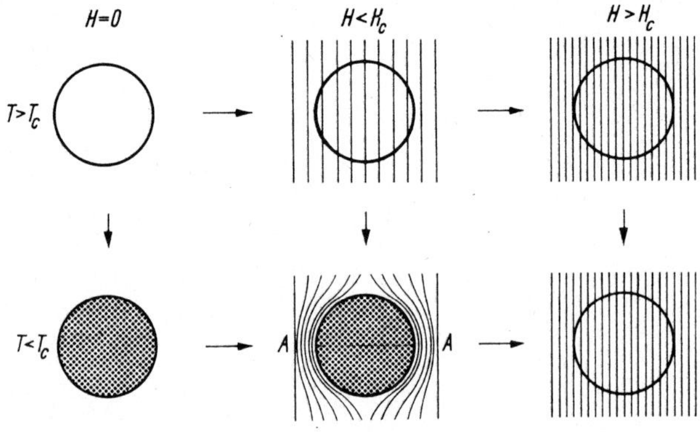

Abb. 661. Meissner-Ochsenfeld-Effekt

Mißt man die Magnetisierung eines Supraleiters in Abhängigkeit vom Magnetfeld, so erkennt man, daß der Meissner-Ochsenfeld-Effekt nur bei „reinen" Stoffen vollständig ist (Abb. 662, Kurve A). Man nennt diese Stoffe **weiche Supraleiter** oder **Supraleiter erster Art.** Sie zeichnen sich durch einen sehr geringen Restwiderstand im Normalzustand aus (große mittlere freie Weglänge der Leitungselektronen). Bei anderen Supraleitern, vor allem Legierungen und Verbindungen, dringt oberhalb einer Feldstärke $H_{c1} < H_c$ ein magnetischer Fluß in den Stoff ein, und es bilden sich normalleitende Bereiche. Der Absolutwert der Magnetisierung nimmt entsprechend dem Volumenanteil dieser Bereiche ab (Kurven B bis D in Abb. 662). Solange jedoch die supraleitenden Bereiche zusammenhängen, ist der elektrische Widerstand weiterhin Null. Erst oberhalb der Feldstärke $H_{c2} > H_c$ gibt es keine supraleitenden Bereiche mehr. Diese Stoffe heißen **harte Supraleiter** oder **Supraleiter zweiter Art**; ihr Restwiderstand im Normalzustand ist relativ groß (kleine mittlere freie Weglänge der Leitungselektronen). Es sei daran erinnert, daß die mechanische Härte eines Metalls und die mittlere freie Weglänge der Leitungselektronen den gleichen Ursprung im Kristallaufbau haben. Daher auch der Ausdruck „harte" Supraleiter Bei Feldstärken zwischen H_{c1} und H_{c2} befindet sich der harte Supraleiter im sogen. „gemischten Zustand" (mixed state). Das kritische Feld H_{c2} kann sehr hohe Werte ($1{,}6 \cdot 10^7$ A/m) erreichen. Da die technisch anwendbare, wichtige Eigenschaft $R = 0$ bis zu H_{c2} erhalten bleibt, haben besonders harte Supraleiter technische Bedeutung erlangt. Das Eindringen des Flusses in harte Supraleiter ist kein Widerspruch zum Meissner-Ochsenfeld-Effekt, da einfach mikroskopisch kleine Normalbereiche mit magnetischem Fluß neben supraleitenden Bereichen ohne magnetischen Fluß koexistieren.

Die Supraleitung läßt sich ohne Quantenphysik nicht erklären. Sie ist ein besonders schönes Beispiel für ein makroskopisches Quantensystem. Hier soll nur qualitativ das Wesentliche der theoretischen Grundlagen dargestellt werden. Wegen der entscheidenden Beiträge von Bardeen, Cooper und Schrieffer (1957) heißt die Theorie **BCS-Theorie.**

Eine wesentliche Grundlage der Theorie ist die Tatsache, daß die Schwingungen des Kristallgitters einen starken Einfluß auf die Sprungtemperatur T_c, also auf das Eintreten der Supraleitung haben. Dies kann man schon daran erkennen, daß die Sprungtemperatur für das gleiche Metall, aber für verschiedene Kristallgitter unterschiedlich ist (z. B. beim Hg, s. Tabelle).

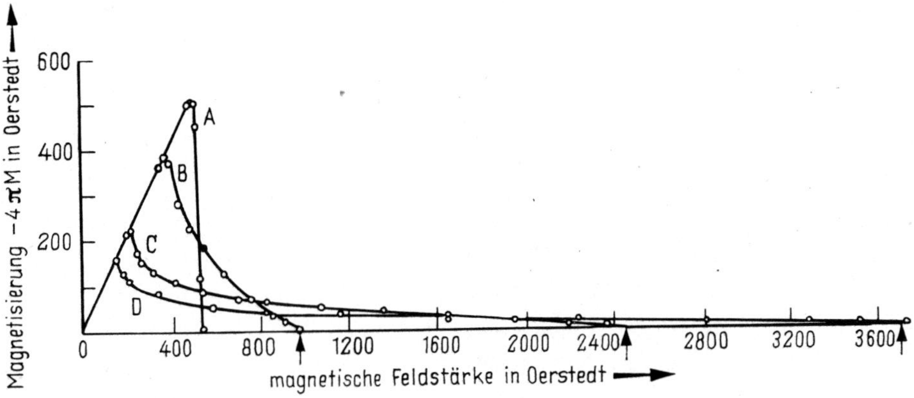

Abb. 662. Magnetisierungskurven bei 4,2 K von reinem Blei (A) und Blei-Indium-Legierungen mit einem Indiumgehalt von 2% (B), 8% (C) und 20% (D). Die maximalen (negativen) Magnetisierungswerte entsprechen den kritischen Feldern H_{c1} (für A entsprechend H_c); die maximale Feldstärken entsprechen H_{c2}, durch Pfeile gekennzeichnet. Nach J. D. Livingston, Phys. Rev. 129, p 1943 (1963)

Ferner ergibt sich eine Abhängigkeit der Sprungtemperatur von der Atommasse, wie bei Isotopen festgestellt worden ist: $T_c \sim M^{-0,5}$, wobei M die Atommasse bedeutet. Man nimmt nun an, daß die quantenhaften Gitterschwingungen, also die Phononen, die Wechselwirkung zwischen den Elektronen vermitteln.

Elektronen gehorchen der Fermi-Statistik, wonach in einem Metall bei tiefen Temperaturen nur ein kleiner Teil der sogenannten „freien" Elektronen am Stromtransport teilnimmt. Durch Wechselwirkung können diese Elektronen in den Grundzustand gelangen. Das ist ein Zustand hoher Ordnung, der von dem „normalen" Zustand durch eine Energie-Lücke, eine verbotene Zone, getrennt ist. Man spricht auch oft von einer „Kondensation" des Elektronengases, analog zur Kondensation eines Gases zu einer Flüssigkeit höherer Ordnung. Die Wechselwirkung betrifft zwei Elektronen („Cooper-Paar") mit entgegengesetztem Spin und kann wegen der Coulombschen Abstoßung nur indirekt, z. B. über quantenhafte Schwingungen des Kristallgitters, sogen. Phononen, stattfinden. Dieses Modell schließt also Supraleitung in Flüssigkeiten, in Gasen, in amorphen Stoffen und in Nichtleitern aus. Außerdem können ferromagnetische Stoffe nicht supraleitend werden, da Ferromagnetismus die Wechselwirkung von Elektronen mit parallelen Spins voraussetzt. Im Grundzustand transportieren die Elektronenpaare keine Entropie und interferieren nicht mit Phononen oder Kristalldefekten. Daher sind der elektrische Widerstand und die Thermokraft Null und die Wärmeleitung ist stark verringert.

Einer der wesentlichen Punkte der BCS-Theorie, nämlich die Existenz und Messung der Energielücke ΔE, kann durch einen schönen Versuch dargestellt werden, der auch den genauen Wert von ΔE zu bestimmen erlaubt. Zwei Metalle seien durch eine so dünne Isolierschicht voneinander getrennt, daß die durch Anlegen einer Spannung beschleunigten Elektronen durch die Isolierschicht hindurch diffundieren können, und zwar auf Grund des quantenmechanischen Tunneleffekts. Zwischen den Metallen fließt der der Spannung proportionale Tunnelstrom gemäß Kurve 1 der Abb. 663. Eines der Metalle sei nun supraleitend, und der gleiche Versuch finde in der Nähe von 0 K statt. Es ergibt sich die Kurve 3: Der Strom setzt erst oberhalb einer Spannung U_0 ein. Die in Cooper-Paaren im Grundzustand festgelegten Elektronen können die Tunnelbarriere nicht direkt überwinden, sondern müssen erst in den angeregten, normalleitenden Zustand gelangen, der aber gerade um $\Delta E = 2\,e\,U_0$ über dem Grundzustand liegt. Die Spannung, bei der der Strom zu fließen beginnt, ist also gleich der Energielücke, dividiert durch zwei Elementarladungen. Wird nun die Messung bei höheren Temperaturen, aber unterhalb von T_c durchgeführt, so erscheinen Kurven wie 2 in Abb. 663.

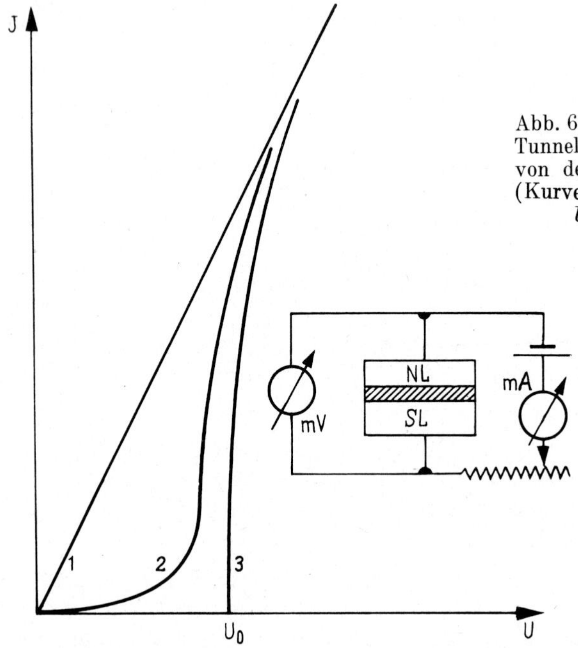

Abb. 663. Messung der Energielücke durch Tunneleffekt. Abhängigkeit des Tunnelstroms J von der angelegten Spannung U für $T > T_c$ (Kurve 1); $T_c > T > 0\,K$ (Kurve 2); $T = 0\,K$. U_0 ist in der Größenordnung 10^{-3} V

Es bedeutet, daß unterhalb von T_c nicht gleich alle Elektronen als Cooper-Paare im Grundzustand festgelegt sind, sondern daß ein gewisser, mit der Temperatur steigender Anteil sich noch oberhalb der Energielücke befindet (etwa wie jede Flüssigkeit einen gewissen, mit der Temperatur steigenden Dampfdruck hat).

Viele andere Eigenschaften bestätigen auch die BCS-Theorie: Der Magnetfluß in einem supraleitenden Ring, der von einem Dauerstrom durchflossen wird, ist quantisiert. Er kann nur ganze Vielfache eines elementaren Flußquants $h/2\,e$ annehmen. Die 2 im Nenner weist wieder darauf hin, daß zwei Elementarladungen (= 1 Cooper-Paar) für den Mechanismus der Supraleitung maßgebend sind. Ein schöner Versuch, bei dem der Magnetfluß von Ringen mit nur einem oder ganz wenigen Flußquanten gemessen wurde, stammt von R. Doll und M. Näbauer (1961) und unabhängig von ihnen von B. S. Deaver jr. und W. M. Fairbank (1961).

Der oberhalb von H_{c1} in harte Supraleiter eintretende magnetische Fluß ist auch gequantelt. Normalleitende, fadenförmige Bereiche sind von supraleitenden Bereichen derart umgeben, daß ein Flußquantengitter entsteht, das unter dem Elektronenmikroskop sichtbar gemacht werden kann (Abb. 664, Versuche von H. Träuble und U. Essmann, 1967).

Werden zwei Supraleiter so schwach miteinander in Berührung gebracht, daß sie sich nur in einem Punkt berühren, dann fließt zwischen ihnen bei Anlegen einer Gleichspannung U ein quantisierter Wechselstrom mit der Frequenz $\omega = 2\,e\,U/h$. Dieser **Josephson-Effekt** (so genannt nach B. D. Josephson, der ihn theoretisch 1962 voraussagte) erlaubt es, h/e sehr genau zu bestimmen. Durch besondere Kunstgriffe (Interferenz durch Anlegen von Wechselspannung) können noch Bruchteile eines Flußquants gemessen werden. Z. B. konnte mit einem Josephson-Detektor das den Herzstrom des Menschen begleitende Magnetfeld (etwa $8 \cdot 10^{-7}$ A/m) aufgezeichnet werden, obwohl der Detektor sich natürlich in einem Kryostaten bei der Temperatur 4,2 K relativ weit vom Herzen entfernt befand.

Die industrielle Anwendung der Supraleitung hängt mit der Vollkommenheit der Kältetechnik zusammen. Denn ohne flüssiges Helium ist ein Erreichen der Supraleitung nicht möglich. Die BCS-Theorie beschränkt wegen der notwendigen Wechselwirkung mit Phononen die Sprungtemperaturen auf Werte unter etwa 22 K. Es ist allerdings heute denkbar, andere Arten von Supraleitung zu entwickeln, bei denen die Elektronen durch andere Wechselwirkungen vielleicht bei höheren Temperaturen in dem Grundzustand kondensieren können.

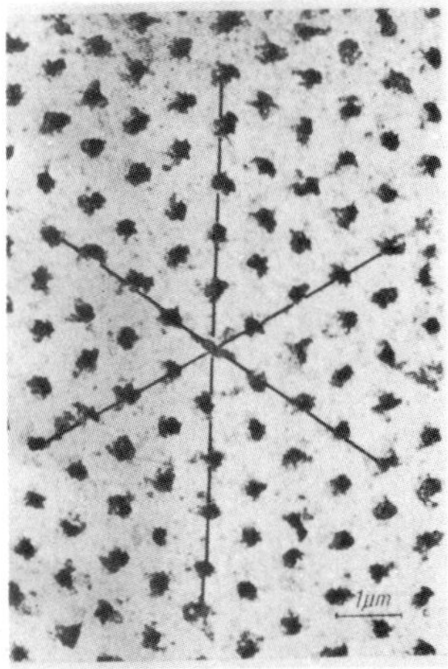

Abb. 664. Perfektes Dreiecksgitter magnetischer Flußlinien in einer supraleitenden Pb-In-Legierung bei 1,2 *K*. Die Durchstoßpunkte der Flußlinien durch die Oberfläche sind durch sehr feine ferromagnetische Partikel sichtbar gemacht. Elektronenoptische Vergrößerung (H. Träuble u. U. Essmann, phys. stat. sol. **25**, 373, 1968)

Die für die Anwendungen wichtige Größe ist nicht so sehr die Sprungtemperatur T_c, sondern die Abhängigkeit der maximalen Stromdichte vom Magnetfeld bei einer bestimmten Temperatur; denn ein stromführender Supraleiter wird bei kleineren Feldstärken normalleitend gegenüber einem stromlosen Supraleiter. Abb. 665 zeigt dies deutlich.

Die Anwendung der Supraleiter in der Forschung und in der Technik hat bereits eingesetzt. Supraleitende Spulen für hohe Magnetfelder bis zu 10^7 A/m werden von der Industrie seit einigen Jahren angeboten. Transformatoren aus supraleitendem Material sind wesentlich leichter als konventionelle Transformatoren; sie arbeiten selbstverständlich ohne Wärmeentwicklung und können bis zu sehr kleinen Frequenzen (Gleichstrom) benutzt werden. Große Motoren und Generatoren mit supraleitenden Wicklungen sind schon gebaut worden.

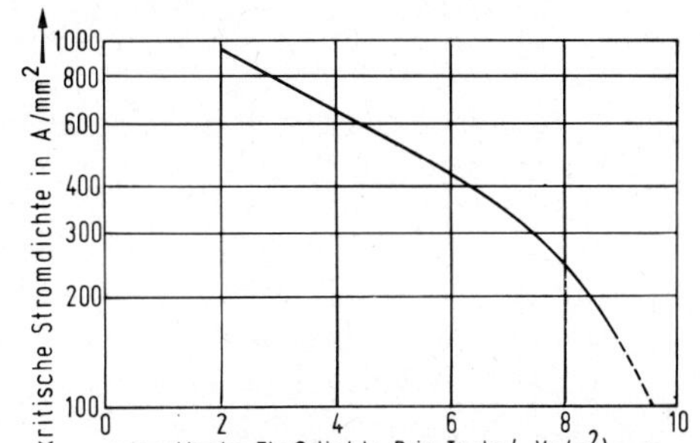

Abb. 665. Kritische Stromdichte in Abhängigkeit von der magnetischen Flußdichte bei einer technisch verwendeten Niob-Legierung (1 Tesla $= 1\ \mathrm{Vs/m^2} = 10^4$ Gauß)

Für starke Ströme und hohe Magnetfelder werden heute besonders die harten Supraleiter NbTi, Nb_3Sn und V_3Ga benutzt. Die Konstruktion der Leiter verdient besondere Beachtung. Da bei harten Supraleitern oberhalb von H_{c1} der magnetische Fluß eindringt, kann es vorkommen, daß momentan und lokal der supraleitende Bereich unterbrochen wird. Da das Material einen hohen Restwiderstand hat, erwärmt sich diese Stelle bei Stromdurchfluß beträchtlich und weitet sich sofort aus, bis der ganze Supraleiter normalleitend wird, wenn nicht der Strom sofort abgeschaltet wird. Um diese Katastrophe zu vermeiden, werden viele und sehr dünne Fäden in reinstes Kupfer so eingebettet, daß sie sich nicht berühren. Man verwendet z. B.

über 360 Fäden vom Durchmesser 5—10 μm (Abb. 666). Wird ein Stück eines Fadens zufällig normal, dann schließt das gut leitende Kupfer diesen Bereich kurz, bis er wieder supraleitend wird. Da der Bereich sich nicht ausbreitet, ist die Wärmeentwicklung klein und kann an das flüssige Helium abgegeben werden. In ähnlicher Weise werden sogar hohle Leiter hergestellt, die sich im Vakuum befinden, und in denen das Helium fließt. — Als Beispiel für die Anwendung der Supraleiter bei der Erzeugung sehr hoher Magnetfelder soll der große Magnet der Blasenkammer des CERN bei Genf beschrieben werden. Er besteht aus zwei Spulen, die in flüssigem Helium stehen. Der Leiter ist bandförmig, 60 km lang, aus mit Kupfer stabilisiertem NbTi. Zur Erzeugung des Magnetfeldes von $2{,}8 \cdot 10^6$ A/m in einem Raum von 4,6 m Durchmesser und 4 m Höhe fließt ein Strom von 5700 A. Die Spulenmasse ist 110 t. Die Kraft, die das Magnetfeld auf den innersten Leiter ausübt, beträgt rund 30 Mp. Die im Magnetfeld gespeicherte Energie beträgt 800 MJ. Das Magnetfeld lenkt die aus dem Beschleuniger in die mit flüssigem Wasserstoff oder Deuterium gefüllte Blasenkammer (Durchmesser 3,70 m) einfallenden Elementarteilchen entsprechend ihrer Ladung und ihrer Energie ab. Die Spur jedes geladenen Teilchens wird beim plötzlichen Entspannen der Flüssigkeit als eine Reihe kleiner Bläschen sichtbar. Die 33,5 m³ flüssiger Wasserstoff oder Deuterium sind durch Vakuum von dem Helium-Gefäß der Magnetspulen getrennt, da sich der Wasserstoff oder das Deuterium auf höherer Temperatur befindet.

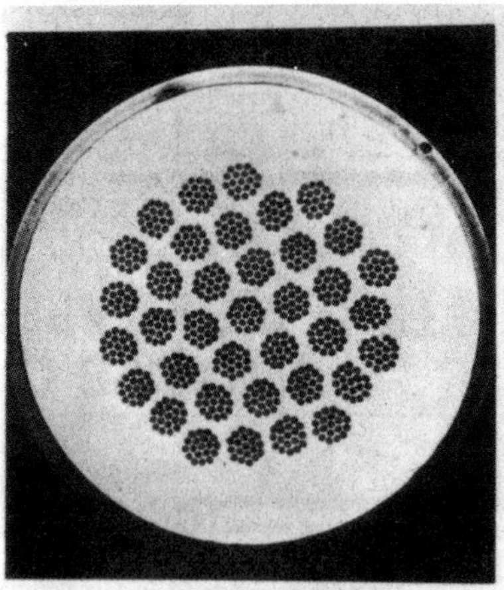

Abb. 666. Beispiel einer technischen Ausführung eines Supraleitungskabels. Der Querschnitt zeigt die dünnen Fäden aus einem Supraleiter II. Art, eingebettet in Reinst-Kupfer. Gesamtdurchmesser des Kabels weniger als 1 mm

Supraleiter werden auch als Magnetfeldspulen und Hohlraumresonatoren für Teilchenbeschleuniger benutzt. Sie dienen ferner zur Begrenzung des Kernfusionsplasmas. Sie können weiter als wirksame magnetische Abschirmungen dienen. Hier sei zum Schluß noch auf die Möglichkeit hingewiesen, völlig magnetfeldfreie Räume herzustellen. Dazu werden mehrere konzentrische, zusammengefaltete, supraleitende Ballons unter die Sprungtemperatur abgekühlt und nacheinander aufgeblasen. Da der magnetische Fluß in einem abgeschlossenen, supraleitenden Hohlraum quantisiert ist, kann man sich leicht vorstellen, daß in dem Restvolumen des innersten Ballons vor dem Aufblasen weniger als 1 Flußquant enthalten ist. Da während des Aufblasens kein Magnetfluß die supraleitende Haut des Ballons durchdringen kann und es nur ganze Einheiten eines Flußquants gibt, ist der entstehende Raum absolut feldfrei.

X. Kapitel

Sondergebiete

76. Ferromagnetismus

Wir haben das Verhalten ferromagnetischer Stoffe auf S. 110ff. beschrieben. Da die Ferromagnetika in letzter Zeit eine immer größere Rolle spielen, wollen wir uns noch etwas eingehender mit der Erscheinung des Ferromagnetismus befassen. Wir werden dazu den bisher eingenommenen Standpunkt ändern. Während in Nr. 24 eine phänomenologische Beschreibung des Verhaltens ferromagnetischer Stoffe gegeben wurde, werden wir nun versuchen, eine Erklärung dieses Verhaltens aus den atomaren Eigenschaften der Materie heraus zu gewinnen. Wir müssen dabei einige Modellvorstellungen skizzieren, die vielleicht dadurch klarer werden, daß wir zuvor noch einmal das Wesen der magnetischen Eigenschaften der Materie zusammenfassen.

Jede Materie ist diamagnetisch. Der **Diamagnetismus** ist — wie wir auf S. 252 auseinandergesetzt haben — eine Induktionserscheinung. Die Atome sind Gebilde, bei denen Elektronen in bestimmten Bahnen um die Atomkerne kreisen (darüber ausführlicher in Bd. IV, Aufbau der Materie). Um jeden Atomkern bewegen sich also elektrische Ladungen: er wird von Kreisströmen umflossen. Bei rein diamagnetischen Stoffen kompensieren sich die magnetischen Momente, die mit diesen Kreisströmen verbunden sind. Bringt man einen diamagnetischen Körper in ein Magnetfeld, so werden die kreisenden Elektronen je nach ihrer Bewegungsrichtung gebremst oder beschleunigt; das bedeutet eine Schwächung oder Verstärkung der mit ihnen verknüpften Kreisströme. Im Endeffekt kompensieren sich also die magnetischen Momente der Kreisströme nicht mehr. Folglich zeigt der diamagnetische Körper im Magnetfeld nach außen ein magnetisches Moment: er ist magnetisiert. Sein magnetisches Moment ist so gerichtet, wie es die Lenzsche Regel verlangt. Insbesondere wird der diamagnetische Körper aus einem inhomogenen Magnetfeld hinausgedrängt.

Nach dieser Deutung ist die Magnetisierung $\mathfrak{J}$ eines diamagnetischen Stoffes allein von dem außen angelegten Magnetfeld $\mathfrak{H}$ abhängig und wächst proportional mit diesem. Wir können also wie auf S. 113/114 Gl. (99)/(100a) schreiben:

$$\mathfrak{J} = \chi_{\text{dia}}\mathfrak{H}.$$

Insbesondere ist der Diamagnetismus temperaturunabhängig. Die diamagnetische Suszeptibilität $\chi_{\text{dia}} = \frac{\mathfrak{J}}{\mathfrak{H}}$ als das Verhältnis von Magnetisierung zur Feldstärke ist demnach ebenfalls temperaturunabhängig. Immer wenn sich in einem Versuch herausstellt, daß die Suszeptibilität temperaturunabhängig ist, ist der untersuchte Stoff diamagnetisch.

Die diamagnetischen Erscheinungen sind relativ schwach, so daß sie häufig durch die sog. paramagnetischen überdeckt werden. Es sei aber nochmals betont, daß der Diamagnetismus bei aller Materie auftritt, auch wenn er so schwach ist, daß er neben dem Paramagnetismus nicht beobachtet werden kann.

Wir haben oben die Konzeption der elementaren Kreisströme in den Atomen erörtert. Es ist nun möglich, daß sich die magnetischen Momente dieser Kreisströme nicht gegeneinander aufheben. Dann zeigt das Atom ein permanentes magnetisches Moment, das nicht erst durch ein äußeres Magnetfeld entsteht. Dieses Moment resultiert aus den Elektronenbahnen; wir sprechen kurz vom Bahnmoment. (Im folgenden spielt das Bahnmoment jedoch eine untergeordnete Rolle.)

Die Deutung der gyromagnetischen Effekte auf S. 187 führte zu der Annahme, daß jedes Elektron überdies selbst ein magnetisches Moment besitzt; wir nennen es Spinmoment. Wenn sich die Spinmomente der Elektronen in einem Atom nicht gegenseitig aufheben, dann zeigt dieses Atom nach außen hin ein permanentes magnetisches Moment; es stellt einen magnetischen Dipol dar.

Bahnmoment und Spinmoment zusammen können einem Atom ein magnetisches Moment verleihen. Hat ein Atom ein permanentes magnetisches Moment, dann nennen wir es paramagnetisch. Ein paramagnetischer Körper besitzt nur deshalb keine Magnetisierung, weil durch die Temperaturbewegung die magnetischen Momente seiner Atome ungeordnet durcheinanderliegen. Dies wird anders, sobald ein Magnetfeld $\mathfrak{H}$ angelegt wird, das die Momente der Atome zu ordnen versucht. Dann zeigt der Körper eine Magnetisierung $\mathfrak{J}$; sie ist um so größer (bei einer festen Temperatur), je größer $\mathfrak{H}$ ist. Wir können wieder schreiben:

$$\mathfrak{J} = \chi_{\text{para}} \mathfrak{H}.$$

Anderseits ist die Ordnung der Momente um so schwerer möglich, je höher die Temperatur ist, weil die Wärmebewegung immer heftiger wird und die Ausrichtung stört. Folglich ist χ_{para} nicht mehr temperaturunabhängig wie χ_{dia}, sondern fällt vielmehr mit wachsender Temperatur ab. Wir haben auf S. 115 Gl. (101) das dafür gültige Curiesche Gesetz angegeben:

$$\chi_{\text{para}} = \frac{C}{T}. \tag{101}$$

Das Curiesche Gesetz, das bei nicht zu tiefen Temperaturen und nicht zu hohen Magnetfeldern gut erfüllt ist, zeigt die starke Temperaturabhängigkeit des Paramagnetismus. (Nur die ebenfalls paramagnetischen Alkalimetalle zeigen eine nahezu temperaturunabhängige Suszeptibilität; dies läßt sich aber erst mit Hilfe der Quantentheorie erklären.)

Ferromagnetismus. Modellvorstellung zum Ferromagnetismus. Im Gegensatz zu den rein diamagnetischen Stoffen besitzen also die Atome oder Moleküle paramagnetischer Stoffe permanente magnetische Momente, die aber nicht geordnet sind. Zwischen den magnetischen Momenten bestehen keine (oder nur vernachlässigbar kleine) Wechselwirkungen. Werden jedoch die Wechselwirkungskräfte so stark, daß sie entgegen der desorientierenden Tendenz der Wärmebewegung auch ohne äußeres Magnetfeld eine Ordnung (etwa eine Parallelstellung der magnetischen Momente) erzwingen, dann bedeutet dies eine Magnetisierung des betrachteten Körpers. Gerade diese Verhältnisse liegen beim Ferromagnetismus vor.

Wir wollen versuchen, das Wesen des Ferromagnetismus zu verdeutlichen. Die bekanntesten ferromagnetischen Elemente sind Eisen, Kobalt, Nickel und Gadolinium. In fester Form sind sie stets Kristalle; so besitzt Eisen ein kubisch-raumzentriertes, Nickel ein kubischflächenzentriertes und Kobalt und Gadolinium ein hexagonales Gitter. Natürlich ist ein Stück Nickel im allgemeinen kein Einkristall; es besteht vielmehr aus einem Konglomerat von kleinen Kristalliten. Nur unter besonderen Bedingungen kann man Nickel-Einkristalle züchten. Dasselbe gilt für die übrigen angeführten Elemente. Um aber etwas Bestimmtes vor Augen zu haben, wollen wir im folgenden Einkristalle betrachten.

Neben den eben angeführten Elementen gibt es noch eine große Anzahl von ferromagnetischen Legierungen. Stets sind es feste Stoffe: es ist keine ferromagnetische Flüssigkeit und auch kein ferromagnetisches Gas bekannt. Selbst flüssiges und erst recht dampfförmiges Eisen ist nicht mehr ferromagnetisch, sondern nur noch paramagnetisch. Ferromagnetismus ist also in erster Linie eine Eigenschaft des Kristallgitters, in dem die Atome, die ferromagnetisch werden können, angeordnet sind. Bricht das Kristallgitter zusammen, so verschwindet damit der Ferromagnetismus. Inwiefern der Ferromagnetismus nur bei besonderen Gittern und Gitterabständen auftreten kann, das konnte erst durch die Quantentheorie einsichtig gemacht werden; der zugrundeliegende Gedanke und die schwierige rechnerische Ausführung stammen von J. I. Frenkel und von W. Heisenberg (1928). Da diese Rechnungen weit über den Rahmen dieses Werkes hinausgehen und überdies nur ein qualitatives Verständnis liefern, wollen wir uns mit der klassischen Theorie von P. Weiss (1907) begnügen.

Der Einstein-de Haas-Versuch (s. S. 187) lehrt, daß die Magnetisierung des Eisens vorzugsweise von den Spinmomenten und nur in untergeordnetem Maß von den Bahnmomenten herrührt. Dies gilt allgemein: Ferromagnetismus wird von den Elektronenspins verursacht. Wir können uns von einem ferromagnetischen Kristall folgende Vorstellung machen. Auf jedem Gitterplatz befindet sich ein permanentes magnetisches Moment (Spinmoment). Diese Momente sind alle parallel zueinander ausgerichtet (Abb. 667). Als Ursache dieser Ausrichtung sehen wir

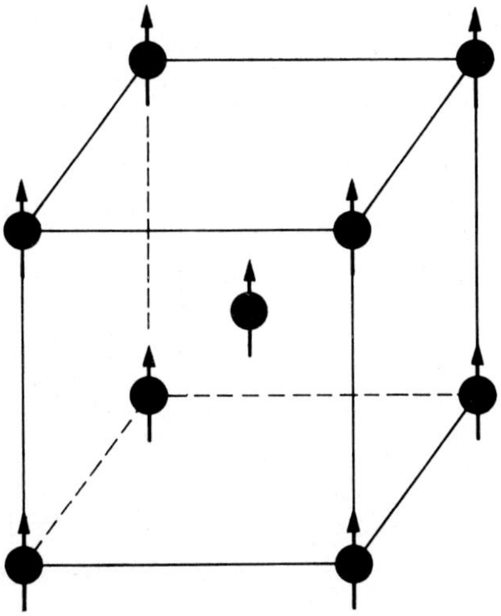

Abb. 667. Anordnung der magnetischen Momente im ferromagnetischen Gitter

eine Wechselwirkung (sog. Austauschkräfte) zwischen den magnetischen Dipolen an. Die Wechselwirkung kann formal so behandelt werden, als wenn in dem Kristall ein Magnetfeld, das Weisssche Feld, wirkte, das die Ausrichtung der magnetischen Dipole besorgt. Das Weisssche Feld ist ein fiktives Feld (es kann qualitativ, jedoch nicht nach seiner Größe, durch die Quantentheorie gedeutet werden); es sorgt jedenfalls für eine spontane Magnetisierung des ferromagnetischen Körpers. Unter spontaner Magnetisierung verstehen wir also die Parallelausrichtung der magnetischen Dipole auf den Gitterplätzen über einen größeren Bereich des Kristalls durch das Weisssche Feld. Ihm wirkt jedoch die Wärmebewegung entgegen, die die Ordnung der magnetischen Momente auf den Gitterplätzen zu beseitigen versucht. Mit wachsender Temperatur wird die Ordnung der magnetischen Momente mehr und mehr aufgebrochen, d. h. die spontane Magnetisierung nimmt dauernd ab. Schließlich wird die Wärmebewegung derart stark, daß sie überhaupt eine Ordnung durch das Weisssche Feld verhindert: die spontane Magnetisierung verschwindet völlig. Dies geschieht bei der „kritischen" oder „Curieschen Temperatur" T_c (s. S. 116). Oberhalb T_c kann eine Orientierung nur noch durch ein äußeres Feld erreicht werden: der vorher ferromagnetische Stoff verhält sich also oberhalb T_c wie ein Paramagnetikum.

Die Abnahme der spontanen Magnetisierung $\mathfrak{J}_s$ mit der Temperatur läßt sich an allen ferromagnetischen Stoffen nachweisen. Abb. 668 zeigt die Messungen von Weiss und Forrer (1926) an Nickel. Die ausgezogene Kurve ist nach der Weissschen Theorie berechnet. Als Abszisse ist die Temperatur T, bezogen auf die Curie-Temperatur T_c, aufgetragen; Ordinate ist die temperaturabhängige spontane Magnetisierung $\mathfrak{J}_s(T)$, bezogen auf die spontane Magnetisierung $\mathfrak{J}_s(0)$ am Temperaturnullpunkt. Auch alle übrigen Ferromagnetika passen sich gut der Kurve der Abb. 668 an.

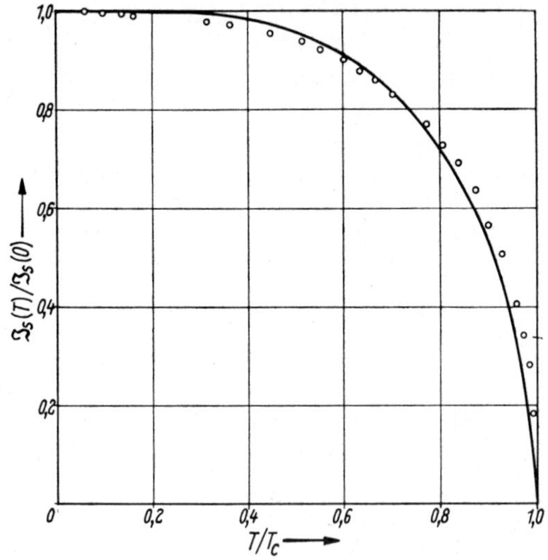

Abb. 668. Temperaturverlauf der spontanen Magnetisierung von Nickel: theoretische Kurve mit Meßwerten

Wir können zusammenfassen: Die Ursache des Ferromagnetismus sind die Spinmomente, die gegen die Wärmebewegung durch das Weisssche Feld geordnet werden. Wesentlich für das Auftreten des Weissschen Feldes ist eine besondere Gitterstruktur. **Ferromagnetismus ist also eine spezielle Form des Spin-Paramagnetismus.**

Magnetisierungskurve. Wie die Abb. 668 zeigt, führt die Hypothese des Weissschen Feldes zu einer guten Übereinstimmung zwischen der Theorie und dem Experiment. Deshalb sollte jedes Stück Eisen oder Nickel spontan magnetisiert sein, d. h. sich wie ein Permanentmagnet verhalten; denn das Weisssche Feld sorgt ja für eine Ausrichtung der magnetischen Dipole, die nur durch die Wärmebewegung gestört wird. Die Erfahrung lehrt aber, daß ein Stück Eisen keineswegs permanent magnetisiert ist. Zur Magnetisierung einer Stricknadel müssen wir sie erst in ein Magnetfeld bringen. Wie ist dieser Widerspruch zu dem eben dargelegten Modell zu erklären? Auch hierzu hat P. Weiss den Weg gewiesen. Er nimmt an, daß jeder ferromagnetische Körper in eine Vielzahl von kleinen Bezirken aufgeteilt ist, die jeder für sich bis zu dem Wert magnetisiert sind, der nach Abb. 668 für die vorgegebene Temperatur möglich ist. Die Magnetisierungsrichtungen der Bezirke sind aber so verteilt, daß der Körper nach außen kein magnetisches Moment zeigt. Dies soll etwas genauer erläutert werden.

Gegeben sei ein quaderförmiger ferromagnetischer Einkristall. Wie im vorigen Abschnitt dargelegt, sollte er spontan magnetisiert sein (Abb. 669a). Wie Abb. 132 auf S. 97 oder Abb. 162 auf S. 119 zeigen, ist er deshalb von einem ausgedehnten Magnetfeld umgeben. Auf S. 120 haben wir gezeigt, daß in einem Magnetfeld eine erhebliche Energie enthalten ist. Wenn ein Ferromagnetikum eine Magnetisierung wie in Abb. 669a hat, dann ist damit notwendig ein Magnetfeld verbunden, das in den Außenraum des Ferromagnetikums hinausgreift. Dieses Magnetfeld entspringt im Nordpol des Ferromagnetikums und mündet in seinem Südpol (vgl. Abb. 162a S. 119). Zum Energieinhalt des Ferromagnetikums müssen wir also die Energie dieses Magnetfeldes hinzurechnen. Das Ferromagnetikum besitzt deshalb im Zustand der Abb. 669a eine hohe Energie, denn die Energiedichte des umgebenden Magnetfeldes ist groß. Jeder Körper ist aber bestrebt, einen Zustand möglichst geringer Energie anzunehmen. Dies kann der ferromagnetische Körper durch Abbau des umgebenden Feldes erreichen, indem er sich in zwei Be-

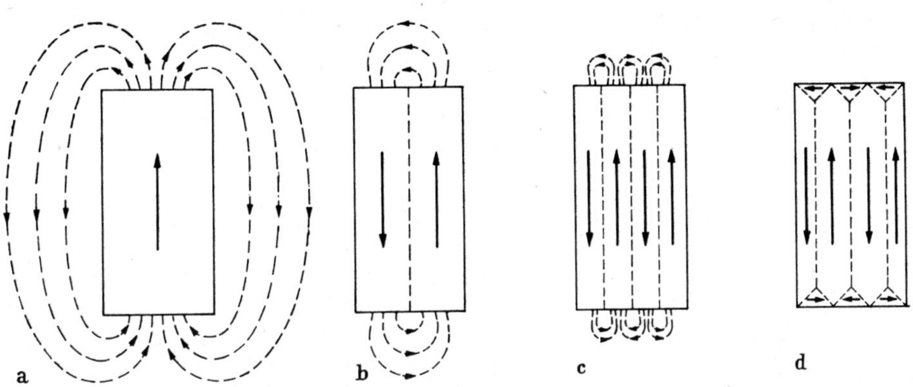

Abb. 669. Zur Entstehung der Bezirksstruktur eines Ferromagnetikums

reiche entgegengesetzter Magnetisierung aufteilt (Abb. 669b). Werden diese Bereiche nochmals aufgeteilt, dann verringert sich die Magnetfeldenergie weiter (Abb. 669c). Schließlich kann das äußere Feld völlig zum Verschwinden gebracht werden, wenn dreieckförmige Abschlußbereiche wie in Abb. 669d auftreten; dann verläuft der magnetische Fluß völlig im Innern des Ferromagnetikums. Die Abschlußbereiche der Abb. 669d wurden von den Russen L. Landau und E. Lifschitz (1935) auf Grund theoretischer Überlegungen vorausgesagt und sind inzwischen auch experimentell nachgewiesen worden.

Die skizzierte Vorstellung von Bereichen in ferromagnetischen Stoffen wurde bereits 1907 von Pierre Weiss postuliert. Man nennt die Bereiche deshalb „Weisssche Bezirke". Die Bezirke haben makroskopische Abmessungen; ihre Dimensionen liegen um 10^{-3} cm, sind aber stark von der Vorbehandlung des ferromagnetischen Körpers abhängig. Die Bezirke werden durch die sog. „Bloch-Wände" (nach F. Bloch benannt) voneinander getrennt. Man charakterisiert die Wände durch die Magnetisierungsrichtung der Bezirke, die durch sie getrennt werden. Deshalb sind die senkrechten Wände der Abb. 669d 180°-Wände, weil sich beim Durchschreiten einer solchen Wand die Magnetisierungsrichtung der angrenzenden Bezirke um 180° ändert. Die Wände der Abschlußbezirke der Abb. 669d sind 90°-Wände, denn die Magnetisierungen dort benachbarter Bezirke stehen senkrecht aufeinander.

Wir haben schon erwähnt, daß die Weissschen Bezirke experimentell nachweisbar sind. Um das wichtigste Verfahren, das diesen Nachweis liefert, verstehen zu können, muß noch einiges über die Bloch-Wände gesagt werden. Die Bloch-Wände haben eine bestimmte Dicke, die von Material zu Material verschieden ist. Sie liegt zwischen $0{,}5 \cdot 10^{-6}$ und $5 \cdot 10^{-6}$ cm; also erstreckt sich eine Wand über einige hundert Gitterkonstanten. Innerhalb der Wanddicke ändern die Spins allmählich ihre Richtung. Als Beispiel ist in Abb. 670 ein Stück ferromagnetisches Material mit einer 180°-Wand skizziert; die Ränder

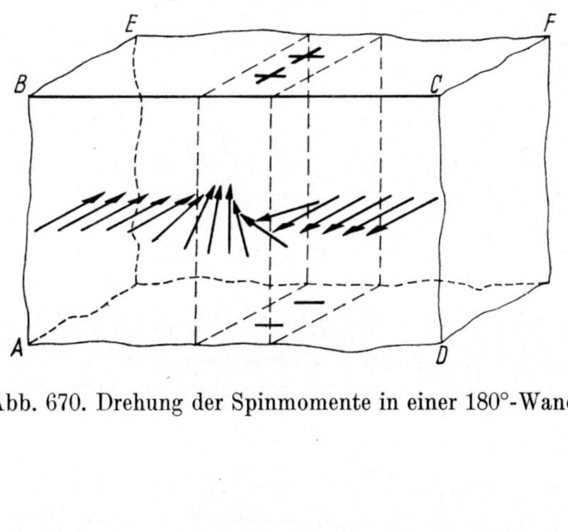

Abb. 670. Drehung der Spinmomente in einer 180°-Wand

der Wand sind durch gestrichelte Linien angedeutet. Links von der Wand weist die Magnetisierung nach hinten in den Metallklotz hinein, während die Magnetisierung des Bezirks rechts von der Wand nach vorn aus dem Material herauszeigt. Innerhalb der Wand drehen sich allmählich die Spins (in einer Ebene parallel zur Wand) um 180°; zwischen den Richtungen der Spinmomente auf den Gitterplätzen innerhalb der Wand besteht also jeweils ein kleiner Winkel. In der Mitte der Wand ist die Magnetisierung parallel zur Stirnfläche *ABCD* des Metallstücks gerichtet. Das bedeutet, daß auf seiner Oberfläche *BCEF* freie magnetische Pole auftreten; danach ist dort im Bereich der Wand mit einem inhomogenen magnetischen Streufeld zu rechnen, das aus dem Ferromagnetikum in den Außenraum hinausgreift.

Das inhomogene Magnetfeld, das zwar sehr stark ist, aber nur im Bereich der Wand an der Oberfläche des ferromagnetischen Körpers auftritt, kann zum Nachweis der Weissschen Bezirke benutzt werden. Abb. 671a zeigt, wie im Bereich der Wand das magnetische Streufeld aus dem Ferromagnetikum heraustritt. Die Magnetisierung des linken Bezirks weist in die Zeichenebene hinein, die des rechten aus der Zeichenebene heraus. Man schichtet nun auf die sorgfältig behandelte Metalloberfläche eine Aufschwemmung von kleinsten, ferromagnetischen Partikeln (man nimmt meist pulverförmigen Magnetit). Die Partikel werden von dem inhomogenen Magnetfeld der Wand angezogen und lagern sich vorwiegend im Bereich der Wand ab (Abb. 671b).

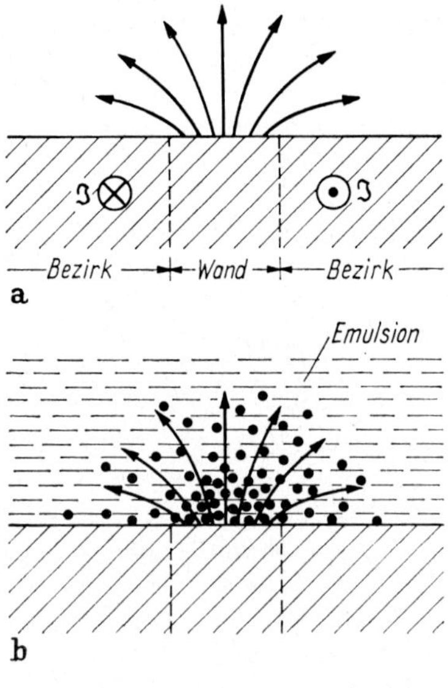

Abb. 671. Aufgeschwemmtes ferromagnetisches Pulver sammelt sich an der **Bloch-Wand auf der Metalloberfläche**

Dadurch werden die Wände an der Metalloberfläche durch streifenförmige Pulveranhäufungen markiert, die gut durch ein Mikroskop beobachtet werden können. Abb. 672 zeigt die Aufnahme eines Bezirksmusters von Siliziumeisen, das nach diesem Verfahren gewonnen wurde (H. J. Williams, R. M. Bozorth u. W. Shockley, 1949) F. Bitter (1931) hat als erster Bezirke auf diese Weise sichtbar gemacht; W. C. Elmore und H. J. Williams haben die Methode weiterentwickelt. (Man spricht deshalb auch von „Bitterstreifen".) In Abb. 672 ist durch die Pfeile die Magnetisierungsrichtung der Bezirke eingezeichnet. Man sieht die dreieckförmigen Abschlußbezirke am Rand des Körpers. Weiterhin lassen sich langgestreckte, spitze Bezirke erkennen, die sich zu tannenbaumartigen Strukturen formieren; diese Bezirke lassen sich daraus erklären, daß die Magnetisierung der Bezirke nicht genau parallel zur Bildebene verläuft.

Die Bezirke lassen sich auch mit optischen Mitteln direkt beobachten: denn linear polarisiertes Licht (s. Bd. III) erfährt bei Reflexion an einer Metalloberfläche eine Drehung seiner Polarisations-

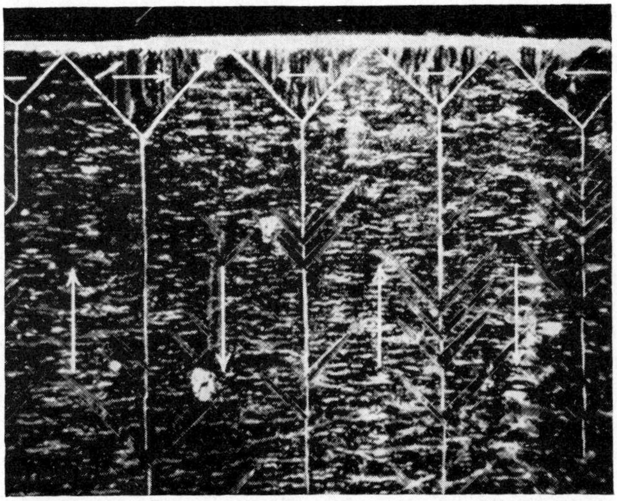

Abb. 672. Bitterstreifen an der Oberfläche von Silizium-Eisen

ebene, die von der Magnetisierung des Metalls abhängig ist (magneto-optischer Kerr-Effekt). — Eine weitere Methode benutzt Elektronenstrahlen. Ähnlich wie beim Elektronenmikroskop wird eine dünne Folie durchstrahlt, in diesem Fall eine aufgedampfte Eisenschicht. Die Lorentzkraft verursacht die (unterschiedliche) Ablenkung der Elektronen.

Durch die erwähnten Verfahren, die einander entsprechende Bilder liefern, ist die Existenz der Weissschen Bezirke sichergestellt. Wir können uns deshalb die Vorstellung der Bezirke zunutze machen, um den allgemeinen Verlauf der Magnetisierungskurve ferromagnetischer Stoffe (vgl. S. 114) wenigstens qualitativ zu deuten. Dazu betrachten wir das einfache Bezirksmuster der Abb. 673a; von außen ist keine Magnetisierung festzustellen, und es soll auch kein äußeres Magnetfeld anliegen.

Wir müssen hier auf den Unterschied zwischen spontaner und pauschaler Magnetisierung hinweisen. Die spontane Magnetisierung ist temperaturabhängig und läßt sich aus Abb. 668 entnehmen. Jeder Weisssche Bezirk ist spontan magnetisiert. Ein Körper mit einer Bezirksstruktur der Abb. 673a zeigt nach außen keine Magnetisierung: seine pauschale Magnetisierung ist Null, da sich ja die Wirkung der spontan magnetisierten Bezirke nach außen gegenseitig aufhebt.

Dies wird anders, sobald ein äußeres Magnetfeld $\mathfrak{H}$ angelegt wird; die Richtung dieses Feldes ist in Abb. 673b durch einen Pfeil markiert. Das Feld erzwingt, daß die Bezirke, deren spontane Magnetisierung nahezu in Richtung von $\mathfrak{H}$ liegt, wachsen auf Kosten der Bezirke, deren Magnetisierung mehr oder weniger der Richtung von $\mathfrak{H}$ entgegenweist, die also, bezogen auf das Magnetfeld, energetisch ungünstig liegen. Dieses Wachstum läßt sich am leichtesten durch Wandverschiebungen realisieren, so daß sich etwa das Bezirksmuster der Abb. 673b er-

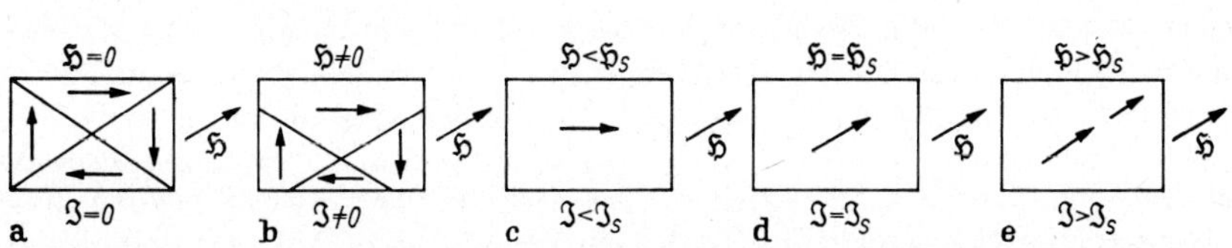

Abb. 673. Magnetisierung eines ferromagnetischen Körpers durch ein äußeres Magnetfeld

gibt. Da nun ein äußeres Feld $\mathfrak{H}$ von endlicher Stärke anliegt, ändert sich die Größe der Bezirke. Die Bilanz der Bezirke ist eine andere als in Abb. 673a; folglich ergibt sich eine pauschale Magnetisierung $\mathfrak{J}$, die von Null verschieden ist. Die Wandverschiebungen lassen sich mit den eben besprochenen Verfahren zur Sichtbarmachung der Bezirke nachweisen.

Wächst $\mathfrak{H}$ weiter, dann kommen die Wandverschiebungen zum Abschluß; das Ferromagnetikum besteht schließlich nur noch aus einem einzigen Bezirk, nämlich aus dem Bezirk, dessen Magnetisierungsrichtung am besten mit $\mathfrak{H}$ zusammenfällt (Abb. 673c).

Bei noch höheren Feldstärken beginnt sich die Magnetisierung in die Richtung von $\mathfrak{H}$ einzudrehen und fällt schließlich mit ihr zusammen (Abb. 673d). Die Feldstärke, bei der dies erreicht ist, nennt man Sättigungsfeldstärke $\mathfrak{H}_s$, die dann erreichte Magnetisierung entsprechend Sättigungsmagnetisierung $\mathfrak{J}_s$. Sie hat die gleiche Größe wie die für die herrschende Temperatur nach Abb. 668 mögliche spontane Magnetisierung. Die Drehung der Magnetisierung ist relativ schwierig, benötigt also schon größere Feldstärken. Die bisher erläuterten Prozesse lassen sich mit Feldern durchführen, die technisch leicht erreichbar sind.

Der Vollständigkeit halber soll noch der sog. Paraprozeß erwähnt werden, der nur bei sehr hohen Feldern auftritt und deshalb in den allermeisten Fällen ohne Belang ist. Beim Paraprozeß wird durch die hohen Feldstärken eine größere Ordnung der Spins erzwungen, als es die Wärmebewegung bei der herrschenden Temperatur normalerweise zuläßt (vgl. dazu die Erläuterungen zu Abb. 668). Dadurch wird die Magnetisierung noch etwas über die spontane Magnetisierung hinaus gesteigert.

Die Vorgänge bei der Magnetisierung ferromagnetischer Körper sind zu komplex, als daß sie durch das einfache Modell der Abb. 673 beschrieben werden könnten. Insbesondere lassen sich Wandverschiebungen und Drehprozesse nicht so scharf trennen, wie es eben geschehen ist; noch ehe alle Wandverschiebungen abgelaufen sind, beginnen schon Drehprozesse, indem sich die Magnetisierung einzelner Bezirke in die Richtung des äußeren Magnetfeldes eindreht. Trotzdem läßt sich die Magnetisierungskurve der Abb. 156 S. 114 grob in drei Bereiche einteilen (Abb. 674). Im ersten Bereich lassen sich durch schwache Felder relativ hohe pauschale Ma-

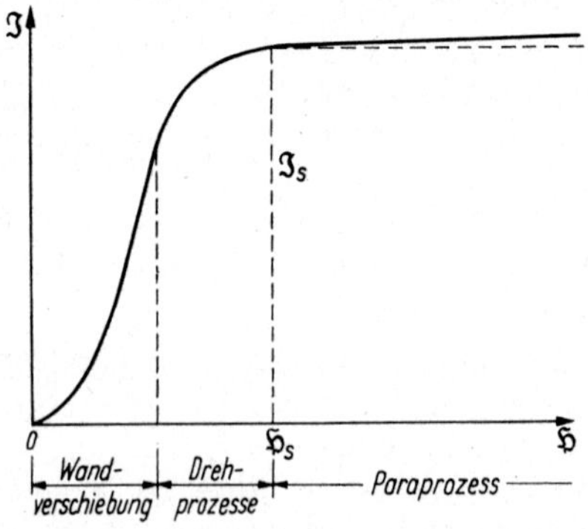

Abb. 674. Qualitative Einteilung der Magnetisierungskurve

gnetisierungen erreichen, denn Wandverschiebungen sind leicht möglich. Um die pauschale Magnetisierung weiter zu erhöhen, muß das angelegte Feld ziemlich stark vergrößert werden: es laufen die (schwerer möglichen) Drehprozesse ab. Danach wird die magnetische Sättigung erreicht. Der bis hierher durchlaufene Teil der $\mathfrak{J}$—$\mathfrak{H}$-Kurve ist allein von praktischer Wichtigkeit; man nennt ihn deshalb die „technische Magnetisierungskurve“. Oberhalb der Sättigung bei sehr hohen Feldern schließt sich noch der Paraprozeß an. Abb. 674 stellt schematisch die Verhältnisse dar; dabei ist der Beitrag des Paraprozesses sehr übertrieben eingezeichnet.

Kristallanisotropie. Bei den soeben besprochenen Magnetisierungsvorgängen taucht die Frage auf: Warum sind überhaupt Wandverschiebungen notwendig? Die Magnetisierung der Bezirke könnte ja jede für sich in die Richtung des äußeren Feldes eindrehen.

Die Ursache dafür, daß dies nicht geschieht, liegt in der Anisotropie der Ferromagnetika. Wir haben schon gesagt, daß alle Ferromagnetika Kristalle oder polykristalline Stoffe, d. h. Konglomerate von Kristalliten, sind. In Kristallen sind aber nicht alle Richtungen gleichwertig. Würfelkante und Würfeldiagonale unterscheiden sich in einem einfach kubischen Gitter z. B. dadurch, daß in der einen Richtung die Kristallbausteine dichter liegen als in der anderen. Diese Anisotropie ist dafür verantwortlich, daß die spontane Magnetisierung bestimmte kristallographische Richtungen in ferromagnetischen Kristallen bevorzugt. Nickel und Eisen haben beide kubische Gitter; bei Nickel ist die Vorzugsrichtung der Magnetisierung die räumliche Würfeldiagonale, bei Eisen dagegen die Würfelkante. Beim Eisen ist es also schwer, die Magnetisierung aus der Würfelkante in Richtung der Raumdiagonale zu drehen. Nickeleinkristalle lassen sich sehr viel leichter in Richtung der Raumdiagonale als in Richtung der Flächendiagonale oder gar der Würfelkante bis zur Sättigung magnetisieren. Dies ist in den Magnetisierungskurven der Abb. 675 dargestellt. Alle Kurven zeigen in ihrem ersten steilen Anstieg, daß die Wandverschie-

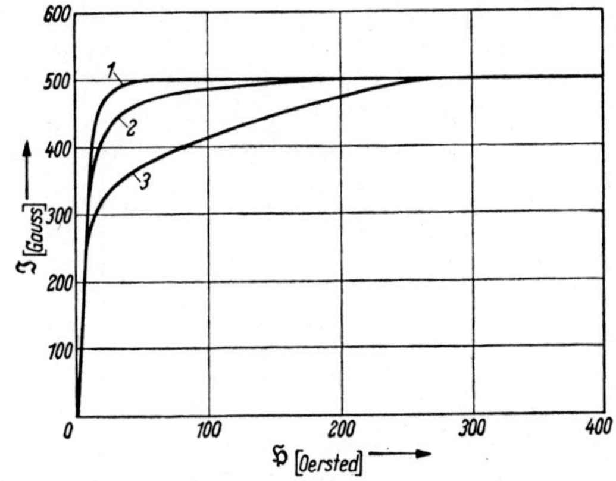

Abb. 675. Magnetisierungskurve eines Nickeleinkristalls, gemessen in verschiedenen kristallographischen Richtungen; 1 Raumdiagonale; 2 Flächendiagonale; 3 Würfelkante. (Honda und Kaya, 1926)

bungen schon bei sehr kleinen Feldstärken nahezu vollständig ablaufen. Kurve 1 mündet danach sofort in die Sättigung, während bei den Kurven 2 und 3 jeweils höhere Feldstärken erforderlich sind, um die Magnetisierung der Bezirke aus der Vorzugsrichtung der Raumdiagonale in die „schweren" Richtungen der Flächendiagonale bzw. Würfelkante einzudrehen.

Hysterese. Die in dieser Nummer angegebenen Magnetisierungskurven waren alle Neukurven (vgl. S. 209). Sie werden dadurch gemessen, daß vom pauschal unmagnetischen Zustand die Magnetisierung allmählich durch wachsende Magnetfeldstärke erhöht wird. Läßt man nach der magnetischen Sättigung die äußere Feldstärke abnehmen, dann geht auch die Magnetisierung zurück. Wenn wir in unserem einfachen Modell der Abb. 673 bleiben, dann können wir sagen: Ebenso, wie beim Aufmagnetisieren der Reihe nach die Zustände *a*, *b*, *c* und *d* durchlaufen werden, so werden sie bei abnehmender Feldstärke in umgekehrter Richtung durchlaufen — aber nicht ganz. Denn wir wissen bereits von S. 209, daß auch bei verschwindendem äußerem Feld eine Magnetisierung zurückbleibt; sie bestimmt die Remanenz. Es wird also nicht der Zustand der Abb. 673a erreicht, sondern nur etwa der der Abb. 666b: Obwohl kein Feld anliegt, bleibt eine Magnetisierung zurück. Die Wandverschiebungen sind also nicht völlig rückgängig gemacht. Dieses Verhalten erklärt sich daraus, daß die Blochwände keineswegs frei beweglich sind. Unmagnetische Einschlüsse, Kristallbaufehler und örtliche Verspannungen des Kristalls bilden für eine Wand Hindernisse, die sie nicht ohne weiteres überwinden kann. Häufig wird die Wand von derartigen Fehlstellen festgehalten. Da jeder Kristall mit zahlreichen Fehlstellen behaftet ist — es lassen sich keine fehlerlosen Kristalle herstellen —, kann man erwarten, daß die Fehlstellen einen erheblichen Einfluß auf den Magnetisierungsvorgang haben.

Wir betrachten nun eine einzelne Bloch-Wand in einem ferromagnetischen Kristall. Je nach ihrer Lage im Kristall — sie soll durch die Ortskoordinate x symbolisiert werden —, liefert sie einen verschieden großen Beitrag E zur Gesamtenergie des Kristalls. E ist ein unregelmäßiger Kurvenzug etwa wie in Abb. 676, weil die Fehlstellen des Kristalls statistisch verteilt sind. Liegt die Wand in der Mulde bei A, dann hat der Kristall eine kleine Gesamtenergie, denn die Wand liegt günstig gegenüber den anziehenden und abstoßenden Kräften der im Kristall lokalisierten Fehlstellen. Wirkt ein äußeres Magnetfeld auf den Kristall, dann bewegt sich die Wand. Ihre Bewegung ist aber nicht frei. Erst eine genügend große Feldstärke kann die Wand dazu bringen, die den Punkt A umgebenden „Berge" zu überwinden und etwa an den Punkt B zu schnellen. Denn sobald die Wand die Höhe des „Energieberges" rechts von A erreicht hat, durchläuft sie sehr rasch die folgenden „Täler" und wird durch das äußere Magnetfeld wieder auf die vorherige „Energiehöhe" gehoben. Die Wand hat dann einen irreversiblen Sprung gemacht; dieser plötzliche Ortswechsel der Wand ist gleichbedeutend mit der Ummagnetisierung des ferromagnetischen Materials zwischen den Punkten A und B (vgl. Erläuterungen zu Abb. 673b) und kann als Barkhausensprung (s. S. 264) nachgewiesen werden.

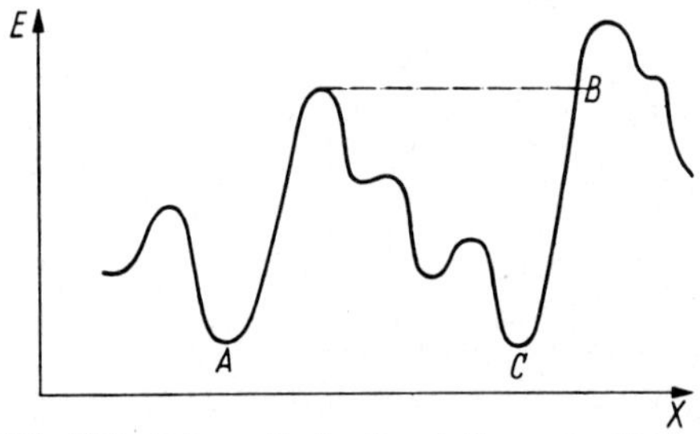

Abb. 676. Schematische Darstellung der Energie einer Wand in Abhängigkeit von ihrer örtlichen Lage

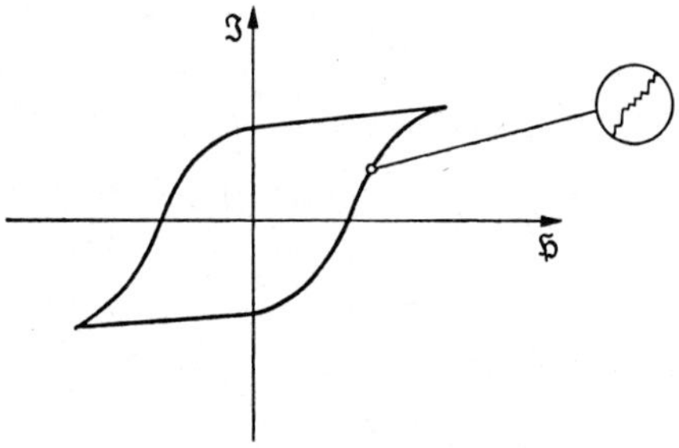

Abb. 677. Barkhausensprünge bei der Magnetisierung

Wird nun das äußere Magnetfeld abgeschaltet, dann bewegt sich die Wand keineswegs nach A zurück, sondern bleibt etwa in der Mulde bei C liegen. Der Vorgang der Wandverschiebung ist also irreversibel. Erst ein Gegenfeld, das ein Maß für die Koerzitivkraft (s, S. 210) ist, kann die Wand in die alte Lage bei A zurückbringen. Der Kristall hat dann folgenden Zyklus durchlaufen: entmagnetisierter Zustand (A) — magnetisierter Zustand (B) — remanenter Zustand (C) — unmagnetisierter Zustand (A). Wir können also sagen, daß die Magnetisierung der Feldstärke „nachhinkt". Dies ist die Erscheinung der Hysterese (s. S. 209f.). Die mikroskopischen irreversiblen Wandsprünge stellen eine Art „Wandreibung" dar, die sich makroskopisch in der Hysteresewärme (s. S. 212) äußert. Die eben betrachtete Verschiebung einer einzelnen Wand stellt eine starke Vereinfachung dar und soll nur zu einem qualitativen Verständnis führen. Tatsächlich müßte man die Bewegungen aller Wände insgesamt berücksichtigen, da die Wände miteinander verkoppelt sind.

Nach dem Gesagten ist es klar, daß die Hystereseschleifen, wie sie etwa in den Abb. 268 bis 270 dargestellt sind, eine stetige Änderung der Magnetisierung nur vortäuschen. In Wirklichkeit erfolgt diese Änderung sprunghaft, eben in Form der Barkhausensprünge. Abb. 677 soll dies verdeutlichen. Die einzelnen Sprünge in der Hytereseschleife lassen sich auch experimentell ausmessen, so daß man sich ein genaues Bild der einzelnen Kurven machen kann.

Nach allem haben wir nun die Mittel in der Hand, um zu verstehen, wieso sich ferromagnetische Stoffe derart stark in ihren magnetischen Eigenschaften unterscheiden, wie dies z. B. in der Tabelle auf S. 215 dargelegt ist. Wir können sagen, welche Vorbehandlung notwendig ist, um hohe magnetische Suszeptibilität und damit nach Gl. (99) S. 113 hohe Permeabilität zu erreichen.

Hochpermeable Stoffe sollen möglichst leicht bewegliche Wände und möglichst leicht drehbare Magnetisierungsvektoren (Spinmomente) besitzen. Dann erreicht man schon mit kleinen Magnetfeldern hohe Magnetisierungen. Man muß also versuchen, einerseits das „Gebirge" der Abb. 676 einzuebnen und anderseits die Kristallanisotropie, wie sie Abb. 675 zum Ausdruck bringt, möglichst herunterzudrücken. Das eine erreicht man durch Herstellung möglichst fehlerfreier Kristalle (weitgehend saubere chemische Zusammensetzung, Vermeidung innerer Spannungen und Fehlstellen durch langsames Abkühlen aus der Schmelze), das andere durch geeignete Kristallzusammensetzung (Legierung). Leichte Beweglichkeit der Wände ist gleichbedeutend mit einer geringen Koerzitivkraft, weil schon kleine Felder die Wände bewegen und damit den Stoff ummagnetisieren können. Deshalb ist hohe Permeabilität im allgemeinen mit geringer Koerzitivkraft gekoppelt (vgl. Tab. S. 215). — Strebt man hochkoerzitive Stoffe an, die sich zur Herstellung von Permanentmagneten eignen, dann muß man die Bewegung der Wände möglichst erschweren.

Obwohl in den letzten Jahren eine Vielzahl von Erfahrungen über den Ferromagnetismus gesammelt worden sind, steht doch noch eine einheitliche Theorie aus. Es sind zahlreiche Einzelprobleme gelöst worden. Es ist jedoch bisher nur in einfachen Fällen gelungen, den Magnetisierungsvorgang, wie er sich in der Hystereseschleife ausdrückt, auch tatsächlich zu berechnen.

77. Antiferromagnetismus und Ferrimagnetismus

In der letzten Nummer haben wir den Ferromagnetismus dadurch gedeutet, daß die magnetischen Momente (Spinmomente) auf den Gitterplätzen eines ferromagnetischen Kristalls parallel zueinander ausgerichtet sind (vgl. Abb. 667), wenn nur die Temperatur unterhalb des Curie-Punktes ist. Es ergibt sich also ein Bild wie in Abb. 678a: Benachbarte Spins weisen in die gleiche Richtung. Bereits 1932 hat aber L. Néel[1]) darauf hingewiesen, *daß sich unter bestimmten Bedingungen benachbarte Spins antiparallel stellen können.* Man spricht dann von **Antiferromagnetismus** (Abb. 678b). 1938 wurde durch Bizette, Squire und Tsai erstmals am Beispiel des Manganoxyd (MnO) antiferromagnetisches Verhalten nachgewiesen. Bevor wir genauer auf den Antiferromagnetismus eingehen, wollen wir kurz anhand der magnetischen Suszeptibilität die Unterschiede der verschiedenen magnetischen Verhaltensweisen der Materie darlegen.

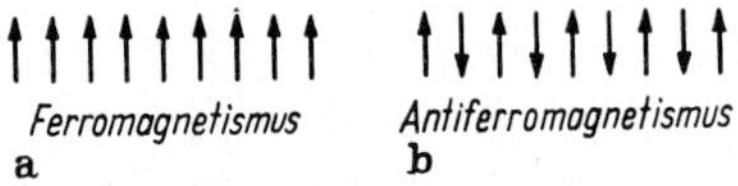

Abb. 678. Anordnung der magnetischen Dipole

Der Diamagnetismus ist durch Temperaturunabhängigkeit der Suszeptibilität gekennzeichnet. Bei paramagnetischen Stoffen gilt das Curiesche Gesetz Gl. (101) S. 115 bzw. Abb. 679a. Bei Ferromagnetismus finden wir oberhalb der Curie-Temperatur T_c paramagnetisches Verhalten; d. h. wir haben für Ferromagnetika das Curiesche Gesetz durch eine geänderte Temperaturskala zu modifizieren und erhalten so das Curie-Weisssche Gesetz (s. Abb. 679b):

$$\chi = \frac{C}{T - T_c}.$$

1) Louis Néel, Grenoble; Nobelpreis 1970.

Das Curie-Weisssche Gesetz gilt aber nur oberhalb von T_c. Unterhalb von T_c ist das Verhalten von Ferromagneticis nicht formelmäßig angebbar; die Verhältnisse sind außerordentlich kompliziert und je nach Stoff und dessen Vorbehandlung unterschiedlich. Um einen Eindruck zu erhalten, ziehe der Leser die Abb. 267 auf S. 207 als Beispiel heran, ebenso jede der bisher angegebenen Magnetisierungskurven.

Auch antiferromagnetische Stoffe haben einen Punkt, Néel-Punkt T_N genannt, oberhalb dessen sie sich paramagnetisch verhalten. Das Curie-Weisssche Gesetz muß jedoch bei Antiferromagneticis ersetzt werden durch:

$$\chi = \frac{C}{T + \Theta} .$$

Dieses Gesetz gilt nur oberhalb T_N; Θ ist eine Größe von der Dimension einer Temperatur und ist in Abb. 679c eingezeichnet. Unterhalb von T_N fällt die antiferromagnetische Suszeptibilität

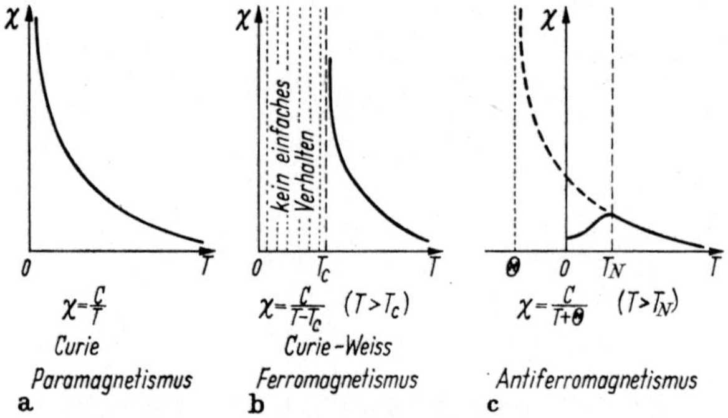

Abb. 679. Temperaturverlauf der magnetischen Suszeptibilität

mehr und mehr ab, weil durch die immer stärker werdende Antiparallel-Ordnung der Spins eine Magnetisierung des antiferromagnetischen Körpers immer schwieriger wird.

Die folgende Tabelle führt einige antiferromagnetische Stoffe auf; daneben sind die Übergangstemperatur T_N (aus Messungen) und die asymptotische Curie-Temperatur Θ angegeben. Schließlich gibt die letzte Spalte das Verhältnis der Suszeptibilität am Temperaturnullpunkt zu der an der Übergangstemperatur T_N.

Stoff	T_N [K]	Θ [K]	$\chi(0)/\chi(T_N)$
MnO	122	610	0,69
MnO_2	84		0,93
MnS	165	528	0,82
MnTe	307	690	0,5
$MnFe_2$	72	113	0,72
FeF_2	79	117	0,72
$FeCl_2$	24	48	0,2
FeO	198	570	0,78
$CoCl_2$	25	38	0,6
CoO	293	280	
$NiCl_2$	50	68,2	
NiO	492		0,67
α-Mn	95		
Cr	1673		
CrSb	725	~ 1000	~ 0,25
Cr_2O_3	311	1070	0,76
VCl_3	30	30,1	0,72
V_2O_3	173		
V_2O_4	343	720	

Am einfachsten wird antiferromagnetisches Verhalten verständlich, wenn sich der Kristall in zwei Untergitter aufteilen läßt. Als Beispiel betrachten wir ein raumzentriertes kubisches Gitter, wie es in Abb. 667 dargestellt ist. Dieses Gitter können wir in zwei Untergitter aufspalten: das eine besteht aus den Atomen oder Molekülen auf den Raumdiagonalen, das andere aus den Teilchen auf den Würfelkanten. Beide Untergitter sind dann einfache kubische Gitter. Beide Untergitter sollen nun für sich ferromagnetisch sein, d. h. in beiden sollen die Spins parallel gerichtet sein. Ist die Wechselwirkung zwischen den beiden Untergittern so, daß sich die Spins des einen Untergitters nach oben und die des anderen nach unten stellen (Abb. 680), dann

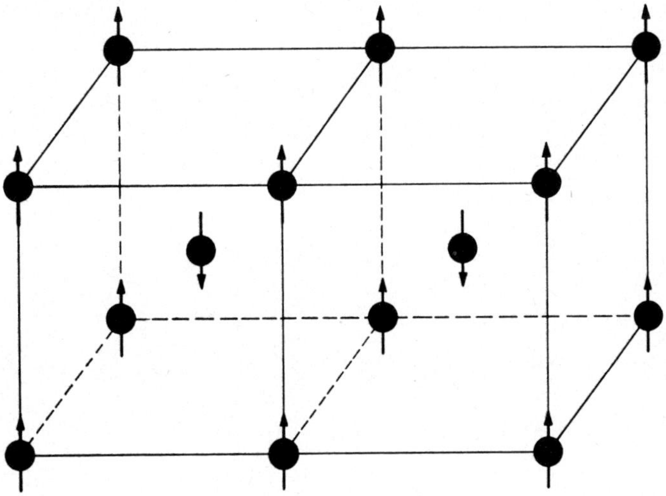

Abb. 680. Anordnung der magnetischen Momente im antiferromagnetischen Gitter

liegt Antiferromagnetismus vor. Beide Untergitter sind gleich stark ferromagnetisch, aber ihre Wirkung hebt sich nach außen hin auf; von außen ist keine Magnetisierung festzustellen. Auf nächst benachbarten Gitterplätzen, also in der Würfelkante und in der Würfelmitte, befinden sich stets magnetische Dipole in antiparalleler Stellung zueinander. Wenn wir also längs der räumlichen Würfeldiagonale durch den Kristall gehen, so weisen die Spins abwechselnd nach oben und nach unten, genau wie es in Abb. 678b dargestellt ist. Oberhalb der Néel-Temperatur wird die Ordnung der magnetischen Momente durch die Wärmebewegung zerstört, während sich unterhalb der Übergangstemperatur um so besser die typische antiferromagnetische Momentenanordnung einstellt, je tiefer die Temperatur ist. Demzufolge ist die Magnetisierung zu tiefen Temperaturen hin immer schwerer möglich, so daß die Suszeptibilität immer mehr abfällt (Abb. 679c).

Das entworfene Bild deckt sich recht gut mit den experimentellen Ergebnissen. Abb. 681 zeigt den Verlauf der Suszeptibilität von MnO mit der Temperatur; die Suszeptibilität fällt deutlich ab, sobald die Übergangstemperatur 122° K unterschritten wird.

Die Néel-Temperatur ist eine charakteristische Größe, die sich nicht nur bei der magnetischen Suszeptibilität bemerkbar macht. Auch einige andere physikalische Eigenschaften zeigen in der Nähe der Néel-Temperatur ausgeprägte Anomalien, so daß auch an ihrem Temperaturverlauf eine experimentelle Bestimmung der Néel-Temperatur möglich ist. So zeigt Abb. 682 die auf das Mol bezogene spezifische Wärme von MnO in Abhängigkeit von der Temperatur (nach R. W. Millar, 1928). Ein ganz entsprechendes Bild liefert der Temperaturverlauf des thermischen Ausdehnungskoeffizienten α; Abb. 683 gibt die Meßkurven für einige Antiferromagnetika (nach M. Foëx, 1948). Schließlich zeigt Abb. 684 den reduzierten elektrischen Widerstand in Abhängigkeit von der Temperatur (nach Messungen von Mannevy-Tassy).

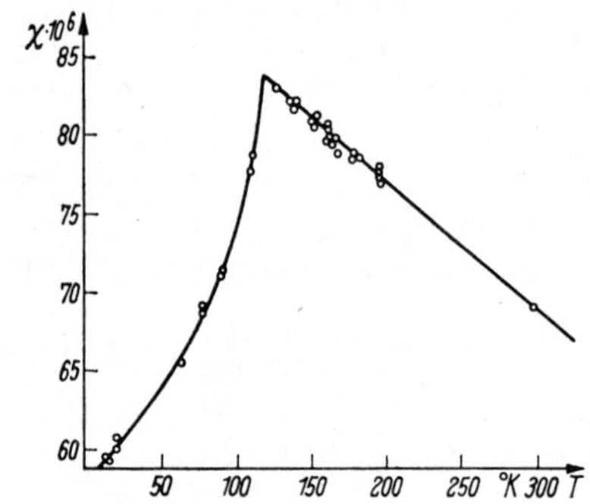

Abb. 681. Temperaturverlauf der magnetischen Suszeptibilität von MnO in einem Feld von 5000 Oe (nach Bizette, Squire und Tsai)

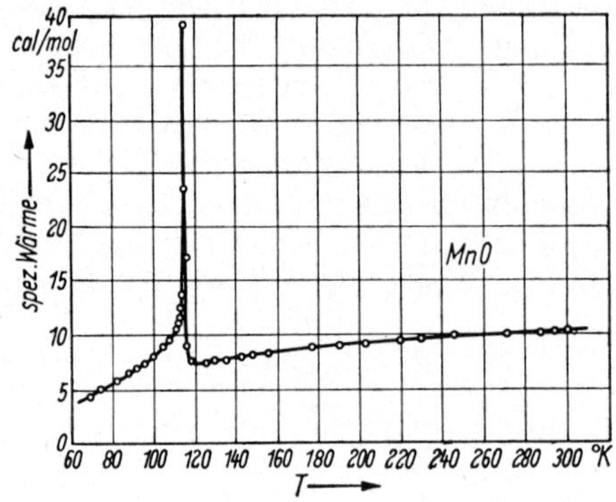

Abb. 682. Spezifische Wärme von MnO

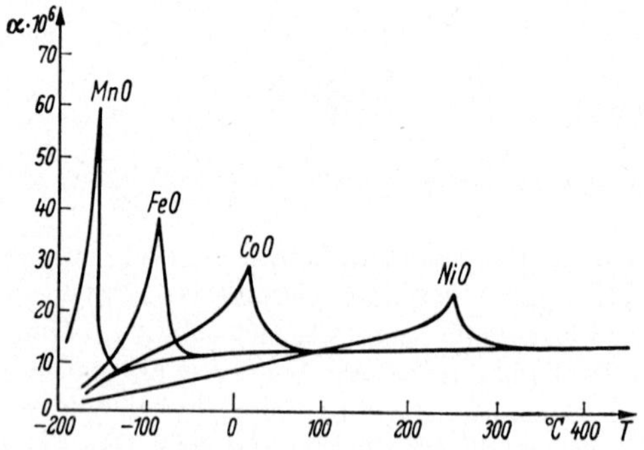

Abb. 683. Thermischer Ausdehnungskoeffizient verschiedener antiferromagnetischer Stoffe

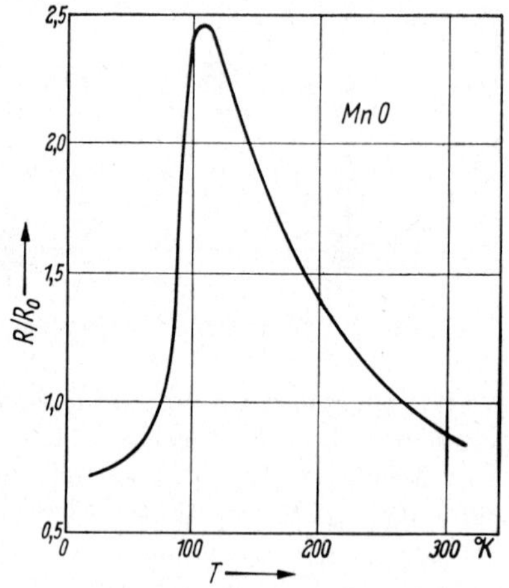

Abb. 684. Elektrischer Widerstand von MnO

Nachdem wir am Beispiel des Antiferromagnetismus die Hypothese der Untergitter kennengelernt haben, ist es nur noch ein kleiner Schritt zur Deutung des **Ferrimagnetismus,** die auch von L. Néel (1948) stammt. Beim Ferromagnetismus sind die Spinmomente alle gleichgerichtet; beim Antiferromagnetismus sind sie nur innerhalb der Untergitter gleichgerichtet, während die Untergitter in entgegengesetzter Richtung magnetisiert sind. Auf den Gitterplätzen der Antiferromagnetika befinden sich magnetische Momente von gleichem Betrag, so daß nach außen keine Magnetisierung in Erscheinung tritt. Dies ist aber beim Ferrimagnetismus anders, wie es in Abb. 685 durch die Länge der Pfeile angedeutet ist. Wohl sind die Momente in den beiden Untergittern für sich parallel gerichtet und die Untergitter antiparallel. Es sind aber auf den Plätzen des einen Untergitters dem Betrag nach größere magnetische Momente lokalisiert als auf den Plätzen des anderen Untergitters. Der Ferrimagnetismus ist also dadurch charakterisiert, daß sich die Wirkungen der beiden Untergitter nach außen nicht mehr kompensieren, folglich eine spontane Magnetisierung beobachtbar wird. Die äußere Erscheinung ist demnach ähnlich wie beim Ferromagnetismus. Diese Deutung des Ferrimagnetismus reicht aus, um mit Hilfe der Untergitter die charakteristischen Eigenschaften der ferrimagnetischen Stoffe zu erklären.

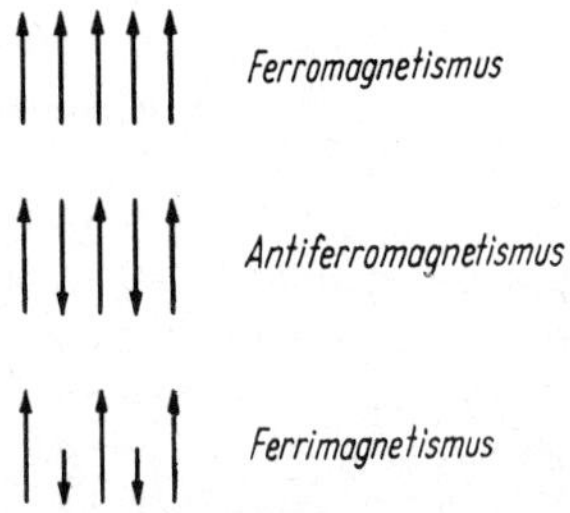

Abb. 685. Schematische Darstellung der magnetischen Dipole $T < T_c$, bzw. $T < T_N$

Substanzen, die Ferrimagnetismus zeigen, nennt man „Ferrite". Die einfachsten Ferrite haben eine Zusammensetzung, die sich durch die chemische Formel $MeOFe_2O_3$ ausdrücken läßt; dabei ist Me ein zweiwertiges Metallion wie Mg, Mn, Fe^{++}, Co, Ni, Cu, Zn, Cd oder eine Mischung aus ihnen. Man kann die Ferrite auch als vom Magnetit Fe_3O_4 ($= FeOFe_2O_3$) abgeleitet auffassen, indem das zweiwertige Eisenion durch eines der angeführten Metalle ersetzt wird. Diese Ferrite haben Spinellstruktur, benannt nach dem Gitter des Minerals Spinell ($MgAl_2O_4$).

Wir haben schon erwähnt, daß Ferrite eine spontane Magnetisierung zeigen, daß sie also in diesem Punkt den Ferromagnetika ähneln. Es bestehen jedoch wesentliche Unterschiede im Temperaturverlauf der spontanen Magnetisierung. Ferromagnetika passen sich gut Kurven vom Typ der Abb. 668 an. Das Verhalten der Ferrite ist komplizierter, wie Abb. 686 zeigt; in ihr ist die Temperaturabhängigkeit der Magnetisierung des Lithium-Chrom-Ferrits von der Zusammensetzung $Li_{0,5}Fe_{1,25}Cr_{1,25}O_4$ aufgetragen. Diese Kurve läßt sich mit der Hypothese der Untergitter erklären.

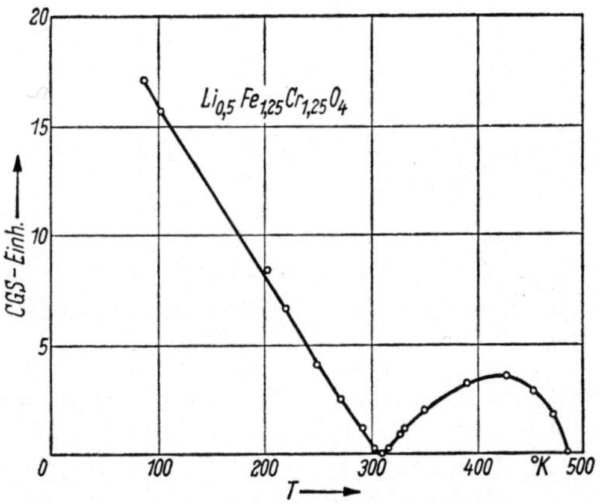

Abb. 686. Temperaturverlauf der Magnetisierung eines Ferrits, gemessen in einem 5000-Oe-Feld (nach Gorter und Schuhlkes, 1953)

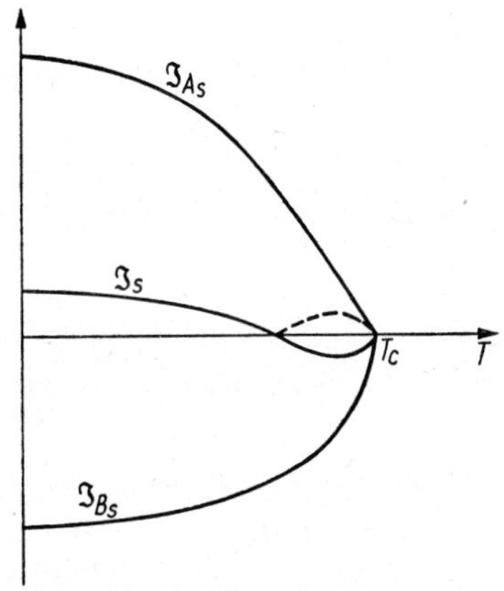

Abb. 687. Die spontane Magnetisierung der Untergitter und des Gesamtgitters eines ferrimagnetischen Stoffes

Wir wollen die beiden Untergitter durch die Indizes A und B unterscheiden. Beide Gitter verhalten sich — jedes für sich genommen — wie ferromagnetische Kristalle. Ihre spontane Magnetisierung wird also durch eine Kurve wie in Abb. 668 angegeben. Für die spontane Magnetisierung des A-Gitters gilt deshalb die Kurve $\mathfrak{J}_{As}$ in Abb. 687. $\mathfrak{J}_{As}$ verschwindet am Curie-Punkt T_c. Da die spontane Magnetisierung $\mathfrak{J}_{Bs}$ des B-Gitters der des A-Gitters entgegengerichtet ist, tragen wir $\mathfrak{J}_{Bs}$ auf der negativen Ordinate der Abb. 687 ab. Nach außen beobachtbar ist allein die spontane Magnetisierung $\mathfrak{J}_s$ des Gesamtgitters, die sich als Summe aus $\mathfrak{J}_{As}$ und $\mathfrak{J}_{Bs}$ ergibt. Dies ist die mittlere Kurve der Abb. 687. Da aber die gemessene Magnetisierung stets positiv ist, muß der letzte Teil dieser Kurve an der T-Achse in den gestrichelten Teil gespiegelt werden. Das Resultat ist die Kurve, wie sie in Abb. 686 gemessen wurde.

Wir müssen hier darauf hinweisen, daß die Zerlegung des ferrimagnetischen Kristalls in zwei Untergitter eine bequeme Vorstellung ist, die zur anschaulichen Deutung der Versuchsergebnisse dient. Man darf aus dieser Vorstellung aber nicht folgern, daß ferrimagnetische Stoffe zwei Curie-Temperaturen haben können, eine, bei der die spontane Magnetisierung des A-Gitters, und eine andere, bei der die spontane Magnetisierung des B-Gitters zusammenbricht. Die Antiparallelstellung benachbarter magnetischer Dipole in einem ferrimagnetischen Stoff wird durch Wechselwirkungskräfte zwischen ihnen erzwungen. Diese Wechselwirkung wird bei genau einer Temperatur durch die Wärmebewegung unwirksam gemacht.

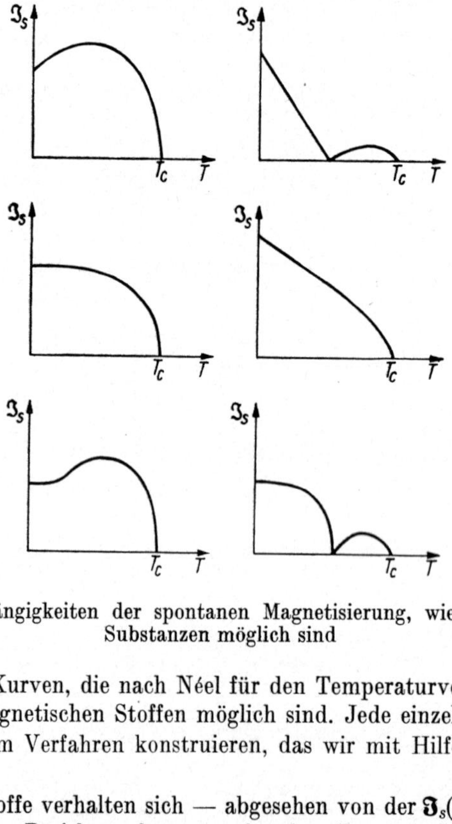

Abb. 688. Temperaturabhängigkeiten der spontanen Magnetisierung, wie sie bei ferrimagnetischen Substanzen möglich sind

Abb. 688 zeigt die Kurven, die nach Néel für den Temperaturverlauf der spontanen Magnetisierung von ferrimagnetischen Stoffen möglich sind. Jede einzelne läßt sich mit Kurven wie in Abb. 668 nach dem Verfahren konstruieren, das wir mit Hilfe der Abb. 687 erläutert haben.

Ferrimagnetische Stoffe verhalten sich — abgesehen von der $\mathfrak{J}_s(T)$-Kurve — ähnlich wie Ferromagnetika. Sie zeigen Bezirksstrukturen und ändern ihre pauschale Magnetisierung durch Wandverschiebungen und Drehprozesse. Ebenso sind an ihnen Kristallanisotropie und Magnetostriktion beobachtbar. In Wechselfeldern jedoch sind sie von Ferromagnetika völlig verschieden, da ihr elektrischer Widerstand um mehrere Zehnerpotenzen größer ist (bei käuflichen Ferriten: $10^2 \ldots 10^6 \Omega$ cm; bei Eisen $10^{-5} \Omega$ cm, s. S. 135). Deshalb sind bei den meisten ferrimagnetischen Stoffen die elektrischen Wirbelströme so gering, daß sie vernachlässigt werden können. Darin liegt auch ihre große technische Bedeutung. Ferrite finden ausgedehnte Anwendung als Bauelemente bei hohen Frequenzen. (Verlustarme Ferritkerne in Hochfrequenzspulen.) Andere Ferrite, z. B. BaO $6Fe_2O_3$, haben sehr hohe Koerzitivfeldstärken (Anwendung als Magnetspeicherkerne).

78. Ferroelektrizität

In den letzten beiden Nummern haben wir den Ferromagnetismus und seine Abwandlungen besprochen. Wir haben ein Bild dieser Erscheinungen entworfen, indem wir von den *magnetischen* Momenten auf den Gitterplätzen der Kristalle ausgingen. Es gibt nun auch zahlreiche Stoffe, bei denen *elektrische* Momente (Dipole) die Rolle der magnetischen Momente der Ferromagnetika übernehmen. Sie sind in vielem dem Verhalten ferromagnetischer Substanzen analog. Das hervorstechendste Merkmal dieser Stoffe ist die Existenz einer spontan elektrischen Polarisation, die nur in einem bestimmten Temperaturbereich bestehen bleibt. Wir haben auf S. 60 die Elektrete besprochen, die ebenfalls eine permanente Polarisation zeigen. Jedoch glaubt man heute, daß es sich bei den Elektreten um einen metastabilen Zustand handelt, der sich allerdings über Jahre hin halten kann.

Wir wollen daher im folgenden die Elektrete außer acht lassen und uns mit Kristallen beschäftigen, die im stabilen Zustand eine spontane Polarisation aufweisen. Diese lassen sich in zwei Gruppen einteilen. In die erste Gruppe gehören die auf S. 75 behandelten pyroelektrischen Kristalle. Ihre Polarisation ist durch freie elektrische Ladungen, die sich an der Kristalloberfläche ablagern, nach außen hin neutralisiert. Durch Erhitzen ändert sich die Polarisation und kann dann erst von außen beobachtet werden. Durch ein außen angelegtes Feld kann die Polarisation pyroelektrischer Kristalle weder in der Richtung noch im Betrag geändert werden. Anders ist dies bei den Kristallen der zweiten Gruppe: ein äußeres elektrisches Feld kann ihr spontanes elektrisches Moment verändern. Wir nennen diese Kristalle *ferroelektrisch*. Oberhalb einer bestimmten Temperatur, der Übergangs- oder Curie-Temperatur, verschwindet die Polarisation der ferroelektrischen Kristalle. Die ferroelektrischen Kristalle haben damit ein analoges Verhalten zu den Ferromagnetika. Wie bei diesen läßt sich eine ausgeprägte Hysterese der Polarisation beobachten, d. h. die pauschale Polarisation durchläuft in Abhängigkeit vom äußeren elektrischen Feld eine ebensolche Schleife, wie sie in Abb. 677 für die pauschale Magnetisierung ferromagnetischer Stoffe im Magnetfeld dargestellt ist. Folglich besitzen Ferroelektrika eine remanente Polarisation, die als spontane Polarisation in Erscheinung tritt. Diese kann im Gegensatz zur pyroelektrischen Polarisation durch ein koerzitives elektrisches Feld zum Verschwinden gebracht werden. Eine Erklärung ergibt sich daraus, daß unterhalb der Curie-Temperatur bestimmte Ionen längs einer Kristallachse zwei verschiedene stabile Lagen einnehmen können, die durch einen Potentialwall getrennt sind, so daß für einen Elementarbereich zwei verschiedene Dipolmomente existieren. Mehrere dieser Elementarbereiche sind zu größeren Bezirken gekoppelt, so daß die ferroelektrischen Stoffe ebenso wie die ferromagnetischen eine Bezirksstruktur zeigen, die sich mit polarisiertem Licht nachweisen läßt. Die Zunahme ihrer pauschalen Polarisation in einem äußeren, wachsenden elektrischen Feld geschieht ebenfalls durch Wandverschiebungen und Drehprozesse (vgl. Abb. 674).

Für beide in diesem Kapitel erwähnten Kristallarten, die ferroelektrischen und die pyroelektrischen, ist das Vorhandensein einer spontanen elektrischen Polarisation charakteristisch. Dazu ist es notwendig, daß die Kristalle eine ausgezeichnete polare Achse besitzen. Dies ist bei den 10 sogenannten polaren Kristallklassen der Fall. Wegen dieser polaren Achse sind daher pyroelektrische und ferroelektrische Kristalle auch piezoelektrisch (vgl. S. 71), während das Umgekehrte jedoch nicht gilt. Ein Beispiel dafür ist Quarz. Quarz besitzt nämlich nicht nur eine polare Achse, sondern drei, die symmetrisch so zueinander liegen, daß sich die einzelnen Polarisationen bei Abwesenheit eines uniaxialen Drucks gerade kompensieren. Auch gibt es für die einzelnen Ionen jeweils nur eine stabile Lage.

Die folgende Tabelle führt einige ferroelektrische Kristalle mit ihren Curie-Punkten T_c und ihrer Polarisation $\mathfrak{P}_s$ (bei Raumtemperatur) in elektrostatischen Einheiten an. Dabei zeigt das an erster Stelle stehende Seignette-Salz die Eigenheit, daß es zwei Übergangs- oder Curie-Temperaturen besitzt, zwischen denen es polarisiert ist, während es oberhalb und unterhalb der beiden Temperaturen unpolarisiert ist.

Kristall	T_c [°K]	$\mathfrak{P}_s$ [el.-stat. Einh.] bei Raumtemp.
$NaK(C_4H_4O_6) \cdot 4H_2O$	{ 297	
(Seignette-Salz)	255	800
$LiNH_4(C_4H_4O_6) \cdot H_2O$	106	630
KH_2PO_4	123	16000
KD_2PO_4	213	27000
$BaTiO_3$	380	78000
$KNbO_3$	708	80000
$LiTaO_3$		70000 (425° C)
$Cd_2Nb_2O_7$	185	5400 (100° K)
$C(NH_2)_3Al(SO_4)_2 \cdot 6\,H_2O$		1050
$C(NH_2)_3Cr(SO_4)_2$		1000

Die ferroelektrischen Kristalle sind noch wenig erforscht, und zahlreiche Probleme sind noch ungelöst. Am besten verstanden wird das Verhalten des Bariumtitanat ($BaTiO_3$), das in der Technik wegen seiner piezoelektrischen Eigenschaften ausgedehnte Anwendung zur Erzeugung von Ultraschall findet. Es ist bekannt wegen seiner hohen Dielektrizitätskonstanten, die von der Feldstärke und stark von der Temperatur abhängt. Bei der Temperatur von etwa 380 K hat die Dielektrizitätskonstante ε ein steiles Maximum; sie erreicht den Wert von fast 8000, während sonst bei Raumtemperatur ε etwa 900 bis 1000 beträgt.

Wegen des entsprechenden Verhaltens der Materie ist der Ausdruck Ferroelektrizität analog zum Ausdruck Ferromagnetismus geprägt worden. Es sei noch erwähnt, daß es auch Kristalle gibt, die eine spontane Polarisation bis zur Curie-Temperatur wie die Ferroelektrika zeigen, bei denen aber benachbarte elektrische Dipole antiparallel ausgerichtet sind. Man nennt sie deshalb **Antiferroelektrika.** Ammoniumphosphat hat z. B. diese Eigenschaften.

Aufgaben

Aufgabe 1

Mit welcher Kraft ziehen sich 2 Ladungen von je 1 Coulomb an, die sich in einer Entfernung von 1 km befinden?

Aufgabe 2

Ein van de Graaff-Generator (Band-Generator) liefert einen Strom $J = 10^{-5}$ A, der einen Kondensator ($C = 10^{-10}$ F) auflädt. Welche Spannung hat dieser nach $t = 10$ Sekunden?

Aufgabe 3

Ein Kondensator der Kapazität 1 μF hat zur Zeit $t = 0$ die Spannung $U_0 = 200$ V und entlädt sich über einen Widerstand von 5 MOhm.
Wie groß ist die Spannung am Kondensator a) nach 0,1, b) nach 0,5 Sekunden?

Aufgabe 4

Ein Photograph braucht für seine Blitzlampe die Energie von 100 Ws. Sein Gerät hat einen Kondensator mit einer Kapazität von 200 μF.
Welche Spannung muß diesem zugeführt werden?

Aufgabe 5

Welche Geschwindigkeit v in km/s haben Elektronen in einer Radioröhre beim Aufprall auf die Anode? Anodenspannung $U_A = 100$ Volt.

Aufgabe 6

Durch einen Widerstand $R = 1$ MΩ fließen pro Sekunde 10^{13} Elektronen. Welche Spannung liegt an den Enden des Widerstandes?

Aufgabe 7

Wie groß sind die Leerlaufspannung U_0 und der innere Widerstand R_B einer Batterie, wenn ein Voltmeter mit dem Innenwiderstand $R_1 = 5000$ Ohm die Spannung $U_1 = 100$ V und ein anderes Voltmeter mit dem Innenwiderstand $R_2 = 3000$ Ohm die Spannung $U_2 = 90$ V anzeigt? (Im Stromkreis befindet sich jeweils nur ein Voltmeter.)

Aufgabe 8

Eine Batterie (Innenwiderstand 2 Ohm) speist eine Glühlampe, deren Widerstand 20 Ohm beträgt und unabhängig von der Temperatur sei (a). Es werde nun eine zweite, gleichartige Lampe parallel zur ersten geschaltet (b). Auf wieviel Prozent des anfänglichen Wertes sinkt die von der ersten Lampe aufgenommene Leistung N_x?

Aufgabe 9

Ein Haus wird durch eine 2 km lange Freileitung aus Kupfer, Querschnitt $A = 50$ mm², mit elektrischer Energie versorgt. Netzspannung $U = 220$ Volt. Welche Spannung U' liegt am eingeschalteten Elektroherd, der bei 220 Volt eine Leistung von 2200 Watt aufnimmt? Spez. Widerstand von Kupfer: 10^4 $\varrho = 0{,}017$ Ohm cm. (Setzt man $10^4 \varrho$ in die Gleichung ein, dann ist die Länge l in m und der Querschnitt A in mm² anzugeben.) Der Verbraucher sei zwischen einer Phase und Erde geschaltet. So braucht für die Errechnung des Widerstandes nur einmal die Länge eingesetzt zu werden.

Aufgabe 10

Eine 200 m lange Starkstromleitung besteht aus zwei Kupferdrähten (spez. Wid. $\varrho = 0{,}017$ Ohm mm²/m) von je 5 mm Durchmesser. An einem Ende wird eine Gleichspannung von 220 Volt eingespeist, am anderen Ende beträgt die Spannung bei eingeschaltetem Verbraucher 203 Volt. Welche Leistung nimmt der Verbraucher auf?

Aufgabe 11

Wie groß sind Stromstärke J und Widerstand R der folgenden Verbraucher im Haushalt:

a) eine Glühlampe 220 V, 60 W,
b) eine Kochplatte 220 V, 500 W,
c) ein Heißwasserbereiter 220 V, 4000 W?

Aufgabe 12

Wie hoch muß ein Mensch (Gewicht = 73,5 kp) steigen, damit er die Arbeit von 1 kWh leistet?

Aufgabe 13

Wie groß ist die magnet. Flußdichte B in einem Elektromagneten, wenn die Spule (1000 Windungen, Länge 10 cm) von einem Strom $J = 5$ A durchflossen wird? Permeabilität des Eisens $\mu = 2000$.

Aufgabe 14

Wie groß ist die magnetische Flußdichte (Induktion) B zwischen den Polen eines Magneten, wenn eine zwischen den Polen gehaltene zylinderförmige Drahtspule ($N = 50$ Windungen, Durchmesser 20 mm) beim Herausziehen aus dem Feld einen Spannungsstoß von 0,0157 Vs liefert?

Aufgabe 15

Ein kreisförmiger, geschlossener Drahtring (Windungszahl $N = 1$, Durchmesser 6 cm, Widerstand 0,0045 Ohm) befindet sich mit seiner Fläche senkrecht zu den Feldlinien eines homogenen Magnetfeldes mit $B = 5\ \mathrm{Vs/m^2}$. Man berechne die Ladungsmenge, die im Ring fließt, wenn er um 90° aus der Ebene herausgedreht wird.

Aufgabe 16

Eine kleine Glühlampe (2 V, 0,1 A) soll aus einer Wechselspannungsquelle (220 V, 50 Hz) betrieben werden

a) durch Reihenschaltung mit einem Widerstand
b) durch Reihenschaltung mit einem Kondensator
c) durch Reihenschaltung mit einer Drosselspule

Man berechne Widerstand R, Kapazität C und Induktivität L.

Aufgabe 17

In einem Wechselstromkreis sind Ohmscher Widerstand, Induktivität und Kapazität in Reihe geschaltet. Wie groß ist die Impedanz dieses Kreises? Wann tritt Resonanz auf? Wie groß ist die Resonanzfrequenz?

Aufgabe 18

In einer Elektronenstrahlröhre werden die Elektronen nach der Bündelung und Beschleunigung (Anodenspannung $U_A = 2000$ V) in einem Kondensator mit parallelen Platten (Länge $l = 4$ cm, Abstand $d = 8$ mm) aus ihrer Richtung abgelenkt. Bei welcher Spannung U_K beträgt die Ablenkung s am Ende des Kondensators 1 mm? Wie groß ist diese Spannung für negative Ionen, die unmittelbar vor der Kathode gebildet werden?

Aufgabe 19

Man ermittle die Kräfte der magnetischen Anziehung und der elektrostatischen Abstoßung, die zwischen zwei parallelen Elektronenstrahlen (Abstand r) auftreten, für den Fall, daß sich die Elektronen in die gleiche Richtung bewegen. Bei welcher Geschwindigkeit v sind diese Kräfte einander gleich?

Aufgabe 20

Ein Metallblech von 100 cm² Oberfläche soll in einem Nickelsalzelektrolyten mit einer galvanisch abzuscheidenden Nickelschicht versehen werden. Zur Abscheidung des Nickels wird eine Stromstärke von $J = 2{,}5$ A benutzt. Nach welcher Zeit t hat die Nickelschicht eine Dicke von 0,05 mm erreicht, wenn die Stromausbeute 85% beträgt und eine Wasserstoffabscheidung vernachlässigt werden kann?
(Dichte des Nickels: 9,0 g/cm³, $|z| = 2$; $M_{Ni} = 58{,}71$ g/mol).

Aufgabe 21

In einer Anordnung zur Bestimmung von Überführungszahlen nach Hittorf wurde ein Gleichstrom von 0,125 A acht Stunden lang durch eine wäßrige Lithiumchloridlösung unter Verwendung inerter Elektroden geschickt. Im Anodenraum trat dabei eine Verringerung der Salzkonzentration um $\nu_D = 1{,}157 \cdot 10^{-2}$ äquivalente Mole auf. Wie groß sind die Überführungszahlen des Li^+- und des Cl^--Ions in der betrachteten Lösung?

Aufgabe 22

Die spezifische Leitfähigkeit einer 0,01 m NH_4OH-Lösung beträgt $\sigma = 9{,}6 \cdot 10^{-5}\,\Omega^{-1}\,cm^{-1}$ bei 18°C. Die Ionenäquivalentleitfähigkeiten der beiden Ionensorten haben bei unendlicher Verdünnung die folgenden Werte:

$$\Lambda_\infty(NH_4^+) = 64{,}4\,cm^2\,\Omega^{-1}\,mol^{-1} \qquad |z| = 1$$
$$\Lambda_\infty(OH^-) = 174{,}0\,cm^2\,\Omega^{-1}\,mol^{-1}$$

Wie hoch ist der Dissoziationsgrad α des Elektrolyten?

Aufgabe 23

Das Potential einer Wasserstoffelektrode bei 25°C und $p_{H_2} = 400$ Torr wird gegen eine Normalwasserstoffelektrode zu $V = -0{,}342$ V gemessen. Wir groß ist der pH-Wert dieser Lösung, wenn die Aktivität der H^+-Ionen durch deren molare Konzentration vereinfachend dargestellt wird?

Aufgabe 24

Eine wichtige Methode zur Untersuchung der elektrischen Eigenschaften von Halbleitern ist die gleichzeitige Messung der elektrischen Leitfähigkeit und der Hall-Konstanten in Abhängigkeit von der Temperatur. Ein Beispiel für die Messung der elektrischen Leitfähigkeit bei Germanium mit verschiedener Donatorenkonzentration zeigt Abb. 647.

Bei einer anderen Meßreihe an Arsen-dotiertem Germanium haben sich die folgenden Werte für die Hall-Konstante R_H und die Leitfähigkeit bei der Temperatur T ergeben:

T (K)	R_H (cm³/As)	σ (Ω^{-1} cm^{-1})
11,4	$2{,}08 \cdot 10^7$	$3{,}2 \cdot 10^{-2}$
12,5	$1{,}04 \cdot 10^7$	$6{,}3 \cdot 10^{-2}$
14,3	$3{,}13 \cdot 10^6$	$1{,}6 \cdot 10^{-1}$
20,0	$1{,}04 \cdot 10^6$	$2{,}8 \cdot 10^{-1}$
50,0	$7{,}0 \cdot 10^5$	$1{,}0 \cdot 10^{-1}$
100,0	$7{,}0 \cdot 10^5$	$3{,}3 \cdot 10^{-2}$
200,0	$7{,}0 \cdot 10^5$	$0{,}63 \cdot 10^{-2}$
250,0	$1{,}55 \cdot 10^4$	$2{,}06 \cdot 10^{-1}$
333,0	$3{,}47 \cdot 10^2$	5,0

a) Man berechne aus diesen Werten die Ladungsträgerkonzentration n und die Beweglichkeit μ bei den verschiedenen Temperaturen mit der Annahme, daß überwiegend nur eine Ladungsträgerart an der Leitung beteiligt sei.

b) Man trage die Ladungsträgerkonzentration logarithmisch über $1/T$ auf. Man interpretiere die drei verschiedenen Bereiche der Kurve.

c) Man berechne den Bandabstand ΔE des Germaniums und den Abstand der Donatoren ΔE_D von der Unterkante des Leitungsbandes aus den Steigungen der Kurve.

d) Man trage die Beweglichkeit als Funktion der Temperatur doppelt logarithmisch auf und interpretiere die erhaltene Kurve.

Lösungen der Aufgaben

Lösung 1

$$F = \frac{1}{4\pi \cdot \varepsilon_0} \cdot \frac{q_1 \cdot q_2}{r^2} = \frac{1 \cdot 10^{12}\ \mathrm{Vm}}{4\pi \cdot 8{,}85\ \mathrm{As}} \cdot \frac{1\ \mathrm{As} \cdot 1\ \mathrm{As}}{10^6\ \mathrm{m}^2}$$

$$F \approx 10^4 \frac{\mathrm{Ws}}{\mathrm{m}} = 10^4\ \mathrm{N} \approx 10^3\ \mathrm{kp}$$

Lösung 2

$$Q = J \cdot t = CU; \quad U = \frac{Jt}{C} = \frac{10^{-5} \cdot 10}{10^{-10}}\ \mathrm{V}; \qquad U = 10^6\ \mathrm{V}$$

Lösung 3

$$\tau = RC = 5 \cdot 10^6 \cdot 10^{-6} = 5\,\mathrm{s}$$

a) $U = U_0 \cdot \mathrm{e}^{-\frac{t}{\tau}}; \quad U = 200 \cdot \mathrm{e}^{-\frac{0{,}1}{5}} = 200 \cdot \mathrm{e}^{-0{,}02} = 200 \cdot 0{,}98 = 196\ \mathrm{V}$

b) $U = U_0 \cdot \mathrm{e}^{-\frac{0{,}5}{5}} = 200 \cdot \mathrm{e}^{-0{,}1} = 200 \cdot 0{,}905 = 181\,\mathrm{V}$

Lösung 4

$$W = 100\ \mathrm{Ws} = \frac{1}{2}\, CU^2; \quad C = 200 \cdot 10^{-6}\ \frac{\mathrm{As}}{\mathrm{V}}$$

$$U^2 = \frac{200\ \mathrm{Ws} \cdot \mathrm{V}}{200 \cdot 10^{-6}\ \mathrm{As}} = 10^6\ \mathrm{V}^2; \quad U = 10^3\ \mathrm{Volt}$$

Lösung 5

$$eU_{\mathrm{A}} = \frac{\mathrm{m}}{2}\, v^2; \quad v = \sqrt{\frac{2eU_{\mathrm{A}}}{m}} = \sqrt{\frac{2 \cdot 1{,}6 \cdot 10^{-19}\ \mathrm{As} \cdot 100\ \mathrm{V}}{9{,}1 \cdot 10^{-31}\ \mathrm{kg}}}$$

$$v = \sqrt{35 \cdot 10^{12}\ \frac{\mathrm{Ws}}{\mathrm{kg}}} = \sqrt{35 \cdot 10^{12} \cdot \frac{\mathrm{Nm}}{\mathrm{kg}} \cdot \frac{\mathrm{ms}^2}{\mathrm{ms}^2}}$$

$$v = \sqrt{35 \cdot 10^{12}\ \frac{\mathrm{m}^2}{\mathrm{s}^2}} = \approx 6 \cdot 10^6\ \frac{\mathrm{m}}{\mathrm{s}} = 6000\ \frac{\mathrm{km}}{\mathrm{s}}$$

Lösung 6

$$J = 10^{13} \cdot 1{,}6 \cdot 10^{-19}\ \mathrm{A} = 1{,}6 \cdot 10^{-6}\ \mathrm{A}$$

$$U = R \cdot J = 10^6\ \frac{\mathrm{V}}{\mathrm{A}} \cdot 1{,}6 \cdot 10^{-6}\ \mathrm{A} = 1{,}6\ \mathrm{V}$$

Lösung 7

$$U_1 = R_1 \cdot J_1; \quad J_1 = \frac{100\ \text{V}}{5000\ \Omega} = 20\ \text{mA}$$

$$U_2 = R_2 \cdot J_2; \quad J_2 = \frac{90\ \text{V}}{3000\ \Omega} = 30\ \text{mA}$$

$$U_0 = U_1 + (R_B + R_1)\, J_1 = U_2 + (R_B + R_2)\, J_2$$

$$U_1 - U_2 = R_B\, J_2 + R_2 J_2 - R_B\, J_1 - R_1\, J_1$$

$$U_1 - U_2 = R_B\, J_2 + U_2 - R_B\, J_1 - U_1$$

$$2U_1 - 2U_2 = R_B\, (J_2 - J_1)$$

$$R_B = \frac{2U_1 - 2U_2}{J_2 - J_1} = \frac{20\ \text{V}}{10\ \text{mA}} = 2000\ \text{Ohm}$$

$$U_0 = U_1 + (R_B + R_1)\, J_1$$

$$U_0 = 100\ \text{V} + 7000\ \Omega\ 20\ \text{mA} = 240\ \text{V}$$

Lösung 8

(a) $R_1 = 20 + 2 = 22\ \Omega$

(b) $R_2 = \dfrac{R_a \cdot R_b}{R_a + R_b} + 2 = \dfrac{20 \cdot 20}{40} + 2 = 12\ \Omega$

Leistung $N = J^2 \cdot R$

(a) $N_1 = \left(\dfrac{U_0}{R_1}\right)^2 \cdot R_1 = \left(\dfrac{U_0}{22\ \Omega}\right)^2 \cdot 22\ \Omega = \dfrac{U_0^2}{22\ \Omega}$

(b) $N_2 = \left(\dfrac{U_0}{R_2}\right)^2 \cdot R_2 = \left(\dfrac{U_0}{12\ \Omega}\right)^2 \cdot 12\ \Omega = \dfrac{U_0^2}{12\ \Omega}$

$$\frac{N_2}{N_1} = \frac{22}{12} = 1{,}83; \quad N_2 = 1{,}83\ N_1$$

Dies liefert für eine Lampe (da beide den gleichen Widerstand haben):

$$N_x = \frac{N_2}{2} = 0{,}92\ N_1\ .$$

Bei vernachlässigbarem Innenwiderstand der Batterie würde hier stehen: $N_2 = 2N_1$. Man sieht also, daß in diesem Fall (Innenwiderstand der Batterie 2 Ohm) die von der ersten Lampe aufgenommene Leistung auf 92% sinkt $\left(\dfrac{1{,}83}{2} \cdot 100\%\right)$, wenn die zweite Lampe parallel hinzugeschaltet wird.

Lösung 9

Der Widerstand der Freileitung beträgt:

$$R = \frac{l}{A} \cdot 10^4 \varrho = \frac{2000\ \text{m}}{50\ \text{mm}^2} \cdot 0{,}017\ \text{Ohm} = 0{,}68\ \text{Ohm}$$

Der Strom $J = \dfrac{2200\ \text{Watt}}{220\ \text{Volt}} = 10$ A. Damit beträgt der Spannungsverlust in der Zuleitung: $\Delta U = R \cdot J = 6{,}8$ Volt; $U' = 220\ \text{V} - 6{,}8\ \text{V} = 213{,}2$ V.

Der Spannungsabfall ΔU ist ein wenig kleiner, weil der Strom nicht 10 A, sondern bei 213 Volt Spannung nur 9,7 A beträgt. Der Widerstand des Verbrauchers (22 Ohm) ändert sich ja nicht.

Lösung 10

$$R = \varrho \cdot \frac{l}{A} = 0{,}017\ \frac{\Omega\,\text{mm}^2}{\text{m}} \cdot \frac{400\ \text{m}}{19{,}6\ \text{mm}^2} = 0{,}346\ \Omega$$

Der Spannungsabfall ΔU beträgt 17 Volt.

$$J = \frac{\Delta U}{R} = \frac{17\ \text{V}}{0{,}346\ \Omega} = 49{,}2\ \text{A}$$

Der Verbraucher nimmt eine Leistung von 203 V · 49,2 A = 10 kW auf.

Lösung 11

a) $$J = \frac{N}{U} = \frac{60\ \text{W}}{220\ \text{V}} = 0{,}27\ \text{A}$$

$$R = \frac{U^2}{N} = \frac{(220\ \text{V})^2}{60\ \text{W}} = 807\ \text{Ohm}$$

b) $J = 2{,}27$ A
$R = 97$ Ohm

c) $J = 18{,}2$ A
$R = 12{,}1$ Ohm

Lösung 12

Arbeit = Gewicht · Höhe
1 kWh = 367000 kpm = 73,5 kp · 5000 m
Die Höhe beträgt also 5000 Meter.

Lösung 13

$$H = \frac{5 \cdot 1000\ \text{A}}{0{,}1\ \text{m}} = 5 \cdot 10^4\ \frac{\text{A}}{\text{m}}$$

$$B = \mu \cdot \mu_0 \cdot \text{H} = 2000 \cdot 1{,}26 \cdot 10^{-6}\ \frac{\text{Vs}}{\text{Am}} \cdot 5 \cdot 10^4\ \frac{\text{A}}{\text{m}}$$

$$B = 126\ \frac{\text{Vs}}{\text{m}^2}$$

Lösung 14

$$\int U\text{d}t = BNA$$

$$B = \frac{\int U\text{d}t}{NA} = \frac{157 \cdot 10^{-4}\ \text{Vs}}{50 \cdot 3{,}14 \cdot 10^{-4}\ \text{m}^2} = 1\ \frac{\text{Vs}}{\text{m}^2}\ (= 10^4\ \text{Gauss})$$

Lösung 15

Der induzierte Spannungsstoß ist:

$$\int U\text{d}t = BNA = 5\ \frac{\text{Vs}}{\text{m}^2} \cdot 1 \cdot 28{,}3 \cdot 10^{-4}\ \text{m}^2 = 142 \cdot 10^{-4}\ \text{Vs}$$

Daraus ergibt sich die Ladungsmenge:

$$q = \frac{\int U\text{d}t}{R} = \frac{142 \cdot 10^{-4}\ \text{Vs}}{45 \cdot 10^{-4}\ \Omega} = 3{,}16\ \text{As}$$

Lösung 16

a) Der Widerstand der Glühlampe beträgt $R_1 = \frac{2\ \text{V}}{0{,}1\ \text{A}} = 20\ \Omega$

Der Gesamtwiderstand des Stromkreises ist $R_g = \frac{220\ \text{V}}{0{,}1\ \text{A}} = 2200\ \Omega$

Der Vorschaltwiderstand R_2 muß somit den Wert $2200 - 20 = 2180\ \Omega$ haben

b) Impedanz $Z = 2200\ \Omega = \sqrt{R_1^2 + \left(\frac{1}{\omega C}\right)^2}$; $\omega = 314\text{s}^{-1}$; $\omega^2 = 10^3\ \text{s}^{-2}$

$Z^2 = R_1^2 + \frac{1}{\omega^2 C^2}$; $Z^2 - R_1^2 = \frac{1}{\omega^2 C^2}$; daraus

$C^2 = \frac{1}{\omega^2 (Z^2 - R_1^2)} \approx \frac{1}{\omega^2 Z^2}$, da $R_1^2 \ll Z^2$

$C = 14{,}3\ \mu\text{F}$

c) Impedanz $Z = 2200\ \Omega = \sqrt{R_1^2 + (\omega L)^2}$

$Z^2 = R_1^2 + \omega^2 L^2$, daraus

$L^2 = \frac{Z^2 - R_1^2}{\omega^2} \approx \frac{Z^2}{\omega^2}$, da $R_1^2 \ll Z^2$

$L = 70\ \text{H}$

Lösung 17

$$Z = \frac{U_0}{J_0} = \sqrt{R^2 + \left(\omega L - \frac{1}{\omega C}\right)^2}$$

Resonanz: wenn $\omega L = \frac{1}{\omega C}$ ist

Resonanzfrequenz: $\nu_0 = \frac{1}{2\pi\sqrt{LC}}$

Lösung 18

Die Kraft, die im elektrischen Feld E auf die Elektronen wirkt, ist $F = eE$. Sie zwingt die Elektronen auf eine Parabel analog der des horizontalen Wurfs. Die am Ende des Kondensators „durchfallene“ Strecke s ist gleich $\frac{1}{2} at^2$, wobei t die Zeitdauer der Einwirkung des elektrischen Feldes, also die Aufenthaltsdauer eines Elektrons im Kondensator und a die Beschleunigung ist. Aus $F = ma = eE$ erhält man $a = \frac{e}{m} E$. Die Zeit t erhält man aus der Länge des Kondensators und der Geschwindigkeit der Elektronen: $t = \frac{l}{v}$.

Da $eU_A = \frac{m}{2} v^2$ ist, erhält man $v^2 = \frac{2\,eU_A}{m}$

$$s = \frac{1}{2} at^2 = \frac{1}{2} \frac{e}{m} E \cdot \frac{l^2 m}{2e\,U_A} = \frac{1}{4} \frac{l^2}{d} \cdot \frac{U_K}{U_A}.$$

Für $s = 1$ mm und für die Anodenspannung $U_A = 2000$ Volt ergibt sich eine erforderliche Ablenkspannung am Kondensator von $U_K = 40$ Volt.
Für negative Ionen, die vor der Kathode gebildet werden, ergibt sich der gleiche Wert, da e/m nicht mehr in der Gleichung enthalten ist. Der Grund ist einfach: Die Geschwindigkeit der Ionen ist kleiner und damit ist die Aufenthaltsdauer t im Kondensator größer. Man sieht, daß sich in der Rechnung e/m aufhebt. Dies gilt übrigens nicht für die Ablenkung im magnetischen Feld.

Lösung 19

Die eine Reihe der Ladungen erzeugt im Abstand r auf einem Zylindermantel der Länge l die elektrische Verschiebungsdichte

$D = \frac{q}{2r\pi l}$, bzw. die Feldstärke $E = \frac{q}{2r\pi l\varepsilon_0}$.

Diese Feldstärke wirkt auf die andere Reihe der Ladungen mit der Kraft $F_{el} = q \cdot E = \frac{q^2}{2r\pi l\varepsilon_0}$.

Der Strom J_1 erzeugt im Abstand r die magnetische Feldstärke $H = \frac{1}{2\pi} \cdot \frac{J_1}{r}$, und die magnetische Flußdichte $B = \frac{\mu_0}{2\pi} \cdot \frac{J_1}{r}$.

Auf einem stromdurchflossenen Leiter der Länge l wirkt im Magnetfeld B die Kraft $F_{magn} = B \cdot J_2 \cdot l$, bzw.

$F_{magn} = \frac{\mu_0}{2\pi} \cdot \frac{J_1 \cdot J_2 \cdot l}{r}$. Da $J_1 = J_2 = \frac{q}{t} = \frac{q \cdot v}{l}$ ist, folgt

$F_{magn} = \frac{\mu_0}{2\pi} \cdot \frac{q^2 \cdot v^2}{rl}$. Beide Kräfte F_{el} und F_{magn} sollen gleich sein: $\frac{q^2}{2r\pi l\varepsilon_0} = \frac{\mu_0 \cdot q^2 \cdot v^2}{2r\pi l}$.

Dies ist der Fall, wenn $v = \frac{1}{\sqrt{\varepsilon_0\mu_0}} = c$ (Lichtgeschwindigkeit) ist. (Für $v < c$ überwiegt die elektrische Abstoßungskraft.)

Lösung 20

Nach dem Faradayschen Gesetz wird in der Zeit t die Stoffmenge

$$\nu = \frac{J \cdot t}{F\,|\,z\,|}$$

abgeschieden.
Gleichzeitig gilt für ν:

$$\nu = \frac{m}{M} = \frac{\varrho \cdot V}{M}.$$

Also folgt für t:

$$t = |\,z\,|\,\frac{\varrho \cdot V}{M} \cdot \frac{F}{J}$$

$t = 6960$ s $= 115$ min $= 1$ h 55 min.

Lösung 21

Durch die Ladungsmenge q wird nach dem Faradayschen Gesetz die äquivalente Stoffmenge

$$\nu = \frac{q}{F} \text{ (für } |\,z\,| = 1)$$

abgeschieden.
Da das meßbare Defizit ν_D äquivalente Mole ausmacht, müssen $\nu_{ü} = \nu - \nu_D$ Mole in den Anodenraum überführt worden sein. Damit ergibt sich für die Überführungszahl der Cl^--Ionen

$$n_{Cl^-} = \frac{\nu - \nu_D}{\nu} = \frac{\frac{q}{F} - \nu_D}{\frac{q}{F}} = 0{,}69.$$

Da die Summe der Überführungszahlen der positiven und negativen Ionen stets eins sein muß, gilt für die Überführungszahl der Li^+-Ionen:

$$n_{Li^+} = 0{,}31.$$

Lösung 22

Der Dissoziationsgrad ist gegeben durch:

$$\alpha = \frac{\Lambda}{\Lambda_\infty}.$$

Als Folge des Gesetzes von der unabhängigen Wanderung der Ionen ergibt sich für Λ_∞ der beiden Ionensorten zusammen:

$$\Lambda_\infty = \Lambda_\infty(NH_4^+) + \Lambda_\infty(OH^-).$$

Für die Äquivalentleitfähigkeit Λ gilt:

$$\Lambda = \frac{\sigma}{c_A},$$

wobei c_A die äquivalente molare Konzentration des Elektrolyten bedeutet. Für den Dissoziationsgrad folgt jetzt:

$$\alpha = \frac{\sigma}{c_A[\Lambda_\infty(NH_4^+) + \Lambda_\infty(OH^-)]}$$

$$\alpha = 4{,}027 \cdot 10^{-2}.$$

Lösung 23

Das gemessene Potential ergibt sich als Differenz:

$$V = V_{H_2} - V^0_{H_2}$$

($V^0_{H_2} = 0$ V, Potential der Normalwasserstoffelektrode)

Da die Reduktion der H^+-Ionen nach der Gleichung

$$H^+ + e^- = \frac{1}{2} H_2$$

erfolgt, ergibt sich für das Gleichgewichtspotential der Wasserstoffelektrode:

$$V_{H_2} = V^0_{H_2} + 2{,}303 \frac{RT}{F} \log \frac{c_{H^+}}{c^0} - 2{,}303 \frac{RT}{F} \log \sqrt{\frac{p_{H_2}}{p^0}}.$$

Die Normierung der Wasserstoffionenkonzentration c_{H^+} auf die Konzentration $c^0 = 1$ mol/l und die Normierung des Wasserstoffdruckes p_{H_2} auf den Standarddruck $p^0 = 760$ Torr ist notwendig, da das Normalpotential der Wasserstoffelektrode ebenso wie alle anderen Normalpotentiale, auf Standardbedingungen bezogen ist. (Da die Bezugsgröße $c^0 = 1$ mol/l wegen der in Volumenangaben enthaltenen Stoffdichte temperaturabhängig ist, wird heute meist die molale Konzentration 1 mol/kg als Bezugskonzentration benutzt.)

Der pH-Wert ist als negativer dekadischer Logarithmus der Wasserstoffionenkonzentration definiert. Also folgt als Ergebnis:

$$pH = -\log \frac{c_{H^+}}{c^0} = -\left(\frac{F}{2{,}303\, RT} V_{H_2} + \log \sqrt{\frac{p_{H_2}}{p^0}}\right)$$

$$pH = 5{,}94.$$

Lösung 24

a)

T (K)	n (cm^{-3})	μ (cm^2/Vs)
11,4	$3 \cdot 10^{11}$	$6{,}65 \cdot 10^5$
12,5	$6 \cdot 10^{11}$	$6{,}55 \cdot 10^5$
14,3	$2 \cdot 10^{12}$	$5{,}0 \cdot 10^5$
20,0	$6 \cdot 10^{12}$	$2{,}9 \cdot 10^5$
50,0	$9 \cdot 10^{12}$	$7{,}0 \cdot 10^4$
100,0	$9 \cdot 10^{12}$	$2{,}3 \cdot 10^4$
200,0	$9 \cdot 10^{12}$	$4{,}4 \cdot 10^3$
250,0	$4 \cdot 10^{14}$	$3{,}2 \cdot 10^3$
333,0	$1{,}8 \cdot 10^{16}$	$1{,}7 \cdot 10^3$

b) Im Bereich tiefer Temperaturen bis etwa 200 K sind nur Elektronen im Leitungsband, die von den energetisch dicht unter dem Leitungsband liegenden Donatoratomen stammen. Bei Steigerung der Temperatur wird die mittlere Energie des Kristalls schließlich so groß, daß alle Donatoratome ihr Elektron abgegeben haben (Störstellenerschöpfung). Daher steigt die Ladungsträgerkonzentration erst wieder an, wenn die Temperatur ausreicht, um auch aus dem Valenzband Ladungsträger ins Leitungsband zu befördern (Bereich der Eigenleitung). Die Donatorenkonzentration ergibt sich aus dem Bereich der Störstellenerschöpfung zu $n_D = 9 \cdot 10^{12}$ cm^{-3}.

c) Aus der Steigung im oberen Temperaturbereich folgt mit

$n = C_1 \cdot \exp(-\Delta E/2kT)$ ($k = 0{,}865 \cdot 10^{-4}$ eV/K)

$E = 0{,}66$ eV

Die Konstante C_1 ist in Wirklichkeit etwas von der Temperatur abhängig.

Aus der Steigung im unteren Temperaturbereich folgt mit

$n = C_2 \cdot \exp(-\Delta E_D/2kT)$

$E_D = 0{,}013$ eV

Auch die Konstante C_2 ist etwas von der Temperatur abhängig. Sie enthält außerdem die Konzentration der Donatoren.

d) Aus dem Verlauf der Beweglichkeit kann auf die Art der Wechselwirkung der Ladungsträger mit dem Gitter geschlossen werden.

Die wichtigsten Mechanismen sind:

1) Streuung der Ladungsträger durch die Wärmebewegung des Gitters (Streuung an Phononen). Diese wird um so häufiger, je höher die Temperatur des Kristalls ist. Die Beweglichkeit nimmt daher mit steigender Temperatur nach einem Potenzgesetz ab ($\mu \sim T^{-x}$). Wie groß ist im vorliegenden Fall x?
Diese Art der Streuung liegt bei dem Arsen-dotierten Germanium in dem untersuchten Temperaturbereich vor.

2) Streuung durch ionisierte Fremdatome im Gitter. Hier nimmt die Beweglichkeit mit steigender Temperatur nach einem Potenzgesetz zu ($\mu \sim T^{x}$).

Literatur zur Ergänzung bzw. Vertiefung

F. Kohlrausch, Praktische Physik, B. G. Teubner, Stuttgart 1962, Bd. 2 und 3, 22. Aufl.

Leonard B. Loeb, Static Electrification, Springer-Verlag, Berlin-Göttingen-Heidelberg 1958.

Static Electrification (Proceedings of the Conference 1967) Institute of Physics and Physical Society. London 1967.

N. J. Felici, Elektrostatische Hochspannungsgeneratoren, Verlag G. Braun, Karlsruhe 1957.

M. Lambeck, Barkhausen-Effekt und Nachwirkung in Ferromagnetika sowie analoge Erscheinungen in der Festkörperphysik, Verlag Walter de Gruyter & Co., Berlin 1971.

H. H. Meinke, Einführung in die Elektrotechnik höherer Frequenzen, Springer-Verlag Berlin-Heidelberg-New York 1965.

Eduard Justi, Leitungsmechanismus und Energieumwandlung in Festkörpern, 2. Aufl. Vandenhoek & Ruprecht, Göttingen 1965.

Martin Kulp, Röhren- und Transistorschaltungen, Teil I—V, Vandenhoeck & Ruprecht, Göttingen 1970.

D. Geist, Halbleiterphysik I und II, Friedr. Vieweg u. Sohn, Braunschweig 1969.

Rudolf Müller, Grundlagen der Halbleiter-Elektronik, Springer-Verlag Berlin-Heidelberg-New York 1971.

Joachim Euler, Neue Wege zur Stromerzeugung, Akadem. Verlagsges. Frankfurt/M. 1963.

E. A. Lynton, Supraleitung, Bibliographisches Institut, Mannheim.

Erwin W. Müller and *Tien Tzou Tsong*, Field Ion Microscopy, American Elsevier Publishing Company, Inc. 1969.

Gustav Kortüm, Lehrbuch der Elektrochemie, Verlag Chemie, Weinheim 1966.

J. O'M Bockris und *A. K. Reddy*, Modern Electrochemistry, Plenum Press, N. Y., 1970.

Fachwörterverzeichnis

Deutsch-Englisch / Englisch-Deutsch

Deutsch-Englisch

A

Abbildung (elektronenoptische) image (electronoptic)
Abfall fall
Abfluß drain
Abstimmschärfe selectivity, clearness of tuning
Abstoßung, elektrische electric repulsion
Abstoßung von Strömen repulsion of current
Abweichung deviation, aberration, variation, divergence
Achse, magnetische magnetic axis
Akkumulator accumulator, storage battery
Akzeptor acceptor
Alkalilauge alkali lye (liquor)
Amperemeter ammeter
Amperewindungszahl number of ampere-turns
Amplitudenverzerrung amplitude-distortion, fundamental component distortion
Anion anion
Anker (einer Dynamomaschine) armature (of a dynamo)
Ankerrückwirkung armature reaction
Anlaßwiderstand starter resistance, starting rheostat
Anlegewandler split-wire type transformer
Anode anode, plate
Anodenfall anode fall, potential fall
Anodenstrahlen anode rays
Anreicherung enhancement
Anstieg rise
Antenne antenna, aerial
Antiferroelektrizität antiferroelectricity
Antiferromagnetismus antiferromagnetism
Antikathode anticathode
Anziehung, elektrische attraction, electrostatic
aperiodische Schwingung aperiodic vibration
Äquipotentialfläche equipotential surface
Äquivalent, elektrochemisches electrochemical equivalent
Äquivalentkonzentration equivalent concentration
Äquivalentleitfähigkeit equivalent conductivity
Äquivalenz equivalence
Arbeit work
astatisches Nadelpaar astatic couple of needles
Asynchronmotor asynchronous motor
Aufladung charging
Austauschkräfte exchange forces
Austrittsarbeit work function

B

Bändchenmikrophon ribbon microphone
Bändermodell energy-band diagram
ballistisches Galvanometer ballistic galvanometer
Bandabstand band gap
Bandgenerator, elektrostatischer van de Graaff generator
Barkhausen-Sprünge (-Effekt) Barkhausen jumps (effect)
Barlowsches Rad Barlow's wheel
Batterie, galvanische voltaic (galvanic) battery
Batterie, Hochspannungs- high-voltage battery
Beckbogenlampe Beck arc lamp
Belastungskennlinie load characteristic
Beleuchtung illumination
Berührungselektrizität contact electricity
Berührungsspannung contact potential, contact voltage
Beweglichkeit mobility
Bewegung movement, motion
bifilare Wicklung double winding, noninductive winding
Bildwandler (-röhre) image converter (electron image tube)
Biot-Savartsches Gesetz Biot-Savart law
Bitterstreifen Bitter pattern
Blatt-Elektroskop leaf electroscope
Blättchen thin-layer
Blasenkammer bubble chamber
Bleiakkumulator lead accumulator
Blindleitwert susceptance
Blindkomponente reactive component
Blindleistung reactive power, reactance output
Blindstrom reactance current
Blindwiderstand reactance, reactive impedance
Bloch-Wände Bloch walls
Blockkondensator block(ing) capacitor
Bolometer barretter, bolometer
Boltzmann-Gleichung Boltzmann equation
Braunsche Röhre Braun tube, cathode-ray tube
Brechung refraction
Brücke, Wheatstonesche resistance bridge
Büschelentladung brush discharge
Bunsenelement Bunsen element

C

Cadmiumsulfid-Zelle cadmium sulfide cell
Curie-Konstante Curie constant
Curie Punkt Curie point
Curiesches Gesetz Curie law

D

Dämpfung attenuation, damping
Dämpfungsfaktor damping coefficient
Danielelement Daniel cell
Dauermagnet permanent magnet
Defektelektron hole (in electron valence band), electron vacancy
Defektleitung hole conduction
Deformation deformation, strain
Dehnung strain

Dehnungsmeßstreifen wire (foil) strain gauge
Deklination, magnetische magnetic declination
Dekrement, logarithmisches logarithmic decrement
Depolarisator depolarizer
Detektor demodulator
diamagnetisch diamagnetic
Diamagnetismus diamagnetism
Dichte density
Dielektrikum dielectric medium (-material)
Dielektrizitätskonstante dielectric constant, permittivity
Dielektrizitätszahl relative permittivity
Diffusion diffusion
Dipol, elektrischer electric dipole
—, magnetischer magnetic dipole
Dipolmoment dipole moment
Dipolstrahlung dipole radiation
Dissoziation, elektrolytische electrolytic dissociation
Donator donor
Doppelleitung two-wire line, loop circuit
Doppelpendel double pendulum
Doppelplatte double plate
Doppelschicht, elektrische electric double layer
Doppelschlußmotor compound-motor
Doppel-T-Anker two-pole armature, shuttle armature
Drehfeld, magnetisches rotating magnetic field
Drehkondensator variable capacitor
Drehspulgalvanometer moving-coil galvanometer
Drehstrom rotary current, three-phase current
Drehstromgenerator three-phase current generator
Drehstrommotor three-phase current motor
Drehwaage torsion balance
Dreieckschaltung triangle connection, delta network, delta connection
Dreielektrodenröhre triode, three electrode tube
Dreiphasenstrom three-phase current
Dreipunktschaltung three-point circuit (connection)
Drosselspule choke coil
Druck pressure
Druckspannung compressive stress
dualistische Theorie dual theory
Dunkelraum dark space
Durchlaßstrom forward current
Dynamomaschine dynamo, generator
Dynamometer dynamometer

E

effective Spannung effective voltage
effektive Stromstärke effective current intensity
Eichmaß, Lehre gauge
Eigeninduktivität self inductance
Eigenleitung intrinsic conduction
Eindringtiefe penetration depth, skin depth
Einfadenelektrometer unifilar electrometer
Einheit unit
Einkristall single crystal
Einwegschaltung half-wave circuit
Eisenwasserstoffwiderstand hydrogen iron resistance
Elektret electret
elektrische Feldkonstante permittivity of vacuum
elektrischer Fluß electric flux
elektrische Verschiebung electric displacement
Elektrisierung electrification
Elektrizitätsleitung conduction of electricity
Elektrizitätsmenge quantity of electricity
Elektrizitätszähler electric counter, energy meter
Elektroanalyse electro-analysis
elektrochemisches Äquivalent electrochemical equivalent
Elektrode electrode
Elektrodynamometer electro-dynamometer
Elektronenbildwandler electron image tube
elektrokinetische Erscheinung electrokinetic phenomenon
Elektrolyse electrolysis
Elektrolyt electrolyte
elektrolytisch electrolytic
Elektrolytkondensator electrolytic capacitor
elektromagnetische Lichttheorie electromagnetic theory of light
Elektromagnetismus, Grundgleichung des fundamental equation of electro-magnetism
Elektrometer electrometer
Elektromotor electromotor
elektromotorische Kraft electromotive force
Elektronenbeschleuniger electron accelerator
Elektronenleitung electron conduction
Elektronenmangel defect of electrons
Elektronenröhre electronic tube, vacuum tube
Elektronenröhrengenerator electronic tube generator, vacuum tube oscillator
Elektronenstrahlröhre cathode ray tube
Elektronenüberschuß excess of electrons
Element, galvanisches galvanic (voltaic) cell, Element, battery
Elementarladung elementary (electronic) charge
Elementarquantum elementary quantum
Elementarteilchen elementary particle
Elmsfeuer Elmo's fire
Eloxalverfahren anodic oxidation
Empfänger, elektrischer electric receiver
Energie, elektrische electric energy
—, magnetische magnetic energy
Energiedichte density of energy, energy density
Energieübertragung energy transfer, power transmission
Entladung discharge
—, aperiodische aperiodic discharge
—, selbständige self-maintained discharge
—, stille silent discharge
—, unselbständige non-self-maintained discharge
entmagnetisieren to demagnetize
Entmagnetisierungsfaktor demagnetizing factor
Entstaubung dedusting
Erdfeld, elektrisches terrestrial electric field
—, magnetisches terrestrial magnetic field
Erdinduktor earth inductor
Erdmagnetismus earth magnetism, geomagnetism
Erregung, dielektrische dielectric excitation

F

Fadenelektrometer thread (filament) electrometer
Fadenstrahl thread (narrow) beam
Faraday-Becher Faraday collector

Faraday-Käfig Faraday screen (shield, cage)
Faradayscher (faradischer) **Strom** Faraday current
Faraday-Konstante Faraday (electrolytic) constant
Feld, elektrisches electric field
—, magnetisches magnetic field
—— der Erde magnetic field of earth
——, (Energie-Inhalt) amount of energy contained
Feldkonstante, elektrische permittivity of vacuum
—, magnetische permeability of vacuum
Feldmagnet field magnet
Feldstärke field strength
Fernkraft long-range force
Ferrimagnetismus ferrimagnetism
Ferrit ferrite
Ferroelektrizität ferroelectricity
ferromagnetischer Stoff ferromagnetic material
Ferromagnetismus ferromagnetism
Flächendichte, elektrische surface density of electric charge
Flächen-Diode junction diode
Flächenladungsdichte surface charge density
Flächenwirbel rotational surface distribution
Fluß, elektr. (Verschiebungs-) electric flux
—, magnet. magnetic flux
Flußdichte flux density
Formfaktor form factor
Fortpflanzungsgeschwindigkeit speed of propagation
Foucaultscher Strom eddy (Foucault) current
Frequenz frequency
Frequenzmesser frequency meter (indicator, counter)
Fritter coherer
Funkeleffekt flicker effect
Funkenentladung spark discharge
Funkeninduktor spark (induction) coil
Funkenüberschlag spark-over

G

Galvanisches Element voltaic couple, voltaic cell
galvanomagnetischer Effekt galvanomagnetic effect
Galvanometer galvanometer
—, ballistisches ballistic galvanometer
Galvanoplastik galvanoplastics, electrotyping
Gasentladung gas(eous) discharge
—, selbständige self-sustaining — self-maintained —
Gasreinigung gas scrubbing
Gegeninductivität mutual inductance
Generator, elektrostatischer electrostatic generator
Geschwindigkeit, kritische critical velocity, critical speed
Gewitter thunderstorm
Gleichrichter rectifier, demodulator, current changer
Gleichrichterröhre rectifying valve, rectifier tube, valve detector
Gleichstrom direct current
Gleichung equation
Glimmentladung glow discharge, corona discharge
Glimmlampe glow (-discharge) tube
Glimmlicht blue glow
Glimmlichtgleichrichter glow (-lamp) rectifier
Glühelektrode incandescent (hot) electrode
Glühlampe incandescence lamp, bulb
Gütefaktor quality factor
gyromagnetischer Effekt gyromagnetic effect

H

Halbleiter semiconductor
Halbwertsbreite half-width
Halbwertszeit half-life period
Hauptschlußmotor series-wound motor
Hauteffekt skin effect, Kelvin effect
Heaviside-Schicht Heaviside layer
Heißleiter ntc-resistor, thermistor
Hertzscher Dipol Hertzian doublet, radiating dipole
Heuslersche Legierung Heusler alloy
Hintereinanderschaltung cascade connection, series connection
Hitzdrahtstrommesser hot-wire ammeter
Hochdruckquecksilberdampflampe high-pressure mercury-vapour lamp
Hochfrequenz high frequency
Hystereseschleife hysteresis loop
Hysteresewärme hysteresis loss

I

idiostatische Schaltung idiostatic circuit
Impedanz impedance
Induktanz inductance, inductive reactance
Induktion induction
—, gegenseitige mutual induction
—, magnetische magnetic induction
—, remanente residual induction
Induktionsgesetz law of induction
Induktionsofen induction furnace
Induktionsstrom induced current
induktiver Widerstand inductive resistance
Induktivität inductance
Induktor induction coil
Induktormaschine inductor (magneto) generator
Influenz, elektrische electrostatic influence
—, magnetische magnetic influence
Influenzmaschine electrostatic generator, influence machine
Inklination inclination
Ion ion
—, Beweglichkeit der mobility of ions, ion(ic) mobility
—, Lebensdauer life (period)
—, Wanderung ion migration, ion-drift
—, Wiedervereinigung recombination
Ionosphäre ionosphere
Isolator insulator

K

Käfiganker squirrel cage
Kanalstrahlen positive rays, canal rays
Kapazität, elektrische capacitance, capacity
kapazitiver Widerstand capacitive resistance
Kapillarelektrometer capillary electrometer
Kataphorese electrophoresis
Kathode cathode
Kathodenfall cathode fall
Kathodenstrahl cathode ray
Kathodenstrahloszillograph cathode ray oscillograph
Kathodenzerstäubung cathodic evaporation cathode sputtering
Kation cation

Kennelly-Heaviside-Schicht Kennelly-Heaviside layer
Kennlinie characteristic, graph, curve, diagram
Kerntransformator core-type transformer
Kippschwingung relaxation oscillation
Klingel bell
Klingeltransformator bell transformer
Knallgasvoltameter oxyhydrogen voltmeter
Koaxialkabel coaxial (or concentric) cable
Koeffizent coefficient, factor
Koerzitivkraft coercive force, coercivity
Kohärer coherer
Kohlebogen carbon arc
Kohlefadenglühlampe carbon filament lamp
Kohlemikrophon carbon microphone
Kollektor collector
Kommutierungskurve commutation curve
Kompensationsmethode compensating method
Kompensationsschaltung compensating circuit
Kondensanz condensance, capacitance
Kondensator capacitor
Kontaktelektrizität contact (voltaic) electricity
Kontaktspannung contact potential
Konvektionsstrom convection current
Konzentrationselement concentration cell
Kopplung, elektrische electric coupling
Koppelungsfaktor coupling factor, coupling coefficient
Kopplungskoeffizient coupling coefficient
Koppelungsschwingungen oscillations in coupled circuits
Koronaentladung corona discharge
Korrosion corrosion
Kraft force
—, elektromotorische electromotive force
Kraftfluß flux
Kraftlinie line of force
Kraftwirkung dynamic effect
Krarupkabel krarup cable, continuously loaded cable
Kreisfrequenz angular velocity, gyrofrequency
Kristallanisotropie crystalline anisotropy
—, magnetische magnetocrystalline anisotropy
Kristalldetektor crystal detector
Kristalldiode crystal diode
Kugel ball, globe, sphere
Kugelkondensator spherical capacitor
Kurbelwiderstand decade (lever type) resistance box, (rotary) rheostat
Kurzschluß short circuit

L

Ladung charge
—, wahre effective —
—, induzierte induced —
—, spezifische spezific —
Ladungseinheit unit charge
Lautsprecher, elektrodynamischer electrodynamic (coil-driven) loudspeaker
Lawinendurchbruch avalanche breakdown
Lebensdauer (eines Ions) life period (of an ion)
Leistung, Wirkleistung power
Leiter, elektrischer conductor
Leitfähigkeit, elektrische electric conductivity
Leitung (Drahtleitung) line, wiring
Leitungsband conduction band
Leitungselektron conduction electron
Leitungsstrom conduction current
Leitwert, elektrischer conductance
Lenardfenster Lenard window
Lenzsche Regel Lenz' law
Leuchtschirm fluorescent screen
Lichtbogen, elektrischer (electric) arc
lichtelektrischer Effekt photoelectric effect
Linke-Hand-Regel left-hand rule
Löschfunkenstrecke quenched-spark gap
Lösung solution
Lösungsdruck, elektrolytischer electrolytic solution pressure
Luftleiter aerial conductor

M

Magnet, natürlicher natural magnet
—, permanenter permanent magnet
Magneteisenstein magnetite
Magnetfeld magnetic field
— an Grenzflächen — near boundaries
— der Erde terrestrial —
— im Innenraum eines Leiters inside a conductor
— im Innenraum eines Magneten — inside a magnet
— von Spulen — of solenoids, — of coils
—, Energie eines energy of a —
magnetischer Fluß magnetic flux
magnetische Feldkonstante permeability of vacuum
Magnetisierung magnetization
—, permanente permanent —
—, spontane spontaneous —
Magnetisierungskurve magnetization curve, hysteresis loop
technische — technical —
Magnetismus magnetism
—, induzierter induced —
—, permanenter permanent —
Magnetnadel magnetic needle
magneto-elastische Erscheinungen magnetoelastic effects
Magnetometer magnetometer
magnetomotorische Kraft magnetomotive force
Magnetostatik magnetostatics
Magnetostriktion magnetostriction
Manteltransformator shell type transformer
Massenspektograph mass spectrograph
Maßsystem system of units
Materie matter, substance
Mehrphasenstrom polyphase (multiphase) current
Meridian, magnetischer magnetic meridian
Messung measurement
Meßbereich measuring range, instrument range, effective range
Mikrophon microphone
Mittelwert mean value
Modul, piezoelektrischer piezoelectric modulus
Modulation modulation
molare Masse molar mass
Molekül molecule
Molekularmagnet molecular magnet
Momentanwert instantaneous value

N

Nadelgalvanometer moving-needle galvanometer
Nadelschaltung symmetrical heterostatic circuit
Nahewirkung close-range action

Natriumdampflampe sodium vapour lamp
Natronlauge soda lye, solution of caustic soda
Nebelkammer cloud chamber
Nebenschlußwiderstand shunt field rheostat
Neukurve initial magnetization curve
neutrale Zone neutral zone
n-Leitung n-type conduction
Nichtleiter insulator
Niederfrequenz audio-frequency
Niveaufläche equipotential surface
Nordlicht aurora borealis, northern lights
Nordpol north pole
Normalelement standard cell
Normalwasserstoffelektrode standard hydrogen electrode
Normalwiderstand standard resistor
Nulleiter neutral (zero) conductor

O

Oberflächenintegral surface integral
Oberflächenionisation surface ionization
Ofen oven, furnace
offener Schwingungskreis open oscillatory circuit, tank circuit
Ohmsches Gesetz Ohm's law
Orientierungspolarisation orientation polarization
Oszillator, Hertzscher Hertzian oscillator
oszillierende Entladung oscillating discharge
Oszillograph oscillograph

P

Panzergalvanometer shielded galvanometer
Papierkondensator paper capacitor
Parabolspiegel parabolic mirror
Parallelschaltung parallel (shunt) connection, shunting, paralleling
Paralleldrahtleitung parallel-wire line
paramagnetisch paramagnetic
Paramagnetismus paramagnetism
Periode period, cycle
Periodendauer cycle duration
Permanentmagnet permanent magnet
Permeabilität permeability
—**szahl** relative permeability
Phasen, Anzahl der phase number
Phasenkonstante phase (-change) coefficient
Phasenverzerrung phase shift
Phasenverzögerung phase lag (delay), retardation in phase
Phasenvoreilung phase lead (or advance)
Photoeffekt photoelectric effect
Photoelement, Photozelle photocell, photo-voltaic cell
Plattenkondensator plate capacitor
p-Leiter p-type conductor
p-Leitung p-type conduction
Polarisation, elektrische dielectric polarization
Polarisationsebene polarization plane
Polarisationsspannung polarizing potential
Polarisationsstrom polarizing current
Polarisierbarkeit, elektrische polarizability
Polarlicht polar light
Pol pole
Polreagenzpapier pole (-finding) paper
Polstärke pole strength
Potential potential
—**, elektrisches** electric potential
—**, elektrolytisches** electrolytic potential
Potentialdifferenz potential difference
Potentialgefälle potential slope
Potentialgradient potential gradient
Potentiometerschaltung potentiometer connection
Poynting-Vektor Poynting vector
Primärwicklung primary winding
Prinzip principle
Pupinleitung coil-loaded circuit
Pyroelektrizität pyroelectricity

Q

Quadrantenelektrometer quadrant electrometer
Quarzkristall quartz crystal
Quecksilberdampfgleichrichter mercury-vapour recticifier
Quecksilberdampflampe mercury-vapour lamp, mercury-arc lamp
Quelle source, injector
Quellenfeld source field
—**, wirbelfreies** irrotational source field

R

Rahmenantenne circular (coil, frame, loop) antenna
Randspannung, magnetische magnetomotive force
Raumladung space charge
Raumladungsdichte (space-) charge density
Raumwelle free (space) wave
RC-Glied RC-device
Rechte-Hand-Regel right-hand rule
Reflexion reflection
Reibungselektrisiermaschine frictional electrical machine
Reibungselektrizität frictional electricity
Rekombination recombination
Rekombination von Ionen recombination of ions
Relais relay
Relaxationszeit relaxation time
Remanenz remanence, remanent field, remanent polarization
Repulsionsmotor repulsion (doubly-fed) motor
Resonanz resonance
  Spannungsresonanz voltage resonance
  Stromresonanz current resonance
Resonanzkurve resonance curve
Resonator resonator
Richtung direction
Richtungsempfindlichkeit directional sensitivity
Ringanker ring armature
Rohrofen tube furnace
Röntgenröhre X-ray tube
Röntgenstrahlen X-rays
Rotationsmagnetismus rotary magnetism
Rückkoppelung feedback
Rückstand residue, remains
Rundfunk broadcasting, radio

S

Sättigung saturation, emission limitation
Sättigungsspannung saturation voltage
Sättigungsstrom saturation current
Saitengalvanometer string galvanometer
Saugwirkung suction effect, sucking action
Schalter switch
Schaltung circuit, connection, network
Scheinleitwert admittance
Scheinwiderstand impedance

Scheitelfaktor peak factor
Scheitelspannung peak voltage
Scheitelstrom peak current
Scheitelwert peak value
Scherung shearing correction
Scherungsgerade straight shifting line
Schicht layer
Schirm screen
Schleifenoszillograph loop oscillograph
Schlupf drift
Schmelzsicherung fuse, fusible cut-out
Schroteffekt shot effect
Schwellenspannung threshold voltage
Schwerpunkt center of mass
Schwingung oscillation, vibration
—, gedämpfte damped oscillation (vibration)
—, ungedämpfte undamped (sustained, continous) oscillation, undamped vibration
—, freie free oscillation
Schwingungskreis oscillation, circuit
Schwundeffekt fading
Sekundärelektron secondary electron
Sekundärelement secondary cell
Selbstinduktion self-inductance
Sendeanlage transmitting station
Senke drain
sinusförmig sinusoidal
Solenoid solenoid
Sonde sonde
Sonnenflecken sunspots
Spannung, elektrische (electric) voltage
—, magnetische magnetic potential difference
Spannungsmesser voltmeter, voltage indicating meter
Spannungsreihe, thermoelektrische thermoelectric voltage series
Spannungsresonanz voltage resonance
Spannungsstoß voltage pulse (surge), surge
Spannungsteiler voltage (potential) divider, potentiometer
Speicherzeit storage-time
Spektrum spectrum
Sperrkreis rejector, (anti-resonant, block, parallel-resonant) circuit, wave trap
Sperrschicht barrier (blocking) layer
Sperrspannung reverse voltage
Sperrstrom reverse current
spezifische Ladung charge-mass ratio
spezifischer Widerstand resistivity
Spiegelgalvanometer mirror galvanometer
Spinmoment spin moment
Spitzen-Diode (Detektor) point contact diode
Spitzenentladung point discharge
Spitzentransistor point contact transistor
Spitzenzähler point counter tube, needle counter, (alpha-particle counter)
Sprungtemperatur transition temperature
Stator stator
Stecker plug
Steilheit (einer Elektronenröhre) transconductance (of an electronic tube)
Sternschaltung star-connection, Y-connection, star-connected circuit
Stöpselwiderstand plug resistance box, resistance box with plugs
Störleitung defect (impurity) conduction
Stoßerregung excitation, impact excitation
Stoßionisation collision (impact) ionization, ionization by collision
Strahlungscharakteristik radiation characteristic
Strahlungsdämpfung radiation damping
Strahlungsdruck radiation pressure
Strahlungswiderstand radiation resistance —
Strom current
—, stationärer steady (-state) current
Stromdichte current density
Stromkreis circuit
Stromleiter conductor
Stromleitung current conduction
Stromlinie stream line
Stromresonanz current resonance
Stromschleife, Magnetfeld einer magnetic field of a current loop
Stromvektor current vector
Strom-Spannungscharakteristik current-voltage characteristic
Stromstärke current intensity (strength), amperage
Stromwärme electric heat
Südpol south pole
Supraleitfähigkeit superconductivity
Suszeptibilität susceptibility
Synchrotron synchrotron
Synchronmotor synchronous motor

T

Tangentenbussole tangent galvanometer
Telegraphengleichung telegraph equation
Telephon telephone, phone
Temperatur temperature
Temperaturkoeffizient temperature coefficient
Teslatransformator Tesla transformer
Thermoelektrizität thermoelectricity
Thermoelement thermocouple, thermoelectric couple
Thermokraft thermoelectric force
Thermokreuz thermocouple, thermal cross, thermo junction
thermomagnetisch thermomagnetic
Thermosäule thermoelectric pile, thermopile
Thermospannung thermoelectric voltage
Topfmagnet cylindrical (pot) magnet, shielded electromagnet
Tor gate
Toroid toroid
Townsendentladung Townsend discharge
Transformator transformer
Transistor transistor
Triode triode
Trockenbatterie dry battery
Trommelanker drum armature
Tunnel-Diode tunnel diode
Turmalin tourmaline

U

Überführungszahl transport (transference) number
Übersetzungsverhältnis transmission ratio
Übertragung transmission
Ummagnetisierung magnetic reversal
Umschalter current reverser
Umwandlung conversion
Umwandlungspunkt critical (transformation) point
Unterlage substrate

V

Valenz valency, valence
Valenzband valence band
Valenzelektron valence (bonding, peripheral, outer-shell) electron
Vektordarstellung vector(ial) representation
Vektorpotential vector potential
Verarmung depletion
Verbundmaschine compound motor
Verkettung linking (together) correlation
Verlustwinkel loss angle, dielectric phase difference
Verschiebung shift(ing), displacement, drift
Verschiebungsstrom displacement current
Verstärker amplifier
Verzögerung delay
Voltaspannung voltaic potential
Volumenionisierung volume ionization
Vorwiderstand series resistance

W

Waage balance, scales
Wärmeäquivalent thermal equivalent
Wärmewirkung thermal effect
Wanderungsgeschwindigkeit drift velocity
Wanderwelle travelling wave, running wave
Wasserstoffelektrode hydrogen electrode
Wechselspannung alternating voltage
Wechselstrom alternating current (a. c.)
Wechselstromkreis alternating current (a. c.) circuit
Wechselstrommaschine alternator, a. c. machine
Wechselstromwiderstand impedance, variational (a. c.) resistance
Weglänge, freie free path
—, mittlere freie mean free path
Wehnelt-Zylinder Wehnelt cylinder, control electrode
Weicheiseninstrument soft-iron instrument, moving-iron instrument
Weissche Bezirke Weiss domains
Weissches Feld Weiss field, molecular field
Welle wave
Wellenausbreitung wave propagation, propation of waves
Wellengleichung wave equation
Wellenstrahlung wave radiation
Wellenwiderstand characteristic impedance, wave resistance
Wertigkeit valency, valence
Weston-Element Weston cell
Weston-Normalelement Weston standard cell
Wheatstonesche Brücke Wheatstone bridge
Wicklung, bifilare bifilar (noninductive, two-wire) winding, double-spiral coil
Widerstand impedance, resistance, resistor
—, induktiver inductive resistance (reactance)
—, kapazitiver capacitive reactance
—, magnetischer (magnetic) reluctance
—, spezifischer spezific resistance, resistivity
Widerstandsthermometer resistance thermometer
Wilsonsche Nebelkammer Wilson cloud chamber
Wind, elektrischer electric wind
Windungen, Anzahl der number of turns
Windungsfläche winding surface
Wirbel eddy, vortex
Wirbelfeld rotational field, solenoidal field
Wirbelstrom Foucault current, eddy current
Wirbelstrombremse eddy-current brake
Wirbelstromdämpfung eddy-current damping
Wirbelstromtachometer drag-torque tachometer
Wirkleistung (active) real power
Wirkung action, effect
Wismutspirale bismuth spiral
Wolframlampe tungsten filament lamp

Z

Zählrohr counter (counting) tube, counter
Zeitkonstante time constant
Zener-Diode Zener diode
Zerstreuung dissipation, diffusion
Zone zone, area
Zone, neutrale neutral lines
—, tote silent zone, dead zone
Zugspannung tension, tensile stress
Zungenfrequenzmesser reed-type, frequency meter
Zweiphasenstrom two-phase current
Zyklotron cyklotron

Englisch-Deutsch

a

aberration Abweichung
acceptor Akzeptor
accumulator Akkumulator
action Wirkung
admittance Scheinleitwert
aerial Antenne
aerial conductor Luftleiter
alkali lye (liquor) Alkalilauge
alternating current (a. c.) Wechselstrom
alternating current circuit Wechselstromkreis
alternating voltage Wechselspannung
alternator, a. c. machine Wechselstrommaschine
ammeter Amperemeter
amount of energy contained Energie-Inhalt
amperage Stromstärke
amplifier Verstärker
amplitude-distortion Amplitudenverzerrung
angular velocity Kreisfrequenz
anode (-fall) Anode (Anodenfall)
anode rays Anodenstrahlen
antenna Antenne
anticathode Antikathode
antiferroelectricity Antiferroelektrizität
antiferromagnetism Antiferromagnetismus
aperiodic vibration aperiodische Schwingung
attenuation Dämpfung
area Gebiet, Zone
armature reaction Ankerrückwirkung
astatic couple of needles astatisches Nadelpaar
asynchronous motor Asynchronmotor
attraction, electrostatic Anziehung, elektrische
audio-frequency Niederfrequenz
aurora borealis Nordlicht
avalanche (breakdown) Lawine (ndurchbruch)

b

balance Waage
ball Kugel
ballistic galvanometer ballistisches Galvanometer
band gap Bandabstand
Barkhausen jumps (effect) Barkhausen-Sprünge (-Effekt)
Barlow's wheel Barlowsches Rad
barretter Stabilisationsröhre, Thermodetektor (Borometer)
barrier (blocking) **layer** Sperrschicht
bell Klingel
bell transformer Klingeltransformator
bismuth spiral Wismutspirale
Bitter pattern Bitterstreifen
bifilar (non-inductive, two-wire) **winding** bifilare Wicklung
Bloch walls Bloch-Wände
block(ing) **capacitor** Blockkondensator
blue glow Glimmlicht
Braun tube Braunsche Röhre
broadcasting Rundfunk
brush discharge Büschelentladung
bubble chamber Blasenkammer
bulb Glaskolben, Glühlampe

c

cadmium sulfide cell Cadmiumsulfid-Zelle
canal rays Kanalstrahlen
capacitance kapazitiver Blindwiderstand
capacity Kapazität
capacitive resistance (-reactance) kapazitiver Widerstand
capacitor Kondensator
capillary electrometer Kapillarelektrometer
carbon arc Kohlebogen
carbon filament lamp Kohlefadenglühlampe
carbon microphone Kohlemikrophon
cascade connection Hintereinanderschaltung
cathode Kathode
cathode fall Kathodenfall
cathode ray Kathodenstrahl
cathode ray oscillograph Kathodenstrahloszillograph
cathode-ray tube Braunsche Röhre
cathode sputtering Kathodenzerstäubung
cathodic evaporation Kathodenzerstäubung
cation Kation
center of mass Schwerpunkt
characteristic Kennlinie
curve Kurve, Kennlinie
charge Ladung
charge density Raumladungsdichte
charge-mass ratio spezifische Ladung
choke coil Drosselspule
circuit Stromkreis, Schaltung
circular antenna Rahmenantenne
clearness of tuning Abstimmschärfe
close-range action Nahewirkung
cloud chamber Nebelkammer
coaxial (or concentric) **cable** Koaxialkabel
coefficient Koeffizient
coercive force, coercivity Koerzitivkraft
coherer Fritter, Kohärer
coil Spule
coil-loaded circuit Pupinleitung
collision (impact) **ionization** Stoßionisation
compensating circuit Kompensationsschaltung
compensating method Kompensationsmethode
compound motor Verbundmaschine
compressive stress Druckspannung
concentration cell Konzentrationselement
condensance Kondensanz, kapazitiver Blindwiderstand
conductance elektrischer Leitwert
conduction band Leitungsband
conduction current Leitungsstrom
conduction of electricity Elektrizitätsleitung
conduction electron Leitungselektron
conductor Stromleiter, elektrischer Leiter
connection Schaltung, (Draht-) Verbindung
convection current Konvektionsstrom
contact (voltaic) **electricity** Kontaktelektrizität
contact potential (-voltage) Kontaktspannung, Berührungsspannung
conversion Umwandlung
core-type transformer Kerntransformator
corona discharge Glimmentladung, Koronaentladung
corrosion Korrosion
coupling coefficient Kopplungskoeffizient
counter (tube) Zähler, Zählrohr
critical (transformation) **point** Umwandlungspunkt
critical velocity kritische Geschwindigkeit
crystal detector Kristalldetektor
crystal diode Kristalldiode
crystalline anisotropy Kristallanisotropie

Curie constant Curie-Konstante
Curie point Curie Punkt
current Strom
current changer (rectifier) Gleichrichter
current conduction Stromleitung
current density Stromdichte
current intensity (strength) Stromstärke
current resonance Stromresonanz
current vector Stromvektor
current-voltage characteristic Strom-Spannungscharakteristik
current reverser Umschalter
cycle Periode
cyclotron Zyklotron
cylindrical (pot) magnet Topfmagnet

d

damped oscillation (vibration) gedämpfte Schwingung
damping coefficient Dämpfungsfaktor
Daniel cell Danielelement
dark space Dunkelraum
decade (lever type) **resistance box** Kurbelwiderstand
dedusting Entstaubung
defect (impurity) **conduction** Störleitung
defect of electrons Elektronenmangel
delta connection Dreieckschaltung
delta network Dreieckschaltung
delay Verzögerung
to demagnetize entmagnetisieren
demagnetizing factor Entmagnetisierungsfaktor
demodulator Detektor, Gleichrichter
density Dichte
density of energy Energiedichte
depletion Verarmung
depolarizer Depolarisator
deviation Abweichung
diamagnetic diamagnetisch
diamagnetism Diamagnetismus
dielectric constant Dielektrizitätskonstante
dielectric excitation dielektrische Erregung
dielectric medium (-material) Dielektrikum
diffusion Diffusion, Zerstreuung
dipole moment Dipolmoment
dipole radiation Dipolstrahlung
direct current (d. c.) Gleichstrom
direction Richtung
directional sensitivity Richtungsempfindlichkeit
discharge Entladung
displacement Verschiebung
displacement current Verschiebungsstrom
dissipation Zerstreuung
divergance Abweichung
donor Donator
double pendulum Doppelpendel
double plate Doppelplatte
double-spiral coil bifilar gewickelte Spule
double winding bifilare Wicklung
drag-torque Tachometer Wirbelstromtachometer
drain Senke, Abfluß
drift Verschiebung, Drift, Schlupf
drift velocity Wanderungsgeschwindigkeit
drum armature Trommelanker
dry battery Trockenbatterie
dual theory dualistische Theorie
dynamic effect Kraftwirkung
dynamo Dynamomaschine, Generator
dynamometer Dynamometer

e

earth inductor Erdinduktor
earth magnetism Erdmagnetismus
eddy Wirbel
eddy current Wirbelstrom, Foucaultscher Strom
eddy-current brake Wirbelstrombremse
eddy-current damping Wirbelstromdämpfung
effect Wirkung
effective charge wahre Ladung
effective current intensity effektive Stromstärke
effective mass effektive Masse
effective range Meßbereich
effective voltage effektive Spannung
electret Elektret
electric arc elektrischer Lichtbogen
electric conductivity elektrische Leitfähigkeit
electric counter Elektrizitätszähler
electric coupling elektrische Kopplung
electric dipole elektrischer Dipol
electric displacement elektrische Verschiebung
electric double layer elektrische Doppelschicht
electric field elektrisches Feld
electric flux elektrischer Fluß
electric heat Stromwärme
electric potential elektrisches Potential
electric receiver elektrischer Empfänger
electric repulsion elektrische Abstoßung
(electric) **voltage** elektrische Spannung
electric wind elektrischer Wind
electrification Elektrisierung
electro-analysis Elektroanalyse
electrochemical equivalent elektrochemisches Äquivalent
electrode Elektrode
electrodynamic (coildriven) **loudspeaker** elektrodynamischer Lautsprecher
electrodynamometer Elektrodynamometer
electrokinetic phenomenon elektrokinetische Erscheinung
electrolysis Elektrolyse
electrolyte Elektrolyt
electrolytic elektrolytisch
electrolytic capacitor Elektrolytkondensator
electrolytic dissociation elektrolytische Dissoziation
electrolytic potential elektrolytisches Potential
electrolytic solution pressure elektrolytischer Lösungsdruck
electromagnetic theory of light elektromagnetische Lichttheorie
electromagnetism Elektromagnetismus
electrometer Elektrometer
electromotive force elektromotorische Kraft
electromotor Elektromotor
electron accelerator Elektronenbeschleuniger
electron conduction Elektronenleitung
electron image tube Elektronenbildwandler
electronic tube Elektronenröhre
electronic tube generator Elektronenröhrengenerator
electron vacancy Defektelektron
electrophoresis Kataphorese
electrostatic influence elektrische Influenz
electrotyping Galvanoplastik
elementary (electronic) **charge** Elementarladung
elementary particle Elementarteilchen
elementary quantum Elementarquantum
Elmo s fire Elmsfeuer
energy Energie

energy-band diagram Bändermodell
energy density Energiedichte
energy meter Elektrizitätszähler
energy transfer Energieübertragung
enhancement Verstärkung, Anreicherung
equation Gleichung
equipotential surface Niveaufläche, Äquipotentialfläche
equivalence Äquivalenz
equivalent concentration Äquivalentkonzentration
equivalent conductivity Äquivalentleitfähigkeit
excess of electrons Elektronenüberschuß
exchange forces Austauschkräfte
excitation Erregung

f

fading Schwundeffekt
fall Abfall
Faraday collector Faraday-Becher
Faraday (electrolytic) **constant** Faraday-Konstante
Faraday current Faradayscher (faradischer) Strom
Faraday screen (shield, cage) Faraday-Käfig
feedback Rückkoppelung
ferrimagnetism Ferrimagnetismus
ferrite Ferrit
ferroelectricity Ferroelektrizität
ferromagnetic material ferromagnetischer Stoff
ferromagnetism Ferromagnetismus
field magnet Feldmagnet
field strength Feldstärke
filament electrometer Fadenelektrometer
flicker effect Funkeleffekt
fluorescent screen Leuchtschirm
flux Kraftfluß
flux density Flußdichte
force Kraft
forward current Durchlaßstrom
Foucault current Wirbelstrom
free oscillation freie Schwingung
free path freie Weglänge
free (space) **wave** Raumwelle
frequency Frequenz
frequency meter Frequenzmesser
frictional electrical machine Reibungselektrisiermaschine
fundamental component distortion Amplitudenverzerrung
fundamental equation Grundgleichung
furnace Ofen
fuse, fusible cut-out Schmelzsicherung

g

galvanic (voltaic) **cell** galvanisches Element
gap Lücke
gas(eous) discharge Gasentladung
gas scrubbing Gasreinigung
gate Tor
gauge Eichmaß, Lehre
globe Kugel
glow discharge Glimmentladung
glow (-discharge) **tube** Glimmlampe
graph Kennlinie
gyrofrequency Kreisfrequenz
gyromagnetic effect gyromagnetischer Effekt

h

half-life period Halbwertszeit
half-wave circuit Einwegschaltung
half-width Halbwertsbreite
harmonic oscillator harmonischer (ungedämpfter)
Hertzian doublet Hertzscher Dipol
Hertzian oscillator Hertzscher Oszillator
Heusler alloy Heuslersche Legierung
high frequency Hochfrequenz
high-pressure mercury-vapour lamp Hochdruckquecksilberdampflampe
high-voltage battery Hochspannungsbatterie
hole (in electron valence band) Defektelektron
hole conduction Defektleitung
hot-wire ammeter Hitzdrahtstrommesser
hydrogen electrode Wasserstoffelektrode
hydrogen iron resistance Eisenwasserstoffwiderstand
hysteresis loop Hystereseschleife, Magnetisierungskurve
hysteresis loss Hysteresewärme

i

idiostatic circuit idiostatische Schaltung
illumination Beleuchtung
image (electronoptic) Bild, Abbildung (elektronenoptische)
image converter (electron image tube) Bildwandler (-röhre)
impact excitation Stoßerregung
impedance Impedanz, Scheinwiderstand, Wechselstromwiderstand
incandescence lamp Glühlampe
incandescent (hot) **electrode** Glühelektrode
inclination Inklination
induced charge induzierte Ladung
induced current Induktionsstrom
induced magnetism induzierter Magnetismus
inductance Induktivität
induction Induktion
induction coil Induktor
induction furnace Induktionsofen
inductive reactance Induktanz
inductive resistance (reactance) induktiver Widerstand
inductor (magneto) **generator** Induktormaschine
initial magnetization curve Neukurve
injector Injektor, Quelle
instantaneous value Momentanwert
instrument range Meßbereich
insulator Isolator, Nichtleiter
intrinsic conduction Eigenleitung
ionization by collision Stoßionisation
ion migration Ionenwanderung
ion mobility Beweglichkeit der Ionen
ionosphere Ionosphäre
irrotational source field wirbelfreies Quellenfeld

j

junction diode Flächen-Diode

l

law Gesetz
layer Schicht
lead accumulator Bleiakkumulator
leaf electroscope Blatt-Elektroskop
left-hand-rule Linke-Hand-Regel
Lenard window Lenardfenster
Lenz law Lenzsche Regel
life time Lebensdauer

life (period) **of an ion** Lebensdauer eines Ions
line Leitung (Drahtleitung)
line of force Kraftlinie
linking (together), **correlation** Verkettung
load characteristic Belastungskennlinie
long-range force Fernkraft
loop circuit Doppelleitung
loop oscillograph Schleifenoszillograph
loss angle Verlustwinkel

m

magnetic axis magnetische Achse
magnetic declination magnetische Deklination
magnetic dipole magnetischer Dipol
magnetic energy magnetische Energie
magnetic field (of coils) Magnetfeld (von Spulen)
magnetic field of a current loop Magnetfeld einer Stromschleife
magnetic flux magnetischer Fluß
magnetic induction magnetische Induktion
magnetic influence magnetische Influenz
magnetic meridian magnetischer Meridian
magnetic needle Magnetnadel
magnetic potential difference magnetische Spannung
magnetic reluctance magnetischer Widerstand
magnetic reversal Ummagnetisierung
magnetism Magnetismus
magnetization Magnetisierung
magnetization curve Magnetisierungskurve
magnetocrystalline anisotropy magnetische Kristallanisotropie
magnetoelastic effects magnetoelastische Erscheinungen
magnetogenerator Induktormaschine
magnetometer Magnetometer
magnetomotive force magnetische Randspannung, magnetomotorische Kraft
magnetostatics Magnetostatik
magnetostriction Magnetostriktion
mass spectrograph Massenspektrograph
matter Materie
mean free path mittlere freie Weglänge
mean value Mittelwert
measurement Messung
measuring range Meßbereich
mercury-arc lamp Quecksilberbogenlampe
mercury-vapour lamp Quecksilberdampflampe
mercury-vapour rectifier Quecksilberdampfgleichrichter
microphone Mikrophon
mirror galvanometer Spiegelgalvanometer
mobility Beweglichkeit
mobility of ions Beweglichkeit der Ionen
modulation Modulation
molar mass molare Masse
molecular magnet Molekularmagnet
molecule Molekül
molecular (Weiss) **field** Weisssches Feld
motion Bewegung
movement Bewegung
moving-coil galvanometer Drehspulgalvanometer
moving-iron instrument Weicheiseninstrument
moving-needle galvanometer Nadelgalvanometer
mutual inductance Gegeninduktivität

n

natural magnet natürlicher Magnet
needle counter Spitzenzähler
network Schaltung
neutral (zero) **conductor** Nullleiter
neutral zone neutrale Zone
noninductive winding bifilare Wicklung
non-self-maintained discharge unselbständige Entladung
northern lights Nordlicht
north pole Nordpol
ntc-resistor Heißleiter
n-type conduction n-Leitung
number of ampere-turns Amperewindungszahl
number of turns Anzahl der Windungen

o

Ohm's law Ohmesches Gesetz
open oscillatory circuit offener Schwingungskreis
orientation polarization Orientierungspolarisation
oscillating discharge oszillierende Entladung
oscillation Schwingung, Schwingungskreis
oscillations in coupled circuits Koppelungsschwingungen
oscillograph Oszillograph
oxyhydrogen voltmeter Knallgasvoltmeter
oven Ofen

p

paper capacitor Papierkondensator
parabolic mirror Parabolspiegel
parallel (shunt) **connection, shunting, paralleling** Parallelschaltung
parallel-wire line Paralleldrahtleitung
paramagnetic paramagnetisch
paramagnetism Paramagnetismus
peak current Scheitelstrom
peak factor Scheitelfaktor
peak value Scheitelwert
peak voltage Scheitelspannung
penetration depth Eindringtiefe
period Periode
permanent magnet Dauermagnet, Permanentmagnet, permanenter Magnet
permanent magnetism permanenter Magnetismus
permanent magnetization permanente Magnetisierung
permeability Permeabilität
permeability of vacuum magnetische Feldkonstante
permittivity Dielektrizitätskonstante
permittivity of vacuum elektrische Feldkonstante
phase advance Phasenvoreilung
phase (-change) **coefficient** Phasenkonstante
phase lag (delay) Phasenverzögerung
phase lead Phasenvoreilung
phase number Phasenanzahl
phase shift Phasenverschiebung
phone Telephon
photocell Photoelement, Photozelle
photoelectric effect Photoeffekt, lichtelektrischer Effekt
photo-voltaic cell Photoelement, Photozelle
piezoelectric modulus piezoelektrischer Modul
plate Anode
plate capacitor Plattenkondensator
plug Stecker

plug resistance box Stöpselwiderstand
point contact diode Spitzen-Diode (Detektor)
point contact transistor Spitzentransistor
point counter tube Spitzenzähler
point discharge Spitzenentladung
polarizability elektrische Polarisierbarkeit
polarization plane Polarisationsebene
polarizing current Polarisationsstrom
polarizing potential Polarisationsspannung
polar light Polarlicht
pole Pol
pole (-finding) **paper** Polreagenzpapier
pole strength Polstärke
polyphase (multiphase) **current** Mehrphasenstrom
positive rays Kanalstrahlen
potential Potential
potential difference Potentialdifferenz
potential fall Anodenfall
potential gradient Potentialgradient
potential slope Potentialgefälle
potentiometer Spannungsteiler
potentiometer connection Potentiometerschaltung
power, real power Leistung, Wirkleistung
power transmission Energieübertragung
Poynting vector Poynting-Vektor
pressure Druck
primary winding Primärwicklung
principle Prinzip
propagation of waves Wellenausbreitung
p-type conduction p-Leitung
p-type conductor p-Leiter
pyroelectricity Pyroelektrizität

q

quadrant electrometer Quadrantenelektrometer
quality factor Gütefaktor
quantity of electricity Elektrizitätsmenge
quartz crystal Quarzkristall
quenched-spark gap Löschfunkenstrecke

r

radiation characteristic Strahlungscharakteristik
radiation damping Strahlungsdämpfung
radiating dipole Hertzscher Dipol
radiation pressure Strahlungsdruck
radiation resistance Strahlungswiderstand
radio Rundfunk
ratio Übersetzungsverhältnis
RC-device RC-Glied
reactance Blindwiderstand
reactance current Blindstrom
reactance output Blindleistung
reactive component Blindkomponente
reactive impedance Blindwiderstand
reactive power Blindleistung
recombination Rekombination, Wiedervereinigung
rectifier Gleichrichter
rectifier tube Gleichrichterröhre
rectifying valve Gleichrichterröhre
reed-type frequency meter Zungenfrequenzmesser
reflection Reflexion
refraction Brechung
rejector circuit Sperrkreis
relative permittivity Dielektrizitätszahl
relaxation time Relaxationszeit
relaxation oscillation Kippschwingung
relative permeability Permeabilitätszahl
relay Relais
remanence Remanenz
remanent field remanentes Feld
remanent polarization remanente Polarisation
remains Rückstand
repulsion of current Abstoßung von Strömen
repulsion (doubly-fed) **motor** Repulsionsmotor
residual induction remanente Induktion
residue Rückstand
resistance Widerstand
resistance bridge Wheatstonesche Brücke
resistance box with plugs Stöpselwiderstand
resistance thermometer Widerstandsthermometer
resistivity spezifischer Widerstand
resistor Widerstand
resonance Resonanz
resonance curve Resonanzkurve
resonator Resonator
retardation in phase Phasenverzögerung
reverse current Sperrstrom
reverse voltage Sperrspannung
ribbon microphone Bändchenmikrophon
right-hand rule Recht-Hand-Regel
ring armature Ringanker
rise Anstieg
rotating magnetic field magnetisches Drehfeld
rotational field Wirbelfeld
rotational surface distribution Flächenwirbel
rotary capacitor Drehkondensator
rotary current Drehstrom
rotary magnetism Rotationsmagnetismus
rotary rheostat Kurbelwiderstand
running wave Wanderwelle

s

saturation Sättigung
saturation current Sättigungsstrom
saturation voltage Sättigungsspannung
scales Waage
screen Schirm
secondary cell Sekundärelement
secondary electron Sekundärelektron
selectivity Abstimmschärfe
self inductance Eigeninduktivität, Selbstinduktion
self-maintained discharge selbständige Entladung
semiconductor Halbleiter
series connection Hintereinanderschaltung
series-wound motor Hauptschlußmotor
series resistance Vorwiderstand
shear Scherung
shell type transformer Manteltransformator
shielded electromagnet Topfmagnet
shielded galvanometer Panzergalvanometer
shift(ing) Verschiebung
short circuit Kurzschluß
shot effect Schroteffekt
shunt resistance Nebenschlußwiderstand
shuttle armature Doppel-T-Anker
silent discharge stille Entladung
silent zone tote Zone
single crystal Einkristall
sink Senke

sinusoidal sinusförmig
skin depth Eindringtiefe
skin effect Hauteffekt
soda lye Natronlauge
sodium vapour lamp Natriumdampflampe
soft-iron instrument Weicheiseninstrument
solenoid Solenoid
solution Lösung
solution of caustic soda Natronlauge
sonde Sonde
source Quelle
source field Quellenfeld
south pole Südpol
space charge Raumladung
spark (induction) **coil** Funkeninduktor
spark discharge Funkenentladung
spark-over Funkenüberschlag
specific charge spezifische Ladung
specific resistance, specific resistivity spezifischer Widerstand
spectrum Spektrum
speed Geschwindigkeit
speed of propagation Fortpflanzungsgeschwindigkeit
sphere Kugel
spherical capacitor Kugelkondensator
spin moment Spinmoment
split-wire type transformer Anlegewandler
spontaneous magnetization spontane Magnetisierung
squirrel cage Käfiganker
standard cell Normalelement
standard hydrogen electrode Normalwasserstoffelektrode
standard resistor Normalwiderstand
star-connected circuit Sternschaltung
star-connection Sternschaltung
starter resistance, starting resistance Anlaßwiderstand
stator Stator
steady (-state) **current** stationärer Strom
storage battery Akkumulator
storage-time Speicherzeit
strain Dehnung, Deformation
stream line Stromlinie
string galvanometer Saitengalvanometer
substance Materie
substrate Unterlage
sucking action, suction effect Saugwirkung
sunspots Sonnenflecken
superconductivity Supraleitfähigkeit
surface charge density Flächenladungsdichte
surface density of electric charge elektrische Flächenladungsdichte
surface integral Oberflächenintegral
surface ionization Oberflächenionisation
surge Spannungsstoß
susceptance Blindleitwert
susceptibility Suszeptibilität
switch Schalter
symmetrical heterostatic circuit Nadelschaltung
synchronous motor Synchronmotor
synchrotron Synchrontron
system of units Maßsystem

t

tangent galvanometer Tangentenbussole
tank circuit offener Schwingungskreis
technical magnetization curve technische Magnetisierungskurve
telegraph equation Telegraphengleichung
telephone Telephon
temperature Temperatur
temperature coefficient Temperaturkoeffizient
tensile stress Zugspannung
tension Zugspannung
terrestrial electric field elektrisches Erdfeld
terrestrial magnetic field magnetisches Erdfeld
Tesla transformer Teslatransformator
thermistor Heißleiter
thermal cross Thermokreuz
thermal effect Wärmewirkung
thermal equivalent Wärmeäquivalent
thermocouple Thermoelement, Thermokreuz
thermoelectric voltage series thermoelektrische Spannungsreihe
thermoelectric couple Thermoelement
thermoelectric force Thermokraft
thermoelectric pile Thermosäule
thermoelectric voltage Thermospannung
thermoelectricity Thermoelektrizität
thermo junction Thermokreuz
thermomagnetic thermomagnetisch
thermopile Thermosäule
thin-layer Blättchen
thread (narrow) **beam** Fadenstrahl
thread (filament) **electrometer** Fadenelektrometer
three electrode tube Dreielektrodenröhre
three-phase current Dreiphasenstrom, Drehstrom
three-phase current generator Drehstromgenerator
three-phase current motor Drehstrommotor
three-point circuit Dreipunktschaltung
threshold voltage Schwellenspannung
thunderstorm Gewitter
time constant Zeitkonstante
toroid Toroid
torsion balance Drehwaage
tourmaline Turmalin
Townsend discharge Townsendentladung
transconductance (of an electronic tube) Steilheit (einer Elektronenröhre)
transformer Transformator
transistor Transistor
transition temperature Sprungtemperatur
transmission Übertragung, Übersetzung
transmitting station Sendeanlage
transport (transference) **number** Überführungszahl
travelling wave Wanderwelle
triangle connection Dreieckschaltung
triode Triode, Dreielektrodenröhre
tube furnace Rohrofen
tungsten filament lamp Wolframlampe
tunnel diode Tunnel-Diode
two-phase current Zweiphasenstrom
two-pole armature Doppel-T-Anker
two-wire line Doppelleitung

u

unifilar electrometer Einfadenelektrometer
unit Einheit
unit charge Ladungseinheit

v

vacuum tube Elektronenröhre
vacuum tube oscillator Elektronenröhrengenerator

valence, valency Wertigkeit, Valenz
valence electron Valenzelektron
valve detector Gleichrichterröhre
variable capacitor Drehkondensator
variation Abweichung
variational (a. c.) **resistance** Wechselstromwiderstand
vector potential Vektorpotential
vector(ial) **representation** Vektordarstellung
vibration Schwingung
voltage devider Spannungsteiler
voltage indicating meter Spannungsmesser
voltage pulse (surge) Spannungsstoß
voltage resonance Spannungsresonanz
voltaic (galvanic) **battery** galvanische Batterie
voltaic cell, voltaic couple Galvanisches Element
voltaic potential Voltaspannung
voltmeter Spannungsmesser
volume ionization Volumenionisierung
vortex Wirbel

w

wave Welle
wave equation Wellengleichung
wave propagation Wellenausbreitung
wave radiation Wellenstrahlung
wave resistance Wellenwiderstand
wave trap Sperrkreis
Weiss domains Weissche Bezirke
Weiss field Weissches Feld
Weston cell Weston-Element
Weston standard cell Weston-Normalelement
Wheatstone bridge Wheatstonesche Brücke
Wilson cloud chamber Wilsonsche Nebelkammer
winding surface Windungsfläche
wire (foil) strain gauge Dehnungsmeßstreifen
wiring Leitung (Drahtleitung)
work Arbeit
work function Austrittsarbeit

x

X-rays Röntgenstrahlen
X-ray tube Röntgenröhre

y

Y-connection Sternschaltung

z

Zener diode Zener-Diode
zone Zone

Konstanten (in internat. Einheiten)

Ladung des Elektrons e	$= (1{,}6021917 \pm 0{,}0000070) \cdot 10^{-19}$ As
Ruhemasse des Elektrons m_e	$= (9{,}109558 \pm 0{,}000054) \cdot 10^{-31}$ kg
Protonenruhemasse m_p	$= (1{,}67252 \pm 0{,}00008) \cdot 10^{-27}$ kg
Avogadro-(Loschmidt-)Konstante N_A	$= (6{,}022169 \pm 0{,}00040) \cdot 10^{23}$ /mol
Vakuumlichtgeschwindigkeit c	$= (2{,}997925 \pm 0{,}000003) \cdot 10^{8}$ m/s
Boltzmann-Konstante k	$= (1{,}38054 \pm 0{,}00018) \cdot 10^{-23}$ JK^{-1}
Faraday-Konstante $F = N_A \cdot e$	$= 9{,}6487 \cdot 10^{4}$ As/mol
Elektrische Feldkonstante ε_0	$= 8{,}8542 \cdot 10^{-12}$ As/Vm
Magnetische Feldkonstante μ_0	$= 1{,}2566 \cdot 10^{-6}$ Vs/Am
Planck-Konstante h	$= (6{,}626196 \pm 0{,}000050) \cdot 10^{-34}$ Js

Energie-Einheiten

		1 Joule J = 1 Wattsekunde Ws = 1 Newtonmeter Nm	Kilowattstunde kWh	Kilopondmeter kpm	Kilokalorie kcal
1 Joule J 1 Wattsekunde Ws 1 Newtonmeter Nm	=	1	$2{,}777778 \cdot 10^{-7}$	0,10197	$2{,}388459 \cdot 10^{-4}$
1 Kilowattstunde kWh	=	$3{,}600000 \cdot 10^{6}$	1	$3{,}670978 \cdot 10^{5}$	859,845
1 Kilopondmeter kpm	=	9,80665	$2{,}724069 \cdot 10^{-6}$	1	$2{,}342278 \cdot 10^{-3}$
1 dm^3 · atm	=	$1{,}01325 \cdot 10^{2}$	$2{,}81458 \cdot 10^{-5}$	10,3323	0,02420
1 Elektronenvolt eV	=	$1{,}6021 \cdot 10^{-19}$	$4{,}450 \cdot 10^{-26}$	$1{,}6337 \cdot 10^{-20}$	$3{,}826 \cdot 10^{-17}$

Hinweis für Zeit- und Frequenzmessungen

Normalfrequenzen (440 und 200 Hz) und Zeitmeßmarken der Physikalisch-Technischen Bundesanstalt, Braunschweig, werden werktags zu bestimmten Zeiten über den Sender DCF 77 ausgestrahlt. Die Schwankungen der zeitlichen Einsätze sind kleiner als $\pm$ 0,05 ms. Die Referenzpunkte werden von einer Caesium-Atomstrahlapparatur abgeleitet.

Zeitzeichen des Deutschen Hydrographischen Institutes, Hamburg, werden vom gleichen Sender zu jeder vollen Stunde ausgestrahlt. Der Standort des Senders ist 50°01′ Nord und 9°00′ Ost; die Trägerfrequenz beträgt 77,5 kHz; die Leistung 12 kW.

Verstärkungs-, Dämpfungs- und Pegelmaße

In der Fernmeldetechnik, Hochfrequenztechnik und Elektroakustik ist es üblich, logarithmierte Verhältnisse gleichartiger Größen zu bilden und diese mit einem besonderen Kennwort zu versehen:

Ein **Bel**, Kurzzeichen B, ist der dekadische Logarithmus des Verhältnisses zweier Größen gleicher Art, überwiegend von Leistungen oder Energien. Am häufigsten wird das Dezibel (dB) verwendet: 1 dB = 0,1 B. Ist z. B. bei einem Verstärker die Eingangsleistung N_1, die Ausgangsleistung $N_2 = 100\,N_1$, dann beträgt die Leistungsverstärkung $V = 100$, bzw. log 100 Bel = 20 dB.

Vergleicht man Größen, deren Quadrat proportional der Leistung ist (Stromstärke, Spannung, Schalldruck), dann gilt z. B. für die Spannungspegeldifferenz:

$$L_2 - L_1 = 10 \log \frac{N_2}{N_1} \text{ dB} = 20 \log \frac{U_2}{U_1} \text{ dB}.$$

Ein **Neper**, Kurzzeichen Np, ist Kennzeichen für den natürlichen Logarithmus des Verhältnisses zweier Größen gleicher Art, überwiegend von elektrischen Spannungen oder Strömen. Haben z. B. zwei Spannungen die Werte $U_1 = 1$ mV und $U_2 = 1$ V, so beträgt der Verstärkungsfaktor V = 1000. Das Verstärkungsmaß ist

$$\mathrm{L} = \ln \frac{U_2}{U_1} \text{ Np} = \ln 1000 \text{ Np} = 6{,}9 \text{ Np} \; (= 60 \text{ dB}).$$

$$1 \text{ dB} = 0{,}1151 \text{ Np}.$$

Dezibel und Neper werden sinngemäß auch als Dämpfungsmaße verwendet.

In der Akustik wird der gemessene Schalldruck p auf den Hörschwellenwert $p_s = 2 \cdot 10^{-4}\,\mu$b eines 1000 Hz-Tons bezogen. Der Schalldruckpegel L ist so definiert:

$$\mathrm{L} = 10 \log \frac{p^2}{p_s^2} \text{ dB} = 20 \log \frac{p}{p_s} \text{ dB}.$$

Die Lautstärke in **Phon** ist gleich dem Schalldruckpegel in dB eines gleich laut empfundenen Tons von 1000 Hz.

Namenregister

Sachregister